ENCYKLOPÄDIE
DER
MATHEMATISCHEN WISSENSCHAFTEN

MIT EINSCHLUSS IHRER ANWENDUNGEN.

HERAUSGEGEBEN
IM AUFTRAGE DER AKADEMIEN DER WISSENSCHAFTEN
ZU GÖTTINGEN, LEIPZIG, MÜNCHEN UND WIEN,
SOWIE UNTER MITWIRKUNG ZAHLREICHER FACHGENOSSEN.

VIERTER BAND IN VIER TEILBÄNDEN.

MECHANIK.

REDIGIERT VON

FELIX KLEIN UND **CONR. MÜLLER**
IN GÖTTINGEN.

DRITTER TEILBAND.

SPRINGER FACHMEDIEN WIESBADEN GMBH
1901-1908

Übersicht über die im vorliegenden dritten Teilbande von Band IV zusammengefassten Hefte und ihre Ausgabedaten.

C. Mechanik der deformierbaren Körper.

I. Analytisch geometrische Hilfsmittel. — II. Hydrodynamik.

ENCYKLOPÄDIE

DER

MATHEMATISCHEN WISSENSCHAFTEN

MIT EINSCHLUSS IHRER ANWENDUNGEN.

VIERTER BAND:

MECHANIK.

ISBN 978-3-663-15449-5 ISBN 978-3-663-16020-5 (eBook)
DOI 10.1007/978-3-663-16020-5

Inhaltsverzeichnis zu Band IV, 3. Teilband.

C. Mechanik der deformierbaren Körper (Art. 14—28).

I. Analytisch-geometrische Hülfsmittel (Art. 14).

Art. 14. Geometrische Grundbegriffe. Von M. Abraham in Göttingen.

(Abgeschlossen mit Februar 1901.)

II. Hydrodynamik (Art. 15—22).

Art. 15. Hydrodynamik: Physikalische Grundlegung. Von A. E. H. Love in Oxford.

(Abgeschlossen mit April 1901.)

Art. 16. Hydrodynamik: Theoretische Ausführungen. Von A. E. H. Love in Oxford.

Art. 17. Aërodynamik. Von S. Finsterwalder in München.

Art. 18. Ballistik. Von C. Cranz in Stuttgart (jetzt in Charlottenburg).

I. Äussere Ballistik.

II. Innere Ballistik.

(Abgeschlossen mit Februar 1903.)

Art. 19. Besondere Ausführungen über unstetige Bewegungen in Flüssigkeiten. Von G. Zemplén in Budapest.

(Abgeschlossen mit September 1905.)

Art. 20. Hydraulik. Von PH. FORCHHEIMER in Graz.

I. Einleitung.

II. Das Strömen von Wasser in Röhren und Wasserläufen bei stetiger Wandung.

III. Das Strömen von Wasser in Röhren und Wasserläufen bei unstetiger Wandung.

IV. Oscillatorische Bewegung des Wassers.

V. Grundwasserbewegung.

VI. Anhang.

(Abgeschlossen mit November 1905.)

Art. 21. Theorie der hydraulischen Motoren und Pumpen.

Von M. Grübler in Dresden.

(Abgeschlossen mit Juni 1907.)

Art. 22. Die Theorie des Schiffes. Von A. KRILOFF in St. Petersburg. Mit einem Anhang: Hydrodynamik des Schiffes von C. H. MÜLLER in Göttingen.

Seite

Anhang: Hydrodynamik des Schiffes.

(Abgeschlossen mit März 1906, Anhang mit Dezember 1907.)

C. MECHANIK DER DEFORMIERBAREN KÖRPER.

IV 14. GEOMETRISCHE GRUNDBEGRIFFE.

Von

M. ABRAHAM

IN GÖTTINGEN.

Inhaltsübersicht.

Litteratur.

Lehrbücher.

W. Thomson and *P. G. Tait*, Treatise on natural philosophy. Part I. 1. Aufl. Oxford 1867, deutsch v. *H. Helmholtz* u. *Wertheim*. Braunschweig 1874. 2. Aufl. Cambridge 1879.

J. Cl. Maxwell, Treatise on electricity and magnetism. London 1873, deutsch v. *B. Weinstein*. Berlin 1883.

W. K. Clifford, Elements of dynamic. Part I. London 1878.

Th. Liebisch, Physikalische Krystallographie. Leipzig 1891.

A. E. H. Love, A treatise on the mathematical theory of elasticity. Vol. I. Cambridge 1892.

O. Heaviside, Electromagnetic theory. Vol. I. London 1894.

A. Föppl, Einführung in die Maxwell'sche Theorie der Elektrizität, Leipzig 1894.

W. Voigt, Compendium der theoretischen Physik. 2 Bde. Leipzig 1895 u. 96.

W. Voigt, Die fundamentalen physikalischen Eigenschaften der Krystalle. Leipzig 1898.

V. Bjerknes, Vorlesungen über hydrodynamische Fernkräfte. Bd. I. Leipzig 1900.

P. Appell, Traité de mécanique rationelle. Tome III. Paris 1900.

B. Riemann-H. Weber, Partielle Differentialgleichungen. 4. Aufl. Braunschweig 1900. Bd. 1.

W. Voigt, Elementare Mechanik. 2. Aufl. Leipzig 1900.

Monographieen.

J. W. Gibbs, Elements of vector analysis (not published). New-Haven 1881—84.

Élie, La fonction vectorielle et ses applications à la physique, Bord. mém. (4) 3 (1893), p. 1—137.

G. Ferraris, Teoria geometrica dei campi vettoriali. Memorie di Torino (2) 47 (1897), p. 259. Als erstes Kapitel in die „Lezioni di elettrotecnica". Tor. 1899 aufgenommen.

A. Föppl, Die Geometrie der Wirbelfelder. Leipzig 1897.

W. Voigt, L'élasticité des cristaux. Rapport Paris 1900, deutsch Gött. Nachr. 1900. Heft 2.

W. Voigt, Über die Parameter der Krystallphysik und über gerichtete Grössen höherer Ordnung. Gött. Nachr. 1900, Heft 4, p. 355—379.

---

1. Einleitende Übersicht über die geometrischen Grössen der Mechanik und Physik. Von den in der Mechanik und Physik auftretenden Grössen sind einige, wie Masse, Energie von der Beschaffenheit, dass die Angabe ihrer Masszahl und ihrer Dimension[1]) zu ihrer eindeutigen Bestimmung hinreicht. Solche Grössen nennt man neuerdings *Skalare*[2]); die Masszahl des Skalars giebt an, wie oft ein als

1) *J. B. Fourier*, Théorie analytique de la chaleur, Paris 1822, deutsch v. *B. Weinstein*. Berlin 1884, art. 160—162.

2) *W. R. Hamilton*, Lectures on quaternions, Cambr. 1853, art. 64.

Einheit gewählter Skalar derselben Art in ihm enthalten ist, die Dimension, wie sich diese Einheit bei einer Änderung der Grundeinheiten für Masse, Länge und Zeit transformiert. (Über Dimensionen und absolutes Masssystem vgl. V 1.)

Neben diesen algebraischen Grössen spielen indessen auch *geometrische Grössen* eine Rolle, d. h. solche Grössen, die eine bestimmte Orientierung im Raume besitzen. In der Mechanik starrer Körper kamen bereits (s. IV 2) die *Vektoren* zur Verwendung. Neben diesen sind für die Mechanik der Kontinua die *Tensoren* (s. Nr. **17** dieses Art.) von besonderer Wichtigkeit.

Die Orientierung dieser gerichteten Grössen gegen das Koordinatensystem pflegt man durch Angabe ihrer „*Komponenten*" festzulegen; die Komponenten ändern bei einer Transformation des Koordinatensystems ihre Werte. *Das Verhalten der Komponenten gegenüber der Gruppe aller Transformationen des rechtwinkligen Koordinatensystems charakterisiert vollständig die geometrische Natur der betreffenden Grösse*[3]. Ist der geometrische Charakter der Grösse bekannt, so erübrigt zu ihrer vollständigen Bestimmung noch die Angabe ihrer Dimension, und ihrer, auf ein festes Koordinatensystem bezogenen Komponenten.

Dabei besteht ein wesentlicher Unterschied zwischen den geometrischen Grössen, die in der Mechanik *starrer* Körper, und denjenigen, die in der Mechanik *deformierbarer Körper* und in der mathematischen Physik zur Verwendung gelangen. Die Bewegung aller Punkte eines starren Körpers ist durch Angabe von 6 Grössen, den Komponenten einer „Schraubung" (Art. IV 2) vollständig bestimmt. In der Mechanik der Kontinua und in der Physik hingegen können die Werte der Grössen, welche den mechanischen und physikalischen Zustand des Körpers bestimmen, in den einzelnen Punkten bis zu einem gewissen Grade unabhängig von einander vorgeschrieben werden. Es sind die „*Felder*" der gerichteten Grössen, deren Theorie hier von Wichtigkeit wird. Man nennt[4]) ein Gebiet „Feld" einer Zustandsgrösse, wenn jedem Punkte des Gebietes ein beliebiger, im all-

---

3) Die Klassifikation der geometrischen Grössen der Mechanik und Physik auf Grund dieses Prinzips scheint in der Litteratur nicht vollständig durchgeführt worden zu sein, ist aber z. B. von Herrn *F. Klein* in seinen Vorlesungen wiederholt vorgetragen worden. In einer während der Korrektur erscheinenden Arbeit von *W. Voigt*, Gött. Nachr. 1900, Heft 4, p. 355—379 (vgl. das Verzeichnis der Monographien) kommt das Prinzip gleichfalls zur Verwendung.

4) *W. Thomson,* Phil. Mag. (4) 1 (1851), p. 179 = Reprint of papers on electrostatics and magnetism n. 605, p. 467.

gemeinen stetig mit dem Orte veränderlicher Wert der Zustandsgrösse zugeordnet ist. Die Werte der Zustandsgrösse an verschiedenen Punkten ihres Feldes stehen im allgemeinen in keinem gesetzmässigen, durch Gleichungen zwischen den Komponenten auszudrückenden Zusammenhange.

Dieser Artikel, welcher den geometrischen Grundbegriffen der Mechanik der Kontinua und der mathematischen Physik gewidmet ist, beschränkt sich auf die Behandlung derjenigen gerichteten Grössen, welche zur Charakterisierung der in der Mechanik und Physik auftretenden Felder verwandt worden sind. Demgemäss wird hier bei der Klassifikation der gerichteten Grössen von Translationen des Koordinatensystems abgesehen und ausschliesslich die Gruppe derjenigen Transformationen des rechtwinkligen Koordinatensystems berücksichtigt, welche den Anfangspunkt fest lassen; dieselbe entsteht, wenn man die *Gruppe der Drehungen* durch Heranziehung der *Inversionen* (d. h. Umkehrung aller Axenrichtungen) erweitert. Durch das Verhalten der Komponenten einer Zustandsgrösse diesen Operationen gegenüber ist bestimmt, in welche Klasse gerichteter Grössen sie einzuordnen ist. Die Einordnung der Zustandsgrössen der Mechanik und Physik in die verschiedenen Klassen gerichteter Grössen ist von prinzipieller Bedeutung; denn nur zwischen Grössen, die derselben Klasse angehören, kann Gleichheit bestehen. Auch kommt die geometrische Natur der physikalischen Grössen in der Krystallphysik zur Geltung, wo sie in Beziehung zur Symmetrie der Krystallstruktur tritt (s. Nr. **21** dieses Art.).

I. Vektoranalysis.

2. Polare Vektoren. Ein Vektor[5]) ist (s. IV 2) nach Grösse, Richtung und Sinn bestimmt durch eine Strecke, welche von einem Punkte P zu einem Punkte Q führt; seine Komponenten entsprechen den Projektionen der Strecke auf die Koordinatenaxen. Demgemäss transformieren sich die Komponenten eines Vektors A auf wechselnde rechtwinklige Koordinatensysteme durch folgende orthogonale Substitution

$$(1)\qquad \begin{aligned} A_{x'} &= \alpha_1 A_x + \beta_1 A_y + \gamma_1 A_z,\\ A_{y'} &= \alpha_2 A_x + \beta_2 A_y + \gamma_2 A_z,\\ A_{z'} &= \alpha_3 A_x + \beta_3 A_y + \gamma_3 A_z,\end{aligned}$$

deren 9 Koeffizienten die Cosinus der Winkel angeben, welche die Axen

5) *W. R. Hamilton*, Lectures on quaternions art. 17.

des neuen Koordinatensystems $(x'y'z')$ mit denen des alten (xyz) einschliessen. Der Ausdruck

$$(1') \qquad A_x^2 + A_y^2 + A_z^2$$

ist gleich dem Quadrate der Länge[5'] des Vektors A; er ist ein Skalar, d. h. er bleibt invariant bei Transformationen des Koordinatensystems. Ebenso ist folgende Verbindung von Komponenten zweier Vektoren A, B eine skalare Grösse

$$(2) \qquad A_x B_x + A_y B_y + A_z B_z.$$

Geometrisch stellt (2) das Produkt der Längen der beiden Vektoren und des Cosinus des von ihren Richtungen eingeschlossenen Winkels dar. *H. Grassmann*[7]) nennt die Grösse (2) das „*innere Produkt*" der beiden „Strecken", und schreibt symbolisch $[A|B]$, *W. R. Hamilton*[9]) bezeichnet es als den negativen skalaren Teil $-SAB$ des Quaternionenproduktes der beiden Vektoren, *J. W. Gibbs*[11]) schreibt $A \cdot B$, *O. Heaviside*[12]) AB.

Sind A_x, A_y, A_z Komponenten eines Vektors, und ist der Ausdruck (2) *ein Skalar, so sind auch B_x, B_y, B_z Vektorkomponenten*[6]). Aus der Invarianz von (2) folgt zunächst, dass für die Grössen B_x, B_y, B_z folgende Transformationen gelten

$$\begin{aligned} B_x &= \alpha_1 B_{x'} + \alpha_2 B_{y'} + \alpha_3 B_{z'}, \\ B_y &= \beta_1 B_{x'} + \beta_2 B_{y'} + \beta_3 B_{z'}, \\ B_z &= \gamma_1 B_{x'} + \gamma_2 B_{y'} + \gamma_3 B_{z'}. \end{aligned}$$

Die Koeffizienten der Substitution, welche die alten Werte der Grössen (B_x, B_y, B_z) durch die neuen $(B_{x'}, B_{y'}, B_{z'})$ ausdrückt, gehen also aus den Koeffizienten der für die Transformation von Vektorkomponenten von den alten auf die neuen Axen geltenden Gleichungen (1) durch Vertauschung der Horizontal- und Vertikalreihen hervor; in der Sprache der Invariantentheorie drückt man diese Beziehung aus, indem man sagt: die Grössen B_x, B_y, B_z sind zu den Grössen A_x, A_y, A_z *kontragredient.* Zwei Grössensysteme, die zu demselben dritten kontragredient sind, sind offenbar zu einander *kogredient*, d. h. sie transformieren sich in derselben Weise auf wechselnde Koordinatensysteme. Infolge der Invarianz der Ausdrücke (1') und (2) sind die Grössen A_x, A_y, A_z; B_x, B_y, B_z beide kontragredient zu A_x, A_y, A_z, folglich sind sie zu einander kogredient; die Grössen B_x, B_y, B_z sind also ihrerseits Vektorkomponenten.

5') Die Länge der Strecke, die den Vektor A repräsentiert, wird in der Quaternionentheorie „Tensor" des Vektors A genannt.

6) Vgl. *H. Burkhardt*, Math. Ann. 43 (1893), p. 197.

Die Existenz eines Vektors A bedingt in der Regel das Vorhandensein eines Energiequantums E, dessen Zunahme dE der bei einer Steigerung dA_x, dA_y, dA_z der Vektorkomponenten aufzuwendenden Arbeitsleistung gleich ist. Da die Arbeit stets ein Skalar ist, so folgt aus

$$dE = \frac{\partial E}{\partial A_x} \cdot dA_x + \frac{\partial E}{\partial A_y} \cdot dA_y + \frac{\partial E}{\partial A_z} \cdot dA_z,$$

wie soeben bewiesen, dass $\frac{\partial E}{\partial A_x}, \frac{\partial E}{\partial A_y}, \frac{\partial E}{\partial A_z}$ ebenfalls Komponenten eines Vektors sind.

Vektorkomponenten von der bisher untersuchten Art wechseln nach (1) bei einer Inversion das Vorzeichen. Wollen wir diese Eigenschaft besonders hervorheben, so bezeichnen wir sie weiterhin als Komponenten eines *polaren Vektors*.

3. Axiale Vektoren[17]) traten schon in IV 2 auf, nämlich als Kräftepaare, die an einem starren Körper angreifen. Ihre Komponenten transformieren sich bei Drehungen und Inversionen des Koordinatensystems wie folgende Verbindungen von Komponenten zweier polarer Vektoren A, B:

(3) $P_x = A_y B_z - A_z B_y, \quad P_y = A_z B_x - A_x B_z, \quad P_z = A_x B_y - A_y B_x.$

Die Komponenten P_x, P_y, P_z stellen die Projektionen des von den Strecken A, B gebildeten Parallelogramms auf die Koordinatenebenen dar; sie bestimmen jenes Parallelogramm nach Flächeninhalt, Stellung seiner Ebene, und Umlaufssinn. *H. Grassmann* nennt dasselbe *„äusseres Produkt“*[7]) der beiden Strecken A, B und schreibt symbolisch $[AB]$, *W. R. Hamilton*[9]) bezeichnet es als vektoriellen Teil $\mathrm{V}AB$

---

7) *H. Grassmann*, Die lineale Ausdehnungslehre, Leipz. 1844, und Die Ausdehnungslehre von 1862, Berlin = Ges. Werke, herausg. von *F. Engel*, Bd. I bezw. II, 1, Leipz. 1894. Vgl. Art. IV 2.

8) *H. Grassmann*, Ausdehnungslehre von 1844, p. 114. Ges. Werke 1, p. 189 nennt ein an seine Ebene gebundenes Parallelogramm *„Plangrösse“*. Für das frei im Raume verschiebbare hat er keinen besonderen Namen.

9) *W. R. Hamilton*, Phil. Mag. (3) 25 (1843), p. 490. Grössere Werke sind: Lectures on quaternions, Cambr. 1853; Elements of quaternions, 1. ed. London 1866; (deutsch v. *P. Glan*, Leipz. 1881/84), 2. ed. 1, 1899. S. auch *P. G. Tait*, An elementary treatise on quaternions, Cambr. 1. ed. 1867, 2. ed. 1874, 3. ed. 1890. Die Quaternionentheorie stellt den Vektor A dar durch $A_x \cdot i + A_y \cdot j + A_z \cdot k$; $i\ j\ k$ sind Einheitsvektoren, welche in Richtung der Koordinatenaxen weisen, und den Multiplikationsregeln unterworfen sind $i \cdot i = j \cdot j = k \cdot k = -1$; $ij = -ji = k$, $jk = -kj = i$, $ki = -ik = j$ (s. III B 3). Daher ist das Produkt zweier Vektoren eine Quaternion, d. h. ein Aggregat aus einem Skalar und einem Vektor. Der skalare Teil ist mit dem negativen inneren Produkte, der vektorielle mit

des Quaternionenproduktes der beiden Vektoren, *B. de Saint-Venant*[10]) nennt es „geometrisches Produkt", *J. W. Gibbs*[11]) schreibt $A \times B$, *O. Heaviside*[12]) $V\,A\,B$, letzterer Autor nennt es „vektorielles Produkt" oder „*Vektorprodukt*".

Die axialen Vektoren, deren Repräsentant das äussere Produkt zweier Strecken ist, *verhalten sich bei Drehungen des Koordinatensystems wie polare Vektoren, sie unterscheiden sich von jenen dadurch, dass ihre Komponenten bei einer Inversion der Koordinatenrichtungen das Vorzeichen beibehalten, während polare Vektorkomponenten es wechseln.* So lange man von Inversionen des Koordinatensystems absieht, kann man ein Parallelogramm[8]) durch eine auf seiner Ebene senkrechte Strecke ersetzen, deren Länge dem Flächeninhalt des Parallelogramms gleich ist; dieses ist *Grassmann*'s „Ergänzung"[7]) des Parallelogramms. Während aber das Parallelogramm selbst bei einer Spiegelung in Bezug auf seine Ebene ungeändert bleibt, kehrt die Ergänzung ihre Richtung um.

In der Quaternionentheorie und der auf dieser fussenden Entwicklung der Vektoranalysis wurde diesem Unterschiede keine Rechnung getragen. Erst *A. N. Whitehead*[13]) trennt bei der Darstellung der Vektorenrechnung wieder die gerichteten Strecken systematisch von den mit einem Umlaufssinn versehenen Parallelogrammen. Inzwischen war von Seiten der Physiker die Wichtigkeit dieses Gegensatzes erkannt worden. Hier war es *J. Cl. Maxwell*[14]), der zuerst die beiden Arten von Richtungsgrössen als „translatorische" und „rotatorische" Vektoren unterschied, mit Rücksicht darauf, dass unendlich kleine

---

der „Ergänzung" des äusseren Produktes in *Grassmann*'s Terminologie identisch; s. *H. Grassmann*, Math. Ann. 12 (1877), p. 378.

10) *B. de Saint-Venant*, Par. C. R. 21 (1845), p. 620 scheint unabhängig von *Grassmann* und *Hamilton* zu diesem Begriffe gelangt zu sein.

11) *J. W. Gibbs*, Vector Analysis, New-Haven 1881/84.

12) *O. Heaviside*, Electrical papers London 1892, passim. Electromagnetic theory, 1, chap. 3, London 1894. An *Heaviside* schliessen sich *A. Föppl* und *G. Ferraris* an (s. d. Verz. der Lehrbücher und Monographieen). Die Systeme von *Gibbs* und *Heaviside*, welche, den Umweg über das Quaternionenprodukt vermeidend, die Grundbegriffe der Vektorenrechnung geometrisch definieren, sind von ihren Autoren wiederholt in den Spalten der „Nature" gegen die Angriffe der orthodoxen Quaternionisten (*P. G. Tait* und *A. Mc Aulay*) verteidigt worden; vgl. Nature 43, p. 511, 608; 44 (1891), p. 79; 47, p. 151, 225, 463, 533; 48 (1893), p. 364.

13) *A. N. Whitehead*, A Treatise on universal algebra, Cambr. 1898, book VII, chap. 4, p. 548 ff.

14) Treatise 1, art. 15; Papers 2, p. 257.

Rotationen der zweiten Art angehören (s. Nr. **16** dieses Art.). *P. Curie*[15]) und *E. Wiechert*[16]) wiesen neuerdings ebenfalls auf die Notwendigkeit hin, diese Grössenklassen auseinanderzuhalten, letzterer Forscher nennt sie „Vektoren" und „Rotoren", während *W. Voigt*[17]) sie als *„polare"* und *„axiale" Vektoren* bezeichnet; die letztgenannte Bezeichnung ist die hier gebrauchte. Man hat gefunden, dass die elektrische Kraft der Klasse der polaren, die magnetische der Klasse der axialen Vektoren angehört (s. Nr. **22** dieses Art.).

Sind P, Q zwei axiale Vektoren, so sind die Ausdrücke

$$(4)\quad P_x^2 + P_y^2 + P_z^2, \qquad (4')\quad Q_x^2 + Q_y^2 + Q_z^2,$$

$$(5)\qquad P_x Q_x + P_y Q_y + P_z Q_z$$

Skalare, d. h. sie sind invariant bei Drehungen und Inversionen des Koordinatensystems. *Sind andrerseits* P_x, P_y, P_z *Komponenten eines axialen Vektors, und ist der Ausdruck* (5) *ein Skalar, so sind* Q_x, Q_y, Q_z *ebenfalls Komponenten eines axialen Vektors.* Der Beweis dieses Satzes entspricht ganz dem des analogen für polare Vektoren geltenden (s. Nr. **2** dieses Art.). Ebenso folgt, dass aus einem von P abhängigen Skalar E ein neuer axialer Vektor abgeleitet werden kann mit den Komponenten:

$$\frac{\partial E}{\partial P_x}, \quad \frac{\partial E}{\partial P_y}, \quad \frac{\partial E}{\partial P_z}.$$

4. Feld eines Skalars. Ist ein Skalar φ als stetige Funktion des Ortes (fonction de point)[18]) gegeben, so ist seine Abnahme auf dem Wegelement $d\lambda$:

$$-d\varphi = -\frac{\partial \varphi}{\partial x}\cdot dx - \frac{\partial \varphi}{\partial y}\cdot dy - \frac{\partial \varphi}{\partial z}\cdot dz,$$

wenn $dx\, dy\, dz$ die Projektionen von $d\lambda$ auf die Koordinatenaxen bezeichnen. Da $d\lambda$ als Vektor, $dx\, dy\, dz$ als seine Komponenten anzusehen sind, so folgt nach Nr. **2** dies. Art., dass $\frac{-\partial\varphi}{\partial x}$, $\frac{-\partial\varphi}{\partial y}$, $\frac{-\partial\varphi}{\partial z}$ Komponenten eines Vektors sind. Die Richtung dieses Vektors ist die der grössten räumlichen Abnahme des Skalars φ, seine Länge $\sqrt{\left(\frac{\partial\varphi}{\partial x}\right)^2 + \left(\frac{\partial\varphi}{\partial y}\right)^2 + \left(\frac{\partial\varphi}{\partial z}\right)^2}$ giebt den auf die Längeneinheit bezogenen

15) *P. Curie*, J. de phys. (3) 3 (1894), p. 393.

16) *E. Wiechert*, Königsb. Phys. ökon. Ges. 37 (1896), p. 6; Ann. Phys. Chem. 59 (1896), p. 287.

17) *W. Voigt*, Compendium 2, p. 418 u. p. 801, 1896. Die fundamentalen physikalischen Eigenschaften der Krystalle. Leipz. 1898, p. 18.

18) *G. Lamé*, J. éc. polyt. cah. 23 (1834), p. 215; Leçons sur les coordonnées curvilignes, Paris 1859, chap. 1.

Betrag dieser grössten Abnahme an. Letzteren Ausdruck nannte *G. Lamé*[18]) „*Differentialparameter erster Ordnung*". *Lamé* erfasste indessen nicht den Vektor als gerichtete Grösse. Dieses blieb *W. R. Hamilton* vorbehalten, der ihn mit Hülfe des symbolischen Operators

$$\nabla = i\frac{\partial}{\partial x} + j\frac{\partial}{\partial y} + k\frac{\partial}{\partial z}$$

darstellte[19]). Man bezeichnet den Vektor $-\nabla\varphi$ als *Gefälle* (slope[20])) oder *Gradienten*[20']) des Skalars φ. Durch Berechnung des Gefälles wird jedem Skalarfeld ein Vektorfeld zugeordnet. Das Feld eines Vektors, der als Gefälle eines Skalars angesehen werden kann, wird „potentielles Vektorfeld" genannt; weitere Ausführungen über Skalarfelder werden unten an die Behandlung des potentiellen Vektorfeldes (Nr. 6) angeknüpft.

5. Feld eines Vektors. Ändert sich ein Vektor in einem gewissen Bereiche im allgemeinen — d. h. abgesehen von einer endlichen Zahl von Flächen, Kurven und Punkten — stetig mit dem Orte, so nennt man den Bereich das *Feld* des Vektors[4]). Wir verstehen im Folgenden unter einem Vektorfelde schlechtweg das Feld eines polaren Vektors. Für axiale Vektoren gelten entsprechende Entwickelungen.

Maxwell unterscheidet *Kraftvektoren* und *Strömungsvektoren*[21]). Diese Unterscheidung ist keine wesentliche, man kann vielmehr denselben Vektor A bald als Kraftvektor, bald als Strömungsvektor deuten. Deutet man ihn als Strömungsgeschwindigkeit einer den Raum erfüllenden Flüssigkeit, so erhält man eine *skalare Grösse*, indem man die gesamte *Flüssigkeitsmenge* berechnet, welche in der Zeiteinheit ein festes Flächenstück f in dem durch die Normale n angezeigten Sinne durchfliesst. Dieselbe ist gleich dem *Flächenintegral*

$$F = \iint df(A_x \cos nx + A_y \cos ny + A_z \cos nz). \tag{6}$$

Deutet man ihn hingegen als Kraftvektor, so erhält man eine *skalare Grösse*, wenn man die *Arbeit* berechnet, welche die Kraft bei einer Verschiebung längs des festen Kurvenstückes λ leistet. Dieselbe ist gleich dem *Linienintegral*

$$L = \int d\lambda(A_x \cos \lambda x + A_y \cos \lambda y + A_z \cos \lambda z). \tag{7}$$

---

19) *W. R. Hamilton*, Lectures, art. 620. Den Operator ∇ nennt man gelegentlich „Nabla" nach einem hebräischen Musikinstrumente von ähnlicher Form.

20) *O. Heaviside*, Electromagnetic theory 1, p. 186.

20') *Riemann-Weber*, Partielle Differentialgleichungen 1 (1900), p. 213.

21) *Maxwell*, Treatise 1, art. 12; Papers 2, p. 257 ff.

Man kann andrerseits auch aus einem Kraftvektor einen Skalar F, aus einem Strömungsvektor einen Skalar L ableiten. Ersteren nennt man „*Kraftfluss* durch die Fläche f", letzteren in der Hydrodynamik „*Circulation* längs der Kurve λ".

Ist die Fläche f geschlossen und n ihre äussere Normale, so ergiebt eine unter dem Namen „*Gauss'scher Satz*" bekannte Integraltransformation [22])

$$(8) \qquad F = \iiint d\tau \left(\frac{\partial A_x}{\partial x} + \frac{\partial A_y}{\partial y} + \frac{\partial A_z}{\partial z} \right).$$

Das Integral auf der rechten Seite dieser Gleichung ist über den von von der Fläche f begrenzten Raum τ zu erstrecken. *Der Ausdruck*

$$(9) \qquad \operatorname{div} A = \frac{\partial A_x}{\partial x} + \frac{\partial A_y}{\partial y} + \frac{\partial A_z}{\partial z}$$

ist ein Skalar. Er stellt in der hydrodynamischen Analogie die auf die Volumeinheit berechnete *Ergiebigkeit der Flüssigkeitsquellen dar. J. Cl. Maxwell* nennt [23]) [23a]) den mit dem negativen Vorzeichen versehenen Ausdruck (9) „*Konvergenz*", während der jetzt für (9) gebräuchliche Name „*Divergenz*" von *W. K. Clifford* [24]) herrührt. In der Symbolik der Quaternionentheorie [25]) wird er $-S\nabla A$ geschrieben. *J. W. Gibbs* und *O. Heaviside* [26]) schreiben $\nabla \cdot A$ bezw. ∇A.

Verläuft im Felde eine Unstetigkeitsfläche σ, deren Normalen mit ν_1, ν_2 bezeichnet werden mögen, so ist *die Ergiebigkeit der Quellen pro Flächeneinheit* gleich dem *Sprunge der Normalkomponente des Feldvektors*

$$(9') \qquad A_{\nu_1} + A_{\nu_2}.$$

Dieser Sprung wird daher als „*Flächendivergenz*" [27]) des Vektors A bezeichnet.

---

22) s. II A 2, Nr. 46. Der Satz wurde von *Gauss* in seinen „Allgemeinen Lehrsätzen", Leipz. 1840, für potentielle Felder bewiesen. Ges. Werke 5, p. 224.

23) Treatise 1, art. 25.

23a) *Maxwell*, Classification of physical quantities. Papers 2, p. 257 ff. Lond. math. soc. Proc. 3 (1871), p. 224.

24) *W. K. Clifford*, Elements of dynamic, p. 209.

25) *P. G. Tait* wandte zuerst den Operator ∇ auf Vektoren an, s. Edinb. Proc. 4 (1862) = Papers 1, Cambr. 1898, p. 37. Der Skalarteil der so entstehenden Quaternion ergiebt die Konvergenz, der Vektorteil den curl des betr. Vektors.

26) *Gibbs* und *Heaviside* (s. Anm. 11, 12) bilden das innere, bez. äussere Produkt aus dem Operator ∇ und dem Vektor A und erhalten so div. und curl. Das entgegengesetzte Vorzeichen des Symbols für die Divergenz bei den Quaternionisten entspricht den verschiedenen Vorzeichen des inneren Produktes und des Skalarteils des Quaternionenproduktes, s. Anm. 9.

27) *V. Bjerknes*, Vorlesungen über hydrodynamische Fernkräfte 1, Leipzig 1900, p. 9—18.

Bildet man das Linienintegral (7) für eine geschlossene Kurve λ, so erhält man nach dem „*Stokes'schen Satze*“[28])

$$(10)\quad L = \iint d\omega \left[\left(\frac{\partial A_z}{\partial y} - \frac{\partial A_y}{\partial z} \right) \cos(\omega, yz) + \left(\frac{\partial A_x}{\partial z} - \frac{\partial A_z}{\partial x} \right) \cos(\omega, zx) + \left(\frac{\partial A_y}{\partial x} - \frac{\partial A_x}{\partial y} \right) \cos(\omega, xy) \right].$$

Das Integral auf der rechten Seite dieser Gleichung ist über eine von der Kurve λ umrandete Fläche ω zu erstrecken; (ω, yz), (ω, zx), (ω, xy) geben die Winkel an, welche das betreffende Element der Fläche ω mit den Koordinatenebenen einschliesst. Die bei der Umwandlung des Linienintegrals L in ein Flächenintegral auftretenden Ausdrücke

$$(11)\qquad \frac{\partial A_z}{\partial y} - \frac{\partial A_y}{\partial z}, \quad \frac{\partial A_x}{\partial z} - \frac{\partial A_z}{\partial x}, \quad \frac{\partial A_y}{\partial x} - \frac{\partial A_x}{\partial y}$$

sind *Komponenten eines axialen Vektors*[29])[13]). Diesen nennt *Maxwell*[23]) „*rotation*“, später[23a]) „*curl*“ des Vektors A; er, wie auch *Heaviside*[26]), der gleichfalls den Namen „curl“ gebraucht, schreibt in der Symbolik der Quaternionentheorie[25]) $V\nabla A$, *J. W. Gibbs*[26]) schreibt $\nabla \times A$, *E. Wiechert*[29]) Quirl A, *H. A. Lorentz*[30]) *Rot.* A, *W. Voigt*[68]) vort. A. In der Kinematik der Kontinua (Nr. **16** d. Art.) spielt der halbe curl des Verschiebungsvektors eine Rolle, indem er die Rotation der Volumelemente angiebt. Bei einer den Raum erfüllenden Flüssigkeitsströmung giebt der halbe curl des Geschwindigkeitsvektors die auf die Volumeinheit berechnete *Intensität* der *Wirbel* an.

Verläuft im Felde der Flüssigkeitsströmung eine Unstetigkeitsfläche σ, längs der die Flüssigkeitsschichten an einander vorbei gleiten, so bildet die Fläche σ den Sitz eines „*Flächenwirbels*“[27]), dessen auf die Flächeneinheit bezogene Intensität durch den halben „*Flächencurl*“ gemessen wird. *Der Flächencurl ist ein axialer Vektor, dessen Ebene senkrecht zur Unstetigkeitsfläche orientiert ist.* Seine Komponente nach irgend einer, auf der Unstetigkeitsfläche senkrechten Ebene ist gleich dem Sprunge der in die betreffende Ebene fallenden tangentiellen Komponente des Feldvektors. Ist N_{12} ein von der ersten nach der zweiten Seite der Unstetigkeitsfläche σ weisender

28) *G. G. Stokes*, A Smith's prize paper, Cambr. 1854; *H. Hankel*, Preisschrift, Göttingen 1861; s. auch II A 2, Nr. **46**.

29) *E. Wiechert*, Königsb. Phys. ökon. Ges. 37 (1896), p. 8; Ann. Phys. Chem. 59 (1896), p. 288; Grundlagen der Elektrodynamik, Festschrift 1899.

30) *H. A. Lorentz*, Versuch einer Theorie der elektrischen und optischen Erscheinungen in bewegten Körpern, Leiden 1895.

Einheitsvektor, so ist *der Flächencurl des Vektors A mit dem äusseren Produkte* (Nr. **3** dieses Artikels)

$$(11') \qquad [N_{12}(A_2 - A_1)]$$

identisch.

6. Potentielles Feld. Ist das Linienintegral (7), erstreckt über eine die Punkte α, β verbindende Kurve, bei beliebiger Wahl des Punktes β vom Wege unabhängig, so lässt sich das Vektorfeld auf ein Skalarfeld zurückführen. Wird der Wert des Skalars φ im Punkte α beliebig gewählt, so sei der Wert im Punkte β

$$(12) \qquad \varphi_\beta = \varphi_\alpha - \int_\alpha^\beta d\lambda\,(A_x \cos\lambda x + A_y \cos\lambda y + A_z \cos\lambda z);$$

der so bestimmte Skalar φ heisst das (skalare) *Potential* (vgl. den Artikel über Potentialtheorie II A 7 b); ein Vektorfeld, das ein skalares Potential besitzt, wird *„potentielles Vektorfeld"* genannt. Der Feldvektor $A = -\nabla\varphi$ giebt das Gefälle (s. Nr. **4** dies. Art.) des Potentials an. *W. Thomson* gebraucht die Bezeichnung *„lamellares Feld"*[31]), mit Rücksicht darauf, dass man ein potentielles Feld durch ein Netz von Äquipotentialflächen (Niveauflächen) in dünne Lamellen teilen kann, derart, dass beim Durchqueren einer jeden Lamelle das Potential um den gleichen Betrag abnimmt. Diese Lamellen sind überall senkrecht zur Richtung des Feldvektors orientiert; bringt man ein Kurvenelement von bestimmter Länge an verschiedene Stellen des Feldes, so bildet die Zahl der Lamellen, welche es schneidet, ein relatives Mass für die Komponente des Feldvektors in Richtung des Elementes, an der betreffenden Stelle des Feldes.

Die *Divergenz des potentiellen Vektors A* ist

$$(13) \quad \operatorname{div} A = \frac{\partial A_x}{\partial x} + \frac{\partial A_y}{\partial y} + \frac{\partial A_z}{\partial z} = -\left(\frac{\partial^2\varphi}{\partial x^2} + \frac{\partial^2\varphi}{\partial y^2} + \frac{\partial^2\varphi}{\partial z^2}\right) = -\nabla^2\varphi.$$

Der Skalar $\left(\frac{\partial^2\varphi}{\partial x^2} + \frac{\partial^2\varphi}{\partial y^2} + \frac{\partial^2\varphi}{\partial z^2}\right)$ wird von *G. Lamé*[18]) als *„Differentialparameter 2. Ordnung* (Δ_2)" bezeichnet; *Maxwell* nennt ihn[23]) [23a]) *„concentration"* des Skalars φ. In der Symbolik der Quaternionentheorie[19]) [25]) wird er $-\nabla^2\varphi$, von *Thomson-Tait, Gibbs* und *Heaviside*[20]) $\nabla^2\varphi$ geschrieben, auch andere Zeichen sind für ihn im Gebrauch (s. II A 7 b, Nr. 2).

---

31) *W. Thomson*, On solenoïdal and lamellar distributions of magnetism. London Roy. Soc. Proc. 1850 — Reprint of papers on electrostatics and magnetism, art. 504 ff.

Der curl des Feldvektors verschwindet in potentiellen Feldern; denn hier verschwindet vermöge Gl. (12) das Linienintegral L für jede geschlossene Kurve λ, und mithin die linke Seite von Gl. (10) für jede Fläche ω. Umgekehrt folgt aus dem Verschwinden des curl nach (10) die Unabhängigkeit des Linienintegrales L vom Wege, mithin die Existenz eines skalaren Potentials φ. Daher bezeichnet man das potentielle Feld auch als *„wirbelfreies Feld"*. Verlaufen *Unstetigkeitsflächen* im Felde, so ist es dann und nur dann ein potentielles, wenn nicht nur im ganzen Felde der räumliche curl (11), sondern auch, auf der Unstetigkeitsfläche, der Flächencurl (11') verschwindet, d. h. wenn die tangentiellen Komponenten des Feldvektors stetig die Fläche durchsetzen. Sind *Unstetigkeitslinien* vorhanden, so ist das Potential im allgemeinen nicht mehr einwertig, es hängt vielmehr davon ab, wie oft der Integrationsweg $(\alpha\beta)$ in Gl. (12) die Unstetigkeitslinien umschlingt. Das Analoge findet in mehrfach zusammenhängenden Feldern statt (s. II A 7 b, Nr. 9).

Für die Optik, Elektrodynamik, Akustik und Elastizitätslehre besitzen diejenigen *Vektorfelder* besonderes Interesse, welche ebenen, homogenen Wellenzügen entsprechen. Dieselben besitzen die Eigenschaft, dass man eine Schar paralleler Ebenen konstruieren kann derart, dass in allen Punkten einer jeden dieser Ebenen der Feldvektor dieselbe Grösse und Richtung hat. Sind die ebenen homogenen Wellen longitudinal, wie in der Akustik, d. h. ist der Feldvektor senkrecht zu den Wellenebenen orientiert, so verschwindet der curl des Feldvektors. Wendet man nämlich den *Stokes*'schen Satz (10) auf ein Rechteck an, das man parallel oder senkrecht zu den Wellenebenen stellt, so verschwindet stets das über die Begrenzung erstreckte Linienintegral L; daher verschwinden die drei Komponenten des curl an allen Punkten des Feldes, d. h. *das Feld longitudinaler ebener homogener Wellen ist ein potentielles*[32]).

7. Solenoïdales Feld. Ist das Flächenintegral F (6), welches die Strömung durch eine Fläche f hindurch angiebt, für alle im Felde verlaufenden geschlossenen Flächen gleich Null, *so verschwindet* nach (8) im ganzen Felde *die Divergenz des Feldvektors.* Derartige Felder werden *„quellenfreie"* oder *„solenoïdale"*[31]) genannt. Letztere Bezeichnung ist darauf zurückzuführen, dass man ein quellenfreies Feld in ein System von dünnen Röhren oder Solenoïden teilen kann, derart,

32) Wohl zuerst von *M. O'Brien*, Cambr. Trans. 8 (1847), p. 508, der eine eigene Symbolik verwendet; s. auch *M. Abraham*, Math. Ann. 52 (1899), p. 88; *P. Duhem*, J. de math. (5) 6 (1900), p. 249.

dass die Strömung durch die einzelne Röhre für alle *Querschnitte* derselben die gleiche ist. Die Röhrenwände werden von Stromlinien gebildet. Man konstruiert sie zweckmässig so, dass für alle Röhren der Betrag der Strömung der gleiche ist. Bringt man alsdann ein Flächenelement von bestimmtem Flächeninhalt an verschiedene Punkte des Feldes, so giebt die Zahl der Röhren, welche das Element durchsetzen, ein relatives Maass für die Komponente des Feldvektors senkrecht zum Elemente an der betreffenden Stelle des Feldes.

Verlaufen Unstetigkeitsflächen im Felde, so ist es dann und nur dann ein solenoïdales, wenn nicht nur im ganzen Felde die räumliche Divergenz (9), sondern auch an der Unstetigkeitsfläche die Flächendivergenz (9′) verschwindet, d. h. wenn die Normalkomponente des Feldvektors die Unstetigkeitsfläche stetig durchsetzt.

In solenoïdalen Feldern kann man die Komponenten des divergenzlosen Feldvektors A auf folgende Form bringen:

$$(14)\quad A_x = \frac{\partial \Phi_z}{\partial y} - \frac{\partial \Phi_y}{\partial z}, \quad A_y = \frac{\partial \Phi_x}{\partial z} - \frac{\partial \Phi_z}{\partial x}, \quad A_z = \frac{\partial \Phi_y}{\partial x} - \frac{\partial \Phi_x}{\partial y}.$$

Φ_x, Φ_y, Φ_z sind als Komponenten eines axialen Vektors Φ anzusehen; unterwirft man sie der Bedingung

$$(14')\qquad \frac{\partial \Phi_x}{\partial x} + \frac{\partial \Phi_y}{\partial y} + \frac{\partial \Phi_z}{\partial z} = 0,$$

so wird Φ „*Vektorpotential*“[33]) genannt.

Mit dem curl des Feldvektors hängt das Vektorpotential durch die Gleichungen zusammen:

$$(14'')\quad \frac{\partial A_z}{\partial y} - \frac{\partial A_y}{\partial z} = -\nabla^2 \Phi_x, \quad \frac{\partial A_x}{\partial z} - \frac{\partial A_z}{\partial x} = -\nabla^2 \Phi_y,$$

$$\frac{\partial A_y}{\partial x} - \frac{\partial A_x}{\partial y} = -\nabla^2 \Phi_z.$$

Ein solenoïdales Feld, dessen Wirbel im Endlichen liegen, besitzt stets ein Vektorpotential[34]). Über seine Berechnung bei gegebenen Wirbeln vgl. Nr. **10** dieses Artikels.

Ist das *Feld ein ebenes*, d. h. entspricht es einer ebenen Flüssigkeitsströmung, die etwa in der (xy)-Ebene stattfinden möge, so lautet die für *quellenfreie* Strömung charakteristische Bedingung:

$$\frac{\partial A_x}{\partial x} + \frac{\partial A_y}{\partial y} = 0.$$

Ist dieselbe erfüllt, und das ebene Feld somit solenoïdal, so ist die

33) *Maxwell,* Treatise 2, art. 404, 405 u. 617.

34) Siehe etwa *P. Duhem*, J. de math. (5) 6 (1900), p. 215.

gesamte Strömung durch eine Kurve, die zwei Punkte (α, β) des Feldes verbindet, vom Wege (α, β) unabhängig, und somit dem Zuwachs $\psi_\beta - \psi_\alpha$ einer Funktion $\psi(x, y)$ des Ortes gleich zu setzen[35]), die *„Stromfunktion"* genannt wird. Mit ihr sind die Komponenten des Feldvektors durch die Gleichungen verknüpft

$$A_x = \frac{\partial \psi}{\partial y}, \quad A_y = -\frac{\partial \psi}{\partial x}. \tag{15}$$

Die Stromfunktion kann gedeutet werden als z-Komponente des Vektorpotentiales; die anderen beiden Komponenten des letzteren verschwinden in ebenen Feldern. Auch die Theorie der Strömung inkompressibler Flüssigkeiten auf gekrümmten Flächen wird durch Einführung einer Stromfunktion vereinfacht.

In analoger Weise werden *solenoïdale axial-symmetrische Felder* behandelt[36]). Legt man durch die Symmetrieaxe des Feldes eine Ebene, und verbindet zwei Punkte (α, β) derselben durch eine Kurve λ, so ist die gesamte Strömung durch die Fläche, welche durch Rotation der Kurve λ um die Symmetrieaxe entsteht, vom Wege λ unabhängig, und somit dem Zuwachs $2\pi(\psi_\beta - \psi_\alpha)$ einer Funktion $2\pi\psi$ gleichzusetzen, die nur vom Orte in jener Ebene, also etwa dem Abstand ϱ von der Axe, und dem Abstand z des auf die Axe gefällten Lotes vom Anfangspunkte abhängt. Die Komponenten des Feldvektors parallel bezw. senkrecht zur Symmetriaxe sind

$$A_z = -\frac{1}{\varrho}\frac{\partial \psi}{\partial \varrho}, \quad A_\varrho = \frac{1}{\varrho}\frac{\partial \psi}{\partial z}. \tag{15'}$$

In dem Felde homogener ebener transversaler Wellen verschwindet die Divergenz des Feldvektors. Dieses ergiebt sich durch Anwendung des *Gauss*'schen Satzes (8) auf ein rechtwinkliges Parallelepiped, von dem ein Paar gegenüberliegender Seiten in Wellenebenen fällt. *Das Feld ebener homogener transversaler Wellen* — z. B. der elektromagnetischen — *ist daher ein solenoïdales*[32]).

8. Laplace'sches Feld. Ein Vektorfeld, welches zugleich potentiell und solenoïdal ist, besitzt ein skalares Potential, welches der *Laplace*'schen Gleichung $\nabla^2\varphi = 0$ genügt; es wird daher *„Laplace*'sches Feld" genannt[36']). Seine Theorie ist in dem Art. über Potentialtheorie II A 7b behandelt worden.

35) *Lagrange*, Oeuvres 4, p. 720; *W. J. M. Rankine*, Lond. Phil. Trans. 1871, p. 275.

36) *G. G. Stokes*, Cambr. Trans. 7 (1842) = Papers 1, p. 14; *W. J. M. Rankine*, Phil. Trans. 1871, p. 278.

36') *Maxwell*, Treatise I, art. 95 b.

Ein *ebenes Laplace'sches Feld* besitzt ferner eine Stromfunktion ψ, die mit dem Potential φ nach (15) durch die Gleichungen verknüpft ist

$$(16) \qquad -\frac{\partial \varphi}{\partial x} = \frac{\partial \psi}{\partial y}, \quad \frac{\partial \varphi}{\partial y} = \frac{\partial \psi}{\partial x}.$$

Diese Gleichungen sind die notwendigen und hinreichenden Bedingungen dafür, dass $(-\varphi + \psi i)$ eine Funktion des komplexen Argumentes $(x + yi)$ ist (s. II B 1). Durch Einführung dieser Funktion und Verwendung der in der Theorie der Funktionen einer komplexen Variabeln gebräuchlichen Methoden erfährt die Theorie ebener *Laplace*scher Felder eine erhebliche Vereinfachung.

9. Flächennormales Vektorfeld. Ein Vektor A ist an allen Punkten des Feldes senkrecht zu einer Flächenschar $f =$ constans orientiert, wenn er, der Richtung nach, mit dem Gefälle $-\nabla f$ übereinstimmt, und nur der Intensität nach durch einen Faktor g, der eine Funktion des Ortes ist, von dem Gefälle möglicherweise abweicht. Ein flächennormaler Vektor steht mithin zu zwei Skalaren f, g in der Beziehung $A = -g\nabla f$. Damit ein Vektor A einer derartigen Gleichung genüge, muss es möglich sein, das Differential

$$A_x dx + A_y dy + A_z dz$$

mit Hülfe eines integrierenden Divisors g zu einem vollständigen Differential zu machen. Die Bedingung hierfür

$$(17) \quad A_x\left(\frac{\partial A_y}{\partial z} - \frac{\partial A_z}{\partial y}\right) + A_y\left(\frac{\partial A_z}{\partial x} - \frac{\partial A_x}{\partial z}\right) + A_z\left(\frac{\partial A_x}{\partial y} - \frac{\partial A_y}{\partial x}\right) = 0$$

besagt geometrisch, dass *der Vektor A an allen Punkten seines Feldes der Ebene seines curl parallel ist*[37]).

W. Thomson nennt flächennormale Vektorfelder *„komplex-lamellar"* [31]). Wie *A. Clebsch* gezeigt hat, lässt sich *jedes Vektorfeld* in der Form $A = -\nabla\varphi - g\nabla f$ darstellen[38]), also als *Superposition eines potentiellen und eines flächennormalen Vektorfeldes* auffassen.

10. Zerlegung des Vektorfeldes in ein potentielles und ein solenoïdales Feld. Ein unbegrenztes Vektorfeld, dessen Komponenten im Unendlichen mindestens von der 2ten Ordnung unendlich klein werden, kann stets als Superposition eines potentiellen und eines solenoïdalen Feldes angesehen werden. Ist A der Feldvektor, so

---

37) *A. Sommerfeld*, Deutsche Math.-V. 6 (1897), p. 124; s. auch *P. Appell*, Traité de mécanique rationelle 3, 1900, p. 15.

38) *A. Clebsch*, J. f. Math. 56 (1859), p. 1.

setzt man $A = A' + A''$, $\operatorname{div} A' = 0$, $\operatorname{curl} A'' = 0$ und ordnet durch die Gleichungen

$$A' = \operatorname{curl} \Phi', \ \operatorname{div} \Phi' = 0; \quad A'' = -\nabla\varphi''$$

dem solenoïdalen Teile ein Vektorpotential, dem potentiellen ein skalares Potential zu. Letztere haben nach (13), (14'') den Gleichungen zu genügen

$$\nabla^2\varphi'' = -\operatorname{div} A; \qquad -\nabla^2\Phi'_x = \frac{\partial A_z}{\partial y} - \frac{\partial A_y}{\partial z},$$
$$-\nabla^2\Phi'_y = \frac{\partial A_x}{\partial z} - \frac{\partial A_z}{\partial x},$$
$$-\nabla^2\Phi'_z = \frac{\partial A_y}{\partial x} - \frac{\partial A_x}{\partial y};$$

aus denen die Werte von φ'', Φ_x', Φ_y', Φ_z' in einem beliebigen Punkte (xyz) der Feldes nach den Regeln der Potentialtheorie zu berechnen sind. Stellt r die Entfernung vom Raumelement $d\tau_1$ dar, so hat man

$$\text{(18)} \qquad \begin{aligned} \varphi'' &= \frac{1}{4\pi}\iiint \frac{d\tau_1}{r}(\operatorname{div} A)_1, \\ \Phi' &= \frac{1}{4\pi}\iiint \frac{d\tau_1}{r}(\operatorname{curl} A)_1. \end{aligned}$$

Die 2te Gleichung ist eine Vektorgleichung, sie ersetzt die drei Gleichungen für die Komponenten von Φ', die man erhält, wenn man den curl in seine Komponenten zerlegt. *Hierdurch ist die Zerlegung in den potentiellen und den solenoïdalen Teil vollendet, und gleichzeitig das Vektorfeld durch die Werte seiner Divergenz und seines curl eindeutig bestimmt*[39]). Auf den Fall, dass *Unstetigkeitsflächen* im Felde verlaufen, ist das Resultat leicht zu übertragen, indem man entsprechende Flächenintegrale hinzufügt, welche von der Flächendivergenz (9') und dem Flächencurl (11') abhängen[39']).

Begrenzte Felder kann man auf unendlich viele verschiedene Arten in ein quellenfreies und ein wirbelfreies Feld zerlegen[40]). Man kann etwa das skalare Potential so bestimmen, dass der potentielle Teil des Feldes nicht nur im Innern die verlangten Werte der Divergenz, sondern auch an der Begrenzung die dem Gesamtfeld vorgeschriebenen Werte der Normalkomponente annimmt; dann ist das Vektorpotential zugleich bestimmt. Oder man ergänzt das begrenzte Vektorfeld in stetiger Weise, indem man ausserhalb der Grenzfläche

39) *G. G. Stokes*, Cambr. Trans. 9 (1850), p. 1 = Papers 2, p. 255 ff.

39') *L. Donati*, Bol. Mem. (5) 7 (1897), p. 1—26.

40) *A. Clebsch*, J. f. Math. 61 (1863), p. 195; *E. Betti*, Nuovo Cim. (2) 7 (1872), p. 75; *H. Helmholtz*, J. f. Math. 55 (1858), p. 25 ff.

Quellen und Wirbel derart anbringt, dass das innere Feld ungeändert bleibt, und bildet die entsprechenden Werte des skalaren und des Vektorpotentials mit Hülfe der Gl. (18).

11. Ableitung neuer Vektoren und Skalaren aus gegebenen Vektoren. Aus gegebenen Vektoren A, B, C,... kann man in mannigfacher Weise neue Vektoren ableiten, deren Komponenten ganze rationale Funktionen der Komponenten der gegebenen Vektoren und ihrer Differentialquotienten nach den Koordinaten sind. *H. Burkhardt* hat untersucht[6]), welches die allgemeinste Form der so zu erhaltenden Vektoren und Skalaren ist, indem er die formalen Hülfsmittel verwandte, die in der Invariantentheorie der Algebraiker ihre Ausbildung gefunden haben. Er führt alle abgeleiteten Vektoren auf fünf Typen zurück, die durch folgende Operationen entstehen:

a) Geometrische Addition von Vektoren.

b) Bildung des äusseren (vektoriellen) Produktes aus je zwei der gegebenen Vektoren A, B, C, $\cdots$, $[AB]$ u. s. w.

c) Anwendung der Operationen curl, ∇ div, ∇^2 auf die gegebenen Vektoren.

d) Kombination der gegebenen Vektorkomponenten zu einem neuen Vektor, dessen Komponenten von der Form sind

$$A_x \frac{\partial B_x}{\partial x} + A_y \frac{\partial B_x}{\partial y} + A_z \frac{\partial B_x}{\partial z},$$
$$A_x \frac{\partial B_y}{\partial x} + A_y \frac{\partial B_y}{\partial y} + A_z \frac{\partial B_y}{\partial z},$$
$$A_x \frac{\partial B_z}{\partial x} + A_y \frac{\partial B_z}{\partial y} + A_z \frac{\partial B_z}{\partial z}.$$

Heaviside schreibt[12]) diesen Vektor $(A\nabla)B$. Ist A ein Einheitsvektor, so giebt $(A\nabla)B$ den auf die Längeneinheit berechneten Zuwachs an, den der Vektor B erfährt, wenn man in der durch A angezeigten Richtung fortschreitet.

e) Multiplikation der gegebenen und der neuen Vektoren mit drei Skalaren, nämlich dem inneren Produkte zweier Vektoren, dem Quadrate der Länge und der Divergenz eines Vektors.

Bei der Reduktion auf eine dieser Formen sind insbesondere folgende Rechnungsregeln von Nutzen[11]) [12]):

$$\text{(19)} \qquad \operatorname{div} g\nabla f = \frac{\partial g}{\partial x}\cdot\frac{\partial f}{\partial x} + \frac{\partial g}{\partial y}\cdot\frac{\partial f}{\partial y} + \frac{\partial g}{\partial z}\cdot\frac{\partial f}{\partial z} + g\nabla^2 f,$$

$$\text{(19')} \qquad \operatorname{div}[AB] = B \operatorname{curl} A - A \operatorname{curl} B,$$

$$\text{(20)} \qquad \operatorname{curl}\operatorname{curl} A = \nabla \operatorname{div} A - \nabla^2 A.$$

Integriert man die Gl. (19), (19') über einen Raum τ, und formt die linken Seiten mit Hülfe des *Gauss*'schen Satzes (8) in Flächenintegrale um, so führt die erste zu dem *Green'schen Satze*[41]), die zweite zu einer ganz analogen Umwandlung eines Raumintegrals in ein Oberflächenintegral.

H. Burkhardt zieht nur Drehungen des Koordinatensystems in Betracht, und unterscheidet demgemäss nicht zwischen polaren und axialen Vektoren. Man kann indessen seine Resultate durch folgende Regel ergänzen: Sind die bei Drehungen des Koordinatensystems sich wie Vektorkomponenten transformierenden Ausdrücke Produkte von n Vektorkomponenten, so sind sie *Komponenten eines polaren Vektors, wenn n ungerade, eines axialen, wenn n gerade ist;* Differentiation nach einer Koordinate ist äquivalent der Multiplikation mit der Komponente eines Vektors in Richtung der betreffenden Koordinate. Demgemäss ist z. B. der *curl eines axialen Vektors ein polarer Vektor* [29]).

Wie es zweierlei Arten von Vektoren giebt, die sich durch ihr Verhalten bei Umkehrung der drei Koordinatenaxen unterscheiden, so giebt es auch *zwei Arten skalarer Grössen. Die einen behalten ihr Vorzeichen bei, wenn man von einem rechten Koordinatensystem zu einem linken übergeht, die anderen wechseln es.* Zu ersteren gehört das innere Produkt zweier polarer Vektoren, die Divergenz eines polaren Vektors, zu letzteren die aus den Komponenten von 3 polaren Vektoren A, B, C gebildete Determinante

$$\begin{vmatrix} A_x & A_y & A_z \\ B_x & B_y & B_z \\ C_x & C_y & C_z \end{vmatrix},$$

deren absoluter Betrag den Rauminhalt des durch jene drei Vektoren bestimmten Parallelepipeds angiebt. *Zu den Skalaren der zweiten Art gehört ferner die Divergenz eines axialen Vektors.* Die Unterscheidung zweier Arten skalarer Grössen ist in der Mechanik und Physik bisher nicht üblich gewesen und wird daher hier nur beiläufig erwähnt.

II. Kinematik und Statik der Kontinua.

12. Homogene Deformation. Die Deformation eines Körpers, der stetig den Raum erfüllt, sieht man in der Elastizitätstheorie als bestimmt an, wenn man die Lage aller Punkte des Körpers vor und

---

41) *G. Green*, Essay on the application of mathematical analysis to the theories of electricity and magnetism, Nottingham 1828 = Papers, p. 23 (s. II A 2, Nr. 47).

nach der Deformation kennt; sie ist analytisch darzustellen durch Gleichungen, welche jedem Wertsystem $(x y z)$ der Koordinaten vor der Deformation eineindeutig ein Wertsystem $(\xi \eta \zeta)$ der Koordinaten nach der Deformation zuordnen. Der einfachste Fall ist der, dass diese Gleichungen linear sind[42])

$$(21)\qquad \begin{aligned} \xi &= a_1 + (1 + a_{11})x + a_{12}y + a_{13}z, \\ \eta &= a_2 + a_{21}x + (1 + a_{22})y + a_{23}z, \\ \zeta &= a_3 + a_{31}x + a_{32}y + (1 + a_{33})z. \end{aligned}$$

Eine derartige *Transformation* des Raumes nennen die Geometer nach *A. F. Möbius* eine *affine*[42']); *W. Thomson* und *P. G. Tait*[43]) bezeichnen die entsprechende Deformation als *homogene Deformation.* Strecken, die anfänglich parallel und gleich waren, bleiben auch nach der homogenen Deformation parallel und gleich. Ebenen bleiben Ebenen, wie überhaupt der Grad einer Fläche durch eine homogene Deformation nicht geändert wird; Punkte, die anfänglich auf einer Kugel lagen, liegen nachher auf einem Ellipsoide, dem sogenannten *Deformationsellipsoide*[44]). Ein Tripel senkrechter Halbmesser der Kugel wird zu einem Tripel konjugierter Halbmesser des Ellipsoids. *Es giebt im allgemeinen nur ein Tripel von Halbmessern, die sowohl vor wie auch nach der Deformation auf einander senkrecht stehen, nämlich die Hauptaxen des Deformationsellipsoids.*

13. Lineare Vektorfunktion. Man kann die affine Transformation (21) zusammensetzen aus einer Translation des Körpers mit den Komponenten a_1, a_2, a_3, welche den Punkt $x = y = z = 0$ in seine endgültige Lage bringt, und einer homogenen linearen Transformation, welche diesen Punkt unverschoben lässt. Wir fassen weiterhin nur letztere ins Auge, schreiben also

$$(22)\qquad \begin{aligned} \xi &= (1 + a_{11})x + a_{12}y + a_{13}z, \\ \eta &= a_{21}x + (1 + a_{22})y + a_{23}z, \\ \zeta &= a_{31}x + a_{32}y + (1 + a_{33})z. \end{aligned}$$

Ordnet man jedem Punkte des Körpers einen Vektor r zu, der seinen Abstand vom Anfangspunkte vor der Deformation nach Grösse und Richtung darstellt, so statuieren die Gl. (22) lineare Beziehungen

42) *A. Cauchy,* Sur la condensation et la dilatation des corps solides. Exercices de mathématiques 2, 1827, p. 60—69.

42') *A. F. Möbius,* Der baryzentrische Calcul, Leipz. 1827, p. 144 ff.

43) *W. Thomson* und *P. G. Tait,* Natural philosophy 1, art. 155.

44) *A. Cauchy,* Exercices de mathématiques 1828, 3, p. 237—244.

zwischen den Komponenten $(x\,y\,z)$ dieses Vektors und den Komponenten $(\xi\,\eta\,\zeta)$ des Vektors ϱ, in den (r) durch die Deformation übergeführt wird. Man bezeichnet zuweilen schlechtweg ϱ als „lineare Funktion" des Vektors r.[45]) Die Theorie der *„linearen Vektorfunktionen"* ist mit Hülfe symbolischer Methoden von *P. G. Tait*[45]) und namentlich von *J. W. Gibbs*[46]) entwickelt worden. Man stellt die lineare Vektorfunktion symbolisch dar durch $\varrho = \varphi r$, wobei φ einen von neun Koeffizienten abhängigen, *„linearen Operator"* bezeichnet. Man kann etwa φ schreiben:

$$\varphi = i\alpha + j\beta + k\gamma,$$
$$\begin{aligned} \alpha &= (1 + a_{11})i + a_{12}j + a_{13}k, \\ \beta &= a_{21}i + (1 + a_{22})j + a_{23}k, \\ \gamma &= a_{31}i + a_{32}j + (1 + a_{33})k. \end{aligned}$$

Ein Aggregat symbolischer Produkte, von der Art, wie φ, nennt *J. W. Gibbs* eine *„dyadic"*[46]); gebraucht man sie, wie in der Gleichung $\varrho = \varphi r$, als „prefactor", so hat man die Vektoren α, β, γ, welche an zweiter Stelle stehen, mit r nach den Gesetzen der inneren Produktbildung zu vereinigen, um zu den Gl. (22) zu gelangen. Gebraucht man sie dagegen als „postfactor", d. h. bildet man den Vektor $\varrho' = r\varphi$, so hat man r mit den an erster Stelle stehenden Vektoren der „dyadic" zu vereinigen. Es ist daher $\varrho' = \varphi' r$, wo $\varphi' = \alpha i + \beta j + \gamma k$ der *„zu φ konjugierte Operator"* ist. Wir gehen auf die symbolische Behandlungsweise der linearen Vektorfunktionen nicht näher ein, weil die meisten der hier in Betracht kommenden kinematischen Beziehungen zuerst mit Hülfe der Koordinatenmethoden abgeleitet worden sind.

14. Zerlegung in reine Deformation und Rotation. Man kann die Frage aufwerfen, welche Richtungen durch die homogene Deformation (22) nicht geändert werden. Diese Richtungen bestimmen sich aus einer Gleichung dritten Grades[47]), letztere hat entweder eine reelle Wurzel, oder deren drei; der erste Fall tritt beispielsweise ein, wenn die Deformation in eine Rotation ausartet; im zweiten Fall giebt es drei im allgemeinen schiefwinklige Richtungen im Körper, die durch die Deformation nicht geändert werden. *Stehen die drei Richtungen, die durch die Deformation nicht geändert werden, auf einander senkrecht,*

45) *P. G. Tait*, An elementary treatise on quaternions, Cambr. 1. ed. 1867, 2. ed. 1874, 3. ed. 1890; *W. K. Clifford*, Elements of dynamic, 1, p. 162.

46) *J. W. Gibbs*, Vector Analysis, New-Haven 1881/84, chap. III.

47) *Thomson-Tait*, Nat. phil. 1, art. 181.

so heisst die Deformation eine reine[48]). Bei einer reinen Deformation ändern demnach die Hauptaxen des Deformationsellipsoids ihre Lage im Raume nicht. Dafür, dass die Deformation (21) eine reine ist, reichen hin und sind notwendig die Bedingungen: $a_{21} = a_{12}$, $a_{32} = a_{23}$, $a_{13} = a_{31}$.[48]) Lineare Vektorfunktionen, die dieser Bedingung genügen, nennt man[45])[46]) *selbstkonjugiert* oder *symmetrisch.*

Man kann eine beliebige homogene Deformation stets hervorgebracht denken, indem man zuerst durch eine Rotation des Körpers als eines starren die Hauptaxen des Deformationsellipsoids in die endgültige Lage überführt und dann durch eine reine Deformation, d. h. durch Dehnung der zu jenen Axen parallelen Geraden, *die verlangte Formänderung herstellt.* Führt man zuerst die reine Deformation, und dann die Rotation aus, so ist die Lage der Rotationsaxe im Raume eine andere[49]). Die beiden Operationen, deren Produkt die allgemeine homogene Deformation ist, verhalten sich insofern verschieden, als die Rotationen eine Gruppe bilden, die reinen Deformationen dagegen nicht; vielmehr geben zwei reine Deformationen, mit verschiedenen Hauptaxen, nach einander ausgeführt, im allgemeinen keine reine Deformation[48]).

15. Andere Zerlegungen. Ausser den angeführten Arten, die allgemeine homogene Deformation als Produkt einfacherer Transformationen darzustellen, giebt es noch eine Reihe anderer. Unter den speziellen Deformationen, die hierbei in Betracht kommen, spielt die einfache *Scherung* oder *Schiebung* (engl. shear, franz. glissement) eine Rolle. Bei einer Scherung bleiben die Punkte einer bestimmten Ebene in ihrer ursprünglichen Lage; alle anderen Punkte werden parallel einer in jener Ebene festen Geraden, in einem dem Abstande von der Ebene proportionalen Masse verschoben[50]).

Eine von *P. G. Tait*[49]) angegebene Darstellung der allgemeinen homogenen Deformation als Resultante zweier einfacherer Deformationen, nämlich einer reinen Deformation und einer Drehung des Körpers um einen rechten Winkel, die mit einer gleichförmigen Dehnung aller zur Drehaxe senkrechten Geraden verbunden ist, ist mit der Zerlegung der allgemeinen linearen Vektorfunktion in den symmetrischen und den antisymmetrischen Teil (vgl. Nr. **16** dieses Art.) identisch. Die Resultante der beiden Deformationen ist dabei in der

48) *Thomson-Tait,* Nat. phil. 1, art. 182—185.

49) *P. G. Tait,* Edinb. Proc. 1872 = Papers 1, p. 194—198, stellt die Zerlegung durch Quaternionen dar.

50) *Thomson-Tait*, Nat. phil. art. 170 ff.

Weise zu bilden, dass man die entsprechenden Verschiebungen zu ihrer geometrischen Summe vereinigt; diese giebt die resultierende Verschiebung an.

16. Unendlich kleine, insbesondere heterogene Deformation. Die Zusammensetzung verschiedener Deformationen gestaltet sich wesentlich einfacher, wenn die entsprechenden Verschiebungen ($\xi - x$, $\eta - y$, $\zeta - z$) der Punkte des Körpers so klein sind, dass die Quadrate und Produkte der Koeffizienten $a_{11}, \cdots, a_{33}$ der Gl. (22) neben diesen Koeffizienten selbst zu vernachlässigen sind. Führt man solche unendlich kleine Deformationen nach einander aus, so addieren sich die entsprechenden Koeffizienten, d. h. die Verschiebungen setzen sich zu ihrer geometrischen Summe zusammen. Mithin ergeben zwei unendlich kleine reine Deformationen, nach einander ausgeführt, wiederum eine unendlich kleine reine Deformation. *Die Zerlegung der unendlich kleinen homogenen Deformation in reine Deformation und Rotation* (Nr. **14**) *entspricht der Zerlegung der linearen Vektorfunktion in einen symmetrischen und einen antisymmetrischen Bestandteil; die reine Deformation hängt von den Koeffizienten* a_{11}, a_{22}, a_{33}, $\frac{a_{21}+a_{12}}{2}$, $\frac{a_{32}+a_{23}}{2}$, $\frac{a_{13}+a_{31}}{2}$ *des symmetrischen, die Rotation von den Koeffizienten* $\frac{1}{2}(a_{32}-a_{23})$, $\frac{1}{2}(a_{13}-a_{31})$, $\frac{1}{2}(a_{21}-a_{12})$ *des antisymmetrischen Teiles ab;* letztere stellen die Komponenten der Rotation dar, d. h. die unendlich kleinen Rotationen um die Koordinatenaxen, welche sich zu der resultierenden Drehung nach dem Gesetze des Parallelepipeds vereinigen.

Die Theorie der *heterogenen Deformationen* lässt sich auf die der homogenen zurückführen. Es lassen sich nämlich die stetigen Funktionen des Ortes, welche die Verschiebungskomponenten (u, v, w) darstellen, in der Umgebung jedes Punktes (x_0, y_0, z_0) in eine *Taylor*'sche Reihe entwickeln[42]). Nimmt man den Bereich so klein an, dass die Reihe mit dem linearen Gliede abgebrochen werden kann, also die Gleichungen gelten:

$$(23)\quad \begin{aligned} u &= \xi - x = u_0 + \left(\frac{\partial u}{\partial x}\right)_0 (x - x_0) + \left(\frac{\partial u}{\partial y}\right)_0 (y - y_0) + \left(\frac{\partial u}{\partial z}\right)_0 (z - z_0), \\ v &= \eta - y = v_0 + \left(\frac{\partial v}{\partial x}\right)_0 (x - x_0) + \left(\frac{\partial v}{\partial y}\right)_0 (y - y_0) + \left(\frac{\partial v}{\partial z}\right)_0 (z - z_0), \\ w &= \zeta - z = w_0 + \left(\frac{\partial w}{\partial x}\right)_0 (x - x_0) + \left(\frac{\partial w}{\partial y}\right)_0 (y - y_0) + \left(\frac{\partial w}{\partial z}\right)_0 (z - z_0), \end{aligned}$$

so kann die Deformation als innerhalb dieses Bereiches homogen angesehen werden[51]). Die Verschiebung aller Punkte des Bereiches stellt sich daher nach Nr. **13** dar als Produkt einer Translation, die den Punkt P_0 in seine endgültige Lage überführt, einer Rotation und einer reinen Deformation. Die Deformation eines Bereiches, welcher einen beliebigen Punkt P umgiebt, hängt somit von den neun Differentialquotienten der Verschiebungskomponenten nach den Koordinaten ab. Sind insbesondere diese neun Differentialquotienten unendlich klein, so hängt die Rotation des Bereiches von den Grössen

$$(23') \quad r_x = \frac{1}{2}\left(\frac{\partial w}{\partial y} - \frac{\partial v}{\partial z}\right), \quad r_y = \frac{1}{2}\left(\frac{\partial u}{\partial z} - \frac{\partial w}{\partial x}\right), \quad r_z = \frac{1}{2}\left(\frac{\partial v}{\partial x} - \frac{\partial u}{\partial y}\right)$$

ab, welche *A. Cauchy*[52]) „mittlere Rotationen der Volumelemente" nennt; dieselben sind mit den halben Komponenten des curl (s. Nr. **5**) des Verschiebungsvektors identisch. Die Formänderung ist durch die Grössen

$$(23'') \qquad \frac{\partial u}{\partial x}, \ \frac{\partial v}{\partial y}, \ \frac{\partial w}{\partial z}, \ \frac{\partial w}{\partial y} + \frac{\partial v}{\partial z}, \ \frac{\partial u}{\partial z} + \frac{\partial w}{\partial x}, \ \frac{\partial v}{\partial x} + \frac{\partial u}{\partial y}$$

bestimmt, auf deren kinematische Bedeutung wir in Nr. **18** eingehen werden. Aus den obigen Überlegungen folgt, dass man *jede unendlich kleine Verschiebung eines kontinuierlichen Mediums*, beispielsweise die in einem unendlich kleinen Zeitintervalle stattfindende Flüssigkeitsbewegung, *darstellen kann als Superposition einer Translation, einer Rotation und einer Dilatation nach drei senkrechten Richtungen*[51]), [53]). Von *J. Bertrand* sind andere Zerlegungen angegeben worden; die Einwände, welche dieser Autor gegen die Zulässigkeit der obigen Zerlegung erhob, haben sich bei der Diskussion[54]) als unberechtigt herausgestellt.

17. Formänderung (engl. strain)[59]) **bei homogener Deformation; Tensoren.** Für die Elastizitätstheorie ist die Formänderung von weit grösserer Wichtigkeit, als die Translation und Rotation, da nur die Formänderung elastische Kräfte hervorruft, nicht aber eine Bewegung des Körpers als eines starren. Daher ist es notwendig, zu untersuchen, von welchen Grössen die Formänderung abhängt; wir führen dieses zunächst für die homogene Deformation (22) aus, auf

---

51) *G. G. Stokes*, Cambr. Trans. 8 (1845), p. 287 = Papers 1, p. 75.

52) *A. Cauchy*, Exercices d'analyse et de physique mathématique 2 (1841), p. 302—330.

53) *H. Helmholtz*, J. f. Math. 55 (1858), p. 25 ff.

54) *J. Bertrand*, Par. C. R. 66 (1868), p. 1227; 67 (1868), p. 267, 469, 773; *H. Helmholtz*, Par. C. R. 67 (1868), p. 221, 754, 1034; s. auch *E. Beltrami*, Tor. Mem. (3) 1 (1871), p. 432.

die sich die heterogene mit Hülfe der Gleichungen (23) zurückführen lässt. Die Formänderung eines Körpers ist offenbar bestimmt, wenn man die Abstände aller Punkte des Körpers vor und nach der Deformation kennt; wie wir oben erwähnten (s. Nr. **12**), sind die Längen zweier paralleler Strecken nach der homogenen Deformation gleich, wenn sie vor derselben gleich waren. *Daher ist die Formänderung bei einer homogenen Deformation* (22) *eindeutig bestimmt durch die Längenänderung aller vom Anfangspunkte ausgehenden Radienvektoren* [55]). Ist aber r die Länge eines vom Anfangspunkte nach dem Punkte (xyz) gezogenen Vektors vor der Deformation, ϱ die Länge des entsprechenden Vektors nach derselben, so ist gemäss Gl. (22):

$$(24)\quad \varrho^2 = r^2 + 2\left[e_x \cdot x^2 + e_y \cdot y^2 + e_z \cdot z^2 + g_{yz} \cdot yz + g_{zx} \cdot zx + g_{xy} \cdot xy\right],$$

wo zur Abkürzung gesetzt ist

$$(25)\quad \begin{aligned} e_x &= a_{11} + \tfrac{1}{2}(a_{11}^2 + a_{21}^2 + a_{31}^2), \\ e_y &= a_{22} + \tfrac{1}{2}(a_{12}^2 + a_{22}^2 + a_{32}^2), \\ e_z &= a_{33} + \tfrac{1}{2}(a_{13}^2 + a_{23}^2 + a_{33}^2); \end{aligned}$$

$$(25')\quad \begin{aligned} g_{yz} &= a_{23} + a_{32} + (a_{12} \cdot a_{13} + a_{22} \cdot a_{23} + a_{32} \cdot a_{33}), \\ g_{zx} &= a_{31} + a_{13} + (a_{13} \cdot a_{11} + a_{23} \cdot a_{21} + a_{33} \cdot a_{31}), \\ g_{xy} &= a_{12} + a_{21} + (a_{11} \cdot a_{12} + a_{21} \cdot a_{22} + a_{31} \cdot a_{32}). \end{aligned}$$

Durch diese sechs Grössen ist die Formänderung bestimmt [42]). Für den Winkel, welchen zwei beliebige, anfangs mit den Vektoren r_1, r_2 zusammenfallende Strecken nach der Deformation einschliessen, erhält man die Gleichung

$$(26)\quad \begin{aligned} \varrho_1 \cdot \varrho_2 \cdot \cos(\varrho_1 \varrho_2) = r_1 r_2 \cos(r_1 r_2) + [2 e_x \cdot x_1 \cdot x_2 + 2 e_y \cdot y_1 \cdot y_2 + 2 e_z \cdot z_1 \cdot z_2 \\ + g_{yz}(y_1 z_2 + z_1 y_2) + g_{zx}(z_1 x_2 + x_1 z_2) + g_{xy}(x_1 y_2 + y_1 x_2)]. \end{aligned}$$

Die kinematische Bedeutung der sechs Grössen $e_x, \cdots, g_{xy}$ ergiebt sich aus den Gl. (24) und (26). Es seien x, y, z drei Strecken, die anfänglich in die Koordinatenaxen fielen, a, b, c die Strecken, in welche sie durch die Deformation übergeführt werden. Dann ist [56]):

$$(27)\quad e_x = \frac{a^2 - x^2}{2x^2}, \qquad e_y = \frac{b^2 - y^2}{2y^2}, \qquad e_z = \frac{c^2 - z^2}{2z^2};$$

$$(27')\quad g_{yz} = \frac{b \cdot c}{y \cdot z} \cos(bc), \quad g_{zx} = \frac{c \cdot a}{z \cdot x} \cos(ca), \quad g_{xy} = \frac{a \cdot b}{x \cdot y} \cdot \cos(ab).$$

---

55) *A. E. H. Love*, Treatise on the mathematical theory of elasticity, 1, chap. 1, Cambr. 1892.

56) *G. Green*, Cambr. Trans. 1839 = Papers p. 293—311.

Die ersten drei Grössen geben also die halben relativen Änderungen der Quadrate der Strecken an, welche anfänglich in die Koordinatenaxen fielen, die letzten drei bestimmen die Winkel, welche diese Strecken nach der Deformation einschliessen.

Führt man ein neues rechtwinkliges Koordinatensystem (x', y', z') ein, so folgt aus Gl. (24), da die Längen r, ϱ der Radienvektoren vor und nach der Formänderung vom Koordinatensystem unabhängig sind, dass der Ausdruck

$$(28) \qquad e_x \cdot x^2 + e_y \cdot y^2 + e_z \cdot z^2 + g_{yz} \cdot yz + g_{zx} \cdot zx + g_{xy} \cdot xy$$

invariant gegen Koordinatentransformationen ist.

Ebenso ist der aus den Komponenten A_x, A_y, A_z eines Vektors gebildete Ausdruck:

$$(28') \quad (A_x \cdot x + A_y \cdot y + A_z \cdot z)^2 = A_x^2 \cdot x^2 + A_y^2 \cdot y^2 + A_z^2 \cdot z^2 + 2 A_y A_z \cdot yz + 2 A_z A_x \cdot zx + 2 A_x A_y \cdot xy$$

vom Koordinatensystem unabhängig. Mithin sind die 6 Koeffizienten von x^2, y^2, z^2, $2yz$, $2zx$, $2xy$, in den Ausdrücken (28), (28') zu einander kogredient (s. Nr. 2 dieses Art.). *Die Transformationsformeln, nach denen die sechs Grössen* e_x, e_y, e_z, $\frac{1}{2} g_{yz}$, $\frac{1}{2} g_{zx}$, $\frac{1}{2} g_{xy}$ *auf wechselnde Koordinatensysteme umzurechnen sind, sind identisch mit den für die Quadrate und Produkte* A_x^2, A_y^2, A_z^2, $A_y A_z$, $A_z A_x$, $A_x A_y$ *von Vektorkomponenten geltenden.* Jenen Komplex von sechs Grössen nennt *J. W. Gibbs*[57]) *„right tensor“, W. Voigt*[58]) *bezeichnet ihn als „Tensortripel“ („triple tenseur“ franz.), die 6 Grössen selbst als „Tensorkomponenten“ und überträgt diese Namen auf andere Grössensysteme, welche sich in derselben Weise auf wechselnde Koordinatenaxen transformieren.* Diese Bezeichnungsweisen sind dadurch gerechtfertigt, dass man (s. Nr. **14**) die Formänderung stets als reine Deformation, d. h. als Produkt dreier Dehnungen der Hauptaxen des Deformationsellipsoids betrachten kann.

Die Hauptaxen des Deformationsellipsoids (Nr. **12**) ändern bei der Deformation ihre Winkel nicht, man kann daher ihre anfängliche Lage ermitteln, indem man das Tripel senkrechter Radienvektoren sucht, für das $g_{y'z'} = g_{z'x'} = g_{x'y'} = 0$ ist. Diese Richtungen fallen zusammen mit den Hauptaxen der Flächen zweiten Grades

57) *J. W. Gibbs*, Vector Analysis, New-Haven 1881/84, p. 57. Der Name „Tensor“ wird zuweilen auch in abweichender Bedeutung gebraucht. Vgl. Anm. 5'.

58) *W. Voigt*, Die fundamentalen physikalischen Eigenschaften der Krystalle, Leipz. 1898, p. 20 ff.; Rapport, Paris 1900 u. Gött. Nachr. 1900, Heft 2, p. 4 ff.

(29) $$x^2 e_x + y^2 e_y + z^2 e_z + yz g_{yz} + zx g_{zx} + xy g_{xy} = \pm 1,$$

deren Radienvektoren nach Gl. (24) alle die nämliche Zunahme oder Abnahme des Quadrates ihrer Länge erfahren. Ergiebt in (29) das obere Vorzeichen ein reelles Ellipsoid, so werden alle Radienvektoren gedehnt; ergiebt das untere ein reelles Ellipsoid, so werden alle kontrahiert. Bestimmt Gl. (29) zwei konjugierte Hyperboloide, so werden die Radienvektoren des einen Hyperboloids bei der Formänderung verlängert, die des anderen verkürzt. Die Bestimmung der Hauptaxen dieser Flächen hängt von der Gleichung dritten Grades ab;

$$\begin{vmatrix} e_x - \sigma & \frac{1}{2} g_{xy} & \frac{1}{2} g_{zx} \\ \frac{1}{2} g_{xy} & e_y - \sigma & \frac{1}{2} g_{yz} \\ \frac{1}{2} g_{zx} & \frac{1}{2} g_{yz} & e_z - \sigma \end{vmatrix} = 0,$$

deren Invarianten [59])

(30) $$e_x + e_y + e_z, \quad e_y e_z + e_z e_x + e_x e_y - \frac{1}{4}(g_{yz}^2 + g_{zx}^2 + g_{xy}^2),$$
$$e_x \cdot e_y \cdot e_z + \frac{1}{4}(g_{yz} \cdot g_{zx} \cdot g_{xy} - e_x \cdot g_{yz}^2 - e_y \cdot g_{zx}^2 - e_z \cdot g_{xy}^2)$$

die primitiven Invarianten des Tensortripels sind.

18. Unendlich kleine heterogene Formänderung; Tensorfelder. In der Mechanik der Kontinua beschränkt man sich in der Regel auf die Betrachtung unendlich kleiner Formänderungen, d. h. solcher, bei denen die relativen Längenänderungen und die Winkeländerungen so kleine Werte besitzen, dass ihre Quadrate und Produkte zu vernachlässigen sind. In diesem Falle gewinnen die sechs Komponenten (27), (27') des Tensortripels eine vereinfachte Bedeutung. *Die ersten drei Komponenten stellen die relativen Längenänderungen dar, welche anfänglich in die Koordinatenaxen fallende Geraden erfahren, die letzten drei die Verkleinerungen der ursprünglich rechten Winkel, welche jene Geraden einschliessen.* Diese *Dehnungen und Gleitungen* (franz. dilatations et glissements, engl. extensions and shears oder slides, ital. dilatazioni e scorrimenti) werden also bei einer unendlich kleinen Formänderung durch die Gl. (25), (25') bestimmt.

Wie wir in Nr. **16** gesehen haben, kann man die heterogene Deformation auf die homogene mit Hülfe der Gl. (23) zurückführen.

59) *W. J. M. Rankine,* On axes of elasticity and crystalline forms, Lond. Phil. Trans. 146 (1856), p. 261 ff.

Demnach sind die Dehnungen und Gleitungen bei einer unendlich kleinen heterogenen Formänderung[56])[60]):

$$
(31)\quad
\begin{aligned}
e_x &= \frac{\partial u}{\partial x} + \frac{1}{2}\left(\left(\frac{\partial u}{\partial x}\right)^2 + \left(\frac{\partial v}{\partial x}\right)^2 + \left(\frac{\partial w}{\partial x}\right)^2\right),\\
e_y &= \frac{\partial v}{\partial y} + \frac{1}{2}\left(\left(\frac{\partial u}{\partial y}\right)^2 + \left(\frac{\partial v}{\partial y}\right)^2 + \left(\frac{\partial w}{\partial y}\right)^2\right),\\
e_z &= \frac{\partial w}{\partial z} + \frac{1}{2}\left(\left(\frac{\partial u}{\partial z}\right)^2 + \left(\frac{\partial v}{\partial z}\right)^2 + \left(\frac{\partial w}{\partial z}\right)^2\right);\\
g_{yz} &= \frac{\partial v}{\partial z} + \frac{\partial w}{\partial y} + \left(\frac{\partial u}{\partial y}\cdot\frac{\partial u}{\partial z} + \frac{\partial v}{\partial y}\cdot\frac{\partial v}{\partial z} + \frac{\partial w}{\partial y}\cdot\frac{\partial w}{\partial z}\right),\\
g_{zx} &= \frac{\partial w}{\partial x} + \frac{\partial u}{\partial z} + \left(\frac{\partial u}{\partial z}\cdot\frac{\partial u}{\partial x} + \frac{\partial v}{\partial z}\cdot\frac{\partial v}{\partial x} + \frac{\partial w}{\partial z}\cdot\frac{\partial w}{\partial x}\right),\\
g_{xy} &= \frac{\partial u}{\partial y} + \frac{\partial v}{\partial x} + \left(\frac{\partial u}{\partial x}\cdot\frac{\partial u}{\partial y} + \frac{\partial v}{\partial x}\cdot\frac{\partial v}{\partial y} + \frac{\partial w}{\partial x}\cdot\frac{\partial w}{\partial y}\right).
\end{aligned}
$$

Diese Dehnungen und Gleitungen transformieren sich auf wechselnde Koordinatensysteme wie Tensorkomponenten. Bei einer unendlich kleinen Formänderung besitzen die Flächen (29) die Eigenschaft, dass das reciproke Quadrat eines Radiusvektors die relative Dehnung oder Kontraktion der betreffenden Richtung angiebt[42]).

Die Voraussetzung, dass die Formänderung unendlich klein sei, schliesst nicht aus, dass die Verschiebungen und einige ihrer Differentialquotienten nach den Koordinaten endliche Werte besitzen, da ja die Rotation endlich sein kann. Ist auch die Rotation unendlich klein, so erfahren die Gl. (31) eine Vereinfachung, indem daselbst die Quadrate und Produkte der Differentialquotienten der Verschiebungskomponenten nach den Koordinaten zu vernachlässigen sind; die Dehnungen und Gleitungen nehmen dann die Werte an:

$$
(32)\quad e_x = \frac{\partial u}{\partial x},\quad e_y = \frac{\partial v}{\partial y},\quad e_z = \frac{\partial w}{\partial z};
$$

$$
g_{yz} = \frac{\partial v}{\partial z} + \frac{\partial w}{\partial y},\quad g_{zx} = \frac{\partial w}{\partial x} + \frac{\partial u}{\partial z},\quad g_{xy} = \frac{\partial u}{\partial y} + \frac{\partial v}{\partial x}.
$$ [61])

Die relative Dilatation der Volumelemente wird in diesem Falle[42]) gleich $\frac{\partial u}{\partial x} + \frac{\partial v}{\partial y} + \frac{\partial w}{\partial z}$, d. h. gleich der Divergenz des Verschiebungsvektors.

---

60) *B. de Saint-Venant*, Par. C. R. 24 (1847), p. 260—263; auch in *Navier*, „Leçons sur la résistance des corps solides", 3. éd. 1864, appendix III, p. 589.

61) *G. Kirchhoff*, J. f. Math. 56 (1858) = Ges. Werke p. 287; Mechanik, Vorl. 11. Er schreibt für die Grössen (32) x_x, y_y, z_z; $y_z = z_y$, $z_x = x_z$, $x_y = y_x$. Eine Tabelle der für die Spannungen von den verschiedenen Autoren gebrauchten Bezeichnungen findet sich bei *Todhunter* and *Pearson*, A History of the theory of elasticity, Vol. I, Cambr. 1886, p. 322, Art. 610.

Bei einer heterogenen Formänderung können die sechs Komponenten des für das „*Tensorfeld*" charakteristischen Tensortripels nicht unabhängig von einander gewählt werden. Es müssen vielmehr sechs Differentialgleichungen erfüllt sein, wenn die Elemente des Körpers sich auch nach der Deformation stetig an einander schliessen sollen; dieselben ergeben sich durch Elimination der Komponenten u, v, w aus den Gleichungen (31) bezw. (32), und sind für den letzteren Fall von *G. Kirchhoff*[62]), für den allgemeineren Fall, wo die Gl. (31) die Formänderung bestimmen, von *B. de Saint-Venant*[63]) angegeben worden. Sie lauten:

$$(33)\quad \begin{aligned} \frac{\partial^2 g_{yz}}{\partial y\,\partial z} &= \frac{\partial^2 e_y}{\partial z^2} + \frac{\partial^2 e_z}{\partial y^2}, & 2\frac{\partial^2 e_x}{\partial y\,\partial z} &= \frac{\partial}{\partial x}\left(-\frac{\partial g_{yz}}{\partial x} + \frac{\partial g_{zx}}{\partial y} + \frac{\partial g_{xy}}{\partial z}\right), \\ \frac{\partial^2 g_{zx}}{\partial z\,\partial x} &= \frac{\partial^2 e_z}{\partial x^2} + \frac{\partial^2 e_x}{\partial z^2}, & 2\frac{\partial^2 e_y}{\partial z\,\partial x} &= \frac{\partial}{\partial y}\left(\frac{\partial g_{yz}}{\partial x} - \frac{\partial g_{zx}}{\partial y} + \frac{\partial g_{xy}}{\partial z}\right), \\ \frac{\partial^2 g_{xy}}{\partial x\,\partial y} &= \frac{\partial^2 e_x}{\partial y^2} + \frac{\partial^2 e_y}{\partial x^2}; & 2\frac{\partial^2 e_z}{\partial x\,\partial y} &= \frac{\partial}{\partial z}\left(\frac{\partial g_{yz}}{\partial x} + \frac{\partial g_{zx}}{\partial y} - \frac{\partial g_{xy}}{\partial z}\right). \end{aligned}$$

Dass diese Bedingungen nicht nur notwendig, sondern auch hinreichend dafür sind, dass sechs Funktionen des Ortes $e_x, e_y, e_z, g_{yz}, g_{zx}, g_{xy}$ mögliche Werte der Dehnungen und Gleitungen bei einer heterogenen Formänderung sind, hat *E. Beltrami*[64]) bewiesen. Das Tensorfeld, das von den Dehnungen e_x, e_y, e_z und den halben Gleitungen g_{yz}, g_{zx}, g_{xy} gebildet wird, ist also nicht das allgemeinste stetige Tensorfeld.

19. Spannungen in einem Körper (engl. stress[59])). Erteilt man den Punkten eines kontinuierlich den Raum erfüllenden Körpers eine unendlich kleine Verschiebung mit den Komponenten u, v, w, so sind die Komponenten der unendlich kleinen Rotation der Volumelemente, nach Gl. (23′)

$$r_x = \frac{1}{2}\left(\frac{\partial w}{\partial y} - \frac{\partial v}{\partial z}\right), \quad r_y = \frac{1}{2}\left(\frac{\partial u}{\partial z} - \frac{\partial w}{\partial x}\right), \quad r_z = \frac{1}{2}\left(\frac{\partial v}{\partial x} - \frac{\partial u}{\partial y}\right).$$

Gemäss Nr. 5 dieses Art. sind es Komponenten eines axialen Vektors, sie besitzen die Invariante

$$(34)\qquad r_x^2 + r_y^2 + r_z^2.$$

---

62) *G. Kirchhoff*, J. f. Math. 56 (1858) = Ges. Werke p. 301; Mechanik, Vorl. 27, p. 398.

63) *B. de Saint-Venant* in Navier, Leçons sur la résistance des corps solides, 3 éd. 1864, appendix III, p. 598.

64) *E. Beltrami*, Bol. Mem. 1886, p. 3; Pal. Rend. 3 (1889); Par. C. R. 108 (1889), p. 502.

Andererseits sind die Formänderungskomponenten durch (23″) bez. (32) gegeben. Sie besitzen nach (30) die quadratische Invariante

$$34') \qquad e_x^2 + e_y^2 + e_z^2 + \frac{1}{2}(g_{yz}^2 + g_{zx}^2 + g_{xy}^2).$$

Die Rotation bezw. Formänderung ist nun von Spannungen im Körper begleitet. Wir schneiden aus dem Körper einen unendlich kleinen Würfel heraus[65]), dessen Seitenflächen den Koordinatenebenen parallel sind, und bezeichnen die Komponenten der Spannung, welche auf die Flächeneinheit der Seiten wirkt, nach *G. Kirchhoff*[61]) mit

$$X_x, Y_x, Z_x, \quad X_y, Y_y, Z_y, \quad X_z, Y_z, Z_z,$$

derart, dass der Index immer die äussere Normale der Seite angiebt, auf welche die betreffende Spannung wirkt. X_x, Y_y, Z_z werden *Normalspannungen*, X_y, Y_x, Y_z, Z_y, Z_x, X_z *Schubspannungen* genannt. Um die geometrische Natur dieser neun Grössen festzustellen, muss man ermitteln, wie sie sich transformieren, wenn man das Koordinatensystem und mithin die Orientierung des elementaren Würfels verändert. Dieses gelingt am einfachsten, indem man den Ausdruck für die Arbeit bildet, welche die Spannungen bei virtuellen Formänderungen und Rotationen leisten, und aus der Invarianz ihres Wertes gegenüber Koordinatentransformationen Schlüsse zieht.

Die auf die Volumeinheit bezogene Arbeit bei virtuellen Dehnungen δe_x, δe_y, δe_z und Gleitungen δg_{yz}, δg_{zx}, δg_{xy} ist[59]) [66])

$$(35) \qquad \delta A' = X_x \delta e_x + Y_y \delta e_y + Z_z \delta e_z$$
$$+ \frac{1}{2}(Y_z + Z_y)\delta g_{yz} + \frac{1}{2}(Z_x + X_z)\delta g_{zx} + \frac{1}{2}(X_y + Y_x)\delta g_{xy},$$

und die Arbeit, die bei virtuellen Rotationen $\delta r_x\, \delta r_y\, \delta r_z$ geleistet wird:

$$(35') \qquad \delta A'' = (Z_y - Y_z)\delta r_x + (X_z - Z_x)\delta r_y + (Y_x - X_y)\delta r_z.$$

Da die virtuellen Änderungen der Tensorkomponenten e_x, e_y, e_z $\frac{1}{2}g_{yz}$, $\frac{1}{2}g_{zx}$, $\frac{1}{2}g_{xy}$ ihrerseits Tensorkomponenten sind, so folgt aus der Invarianz der Ausdrücke (34′) und (35), dass sowohl

$$e_x, e_y, e_z, \frac{1}{2}g_{yz}, \frac{1}{2}g_{zx}, \frac{1}{2}g_{xy},$$

wie $\quad X_x, Y_y, Z_z, \frac{1}{2}(Y_z + Z_y), \frac{1}{2}(Z_x + X_z), \frac{1}{2}(X_y + Y_x)$

65) *A. Cauchy*, Exercices de mathématiques 2 (1827), p. 42—56, benutzt ein unendlich kleines Tetraeder statt des Würfels.

66) *W. Thomson*, Lond. Roy. Soc. Trans. 146, 2 (1856), p. 481 ff. = Papers 3, p. 84 ff.

kontragredient (s. Nr. 2 dieses Art.) zu $e_x, e_y, e_z, g_{yz}, g_{zx}, g_{xy}$ sind. Folglich sind jene beiden Grössensysteme zu einander kogredient[59]). *Die Verbindungen* $X_x, Y_y, Z_z, \frac{1}{2}(Y_z+Z_y), \frac{1}{2}(Z_x+X_z), \frac{1}{2}(X_y+Y_x)$ *von Spannungskomponenten sind daher selbst Komponenten eines Tensortripels*[68]), d. h. sie transformieren sich wie die Quadrate und Produkte von Vektorkomponenten[67]).

Aus (34), (35′) folgt in entsprechender Weise, dass *die Verbindungen* $(Z_y-Y_z), (X_z-Z_x), (Y_x-X_y)$ *der Spannungskomponenten Komponenten eines axialen Vektors* sind[68]); sie geben die von den Spannungen herrührenden *Drehmomente* an. Im allgemeinen setzt man sie in der Elastizitätstheorie gleich null[65]). Wenn aber die von den äusseren Kräften auf den elementaren Würfel ausgeübten Drehmomente bei beliebiger Verkleinerung der Würfelkanten nicht verschwinden, so kommen auch die Drehmomente der inneren Spannungen in Betracht. Dieses ist z. B. im Innern permanenter Magnete der Fall[69]).

Verschwinden die Drehmomente der Spannungen, so kann man den Spannungszustand an einem Punkte vollständig durch die *Fläche zweiten Grades* darstellen:

$$(36)\quad X_x x^2 + Y_y y^2 + Z_z z^2 + 2Y_z yz + 2Z_x zx + 2X_y xy = \pm 1,$$

aus der man die Grösse und Richtung der Spannung ermitteln kann, die auf ein beliebig orientiertes Flächenelement wirkt[65])[70]). Auch andere Flächen zweiten Grades sind zur geometrischen Darstellung der Spannungen verwandt worden[65])[71]).

Tensoren treten nicht nur in der Kinematik und Statik der Kontinua, sondern auch in anderen Disziplinen der mathematischen Physik auf, insbesondere dort, wo lineare Beziehungen zwischen Vektoren eine Rolle spielen (s. Nr. 22 dieses Art.). Auch die Trägheitsmomente (IV 3) eines starren Körpers in Bezug auf Axen, die durch einen festen Punkt gehen, sind durch einen Tensor bestimmt.

Wir haben uns bisher ausschliesslich mit der Kinematik und Statik eines Kontinuums beschäftigt, dessen Zustand durch Angabe der Verschiebung aller seiner Punkte bestimmt ist. Stellt man sich

---

67) *A. Cauchy*, Exercices de mathématiques 4 (1829), p. 33.

68) *W. Voigt*, Gött. Nachr. 1900, Heft 2, p. 14; Rapport, Paris 1900.

69) *Maxwell*, Treatise 2, art. 641, 642.

70) *W. Thomson*, Papers 3, p. 88; *Thomson-Tait*, Nat. Phil. 2, art. 663 ff.

71) *G. Lamé*, Leçons sur la théorie mathématique de l'élasticité, Paris 1852, 2te Aufl. 1866, p. 53; *F. E. Neumann*, Vorlesungen über die Theorie der Elasticität, Leipz. 1885, p. 32 ff.

auf den Standpunkt der molekularen Hypothese, so erscheint diese Auffassung als eine einseitige, da sie nur die Verschiebungen der Moleküle, nicht die davon unabhängigen Rotationen berücksichtigt. In der That hat man die Grundgleichungen der Elastizitätstheorie durch Heranziehung selbständiger Rotationen der Moleküle erweitert[71'), indem man gleichzeitig die Möglichkeit offen liess, dass die Volumelemente durch ihre Begrenzungsfläche hindurch nicht nur Kräfte, sondern auch Drehmomente auf einander ausüben. Auch sind mechanische Theorieen des elektro-magnetischen Feldes auf Grund ähnlicher Vorstellungen entwickelt worden, indem man die Verschiebungen und Rotationen der Partikel des Mediums ineinander greifen liess, und sich so die Wechselwirkung der Felder eines polaren und eines axialen Vektors veranschaulichte. Nähere Angaben hierüber sollen in Band V Platz finden.

20. Einführung krummliniger Koordinaten in Vektor- und Tensorfelder. Krummlinige Koordinaten sind zuerst in der Mechanik der Systeme mit einer endlichen Zahl von Freiheitsgraden (*Lagrange*) und in der Flächentheorie (*Gauss*) zur Verwendung gelangt (vgl. Bd. III). Um ihre Einführung in die Mechanik der Kontinua und die mathematische Physik hat sich insbesondere *G. Lamé*[72]) verdient gemacht. Konstruiert man in einem Felde drei Scharen von Flächen

$$f_1(x, y, z) = \alpha, \quad f_2(x, y, z) = \beta, \quad f_3(x, y, z) = \gamma,$$

derart, dass durch jeden Punkt des Feldes eine Fläche von jeder der drei Scharen hindurchgeht, so stellen die Parameter α, β, γ ein System *krummliniger Koordinaten* vor. Die Einführung der Parameter α, β, γ erweist sich als zweckmässig, falls der betreffende Vektor oder Tensor auf bestimmten Flächen $f_1 = \text{const.}$, $f_2 = \text{const.}$, $f_3 = \text{const.}$ vorgeschriebene Grenzbedingungen zu erfüllen hat. Es sind die Parameter α, β, γ so zu wählen, dass durch ihre Angabe ein Punkt des Feldes eindeutig bestimmt ist; dann kann man die Komponenten stets durch einwertige Funktionen der krummlinigen Koordinaten ausdrücken. Hier soll ausführlich nur auf die Einführung orthogonaler Koordinaten eingegangen werden, da fast ausschliesslich solche bei physikalischen Problemen eine Rolle spielen.

Als *orthogonale Koordinaten* bezeichnet man die Parameter α, β, γ dreier Flächenscharen, die sich senkrecht, und demnach, einem Satze

71') Vgl. z. B. *W. Voigt,* Gött. Abh. 34 (1887), p. 1—9. Compendium I, p. 119—128.

72) *G. Lamé*, J. éc. pol. 3, cah. 23 (1834), p. 215, 247; Leçons sur les coordonnées curvilignes, Paris 1859.

von *Ch. Dupin* gemäss, in den Krümmungslinien schneiden. Das Quadrat der Länge des Linienelementes dr, welches die Punkte (α, β, γ) und $(\alpha + d\alpha, \beta + d\beta, \gamma + d\gamma)$ verbindet, ist bei Zugrundelegung orthogonaler Koordinaten

$$dr^2 = \frac{d\alpha^2}{h_1^2} + \frac{d\beta^2}{h_2^2} + \frac{d\gamma^2}{h_3^2}. \tag{37}$$

Die auf die Richtungen der wachsenden (α, β, γ) bezogenen Komponenten eines Vektors A hängen mit den auf die (x, y, z)-Axen bezogenen durch die Gleichungen zusammen

$$\begin{aligned} A_x &= A_\alpha \cdot h_1 \frac{\partial x}{\partial \alpha} + A_\beta \cdot h_2 \frac{\partial x}{\partial \beta} + A_\gamma \cdot h_3 \frac{\partial x}{\partial \gamma}, \\ A_y &= A_\alpha \cdot h_1 \frac{\partial y}{\partial \alpha} + A_\beta \cdot h_2 \frac{\partial y}{\partial \beta} + A_\gamma \cdot h_3 \frac{\partial y}{\partial \gamma}, \\ A_z &= A_\alpha \cdot h_1 \frac{\partial z}{\partial \alpha} + A_\beta \cdot h_2 \frac{\partial z}{\partial \beta} + A_\gamma \cdot h_3 \frac{\partial z}{\partial \gamma}, \end{aligned} \tag{38}$$

deren Koeffizienten den Cosinus der Winkel gleich sind, welche die beiden Axensysteme mit einander bilden. Die Umrechnung der Divergenz (s. Nr. 5) auf die neuen Koordinaten lässt sich ausführen, indem man die neun Differentialquotienten der Komponenten A_x, A_y, A_z nach x, y, z mit Hülfe der Gl. (38) durch die Parameter α, β, γ, die Komponenten A_α, A_β, A_γ und deren nach α, β, γ genommene Differentialquotienten ausdrückt. Die Berechnung der Divergenz ist hierdurch erledigt, die Ermittelung der auf die neuen Axen bezogenen Komponenten des curl (s. Nr. 5) und des aus dem Vektorfelde abzuleitenden Tensorsystems (32) erfordert noch eine Anwendung der für diese Komponenten geltenden Transformationsformeln. Die Rechnungen sind von *G. Lamé*[72]) und *C. Neumann*[73]) ausgeführt und von *E. Beltrami*[74]) auf beliebige krummlinige Koordinaten ausgedehnt worden. Rascher führen folgende Methoden zum Ziele.

a) *Die Methode der bewegten Axen*[75]) ordnet dem Systeme orthogonaler Koordinaten α, β, γ ein rechtwinkliges Cartesisches Axensystem (x_1, y_1, z_1) zu, das durch die Normalen der Flächen $\alpha, \beta, \gamma =$ constans gebildet wird. Geht man nun zu einem benachbarten Punkte $(\alpha + d\alpha, \beta, \gamma)$ über, so muss man dem Koordinatensysteme (x_1, y_1, z_1) bestimmte Rotationen $d\vartheta_1$, $d\vartheta_2$, $d\vartheta_3$ um die Axen erteilen, damit es mit dem veränderten Normalensystem zusammenfällt. Demgemäss

73) *C. Neumann*, J. f. Math. 57 (1860), p. 310 ff.

74) *E. Beltrami*, Tor. Mem. (3) 1 (1871), p. 461 ff.

75) *O. Bonnet*, J. éc. pol. 18 (1845), p. 171; *R. R. Webb*, Mess. of math. 11 (1882), p. 146; *A. E. H. Love*, Treatise on the mathematical theory of elasticity 1, chapter 8.

setzt sich der Zuwachs $\frac{\partial A_{x_1}}{\partial x_1} \cdot dx_1 = \frac{\partial A_{x_1}}{\partial x_1} \cdot \frac{d\alpha}{h_1}$, welchen die Komponente A_{x_1} erfährt, zusammen aus einem Teile, der durch die Abhängigkeit der Komponente A_α von α bedingt ist, und einem zweiten, zu dem die Komponenten A_β, A_γ dem Betrage der Rotationen $(d\vartheta_3)$ bezw. $(-d\vartheta_2)$ proportionale Beiträge liefern. So kann man den Differentialquotienten $\frac{\partial A_{x_1}}{\partial x_1}$, und in analoger Weise alle neun Differentialquotienten der Komponenten A_{x_1}, A_{y_1}, A_{z_1} nach (x_1, y_1, z_1), durch die Parameter $\alpha\beta\gamma$ ausdrücken. Von jenen Differentialquotienten hängen aber die Divergenz, sowie die auf die orthogonalen Koordinaten $\alpha\beta\gamma$ bezogenen Komponenten des curl und des Tensortripels (32) ab.

b) *Man vermeidet überhaupt jede Bezugnahme auf Cartesische Koordinaten, wenn man von den geometrischen bezw. kinematischen Definitionen ausgeht, durch die wir in Nr.* **5** *die Divergenz und den curl eines Vektors, in Nr.* **17** *und* **18** *die Komponenten eines Tensortripels definierten.*

Der *Gauss*'sche Satz (8) ergiebt, auf das Volumelement

$$d\tau = \frac{d\alpha \cdot d\beta \cdot d\gamma}{h_1 h_2 h_3},$$

mit den Seitenflächen $\frac{d\beta\, d\gamma}{h_2 h_3}$, $\frac{d\gamma\, d\alpha}{h_3 h_1}$, $\frac{d\alpha\, d\beta}{h_1 h_2}$ angewandt:

$$(39)\qquad \operatorname{div} A = h_1 h_2 h_3 \left[\frac{\partial}{\partial\alpha}\left(\frac{A_\alpha}{h_2 h_3}\right) + \frac{\partial}{\partial\beta}\left(\frac{A_\beta}{h_3 h_1}\right) + \frac{\partial}{\partial\gamma}\left(\frac{A_\gamma}{h_1 h_2}\right)\right].$$

Diesen Weg zur *Umrechnung der Divergenz* scheint zuerst *W. Thomson* eingeschlagen zu haben[76]). *G. Lamé*[77]), *L. Dirichlet* und *B. Riemann*[78]) haben diese Ableitung in ihren Vorlesungen vorgetragen. Ist das Feld des Vektors A ein potentielles, also $A = -\nabla\varphi$, so folgt aus (39):

$$(40)\qquad \nabla^2\varphi = h_1 h_2 h_3 \left[\frac{\partial}{\partial\alpha}\left(\frac{h_1}{h_2 h_3}\frac{\partial\varphi}{\partial\alpha}\right) + \frac{\partial}{\partial\beta}\left(\frac{h_2}{h_3 h_1}\frac{\partial\varphi}{\partial\beta}\right) + \frac{\partial}{\partial\gamma}\left(\frac{h_3}{h_1 h_2}\frac{\partial\varphi}{\partial\gamma}\right)\right]$$

als Ausdruck des *Laplace'schen Operators* in orthogonalen Koordinaten.

In analoger Weise hat man, um die auf die neuen Axen bezogenen *Komponenten des curl* zu ermitteln, den *Stokes*'schen Satz (10) anzuwenden, etwa auf ein Element einer Fläche $\alpha = $ constans vom

76) *W. Thomson,* Cambr. math. J. 4 (1843) = Coll. pap. 1, p. 25.

77) *G. Lamé*, Leçons sur les coordonnées curvilignes § 16, 1859.

78) S. hierüber *Heine*, „Handbuch der Kugelfunktionen" 1, p. 307.

Flächeninhalt $\frac{d\beta \cdot d\gamma}{h_2 h_3}$ und den Seitenlängen $\frac{d\beta}{h_2}$, $\frac{d\gamma}{h_3}$. So erhält man[79]):

$$(\text{curl } A)_\alpha = h_2 h_3 \left[\frac{\partial}{\partial \beta}\left(\frac{A_\gamma}{h_3}\right) - \frac{\partial}{\partial \gamma}\left(\frac{A_\beta}{h_2}\right)\right],$$

und dem entsprechend

$$(41) \qquad (\text{curl } A)_\beta = h_3 h_1 \left[\frac{\partial}{\partial \gamma}\left(\frac{A_\alpha}{h_1}\right) - \frac{\partial}{\partial \alpha}\left(\frac{A_\gamma}{h_3}\right)\right],$$

$$(\text{curl } A)_\gamma = h_1 h_2 \left[\frac{\partial}{\partial \alpha}\left(\frac{A_\beta}{h_2}\right) - \frac{\partial}{\partial \beta}\left(\frac{A_\alpha}{h_1}\right)\right].$$

Die kinematische Bedeutung der Tensorkomponenten (32) beruht darauf, dass sie die Dehnungen und Gleitungen bei einer unendlich kleinen, heterogenen Deformationen bestimmen. Geben

$$e_\alpha, \; e_\beta, \; e_\gamma, \; g_{\beta\gamma}, \; g_{\gamma\alpha}, \; g_{\alpha\beta}$$

die Dehnungen und Gleitungen an, welche zu den Flächen $\alpha = \text{const.}$, $\beta = \text{const.}$, $\gamma = \text{const.}$ normale Linienelemente bezw. Elemente jener Flächen erfahren, so muss, den Transformationseigenschaften der Tensoren zu Folge, die Dehnung e_r einer beliebigen Richtung r den Wert besitzen:

$$(42) \qquad e_r = e_\alpha \cdot c_{r\alpha}^2 + e_\beta \cdot c_{r\beta}^2 + e_\gamma \cdot c_{r\gamma}^2 + g_{\beta\gamma} \cdot c_{r\beta} \cdot c_{r\gamma} + g_{\gamma\alpha} \cdot c_{r\gamma} \cdot c_{r\alpha} + g_{\alpha\beta} \cdot c_{r\alpha} \cdot c_{r\beta};$$

die $c_{r\alpha}$, $c_{r\beta}$, $c_{r\gamma}$ geben hier die Cosinus der Winkel an, welche die Richtung r mit den Normalen der Flächen $\alpha, \beta, \gamma = \text{constans}$ einschliesst. Deutet man A als Verschiebungsvektor, so sind die Änderungen, welche die Parameter α, β, γ bei der Verschiebung erfahren, nach Gl. (37)

$$\delta\alpha = A_\alpha \cdot h_1, \quad \delta\beta = A_\beta \cdot h_2, \quad \delta\gamma = A_\gamma \cdot h_3.$$

Ferner ist die Längenänderung eines Elementes dr zu bestimmen aus

$$2\,\delta\,dr \cdot dr = \delta\left(\frac{d\alpha^2}{h_1^2} + \frac{d\beta^2}{h_2^2} + \frac{d\gamma^2}{h_3^2}\right).$$

Berechnet man hieraus die Dehnung dieses Elementes $e_r = \frac{\delta\,dr}{dr}$ und berücksichtigt, dass dieselbe bei beliebiger Orientierung des Elementes der durch (42) gegebenen gleich sein muss, so erhält man[80]):

79) *E. Cesàro*, Introduzione alla teoria matematica della elasticità, Tor. 1894, p. 197; *M. Abraham*, Math. Ann. 52 (1899), p. 86.

80) *C. W. Borchardt*, J. f. Math. 67 (1873), p. 45; *E. Beltrami*, Ann. di mat. (2) 10 (1881), p. 188.

$$
(43)\quad
\begin{aligned}
e_\alpha &= h_1 \cdot \frac{\partial A_\alpha}{\partial \alpha} - \frac{h_2}{h_1} \cdot A_\beta \cdot \frac{\partial h_1}{\partial \beta} - \frac{h_3}{h_1} \cdot A_\gamma \cdot \frac{\partial h_1}{\partial \gamma},\\
e_\beta &= h_2 \cdot \frac{\partial A_\beta}{\partial \beta} - \frac{h_3}{h_2} \cdot A_\gamma \cdot \frac{\partial h_2}{\partial \gamma} - \frac{h_1}{h_2} \cdot A_\alpha \cdot \frac{\partial h_2}{\partial \alpha},\\
e_\gamma &= h_3 \cdot \frac{\partial A_\gamma}{\partial \gamma} - \frac{h_1}{h_3} \cdot A_\alpha \cdot \frac{\partial h_3}{\partial \alpha} - \frac{h_2}{h_3} \cdot A_\beta \cdot \frac{\partial h_3}{\partial \beta};\\
g_{\beta\gamma} &= h_3 \cdot \frac{\partial A_\beta}{\partial \gamma} + h_2 \frac{\partial A_\gamma}{\partial \beta} + \frac{h_3}{h_2} \cdot A_\beta \cdot \frac{\partial h_2}{\partial \gamma} + \frac{h_2}{h_3} \cdot A_\gamma \cdot \frac{\partial h_3}{\partial \beta},\\
g_{\gamma\alpha} &= h_1 \cdot \frac{\partial A_\gamma}{\partial \alpha} + h_3 \frac{\partial A_\alpha}{\partial \gamma} + \frac{h_1}{h_3} \cdot A_\gamma \cdot \frac{\partial h_3}{\partial \alpha} + \frac{h_3}{h_1} \cdot A_\alpha \cdot \frac{\partial h_1}{\partial \gamma},\\
g_{\alpha\beta} &= h_2 \cdot \frac{\partial A_\alpha}{\partial \beta} + h_1 \frac{\partial A_\beta}{\partial \alpha} + \frac{h_2}{h_1} \cdot A_\alpha \cdot \frac{\partial h_1}{\partial \beta} + \frac{h_1}{h_2} \cdot A_\beta \cdot \frac{\partial h_2}{\partial \alpha}.
\end{aligned}
$$

Kann man in dieser Weise die Transformation auf beliebige orthogonale Koordinaten ausführen, indem man auf die vom gewählten Koordinatensystem unabhängigen, d. h. invarianten Eigenschaften der Vektor- und Tensorfelder zurückgeht, so kann man auch die Aufgabe folgendermassen formulieren: es sind direkt die Invarianten aufzusuchen, welche aus den Koeffizienten im Ausdruck (37) für das Quadrat des Linienelementes und den auf die krummlinigen Koordinaten bezogenen Komponenten des Vektor- bezw. Tensorfeldes zu bilden sind; in dieser Weise verfährt die von *G. Ricci* ausgearbeitete[81]) *„absolute Differentialrechnung"*.

c) *C. G. J. Jacobi*[82]) vereinfachte die Umrechnung der *Laplace*schen Gleichung auf krummlinige Koordinaten, indem er dieselbe auf ein *Variationsproblem* zurückführte; die Verwendbarkeit dieser Methode beruht auf dem Umstande, dass in dem zu variierenden Integrale nur ein *Skalar* auftritt; sie lässt sich erheblich verallgemeinern. *Die Differentialgleichungen der mathematischen Physik lassen sich nämlich in der Regel auf die Form von Variations- oder Minimalproblemen bringen, und enthalten in dieser Form nur skalare Funktionen der Komponenten des Vektor- und Tensorfeldes,* die meist mit der Feldenergie zusammenhängen. *Hat man die Vektor- bezw. Tensorkomponenten* nach einer der soeben dargelegten Methoden *auf die neuen, krummlinigen Koordinaten umgerechnet, so kann man von dem Variations- bezw. Minimalproblem direkt zu den Differentialgleichungen in krummlinigen Koordinaten gelangen.* Näheres darüber findet man in den Art. IV 16 und 22.

---

81) *G. Ricci*, Lezioni sulla teoria delle superfizie, Padova 1898; *G. Ricci* u. *T. Levi-Civita,* Math. Ann. 54 (1900), p. 125.

82) *C. G. J. Jacobi*, J. f. Math. 36 (1848), p. 117 = Ges. Werke 2, p. 198.

III. Wechselwirkungen der Felder von Skalaren, Vektoren und Tensoren.

21. Symmetrie physikalischer Erscheinungen und Krystallsymmetrie. Wir teilten die Grössen, welche zur Charakterisierung der in der Mechanik der Kontinua und in der Physik auftretenden Felder verwandt worden sind, in Klassen ein, die durch das Verhalten der Komponenten bei Drehungen des rechtwinkligen Koordinatensystems gekennzeichnet wurden. Skalare bleiben hierbei invariant; die Komponenten eines Vektors (Nr. 2) transformieren sich den Gl. (1) gemäss, während Tensorkomponenten (Nr. **17**) sich wie die Quadrate und Produkte von Vektorkomponenten verhalten. Berücksichtigt man ferner Inversionen des Koordinatensystems, so sind polare und axiale Vektoren (Nr. **3**) zu unterscheiden, sowie zwei Arten skalarer Grössen (Nr. **11**). Dementsprechend kann man den bisher ausschliesslich in Betracht gezogenen (axialen) Tensoren solche polarer Art entgegenstellen, die bei Inversionen das Vorzeichen wechseln. Bei den Wechselwirkungen verschiedener Felder kommen diese letzteren Grössen in Betracht (Nr. **22**), sowie auch solche geometrische Grössen, die sich wie die Verbindungen 3ten und 4ten Grades von Vektorkomponenten transformieren (Nr. **23**).

Ein homogenes Feld einer gerichteten Grösse besitzt stets eine gewisse Symmetrie; als *Gruppe der Symmetrie* des Feldes bezeichnet man die Gruppe derjenigen Koordinatentransformationen, welche die einem jeden Punkte des Feldes zugehörigen Werte der Komponenten ungeändert lassen, derart, dass die Komponenten, auf die transformierten Axen bezogen, die alten Werte annehmen. Die Symmetriegruppe eines homogenen Vektorfeldes enthält die Gruppe der Drehungen um die Richtung des Vektors; für den polaren Vektor ist dieselbe durch Spiegelungen an Ebenen, die durch die Richtung des Vektors gelegt sind, für den axialen durch Spiegelungen an der zur Axe senkrechten Ebene zu erweitern. Ein homogenes Tensorfeld endlich besitzt die Symmetrie eines Ellipsoids, d. h. im allgemeinen drei auf einander senkrechte Symmetrieebenen.

Eine physikalische Erscheinung ist aufzufassen als Wechselwirkung der Felder mehrerer Zustandsgrössen. *Die Gruppe der Symmetrie einer Erscheinung ist die den Symmetriegruppen aller in Wechselwirkung tretenden Felder gemeinsame Untergruppe.* Denn diese Untergruppe enthält die Gesamtheit derjenigen Koordinatentransformationen, welche die Komponenten aller in Wechselwirkung tretenden Zustandsgrössen und demnach auch den mathematischen Ausdruck des Gesetzes ihrer Wechselwirkung ungeändert lassen. Die Erscheinung der *Pyroelektrizität* beispielsweise lässt Wechselwirkungen zwischen den homogenen Feldern eines Skalars (der Temperatur) und eines polaren Vektors (der elektrischen Polarisation) erkennen. Die Symmetriegruppe dieser Erscheinung ist die des Vektors, da dessen Gruppe zugleich Untergruppe der Symmetrie des Skalars ist.

Betrachtet man die Gesamtheit der in einer Substanz auftretenden Wechselwirkungen, und setzt deren Symmetriegruppen zusammen, so kann es vorkommen, dass die erhaltene Gruppe nicht die aller möglichen Koordinatentransformationen ist; alsdann wird man der Substanz, in der die Erscheinung sich abspielt, eine anisotrope oder asymmetrische Struktur zuschreiben müssen. Andrerseits werden alle Symmetrieen der Struktur einer Substanz in Symmetrieen der in derselben auftretenden physikalischen Erscheinungen sich kundgeben. *Die Symmetriegruppe der Struktur einer Substanz ist die gemeinsame Untergruppe aller in der Substanz auftretenden Wechselwirkungen*[83]).

Für *homogene feste Krystalle* gilt nun erfahrungsgemäss ein Gesetz, welches besagt, dass die Symmetriegruppe der Struktur mit der Gruppe der krystallographischen Symmetrie (s. V 8), die sich in den Wachstumserscheinungen kundgiebt, zusammenfällt. Man kann es auch folgendermassen formulieren: *Krystallographisch gleichwertige Richtungen sind stets auch physikalisch gleichwertig*[84]); oder: *Die Gruppe der krystallographischen Symmetrie ist eine Untergruppe der Symmetrieen aller in dem Krystalle möglichen physikalischen Erscheinungen*[85]).

Dieses Gesetz gestattet es, einerseits, wenn die geometrische Natur gewisser Zustandsgrössen bekannt ist, vorherzusagen, in welchen Krystallen Wechselwirkungen ihrer Felder auftreten können; es erlaubt andrerseits, aus solchen Wechselwirkungen Anhaltspunkte für die Bestimmung der Symmetrie einer Zustandsgrösse zu gewinnen, welche für ihre Einordnung in eine bestimmte Klasse geometrischer Grössen massgebend ist. So kann elektrische Polarisation infolge von Temperaturerhöhung nur Krystallen ohne Symmetriecentrum zugeschrieben werden, wenn man die elektrische Polarisation als polaren Vektor betrachtet; aus dem Umstande, dass in der That Pyroelektri-

---

83) *P. Curie*, J. de phys. (3) 3 (1894), p. 393 ff.

84) Wohl zuerst ausgesprochen von *F. E. Neumann*, s. Vorlesungen über die Theorie der Elastizität, herausgeg. von *O. E. Meyer*, Leipz. 1885; s. auch *W. Voigt*, Compendium 1, p. 128 ff.

85) *B. Minnigerode*, Gött. Nachr. 1884, p. 195.

zität gewissen acentrischen Krystallen, und nur solchen zukommt, schliesst man, dass jene Voraussetzung gerechtfertigt war, dass die elektrische Polarisation ein polarer Vektor ist (s. Nr. 22 dieses Art.).

22. Wechselwirkungen von Vektorfeldern.

a) *Homogene Felder.* Wir fassen zunächst eine Wechselwirkung zweier homogener Vektorfelder ins Auge, deren Gesetz durch *lineare Gleichungen zwischen den Komponenten der Vektoren* k *und* i ausdrückbar ist:

$$
\begin{aligned}
k_x &= k_{11} i_x + k_{12} i_y + k_{13} i_z, \\
k_y &= k_{21} i_x + k_{22} i_y + k_{23} i_z, \\
k_z &= k_{31} i_x + k_{32} i_y + k_{33} i_z.
\end{aligned} \tag{44}
$$

Derartige Beziehungen bestehen beispielsweise zwischen Temperaturgefälle und Wärmestrom (s. V 5), sowie zwischen elektrischer Kraft und elektrischer Strömung (s. V 17). Wir nennen k die Kraft und i die Strömung. Das Ellipsoid

$$
\begin{aligned}
1 = k_{11} x^2 + k_{22} y^2 + k_{33} z^2 + (k_{23} + k_{32}) yz + (k_{31} + k_{13}) zy \\
+ (k_{12} + k_{21}) xy
\end{aligned} \tag{45}
$$

wird *„Leitfähigkeitsellipsoid"* genannt[86]). Das Quadrat des der Strömung parallelen Radiusvektors des Leitfähigkeitsellipsoids ist gleich dem Quotienten aus der Strömung und der in Richtung der Strömung fallenden Komponente der Kraft.

Man zerlegt[87]) die „lineare Vektorfunktion" (s. Nr. **13** dieses Art.) k in den symmetrischen und antisymmetrischen Teil, indem man setzt

$$k = k' + k''; \tag{46}$$

$$
\begin{aligned}
k_x' &= k_{11} i_x + \frac{1}{2} (k_{12} + k_{21}) i_y + \frac{1}{2} (k_{31} + k_{13}) i_z, \\
k_y' &= \frac{1}{2} (k_{12} + k_{21}) i_x + k_{22} i_y + \frac{1}{2} (k_{23} + k_{32}) i_z, \\
k_z' &= \frac{1}{2} (k_{31} + k_{13}) i_x + \frac{1}{2} (k_{23} + k_{32}) i_y + k_{33} i_z;
\end{aligned} \tag{46'}
$$

$$
\begin{aligned}
k_x'' &= \frac{1}{2} (k_{12} - k_{21}) i_y - \frac{1}{2} (k_{31} - k_{13}) i_z, \\
k_y'' &= \frac{1}{2} (k_{23} - k_{32}) i_z - \frac{1}{2} (k_{12} - k_{21}) i_x, \\
k_z'' &= \frac{1}{2} (k_{31} - k_{13}) i_x - \frac{1}{2} (k_{23} - k_{32}) i_y.
\end{aligned} \tag{46''}
$$

---

86) *J. Boussinesq*, Par. C. R. 63 (1869), p. 104; J. de math. 14 (1869), p. 265.
87) *G. G. Stokes*, Cambr. Dubl. math. Journ. 6 (1851), p. 215.

Sind die Vektoren k und i beide polarer, oder beide axialer Art, so sind die Koeffizienten der symmetrischen linearen Vektorfunktion k'

$$k_{11}, k_{22}, k_{33}, \quad \frac{1}{2}(k_{23}+k_{32}), \quad \frac{1}{2}(k_{31}+k_{13}), \quad \frac{1}{2}(k_{12}+k_{21})$$

Komponenten eines (axialen) Tensors[68]. Konstruiert man den der Strömung i parallelen Radiusvektor des Leitfähigkeitsellipsoids (45), so ist k' der im Endpunkt errichteten Normalen parallel. *Die Koeffizienten der antisymmetrischen linearen Vektorfunktion k''*

$$\frac{1}{2}(k_{23}-k_{32}), \quad \frac{1}{2}(k_{31}-k_{13}), \quad \frac{1}{2}(k_{12}-k_{21})$$

sind Komponenten eines axialen Vektors P.[88] Der Vektor k'' steht senkrecht auf der Strömung i und ist der Ebene des axialen Vektors P parallel. Ein derartiger aus den Koeffizienten einer linearen Vektorfunktion gebildeter axialer Vektor P tritt auf bei der elektrischen Strömung im magnetischen Felde, wie der sogenannte „*Halleffekt*" zeigt[89]. Man schliesst hieraus[90], dass *der magnetische Vektor axialer Art ist.*

Ist einer der beiden Vektoren i, k polarer, der andere axialer Art, so sind die Koeffizienten von (46') *Komponenten eines polaren Tensors*[91], *diejenigen von* (46'') *Komponenten eines polaren Vektors.*

Die Spezialisierung der Gleichungen (44) zwischen Vektoren derselben Art für die verschiedenen krystallographischen Gruppen ist von *B. Minnigerode*[91'] durchgeführt worden.

b) *Heterogene Felder.* Die moderne *Elektrodynamik* (s. V 13) statuiert Wechselwirkungen der Felder von vier Zustandsgrössen, der *elektrischen Kraft* (E) und *Induktion* (D) und der *magnetischen Kraft* (H) und *Induktion* (B), die insbesondere in nichtleitenden ruhenden Körpern folgendermaassen zu formulieren sind:

$$(47) \quad \frac{1}{c}\frac{\partial D}{\partial t} = \operatorname{curl} H, \qquad (47') \quad \operatorname{div} D = 4\pi e;$$

$$(48) \quad -\frac{1}{c}\frac{\partial B}{\partial t} = \operatorname{curl} E, \qquad (48') \quad \operatorname{div} B = 4\pi m.$$

Die Induktionen hängen mit den betreffenden Kräften durch Gleichungen von der Form der symmetrischen linearen Vektorfunktion (46') zusammen.

---

88) *W. Thomson*, Edinb. Trans. 11 (1857), p. 165 = Papers 1, p. 282.

89) *W. Thomson*, Papers 1 (1882), p. 281.

90) *F. Kolaçeck*, Ann. Phys. Chem. 55 (1895), p. 503.

91) *W. Voigt*, Gött. Nachr. 1900, Heft 4, p. 355—379. Mit „polarer Tensor" gleichbedeutend wird dort der von *P. Curie* vorgeschlagene Name „Torsor" gebraucht.

91') *B. Minnigerode*, Jahrb. f. Mineralogie 1 (1886), p. 1.

c ist eine Konstante, nämlich die Lichtgeschwindigkeit im Äther. Die Divergenz der elektrischen bezw. der magnetischen Induktion giebt die mit 4π multiplizierte Dichte der „wahren Elektrizität (e)“ bezw. des „wahren Magnetismus (m)“ an. Aus den Grundgleichungen (47), (48) folgt mit Hülfe des Gauss'schen Satzes (Gl. 8), dass die Mengen der Elektrizität und des Magnetismus, die sich innerhalb einer geschlossenen, nur im Isolator verlaufenden Fläche befinden, sich zeitlich nicht ändern. Während aber wahre Elektrizität existiert, und ihre Konstanz allgemeines Gesetz ist, existiert wahrer Magnetismus nicht. Da auch in isotropen Körpern eine elektrische Kraft elektrische Induktion, eine magnetische Kraft magnetische Induktion hervorruft, so *gehören die Induktionen zu derselben Klasse geometrischer Grössen, wie die betreffenden Kräfte.* Mit Rücksicht hierauf und auf Nr. **5** und **11** dieses Artikels lassen die Gl. (47), (48) folgende beiden Deutungen zu[29]):

Entweder die magnetische Kraft ist ein polarer und die elektrische ein axialer Vektor, oder die elektrische Kraft ist ein polarer und die magnetische ein axialer Vektor. Die Entscheidung zu gunsten der letzteren Deutung haben die Erscheinungen der Pyroelektrizität (s. Nr. **21** dieses Art.) *und des Halleffekts* (s. Nr. **22**, a)) *geliefert.* Die Dichte der Elektrizität ist daher die Divergenz eines polaren Vektors, die des Magnetismus die Divergenz eines axialen Vektors. Erstere Grösse gehört den Skalaren erster Art an, letztere würde, wenn sie existierte, den in Nr. **11** dieses Artikels erwähnten Skalaren zweiter Art zuzuzählen sein, die sich von denen erster Art durch Vorzeichenwechsel bei Inversionen des Koordinatensystems unterscheiden.

Eliminiert man aus den Gleichungen, welche die vier Zustandsgrössen des elektromagnetischen Feldes verknüpfen, drei derselben, so erhält man die Differentialgleichung, welche die zeitliche Änderung des heterogenen Feldes der vierten Grösse reguliert. Diese enthält neben Differentialquotienten nach der Zeit, nur Differentialquotienten 2ter Ordnung der Komponenten nach den Koordinaten. Somit wird durch Umkehrung einer der Koordinatenaxen nichts geändert, es sind also zwei Vorgänge, die sich spiegelbildlich verhalten, in gleicher Weise möglich. Will man *dissymmetrische Vorgänge*, wie *die natürliche Drehung der Polarisationsebene des Lichtes*, die keine Spiegelung gestatten, mathematisch formulieren, so muss man Differentialquotienten nach den Koordinaten von ungerader Ordnung heranziehen, sei es, dass man mit *A. Cauchy*[92]) solche erster Ordnung, oder mit

92) *A. Cauchy*, Par. C. R. 15 (1842), p. 916.

J. Mc. Cullagh[93]) solche dritter Ordnung bevorzugt. Hierbei treten lineare Beziehungen der Komponenten eines polaren und eines axialen Vektors, somit *polare Tensoren* auf[91]). Wie es das Grundgesetz der Krystallphysik (Nr. **21** dieses Art.) verlangt, tritt bei circular-polarisierenden Krystallen diese Dissymmetrie auch an der Krystallform hervor. Es giebt Flüssigkeiten, die isotrop sind, d. h. bei denen alle Richtungen physikalisch gleichwertig sind, und die dennoch die Polarisationsebene des Lichtes drehen; die Symmetriegruppe dieser Substanzen (s. Nr. **21** d. Art.) enthält zwar die Gruppe der Drehungen des Koordinatensystems, aber nicht Inversionen; solche Körper nennt *J. Boussinesq*[94]) *isotrop-dissymmetrisch.* Ihre Dissymmetrie kommt auch bei ihrem chemischen Verhalten zur Geltung.

23. Wechselwirkungen, bei denen Tensorfelder ins Spiel kommen.

a) *Wechselwirkung zweier Tensorfelder.* Wie wir gesehen haben, ist sowohl die Formänderung (Nr. **17** d. Art.), wie die Spannung, welche sich einer Formänderung widersetzt (Nr. **19** d. Art.), durch ein System von sechs Tensorkomponenten charakterisiert. In deformierbaren Körpern stehen diese in einer gesetzmässigen Beziehung, die im einfachsten Falle durch lineare Gleichungen auszudrücken ist[95]):

$$
(49)\quad
\begin{aligned}
X_x &= c_{11} e_x + c_{12} e_y + c_{13} e_z + c_{14} g_{yz} + c_{15} g_{zx} + c_{16} g_{xy}, \\
Y_y &= c_{21} e_x + c_{22} e_y + c_{23} e_z + c_{24} g_{yz} + c_{25} g_{zx} + c_{26} g_{xy}, \\
Z_z &= c_{31} e_x + c_{32} e_y + c_{33} e_z + c_{34} g_{yz} + c_{35} g_{zx} + c_{36} g_{xy}, \\
\frac{1}{2}(Y_z+Z_y) &= c_{41} e_x + c_{42} e_y + c_{43} e_z + c_{44} e_{yz} + c_{45} g_{zx} + c_{46} g_{xy}, \\
\frac{1}{2}(Z_x+X_z) &= c_{51} e_x + c_{52} e_y + c_{53} e_z + e_{54} g_{yz} + c_{55} g_{zx} + c_{56} g_{xy}, \\
\frac{1}{2}(X_y+Y_x) &= c_{61} e_x + c_{62} e_y + c_{63} e_z + c_{64} g_{yz} + c_{65} g_{zx} + c_{66} g_{xy}.
\end{aligned}
$$

Die „lineare Tensorfunktion" (49) wird symmetrisch, d. h. es gelten 15 Gleichungen $c_{ik} = c_{ki}$, welche die Zahl der Koeffizienten auf 21 reduzieren, wenn die bei der Formänderung aufgewandte Arbeit A' (Gl. 35) vom Wege unabhängig ist und nur von den endgültigen

93) *J. Mc. Cullagh*, Irish Trans. 17 (1836) = Coll. works p. 63.

94) *J. Boussinesq*, J. de math. 13 (1868), p. 319.

95) *A. Cauchy*, Exercices de mathématiques 4 (1829), p. 296; *Poisson*, J. éc. polyt. cah. 20 (1831), p. 1—174.

Werten der Komponenten der Formänderung abhängt[96]). Diese Annahme, die sich thermodynamisch begründen lässt (IV, 21), ergiebt

$$
(50)\quad \begin{gathered}
X_x = \frac{\partial A'}{\partial e_x}, \quad Y_y = \frac{\partial A'}{\partial e_y}, \quad Z_z = \frac{\partial A'}{\partial e_z}, \\
\frac{1}{2}(Y_z + Z_y) = \frac{\partial A'}{\partial g_{yz}}, \quad \frac{1}{2}(Z_x + X_z) = \frac{\partial A'}{\partial g_{zx}}, \quad \frac{1}{2}(X_y + Y_x) = \frac{\partial A'}{\partial g_{xy}},
\end{gathered}
$$

und es wird die Formänderungsarbeit (das elastische Potential):

$$
(51)\quad \begin{aligned}
A' = {} & \frac{1}{2} c_{11} e_x^2 + \frac{1}{2} c_{22} e_y^2 + \frac{1}{2} c_{33} e_z^2 + \frac{1}{2} c_{44} g_{yz}^2 + \frac{1}{2} c_{55} g_{zx}^2 + \frac{1}{2} c_{66} g_{xy}^2 \\
& + c_{12} e_x e_y + c_{13} e_x e_z + c_{14} e_x g_{yz} + c_{15} e_x g_{zx} + c_{16} e_x g_{xy} \\
& + c_{23} e_y e_z + c_{24} e_y g_{yz} + \cdots \\
& + c_{34} e_z g_{yz} + \cdots .
\end{aligned}
$$

Diejenige molekulare Hypothese, welche die zwischen den Molekülen wirksamen Kräfte nur von der Entfernung abhängig annimmt, führt ausserdem zu den Relationen (vgl. IV, 21)

$$
(51')\quad c_{44} = c_{23}, \; c_{55} = c_{31}, \; c_{66} = c_{12}, \; c_{56} = c_{14}, \; c_{64} = c_{25}, \; c_{45} = c_{36},
$$

welche die Zahl der Koeffizienten der Gl. (49) auf 15 reduzieren.

Die 21 Koeffizienten in (51) sind geometrisch darzustellen durch eine Fläche 4ten und eine 2ten Grades[97]),[98]), deren 15 bezw. 6 Parameter sich auf wechselnde Koordinatensysteme transformieren, wie die *Verbindungen 4ter Ordnung von Vektorkomponenten*, bezw. wie die *Komponenten eines* (axialen) *Tensors*. Die 6 Tensorkomponenten verschwinden, wenn die Relationen (51′) gelten, welche vom Standpunkte der molekularen Hypothese aus als für das Fehlen von der Richtung abhängiger Kräfte zwischen den Molekülen charakteristisch anzusehen sind[97]) [98]).

Die Symmetrieelemente der einzelnen Krystallsysteme führt man in die Gleichungen (50), (51) ein, indem man die Bedingungen dafür aufstellt, dass der Skalar A', auf krystallographisch gleichwertige Richtungen bezogen, dieselben Koeffizienten c_{ik} besitzt[97]) [99]). Man kann auch direkt die Frage aufwerfen, welche diskontinuierlichen Gruppen der Symmetrie mit Gleichungen von der Form (50), (51)

---

96) *G. Green*, Cambr. Trans. 7 (1838) = Papers p. 249.

97) *W. J. M. Rankine*, Lond. Phil. Trans. 1856, p. 261 ff.

98) *B. de Saint-Venant*, J. de math. (2) 8 (1863), p. 257.

99) *F. E. Neumann*, Vorlesungen über die Theorie der Elastizität p. 164; *G. Kirchhoff*, Mechanik p. 389; *W. Voigt*, Ann. Phys. Chem. 16 (1882), p. 275; *B. Minnigerode*, Gött. Nachr. 1884, p. 195, 374, 488.

zwischen zwei Tensortripeln verträglich sind, und gelangt zu dem Resultate[100]), dass in die hier möglichen Gruppen sich die Gruppen der krystallographischen Symmetrie als Untergruppen einordnen, wie es das Grundgesetz der Krystallphysik (s. Nr. **21** d. Art.) verlangt. In isotropen Körpern kann das elastische Potential (51) nur von den beiden primitiven Invarianten ersten und zweiten Grades (30) des Tensorensystems abhängen, daher reduzieren sich hier die Konstanten auf zwei. Werden indessen auch Glieder dritten Grades im elastischen Potential isotroper Körper berücksichtigt[101]), so ist die dritte der Invarianten (30) mit heranzuziehen.

b) *Wechselwirkungen eines Skalarfeldes und eines Tensorfeldes* treten auf, wenn durch Temperaturerhöhung Spannungen hervorgerufen werden. Die Symmetrie dieses Vorgangs ist die des Tensors; daraus ergeben sich unmittelbar die in einem Krystalle möglichen Formen des für das Tensorfeld charakteristischen Ellipsoids. Für isotrope Körper degeneriert dasselbe in eine Kugel.

c) *Wechselwirkungen eines Vektorfeldes und eines Tensorfeldes* sind im einfachsten Falle durch lineare Gleichungen zu formulieren. *Die 18 Koeffizienten derselben kann man durch Kombination von 3 geometrischen Grössen darstellen,* nämlich *durch eine gerichtete Grösse dritter Ordnung,* deren 10 Komponenten sich bei Drehung des Koordinatensystems wie die Verbindungen dritter Ordnung von Vektorkomponenten transformieren, *einen Tensor,* dessen Komponenten einer gewissen einschränkenden Bedingung unterworfen sind — man kann etwa die Summe der ersten drei Komponenten des Tensors gleich null setzen — *und einen Vektor*[91]). Die polare oder axiale Art dieser drei gerichteten Grössen ergiebt sich unmittelbar aus derjenigen des Vektors und Tensors, die in Wechselwirkung treten. Wenn durch Spannung elektrische Kräfte, oder durch elektrische Kräfte Spannungen hervorgerufen werden, so hat man es mit Wechselwirkungen eines (axialen) Tensors und eines polaren Vektors zu thun, was bei der Spezialisierung für die verschiedenen Krystallsysteme[102]) zu beachten ist. Hingegen tritt an Stelle des polaren Vektors ein axialer, wenn im magnetischen Felde Spannungen hervorgerufen werden. Die umgekehrte Erscheinung, die Erregung magnetischer Kräfte durch

---

100) *H. Aron,* Ann. Phys. Chem. 20 (1883), p. 272; *C. Somigliana,* Rom. Acc. Linc. (5) 3 (1894), p. 238 und (5) 4 (1895), p. 25.

101) *W. Voigt,* Ann. Phys. Chem. 52 (1894), p. 536; Wien. Ber. 103 (1894), p. 1069; *J. Finger,* Wien. Ber. 103 (1894), p. 163, 231, 1073.

102) *W. Voigt,* Gött. Abh. 1890.

Spannungen, ist bisher nicht beobachtet worden, obwohl sie, nach der Symmetrie, in gewissen Krystallen möglich wäre[103]).

Genauere Ausführungen über die hier angedeuteten Beziehungen zwischen den verschiedenen Zustandsgrössen der Mechanik und Physik finden sich in den betreffenden Artikeln von Band IV und V. Hier handelte es sich nur um eine allgemeine Übersicht, welche die geometrischen Grundbegriffe hervortreten liess.

---

103) *W. Voigt,* Gött. Nachr. 1901, Heft 1.

(Abgeschlossen im Februar 1901.)

IV 15. HYDRODYNAMIK: PHYSIKALISCHE GRUNDLEGUNG.

Von

A. E. H. LOVE

IN OXFORD.

Inhaltsübersicht.

Litteratur.

Lehrbücher.

I. Newton, Philosophiae Naturalis Principia Mathematica, London 1687, 2. Aufl. 1714, 3. Aufl. 1726. Die Citate im Text beziehen sich auf die 3. Aufl. (*Principia*).

D. Bernoulli, Hydrodynamica sive de viribus et motibus fluidorum commentarii, Strassburg 1738.

J. le Rond d'Alembert, Essai d'une nouvelle théorie de la résistance des fluides, Paris 1752.

J. L. de Lagrange, Mécanique analytique 2 Bde., Paris 1788, 3. Aufl. herausg. von J. Bertrand 1853, Oeuvres de Lagrange, t. 11, 12, Paris 1888, 1889. Die Citate im Text beziehen sich auf die 3. Aufl. (*Méc. an.*).

Sir *W. Thomson* and *P. G. Tait*, Treatise on Natural Philosophy, Oxford 1867 (deutsch von Helmholtz und Wertheim, Braunschweig 1871); 2. Aufl. in 2 Teilen, Cambridge 1879—1883. Die Citate im Text beziehen sich auf die 2. Aufl. (*Nat. Phil.*).

G. Kirchhoff, Vorlesungen über mathematische Physik, Mechanik, Leipzig 1876, 3. Aufl. 1883. Die Citate im Text beziehen sich auf die 3. Aufl. (*Mechanik*).

H. Lamb, A treatise on the mathematical theory of the motion of fluids, Cambridge 1879. Deutsch von R. Reiff, Freiburg u. Tübingen 1884.

M. Rühlmann, Hydromechanik oder die technische Mechanik flüssiger Körper, 2. Aufl., Hannover 1880.

A. B. Basset, A treatise on Hydrodynamics, 2 vols, Cambridge 1888.

A. G. Greenhill, A treatise on Hydrostatics, London 1894.

H. Lamb, Hydrodynamics, Cambridge 1895.

W. Wien, Lehrbuch der Hydrodynamik, Leipzig 1900.

P. Appell, Traité de Mécanique rationelle, t. 3, Paris 1900.

W. Voigt, Elementare Mechanik, 2. Aufl., Leipzig 1901.

B. Riemann, Vorlesungen über partielle Differentialgleichungen. Neubearbeitung von *H. Weber*, Bd. 2, Braunschweig 1901 (unter der Presse).

Monographien.

L. Euler, Principes généraux de l'état de l'équilibre des fluides, Berlin, Hist. de l'Acad. 11 (1755); Principes généraux du mouvement des fluides, Berlin, Hist. de l'Acad. 11 (1755); De principiis motus fluidorum, Petersburg, Novi Comm. 14 (1770).

G. G. Stokes, On the theories of the internal friction of fluids in motion, and the equilibrium and motion of elastic solids, Cambr. Phil. Soc. Trans. 8 (1845), wiederabgedruckt in *G. G. Stokes*, Mathematical and Physical Papers vol. 1, Cambridge 1880 (*Stokes, Friction*); Report on recent researches in Hydrodynamics, Brit. Assn. Rep. 1846, und Math. and Phys. Papers, vol. 1 (*Stokes, Report*); On the effect of the internal friction of fluids on the motion of pendulums, Cambr. Phil. Soc. Trans. 9 (1851), (*Stokes, Pendulums*).

H. Helmholtz, Über Integrale der hydrodynamischen Gleichungen, welche den Wirbelbewegungen entsprechen, J. f. Math. 55 (1858), und Wissenschaftliche Abhandlungen 1, Leipzig 1882 (*Wirbelbewegung*).

E. Beltrami, Sui principi fondamentali dell' idrodinamica, Bol. Mem. (3) 1, 2, 3, 5 (1871—1874).

A. G. Greenhill, Artikel „Hydromechanics" in der Encyclopaedia Britannica, 9. Aufl., Bd. 12. Edinburgh 1881 (*Ency. Brit.*).

W. M. Hicks, Report on recent progress in Hydrodynamics, Brit. Assn. Rep. 1881, 1882, (*Hicks, Report*).

J. Boussinesq, Essai sur la théorie des eaux courantes, Paris, Mém. div. sav. 23 (1877), (*Eaux courantes*), abgekürzt als Théorie de l'écoulement tourbillonnant et tumultueux des liquides dans les lits rectilignes à grande section, Paris 1897.

O. Reynolds, An experimental investigation of the circumstances which determine whether the motion of water shall be direct or sinuous, and of the law of resistance in parallel channels, Lond. Phil. Trans. 174 (1883).

F. Auerbach, Hydrostatik, Hydrodynamik, Ausfluss und Strahlbildung, gemeinschaftliche Bewegung fester und flüssiger Körper, Wirbelbewegung, in *A. Winkelmann*'s Handbuch der Physik, Breslau 1891.

Liste der gewählten Bezeichnungen (auch für IV, 16 gültig).

p	Druck in einem Punkte.
ϱ	Dichte.
X, Y, Z	äussere Kraft.
V	Potential der äusseren Kraft.
g	Beschleunigung durch die Schwere.
u, v, w	Geschwindigkeitskomponenten einer Flüssigkeit.
q	Resultierende Geschwindigkeit einer Flüssigkeit.
$\frac{\delta}{\delta t}$	Operationssymbol $= \frac{\partial}{\partial t} + u\frac{\partial}{\partial x} + v\frac{\partial}{\partial y} + w\frac{\partial}{\partial z}$.
a, b, c, f, g, h	Komponenten der Deformationsgeschwindigkeit (rates of strain).
Θ	$\frac{\partial u}{\partial x} + \frac{\partial v}{\partial y} + \frac{\partial w}{\partial z}$.
ξ, η, ζ	Komponenten der Drehgeschwindigkeit (spin).
ω	Resultierende Drehgeschwindigkeit (spin).
φ	Geschwindigkeitspotential.
ν	Kinematischer Reibungskoeffizient.
Δ	Laplace'scher Operator $= \frac{\partial^2}{\partial x^2} + \frac{\partial^2}{\partial y^2} + \frac{\partial^2}{\partial z^2}$.
ψ	Stromfunktion.

Bem. Als Einheiten werden in diesem und dem folgenden Artikel C.-G.-S. Einheiten und Celsiusgrade benutzt.

---

1. Der Begriff des Flüssigkeitsdruckes. Der grundlegende Begriff in der Hydrodynamik ist der Begriff des Flüssigkeitsdruckes. *Archimedes* scheint zu seiner Einführung in die Mechanik durch die allgemeine Erfahrung veranlasst zu sein[1]. Er stellte den Grundsatz auf[2], dass jeder Teil einer Flüssigkeit von anderen Teilen gedrückt wird, und benutzte die so erhaltene Vorstellung vom Flüssigkeitsdruck zum Aufbau einer Theorie schwimmender Körper[3]. Am Ende des 16. Jahrhunderts belebte *Stevin*[4] das Studium der Hydrostatik von neuem. Er wandte die Grundsätze des *Archimedes* an, um den Druck auf den Boden und auf die Wände eines mit Flüssigkeit gefüllten Gefässes zu bestimmen. Bis dahin bestand zwischen der

1) Nach *Lagrange,* Méc. an. 1, p. 167.

2) *R. S. Heath*, The Works of Archimedes, Cambridge 1897; *E. Heiberg*, Archimedis Opera omnia, Leipzig 1880, 1881. *Archimedes* schrieb ein Buch *περὶ οχουμένων,* welches nur in einer lateinischen Übersetzung unter dem Titel „de iis quae in humido vehuntur“ erhalten ist.

3) Von *Lagrange*, Méc. an. 1, p. 168 als „une théorie de la stabilité des corps flottants, à laquelle les modernes ont peu ajouté“ bezeichnet.

4) *Simon Stevin*, De Beghinselen des Waterwichts, Leyden 1586; französische Übersetzung in *S. Stevin*, Oeuvres mathématiques, Leyden 1634.

Hydrostatik und der allgemeinen Statik keine Verbindung. *Galilei*[5]) suchte die Methoden der allgemeinen Statik auf das Gleichgewicht der Flüssigkeiten mit Hülfe des Prinzips der virtuellen Verrückungen anzuwenden. Dasselbe Prinzip wurde mit Erfolg von *Pascal*[6]) und später, in grösserer Allgemeinheit, von *Lagrange*[7]) angewandt. Das Problem, die Hydrostatik mit der allgemeinen Statik zu verbinden, wurde von *Newton*[8]) dadurch grundsätzlich erledigt, dass er bemerkte, dass jeder in Ruhe befindliche Flüssigkeitsteil, der durch irgend einen andern Körper von derselben Gestalt und Dichte ersetzt wird, in Ruhe bleibt. Insbesondere kann der Körper, durch welchen der Flüssigkeitsteil ersetzt wird, ein starrer sein. Bis zu dem Erscheinen von *Euler*'s Abhandlung[9]) aus dem Jahre 1755 stellte man sich den Druck, der auf einen Flüssigkeitsteil wirkt, allgemein als das Gewicht einer auf ihm lastenden Flüssigkeitssäule vor, und nahm stillschweigend an, dass der Druck in allen Richtungen um einen Punkt herum derselbe sei. *Euler* führte eine allgemeinere Auffassung, wie folgt, ein: Man bezeichne die Flüssigkeit auf der einen Seite einer Oberfläche mit F_1 und die Flüssigkeit (oder einen andern Körper) auf der andern Seite der Oberfläche mit F_2; die Teilchen von F_1, die in unmittelbarer Berührung mit der Oberfläche stehen, üben Kräfte auf die benachbarten Teilchen von F_2 aus; man kann diese Kräfte so ansehen, als ob sie aus infinitesimalen Normaldrucken vom Typus $p\,dS$, genommen über jedes Oberflächenelement dS, zusammengesetzt seien. *Euler* nahm p unabhängig von der Orientierung von dS an und erhielt daraufhin die allgemeinen Gleichungen für das Gleichgewicht einer unter Einwirkung irgendwelcher Kräfte stehenden Flüssigkeit durch Anwendung des oben erwähnten *Newton*'schen Prinzips. Die Grösse p ist der „Druck in einem Punkte". In dem Werke von *Lagrange*[7]) wurde der Flüssigkeitsdruck in einem Punkte einer inkompressiblen Flüssigkeit als der Multiplikator eingeführt, welcher in der Gleichung der virtuellen Verrückungen auftritt, wenn die Variationen der Koordinaten der Inkompressibilitätsbedingung unterworfen sind. Für eine kompressible Flüssigkeit wurde der Druck weniger präzis

5) *Galileo Galilei*, Discorso intorno alle cose che stanno su l'acqua, o che in quella si muovono, Firenze 1612; *G. Galilei*, Opere 12, Firenze 1854.

6) *Blaise Pascal*, Traité de l'équilibre des liqueurs, Paris 1663; Oeuvres de Pascal 4, Paris 1819.

7) Méc. an. 1, p. 173—206.

8) Principia, Lib. 2, Prop. 20, Cor. 4. Das Resultat wird oft als „das Archimedische Prinzip" angeführt; vgl. Fussn. 21.

9) Berlin, Hist. de l'Acad. 11 (1755).

durch die Einführung eines beim Zusammendrücken auftretenden elastischen Widerstandes definiert. In beiden Fällen leitete sich die in allen Richtungen herrschende Gleichheit des Druckes aus den von *Lagrange* angenommenen Prinzipien ab. *Cauchy*[10]) erkannte, dass der Flüssigkeitsdruck ein spezieller Fall des allgemeinern Begriffs eines innern Spannungszustandes (stress)[11]) in einem mechanischen System ist, und zeigte, dass eine immer normal gegen das Oberflächenelement wirkende Spannung notwendigerweise in allen Richtungen um einen Punkt herum dieselbe ist.

In der „rationellen" Mechanik der Flüssigkeiten nimmt man von einer Flüssigkeit an, dass sie einen Raumteil kontinuierlich ausfülle, und definiert sie als ein mechanisches System, für welches in der Ruhelage die Spannung überall ein rein normaler Druck ist. Man nennt eine Flüssigkeit „ideal", wenn man einen rein normalen Druck erhält, einerlei ob die Flüssigkeit sich in Ruhe oder Bewegung befindet. Eine nicht ideale Flüssigkeit heisst zäh.

2. Die Gleichgewichtsbedingungen[12]). Die Gleichgewichtsbedingungen einer unter Einwirkung irgend welcher Kräfte stehenden Flüssigkeit besagen, dass der in irgend einer geschlossenen Oberfläche[13]) befindliche Flüssigkeitsteil genau so im Gleichgewicht ist, wie ein starrer Körper, auf den die äusseren Kräfte[14]) und die über die Oberfläche hin verteilten Drucke wirken. Sind X, Y, Z die äusseren Kräfte, bezogen auf die Masseneinheit und parallel zu festgewählten, rechtwinkeligen Koordinatenaxen, und bezeichnet ϱ die Dichte in einem Punkte (x, y, z), so lauten die Gleichungen

$$\varrho X = \frac{\partial p}{\partial x}, \quad \varrho Y = \frac{\partial p}{\partial y}, \quad \varrho Z = \frac{\partial p}{\partial z}.$$

Es folgt, dass $\varrho(X dx + Y dy + Z dz)$ das vollständige Differential[15]) einer einwertigen Funktion von x, y, z ist, und dass also die Flüs-

10) Exercices de mathématiques 2, Paris 1827, p. 23 und 54. Oeuvres (2) 7, p. 37—39.

11) Siehe IV 14, Nr. **19**.

12) *Euler* (Fussnote 9). Siehe auch *Poisson*, Traité de mécanique 2, Paris 1833, p. 17; *Kirchhoff*, Mechanik, p. 126.

13) *Greenhill*, Ency. Brit., leitet die Gleichungen aus diesem Prinzip mit Hülfe des *Green*'schen Satzes ab (II A 2, Nr. **46**).

14) Die *äusseren Kräfte* sind diejenigen, welche von den Teilchen ausserhalb der Oberfläche, die mit letzterer nicht in unmittelbarer Berührung sind, auf die Teilchen innerhalb der Oberfläche ausgeübt werden.

15) Dies war *d'Alembert* bekannt, Essai . . . de la résistance des fluides, Paris 1752.

sigkeit sich nur in Gleichgewicht befinden kann, wenn X, Y, Z die Bedingung

$$X\left(\frac{\partial Y}{\partial z}-\frac{\partial Z}{\partial y}\right)+Y\left(\frac{\partial Z}{\partial x}-\frac{\partial X}{\partial z}\right)+Z\left(\frac{\partial X}{\partial y}-\frac{\partial Y}{\partial x}\right)=0$$

erfüllen. Dieses zeigt, dass es möglich sein muss, die Kraftlinien durch ein System von Oberflächen [16]) orthogonal zu schneiden. Es sind dies die Flächen konstanten Druckes. Ist das Kraftfeld konservativ und die Dichte veränderlich, so ist Gleichgewicht nur möglich, wenn der Druck p eine einwertige Funktion der Dichte ϱ ist. Umgekehrt kann eine elastische Flüssigkeit, in welcher p proportional mit ϱ, oder eine Funktion von ϱ ist, nur im Gleichgewicht sein, wenn das Kraftfeld konservativ ist. Für eine homogene, inkompressible Flüssigkeit, die unter Einwirkung von konservativen, aus einem Potential V abgeleiteten Kräften steht, können die Gleichgewichtsgleichungen in der Form $\frac{p}{\varrho}=V+\text{const.}$ [17]) integriert werden. Für eine elastische Flüssigkeit ist die entsprechende Form $\int\frac{dp}{\varrho}=V+\text{const.}$ Das auftretende Integral ist in der Flüssigkeit auf irgend einem Wege von einem festen Punkte zu dem Punkte, in welchem p benutzt werden soll, zu erstrecken.

3. Eine ruhende, inkompressible Flüssigkeit unter Einwirkung der Schwere [18]). In einer ruhenden homogenen Flüssigkeit, die unter Einwirkung der Schwere steht, sind die Flächen konstanten Druckes Horizontalebenen. Der Druck in einer Tiefe z unter der freien Oberfläche ist $g\varrho z$, wo g die Beschleunigung der Schwere bedeutet. Der Druck der Flüssigkeit auf irgend ein Stück einer Oberfläche kann in Vertikal- und Horizontaldruck zerlegt werden. Der nach unten gerichtete Vertikaldruck ist durch das Integral $g\varrho\iint nz\,dS$, genommen über das Oberflächenstück, gegeben; n ist der Cosinus des Winkels, den die von der Flüssigkeit weggezogene Oberflächennormale mit der nach unten gerichteten Vertikalen bildet. Dieser Ausdruck ist dem Gewichte einer Flüssigkeitssäule gleich, die auf dem Oberflächenstück

---

16) Die ersten Spuren dieses Resultates finden sich in *Huygens*, Dissertatio de causa gravitatis, Opera reliqua 2, Amsterdam 1728; wegen des Resultates selber vgl. IV 14, Nr. 9.

17) Dass die freie Oberfläche eine Niveaufläche ist, wurde von *Clairaut* bewiesen, Théorie de la figure de la terre, Paris 1743.

18) *Poisson*, Traité de Mécanique 2, p. 565 ff.; *Kirchhoff*, Mechanik, p. 133, 134. Einzelheiten, die spezielle Fälle betreffen, sind in *Greenhill*, Hydrostatics, Ch. 1, 2 gegeben.

steht und bis zur freien Oberfläche[19]) emporreicht, vorausgesetzt, dass n für das Oberflächenstück positiv ist. Der Druck parallel einer gegebenen Horizontalen ist gleich einer Einzelkraft, die durch das über das Oberflächenstück genommene Integral $g\varrho\iint lz\,dS$ gegeben ist; l ist der Cosinus desjenigen Winkels, den die von der Flüssigkeit weggezogene Oberflächennormale mit der gegebenen Geraden bildet. Diese Horizontalkomponente ist, was Grösse und Wirkungsrichtung anbelangt, mit dem resultierenden Druck auf die Projektion des Oberflächenstücks auf eine Ebene, die rechtwinkelig zu der gegebenen Geraden steht, identisch. Der resultierende Druck auf eine in irgend einer Stellung gegebene ebene Fläche geht durch einen bestimmten Punkt der Fläche, das sogenannte *Druckcentrum* derselben. Wenn wir die Gerade, in welcher die ebene Fläche die freie Oberfläche schneidet, zur x-Axe wählen und die y-Axe dazu senkrecht auf der Ebene ziehen, haben wir die Koordinaten $\bar{x}$, $\bar{y}$ des Druckcentrums durch die Gleichungen

$$\bar{x}\iint y\,dx\,dy = \iint xy\,dx\,dy,$$

$$\bar{y}\iint y\,dx\,dy = \iint y^2\,dx\,dy$$

gegeben, wo die Integrale, die rechter Hand gewisse Trägheitsintegrale[20]) sind, über die ebene Fläche genommen werden. Der mittlere Druck auf eine Fläche ist gleich dem Druck in ihrem Schwerpunkte.

4. **Schwimmende Körper.** Wenn man einen festen Körper ganz oder teilweise in eine homogene Flüssigkeit, die unter der Einwirkung der Schwere steht, eintaucht, so ist der Druck in jedem Punkte der Körperoberfläche gleich einem Drucke, der sich ergiebt, wenn das von dem Körper eingenommene Volumen mit Flüssigkeit von der Dichte der umgebenden Flüssigkeit ausgefüllt wird. Der Gesamtdruck der Flüssigkeit gegen den Körper ist mit einer Einzelkraft, der sogenannten „Auftriebskraft“, gleichbedeutend. Diese ist gleich dem Gewichte der verdrängten Flüssigkeit und wirkt durch den Schwerpunkt C des eingetauchten Volumens aufwärts[21]). Der Punkt C heisst das Auftriebscentrum. Wenn der Körper frei schwimmt, so ist die Auftriebskraft gleich dem Gewichte W des Körpers. Die Vertikale durch das Auftriebscentrum geht dann durch den Schwerpunkt G des Körpers. Die freie Oberfläche der Flüssigkeit schneidet

19) *S. Stevin,* Fussn. 4; *Poisson,* Fussn. 18.

20) Siehe IV 3.

21) Dieses Resultat ist als das „Archimedische Prinzip“ bekannt.

von dem Körper ein Volumen $V' = \frac{W}{g\varrho}$ ab. Jede Ebene, die von dem Körper das Volumen V' abschneidet, ist eine „Schwimmebene", die Enveloppe der verschiedenen Schwimmebenen heisst die „Schwimmoberfläche". Diese Oberfläche berührt jede Schwimmebene in einem Punkte F, welcher der Schwerpunkt des im Körper von der Schwimmebene gebildeten Schnittes ist. Die Schwimmoberfläche ist also der Ort des Punktes F. Der Ort von C für verschiedene Lagen von F ist eine Oberfläche, welche „Auftriebsfläche" oder Fläche C genannt werden kann. Die Tangentialebenen an diese Flächen für C und F in korrespondierenden Punkten sind parallel. Die durch F gehenden Hauptträgheitsaxen des im Körper von der Schwimmebene gebildeten Schnittes sind den durch C gehenden Tangenten an die Hauptkrümmungslinien der Fläche C parallel. Die Hauptkrümmungsradien dieser Oberfläche sind $\frac{J_1}{V'}$ und $\frac{J_2}{V'}$, wo J_1 und J_2 die Hauptträgheitsmomente des im Körper durch die Schwimmebene gebildeten Schnittes sind. Die entsprechenden Krümmungsmittelpunkte M_1 und M_2 heissen „Metacentren"[22]). Die Gleichgewichtslagen eines schwimmenden Körpers werden bestimmt, indem man von G Normalen zu der Fläche C zieht. Die Theorie des Gleichgewichts und der Stabilität schwimmender Körper ist dann identisch mit der Theorie des Gleichgewichts und Stabilität eines auf einer Horizontalebene ruhenden Hülfskörpers, dessen Oberfläche die Fläche C und dessen Massenmittelpunkt der Punkt G ist. Für die Gleichgewichtslage des Körpers bezeichne M eins der beiden Metacentren und J das entsprechende Trägheitsmoment. Wird dann der Körper um die entsprechende Trägheitsaxe durch F um den kleinen Winkel ϑ gedreht, so ist die potentielle Energie des Systems nach dieser Lagenänderung um $\frac{1}{2} W \cdot GM \cdot \vartheta^2$ vermehrt oder vermindert, je nachdem M oberhalb oder unterhalb von G liegt, d. h. je nachdem $\frac{J}{V'} \gtrless GC$ ist. Das Kräftepaar $W \cdot GM \cdot \vartheta$, welches durch die Auftriebskraft und das Gewicht des Körpers gebildet wird, strebt im ersteren Falle den Körper aufzurichten, im letzteren ihn umzustürzen[23]). Für stabiles

22) Die Geometrie schwimmender Körper, insofern sie auf den Flächen C und F beruht, verdankt man *C. Dupin*, Applications de Géométrie et de Méchanique à la Marine, Paris 1822. Die Formel $\frac{dJ}{dV'}$ für den Krümmungsradius des Ortes für F wurde von *É. Leclert* gegeben, Mess. of math. (2) 1 (1872). Diese Formel ist von *E. Guyou*, Théorie du Navire, Paris 1887, 2. Aufl. 1894, verallgemeinert worden. Die Gestalten der Oberflächen C und F werden in einer Anzahl spezieller Fälle von *A. G. Greenhill*, Hydrostatics, Ch. 5 diskutiert.

23) *C. Dupin* (Fussn. 22) hat die Bedingungen der Stabilität untersucht,

Gleichgewicht müssen beide Metacentren über G liegen; die Höhen von M_1 und M_2 über G sind die „metacentrischen Höhen". Fallen zwei Hauptträgheitsaxen des schwimmenden Körpers in F mit den Trägheitsaxen des im Körper von der Schwimmebene gebildeten Schnittes zusammen, so sind die Perioden der Schwingungen gleich denen einfacher Pendel von den Längen $\frac{K_1^2}{h_1}$ und $\frac{K_2^2}{h_2}$. K_1, K_2 sind dabei die Hauptträgheitsradien des Körpers für die horizontalen Trägheitsaxen durch F; h_1, h_2 sind die entsprechenden metacentrischen Höhen. Die Trägheit der Flüssigkeit ist bei diesem Ansatz vernachlässigt.

5. Luftdruck. Die Thatsache, dass Luft eine Flüssigkeit ist, die auf andere Körper durch Druck wirkt, scheint zuerst von *Torricelli* und *Otto von Guericke*[24]) bemerkt worden zu sein. Die Beziehung zwischen dem Druck in einer Luftmasse und dem Volumen, das sie einnimmt, wurde zuerst von *Boyle*[25]) untersucht. Wenn die Temperatur konstant bleibt, sind Druck und Dichte eines Gases durch das *Boyle*'sche Gesetz $\frac{p}{\varrho} = \text{const.}$ mit einander verbunden. Ist die Temperatur veränderlich und sind die Zustandsänderungen adiabatisch, so existiert eine andere Beziehung zwischen dem Druck und der Dichte[26]), nämlich $\frac{p}{\varrho^\gamma} = \text{const.}$, wo γ das Verhältnis der spezifischen Wärme bei konstantem Druck zu der spezifischen Wärme bei konstantem Volumen ist (für Luft ist γ angenähert 1,408). Die Idee, dass die Abnahme der Barometerhöhe beim Emporsteigen über die Erdoberfläche zur Messung der Berghöhen benutzt werden könnte,

---

indem er den Sinn dieses Kräftepaares betrachtete. Die Energiemethode wird auf das Problem von *Thomson* und *Tait*, Nat. Phil. 2, p. 320—324 angewandt. Systematisch entwickelte die Theorie mit dieser Methode *E. Guyou* (Fussn. 22). Eine ausgedehnte Bibliographie findet sich in *J. Pollard* et *A. Dudebout*, Architecture Navale, Paris 1890—1894. Die Bedingungen der Stabilität schwimmender Körper und von Flüssigkeiten, die mit einander in Berührung stehen, sind vom Standpunkte des thermodynamischen Potentials von *P. Duhem*, J. de math. (5) 1, 2, 3 (1895—1897) behandelt worden.

24) Siehe *E. Mach*, Die Mechanik in ihrer Entwickelung, Leipzig 1883, ins Englische übersetzt unter dem Titel „The Science of Mechanics", London 1893.

25) *R. Boyle*, Nova experimenta physico-mechanica de vi aëris elastica, Oxford 1661. Englische Übersetzung, Oxford 1662 und Works of Hon. R. Boyle 1, 3, London 1772. Dasselbe Gesetz wurde von *E. Mariotte*, De la nature de l'air, Paris 1679, Oeuvres de Mariotte, La Haye 1740, gefunden.

26) *Poisson*, Traité de Mécanique 2, p. 637 ff.; wegen der Geschichte des Resultats siehe *P. Duhem*, Hydrodynamique, Élasticité, Acoustique, Paris 1891.

verdankt man *Pascal*[27]). Bei der Anwendung der allgemeinen hydrostatischen Gleichungen auf das Gleichgewicht der unter Einwirkung der Schwere stehenden Atmosphäre[28]) können wir zunächst die Temperatur als konstant annehmen. Wir finden dann die Formel

$$p = p_0 e^{-g \varrho_0 z a / p_0 (z+a)},$$

wo p_0 und ϱ_0 der Druck und die Dichte an der Erdoberfläche, p der Druck in einer Höhe z über der Oberfläche und a der Erdradius ist. Um Änderungen der Temperatur in Betracht zu ziehen, verlangen wir, dass eine Beziehung zwischen Höhe und Temperatur gegeben ist. Infolge der langsamen Wärmeleitung in der Luft kann die Beziehung zwischen Druck und Dichte auch hier dem Gesetz $\frac{p}{\varrho^\gamma} = \text{const.}$ folgen. Man bezeichnet diesen Zustand der Atmosphäre als „konvectives Gleichgewicht“[29]). Der Druck in der Höhe z ist dann durch die Gleichung

$$1 - \left(\frac{p}{p_0}\right)^{\frac{\gamma-1}{\gamma}} = \frac{\gamma-1}{\gamma} \frac{\varrho_0}{p_0} \frac{g a z}{a+z}$$

gegeben.

6. Die ersten Untersuchungen über Flüssigkeitsbewegung. Den Anstoss zum Studium der Flüssigkeitsbewegung gab die Beobachtung *Torricelli*'s[30]), dass ein Flüssigkeitsstrahl, der aus einem Gefäss ausfliesst, mit grosser Annäherung bis zum Niveau der freien Oberfläche emporsteigen kann. Um diesen Gegenstand weiter zu verfolgen, betrachtete *Newton*[31]) den Ausfluss einer Flüssigkeit durch eine Öffnung im Boden des Gefässes. Er beobachtete, dass sich der Strahl nach seinem Austritt zusammenzieht[32]), bis die Fläche des engsten Querschnittes nahezu $1/\sqrt{2}$ der Fläche der Öffnung ist. Er fand ferner, indem er die Menge, die in einer bestimmten Zeit ausfliesst, mass, dass die Geschwindigkeit in dem engsten Querschnitt sehr nahe gleich derjenigen ist, die sich beim Herabfallen von der freien Oberfläche ergeben würde. Bei der theoretischen Untersuchung nahm nun *Newton* an, dass die Flüssigkeitsteilchen, die einmal in einem

---

27) Pesanteur de l'air, Paris 1663; Oeuvres de Pascal 4, Paris 1819.

28) *Poisson*, Traité de Mécanique 2, p. 609 ff.; *Kirchhoff*, Mechanik, p. 127.

29) Sir *W. Thomson*, Manch. Phil. Soc. Proc. (3) 2 (1862) = Math. and Phys. Papers 3, Cambr. 1890, p. 255; *Greenhill*, Hydrostatics, p. 314, 491.

30) De motu gravium naturaliter accelerato, Firenze 1643. Citiert von *Lagrange*, Méc. an. 2, p. 244; vgl. *Rühlmann*, Hydromechanik, p. 187.

31) Principia, Lib. 2, Prop. 36.

32) Principia, 2. Aufl. (1714).

horizontalen Querschnitte sich befinden, bei der Bewegung stets einen horizontalen Querschnitt bilden. Es ist dies die „Annahme von den parallelen Querschnitten". Er führte auch die „Kontinuitätsgleichung" ein, und zwar in der Form, dass die Geschwindigkeit in einem Querschnitt umgekehrt proportional mit seinem Flächeninhalt ist. Die Annahme der parallelen Querschnitte zusammen mit der Kontinuitätsgleichung führte ihn zu dem Schlusse, dass, wenn das Gefäss eine bestimmte Gestalt hat, sich die Flüssigkeitsteilchen ohne Widerstand bewegen können, und dass somit die Geschwindigkeit des Strahls diejenige sein muss, welche durch das *Torricelli*'sche Theorem bestimmt wird. Das Problem des Strahlausflusses (mit Zugrundelegung der Annahme der parallelen Querschnitte) ist das eigentliche Hauptproblem der älteren Hydrodynamik[33]), weit mehr als das Problem des Widerstandes, den eine Flüssigkeit auf einen sich in ihr bewegenden Körper ausübt. Übrigens ist letzteres Problem auch schon von *Newton*[34]) behandelt worden. In *D. Bernoulli*'s *Hydrodynamica* wurde das *Torricelli*'sche Theorem durch Anwendung derselben Ideen erhalten, die *Huygens* zu der Theorie des Pendels[35]) führten und sich auf die Änderungen der Geschwindigkeit in einem zusammengesetzten Systeme beziehen. *D'Alembert*[15]) scheint der erste gewesen zu sein, der die Bildung der allgemeinen Bewegungsgleichungen in Angriff nahm. Die beiden Formen aber, in denen diese Gleichungen jetzt gegeben werden, verdankt man *Euler*[36]).

7. Kinematik der Flüssigkeiten[37]). Die *Geschwindigkeit* einer sich bewegenden Flüssigkeit in einem Punkte ist ein Vektor (u, v, w), der durch die Eigenschaft definiert ist, dass die Integrale

$$\iiint \varrho u\,dx\,dy\,dz, \quad \iiint \varrho v\,dx\,dy\,dz, \quad \iiint \varrho w\,dx\,dy\,dz,$$

genommen über das Volumen irgend einer in der Flüssigkeit gezogenen Oberfläche, die Komponenten der Bewegungsgrösse[38]) für die in

---

33) *Lagrange*, Méc. an. 2, p. 243—249; vgl. *Rühlmann*, Hydromechanik, p. 187.

34) Principia, Lib. 2, Prop. 32—35.

35) Siehe *E. Mach*, Mechanik, p. 383.

36) Berlin, Hist. de l'Acad. 1755; Petersburg, Novi Comm. 14 (1770).

37) Die Kinematik der Flüssigkeitsbewegung wurde von *E. Beltrami* in einer Reihe von Abhandlungen in Bol. Mem. (3) 1, 2, 3, 5 (1871—1874) monographisch behandelt. Siehe auch *N. Joukowsky*, Mosk. math. Samml. 8 (1876).

38) *Maxwell*, Electricity and Magnetism 1, p. 11, 2. ed., Oxford 1881, definiert die Geschwindigkeit einer Flüssigkeit in einem Punkte mit Hülfe des „Flusses" durch eine Ebene, d. h. durch die Masse, die in der Zeiteinheit durch die Flächeneinheit einer durch den Punkt gehenden Ebene hindurchfliesst. Die

der Oberfläche eingeschlossene Flüssigkeit sind. Es kann daher (u, v, w) als die Geschwindigkeit des „Teilchens“ angesehen werden, welches zur Zeit t sich in dem Punkte (x, y, z) befindet. Die Funktionen u, v, w sind der gewöhnlichen Annahme nach im allgemeinen stetige und differenzierbare Funktionen von x, y, z und t. Wenn sie von t unabhängig sind, heisst die Bewegung *stationär*.

Die Linien, die durch das System der Differentialgleichungen

$$\frac{dx}{u} = \frac{dy}{v} = \frac{dz}{w} = dt$$

bestimmt sind, sind die *Bahnen der Teilchen*. Die Linien, welche durch die Gleichungen

$$\frac{dx}{u} = \frac{dy}{v} = \frac{dz}{w}$$

für irgend einen festgehaltenen Wert von t bestimmt werden, sind die *Stromlinien* zur Zeit t, sie fallen für eine stationäre Bewegung mit den Bahnen der Teilchen zusammen.

Das Flüssigkeitsvolumen, das in dem Zeitteilchen dt durch ein Oberflächenelement dS hindurchfliesst, ist $(lu + mv + nw)dS\,dt$, wo l, m, n die Richtungscosinus der Normalen für das Element sind. Die sogenannte *Kontinuitätsgleichung* drückt aus, dass der Zuwachs der Flüssigkeitsmasse in einer geschlossenen Oberfläche[13]) gleich dem Betrage ist, in welchem Masse von der Aussen- nach der Innenseite vermöge der durch die Oberfläche strömenden Flüssigkeit hinübergeschafft wird. Man erhält so die Gleichung[39])

$$(1) \qquad \frac{\partial \varrho}{\partial t} + \frac{\partial(\varrho u)}{\partial x} + \frac{\partial(\varrho v)}{\partial y} + \frac{\partial(\varrho w)}{\partial z} = 0.$$

Die Bedingung, dass eine Grösse f, die mit der Flüssigkeit verbunden ist, zu allen Zeiten für dasselbe Teilchen denselben Wert hat, ist

$$(2) \qquad \frac{\partial f}{\partial t} + u\frac{\partial f}{\partial x} + v\frac{\partial f}{\partial y} + w\frac{\partial f}{\partial z} = 0.$$

Eine Funktion $f(x, y, z, t)$, welche dieser Bedingung genügt, definiert eine Schar von Flächen $f = \text{const.}$, welche sich so bewegen, dass sie stets von denselben Teilchen gebildet werden. Man wird nun bei der mathematischen Behandlung drei unabhängige Scharen solcher Flächen, die durch Gleichungen der Form

---

Definition, welche von der Bewegungsgrösse ausgeht, wurde ebenfalls von *Maxwell*, Lond. Phil. Trans. 157 (1867), vorgeschlagen; vgl. *O. Reynolds*, Lond. Phil. Trans. (A) 186 (1895).

39) *Euler*, Petersburg, Novi Comm. 14 (1770).

$$f_1(x, y, z, t) = P,$$
$$f_2(x, y, z, t) = Q,$$
$$f_3(x, y, z, t) = R$$

dargestellt werden können, zu Grunde legen[40]). Da die Werte von P, Q, R für ein Teilchen konstant bleiben, können sie als Koordinaten desselben benutzt werden[40]); zu diesen Koordinaten sind beispielsweise die Anfangskoordinaten x_0, y_0, z_0 der Teilchen zu zählen. Wenn man die Grössen P, Q, R, t als unabhängige Veränderliche an Stelle der x, y, z, t einführt, und die Differentiation in Bezug auf die neuen Veränderlichen mit dem Symbole δ bezeichnet, so bekommt man die Formel[41])

$$\frac{\delta}{\delta t} = \frac{\partial}{\partial t} + u\frac{\partial}{\partial x} + v\frac{\partial}{\partial y} + w\frac{\partial}{\partial z}.$$

Die Kontinuitätsgleichung, in den neuen Veränderlichen ausgedrückt, nimmt die Form[42]) an

$$\frac{\delta}{\delta t}(\varrho J) = 0,$$

unter J die *Jacobi*'sche Determinante

$$\begin{vmatrix} \frac{\delta x}{\delta P} & \frac{\delta y}{\delta P} & \frac{\delta z}{\delta P} \\ \frac{\delta x}{\delta Q} & \frac{\delta y}{\delta Q} & \frac{\delta z}{\delta Q} \\ \frac{\delta x}{\delta R} & \frac{\delta y}{\delta R} & \frac{\delta z}{\delta R} \end{vmatrix}$$

verstanden.

Wenn für die Umgebung eines Teilchens die Dichte von der Zeit unabhängig ist, heisst die Flüssigkeit inkompressibel; wenn sie für alle Teilchen dieselbe ist, heisst die Flüssigkeit homogen. Die Kontinuitätsgleichung für eine inkompressible Flüssigkeit nimmt dann die Form an

$$\frac{\partial u}{\partial x} + \frac{\partial v}{\partial y} + \frac{\partial w}{\partial z} = 0,$$

oder

$$J = \text{const.}$$

Die Relativbewegung der Flüssigkeit[43]) nahe einem Punkte (x, y, z)

---

40) *M. J. M. Hill*, Quart. J. of math. 17 (1881).

41) *Basset*, Hydrodynamics, gebraucht für die hier mit $\frac{\delta}{\delta t}$ bezeichnete Operation $\frac{\partial}{\partial t}$, dagegen *Lamb*, Hydrodynamics, $\frac{D}{Dt}$. (In den deutschen Arbeiten wird fast durchgängig $\frac{d}{dt}$ geschrieben.)

42) Diese Gleichung wurde dem Wesen nach zuerst von *Euler* (Fussn. 39) gegeben.

43) *B. de Saint-Venant*, Paris C. R. 17 (1843), p. 1240; *Stokes*, Friction. Die entsprechende Theorie für die Deformation eines Kontinuums wurde von

wird durch die Geschwindigkeitskomponenten in einem benachbarten Punkte $(x+x', y+y', z+z')$ relativ zu dem Teilchen in x, y, z bestimmt. Diese Geschwindigkeitskomponenten sind in erster Annäherung

$$(3)\qquad \begin{cases} \mathfrak{a}x' + \mathfrak{h}y' + \mathfrak{g}z' - \zeta y' + \eta z' \\ \mathfrak{h}x' + \mathfrak{b}y' + \mathfrak{f}z' - \xi z' + \zeta x' \\ \mathfrak{g}x' + \mathfrak{f}y' + \mathfrak{c}z' - \eta x' + \xi y', \end{cases}$$

wo die Glieder von höherer Ordnung als der ersten vernachlässigt sind. Die Koeffizienten sind dabei durch folgende Gleichungen gegeben:

$$(4)\qquad \begin{cases} \mathfrak{a} = \dfrac{\partial u}{\partial x}, & \mathfrak{b} = \dfrac{\partial v}{\partial y}, & \mathfrak{c} = \dfrac{\partial w}{\partial z}, \\ 2\mathfrak{f} = \dfrac{\partial w}{\partial y} + \dfrac{\partial v}{\partial z}, & 2\mathfrak{g} = \dfrac{\partial u}{\partial z} + \dfrac{\partial w}{\partial x}, & 2\mathfrak{h} = \dfrac{\partial v}{\partial x} + \dfrac{\partial u}{\partial y}, \\ 2\xi = \dfrac{\partial w}{\partial y} - \dfrac{\partial v}{\partial z}, & 2\eta = \dfrac{\partial u}{\partial z} - \dfrac{\partial w}{\partial x}, & 2\zeta = \dfrac{\partial v}{\partial x} - \dfrac{\partial u}{\partial y}. \end{cases}$$

Diejenigen Glieder in (3), welche ξ, η, ζ enthalten, stellen eine Drehbewegung[44]) des kleinen Volumenelements dar; dasselbe rotiert wie ein starrer Körper mit der Winkelgeschwindigkeit (ξ, η, ζ). Der Vektor $(\xi\eta\zeta)$ soll die „Drehgeschwindigkeit" (spin[45])) heissen. Die Grösse $\xi^2 + \eta^2 + \zeta^2$ ist gegenüber orthogonaler Koordinatentransformation invariant. Sie ist das Quadrat der Drehgeschwindigkeit. Wenn ein kleines kugelförmiges Element der Flüssigkeit der Wirkung der übrigen Flüssigkeit entzogen und starr gemacht werden könnte, so würde es mit der Winkelgeschwindigkeit (ξ, η, ζ)[46]) rotieren.

Eine Flüssigkeitsbewegung, bei der ξ, η, ζ nicht verschwinden, heisst eine „Wirbelbewegung"; jeder Teil der Flüssigkeit, in welchem irgend eine der Grössen ξ, η, ζ von Null verschieden ist, heisst ein „Wirbel". Eine Bewegung, bei der ξ, η, ζ verschwinden, nennt man wirbelfrei; bei einer solchen Bewegung existiert eine Funktion φ, welche die Eigenschaft hat, dass

---

Cauchy, Exercices de mathématiques 2, Paris 1827, p. 60 gegeben. Siehe IV 14, Nr. **12—18**.

44) *Euler*, Berlin, Hist. de l'Acad., 1755, p. 292, gab an, dass bei einer Rotationsbewegung um eine Axe $u\,dx + v\,dy + w\,dz$ kein vollständiges Differential ist.

45) Der Name „Molekularrotation", der oft gebraucht wird, ist sehr schlecht gewählt. Die Theorie hat gar keine Beziehung zu den Molekülen. Der Name „spin" wurde von *W. K. Clifford*, Elements of Dynamic, London 1878, eingeführt. Berücksichtigt man die Verschiedenheit zwischen polaren und axialen Vektoren, so muss man den „spin" als axialen Vektor ansehen (IV 14). Der „spin" ist der halbe „curl" des Geschwindigkeitsvektors.

46) *Stokes*, Friction, s. Papers 1, p. 112.

$$u = \frac{\partial \varphi}{\partial x}, \quad v = \frac{\partial \varphi}{\partial y}, \quad w = \frac{\partial \varphi}{\partial z}.$$

Hier bezeichnet man φ als das „Geschwindigkeitspotential"[47]).

Die übrigen Glieder in (3), welche a, b, c, f, g, h enthalten, drücken die Thatsache aus, dass das Volumenelement in einem kleinen Zeitintervall τ eine reine Deformation erleidet. Werden die Ausdehnungen und Gleitungen, die bei dieser Deformation vorkommen, mit $\varepsilon_x, \varepsilon_y, \varepsilon_z, g_{yz}, g_{zx}, g_{xy}$ bezeichnet, so sind diese Grössen mit den Grössen a, b, c, f, g, h durch die Gleichungen

$$\mathfrak{a} = \lim_{\tau=0} \tau^{-1} \varepsilon_x, \qquad 2\mathfrak{f} = \lim_{\tau=0} \tau^{-1} g_{yz}$$

$$\ldots\ldots \qquad \ldots\ldots$$

verbunden. Das Tensortripel, welches a, b, c, f, g, h als Komponenten hat, möge „Deformationsgeschwindigkeit" (rate of strain) genannt werden. Die Grösse a + b + c ist gegenüber orthogonalen Transformationen invariant; sie ist die „Geschwindigkeit der Dilatation", die das Volumenelement erleidet, und möge durch Θ bezeichnet sein.

8. **Bewegungsgleichungen**[48]). Die Bewegungsgleichungen einer unter Einwirkung äusserer Kräfte sich bewegenden idealen Flüssigkeit drücken folgende Bedingung aus: Der in einer gegebenen Richtung erfolgende Zuwachs an Bewegungsgrösse, den eine in eine feste Oberfläche eingeschlossene Flüssigkeit erfährt, muss sich aus zwei anderen Bewegungsgrössen zusammensetzen. Die eine dieser Bewegungsgrössen wird in jener Richtung von der durch die Oberfläche hindurchströmenden Flüssigkeit mitgeführt, also von der Aussenseite nach der Innenseite oder umgekehrt transportiert (je nach dem Sinn des Geschwindigkeitsvektors). Die andere Bewegungsgrösse wird in jener Richtung durch die äusseren Kräfte und den auf die Oberfläche[49]) wirkenden Druck erzeugt. Übrigens kann die in Rede stehende Ober-

---

47) *Helmholtz*, Wirbelbewegung. In *Lamb*'s Hydrodynamics

$$-d\varphi = u\,dx + v\,dy + w\,dz.$$

Letztere Bezeichnung ist gewählt wegen der physikalischen Bedeutung von φ; vgl. IV 16, Nr. 1b.

48) Die im Text zu Grunde gelegte Methode, die Bewegungsgleichungen aus der Theorie der Bewegungsgrösse abzuleiten, wird jetzt allgemein angewandt, sie ist gleichbedeutend mit der von *Euler* gebrauchten (Fussn. 36). Die betreffenden Gleichungen wurden von *Lagrange*, Méc. an. 2, p. 250 aus dem Prinzip der kleinsten Wirkung abgeleitet; siehe auch *Basset*, Hydrodynamics 1, p. 32 und *Wien*, Hydrodynamik, p. 47.

49) Das hier gegebene Prinzip kann auf jedes kontinuierliche mechanische System angewandt werden, vorausgesetzt, dass der „Druck auf die Oberfläche" durch die „über die Oberfläche verteilten Zugkräfte" ersetzt wird.

fläche, was Lage und Gestalt anbelangt, beliebig in dem mit Flüssigkeit erfüllten Raume gewählt sein [13]). Die Gleichungen sind

$$(1)\quad \frac{\delta u}{\delta t}=X-\frac{1}{\varrho}\frac{\partial p}{\partial x},\quad \frac{\delta v}{\delta t}=Y-\frac{1}{\varrho}\frac{\partial p}{\partial y},\quad \frac{\delta w}{\delta t}=Z-\frac{1}{\varrho}\frac{\partial p}{\partial z},$$

in denen die Glieder linker Hand ersichtlich die Beschleunigungskomponenten des Teilchens repräsentieren, das sich zur Zeit t in dem Punkte (x, y, z) befindet. Die Gleichungen können auch in folgender Form geschrieben werden

$$(2)\quad \frac{\delta^2 x}{\delta t^2}\cdot\frac{\delta x}{\delta P}+\frac{\delta^2 y}{\delta t^2}\cdot\frac{\delta y}{\delta P}+\frac{\delta^2 z}{\delta t^2}\cdot\frac{\delta z}{\delta P}$$
$$=X\frac{\delta x}{\delta P}+Y\frac{\delta y}{\delta P}+Z\frac{\delta z}{\delta P}-\frac{1}{\varrho}\frac{\delta p}{\delta P},$$

wobei das Symbol δ die Differentiation in bezug auf die unabhängigen Veränderlichen P, Q, R, t bedeutet.

Die Gleichungen (1) werden gewöhnlich als die *Euler*'schen Gleichungen, die Gleichungen (2) als die *Lagrange*'schen Gleichungen bezeichnet [50]).

Die spezielle Bedingung, die an den begrenzenden Oberflächen gilt, hat eine rein kinematische Bedeutung; sie sagt aus, dass dort in der Richtung der Normalen keine Relativgeschwindigkeit der Oberfläche und der mit ihr in Berührung sich befindenden Flüssigkeit stattfindet [51]); folglich ist die Gleichung jeder solchen Oberfläche von der Form $f(x, y, z, t) = 0$, wo f eine Lösung der Gleichung (2) in Nr. 7 ist. An einer *freien* Oberfläche gilt die weitere Bedingung, dass p verschwindet. An einer Oberfläche, entlang deren die Flüssigkeit mit einem zweiten Körper in Berührung ist, muss die Normalkomponente der Zugkraft für eine Ebene, die der Tangentialebene parallel ist und im kleinen Abstande von derselben im Innern des zweiten Körpers liegt, bei verschwindendem Abstande in die Grenze $-p$ übergehen [52]). Ist indess der zweite Körper eine Flüssigkeit, und die Oberflächen-

---

50) Beide Formen werden von *Lagrange,* Méc. an. 2 gebraucht. Die Gleichungen (1) wurden von *Euler* im Jahre 1755 und die Gleichungen (2) auch von *Euler* im Jahre 1770 (Fussn. 36) gegeben. Die Gleichungen (2) werden gewöhnlich in der Form geschrieben, die sich durch Ersetzung von P, Q, R durch die Anfangskoordinaten x_0, y_0, z_0 ergiebt.

51) Wegen einer Diskussion dieses Theorems, besonders im Hinblick auf freie Oberflächen, siehe Sir *W. Thomson,* Cambr. and Dubl. Math. J. 3 (1848), p. 89 = Math. and Phys. Papers 1, Cambr. 1882, p. 83. *Poisson,* Traité de Mécanique 2, p. 681, hatte bereits auf die Schwierigkeiten des Theorems aufmerksam gemacht.

52) Dies ist die Bedingung für die „Stetigkeit der Spannung".

spannung zwischen den beiden Flüssigkeiten T,[53]) so ist der Druck an der Oberfläche unstetig, indem er sich um einen Betrag $T(R^{-1} + R'^{-1})$ ändert, unter R und R' die Hauptkrümmungsradien der Oberfläche verstanden.

9. Flüssigkeit, die wie ein starrer Körper rotiert. Wenn die äusseren Kräfte konservativ sind und die Flüssigkeit mit der gleichförmigen Winkelgeschwindigkeit ω um die Axe z rotiert, so haben die Bewegungsgleichungen ein Integral[54])

$$V - \int \frac{dp}{\varrho} + \frac{1}{2}\omega^2(x^2 + y^2) = \text{const.}$$

Für eine inkompressible Flüssigkeit, die unter Einwirkung der Schwere um eine vertikale Axe rotiert, sind die Oberflächen gleichen Druckes Rotationsparaboloide um die Axe; ihre Halbparameter haben die Länge $g\omega^{-2}$ und der Druck in einem Punkte ist das Produkt von $g\varrho$ in die Tiefe unter der freien Oberfläche[55]). Für eine der eigenen Schwere unterworfene inkompressible Flüssigkeit, deren freie Oberfläche die Form eines Ellipsoids, $\frac{x^2}{a^2} + \frac{y^2}{b^2} + \frac{z^2}{c^2} = 1$, besitzt, hat das Potential V in einem innern Punkte die Form[56])

$$V = \text{const.} - \frac{1}{2}(Ax^2 + By^2 + Cz^2);$$

die Gestalt des Ellipsoids und die entsprechende Winkelgeschwindigkeit sind dabei mit den A, B, C durch die Gleichungen[57])

$$\omega^2 = \frac{Aa^2 - Cc^2}{a^2} = \frac{Bb^2 - Cc^2}{b^2} \tag{1}$$

verknüpft. Somit ist jedes Ellipsoid, welches der Gleichung

$$(A - B)a^2b^2 + Cc^2(a^2 - b^2) = 0 \tag{2}$$

genügt, eine mögliche Gleichgewichtsfigur einer rotierenden, der eigenen Schwere unterworfenen Flüssigkeit; man nennt diese Ellipsoide die „*Jacobi*'schen Ellipsoide". Die Axe c muss dabei die kleinste

53) Siehe den Artikel über Kapillarität in Bd. V.

54) *Euler* (Fussn. 44).

55) *D. Bernoulli,* Hydrodynamica, p. 246. Die Konkavität der freien Oberfläche wird erwähnt von *Newton,* Principia, Scholium zu Definitio 8.

56) II A 7b, Nr. **15**.

57) Dies Resultat verdankt man *Jacobi*, Ann. Phys. Chem. 33 (1834) = Ges. Werke 2, Berlin 1882, p. 19; siehe auch *J. Liouville,* J. éc. pol. 14 (1834) und *Thomson* and *Tait,* Nat. Phil. 2, p. 330. Die Bewegung wurde im Detail diskutiert von *C. O. Meyer*, J. f. Math. 24 (1842), *J. Liouville*, J. de math. 16 (1851) und *G. H. Darwin*, Lond. Roy. Soc. Proc. 41 (1886).

Axe sein. Wenn $a = b$ ist, so wird das Ellipsoid ein Sphäroid und die Winkelgeschwindigkeit ist mit der Gestalt durch die Gleichung[58])

$$\omega^2 f^3 = 2\pi G \varrho \{(3 + f^2) \operatorname{arc\,tang} f - 3f\} \tag{3}$$

verbunden, wo $f^2 = a^2 c^{-2} - 1$ und G die Gravitationskonstante ist. Jedes abgeplattete Sphäroid ist eine mögliche Gleichgewichtsfigur der rotierenden Flüssigkeit; wenn es nahezu kugelförmig ist, wird

$$15 a \omega^2 = 16 \pi G \varrho (a - c).$$

Jedem Werte von $\omega^2 (2\pi G\varrho)^{-1}$, der den Wert 0,2247 nicht überschreitet, entsprechen zwei Werte von f; für grössere Werte dieser Grösse hat die Gleichung (3) keine reellen Wurzeln. Die durch die Gleichung (3) bestimmte Gleichgewichtsfigur wird als das „*Maclaurin*'sche Sphäroid" bezeichnet.

10. Die Druckgleichung. Ausfluss von Flüssigkeiten[59]). Die Bewegungsgleichungen haben des weiteren ein angebbares Integral, wenn die äusseren Kräfte konservativ sind und die Bewegung wirbelfrei ist. Der Druck ist dann nämlich durch die Gleichung

$$V - \int \frac{dp}{\varrho} - \frac{\partial \varphi}{\partial t} - \frac{1}{2} q^2 = F(t) \tag{1}$$

gegeben, wo $F(t)$ eine willkürliche Funktion der Zeit und q die resultierende Geschwindigkeit bezeichnet. Für eine inkompressible Flüssigkeit, die sich unter dem Einfluss der Schwere stationär bewegt, wird die Gleichung

$$p - g\varrho z + \frac{1}{2} \varrho q^2 = \text{const.},$$

wobei die z-Axe vertikal nach unten angenommen ist; dieses Resultat enthält das *Torricelli*'sche Theorem. Bei stationärer Bewegung unter Einwirkung konservativer Kräfte gilt allgemein die Gleichung

$$V - \int \frac{dp}{\varrho} - \frac{1}{2} q^2 = \text{const.}$$

entlang jeder Stromlinie, wobei die Konstante rechts für verschiedene Stromlinien verschieden ist, wenn Wirbelbewegung vorliegt.

58) Dieses Resultat verdankt man *Maclaurin*; siehe *Thomson* and *Tait*, Nat. Phil. 2, p. 326. Die Bewegung wurde im Detail von *Laplace*, Mécanique céleste 2, Paris 1799, diskutiert. Wegen der Anwendung der Theorie auf die Gestalt der Erde siehe Bd. VI. Weitere Resultate betreffend Flüssigkeitsellipsoide werden in IV 16, Nr. 4 gegeben.

59) *Lamb*, Hydrodynamics, p. 21—29. Wegen des Ausflusses aus Öffnungen siehe auch IV 17.

Bei den Experimenten über den Ausfluss von inkompressiblen Flüssigkeiten wird die mittlere Geschwindigkeit, genommen über einen durch den ausströmenden Strahl hindurchgeführten Schnitt, gemessen. Das *Torricelli*'sche Theorem wird dann nahezu bestätigt, sofern der gewählte Schnitt der Schnitt des kleinsten Flächeninhaltes ist, den man als die *vena contracta* bezeichnet. Es wurde von *J. C. Borda*[60]) gezeigt, dass wenn hierbei der Druck für alle Punkte der Öffnung gleich dem Gleichgewichtsdruck angenommen wird, der Flächeninhalt der *vena contracta* gleich dem halben Flächeninhalt der Öffnung sein muss; aber da der Druck über die Öffnung hin jedenfalls ein wenig kleiner als der Gleichgewichtsdruck ist, so ist das Verhältnis ein wenig grösser als $^1/_2$. Das in Rede stehende Verhältniss k heisst „Kontraktionskoeffizient"; die Erfahrung zeigt, dass k von der Form der Ansatzröhre abhängt. Bei einer Druckhöhe h über dem Schwerpunkte der Mündung ist die Ausflussgeschwindigkeit $\alpha\sqrt{(2gh)}$; der Koeffizient α heisst „Ausflusskoeffizient". Für eine einfache Öffnung in einer ebenen Wand sind k und α nahezu 0,64 und 0,62;[61]) wenn eine kleine Röhre in die Flüssigkeit hineinragt, ist k fast genau $^1/_2$.

Man kann die Formel (1) auch auf ein Gas anwenden, das aus einem Gefäss[62]), in welchem der Druck p_0 und die Dichte ϱ_0 herrscht, in einen Raum, in welchem der Druck p_1 ist, ausströmt. Es ist dann die Masse, welche in der Zeiteinheit über die Flächeneinheit der *vena contracta* hinüberfliesst,

$$\left(\frac{2}{\gamma-1}\right)^{\frac{1}{2}} c_0\varrho_0 \left\{\left(\frac{p_1}{p_0}\right)^{\frac{2}{\gamma}} - \left(\frac{p_1}{p_0}\right)^{\frac{\gamma+1}{\gamma}}\right\}^{\frac{1}{2}},$$

wo c_0 die Schallgeschwindigkeit in dem Gase von der Dichte ϱ_0 ist. Dieses Resultat gilt nur, wenn

$$\frac{p_1}{p_0} > \left\{\frac{2}{\gamma+1}\right\}^{\frac{\gamma}{\gamma-1}}.$$

Ist dies nicht der Fall, so wird die Geschwindigkeit an einer geeigneten Stelle nahe der Öffnung gleich der Schallgeschwindigkeit, die

---

60) Paris, Hist. de l'Acad. 1766. Das Resultat wurde wieder entdeckt von *G. O. Hanlon* und weiter beleuchtet von *Maxwell*, Lond. Math. Soc. Proc. 3 (1869). Wegen der theoretischen Bestimmung der Kontraktionskoeffizienten siehe IV 16, Nr. 1 f.

61) Vgl. z. B. *J. H. Cotterill*, Applied Mechanics, 4. ed., London 1895, sowie *Rühlmann*, Hydromechanik.

62) *Lamb*, Hydrodynamics, p. 28, wo die von *B. de Saint-Venant* und *L. Wantzel*, *Hugoniot* und *O. Reynolds* erhaltenen Resultate abgekürzt zusammengestellt sind.

der Dichte des Gases an dieser Stelle entspricht. Der Schnitt durch den Strahl an dieser Stelle wird der engste Schnitt und die Ausflussgeschwindigkeit ist

$$\left\{\frac{2}{\gamma+1}\right\}^{\frac{1}{2}} c_0.$$

11. Erhaltung der Energie. Sei S irgend eine fest gehaltene geschlossene Oberfläche in einem mit Flüssigkeit erfüllten Raume; die Energieänderung der in S befindlichen Flüssigkeitsmenge wird durch die Gleichung[63])

$$\frac{\partial}{\partial t}\iiint \frac{1}{2}\varrho q^2\,dx\,dy\,dz = \iint \frac{1}{2}\varrho q^2(lu + mv + nw)\,dS$$

$$+ \iint p(lu + mv + nw)\,dS + \iiint \varrho(Xu + Yv + Zw)\,dx\,dy\,dz$$

$$+ \iiint p\,\Theta\,dx\,dy\,dz$$

bestimmt, wo l, m, n die Richtungscosinus der innern Normale von S sind. Der letzte Ausdruck, multipliziert mit dt, repräsentiert die infolge der Ausdehnung der Flüssigkeit eintretende Arbeitsleistung des innern Druckes während des Zeitteilchens dt. Wenn p eine einwertige Funktion von ϱ ist, giebt dieser Ausdruck den Betrag, um welchen sich die potentielle Energie der Kompression während desselben Zeitteilchens vermindert. Sind die äusseren Kräfte konservativ, so findet keinerlei Dissipation der Energie statt.

Der Satz, dass eine wirbelfreie Bewegung wirbelfrei bleibt, das Theorem, dass die Wirbel stets von denselben Teilchen gebildet werden, die Fortpflanzung der Wellen von ungeänderter Gestalt ohne Höhenabnahme, und das Ergebniss, dass der Widerstand einer idealen Flüssigkeit gegen einen durch sie hin bewegten Körper einer blossen Abänderung der Trägheit des Körpers gleichkommt, alle diese fundamentalen Thatsachen sind eng mit dem Nichteintreten einer Dissipation der Energie bei der Bewegung der idealen Flüssigkeit verbunden[64]).

12. Der Begriff der Flüssigkeitsreibung. Die Idee, dass die Flüssigkeitsbewegungen an andern Körpern vorbei, mit denen die Flüssigkeiten in Berührung sind, durch Wirkungen von der Natur der Reibung gehemmt werden, entstand aus folgenden Beobachtungen: 1) dass die Geschwindigkeit eines Strahles, der ein Gefäss verlässt,

63) *Lamb*, Hydrodynamics, p. 11.

64) Vgl. hierüber das Nähere in IV 16.

etwas kleiner ausfällt, als sie durch das *Torricelli*'sche Theorem gegeben wird; 2) dass die Geschwindigkeit von Wasser, welches in einer geneigten Röhre oder in einem Kanal herabfliesst, in verschiedenen Querschnitten nahezu dieselbe ist. Im ersten Falle wurde der Verlust an Geschwindigkeit dem Widerstande der Luft[65]) zugeschrieben; in dem zweiten Falle nahm man an, dass der beschleunigenden Wirkung der Schwere durch die Reibung an der Oberfläche der Röhre oder dem Bette des Kanals das Gleichgewicht gehalten würde[66]). *Newton* benutzte in seiner Theorie der Zirkulation der inkompressiblen Flüssigkeiten den Begriff eines innern Widerstandes zwischen Flüssigkeitsschichten, die an einander vorbei gleiten, und nahm an, dass dieser Widerstand mit der relativen Geschwindigkeit proportional ist[67]). Die ersten Versuche, beide Arten der Reibung sowohl in die Differentialgleichungen der Bewegung, welche in den Punkten des Flüssigkeitsinnern statthaben, als auch in die speziellen Bedingungen, welche an den Grenzen gelten, einzuführen, wurden von *Navier*[68]) und *Poisson*[69]) gemacht. Ihre Gleichungen waren auf Betrachtungen über intermolekulare Wirkungen von demselben Charakter gegründet, wie sie sie zum Aufbau der Theorien für das Gleichgewicht elastischer Körper benutzt hatten[70]). Es wurde von *B. de Saint-Venant*[43]) angegeben, dass dieselben Gleichungen, jedenfalls für inkompressible Flüssigkeiten, ohne Betrachtung der intermolekularen Wirkungen dadurch erhalten werden können, dass man in einer präziseren Form die von *Newton* eingeführte Hypothese wieder aufnimmt. Nach dieser Ansicht wird die relative Geschwindigkeit des Gleitens für die beiden Richtungen y und z durch

---

65) *E. Mach*, Mechanik, p. 378. Der im Text erwähnte Verlust an Geschwindigkeit bringt die Verschiedenheit zwischen dem Ausflusskoeffizienten und dem Kontraktionskoeffizienten mit sich (s. Nr. **10**).

66) *Bossut*, Traité théorique et expérimentale d'Hydrodynamique, Paris 1786, drückte diese Idee klar aus. Sie wurde aber bereits von *d'Alembert*, Traité de l'équilibre et du mouvement des fluides, Paris 1770 angedeutet und weniger scharf in seinem Essai . . . de la résistance des fluides, Paris 1752. Das Geschichtliche ist in *Rühlmann,* Hydromechanik, ausführlich zusammengestellt. *Stokes*, Friction = Papers 1, p. 76, macht auf die Schwierigkeiten aufmerksam, welche sich bei dem Versuche einer rationellen Theorie des Strömens von Wasser in einem geneigten Kanal einstellen.

67) Principia, Lib. 2, Sect. 9. „Hypothesis. Resistentiam, quae oritur ex defectu lubricitatis partium fluidi, caeteris paribus, proportionalem esse velocitati, qua partes fluidi separantur ab invicem.“

68) Paris, Mém. de l'Acad. 6 (1827).

69) J. éc. pol. 13 (1831).

70) IV 21.

die Grösse $2\mathfrak{f}$ ausgedrückt[71]), und die Hypothese ist dann die, dass die Spannung in einem Punkte einer Flüssigkeit aus zwei zusammengesetzen Spannungen besteht: 1) aus dem gleichförmigen Drucke p und 2) aus einer hinzutretenden Spannung folgender Art. Die Summe der Normalspannungen auf je drei zu einander rechtwinkelig stehende Ebenen verschwindet; die Tangentialkomponente der Spannung, auf irgend eine Ebene, die als $z =$ const. genommen werden mag, in irgend einer Richtung — es sei die y-Richtung — ist gleich dem Produkte der entsprechenden relativen Geschwindigkeit des Gleitens, also $2\mathfrak{f}$, in einen Koeffizienten μ. Aus dieser Hypothese folgt, dass die sechs Spannungskomponenten durch folgende Formeln

$$(1)\qquad \begin{cases} p_{xx} = -p - \frac{2}{3}\mu\Theta + 2\mu\mathfrak{a}, & p_{yz} = p_{zy} = 2\mu\mathfrak{f}, \\ p_{yy} = -p - \frac{2}{3}\mu\Theta + 2\mu\mathfrak{b}, & p_{zx} = p_{xz} = 2\mu\mathfrak{g}, \\ p_{zz} = -p - \frac{2}{3}\mu\Theta + 2\mu\mathfrak{c}, & p_{xy} = p_{yx} = 2\mu\mathfrak{h} \end{cases}$$

gegeben sind. Der Koeffizient μ wird der *Reibungskoeffizient* genannt. Die Grösse $p_{xx} + p_{yy} + p_{zz}$ ist invariant gegenüber orthogonaler Koordinatentransformation[72]), ihr Wert ist $-3p$. *Stokes*[73]) zeigte, dass man auf dieselben Resultate auch bei der Annahme kommt, dass in dem zusätzlichen Spannungssystem die sechs Spannungskomponenten lineare Funktionen der Grössen $\mathfrak{a}, \mathfrak{b}, \mathfrak{c}, \mathfrak{f}, \mathfrak{g}, \mathfrak{h}$ seien. Er bemerkte in dieser Hinsicht zunächst, dass, da Flüssigkeitsbewegungen, bei denen sich die Flüssigkeit wie ein starrer Körper bewegt, keine innere Reibung hervorrufen können, die fragliche Spannung von den übrigen

---

71) Der Beweis ruht darauf, dass 1) nach der *Newton*'schen Hypothese die Abhängigkeit der Geschwindigkeitskomponente v von der Koordinate z eine auf die Ebene $z =$ const. wirkende tangentiale Spannung parallel der Axe y von dem Betrage $\mu\frac{\partial v}{\partial z}$ hervorruft, d. h. dass p_{yz} ein Glied $\mu\frac{\partial v}{\partial z}$ enthält, dass 2) nach einem allgemeinen Theorem über die Spannung dieses eine gleiche auf die Ebene $y =$ const. wirkende tangentiale Spannung parallel der z-Axe in sich schliesst. Nach Symmetrie muss dann die Spannungskomponente p_{yz} das Glied $\mu\frac{\partial w}{\partial y}$ enthalten.

72) *Basset*, Hydrodynamics 2, p. 238. Vgl. IV 14, Nr. **14**.

73) *Stokes*, Friction. Siehe auch *Stokes*, Report. Die Sachen sind etwas anders von *W. Voigt*, Kompendium d. theoret. Physik 1, Leipzig 1895, geordnet, indem er zwei Reibungskoeffizienten benutzt; es kommt dies auf eine andere Definition des Druckes p hinaus. Wegen der Diskussionen, zu denen die von *B. Saint-Venant* und *Stokes* vorgeschlagenen Bewegungsgleichungen Anlass gaben, siehe *Hicks*, Report (1881).

Komponenten der Relativbewegung allein und nicht von der Drehgeschwindigkeit abhängen kann. Er brachte sodann Molekularbetrachtungen heran, um die Linearität dieser Beziehungen zwischen den zusätzlichen Spannungskomponenten und den Komponenten der Deformationsgeschwindigkeit zu stützen. Der überzeugendste Beweis zu Gunsten der angenommenen linearen Beziehung liegt ohne Zweifel in der engen Übereinstimmung zwischen Resultaten, die aus ihr und exakten Beobachtungen abgeleitet sind[74]).

13. Bewegungsgleichungen für zähe Flüssigkeiten. Man bezeichne die Flüssigkeit auf einer Seite (der ersten Seite) einer Oberfläche mit F_1 und die Flüssigkeit oder einen andern Körper auf der andern Seite (der zweiten Seite) der Oberfläche mit F_2; dann kann die Wirkung von F_1 auf F_2 als aus unendlich kleinen Zugkräften auf die Elemente dS der Oberfläche zusammengesetzt angesehen werden; die Komponenten der letzteren parallel zu den Axen sind

$$(1) \qquad (lp_{xx} + mp_{xy} + np_{xz})dS, \quad (lp_{xy} + mp_{yy} + np_{zy})dS, \quad (lp_{zx} + mp_{zy} + np_{zz})dS,$$

wo l, m, n die Richtungscosinus der auf dS errichteten Normalen sind, die von der zweiten Seite nach der ersten Seite gezogen wird. Der durch die Bewegungsgleichungen auszudrückende Gedanke ist bereits in Nr. 8 angegeben. Die Gleichungen nehmen jetzt folgende Form an:

$$(2) \qquad \varrho \frac{\delta u}{\delta t} = \varrho X + \frac{\partial p_{xx}}{\partial x} + \frac{\partial p_{xy}}{\partial y} + \frac{\partial p_{xz}}{\partial z};$$

setzen wir hier die Werte der $p_{xx} \dots$ von Nr. 12 ein, so erhalten wir[75])

$$(3) \qquad \begin{cases} \dfrac{\delta u}{\delta t} = X - \dfrac{1}{\varrho}\dfrac{\partial p}{\partial x} + \dfrac{1}{3}\nu\dfrac{\partial \Theta}{\partial x} + \nu \Delta u, \\[2ex] \dfrac{\delta v}{\delta t} = Y - \dfrac{1}{\varrho}\dfrac{\partial p}{\partial y} + \dfrac{1}{3}\nu\dfrac{\partial \Theta}{\partial y} + \nu \Delta v, \\[2ex] \dfrac{\delta w}{\delta t} = Z - \dfrac{1}{\varrho}\dfrac{\partial p}{\partial z} + \dfrac{1}{3}\nu\dfrac{\partial \Theta}{\partial z} + \nu \Delta w, \end{cases}$$

74) Besonders bei den Experimenten von *J. L. M. Poiseuille*, Paris, Mém. div. sav. 19 (1846), über das Strömen von Flüssigkeiten durch Kapillarröhren, und bei den Experimenten, die von *Stokes*, Pendulums, diskutiert werden. Die letzteren können als entscheidender Beweis für die Richtigkeit der Bewegungsgleichungen bei kleinen Geschwindigkeiten angesehen werden. Die ersteren ermöglichen es, einen viel grösseren Bereich von Änderungen der Geschwindigkeit in Betracht zu ziehen, siehe *O. Reynolds*, Lond. Phil. Trans. 177 (1886), p. 165.

75) *B. de Saint-Venant* (Fussn. 43); *Stokes*, Friction.

wo ν für $\frac{\mu}{\varrho}$ geschrieben ist. Die Grösse ν heisst der *kinematische Reibungskoeffizient*[76]). Wenn die Geschwindigkeit genügend klein ist, können angenäherte Bewegungsgleichungen dadurch erhalten werden, dass man $\frac{\delta}{\delta t}$ durch $\frac{\partial}{\partial t}$ ersetzt; die so erhaltenen Gleichungen heissen die Gleichungen der „langsamen“ Bewegung.

An der Grenze der Flüssigkeit muss die durch Gleichung (2) Nr. 7 ausgedrückte kinematische Bedingung erfüllt sein. An der freien Oberfläche existiert ausserdem die spezielle Bedingung, dass die durch (1) gegebenen Zugkräfte für alle Elemente der Oberfläche verschwinden müssen. An einer Oberfläche, die zwei Flüssigkeiten trennt, sind die speziellen Bedingungen die, dass die drei Geschwindigkeitskomponenten und die drei Komponenten der Zugkraft sich beim Überschreiten der Oberfläche stetig aneinander schliessen. Entlang der Berührungsfläche der Flüssigkeit mit einem festen Körper ist die Geschwindigkeit der Flüssigkeitsteilchen jeweils dieselbe, wie die Geschwindigkeit des angrenzenden Teilchens des festen Körpers[77]). Die Richtigkeit dieser Bedingung scheint durch das unzweifelhafte Ergebnis der Experimente bestätigt zu werden. Eine andere Bedingung[78]), welche sich zunächst darbot, war die, dass einer endlichen Tangentialgeschwindigkeit möglicherweise ein proportionaler Widerstand entgegenwirke. Diese führte zu der Formel

$$(4)\qquad \begin{aligned} l'(lp_{xx} + mp_{xy} + np_{xz}) + m'(lp_{yx} + mp_{yy} + np_{yz}) \\ + n'(lp_{zx} + mp_{zy} + np_{zz}) \\ = -\beta\{l'(u-u') + m'(v-v') + n'(w-w')\}, \end{aligned}$$

wo l', m', n' die Richtungscosinus einer beliebigen geraden Linie sind, die in der Tangentialebene der Oberfläche durch den in Betracht kommenden Punkte gezogen ist. Die Geschwindigkeit des festen Körpers an dieser Stelle ist u', v', w' (β ist ein Reibungskoeffizient).

76) Der Wert von μ für Wasser bei 0^0 ist 0,0178; er nimmt bei steigender Temperatur ab; siehe *Helmholtz* (Fussn. 92). Der Wert von μ für Luft bei Atmosphärendruck und 0^0 ist 0,00017; er ist nahezu unabhängig vom Druck und wächst langsam bei steigender Temperatur; siehe *Maxwell* (Fussn. 102). Wegen der Beobachtungsmethoden und experimentellen Resultate siehe *L. Graetz,* Reibung, in *A. Winkelmann*'s Handbuch der Physik, Breslau 1891. Der Umstand, dass bei gewöhnlichen Flüssigkeiten μ klein ist, ist für viele Untersuchungen wichtig.

77) Diese Bedingung wurde versuchsweise von *Stokes*, Friction, eingeführt. Sie wurde als Resultat des direkten Experiments von *J. Boussinesq*, Eaux courantes, zu Grunde gelegt; in der That wird sie beispielsweise durch die Experimente von *Poiseuille* (Fussn. 74) bestätigt, siehe *Lamb*, Hydrodynamics, p. 521.

78) In den Abhandlungen von *Navier* und *Poisson* (Fussn. 68, 69).

14. Dissipation der Energie. Alle Bewegungen einer zähen Flüssigkeit, mit alleiniger Ausnahme der gleichförmigen Ausdehnung und der bei einem starren Körper möglichen Bewegungen, geben zu Dissipation der Energie Anlass[79]). Sei S irgend eine festgehaltene Oberfläche in einem mit Flüssigkeit erfüllten Raume; die Gleichung, welche die Energieänderungen der Flüssigkeitsmenge, die in S sich befindet, beherrscht, ist

$$(1)\quad \frac{\partial}{\partial t}\iiint \frac{1}{2}\varrho q^2\,dx\,dy\,dz = \iint \frac{1}{2}\varrho q^2(lu + mv + nw)\,dS$$
$$-\iint \Big\{u(lp_{xx} + mp_{xy} + np_{xz}) + v(lp_{yx} + mp_{yy} + np_{yz})$$
$$+ w(lp_{zx} + mp_{zy} + np_{zz})\Big\}\,dS$$
$$+\iiint \varrho(Xu + Yv + Zw)\,dx\,dy\,dz$$
$$+\iiint p\,\Theta\,dx\,dy\,dz - \iiint 2F\,dx\,dy\,dz,$$

wo l, m, n dieselbe Bedeutung wie in Nr. **11** haben, und

$$F = -\frac{1}{3}\mu\Theta^2 + \mu(\mathfrak{a}^2 + \mathfrak{b}^2 + \mathfrak{c}^2 + 2\mathfrak{f}^2 + 2\mathfrak{g}^2 + 2\mathfrak{h}^2).$$

Der letzte Ausdruck rechter Hand in der Gleichung (1) multipliziert mit dt repräsentiert den Betrag des Energieverbrauchs während des Zeitteilchens dt; die Funktion F heisst die *Dissipationsfunktion*[80]). Die Gleichungen (1) in Nr. **12** können daher auch in folgender Form geschrieben werden

$$p + p_{xx} = \frac{\partial F}{\partial \mathfrak{a}}, \ldots \qquad 2p_{yz} = \frac{\partial F}{\partial \mathfrak{f}}, \ldots$$

Formt man die Variation des Integrals $\iiint -F\,dx\,dy\,dz$ durch die Methode der Variationsrechnung in ein Oberflächen- und ein Raumintegral um, so wird der Koeffizient von δu in dem Raumintegral $\frac{1}{3}\mu\frac{\partial\Theta}{\partial x} + \mu\Delta u$, und dies ist derselbe Koeffizient, den δu in dem Raumintegral erhält, das durch Umformung der Variation des Integrals

---

79) *Stokes*, Pendulums, p. 58.

80) Eingeführt von Lord *Rayleigh* (Hon. *J. W. Strutt*), Lond. Math. Soc. Proc. 4 (1873), p. 357 = Scientific Papers 1, Cambr. 1899, p. 176. Über die Frage, ob die dissipierte Energie in Wärme verwandelt wird, siehe *O. Reynolds*, (Fussn. 38).

81) *D. Bobylew*, Math. Ann. 6 (1873); *A. R. Forsyth*, Mess. of math. (2) 9 (1880).

$$\iiint -\left\{\frac{2}{3}\mu\Theta^2 + 2\mu(\xi^2+\eta^2+\zeta^2)\right\} dx\,dy\,dz\ ^{81})$$

entsteht. Dies Resultat kann zur Transformation der Bewegungsgleichungen in krummlinige Koordinaten benutzt werden[82]). Wenn eine inkompressible Flüssigkeit sich stationär unter Einwirkung von konservativen Kräften bewegt, sind die Gleichungen der „langsamen Bewegung" einfach die Bedingung dafür, dass die erste Variation des Integrals $\iiint F\,dx\,dy\,dz$, genommen über das von der Flüssigkeit erfüllte Volumen, verschwindet, und es folgt zugleich, dass die Bewegung durch die Randbedingungen eindeutig bestimmt ist[83]). Ferner nimmt bei einer „langsamen Bewegung" der inkompressiblen Flüssigkeit, die sich unter Einwirkung konservativer Kräfte bewegt und bei der die Geschwindigkeiten an den Grenzen gegeben sind, die Schnelligkeit der Dissipation der Energie immerzu ab. Es strebt so die Bewegung auf einen bestimmten Zustand, den Zustand einer gewissen stationären Bewegung, als Grenze hin; dieser Zustand ist dann stabil[84]). In einer inkompressiblen Flüssigkeit, die in einem festen, geschlossenen Gefäss sich befindet und unter Einwirkung von konservativen Kräften steht, ist eine stationäre Bewegung, ob langsam oder nicht, unmöglich[85]).

15. Folgerungen aus den Bewegungsgleichungen. Die Wirkung selbst eines geringen Grades von Zähigkeit macht sich stark bemerkbar. Den Bewegungsgleichungen einer zähen, inkompressiblen Flüssigkeit genügen allerdings die Geschwindigkeiten, welche einer wirbelfreien Bewegung einer idealen Flüssigkeit entsprechen, aber solche Bewegungen schliessen gewöhnlich ein Gleiten an den Begrenzungen ein, und dann sind sie im vorliegenden Falle nicht möglich. Bei jeder Bewegung einer zähen, inkompressiblen Flüssigkeit, die unter Einwirkung konservativer Kräfte erfolgt, genügen die Komponenten der Drehgeschwindigkeit drei Gleichungen[86]) der folgenden Art

$$\frac{\delta\xi}{\delta t} = \xi\frac{\partial u}{\partial x} + \eta\frac{\partial u}{\partial y} + \zeta\frac{\partial u}{\partial z} + \nu\Delta\xi,$$

so dass sich die Wirbelbewegung etwa nach Art der Wärmeleitung

---

82) Siehe IV 14, Nr. 20c.

83) *Helmholtz*, Heidelberg, nat.-med. Verh. (5) 1868 = Wiss. Abh. 1, p. 224.

84) *D. J. Korteweg*, Phil. Mag. (5) 16 (1883); das Theorem wurde auf dissipative Systeme im allgemeinen von Lord *Rayleigh*, Phil. Mag. (5) 36 (1893), p. 354 ausgedehnt.

85) *M. Margules*, Wien Ber. 84 (1881).

86) *H. Lamb*, Motion of fluids, p. 243.

durch die Flüssigkeit hin ausbreitet[87]). Wenn zu Anfang eine im Innern der Flüssigkeit wirbelfreie Bewegung erregt worden wäre, würde sich Wirbelbewegung von den Grenzen aus nach innen fortpflanzen. Es sind Methoden für die Erzeugung von Wirbelbewegung in wirklichen Flüssigkeiten angegeben worden, welche zu einem experimentellen Studium solcher Bewegungen führen[88]).

Der Widerstand, den eine zähe Flüssigkeit der Bewegung eines festen Körpers entgegensetzt, ist nur in wenigen speziellen Fällen berechnet worden. Wenn sich eine Kugel langsam und stationär in einer unendlich ausgedehnten, inkompressiblen Flüssigkeit bewegt[89]), wird die Bewegung der Flüssigkeit durch eine axiale Stromfunktion[90])

$$\psi = \frac{1}{4} U a^2 \left(\frac{3r}{a} - \frac{a}{r}\right) \sin^2\theta$$

gegeben, wo a der Radius der Kugel ist, U ihre Geschwindigkeit und r und θ die Polarkoordinaten eines Punktes in der Flüssigkeit, bezogen auf den Kugelmittelpunkt als Anfangspunkt und die Bewegungsrichtung der Kugel als Polaraxe. Der Widerstand ist dabei eine Kraft von der Grösse $6\pi\mu a U$. Wenn die Kugel kleine Pendelschwingungen[91]) von der Periode $\frac{2\pi}{\sigma}$ auf einer geraden Linie ausführt, so ist der Widerstand

$$\frac{1}{2} m \left\{ \left(1 + \frac{9\sqrt{\nu}}{a\sqrt{2\sigma}}\right) \frac{dU}{dt} + \frac{9\sqrt{\nu\sigma}}{a\sqrt{2}} \left(1 + \frac{\sqrt{2\nu}}{a\sqrt{\sigma}}\right) U \right\},$$

unter m die Masse der verdrängten Flüssigkeit verstanden. Dies Resultat giebt für den Fall einer in einer zähen Flüssigkeit schwingenden Pendelkugel sowohl die Korrektion für die effektive Trägheit, als auch die Dämpfung der Schwingungen. Wenn eine Hohlkugel von dem innern Radius a, welche eine zähe inkompressible Flüssigkeit einschliesst, kleine Drehschwingungen[92]) von der Periode $\frac{2\pi}{\sigma}$ zu machen gezwungen ist, so rotiert die Flüssigkeit auf der konzen-

87) Für die Ausbreitung der Geschwindigkeit von einer Begrenzung aus siehe IV **16**, Nr. **6**b.

88) Siehe IV **16**, Fussn. 117.

89) *Stokes*, Pendulums, p. 48—51, wo die Resultate auf die Bewegung einer Kugel in Luft angewandt werden; vgl. *H. S. Allen*, Phil. Mag. (5) 50 (1900). Siehe auch *Lamb*, Hydrodynamics, p. 531.

90) IV **14**, Nr. **7** und IV **16**, Nr. **1**g.

91) *Stokes*, Pendulums, p. 23—25; *O. E. Meyer*, J. f. Math. 73 (1871); *Lamb*, Hydrodynamics, p. 568; *O. E. Meyer*, J. f. Math. 75 (1873), trägt der Kompressibilität der Luft Rechnung.

92) *Helmholtz* und *G. v. Piotrowski*, Wien Ber. 40 (1860) = *Helmholtz*, Wiss. Abh. 1, p. 172; *Lamb*, Hydrodynamics, p. 563.

trischen Kugelfläche vom Radius r mit der Winkelgeschwindigkeit $\omega\psi_1(hr)/\psi_1(ha)$, wo ω die Winkelgeschwindigkeit der Hohlkugel zu irgend einer Zeit, $h^2 = i\sigma/\nu$ und $\psi_k(x) = \left(\frac{-1}{x}\frac{d}{dx}\right)^k \frac{\sin x}{x}$ ist. Der Widerstand wird durch ein Kräftepaar von der Grösse

$$2m\nu\omega h^2 a^2 \psi_2(ha)/\psi_1(ha)$$

gegeben, unter m die Masse der eingeschlossenen Flüssigkeit verstanden. Das Problem wird nur wenig komplizierter, wenn man ein Gleiten an den Grenzen annimmt, das der Bedingung (4) in Nr. **13** unterworfen ist. Diese Resultate sind angewandt worden, um ν und β aus den Beobachtungen der Bewegung einer Hohlkugel, welche eine inkompressible Flüssigkeit enthält und sich infolge der Torsion eines Drahtes, an dem sie aufgehängt ist[92]), hin und her dreht, zu berechnen. Jedoch scheint die Methode keiner grossen Genauigkeit fähig zu sein[93]).

Entsprechend den einfachen periodischen Wellen von kleiner Amplitude, welche sich entlang der horizontalen freien Oberfläche einer idealen, schweren Flüssigkeit fortpflanzen können, existiert eine angenäherte Lösung[94]) der Gleichungen für langsame Bewegung im Falle einer nur wenig zähen Flüssigkeit von unendlicher Tiefe. Die betreffende Bewegung ist durch ein Geschwindigkeitspotential der Form

$$\varphi = Ae^{-2\nu k^2 t + ky + i(kx \pm \sigma t)}$$

gegeben, wo die Axe y vertikal nach unten von der freien Oberfläche aus gezogen ist. $\frac{2\pi}{k}$ ist die Wellenlänge und $\frac{\sigma}{k}$ die Geschwindigkeit der entsprechenden Wellen für die ideale Flüssigkeit.

16. Laminarbewegung. Die Bewegungsgleichungen für eine zähe Flüssigkeit sind auf das Problem des Fliessens einer inkompressiblen Flüssigkeit in geneigten Röhren oder Kanälen von gleichförmigem Querschnitt angewandt worden[95]). Wir wählen α als die Neigung

---

93) *W. C. D. Whetham*, Lond. Phil. Trans. (A) 181 (1890).

94) *Stokes*, Pendulums, p. 60—61; *Lamb*, Hydrodynamics, p. 547. Wegen der Wellenbewegung idealer Flüssigkeiten siehe IV 16, Nr. **5**; wegen weiterer Resultate, die Lösungen der Bewegungsgleichungen von zähen Flüssigkeiten betreffend, siehe IV 16, Nr. **6**.

95) *Stokes*, Friction = Papers 1, p. 105; *J. Boussinesq*, J. de math. (2) 13 (1868), und Eaux courantes. Mit der Lösung der Gleichung (2) für u beschäftigt sich auch *L. Grätz*, Z. f. Math. u. Phys. 25 (1880), sowie *A. G. Greenhill*, Lond. Math. Soc. Proc. 13 (1881). Das Problem ist mathematisch identisch mit dem der Bewegung einer reibungslosen, inkompressiblen Flüssigkeit in einem

der Röhre, die x-Axe in der Verbindungslinie der Schwerpunkte der Normalschnitte und die Ebene (x, y) vertikal; dann giebt es eine Lösung der Gleichungen, bei der, vorausgesetzt, dass

$$(1)\qquad v = 0,\ w = 0,\ p = g\varrho y \cos\alpha - Ax + \text{const.}$$

sind, u eine von x unabhängige Funktion von y und z wird, die der Gleichung

$$(2)\qquad \nu\left(\frac{\partial^2 u}{\partial y^2} + \frac{\partial^2 u}{\partial z^2}\right) + \frac{A}{\varrho} + g \sin\alpha = 0$$

genügt und an der Grenze des Querschnittes verschwindet. Die Konstante A ist der Druckgradient beim Fortschreiten entlang der geneigten Röhre. Wenn die Flüssigkeit zwischen zwei parallelen Ebenen fliesst, wird

$$(3)\qquad u = \frac{3}{2} U(1 - y^2/c^2),\quad U = \frac{1}{3} c^2 \nu^{-1}\left(\frac{A}{\varrho} + g \sin\alpha\right),$$

wo $2c$ der Abstand zwischen den Ebenen und U die mittlere Geschwindigkeit ist. Wenn der Querschnitt der Röhre ein Kreis mit dem Radius a ist, wird

$$(4)\qquad u = 2U\left(1 - \frac{r^2}{a^2}\right),\quad U = \frac{1}{8} a^2 \nu^{-1}\left(\frac{A}{\varrho} + g \sin\alpha\right),$$

wo r den Abstand von der Axe bezeichnet. Dieselben Lösungen mit $A = 0$ gelten auch für einen offenen Kanal von der Form der unteren Hälfte der Röhre; die freie Oberfläche ist dabei die Ebene (x, z). Die Formel für eine kreisförmige Röhre wurde durch die Experimente von *Poiseuille*[74]) bestätigt, welche gleichzeitig die genauesten Bestimmungen von ν gestatteten. Bei der hier betrachteten Art der Bewegung findet keine Änderung in der Ausbreitung der Wirbelbewegung statt. Die Flüssigkeit ist in Schichten konstanter Geschwindigkeit geordnet. Solche Bewegungen nennt man „Laminar"-Bewegungen, zuweilen auch wohl „reguläre" Bewegungen.

17. Turbulente Bewegungen. Wenn eine inkompressible Flüssigkeit in einer Röhre vom Querschnitt Ω und Umfang χ herabfliesst, so möge die Resultierende der Tangentialspannungen, die der Bewegung entgegenwirken und auf die Flüssigkeit durch denjenigen Teil der Oberfläche der Röhre ausgeübt werden, der zwischen zwei im Abstande δx befindlichen Normalschnitten liegt, durch $R\chi\delta x$ bezeichnet werden. Man hat dann

$$(1)\quad R = \frac{\Omega}{\chi}\left\{g\varrho \sin\alpha - \frac{1}{\Omega}\int \frac{\partial p}{\partial x}\, d\Omega\right\} + \frac{1}{\chi}\int\left(2\mu \frac{\partial^2 u}{\partial x^2} - \varrho \frac{\delta u}{\delta t}\right) d\Omega.$$

---

rotierenden Prisma von demselben Querschnitt, den die Röhre besitzt (IV 16, Nr. 1e).

Bei der Laminarströmung ist $R = \Omega\chi^{-1}(g\varrho \sin\alpha + A)$. Es ist somit der Röhrenwiderstand proportional mit der mittleren Geschwindigkeit U der Flüssigkeit in einem Querschnitt. Bei experimentellen Untersuchungen können U und $\Omega\chi^{-1}(g\varrho \sin\alpha + A)$ gemessen werden. A ist der Druckgradient für die Verbindungslinie der Schwerpunkte der Normalschnitte. Man hat nun gefunden, dass für enge Röhren und kleine Geschwindigkeiten die zweite dieser Grössen in der That mit U proportional ist, dass sie aber bei weiteren Röhren und grösseren Geschwindigkeiten genauer mit U^2 proportional ist[96]). Dies drückt man gewöhnlich so aus, dass man sagt: in dem ersteren Falle ist der Widerstand mit der Geschwindigkeit selbst, im zweiten Falle mit dem Quadrate der Geschwindigkeit proportional. Die hiermit bezeichnete „Änderung des Widerstandsgesetzes" erklärt man durch die Annahme, dass, wenn die Geschwindigkeit in einer Röhre von gegebenem Querschnitt einen gewissen Wert überschreitet, unregelmässig wirbelnde Bewegungen[97]) entstehen, und dass die daraus folgende Dissipation der Energie den Effekt hat, die mittlere Geschwindigkeit für einen Querschnitt unter den Wert herabzudrücken, den sie bei der Laminarbewegung mit demselben A und α haben würde. *J. Boussinesq* [97]) hat dies analytisch durch die Annahme auszudrücken versucht, dass die Geschwindigkeit in einem Punkte aus zwei Geschwindigkeiten zusammengesetzt ist: 1) aus einer Geschwindigkeit u_0, die unabhängig von der Zeit ist, 2) aus einer Geschwindigkeit, deren Komponenten u', v', w' in einem beliebigen Punkte derart von der Zeit abhängen, dass ihre mittleren Werte, über eine gewisse kurze Zeit τ genommen, verschwinden. Er hat dann gezeigt, dass unter gewissen Bedingungen die Bewegungsgleichungen (3) der Nr. **13** durch die u_0 erfüllt werden können, sofern man μ durch eine Funktion von u', v', w' ersetzt, (so dass es von der „Intensität der Agitation" in jedem Punkte

---

96) Dies scheint das wahre Ergebnis der Experimente zu sein; der Widerstand wird nicht direkt gemessen. Wegen der erhaltenen experimentellen Resultate können wir auf *M. H. Darcy*, Recherches expérimentales rélatives au mouvement de l'eau dans les tuyaux, Paris 1855, und auf die Abhandlung von *H. Bazin*, Paris, Mém. div. sav. 19 (1865) verweisen.

97) Die unregelmässig wirbelnden Bewegungen („Eddies"), von denen im Text die Rede ist, sind von den ebenda mathematisch behandelten Wirbelbewegungen („Vortices") verschieden. Die Laminarbewegungen zäher Flüssigkeiten sind stets Wirbelbewegungen im letzteren Sinne. Die Vermutung, dass die „Wirbel" den Grund für „die Änderung des Widerstandsgesetzes" geben, wurde bereits von *B. de Saint-Venant*, Paris, Ann. des mines (4) 20 (1851), p. 229, ausgesprochen; sie wurde aufgenommen von *J. Boussinesq*, Eaux courantes, und *Stokes*, Papers 1, p. 99 Fussn.

abhängt). Er hat diese Funktion nicht explicite in u', v', w' ausgedrückt, nimmt aber an, da die u', v', w' mit dem Abstande von den Wänden und andern ähnlichen Umständen wachsen werden, dass der abgeänderte Reibungskoeffizient mit dem „mittleren hydraulischen Radius" $\frac{\Omega}{\chi}$, ferner mit dem mittleren Werte von u_0 nahe der Begrenzung und einer gewissen Funktion der Koordinaten des in Betracht kommenden Querschnittspunktes proportional ist, die einen mit der Rauhigkeit der Wände wachsenden konstanten Koeffizienten hat.

Dieser Gegenstand ist späterhin von *O. Reynolds* [98]) experimentell untersucht worden, und zwar mit Hülfe von dünnen Fäden gefärbter Flüssigkeit, die er innerhalb ungefärbter Flüssigkeit in Glasröhren hinfliessen liess. Bei genügend kleinen Geschwindigkeiten war die Bewegung der Flüssigkeit, soweit man sehen konnte, geradlinig; wenn aber die Geschwindigkeit wuchs, wurden unregelmässige, wirbelnde Bewegungen beobachtet. Da nun eine Laminarbewegung mit irgendwelcher gegebenen mittleren Geschwindigkeit in einer beliebigen Röhre an sich immer mathematisch möglich ist, so schloss er, dass die Laminarbewegungen in weiten Röhren und bei hohen Geschwindigkeiten labil sein müssen. Durch eine Anwendung des Prinzips der dynamischen Ähnlichkeit [99]) erschloss er sodann aus den Bewegungsgleichungen (3) von Nr. **13**, dass, wenn eine Laminarbewegung bei der mittleren Geschwindigkeit U in einer Röhre vom Radius a bei wachsendem U labil wird, sie allgemein stabil oder labil ist, je nachdem $\frac{Ua}{\nu}$ kleiner oder grösser als eine gewisse kritische Zahl ist [100]). Für Wasser fand *Reynolds*, dass der kritische Wert von $\frac{Ua}{\nu}$ zwischen 950 und 1000 liegt, und er stellte fest [38]), dass alle Experimente von *Poiseuille* und *Darcy* diese Resultate bestätigen. Bei seiner theoretischen Untersuchung hat dann *Reynolds* [38]) die oben genannte Annahme von *Boussinesq* modifiziert. Er setzt nämlich voraus, dass die zusätzlichen Geschwindigkeiten u', v', w' in roher Annäherung für kleine Längen und kleine Zeiten periodisch sind, und er zeigt dann, dass diese Voraussetzung in der That zu einem Werte der mittleren Geschwindigkeit in einer gegebenen Röhre führt, welche merklich kleiner ist als diejenige, welche der Laminarbewegung entspricht.

---

98) Lond. Phil. Trans. 174 (1883).

99) Lord *Rayleigh*, Theory of Sound 2, London 1878, p. 287; vgl. *Helmholtz*, Berl. Ber. 1873 = Wiss. Abh. 1, p. 158.

100) Die Existenz einer kritischen Geschwindigkeit wurde bereits von *G. H. L. Hagen*, Berl. Abh. 1854, bemerkt.

Die hiermit besprochene Bewegungsart von Wasser, das in einer Röhre scheinbar gleichförmig, thatsächlich aber in höchst unregelmässiger Weise herabfliesst, tritt, wie die Beobachtung zeigt, ebensowohl bei vielen anderen scheinbar stationären Flüssigkeitsbewegungen auf[101]). Man nennt die betreffenden Bewegungen „turbulente Bewegungen". Die Resultate vieler experimenteller Untersuchungen über den Widerstand der Flüssigkeiten, wie z. B. *Coulomb*'s schwingende Scheibe[102]) und *Froude*'s Brett[103]), haben gezeigt, dass auch in andern Fällen der Widerstand genauer mit dem Quadrate der Geschwindigkeit[104]) proportional ist, als mit ihrer ersten Potenz; diese Resultate weisen ebenfalls auf die Existenz turbulenter Bewegung hin.

18. Labilität der Laminarbewegung. Die Frage der Stabilität oder Labilität von Laminarbewegungen wurde von Lord *Rayleigh* in Verbindung mit Untersuchungen über Flüssigkeitsstrahlen erörtert. In einer idealen Flüssigkeit sind Bewegungen, bei denen Unstetigkeitsflächen auftreten, zwar theoretisch möglich[105]), aber stets labil, und es scheint, dass die Tendenz zur Labilität desto grösser ist, je kürzer die Wellenlänge der Störung ist[106]). Wenn man der Zähigkeit Rechnung trägt, zeigt sich, dass Unstetigkeitsflächen überhaupt nicht fortbestehen können, sondern dass sich Wirbelbewegung in die Flüssigkeit hinein von beiden Seiten der Oberfläche ausbreitet, die solcherweise eine Art Übergangsschicht herstellt[107]). In einer idealen Flüssigkeit kann eine solche Übergangsschicht die Bewegung stabil machen. Hat man eine Laminarbewegung einer idealen Flüssigkeit mit der Geschwindigkeit $u_0 = f(y)$ zwischen zwei Ebenen $y =$ const., und wird dieselbe gestört, so kann man die Geschwindigkeit nach der Störung als $(u_0 + u', v)$ annehmen. Hat nun die Bewegung nach der Störung weiterhin den Charakter einer Wellenbewegung von der

101) *J. Boussinesq*, Eaux courantes, p. 6; *O. Reynolds*, Lond. Phil. Trans. 174 (1883), p. 941; *N. Joukowsky,* Mosk. Verh. d. Naturfr. 4 (1891). Siehe auch IV 20.

102) *J. Coulomb,* Paris, Mém. de l'Inst. 3 (1800). Die Methode wurde von *O. E. Meyer,* J. f. Math. 59 (1861), und von *Maxwell*, Lond. Phil. Trans. 166 (1856), benutzt.

103) *W. Froude*, Brit. Assn. Rep. 1872. Vgl. *W. C. Unwin*, Artikel Hydromechanics, Part. III Hydraulics, Ency. Brit. 12, Edinburgh 1881.

104) Die Regel, dass der Widerstand dem Quadrate der Geschwindigkeit proportional ist, wurde von *Newton*, Principia Lib. 2, Sect. 7 gegeben. Sie scheint in der Zeit *d'Alembert*'s allgemein acceptiert worden zu sein, siehe dessen Essai .... de la résistance des fluides (1752).

105) Siehe IV 16, Nr. 1 f.

106) Lord *Rayleigh*, Lond. Math. Soc. Proc. 10 (1878) = Papers 1, p. 366.

107) Lord *Rayleigh*, Lond. Math. Soc. Proc. 11 (1880) = Papers 1, p. 475.

(reellen) Fortschreitungsgeschwindigkeit W, so ist die Laminarbewegung gewiss stabil[108]). Unter diesen Umständen genügt v für jede Flüssigkeitsschicht, in welcher $\frac{du_0}{dy}$ stetig ist, einer Gleichung von der Form

$$(1)\qquad (u_0 - W)\left(\frac{d^2v}{dy^2} - k^2v\right) - \frac{d^2u_0}{dy^2}\cdot v = 0;$$

andererseits genügt v bestimmten speziellen Bedingungen an den Begrenzungen und an denjenigen Oberflächen, an denen $\frac{du_0}{dy}$ sich unstetig ändert. Diese Gleichungen und Bedingungen genügen in gewissen Fällen bei Annahme einer Störung von der Wellenlänge $\frac{2\pi}{k}$ zur Bestimmung des Wertes W.[109]) Sollte dieser Wert von W ein Wert sein, der von u_0 an irgend einer Stelle angenommen wird, so entsteht eine besondere Schwierigkeit[110]), da solch eine Stelle für die Differentialgleichung (1) eine singuläre Stelle ist, und singuläre Stellen in einem von Flüssigkeit erfüllten Raume nicht auftreten können.

Wenn man der Reibung Rechnung trägt und die durch $u_0 = \frac{3}{2}U\left(1 - \frac{y^2}{c^2}\right)$ gegebene Bewegung[111]) durch Hinzufügung kleiner Geschwindigkeiten u', v, w abändert, die sämtlich den einen Faktor $e^{i(\sigma t + \alpha x + \beta z)}$ enthalten, während die andern Faktoren Funktionen von y sind, so ist die Gleichung[112]) für v

$$(2)\qquad \nu\left\{\frac{d^4v}{dy^4} - 2(\alpha^2+\beta^2)\frac{d^2v}{dy^2} + (\alpha^2+\beta^2)^2v\right\} - i\sigma\left\{\frac{d^2v}{dy^2} - (\alpha^2+\beta^2)v\right\}$$
$$-\frac{3U}{c^2}i\alpha v - \frac{3}{2}U\left(1-\frac{y^2}{c^2}\right)i\alpha\left\{\frac{d^2v}{dy^2} - (\alpha^2+\beta^2)v\right\} = 0.$$

Gleichzeitig muss v auch bestimmte Bedingungen an den Begrenzungen erfüllen. Da diese Gleichung im Endlichen keine singulären Stellen hat, wird ein scheinbarer Anlass zur Labilität bei der Laminarbewegung unmittelbar dadurch entfernt[112]), dass man die Be-

108) Lord *Rayleigh* hat diese Dinge in einer Reihe von Aufsätzen behandelt, Lond. Math. Soc. Proc. 11 (1880), 19 (1888) und 27 (1896); Phil. Mag. (5) 34 (1892).

109) Der bemerkenswerteste Fall ist der, wo du_0/dy sich unstetig an einer Reihe von Ebenen $y = \text{const.}$ ändert und stets in demselben Sinne wächst; siehe Lord *Rayleigh* (Fussn. 107). Wenn du_0/dy stetig veränderlich ist, scheint die Methode nur auf einige spezielle Typen der Störung anwendbar zu sein; siehe *A. E. H. Love*, Lond. Math. Soc. Proc. 27 (1896).

110) Sir *W. Thomson*, „On a disturbing infinity in Lord Rayleigh's solution ....", Brit. Assn. Rep. 1880.

111) Siehe Gleichung (3), Nr. 16.

112) Sir *W. Thomson* ist hierauf in einer Reihe von Aufsätzen im Phil. Mag. (5) 24 (1887) eingegangen.

wegungsgleichungen reibender Flüssigkeiten benutzt, anstatt die Wirkungen der Reibung durch Übergangsschichten in einer idealen Flüssigkeit darzustellen. Zum Beweis der Stabilität ist es erforderlich, dass die Gleichung (2) unter Berücksichtigung der Grenzbedingungen zu Werten von $i\sigma$ führt, die entweder rein imaginär sind oder negative reelle Teile haben[113]). Man hat gefunden, dass $i\sigma$ reell und negativ ist, wenn $U = 0$[114]) wird, sowie wenn die Störung derart ist, dass $w = 0$ und u', v unabhängig von x und z sind[115]). Jedoch werfen diese Resultate wenig Licht auf die allgemeine Frage.

Statt des Versuches, die Stabilität der Laminarbewegung vermöge der Methode der kleinen Schwingungen zu diskutieren, hat man vorgeschlagen, ein Energiekriterium[116]) zur Bestimmung dafür zu suchen, ob eine geringfügige turbulente Bewegung einer stärkeren oder schwächeren Turbulenz zustrebt. Die Bewegung werde durch Überlagerung einer Geschwindigkeit (u', v', w'), die die Periode τ besitzt, und einer mittleren Geschwindigkeit $\bar{u}, \bar{v}, \bar{w}$ dargestellt. Die letztere genügt dann Gleichungen von der Form der Gleichungen (2) in Nr. **13**, vorausgesetzt, dass $p_{xx} \ldots$ durch die Grössen

$$(3) \quad p_{xx} = 2\mu \frac{\partial \bar{u}}{\partial x} - \varrho \overline{u'^2} - \bar{p}, \ldots, \; p_{yz} = \mu\left(\frac{\partial \bar{w}}{\partial y} + \frac{\partial \bar{v}}{\partial z}\right) - \varrho \overline{v'w'}, \ldots$$

ersetzt werden. Der Druck besteht aus einem mittleren Druck $\bar{p}$ und einem periodisch veränderlichen Druck p'. Die Grössen u', v', w', p' genügen Gleichungen von der Form[117])

$$(4) \quad \frac{\partial u'}{\partial t} + \bar{u}\frac{\partial u'}{\partial x} + \bar{v}\frac{\partial u'}{\partial y} + \bar{w}\frac{\partial u'}{\partial z} + u'\frac{\partial \bar{u}}{\partial x} + v'\frac{\partial \bar{u}}{\partial y} + w'\frac{\partial \bar{u}}{\partial z}$$
$$= -\frac{1}{\varrho}\frac{\partial p'}{\partial x} + \nu \Delta u' + \frac{\partial(\overline{u'^2})}{\partial x} + \frac{\partial(\overline{u'v'})}{\partial y} + \frac{\partial(\overline{u'w'})}{\partial z}$$
$$- \frac{\partial(u'^2)}{\partial x} - \frac{\partial(u'v')}{\partial y} - \frac{\partial(u'w')}{\partial z},$$

113) Dies wurde von Lord *Rayleigh*, Phil. Mag. (5) 34 (1892) gefunden. Sir *W. Thomson* hatte vorher geschlossen, dass die Laminarbewegung stets stabil sei (Fussn. 112).

114) Lord *Rayleigh* (Fussn. 113).

115) Dieses Resultat wurde bei der Prüfung für „the Math. Tripos" Part II, 1896, Camb. Univ. Exam. Papers 1896, vorgelegt.

116) *O. Reynolds* (Fussn. 38) fand die weiter unten angeführte Gleichung (5); die Theorie wurde weiter verfolgt von *H. A. Lorentz*, Amst. Versl. 6 (1897). Letzterer gab die Gleichungen (3) und (4) und zeigte, wie aus den Gleichungen (6) und (7) Folgerungen gezogen werden können, indem er auch eine ins Einzelne gehende Erörterung für eine kreisförmige Röhre gab.

117) Die korrigierte Form dieser Gleichungen verdankt der Referent einer gütigen Mitteilung von Hrn. *H. A. Lorentz*.

wobei die Geschwindigkeit (u', v', w') jedenfalls solenoidal sein muss. Wenn wir

$$\frac{d}{dt} = \frac{\partial}{\partial t} + \bar{u}\frac{\partial}{\partial x} + \bar{v}\frac{\partial}{\partial y} + \bar{w}\frac{\partial}{\partial z}$$

setzen, wird der Zuwachs der kinetischen Energie der turbulenten Bewegung durch die Gleichung

$$(5)\quad \frac{d}{dt}\iiint \frac{1}{2}\varrho(u'^2 + v'^2 + w'^2)dx\,dy\,dz = \varrho\iiint M\,dx\,dy\,dz - \varrho\nu\iiint N\,dx\,dy\,dz$$

bestimmt, wo

$$(6)\quad M = -\Big[u'^2\frac{\partial\bar{u}}{\partial x} + v'^2\frac{\partial\bar{v}}{\partial y} + w'^2\frac{\partial\bar{w}}{\partial z} + v'w'\left(\frac{\partial\bar{w}}{\partial y} + \frac{\partial\bar{v}}{\partial z}\right) + w'u'\left(\frac{\partial\bar{u}}{\partial z} + \frac{\partial\bar{w}}{\partial x}\right) + u'v'\left(\frac{\partial\bar{v}}{\partial x} + \frac{\partial\bar{u}}{\partial y}\right)\Big],$$

$$(7)\quad N = 2\left(\frac{\partial u'}{\partial x}\right)^2 + 2\left(\frac{\partial v'}{\partial y}\right)^2 + 2\left(\frac{\partial w'}{\partial z}\right)^2 + \left(\frac{\partial w'}{\partial y} + \frac{\partial v'}{\partial z}\right)^2 + \left(\frac{\partial u'}{\partial z} + \frac{\partial w'}{\partial x}\right)^2 + \left(\frac{\partial v'}{\partial x} + \frac{\partial u'}{\partial y}\right)^2.$$

Damit eine nur wenig turbulente Bewegung in stärkere Turbulenz gerät, muss die Grösse M positiv und der erste Ausdruck auf der rechten Seite der Gleichung (5) grösser als der zweite sein. Durch diese Formeln für M und N scheint das experimentelle Resultat bestätigt, dass in engen Räumen die Bewegung regulär zu werden bestrebt ist, dagegen in weiteren Räumen die turbulente Bewegung die Regel ist.

19. Beziehungen zur Molekulartheorie. Die Theorie einer Flüssigkeit als eines mechanischen Systems von kontinuierlich den Raum erfüllenden Teilchen, die vermittelst eines geeigneten Drucks durch die sie trennenden Oberflächen hindurch auf einander wirken, scheint für die Erklärung der Phänomene, wie sie bei dem Gleichgewicht und den Bewegungen von Flüssigkeiten unter gewöhnlichen Bedingungen auftreten, im ganzen ausreichend zu sein. Doch gestattet dieselbe keine Anwendung auf solche Phänomene, wie Diffusion und osmotischen Druck. Eine vollständige Theorie der Flüssigkeitsbewegungen würde notwendigerweise auf einer molekularen Grundlage aufgebaut werden müssen, und die beiden fundamentalen Begriffe der gewöhnlichen Theorie — Druck und Geschwindigkeit in einem Punkte — würden dann eine präzisere Definition erfordern. Selbst bei denjenigen Erscheinungen, auf die sich die gewöhnliche Theorie sehr wohl anwenden lässt, muss man notwendigerweise einen Kompromiss zwischen dem molekularen und dem mechanischen Standpunkte schliessen, insbesondere was die Erscheinungen der Kapillarität und Zähigkeit angeht. Die erstere wird in der Kontinuitätstheorie durch die Annahme einer hinzutretenden Oberflächenspannung als einer Thatsache, die sich aus der Erfahrung ergiebt, unter den mechanischen Gesichtspunkt gebracht, die letztere durch die Annahme, dass die Energie nach einem bestimmten Gesetze dissipiert wird. Aber nur von Seiten der molekularen Theorie kann man eine Erklärung für den Ursprung der Oberflächenspannung und der mit der beobachteten Dissipation der Energie verbundenen Transformation derselben geben. Derartige Erklärungen gehören in Band V.

(Abgeschlossen im April 1901.)

IV 16. HYDRODYNAMIK: THEORETISCHE AUSFÜHRUNGEN.

Von

A. E. H. LOVE

IN OXFORD.

Inhaltsübersicht.

5. Wellenbewegung inkompressibler Flüssigkeiten.

a) Natur der Bewegung.
b) Lange Wellen.
c) Oscillatorische Wellen.
d) Energie der Wellenbewegung. Gruppengeschwindigkeit.
e) Stehende Wellen.
f) Stehende Oscillationen in Bassins.
g) Genauere Bestimmung von Wellenbewegungen.
h) Die Einzelwelle.
i) Oscillationen einer flüssigen Kugel.

6. Zähe Flüssigkeiten.

a) Bewegungsgleichungen. Stationäre Bewegung.
b) Veränderliche und periodische Bewegungen.

Litteratur.

Siehe die Lehrbücher und Monographieen unter IV 15 und ausserdem etwa:

Monographien.

J. L. de Lagrange, Mémoire sur la théorie du mouvement des fluides, Berl. Mém. (2) 12 (1781) und Oeuvres de Lagrange 4, Paris 1869.

S. D. Poisson, Mémoire sur la théorie des ondes, Paris, Mém. de l'Acad. 1 (1816).

A. L. Cauchy, Mémoire sur la théorie des ondes, Paris, Mém. sav. étr. 1 (1827) und Oeuvres complètes (1) 1, Paris 1882.

E. H. u. *W. Weber*, Wellenbewegung auf Experimente gegründet, Leipzig 1825.

S. D. Poisson, Mémoire sur les mouvements simultanes d'un pendule et de l'air environnant, Paris, Mém. de l'Acad. 11 (1832).

G. G. Stokes, On the steady motion of incompressible fluids, Cambr. Phil. Soc. Trans. 7 (1842) und Math. and Phys. Papers 1, p. 1.

G. G. Stokes, On some cases of fluid motion, Cambr. Phil. Soc. Trans. 8 (1843) und Math. and Phys. Papers 1, p. 17.

J. Scott Russell, Report on Waves, Brit. Assn. Rep. 1844.

G. B. Airy, Artikel „Tides and Waves", Encyclopaedia Metropolitana, London 1845.

G. G. Stokes, On the theory of Oscillatory Waves, Cambr. Phil. Soc. Trans. 8 (1847) und Math. and Phys. Papers 1, p. 197; Supplement p. 314 (1880).

P. G. Lejeune-Dirichlet, Über einige Fälle, in welchen sich die Bewegung eines festen Körpers in einem inkompressiblen flüssigen Medium theoretisch bestimmen lässt, Berl. Ber. 1852.

A. Clebsch, Über die Integration der hydrodynamischen Gleichungen, J. f. Math. 56 (1859).

P. G. Lejeune-Dirichlet, Untersuchungen über ein Problem der Hydrodynamik (aus dem Nachlass hergestellt von *R. Dedekind*), zuerst Gött. Abh. 8 (1860), dann J. f. Math. 58 (1861).

H. Hankel, Zur allgemeinen Theorie der Bewegung der Flüssigkeit, Göttingen, Preisschrift 1861.

B. Riemann, Ein Beitrag zu den Untersuchungen über die Bewegung eines flüssigen gleichartigen Ellipsoids, Gött. Abh. 9 (1861) und Ges. math. Werke, Leipzig, 2. Aufl. 1892, p. 182.

W. Thomson (Lord *Kelvin*), On Vortex-Motion, Edinb. Roy. Soc. Trans. 25 (1868) (*Vortex-Motion*).

H. Helmholtz, Über diskontinuierliche Flüssigkeitsbewegungen, Berl. Ber. 1868, p. 215 = Wissenschaftl. Abh. 1, p. 146.

G. Kirchhoff, Über die Bewegung eines Rotationskörpers in einer Flüssigkeit, J. f. Math. 71 (1869), Ges. Abh., Leipzig 1882, p. 376.

G. Kirchhoff, Zur Theorie freier Flüssigkeitsstrahlen, J. f. Math. 70 (1869) und Ges. Abh. p. 416.

W. M. Hicks, On the motion of two spheres in a fluid, Lond. Phil. Trans. 171 (1880).

C. Neumann, Hydrodynamische Untersuchungen, Leipzig 1883 (*Hydr. Unt.*).

J. J. Thomson, A treatise on the motion of Vortex-Rings, London 1883 (*Vortex-Rings*).

W. M. Hicks, On the steady motion and small vibrations of a hollow vortex, Lond. Phil. Trans. 175 (1884).

H. Poincaré, Sur l'équilibre d'une masse fluide animée d'un mouvement de rotation, Acta math. 7 (1885).

A. G. Greenhill, Wave motion in Hydrodynamics, Amer. J. of math. 9 (1886).

A. E. H. Love, On recent English researches in Vortex-motion, Math. Ann. 30 (1887).

M. Brillouin, Questions d'Hydrodynamique, Toul. Ann. 1 (1887).

N. Quint, De Werfelbeweging, Diss. Amsterdam 1888.

J. C. van den Berg, De Werfelbeweging, Diss. Haarlem 1888.

H. Poincaré, Théorie des tourbillons, Paris 1893.

V. Bjerknes, Vorlesungen über hydrodynamische Fernkräfte nach C. A. Bjerknes' Theorie, Leipzig 1900.

Soweit nicht anders angegeben wird, sollen in diesem Artikel die äusseren Kräfte als konservativ und die in Rede stehende Flüssigkeit als nicht-zäh angenommen werden. Ist letztere kompressibel, so soll der Druck eine eindeutige Funktion der Dichte ϱ sein, ist sie inkompressibel, so nehmen wir sie homogen an.

1. Wirbelfreie Bewegung.

1a. Permanenz der wirbelfreien Bewegungen. Cyklische Bewegungen. Das Linienintegral der Geschwindigkeit $\int(u\,dx + v\,dy + w\,dz)$, entlang einer Kurve, die zwei Punkte in der Flüssigkeit verbindet, heisst die „Cirkulation" entlang jener Kurve[1]). Bei einer wirbelfreien Bewegung ist die Differenz der Werte, welche das Geschwindigkeitspotential φ in zwei Punkten annimmt, gleich der Cirkulation entlang einer beliebigen, die beiden Punkte verbindenden Kurve. Nach dem *Stokes*'schen

1) Sir *W. Thomson*, Vortex-Motion; *Lamb,* Hydrodynamics, Ch. 3.

Satze[2]) ist die Cirkulation in einer geschlossenen, innerhalb der Flüssigkeit gezogenen Kurve gleich dem doppelten Oberflächenintegral der Normalkomponente der Drehgeschwindigkeit, genommen über eine beliebige Fläche, die diese Kurve zur Berandung hat. Sir *W. Thomson*[1]) hat bewiesen, dass die Cirkulation entlang einer geschlossenen Kurve, welche stets dieselben Teilchen enthält, eine von der Zeit unabhängige Grösse ist. Es folgt, dass, wenn die anfängliche Bewegung wirbelfrei ist, die Bewegung auch in ihrem weiteren Verlauf wirbelfrei bleibt[3]). Es folgt ferner, dass, wenn der von der Flüssigkeit erfüllte Raum einfach zusammenhängt, die Cirkulation entlang jeder geschlossenen Kurve verschwindet und das Geschwindigkeitspotential φ einwertig ist. Wenn der Raum mehrfach zusammenhängt und die Zusammenhangszahl $n+1$[4]) hat, so existieren n fundamentale, nicht auf einen Punkt zusammenziehbare, geschlossene Kurven, und jede andere nicht auf einen Punkt zusammenziehbare, geschlossene Kurve kann in eine oder mehrere dieser n Kurven, jede in einer bestimmten Multiplizität genommen, übergeführt werden. In diesem Falle sind die Cirkulationen in diesen n Kurven Konstante $\varkappa_1, \varkappa_2, \dots, \varkappa_n$, welche „cyklische Konstante" heissen[1]); die Cirkulation in einer beliebigen Kurve der eben beschriebenen Art wird dann durch $a_1\varkappa_1 + a_2\varkappa_2 + \cdots + a_n\varkappa_n$ ausgedrückt, wo $a_1, a_2, \dots, a_n$ ganze positive oder negative Zahlen sind. Das Geschwindigkeitspotential φ ist hier mehrwertig[5]), aber die Werte, welche es in einem Punkte annehmen kann, unterscheiden sich unter einander nur um konstante Beträge von der Form $a_1\varkappa_1 + a_2\varkappa_2 + \cdots + a_n\varkappa_n$.[1])

1b. Wirbelfreie Bewegung einer inkompressiblen Flüssigkeit. Wenn eine ruhende, inkompressible Flüssigkeit durch einen impulsiven Druck p_0 in Bewegung gesetzt wird, so sind die Gleichungen der entstehenden Bewegung

$$(1)\qquad \varrho(u, v, w) = -\left(\frac{\partial}{\partial x}, \frac{\partial}{\partial y}, \frac{\partial}{\partial z}\right) p_0;$$

2) II A 2, Nr. 16 und IV 14, Nr. 5.

3) *Lagrange*'s Beweis, Berl. Mém (2) 12 (1781), Méc. an. 2, p. 269—271 war unvollständig. Der erste genaue Beweis wurde von *Cauchy*, Paris, Mém. sav. étr. 1 (1827) gegeben. Einen andern Beweis mit kritischen und historischen Bemerkungen gab *Stokes*, Friction. Wegen des Beweises von Sir *W. Thomson*, der die beiden Theoreme der Cirkulation benutzt, siehe *Lamb*, Hydrodynamics, p. 38, 39. Betreffs Erzeugung von Wirbelbewegung, wenn die hier gegebenen Bedingungen nicht erfüllt sind, siehe *J. R. Schütz*, Ann. Phys. Chem. 56 (1895); *L. Silberstein*, Krak. Anz. (1896); *V. Bjerknes*, Phys. Zeitschr. 1 (1900).

4) III A 4.

5) *Helmholtz*, Wirbelbewegung.

diese anfängliche Bewegung ist also wirbelfrei und hat das Geschwindigkeitspotential $-p_0/\varrho$. Allgemein kann man bei einer Flüssigkeit, deren Dichte $= 1$ ist, das negativ genommene Geschwindigkeitspotential einer wirbelfreien Bewegung als den impulsiven Druck auffassen, durch welchen die Bewegung instantan erzeugt werden könnte[6]). Eine cyklische, wirbelfreie Bewegung in einem mehrfach zusammenhängenden Raume kann man sich dadurch entstanden denken, dass man impulsive Drucke auf die Querflächen ausübt, durch welche man gegebenenfalls den Raum einfach zusammenhängend gemacht hat[1]). Ist ω_r die Oberfläche der Querfläche, die denjenigen geschlossenen Kurven entspricht, entlang deren die Cirkulation $\varkappa_r$ ist, so ist der auf die Querfläche anzuwendende impulsive Druck $\iint \varrho \varkappa_r d\omega_r$, die Integration über die eine Seite der Oberfläche erstreckt.

Da die Geschwindigkeit einer inkompressiblen Flüssigkeit solenoidal[7]) ist, so ist das Geschwindigkeitspotential φ in dem von der Flüssigkeit eingenommenen Raume eine harmonische Funktion[8]).

Ist dieser Raum einfach zusammenhängend und die Normalkomponente der Geschwindigkeit an der Grenze gegeben, so ist φ bis auf eine additive Konstante bestimmt[9]). Die kinetische Energie der Flüssigkeit ist $-\frac{1}{2}\varrho \iint \varphi \frac{\partial \varphi}{\partial \nu}\, dS$,[10]) wo $d\nu$ das Element der nach dem Innern der Flüssigkeit gezogenen Normalen in einem Punkte der begrenzenden Oberfläche S bezeichnet. Die kinetische Energie der wirbelfreien Bewegung, mit gegebener Normalkomponente der Geschwindigkeit an der Grenze, ist kleiner als die jeder andern Be-

6) *Basset*, Hydrodynamics 1, p. 38; *Lamb*, Hydrodynamics p. 13, 50. Das Resultat wurde der Sache nach bereits von *Lagrange*, Méc. an. 2, p. 272 gegeben. Für die impulsive Bewegung zäher Flüssigkeiten gelten dieselben Gleichungen wie für ideale Flüssigkeiten.

7) IV 14, Nr. 7 und IV 15, Nr. 7.

8) II A 7 b, Nr. 2. Ist die Flüssigkeit kompressibel, so ist die Geschwindigkeit nicht notwendig solenoidal und φ also nicht notwendig harmonisch. Die dann von φ befriedigte Differentialgleichung wurde von *P. Molenbroek*, Arch. f. Math. (2) 9 (1889) gegeben.

9) Das Integral der gegebenen Normalkomponente der Geschwindigkeit, genommen über die Grenze, muss natürlich verschwinden. Wegen der eindeutigen Bestimmtheit von φ siehe *Thomson* and *Tait*, Nat. Phil. 1, p. 301, oder *Lamb*, Hydrodynamics p. 45. Wegen des hierin enthaltenen Existenztheorems vgl. man etwa *Poincaré*, Théorie du potentiel Newtonien, Paris 1899, p. 320 ff. Siehe II A 7 b, Nr. 17.

10) Sir *W. Thomson*, Cambr. and Dubl. Math. J. 4 (1849) = Math. and Phys. Papers 1, p. 107.

wegung mit solenoidaler Verteilung der Geschwindigkeit und derselben Normalkomponente der Geschwindigkeit an der Grenze. Es folgt daher, dass, wenn die Grenze in irgend einer Weise in Bewegung gesetzt wird (wobei nur das von der Flüssigkeit eingenommene Volumen ungeändert bleiben muss), ein bestimmter Zustand einer wirbelfreien Bewegung in der Flüssigkeit hervorgerufen wird[10]). Bleibt insbesondere die Grenze in Ruhe, so findet keine Flüssigkeitsbewegung statt; bewegt sich die Grenze wie ein starrer Körper, aber ohne Rotation, so hat die Flüssigkeit keine Bewegung relativ zur Grenze. Die Maxima und Minima von φ liegen an der Grenze[11]), ebenso das Maximum der resultierenden Geschwindigkeit q.[12])

Hängt der von der Flüssigkeit eingenommene Raum mehrfach zusammen, so ist die Bewegung bestimmt, sobald die cyklischen Konstanten samt der Normalkomponente der Geschwindigkeit an der Grenze gegeben sind[1]). Die kinetische Energie der Flüssigkeit ist alsdann

$$-\tfrac{1}{2}\varrho\iint\varphi\frac{\partial\varphi}{\partial v}\,dS+\tfrac{1}{2}\varrho\sum_{r=1}^{n}\varkappa_r\iint\frac{\partial\varphi}{\partial v_r}\,d\omega_r.$$

Hier bedeutet dv_r das Element der Normalen für die Querfläche ω_r, gezogen in derjenigen Richtung, in welcher der impulsive Druck $\iint\varrho\,\varkappa_r\,d\omega_r$ angewendet werden muss, um die Bewegung zu erzeugen.

Dehnt sich der von der Flüssigkeit eingenommene Raum bis ins Unendliche aus, so muss man über das Unendliche besondere Angaben machen. Wenn die Flüssigkeit nur innere Grenzen hat, so verlangt man gewöhnlich, dass entweder a) die Geschwindigkeit im Unendlichen verschwindet, d. h. $\varphi=$ const. (für alle unendlich fernen Punkte), oder dass b) die Geschwindigkeit für alle unendlich fernen Punkte dieselbe ist, z. B. $\partial\varphi/\partial x=$ const. und $\partial\varphi/\partial y=\partial\varphi/\partial z=0$.

Wenn die Komponente w der Geschwindigkeit Null ist und die anderen Komponenten u, v von z nicht abhängen, so nennt man die Bewegung zweidimensional. Es genügt anzunehmen, dass sie in der Ebene (x, y) erfolgt, indem man sich vorstellt, dass die Flüssigkeit nur diese Ebene bezw. einen Teil derselben überdeckt. Man kann aber auch annehmen, dass sie in einem Raume erfolgt, der von zwei zur Ebene (x, y) parallelen Ebenen begrenzt wird. Wirbelfreie Be-

11) II A 7 b, Fussn. 89.

12) Sir *W. Thomson*, Phil. Mag. (3) 37 (1850), p. 241 = Reprint of papers on Electrostatics and Magnetism, London 1872, p. 509. Siehe auch *Kirchhoff*, Mechanik, p. 186; *Lamb*, Hydrodynamics p. 42.

wegungen einer inkompressiblen Flüssigkeit in zwei Dimensionen hängen in derselben Weise von logarithmischen Potentialen[13]) ab, wie solche Bewegungen in drei Dimensionen von Newton'schen Potentialen.

1c. **Quellen und Senken.** Bezeichnet man mit r die Entfernung eines Punktes (x, y, z) von einem festen Punkte A, so kann man die Funktion — Mr^{-1}, — $M =$ const. —, welche überall, ausser im Punkte A, harmonisch ist, als Geschwindigkeitspotential einer Flüssigkeitsbewegung ansehen, die in dem A umgebenden Raume statt hat. $4\pi M$ ist das Flüssigkeitsvolumen, welches dabei in der Zeiteinheit über eine Oberfläche, die A umgiebt, hinüberfliesst. Die Singularität in A ist eine *Quelle* von der *Ergiebigkeit* M. Ist M negativ, so ist die Singularität eine *Senke*. Ein *Quellpaar* entsteht, wenn man eine Quelle und eine Senke von der gleichen, absoluten Ergiebigkeit M in geeigneter Weise zusammenrücken lässt. Es muss dabei, wenn h den ursprünglichen Abstand der Quelle und Senke bezeichnet, $M' = \lim \cdot Mh$ endlich sein; die Grösse M' heisst die *Stärke* des Quellpaars. Das Geschwindigkeitspotential, das sich bei diesem Grenzübergang ergiebt, ist $M'r^{-2}\cos\vartheta$. Hier ist ϑ der Winkel zwischen der Axe des Quellpaars und der von dem Quellpaar aus nach einem Punkte gezogenen Geraden von der Länge r. Bei einer zweidimensionalen Bewegung sind die Geschwindigkeitspotentiale für eine Quelle und ein Quellpaar bezw. $M \log r$ und $M'r^{-1}\cos\vartheta$, wo r und ϑ ebene Polarkoordinaten sind. Mit den hier gewonnenen Vorstellungen lässt sich das Theorem (19) in II A 7b in der Weise auffassen, dass es besagt: jede wirbelfreie Bewegung einer inkompressiblen Flüssigkeit kann als von Quellen und Quellpaaren herrührend angesehen werden. Ist der von der Flüssigkeit eingenommene Raum einfach zusammenhängend, so hat man nur Quellen über die Grenze zu verteilen[14]).

---

13) II A 7 b, Nr. 8. Die Theorie ist systematisch u. a. von *Kirchhoff*, Mechanik, Vorlesung 21 entwickelt.

14) *Lamb*, Hydrodynamics p. 63 ff. Das Resultat ist im wesentlichen bereits in *G. Green*'s Essay on the application of mathematical analysis to the theories of Electricity and Magnetism, Nottingham 1828 enthalten (wiederabgedruckt in J. f. Math. 39, 44, 47 (1850—1854) = Papers, London 1871, p. 30). Der in Rede stehende Ausdruck der Geschwindigkeitskomponenten für eine Flüssigkeit vermittelst der Attraktionskomponenten gewisser fingierter, über die Grenze hin verteilter Massen wurde von *J. Boussinesq*, „Eaux courantes", sowie in vielen seiner späteren Schriften benutzt, um eine angenäherte Theorie der *vena contracta* zu erhalten. Seine Methode ist in den Fortschr. d. Math. 19 (1887) eingehend kritisiert worden.

Hängt aber der Raum mehrfach zusammen, so hat man ausserdem auf den Querflächen, die man zur Herstellung des einfachen Zusammenhanges konstruiert hat, Quellpaare anzubringen[15]).

1 d. **Bilder.** Befindet sich die inkompressible Flüssigkeit ausserhalb einer festen, geschlossenen Oberfläche oder auf der einen Seite einer bis ins Unendliche sich erstreckenden Oberfläche, und rührt ihre Bewegung von isolierten Singularitäten her, so führt das Problem: die Bedingungen zu erfüllen, dass keine normale Geschwindigkeit an der Grenze existiert, zur Einführung von Bildern der Singularitäten[16]). Das *Bild* einer Quelle oder eines andern singulären Punktes in Bezug auf die Oberfläche ist einfach ein Aggregat solcher singulärer Punkte auf der andern Seite der Oberfläche, die mit dem gegebenen singulären Punkte zusammen ein Potential φ ergeben, welches entlang der Oberfläche die Bedingung $\frac{\partial \varphi}{\partial \nu} = 0$ befriedigt. Ausserdem muss dieses Potential selbstverständlich in dem ganzen, von der Flüssigkeit eingenommenen Raum mit Ausnahme der singulären Stelle harmonisch sein. Ist insbesondere φ das Geschwindigkeitspotential für eine Quelle A, von der Ergiebigkeit 1, auf der einen Seite der Oberfläche, so setze man $\varphi = \varphi' - r^{-1}$, unter r den Abstand eines Punktes von A verstanden. Hier ist φ' in dem von der Flüssigkeit erfüllten Raume harmonisch, während an der Oberfläche $\frac{\partial \varphi'}{\partial \nu} = \frac{\partial r^{-1}}{\partial \nu}$ gilt. Diese Funktion φ' ist das von dem Bilde herrührende Geschwindigkeitspotential. Befindet sich die Flüssigkeit auf der einen Seite einer unendlich ausgedehnten Ebene, so ist das Bild einer Quelle eine ihr gleiche Quelle im Spiegelbilde. Für eine Quelle (a, b, c) in einem zwischen zwei Ebenen $x = k$ und $x = -k$ gelegenen Raume besteht das Bild aus unendlich vielen Quellen, die man in allen Punkten $(x, y, z) = (\pm 2nk + (-1)^n a, b, c)$ sich angebracht denken muss. Befindet sich die Flüssigkeit ausserhalb einer Kugel vom Radius a, so besteht das Bild einer Quelle von der Ergiebigkeit M, im Abstande c vom Centrum, aus einer Quelle von der Ergiebigkeit Ma/c in dem hinsichtlich der Kugel inversen Punkte und einer Linie von Senken, die sich von diesem Punkte aus nach dem Centrum hinzieht und mit

15) *Lamb,* Hydrodynamics, p. 68.

16) *Stokes,* Cambr. Phil. Soc. Trans. 8 (1843) = Math. and Phys. Papers 1, p. 28 zeigte die Möglichkeit, die Methode der Bilder in der Hydrodynamik anwenden zu können. Eine entsprechende Theorie für die Elektrostatik entwickelte Sir *W. Thomson* in J. de math. 10 (1845), p. 364 = Reprint of Papers on Electrostatics and Magnetism, p. 144.

der linearen Dichte M/a ausgestattet ist[17]). Ersetzt man die Quelle durch ein Quellpaar von der Stärke M', dessen Axe durch das Centrum der Kugel hindurchgeht, so ist das Bild ein im inversen Punkte gelegenes Quellpaar von der Stärke $M'a^3/c^3$ mit derselben Axe und entgegengesetztem Sinn[18]). Bei zweidimensionaler Bewegung besteht das Bild einer Quelle, die sich ausserhalb eines Kreises befindet, aus einer gleichen Quelle in dem inversen Punkte zusammen mit einer numerisch gleichen Senke im Mittelpunkte[19]).

Es existieren analoge Theoreme für Singularitäten innerhalb einer beliebigen geschlossenen Oberfläche. Dabei muss für letztere selbstverständlich die Bedingung erfüllt sein, dass die Summe der Ergiebigkeiten aller Quellen innerhalb der Oberfläche verschwindet.

1e. **Strömen in zwei Dimensionen.** Bei zweidimensionaler Bewegung einer inkompressiblen Flüssigkeit existiert stets eine Stromfunktion ψ,[20]) für welche

$$u = \frac{\partial \psi}{\partial y}, \qquad v = -\frac{\partial \psi}{\partial x} \tag{1}$$

ist. Die Differenz der Werte von ψ in zwei Punkten ist das Maass für das Flüssigkeitsquantum, das über eine beliebige Kurve, welche die beiden Punkte verbindet, hinüberströmt[21]). Sind Quellen vorhanden, so ist ψ mehrwertig; sein Wert wächst bei jedem vollen im positiven Sinn erfolgenden Umlauf um die Quelle von der Ergiebigkeit M um den Betrag $2\pi M$.

Ist die Bewegung wirbelfrei, so ist $\varphi + i\psi$ eine Funktion von $x + iy$.[20]). Wir bezeichnen die komplexen Variabeln $\varphi + i\psi$ und $x + iy$ weiterhin mit w und z. Jede funktionelle Abhängigkeit zwischen w und z entspricht einer zweidimensionalen Flüssigkeitsbewegung. Die Beziehungen $w = m \log z$ und $w = -im\pi^{-1} \log z$ liefern eine Quelle bezw. einen isolierten Wirbel[22]) im Anfangspunkte (die Ergiebigkeit bezw. Stärke ist m). Die Bewegung, welche von

---

17) *W. M. Hicks*, Lond. Phil. Trans. 171 (1880). Die Bewegung, welche von einer Quelle und Senke im Innern eines Kugelsektors zwischen zwei Axialebenen herrührt, behandelte *G. C. Calliphronas*, Mess. of math. (2) 18 (1889).

18) *Stokes*, Brit. Assn. Rep. 1847 = Math. and Phys. Papers 1, p. 230.

19) Dies Resultat verdankt man *G. Kirchhoff*, Ann. Phys. Chem. 64 (1845) = Ges. Abh., Leipzig 1882, p. 1.

20) *Lagrange*, Berl. Mém. (2) 12 (1781); *Stokes*, Cambr. Phil. Trans. 7 (1842) = Papers 1, p. 1. Vgl. IV 14, Nr. 7.

21) *W. J. M. Rankine*, Lond. Phil. Trans. 154 (1864).

22) Wegen der Definition eines isolierten *Wirbels* und seiner *Stärke* siehe Nr. 3b unten.

einer Anzahl Quellen herrührt, wird durch $w = \sum_{r=1}^{n} m_r \log(z - z_r)$ gegeben; wenn

$$|m_1| = |m_2| = \cdots$$

ist, sind die Stromlinien Kurven n^{ten} Grades[23]).

Die Flüssigkeitsbewegung, welche von gegebenen Singularitäten in einem gegebenen Gebiet herrührt, kann aus der gleichen Bewegung in einem andern Gebiet durch konforme Abbildung abgeleitet werden[24]). Man nehme an, $Z = f(z)$ bilde ein Gebiet der z-Ebene konform auf ein Gebiet der Z-Ebene ab, und w sei als Funktion von Z für eine Bewegung, die von irgend welchen Singularitäten in dem zweiten Gebiet herrührt, bekannt. Drückt man alsdann durch Elimination von Z w als Funktion von z aus, so ist der reelle Teil von w das Geschwindigkeitspotential derjenigen Bewegung in dem entsprechenden Gebiet der z-Ebene, die von den entsprechenden Singularitäten herrührt. Die Ergiebigkeit bezw. Stärke der entsprechenden Quellen und Wirbel ist in den beiden Ebenen die gleiche[24]).

Ist im besondern das Gebiet der $Z = (X + iY)$-Ebene die Halbebene, in der Y positiv ist, und enthält das als einfach zusammenhängend angenommene Gebiet der z-Ebene den Punkt $z = \infty$, so mögen wir mit Z_0 und Z_∞ die Punkte in der Halbebene Z bezeichnen, welche den Punkten z_0 und ∞ des vorgegebenen Gebietes entsprechen; zugleich schreiben wir Z_0' und Z_∞' für die konjugiert imaginären Werte von Z_0 und Z_∞. Die Bewegung, die von einer in z_0 gelegenen Quelle herrührt, ist dann durch die Gleichung

$$w = m \log \frac{(Z - Z_0)(Z - Z_0')}{(Z - Z_\infty)(Z - Z_\infty')} \tag{2}$$

bestimmt. Haben wir einen Wirbel in z_0, so wird die Gleichung

$$w = -\frac{im}{\pi} \log \frac{Z - Z_0}{Z - Z_0'}. \tag{3}$$

Der Wirbel im Punkte (x_0, y_0) bewegt sich mit den Geschwindigkeitskomponenten

$$\frac{m}{2\pi}\left(\frac{\partial}{\partial y_0}, \; -\frac{\partial}{\partial x_0}\right) \log\left\{ Y_0 \left|\frac{dz}{dZ}\right|_0 \right\}. \tag{4}$$

Seine Bahn ist hierdurch bestimmt[24]). Als Beispiele führen wir an, dass, wenn die Grenze aus zwei parallelen Geraden $y = 0$ und $y = c$ besteht, die Transformation durch $Z = \exp(cz/\pi)$ bewerkstelligt wird;

---

23) *W. R. Smith*, Edinb. Roy. Soc. Proc. 7 (1870).

24) *E. J. Routh*, Lond. Math. Soc. Proc. 12 (1881).

für zwei Gerade $y = 0$ und $y = x \operatorname{tang}(\pi/n)$ setzen wir $Z = z^n$, für eine kreisförmige Begrenzung $z/a = \frac{(i - Z)}{(i + Z)}$.[25])

Erfolgt die Bewegung in dem Gebiete der z-Ebene ausserhalb einer einzelnen geschlossenen Kurve C, die sich selber nicht durchsetzt, und sind keine Singularitäten in diesem Gebiet vorhanden, so kann man die Bewegung so ansehen, als ob sie von Singularitäten innerhalb C und der in der Richtung ihrer Normalen gemessenen Verschiebung von C hervorgerufen würde. Es sei r der Abstand eines Punktes z von einem festen Punkt O innerhalb C. Dann existiert eine Funktion X, welche ausserhalb C harmonisch, auf C selber konstant ist und ausserdem die Gleichung

$$\lim_{r=\infty} (X - \log r) = 0$$

befriedigt[26]). Diese Funktion ist aus obigen Bedingungen eindeutig bestimmt und für alle Lagen von O innerhalb von C dieselbe. Sie repräsentiert das Potential der dem Gesamtbetrage -2π entsprechenden „natürlichen Belegung" von C. Die Kurven $X =$ const. schneiden sich in dem Gebiete ausserhalb C weder selbst noch einander. X_0 sei der Wert von X auf C, Y die konjugierte Funktion von X. Die Funktion Y ist in dem Gebiet ausserhalb C cyklisch harmonisch, ihre cyklische Konstante ist 2π. Wir setzen $Z = X + iY$ und $Z_1 = e^Z$. Die Beziehung zwischen z und Z_1 bildet das ausserhalb von C gelegene Gebiet der z-Ebene auf das ausserhalb eines Kreises gelegene Gebiet der Z_1-Ebene konform ab. Der Kreis ist durch die Gleichung $|Z_1| = e^{X_0}$ gegeben. Die Beziehung zwischen z und Z bildet dasselbe Gebiet der z-Ebene konform auf einen Teil eines Kreiscylinders vom Radius 1 ab. Dieser Teil des Cylinders wird von einem Normalschnitt begrenzt, $X - X_0$ ist der Abstand eines Punktes der Cylinderfläche von diesem Schnitt.

25) Spezielle Transformationen behandelt *Kirchhoff*, Mechanik, Vorlsg. 21. *A. G. Greenhill*, Quart. J. of math. 15 (1878), p. 10 wandte die Methode der Bilder auf zahlreiche Probleme an, die sich auf gerade Linien und Kreise beziehen; siehe auch *E. Jochmann*, Zeitschr. f. Math. 10 (1865); *A. G. Greenhill*, Quart. J. of math. 17 (1881), p. 284 und Lond. Math. Soc. Proc. 17 (1886), p. 375; *W. M. Hicks*, Quart. J. of math. 15 (1878), p. 313; *T. C. Lewis*, Mess. of math. (2) 9 (1879); *A. J. C. Allen*, Quart. J. of math. 17 (1881); *A. E. H. Love*, Amer. J. of math. 11 (1888); *Andrade*, Paris C. R. 112 (1891). Wegen elliptischer Begrenzungen siehe *C. V. Coates*, Quart. J. of math. 15 (1878) und *W. M. Hicks*, Quart. J. of math. 17 (1881), p. 327. Wegen Cartesischer Ovale *A. G. Greenhill*, Quart. J. of math. 18 (1882).

26) Vgl. z. B. *A. Harnack*, Grundlagen der Theorie des logarithmischen Potentials, Leipzig 1887, p. 80.

Erfolgt die Flüssigkeitsbewegung in dem Gebiete der Z-Ebene, das ausserhalb von C liegt, so können wir

$$w = (2\pi)^{-1}(m - i\varkappa)\,z + w'$$

setzen, wo w' in diesem Gebiete einwertig ist. Es ist dann m die Gesamtströmung quer über diese Kurve C und $\varkappa$ die Cirkulation in einem diese Kurve umgebenden Umlaufe. Die durch w' repräsentierte Bewegung rührt von der Bewegung der Kurve C in Richtung der Normalen her; ihr Flächeninhalt bleibt dabei ungeändert. Wir setzen $w' = \varphi' + i\psi'$ und bezeichnen mit ds das Bogenelement der Kurve C. Die Normalkomponente der Geschwindigkeit in einem Punkte auf C ist eine gegebene Funktion von Y, welche die Periode 2π hat. Diese Normalkomponente ist $\frac{d\psi'}{ds}$. Der Wert von ψ' in einem Punkte auf C ist bis auf eine additive Konstante bestimmt. Man kann ihn als periodische Funktion von Y mit der Periode 2π ansehen. Diese Funktion laute in eine Fourier'sche Reihe entwickelt:

$$(5) \qquad \sum_{n=0}^{\infty}(a_n \cos nY + b_n \sin nY),$$

wir haben dann[27])

$$(6) \qquad w' = \sum_{n=0}^{\infty} e^{-n(X - X_0)}(a_n \cos nY + b_n \sin nY).$$

Ist insbesondere der Wert von ψ' auf C $\mathrm{u}y - \mathrm{v}x$, so rührt die Flüssigkeitsbewegung von einer Translationsbewegung von C mit der Geschwindigkeit (u, v) her. Es möge w_1 der entsprechende Wert von w sein. Dann repräsentiert die Gleichung

$$w = (\mathrm{u} - i\mathrm{v})z - w_1$$

die Strömung der Flüssigkeit längs der festgehaltenen Kurve C. Die Geschwindigkeit des Stromes strebt in grosser Entfernung von C der Grenze (u, v) zu. Ist der Wert von ψ' auf C $-\frac{1}{2}\mathrm{r}(x^2 + y^2)$, so rührt die Bewegung von einer mit der Winkelgeschwindigkeit r erfolgenden Rotation der Kurve C her.

Für einen Kreis, der mit der Geschwindigkeit u parallel der x-Axe sich fortbewegt, ist $w = -\mathrm{u}a^2z^{-1}$,[28]) wo a der Radius des Kreises ist (der Anfangspunkt liegt im Mittelpunkte). Für eine

27) Diese Theorie ist eine Verallgemeinerung der von *Stokes*, Cambr. Phil. Soc. Trans. 8 (1843), p. 105 (Papers 1, p. 17) für konzentrische, kreisförmige Grenzen gegebene. Was Gebiete angeht, welche von nichtkonzentrischen Kreisen begrenzt sind, siehe Fussnoten 80 und 90.

28) *Stokes* (Fussn. 27). Wegen der Bahnen der Teilchen siehe *Maxwell*, Lond. Math. Soc. Proc. 3 (1870), p. 82 = Scientific Papers 2, Cambr. 1890, p. 208.

Ellipse $x^2/a^2 + y^2/b^2 = 1$, die sich mit den Geschwindigkeiten $\mathbf{u}$, $\mathbf{v}$ parallel zu den Axen fortbewegt und mit der Winkelgeschwindigkeit $\mathbf{r}$ um das Centrum rotiert, setzen wir $z = (a^2 - b^2)^{1/2} \cosh Z$ und haben dann

$$(7) \qquad w = -(\mathbf{u}b + i\mathbf{v}a)\left(\frac{a+b}{a-b}\right)^{1/2} e^{-Z} - \frac{1}{4} i\mathbf{r}(a+b)^2 e^{-2Z}.$$ [29]

Eine ähnliche Methode kann angewandt werden, um die Flüssigkeitsbewegung innerhalb einer geschlossenen Kurve, die durch Bewegung dieser Kurve hervorgerufen wird, zu bestimmen[30]. Rotiert die Grenze mit der Winkelgeschwindigkeit $\mathbf{r}$ um den Anfangspunkt, so hat die Stromfunktion an der Grenze der Bedingung

$$(8) \qquad \psi = -\frac{1}{2}\mathbf{r}(x^2 + y^2) + \text{const.}$$

zu genügen[31]. Für eine Ellipse, welche eine inkompressible Flüssigkeit enthält, haben wir

$$(9) \qquad w = -\frac{1}{2} i\mathbf{r}\frac{a^2 - b^2}{a^2 + b^2} z^2.$$

---

29) Die Resultate für die Ellipse wurden aus dem für das Ellipsoid geltenden Resultat von *E. Beltrami*, Bol. Mem. (3) 3 (1873), abgeleitet. Die Stromfunktion für Rotation wurde von *N. M. Ferrers*, Quart. J. of math. 13 (1875), die vollständige Lösung von *H. Lamb*, Quart. J. of math. 14 (1877) gegeben. Flüssigkeitsbewegungen in einem von konfokalen Ellipsen begrenzten Gebiet und verschiedene Probleme, die sich auf die Bewegung eines elliptischen Cylinders in einer inkompressiblen Flüssigkeit beziehen, wurden von *A. G. Greenhill*, Quart. J. of math. 16 (1879) diskutiert. Lösungen für Kurven, die den Kegelschnitten invers sind, wurden von *A. B. Basset*, Quart. of J. math. 19, 20, 21 (1883—1886) gegeben; die Bedingungen, welche die Funktion Z beschränken, sind dabei allerdings nicht überall beachtet.

30) Die Bestimmung der geeigneten harmonischen Funktion kann Schwierigkeit verursachen. So sind im Falle der oben eingeführten elliptischen Koordinaten, $\cosh nX \cos nY$ und $\sinh nX \sin nY$ in allen Punkten innerhalb der Ellipse $X = \text{const.}$ harmonisch, es ist dies aber nicht mit $e^{\pm nX} \cos nY$ der Fall.

31) *Stokes*, Cambr. Phil. Soc. Trans. 8 (1846), p. 409 und Papers 1, p. 188, auch p. 7 Fussn. Das Problem ist mathematisch identisch mit dem der Torsion eines elastischen Prismas, dessen Querschnitt dieselbe Begrenzung hat wie das von der Flüssigkeit eingenommene Gebiet; siehe *Thomson* and *Tait*, Nat. Phil. 2, p. 242. Das Resultat (9) scheint zuerst für das Torsionsproblem von *B. de Saint-Venant*, Paris C. R. 24 (1847), p. 847 gegeben zu sein. Lösungen für verschiedenartige Grenzen kann man in *Thomson* and *Tait*, Nat. Phil. 2, p. 244 ff. finden; siehe auch *Basset*, Hydrodynamics 1, Ch. 5 und *Lamb*, Hydrodynamics p. 95 ff. Für ein Rechteck wurde die Geschwindigkeit von *A. G. Greenhill*, Quart. J. of math. 15 (1878), p. 144 durch elliptische Funktionen ausgedrückt. Für einen Kreissektor siehe *A. G. Greenhill*, Mess. of math. (2) 8 (1877), p. 89 und (2) 10 (1880), p. 83. Für konfokale Ellipsen und Hyperbeln siehe *N. M. Ferrers*, Quart. J. of math. 17 (1881) und *L. G. N. Filon*, Lond. Phil. Trans. (A) 193 (1899).

Eine experimentelle Methode, um die Stromlinien einer entlang einer gegebenen Grenze stattfindenden zweidimensionalen Bewegung sichtbar zu machen, wurde von *H. S. Hele-Shaw* ersonnen[32]). Man lässt Ströme von gefärbter Flüssigkeit mit ungefärbter Flüssigkeit zusammen durch einen Raum zwischen zwei parallelen Glasplatten, in welchem sich ein Hindernis befindet, fliessen. Ist die Geschwindigkeit der eintretenden Flüssigkeit nicht zu gross, so werden die Stromlinien bald stationär und können photographiert werden. *Stokes*[33]) hat gezeigt, dass die mittlere Geschwindigkeit einer zähen Flüssigkeit, genommen über den kleinen Abstand der Platten, mit grosser Annäherung denselben Gesetzen folgt, wie die zweidimensionale Geschwindigkeit einer idealen Flüssigkeit.

Die Theorie der zweidimensionalen Strömungen kann auf andere Flächen als die Ebene durch die Methode der konformen Abbildung ausgedehnt werden[34]).

1f. Diskontinuierliche Bewegung. Die durch die bereits auseinandergesetzten Methoden gefundenen Lösungen erfüllen bisweilen nicht die physikalische Bedingung, dass der Druck in einer Flüssigkeit niemals negativ sein darf. Bei einer gleichförmigen Bewegung eines Kreiscylinders muss, um die durch die Gleichung $w = \mathfrak{u} a^2 z^{-1}$ dargestellte Bewegung möglich erscheinen zu lassen, der Druck im Unendlichen den Wert ${}^3/_2 \varrho \mathfrak{u}^2$ überschreiten. Im andern Falle wird der Druck in der Nähe derjenigen Cylinderpunkte, die am weitesten von der Ebene $y = 0$ entfernt sind, negativ. Bei einer gleichförmigen Strömung einer inkompressiblen Flüssigkeit an einer Ellipse vorbei kann die Geschwindigkeit an den Enden der grossen Axe durch genügende Vergrösserung der Excentricität jeden angebbaren Wert übersteigen. Es kann somit kein Druckbetrag im Unendlichen verhindern, dass der Druck an den Enden der grossen Axe gegebenenfalls negativ wird. Dasselbe ist allemal der Fall, wenn die Grenze eine scharfe Ecke hat, die in die Flüssigkeit hineinragt[35]). Die Beobachtung

---

32) Lond. Inst. Naval Architects Proc. 1898 und Brit. Assn. Rep. 1898, p. 136.

33) Brit. Assn. Rep. 1898, p. 143.

34) *Lamb*, Hydrodynamics p. 114. Strömungen auf einer Kugel, die von der Bewegung einer Kugelkalotte herrühren, wurden von *E. Beltrami*, Ist. Lomb. Rend. (2) 11 (1878) behandelt. Ebensolche Bewegungen auf Riemann'schen Flächen und in mehrfach zusammenhängenden, ebenen Gebieten behandelte *W. Burnside*, Mess. of math. (2) 20 (1891), p. 144 und Lond. Math. Soc. Proc. 22 (1891), p. 346, 23 (1892), p. 87; auch *H. F. Baker*, Cambr. Phil. Soc. Proc. 9 (1898), p. 381. Wegen weiterer Litteraturnachweise siehe II A 7 b, Fussn. 53.

35) *Lamb*, Hydrodynamics p. 100.

zeigt, dass bei einer wirklichen Flüssigkeitsbewegung, die an einem Hindernis vorbei erfolgt, allemal das Bestreben zur Bildung eines „toten Raumes" hinter dem Hindernis vorhanden ist[36]).

Das Wesentliche an den genannten Phänomenen ist, dass sich eine ganz deutliche Oberfläche herstellt, die den rasch sich bewegenden Flüssigkeitsstrom von einer im wesentlichen ruhenden Flüssigkeitsmasse trennt[37]). Eine solche Trennungsfläche tritt insbesondere auch bei Flüssigkeitsstrahlen auf[37]). *Helmholtz* erkannte, dass Probleme, deren durch die gewöhnliche Methode erlangte Lösungen die physikalische Druckbedingung nicht erfüllen, andere Lösungen zulassen müssen, bei denen die Geschwindigkeit an bestimmten Oberflächen unstetig ist, und fand von dort aus die wahre Lösung eines ersten solchen Problems[37]). Im Anschlusse hieran entwickelte *G. Kirchhoff*[38]) eine allgemeine Methode, um derartige zweidimensionale Probleme in Fällen, wo die festen Grenzen von geraden Linien gebildet werden, zu untersuchen. Durch eine Modifikation dieser Methode[39]) ist es jetzt möglich, jedes Problem der von *Kirchhoff* angegebenen Art auf Integrale algebraischer Funktionen zurückzuführen.

Die Flüssigkeit fliesse in einem zweidimensionalen Gebiete, das teilweise von gegebenen, festen, geraden Linien, teilweise von freien Stromlinien begrenzt ist. Die Gestalt der freien Stromlinien ist unbekannt, aber *die Geschwindigkeit hat der Druckbedingung entsprechend entlang denselben eine konstante Grösse.* Wir schreiben

$$\zeta = \frac{dz}{dw} = \frac{1}{q} e^{i\mu},$$

sodass q die Grösse der Geschwindigkeit und μ der Winkel zwischen der Bewegungsrichtung und der positiven Richtung der x-Axe ist. Die Beziehung zwischen z und w, welche die Lösung des Problems giebt, kann als eine Beziehung zwischen ζ und w angesehen werden. Hier wird das Gebiet auf einer Seite einer bestimmten Grenze der ζ-Ebene konform auf ein bestimmtes Gebiet der w-Ebene abgebildet. Die Grenze in der w-Ebene besteht aus Teilen von geraden Linien $\psi = \text{const.}$, die Grenze in der ζ-Ebene aus Kreisbögen um den Anfangspunkt, die den freien Stromlinien entsprechen, und aus geraden Linien durch den Anfangspunkt, die den festen geradlinigen Grenzen entsprechen. *Kirchhoff*'s Methode besteht nun darin, diese Grenzen zu zeichnen und die Beziehung zwischen ζ und w als Aufgabe der kon-

36) Bemerkt von *Stokes*, Camb. Phil. Soc. Trans. 8 (1847), p. 533 = Math. and Phys. Papers 1, p. 310.

37) *Helmholtz*, Berl. Ber. 1868, p. 215 = Wiss. Abh. 1, p. 146.

38) J. f Math. 70 (1869) = Ges. Abh. p. 416; Mechanik, Vorlesung 22.

formen Abbildung zu behandeln, was eine Differentialgleichung zwischen z und w ergiebt. Die bereits genannte Modifikation[39]) besteht in der Einführung von $\log \zeta$ an Stelle von ζ. Wir setzen

$$\Omega = \log \zeta = \log q^{-1} + i\mu = \lambda + i\mu$$

und beachten, dass die Grenze in der Ω-Ebene aus geraden Linien $\mu = \text{const.}$ und $\lambda = \text{const.}$ besteht, sodass die Grenzen in der Ω- und w-Ebene beide geradlinig sind. Die Gebiete in diesen Ebenen, welche dem von der Flüssigkeit eingenommenen Gebiet in der z-Ebene entsprechen, können beide auf die Halbebene einer Hülfsvariabeln t[40]) konform abgebildet werden. So wird eine Beziehung zwischen Ω und w hergestellt, welche sich durch eine Differentialgleichung zwischen z und w ausdrückt.

Wenn ein Flüssigkeitsstrahl aus einer Öffnung in dem Boden eines tiefen, rechtwinkeligen Gefässes mit vertikalen Wänden ausfliesst[41]), so sind die Breiten d des Gefässes, k der Öffnung und c des Strahles durch die Gleichung

$$k = c\left\{1 + \frac{1}{\pi}\left(\frac{d}{c} - \frac{c}{d}\right) \operatorname{arc\,tang} \frac{2cd}{d^2 - c^2}\right\}$$

an einander gebunden. Für den Fall, dass die vertikalen Wände als unendlich weit von der Öffnung abstehend angesehen werden können[42]), ist der Kontraktionskoeffizient $\frac{\pi}{2+\pi}$. Wenn ein Mundstück in Gestalt einer nach innen hineinragenden Röhre vorhanden ist und der Boden und die Wände als unendlich weit von der Mündung abstehend angesehen werden können, ist der Kontraktionskoeffizient $1/2$. Dies ist das oben erwähnte von *Helmholtz* gelöste Problem[37]). Die Gestalt der freien Stromlinie kann dabei aus der Gleichung

---

39) *M. Planck*, Ann. Phys. Chem. (2) 21 (1884); *N. Joukowsky*, Mosk. math. Samml. 15 (1890); *J. H. Michell*, Lond. Phil. Trans. 181 (1890); *A. E. H. Love*, Cambr. Phil. Soc. Proc. 7 (1891), p. 175. Die letzteren drei geben Lösungen zahlreicher Beispiele. *P. Molenbroek* (Fussn. 8) hat einige Fälle der Bildung von Strahlen in einer kompressiblen Flüssigkeit behandelt.

40) *E. B. Christoffel*, Ann. di mat. 1 (1867); *H. A. Schwarz*, J. f. Math. 70 (1869), p. 105 = Ges. math. Abh. 2, Berlin 1890, p. 63.

41) *J. H. Michell* (Fussn. 39).

42) *Kirchhoff* (Fussn. 38). Das Resultat ist auch richtig, wenn die Schwere nicht vernachlässigt wird, siehe *F. Kötter*, Arch. f. Math. (2) 5 (1887) und Berl. Phys. Verh. 6 (1887). Derselbe Autor hat (l. c.) gezeigt, wie man obere und untere Grenzen für den Kontraktionskoeffizienten im Falle einer Kreisöffnung erhält. Andere Beispiele freier Stromlinien (wobei die Flüssigkeiten nicht nur der Schwere, sondern auch Kapillarkräften unterworfen gedacht werden) findet man bei *N. Joukowsky*, Petersburg, phys.-chem. Ges. 23 (1891).

$$\frac{dz}{dt} = \frac{1 - i\sqrt{(t^2 - 1)}}{t^2(t + 1)}$$

bestimmt werden, t ist reell und $1 > t^{-1} > -1$.

Wenn ein Strom von unendlicher Breite durch eine gerade Linie von endlicher Länge aufgehalten wird[43]), so ist für den Einfallswinkel α die Lösung durch die Gleichungen

$$\frac{dw}{dt} = \frac{1}{2}(t - \cos\alpha), \quad \frac{d\Omega}{dt} = \frac{i \sin\alpha}{(t - \cos\alpha)\sqrt{(t^2 - 1)}}$$

gegeben. Die Einheiten sind so gewählt, dass die Länge der Linie $1 + \frac{1}{4}\pi \sin\alpha$, und die Geschwindigkeit des Stromes im Unendlichen 1 ist. Der Drucküberschuss auf der einen Seite gegen den Strom ist $\frac{1}{4}\pi\varrho \sin\alpha$. Das Druckcentrum befindet sich in einem Abstande $\frac{3\cos\alpha}{4(4 + \pi\sin\alpha)}\, l$ vom Mittelpunkt der eingeschalteten Linie nach dem dem Strome zugewendeten Ende hin, l bedeutet dabei die Länge der Linie. Die freie Stromlinie ist durch die Gleichung

$$\frac{dz}{dt} = \frac{1}{2}\left\{1 - t \cdot \cos\alpha - i\sqrt{(t^2 - 1)}\sin\alpha\right\}$$

gegeben, wo t reell und > 1 ist.

Die Methode von *Kirchhoff* ist in ihrer ursprünglichen Form auf verschiedene Probleme von *M. Réthy*[44]) und *D. Bobylew*[45]) angewandt worden. Die Anwendung auf Probleme von sich treffenden Strahlen ist von Lord *Rayleigh*[46]) und *W. Voigt*[47]) gemacht worden. Die modifizierte Methode wenden *J. H. Michell*[39]) und *H. C. Pocklington*[48]) auf die Bestimmung der Formen von Hohlwirbeln (Nr. **3** c unten) an. Sie ist von *B. Hopkinson*[49]) auf Fälle ausgedehnt worden, in denen Quellen und Senken in der Flüssigkeit existieren. Diskontinuierliche Bewegungen in drei Dimensionen oder mit festen Grenzen von gekrümmter Form sind nur erst in wenigen Fällen erhalten worden[50]).

---

43) Lord *Rayleigh*, Phil. Mag. (5) 2 (1876), p. 430 = Scientific Papers 1, p. 267. Die Lösung wurde zuerst von *G. Kirchhoff* (Fussn. 38) erhalten.

44) Math. Ann. 46 (1895).

45) Petersburg, phys.-chem. Ges. 13 (1881) und Beiblätter zu Ann. Phys. Chem. 6 (1881); *Lamb,* Hydrodynamics p. 112.

46) Phil. Mag. (5) 1 (1876), p. 441 = Scientific Papers 1, p. 297.

47) Gött. Nachr. 1885, p. 285 und Math. Ann. 28 (1886).

48) Cambr. Phil. Soc. Proc. 8 (1894).

49) Lond. Math. Soc. Proc. 29 (1898).

50) Siehe *P. Molenbroek,* Ann. Phys. Chem. 52 (1894); *J. Weingarten* hat in den Gött. Nachr. 1890 ein Beispiel gegeben, bei welchem die freie Grenzfläche die Form eines zwischen zwei Erzeugenden gelegenen Stücks eines einschaligen

1g. Dreidimensionale Bewegung einer inkompressiblen Flüssigkeit. Findet die Bewegung einer Flüssigkeit in Ebenen durch die z-Axe statt, so wählen wir ϖ als den Abstand eines Punktes von der Axe und schreiben v und w für die Geschwindigkeitskomponenten in den Richtungen ϖ und z. Dann existiert, einerlei ob die Bewegung wirbelfrei ist oder nicht, eine Stromfunktion ψ,[51]) für welche

$$v = \frac{1}{\varpi}\frac{\partial \psi}{\partial z}, \qquad w = -\frac{1}{\varpi}\frac{\partial \psi}{\partial \varpi} \tag{1}$$

ist. Wir wählen zwei Punkte in der Flüssigkeit und konstruieren eine Rotationsfläche dadurch, dass wir eine die beiden Punkte verbindende Kurve um die z-Axe rotieren lassen. Es wird dann das in der Zeiteinheit über diese Oberfläche austretende Flüssigkeitsquantum gleich der Differenz der Werte von $2\pi\psi$ in den beiden Punkten. Ist die Bewegung wirbelfrei, so genügt ψ der Gleichung

$$\frac{\partial^2 \psi}{\partial \varpi^2} + \frac{\partial^2 \psi}{\partial z^2} - \frac{1}{\varpi}\frac{\partial \psi}{\partial \varpi} = 0. \tag{2}$$

Wenn wir in diesem Falle das zugehörige Geschwindigkeitspotential φ in eine Reihe nach Kugelfunktionen in der Form

$$\varphi = \frac{a_0}{r} + \sum_{n=1}^{\infty} \{a_n r^n + b_n r^{-(n+1)}\} P_n(\cos\vartheta)$$

entwickeln, haben wir[52])

$$\psi = -a_0 \cos\vartheta + \sin\vartheta \sum_{n=1}^{\infty} \left(\frac{a_n}{n+1} r^{n+1} - \frac{b_n}{n} r^{-n}\right) \frac{dP_n}{d\vartheta}. \tag{3}$$

Die Bewegung einer Flüssigkeit im Innern eines Ellipsoids mit den Halbaxen a, b, c, welches um seinen Mittelpunkt mit einer Winkelgeschwindigkeit $(\mathfrak{p}, \mathfrak{q}, \mathfrak{r})$ rotiert (bezogen auf die Hauptaxen), wird durch Verallgemeinerung des Resultates (9) in Nr. **1**e erhalten. Die Bahnen der Teilchen relativ zu der Grenze sind Ellipsen, die sämtlich in der periodischen Zeit[53])

$$\frac{\pi}{\left\{\mathfrak{p}^2 \frac{b^2c^2}{(b^2+c^2)^2} + \mathfrak{q}^2 \frac{c^2a^2}{(c^2+a^2)^2} + \mathfrak{r}^2 \frac{a^2b^2}{(a^2+b^2)^2}\right\}^{1/2}}$$

Hyperboloids hat. *H. J. Sharpe*, Edinb. Roy. Soc. Proc. 14 (1885), Quart. J. of math. 22 (1887) und Cambr. Phil. Soc. Proc. 7 (1891), giebt einige angenäherte Lösungen. Lord *Kelvin* hat betreffs der Gültigkeit der zweidimensionalen Theorie Zweifel geäussert, Nature 50 (1894), p. 524, 549, 573, 597.

51) IV 14, Nr. 7. Die axiale Stromfunktion wurde von *Stokes*, Cambr. Phil. Soc. Trans. 7 (1842), p. 439 = Papers 1, p. 1 eingeführt, wo er die Gleichung (2) giebt.

52) *Lamb*, Hydrodynamics p. 136.

53) Das Resultat schreibt man *Maxwell* zu, siehe *Hicks*, Report, 1882.

beschrieben werden. Mithin ist die in dieser Zeit erfolgte Lagenänderung gleichbedeutend mit einer Rotation eines starren Körpers (obwohl die Flüssigkeitsbewegung selbst wirbelfrei ist). Die Flüssigkeitsbewegung, welche von etwaigen Gestaltsänderungen der ellipsoidischen Begrenzung herrührt, ist von *C. A. Bjerknes*[54]) untersucht worden. Bleibt das Ellipsoid sich selbst ähnlich und befindet sich die Flüssigkeit ausserhalb desselben, so ist

$$(4) \qquad \varphi = -\frac{1}{2a}\frac{da}{dt}\int_{\varepsilon}^{\infty}\frac{d\vartheta}{\left\{\left(1+\frac{\vartheta}{a^2}\right)\left(1+\frac{\vartheta}{b^2}\right)\left(1+\frac{\vartheta}{c^2}\right)\right\}^{1/2}},$$

unter ε die positive Wurzel der Gleichung

$$\frac{x^2}{a^2+\varepsilon}+\frac{y^2}{b^2+\varepsilon}+\frac{z^2}{c^2+\varepsilon}=1$$

verstanden. Wenn sich die Flüssigkeit innerhalb einer ellipsoidischen Begrenzung befindet, welche ihre Gestalt, aber nicht ihr Volumen ändert, so ist

$$(5) \qquad \varphi = \frac{1}{2}\left\{\frac{x^2}{a}\frac{da}{dt}+\frac{y^2}{b}\frac{db}{dt}+\frac{z^2}{c}\frac{dc}{dt}\right\}.$$

Die Bewegung einer in einem Parallelepiped eingeschlossenen Flüssigkeit, welche von Quellen und Senken herrührt, ist von *A. G. Greenhill*[55]) bestimmt worden. Die Theorie der Strömung an einer Kugelkalotte vorbei ist von *A. B. Basset*[56]) behandelt worden.

2. Bewegung fester Körper in einer inkompressiblen Flüssigkeit.

2a. **Kinematik. Bewegung einer Kugel.** Zahlreiche Untersuchungen über wirbelfreie Bewegung einer inkompressiblen Flüssigkeit in drei Dimensionen hängen eng mit dem Problem des Widerstandes zusammen, den die Flüssigkeit auf einen sich in ihr bewegenden Körper ausübt. Wir wollen zunächst die Flüssigkeit nach innen durch die Oberfläche des gegebenen Körpers begrenzt, sonst aber unbegrenzt annehmen. Der von der Flüssigkeit eingenommene Raum möge einfach zusammenhängen. Die in der Flüssigkeit durch die Bewegung des Körpers hervorgerufene Bewegung ist acyklisch und wirbelfrei. Wir wählen den Anfangspunkt und die Axen relativ fest

54) Gött. Nachr. 1873, p. 448, 829; siehe auch *Lamb*, Hydrodynamics, p. 145—166.

55) Cambr. Phil. Soc. Proc. 3 (1878), p. 289.

56) Lond. Math. Soc. Proc. 16 (1885) und Hydrodynamics 1, p. 147.

zum Körper und bezeichnen mit $\mathfrak{u}, \mathfrak{v}, \mathfrak{w}, \mathfrak{p}, \mathfrak{q}, \mathfrak{r}$ die Komponenten der linearen und Winkelgeschwindigkeit des Körpers. Das Geschwindigkeitspotential hat dann die Form[57])

$$(1) \qquad \varphi = \mathfrak{u}\varphi_1 + \mathfrak{v}\varphi_2 + \mathfrak{w}\varphi_3 + \mathfrak{p}\chi_1 + \mathfrak{q}\chi_2 + \mathfrak{r}\chi_3,$$

wo $\varphi_1, \ldots, \chi_3$ harmonische Funktionen in dem von der Flüssigkeit erfüllten Raume sind und an der Oberfläche des Körpers den Bedingungen

$$(2) \qquad \frac{\partial \varphi_1}{\partial \nu} = \cos(\nu x), \ldots, \qquad \frac{\partial \chi_1}{\partial \nu} = y \cos(\nu z) - z \cos(\nu y), \ldots$$

genügen. Die Normale $d\nu$ ist nach dem Innern der Flüssigkeit gezogen.

Für eine Kugel vom Radius a ist $\varphi_1 = -\frac{1}{2} a^3 x r^{-3}, \ldots,$ wo $r^2 = x^2 + y^2 + z^2$ ist und der Anfangspunkt im Kugelmittelpunkt liegt[58]). Es ist somit die Flüssigkeitsbewegung dieselbe wie die, welche durch ein im Kugelmittelpunkte gelegenes Quellpaar bedingt ist[18]). Der resultierende Druck auf die Kugel besteht aus zwei superponierten Drucken[58]): 1) aus dem Drucke, den die äusseren auf die Flüssigkeit wirkenden Kräfte hervorrufen (sein Wert ist derselbe wie für ein in Ruhe befindliches System[59]), 2) aus einer Kraft von der Grösse $\frac{1}{2} m' f$, wo m' die Masse der verdrängten Flüssigkeit und f die Beschleunigung des Kugelmittelpunktes ist. Diese Kraft wirkt durch das Centrum der Kugel in der zu f entgegengesetzten Richtung. Im Falle dass äussere Kräfte nicht vorhanden sind, schreitet die Kugel gleichförmig vorwärts. Dabei ist der Druck nur dann überall positiv, wenn der Druck im Unendlichen den Wert $\frac{5}{8}\varrho(\mathfrak{u}^2 + \mathfrak{v}^2 + \mathfrak{w}^2)$ überschreitet[60]). Ist das äussere Kraftfeld homogen und von der Intensität g, so bewegt sich der Kugelmittelpunkt wie ein Massenpunkt bei Einwirkung einer gleichförmigen Beschleunigung $\frac{m - m'}{m + \frac{1}{2} m'} g$ (unter m die Masse der Kugel verstanden), beschreibt also eine Parabel. Dieses Resultat lässt sich (mit geeigneter Änderung des Nenners $m + \frac{1}{2} m'$) auf einen beliebigen isotropen Körper (Nr. 2c unten) ausdehnen[61]).

---

57) *G. Kirchhoff*, J. f. Math. 71 (1870), p. 237 = Ges. Abh. p. 376.

58) *Poisson*, Paris, Mém. de l'Acad. 11 (1832). Später unabhängig von *P. G. L. Dirichlet* gefunden, Berl. Ber. 1852. *E. Riecke* giebt in den Gött. Nachr. 1888 für die Bahnen der Teilchen eine Zeichnung.

59) Dieses Resultat gilt auch für einen nicht-sphärischen Körper.

60) Sir *W. Thomson*, Lond. Roy. Soc. Proc. 42 (1887) und Phil. Mag. (5) 23 (1887), p. 255, diskutiert die Flüssigkeitsbewegung, wenn die Druckbedingung nicht erfüllt ist.

61) *F. Kötter*, Berl. Phys. Verh. 6 (1887), p. 93. Wegen eines andern inte-

Für ein Ellipsoid $x^2/a^2 + y^2/b^2 + z^2/c^2 = 1$ haben wir

$$(3) \qquad \varphi_1 = -\frac{A}{B_0 + C_0}\, x, \ldots,$$

$$(4) \qquad \chi_1 = -\frac{(b^2 - c^2)(C - B)}{(b^2 - c^2)(A_0 + B_0 + C_0) - (b^2 + c^2)(C_0 - B_0)}\, yz, \ldots,$$

wo A das Integral $\int_\varepsilon^\infty \frac{d\vartheta}{(a^2+\vartheta)^{3/2}(b^2+\vartheta)^{1/2}(c^2+\vartheta)^{1/2}}$ bezeichnet; B und C werden durch Vertauschung von b und c mit a erhalten; ε ist die positive Wurzel der Gleichung

$$\frac{x^2}{a^2+\varepsilon} + \frac{y^2}{b^2+\varepsilon} + \frac{z^2}{c^2+\varepsilon} = 1;$$

A_0, B_0, C_0 sind die Konstanten, die man durch Substitution von Null für ε in A, B, C erhält[62]). Die Gleichungen für die Stromlinien wurden von *A. Clebsch*[62]) und *R. A. Herman*[63]) diskutiert. Der spezielle Fall eines Sphäroids wurde von *G. Kirchhoff*[64]) betrachtet.

2b. **Kinetische Energie.** Die kinetische Energie T_1 der in einer unbegrenzten Flüssigkeit stattfindenden Bewegung, welche von der Bewegung eines einzelnen starren Körpers in der Flüssigkeit herrührt, kann, falls keine Cirkulation stattfindet, als homogene quadratische Form der sechs Geschwindigkeitskomponenten $\mathbf{u}, \mathbf{v}, \mathbf{w}, \mathbf{p}, \mathbf{q}, \mathbf{r}$ ausgedrückt werden. Die Koeffizienten in $2T_1$ hängen von den Formeln für $\varphi_1, \ldots, \chi_3$ ab. Z. B.[57]) ist der

$$\text{Koeffizient von } \mathbf{u}^2 = -\varrho \iint \varphi_1 \frac{\partial \varphi_1}{\partial \nu}\, dS,$$

$$\text{Koeffizient von } 2\mathbf{u}\mathbf{v} = -\varrho \iint \varphi_1 \frac{\partial \varphi_2}{\partial \nu}\, dS = -\varrho \iint \varphi_2 \frac{\partial \varphi_1}{\partial \nu}\, dS.$$

Um den allgemeineren Fall, wo die Flüssigkeit nach aussen durch eine feste oder bewegliche, starre Oberfläche begrenzt ist und sich ein oder mehrere feste Körper im Innern der Flüssigkeit bewegen, wo ferner der von der Flüssigkeit eingenommene Raum die Zusammenhangszahl $n + 1$ besitzt, zu behandeln, nehmen wir die Lagen der Körper und der äusseren Grenze als durch m generalisierte Koordinaten

---

grablen Falls der unter Einwirkung äusserer Kräfte erfolgenden Bewegung siehe *B. Paladini*, Rom, Acc. dei Linc. Rend. 4 (1888).

62) Das Resultat (3) gab *G. Green*, Edinb. Roy. Soc. Trans. 13 (1833) = Math. Papers, London 1871, p. 313, und das Resultat (4) *A. Clebsch*, J. f. Math. 52 (1856). Wegen der Bewegung zwischen konfokalen Ellipsoiden siehe *A. G. Greenhill*, Quart. J. of math. 16 (1879).

63) Quart. J. of. math. 22 (1889), p. 378.

64) Mechanik p. 219.

$q_1, q_2, \ldots, q_m$ bestimmt an; $\varkappa_1, \varkappa_2, \ldots, \varkappa_n$ seien die cyklischen Konstanten. Dann haben wir[65])

$$T_1 = \Pi_1 + K,$$

wo Π_1 eine homogene quadratische Funktion der generalisierten Geschwindigkeiten $q_1', q_2', \ldots, q_m'$ ist mit Koeffizienten, die nur von q_1, $q_2, \ldots, q_m$ abhängen, und K eine homogene quadratische Funktion der Cirkulationen $\varkappa_1, \varkappa_2, \ldots, \varkappa_n$, ebenfalls mit Koeffizienten, die nur von $q_1, q_2, \ldots, q_m$ abhängen. Das Geschwindigkeitspotential hat die Form

$$\varphi = \sum_{r=1}^{m} q_r' \varphi_r + \sum_{r=1}^{n} \varkappa_r \chi_r,$$

wo φ_r einer Bewegung entspricht, bei der $q_r' = 1$ und die übrigen q' und alle $\varkappa$ gleich Null sind; χ_r entspricht einer Bewegung, bei der $\varkappa_r = 1$ und die übrigen $\varkappa$ und alle q' verschwinden. Die Koeffizienten in $2\Pi_1$ drücken sich in derselben Weise aus, wie in dem oben betrachteten, einfacheren Falle. Die Koeffizienten in $2K$ erhalten in der Bezeichnung von Nr. 1b die Gestalt[66]):

$$\text{Koeffizient von } \varkappa_r^2 = \varrho \iint \frac{\partial \chi_r}{\partial \nu_r}\, d\omega_r,$$

$$\text{Koeffizient von } 2\varkappa_r \varkappa_s = \varrho \iint \frac{\partial \chi_r}{\partial \nu_s}\, d\omega_s = \varrho \iint \frac{\partial \chi_s}{\partial \nu_r}\, d\omega_r.$$

Der vollständige Ausdruck für die kinetische Energie T des Systems der starren Körper und der Flüssigkeit ist die Summe von T_1 und der kinetischen Energie T_0 der starren Körper allein. Die letztere ist ihrerseits wieder eine homogene quadratische Funktion der q'. Wir werden für $T_0 + \Pi_1$ einfach Π schreiben.

2c. **Hydrokinetische Symmetrie**[67]). Die Funktion T hat für einen einzelnen starren Körper, der sich in einer unbegrenzten Flüssigkeit bewegt, in welcher keine Cirkulation stattfindet, im allgemeinen 21 Koeffizienten. Doch reduziert sich diese Zahl, wenn der Körper irgendwelche Symmetrie zeigt. Für einen Körper, wie beispielsweise ein Ellipsoid, mit drei orthogonalen Symmetrieebenen, ist

$$2\mathsf{T} = A\mathrm{u}^2 + B\mathrm{v}^2 + C\mathrm{w}^2 + P\mathrm{p}^2 + Q\mathrm{q}^2 + R\mathrm{r}^2.$$

65) Sir *W. Thomson*, Edinb. Roy. Soc. Proc. 7 (1871), p. 384 und 668; Phil. Mag. (4) 42 (1871) und (4) 45 (1873).

66) *Lamb*, Motion of fluids, 1879; Hydrodynamics p. 207.

67) Sir *W. Thomson* (Fussn. 65); *Lamb*, Hydrodynamics p. 181; *J. Larmor*, Quart. J. of math. 20 (1884). Die Formel für einen Rotationskörper gaben *Thomson* and *Tait*, Nat. Phil. 1. ed. 1867, und hernach *Kirchhoff* (Fussn. 57).

Für einen Rotationskörper ist $A = B$, $P = Q$. Ist $A = B = C$ und $P = Q = R$, so heisst der Körper „isotrop“. Für einen Körper mit schraubenförmiger Symmetrie um die z-Axe, derart, dass er nach Drehung durch einen rechten Winkel um diese Axe mit sich selbst identisch wird, kommt

$$2\mathsf{T} = A(\mathsf{u}^2 + \mathsf{v}^2) + C\mathsf{w}^2 + P(\mathsf{p}^2 + \mathsf{q}^2) + R\mathsf{r}^2 + 2L(\mathsf{pu} + \mathsf{qv}) + 2N\mathsf{vw}.$$

Wenn $A = C$, $P = R$ und $L = N$ wird, ist der Körper ein „isotroper Schraubenkörper“.

2d. Bewegungsgleichungen. Die Bewegungsgleichungen für einen Körper, der sich in einer unbegrenzten Flüssigkeit bewegt, wurden für den Fall, dass keine Cirkulation und keine äusseren Kräfte wirksam sind, zuerst von *Thomson* und *Tait*[68]) aus dem Ausdruck für T durch direkte Anwendung der *Lagrange*'schen Gleichungen abgeleitet. Gegen dieses Verfahren wurde bald hernach Einspruch erhoben[69]), während *Kirchhoff* die Gleichungen aufs neue durch Rückgang auf das *Hamilton*'sche Prinzip ableitete[57]). Sie haben die Form

$$(1)\quad \begin{cases} \dfrac{d\xi_1}{dt} - \mathsf{r}\eta_1 + \mathsf{q}\zeta_1 = 0, & \text{(3 Gleichungen)} \\ \dfrac{d\lambda_1}{dt} - \mathsf{r}\mu_1 + \mathsf{q}\nu_1 - \mathsf{w}\eta_1 + \mathsf{v}\zeta_1 = 0, & \text{(3 Gleichungen)} \end{cases}$$

in denen

$$\xi_1 = \frac{\partial \mathsf{T}}{\partial \mathsf{u}}, \ldots, \qquad \lambda_1 = \frac{\partial \mathsf{T}}{\partial \mathsf{p}}, \ldots.$$

Die Grössen ξ_1, η_1, ζ_1, λ_1, μ_1, ν_1 sind die Kraft- und Kräftepaarkomponenten derjenigen impulsiven Schraube, durch deren Angreifen am Körper die Bewegung des Systems von der Ruhelage aus erzeugt werden könnte. Diese Schraube heisst nach Sir *W. Thomson* der „Impuls“ [70]).

Man hat versucht, die Anwendung der *Lagrange*'schen Gleichungen auf das Problem durch eine Theorie der „Ignorierung der Koordinaten“[71]) zu rechtfertigen, welche im wesentlichen mit der *Routh*-schen Theorie der „modifizierten *Lagrange*'schen Funktion“ überein-

68) Nat. Phil. 1. ed. 1867.

69) *L. Boltzmann*, J. f. Math. 73 (1871); *J. Purser*, Phil. Mag. (5) 6 (1878); *C. Neumann*, Hydr. Unt., 1883.

70) Die Theorie des „Impulses“ gab Sir *W. Thomson*, Vortex-Motion. *Lamb*, Hydrodynamics p. 169 wendet sie direkt auf das Bewegungsproblem eines starren Körpers in einer Flüssigkeit an.

71) *Thomson* and *Tait*, Nat. Phil. 1, 2. ed. 1879; vgl. *Helmholtz*, J. f. Math. 97 (1884) = Wiss. Abh. 3, p. 119—202.

stimmt[72]). Nach dieser Theorie sind, wenn die Lage eines dynamischen Systems mit einer endlichen Zahl von Freiheitsgraden von zweierlei Koordinaten abhängt, von denen diejenigen zweiter Art nur mit ihren Geschwindigkeiten in den Ausdruck für die Energie eintreten, die zu diesen zweiten Koordinaten gehörigen Bewegungsgrössen (Impulskoordinaten) konstant. Mit Hülfe der linearen Gleichungen zwischen den Geschwindigkeitskoordinaten, welche die Konstanz dieser Bewegungsgrössen ausdrücken, können die Geschwindigkeiten der Koordinaten der zweiten Art aus den Bewegungsgleichungen für die Koordinaten der ersten Art eliminiert werden. Man sagt dann, die Koordinaten der zweiten Art seien „ignoriert" worden. Verschwinden insbesondere die Bewegungsgrössen, welche den ignorierten Koordinaten entsprechen, so kann das System durch Anwendung von Impulsen, die allein den Koordinaten erster Art entsprechen, zur Ruhe gebracht werden. Die Bewegungsgleichungen in diesen Koordinaten sind dann einfach diejenigen, welche durch direkte Anwendung der *Lagrange*'schen Gleichungen erlangt werden. Man nimmt nun an, dass dieser Ansatz auch bei dem hydrodynamischen Problem in Anwendung gebracht werden könne. Jedoch sind der Übergang von einer endlichen zu einer unendlichen Anzahl von Freiheitsgraden und die Schwierigkeit der Identifizierung der zu ignorierenden Koordinaten Umstände, welche die direkte Ableitung aus dem *Hamilton*'schen Prinzip annehmbarer erscheinen lassen[73]).

Bei dem allgemeinern Problem der Bewegung durchbohrter Körper machte Sir *W. Thomson*[65]), über das Gesagte hinausgehend, den weiteren Ansatz, dass er die Cirkulationen $\varkappa_1, \varkappa_2, \ldots$ als generalisierte Bewegungsgrössen, wie sie bestimmten ignorierten Koordinaten entsprechen würden, ansah, und dann wieder die Bewegungsgleichungen eines Systems mit einer endlichen Anzahl von Freiheitsgraden auf das Problem anwandte. In diesem Falle ist die Notwendigkeit für eine direkte Ableitung aus dem *Hamilton*'schen Prinzip noch zwingender. Eine solche Ableitung gab *H. Lamb*[74]). Eine andere Methode[75]), diesen Gegenstand zu behandeln, ist folgende: Man bilde die Ausdrücke der resultierenden Kräfte und Kräftepaare, die auf einen starren Körper des Systems durch die Flüssigkeit ausgeübt werden, indem man die Druckgleichung (IV 15, Nr. **10**, Glg. (1)) benutzt.

72) *E. J. Routh*, Stability of motion, London 1877.

73) *C. Neumann*, Hydr. Unt., 1883.

74) Hydrodynamics p. 207. Siehe auch *J. Larmor*, Lond. Math. Soc. Proc. 15 (1884).

75) *G. H. Bryan*, Phil. Mag. (5) 35 (1893).

Bewegen sich die Körper und die Flüssigkeit unter Einwirkung irgendwelcher konservativer äusserer Kräfte, so nehmen wir U als die potentielle Energie des Systems in der durch die Koordinatenwerte $q_1, q_2, \ldots, q_m$ festgelegten Konfiguration und drücken T in der Form $\Pi + K$ aus (Nr. 2b oben). Dann haben wir für jede der Koordinaten q eine Gleichung[76]) von der Form

$$(2) \qquad \frac{d}{dt}\left(\frac{\partial \Pi}{\partial q_s'}\right) - \frac{\partial \Pi}{\partial q_s} + \frac{\partial K}{\partial q_s} + \sum_{r=1}^{n} \varkappa_r \sum_{s'=1}^{m} q_{s'}' \cdot (r, s, s') + \frac{\partial U}{\partial q_s} = 0,$$

wo (r, s, s') eine bestimmte Funktion der Koordinaten q bezeichnet, welche verschwindet, wenn $s' = s$ ist, und die ihr Zeichen ändert, wenn s und s' unter einander vertauscht werden. Diese Funktion drückt sich sehr einfach mit Hülfe der generalisierten Geschwindigkeiten $\varrho_1', \varrho_2', \ldots, \varrho_n'$ aus, welche den Bewegungsgrössen $\varkappa_1, \varkappa_2, \ldots, \varkappa_n$ entsprechen. Diese Geschwindigkeiten sind lineare Funktionen der q' und $\varkappa$ mit Koeffizienten, die nur von den q abhängen. Hiernach wird $-\frac{\partial \varrho_r'}{\partial q_s'}$ eine Funktion der q. Wir nennen sie ξ_{rs} und haben

$$(r, s, s') = \frac{\partial \xi_{rs}}{\partial q_{s'}} - \frac{\partial \xi_{rs'}}{\partial q_s}.$$

Die Geschwindigkeiten $\varrho_1', \varrho_2', \ldots, \varrho_n'$ sind die Strömungen durch die Öffnungen in den sich bewegenden Körpern[77]). Bezeichnet $\mathfrak{u}_1, \mathfrak{v}_1, \ldots, \mathfrak{r}_1$ das Geschwindigkeitssystem des Körpers, in welchem sich die Öffnung befindet, deren Cirkulation wir $\varkappa_1$ nannten, bedeutet ferner $d\nu_1$ das Normalenelement für die zu dieser Cirkulation gehörende Querfläche, so haben wir

$$\varrho_1' = \varrho \iint \Big\{ \frac{\partial \varphi}{\partial \nu_1} - \cos(\nu_1 x)(\mathfrak{u}_1 - \mathfrak{r}_1 y + \mathfrak{q}_1 z) - \cos(\nu_1 y)(\mathfrak{v}_1 - \mathfrak{p}_1 z + \mathfrak{r}_1 x)$$
$$- \cos(\nu_1 z)(\mathfrak{w}_1 - \mathfrak{q}_1 x + \mathfrak{p}_1 y) \Big\} d\omega_1 .$$

Was den Ausdruck von T in Impulskomponenten, was ferner die Wirkung einer Veränderung des Koordinatenanfangspunktes und der Axen angeht, so sei der Leser auf IV 13 verwiesen. Ebenda findet er Aufschluss über die in speziellen Fällen mögliche Integration der Gleichungen (1), sowie über die Theorie der stationären Bewegung und

---

76) Sir *W. Thomson*, Edinb. Roy. Soc. Proc. 7 (1871), p. 668 und Phil. Mag. (4) 45 (1873). Vgl. *Thomson* and *Tait*, Nat. Phil. 1, p. 320; *Lamb*, Hydrodynamics, p. 211; *C. Neumann*, Hydr. Unt. p. 63.

77) Sir *W. Thomson* (Fussn. 76); *A. B. Basset*, Cambr. Phil. Soc. Proc. 6 (1887), p. 117.

der Stabilität der stationären Bewegung für den Fall, dass ein einzelner fester Körper sich in einer unbegrenzten Flüssigkeit ohne hinzutretende Cirkulation bewegt. Vom Standpunkt der Hydrodynamik liegt die Wichtigkeit der Resultate in der Thatsache, dass der Widerstand einer idealen Flüssigkeit gegen einen sich in ihr bewegenden Körper den Charakter einer Massenvermehrung[78]) hat, wobei der Betrag und die Lage der hinzugefügten Masse von der Bewegung und der Gestalt des Körpers abhängt.

2e. **Cyklische Bewegung.** Sir *W. Thomson*[76]) hat die Bewegung einer Kugel in einem mehrfach zusammenhängenden Raume mit fester Grenze untersucht, wenn der Radius der Kugel im Vergleich zum Abstande des Mittelpunktes von jedem Punkte der Grenze klein ist. In diesem Falle verschwinden alle Grössen (r, s, s') identisch und K hat die Form $-\frac{1}{2}\varrho\iint P'\frac{\partial P}{\partial \nu}dS$, wo die Integration über die Kugeloberfläche zu nehmen ist. P und P' bezeichnen hier resp. die Geschwindigkeitspotentiale derjenigen cyklischen Bewegungen, die eintreten, wenn die Kugel weggenommen wird, bezw. wenn sie festgehalten wird. Ist die Dichte der Kugel dieselbe, wie die der Flüssigkeit, und erfolgt die Cirkulation um einen in die Unendlichkeit laufenden, festgehaltenen, feinen Draht, so bewegt sich der Mittelpunkt so, als ob er von dem Drahte mit einer Kraft angezogen würde, die mit dem Kubus der Entfernung umgekehrt proportional ist. Lord *Rayleigh*[79]) und *A. G. Greenhill*[80]) haben die zweidimensionale cyklische Bewegung einer inkompressiblen Flüssigkeit um einen sich bewegenden Kreiscylinder untersucht. Sind keine äusseren Kräfte vorhanden, so ist die Bahn des Mittelpunktes ein Kreis. Ist das äussere Kraftfeld homogen, so wird die Bahn des Mittelpunktes eine Trochoide. *A. B. Basset*[81]) dehnte die für einen Rotationskörper geltenden Integrationsresultate der Gleichungen (1) von Nr. 2d auf einen Ring mit einer durch seine Öffnung statthabenden Cirkulation aus. Das Geschwindigkeitspotential für die Bewegung eines Kreisringes parallel zu seiner Axe wurde mit Hülfe der zugehörigen harmonischen Funktionen (der sog. Toroidfunktionen) von *W. M. Hicks*[82]) dargestellt. Die cyklische Bewegung, welche um

78) *Stokes*, Cambr. Phil. Soc. Trans. 8 (1843), p. 105 = Papers 1, p. 51.

79) Mess. of math. (2) 7 (1877) = Papers 1, p. 344.

80) Mess. of math. (2) 9 (1880). Wegen des entsprechenden Problems bei mehreren Cylindern siehe *A. B. Basset,* Cambr. Phil. Soc. Proc. 6 (1887), p. 135.

81) Cambr. Phil. Soc. Proc. 6 (1887), p. 47; Hydrodynamics 1, p. 196. Die im Text erwähnten Integrationsresultate sind in IV 13 ausführlich besprochen.

82) Lond. Phil. Trans. 172 (1881). Siehe auch *F. W. Dyson*, Lond. Phil.

einen dünnen Ring herum stattfinden kann, wird durch dieselbe Formel gegeben, wie die Bewegung, welche von einem Wirbelring mit kleinem Querschnitt herrührt (Nr. 3b unten). Zwei solche Ringe scheinen auf einander mit Kräften derselben Grösse und Richtung zu wirken, wie die Kräfte zwischen zwei elektrischen Strömen[83]), nur haben die Kräfte bei den beiden Problemen entgegengesetzten Sinn[84]).

2f. **Bewegung zweier Kugeln.** Das Resultat (Nr. 2a oben), dass die Flüssigkeitsbewegung, welche von der Bewegung einer Kugel herrührt, dieselbe ist wie die, welche durch ein Quellpaar bedingt ist, ermöglicht es, die Methode der Bilder auf das Problem der Bewegung zweier Kugeln anzuwenden. *Stokes* hat zunächst die Bewegung bestimmt, welche von einer Kugel in einer von einer zweiten Kugel begrenzten Flüssigkeit in dem Augenblick hervorgerufen wird, wo die beiden Kugeln instantan konzentrisch sind[16]). Auch hat er die Bewegung eines Körpers, der von den äusseren Teilen zweier zu einander orthogonaler Kugeln begrenzt wird, unter der Voraussetzung bestimmt, dass sich der Körper parallel der Verbindungslinie der Centren bewegt[18]). In diesen Fällen ist die Anzahl der Bilder eine endliche. Auf das allgemeine Problem wandte dagegen *W. M. Hicks*[17]) die Methode der Bilder an. Bewegen sich die Kugeln in der Verbindungslinie der Centren mit den Geschwindigkeiten $\mathfrak{u}$, $\mathfrak{v}$, so kann die kinetische Energie in der Form $\frac{1}{2}(A\mathfrak{u}^2 + B\mathfrak{v}^2 + 2C\mathfrak{u}\mathfrak{v})$ ausgedrückt werden, wo A, B, C bestimmte Funktionen der Radien a, b der Kugeln und des Abstandes c zwischen ihren Centren sind. Die Funktionen A, B, C werden von ihm durch Reihen dargestellt, die nach Potenzen von a/c und b/c fortschreiten. Ähnliche Resultate sind von *C. Neumann*[73]) durch Anwendung eines bestimmten Systems orthogonaler krummliniger Koordinaten erhalten worden. *R. A. Herman*[85]) gab eine kurze Formel für den n^{ten} Term der *Hicks*'schen Reihe, während *A. B. Basset*[86]) zeigte, wie man die Glieder der Reihe

---

Trans. (A) 184 (1893). Die in Rede stehenden Funktionen wurden zuerst von *C. Neumann*, Allgemeine Lösung des Problems über den stationären Temperaturzustand eines homogenen Körpers, welcher von zwei nichtkonzentrischen Kugelflächen begrenzt ist, Halle 1862, eingeführt.

83) *G. Kirchhoff*, J. f. Math. 71 (1870), p. 263 = Ges. Abh. p. 404; *L. Boltzmann*, J. f. Math. 73 (1871).

84) Sir *W. Thomson*, Reprint of Papers on Electrostatics and Magnetism, p. 569 und 587. Siehe auch *E. Riecke*, Gött. Nachr. 1887, p. 505; *C. A. Bjerknes*, Acta math. 4 (1884).

85) Quart. J. of math. 22 (1887), p. 204, 370.

86) Lond. Math. Soc. Proc. 18 (1887); Hydrodynamics 1, p. 240.

annäherungsweise durch eine Verschiebung des Anfangspunktes eines Systems von Kugelfunktionen erhalten kann. Unterliegen die Kugeln keiner Einwirkung äusserer Kräfte, so wächst die relative Trennungsgeschwindigkeit beständig[87]). Führt die Kugel a von der Masse m kleine Pendelschwingungen aus, so wächst die Periode durch die Anwesenheit der Kugel b angenähert in dem Verhältnis

$$1 + \frac{3}{4}\,\frac{m'}{m + {}^1\!/_2\, m'}\,\frac{a^3 b^3}{c^6} : 1,$$

m' ist dabei die Masse der von der ersten Kugel verdrängten Flüssigkeit[88]). Erfolgt die Bewegung rechtwinkelig zur Verbindungslinie der Centren, so sind nur erst angenäherte Resultate erhalten worden[89]). Aber auch in diesem Falle hat *R. A. Herman*[85]) einen kurzen Ausdruck für die Koeffizienten der kinetischen Energie in einer symbolischen Form gegeben. Bewegt sich eine Kugel in Gegenwart einer festen Ebene, so wird sie von der Ebene abgestossen oder angezogen, je nachdem der Winkel, welchen ihre Bewegungsrichtung mit der Normalen der Ebene macht, zwischen α und $\pi - \alpha$ liegt oder nicht. α bezeichnet dabei die kleinste positive Wurzel der Gleichung

$$ {}^1\!/_2 \operatorname{tang} \alpha = \left(\frac{a^3 + 4 d^3}{a^3 + 8 d^3}\right)^{1/2},$$

d ist der Abstand des Centrums von der Ebene[89]). Die für Kugeln erhaltenen Resultate sind auf Cylinder von *W. M. Hicks*[90]) ausgedehnt worden, sowohl wenn eine Cirkulation der Flüssigkeit um sie herum stattfindet, wie auch nicht.

2g. **Pulsierende Kugeln.** Volumschwingungen einer Kugel rufen in einer Flüssigkeit ein Geschwindigkeitspotential derselben Art hervor, wie eine Quelle von veränderlicher Ergiebigkeit. Zwei Kugeln, die solche Schwingungen ausführen, bedingen infolge dessen Änderungen in dem hydrodynamischen Druck. Diese haben daher eine scheinbare Anziehung oder Abstossung zwischen den Kugeln zur

---

87) Dies Theorem wurde von *W. M. Hicks* (Fussn. 17) ausgesprochen und von *C. Neumann*, Hydr. Unt. bewiesen.

88) Solche Schwingungen wurden zuerst von *C. A. Bjerknes* (Fussn. 92) diskutiert und unabhängig von ihm von *F. Guthrie,* nach Sir *W. Thomson,* Phil. Mag. (4) 41 (1871), p. 405; siehe auch Reprint of Papers on Electrostatics and Magnetism, p. 571. Das hier ausgesprochene Resultat gab *W. M. Hicks* (Fussn. 17).

89) *W. M. Hicks* (Fussn. 17) und *A. B. Basset* (Fussn. 86).

90) Quart. J. of math. 16 (1879), p. 113, 193; 17 (1881), p. 194 und Cambr. Phil. Soc. Proc. 3 (1878), p. 227. Siehe auch *A. B. Basset* (Fussn. 80).

Folge. Die Grösse dieser Anziehung bezw. Abstossung ist dem Quadrate des Abstandes umgekehrt proportional, vorausgesetzt, dass der Abstand dabei gross im Vergleich zu den Radien angenommen wird. Es ergiebt sich eine Anziehung, wenn die Kugeln dieselbe Periode haben, und sich ihre Phasen um nicht mehr als ein Viertel der Periode unterscheiden[91]). Die Theorie der scheinbaren Kräfte zwischen pulsierenden und oscillierenden Kugeln in einer inkompressiblen Flüssigkeit wurde von *C. A. Bjerknes*[92]) in einer Reihe von Abhandlungen ausgebildet. *W. M. Hicks*[91]) hat darauf aufmerksam gemacht, dass das allgemeine Theorem von den scheinbaren Anziehungen und Abstossungen zwischen den Gliedern eines Systems von pulsierenden Kugeln auf ein System von pulsierenden, nichtsphärischen Körpern ausgedehnt werden kann. Derselbe wandte die Ergebnisse zum Aufbau einer Theorie der Gravitation im Anschluss an die Wirbelatomtheorie an; die Atome der Materie sind dabei als Hohlwirbel aufzufassen[93]). Die Fortpflanzung von Wellen durch eine kompressible, ein Aggregat von pulsierenden Kugeln enthaltene Flüssigkeit, betrachtete *A. V. Bäcklund*[94]).

3. Wirbelbewegungen.

3a. Transformationen der allgemeinen hydrodynamischen Gleichungen. Die Gleichungen wurden in IV 15, Nr. 8 in zwei Formen,

---

91) Dies Resultat wurde zuerst von *C. A. Bjerknes,* Christ. Förhandl. 1875 gefunden; siehe auch *W. M. Hicks,* Cambr. Phil. Soc. Proc. 3 (1878), p. 276 und 4 (1880), p. 29; einen einfachen Beweis gab *W. Voigt,* Gött. Nachr. 1891. Ähnliche Probleme für Ellipsoide sind von *K. Pearson,* Quart. J. of math. 20 (1884), p. 60, 184, behandelt.

92) Christ. Förhandl. 1863, 1868, 1871, 1875; Gött. Nachr. 1876. Wegen der experimentellen Untersuchungen von *Bjerknes* siehe Gött. Nachr. 1877; Paris C. R. 84, 88, 89 (1877—1879) und den von *Bertin,* Ann. chim. phys. (5) 25 (1882) gegebenen Bericht. Betreffs *Bjerknes'* Theorie siehe *V. Bjerknes,* Hydrodynamische Fernkräfte, Leipzig 1900. Die *Bjerknes*'schen Ideen sind der Gegenstand eines Referats in den Rapports présentés au Congrès de physique 1, Paris 1900; vgl. auch *A. Korn,* Theorie der Gravitation und der elektrischen Erscheinungen auf Grundlage der Hydrodynamik, Berlin 1898.

93) Wegen der Wirbelatome siehe Nr. 3b unten; wegen des Begriffs von Hohlwirbeln siehe Nr. 3c. Die Abhängigkeit der Pulsationsperiode von der Translationsgeschwindigkeit (Nr. 3e) ist für die in Rede stehende Theorie der Gravitation eine grosse Schwierigkeit; siehe *W. M. Hicks* (Fussn. 114).

94) Math. Ann. 34 (1889). Wegen der Fortpflanzung von Wellen durch ein aus Wirbelatomen gebildetes Mittel siehe *W. M. Hicks,* Brit. Assn. Rep. 1895, und Sir *W. Thomson,* Brit. Assn. Rep. 1887.

der *Euler*'schen bezw. der *Lagrange*'schen Form gegeben. Die *Euler*schen Gleichungen kann man folgendermassen schreiben[95])

$$(1)\quad \frac{\partial}{\partial t}(u, v, w) + 2(w\eta - v\zeta,\ u\zeta - w\xi,\ v\xi - u\eta) = \left(\frac{\partial}{\partial x}, \frac{\partial}{\partial y}, \frac{\partial}{\partial z}\right) W',$$

wo

$$(2)\quad W' = V - \int \frac{dp}{\varrho} - {}^1\!/_2\, q^2$$

ist. In dieser Form gestatten sie eine unmittelbare Transformation auf beliebige orthogonale (krummlinige) Koordinaten[96]). Die Komponenten der Drehgeschwindigkeit genügen drei Gleichungen folgender Art[97])

$$(3)\quad \frac{\delta}{\delta t}\left(\frac{\xi}{\varrho}\right) = \frac{\xi}{\varrho}\frac{\partial u}{\partial x} + \frac{\eta}{\varrho}\frac{\partial u}{\partial y} + \frac{\zeta}{\varrho}\frac{\partial u}{\partial z}, \dots.$$

Man kann stets drei Funktionen φ, λ, Ω derart bestimmen, dass

$$(4)\quad u\,dx + v\,dy + w\,dz = d\varphi + \lambda\, d\Omega$$

ist und $\lambda = \text{const.}$, $\Omega = \text{const.}$ die Gleichungen für zwei Flächenscharen werden, die bei der Bewegung stets von denselben Teilchen gebildet werden[98]). Die Schnittlinien solcher Flächen ergeben die Wirbellinien (Nr. **3**b unten). Drückt man die Geschwindigkeiten in dieser Weise aus, so wird die Druckgleichung[99])

$$(5)\quad V - \int \frac{dp}{\varrho} - {}^1\!/_2\, q^2 - \frac{\partial \varphi}{\partial t} - \lambda \frac{\partial \Omega}{\partial t} = F(t).$$

Wird die Bewegung auf Axen bezogen, die um den Anfangspunkt mit der Winkelgeschwindigkeit $(\omega_1, \omega_2, \omega_3)$ rotieren, so mögen die Änderungsgeschwindigkeiten der Koordinaten eines auf die bewegten Axen bezogenen Teilchens mit u', v', w' bezeichnet werden, wo

$$(6)\quad u' = u + y\omega_3 - z\omega_2,\quad v' = v + z\omega_1 - x\omega_3,\quad w' = w + x\omega_2 - y\omega_1;$$

---

95) *Lagrange* (Fussn. 20).

96) IV 14, Nr. **20**b.

97) *E. J. Nanson*, Mess. of math. (2) 3 (1874), p. 120. Die entsprechenden Gleichungen für inkompressible Flüssigkeiten leitete *Lagrange* (Fussn. 20) ab, unabhängig von ihm *Stokes*, Cambr. and Dubl. Math. J. 3 (1848) = Papers 2, p. 36. Auch *Helmholtz*, Wirbelbewegung.

98) *A. Clebsch*, J. f. Math. 54 (1857) und J. f. Math. 56 (1859), p. 1. Siehe auch *M. J. M. Hill*, Quart. J. of math. 17 (1881) und Cambr. Phil. Soc. Trans. 14 (1883). Bei *Clebsch* und auch bei *Hill* (1883) werden Gleichungen für die Bewegung einer Flüssigkeit in einem n-dimensionalen Raume aufgestellt. Betreffs der von λ in speziellen Fällen erfüllten Gleichungen siehe *M. J. M. Hill*, Lond. Phil. Trans. 175 (1884) und Lond. Math. Soc. Proc. 16 (1885). Wegen der Transformation (4) vgl. IV 14, Nr. **9**.

99) Die Gleichung (5) gaben *Clebsch* und *Hill* (Fussn. 98). Siehe auch *J. Brill*, Quart. J. of math. 28 (1896).

es ist dann $\frac{\delta}{\delta t} = \frac{\partial}{\partial t} + u' \frac{\partial}{\partial x} + v' \frac{\partial}{\partial y} + w' \frac{\partial}{\partial z}$ zu setzen. Die *Euler*schen Gleichungen erhalten die Form[100])

$$(7) \qquad \frac{\delta u}{\delta t} - v\omega_3 + w\omega_2 = \frac{\partial}{\partial x}\left(V - \int \frac{dp}{\varrho}\right).$$

Die *Lagrange*'schen Gleichungen können in der Form geschrieben werden

$$(8) \qquad \frac{\delta^2 x}{\delta t^2}\frac{\delta x}{\delta x_0} + \frac{\delta^2 y}{\delta t^2}\frac{\delta y}{\delta x_0} + \frac{\delta^2 z}{\delta t^2}\frac{\delta z}{\delta x_0} = \frac{\delta}{\delta x_0}\left(V - \int \frac{dp}{\varrho}\right),$$

wo x_0, y_0, z_0 die anfänglichen Koordinaten eines Teilchens und x, y, z seine Koordinaten zur Zeit t sind. In dieser Form haben sie folgende drei Integrale[101])

$$(9) \qquad \frac{\xi}{\varrho} = \frac{\xi_0}{\varrho_0}\frac{\delta x}{\delta x_0} + \frac{\eta_0}{\varrho_0}\frac{\delta x}{\delta y_0} + \frac{\zeta_0}{\varrho_0}\frac{\delta x}{\delta z_0}, \ldots$$

Sie gestatten auch eine Integration durch Gleichungen folgender Art[102])

$$(10) \qquad \frac{\delta x}{\delta t}\frac{\delta x}{\delta x_0} + \frac{\delta y}{\delta t}\frac{\delta y}{\delta x_0} + \frac{\delta z}{\delta t}\frac{\delta z}{\delta x_0} = \left(\frac{\delta x}{\delta t}\right)_0 + \frac{\delta \chi}{\delta x_0},$$

wo

$$(11) \qquad \frac{\delta \chi}{\delta t} = V - \int \frac{dp}{\varrho} + \tfrac{1}{2} q^2$$

ist.

3b. **Allgemeine Sätze über Wirbelsysteme.** Die durch die Gleichungen

$$dx/\xi = dy/\eta = dz/\zeta$$

bestimmten Linien heissen die „Wirbellinien". Die Wirbellinien, welche die Punkte einer geschlossenen Kurve treffen, bilden eine „Wirbelröhre". Die Flüssigkeit in einer sehr engen Wirbelröhre bildet einen „Wirbelfaden". Das Produkt des Flächeninhalts eines Querschnitts in die für den letzteren geltende, resultierende Drehgeschwindigkeit ist die „Stärke" des Wirbelfadens. Die *Gesetze für die Wirbelbewegung* wurden von *Helmholtz*[5]) gegeben. Sie lauten: 1) die Wirbelfäden werden stets von denselben Teilchen gebildet, 2) die Stärke eines Wirbelfadens ist zu allen Zeiten und in allen Querschnitten dieselbe, 3) die Wirbelfäden müssen entweder in sich zurücklaufen oder ihr Ende an der Begrenzung haben.

Diese Gesetze sind die Fundamentaltheoreme der rationellen Hydrodynamik und schliessen den Satz ein, dass eine wirbelfreie Bewegung

---

100) *A. G. Greenhill*, Ency. Brit.

101) *A. L. Cauchy*, Paris, Mém. de l'Acad. 1 (1827). Siehe auch *Stokes* (Fussn. 97).

102) *H. Weber*, J. f. Math. 68 (1868).

stets wirbelfrei bleibt (Nr. **1a**). Die Drehgeschwindigkeit hat in einem Punkte, in dem die Flüssigkeit wirbelt, allgemein zu reden, einen endlichen Wert. Es empfiehlt sich aber, auch Grenzfälle zu betrachten, in welchen isolierte Wirbelfäden von unendlich kleinem Querschnitt und endlicher Stärke auftreten. Man kann auch Wirbelfäden betrachten, die auf einer Oberfläche in der Weise verteilt sind, dass für jeden Punkt der Oberfläche das Produkt aus der Drehgeschwindigkeit und der in der Richtung der Flächennormale genommenen Dicke des Fadens einen endlichen Grenzwert hat. Solche Wirbelfäden bilden eine „Wirbelschicht“. Oberflächen, an denen die Geschwindigkeit unstetig ist (Nr. **1f**), sind Träger solcher Wirbelschichten[103]).

Wie auch die Verteilung der Wirbelfäden sein mag, die Flüssigkeitsbewegung lässt sich stets mittelst eines Geschwindigkeitspotentials und eines Vektorpotentials durch folgende Formel darstellen[104])

$$(u, v, w) = \left(\frac{\partial}{\partial x}, \frac{\partial}{\partial y}, \frac{\partial}{\partial z}\right)\varphi + \operatorname{curl}(F, G, H).$$

Ist die Flüssigkeit unbegrenzt und im Unendlichen in Ruhe und erstrecken sich die Wirbelfäden nicht ins Unendliche, so sind die Werte von φ und F, G, H in einem Punkte (x, y, z) durch die in allen anderen Punkten herrschende Dilatationsgeschwindigkeit Θ und die Drehgeschwindigkeit vermöge der Formeln[104])

$$\varphi = -\iiint \frac{\Theta'}{4\pi r}\, dx'\, dy'\, dz', \qquad F = \iiint \frac{\xi'}{2\pi r}\, dx'\, dy'\, dz', \ldots$$

gegeben, wo r den Abstand der beiden Punkte (x, y, z) und (x', y', z') bezeichnet. Haben wir eine feste oder sich bewegende Grenze, welche die Flüssigkeit umschliesst, so ist zu dem so bestimmten φ noch eine solche Lösung von $\Delta\varphi = 0$ hinzuzufügen, dass die Grenzbedingung erfüllt wird. Ein Wirbelfaden von der Stärke m liefert zu den Geschwindigkeitskomponenten in einem Punkte (x, y, z) Beiträge von der Form[5])

$$u = \frac{m}{2\pi}\int \left(\frac{z - z'}{r^3}\frac{dy'}{ds} - \frac{y - y'}{r^3}\frac{dz'}{ds}\right) ds, \ldots,$$

wo ds das Bogenelement des Wirbelfadens im Punkte (x', y', z') ist. In einem Punkte, in dem die Bewegung wirbelfrei ist, liefert ein Wirbelring (oder ein Wirbelfaden ohne Ende) von unendlich kleinem Querschnitt für das Geschwindigkeitspotential einen Beitrag $m\Omega/4\pi$, wo

---

103) *Helmholtz* (Fussn. 37); vgl. IV **14**, Nr. **5**.

104) IV **14**, Nr. **10**. *Stokes*, Cambr. Phil. Soc. Trans. **9** (**1849**), p. 1 = Papers 2, p. 243; *Helmholtz*, Wirbelbewegung.

Ω der körperliche Winkel ist, den die von jenem Punkte nach dem Wirbelring hinlaufenden Strahlen umschliessen[105]).

Ist für eine inkompressible Flüssigkeit zu irgend einer Zeit die (notwendig solenoïdale) Verteilung der Drehgeschwindigkeit gegeben, so ist die instantane Geschwindigkeit der Flüssigkeitsteilchen, einerlei ob die Flüssigkeit begrenzt ist oder nicht, in jedem Punkte bestimmt, und es ändert sich die Drehgeschwindigkeit weiterhin mit der Zeit nach dem durch die Gleichungen (3) in Nr. **3**a ausgedrückten Gesetz. Somit ist die Bewegung in jedem folgenden Zeitpunkt ebenfalls bestimmt. Da die Wirbelfäden sich mit der Flüssigkeit fortbewegen, so ist insbesondere auch die Bewegung der Wirbelfäden bestimmt und wird von Gleichungen beherrscht, aus denen alle Kräfte eliminiert sind[106]).

In einer unbegrenzten, inkompressiblen Flüssigkeit, in der irgendwelche Wirbelbewegung vorhanden ist, die sich nicht ins Unendliche erstreckt, wird die kinetische Energie durch die Formel[107])

$$\frac{\varrho}{2\pi}\iiint\iiint\frac{\xi\xi'+\eta\eta'+\zeta\zeta'}{r}\,dx\,dy\,dz\,dx'\,dy'\,dz'$$

ausgedrückt.

Man kann sich die Bewegung aus der Ruhe durch Einwirkung äusserer impulsiver Kräfte und impulsiver Drucke erzeugt denken. Bezeichnen wir die ersteren mit X', Y', Z' und den impulsiven Druck mit p_0, so haben wir Gleichungen von der Form

$$\varrho u = X' - \frac{dp_0}{dx},$$

wo wir p_0 noch auf unendlich viele Weisen wählen können. Wir nehmen eine Oberfläche S, die alle Wirbel umschliesst; es ist dann die Bewegung auf der Aussenseite wirbelfrei mit einem Geschwindigkeitspotential φ. Wir wählen ferner p_0 ausserhalb von S gleich $-\varrho\varphi$ und lassen den in der Richtung der Normalen genommenen Differentialquotienten von p_0 beim Durchschreiten der Fläche sich stetig ändern. Man bilde sich dann für das System der für die Punkte innerhalb von S geltenden Impulse X', Y', Z' die resultierende, impulsive Schraube, und suche den Grenzwert, dem diese Schraube zustrebt, wenn S sich bis ins Unendliche ausdehnt. Die so erhaltene resultierende Schraube wird kurzweg der „Impuls“ [70]) genannt. Ihre

---

105) *Lamb*, Hydrodynamics p. 233.

106) Die allgemeine Bedeutung dieses Resultates erläutert *J. Larmor*, Nature 62 (1900), p. 454 = Brit. Assn. Rep. 1900, p. 624.

107) *Lamb*, Hydrodynamics p. 240.

Komponenten $\xi_1, \eta_1, \zeta_1, \lambda_1, \mu_1, \nu_1$ sind durch Gleichungen folgender Form[108]) gegeben

$$\xi_1 = \varrho \iiint (y\zeta - z\eta)\, dx\, dy\, dz, \ldots \quad \lambda_1 = \varrho \iiint (y^2 + z^2)\, \xi\, dx\, dy\, dz, \ldots.$$

Das Interesse an dem Studium der Wirbelringe in einer idealen, inkompressiblen Flüssigkeit ist besonders durch Sir *W. Thomson*'s Theorie der *Wirbelatome*[109]) bedingt, nach welcher die Atome der Materie durch Wirbelringe (Wirbelfäden ohne Ende) repräsentiert werden. Solche Ringe sind unzerstörbar und undurchdringlich, und die Zusammenhangszahl des einen solchen Ring umgebenden Raumes, sowie die Wirbelstärke sind konstant. Man hat auch Systeme zusammengeketteter Wirbelfäden als Repräsentanten für die Atome gewisser Stoffe eingeführt[108]). Um zu entscheiden, ob eine auf diesen Grundlagen ruhende Theorie eine Erklärung der thermischen Eigenschaften der Gase, sowie der der chemischen Zusammensetzung entsprechenden Spektrallinien und der Vorgänge der Dissociation und chemischen Verbindung geben kann, hat man Untersuchungen angestellt, welche u. a. die gegenseitige Einwirkung zweier Ringe, die nahe genug an einander liegen, um sich zu beeinflussen, ferner die Perioden und die verschiedenen Schwingungsarten von Wirbelringen, sowie die Stabilität von Wirbelsystemen[110]) betreffen. Alle diese Dinge sind insbesondere von *J. J. Thomson*[108]) behandelt worden. Er benutzte bei seinen Untersuchungen die Formeln für die Energie, den Impuls und das Geschwindigkeitspotential, letzteres in der Form, wie es von einem Wirbelring mit unendlich kleinem Querschnitt herrührt.

3c. Kreiswirbel. Systeme von dünnen kreisförmigen Wirbelringen mit gemeinsamer Axe wurden von *Helmholtz*[5]) betrachtet. Die Geschwindigkeit der als inkompressibel angenommenen Flüssigkeit wird durch eine axiale Stromfunktion ψ bestimmt. Das Vektorpotential steht rechtwinkelig zu den Meridianebenen und hat die Grösse $-\psi/\varpi$. Die Drehgeschwindigkeit ω ist ebenfalls rechtwinkelig zu den Meridianebenen, ihre Grösse wird durch die Gleichung

$$2\omega = \frac{1}{\varpi}\left(\frac{\partial^2\psi}{\partial\varpi^2} + \frac{\partial^2\psi}{\partial z^2} - \frac{1}{\varpi}\frac{\partial\psi}{\partial\varpi}\right)$$

---

108) *J. J. Thomson*, Vortex-rings.

109) Phil. Mag. (4) 34 (1867).

110) Sir *W. Thomson*, „Vortex-Statics", Phil. Mag. (5) 10 (1880); „Maximum and minimum energy in vortex motion", Nature 22 (1880), p. 618; Phil. Mag. (5). 23 (1887), p. 529.

gegeben. Bei stationärer Bewegung erfordert die Konstanz der Wirbelfädenstärke, dass ω/ϖ eine Funktion von ψ ist[111]). Für einen einzelnen dünnen Ring von der Stärke m kann man die Bewegung annähernd[112]) bestimmen, wenn man annimmt, dass der Querschnitt des Wirbelringes ein Kreis vom Radius c, die Öffnung ein Kreis vom Radius a ist; c/a muss dabei klein sein. Ferner nimmt man an, dass ω/ϖ für den Querschnitt konstant ist. Dann ist die Translationsgeschwindigkeit w_0 angenähert $m(2\pi a)^{-1}\log(8a/c)$[113]) und die Stromfunktion ebenso angenähert durch die Gleichung

$$\psi = \frac{ma\varpi}{2\pi}\int_0^{2\pi}\frac{1}{\sqrt{a^2+z^2}}\left\{1-\frac{2a\varpi}{a^2+z^2}\cos\vartheta+\frac{\varpi^2}{a^2+z^2}\right\}^{-1/2}\cos\vartheta\,d\vartheta$$

gegeben. Die Flüssigkeitsteilchen, deren Bahnen geschlossene, durch die Öffnung des Ringes hindurchgehende Kurven sind, bilden eine kompakte Masse, die mit dem Ringe fortschreitet; die Oberfläche dieser Masse wird durch die Gleichung $2\psi\varpi^{-2}=w_0$ bestimmt. Diese Oberfläche hat nur dann eine Öffnung, wenn c/a so klein ist, dass $\log(8a/c) > 2\pi$ ist.

Die hier mitgeteilte, angenäherte Theorie (des einzelnen Kreisrings) hat *W. M. Hicks* durch Einführung der zu dem Kreisring gehörigen harmonischen Funktionen[82]) vervollkommnet. Er hat zunächst den Fall behandelt, dass eine wirbelfreie Bewegung mit Cirkulation um einen ringförmigen Hohlraum herum stattfindet[114]), er hat ferner den Fall eines in der Flüssigkeit fortschreitenden dünnen Ringes mit einem Kern von Wirbelfäden[115]) betrachtet. Er fand, dass, wenn der Hohlwirbel sich stationär bewegen soll, der Druck im Unendlichen $m^2\varrho(2\pi^2c^2)^{-1}$ sein muss, wo $2m$ die Cirkulation ist. Er fand ferner, dass der Querschnitt eines solchen Wirbels etwas von der Form eines

---

111) *Stokes* (Fussn. 51) gab die Gleichung, der ψ bei stationärer Bewegung genügt.

112) *Lamb,* Hydrodynamics p. 255.

113) Sir *W. Thomson,* Phil. Mag. (4) 33 (1867), p. 511 erhielt das Resultat $m(2\pi a)^{-1}\{\log(8a/c)-1/4\}$, vgl. *Lamb,* Hydrodynamics p. 260; *J. J. Thomson,* Vortex-rings, *T. C. Lewis,* Quart. J. of math. 16 (1879), *C. Chree,* Edinb. Math. Soc. Proc. 6 (1887) fanden alle für den zweiten Faktor $\{\log(8a/c)-1\}$. Die benutzten Methoden können indess das zweite Glied nicht genau geben. Sir *W. Thomson*'s Resultat wurde von *W. M. Hicks* (Fussn. 115) durch Heranziehen von Gliedern höherer Ordnung verifiziert.

114) Ein Hohlraum der im Text beschriebenen Art heisst ein „Hohlwirbel“. *W. M. Hicks,* Lond. Phil. Trans. 175 (1884).

115) *W. M. Hicks,* Lond. Phil. Trans. 176 (1885). Die von *Hicks* gegebene Theorie wurde von *A. B. Basset,* Hydrodynamics 2, im einzelnen umgearbeitet.

Kreises abweicht und mehr einer Ellipse ähnelt, deren grosse Axe der Ringaxe parallel verläuft (die Ellipse ist aber an der Innenseite etwas flacher als an der Aussenseite). Damit die mit dem Ringe fortgeführte Flüssigkeit selbst ringförmig gestaltet ist, muss $c/a < 10^{-2}$ sein, wie ebenfalls von *Hicks* gezeigt wurde. Das Resultat, dass ein Wirbelring sich mit einer Art „Atmosphäre" cyklischer, wirbelfreier Bewegung umgiebt, welche gegebenenfalls von einer geschlossenen Oberfläche ohne Öffnung begrenzt ist, ist in andern Gebieten physikalischer Forschung besonders wichtig[116]).

Für ein System von Wirbelringen mit gemeinsamer Axe, von denen jeder als unendlich dünn angesehen werden soll, führen wir folgende Bezeichnungen ein: $m_1, m_2, \ldots$ seien die Wirbelstärken, $a_1, a_2, \ldots$ die Radien der Öffnungen, v_k, w_k die radialen und axialen Geschwindigkeiten des k^{ten} Ringes, die durch die übrigen bedingt sind, z_k sei der Abstand des Mittelpunktes des k^{ten} Ringes von einem festen Punkte auf der Axe und χ_k die Grösse des für den k^{ten} Ring geltenden Vektorpotentials, das wieder von der Wirkung der übrigen herrührt. Dann sind diese Grössen durch die Gleichungen[5])

$$\sum_k m_k v_k a_k = 0,$$

$$\sum_k m_k a_k (2 a_k w_k - v_k z_k - \chi_k) = 0$$

an einander gebunden. Zwei Ringe, für welche die Drehgeschwindigkeit denselben Sinn hat, bewegen sich in derselben Richtung parallel zur Axe vorwärts und können dabei abwechselnd durch einander hindurchgehen. Ist der Sinn der Drehgeschwindigkeit zweier Ringe verschieden, so nähern sie sich dabei mit stetig abnehmender Geschwindigkeit und breiten sich mit stetig wachsender Geschwindigkeit aus[117]).

3d. **Ebene Wirbelfelder.** Die allgemeine Theorie der Wirbelbewegung kann durch eine Diskussion der zweidimensionalen Bewegung illustriert werden. Dies kommt darauf hinaus, dass wir die Bewegungsformen eines Systems paralleler Wirbelfäden betrachten, deren jeder die Ebene, in der die Flüssigkeitsbewegung erfolgt, in

---

116) *J. Larmor*, Lond. Phil. Trans. (A) 185 (1894), p. 774.

117) Die experimentelle Untersuchung der im Texte gegebenen Sätze über Wirbelbewegung regte bereits *Helmholtz*, Wirbelbewegung, an. Was die in dieser Hinsicht benutzten Methoden und Resultate angeht, siehe *W. B. Rogers*, Amer. J. of science and arts (2) 26 (1858), p. 246; *E. Reusch*, Ann. Phys. Chem. 110 (1860); *P. G. Tait*, Lectures on some recent Advances in Physical Science, London 1876; *R. S. Ball*, Dubl. Trans. 25 (1878); *M. Brillouin*, Toul. Ann. 1 (1887).

einem singulären Punkt schneidet (Nr. 1e oben). Sind $m_1, m_2, \ldots$ die Stärken der zu den Punkten (x_1, y_1), $(x_2, y_2), \ldots$ gehörigen Wirbelfäden, so ist der reelle Teil sowie der imaginäre Teil von $\sum_k m_k(x_k + iy_k)$ konstant[5]) und das System verhält sich so, als ob es einen festen Schwerpunkt besässe. Ferner sind die Grössen $\sum_k m_k |x_k + iy_k|^2$ und $\sum_{k,k'} m_k m_{k'} \log |x_k + iy_k - x_{k'} - iy_{k'}|$ konstant[118]). Besondere Fälle hat im einzelnen *W. Gröbli*[119]) ausgearbeitet. *Helmholtz*'s Theorie der Bewegung mehrerer kreisförmiger Wirbelringe mit gemeinsamer Axe kann hier durch das Verhalten von Wirbelpaaren, die symmetrisch zu einer geraden Linie liegen, illustriert werden. Die Stärken der beiden Wirbel eines Paares haben dabei gleichen absoluten Wert, die Drehgeschwindigkeiten aber entgegengesetzten Sinn[120]). Die „Atmosphäre" eines solchen Paares hat *E. Riecke*[121]) betrachtet. Die Stabilität spezieller Konfigurationen paralleler Wirbelfäden beleuchtet das allgemeine Problem der Stabilität zusammengeketteter Wirbelfäden. Wenn n Wirbel in den Ecken eines regulären Polygons angebracht werden, so können sie sich gleichförmig auf dem Umfange des umbeschriebenen Kreises bewegen; diese Bewegung ist stabil, solange n den Wert 6 nicht überschreitet[108]).

Ebene Wirbelbewegung in kompressiblen Flüssigkeiten wurde von *L. Grätz*[122]) und *C. Chree*[123]) betrachtet. Der letztere benutzt seine Resultate, um eine Theorie der Cyklonen zu geben. Durch Anwendung der axialen Stromfunktion hat *W. Wien*[124]) eine allgemeinere Theorie der Cyklonen entwickelt; die Luft ist dabei als eine inkompressible Flüssigkeit betrachtet.

3e. **Schwingungen von Wirbeln.** Sir *W. Thomson*[125]) hat das allgemeine Problem der Schwingungen eines Wirbelringes durch die Untersuchung der Schwingungen eines cylindrischen Wirbels in Angriff genommen, wobei er den letzteren einmal als hohl, das andere

118) *Kirchhoff*, Mechanik p. 259, 260.

119) Diss. Göttingen 1877; Zürich, Vierteljahrsschrift 22 (1877).

120) *W. Gröbli* (Fussn. 119); *A. E. H. Love*, Lond. Math. Soc. Proc. 25 (1894), p. 185.

121) Gött. Nachr. 1888. *Riecke* und *Gröbli* (Fussn. 119) geben Zeichnungen für die Bahnen der Teilchen.

122) Zeitschr. f. Math. 25 (1880).

123) Edinb. Math. Soc. Proc. 5, 6, 7, 8 (1887—1890).

124) Lehrbuch der Hydrodynamik, Leipzig 1900, p. 71—83.

125) Phil. Mag. (5) 10 (1880), p. 155.

Mal als von Wirbelfäden durchzogen voraussetzte. Die Schwingungen eines kreisförmigen Wirbelringes wurden von *J. J. Thomson*[108]), *W. M. Hicks*[114])[115]) und *H. C. Pocklington*[126]) diskutiert.

Ist der Ring hohl und der Radius c des Querschnitts klein im Vergleich zum Radius a der Öffnung, so sind die Schwingungsarten folgende:

1) *Querschwingungen* (*sinuous vibrations*) — die Mittelpunkte der Querschnitte werden ohne Gestaltsänderung der Querschnitte ein wenig verschoben. Fallen n Wellenlängen auf die Kreisperipherie und ist n nicht sehr gross, so ist die Periode $\frac{2\pi a}{n\sqrt{(n^2-1)}} w_0^{-1}$, wo w_0 die Translationsgeschwindigkeit des Wirbelringes bezeichnet. Wächst n, so vermindert sich die Periode rascher, als diese Formel angiebt. Das Resultat ist dasselbe für Vollringe und Hohlringe[108]).

2) *Pulsationen* — alle Querschnitte dehnen sich gleichzeitig und in demselben Maasse aus und ziehen sich ebenso gleichmässig wieder zusammen. Die Periode ist $\frac{m\varrho}{\Pi}\sqrt{\frac{2\pi a w_0}{m}}$, wo m die Wirbelstärke und Π der Druck im Unendlichen ist[114]).

3) *Riffelschwingungen* (*fluted vibrations*) — der Querschnitt ändert seine Form in der Art, dass n Wellenlängen auf seinen Umfang fallen. Mag diese Deformation in verschiedenen Querschnitten dieselbe sein oder nicht, vorausgesetzt nur, dass sie nicht zu rasch entlang der Kreisperipherie des Ringes variiert, stets giebt es zwei Arten von Schwingungen mit den Perioden $2\pi/\sigma_1$ und $2\pi/\sigma_2$, wo σ_1 und σ_2 die Wurzeln der folgenden Gleichung sind:

$$\sigma^2 + 4\pi n\sigma \frac{\Pi}{m\varrho} + 4\pi^2 n(n-1)\frac{\Pi^2}{m^2\varrho^2} = 0.$$ [127])

4) *Perlschwingungen* (*beaded vibrations*) — die Querschnitte dehnen sich in der Weise abwechselnd aus und ziehen sich ebenso wieder zusammen, dass ihr Flächeninhalt längs der kreisförmigen Peripherie des Wirbels harmonisch variiert. Fallen n Wellenlängen auf die Kreisperipherie, so ist die Periode $\frac{2\pi}{\sigma}$, wo

$$\sigma^2 = \left(\frac{2\Pi}{m\varrho}\right)^2 \frac{\pi^2}{\frac{2\pi a w_0}{m} + \frac{1}{2} - 2\left(1 + \frac{1}{3} + \frac{1}{5} + \cdots + \frac{1}{2n-1}\right)}.$$ [126])

126) „The complete system of the periods of a hollow vortex-ring", Lond. Phil. Trans. (A) 186 (1895).

127) Siehe *H. C. Pocklington* (Fussn. 126). Analoge Resultate erhielt *A. B. Basset*, Hydrodynamics 2, p. 92, wodurch er Entwickelungen von *W. M. Hicks* Fussn. 115) verbesserte.

5) *Torsionsschwingungen* (*twisted vibrations*) — sie haben zunächst denselben Charakter wie die „*fluted vibrations*", doch variiert die Deformation längs der Kreisperipherie rasch, sodass eine grosse Anzahl n' Wellenlängen derselben auf diese Peripherie entfällt. Die Periode $\frac{2\pi}{\sigma}$ ist durch die Gleichung

$$\sigma^2 + 4\pi n \sigma \frac{\Pi}{m\varrho} + 4\pi^2 \left\{ n^2 + \frac{2bn' K_n'(2bn')}{K_n(2bn')} \right\} \frac{\Pi^2}{m^2\varrho^2} = 0$$

gegeben, wo $2ba$ der Radius des Querschnitts und

$$K_n(2bn') = \frac{1}{b^n} \int_0^\infty \frac{\cos 2n'\vartheta}{(1+\vartheta^2)^{n+\frac{1}{2}}} \, d\vartheta$$

ist[126]).

Die „*fluted vibrations*" sind hiernach die einzigen, bei denen die Perioden von der Translationsgeschwindigkeit unabhängig sind. Die Perioden eines Vollringes, der einen Kern von Wirbelfäden enthält, wurden für den Fall, dass es sich um Schwingungen handelt, die den Pulsationen und „*fluted vibrations*" eines Hohlrings entsprechen, von *W. M. Hicks*[115]) untersucht.

3f. Gegenseitige Wirkung beliebiger unendlich dünner Wirbelringe. Für zwei dünne Ringe behandelte *J. J. Thomson*[108]) diese Wirkung unter der Annahme, dass der Abstand zwischen den Ringen stets ein grosses Vielfaches des Durchmessers eines jeden der Ringe ist. Er hat die in den Radien der beiden Ringe hervorgerufenen Wirkungen, die Änderungen der Bahnen ihrer Centren und die Gestaltsänderungen ihrer Centrallinien bestimmt. Bei dem Zusammenstoss gewinnt der Ring, dessen Radius wächst, an innerer Energie, und beide Ringe geraten in einen Zustand von Querschwingungen. Derselbe Autor hat auch das Problem behandelt, die an einem kugelförmigen Hinderniss vorbei erfolgende Bewegung eines Wirbelringes zu bestimmen[108]). *T. C. Lewis* wandte auf den besonderen Fall, dass die Axe des Ringes durch das Centrum der Kugel hindurchgeht, die Methode der Bilder an[113]).

3g. Wirbel von endlichem Querschnitt. Die Methode von *J. J. Thomson* lässt sich auf Wirbel anwenden, deren Querschnitt so klein im Vergleich zu der Öffnung ist, dass die wirkliche Gestalt des Querschnitts und die Verteilung der Drehgeschwindigkeit im Innern des Wirbelgebietes nicht ins Gewicht fallen. Die unter Nr. 3c genannte Methode von *W. M. Hicks* giebt bei gewissen Problemen Korrektionen von der Natur einer zweiten Annäherung. Nimmt der in Wirbelbewegung befindliche Flüssigkeitsteil ein Volumen ein, von dem keine lineare Dimension als klein angesehen werden darf, so gestalten sich die Probleme weitaus komplizierter. Besondere Aufmerksamkeit ist der Bestimmung von stationären Bewegungen geschenkt worden, sowie auch der Auffindung derjenigen Flächen, welche den in Wirbelbewegung befindlichen Teil der Flüssigkeit von dem wirbelfreien Teil trennen. An einer solchen Oberfläche sind die tangentiellen und normalen Komponenten der Geschwindigkeiten, sowie der Druck stetig. Die Bedingung für die Stetigkeit des Druckes ist identisch erfüllt, wenn die Geschwindigkeitskomponenten den angegebenen Bedingungen genügen[128]).

Bei zweidimensionaler Bewegung ist die Drehgeschwindigkeit ζ mit der Stromfunktion ψ durch die Gleichung $-2\zeta = \frac{\partial^2\psi}{\partial x^2} + \frac{\partial^2\psi}{\partial y^2}$ verbunden. Die Bedingung für die Konstanz der Wirbelstärke wird durch die Gleichung $\frac{\delta\zeta}{\delta t} = 0$ ausgedrückt. Ist die Bewegung stationär[111]), so gilt hiernach

$$\frac{\partial^2\psi}{\partial x^2} + \frac{\partial^2\psi}{\partial y^2} = f(\psi). \tag{1}$$

G. Kirchhoff[129]) hat gezeigt, dass ein Wirbel mit gleichförmiger Drehgeschwindigkeit durch eine Ellipse mit den Halbaxen a, b, welche mit der Winkelgeschwindigkeit $2\zeta ab/(a+b)^2$ im Sinne der Drehgeschwindigkeit um ihren Mittelpunkt rotiert, begrenzt werden kann. *M. J. M. Hill*[130]) fand einen stationären Bewegungszustand, der dem *Kirchhoff*'schen elliptischen Wirbel entspricht, indem er annahm, dass die Flüssigkeit nach aussen durch eine mit der Begrenzung des Wirbels konfokale Ellipse begrenzt sei. *Kirchhoff*'s und *Hill*'s elliptische Wirbel sind stabil, wenn die Excentrizität nicht zu gross ist[131]). Die Lösung des Problems der wirbelfreien Bewegung in einem rotierenden Cylinder oder Prisma bestimmt zugleich die Wirbelbewegung mit gleichförmig verteilter Drehgeschwindigkeit in dem als ruhend vorausgesetzten Cylinder[132]). Man hat Lösungen von Problemen, die

---

128) *R. Hargreaves*, Lond. Math. Soc. Proc. 27 (1896), p. 281.

129) Mechanik, p. 261. *A. E. H. Love*, Quart. J. of math. 27 (1895) dehnte die Resultate auf die Fälle aus, in denen die Dichte ausserhalb und innerhalb des Wirbels verschieden ist und eine Unstetigkeit der tangentialen Geschwindigkeit an der Trennungsfläche statthat; *S. A. Tschapligin*, Moskau, Naturf. Ges. 10 (1899) behandelte den Fall, wo ausserhalb des Cylinders eine Wirbelbewegung mit einer verschiedenen gleichförmigen Drehgeschwindigkeit gegeben ist.

130) Lond. Phil. Trans. 175 (1884).

131) *A. E. H. Love*, Lond. Math. Soc. Proc. 25 (1894), p. 18.

132) *A. G. Greenhill*, Ency. Brit.; vgl. *Stokes* (Fussn. 51) und *F. D. Thomson*, Oxf. Cambr. and Dubl. Mess. of math. 3 (1866).

sich auf die Bewegung eines Wirbels mit kreisförmiger Grenze beziehen, mit Hülfe von *Bessel*'schen Funktionen gefunden, indem man $\varkappa^2\psi$ für $f(\psi)$ in Gleichung (1) einsetzte[133].

Damit eine stationäre Bewegung in drei Dimensionen möglich ist, muss sich in der Flüssigkeit eine Schar von Flächen, jede überdeckt mit einem Netzwerk von Strom- und Wirbellinien, so ziehen lassen, dass das Produkt $q\omega \sin\beta\, d\nu$ für jede Fläche konstant ist[134]. Hier bezeichnet ω die resultierende Drehgeschwindigkeit, β den Winkel zwischen den Richtungen von q und ω und $d\nu$ die Länge der Normale, die zwischen zwei unendlich benachbarten Flächen der Schar gezogen ist. Die Grösse

$$V - \int \frac{dp}{\varrho} - \tfrac{1}{2} q^2$$

ist für jede dieser Flächen konstant.

W. J. M. Rankine[135] gab die Formel für die Oberfläche eines vertikal verlaufenden Hohlwirbels in einer sich unter Einwirkung der Schwere bewegenden, inkompressiblen Flüssigkeit; sie lautet $z\varpi^2 = \text{const.}$ Die Bewegung erfolgt in Horizontalebenen $z = \text{const.}$ *M. J. M. Hill*[136] zeigte, dass als Grenze eines Wirbelgebietes eine Kugel vom Radius a auftreten kann; die Bewegung ist dann durch eine axiale Stromfunktion gegeben, welche innerhalb bezw. ausserhalb des Wirbelgebietes die Werte

$$(2) \qquad \frac{w_0}{4a^2}\varpi^2(3\varpi^2 + 3z^2 - 5a^2) \quad \text{und} \quad -\frac{a^3 w_0 \varpi^2}{2(z^2+\varpi^2)^{3/2}}$$

hat. Andere Bewegungsarten eines kugelförmigen Wirbelgebietes hat *W. M. Hicks*[137] diskutiert. Bei diesen ist die in Meridianebenen erfolgende Wirbelbewegung mit einer Bewegung rechtwinkelig zu diesen Ebenen zusammengesetzt. Einige Typen von Wirbelbewegung, bei denen die Stromlinien mit den Wirbellinien zusammenfallen und die Bahnen der Teilchen Schraubenlinien sind, wurden von *E. Beltrami*[138] und *G. Morera*[139] studiert. *W. Voigt*[93] diskutierte ein Beispiel einer

133) *Lamb*, Hydrodynamics p. 264.

134) *Lamb*, Lond. Math. Soc. Proc. 9 (1880).

135) *Lamb*, Hydrodynamics p. 30 schreibt dies Resultat *Rankine* zu.

136) Lond. Phil. Trans. (A) 185 (1894), wo auch gezeigt wird, dass eine entsprechende Lösung für ein Sphäroid nicht existiert; vgl. *R. Hargreaves*, Lond. Math. Soc. Proc. 27 (1896), p. 299.

137) Sheffield, Univ. Coll. Commem. 1897; Lond. Phil. Trans. (A) 192 (1898).

138) Nuovo Cim. (3) 25 (1889), p. 212.

139) Rom, Acc. dei Linc. Rend. 5 (1889).

Wirbelbewegung innerhalb einer festen ellipsoidischen Begrenzung. Die Geschwindigkeiten werden lineare Funktionen der Koordinaten und die Drehgeschwindigkeit ist durch elliptische Funktionen der Zeit gegeben. Flüssigkeitsbewegungen, bei denen zwar der curl (u, v, w) nicht verschwindet (sodass Wirbelfäden vorhanden sind), bei denen aber für einen endlichen Wert von n $\text{curl}^n(u, v, w)$ verschwindet, betrachteten *H. A. Rowland*[140]) und *C. Fabri*[141]). Letztere hat diese Untersuchungen auf kompressible Flüssigkeiten und zähe Flüssigkeiten ausgedehnt.

4. Der eigenen Schwere unterworfene, flüssige Ellipsoide.

4a. **Allgemeine Theorie.** Von den hydrodynamischen Problemen, bei denen es sich um Wirbelbewegung in einem endlich ausgedehnten Raumteile handelt, ist in der Litteratur am meisten die Bewegung einer der eigenen Schwere unterworfenen Flüssigkeitsmasse behandelt worden, die sich so bewegt, dass ihre anfänglich ellipsoidische Oberfläche fortgesetzt ellipsoidischen Charakter behält. Auf die Untersuchungen von *Maclaurin* und *Jacobi* ist schon in IV 15, Nr. 9 hingewiesen. *P. G. L. Dirichlet*[142]) untersuchte das Problem, indem er von der Annahme ausging, dass die Koordinaten der Teilchen lineare Funktionen der Anfangswerte sind. Er erhielt so ausreichende Gleichungen, um die Koeffizienten als Funktionen der Zeit zu bestimmen. Bei Annahme der Gleichung $\frac{x^2}{a^2} + \frac{y^2}{b^2} + \frac{z^2}{c^2} = 1$ für die freie Oberfläche wird der Druck p bei ihm durch die Formel $p = \sigma\left(1 - \frac{x^2}{a^2} - \frac{y^2}{b^2} - \frac{z^2}{c^2}\right)$ ausgedrückt, unter σ eine Funktion der Zeit verstanden. *F. Brioschi*[143]) zeigte, wie man die Differentialgleichungen in die kanonische Form für die Bewegungsgleichungen eines dynamischen Systems mit acht Freiheitsgraden bringt. *Riemann*[144]) bezog die *Lagrange*'schen Bewegungsgleichungen der Hydrodynamik auf bewegte Axen und fand ein System von zehn Gleichungen, durch welche die Längen der Haupt-

140) Amer. J. of math. 3 (1880).

141) Nuovo Cim. (3) 31 (1892); (3) 36 (1894); (4) 1 (1895); Bol. Mem. (5) 4 (1894); Pisa, Ann. 7. (1895).

142) Gött. Abh. 1860 und J. f. Math. 58 (1861). Die Abhandlung veröffentlichte *R. Dedekind*, welcher einige Zusätze machte.

143) J. f. Math. 59 (1861). Siehe auch *A. E. H. Love*, Phil. Mag. (5) 25 (1888).

144) Gött. Abh. 9 (1861) = Ges. math. Werke, Leipzig 1876, p. 168, 2. Aufl. 1892, p. 157.

axen des Ellipsoids zu irgend einer Zeit, die Winkelgeschwindigkeit um dieselben, die Drehgeschwindigkeit und der oben eingeführte Koeffizient σ aneinander geknüpft sind. *A. G. Greenhill*[145]) und *A. B. Basset*[146]) benutzten die auf bewegte Axen bezogenen *Euler*'schen Gleichungen und bildeten Ausdrücke für die Geschwindigkeitskomponenten, indem sie 1) eine Bewegung mit gleichförmig verteilter Drehgeschwindigkeit, 2) eine wirbelfreie Bewegung, die von der Rotation der Begrenzungsfläche herrührt, 3) eine wirbelfreie Bewegung, welche von der Gestaltsänderung der Grenze herstammt, kombinierten. Sie erhielten dieselben Gleichungen wie *Riemann*. Diese Gleichungen haben drei Integrale, welche die Konstanz der Energie, der Bewegungsgrösse und der Wirbelfädenstärke aussagen[144]). Ist die Oberfläche ein Sphäroid[147]) oder ein elliptischer Cylinder[148]), so sind hiermit alle ersten Integrale des Problems gewonnen, und die Bewegung des Systems ist durch Quadraturen zu bestimmen. Die Gleichungen der Oberflächen, die bei der Bewegung stets von denselben Teilchen gebildet werden, wurden für das allgemeine Problem von *M. J. M. Hill*[149]) bestimmt. Er drückte auch die Geschwindigkeitskomponenten durch die Formeln (4) in Nr. **3** a aus. Bei den stationären Bewegungen eines flüssigen Ellipsoids bleiben die Längen der Hauptaxen, ihre Winkelgeschwindigkeit und die Verteilung der Drehgeschwindigkeit im Innern der Flüssigkeit konstant. *Riemann*[144]) zeigte, dass bei stationärer Bewegung die Axe der resultierenden Winkelgeschwindigkeit, mit welcher die Hauptaxen rotieren, und diejenige der resultierenden Drehgeschwindigkeit zusammenfallen müssen. Es giebt Fälle der stationären Bewegung, bei denen diese Axen mit einer Hauptaxe zusammenfallen, und andere, bei denen dies nicht eintritt, wo sie aber in einer Hauptebene liegen[150]). Die Bewegungen erster Art um-

---

145) Cambr. Phil. Soc. Proc. 3 (1879), p. 233; 4 (1880), p. 4. *Greenhill* betrachtete nur stationäre Bewegungen.

146) Lond. Math. Soc. Proc. 17 (1886) und Hydrodynamics 2, ch. 15.

147) Die Lösung für diesen Fall gab *Dirichlet* (Fussn. 142). Siehe auch *Basset*, Hydrodynamics 2, p. 102. Betreffs des speziellen Falls, in welchem die Bewegung wirbelfrei ist, siehe *W. M. Hicks*, Cambr. Phil. Soc. Proc. 5 (1883).

148) *R. Lipschitz*, J. f. Math. 78 (1874), p. 245. Siehe auch *A. E. H. Love*, Quart. J. of math. 23 (1888), p. 153.

149) Lond. Math. Soc. Proc. 23 (1892).

150) Alle diese Formen gab *Riemann* (Fussn. 144). Ferner diskutierte sie *Greenhill* (Fussn. 145) und Cambr. Phil. Soc. Proc. 4 (1882), p. 208. Die Formen der stationären Bewegung und einige Formen periodischer Bewegung behandelte *E. Padova*, Pisa, Ann. 1 (1871).

fassen die verschiedenen Fälle eines nach Art eines starren Körpers rotierenden Flüssigkeitsellipsoids, wie sie von *Maclaurin* und *Jacobi* entdeckt wurden. Sie umfassen auch einen Fall, bei dem die sich bewegende Flüssigkeit eine Oberfläche von der Form des *Jacobi*'schen Ellipsoids besitzt, jedoch die Oberfläche in Ruhe bleibt[151]); diese Bewegungsform nennt man das „*Dedekind*'sche Ellipsoid". *Riemann*[144]) diskutierte auch die Stabilität der verschiedenen Arten der stationären Bewegung mit dem Ergebnis, dass *Jacobi*'s und *Dedekind*'s Formen stabil sind, *Maclaurin*'s Form aber nur stabil ist, wenn das Verhältnis der kleinsten zur grössten Axe des Sphäroids den Wert 0,303327 ... überschreitet. Diese Resultate (betr. Stabilität) wurden indess nur unter der Annahme erhalten, dass die freie Oberfläche jedenfalls ein Ellipsoid bleibt.

4b. **Nähere Angaben über Maclaurin's Sphäroid und Jacobi's Ellipsoid.** In der Bezeichnung von IV 15, Nr. 9 können die von den Axen des *Jacobi*'schen Ellipsoids erfüllten Gleichungen so angesehen werden, dass a/b und a/c durch einen Parameter $\frac{\omega^2}{4\pi G\varrho}$ gegeben sind. Die solcherweise entstehenden Ellipsoide bilden eine lineare Reihe[152]). Die *Maclaurin*'schen Sphäroide bilden eine ebensolche Reihe, in der a/b konstant $= 1$ ist, welchen Wert der Parameter auch haben mag. Diese beiden Reihen haben ein Sphäroid gemein, für welches die Grösse $f\left(=\sqrt{a^2/c^2-1}\right)$ der folgenden Gleichung[153]) genügt:

$$(1) \qquad (3+14f^2+3f^4)\operatorname{arc\,tang} f = f(3+13f^2).$$

Die Wurzel ist $f = 1{,}39457\ldots.$ Bei der Reihe der *Jacobi*'schen Ellipsoide nehmen wir allgemein an, dass $a \geqq b > c$ ist; dann ist der Wert von a/c, welcher der Gleichung (1) entspricht, der kleinste, der für solch ein Ellipsoid möglich ist; wächst nun a/b über 1 hinaus, so nehmen auch die beiden Grössen f und a/c immer zu. *Thomson* und *Tait*[154]) gaben an, dass das *Maclaurin*'sche Sphäroid stabil oder

151) Von *R. Dedekind* (Fussn. 142) entdeckt. Siehe auch *A. E. H. Love* (Fussn. 143).

152) *H. Poincaré*, Acta math. 7 (1885), betrachtet die *Jacobi*'schen Ellipsoide als Beispiele von Gleichgewichtskonfigurationen eines mechanischen Systems mit einer endlichen Anzahl n von Freiheitsgraden, wobei die Koordinaten von einem Parameter abhängen. Jede Gleichgewichtskonfiguration ist dann durch einen Punkt einer Kurve in einem n-dimensionalen Raume dargestellt; solch eine Kurve nennt *Poincaré* eine lineare Reihe (série linéaire).

153) *Thomson* and *Tait*, Nat. Phil. 2, p. 332.

154) Nat. Phil. 2, p. 333.

labil ist, je nachdem f kleiner oder grösser als die Wurzel der Gleichung (1) ist. *Riemann's* Resultat war, dass Labilität bei $f > 3{,}14156\ldots$ eintritt.

Die Frage der Stabilität des *Jacobi*'schen Ellipsoids diskutierte *Poincaré*[152]) auf zwei Weisen, einmal als Problem der statischen Stabilität, das zweite Mal als Problem der Wellenbewegung. Bei der ersten Methode führte er den Begriff des „Verzweigungsgleichgewichts" ein. Wenn die Konfigurationen des Gleichgewichts eines mechanischen Systems von einem variablen Parameter abhängen, so können mehrere lineare Reihen solcher Konfigurationen vorhanden sein — da wo zwei solche Reihen einander treffen, ist eine Verzweigungsstelle. An einer solchen Stelle findet im allgemeinen ein Austausch der Stabilitäten statt. In dem besonderen Falle des *Jacobi*'schen Ellipsoids und des *Maclaurin*'schen Sphäroids verifiziert dies *Thomson* und *Tait*'s Angabe und zeigt, dass das *Jacobi*'sche Ellipsoid in der That stabil ist, wenn a/c nur wenig den Wert, welcher der Gleichung (1) entspricht, überschreitet. Bei der Aufsuchung derjenigen Fälle in der Reihe der *Jacobi*'schen Ellipsoide, welche Verzweigungsformen vorstellen, benutzte *Poincaré* *Lamé*'sche Funktionen und bewies, dass Störungen der Ellipsoidoberfläche, die den *Lamé*'schen Funktionen der verschiedenen Ordnungen entsprechen, eine diskrete Menge von Verzweigungsformen festlegen, wobei die Werte von a/c mit der Ordnung der *Lamé*'schen Funktionen wachsen. Die den beiden Reihen der *Jacobi*schen Ellipsoide und *Maclaurin*'schen Sphäroide gemeinsame Form entspricht einer *Lamé*'schen Funktion von der zweiten Ordnung; *Jacobi*'s Ellipsoid hört auf stabil zu sein, wenn a/c den Wert überschreitet, welcher einer Störung dritter Ordnung entspricht. Man schliesst, dass darüber hinaus eine lineare Reihe von stabilen Gleichgewichtsfiguren besteht, deren erste Glieder sich sehr wenig von Ellipsoiden unterscheiden, die aber weiterhin die Form einer Birne oder einer Hantel annehmen.

Poincaré[152]) betonte auch den Unterschied zwischen „säkularer" und „gewöhnlicher" Stabilität[155]). Für eine Flüssigkeitsbewegung ist die Stabilität säkular, sofern die Bewegung bei Mitberücksichtigung der Zähigkeit stabil ist. Man hat gewöhnliche Stabilität, wenn die Bewegung unter Annahme einer idealen Flüssigkeit stabil ist. Somit erscheint *Riemann*'s Bedingung der Stabilität für das *Maclaurin*'sche Sphäroid ($f < 3{,}14156\ldots$) als eine Bedingung gewöhnlicher Stabilität.

Poincaré[152]) untersuchte andrerseits die Wellen auf dem *Jacobi*'schen

155) Vgl. *Thomson* and *Tait*, Nat. Phil. 1, p. 391.

Ellipsoid, die entstehen, wenn die stationäre Bewegung leicht gestört wird. Er bewies, dass für eine wie ein starrer Körper rotierende Flüssigkeit die gestörte Bewegung vollständig mit Hülfe einer Funktion bestimmt werden kann, welche innerhalb einer aus der freien Oberfläche durch eine homogene Deformation abgeleiteten Fläche harmonisch ist und an jener Oberfläche eine bestimmte Bedingung erfüllt. Diese Methode ist seitdem auf zahlreiche Probleme angewandt worden[156]). Insbesondere benutzte sie *G. H. Bryan*[157]) zur direkten Untersuchung der Stabilität des *Maclaurin*'schen Sphäroids. Er bewies, dass, wenn *Riemann*'s Bedingung erfüllt ist, das Sphäroid in der That gewöhnliche Stabilität besitzt, auch wenn andere als ellipsoidische Nachbarformen in Betracht gezogen werden, und bestimmte alle Arten und Perioden der Oscillationen des Systems. Derselbe Autor hat die Unterscheidung zwischen säkularer und gewöhnlicher Stabilität durch eine Diskussion der Wellen auf einem rotierenden Cylinder von zäher Flüssigkeit illustriert[158]). Die Bestimmung der längsten Oscillationsperiode des *Maclaurin*'schen Sphäroids führt unter anderm dazu, *G. H. Darwin*'s Theorie von der Entstehung des Mondes zu bestätigen[159]).

Die oben erwähnte *Poincaré*'sche, hantelförmige Gleichgewichtsfigur ist von *G. H. Darwin*[160]) ausführlich behandelt worden. Andererseits ist die Aufsuchung ringförmiger Gleichgewichtsfiguren gravitierender Massen von rotierender Flüssigkeit der Gegenstand zahlreicher anderer Untersuchungen gewesen[161]).

156) *A. E. H. Love,* Quart. J. of math. 23 (1888), p. 158 für den Fall, dass die freie Oberfläche ein elliptischer Cylinder ist; Lond. Math. Soc. Proc. 19 (1888) für den Fall, dass die Flüssigkeit in eine elastische Hohlkugel eingeschlossen ist; *S. S. Hough,* Lond. Phil. Trans. (A) 186 (1895) für den Fall einer ellipsoidischen, mit Flüssigkeit erfüllten Schale; Lond. Phil. Trans. (A) 189 (1897) für einen Ocean von geringer Tiefe, der einen festen Kugelkern umschliesst.

157) Lond. Phil. Trans. (A) 180 (1889) und Lond. Roy. Soc. Proc. 47 (1890).

158) *G. H. Bryan*, Cambr. Phil. Soc. Proc. 6 (1888), p. 248.

159) *A. E. H. Love*, Phil. Mag. (5) 27 (1889).

160) Lond. Phil. Trans. (A) 178 (1887).

161) *Thomson* and *Tait,* Nat. Phil. 2, p. 333; *L. Matthiessen*, Zeitschr. f. Math. 10 (1865) und Ann. di mat. (2) 3 (1870); *Poincaré* (Fussn. 152) und Paris C. R. 102 (1886), p. 970; *A. B. Basset*, Amer. J. of math. 11 (1888). *Matthiessen* hat auch die Wirkung einer gleichförmigen Komprimierbarkeit der Flüssigkeit bei ellipsoidischen und cylindrischen Gleichgewichtsfiguren betrachtet, Zeitschr. f. Math. 16 (1871) und 28 (1883).

5. Wellenbewegung inkompressibler Flüssigkeiten.

5a. Natur der Bewegung[162]. Eine Masse inkompressibler Flüssigkeit, die unter Einwirkung der Schwere sich in Ruhe befindet, repräsentiert uns ein im stabilen Gleichgewicht befindliches mechanisches System. Stört man das Gleichgewicht ein wenig, so wird die Flüssigkeit kleine Schwingungen ausführen. Tritt hierbei keine Dissipation der Energie ein, so wird sich die Bewegung als eine Überlagerung von kleinen Schwingungen von harmonischem Typus auffassen lassen. Die Perioden dieser Hauptschwingungen werden durch die Grenzbedingungen bestimmt. Wenn man die freie Oberfläche als unendlich ausgedehnt ansieht, so sind kleine Schwingungen irgendwelcher Periode möglich. Auch in diesem Falle kann man die kleine Bewegung stets als aus Teilbewegungen von harmonischem Typus zusammengesetzt auffassen; jedoch ist es bequemer, die Ausbreitung von lokalen Erhebungen und Vertiefungen über die Oberfläche von der gestörten Stelle hin direkt ins Auge zu fassen. Diese Änderung des Gesichtspunktes entsteht daraus, dass eine einzelne Bewegung von harmonischem Typus nur dann hervorkommt, wenn die Störung in geeigneter Weise über die ganze Oberfläche hin verteilt ist. Bei einer begrenzten Oberfläche ist natürlich die anfängliche Bewegung, die unmittelbar auf die Störung folgt, beinahe von den Grenzbedingungen unabhängig; sie ist also der Bewegung, die bei unbegrenzter Oberfläche erzeugt würde, ähnlich. Alles in allem ist, wenn die Flüssigkeit eine grosse Fläche bedeckt, z. B. im Falle eines Ozeans oder langen Kanals, das Hauptinteresse auf die Fortpflanzung der Wellen von Ort zu Ort gerichtet. Ist dagegen die Flüssigkeit in einem Bassin von mässigen Dimensionen eingeschlossen, so haben die harmonischen Schwingungen und deren Perioden mehr Interesse. Die beiden Bewegungsarten kann man als progressive Wellen und stehende Oscillationen bezeichnen. Weiterhin wollen wir

162) Die Theorie der Wellenbewegung in Flüssigkeiten ruht weit mehr auf Beobachtung und Experiment, als die meisten andern Zweige der theoretischen Hydrodynamik. Betreffs der früheren Untersuchungen (sowohl der theoretischen als der experimentellen) können wir auf *E. H.* und *W. Weber*, Wellenlehre auf Experimente gegründet, Leipzig 1825, verweisen. Die experimentellen Untersuchungen von *J. Scott Russell*, Brit. Assn. Rep. 1844 gaben zu zahlreichen theoretischen Abhandlungen Anlass. Eine ausgedehnte Bibliographie gab *O. Riess*, Rep. Phys. 26 (1890). Die Theorie der Wellen von permanentem Typus wurde von *Helmholtz*, Berl. Ber. 1890 und Ann. Phys. Chem. 41 (1890) = Wiss. Abh. 3, p. 333 mit allgemeinen dynamischen Theorieen in Zusammenhang gebracht; siehe auch *Lamb*, Hydrodynamics p. 421.

bei einer Wellenbewegung die Erhebungen und Vertiefungen der freien Oberfläche in erster Annäherung als klein ansehen. Im Gegensatze dazu würde das Problem, die wirkliche Form endlicher Wellen zu finden und die Bewegung vollkommen zu bestimmen, entweder einen Prozess fortgesetzter Approximation verlangen mit einer Untersuchung über die Konvergenz dieses Prozesses, oder eine genaue Lösung, die alle Gleichungen und Bedingungen ohne Approximation erfüllt. Achtet man speziell auf die Form der freien Oberfläche, so kann man natürlich Wellenbewegungen von endlicher Amplitude mit den Bewegungsformen, welche freie Oberflächen haben und die in Nr. **1**f betrachtet wurden, in Beziehung bringen.

5b. **Lange Wellen.** In früheren Zeiten schenkte man einer speziellen Approximationsmethode, die sich auf die „langen Wellen" anwenden lässt, ein besonderes Interesse. Eine Welle heisst „lang", wenn die Entfernung von einer Erhöhung bis zur nächsten im Verhältnis zur Tiefe der Flüssigkeit gross ist. In diesem Falle ist die Trägheit der vertikalen Bewegung klein im Verhältnis zu derjenigen der horizontalen Bewegung, und man kann annehmen, dass der Druck in einem Punkte gleich dem hydrostatischen Druck ist, der von der Tiefe dieses Punktes unter der gestörten freien Oberfläche herrührt. Mit andern Worten, die kinetische Energie kann aus den horizontalen Geschwindigkeiten, die potentielle Energie aus den vertikalen Verschiebungen berechnet werden. Erfolgt eine derartige Bewegung in einem Kanal mit vertikalen Wänden, so bewegen sich die Teilchen, die einem vertikalen Querschnitt angehören, so, dass sie stets einen solchen Querschnitt bilden. Die horizontale Verschiebung ξ erfüllt die Gleichung[163])

$$(1) \qquad \frac{\partial^2 \xi}{\partial t^2} = gh\left(1 + \frac{\partial \xi}{\partial x}\right)^{-3} \frac{\partial^2 \xi}{\partial x^2},$$

wo x in der Längsrichtung des Kanals gemessen ist und h die ungestörte Tiefe bedeutet. Dies giebt in erster Annäherung für die Fortpflanzungsgeschwindigkeit $\sqrt{gh}$.[164]) Für einen Kanal von gleichförmigem Querschnitt, dessen Flächeninhalt A und dessen Breite an der Oberfläche b ist, wird diese Formel durch $\sqrt{gA/b}$[165]) ersetzt. Eine Diskussion der Gleichung (1) zeigt, dass die Wellen sich nicht

163) *G. B. Airy*, Artikel „Tides and Waves" im Ency. Metrop., Lond. 1845.

164) *Lagrange*, Berlin, Mém. (2) 12 (1781) und Méc. an. 2, p. 295.

165) *P. Kelland*, Edinb. Roy. Soc. Trans. 14 (1839). Siehe auch *G. Green*, Cambr. Phil. Soc. Trans. 6 (1837), p. 457 und 7 (1839), p. 87 = Papers, London 1871, p. 223, 271.

ins Unendliche ausdehnen können, ohne ihre Form zu ändern[165]). Man wendet diese Annäherungsmethode hauptsächlich bei der Theorie von Ebbe und Flut an[166]).

5c. **Oscillatorische Wellen**[167]). Sehen wir die Wellenbewegung als eine Oscillation um eine Gleichgewichtslage an, so nehmen wir an, dass die Lagenänderung, soweit sie von der Zeit abhängt, sich durch Sinus und Cosinus von σt ausdrücken lässt. Wir suchen ferner das Geschwindigkeitspotential φ aus folgenden Bedingungen zu bestimmen: 1) es soll in dem von der Flüssigkeit erfüllten Raum harmonisch sein; 2) die Normalkomponente der Geschwindigkeit soll an den festen Grenzen verschwinden; 3) die freie Oberfläche soll eine Gleichung der Form $z = bf(x, y)\cos(\sigma t + \varepsilon)$ erhalten; 4) der Druck p, der sich aus der Gleichung $p = \varrho\left(-gz - \frac{1}{2}q^2 - \frac{\partial\varphi}{\partial t}\right)$ bestimmt, soll in allen Punkten dieser begrenzenden Oberfläche denselben Wert haben.

Nehmen wir die Konstante b klein und φ von der Form $A\Phi(x, y, z)\sin(\sigma t + \varepsilon)$, wo A von derselben Ordnung wie b klein ist, so kann die Bedingung (4) mit Annäherung durch folgende:

$$g\frac{\partial\Phi}{\partial z} = \sigma^2\Phi$$

in allen Punkten der Oberfläche ersetzt werden[168]). Nehmen wir ferner an, dass $f(x, y)$ die Form $\sin(kx + \alpha)$ hat, also unabhängig von y ist, und dass die Flüssigkeit auf einer festen horizontalen Ebene $z = -h$ ruht, so finden wir, dass einer freien Oberfläche $z = b\sin(kx + \alpha)\cos(\sigma t + \varepsilon)$ ein Geschwindigkeitspotential

$$\varphi = -\frac{b\sigma}{k}\frac{\cosh k(z+h)}{\sinh kh}\sin(kx + \alpha)\sin(\sigma t + \varepsilon)$$

entspricht, vorausgesetzt dass

$$\sigma^2 = gk \operatorname{tangh} kh.$$

Die hiermit bestimmten Bewegungen können superponiert werden, sodass unsere Lösung sowohl stehende Oscillationen, als auch progressive Wellen einschliesst. Im letzteren Falle sind die Bahnen der

---

166) Siehe Bd. VI. Wegen anderer Typen langer Wellen siehe Nr. 5h unten.

167) *Stokes*, Cambr. Phil. Soc. Trans. 8 (1847), p. 441 = Papers 1, p. 197, auch Cambr. and Dubl. math. J. 4 (1849), p. 219 = Papers 2, p. 221, wo sich ausser der Theorie ein Vergleich zwischen Theorie und Experiment findet.

168) *A. G. Greenhill*, Amer. J. of math. 9 (1886); *H. Poincaré*, J. de math. (5) 2 (1896).

Teilchen Ellipsen[167]) und die Fortpflanzungsgeschwindigkeit wird durch die Gleichung[163])

$$U^2 = g k^{-1} \operatorname{tangh} kh$$

gegeben. Gehen wir dadurch zur Grenze über, dass wir kh unendlich gross werden lassen, so erhalten wir in $\sqrt{(g/k)}$ die Fortpflanzungsgeschwindigkeit der Tiefseewellen. Gehen wir andererseits so zur Grenze über, dass wir kh unendlich klein annehmen, so erhalten wir die erste Annäherung für die Bewegung langer Wellen, mit der Fortpflanzungsgeschwindigkeit $\sqrt{gh}$. In diesem Falle gehen die elliptischen Bahnen der Teilchen annähernd in horizontale gerade Linien über.

Insbesondere können wir durch solche Superposition die Bewegung erhalten, welche einer beliebig kleinen Anfangsstörung der freien Oberfläche entspricht. Solche Bewegungen betrachteten *Poisson*[169]) und *Cauchy*[101]), in neuerer Zeit besonders Sir *W. Thomson*[170]) und *W. Burnside*[171]).

5d. **Energie der Wellenbewegung. Gruppengeschwindigkeit**[172]). Im Falle progressiver Wellen der soeben betrachteten Art, die durch die Gleichung

$$\varphi = -\frac{b\sigma}{k}\,\frac{\cosh k(z+h)}{\sinh kh}\sin(kx - \sigma t)$$

gegeben sind, ist die gesamte Energie der Flüssigkeitsmasse, welche zwischen zwei vertikalen Ebenen $y = y_0$ und $y = y_0 + 1$ und zwei anderen vertikalen Ebenen $x = x_0$, $x = x_0 + 2\pi k^{-1}$ eingeschlossen ist, $\pi k^{-1} g \varrho b^2$. Dies ist die „Energie in einer Wellenlänge“. Die eine Hälfte dieser Energie ist potentielle, die andere kinetische Energie. Der Energiebetrag, welcher während der Zeitperiode $\frac{2\pi}{\sigma}$ über die Breiteneinheit einer Ebene $x =$ const. hinübergeschafft wird, ist

$$\tfrac{1}{2}\pi k^{-1} g \varrho b^2 (1 + kh \cdot \operatorname{cosech} kh \cdot \operatorname{sech} kh).$$

Wenn eine Anzahl Wellenbewegungen von verschiedenen Wellenlängen superponiert wird und die Fortpflanzungsgeschwindigkeit U

---

169) Paris, Mém. de l'Acad. 1 (1816).

170) Lond. Roy. Soc. Proc. 42 (1887). Die Bewegung nahe dem Anfange und Ende eines Wellenzuges wurde von demselben Autor in Phil. Mag. (5) 23 (1887), p. 113 betrachtet.

171) Lond. Math. Soc. Proc. 20 (1889), p. 22.

172) Lord *Rayleigh*, Lond. Math. Soc. Proc. 9 (1877), p. 21, wiederabgedruckt in Theory of Sound, 1. ed., London 1877, 2, p. 297, 2. ed., London 1894, 1 p. 473 = Papers 1, p. 322.

von der Wellenlänge $\frac{2\pi}{k}$ abhängt, so pflanzen sich die Wellen von nahezu der gleichen Länge mit nahezu der gleichen Geschwindigkeit fort, sodass sie eine zusammengehörige „Gruppe von Wellen" bilden. Aber die Stellen, an denen die superponierten Verschiebungen das Maximum der Erhebung ergeben, bewegen sich dann durch die Gruppe hin. Die Geschwindigkeit, mit der das Maximum der Erhebung entlang der Oberfläche fortschreitet, heisst „Gruppengeschwindigkeit". Sie ist von der Fortpflanzungsgeschwindigkeit U der Wellen verschieden und hat die Grösse $U + k\frac{\partial U}{\partial k}$.[173]) Das Verhältnis der Energie, die in einer Periode über die Breiteneinheit hinübergeschafft wird, zu der Energie in einer Wellenlänge ist gleich dem Verhältnis der Gruppengeschwindigkeit zu der Wellengeschwindigkeit[174]).

5e. **Stehende Wellen.** Innerhalb der in Nr. 5c und 5d angenommenen Approximation hat die progressive Welle permanenten Typus; es ist also die Bewegung, welche man erhält, wenn man dem ganzen System eine Geschwindigkeit $-U$ entlang der x-Axe hinzufügt, eine stationäre, zweidimensionale Strömung zwischen einer festen Horizontalebene und einer cylindrischen Oberfläche, deren Querschnitt eine Sinuskurve mit kleiner Amplitude ist. Man hat diesen Kunstgriff, die Wellenbewegung auf eine stationäre Bewegung[175]) zurückzuführen, auch auf Kapillarwellen und auf Wellen angewandt, die sich entlang der gemeinsamen Oberfläche zweier Flüssigkeiten fortpflanzen[176]). Es möge eine Flüssigkeit von der Dichte ϱ' und der Tiefe h' mit gleichförmiger Geschwindigkeit u_0 über eine Flüssigkeit mit der Dichte ϱ und der Tiefe h hinfliessen, während das ganze System zwischen zwei horizontalen Ebenen, die den gegenseitigen Abstand $h + h'$ haben, ein-

173) *Stokes* gab das Resultat und die im Text entwickelte Erklärung in einem Smith's Prize Paper, Cambr. Univ. Exam. Papers 1876. Die Sache wurde unabhängig auch von *O. Reynolds,* Nature 16 (1877), p. 343 behandelt.

174) *O. Reynolds* (Fussn. 173).

175) *Stokes,* Papers 1, p. 314.

176) *A. G. Greenhill* (Fussn. 168). Die Fortpflanzungsgeschwindigkeit von Kapillarwellen wurde zuerst von Sir *W. Thomson,* Phil. Mag. (4) 42 (1871), später unabhängig von *F. Kolaček,* Ann. Phys. Chem. 5 (1878) erhalten, die Dichte der obern Flüssigkeit wurde bei *Kolaček* vernachlässigt. Die Wellen an der gemeinsamen Oberfläche zweier Flüssigkeiten behandelte *Stokes* 1847 (Fussn. 167) unter Vernachlässigung der Oberflächenspannung. Sir *W. Thomson,* l. c. machte die Anwendung auf Wind, der über tiefes Wasser hinbläst. Experimentelle Verifikationen gaben Sir *W. Thomson,* l. c. und auch *L. Matthiessen,* Ann. Phys. Chem. 38 (1889) und *O. Riess* (Fussn. 162).

geschlossen ist. Es ist alsdann die Fortpflanzungsgeschwindigkeit U der Wellen von der Länge $2\pi k^{-1}$ an der gemeinsamen Oberfläche durch die Gleichung

$$gk^{-1}(\varrho - \varrho') + Tk = \varrho U^2 \operatorname{cotgh} kh + \varrho'(U - u_0)^2 \operatorname{cotgh} kh'$$

gegeben, wo T die Oberflächenspannung ist und die Fortpflanzungsrichtung mit derjenigen von u_0 zusammenfällt. Das Resultat kann auf Wellen einer Wasseroberfläche angewandt werden, über die ein Wind hinbläst[176]. *A. G. Greenhill*[168]) hat es auf eine beliebige Anzahl übereinandergelagerter Flüssigkeiten ausgedehnt; es kann auch für heterogene Flüssigkeiten verallgemeinert werden[177]).

Das Problem der stehenden Wellen, die man an der freien Oberfläche von fliessendem Wasser beobachtet, gehört der hier betrachteten Klasse an. Die Unebenheiten an der freien Oberfläche rühren von Unregelmässigkeiten des festen Bodens her, über welche die Flüssigkeit hinströmt. Sir *W. Thomson*[178]) hat die Prinzipien der Energie und Bewegungsgrösse auf das Problem angewandt und war so in der Lage, eine hinreichend allgemeine Lösung zu erhalten, welche die Wirkung irgendwelcher Unregelmässigkeiten des Bodens giebt (vorausgesetzt immer, dass das Niveau des Bodens nahezu konstant ist).

Stehende Wellen können auch von unregelmässigem Druck an der freien Oberfläche herrühren, wie er durch die Anwesenheit irgendwelcher in die Oberfläche eintauchender Hindernisse bedingt ist. Das sich so darbietende Problem ist bis zu einem gewissen Grade unbestimmt, da auf die Wellen, welche von dem Hindernis herrühren, ein beliebiges System freier Wellen aufgelagert werden kann. Lord *Rayleigh*[179]) eliminierte diese freien Wellen, indem er kleine dissipative Kräfte einführte, die der Geschwindigkeit proportional sind. Hierbei bleibt die Bewegung nach wie vor wirbelfrei. Die in Rede stehende Methode wurde insbesondere angewandt, um den Wellenzug zu bestimmen, der ein Schiff begleitet, das in rascher Bewegung durch das Wasser hinfährt[180]). Das Problem der Schiffs-

177) Lord *Rayleigh*, Lond. Math. Soc. Proc. 14 (1883) = Papers 2, p. 200; *W. Burnside*, ibid. 20 (1879), p. 392. *A. E. H. Love*, ibid. 22 (1891), wendet auf das Problem der Wellenbewegung heterogener Flüssigkeiten eine direkte Methode an.

178) Phil. Mag. (5) 22 (1886) und (5) 23 (1887), p. 52. Den Fall einer durch eine Sinuskurve gegebenen Unebenheit des Bodens behandelte *Lamb*, Hydrodynamics p. 407.

179) Lond. Math. Soc. Proc. 15 (1884) = Papers 2, p. 258; vgl. *Lamb*, Hydrodynamics p. 393, 450.

180) *Lamb*, Hydrodynamics p. 403, wo sich auch Verweise auf die Arbeiten

wellen hat *J. H. Michell*[181]) auf anderem Wege, nämlich im Anschlusse an die Untersuchungen von *Poisson*[169]) und *Cauchy*[101]), behandelt. Insbesondere leitete er eine Formel für den Wellenwiderstand ab, die bei wirklichen Schiffsformen anwendbar ist.

5f. **Stehende Oscillationen in Bassins.** Eine in einem geraden Kanal von gleichförmigem Querschnitt stattfindende Wellenbewegung, die durch die Gleichung

$$\varphi = A f(y, z) \sin(kx + \sigma t)$$

gegeben ist, führt dazu die harmonische Bewegung einer Flüssigkeit in einem Troge zu bestimmen, der von zwei Normalschnitten $x = 0$ und $x = l$ begrenzt ist, indem man nämlich annimmt, dass $\frac{kl}{\pi}$ eine ganze Zahl ist, und zwei gegeneinander laufende Wellensysteme superponiert. Die in Betracht kommende Bewegung hat das Geschwindigkeitspotential:

$$\varphi = A f(y, z) \cos kx \cos(\sigma t + \varepsilon).$$

Für einen Kanal haben zunächst *P. Kelland*[165]) und *A. G. Greenhill*[168]) den Fall untersucht, dass die Seiten desselben gegen die Vertikale unter einem Winkel von 45° geneigt sind. *H. M. Macdonald*[182]) gab Lösungen für den Fall, dass der Neigungswinkel 60° beträgt. Er behauptet, dass es keine andern Beispiele von Dreiecksquerschnitten giebt, auf welche die in Rede stehende Methode anwendbar ist[182]). *Stokes*[183]) erhielt Lösungen ähnlicher Art für Systeme von Wellen, deren Fortschreitungsrichtung parallel zu dem unter einem Winkel α gegen die Horizontalebene geneigten Ufer sind. Die Fortpflanzungsgeschwindigkeit ist $\sqrt{(gk^{-1} \sin\alpha)}$, wo $2\pi/k$ die Wellenlänge bedeutet.

Für eine inkompressible Flüssigkeit in einem Troge existieren stehende zweidimensionale Oscillationen, bei denen sich die Flüssigkeit in Parallelebenen zu den vertikalen Enden des Troges be-

---

von Sir *W. Thomson* und *R. E.* und *W. Froude* finden, welche die Dinge nach der deskriptiven und beobachtenden Seite hin behandeln.

181) Phil. Mag. (5) 45 (1898).

182) Lond. Math. Soc. Proc. 25 (1894). *Macdonald*'s Ansicht wird von *Lamb*, Hydrodynamics p. 429—436 bestritten. Siehe auch die sich anschliessenden Erklärungen von *Macdonald*, Lond. Math. Soc. Proc. 27 (1896), p. 622. *Stokes*, Report, Papers 1, p. 167 bemerkt, dass Wellen mit geradlinigen Kämmen nicht in allen Kanälen möglich sein können. Er stützt sich hierbei auf Experimente von *J. Scott Russell*, die anzudeuten scheinen, dass solche Wellen unmöglich sind, sobald die Neigung der Seiten einen gewissen Grenzwert überschreitet.

183) Report.

wegt. Diese Oscillationen diskutierte *G. Kirchhoff*[184]) und neuerdings *H. M. Macdonald*[185]). Hat der Trog zwei ebene Seiten mit demselben Neigungswinkel, so scheint die Anwendbarkeit der in Betracht kommenden Methode auf Neigungen (gegen die Horizontale) von 45^0 und 30^0 beschränkt zu sein[186]). Entsprechende Lösungen hat man auch für Wellen gegen ein geneigtes Ufer erhalten, wobei die Neigung gegen die Horizontale π/n ist (n gleich einer ganzen Zahl)[185]).

Für Bassins von anderer Form sind nur erst wenige Probleme der Wellenbewegung gelöst worden[187]). Das wichtigste ist das Problem der Wellenbewegung in kreisförmigen Bassins[188]). Ist a der Radius des Bassins und h die Tiefe, so hat das Geschwindigkeitspotential einer harmonisch schwingenden Flüssigkeit die Form

$$\varphi = A \cosh k(z+h)\, J_n(kr) \cos(n\vartheta + \alpha) \cos(\sigma t + \varepsilon),$$

wo n eine ganze Zahl und $J_n(kr)$ die *Bessel*'sche Funktion der ersten Art von der Ordnung n ist. k ist durch die Gleichung $J_n'(ka) = 0$ gegeben, σ^2 ist gleich $gk \operatorname{tangh} kh$. Wird die Flüssigkeit in einem irgendwie gestalteten Bassin einer beliebig kleinen anfänglichen Störung unterworfen, so wird man die eintretende Bewegung durch Superposition harmonischer Bewegungen berechnen wollen. *Poincaré*[168]) hat die Reihe der solcherweise für die Entwickelung des Geschwindigkeitspotentials in Betracht kommenden Normalfunktionen näher betrachtet.

5g. **Genauere Bestimmung von Wellenbewegungen.** Die in Nr. 5 c—f gegebenen Resultate wurden durch Vernachlässigung der Quadrate und Produkte der Grössen von der Ordnung der Erhebung der freien Oberfläche erhalten. Eine genaue periodische Lösung der *Lagrange*'schen Bewegungsgleichungen für die Wellenbewegung einer Flüssigkeit von unendlicher Tiefe, die unter Einwirkung der Schwere

---

184) Berl. Ber. 1879 = Ges. Abh. p. 428; *Kirchhoff* vergleicht seine Theorie auch mit dem Experimente.

185) Lond. Math. Soc. Proc. 27 (1896), p. 622.

186) *H. M. Macdonald* (Fussn. 185). Im Falle eines Kanals mit kreisförmigen Querschnitt gaben *Lamb*, Hydrodynamics p. 429 und Lord *Rayleigh*, Phil. Mag. (5) 47 (1899), p. 566 eine obere Grenze für die Schwingungszahl der niedrigsten Typen an.

187) *A. G. Greenhill* (Fussn. 168) gab einige Beispiele für Hyperboloide und Kegel.

188) Dieses Problem wurde von *S. D. Poisson*, Gergonne's Ann. 19 (1828) und *M. A. Ostrogradsky*, Paris, Mém. sav. étr. 3 (1832) behandelt. Die vollständige Lösung gab Lord *Rayleigh*, Phil. Mag. (5) 1 (1876) = Papers 1, p. 251.

steht, entdeckte *F. J. v. Gerstner*[189]). Später wurde sie von *W. J. M. Rankine*[190]) neu aufgefunden. Bei dieser Bewegung sind die Koordinaten eines Teilchens, das sich anfänglich in x_0, y_0 befand, zur Zeit t durch die Gleichungen

$$(1)\qquad \begin{cases} x = x_0 + k^{-1}e^{ky_0}\sin k(x_0 + Ut) \\ y = y_0 - k^{-1}e^{ky_0}\cos k(x_0 + Ut) \end{cases}$$

gegeben. Die y-Axe ist dabei vertikal nach oben gezogen. Die Bedingung für die Konstanz des Druckes an einer Fläche $y_0 =$ const. wird $U^2 = gk^{-1}$, sodass die Fortpflanzungsgeschwindigkeit dieser Wellen dieselbe ist, wie die der oscillatorischen Wellen in Nr. 5c. Die durch Gleichung (1) gegebene Bewegung ist übrigens nicht wirbelfrei[191]) und kann daher nicht allein durch Drucke auf die Oberfläche erzeugt werden.

Für wirbelfreie Wellen wollen wir, wenn die auf eine stationäre Bewegung reduzierte Bewegung parallel der Ebene (xy) erfolgt und die y-Axe von der ungestörten Oberfläche aus vertikal nach oben gezogen ist, wie in Nr. 1e, $\varphi + i\psi$ und $x + iy$ mit w bezw. z bezeichnen. Dann sind die beiden Bedingungen zu erfüllen, dass *eine* Stromlinie $\psi =$ const. mit einer gegebenen Kurve in der Ebene zusammenfällt und längs einer andern Stromlinie

$$(2)\qquad gy + \tfrac{1}{2}\left|\frac{dw}{dz}\right|^2 = \text{const.}$$

ist. *Stokes*[192]) hat versucht, diese Bedingungen durch eine Methode fortgesetzter Approximation zu erfüllen, wobei die Resultate in Nr. 5c eine erste Annäherung geben, und er hat gezeigt, wie man bis zur fünften Ordnung kleiner Grössen vorgehen kann. Er fand, dass es eine Grenzform der Welle mit scharfen Kämmen giebt, deren Tangentialebenen unter 120^0 zusammenstossen. Dies Resultat hat *J. H. Michell*[193]) direkt untersucht. *M. P. Rudzki*[194]) zeigte, dass, wenn eine Funktion Z mit z und w durch die Gleichung

$$(3)\qquad \left(A + iB + 3ig\int e^{-iZ}dw\right)^2\left(\frac{dz}{dw}\right)^3 = e^{-3iZ}\left(A - iB - 3ig\int e^{iZ}dw\right)$$

verbunden ist, wo A und B beliebige reelle Konstante sind, die

189) Prag, Böhm. Abh. 1802; Ann. Phys. (2) 2 (1809).

190) Lond. Phil. Trans. 153 (1863).

191) *Stokes*, Papers 1, p. 219; Lord *Rayleigh* (Fussn. 188).

192) Fussn. 167 und Papers 1, p. 314.

193) Phil. Mag. (5) 36 (1893).

194) Math. Ann. 50 (1898). *W. Voigt*, Gött. Nachr. 1891, p. 46 und 1892, p. 490, wandte *Kirchhoff*'s Methode (Nr. 1f oben) auf kräftefreie Strömungen zwischen zwei gewellten Linien an, von denen die eine eine freie Grenze ist.

Bedingung (2) durch die Bedingung, dass Z für reelles w reell ist, ersetzt werden kann. Insbesondere nahm er $Z = w$ und wurde so zu der Bestimmung der stehenden Wellen auf einem Strom geführt, der über einen unebenen Boden von einer bestimmten Gestalt hinfliesst. Genaue Lösungen, die der Annahme eines festen, ebenen Bodens oder einer unendlichen Tiefe entsprechen würden, hat man bis jetzt nicht gefunden. Die der Gleichung (2) entsprechende Bedingung für zwei übereinandergelagerte Flüssigkeiten formulierte *Helmholtz*[195]), und einige Beispiele diskutierte mit Hülfe einer partikulären konformen Abbildung *W. Wien*[196]).

5h. **Die Einzelwelle.** Bei seinem experimentellen Studium der Wellenbewegung beobachtete *J. Scott Russell*[162]) die Bewegung, welche durch eine plötzliche Erhöhung des Niveaus der Flüssigkeit an einer beliebigen Stelle eines Kanals erzeugt wird. Er fand, dass eine Erhebungswelle von permanentem Typus über die Oberfläche hinfuhr. Diese Welle wird die „Einzelwelle" (solitary wave) genannt. *J. Boussinesq*[197]) versuchte eine angenäherte Theorie dieses Phänomens auf die Annahme zu basieren, dass die Welle einer „langen Welle" insofern ähnelt, als man die gleiche horizontale Geschwindigkeit in allen Punkten eines vertikalen Querschnitts voraussetzen darf. Lord *Rayleigh*[188]) hat die Bewegung auf einen Fall stationärer Bewegung zurückgeführt und eine spezielle Annäherungsmethode benutzt. Beide Autoren fanden für das Wellenprofil eine Gleichung der Form $y = b \operatorname{sech}^2 \frac{1}{2} kx$ und für die Fortpflanzungsgeschwindigkeit $U = \sqrt{\{g(h+b)\}}$, wo die Konstanten b und k durch die Gleichung $k^2 h^3 = 3b$ aneinander gebunden sind; h ist in diesen Gleichungen die Tiefe und b die maximale Erhebung. Die Bahnen der Teilchen sind parabolische Bögen[198]). *J. Mc. Cowan*[199]) zeigte, dass die fortschreitende Bewegung, welche auf eine stationäre Form zurückgeführt der Gleichung

$$\varphi + i\psi = -U\{x + iy - a \operatorname{tangh} \tfrac{1}{2} k(x + iy)\}$$

entspricht (in der die Konstanten durch die Beziehungen

$$U^2 = gk^{-1} \operatorname{tang} kh, \quad ka = \tfrac{2}{3} \sin^2 k(h + \tfrac{2}{3} b), \quad b = a \operatorname{tang} \tfrac{1}{2} k(h + b)$$

aneinander geknüpft sind), ebenfalls angenähert eine Einzelwelle mit

---

195) Berl. Ber. 1889, p. 761 = Wiss. Abh. 3, p. 309.

196) Berl. Ber. 1894, p. 509 und 1895, p. 343; Ann. Phys. Chem. 56 (1895), p. 100.

197) J. de math. (2) 17 (1872), p. 55.

198) *J. Boussinesq*, J. d. math. (2) 18 (1873), p. 47.

199) Phil. Mag. (5) 32 (1891).

der maximalen Erhebung b auf einer Flüssigkeit von der Tiefe h repräsentiert. Die Bedingung konstanten Drucks entlang der Stromlinie

$$y = h + a \frac{\sin k(y+h)}{\cos k(y+h) + \cosh kx}$$

ist bis zur zweiten Ordnung in b an allen Stellen und bis zur dritten Ordnung an dem Wellenkamme erfüllt. Dieses Resultat umfasst die Ergebnisse von *J. Boussinesq* und Lord *Rayleigh*. Die hier betrachteten Wellen sind unendlich lang.

Andere Formen langer Wellen wurden von *J. Boussinesq* [197]), *J. Mc. Cowan* [200]) und *R. F. Gwyther* [201]) diskutiert. Einen sehr umfassenden Typus entdeckten *J. Korteweg* und *G. de Vries* [202]): sie fanden, dass bei der Einführung elliptischer Funktionen vom Modul $\sqrt{\{b/(b+c)\}}$ für eine Flüssigkeit von der Tiefe h eine stationäre Bewegung aufgestellt werden kann. Die ausgezeichnete Stromlinie, welche angenähert eine Linie konstanten Druckes ist, hat die Gleichung

$$y = b\left(1 + \mathrm{cn}^2 \frac{x\sqrt{(b+c)}}{2\sqrt{\sigma}}\right),$$

wo $\sigma = \frac{1}{3}h^3$ ist. Die Fortpflanzungsgeschwindigkeit der zugehörigen Wellen ist

$$U = \sqrt{gh}\left\{1 + \frac{b+c}{h} - 2\frac{b+c}{h}\frac{E(K)}{K}\right\}^{1/2}.$$

Die oben beschriebene Einzelwelle und die langen Wellen von oscillatorischem Typus in Nr. 5c sind Grenzfälle für sehr kleines resp. sehr grosses c.

5i. **Oscillationen einer flüssigen Kugel.** Eine Kugel von homogener, gravitierender Flüssigkeit ist ein in stabilem Gleichgewicht befindliches mechanisches System. Wird das Gleichgewicht ein wenig gestört, so kann die radiale Lagenänderung eines Punktes an der Oberfläche durch eine Reihe von Kugelfunktionen ausgedrückt werden, und jeder in Betracht kommenden Kugelfunktion entspricht dann eine Hauptschwingung. Die Schwingungszahl $\sigma/2\pi$, welche einer harmo-

---

200) Phil. Mag. (5) 33 (1892); (5) 38 (1894).

201) Phil. Mag. (5) 50 (1900).

202) Phil. Mag. (5) 39 (1895). Die genannten Forscher behandeln auch den allgemeinern Fall, dass eine Oberflächenspannung T in der obern begrenzenden Fläche vorhanden ist. Es ergeben sich dieselben Resultate, nur wird

$$\sigma = \frac{1}{3}h^3 - hT/g\varrho.$$

nischen Störung von der Ordnung n entspricht, wird durch die Gleichung[203])

$$\sigma^2 = \frac{2n(n-1)}{2n+1}\,\frac{g}{a}$$

gegeben, wo a der ungestörte Radius und g die Beschleunigung der Schwere an der Oberfläche ist. Umschliesst die Flüssigkeit einen festen Kugelkern vom Radius b, so haben wir

$$\sigma^2 = \frac{n(n+1)(a^{2n+1}-b^{2n+1})}{(n+1)a^{2n+1}+nb^{2n+1}}\cdot\left(1-\frac{3}{2n+1}\,\frac{\varrho}{\varrho_0}\right)\frac{g}{a},$$

wo ϱ_0 die mittlere Dichte der Flüssigkeit und des Kernes ist[204]). Für einen kugelförmigen Tropfen, bei dem man die Schwere vernachlässigt, aber die Oberflächenspannung T berücksichtigt, ist die Schwingungszahl der entsprechenden Bewegung durch die Gleichung[205])

$$\sigma^2 = n(n-1)(n+2)\frac{T}{\varrho a^3}$$

gegeben.

6. Zähe Flüssigkeiten.

6a. **Bewegungsgleichungen. Stationäre Bewegung.** Die Bewegungsgleichungen wurden in IV 15, Nr. **13** gegeben. Sie können auch in folgender Form angeschrieben werden[206])

$$(1)\quad \frac{\partial u}{\partial t}+2(w\eta-v\zeta)+\frac{\partial}{\partial x}(\tfrac{1}{2}q^2) = X-\frac{1}{\varrho}\frac{\partial p}{\partial x}+\frac{4}{3}\nu\frac{\partial\Theta}{\partial x} -2\nu\left(\frac{\partial\xi}{\partial y}-\frac{\partial\eta}{\partial z}\right),$$

wo ν den kinematischen Reibungskoeffizienten bezeichnet. Ist die Flüssigkeit inkompressibel und erfolgt die Bewegung nur in zwei Dimensionen, so erfüllt die Stromfunktion ψ die Gleichung

$$(2)\quad \left(\frac{\partial}{\partial t}+u\frac{\partial}{\partial x}+v\frac{\partial}{\partial y}-\nu\Delta_1\right)\Delta_1\psi = 0,$$

wo Δ_1 für $\frac{\partial^2}{\partial x^2}+\frac{\partial^2}{\partial y^2}$ steht[207]). Erfolgt dagegen die Bewegung einer zähen, inkompressiblen Flüssigkeit in Ebenen durch die z-Axe, so genügt die axiale Stromfunktion ψ der Gleichung

203) Sir *W. Thomson*, Lond. Phil. Trans. 153 (1863) = Math. and Phys. Papers 3, p. 384.

204) *Lamb*, Hydrodynamics p. 440.

205) Lord *Rayleigh*, Lond. Roy. Soc. Proc. 29 (1879) = Papers 1, p. 377; *R. R. Webb*, Mess. of math. (2) 9 (1880).

206) Vgl. Gleichung (1) in Nr. 3a oben und Fussn. 96.

207) *Stokes*, Pendulums.

$$(3) \qquad \left(\frac{\partial}{\partial t} + v\frac{\partial}{\partial \varpi} + w\frac{\partial}{\partial z} - \frac{2v}{\varpi} - \nu D\right) D\psi = 0,$$

wo D für $\frac{\partial^2}{\partial \varpi^2} + \frac{\partial^2}{\partial z^2} - \frac{1}{\varpi}\frac{\partial}{\partial \varpi}$ steht[207]).

Auch wenn die Kräfte X, Y, Z konservativ sind und die Bewegung stationär ist, entsteht eine besondere Schwierigkeit bei der Behandlung der Gleichungen (1) aus dem Auftreten der Ausdrücke $(w\eta - v\zeta), \ldots$. Erfolgt die Bewegung hinreichend langsam, so können dieselben in erster Annäherung vernachlässigt werden; dann ergeben sich als Bedingungen für die stationäre Bewegung $\Delta\xi = 0$, $\Delta\eta = 0$, $\Delta\zeta = 0$.[208]) Sind diese Gleichungen erfüllt, werden aber die Ausdrücke $(w\eta - v\zeta), \ldots$ nicht vernachlässigt, so ist eine weitere Bedingung für die stationäre Bewegung erforderlich, welche genau so formuliert werden kann, wie die allgemeine Bedingung für die stationäre Bewegung in einer idealen Flüssigkeit (Nr. **3** g oben)[209]).

Die Gleichungen der stationären Bewegung können genau erfüllt werden, wenn eine inkompressible zähe Flüssigkeit zwischen zwei coaxialen Cylindern, welche ihrerseits gleichförmig rotieren, eingeschlossen ist. Sind a_0 und a_1 die Radien, ω_0, ω_1 die Winkelgeschwindigkeiten der Cylinder, so ist die stationäre Bewegung durch die Gleichungen[210])

$$(4) \qquad \begin{cases} u = -\omega y, \quad v = \omega x, \quad w = 0, \\ \omega = \dfrac{\omega_0 a_0^2 - \omega_1 a_1^2}{a_0^2 - a_1^2} - \dfrac{a_0^2 a_1^2}{x^2 + y^2}\dfrac{\omega_0 - \omega_1}{a_0^2 - a_1^2} \end{cases}$$

gegeben. Es existiert keine Lösung der Form

$$-\frac{u}{y} = \frac{v}{x} = \omega, \quad w = 0$$

für eine Flüssigkeit, welche zwischen konzentrischen Kugeln eingeschlossen ist, sofern nicht die Bewegung so langsam erfolgt, dass Quadrate und Produkte der Geschwindigkeiten vernachlässigt werden können. ω hat dann die Form $A + B(x^2 + y^2 + z^2)^{-3/2}$.[207]) Für eine Kugel, welche in einer unbegrenzten Flüssigkeit in gleichförmiger Rotation gehalten wird, hat *A. N. Whitehead*[211]) eine zweite Annäherung zu finden gelehrt. Er bewies, dass die Flüssigkeit längs der Rotationsaxe nach der Kugel hingezogen wird, dass sie aber in

208) *A. Oberbeck,* J. f. Math. 81 (1876).

209) *T. Craig*, Amer. J. of math. 3 (1880).

210) *Stokes,* Friction. Das Problem wurde bereits von *Newton,* Principia, Lib. 2, Prop. 51 behandelt.

211) Quart. J. of math. 23 (1888), p. 78.

der Richtung der Äquatorialebene von ihr fortströmt. *G. Kirchhoff*[212]) betrachtete die langsame Bewegung einer inkompressiblen Flüssigkeit zwischen zwei konfokalen Sphäroiden.

Langsame, stationäre Bewegungen einer zähen, inkompressiblen Flüssigkeit, die sich unter Einwirkung konservativer äusserer Kräfte bewegt, werden im Raume durch die Gleichungen

$$(5)\quad \begin{cases} \left(\frac{\partial}{\partial x}, \frac{\partial}{\partial y}, \frac{\partial}{\partial z}\right)\left(V - \frac{p}{\varrho}\right) + \nu \Delta (u, v, w) = 0, \\ \frac{\partial u}{\partial x} + \frac{\partial v}{\partial y} + \frac{\partial w}{\partial z} = 0 \end{cases}$$

bestimmt. Allgemeine Lösungen dieser Gleichungen in Kugelfunktionen gaben *A. Oberbeck*[208]), *T. Craig*[213]) und *H. Lamb*[214]). Die Lösung für eine Kugel, welche gleichförmig in einer unbegrenzten Flüssigkeit fortschreitet, wurde bereits IV 15, Nr. **15** mitgeteilt. Es existiert keine entsprechende zweidimensionale Lösung für einen Kreiscylinder[207]). Die Bewegung, welche von einem gleichförmig sich bewegenden Ellipsoid herrührt, gab *A. Oberbeck*[208]), während *D. Edwardes*[215]) die Bewegung, welche durch die gleichförmige Rotation eines Ellipsoides bedingt ist, bestimmte. Der letztere hat auch die Bewegung, welche von der Rotation elliptischer und gewisser anderer Cylinder herrührt, untersucht[216]). Langsame Strömungen von axialem Typus an einem Sphäroid vorbei und durch den Raum, der von einem einschaligen Rotationshyperboloid begrenzt wird, hat *R. A. Sampson*[217]) diskutiert. Die speziellen Fälle, in denen ein Strömen an einer Kreisscheibe vorbei und durch eine kreisförmige Öffnung in einer Ebene hindurch stattfindet, hat er im einzelnen weiter behandelt. Die Geschwindigkeit hat hier nicht die Eigenschaft an den scharfen Kanten merkbar zu wachsen. Lord *Rayleigh*[218]) untersuchte einige zweidimensionale Bewegungen, die von Quellen und Senken herrühren, indem er kreisförmige Grenzen voraussetzte. Er kombinierte zu dem Zwecke mögliche Stromfunktionen zweier Arten, nämlich

$$\frac{(1 - r^2)\, r \sin\vartheta}{1 - 2r\cos\vartheta + r^2} + 2 \operatorname{arc\,tang} \frac{r \sin\vartheta}{1 - r\cos\vartheta}$$

---

212) Mechanik p. 376.
213) Phil. Mag. (5) 10 (1880).
214) Lond. Math. Soc. Proc. 13 (1882), p. 51.
215) Quart. J. of math. 26 (1893), p. 70.
216) Quart. J. of math. 26 (1893), p. 157.
217) Lond. Phil. Trans. (A) 182 (1891).
218) Phil. Mag. (5) 36 (1893), p. 354.

und

$$\frac{(1-r^2)^2}{1-2r\cos\vartheta+r^2}.$$

Derselbe Autor diskutierte das Problem der zweidimensionalen Bewegung an einer Ebene vorbei, auf welcher sich kleine Unebenheiten befinden, indem er eine zweite Annäherung gab, die von der Beibehaltung der Quadrate und Produkte der Geschwindigkeiten herrührt[218]).

Die Gleichungen (5) ruhen auf der Voraussetzung, dass die Bewegung in der Hauptsache von der Zähigkeit beherrscht wird. Die praktische Anwendbarkeit unterliegt daher starken Einschränkungen. Z. B. ist bei der stationären Bewegung einer Kugel (IV 15, Nr. **15**) für die Anwendbarkeit der Formeln nötig, dass Ua klein im Vergleich zu ν ist. Immerhin existiert für Flüssigkeiten in dünnen Schichten eine gute Übereinstimmung der Resultate mit den Ergebnissen der Beobachtung. Dies zeigten *H. S. Hele-Shaw*'s Experimente[32]) und *O. Reynolds'* Anwendung der Gleichungen zur Erklärung des grossen Drucks in der dünnen Ölschicht, die als Schmiermittel in einer Maschine dient[219]).

6b. **Veränderliche und periodische Bewegungen.** Ist die Bewegung langsam, aber nicht stationär, so nimmt man gewöhnlich an, dass u, v, w als Funktionen von t mit $e^{-\nu k^2 t}$ proportional sind, wo k im allgemeinen komplex ist. Ist die Flüssigkeit inkompressibel, so werden die Gleichungen:

$$(1)\quad \begin{cases} \nu(\Delta+k^2)(u,v,w)+\left(\frac{\partial}{\partial x},\frac{\partial}{\partial y},\frac{\partial}{\partial z}\right)\left(V-\frac{p}{\varrho}\right)=0,\\ \frac{\partial u}{\partial x}+\frac{\partial v}{\partial y}+\frac{\partial w}{\partial z}=0.\end{cases}$$

In jedem speziellen Problem müssen die Werte von k durch die Grenzbedingungen bestimmt werden, und allgemeinere Lösungen können dann durch Zusammensetzung aus besonderen Lösungen erhalten werden. Ist $\nu k^2=\tau^{-1}\pm i\sigma$, so ist die Bewegung periodisch mit einer Amplitude, die um den Bruchteil e^{-1} ihrer eigenen Grösse in der Zeit τ abnimmt. Ist also τ gross, so nimmt die oscillatorische Bewegung langsam ab.

Die Mitteilung von Bewegung an eine zähe Flüssigkeit durch eine in ihrer Ebene oscillierende Scheibe wurde von *Stokes*[207]) und

---

219) Lond. Phil. Trans. 177 (1886); vgl. auch *N. Joukowsky*, Petersburg, phys.-chem. Ges. 18 (1886).

O. E. Meyer[220]) betrachtet. Oscilliert die Scheibe so, dass ihre Geschwindigkeit $u_0 \cos \sigma t$ ist, so wird der Widerstand für die Flächeneinheit $\varrho u_0 \sqrt{(\nu\sigma)} \cdot \cos\left(\sigma t + \frac{\pi}{4}\right)\cdot$ Die Wichtigkeit dieses Resultates liegt in seiner Verwendung bei der experimentellen Untersuchung der Flüssigkeitsreibung[221]). Die oscillatorische Bewegung einer Kugel wurde bereits in IV 15, Nr. **15** erwähnt. Die entsprechende zweidimensionale Lösung für einen Cylinder gab *Stokes*[207]). Für ein in der Richtung seiner Axe oscillierendes Sphäroid fand *J. Buchanan*[222]) die Lösung. Allgemeine Lösungen der Gleichungen (1) in Kugelfunktionen gab in Verbindung mit den Oscillationen einer gravitierenden Kugel *H. Lamb*[214]). Die Zeit τ, in welcher die Amplitude der Oscillation, ausgedrückt durch Kugelfunktionen von der n^{ten} Ordnung, um den Bruchteil e^{-1} ihrer eigenen Grösse abnimmt, ist $\frac{a^2}{(n-1)(2n+1)\nu}$.[214]) Die Gleichungen (1) wurden ferner von *Stokes*[207]) verwendet, um die Wirkungen der Zähigkeit auf Flüssigkeitswellen im Falle unendlicher Tiefe zu bestimmen. Das Resultat für kleines ν wurde in IV 15, Nr. **15** gegeben; wenn ν gross ist, nähert sich die Flüssigkeit, ohne zu oscillieren, asymptotisch der Gleichgewichtslage[223]). Die hierbei gebrauchten Methoden führen des ferneren dahin, eine Erklärung für die beruhigende Wirkung, die Öl auf Wellen hat[224]), und für die durch Wind erzeugte Wellenbewegung zu geben. Im letzteren Falle ist die Theorie in Übereinstimmung mit der Beobachtung von *J. Scott Russell*[162]), dass Wind, der über die Oberfläche von stillem Wasser mit einer Geschwindigkeit < 23 cm/sec hinbläst, keine Wellen von permanentem Typus erzeugt[225]). Die Theorie von der Abnahme der Wellenbewegung durch innere Reibung haben *A. B. Basset*[226]) und *S. S. Hough*[227]) auf eine Flüssigkeit von endlicher Tiefe ausgedehnt. Der letztere benutzte das Resultat, dass im allgemeinen Wellenbewegungen und andere langsame Bewegungen im tiefen Wasser sehr allmählich abnehmen, zur Erklärung gewisser Phänomene, die sich bei Ozeanströmungen darbieten.

---

220) J. f. Math. 59 (1861) und 62 (1863).

221) Vgl. IV 15, Nr. **17**, Fussn. 102.

222) Lond. Math. Soc. Proc. 22 (1891).

223) *Lamb*, Hydrodynamics p. 548.

224) *O. Reynolds*, Brit. Assn. Rep. 1880; *Lamb*, Hydrodynamics p. 552.

225) Sir *W. Thomson*, Fussn. 176; *Lamb*, Hydrodynamics p. 549.

226) Hydrodynamics 2, p. 313, auch Amer. J. of math. 16 (1894), wo sich ein allgemeiner Bericht über die Theorie der Wellen in zähen Flüssigkeiten befindet.

227) Lond. Math. Soc. Proc. 28 (1897).

Gewisse langsame, veränderliche Bewegungen einer Flüssigkeit, bei denen u, v, w nicht mit $e^{-\nu k^2 t}$ proportional sind, können dadurch bestimmt werden, dass man $V - \varrho^{-1} p$ konstant wählt und Methoden benutzt, die zunächst in Verbindung mit der Theorie der Wärmeleitung entwickelt worden sind[207]). Bei Laminarbewegung in einem Raume mit ebenen Grenzen $y = \text{const.}$ ist die Geschwindigkeit in der That durch die Gleichung

$$\frac{\partial u}{\partial t} = \nu \frac{\partial^2 u}{\partial y^2}$$

gegeben. Diese Gleichung führt zur Bestimmung der Bewegung auf der einen Seite einer unendlich ausgedehnten Ebene, die in einer gewissen Weise in Bewegung gehalten wird[207]). Eine andere Anwendung wurde von Lord *Rayleigh*[228]) bei seinem Beweis der Labilität der diskontinuierlichen Bewegungen gemacht. Nehmen wir an, dass anfänglich $u = \pm u_0$ ist, je nachdem y positiv oder negativ ist, so wird, wenn die Flüssigkeit unbegrenzt ist, nach der Zeit t

$$u = \frac{2u_0}{\sqrt{\pi}} \int_0^{\frac{1}{2} y (\nu t)^{-\frac{1}{2}}} e^{-\vartheta^2} d\vartheta$$

sein. Entsprechende Probleme für die Bewegung zwischen Cylindern mit derselben Axe (der z-Axe) wurden, wenn die Geschwindigkeit w eine Funktion des Abstandes von der Axe ist, von *H. Stearn*[229]) behandelt. *A. B. Basset*[230]) untersuchte die Bewegung, welche von einer Kugel herrührt, die sich unter Einwirkung konstanter äusserer Kräfte in gerader Linie fortbewegt, sowie auch die Bewegung, welche von einer Kugel herrührt, die um einen festen Durchmesser unter Ausschluss äusserer Kräfte rotiert.

Ist die Flüssigkeitsbewegung weder langsam noch stationär, fallen aber die Stromlinien mit den Wirbellinien zusammen, oder sind die Grössen $2(w\eta - v\zeta), \ldots$ aus einem Potential Ω ableitbar, so können die allgemeinen Gleichungen (1) in Nr. 6a auf die Form

$$\begin{cases} \nu(\Delta + k^2)(u, v, w) + \left(\frac{\partial}{\partial x}, \frac{\partial}{\partial y}, \frac{\partial}{\partial z}\right) W = 0, \\ \frac{\partial u}{\partial x} + \frac{\partial v}{\partial y} + \frac{\partial w}{\partial z} = 0 \end{cases}$$

zurückgeführt werden. Hier nimmt man die u, v, w mit $e^{-\nu k^2 t}$

228) Lond. Math. Soc. Proc. 11 (1880), p. 57 = Papers 1, p. 474.

229) Quart. J. of math. 17 (1881). Die veränderliche Rotation bei coaxialen cylindrischen Begrenzungsflächen wurde ferner von *J. H. Röhrs*, Lond. Math. Soc. Proc. 5 (1874) und *M. Margules*, Wien. Ber. 83 (1881), 85 (1882) behandelt.

230) Lond. Phil. Trans. (A) 179 (1888).

proportional an und betrachtet die Flüssigkeit als inkompressibel; ferner setzt man im zweiten Falle

$$W = V - \varrho^{-1} p - \frac{1}{2} q^2 - \Omega;$$

im ersten Falle lässt man Ω in der Gleichung weg. In beiden Fällen existiert eine Druckgleichung, die durch $\Delta W = 0$ bestimmt wird[231]). Die Form der Druckgleichung für den allgemeinen Fall betrachtete *J. Brill*[232]), indem er dabei die Transformation (4) von Nr. 3a oben benutzte.

---

231) *W. Steklow*, Charkow Ges. 5 (1895); *N. Schiff*, Mosk. Phys. Sect. 9 (1897). Vgl. *J. Brill*, Mess. of math. (2) 27 (1898), wo die Bedingungen dafür entwickelt sind, dass die Wirbelfäden stets von denselben Teilchen gebildet werden.

232) Lond. Math. Soc. Proc. 26 (1897).

(Abgeschlossen im Mai 1901.)

IV 17. AËRODYNAMIK.

VON

S. FINSTERWALDER

IN MÜNCHEN.

Inhaltsübersicht.

Litteratur.

Zeitschriften.

Zeitschrift des deutschen Vereins zur Förderung der Luftschiffahrt, Bd. 1—7, Berlin 1882—89; fortgesetzt unter dem Titel:

Zeitschrift für Luftschiffahrt, Bd. 8—10, Berlin 1890—92, und

Zeitschrift für Luftschiffahrt und Physik der Atmosphäre, Bd. 11—19, Berlin 1893—1900; seitdem ist die Zeitschrift eingegangen. (*Zeitschr. f. Luftsch.*)*).

Illustrierte aëronautische Mitteilungen, Bd. 1—6, Strassburg i. E. 1897—1902. (*Illustr. aër. Mitt.*).

Revue de l'Aëronautique théorique et appliquée, t. 1—15, Paris 1888—1900; t. 6 u. 8 unvollständig, t. 9—14 fehlen. (*Rev. de l'Aëronautique*).

L'Aëronaute. Bulletin mensuel illustré, 1. Bd., Paris 1867.

L'Aërophile. Revue mensuelle illustrée, 1. Bd., Paris 1893.

The Aëronautical Journal. A quarterly illustrated Magazine, London.

Annual report of the aëronautical society of Great Britain, 1. Bd., London 1865.

---

* In der durch kursiven Druck hervorgehobenen Abkürzung ist die Zeitschrift resp. das Werk im folgenden zitiert.

Aëronautical annual, 1. Bd., Boston 1895.
Aëronautics, 1. Bd., New-York 1893.
L'Aëronauta. Rivista mensile illustrata, 1. Bd., 1897.

Lehrbücher und Monographieen.

*A. Faccioli, Teoria del volo**) e della navigazione aërea, Milano 1895.
S. P. Langley, Experiments in aërodynamics, Smithsonian contributions to knowledge No. 801, vol. 27, Washington 1891.
O. Lilienthal, Der Vogelflug als Grundlage der Fliegekunst, Berlin 1889.
F. v. Lössl, Die Luftwiderstandsgesetze, der Fall durch die Luft und der Vogelflug, Wien 1896.
O. Mannesmann, Luftwiderstandsmessungen mit einem neuen Rotationsapparat, Diss. Tübingen 1897.
E. J. Marey, Le vol des oiseaux, Paris 1890.
H. Moedebeck, Handbuch der Luftschiffahrt, Leipzig 1886.
G. Wellner, Der dynamische Flug. Festschrift der k. k. techn. Hochschule in Brünn 1899.

Vorbemerkung. Der folgende Artikel befasst sich in erster Linie mit dem erfahrungsgemäss gegebenen und auf die Anwendung bezüglichen Teil der Aërodynamik, nachdem der theoretische Teil in den Referaten über „Hydrodynamik" IV 15 und 16 (*Love*) enthalten ist. Dabei scheiden jedoch jene Gebiete aus, bei denen die mit der Bewegung der Luft verbundenen Wärmeschwankungen eine wesentliche Rolle spielen. Hierher gehören die Ausflusserscheinungen, die Bewegung der Luft in Röhren und die Luft als motorische Substanz in geschlossenen Räumen (vgl. im vorliegenden Bande die Referate über „Hydraulik" (*Forchheimer* und *Grübler*), sowie in Band V das Referat über „Technische Wärmetheorie"). Ausserdem sind hier auch jene Bewegungen der Luft, welche periodischen Charakter besitzen, als zur „Akustik" (vgl. das bezügliche Referat von *H. Lamb* in diesem Bande) gehörend, ausgeschlossen.

1. Einleitung. Das Verhalten bewegter Luft an Hindernissen. Die bewegte Luft, wie sie in der Natur als Wind vorkommt, ist eine überaus verwickelte Erscheinung. Der Wind ist keineswegs die gleichförmige Verschiebung einer Luftmasse, sondern eine Folge sehr kurzer Stösse von verschiedener Stärke, welche mit der mittleren Richtung der Luftbewegung fortwährend wechselnde Winkel einschliessen. Die Dauer der Stösse[1]) beträgt nur einige Sekunden und

---

*) In der durch kursiven Druck hervorgehobenen Abkürzung ist die Zeitschrift resp. das Werk im folgenden zitiert.

1) *A. F. Zahm,* Rev. de l'Aëronautique 7 (1894), p. 130.

ihre Stärke entspricht beispielsweise einem mittleren Geschwindigkeitsunterschied von 3—4 msec^{-1} bei etwa 10 msec^{-1} Durchschnittsgeschwindigkeit. Über den örtlichen Wechsel der Geschwindigkeit giebt es noch keine systematischen Beobachtungen, doch lehrt der Blick auf ein Schneegestöber, dass derselbe in der Nähe des Erdbodens wenigstens ein überaus rascher sein muss. Die soeben geschilderte Eigentümlichkeit des natürlichen Windes hat *S. P. Langley*[2]) als *internal work of wind* (*innere Unruhe* des Windes) bezeichnet; sie entspricht der turbulenten Bewegung der Hydrodynamik[3]). Ihre Ursachen sind wohl in den Unregelmässigkeiten des Erdbodens zu suchen. Wie weit sie in die Höhe reicht ist nicht bekannt; bei Ballonfahrten ist sie noch nicht bemerkt worden[4]).

In der Aërodynamik hat man bisher von der Betrachtung des Einflusses dieser inneren Unruhe des natürlichen Windes Abstand genommen und stationäre Verhältnisse vorausgesetzt, wie solche bei Anstellung von Experimenten in geschlossenen Räumen angestrebt werden. Über die Art, wie die strömende Luft auf in ihr befindliche Körper wirkt und sich gegen sie verhält, sind verschiedene Meinungen aufgestellt worden: *I. Newton*[5]) scheint sich die Wirkung so vorzustellen, dass die Luftteilchen nach Art von Geschossen gegen die Körperoberfläche stossen, wobei die Stosswirkung nur von der zur Körperoberfläche senkrechten Komponente der Relativgeschwindigkeit ausgeht, während die zur Körperoberfläche parallele Komponente infolge mangelnder Reibung wirkungslos bleibt. Auf die gegenseitige Beeinflussung der an der Oberfläche abgleitenden Teilchen wird keine Rücksicht genommen, eine Wirkung auf der Leeseite des Körpers, sowie die Art und Weise, wie die Luft auf dieser Seite den Raum ausfüllt, bleibt ausser Betracht.

In der theoretischen Hydrodynamik, in der die Luft als reibungslose, elastische Flüssigkeit aufgefasst wird, denkt man sich dieselbe in Bewegungsfäden aufgeteilt, welche sich an dem eingetauchten Körper teilen, ihn umfliessen und hinter demselben sich wieder zusammenschliessen. Die Wirkung auf den Körper geschieht durch Druckkräfte, welche die umfliessenden Bewegungsfäden senkrecht zur Oberfläche ausüben und ist also über den ganzen

---

2) Rev. de l'Aëronautique 6 (1893), p. 37; vgl. auch Phil. Mag. (5) 37 (1897), p. 425.

3) Vgl. IV 15, **17** (*Love*).

4) Rev. de l'Aëronautique 7 (1894), p. 144.

5) Philosophiae naturalis Principia, Liber 2, Sectio VII, § 40 (3. Aufl. London 1726).

Bereich derselben ausgedehnt. Während die *Newton*'sche Ansicht die Abhängigkeit des Luftwiderstandes von der Geschwindigkeit und der Luftdichte richtig wiedergiebt und nur die leeseitige Wirkung vernachlässigt, findet die theoretische Hydrodynamik mit Berücksichtigung der Leewirkung den Gesamtwiderstand eines im Luftstrom befindlichen Körpers, nämlich die Resultante aller auf die Oberfläche wirkenden Druckkräfte, gleich Null, was in vollem Widerspruch mit der Erfahrung steht. Durch Einführung der inneren Reibung [6]) wird zwar ein Gesamtwiderstand erzielt, aber dessen Abhängigkeit von Geschwindigkeit und Dimensionen des Körpers ist mit der Erfahrung nicht in Einklang zu bringen. Zudem zeigen direkte Versuche, dass die Wirkungen der inneren Reibung der Luft, sowie auch jene zwischen der Luft und anderen Oberflächen so gering sind, dass sie gegenüber dem eigentlichen Luftwiderstand nicht in Betracht kommen. Wenn auch die theoretische Hydrodynamik bei Berechnung der Gesamtwirkung auf einen dem Luftstrom ausgesetzten Körper versagt, so giebt sie doch die Abhängigkeit der Teilwirkung (Druck auf das einzelne Oberflächenelement) von Geschwindigkeit und Luftdichte richtig wieder; sie steht also in diesem Punkte mit der *Newton*'schen Annahme gleich.

Durch *H. v. Helmholtz* [7]), *G. Kirchhoff* [8]) und Lord *Rayleigh* [9]) wurde ein neues Element in die Hydrodynamik eingeführt, welches den Widerspruch zu beseitigen schien. Man nahm Diskontinuitätsflächen [10]) zu Hülfe, welche von der Grenze zwischen Luv(= Stoss)-seite und Leeseite ausgehen und zweierlei Bewegungsformen der Luft scheiden, von denen die eine die Stosswirkung, die andere die Leewirkung ausübt. Längs der Diskontinuitätsflächen ist die Geschwindigkeit beider Bewegungen um ein endliches verschieden, der Druck dagegen gleich. Doch bleibt zur genügenden Übereinstimmung mit der Erfahrung noch manches zu wünschen übrig. Abgesehen davon, dass bisher nur eine geringe Zahl zweidimensionaler Probleme mit geradlinigen Begrenzungen der umströmten Körper mathematisch gelöst werden konnte [11]), sind die Diskontinuitätsflächen weder geschlossen noch stabil. Der erstere Umstand bewirkt, dass die sonst wohlbegründete Vorstellung, es sei gleichgültig, ob der Körper stillsteht und die Luft

6) Vgl. IV 15, **12** u. **15** (*Love*).
7) Berl. Ber. 1868, p. 215.
8) J. f. Math. 70 (1869), p. 289.
9) Phil. Mag. (2) 5 (1876), p. 430.
10) Vgl. IV 16, **1 f** (*Love*).
11) Vgl. IV 16, **18** (*Love*).

strömt, oder der Körper durch die in weiter Entfernung ruhende Luft hindurch bewegt wird, nicht ohne weiteres aufrecht erhalten werden kann. So lässt sich wohl annehmen, dass hinter einem vom Luftstrom getroffenen Körper ein durch eine Diskontinuitätsfläche abgetrennter beliebig lang ausgedehnter Raum von ruhender Luft liegt; nicht so einfach ist es aber, sich vorzustellen, dass ein gleichförmig bewegter Körper einen beliebig langen Luftschwanz von konstanter Geschwindigkeit hinter sich herzieht; die Erfahrung lehrt, dass beides nicht zutrifft.

Während nun einige Experimentatoren wie *J. Weisbach*[12]) und *O. Lilienthal*[13]) auf der Leeseite oder auch auf der Stoss- und Leeseite im Anschluss an die Anschauungen der Hydraulik ganz unregelmässige „Wirbelbewegungen“ annehmen, die mit dem Charakter einer stationären Strömung unvereinbar sind, hat *F. v. Lössl*[14]) die Hypothese eines vor der Stossseite sich aufbauenden, keilförmigen *Stauhügels*, der mit relativ zum Körper ruhender Luft von konstanter Spannung erfüllt ist, aufgestellt und durch zahlreiche Experimente gestützt. Die Flächen dieses Stauhügels müssten den Charakter von Diskontinuitätsflächen der theoretischen Hydrodynamik haben, wobei es noch keineswegs sicher ist, dass solche Diskontinuitätsflächen mit den übrigen Voraussetzungen der theoretischen Hydrodynamik vereinbar sind. Über die Vorgänge auf der Leeseite giebt die *v. Lössl*'sche Hypothese keinerlei Aufschluss.

Durch direkte Beobachtung mittels der Schlierenmethode hat *L. Mach*[15]) die Bewegungsvorgänge in strömender Luft verfolgt und sehr verwickelte, an *Langley*'s innere Unruhe des Windes erinnernde Erscheinungen gefunden, die mit den stationären Verhältnissen, wie sie die theoretische Hydrodynamik voraussetzt, unvereinbar sind. An der Stossseite halten die beobachteten Erscheinungen etwa die Mitte zwischen den Vorgängen, wie sie die Hydrodynamik einerseits und die *v. Lössl*'sche Ansicht andererseits voraussehen lässt, während an der Leeseite hinter scharfen Krümmungen ein andauerndes Hin- und Herpendeln der Bewegungsfäden zwischen den Formen des sich anschmiegenden Umfliessens der Krümmungen einerseits und der vom Hindernis fächerartig ausstrahlenden

12) Lehrbuch der Ingenieur- und Maschinenmechanik 1, 4. Aufl., Braunschweig 1875, p. 1181.

13) Der Vogelflug, Berlin 1889, p. 64 u. 81.

14) Die Luftwiderstandsgesetze, Wien 1896, p. 31.

15) Zeitschr. f. Luftschiff. 15 (1896), p. 129.

Diskontinuitätsflächen andererseits stattfindet[15a]). Bei geeignet gerundeten, nach vorn und hinten verjüngten Formen nähert sich übrigens die Bewegungsform nahe einer stationären. Ähnliche Verhältnisse hat Lord *Kelvin*[16]) bei Gelegenheit einer Reihe von Einwänden gegen das Zustandekommen der Diskontinuitätsflächen früher vorausgesagt.

Dass übrigens auch in der Aërodynamik bei genügend kleinen Geschwindigkeiten stationäre Verhältnisse erzielt werden können, beweisen die Versuche *G. Wellner*'s[17]), der mittels feiner Rauchfäden die Experimente *H. S. Hele-Shaw*'s wiederholte[18]). Die *Wellner*'sche Anordnung hat kürzlich durch *E. J. Marey*[19]) in der Weise eine Verbesserung erfahren, dafs den Rauchfäden eine synchrone schwingende Bewegung mitgeteilt wurde, die eine direkte Schätzung der Geschwindigkeit gestattet. Der auf der Leeseite einer angeblasenen Scheibe befindliche, mit geringen unregelmässigen Bewegungen erfüllte Raum hat hiernach die Form einer vom Winde gepeitschten Flamme, deren Zacken raschem Wechsel unterworfen sind.

Bei der Unsicherheit der Grundlagen der Aërodynamik und der Verwicklung der Probleme gewinnen Gesichtspunkte allgemeinerer Natur und Gültigkeit Bedeutung, wie sie *v. Helmholtz* in dem Theorem geometrisch ähnliche Bewegungen flüssiger Körper betreffend gegeben hat[20]). Ist n das Verhältnis der Geschwindigkeiten, r das der Dichten, q das der inneren Reibungskoeffizienten zweier Flüssigkeiten, in welchen ähnliche Bewegungen vor sich gehen, so müssen die Verhältnisse der Drucke $n^2 r$, der Koordinaten (Dimensionen) $q : n$ und der Zeiten $q : n^2$ sein, damit die eine Bewegung die Differentialgleichungen und die Kontinuitätsbedingung erfüllt, falls die andere es thut. Bei kompressiblen Flüssigkeiten ist n durch das Verhältnis der Schall-

15a) Im nahen Zusammenhange mit diesen Vorgängen stehen jene, die bei der Schallerregung in Pfeifen auftreten und für Zungenpfeifen von *H. v. Helmholtz,* Lehre von den Tonempfindungen, 5. Aufl., Berlin 1896, Beilage 7, für Lippenpfeifen von *W. C. L. van Schaïk,* Arch. néerl. 25 (1891), p. 308 untersucht wurden. — Auch die Erscheinung der empfindlichen Flammen oder besser Strahlen mag bei dieser Gelegenheit Erwähnung finden, vgl. Lord *Rayleigh,* Theory of sound, 2. ed., London 1896, vol. 2, p. 400.

16) Nature (engl.) 50 (1894), p. 574.

17) Der dynamische Flug, Brünn 1899, p. 43.

18) Vgl. IV 16, 6a (*Love*).

19) Paris C. R. 122 (1901), p. 1291.

20) Verh. d. Ver. z. Beförd. d. Gewerbefl. 51 (1872), p. 289 sowie Berl. Ber. 1873, p. 501. Das *Helmholtz*'sche Beispiel, in welchem der lenkbare Ballon mit einem Ozeandampfer verglichen wird, ist durch eine falsche Zahl für q (0,8 statt 8,0 oder besser 13,3) entstellt. Das Einsetzen der richtigen Zahl liefert kein brauchbares Ergebnis (mündl. Mitt. des Herrn *R. Emden*).

geschwindigkeiten gegeben, und es giebt nur einen Fall vollkommener Ähnlichkeit. Bei Vernachlässigung der inneren Reibung oder der Kompressibilität, welche um so mehr erlaubt ist, in je grösseren Räumen die Bewegungen vor sich gehen, giebt es eine einfach unendliche Reihe, bei Vernachlässigung beider eine doppelt unendliche Reihe ähnlicher Bewegungen.

2. Aërostatik. Theorie des Freiballons und des gesteuerten Ballons. Der theoretische Teil der Aërostatik wurde bereits in dem ersten Referate über Hydrodynamik von *A. E. H. Love* (IV 15, **1**—**5**) besprochen. Hier handelt es sich um die Anwendung auf den *Luftballon.* Der Freiballon ist am unteren Ende (Appendix) entweder offen oder durch ein Sicherheitsventil mit geringem Überdruck geschlossen. Er unterscheidet sich von den gewöhnlich betrachteten Schwimmkörpern durch seine Deformationsfähigkeit und gehorcht verschiedenen Gesetzen, jenachdem der Ballon ganz gefüllt (= prall) oder teilweise gefüllt (= schlaff) ist. Der pralle Ballon bleibt prall, so lange er steigt und verliert dabei am Appendix dauernd Gas, er hat konstantes Volumen, aber variables Gewicht; sein Auftrieb ist (gleiche Temperatur von Luft und Füllgas vorausgesetzt) gleich dem Produkt aus dem konstanten Volumen in den mit der Temperatur und Höhe abnehmenden Auftrieb der Volumeneinheit des Füllgases. Kommt der pralle Ballon ins Sinken, so wird er schlaff. Der schlaffe Ballon verliert kein Gas, er behält sein Gewicht bei, ändert aber sein Volumen. Sein Auftrieb ist (unter Voraussetzung von gleicher Temperater von Gas und Luft) gleich dem Produkt aus dem konstanten Gewicht in den von Temperatur und Druck (Höhe) unabhängigen Auftrieb der Gewichtseinheit des Füllgases. Hat daher ein schlaffer Ballon negativen Auftrieb (Abtrieb), so behält er denselben bei und fällt, ohne ins Gleichgewicht zu kommen, immer schlaffer werdend zu Boden. Hat umgekehrt ein schlaffer Ballon positiven Auftrieb, so steigt er, bis er prall geworden ist, mit konstantem Auftrieb und verhält sich, weiter mit abnehmendem Auftrieb, wie ein praller Ballon[21]). Das Gleichgewicht eines Ballons ist also bei gleicher Temperatur von Gas und Luft instabil.

Um die Instabilität des Ballons in vertikaler Richtung zu vermindern, hat *J. B. Meusnier*[22]) im Jahre 1783 das *Ballonet* eingeführt.

21) *Ch. Renard,* Rev. de l'Aëronautique 1 (1888), p. 15; vgl. *A. Barthès,* Rev. de l'Aëronautique 5 (1892), p. 1; *H. Hergesell* ebenda 3 (1890), p. 101; *R. Emden,* Illustr. aër. Mitt. 5 (1901), p. 77; *Voyer,* Rev. de l'Aëronautique 8 (1901 erschienen), p. 13.

22) *G. Tissandier,* Rev. de l'Aëronautique 1 (1888), p. 130.

Es ist das ein im Innern des Ballons befindlicher, gegen das Füllgas abgeschlossener Luftsack, in welchem der Druck der Luft durch ein Gebläse reguliert werden kann. Die ursprüngliche Absicht, auf diese Weise durch Einpumpen und Entleeren von Luft das Gewicht des Ballons ohne Verlust von Gas oder Ballast zu beeinflussen, kann wegen der engen Grenzen, die das Gewicht und die Festigkeit der verwendbaren Materialien zulassen, nicht verwirklicht werden, doch hat sich das gespannte Ballonet als wirksames Mittel, die Form des Ballons gegen Deformationen zu sichern, bewährt, so bei den steuerbaren Ballons [23]) und beim *Parseval-Siegsfeld*'schen gefesselten Drachenballon [24]), bei welchem der Gegenwind das Aufblasen des Ballonets besorgt.

Mit der Deformationsfähigkeit des Ballonmaterials hängen noch statische Untersuchungen zusammen, welche auf die Berechnung der Beanspruchung desselben Bezug haben. Die auf ein Element der Ballonhülle wirkenden äusseren Kräfte sind der Auftrieb, welcher dem vertikalen Abstand des Elementes vom offenen Appendix proportional ist, und der Netzdruck. Unter ihrem Einflusse kann das Element entweder allseitig oder auch nur einseitig gespannt und quer dazu gefaltet sein. Die Berechnung der Spannungen schliesst sich an die Theorie der Kuppelgewölbe an [25]), während die Untersuchung des Netzdruckes und der Spannungen im Netz auf ungeschlossene räumliche Fachwerke führt [26]). In naher Beziehung hierzu stehen die auf der Elastizitätstheorie fussenden Untersuchungen von *L. Lecornu* [27]) über die Verteilung der Spannungen in einer ellipsoidischen Haut unter konstantem Innendruck. Ganz neue Probleme der Statik des räumlichen Fachwerkes stellen die starren Riesenballons (*D. Schwarz, F. v. Zeppelin*) [28]), bei welchen feste und veränderliche konzentrierte Lasten (Maschinenräume, Ballast), sowie veränderliche Flächenbelastung (Auftrieb bei wechselnder Füllung, Luftwiderstand) eine maassgebende Rolle spielen. Einfacherer Natur sind die auf das Tau eines Fesselballons (Kurve des Durchhangs und der Beanspruchung ohne [29]) und mit [30])

---

23) *St. Dupuy de Lôme, H. Giffard, P. Hähnlein, Ch. Renard, A. Santos-Dumont.* Für erstere siehe *H. Mödebeck,* Handbuch der Luftschiffahrt, Leipzig 1886, für letzteren Illustr. aër. Mitt. 6 (1902), p. 1.

24) Zeitschr. für Luftsch. 15 (1896), Beilage.

25) *P. Lauriol,* Rev. de l'Aëronautique 2 (1889), p. 111; fortgesetzt in 3 (1890), p. 11.

26) *S. Finsterwalder,* Illustr. aër. Mitt. 4 (1900), p. 1.

27) Paris C. R. 122 (1896), p. 218.

28) Illustr. aër. Mitt. 2 (1898), p. 18 und 6 (1902), p. 7.

29) *M. Degouy,* Rev. de l'Aëronautique 2 (1889), p. 23.

30) *M. Wagner,* Illustr. aër. Mitt. 3 (1899), p. 76.

Winddruck) bezüglichen, mechanischen Untersuchungen. Rein geometrische Aufgaben, die mit der Lehre von der Kartenprojektion in Beziehung stehen, bietet die Art der Herstellung des Ballons aus Stoffstreifen[31]) oder wie bei den Goldschlägerballons aus kleinen Stoffstückchen, welche auf einer langen spindelartigen Form (einer Rotationsfläche konstanten Krümmungsmaasses) an einander geklebt werden. *S. Finsterwalder*[32]) hat gezeigt, dass ein Kugelballon mit weit geringerem Verschnitt an Stoff und 30 % kürzerer Nahtlänge hergestellt werden kann, wenn man statt der üblichen Meridianteilung der Kugel die reguläre Würfelteilung (ev. auch die Rhombendodekaeder- oder Rhombentriakontaederteilung), deren Felder durch konvergente grösste Kreise in viereckige Bahnen von der grössten Stoffbreite zerlegt werden, zugrunde legt.

Ausser der oben betrachteten Stabilität eines Ballons in Bezug auf das Auf- und Niedersteigen kommt, für steuerbare Ballons wenigstens, auch noch jene in Bezug auf Längs- und Querpendelung zur Geltung. So lange der Ballon vollgefüllt ist, kann man ihn bei Untersuchung der Schwingungen als ein im Zentrum des Auftriebes (Schwerpunkt des Gasvolumens) aufgehängtes Pendel (ev. mit Luftdämpfung) ansehen. Ist er aber nur zum Teil gefüllt, so tritt bei den Schwingungen eine Relativbewegung der unten durch eine Horizontalebene abgegrenzten Gasmasse ein, deren Einfluss auf die Stabilität nach den Methoden von *P. Duhem*[33]) und *P. Appell*[34]) zu verfolgen ist. *F. v. Zeppelin* hat ihn durch Schotteneinstellung praktisch unwirksam gemacht. Wenn die Vortriebsorgane (Luftschrauben) eines steuerbaren Ballons nicht so angebracht sind, dass die Resultante ihrer Wirkungen mit der Resultante des Luftwiderstandes des Ballonkörpers zusammenfällt, so entsteht bei Beginn des Antriebes ein Drehmoment, welches die Stabilität beeinflusst und durch eine mit der Stärke des Antriebes wechselnde Verschiebung eines Balanciergewichtes ausgeglichen werden muss. Die Steuerung geschieht genau wie beim Schiffe dadurch, dass die durch das gedrehte Steuer hervorgerufene Asymmetrie des Schiffskörpers beim Andauern des Vortriebes ein Drehmoment des Luftwiderstandes weckt, dessen Grösse im Verein mit der durch den Vortrieb bewirkten Fahrt den Steuerkreis, in dem sich das Schiff bei konstanter Steuerstellung dreht, bedingt. Bei der Vertikalsteuerung erfolgt die Drehung nur so lange, bis das geweckte

31) *Voyer*, Rev. de l'Aëronautique 7 (1894), p. 1.

32) Ill. aër. Mitt. 6 (1902).

33) J. de math. (2) 5 (1896), p. 23.

34) Paris C. R. 129 (1898), p. 568.

Drehmoment des Luftwiderstandes jenem gleich ist, das durch die Entfernung des Schwerpunktes von der durch das Auftriebszentrum gehenden Vertikalen entsteht. Der geringe Erfolg der steuerbaren Ballons ist durch ihre im Verhältnis zur gewöhnlichen Windgeschwindigkeit geringe Eigengeschwindigkeit bedingt. *Ch. Renard* hat 6,5 $m\,sec^{-1}$, *F. v. Zeppelin* 7,5 $m\,sec^{-1}$ wirklich erreicht. Den Widerstand eines, dem seinigen ähnlichen Ballons von d m Durchmesser und v m Geschwindigkeit giebt *Ch. Renard*[35]) in kg folgendermassen an:

$$W = 0{,}01685\, d^2 v^2.$$

3. Beobachtung der auf die Aërodynamik bezüglichen Grössen. Zur Beobachtung der Richtung der Windgeschwindigkeit dienen Windfahnen (Wimpel) und die vorhin (in Nr. 1) erwähnten Methoden der Schlierenbeobachtung und der Rauchfäden. Die Komponente der Geschwindigkeit des Windes senkrecht zu einer (meist vertikalen) Geraden wird durch das *Robinson*'sche Anemometer gemessen, dessen Hauptbestandteil ein Schalenkreuz ist, das sich um eine zu jener Geraden parallele Axe dreht. Die Windgeschwindigkeit selber wird gemessen durch Flügelrädchen nach Art des *Woltmann*'schen hydrometrischen Flügels[36]), dessen Drehaxe in die Richtung der Windgeschwindigkeit fällt. Beide Messungen geben nur Mittelwerte, deren Art von dem Trägheitsmoment der rotierenden Massen abhängt. *S. P. Langley*[37]) hat dasselbe beim *Robinson*'schen Schalenkreuz auf ein Minimum herabgesetzt. *G. Recknagel*[38]) hat das Flügelrädchen so geformt, dass seine Angaben eine lineare Funktion der Geschwindigkeit werden. Die Instrumente reagieren auf Geschwindigkeiten von über 0,1 bis 0,2 $m\,sec^{-1}$. Eine zweite Methode, die Windgeschwindigkeit zu messen, besteht darin, dass man den Druck ermittelt, den eine senkrecht zum Wind gestellte Platte erfährt.

Statt den Gesamtdruck direkt zu bestimmen, hat *G. Recknagel*[39]) den Unterschied der Drucke in den Mittelpunkten der Vorder- und Rückseite einer quer zum Wind gestellten kreisförmigen Platte manometrisch gemessen und damit minimale Dimensionen des Anemometers bis zu 5 mm herab erzielt. Ein scheibenartiges Döschen ist im Innern durch eine Querwand in zwei Kammern geteilt, von wel-

---

35) Paris C. R. 101 (1885), p. 1111.

36) Vgl. IV 19 (*Forchheimer*).

37) Rev. de l'Aëronautique 6 (1893), p. 43.

38) Ann. Phys. Chem. (2) 4 (1878), p. 179.

39) Verh. deutsch. Naturf. u. Ärzte, München 1899, p. 76. Vgl. *O. Krell*, Hydrostatische Messinstrumente, Berlin 1897.

chen die eine durch ein Loch in der Mitte der Vorderfläche, die andere durch ein solches in der Mitte der Rückfläche mit der Aussenluft korrespondiert. Die vordere Kammer wird durch den Luftstrom angeblasen, die rückwärtige ausgesaugt und der Druckunterschied beider durch ein empfindliches Wassermanometer mit schwach geneigtem Ableseschenkel gemessen. Der Druckunterschied ist dem Quadrat der Geschwindigkeit proportional.

Zur Bestimmung des statischen Druckes der unbewegten Luft dienen Barometer und Manometer. In bewegter Luft sind ihre Angaben fehlerhaft. Ein Instrument, welches den Druck bewegter Luft messen soll, ist von *F. Nipher*[40]) angegeben. Der Raum zwischen zwei nahegestellten parallelen, kreiförmigen Platten würde von einem gegen die Platten streichenden Luftstrom ausgesaugt werden. Erfüllt man ihn mit einem Packet feiner Drahtnetze, welche über den Rand der Platte etwas vorragen, so entsteht an dem vorragenden Streifen eine Druckwirkung, die so abgeglichen werden kann, dass sie der Saugwirkung das Gleichgewicht hält. Der statische Druck in der Mitte des netzerfüllten Zwischenraumes giebt dann den Druck der bewegten Luft an.

Weit leichter ist der Druck der bewegten Luft an der Oberfläche eines Hindernisses zu messen. Bringt man an dem Punkte, wo die Messung erfolgen soll, eine feine Öffnung an, die mit einem Manometer in Verbindung steht, so wird in jene Öffnung so lange Luft eingeblasen, bezw. aus ihr abgesaugt, bis in dem Verbindungsteil zum Manometer derselbe statische Druck herrscht, wie im Luftstrom, der an der Öffnung vorbeistreicht[41]).

Um den aus der inneren Unruhe des natürlichen oder auch künstlich erzeugten Windes entstehenden Fehlerquellen zu entgehen, werden in der Regel die auf Luftwiderstand zu untersuchenden Körper durch die ruhende Luft bewegt. Dies geschieht zumeist in kreisförmiger Bahn mittels des Rundlaufapparates[42]). Den schädlichen Einfluss des

---

40) The Engineer 85[1] (1898), p. 517.

41) *G. Recknagel*, Ann. Phys. Chem. (2) 10 (1880), p. 677; *J. Irminger*, Engineering 60[2] (1895), p. 787.

42) Durchmesser der Rundlaufapparate von:

K. Schellbach, Ann. Phys. Chem. 143 (1871), p. 1	Durchm.	0,3 m;
G. Hagen, Ann. Phys. Chem. 152 (1874), p. 95	„	3,0 m;
G. Recknagel, Zeitschr. d. Ver. deutsch. Ing. 30 (1886), p. 489	„	2—10 m;
F. v. Lössl, Die Luftwiderstandsgesetze	„	2,5—3 m;
P. S. Langley, Experiments in aërodynamics	„	18,2 m;
H. S. Maxim, Rev. de l'Aëronautique 5 (1892), p. 45	„	19,4 m;
O. Mannesmann, Diss. Tübingen 1897	„	1,0 m;

Mitwindes und die Abhängigkeit der erzielten Luftwiderstandswerte vom Verhältnis der Körpergrösse zum Bahnradius hat *G. Recknagel* für kreisförmige Scheiben untersucht[43]). Es zeigt sich, dass mit jenem Verhältnis die Luftwiderstände wachsen. Bei den grossen Rundlaufapparaten, die im Freien arbeiten, stört der niemals ganz ruhende Wind und, wenn man zur Vermeidung dieser Störung sehr grosse Geschwindigkeiten verwendet, die Zentrifugalkraft.

Ausser Versuchen mit Rundlaufapparaten dienen noch Fallversuche zur Messung des Luftwiderstandes, teils mit senkrechter Bahn an vertikalen Drähten gleitend, teils auf schiefer Bahn[44]). Ein ganz eigenartiger Apparat zur Vergleichung verschiedener Luftwiderstände wurde von *v. Lössl* benutzt. Ein leichter gleicharmiger Wagebalken trägt an den Enden an Stelle der Schalen die zu vergleichenden Körper, welche gleich schwer sein müssen. Er wird mit grosser Geschwindigkeit vertikal in die Höhe gezogen und man ersieht dann am Ausschlag, welcher von den Körpern grösseren Luftwiderstand erfährt[45]).

4. Abhängigkeit des Luftwiderstandes von den Dimensionen des Hindernisses, sowie von der Dichte, Geschwindigkeit und Beschleunigung der Luft. Die schon von *Newton* gelehrte und auch aus der Hydrodynamik folgende Proportionalität zwischen Luftwiderstand und Dichte ist niemals bestritten worden, dagegen ist die Zunahme mit dem Quadrat der Lineardimensionen des vom Luftstrom getroffenen Körpers unter sonst gleichen Umständen (Form, Geschwindigkeit, Dichte) wiederholt Gegenstand der Kontroverse gewesen. Neben der nächstliegenden Ansicht, dass ähnliche Körper bei gleicher Geschwindigkeit gleichen spezifischen (auf die Querschnittseinheit reduzierten) Widerstand erfahren, findet man sowohl die Ansicht vertreten, dass der spezifische Widerstand mit der Grösse zu-

---

W. H. Dines, Lond. Roy. Soc. Proc. 48 (1890), p. 223 Durchm. 17 m;
Studiengesellschaft f. elektr. Schnellbahnen, Elektrotechn. Zeitschr. 22 (1901), p. 672 „ 6,3 m.

43) Zeitschr. d. Ver. deutsch. Ing. 30 (1886), p. 490. Er findet den Widerstand

$$W = (Fsv^2 : 2g)\,[1{,}12 + (3{,}21\,D - 0{,}632\,D^2) : L],$$

wo F = Fläche in m², v = Geschwindigkeit, g = Erdbeschleunigung, D = Durchmesser der Scheibe, L = Radius des Apparates — alles in m —, s = Gewicht von 1 m³ Luft.

44) *Newton*, Principia Liber 2, Sectio VII, § 61, 13. Vers.; *L. Cailletet* und *E. Colardeau* am Eiffelturm Paris C. R. 115 (1892), p. 13; *F. Le Dantec* und *Canovetti*, Referat Zeitschr. d. Ver. deutsch. Ing. 43 (1899), p. 1376.

45) *v. Lössl*, Die Luftwiderstandsgesetze, Wien 1896, p. 19.

nimmt[46]), als auch dass er mit derselben abnimmt[47]). Letztere Ansicht wurde durch Versuche an der Towerbrücke gestützt, nach welchen eine 100 m^2 grosse Fläche kaum den sechsten Teil des spezifischen Widerstandes einer 0,1 m^2 grossen Fläche erfährt[47]). Zur Erklärung der Thatsache, dass kleinere Flächen unter gleichen Umständen grössere spezifische Drucke erleiden, kann die innere Unruhe des Windes dienen, sobald man voraussetzt, dass die grossen Flächen gross gegen die Dimension der lokalen Windstörungen sind.

Für die Abhängigkeit des Luftwiderstandes von der *Geschwindigkeit* ist bei sehr kleinen Geschwindigkeiten unter 0,2 $msec^{-1}$ die innere Reibung der Luft massgebend. Der Körper scheint sich dabei mit einer dünnen Schicht stagnierender Luft zu umhüllen und der Widerstand ist annähernd der Geschwindigkeit proportional. Von dieser Art ist der Luftwiderstand, der bei langsamen Schwingungsbeobachtungen in Betracht gezogen wird[48]). Für grössere Geschwindigkeiten gilt im weiten Umfange[49]) das quadratische Gesetz. Auf Grund von *Newton*'s Vorstellung folgert man dasselbe in der Art, dass einerseits die in einem kleinen Zeitteilchen zum Zusammenstoss mit dem Körper gelangende Luftmasse proportional der Relativgeschwindigkeit der Luft gegen den Körper ist, andererseits aber auch die Geschwindigkeitsänderung, welche sie erfährt; dem Produkt beider, also dem Quadrat der Relativgeschwindigkeit, ist der Luftwiderstand proportional. Aus den Grundgleichungen der Hydrodynamik folgt durch Anwendung des Prinzipes der Ähnlichkeit der Bewegungen, dass bei einer stationären Bewegung mit k-fachen Geschwindigkeiten, welche weit unter der Schallgeschwindigkeit liegen, k^2-fache Drucke, Beschleunigungen und äussere Kräfte vorhanden sein müssen. Wenn sich die Geschwindigkeit der Schallgeschwindigkeit 333 $msec^{-1}$ nähert, so ändert sich die Abhängigkeit des Luftwiderstandes von der Geschwindigkeit[50]); derselbe steigt sehr viel rascher als es das quadratische Gesetz verlangt, um dann bei Geschwindigkeiten über 400 $msec^{-1}$ ein neues quadratisches Gesetz

46) Ausser älteren Autoren von *O. Mannesmann*, Diss. Tübingen 1897, p. 27. Vgl. dagegen *G. Recknagel*, Ann. Phys. Chem. (2) 10 (1880), p. 677, sowie Fussn. 43.

47) *F. v. Zeppelin*, Zeitschr. f. Luftsch. 15 (1896), p. 172; *J. Wolf Barry*, Engineering (2) 66 (1898), p. 408.

48) *M. Thiesen*, Ann. Phys. Chem. (2) 26 (1885), p. 314; vgl. auch IV 15, **15** (*Love*).

49) Nachgewiesen von *K. Schellbach* von $v = 0{,}2$ bis 6 $msec^{-1}$, von *F. v. Lössl* bis 12 $msec^{-1}$, von *P. S. Langley* bis 30 $msec^{-1}$; aus ballistischen Versuchen nach *C. Cranz*, Äussere Ballistik, Leipzig 1896, p. 51, 53 und 61 bis 240 $msec^{-1}$.

50) Hier sei auf die Theorie des Luftwiderstandes von *J. Altmann* hingewiesen, Zeitschr. f. Luftsch. 29 (1900), p. 147.

mit beinahe dreimal so grossem konstanten Faktor zu befolgen[51]). Die Ursache dieser Änderung muss in der Bildung einer sogenannten konischen Kopfwelle gesucht werden, welche bei so grossen Geschwindigkeiten ähnlich der Bugwelle eines Dampfers auftritt, relativ gegen den Körper ruht, und auf der Leeseite einen luftverdünnten Raum abgrenzt. Der Sinus des halben Öffnungswinkels der konischen Kopfwelle ist gleich dem Quotienten aus Schallgeschwindigkeit und Relativgeschwindigkeit zwischen Körper und Luft[52]).

Über den *Einfluss der Relativbeschleunigung* auf den Luftwiderstand, welcher sich nach der Hydrodynamik in einer scheinbaren Vermehrung der Masse des bewegten Körpers um einen von der Art der Bewegung abhängigen Teil der verdrängten Luftmasse äussern müsste, giebt es wenig Beobachtungen. *J. Didion*[53]) schliesst aus Fallversuchen einer ebenen Kreisscheibe auf einen solchen Einfluss von geringem Betrage. Dagegen hat *O. Lilienthal*[54]) bei Versuchen mit Schlagflügeln eine 9—10fache Vermehrung des Luftwiderstandes gegenüber jenem, welcher bei einseitiger Bewegung mit gleichförmiger Durchschnittsgeschwindigkeit auftritt, gefunden.

Was die Abhängigkeit des Luftwiderstandes von der *Form des Umrisses* der getroffenen Fläche angeht, so bildet sich nach *F. v. Lössl*[55]) auf der Stossseite ebener Flächen, die senkrecht zu ihrer Ebene bewegt werden, ein Luftstauhügel aus, der von einer Fläche konstanter Böschung (45°) begrenzt ist. Hervorragungen der Fläche, die innerhalb des Luftstauhügels verlaufen, sind auf den Widerstand ohne Einfluss. In der Hauptsache besteht Proportionalität zwischen Luftwiderstand und Flächeninhalt. Doch finden *v. Lössl, F. Le Dantec*[56]) und *G. Hagen*[57]) übereinstimmend, dass bei gleichem Inhalt der Kreis den kleinsten Widerstand bietet. *v. Lössl* lässt diese Thatsache nur bei ganz ebenen Flächen gelten. Wenn der Rand der Fläche gegen den Luftstrom zu

---

51) Vgl. *C. Cranz,* Äussere Ballistik, Leipzig 1896, p. 39, sowie IV 18, 1b (*Cranz*).

52) *E. Mach* und *J. Wentzel,* Wien. Ber. 92 2a (1885), p. 625; *E. Mach* und *P. Salcher,* ebenda 95 2a (1887), p. 764; 97 2a (1888), p. 1045; 98 2a (1889), p. 41, 1257, 1360; 101 2a (1892), p. 977; 105 2a (1896), p. 605.

53) *C. Cranz,* Äussere Ballistik, Leipzig 1896, p. 45;

$$W = F\,(0{,}036 + 0{,}084\,v^2 \pm 0{,}164\,dv : dt)$$

in Luft von 10° und 760 mm.

54) *O. Lilienthal,* Der Vogelflug, p. 48.

55) Die Luftwiderstandsgesetze, p. 34.

56) Die Luftwiderstandsgesetze, p. 81; Zeitschr. d. Ver. deutsch. Ing. 43 (1899), p. 1376.

57) Ann. Phys. Chem. 152 (1874), p. 95.

nur ein wenig erhöht ist, was die Ausbildung des Luftstauhügels begünstigt, so ist das Format ganz gleichgiltig. Bezeichnet man den Luftwiderstand einer so berandeten Fläche mit 1, so ist der einer gleich grossen Kreisscheibe ohne Rand 0,83, eines Quadrates 0,86, eines gleichseitigen Dreiecks 0,90, eines Rechtecks mit dem Seitenverhältnis 1:2 0,9, eines solchen mit 1:4 0,94.

Nach *v. Lössl*[58]) wäre der Druck gleichmässig über die Stossseite verteilt und die Resultante ginge durch den Schwerpunkt. *G. Recknagel*[59]) fand auf manometrischem Wege folgende empirische Formel für die Verteilung des Überdrucks auf die Vorderseite einer Kreisscheibe:

$$P = P_m\left[1 - 0{,}39\left(\frac{\varrho}{r}\right)^2 + 0{,}734\left(\frac{\varrho}{r}\right)^4 - 1{,}19\left(\frac{\varrho}{r}\right)^6\right],$$

wobei r der Radius der Scheibe, ϱ die Entfernung vom Mittelpunkt bedeutet und $P_m = \frac{\gamma}{2g} F v^2$. Auf der Rückseite war der Minderdruck ziemlich gleichmässig ($= 0{,}37\, P_m$) mit ganz schwacher Zunahme gegen den Rand zu. Hiermit stimmen der Art nach die Versuche von *F. Nipher*[60]) an einer rechteckigen Platte.

Was den Proportionalitätsfaktor betrifft, der angiebt, wie gross der Widerstand von 1 qm bei 1 msec^{-1} senkrechter Geschwindigkeit ist, so schwanken die Angaben für mittlere Verhältnisse (15° C. und 760 mm Barometerstand) etwa zwischen 70 gr und 125 gr. Ersteren Wert findet *G. Recknagel* auf manometrischem Wege. Mittlere Werte finden: *F. Le Dantec* 80 gr, *J. Didion* 84 gr, *P. S. Langley* 85 gr, *Ch. Renard* 85 gr, *Canovetti* 90 gr, *J. Weissbach* 93 gr; grössere Werte *J. Smeaton* 122 gr, *F. v. Lössl* 125 gr, *O. Lilienthal* 125 gr und *E. J. Marey* 125 gr. *v. Lössl*'s Wert gilt nur für Flächen mit vorstehendem Rande; für glatte Flächen ermässigt er sich auf ca. 106 gr[61]). Der erstgenannte Wert (125 gr) ist auf Grund der Lufthügeltheorie abgeleitet und entspricht der Formel $W = \frac{\gamma}{g} F v^2$ (W und γ in kg, g und v in m, F in m^2). *G. Kirchhoff*[62]) findet im Anschluss an die Annahme von Diskontinuitätsflächen für unendlich lange Rechtecke $W = \frac{\pi}{4+\pi} \frac{\gamma}{g} F v^2$. Dieser Formel entspricht ein Winddruck von 55 gr pro m^2 Fläche und 1 msec^{-1} Geschwindigkeit.

---

58) Die Luftwiderstandsgesetze, p. 51.

59) Zeitschr. d. Ver. deutsch. Ing. 30 (1886), p. 489.

60) The Engineer 85 (1898), p. 517, Referat.

61) Die Luftwiderstandsgesetze, p. 80.

62) Vorlesungen über mathematische Physik, Bd. 1: Mechanik, Leipzig 1883, 3. Aufl., p. 307.

5. **Grösse und Richtung des Luftwiderstandes ebener Flächen, die schief zu ihrer Ebene bewegt werden.** Aus *Newton*'s Anschauungen folgt unmittelbar, dass der Luftwiderstand auch beim schiefen Luftstoss senkrecht zur Fläche wirkt und sich zu jenem bei senkrechtem Stoss verhält, wie das Quadrat des Sinus des Winkels der Bewegungsrichtung gegen die Fläche zu Eins ($W = W_m \sin^2 \alpha$). Diese Formel hat dem Experiment nicht entsprochen, namentlich nicht bei kleinen Winkeln. Es sind sehr viele andere Formeln aufgestellt worden, so von *Duchemin*[63]) $W = W_m \cdot \frac{2 \sin \alpha}{1 + \sin^2 \alpha}$, welche *Langley*[64]) für quadratische Platten bestätigt hat, und von *v. Lössl*[65]) $W = W_m \cdot \sin \alpha$, welche dieser Autor aus der Lufthügeltheorie ableitet und experimentell bestätigt. Über einer schiefen Fläche bildet sich hiernach nicht ein unter 45^0 gegen die Normalebene zur Bewegungsrichtung abgeböschter Lufthügel aus, sondern der Böschungswinkel β ist mit dem Schiefstellungswinkel α durch die empirische Formel $\operatorname{tg} \beta = \sin \alpha$ ($\alpha = 90^0$ $\beta = 45^0$, $\alpha = 57^0$ $\beta = 40^0$, $\alpha = 35^0$ $\beta = 30^0$, $\alpha = 21^0$ $\beta = 20^0$, $\alpha = 10^0$ $\beta = 10^0$) verbunden. Die *v. Lössl*'sche Formel hat in den Kreisen der Flugtechniker grosse Verbreitung gewonnen. *G. Kirchhoff*[66]) und Lord *Rayleigh*[67]) haben unter Annahme von Diskontinuitätsflächen für ein in der Bewegungsrichtung schmales Rechteck die Formel $W = W_m \cdot \frac{(4 + \pi) \sin \alpha}{4 + \pi \sin \alpha}$ theoretisch abgeleitet. Für denselben Fall sucht Lord *Kelvin*[68]) die Formel $W = \frac{\pi}{2} F v^2 \sin \alpha \cos \alpha$ unter Beschränkung auf kleine α wahrscheinlich zu machen. *A. Faccioli*[69]) fand den Normaldruck für kleine Einfallswinkel ($0{,}5^0$ — $7{,}5^0$) nahezu konstant gleich $W_m : 4$. Auch im übrigen liegen seine Zahlen erheblich über der *v. Lössl*'schen Formel.

Bei der Ableitung der empirischen Formeln, welche die Abhängigkeit des Widerstandes vom Luftstosswinkel darstellen sollen, ging man stets von der meist unausgesprochenen Voraussetzung aus, dass eine solche unabhängig von der Form der Fläche oder gar von ihrem Zusammenhang mit andern Flächen existiere, was nach den

---

63) *Duchemin*, Experimentaluntersuchungen über den Widerstand der Flüssigkeiten, deutsch von *C. Schnuse,* Braunschweig 1844, p. 101.

64) Experiments in aërodynamics, Washington 1891, p. 24.

65) Die Luftwiderstandsgesetze, p. 96.

66) J. f. Math. 70 (1869).

67) Phil. Mag. (2) 5 (1876), p. 430.

68) Phil. Mag. (5) 38 (1894), p. 409.

69) Teoria del volo, Milano 1895, p. 99. Ähnliches behauptet *A. Samuelson,* Zeitschr. f. Luftsch. 15 (1896), p. 102.

hydrodynamischen Ansichten ganz unwahrscheinlich ist. *Langley*[69a]) hat die Abhängigkeit des Widerstandes vom Luftstosswinkel für drei annähernd flächengleiche Rechtecke a) 152 × 609 mm, b) 305 × 305 mm, c) 760 × 122 mm untersucht, wobei sich das erste mit der Schmalseite, das letzte mit der Breitseite voran bewegt, und folgende Werte für das Verhältnis $W : W_m$ gefunden:

α	5^0	10^0	15^0	20^0	25^0	30^0	35^0	40^0	45^0
a)	0,07	0,16	0,29	0,43	0,57	0,71	0,83	—	—
b)	0,16	0,30	0,45	0,58	0,70	0,78	0,84	0,88	0,92
c)	0,29	0,44	0,56	0,63	0,67	0,69	0,72	0,74	0,76

Bei $\alpha = 27^0$ sind die Unterschiede sehr gering, bei kleinen Winkeln erleidet die Fläche, die an der Schmalseite angeblasen wird, weit gegeringern Widerstand als jene, die auf der Langseite angeblasen wird.

Alle Autoren stimmen darin überein, dass der Luftwiderstand senkrecht auf der ebenen Fläche steht. *v. Lössl*[70]) hat gezeigt, dass bei dem Phänomen des Luftwiderstandes auf Flächen, die sich schief zu ihrer Ebene bewegen, der Luftstosswinkel als solcher ganz ohne Einfluss ist. Wird eine Kreisscheibe senkrecht zu ihrer Fläche angeblasen, und beginnt sie in ihrer Ebene um ihren Mittelpunkt mit immer steigender Geschwindigkeit zu rotieren, so ändert sich der Luftwiderstand gar nicht, obwohl der Luftstosswinkel dauernd kleiner wird. Das Maassgebende ist der durch den Flächenumriss bestimmte Querschnitt des Luftstroms, der das Hindernis trifft.

Dem von *Langley* messend verfolgten Einflusse des Formates der Fläche sucht *v. Lössl* durch eine Abänderung der Luftwiderstandsformel gerecht zu werden, bei deren Ableitung er die Relativgeschwindigkeit der bewegten Luft in eine Komponente v_1 senkrecht zur horizontal gedachten Ebene (Sinkgeschwindigkeit) und in eine parallel zur Ebene v_2 zerlegt. Die letztere bewirkt eine Vergrösserung der widerstehenden Fläche um den Betrag bv_2, wo b die Ausdehnung der Fläche F senkrecht zu v_2 ist; vom Quadrat der zweiten hängt im übrigen der Luftwiderstand ab. Die Formel wird dann $W = \frac{\gamma}{g}(F + bv_2)v_1^2$, oder wenn man wieder den Winkel α und die Relativgeschwindigkeit v einführt: $W = \frac{\gamma}{g}(F + bv\cos\alpha)v^2\sin^2\alpha$ $\left(\frac{\gamma}{g}\text{ Luftdichte}\right)$. Auch diese Formel hat *v. Lössl* innerhalb der Werte $\alpha = 7^0$—13^0 und $v = 0{,}8$—$1{,}9$ m, wobei sie etwa doppelt so grosse Werte giebt, als die frühere Formel

69a) Experiments in aërodynamics, Washington 1891, p. 62.

70) Vgl. Fussn. 71.

$W = \frac{\gamma}{g} F v^2 \sin^2 \alpha$, durch Versuche bestätigt[71]). Die Formel hat viel Widerspruch erfahren[72]).

Bezüglich des *Angriffspunktes und der Verteilung des Luftwiderstandes gegen eine geneigte Ebene* folgert *v. Lössl* aus seiner Lufthügeltheorie, dass der Luftwiderstand über die ganze Stossfläche gleichförmig verteilt sei und seine Resultante demgemäss durch den Schwerpunkt gehe. Dem widerspricht die allgemeine Erfahrung und das Resultat vieler Experimente, welche das Vorhandensein der *Avanzini*'schen Erscheinung der Hydraulik auch für die Aërodynamik feststellen. Dieselbe besteht in einer Verrückung des Angriffspunktes der Resultante des Luftwiderstandes vom Zentrum der Fläche gegen den angeblasenen Rand zu. Ausführliche Versuche hierüber haben *Jössel*[73]) und *E. Kummer*[74]) angestellt. Deren Ergebnisse wurden von *P. S. Langley* und *W. H. Dines* bestätigt. *Kummer* fand, dass auch in diesem Falle die Form der Fläche von Einfluss ist, und dass z. B. für ein Quadrat der Angriffspunkt des Luftwiderstandes bei verschiedenen Luftstosswinkeln innerhalb der mittleren Hälfte der Platte schwankt, während bei einem Rechteck, das an der schmalen Seite angeblasen wird, sich jene Schwankung auf einen kleineren Bereich (auf ein Fünftel beim Seitenverhältnis 1 : 18) beschränkt. Lord *Rayleigh*[75]) hat diese Veränderung des Angriffspunktes auch aus der *G. Kirchhoff*'schen Theorie der Diskontinuitätsflächen gefolgert und für die Entfernung x des Angriffspunktes des Widerstandes eines an der unendlich langen Seite angeblasenen Rechtecks von der Mitte der Breite l den Audruck

$$x = \frac{3 \cos \alpha}{4(4 + \pi \sin \alpha)} l$$

gefunden. *Jössel* hat für dieselbe Grösse den empirischen Ausdruck $x = 0{,}3\,(1 - \cos \alpha)\, l$ gegeben. *N. Joukowsky*[76]) hat darauf aufmerksam gemacht, dass, wenn die angeblasene Fläche nicht symmetrisch zu einer die Windrichtung enthaltenden Ebene ist, die Richtung des geweckten Luftwiderstandes nicht mehr zu einer die Windrichtung und die Flächennormale enthaltenden Ebene parallel liegt.

---

71) Zeitschr. d. österr. Ing. u. Arch.-V. 50 (1898), p. 454 und 481.

72) *J. Popper*, Zeitschr. f. Luftsch. 15 (1896), p. 253, sowie Zeitschr. d. österr. Ing.- u. Arch.-V. 51 (1899), p. 51 und 73; *G. Wellner*, Der dynamische Flug, Brünn 1899, p. 28 Anm.

73) Mémorial du génie maritime 1870, Brüssel.

74) Berl. Abh. 1875 u. 1876.

75) Phil. Mag. (5) 2 (1876), p. 430; vgl. *E. Gerlach*, Zeitschr. f. Luftsch. 5 (1886), p. 65, mit graphischen Darstellungen.

76) Über das Schweben der Vögel, Mosk. math. Samml. 16 (1891), p. 29.

6. Der Luftwiderstand von flachgewölbten und krummen Flächen, sowie von Flächenkombinationen. Wegen ihrer Eignung für flugtechnische Zwecke haben *gewölbte Flächen*, welche die Form des Vogelflügels nachahmen, vielfache Untersuchung ihres Luftwiderstandes erfahren[77]). Es handelt sich dabei um Flächen von ungefähr elliptischem Umriss mit dem Axenverhältnis 1:4 bis 1:6 und einer Wölbungstiefe von 1:12 bis 1:40, welche an der Langseite angeblasen werden. Die Krümmung in einem dem Luftstrom folgenden Querschnitt ist meist an der angeblasenen Seite stärker als an der Leeseite. Es bezeichne α den Winkel des Luftstosses mit der Sehne eines solchen Querschnittes. Die Abhängigkeit des Luftwiderstandes von α ist nach *O. Lilienthal*[78]) eine ganz andere als bei ebenen Flächen von gleichem Umriss. Für $\alpha = 90^0$ stimmen die Werte in beiden Fällen überein. Während aber der Luftwiderstand ebener Flächen mit $\alpha = 0$ verschwindet, ist bei den gewölbten noch ein solcher im Betrage von 0,1 — 0,4 vom maximalen vorhanden[78a]) und für geringe Neigungen wie $\alpha = 15^0$ beträgt er 0,5 — 0,9 des Maximalwertes. Dabei liegt die Richtung des Luftwiderstandes in dem Intervall von $\alpha = 10^0$ bis $\alpha = 40^0$ um einige Grade vor der Normalen zur Sehne, wodurch unter Voraussetzung eines horizontalen Luftstromes die Vertikalkomponente (der hebende Teil des Luftwiderstandes) im Vergleich zur ebenen Fläche noch vergrössert, die Horizontalkomponente (der die Bewegung hindernde Teil desselben) verringert wird. Diese Resultate hat *G. Wellner*[79]) bestätigt; derselbe findet gleich *O. Lilienthal* für sehr günstig gestaltete Flächen unter Umständen eine Aufhebung der Horizontalkomponente, ja sogar ein Bestreben der Flächen, gegen den Wind zu fliegen, was indessen anderweitig bestritten und auf Fehler der Beobachtungsmethode zurückgeführt wurde[80]). Die Versuche von *O. Mannesmann*[81]) mit schwach gewölbten Kugelhauben von kreisförmigem Umriss zeigen nichts von diesen Eigentümlichkeiten, namentlich auch nicht die relativ starken Hebewirkungen des Luftwiderstandes bei kleinen Neigungswinkeln.

Wenn zwei parallele Flächen in der Richtung des Windes

---

77) *H. Philipps*, Engineering 40 (1885), p. 160.

78) *O. Lilienthal*, Der Vogelflug, Berlin 1889, p. 93.

78a) *W. Kutta* hat den hierhergehörigen Fall einer zweidimensionalen Bewegung theoretisch untersucht und gute Übereinstimmung mit dem Experiment gefunden, Illustr. aër. Mitt. 6 (1902), p. 133.

79) Zeitschr. d. österr. Ing. u. Arch.-V. 45 (1893), p. 353.

80) *A. v. Obermayer*, Zeitschr. f. Luftsch. 15 (1896), p. 120.

81) Diss. Tübingen 1897, p. 42.

hintereinander stehen, so erleidet die im Lee stehende eine Verminderung des Widerstandes, welche bei Kreisscheiben im Abstand des Durchmessers nach *L. Cailletet* und *E. Colardeau*[82]) 0,9, nach *O. Mannesmann*[83]) 0,7 des Widerstandes der vorderen Scheibe beträgt. Im Abstande gleich 1,67 Durchmesser tritt nach letzterem aber schon eine schwache Vermehrung auf. Wichtiger ist das Verhalten übereinanderstehender Flächen. Nach Messungen *Langley*'s[84]) üben Rechtecke, welche an der Langseite unter schwachen Winkeln angeblasen werden und um die ein- bis anderthalbfache Länge der Schmalseite in paralleler Stellung übereinanderstehen, keinen merklichen Einfluss mehr aufeinander aus, und das gleiche wurde von *H. Philipps* und *O. Lilienthal*[85]) für schwach gekrümmte Flächen gefunden.

Nach *v. Lössl* erleidet ein Keil mit dem Winkel 2α, welcher in der Symmetrieebene senkrecht zur Schneide angeblasen wird, einen Widerstand, wie eine senkrecht zum Winde gestellte Äquivalentfläche von der Grösse $f \sin \alpha$, wenn f die Basisfläche des Keiles ist. *D. Bobyleff*[86]) hat die *Kirchhoff*'sche Methode der Diskontinuitätsflächen auf den Fall eines symmetrisch angeblasenen Keiles von unendlich langer Schneide angewendet und die erhaltenen theoretischen Resultate stehen mit *v. Lössl*'s Versuchen in guter Übereinstimmung. Für den Widerstand einer regulären dreiseitigen Pyramide, die parallel der Axe bewegt wird, findet *v. Lössl* die Aquivalentfläche $0{,}9\, f \sin \alpha$, für jenen einer quadratischen Pyramide $0{,}86 \sin \alpha$, eines Kreiskegels $0{,}83 \sin \alpha$, wobei α den Winkel zwischen Bewegungsrichtung und Fläche bedeutet; für eine Kugel $f:3$, für einen Kreiszylinder, der senkrecht zu den Erzeugenden angeblasen wird, $2f:3$. Unter f ist dabei stets die Projektion des Körpers auf eine Ebene senkrecht zur Bewegungsrichtung verstanden. Ältere Autoren haben die Äquivalentfläche einer Kugel grösser[87]), neuere[88]) kleiner gefunden. Auf Grund des *Newton*'schen Widerstandsgesetzes ergiebt sie sich zu $0{,}4\, f$. Wollte man das *v. Lössl*-sche Gesetz als Elementargesetz für unendlich kleine Flächenelemente gelten lassen, so bekäme man für die Kugel $2f:3$.

82) Paris C. R. 117 (18), p. 245.

83) Diss. Tübingen 1897, p. 48.

84) Experiments in aërodynamics, Washington 1891, p. 47.

85) Zeitschr. f. Luftsch. 14 (1895), p. 237.

86) J. d. russ. phys.-chem. Gesch. 13 (1881), p. 63.

87) *J. C. Borda* $0{,}405 f$, *Ch. Hutton* $0{,}413 f$, *T. Vince* $0{,}403 f$; nach *C. Cranz*, Äussere Ballistik, Leipzig 1896, p. 140.

88) *Canovetti* $0{,}28 f$, vgl. Referat in Zeitschr. d. Ver. deutsch. Ing. 43 (1899), p. 1376.

Nach *G. Recknagel* ist der Luftdruck gegen den Scheitel eines beliebigen, parallel zur Axe angeblasenen Rotationskörpers, dessen Tangentialebene senkrecht zur Rotationsaxe steht, durch die Formel

$$W = P\left(1 - \frac{\beta - 1}{\beta}\frac{\gamma}{2g}\frac{v^2}{P}\right)^{\frac{\beta}{\beta-1}},$$

oder für kleine Geschwindigkeiten

$$W = P + \frac{\gamma}{2g}v^2$$

(P Luftdruck, $\gamma : g$ Luftdichte, v Geschwindigkeit, β Verhältnis der spezifischen Wärmen). Diese Formel folgt daraus, dass an einer solchen Stelle die lebendige Kraft der Luft adiabatisch vollständig in Druck und Temperaturerhöhung umgesetzt wird[89]).

Viele Experimentaluntersuchungen beweisen die Unzulässigkeit des mit den elementaren Annahmen der Hydrodynamik im Widerspruch stehenden Verfahrens, den Widerstand eines beliebig gestalteten Körpers auf Grund eines Elementargesetzes für den Widerstand eines Flächenelements durch Summation über die Oberfläche zu bestimmen. Damit verliert auch die Lösung des bekannten Problems der Variationsrechnung, auf Grund des *Newton*'schen Luftstossgesetzes die Form eines Rotationskörpers von minimalem Luftwiderstand zu finden, an praktischer Bedeutung[90]). *E. Kummer*[91]) hat für eine Anzahl von Rotationsflächen die verwickelten Quadraturen ausgemittelt, auf welche das Problem, auf dem angedeuteten Wege den Luftwiderstand zu ermitteln, führt. Er setzt dabei voraus, dass die Rotationskörper (Kegel, Cylinder, Rotationsellipsoid und Kombinationen von Cylindern mit Kegeln und Rotationsellipsoiden) von einem beliebig gerichteten Luftstrom getroffen werden und untersucht namentlich die Lage des Angriffspunktes auf der Drehaxe. Für die Form einer Granate (Cylinder mit aufgesetztem Halbellipsoid) stimmt sie einigermassen mit direkten Versuchen bei geringen Geschwindigkeiten ($v = 6 \text{ m sec}^{-1}$).

---

89) Ann. Phys. Chem. (2) 10 (1880), p. 677.

90) Vgl. IV 18 1 c (*Cranz*) sowie II A 8 (*Kneser*). An das vorliegende Problem hat *A. M. Legendre*, Paris, Mém. de l'Acad. 1788, p. 7—37 = *F. Ostwald*, Klassiker der exakten Wissenschaften Nr. 47, herausgegeben von *P. Stäckel*, Leipzig 1894, p. 70 ff. und später unabhängig von ihm *K. Weierstrass* in Vorlesungen die für die Variationsrechnung wichtige Bemerkung geknüpft, dass bei Ausdehnung des *Newton*'schen Widerstandsgesetzes auf gezackte Meridiankurven der Widerstand einer nach einer solchen Kurve geformten Rotationsfläche unter jedes Maass herabgedrückt werden kann.

91) Berl. Abh. 1875 u. 1876.

Experimentell hat sich die Torpedoform als solche von geringstem Luftwiderstand bei vorgegebener Querschnittfläche ergeben. Für das Verhältnis 1 : 6 vom Durchmesser zur Länge eines Rotationskörpers kann man durch geeignete Formengebung die Äquivalentfläche auf mindestens ein Sechstel des grössten Querschnittes herabdrücken [35]).

7. Drachen. Hierunter versteht man Flächen oder Flächenkombinationen, welche durch den Winddruck gehoben werden, wobei sie durch eine Leine mit der Erde in Verbindung stehen. Die Resultante aus Eigengewicht und Winddruck muss in die Tangente am obern Ende der Leine fallen und ihre Vertikalkomponente mindestens gleich dem Gewicht der Leine, vom tiefsten Punkt (in der Regel dem Befestigungspunkte) aus gerechnet sein. Für grosse Drachenhöhen ist der Winddruck auf die Leine sehr beträchtlich [92]). Die Stabilität des Drachens hängt von der Konstanz des Angriffspunktes der Resultante des Winddruckes bei wechselnden Neigungen ab. Teilung und etagenförmige Anordnung der tragenden Flächen vermehrt die Stabilität und erleichtert die Herstellung grosser Drachen von genügender Festigkeit. Ursprünglich wurden die Drachen zur Vergrösserung der Stabilität mit einem Schwanze versehen, dessen Zug in Richtung der Drachenfläche dem Pendeln derselben entgegenwirkte. Neuerdings verwendet man nach dem Vorgange von *W. A. Eddy* schwanzlose (malayische) Drachen, welche die Form eines Deltoides haben, dessen Ebene um die Symmetrieaxe unter stumpfem Winkel geknickt ist, oder *Hargrave*drachen, bei welchen vier paarweise hintereinander und übereinander angeordnete ebene oder schwach gekrümmte Tragflächen von rechteckiger Form mit der langen Seite gegen den Wind angeordnet sind [93]). Die grössten Drachenhöhen (über 5000 m) wurden dadurch erreicht, dass von einer Hauptleine aus Klaviersaitendraht in passenden Abständen Nebenleinen abzweigen, die schwanzlose Drachen tragen [94]).

8. Fallschirme und ähnliche passive Flugapparate. Der Fall eines Körpers im widerstehenden Mittel gehört grossenteils zur Ballistik IV 18 (*Cranz*). Der gewöhnliche Fallschirm besteht aus einer kreisförmigen Stofffläche, mit einem Loch in der Mitte, von derem Rande aus viele gleichlange Leinen nach einem Punkt zusammenlaufen, der die Last

---

92) *M. Wagner,* Illustr. aër. Mitt. 3 (1899), p. 76.

93) Illustr. aër. Mitt. 1 (1897), p. 16.

94) *L. Rotch,* Smithsonian Report, Washington 1900, p. 223. Eine gute Übersicht über die Drachentechnik für meteorologische Zwecke findet sich in *R. Assmann* und *A. Berson,* Ergebnisse des aëronautischen Observatoriums 1900 u. 1901, Berlin 1902.

trägt. Wird er in zusammengefaltetem Zustande mit dem Loch oben und der Last unten in ruhiger Luft sich selbst überlassen, so bläht er sich im Fall zu einer Rotationsfläche auf und sinkt vertikal zu Boden. Ist v die Fallgeschwindigkeit, G das Gewicht, F die Äquivalentfläche des geöffneten Schirmes, γ das spezifische Gewicht der Luft, g die Erdbeschleunigung, h die Fallhöhe, k ein Koeffizient (nach *F. v. Lössl* = 1, nach *G. Recknagel* = 0,6), so lautet die Differentialgleichung der Bewegung:

$$\frac{dv}{dt} = g - k\frac{\gamma F v^2}{gG}.$$

Durch Integration ergiebt sich unter Voraussetzung der Anfangsgeschwindigkeit 0 und der Abkürzung $v_\infty = \sqrt{\frac{gG}{k\gamma F}}$, wo v_∞ die asymptotische Endgeschwindigkeit ist:

$$v = v_\infty \cdot \left(e^{\frac{2tg}{v_\infty}} - 1\right) : \left(e^{\frac{2tg}{v_\infty}} + 1\right)$$

und

$$h = \frac{1}{g} v_\infty^2 \lg \frac{1}{2} \left(e^{\frac{tg}{v_\infty}} - e^{\frac{tg}{v_\infty}}\right).$$

P. S. Langley[95]) hat experimentell gezeigt, dass, wenn einer ebenen Platte, die in horizontaler Stellung herabfällt, dauernd eine grosse Horizontalgeschwindigkeit v_2 erteilt wird, ihre Vertikalgeschwindigkeit v_1 sich erheblich verlangsamt. Es folgt das aus den Gesetzen des schiefen Luftstosses. Die Relativgeschwindigkeit ist $\sqrt{v_1^2 + v_2^2}$, der Luftstosswinkel $\sin\alpha = \frac{v_1}{\sqrt{v_1^2 + v_2^2}}$. Wenn stationäre Verhältnisse eingetreten sind, so muss der senkrecht zur Platte wirkende hebende Luftwiderstand (nach *v. Lössl* $= k\frac{\gamma}{g} F(v_1^2 + v_2^2) \sin\alpha$) gleich dem Gewicht G der Platte sein. Hieraus wird $v_1 = \sqrt{\frac{\sqrt{v_2^4 + v_\infty^4} - v_2^2}{2}}$ [96]). Für kleine Werte von $v_\infty : v_2$ wird: $\sin\alpha = \frac{v_1}{v_2} = \left(\frac{v_\infty}{v_2}\right)^2$. *Langley* findet grosse Unterschiede, je nachdem die rechteckige Platte mit der langen oder schmalen Seite vorausläuft. Im ersten Falle ist die Sinkgeschwindigkeit viel geringer.

Während bei *Langley*'s Experimenten die Stellung und konstante Horizontalgeschwindigkeit der Platte durch den Treibmechanismus des Rotationsapparates aufrecht erhalten wurde, hat *O. Lilienthal*[97]) bei

95) Experiments in aërodynamics, Washington 1891, p. 26.

96) *E. Gerlach*, Zeitschr. f. Luftsch. 5 (1886), p. 79.

97) Zeitschr. f. Luftsch. 12 (1893), p. 259.

seinen persönlichen Flugversuchen das gleiche Ziel durch fortdauernde Ausbalancierung des Apparates mittels Schwerpunktsverlegung und Steuerung erreicht. Der Apparat, gewissermassen ein lenkbarer Fallschirm, bestand in seiner ersten Form aus einem flachgewölbten Flügelpaar von 7 m Spannweite, 3 m Breite und 14 m^2 Fläche, das mit festem Horizontal- und beweglichem Vertikal(Schwanz-)steuer versehen war, und wog mit dem Passagier, welcher sich in der Gegend des Angriffspunktes der Resultante des Luftwiderstandes (etwas vor der Mitte der Queraxe des Tragflächenpaares) befand, 100 kg. Von der Spitze eines Hügels aus wird durch Anlauf gegen den Wind eine gewisse Relativgeschwindigkeit erzielt, die infolge der Flügelform einen starken hebenden und einen kleinen ziehenden Luftwiderstand weckt, welch letzterer den hemmenden Luftwiderstand des Passagieres ausgleicht. Auf diese Weise wird eine Verminderung der Horizontalgeschwindigkeit hintangehalten und der Flugapparat gleitet mit etwa 9 msec^{-1} Geschwindigkeit in ruhender Luft und schwacher Neigung (9^0) herab. Bei Wind sind grössere Relativgeschwindigkeiten und schwächere Neigungen, ja bei auffrischenden Windstössen sogar starke Hebungen des Apparates bis zu 30 m und weite Flüge bis zu 300 m erzielt worden. Später hat *O. Lilienthal*[98]) den Apparat dadurch verbessert, dass er die Tragflächen paarweise übereinander anbrachte und in der Folge haben in Amerika *A. Herring* und *O. Chanute*[99]) die etagenförmige Anordnung der Tragflächen noch weiter getrieben, wodurch sie im Verein mit automatischer Vertikalsteuerung grössere Sicherheit der Flüge erzielten. In England hat sich *S. Pilcher*[100]) auf einem den *Lilienthal*'schen ähnlichen Apparat am Seile eines durch Pferde bewegten Flaschenzuges rasch durch die Luft ziehen lassen und so weite und hohe Flüge gemacht.

Das Problem des schiefen Falles einer gesteuerten Fallschirmfläche ist unter verschiedenen, meist unzutreffenden Annahmen mathematisch behandelt worden[101]). Die eigentümlichen Bewegungen eines fallenden Papierblattes haben *E. Gerlach*[102]), *F. Ahlborn*[103]) und

98) Zeitschr. f. Luftsch. 14 (1895), p. 237; Rev. de l'Aëronautique 8 (1895), p. 1. Referat mit guten Abbildungen.

99) Illustr. aër. Mitt. 2 (1898), p. 9 und 3 (1899), p. 41.

100) Illustr. aër. Mitt. 4 (1900), p. 22.

101) *René de Saussure,* Rev. de l'Aëronautique 6 (1893), p. 58; *F. Prohaska,* Zeitschr. f. Luftsch. 9 (1890), p. 105 und 11 (1892), p. 5.

102) Zeitschr. f. Luftsch. 5 (1886), p. 65.

103) Schwebeflug u. Fallbewegung, Abh. a. d. Gebiete d. Naturwissenschaften, Hamburg 15 (1897). Zur Mechanik d. Flugbewegung, Unterrichtsbl. f. Math. u. Naturwissensch. 6 (1900).

W. Köppen[104]) besprochen und durch Veränderung des Angriffspunktes des Luftwiderstandes mit dem Neigungswinkel erklärt. Je nach den Anfangsbedingungen zeigt das Blatt. während des Falles eine gleichsinnige Rotation oder ein pendelartiges Hin- und Herschwanken, dazwischen existiert eine unperiodisch verlaufende Bewegung.

9. Aktive Flugmaschinen. Man versteht darunter Kombinationen aktiver und passiver Flächen, welche, obwohl selbst schwerer als die Luft, durch ihre Bewegung einen hebenden und vortreibenden Luftwiderstand entwickeln, deren ersterer mindestens gleich dem Gewichte des Apparates ist. Zu ihrer allgemeinen Beurteilung haben *G. Wellner*[105]) und *N. Joukowsky* folgende Grössen eingeführt. Bedeutet A den sekundlichen Arbeitsaufwand in $\text{mkg}\,\text{sec}^{-1}$, G das Gewicht des Apparates in kg, v die Horizontalgeschwindigkeit relativ zur Luft in $\text{m}\,\text{sec}^{-1}$ und F die Grösse der tragenden und arbeitenden Flächen in m^2, so heisst $A:G$ spezifische Leistungsfähigkeit (nach *Wellner*) oder fiktive Geschwindigkeit (nach *Joukowsky*), $A:(Gv)$ der Transportkoeffizient, $G:F$ das spezifische Tragvermögen.

Die Flugmaschinen werden eingeteilt in 1. Drachenflieger (Aëroplane), 2. Radflieger (Helicopteren), 3. Schwingenflieger (Orthopteren).

Drachenflieger. Ihrer Theorie werde das *v. Lössl*'sche Luftstossgesetz für ebene Flächen zugrunde gelegt. Der Wölbung der Flächen kann man nach *G. Wellner* genähert Rechnung tragen, indem man F mit einem je nach Wölbung und Umriss verschiedenen Faktor m (zwischen 2 und 5 gelegen) multipliziert. Eine ebene oder schwachgewölbte Fläche wird unter einem kleinen Winkel α gegen den Horizont geneigt und mit der Geschwindigkeit v (in der Regel durch Luftschrauben) horizontal in der Ebene des Neigungswinkels vorwärts bewegt. Der geweckte Luftwiderstand hat die Grösse $W = m\mu F v^2 \sin\alpha$ (wobei $\mu = \gamma : g$). Seine Vertikalkomponente $W_y = m\mu F v^2 \sin\alpha\cos\alpha$ muss gleich dem Gewicht ($G = m\mu F v^2 \sin\alpha\cos\alpha$) sein, die Arbeit der Horizontalkomponente $v W_x = m\mu F v^3 \sin^2\alpha$ muss vom Motor geleistet werden, der auch die sonstigen, die Vorwärtsbewegung hindernden Luftwiderstände überwinden muss. Ist deren Äquivalentfläche gleich f, so ist die Gesamtleistung A des Motors:

$$A = m\mu F v^3 \sin^2\alpha + \mu f v^3.$$

---

104) Illustr. aër. Mitt. 5 (1901), p. 158.

105) Der dynamische Flug, Brünn 1899, p. 10; vgl. auch *Ch. Renard*, Rev. de l'Aëronautique 2 (1889), p. 1. Zur allgemeinen Orientierung dient auch *L. Boltzmann*, Über Luftschiffahrt (Verh. d. Ver. deutsch. Naturf. u. Ärzte, Wien 1894, 1. Teil, p. 89).

Für kleine α wird:

$$G = m\mu F v^2 \alpha$$

und

$$A = m\mu F v^3 \alpha^2 + \mu f v^3 = G^2 : (m\mu F v) + \mu f v^3.$$

Wäre $f = 0$, so nähme die zum Schweben und Vorwärtsbewegen erforderliche Arbeit mit zunehmender Geschwindigkeit v ab, während sie sonst schliesslich stark wächst. Das Minimum der Arbeitsleistung tritt bei der Geschwindigkeit v ein, für welche $G^2 : m\mu F v = 3\mu f v^3$ ist. Da $G = m\mu F v^2 \alpha$, so ist die linke Seite vorstehender Gleichung auch gleich $m\mu v^3 \alpha^2$, nämlich jener Arbeit, die zum Vorwärtstreiben der Drachenfläche allein nötig ist. Letztere muss also im Falle des Minimums der Gesamtarbeit A gleich dem Dreifachen der zur Überwindung der sekundären Widerstände nötigen Arbeit sein (*Renard*)[106]). Für diesen Fall wird

$$\alpha = 9A^2 m\mu F : (16\,G^3); \quad v = 4\,G^2 : (3m\mu F A);$$
$$f = 27\,m^3 \mu^2 F^3 A^4 : (256\,G^6).$$

Unter der zweifelhaften Voraussetzung, dass man die sekundären Widerstände vernachlässigen könne, hat *A. Jarolimeck*[107]) eine weitere Beziehung aufgestellt. Teilt man das Gewicht G in 2 Teile, nämlich G_1 das Gewicht der Flügelflächen: $G_1 = qF$, und G_2 das Gewicht des Motors: $G_2 = pA$, so wird für den Schwebezustand:

$$p = \frac{G_2}{A} = \frac{G}{A} - \frac{Fq}{A} = \frac{1}{v\alpha} - \frac{q}{v^3 \mu m \alpha^2}.$$

Das Maximum von p (also das höchste zulässige spezifische Motorgewicht) entspricht bei vorgegebenem α einer Geschwindigkeit v, die folgender Gleichung genügt:

$$1 : (v \cdot \alpha) = 3q : (v^3 \mu m \alpha^2).$$

Die linke Seite ist gleich $G : A$, dem spezifischen Tragvermögen des ganzen Apparates, die rechte gleich dem Dreifachen des Tragvermögens der Flächen allein. Die Gleichung kann dann so interpretiert werden: Bei einem Flugapparat muss auf die Tragflächen mindestens ein Drittel des Gewichtes verwendet werden.

Allgemein gilt für Drachenflieger:

spezifische Tragfähigkeit	$G : F = v^2 m \sin\alpha \cos\alpha$,
spezifische Leistungsfähigkeit	$A : G = v \operatorname{tg} \alpha$,
Transportkoeffizient	$A : (v\,G) = \operatorname{tg} \alpha$.

Gut funktionierende Drachenfliegermodelle sind wiederholt kon-

106) Rev. de l'Aëronautique 2 (1889), p. 16.

107) Zeitschr. d. österr. Ing. u. Arch.-V. 1893, Nr. 30 u. 31.

struiert worden von *V. Tatin* und *Ch. Richet* 1896[108]), *W. Kress* 1878[109]), *P. S. Langley* 1896[110]) und *J. Hofmann* 1902[111]). Jenes von *Langley* hat über 1 km mit 13 $msec^{-1}$ Geschwindigkeit zurückgelegt. Hauptmaasse: $G = 14$ kg, $G_1 = 11{,}7$, $G_2 = 2{,}3$ kg, $F = 4{,}8$ m², in vier paarweise hintereinander angeordnete schwach gewölbte Rechtecke $2 \times 0{,}6$ m nebst Steuerschwanzfläche geteilt; $f = 0{,}01$ qm. Zur Erhöhung der Stabilität lagen die Tragflächen nicht in einer Ebene, sondern in zwei unter einem stumpfen Winkel nach aufwärts gebogenen Ebenen. *J. Carelli*[112]) hat die Stabilität des Drachenfliegers durch Einführung einer rasch rotierenden Scheibe von grossem Trägheitsmoment zu verbessern gesucht. Obwohl die genannten Modelle, speziell jenes von *Langley*, die Möglichkeit des stabilen automatischen Fluges in freier Luft beweisen, und die in grossem Maassstabe ($G = 4000$ kg) ausgeführten Versuche von *H. S. Maxim*[113]) 1894 zeigen, dass auch die zum Schweben nötige motorische Kraft zu beschaffen ist, giebt es bis jetzt keine wirkliche Flugmaschine und zahllose Versuche sind an den Schwierigkeit des Lancierens gescheitert.

Radflieger. Die ältesten und einfachsten Radflieger sind die *Schraubenflieger*[114]). Der tragende Teil ist eine vertikale Axe oder zwei solche mit entgegengesetzter Drehung, um die Rotation des ganzen Apparates aufzuheben. Unter der vereinfachenden Annahme, dass sich eine rotierende Schraubenfläche wie eine geneigte Ebene unter dem entsprechenden Luftwinkel verhält, gelten für den Schwebezustand des Schraubenfliegers analoge Beziehungen wie für den Horizontalflug des Drachenfliegers. Ohne Rücksichtnahme auf sekundäre Widerstände ist die Leistungsfähigkeit $A : G = \mu \operatorname{tg} \alpha$, wo μ die „mittlere" Geschwindigkeit eines Schraubenflächenelementes und α den „mittleren" Steigungswinkel (= Luftstosswinkel) bedeutet. Gewölbte Flächen sind bei Schraubenfliegern weniger von Bedeutung; die besten Werte von $A : G$ sind vielmehr mit flachgängigen Schraubenflächen erzielt worden. Der Vorzug der Schraubenflieger vor den Drachenfliegern besteht in der Möglichkeit des Schwebens an Ort und Stelle, der Nachteil in

108) Paris C. R. 125 (1897), p. 64 und Illustr. aër. Mitt. 1 (1897), p. 62.

109) Zeitschr. f. Luftsch. 11 (1892), p. 190.

110) Paris C. R. 122 (1896), p. 1177; Nature (engl.) 54 (1896). Abbildung in The Langley Aërodrome, Smithsonian Report 1900, p. 197.

111) Illustr. aër. Mitt. 5 (1901), p. 111; Verh. des Ver. zur Beförd. des Gewerbefl. 75 (1896), p. 216.

112) Illustr. aër. Mitt. 2 1898), p. 55.

113) Zeitschr. f. Luftsch. 13 (1894), p. 272; *H. Hervé*, Rev. de l'Aëronautique 5 (1892), p. 29—125.

114) *G. Wellner*, Der dynamische Flug, Brünn 1899, p. 34.

der Notwendigkeit, spezielle Vorkehrungen für die Vorwärtsbewegung treffen zu müssen. Eine Theorie der Hubschrauben, wie man die an Ort und Stelle sich drehenden Schrauben nennt, hat *Ch. Renard*[115]) gegeben. Da die Arbeit A zur Drehung der Schraube der dritten, der geweckte hebende Luftwiderstand G der zweiten Potenz der Geschwindigkeit proportional ist, so ist der Quotient $G^3 : A^2 = \mu F \cos^3 \alpha : \sin \alpha$ unabhängig von der Geschwindigkeit und wird die Stärke der Schraube genannt. Die Grösse $F' = F \cos^3 \alpha : \sin \alpha = G^3 : (A^2 \mu)$ nennt er die fiktive Fläche und das Verhältnis von F' zu dem von der Schraube beschriebenen Kreis die Güte der Schraube. (Beispiel die Vortriebsschraube des Luftschiffes „La France“ als Hebeschraube benutzt: Stärke 0,73 kg sec^2 m^{-2}, fiktive Fläche 5,8 m^2, Güte 0,15.) Die zahlreichen Versuche von *G. Wellner*[116]) u. a. bestätigten nur unvollkommen die Proportionalität des Arbeitsaufwandes mit der dritten und der Hebekraft mit der zweiten Potenz der Tourenzahl. *W. G. Walker* und *F. P. Alexanders* haben dagegen in grossartigen Versuchsreihen sehr genaue Übereinstimmung mit *Renard*'s Theorie gefunden[117]). Schraubenflieger sind bisher nur in kleinen Modellen zum Fluge gekommen.

Ausser den Schraubenfliegern sind noch eine Reihe von Radfliegern konstruiert worden, von denen *Wellner*'s *Segelrad*[118]) erwähnt werden möge. Um eine horizontale Axe dreht sich ein trommelartiges Gestell, an dessen Umfang eine grössere Zahl flachgewölbter länglicher Segelflächen, deren Langseite der Drehaxe parallel ist, beweglich angebracht sind, welche bei der Drehung so gesteuert werden, dass der geweckte Luftwiderstand möglichst viel Hebewirkung entfaltet. Nur die Hälfte der sich bewegenden Flächen nimmt an der Hebewirkung teil. Die Versuche haben den Erwartungen nicht entsprochen.

Die *Schwingenflieger* als direkte Nachahmungen des Vogelfluges werden besser im Zusammenhang mit diesem behandelt (vgl. unten Nr. **11**). Im Kleinen sind sie vielfach ausgeführt worden. *Lilienthal*'s Versuche, seinen Fallschirm durch Einführung schwingender Bewegung der Tragflächen zum Flugapparat umzugestalten, haben keinen greifbaren Erfolg gehabt. Erwähnenswert sind die mit Schwingen als Vortriebsorganen ausgestatteten Drachenflieger *L. Hargrave*'s[119]), die Freiflüge von 100 m und darüber ausführten. Versuche mit grösseren

115) Rev. de l'Aëronautique 2 (1889), p. 93.

116) Zeitschr. d. österr. Ing. u. Arch.-V. 46 (1894) u. 48 (1896).

117) Engineering 69 (1900), p. 233 und Illustr. aër. Mitt. 4 (1900), p. 78.

118) Zeitschr. d. österr. Ing. u. Arch.-V. 45 (1893) u. 46 (1894), sowie Zeitschr. f. Luftsch. 13 (1894), p. 86.

119) Zeitschr. f. Luftsch. 12 (1893), p. 114.

Apparaten zur Ermittelung des Kraftbedarfes haben *A. Stenzel* und *R. F. Moore*[120]) angestellt.

10. Propeller und Windmotoren. Die einfachsten und am häufigsten angewandten sind die *Schraubenpropeller.* Sie unterscheiden sich von den Hubschrauben dadurch, dass sie sich während der Drehung in der Richtung ihrer Axe vorwärts bewegen. Als günstige Form der Propellerfläche hat sich die flachgängige Schraubenfläche bewährt. Der Umriss der Propellerfläche ist in der Projektion senkrecht zur Schraubenaxe eine achterförmige Linie, deren Gestalt zwischen einer Lemniskate und einem Doppelkreissektor liegt. Die Breite eines solchen Doppelflügels soll nicht mehr als ein Drittel der Länge betragen, da eine weitere Ausdehnung der Propellerfläche nach der Quere erfahrungsgemäss wirkungslos ist[121]). Der Effekt des Propellers ist in hohem Maasse von der Glätte der Flächen und der Schärfe der Vorderkante des Flügels abhängig. Statt starrer Propellerflächen hat man mit Erfolg biegsame, aus Stoff gefertigte verwendet, welche sich an die aus steifem Material hergestellte Vorderkante fahnenartig anschliessen[122]). Die Zahl der Propellerflügel schwankt zwischen 2 und 6. Man ordnet die Propellerflügel auch hintereinander auf der Axe an; sie müssen aber dann um die ein- bis anderthalbfache Flügelbreite von einander entfernt sein, damit sie sich gegenseitig nicht zu sehr beeinträchtigen[123]). Ebenso ist der Abstand nebeneinander befindlicher Flügel mindestens so gross zu bemessen, dass die ihnen zugehörigen Schraubenflächen überall um mehr als die Flügelbreite von einander abstehen.

Theorie der Schraubenpropeller. Es sei dS ein Element der Propellerfläche, welches von der Axe die Entfernung r hat, mit ihr den Winkel β einschliesst und eine zur Axe senkrechte Richtung enthält. Es sei ω die Winkelgeschwindigkeit der Drehung und v die Fortschreitungsgeschwindigkeit längs der Axe. Für den Winkel θ, den die aus beiden kombinierte Geschwindigkeit v' des Elementes dS mit der Axe einschliesst, gilt: $\operatorname{tg}\theta = \omega r : v$; $v'^2 = v^2 + \omega^2 r^2$. Bezeichnet $\alpha = \theta - \beta$ den Luftstosswinkel, so kann man den Normaldruck $dN = \mu f(\alpha)(v^2 + \omega^2 r^2) dS$ setzen, wo $\mu = \gamma : g$ ist und $f(\alpha)$ die noch offen gelassene Abhängigkeit vom Luftstosswinkel bedeutet. Die Komponente $dQ = dN \cos\beta$ senkrecht zur Schraubenaxe muss vom Antriebsmotor überwunden werden, wozu ein Arbeitsaufwand

120) Illustr. aër. Mitt. 1 (1897), p. 22. Ebenda 2 (1898), p. 47.

121) *Langley,* Experiments in aërodynamics, Washington 1891, p. 86.

122) *W. Kress,* Illustr. aër. Mitt. 5 (1901), p. 31.

123) *J. Hofmann,* österr. Wochenschrift f. öffentl. Baudienst 1901, Nr. 17.

$$dA_1 = \omega r \cdot dQ = \omega r dN \cos\beta = \mu f(\alpha)(v^2 + \omega^2 r^2)\omega r \cos\beta\, dS$$

nötig ist. Dabei entsteht ein Vortrieb $dV = dN \sin\beta$, der eine Nutzarbeit $dA_2 = v dV = \mu f(\alpha)(v^2 + \omega^2 r^2) v \sin\beta\, dS$ leistet. Drückt man dS in Polarkoordinaten aus ($dS = r dr d\varphi : \sin\beta$), ersetzt man den Winkel β durch die Steighöhe p der nunmehr als windschiefe Schraubenfläche angenommenen Propellerfläche ($p = 2r\pi \operatorname{ctg}\beta$) und führt man die Tourenzahl $n = \omega : 2\pi$ ein, so drücken sich die aufgewendete Arbeit dA_1 und die geleistete Arbeit dA_2 folgendermassen aus:

$$dA_1 = \mu n p f(\alpha)\,(v^2 + 4n^2\pi^2 r^2)\, r\, dr\, d\varphi,$$

$$dA_2 = \mu v f(\alpha)\,(v^2 + 4n^2\pi^2 r^2) r\, dr\, d\varphi.$$

Je nachdem man nun a) das v. *Lössl*'sche Gesetz

$$f(\alpha) = \sin\alpha = \sin(\theta - \beta)$$

oder b) das *Newton*'sche Gesetz

$$f(\alpha) = \sin^2\alpha = \sin^2(\theta - \beta)$$

zugrunde legt, wird:

$$\text{a)}\quad dA_1 = 2n\pi\mu p(np - v)\sqrt{\frac{v^2 + 4r^2n^2\pi^2}{p^2 + 4r^2\pi^2}}\, r^2 dr\, d\varphi,$$

$$dA_2 = 2\pi\mu v\,(np - v)\sqrt{\frac{v^2 + 4r^2n^2\pi^2}{p^2 + 4r^2\pi^2}}\, r^2 dr\, d\varphi;$$

$$\text{b)}\quad dA_1 = 4n\pi^2\mu p\,(np - v)^2 \frac{r^3 dr\, d\varphi}{p^2 + 4r^2\pi^2},$$

$$dA_2 = 4\pi^2\mu v\,(np - v)^2 \frac{r^3 dr\, d\varphi}{p^2 + 4r^2\pi^2}.$$

Gestattet man sich die Berechnung der Gesamtarbeiten durch Integration der entwickelten Teilarbeiten über die Propellerfläche, was bei langen schmalen Flügeln weniger Bedenken als in anderen Fällen erregt, so folgt für beide Fälle a) und b): $A_1 : A_2 = np : v$. Das Verhältnis der aufgewendeten zur geleisteten Arbeit ist demnach gleich jenem des Weges (np), den die Schraube pro Sekunde in einer festen Mutter zurücklegen würde, zu dem wirklichen sekundlichen Schraubenweg (v). Ersterer muss immer grösser als letzterer sein, da sonst die Flügel nicht mehr auf der Vorderseite vom Winde getroffen werden ($\theta > \beta$). Unter *Schlüpfung* σ versteht man das Verhältnis der Differenz jener Wege zum erstgenannten: $\sigma = (np - v) : np$. Sie ist gleich dem Verhältnis der verlorenen zur aufgewandten Arbeit. Sie kann nicht gleich Null sein, da sonst, wie der Faktor ($np - v$) in dA_1 und dA_2 anzeigt, weder Arbeit aufzuwenden noch zu leisten wäre[124]).

---

124) Vgl. *Hansen,* Zeitschr. f. Luftsch. 9 (1890), p. 177 und *A. Faccioli,* Teoria del volo, Milano 1895, p. 146.

Setzt man in den obigen Formeln $dA_2 : v = dV$ und dann $v = 0$, so erhält man Arbeitsaufwand und Hebekraft der Hubschraube. Erstere ist der dritten, letztere der zweiten Potenz der Tourenzahl n proportional. Die pro Arbeitseinheit erzielte Hebekraft ist also der Tourenzahl umgekehrt proportional. Nur mit langsam bewegten und dann naturgemäss grossen Schrauben lassen sich ökonomische Hebeeffekte erzielen. Während es zahlreiche Untersuchungen über Hubschrauben giebt, fehlen solche über Triebschrauben fast ganz. *H. S. Maxim*[125]) und *P. S. Langley*[126]) haben einige Messungen an grossen Rotationsapparaten angestellt, wobei ersterer 20%, letzterer 40% Schlüpfung fand. Bei seinen Fahrten mit dem lenkbaren Ballon stellte *Ch. Renard*[127]) eine Schlüpfung von 50% seiner Triebschraube fest.

Ausser den Schraubenpropellern kommen als Treibapparate nur noch *Ruderräder*[128]) nach Art des Oldhamrades und *Schlagflügel* in Betracht. Erstere sind rotierende Trommeln, deren Axe horizontal und quer zur Fortbewegungsrichtung liegt, während am Umfang parallel zur Axe Ruderflächen so gestellt werden, dass sie gegen die Fortbewegungsrichtung möglichst viel, in die Fortbewegungsrichtung dagegen möglichst wenig Fläche kehren. Die Schlagflügel werden beim natürlichen Flug besprochen.

Anhangsweise seien hier noch die *Ventilatoren* erwähnt, welche den Zweck haben, Luft zu fördern. Bei diesen ist die Nutzarbeit gleich dem Produkt aus dem geförderten Luftvolumen in den Druckunterschied derselben vor und hinter dem Ventilator (Genaueres in IV 20 (*M. Grübler*)).

Die Theorie der *Windmotoren* schliesst sich enge an jene der Propeller an. Es tauschen sich zunächst die Rollen der Ausdrücke dA_1 und dA_2 aus, insofern als dA_1 nur die an der Welle des Windrades abnehmbare geleistete Arbeit, dA_2 dagegen die vom Winde zum Bewegen des Motors aufgewendete Arbeit bedeutet. Sodann ist hier der Luftstosswinkel $\alpha = \beta - \theta$. Für die Windräder ist das Problem von Interesse, die Flügel so zu formen, dass die abgegebene Arbeit ein Maximum wird. Es ist die vom Element dS abgegebene Arbeit:

$$dA_1 = \mu \omega r f(\alpha)(v^2 + \omega^2 r^2) \cos\beta \, dS$$

$$= \frac{\mu v^3}{\cos^3\theta} \sin\theta \cos\beta \sin(\beta - \theta) \, dS = \frac{\mu v^3 \sin\theta}{2\cos^3\theta} (\sin(2\beta - \theta) + \sin\theta) \, dS$$

---

125) Rev. de l'Aëronautique 5 (1892), p. 53.

126) Experiments in aërodynamics, Washington, p. 86.

127) Paris C. R. 101 (1885), p. 1111.

128) *G. Koch*, Zeitschr. f. Luftsch. 16 (1897), p. 252.

(wobei $f(\alpha) = \sin \alpha$ nach *v. Lössl*). Dieser Ausdruck wird offenbar dann ein Maximum, wenn $2\beta - \theta = 90^0$ oder $\beta = 45^0 + \frac{\theta}{2}$ ist. Die günstigste Form des Flügels ist demnach jene windschiefe Fläche, bei welcher der Neigungswinkel β der Sprossen gegen die Drehaxe den halben Neigungswinkel θ des Relativwindes gegen die Drehaxe um 45^0 übertrifft. Legt man, wie es in der Theorie der Windräder bisher allgemein üblich war, das *Newton*'sche Gesetz $f(\alpha) = \sin^2 \alpha$ zugrunde, so wird

$$dA_1 = \frac{\mu v^3 \sin \theta}{\cos^3 \theta} \cos \beta \sin^2 (\beta - \theta)\, dS$$

dann zu einem Maximum, wenn $\operatorname{tg} \beta = \frac{3}{2} \operatorname{tg} \theta + \sqrt{\left(\frac{3}{2} \operatorname{tg} \theta\right)^2 + 2}$ ist (*G. Coriolis*)[129]). Die hierdurch ausgedrückte Verteilung von Sprossenneigungen hat den recht dürftigen praktischen Erfahrungen entsprochen. Da man bei Windrädern die motorische Kraft gratis bezieht, so kann man die Zahl der Flügel so lange steigern, als damit noch eine weitere, wenn schon unvollkommene Ausnützung des Windes statthat. Bei passender Reduktion der Flügelbreiten lässt sich der ganze Kreis mit Flügeln dicht besetzen (amerikanische Windräder). Neuerdings hat man die sonst geradlinigen und zur Drehaxe senkrechten Flügelaxen vom Wind ab geneigt und gegen den Wind zu hohl gekrümmt[130]).

11. Der Vogelflug. Die mechanische Erklärung des Vogelfluges beschäftigt seit langem Laien, Gelehrte und Künstler[131]), doch ist erst in den letzten zwei Jahrzehnten eine Verständigungsbasis für die weit auseinander gehenden Ansichten gewonnen worden. Der Streit drehte sich in erster Linie um den zum Fluge nötigen Kraftaufwand. Unter der Herrschaft des *Newton*'schen Luftstossgesetzes wurde derselbe arg überschätzt. Man trennte den Arbeitsaufwand für das Schweben von jenem für das Vorwärtsbewegen. Für ersteren fand man unter Voraussetzung spitzer Luftstosswinkel α und günstigster Lage der Luft-

---

129) Traité du calcul d'effet des machines, Paris 1829 und *F. Grashof*, Theoretische Maschinenlehre 3, Berlin 1890, p. 372. Nach letzterem stammt die Formel für $\operatorname{tg} \beta$ von *Mac Laurin* (1742).

130) *La Cour*, Nature (engl.) 58 (1898), p. 300 und Zeitschr. d. Ver. deutsch. Ing. 45 (1901), p. 1689.

131) *J. B. Leonardo da Vinci* und *Arnold Böcklin*; wegen des ersteren siehe I manuscritti di *L. da Vinci* (Codice: Sul volo degli uccelli publ. da *T. Sabachnikoff*, Paris 1898); letzterer: Zeitschr. f. Luftsch. 5 (1896), p. 249, 332, 366.

widerstandsrichtungen folgenden Minimalwert (Bezeichnungen von Nr. 6):

$$G = \mu F \alpha^2 v^2; \quad A = \mu F \alpha^3 v^3 = G \sqrt{\frac{G}{\mu F}} = G \cdot v_\infty,$$

wo v_∞ die Sinkgeschwindigkeit mit horizontal ausgebreiteten Flügeln bedeutet. Für den Storch ist z. B. $G = 4$ kg, $F = 0{,}5\,\mathrm{m}^2$, $v_\infty = 9\,\mathrm{m\,sec}^{-1}$, $A = 36\,\mathrm{mkg\,sec}^{-1}$, wozu noch die Vortriebsarbeit für den Vogelkörper käme. Auf diesem Standpunkt steht ein lange Zeit maassgebendes Gutachten der Pariser Akademie, das von *C. L. Navier* redigiert wurde[132]). Die gesunde Naturbeobachtung spricht gegen einen solchen Kraftaufwand und namentlich gegen eine von der Geschwindigkeit unabhängige Minimalzahl für die Schwebearbeit. Bei Anwendung des *v. Lössl*'schen Gesetzes oder irgend eines anderen, bei dem der Luftwiderstand einer Potenz von α mit einem Exponenten < 2 proportional ist, fällt der Widerspruch. Es nimmt dann die Schwebearbeit mit zunehmender Geschwindigkeit unbegrenzt ab und nur der Stirnwiderstand setzt eine untere Grenze für die Flugarbeit.

Nach dem *H. v. Helmholtz*'schen Gesetz[133]) der ähnlichen Bewegungen müsste bei n-maliger Vergrösserung der Lineardimensionen das Gewicht G mit n^3, die Segelfläche F mit n^2, die Geschwindigkeit v mit $n^{\frac{1}{2}}$ und der Arbeitsaufwand mit $n^{\frac{7}{2}}$ steigen. Die Beobachtung[134]) ergiebt nur für die beiden ersten Folgerungen eine gewisse Übereinstimmung, insofern als der Quotient $\sigma = F^{\frac{1}{2}} : G^{\frac{1}{3}}$ vom Insekt bis zum Adler nur zwischen den Grenzen 2 und 7 schwankt und für Vögel gleicher Flugart nahezu konstant ist. Während also Flugtiere gleicher Flugart im ganzen ähnlich gebaut sind, findet sich die theoretisch zu erwartende Steigerung der Geschwindigkeit und des physiologisch ermittelten möglichen Arbeitsaufwandes mit zunehmender Grösse durch die Beobachtung nicht bestätigt, vielmehr fliegen alle guten Flieger gleich schnell ($v = 15$—$20\,\mathrm{m\,sec}^{-1}$) und haben eine Arbeitsfähigkeit, die ihrem Gewichte proportional ist. Nur im Abwärtsflug bei eingezogenen Flügeln (Stossen) übertreffen die grossen Vögel wegen der mit n wachsenden Querschnittsbelastung die kleinen an Geschwindigkeit.

Die Flugarten teilen sich in zwei Gruppen: *Aktiver* Flug mit Flügelschlag (Ruderflug, Flattern) und *passiver* Flug ohne Flügelschlag (Gleitflug, Kreisen, Segelflug, Wellenflug).

Der *aktive* Flug kommt dadurch zu stande, dass die Flügel bei ihrer

132) Paris, Mém. de l'Acad. 11 (1832), Hist., p. 61.

133) Berl. Ber. 1873; auch Zeitschr. f. Luftsch. 4 (1885), p. 233.

134) *K. Müllenhoff*, Zeitschr. f. Luftsch. 4 (1885), p. 13, 42, 161, 243.

Schlagbewegung während des Vorwärtsfliegens einen stets auf die Unterseite wirkenden Luftwiderstand erfahren, dessen hebende Vertikalkomponente das Sinken verhindert, während infolge des Wechsels der Flügelstellung zur Zeit des Niederschlages eine nach vorn gerichtete Horizontalkomponente den Flug beschleunigt, zur Zeit des Aufschlages hingegen eine nach hinten gerichtete die Beschleunigung wieder aufhebt[135]). Während des Niederschlages ist der Flügel windschief verdreht; seine Form suchte *A. v. Parseval*[136]) aus der Bedingung zu bestimmen, dass das Produkt aus Relativgeschwindigkeit der Luft in den Sinus des Luftstosswinkels überall konstant sei. Die Flügelspitzen durchmessen grössere Schlagwinkel als die Flügelbasis und sind als die eigentlichen Propeller im Gegensatz zu der mehr passiv wirkenden Drachenfläche der Flügelbasis anzusehen. Nach *O. Lilienthal*[135]) wirkt die schwache Krümmung der Flügel in Richtung des Windes und der Beschleunigungseinfluss beim Schlag arbeitersparend und es beträgt die Flugarbeit beim Storch 3—4 mkg $\sec^{-1}$. Der Ruderflug ist im Modell häufig mit gutem Erfolg nachgeahmt worden.

Der *passive* Flug, bei welchem der Vogel augenscheinlich keine Arbeit verrichtet, geschieht entweder auf Kosten der potentiellen oder kinetischen Energie beim Gleitflug und abwärts gerichteten Wellenflug oder mit Hülfe eines aufsteigenden Luftstromes oder durch Ausnutzung der Unregelmässigkeiten des Windes, sei es nun der Zunahme der Windgeschwindigkeit in vertikaler Richtung oder der inneren Unruhe des Windes. *N. Joukowsky*[137]) hat diese Verhältnisse genauer analysiert. Damit sich der Vogel regungslos in der Luft bewegen kann, muss die Resultante des Luftwiderstandes durch den Schwerpunkt gehen, um das Auftreten von umkippenden Drehmomenten zu verhindern. Da demnach mit einer bestimmten Flügel- und Schwanzkonfiguration nur jene Bewegung verträglich ist, bei der der geweckte Luftwiderstand durch den Schwerpunkt geht, kann das Problem des Schwebens auf die Bewegung eines Massenpunktes zurückgeführt werden, an dem Schwere und Luftwiderstand angreifen. Der zu einer Vertikalebene symmetrische Vogel beschreibt immer eine Bahn mit geradliniger Horizontalprojektion. Ist N die Komponente des Luftwiderstandes in Richtung der Bahnnormalen, F jene in Richtung der Tangente, θ der Winkel der letzteren mit der nach unten gerichteten

---

135) *O. Lilienthal,* Der Vogelflug, Berlin 1889, p. 169. Dagegen *Ch. M. de Labouret* in *E. J. Marey:* Le vol des oiseaux, Paris 1890, p. 339.

136) *A. v. Parseval,* Mechanik des Vogelflugs, Wiesbaden 1889, p. 43.

137) Mosk. math. Samml. 16 (1891), p. 29.

Z-Axe und ϱ der Krümmungsradius, so gelten für die Flugbahn die Gleichungen:

$$N + mv^2/\varrho = mg\cos\theta, \quad d(mv^2/2) = mg\,dz + F\,ds.$$

Da der Schwerpunkt im Vogel sich nicht ändern soll, muss auch der Winkel des Luftwiderstandes mit der Flügelfläche konstant sein, weil ja mit jenem Winkel die Lage der Resultante des Luftwiderstandes im Vogel sich ändert. Dann ist aber auch $N = \alpha mv^2$, $F = \beta mv^2$, wo α und β Konstante sind. Bei kleinen Luftstosswinkeln ist β klein gegen α. Es ist $ds = dz/\sin\theta$, $\varrho = dz/\sin\theta\, d\theta$, wodurch die Gleichungen in folgende übergehen:

$$\alpha + \sin\theta\frac{d\theta}{dz} = \frac{g\cos\theta}{v^2}, \quad v^2 = 2g(z+h) - 2\beta\int\frac{v^2\,dz}{\sin\theta}.$$

Genähert lassen sich diese Gleichungen dadurch integrieren, dass man erst $\beta = 0$ setzt und durch Elimination von v die lineare Differentialgleichung:

$$\frac{d\cos\theta}{dz} + \frac{\cos\theta}{2(z+u)} = \alpha$$

gewinnt, deren Integral

$$\sqrt{z+h}\cos\theta = \frac{2}{3}\alpha(z+h)^{\frac{3}{2}} + C$$

ist. Je nach Wahl von α, l und h erhält man als genäherte Flugbahnen Gerade, Kreise oder Schleifen- und Wellenlinien, die aus unendlich vielen kongruenten Stücken bestehen. Durch Auswertung des mit β multiplizierten Integrales auf der genäherten Flugbahn kann man den Energieverlust infolge der Komponente F berechnen und dadurch, dass man die Flugbahn aus lauter Halbwellen zusammensetzt, bei deren Beginn der Energieverlust auf der vorhergehenden durch Modifikation der Anfangsbedingungen berücksichtigt wird, kommt man zu einer genaueren Darstellung des Flugverlaufes.

Wenn der Vogel infolge einseitiger Schwanz- oder Flügelstellung seine Symmetrie verliert, so tritt die Flugbahn aus der Vertikalebene heraus und der Vogel ist imstande, durch geeignete Körperhaltung jede beliebige Horizontalprojektion der Flugbahn zu erzielen. Weht der Wind in der Höhe mit zunehmender Geschwindigkeit oder stossweise, so bezieht man die Bewegung auf ein Koordinatensystem, das sich mit der mittleren Windgeschwindigkeit bewegt. Es treten dann in den Gleichungen Zusatzglieder auf, welche man unter der Voraussetzung, dass sie klein sind, erst bei der Korrektionsrechnung berücksichtigt. Auf diese Weise hat *N. Joukowsky* gezeigt, dass in allen Fällen bei geeigneter Wahl der Horizontalprojektion die Energieverluste am Ende einer Welle durch die Zusatzglieder zum Verschwinden gebracht werden können, worauf die neue Welle unter gleichen Bedingungen wie die erste beginnt. Dass, wie *O. Lilienthal* betont, eine zumeist vorhandene schwache aufsteigende Komponente der Luftbewegung den aktiven und passiven Flug wesentlich fördert, ist leicht zu überblicken[138]).

138) Der Vogelflug, Berlin 1889, p. 33.

(Abgeschlossen im August 1902.)

IV 18. BALLISTIK.

Von

C. CRANZ

IN STUTTGART.

Inhaltsübersicht.

Litteratur.

Zeitschriften*).

Archiv für die Offiziere der kgl. preuss. Artillerie und des Ingenieurkorps, Berlin, Bd. 1—68 (1837—1870); fortgesetzt als:

Archiv für die Artillerie- und Ingenieuroffiziere des deutschen Reichsheeres, Berlin, Bd. 69—104 (1871—1897), seit 1898 eingegangen (*Arch. f. Art.- u. Ing.-Off.*).

Artilleriskii Journal, Petersburg, 1. Bd. 1839 (*Petersb. Art. Journ.*).

Allgemeine schweizerische Militärzeitung, Basel, 1. Bd. 1863.

Artilleri Tidskrift, Stockholm.

La Corrispondenza, Livorno, 1. Bd. 1899 (*La corrisp.*).

Journal of the United States Artillery, Fort Monroe, Virginia, 1. Bd. 1892 (*Journ. of Un. St. Art.*).

Kriegstechnische Zeitschrift, Berlin, 1. Bd. 1898 (*Kriegstechn. Zeitschr.*).

---

*) Es sind hier nur die wichtigsten kriegstechnischen Zeitschriften, soweit sie für die Ballistik wesentlich in Betracht kommen, mit denjenigen Abkürzungen aufgeführt, in denen sie im folgenden zitiert werden. Einige andere Zeitschriften werden gelegentlich im Texte genannt.

Memorial de Artilleria, Madrid, 1. Bd. 1844.
Mémorial de l'Artillerie de la Marine, Paris (*Mém. de l'art. de la marine*).
Mitteilungen des k. k. Geniecomité über Gegenstände der Ingenieurkunst und des Kriegswesens, Wien 1856—1870; fortgesetzt als:
Mitteilungen über Gegenstände des Artillerie- und Geniewesens, Wien, seit 1870 (*Mitt. üb. Geg. d. Art.- u. Gen.-Wes.*).
Organ der militärwissenschaftlichen Vereine, Wien, 1. Bd. 1870.
Proceedings of the Royal Artillery Institution, Woolwich (*Woolwich, Roy. Art. Inst. Proc.*).
Revue d'Artillerie, Paris, 1. Bd. 1873 (*Rev. d'art.*).
Revue de l'armée belge, Liège, u. diesem Titel seit 1890 (*Rev. de l'arm. belge*).
Revue maritime et coloniale, Paris, 1. Bd. 1872.
Rivista di Artigleria e Genio, Roma (*Riv. d'art. e gen.*).
Rivista marittima, Roma, 1. Bd. 1868 (*Riv. marit.*).

Lehrbücher und Monographieen.

I. Äussere Ballistik.

F. Bashforth, Mathematical treatise on the motion of projectiles, London 1873; supplement 1881 (*Bashforth*).
S. Braccialini, Über die praktische Lösung der Probleme des Schiessens, deutsch von *v. Scheve,* Berlin 1884.
F. Brandeis, Der Schuss, Erklärung der den Schusserfolg beeinflussenden Umstände und Zufälligkeiten, Wien und Leipzig 1896.
A. v. Burgsdorff und *v. Recklinghausen,* Tafeln zur Flugbahnberechnung von Infanteriegeschossen, Berlin 1897.
C. Cranz, Kompendium der äusseren Ballistik, Leipzig 1896 (*Cranz*).
J. Didion, Traité de balistique, Paris 1848 (*Didion*).
— Lois de la résistance de l'air, Paris 1857.
— Calcul des probabilités appliqué au tir des projectiles, Paris 1858.
W. Gross, Die Berechnung der Schusstafeln, Leipzig 1901 (*Krupp*'sche Rechenmethode).
P. Haupt, Mathematische Theorie der Flugbahnen gezogener Geschosse, Berlin 1876.
F. Hélie, Traité de balistique expérimentale. Exposé général des principales expériences d'artillerie exécutées à Gâvre en 1830—66, Paris 1865; 2. éd., 2 vol., Paris 1884 (*Hélie*).
J. P. G. v. Heim, Beiträge zur Ballistik in besonderer Beziehung auf die Umdrehung der Artilleriegeschosse, Ulm 1848 (*Heim*).
W. Heydenreich, Lehre vom Schuss und die Schusstafeln, 2 Bde., Berlin 1898 (*Heydenreich*).
A. Indra, Graphische Ballistik, Wien 1876.
— Ballistik der Handfeuerwaffen, Wien 1879.
— Synthetische Entwicklung eines allgemeinen Luftwiderstandsgesetzes, Wien 1886.
— Neue ballistische Theorieen, Pola 1893.
J. M. Ingalls, Exterior ballistics, New York 1886.
— Handbook of problems in direct and indirect fire, New York 1890.
— Handbook of problems in exterior ballistics, Washington 1900 (*Ingalls*).
J. de la Llave, Balistica abreviada, 1. Aufl., Madrid 1884, 2. Aufl., 1894.

N. Mayevski, Traité de balistique extérieure (russ.), St. Petersburg 1870; franz. Übersetzung unter demselben Titel, Paris 1872 (*Mayevski*).
— Über die Lösung der Probleme des direkten und indirekten Schiessens (russ.), St. Petersburg 1882; deutsche Übersetzung von *Klussmann* unter demselben Titel mit einem Anhange: *F. Krupp*, Ballistische Formeln von *N. Mayevski* nach *F. Siacci,* samt der Krupp'schen Luftwiderstandstabelle (bis $v = 700$ m), Berlin 1886 (*Mayevski-Klussmann*).
— Methode der kleinsten Quadrate und deren Anwendung auf das Schiessen (russ.), St. Petersburg 1881.
A. v. Minarelli-Fitzgerald, Das moderne Schiesswesen, Wien 1901 (*v. Minarelli*).
H. Müller, Die Entwicklung der Feldartillerie in Bezug auf Material, Organisation und Taktik von 1815 bis 1892, Berlin 1893.
J. C. F. Otto, Mathematische Theorie des Ricochetschusses, Berlin 1833.
— Tafeln für den Bombenwurf, 1842.
G. Piobert, Traité d'artillerie théorique et pratique, 3 vol., Paris 1831—1859.
S. D. Poisson, Recherches sur le mouvement des projectiles dans l'air, Paris 1839;
— Formules rélatives aux effets du tir sur les différentes parties de son affût, 2. éd., Paris 1838.
H. Résal, Mécanique générale, t. 2, Paris 1873 (*Résal*).
H. Rohne, Studie über den Schrapnelschuss der Feldartillerie, Berlin 1894.
— Schiesslehre für die Feldartillerie, Berlin 1895.
— Schiesslehre für die Infanterie, Berlin 1896.
G. Ronca, Manuale del tiro, Livorno 1901.
— Manuale di balistica esterna, Livorno 1901. Dazu:
G. Ronca und *G. Pesci,* Abbachi per il tiro; abbachi generali della balistica, Livorno 1901.
G. Ronca und *A. Bassani,* Balistica esterna, Livorno 1901.
A. Rutzki, Theorie und Praxis der Geschoss- und Zünderkonstruktion, Wien 1871 (*Rutzki*).
N. Sabudski, Über die Lösung der Probleme des indirekten Schiessens und über den Winkel grösster Schussweite (russ.), St. Petersburg 1888, Supplement 1890.
— Äussere Ballistik (russ.), St. Petersburg 1895 (*Sabudski* 1).
— Lehre von der Treffwahrscheinlichkeit (russ.), St. Petersburg 1898.
F. Siacci, Corso di balistica, 3 vol., Roma 1870/84; 2. ediz. Torino 1888; franz. Übersetzung hiervon unter dem Titel: Balistique extérieure, Paris 1892 (*Siacci*).
— Balistica e pratica, Giorn. d'art. e gen. 1880, deutsche Übersetzung von *Günther* unter dem Titel: Ballistik und Praxis, Berlin 1882.
P. de St. Robert, Mémoires scientifiques, 2 vol., Turin 1872/74 (*St. Robert*).
M. de Sparre, Mouvement des projectiles oblongs dans le cas du tir de plein fouet, Paris 1875.
— Sur le mouvement des projectiles dans l'air, Paris 1891.
Textbook of gunnery, London 1902.
E. Thiel, Das Infanteriegewehr, eine ballistisch-technische Studie, Bonn 1883.
J. M. de Tilly, Balistique extérieure, Gand 1875.
E. Vallier, Balistique expérimentale, Paris 1894 (*Vallier*).
— Balistique extérieure, Teil der „Encyclopédie scientifique des Aide-Mémoire", Paris, ohne Datum.
R. Wille, Waffenlehre, 1. Aufl., Berlin 1896, 2. Aufl., 1900 (*Wille*).
N. v. Wuich, Lehrbuch der äusseren Ballistik, Wien 1886 (*v. Wuich*).

II. Innere Ballistik.

W. Bergmann, Théorie des poudres, Stockholm 1900.

M. Berthelot, Sur la force des matières explosives d'après la thermo-chimie, 2 vol., Paris 1883 (*Berthelot*).

A. Brynk, Innere Ballistik (russ.), St. Petersburg 1901.

— Konstruktion der Geschützrohre (russ.), St. Petersburg 1901.

Callenberg, Die Fundamentalwerke der inneren Ballistik (autograph. Hefte, Bibliothek der vereinigten Artillerie- und Ingenieurschule), Berlin 1887 u. 1899.

L. F. Cazaux, Theorie und Berechnung der Wirkungen des Pulvers in Minen und Geschützen, Magdeburg 1839.

C. Cranz, Anwendung der elektrischen Momentphotographie auf die Untersuchung von Schusswaffen, Halle a. S. 1901.

J. H. Glennon, Interior ballistics, Baltimore 1894.

O. Guttmann, Die Industrie der Sprengstoffe, Braunschweig 1895.

A. Indra, Wahre Gestalt der Spannungskurve, Wien 1901.

J. M. Ingalls, Interior ballistics, Fort Monroe 1894.

G. Kaiser, Konstruktion der gezogenen Geschützrohre, 1. Aufl., Wien 1892, 2. Aufl., 1900; mit Atlas und mit einem Nachtrag (*Kaiser*).

J. A. Longridge, Interior ballistics, London 1883 (*Longridge*).

O. Mata, Tratado de balistica interior, Madrid 1890.

A. Moisson, Pyrodynamique, théorie des explosions dans les canons et les torpilles, Paris 1887.

A. Noble und *F. A. Abel,* Researches on explosives, London 1874.

Paschkievitsch, Interior ballistics, Washington 1892.

M. Prehn, Versuch über die Elemente der inneren Ballistik der gezogenen Geschütze preussischen Systems, Berlin 1866.

E. Sarrau, Recherches théoriques sur les effets de la poudre et des substances explosives, Paris 1875.

— Nouvelles recherches sur les effets de la poudre dans les armes, Paris 1876; Additions 1877, 1878 (*Sarrau*).

— Recherches théoriques sur le chargement des bouches à feu, Paris 1882.

— Introduction à la théorie des explosifs, Paris 1893.

N. Sabudski, Gasdruck des rauchlosen Pulvers (russ.), St. Petersburg 1894, deutsche Übersetzung von *Callenberg,* Berlin 1899 (*Sabudski* 2).

H. Sébert, De la mesure des pressions développées par les gaz de la poudre, Paris 1877.

— Essai d'enregistrement de la loi du mouvement des projectiles, Paris 1881.

— Notice sur les nouveaux appareils balistiques, Paris 1881.

H. Sébert et *Hugoniot,* Étude des effets de la poudre, Paris 1882.

P. de St. Robert, Principes de thermodynamique, Turin, Florence 1870.

E. Vallier, Balistique des nouvelles poudres, Teil der „Encyclopédie scientifique des Aide-Mémoire", Paris, ohne Datum.

— Théorie et tracé des freins hydrauliques, Paris 1900.

I. Aussere Ballistik.

Vorbemerkung. Die theoretische Schiesslehre beschäftigt sich mit der Bewegung des Geschosses und den daran sich anschliessenden Fragen, soweit sie der mathematischen und physikalischen Unter suchungsweise zugänglich sind; und zwar verfolgt die *innere Ballistik* das Geschoss von dem Moment der Explosion des Pulvers ab bis zum Passieren der Geschütz- oder Gewehrmündung, die *äussere Ballistik* weiterhin von dem letzteren Moment ab bis zu demjenigen, wo dasselbe in das Ziel eingedrungen ist und daselbst zur Ruhe kommt. In diesem Referate soll ein Überblick über den heutigen Stand der Ballistik wenigstens in einem solchen Umfang gegeben werden, dass sich ein Urteil über die Zuverlässigkeit und Genauigkeit der bis jetzt gewonnenen Resultate, sowie über die im Vordergrund stehenden unerledigten Probleme dieser Disziplin gewinnen lässt.

Als durchweg benutzte Abkürzungen seien gleich hier die folgenden angegeben:

φ = wahrer Abgangswinkel des Geschosses, d. h. der Winkel zwischen Anfangstangente der Flugbahn und Mündungshorizont,
V = Mündungsgeschwindigkeit des Geschosses,
X = Schussweite,
T = Totalflugzeit,
φ' = spitzer Auffallwinkel,
x, y = Koordinaten eines Flugbahnpunktes,
θ = Horizontalneigung der Bahntangente,
v = Geschwindigkeit des Geschossschwerpunktes,
t = Zeit in Sekunden, die nach Abgang des Geschosses verflossen ist.

Die x-Axe ist horizontal in der Schussebene, die y-Axe vertikal nach oben, und die Mündungsmitte als Koordinatenanfang zu denken.

Für die Masseinheiten ist noch immer das technische Masssystem üblich.

Die Ausdrücke: rechts, links etc. beziehen sich auf den Standpunkt des Schützen.

1. Der Luftwiderstand gegen das Geschoss.

1a. Theoretischer Ansatz. Über den Luftwiderstand, insbesondere soweit es sich um kleine Geschwindigkeiten der bewegten Körper handelt, ist in dem voraufgehenden Referate über Aërodynamik (IV 17, 4, *Finsterwalder*) berichtet. Hier handelt es sich nur insoweit um ihn, als grössere Geschwindigkeiten (insbesondere eben die Geschwindigkeiten der Geschosse) in Betracht kommen. Im ganzen kann gesagt werden, dass zur Zeit die Theorie des Luftwiderstands von Geschossen in einem Zustand der Umwandlung sich befindet; neue experimentelle Grundlagen für mathematische Behandlung werden gelegt; und es wird sich daher im Folgenden weniger um die Wiedergabe der bisherigen mathematischen Resultate, als um eine Erörterung der bisherigen Annahmen handeln.

Unter der vereinfachenden Annahme, dass die durch den Schwerpunkt des Langgeschosses gehend gedachte Längsaxe des Geschosses in der Bewegungsrichtung des Schwerpunktes liegt, wird gegenwärtig in der Ballistik der *Luftwiderstand gegen das Geschoss*[1]) mit folgenden Grössen proportional gesetzt:

a) dem zur Axe senkrechten Geschossquerschnitt $R^2\pi$,

b) dem „Luftgewicht" δ, d. h. dem Gewicht eines cbm Luft am Versuchstag, berechnet aus Temperatur, Druck und Feuchtigkeitsgehalt der Luft,

c) einem von der Form der Geschossspitze abhängigen Koeffizienten i,

d) einer gewissen Funktion $f(v)$ der Translationsgeschwindigkeit v m/sec des Schwerpunkts.

Die Annahmen a), b), c) sind mehr konventionell, als in der Natur der Sache begründet.

Schon *J. Didion*[2]) hat aus seinen Versuchen das Resultat abgeleitet, dass der Luftwiderstand gegen Geschosse mit kleinem Querschnitt relativ grösser sei, als gegen solche mit grossem Querschnitt

---

1) Vgl. hierüber überhaupt *J. V. Poncelet,* Introduction à la mécanique industrielle, Bruxelles 1839, p. 522 ff.; *J. Didion,* Lois de la résistance de l'air, Paris 1857; *E. Vallier,* Rev. d'art. 26 (1885), p. 226 ff. und 324 ff.; *A. Indra,* Mitt. üb. Geg. d. Art. u. Gen.-Wes. 1886, p. 1 ff.; *v. Wuich,* p. 49 u. 101 ff.; *C. E. Page,* De la résistance de l'air, Paris 1878 und Rev. d'art. 11 (1878), p. 254, 345, 457, 561; 13 (1879), p. 531; 14 (1879), p. 38; 15 (1879), p. 128. Ferner *L. A. Thibault,* Recherches expérimentales sur la résistance de l'air, Paris 1826, p. 11, 62, 128; *F. Silvestre,* Rev. d'art. 18 (1881), p. 236; *M. Prehn,* Über die bequemste Form des Luftwiderstandsgesetzes, Berlin 1874; *N. Mayevski,* St. Pétersb. Bull. de l'Acad. (class. de phys. et math.) 17 (1858), p. 337 (für sphärische Geschosse) und ebenda 27 (1881), p. 1; *Pfister,* Arch. f. Art.- u. Ing.-Off. 88 (1881), p. 489; *Journée,* Rev. d'art. 49 (1897), p. 293; *Hélie* 2, p. 150; *Sabudski* 1, p. 55 und Arch. f. Art.- u. Ing.-Off. 102 (1895), p. 18; *N. Sabudski,* Petersb. Art. Journ. 1894, Nr. 4, p. 299; *F. Chapel,* Paris C. R. 119 (1894), p. 977; *F. Chapel,* Rev. d'art. 45 (1895), p. 119 u. 453; *Denecke,* Kriegstechn. Zeitschr. 2 (1899), p. 482.

2) *J. Didion,* p. 53; der betreffende Faktor von $R^2\pi$ ist bei ihm

$$\left(0{,}74 + \frac{0{,}047}{0{,}05 + 2R}\right);\ 2R \text{ das Kaliber in m.}$$

und hat versucht, diese Thatsache rechnerisch zu berücksichtigen. Seitdem glaubten zwar einige Ballistiker aus ihren Luftwiderstandsversuchen ableiten zu können, dass Proportionalität zwischen Luftwiderstand und Querschnitt $R^2\pi$ stattfinde, und man trägt zur Zeit in der Ballistik kein Bedenken, die Resultate der mit Artilleriegeschossen angestellten Versuche ohne weiteres auf Infanteriegeschosse anzuwenden; indes besteht jene einfache Beziehung jedenfalls nicht genau; dies ergiebt sich schon aus der Betrachtung der Strömungslinien, längs deren die Luft dem Geschoss ausweicht, sowie der Kopfwelle und Schwanzwelle (s. darüber weiter unten), welche bei grossen Geschwindigkeiten das Geschoss begleiten.

Dass der Luftwiderstand von Geschossen gerade der ersten Potenz der Luftdichte proportional zu- und abnehme[2a]), ist zwar niemals bestritten, aber auch niemals einwandfrei empirisch bewiesen worden; es wäre wünschenswert, dass dieses Gesetz durch rationelle Versuche mit grossen Geschwindigkeiten verifiziert würde.

Von dem „Formkoeffizienten" i wird weiter unten ausführlicher gesprochen werden. Hier sei nur darauf hingewiesen, dass zweifelsohne manche Umstände und Abhängigkeiten, deren mathematische Gesetzmässigkeiten uns noch unbekannt sind, thatsächlich in den Koeffizienten i verlegt werden, so dass derselbe nur zum Teil einen Formkoeffizienten, zu einem andern, aber unbekannten Teil einen Korrektionsfaktor vorstellt, durch welchen das Ungenügende in den Annahmen a) und d), vielleicht auch in b) einigermassen ausgeglichen wird. Jedenfalls ist i im Prinzip keine Konstante, sondern eine Funktion der übrigen Grössen, von der man freilich annimmt, dass sie sich bei Abänderung dieser Grössen nur langsam ändert.

Die Versuche, die Funktion $f(v)$ durch theoretische Erwägungen zu ermitteln[3]), haben bis jetzt insofern zu keinem genügend allgemein

---

2a) Vgl. auch IV 17, 4 (*Finsterwalder*).

3) *J. C. E. Schmidt,* Theorie des Widerstandes der Luft bei der Bewegung der Körper, Göttingen 1831. Dazu *J. C. F. Otto,* Zeitschr. Math. Phys. 11 (1866), p. 515 u. Mitt. üb. Geg. d. Art.- u. Gen.-Wes. 1879, p. 481; *A. Schmidt,* Programm des Stuttgarter Realgymnasiums 1878; *E. Vallier,* Rev. d'art. 26 (1885), p. 226, 324; *Résal* 2, p. 1874; *O. Mata* (span.), Rev. de l'arm. belge 19 (1895), p. 85; *A. Bassani,* La corrisp. 1 (1900), p. 299. *P. Vieille,* Paris C. R. 130 (1900), p. 235 hat neuerdings auf Grund der Theorie von *B. Riemann* über die Fortpflanzung von Luftwellen mit endlich grosser Amplitude ein Luftwiderstandsgesetz abgeleitet, indem er speziell Geschosse mit einer ebenen, zur Axe senkrechten vorderen Begrenzungsfläche voraussetzt und die das Geschoss begleitende *Mach*'sche Kopfwelle wenigstens in den vordersten Teilen als eine ebene Welle annimmt; der so gewonnenen Formel für den Luftwiderstand in Funktion der

gültigen und zugleich für die Ballistik brauchbaren Ergebnis geführt, als die theoretisch erhaltenen Gesetze nicht sämtliche (je nach den speziellen Verhältnissen mehr oder weniger in Betracht kommende) Begleiterscheinungen einbegreifen: nämlich, die Reibung der Luft parallel und senkrecht zu den Mantellinien des Geschosscylinders, den Einfluss der am Geschoss adhärierenden Luftschichten und der Geschossrotation, die Art des Abfliessens der Luft am Geschoss und die das Geschoss begleitenden Luftverdichtungen und -Verdünnungen, sowie, was damit in Zusammenhang steht, den Umstand, dass der Luftdruck auf gleiche zur Bewegungsrichtung senkrechte Flächenelemente nicht in allen Entfernungen von der Geschossaxe, also nicht auf dem ganzen Geschossquerschnitt konstant ist. Letzteres bewies *E. Mach*[4]) durch Bestimmung der Ablenkung, welche das Licht beim Durchdringen verschiedener Luftschichten in nächster Nähe des Geschosses erleidet; bei Versuchen mit einem Gewehrgeschoss von 11 mm Kaliber und von 520 m/sec Geschwindigkeit, — für welche nach den *Krupp*'schen Versuchen der Luftwiderstand 1,066 kg pro qcm, also rund 1 Atmosphäre sein soll — fand *E. Mach*, dass die Dichte der Luft im Scheitel der Kopfwelle (siehe weiter unten) ca. 3 Atmosphären entspricht, 4,5 mm hinter dem Scheitel der Kopfwelle, 12 mm von der Geschossaxe und 3 mm vom Rand der Kopfwelle entfernt noch ca. 1,7 Atmosphären und 7,5 cm hinter dem Scheitel, 9 cm vom der Geschossaxe und 7,5 cm vom Wellenrand entfernt noch ca. 1,6 Atmosphären.

Bei dieser Gelegenheit weist *E. Mach* darauf hin, dass der sogenannte „Luftwiderstand" von Geschossen eine Grösse fiktiver Natur ist. Dieser Widerstand wird in der That *aus der Verzögerung rotierender Artilleriegeschosse abgeleitet und dient nur dazu, die Verzögerung in andern derartigen Fällen praktisch zu berechnen* (vgl. **1** c); in Wirklichkeit verliert das Geschoss seine Energie durch Erregung von Luft-

---

Geschwindigkeit glaubt *Vieille* — da sie für Geschwindigkeiten bis $v = 1200$ m gute Übereinstimmung mit der Beobachtung giebt — eine grosse Allgemeinheit der Anwendbarkeit zuschreiben zu können; er berechnet auf Grund derselben Theorie auch die erzeugte Temperaturerhöhung (und macht auf die Erklärung der Leucht- und Schmelzerscheinungen von Meteoriten aufmerksam). Über diesen Gegenstand vgl. auch *E. Ökinghaus*, Wien. Ber. 109 (1900), p. 1291. Vgl. auch die allgemeinen Bemerkungen von *H. v. Helmholtz* über den Charakter der von der Geschwindigkeit abhängigen Kräftefunktionen, Vorlesungen über theoretische Physik, Bd. 1, Leipzig 1898, p. 31—32.

4) Wien. Ber. 98 (1889), p. 1318. Bei diesem Anlass betont *E. Mach*, dass die Erzählungen von schweren Verletzungen und Tötungen durch den Luftdruck grosser Geschosse im Wesentlichen als abenteuerliche Übertreibungen erscheinen müssen.

wellen, durch Bildung von Wirbeln, durch Reibung und Wärmeerregung, *keineswegs* aber durch Überwindung eines auf jedes qcm des Geschossquerschnitts *gleichen Drucks.*

Die vom Geschoss bei dessen successivem Vorrücken in der Luft erregten *Luftwellen*[4a]) müssen dem Geschoss voraneilen, wenn die Geschossgeschwindigkeit kleiner als die normale Schallgeschwindigkeit ist; ist sie grösser, so begleiten diese Wellen das Geschoss. Im letzteren Fall werden, wie von *E. Mach*[5]) und *V. Boys*[6]) durch zahlreiche Versuche nachgewiesen wurde, diese Luftwellen jeden Augenblick wieder von neuem gebildet; darin scheint die Thatsache ihre Erklärung zu finden, dass die Tabellen der empirisch ermittelten Luftwiderstandswerte bei ca. $v = 340$ m/sec eine Stelle *rascher Änderung* von $f(v)$ aufweisen[7]).

4a) Vgl. IV 17 (*Finsterwalder*), p. 162.

5) *E. Mach* und *P. Salcher,* Wien. Ber. 95 (1887), p. 765.

6) Nature (engl.) 47 (1893), p. 415 u. 440.

7) Als erster scheint *A. Schmidt* (Programm des Stuttgarter Realgymnasiums 1878, p. 25) diese Umstände erkannt zu haben; dieser stellte auf Grund derartiger Betrachtungen eine Luftwiderstandsfunktion auf, welche unstetig wird, wenn die Geschwindigkeit v des Mobiles der normalen Schallgeschwindigkeit s des Mediums gleichgesetzt wird. — Die das Geschoss umgebenden Luftwellen und -Wirbel wurden zuerst von *E. Mach* 1885 photographisch fixiert, Wien. Ber. 92 (1885), p. 625. Je mehr der Wert von v ($v > s$) sich s nähert, um so weiter ist der Scheitel der Wellenkontour von der Geschossspitze entfernt. Der *Geschossknall* kommt in dem Fall $v > s$ gleichzeitig mit dem Geschoss am Ziel an, während der *Geschützknall* deutlich von dem ersteren zu unterscheiden ist und später ankommt. Dass die Schallwellen der Luft je nach Art und Intensität ihrer Erregung mit beliebig grosser Geschwindigkeit sich fortpflanzen können, wurde von *Mach* in mehreren andern Arbeiten bewiesen; vgl. Wien. Ber. 77 (1878), p. 7; 78 (1878), p. 819; 95 (1887), p. 765; 97 (1888), p. 1045; 98 (1889), p. 41; 98 (1889), p. 1257; 101 (1892), p. 977. — *Mayevski* scheint zuerst empirisch die Thatsache festgestellt zu haben, dass bei Annahme derselben Luftwiderstandsfunktion der Koeffizient eine rasche Änderung in der Gegend der normalen Schallgeschwindigkeit erleidet, vgl. Pétersb. Bull. de l'Acad. 27 (1881), p. 1; *v. Wuich* 1, p. 113; *Mayevski-Klussmann,* p. 2. — *A. Indra* wies sodann darauf hin, dass sich diese Thatsache damit erkläre, dass durch die fortwährende Neubildung der Kopfwelle (mit $v > s$) Geschossenergie konsumiert werde, Mitt. üb. Geg. d. Art.- u. Gen.-Wes. 1886, p. 1—80; vgl. auch *R. Emden,* Habilit.-Schrift, techn. Hochschule, München 1899, p. 94 und Ann. Phys. Chem. (2) 69 (1899), p. 454; *E. Thiel,* Arch. f. Art.- u. Ing.-Off. 94 (1887), p. 492. — Über diese Gegenstände vgl. ferner: *L. Mach,* Wien. Ber. 105 (1896), p. 605, in welcher Arbeit sich die bekannten vorzüglichen Aufnahmen des Geschosses samt Luftschlieren finden. *V. Boys,* Revue géner. des sciences pures et appliquées 1892 u. Nature (engl.) 47 (1893), p. 415 u. 440; *Q. Majorana-Catalabiano* u. *A. Fontana,* Riv. d'art. e gen. 1896, vol. 1, p. 106; *A. v. Obermayer,* Mitt. üb. Geg. d. Art.- u. Gen.-Wes. 1897, p. 815; *P. Vieille,* Paris C. R. 126 (1898), p. 31; *W. Wolff,* Ann. Phys.

1b. Empirische Luftwiderstandsgesetze. Ganz oder grösstenteils empirisch abgeleitete, den Verhältnissen der Ballistik entsprechende Luftwiderstandsgesetze[8]) wurden in grosser Zahl veröffentlicht; dem Verfasser sind 25 bekannt geworden, wovon die Mehrzahl die Form von Potenzgesetzen

$$f(v) = av^n \text{ bezw. } = av^m + bv^n + \cdots$$

besitzen. Dabei wird seit *Mayevski*[9]) mit Erfolg der ganze für die Praxis in Betracht kommende Bereich der Geschossgeschwindigkeiten (jetzt ca. $v = 50$ m bis $v =$ ca. 1000 m) derart in Intervalle eingeteilt, dass für die verschiedenen Intervalle entweder a oder n oder beide Zahlenwerte verschieden gewählt werden.

Von den betreffenden sogenannten *Zonengesetzen* sei das *Mayevski-Sabudski*'sche angeführt, das von *Mayevski* bis $v = 550$ m aufgestellt, sodann von *Sabudski*[10]) der Hauptsache nach auf Grund *Krupp*'scher Versuche bis $v = 1000$ m fortgesetzt wurde; darnach ist der Luftwiderstand in kg auf ein rotierendes Artillerie-Langgeschoss der *Krupp*'schen Normalform (darüber siehe weiter unten) vom Querschnitt $R^2\pi$ qm und der Geschwindigkeit v m/sec der folgende:

$$0{,}0140\,R^2\pi \cdot \frac{\delta}{1{,}206} \cdot v^2, \quad \text{für } v = 50 \text{ bis } v = 240 \text{ m/sec},$$

$$0{,}0^{(4)}5834\,R^2\pi \cdot \frac{\delta}{1{,}206} \cdot v^3, \quad „ \quad 240 \quad „ \quad 295,$$

$$0{,}0^{(9)}6709\,R^2\pi \cdot \frac{\delta}{1{,}206} \cdot v^5, \quad „ \quad 295 \quad „ \quad 375,$$

Chem. (2) 69 (1899), p. 329 ff.; *Rieckeheer,* Kriegstechn. Zeitschr. 3 (1900), p. 383, 439, 513; *v. Minarelli,* p. 28; *C. Cranz,* Anwendung der elektrischen Momentphotographie auf die Untersuchung von Schusswaffen, Halle 1901.

8) Eine Zusammenstellung der wichtigsten Versuche und der aufgestellten Gesetze s. *Cranz,* von p. 36 ab; dazu noch *A. Indra,* Mitt. üb. Geg. d. Art.- u. Gen.-Wes. 1886, p. 1—80; *E. Ökinghaus,* Wien. Ber. 108 (1899), p. 1559 u. 109 (1900), p. 1275; *Denecke,* Kriegstechn. Zeitschr. 2 (1899), p. 426 u. 474 ff., besonders p. 482 (neue Zonengesetze bis $v = 500$ m auf Grund deutscher Versuche); *P. Vieille,* Paris, C. R. 130 (1900), p. 235. — Über die Messung des Luftwiderstands s. besonders *J. Didion,* Lois de la résistance de l'air, Paris 1857, und *C. E. Page,* De la résistance de l'air, Paris 1878. — Über die Aufstellung von Luftwiderstandsgesetzen auf Grund von Beobachtungen, u. a. mit Hülfe der Methode der kleinsten Quadrate s. *Siacci,* Not. I, p. 313; *Sabudski,* Petersb. Art. Journ. 1894, Nr. 4, p. 299; 1892, Nr. 6, p. 601 u. *Klussmann,* Arch. f. Art.- u. Ing.-Off. 97 (1890), p. 546; *Siacci,* Riv. d'art. e gen. 1889, vol. 3, p. 227 u. 1891, vol. 1, p. 199, sowie Arch. f. Art.- u. Ing.-Off. 99 (1892), p. 172.

9) *Mayevski,* p. 41 (1872).

10) Petersb. Art. Journ. 1894, Nr. 4, p. 299 und *Klussmann*, Arch. f. Art.- u. Ing.-Off. 102 (1895), p. 18.

$$0{,}0^{(4)}9404\,R^2\pi\cdot\frac{\delta}{1{,}206}\cdot v^3,\quad \text{für } v = 375 \text{ bis } v = 419\,\text{m/sec},$$

$$0{,}0394\,R^2\pi\cdot\frac{\delta}{1{,}206}\cdot v^2,\quad ,,\quad 419\quad ,,\quad 550,$$

$$0{,}2616\,R^2\pi\cdot\frac{\delta}{1{,}206}\cdot v^{1{,}70}\quad ,,\quad 550\quad ,,\quad 800,$$

$$0{,}7130\,R^2\pi\cdot\frac{\delta}{1{,}206}\cdot v^{1{,}55}\quad ,,\quad 800\quad ,,\quad 1000.$$

Hierbei ist das sogenannte relative Luftgewicht $\frac{\delta}{1{,}206}$ nach *Siacci*[11]) mittelst

$$\frac{\delta}{1{,}206} = 0{,}3852\cdot\frac{H_0}{273+t} - 0{,}1444\cdot\frac{s\cdot e}{273+t}$$

aus dem reduzierten Barometerstand H_0 in mm, der Lufttemperatur t in Graden Celsius, der Spannkraft e des bei t^0 gesättigten Wasserdampfs in mm und dem Feuchtigkeitsgrad s der Luft zu berechnen; 1,206 ist der *Mayevski*'sche Normalwert[12]) von δ für $t = 15$, $H_0 = 750$, $s = 0{,}5$, d. h. das entsprechende Gewicht eines cbm Luft in kg.

F. Siacci[13]) hat die Resultate der wichtigsten Versuche, von welchen nachher Nr. **1**c die Rede sein soll, in folgende bis $v = 1200$ m/sec gültige Formel zusammengefasst:

$$\text{Verzögerung durch den Luftwiderstand} = \frac{\delta}{1{,}206}\cdot\frac{i}{C}\cdot f(v),$$

wo

$$C = \frac{P}{1000\cdot(2R)^2},$$

sodass der Luftwiderstand selbst (in kg) $= 338\cdot\delta\cdot i\cdot R^2\cdot f(v)$ ist. Dabei bedeutet P das Geschossgewicht in kg, $2R$ das Kaliber in m, i den Formkoeffizienten (darüber s. Nr. **1**d) und $f(v)$ folgenden Ausdruck

$$f(v) = 0{,}2002v - 48{,}05 + \sqrt{(0{,}1648\cdot v - 47{,}95)^2 + 9{,}6} + \frac{0{,}0442\cdot v(v-300)}{371+\left(\frac{v}{200}\right)^{10}}.$$

Hierzu vergleiche man die folgende Figur, welche dem Aufsatze von *F. Siacci*, Sulla resistenza dell' aria al moto dei projetti, Riv. d'art. e gen. 1896, p. 341 entnommen ist und die die Funktion $10^6\cdot\frac{f(v)}{v^2}$ vorstellt. Dieselbe zeigt an der Stelle $v = 340$ m/sec (normale Schallgeschwindigkeit) einen Inflexionspunkt.

11) Vgl. *Siacci*, p. 14.

12) Über die Nachteile, welche mit der Annahme dieses Normalwerts für mitteleuropäische Breitengrade notwendig verbunden sind, vgl. insbes. *H. Rohne*, Kriegstechn. Zeitschr. 3 (1900), p. 201.

13) Vgl. *F. Siacci*, Riv. d'art. e gen. 1896, vol. 1, p. 5, 195, 341 und Arch. f. Art.- u. Ing.-Off. 103 (1896), p. 5, 195 und besonders 341.

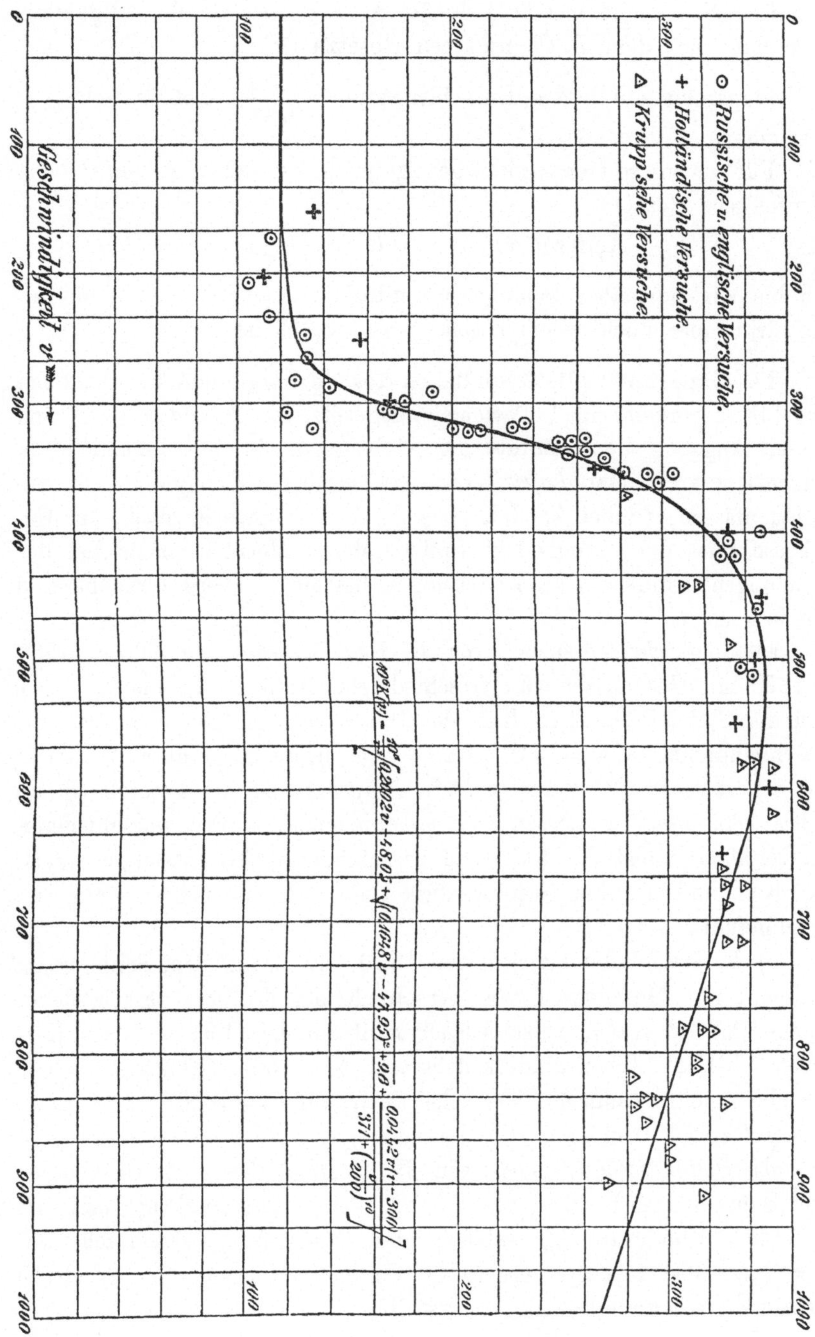
⊙ Russische u. englische Versuche.
+ Holländische Versuche.
△ Krupp'sche Versuche.
Geschwindigkeit v

Das *Siacci*'sche Gesetz fällt für sehr grosse Geschwindigkeiten sehr nahe mit dem *F. Chapel*'schen Gesetze[14]):

$$\text{Verzögerung durch den Luftwiderstand} = \frac{\delta \cdot i}{1{,}206\, C}(0{,}365\, v - 96)$$

zusammen.

Für geringere Genauigkeit genügt nach Versuchen *Krupp*'s[15]) das *Newton*'sche Gesetz:

$$\text{Luftwiderstand} = a R^2 \pi i \cdot \frac{\delta}{1{,}206} v^2,$$

wo bis zur normalen Schallgeschwindigkeit $a = 0{,}014$, von da ab aufwärts (aber noch weniger genau) $a = 0{,}039$ ist.

1c. **Experimentelle Grundlagen des Vorhergehenden.** Das oben angeführte einheitliche Luftwiderstandsgesetz von *F. Siacci* soll, nach dessen Angabe, die Resultate der wichtigsten, in den verschiedenen Ländern ausgeführten *Luftwiderstandsversuche* mit Langgeschossen zusammenfassen; (dabei handelt es sich der Hauptsache nach um Geschosse mit sogen. „ogivaler“ Spitze, deren Meridian nach Art des Spitzbogenfensters aus zwei Kreisbogen besteht). Diese Versuche sind die folgenden:

a) *Englische* Versuche, von *F. Bashforth* in den Jahren 1866—1870 mit Geschossen von verschiedenem Kaliber (7,6 bis 22,9 cm), von der Spitzenhöhe 1,12 Kal., der Geschosslänge 2,54 Kal. und mit Geschwindigkeiten $v = 230$ bis $v = 520$ m/sec ausgeführt.

b) *Russische Versuche* von *N. Mayevski* bei St. Petersburg im Jahre 1869 mit Geschossen von verschiedenem Kaliber, verschiedener Spitzenhöhe (meist 0,9 Kal.) und verschiedener Geschosslänge (meist 2,01 Kal.) und mit dem Geschwindigkeitsbereich $v = 172 - 409$ m/sec durchgeführt.

c) *F. Krupp*'sche *Versuche* von 1879—1896, auf dem Schiessplatz Meppen, mit Geschossen von verschiedenem Kaliber, verschiedener Länge (2,8—4 Kal.), verschiedener Spitzenhöhe (1,31 und 1,0 Kal., meist 1,3 Kal.); Geschwindigkeitsbereich $v = 150$—910 m/sec; jedoch beziehen sich vereinzelte Versuche auch auf $v = 1000$—1500 m/sec und auf $v < 150$ m/sec.

d) *Holländische Versuche* von *W. C. Hojel* 1884, mit Geschossen von 8 bis 40 cm-Kaliber, von 2,5 bis 4 Kal. Geschosslänge und von 1,31 und 1,33 Kal. Spitzenhöhe; der Geschwindigkeitsbereich war $v = 138$—660 m/sec, vereinzelte Versuche wurden mit erheblich grösseren Geschwindigkeiten angestellt.

14) Paris C. R. 119 (1894), p. 997.

15) Vgl. *v. Wuich* 1, p. 113 Anm. und *Mayevski-Klussmann*, p. 5 Anm.

Die Ausführung der Versuche und die Ermittlung des Luftwiderstands erfolgte in der Weise, dass in den Endpunkten einer horizontalen Strecke a m die Geschwindigkeiten v_1 und v_2 des Geschosses (Gewicht P kg) gemessen wurden, und zwar in England mit dem *Bashforth*-, sonst mit dem *Le Boulengé*-Chronographen. Die Strecke a wurde so gross gewählt, als es die Rücksicht auf die unvermeidlichen Fehler bei der Messung von v_1 und v_2, sowie die Schwankungen im Betrag von v von einem Schuss zum andern erforderte, andererseits so klein, dass man glaubte sicher zu sein, die Flugbahn könne auf der Strecke a mit genügender Annäherung als geradlinig betrachtet werden. Der gemessenen Abnahme der Geschossenergie wurde alsdann ein als konstant angenommener Mittelwert W des Luftwiderstands unterlegt; diese aus

$$\frac{P}{2g}(v_1^2 - v_2^2) = W \cdot a$$

berechnete Grösse W wurde dann der zu der Geschossgeschwindigkeit $v = \frac{1}{2}(v_1 + v_2)$ gehörige Luftwiderstand genannt.

Eine rationelle Abänderung der den Luftwiderstand bestimmenden Grössen — Geschossgeschwindigkeit, Kaliber, Geschosslänge, Drall, Spitzenform, Geschossführung — scheint nicht überall stattgefunden zu haben, z. B. zur Ermittlung der Abhängigkeit allein von v wurden nicht überall sämtliche andere Grössen unverändert gelassen. Häufig ferner scheinen Pendelungen der Geschosse erfolgt zu sein, deren Amplitude nicht genau gemessen wurde. In zahlreichen Fällen endlich wurde die Länge der Messungsstrecke a so gross gewählt (6000 m und mehr), dass von einer Geradlinigkeit der Flugbahn und von einer Konstanz des Widerstands W auf dieser Strecke keine Rede sein kann. Darum wurden zum Teil in solchen Fällen rechnerische Näherungsmethoden zur Berechnung des Luftwiderstands beigezogen. Wenn dann nachträglich die so gewonnenen Resultate von Versuchen auf die Näherungslösung des ballistischen Problems angewendet wurden, so waren Kreisschlüsse unvermeidlich.

Im übrigen sind die Einzelheiten der Versuche nirgends so eingehend veröffentlicht, wie dies in andern Disziplinen üblich ist, weshalb eine Kontrolle der Fehler nicht in jedem Falle möglich ist. Auch findet zwischen den Versuchsresultaten und den empirischen Formeln eine geringe Übereinstimmung statt.

1d. Abhängigkeit des Luftwiderstands von der Form der Geschossspitze und von der Neigung der Geschossaxe. Querschnittsbelastung. Der Formkoeffizient i in dem obigen *Siacci*'schen

Luftwiderstandsgesetz wird von *Siacci* im Durchschnitt $= 1$ willkürlich angenommen für die Wiedergabe der englischen und russischen Versuche (Spitzenhöhe 0,9 bis 1,12 Kaliber); damit wird dann nach *Siacci* für die Krupp'schen und holländischen Versuche (meist Spitzenhöhe 1,3 Kaliber) durchschnittlich $i = 0{,}896$.

Die obigen Zonengesetze von *Mayevski-Sabudski* gelten, ihrer Entstehung zufolge, mit $i = 1$ für die Krupp'schen Versuche mit Krupp'schen Normalgeschossen (Spitzenhöhe 1,3 Kaliber).

Nach deutschen Schiessversuchen verhält sich für Geschosse mit ogivaler Spitze der von der Form der Geschossspitze abhängige Luftwiderstandskoeffizient (Formwert) bei einer Spitzenhöhe von 1,3 Kalibern (sehr schlanker Spitze), resp. 1,1 Kal. (schlanker Spitze), resp. 0,5 Kal. (halbkugelförmigem Ende), resp. wie $870 : 1000 : 1290$. Indessen ist zu bedenken, dass diese Werte nicht auf direkten Versuchen beruhen, vielmehr aus der Beobachtung der zusammengehörigen Werte von V, X und φ mittelst der Gleichungen eines Lösungssystems ermittelt sind; da es nun hierbei niemals durchaus sicher ist, ob sich die verglichenen Geschosse hinsichtlich ihrer Stellung zur Flugbahntangente völlig gleich verhielten und da selbst entlang der gleichen Flugbahn i keineswegs konstant ist, so sind auch diese sogenannten empirischen Koeffizienten nicht als sicher zu betrachten. Direkte Versuche zur Ermittelung der Formwerte für *grosse* Geschwindigkeiten existieren nicht.

Was die *theoretisch* ermittelte Abhängigkeit des Formkoeffizienten angeht, so haben sich damit neuerdings eingehend *Vallier*[16]) und *Ingalls*[17]) beschäftigt, und zwar für ogivale, paraboloidische und kegelförmige Spitzen[18]). Die Verfasser sind sich bewusst, dass damit

16) Vgl. *Vallier*, p. 10 u. Rev. d'art. 36 (1890), p. 160.

17) Journ. of Un. St. art. 4 (1895), p. 208, und Mitt. über Geg. d. Art. u. Gen.-Wes. 1896, p. 411.

18) Zahlenwerte für den Luftwiderstandskoeffizienten i in Funktion der Geschossspitzenform ausser bei *Vallier* und *Ingalls* besonders bei *Siacci*, p. 7; *Sabudski* 1, p. 57—90; *Heydenreich* 2, p. 109 (Formwerte). Über das hiermit zusammenhängende mathematische Problem der *günstigsten Gestalt der Geschossspitze* in seiner von *Newton* herrührenden Form, wobei auf jedes Element der Oberfläche ein normaler Widerstand proportional dem Quadrat des Cosinus des Winkels zwischen Normale und Bewegungsrichtung angenommen wird, vgl. ausser *Newton* insbesondere *A. M. Legendre*, Paris, Mém. de l'Acad. 1788, p. 7—37, sodann von neuerer Litteratur: *G. v. Lamezan*, Arch. f. Art.- u. Ing.-Off. 87 (1880), p. 485; *Rutzki*, p. 30—51; *F. August*, J. f. Math. 103 (1888), p. 1—24, u. Arch. f. Art.- u. Ing.-Off. 94 (1887), p. 1; *v. Wuich* 1, p. 128; *R. Benzivenga*, Riv. d'art. e gen. 1897, vol. 3, p. 123; *B. v. Lefèvre*, Rev. d'art. 57 (1900), p. 221; *A. Bassani*, La corrisp. 1 (1900), p. 485; *L. Decepts*, Rev. d'art. 57 (1901), p. 425, s.

keine endgültige Lösung der Aufgabe erzielt sein kann. *Vallier* weist selbst darauf hin, dass i nicht unerheblich von der Geschwindigkeit v abhängt, nämlich zwischen $v = 280$ und 340 m/sec eine rasche Änderung aufweist.

Bildet die Geschossaxe mit der Bewegungsrichtung des Schwerpunkts einen von Null verschiedenen Winkel α, so handelt es sich um die ausserdem von α und den Geschossdimensionen abhängigen *Komponenten des Luftwiderstands* parallel und senkrecht zur Geschossaxe und um die gleichermassen variable Lage des *Angriffspunkts der Resultanten auf der Axe.* Über dieses Problem wurden insbesondere von *St. Robert, M. de Sparre, Mayevski, Kummer, Rutzki, v. Wuich* umfassende Berechnungen angestellt[19]); von den drei letzteren für verschiedene Formen der Geschossspitze.

Da die Versuche, welche *Kummer*, übrigens mit kleinen Geschwindigkeiten, bezüglich der Lage des Angriffspunkts der Resultanten zur Kontrolle seiner Berechnungen anstellte, eine merkliche Differenz zwischen Rechnung und Beobachtung ergaben, und da es noch immer unsicher ist, welches Gesetz für die Abhängigkeit des normalen Luftwiderstands von dem Winkel zwischen Bewegungsrichtung und Flächenelement bei *grossen* Geschwindigkeiten am besten zutrifft, so soll von der Wiedergabe der betreffenden, sehr umfangreichen Formeln abgesehen werden; erst wenn die Lösung des Problems ermöglicht sein wird, jene Komponenten des Luftwiderstands bei *grossen* Geschwindig-

---

auch La corrisp. 2 (1901), p. 63; *E. Armanini,* Ann. di mat. (3) 4 (1900), p. 131—149; *E. Lampe,* Berlin, Verh. d. deutsch. phys. Ges. 3 (1901), p. 119 u. 151. Vgl. im übrigen auch IV 17, Fussn. 90 (*Finsterwalder*).

19) Vgl. *Mayevski,* p. 40; *Mayevski-Klussmann,* p. 58; *St. Robert* 1, p. 251 —276; *Rutzki,* p. 68 ff.; *Siacci,* p. 378, Note 5 (Begriff des Widerstandspotentials eingeführt); *M. de Sparre,* Sur le mouvement des projectiles dans l'air, Paris 1891, p. 64; *v. Wuich,* p. 70—101, besonders p. 92 mit Tabelle; — dazu *Cranz,* Zeitschr. Math. Phys. 43 (1898), p. 133 u. 169 —; *E. Kummer,* Berl. Abh. 1875, p. 1, mit Nachtrag (Experimente) 1876, p. 1; *Gauthier,* Ann. éc. norm. 5 (1868), p. 7—65; *G. Wellner,* Zeitschr. f. Luftschiff. 12 (1897), p. 237 u. Zeitschr. d. österr. Ing. u. Arch.-Ver. 45 (1893), p. 25—28; *H. Résal,* Nouv. ann. (2) 12 (1873), p. 561—565; *J. M. Ingalls,* Journ. of Un. St. art. 4 (1895), p. 191; *A. v. Obermayer,* Wien. Ber. 104 (1895), p. 963; *Duchemin,* Mémor. de l'art. de la marine 5 (1842), p. 65; *P. Touche,* Rev. d'art. 36 (1890), p. 131. Die Versuche von *Kummer* wurden mit Geschossmodellen aus Karton durchgeführt, die am Ende eines 2 m langen Trägers leicht beweglich aufgehängt wurden; der Träger wurde mit Hülfe eines Rotationsapparates gedreht, sodass das Modell eine Geschwindigkeit von ca. 8 m/sec in ruhender Luft erhielt; die grösseren Modelle hatten ca. 16 cm Länge und ca. 4,75 cm Kaliber; eine Eigenrotation um die Längsaxe wurde ihnen hierbei nicht erteilt.

keiten zu *messen*, wird sich ein Urteil über den Genauigkeitsgrad der verschiedenen Formelausdrücke fällen lassen.

Im allgemeinen besteht die Wirkung des Luftwiderstands auf die Gestaltung der Flugbahn des Geschosses bekanntlich in einer *Verkürzung der Schussweite*, einer Verringerung der Rasanz der Flugbahn gegenüber derjenigen im leeren Raum[20]), (über Fälle, wo eine Vergrösserung der Schussweite des Langgeschosses beobachtet wurde, berichtet *v. Minarelli*[21])). Dieser Verlust ist unter Anderem um so kleiner, je grösser die sogenannte *Querschnittsbelastung* des Geschosses, d. h. der Quotient aus Gewicht P des Geschosses und Querschnittsfläche $R^2\pi$ ist, welche vom Luftwiderstand angegriffen wird. So ist z. B.[22]) für das Geschoss des deutschen Infanteriegewehrs M. 88 die Schussweite 1612 m (bei $V = 640$ m, $\varphi = 4^0$, $2R = 7{,}9$ mm, $P = 14{,}7$ g) nur ca. 28% von derjenigen im leeren Raum; dagegen bei der 80 kg schweren Granate des deutschen 21 cm-Mörsers ($V = 98$ m; $\varphi = 38^0$) ist die erreichte Schussdistanz von 928 m ca. 98% des bezüglichen Werts. Aus diesem Grund wurde bisher für Infanteriegewehre innerhalb der Grenzen, welche durch praktische Rücksichten (wie z. B. auf grösstmögliche Patronenzahl, leichtes Reinigen des Laufs, geringes Gewehrgewicht u. s. w.) hierbei gezogen sind, ein Maximum der Querschnittsbelastung[23]) angestrebt. Übrigens ist zweierlei hervorzuheben.

---

20) Über den *Wurf im leeren Raum* und die zugehörigen Flugbahnscharen, ohne und mit Rücksicht auf die Erdkrümmung (parabolische resp. elliptische Bahnen) vgl. z. B. *v. Wuich* 1, p. 45 f.; *Scheer de Lionastre*, Théorie balistique, Gand 1827, bes. p. 20; *V. A. v. Sinner*, Lehrbuch der Ballistik (nur 1. Teil erschienen, Bewegung im leeren Raum), Bern 1834; *A. v. Obermayer*, Wien. Ber. 110 (1901), p. 365; *P. G. Tait*, Edinb. Roy. Soc. Proc. 7 (1881), p. 107; *Cranz*, Komp., p. 12—35. Erwähnt sei noch, dass, während beim vertikalen Wurf im luftleeren Raum die Steighöhe H mit wachsender Anfangsgeschwindigkeit V mehr und mehr wächst, im lufterfüllten Raum H nach der Theorie einen bestimmten endlichen Grenzwert nicht überschreiten könnte, wenigstens bei Voraussetzung eines einheitlichen Luftwiderstandsgesetzes, demzufolge der Luftwiderstand rascher wächst als mit dem Quadrat der Geschwindigkeit. *St. Robert* (p. 61) berechnet z. B., unter Berücksichtigung der Schwere- und Luftdichtenänderung, dass eine eiserne Kugel von 12 kg Masse jedenfalls nicht höher als 5800 m geschossen würde, auch wenn V beliebig gesteigert werden könnte.

21) *v. Minarelli*, p. 37 (Mitteil. von *Indra*), auch *Darapsky*, Arch. f. d. Art.- u. Ing.-Off. 69 (1871), p. 256. Hierher gehören auch die von *St. Robert* 2, p. 1 u. 49 vorgeschlagenen diskusartigen Geschosse, vgl. auch *Siacci*, Anhang von *F. Chapel*.

22) *v. Minarelli*, p. 37 u. 38.

23) Vgl. *v. Minarelli*, p. 114 f. Z.B. das französische Miniégewehr vom Jahre, *1842*, mit Kaliber 18,3 mm, 36 gr Geschossgewicht, 300 m Anfangsgeschwindigkeit 155 Touren pro sec (darüber vgl. weiter unten Nr. 3g), ergab eine *Querschnitts-*

Erstens liegt das Geschoss nicht immer mit der Längsaxe in der Bahntangente, also fällt auch bei gleicher Spitzenform nicht notwendig die vom Luftwiderstand direkt beeinflusste Schnittfläche mit dem zur Längsaxe senkrechten Querschnitt $R^2\pi$ zusammen, somit hat man genau genommen zwischen *wahrer* und *reduzierter Querschnittsbelastung*[24]) zu unterscheiden, nämlich reduziert auf den Fall $\alpha = 0$, und nicht die letztere, sondern die erstere als massgebend zu betrachten. Zweitens hängt, bei gegebener Mündungsgeschwindigkeit V, die Rasanz der Flugbahn ausser von R und P auch von dem Formkoeffizienten ab; es scheint, dass durch geeignet zugespitzte Form der Geschossenden wenigstens bei Geschossen von Handfeuerwaffen noch ein beträchtlicher Gewinn an Rasanz erzielt werden kann.

2. Das spezielle ballistische Problem und die wichtigsten Näherungsmethoden zur Lösung desselben.

2a. Angabe des Problems und allgemeine Folgerungen für die Flugbahn. Im folgenden sei wieder die Annahme gemacht, dass die Geschosslängsaxe in der Bahntangente liege, ferner dass das Geschoss eine Rotation nur um seine Längsaxe besitze, auch dass von störenden Einflüssen wie Erdrotation, Wind etc. abgesehen wird; ausserdem wird die Luftdichte als konstant angenommen (die Berücksichtigung einer Änderung von δ mit der Höhe, in welche sich das Geschoss erhebt, wird weiter unten noch besprochen werden). Die Aufgabe, unter diesen beschränkenden Voraussetzungen bei gegebenen Anfangsdaten die Elemente der Flugbahn zu berechnen, stellt das *ballistische Problem im engsten Sinne* dar.

Bezeichnet jetzt $F(v)$ die Verzögerung durch den Luftwiderstand, so ist das Problem durch das System der zwei Gleichungen:

$$(1) \qquad \begin{cases} d(v \cdot \cos\theta) = -F(v) \cdot \cos\theta \cdot dt; \\ d(v \cdot \sin\theta) = -F(v) \cdot \sin\theta \cdot dt - g \cdot dt \end{cases}$$

---

belastung von *0,138* gr/mm² des Geschosses. Dagegen waren um das Jahr *1895* die Armeen der meisten Grossstaaten mit Gewehren von ca. 8 mm Kaliber ausgerüstet, welche mit Geschossgewicht 14—15 gr, Anfanggeschwindigkeit $V = 610$—640 m/sec, 2400—2600 Touren, eine Querschnittsbelastung von ca. *0,30* gr/mm² ermöglichten; dabei ein Maximum der Flugbahnordinate von ca. 30 m auf 2000 Schritt Schussweite und eine Geschossenergie an der Mündung von 300—315 mkgr, in 2000 m Entfernung 20—30 mkgr. Neuerdings ist durch weitere Kaliberverminderung die Querschnittsbelastung noch ein wenig gesteigert worden; z. B. nordamerikanisches Marinegewehr: Kaliber 6 mm, $V = 710$—730 m/sec, Tourenzahl 3500—4350 pro sec, Querschnittsbelastung *0,31* gr/mm².

24) Vgl. hierüber *v. Wuich* 1, p. 117 und *Cranz*, p. 278.

charakterisiert. Diese lassen sich leicht in folgende fünf Gleichungen umsetzen:

$$(2)\quad \begin{cases} g\cdot d(v\cdot\cos\theta) = v\cdot F(v)\cdot d\theta; \\ g\cdot dx = -v^2\cdot d\theta;\quad g\cdot dy = -v^2\cdot \operatorname{tg}\theta\cdot d\theta; \\ g\cdot dt = -\frac{v}{\cos\theta}\cdot d\theta;\quad g\cdot ds = -\frac{v^2}{\cos\theta}\cdot d\theta, \end{cases}$$

womit die Bahnelemente sämtlich durch die unabhängige Variable θ ausgedrückt sind, (ds ist das Bogenelement).

Aus diesen Differentialgleichungen lassen sich zunächst — es wurde dies von *St. Robert*, *Siacci*, *Sabudski*[25]) geleistet — mehrere allgemeine, von der Form der Funktion $F(v)$ unabhängige *Eigenschaften der Flugbahn* ableiten. Hiervon seien die folgenden erwähnt:

Die Flugbahn ist konkav von unten betrachtet und unsymmetrisch bezüglich der Scheitelordinate; es liegt der Scheitel näher am Auffallpunkt (dieser auf den Mündungshorizont bezogen) als am Abgangspunkt; der spitze Auffallwinkel φ' ist grösser als der Abgangswinkel φ;[26])

25) *St. Robert* 1, p. 50 u. 336, Tor. Mem. (2) 16 (1855), p. 434, 498; *Mayevski*, p. 52 u. 71; *Siacci* 1, p. 25, über ähnliche Flugbahnen, p. 97; *Sabudski* 1, p. 118 u. La corrisp. 1 (1900), p. 293 u. 2 (1901), p. 3; dazu *Siacci*, Riv. d'art. e gen. 1901, vol. 1, p. 287 u. vol. 2, p. 21; ferner *M. de Brettes*, Paris C. R. 67 (1868), p. 896; 68 (1869), p. 1336; 69 (1870), p. 394 u. 1239.

26) *Über den Abgangswinkel grösster Schussweite* liegen bisher nur theoretische Untersuchungen vor: *F. Astier*, Rev. d'art. 9 (1877), p. 313 (er gelangt zu dem Resultat, dass je nach dem zu Grunde gelegten Luftwiderstandsgesetz dieser Winkel $>$ oder $<$ 45° sein kann); ferner besonders *Siacci*, p. 42, u. 393 u. Mitteil. üb. Geg. d. Art.- u. Gen.-Wes. 1888, p. 49; *E. Vallier*, Rev. d'art. 31 (1888), p. 362; *Guébhard*, Nouv. ann. (2) 13 (1874), p. 436—438; *R. Radau*, Paris C. R. 66 (1868), p. 1032—1034; *M. de Brettes*, Paris C. R. 66 (1868), p. 896; 68 (1869), p. 1336—1338; 69 (1870), p. 394—397 u. 1239—1242; *N. Sabudski*, Über die Lösung des Problems des indirekten Schiessens u. d. Winkel grösster Schussweite (russ.), St. Petersburg 1888, p. 83ff., s. auch *Klussmann*, Arch. f. Art.- u. Ing.-Off. 96 (1889), p. 376. *E. Vallier* giebt folgende Regel: Für ein Geschoss mit grosser Querschnittsbelastung (Kaliber etwa $>$ 24 cm) ist möglicherweise jener Winkel grösser als 45°; aber für jedes Geschoss mit relativ grosser Verzögerung durch den Luftwiderstand ist derselbe $<$ 45°, und zwar um so mehr, je mehr der Luftwiderstand in Betracht kommt. — Ausreichende Versuche, durch welche die Berechnungen genügend kontrolliert werden können, liegen nicht vor. Die in Leitfäden über das Schiesswesen häufig anzutreffenden Zahlen über die grösstmögliche Schussweite von Infanteriegeschossen sind mit Vorsicht aufzunehmen, da sie in den seltensten Fällen auf genauer Messung beruhen. Gleiches gilt natürlich von der Angabe, wonach bei der neuen *Krupp*'schen 30,5 cm-Kanone L. 40 das Geschoss im höchsten Punkt der zu ca. 44° Elevation gehörigen Flugbahn eine Höhe von 8635 m, also fast „die Höhe des Gaurisankars (8840 m)" erreicht; vgl. die gelegentlich der Düsseldorfer Ausstellung 1902 verteilte Schrift „*F. Krupp*, Geschütze", p. 6.

die horizontale Komponente der Geschwindigkeit nimmt mit wachsender Zeit t ab; der absteigende Flugbahnast besitzt eine vertikale Asymptote, wobei die Bahngeschwindigkeit gegen einen Grenzwert konvergiert, der durch die Gleichheit von Luftwiderstand und Geschossgewicht charakterisiert ist; der Punkt der kleinsten Bahngeschwindigkeit — für welchen die Beziehung besteht $F(v) + g \cdot \sin\theta = 0$ — liegt jenseits des Scheitels; und zwischen diesem Punkt kleinster Geschwindigkeit und dem Scheitel ist der Punkt grösster Krümmung zu suchen, welcher an die Bedingung $2F(v) + 3g \cdot \sin\theta = 0$ geknüpft ist. Ferner: die Flugzeit ist auf dem absteigenden Ast grösser als auf dem aufsteigenden; die vertikale Geschwindigkeitskomponente wächst auf dem ganzen absteigenden Ast und ist in zwei Punkten gleicher Ordinatengrösse auf dem aufsteigenden Ast grösser als auf dem absteigenden (*Sabudski*) [27]).

Im übrigen ist klar, dass man, sobald die erste dieser fünf Gleichungen (2), nämlich $g \cdot d(v\cos\theta) = v \cdot F(v) \cdot d\theta$, integriert ist, also die Beziehung zwischen v und θ bekannt ist, x, y, t und s durch Quadraturen erhält. Wir berichten im folgenden zunächst über Versuche, der Funktion $F(v)$ eine solche Form zu erteilen, dass die erste Gleichung selbst durch Quadratur integrierbar ist.

2b. Zurückführung des Problems auf quadrierbare Differentialgleichungen. *J. L. d'Alembert* [28]) zeigte, dass jedenfalls für die folgenden Formen der Funktion $F(v)$

$$F(v) = a + b \cdot v^n; \quad F(v) = a + b \cdot \log v;$$

$$F(v) = a \cdot v^n + R + \frac{b}{v^n}; \quad F(v) = a(\log v)^n + R \cdot \log v + b,$$

das Problem allgemein auf Quadraturen zurückführbar ist. (Dabei sind a, b, R, n Konstanten und a, b, R durch eine Beziehung verknüpft.) Auch regte *d'Alembert* dann dazu an, weitere Fälle von Integrabilität aufzusuchen. In der That hat neuerdings *F. Siacci* [29]) 14 weitere Funktionen bekannt gegeben, welche die Zurückführung des Problems

---

27) Z. B. für das *deutsche Infanteriegewehr* M. 1888 ist bei der Schussweite 2000 m die Abscisse des Flugbahnscheitels ca. 1220 m, die Scheitelordinate ca. 86,5 m; dabei der Abgangswinkel 6°28′, der spitze Auffallwinkel ca. 13°45′, die Anfangsgeschwindigkeit 640 m, die Endgeschwindigkeit ca. 159 m, Flugzeit ca. 8,0 sec, bestrichener Raum bei 1,7 m Zielhöhe ca. 7 m. Über die Zuverlässigkeit dieser Zahlen vgl. übrigens Nr. 2h.

28) Vgl. *J. L. d'Alembert,* Traité de l'équilibre et du mouvement des fluides, Paris 1744, p. 359.

29) Paris, C. R. 132 (1901), p. 1175 u. 133 (1901), p. 381, sowie auch Riv. d'art. e gen. 1901, vol 3, p. 5 u. vol. 4, p. 5.

auf Quadraturen gestatten. Drei dieser neuen Funktionen $F(v)$ enthalten vier willkürliche Konstanten, die übrigen 11 drei. Ob eine dieser weiteren Formen für die praktischen Zwecke der Ballistik verwendbar sein könnte, ist noch nicht untersucht.

Die von *C. G. J. Jacobi*[30]) für $F(v) = a + bv^n$ gegebene Form der Lösung ist die folgende:

Zunächst ergiebt sich aus der ersten Gleichung von (2) zwischen v und θ die Beziehung:

$$v^{-n} = -\frac{n}{g}(1+\xi^2)^{-n} \cdot \xi^{n-\frac{na}{g}} \int b \cdot (1+\xi^2)^n \cdot \xi^{\frac{na}{g}-n-1} \cdot d\xi + C,$$

wobei

$$\xi = \operatorname{tg}(\pi/4 + \theta/2)$$

gesetzt ist. C bestimmt sich durch Einsetzung von V und φ für v bezw. θ. Die übrigen vier Gleichungen (2) nehmen dann vermöge derselben Substitution die Form:

$$g \cdot dx = -2v^2 \cdot \frac{d\xi}{1+\xi^2}; \quad g \cdot dy = -v^2 \cdot \frac{\xi^2-1}{\xi^2+1} \cdot \frac{d\xi}{\xi};$$

$$g \cdot dt = -v \cdot \frac{d\xi}{\xi}; \quad g \cdot ds = -v^2 \cdot \frac{d\xi}{\xi}$$

an.

Für $a = 0$ und $n = 3$ oder $n = 4$ führt die Integration dieser Gleichungen auf *elliptische Integrale.* Dies haben *A. G. Greenhill*[31]) und *N. Sabudski*[32]) weiter verfolgt. Tabellen berechneten *P. A. Mac Mahon*[33]) und *Sabudski*[32]).

Für $a = 0$ und $n = 2$ hat bereits 1753 *L. Euler*[34]) die Formeln explicit entwickelt. Setzt man zur Abkürzung

$$\operatorname{tg}\theta = p \quad \text{und} \quad P(p) = p\sqrt{1+p^2} + \log\left(p + \sqrt{1+p^2}\right),$$

so wird

$$v^2 = \frac{g}{b} \cdot \frac{1+p^2}{A - P(p)}$$

---

30) J. f. Math. 24 (1842), p. 25 = Ges. Werke 4, p. 286; vgl. auch *Joh. Bernoulli,* Acta erud., Lips. 1719, p. 216; *W. Schell,* Theorie der Bewegung und Kräfte 1, Leipzig 1879, p. 368; *St. Robert* 1, p. 94; *Siacci,* p. 26.

31) *Greenhill,* Woolwich, Roy. Art. Inst. Proc. 11 (1881), p. 131 u. 589; 12 (1882), p. 17; 17 (1890), p. 181.

32) *Sabudski,* Über die Lösung des Problems des indirekten Schiessens etc. (russ.), St. Petersburg 1888 und *Sabudski* 1, p. 550. Siehe auch *L. Austerlitz,* Wien. Ber. 84 (1882), p. 794 (mit v^4). Bezüglich $a = 0$ mit $n = 0$ und $n = 1$ vgl. *Ingalls,* p. 232 bezw. 234.

33) Bezüglich *Mac Mahon*'s Tabellen vgl. *Greenhill,* Fussn. 31.

34) Berl. Ber. 1753, p. 348; ferner vgl. *S. D. Poisson,* Traité de mécanique, 2 vol., 2. éd., Paris 1833.

und ferner

$$x = -\frac{1}{b}\int\frac{dp}{A - P(p)}; \qquad y = -\frac{1}{b}\int\frac{p\cdot dp}{A - P(p)},$$

$$t = -\frac{1}{\sqrt{bg}}\int\frac{dp}{\sqrt{A - P(p)}},$$

wo

$$A = P(\operatorname{tg}\varphi) + \frac{g}{bV^2\cos^2\varphi} = P(\beta)$$

ist und β die Horizontalneigung der hier zum aufsteigenden Aste der Flugbahn gehörenden Asymptote bedeutet. Die zum absteigenden Aste gehörige vertikale Asymptote (vgl. 2a) hat die Entfernung

$$-\frac{1}{b}\int\limits_{\operatorname{tg}\varphi}^{0}\frac{dp}{A - P(p)} + \frac{1}{b}\int\limits_{0}^{\infty}\frac{dp}{A + P(p)}$$

vom Anfangspunkte.

2c. Angenäherte Lösung der ursprünglichen Differentialgleichungen. Eine jede Differentialgleichung kann natürlich stückweise durch Aneinanderreihung geradliniger Polygonseiten oder auch Kreis- resp. Parabelbögen integriert werden.

Dies that *L. Euler*[34]) bei seinen eben in Nr. 2b entwickelten Formeln, indem er für $P(p)$ Tabellen[35]) berechnete, wobei er θ von 5^0 zu 5^0 wachsen liess, und im übrigen die Integralausdrücke für x, y und t durch die entsprechenden Summen ersetzte. Er schlug nun vor, eine ganze Schar von Flugbahnen in dieser Weise durch Aneinanderreihung von *geradlinigen Elementen* zu berechnen, entsprechend verschiedenen Werten von A resp. β.

Diesen Gedanken *Euler*'s nahmen *H. Fr. v. Jacobi* und *Fr. P. v. Grävenitz*[36]) (1764), besonders aber *J. C. F. Otto* (1842) auf, welch letzterer ausgedehnte Tabellen berechnete, die mit einigen Modifikationen zum Teil noch heute für das Steilfeuer im Gebrauche sind[37]).

---

35) Auch *J. Didion* berechnete für $P(p)$ Tabellen, vgl. *Didion,* p. 8, Anhang.

36) *Fr. P. v. Grävenitz,* Abhandlungen über die Bahn der Artilleriegeschosse, Rostock 1764, franz. von *Rieffel*, Paris 1845, dazu vgl. *Lardillon*, Rev. d'art. 32 (1888), p. 437 (Tabellen).

37) *J. C. F. Otto,* Tafeln für den Bombenwurf, Berlin 1842, Gebrauchsanweisung p. 40; *Vallier,* p. 111 (Tabellen); andere Anordnung der *Otto*'schen Tabellen durch *S. Braccialini,* Rev. d'art. 27 (1885), p. 237 (hier ist auch der Fall berücksichtigt, dass das Ziel nicht in Mündungshöhe liegt); ferner Tabellen in bequemer Form s. bei *Ingalls,* Exterior ballistics in the plane of fire, New York 1886, und Journ. of Un. St. art. 5[1] (1896), p. 52—74. *Otto*'s Tafeln verlängert von *v. Scheve,* Arch. f. Art.- u. Ing.-Off. 92 (1885), p. 529; 93 (1886), p. 97, 271; 103 (1896), p. 236; ferner *F. Mola,* Riv. d'art. e gen. 1892, vol. 3, p. 253 u. Arch. f. Art.

Kreisbogenelemente statt der geradlinigen Elemente zur Konstruktion der Flugbahn benützte *A. M. Legendre* [38]). Indes wies *Didion* [39]) später nach, dass dieses Verfahren von *Legendre* keine genaueren Resultate liefere als dasjenige von *Euler*.

Bashforth [40]) hat den erwähnten Gedanken *Euler*'s für das *kubische* Gesetz durchgeführt.

E. Vallier [41]) benützt in seiner sogenannten „Methode der Geschwindigkeiten" zur Integration der genauen Differentialgleichungen eine erweiterte *Simpson*'sche Regel und wendet diese ganz besonders auf die stückweise Berechnung sehr grosser Flugbahnen an, bei denen die Luftdichte variabel ist.

Auch wurden verschiedentlich *Reihenentwickelungen* [42]) aufgestellt, die y, v und t in Funktion von x oder s geben, so z. B. von *J. H. Lambert* 1767, *J. C. Borda* 1769, *G. F. v. Tempelhof* 1781, *J. F. Français* [43]), *J. P. C. v. Heim, v. Pfister, St. Robert* [44]) (von diesem in allgemeinster Weise); zum Teil wurden sie auch für Fehlerabschätzung verwendet (*Denecke, v. Zedlitz*) [45]); die Bedingungen der Konvergenz werden dabei nicht angegeben.

---

u. Gen.-Off. 100 (1893), p. 1. *Sabudski* 1, p. 239 u. 252 berücksichtigt noch die Abnahme der Luftdichte mit der Erhebung über dem Boden, Rev. d'art. 34 (1889), p. 427; 38 (1891), p. 46. Siehe auch *Mayevski-Klussmann*, p. 34; *A. Bassani*, La corrisp. 1 (1900), p. 116 (es wird $P(p)$ durch eine Näherungsfunktion zum Zweck der Integration ersetzt) und 1 (1900), p. 275. Andere Tabellen auf Grund des quadratischen Widerstandsgesetzes von *v. Wuich*, p. 215 und Mitt. üb. Geg. d. Art.- u. Gen.-Wes. 1894, p. 424; ferner *Siacci*, p. 84 (Schussfaktoren) und Tabelle VII; analog Tabelle VIII von *F. Chapel* für das kubische Gesetz.

38) Dissertation sur la question de balistique proposée par l'Acad. Roy. des sciences et belles lettres de Prusse, Berlin 1782. Vgl. Fussn. 57.

39) Vgl. *Didion*, p. 159, auch Fussn. 58.

40) Vgl. *Bashforth*, p. 45 f. und *Mayevski-Klussmann*, p. 28.

41) *Vallier*, p. 49 und Rev. d'art. 36 (1890), p. 42, 153 u. 37 (1890), p. 273, zugleich Überblick über die Entwicklung der Methoden.

42) Vgl. *Didion*, p. 162; *Ligowski*, Arch. f. Art.- u. Ing.-Off. 81 (1877), p. 79, 163, 178 und 83 (1878), p. 203; ferner *Neumann*, Arch. f. Art.- u. Ing.-Off. 6 (1838), p. 213; 14 (1842), p. 49; 29 (1851), p. 93.

43) *J. H. Lambert*, Berl. Abh. 1767, p. 102—188; *J. C. Borda*, Paris, Hist. de l'Acad. 1769, p. 247—271; *G. F. v. Tempelhof*, Berl. Abh. 1788/89, p. 216—299; auch besonders als: Der preussische Bombardier, Berlin 1791; *Français'* Arbeit von *J. Didion* veröffentlicht, vgl. *Didion*, p. 168.

44) *Heim*, p. 205; *v. Pfister*, Arch. f. Art.- u. Ing.-Off. 88 (1881), p. 489; *St. Robert* 1, p. 125.

45) *Denecke*, Arch. f. Art.- u. Ing.-Off. 90 (1883), p. 231 u. 405 (auch Konvergenzuntersuchungen); *v. Zedlitz*, ebenda 103 (1896), p. 388.

2d. **Graphische Ausführungen hierzu.** Die in Nr. 2c besprochenen Rechnungen können auch durch graphische Konstruktionen ersetzt werden.

So konstruiert *J. V. Poncelet*[46]) die Flugbahn mittelst mehrerer Kreisbögen in folgender Weise: Kennt man die Grösse und Richtung der Bahngeschwindigkeit des Mobiles im Anfangspunkt des ersten, genügend klein gewählten Bogens, so wird zunächst deren Grösse für den Endpunkt des Bogens mit dem Satz von der Arbeitsleistung berechnet, der Krümmungsradius des Bogens ergiebt sich aus der Berechnung der Normalkomponente der äusseren Kräfte u. s. f.

C. Cranz[47]) baut die Flugbahn aus Parabelbögen mit Hülfe der Krupp'schen Tabelle auf. (*F. Krupp*[48]) selbst hatte im Anschluss an seine Tabellen die ballistische Kurve durch Näherungsrechnung im Sinne von Nr. 2c bestimmt, wobei er die Formeln, ähnlich wie *F. Siacci* (vgl. Nr. 2f) etwas vereinfachte.)

Vielfach wurden auch von vornherein ganz bestimmte Kurvenformen gewählt, darin die Koeffizienten empirisch bestimmt (und unter Umständen hieraus auf das Luftwiderstandsgesetz geschlossen); so substituieren eine algebraische Kurve 3. resp. 4. Grades für die ballistische Kurve[49]): *C. E. Page* 1848, *Piton-Bressant* (Kommission von *Gâvre*) 1849, *M. Prehn* 1864, *O. Dolliak* 1879, *A. Mieg* 1884 (arithmetische Reihen), und besonders *F. Hélie* 1884. Eine für die Anwendungen je nach den Ansprüchen an die Genauigkeit genügende Annäherung liefert auch der Ersatz durch eine Hyperbel, um so mehr, als dieselbe 2 Asymptoten besitzt (vgl. die ballistische Kurve für $F(v) = bv^2$,

---

46) *J. V. Poncelet,* Leçons de mécanique industrielle 2, Metz 1828/29, p. 55; s. auch *Didion*, p. 196.

47) *C. Cranz*, Zeitschr. Math. Phys. 42 (1897), Zusammenfassung p. 197. Über Verwendung *M. d'Ocagne*'scher Methoden zur Funktionsdarstellung s. *G. Pesci*, Riv. marit. 1899, p. 113 und 1900, p. 1—52 des Beihefts; *G. Ronca,* Riv. marit. 1899, und La corrisp. 2 (1901), p. 278; *R. v. Portenschlag-Ledermayer*, Mitt. üb. Geg. d. Art.- u. Gen.-Wes. 1900, p. 796; *G. Ronca,* Manuale del tiro, Livorno 1901, p. 296 ff. und *G. Ronca* u. *G. Pesci,* Abbachi per il tiro und Abbachi generali della balistica, Livorno 1901.

48) Mitt. üb. Geg. d. Art.- u. Gen.-Wes. 1891, p. 1. Die Methode und Tabelle wurden aufgestellt und neuerdings wiedergegeben von *W. Gross,* Die Berechnung der Schusstafeln, Leipzig 1901.

49) Vgl. besonders *M. Prehn,* Ballistik der gezogenen Geschütze, Berlin 1864, und Arch. f. Art.- u. Ing.-Off. 74 (1873), p. 189; *A. Mieg,* Theoretische äussere Ballistik, Berlin 1884; *O. Dolliak,* Mitt. üb. Geg. d. Art.- u. Gen.-Wes. 1879, p. 3 der Notizen; *Hélie* 2, p. 267; ebenda, p. 262 u. *Vallier*, p. 186; vgl. bezüglich *Piton-Bressant*: *Anonymus,* Rev. d'art. 8 (1876), p. 219.

oben Nr. 2b); so verfahren *A. Indra*[50]), *E. Ökinghaus*, *F. Chapel*, *J. Stauber*[51]).

2e. Genaue Lösung angenäherter Differentialgleichungen. Ein letzter Gedanke ist der, die Differentialgleichungen durch Wegstreichung von Gliedern so zu vereinfachen, dass die genaue Integration in geschlossenen Ausdrücken für ein mehr oder minder spezialisiertes $F(v)$ bequem möglich wird.

Joh. Bernoulli[52]) legte das Gesetz $F(v) = bv^n$ zu Grunde und erzielte solche geschlossene Ausdrücke für die Flugbahngrössen y, θ, t, v in Funktion von x dadurch, dass er $\frac{ds}{dx}$ oder $\frac{1}{\cos\vartheta}$, bezw. irgend eine Potenz hiervon, durch 1 ersetzte. Schreibt man zur Abkürzung:

$$G = \frac{2m}{m-1} \cdot \frac{\left(1+\frac{\mathfrak{z}}{m}\right)^m - \mathfrak{z} - 1}{\mathfrak{z}^2}, \quad G_1 = \frac{m}{m-1} \cdot \frac{\left(1+\frac{\mathfrak{z}}{m}\right)^{m-1} - 1}{\mathfrak{z}},$$

$$G_2 = \frac{\left(1+\frac{\mathfrak{z}}{m}\right)^{\frac{m}{2}} - 1}{\frac{\mathfrak{z}}{2}}, \qquad G_3 = \left(1+\frac{\mathfrak{z}}{m}\right)^{\frac{2-m}{2}},$$

wo

$$\mathfrak{z} = (2n-2) \cdot b V^{n-2} x \quad \text{und} \quad m = \frac{2n-2}{n-2},$$

so wird auf Grund des genannten Ansatzes

$$y = x \cdot \operatorname{tg} \varphi - \frac{g x^2}{2 V^2 \cos^2 \varphi} \cdot G(\mathfrak{z}),$$

$$\operatorname{tg} \theta = \operatorname{tg} \varphi - \frac{g x}{V^2 \cos^2 \varphi} \cdot G_1(\mathfrak{z}),$$

$$t = \frac{x}{V \cos \varphi} \cdot G_2(\mathfrak{z}), \quad v = \frac{V \cos \varphi}{\cos \theta} \cdot G_3(\mathfrak{z}).$$

Dieses Verfahren hat, mit $n = 2$ bis $n = 4$, besonders *N. v. Wuich*[53]) weiter ausgebildet; er giebt für diese sog. *modifizierenden Funktionen* G, G_1, G_2, G_3 — so genannt, weil sie für den leeren Raum sämtlich $= 1$ werden —, praktische Tabellen.

50) Graphische Ballistik, Wien 1876. Hierbei gelangt *Indra* zur Hyperbel von allgemeinen projektivisch-geometrischen Betrachtungen aus. Darüber vgl. auch Rev. d'art. 14 (1879), p. 129.

51) *E. Ökinghaus,* Die Hyperbel als ballistische Kurve, Arch. f. Art.- u. Ing.-Off. 100 (1893), p. 241 mit Fortsetzung in den Jahrgängen 1894 und 1895; *F. Chapel,* Paris C. R. 120 (1895), p. 677; *J. Stauber,* Mitt. üb. Geg. d. Art.- u. Gen.-Wes. 1897, p. 118.

52) Acta erud., Lipsiae 1719, p. 1453 = *Joh. Bernoulli,* Opera 2, p. 393—402 u. p. 513.

53) Vgl. *v. Wuich,* p. 199.

Bezüglich des Falls $n = 3$ haben *F. Chapel* und *von Zedlitz*[54]) gezeigt, dass die betreffenden Formeln einer ziemlich weiten Anwendung fähig sind. Letzterer formt durch Elimination von bVx die Gleichungen zu einem andern System um, welches sich besser zur Schusstafelberechnung eignet; auf dasselbe System war *G. Ronca*[55]), von andren Gesichtspunkten ausgehend, kurze Zeit zuvor geführt worden.

J. C. Borda[56]) (1769), *A. M. Legendre* und *J. F. Français* machten eine Reihe anderer Näherungsvorschläge, um die Trennung der Variabeln zu erreichen. *Borda* empfahl unter anderem, die Luftdichte δ durch eine geeignete Funktion von θ zu ersetzen, nämlich durch $\delta \cdot \frac{\cos\theta}{\cos\varphi}$, was für den Anfang der Bahn stimmt. Auf diese Weise lässt sich die Integration speziell für *quadratisches* Luftwiderstandsgesetz ermöglichen. *Legendre*[57]) multiplizierte statt dessen die Luftdichte δ mit

$$\cos\theta\left(1 + \frac{\cos\varphi \cdot \operatorname{tg}^2\theta}{1 + \cos\varphi}\right),$$

was für $\theta = \pm\varphi$ und $\theta = 0$ gleich 1 wird, sodass an drei Punkten der Bahn die in Rechnung geführte Luftdichte der thatsächlichen gleich wird. *Français* äusserte gegenüber diesem Verfahren *Legendre*'s das Bedenken, dass der *Legendre*'sche Multiplikator für $\theta = \pi/2$ unendlich wird; er verwendet deshalb als Multiplikator der Luftdichte den Ausdruck

$$\frac{1 + a\operatorname{tg}^2\theta}{\sqrt{1 + b\operatorname{tg}\theta^2}} \cdot \cos\theta,$$

wobei die Konstanten a und b zweckentsprechend zu bestimmen sind. *Didion*[58]), der die Arbeiten von *Français* veröffentlichte, zeigt, dass das Verfahren von *Français*, bei ungefähr der gleichen Umständlichkeit

54) *Chapel*, Rev. d'art. 17 (1881), p. 437 u. 18 (1881), p. 484 (Einführung der Schussfaktoren, s. auch *Siacci*, p. 86 u. 455); *v. Zedlitz*, Arch. f. Art. u. Ing.-Off. 103 (1896), p. 388 u. Mitt. üb. Geg. d. Art.- u. Gen.-Wes. 1898, p. 881.

55) *G. Ronca* u. *A. Bassani*, Riv. marit. 1895, p. 569, dazu *Siacci*, Riv. d'art. e gen. 1896, vol. 2, p. 5; *G. Ronca* u. *A. Bassani*, Riv. marit. 1897, p. 217.

56) *Borda*, s. oben Fussn. 43 und Journ. des armes spéciales 1846, p. 49; s. auch *Besout*, Mouvement des projectiles, Paris 1788, p. 138—197.

57) *Legendre*, Dissertation sur la question de balistique proposée par l'Acad. Roy. des sciences et belles lettres de Prusse, Berlin 1782; teilweise abgedruckt im J. éc. polyt. 4 Cah. 11 (1802), p. 204 (Abhandl. von *Moreau*) und Journ. des armes spéciales 1845, p. 537 u. 600 u. 1846, p. 32.

58) S. *Didion*, p. 159 (Kritik der Methode von *Legendre*) u. p. 168 bezüglich der Arbeit von *Français*; das *Didion*'sche Verfahren neuerdings wieder, mit Spezialisierung auf das quadratische Gesetz, verwendet bei *Heydenreich* 2, p. 85.

der Berechnung, eine grössere Genauigkeit als dasjenige von *Legendre* ermöglicht.

J. Didion[59]) (1848) knüpfte wieder an das Verfahren von *Bernoulli* an, indem er für $ds = \frac{x}{\cos\theta}$ nicht einfach dx schrieb, sondern σdx, wo σ ein Mittelwert von $\frac{1}{\cos\theta}$ ist. Einen solchen Mittelwert findet er in der Weise, dass er das einzelne Stück der Flugbahn, welches von θ_0 bis θ_1 reicht, in Gedanken durch eine Parabel ersetzt, wie sie sich im leeren Raum einstellen würde, und das Verhältnis von Bogenlänge und Abscisse als sogenannten Krümmungsfaktor wählt:

$$\sigma = \frac{\Delta s}{\Delta x} = \frac{1}{2} \cdot \frac{P(\operatorname{tg}\theta_1) - P(\operatorname{tg}\theta_0)}{\operatorname{tg}\theta_1 - \operatorname{tg}\theta_0},$$

wo P die bereits oben (Nr. 2b) aufgetretene Funktion ist. Für σ und die zugehörigen Funktionen G, G_1, G_2, G_3 stellt er Tabellen auf, in dem er als Luftwiderstandsgesetz auf Grund seiner Versuche:

$$F(v) = bv^2 + cv^3$$

verwendet. Für $c = 0$ wird die *Didion*'sche Lösung folglich derjenigen von *Bernoulli* gleich, abgesehen davon, dass b sich noch mit σ multipliziert vorfindet.

Das *Didion*'sche Verfahren, das längere Zeit viel benützt wurde, ist jetzt durch das genauere, von *Siacci* angegebene, fast verdrängt, über das seiner praktischen Wichtigkeit halber nunmehr insbesondere berichtet werden soll.

2f. **Fortsetzung: Die Methoden von F. Siacci.** *F. Siacci*[60]) führte in seiner älteren Methode (1880) die Trennung der Variablen und damit die Möglichkeit der Integration ähnlich wie *Didion* dadurch herbei, dass er an Stelle der Verzögerung $F(v)$ die Funktion

$$\frac{F(v \cdot \sigma \cdot \cos\theta)}{\sigma \cdot \cos\theta}$$

nahm, eine Substitution, welche schon von *St. Robert* erwähnt und von *N. Mayevski* verwendet worden war; σ ist hierbei identisch mit dem *Didion*'schen Krümmungsfaktor. Als unabhängige Variable wählte er aber nicht die Abscisse x, wie *Didion*, sondern die mit σ multiplizierte Horizontalkomponente $v \cdot \cos\vartheta$ der Bahngeschwindigkeit v. Ferner verzichtete er darauf, entlang der ganzen Flugbahn den Luftwiderstand durch ein einheitliches Gesetz $a \cdot v^n$ oder $av^n + bv^m$ darzustellen, sondern benutzte die *Mayevski*'sche Zoneneinteilung, und

59) Vgl. *Didion*, p. 59 ff.

60) *Siacci*, Giorn. d'art. e gen. 1880, p. 376 u. Riv. d'art. 17 (1880), p. 45.

zeigte, wie auch in diesem Fall fortlaufende Tabellen für die auftretenden Integrale berechnet werden können. Hierauf sei nicht weiter eingegangen, da dieser Gedanke bei seiner nunmehr zu erwähnenden späteren Methode (1886) wiederkehrt, wo er ausführlicher referiert wird.

Bei letzterer[61]) ersetzt *Siacci* $F(v)$ durch

$$\beta \cdot F\left(\frac{v \cdot \cos\theta}{\cos\varphi}\right) \cdot \frac{\cos^2\varphi}{\cos\theta},$$

wobei also als unabhängige Variable jetzt die sogenannte *Pseudogeschwindigkeit* u

$$u = \frac{v \cdot \cos\theta}{\cos\varphi}$$

gewählt ist; β ist ein anderer (von φ und X abhängiger) Krümmungsoder Mittelwertfaktor[62]), der nur im speziellen Falle $F(v) = bv^2$ mit σ identisch wird, und der durch Abschätzung des bei der Näherungslösung des Problems begangenen Fehlers erhalten wird.

Siacci führt nun weiter folgende Hülfsfunktionen ein, für die er — ebenso wie für β — wieder Tabellen berechnete:

$$T(u) = -\int \frac{du}{f(u)}; \qquad J(u) = -\,2g\int \frac{du}{u \cdot f(u)};$$

$$D(u) = -\int \frac{u \cdot du}{f(u)}; \qquad A(u) = -\int \frac{J(u) \cdot u\,du}{f(u)}.$$

Hierbei ist die Verzögerung $F(v)$ durch den Luftwiderstand

$$= \beta \cdot \frac{\delta \cdot i}{1{,}206} \cdot \frac{1000}{P} \cdot (2R)^2 \cdot f(v)$$

gesetzt, was mit der Formel in Nr. **1** b bis auf den Faktor β identisch ist. Für die Berechnung entnahm er die Funktionswerte $f(u)$ dem *Mayevski*'schen Zonengesetz; erst neuerdings legte er sein einheitliches Luftwiderstandsgesetz[63]) (vgl. **1** b) zu Grunde, wobei er noch den Faktor β längs der Flugbahn als variabel ansah.

---

61) Vgl. *Siacci*, p. 34 ff. u. Rev. d'art. 27 (1886), p. 315. Die ältere Methode von *Siacci* von 1880 mit den betreffenden sekundären Funktionen ist bei der deutschen Artillerie noch im Gebrauch, vgl. *Heydenreich* 2, p. 90 ff.

62) Bezüglich des Krümmungsfaktors β vgl. *Siacci*, p. 36 ff., und Riv. d'art. e gen. 1896, vol. 1, p. 341 u. vol. 4, p. 5; *F. Pouchelon*, Rev. d'art. 26 (1885), p. 467 (Tabellen); *W. C. Hojel*, Rev. d'art. 24 (1884), p. 262; *E. Vallier* p. 45 A u. Paris C. R. 115 (1892), p. 648.

63) *F. Siacci*, Riv. d'art. e gen. 1896, vol. 1, p. 341; über β vgl. Riv. d'art. e gen. 1897, vol. 4, p. 5 u. Rev. d'art. 35 (1890), p. 493, dazu *E. Fasella*, Tavole balistiche secondarie, Genova 1901.

Mit Hülfe dieser sogenannten *Siacci'schen Funktionen* stellt sich dann das Lösungssystem, wenn man abkürzend den Faktor

$$\beta \cdot \frac{\delta \cdot i}{1{,}206} \cdot \frac{1000}{P} \cdot (2R)^2 = \frac{1}{C_1}$$

setzt, in folgender einfachen Form dar:

$$\text{a)}\ x = C_1 \cdot [D(u) - D(V)]; \quad \text{b)}\ t = \frac{C_1}{\cos\varphi} \cdot [T(u) - T(V)];$$

$$\text{c)}\ y = x \cdot \operatorname{tg}\varphi \cdot \left\{1 - \frac{C_1}{\sin 2\varphi} \cdot \left[\frac{A(u) - A(V)}{D(u) - D(V)} - J(V)\right]\right\};$$

$$\text{d)}\ \operatorname{tg}\theta = \operatorname{tg}\varphi \left\{1 - \frac{C_1}{\sin 2\varphi} \cdot [J(u) - J(V)]\right\}.$$

S. Braccialini hat die Brauchbarkeit dieses Formelsystems — insbesondere für die Berechnung der Formkoeffizienten i aus Schussweite X, Abgangswinkel φ und Anfangsgeschwindigkeit V — noch dadurch erhöht, dass er für die Ausdrücke

$$T(u) - T(V) = T'(u, V); \quad J(u) - J(V) = \Theta(u, V);$$

$$\frac{A(u) - A(V)}{D(u) - D(V)} - J(V) = \Phi(u, V); \quad J(u) - \frac{A(u) - A(V)}{D(u) - D(V)} = \Omega(u, V),$$

die man als *sekundäre ballistische Funktionen* zu bezeichnen pflegt, Tabellen mit doppeltem Eingang (für u und V) berechnete[64]).

W. C. Hojel[65]) berechnete die primären und sekundären Funktionen *Siacci*'s aufs neue, indem er seine eigenen Versuche über den Luftwiderstand zu Grunde legte; *Vallier*[66]) bestimmte dazu den Krümmungsfaktor β durch anderweitige Fehlerabschätzung mittelst einer Reihenentwicklung mit zugehörigem Restglied, (dasselbe that *Sabudski*[67]) auf Grund des biquadratischen Gesetzes bv^4, wobei er entlang der Flugbahn den Faktor b variiert)[68]).

2g. **Kritische Bemerkung.** Dass alle diese Ansätze (Nr. 2b—2f.) zur Lösung des ballistischen Problems keine wirkliche Lösung, sondern nur eine mehr oder weniger grosse Annäherung an dieselbe darstellen und weshalb es nicht anders sein kann, wurde schon oben erwähnt.

---

64) *S. Baccialini*, Giorn. d'art. e gen. 1883, part. 2, p. 659 u. Riv. d'art. e gen. 1885, vol. 2, p. 97 u. vol. 4, p. 5 u. p. 78; vgl. auch *Braccialini,* Über die praktische Lösung der Probleme des Schiessens, Berlin 1884.

65) Rev. d'art. 24 (1884), p. 262; vgl. auch *Vallier*, p. 6.

66) Vgl. *Vallier*, p. 45.

67) Rev. d'art. 34 (1889), p. 427; dazu vgl. Fussn. 41.

68) Über sonstige, auf ähnlichen Grundsätzen aufgebaute Tabellen vgl. *Siacci*, p. 66; dazu *Sabudski* 1, p. 345.

Verschiedenartige Lösungsmethoden und Tabellen sind deshalb erwünscht, weil es sich um sehr verschiedene Schussarten und Probleme, sowie um verschiedene Ansprüche an die Genauigkeit handelt. Die (gruppenweise) *Vergleichung aller Methoden hinsichtlich ihres Genauigkeitsgrades* aber muss als gegenwärtig noch nicht durchführbar bezeichnet werden, da hierfür geeignete einwandfreie Beobachtungen über Flugbahnen nicht vorliegen.

Ein Hauptmangel in den bisher erzielten Näherungslösungen des ballistischen Problems bezieht sich auf den schon oben bemerkten Umstand, dass man in der heutigen Ballistik noch schlecht darüber orientiert ist, wie eigentlich der Luftwiderstand von der *Form der Spitze des Geschosses* und von seiner *Stellung zur Flugbahntangente* abhängt (vgl. Nr. **1**d). Einigermassen kennt man noch die Abhängigkeit von der Spitzenform. Wie bedeutend aber der Luftwiderstand durch die Stellung der Geschossaxe gegenüber der Flugbahntangente beeinflusst ist, tritt am deutlichsten gelegentlich solcher Schiessversuche zu Tage, bei welchen das Langgeschoss starke Flatterbewegungen zeigt: in solchen Fällen pflegt die Schussweite und die Trefffähigkeit im Gegensatz zu normalen Flugverhältnissen erheblich vermindert zu werden.

Für die Abhängigkeit des Luftwiderstands von der Stellung ist jedenfalls der Drall, die Spitzenform, die Geschossführung und das Trägheitsmoment des Geschosses um die Längsaxe, sowie um eine Senkrechte dazu durch den Schwerpunkt massgebend. Das Ziel würde sein, Tabellen oder Formeln zu besitzen, aus welchen bei Angabe jener Grössen in jedem gegebenen Fall der Luftwiderstand ermittelt werden könnte. Diese Aufgabe stellt ein zentrales Problem der heutigen äusseren Ballistik dar; von der Lösung desselben dürfte die weitere Entwicklung dieser Disziplin wesentlich abhängen.

Übrigens ist man von der Lösung dieses Problems besonders auch aus dem Grunde noch weit entfernt, weil das Flattern des Geschosses (s. darüber weiter unten Nr. **3**g) auch durch Stösse bedingt wird, welche das Geschoss beim Austritt aus der Gewehr- oder Geschützmündung senkrecht zu seiner Axe erfährt, und weil man über solche Anfangsstösse noch wenig unterrichtet ist. Die Kombination theoretischer Erwägungen mit zahlreichen systematischen Beobachtungen dürfte allein die genaue Ermittlung der bezüglichen Abhängigkeiten ermöglichen.

Unter diesen Umständen kann nur die Vermutung ausgesprochen werden, dass z. B. die neuere Methode von *Siacci-Hojel-Vallier* oder die von *Sabudski* samt zugehörigen Tabellen die ballistischen Probleme mit einem wahrscheinlichen Fehler zu lösen gestatte, welcher den wahrscheinlichen Beobachtungsfehler nicht überschreitet.

Jedenfalls bilden zur Zeit jene Näherungsmethoden die Grundlagen für die rechnerische Behandlung der einzelnen schiesstechnischen Aufgaben, insbesondere auch für die Berechnung der Schusstafeln, von welchen sogleich nachher die Rede sein soll. Und zwar wird für Flachfeuer gegenwärtig in erster Linie das Verfahren von *Siacci-Hojel-Braccialini*, zum Teil mit den *Modifikationen von Vallier* verwendet, — es findet sich in der balistique extérieure, Teil der Encyclopédie scientifique des Aide-Mémoire, Paris, mit Tabellen bis $V = 1200$ m/sec, und speziell für Anlegung von Infanterieschusstafeln z. B. in den Tabellen von *v. Burgsdorff* und *v. Recklinghausen* niedergelegt —, während für Steilfeuer, ausser den schon erwähnten Tabellen von *Otto, Ingalls* und *F. Chapel* die ausgedehnten Tafeln von *N. Sabudski* und *F. Bashforth* benutzt werden.

2h. **Schusstafeln.** Ein Beispiel je einer Schusstafel für Infanterie und für Artillerie ist im Nachfolgenden gegeben.

Abgekürzte Schusstafel des deutschen Infanteriegewehrs M. 88

(Kaliber $2R = 7{,}9$ mm, Geschossgewicht $P = 14{,}7$ g, Mündungsgeschwindigkeit $V = 640$ m/sec, Luftgewicht $\delta = 1{,}225$, Abgangsfehler $= +3{,}4'$ d. h. Abgangswinkel — Elevationswinkel der Seelenaxe).

Schussweite X	Abgangswinkel φ	Auffallwinkel φ'	Bestrichener Raum für 1,7 m Zielhöhe	Geschossgeschwindigkeit v	Flugzeit t
100 m	0° 4,5′	0° 5,0′	ganz	564 m/sec	0,17 sec
200 „	0° 9,9′	0° 11,7′	„	495 „	0,36 „
300 „	0° 16,2′	0° 20,8′	„	437 „	0,57 „
1000 „	1° 42,5′	3° 0,5′	34 m	252 „	2,80 „
2000 „	6° 28,3′	13° 45,0′	7 „	159 „	8,01 „

Dazu:

Ordinaten y der Flugbahn (in Metern):

Für die Schussweite X	auf die Entfernungen x (in Metern) von									
	0	100	200	300	400	500	600	700	800	900	1000
500 m	0	0,83	1,34	1,47	1,07	0					
1000 „	0	2,85	5,39	7,54	9,16	10,12	10,27	9,48	7,64	4,48	0

Abgekürzte Schusstafel für die schwere Feldkanone C. 73
(Kaliber $2R = 8{,}8$ cm, Gewicht P der fertigen Sprenggranate und des Schrapnels 7,5 kg, Mündungsgeschwindigkeit $V = 442$ m/sec; Abgangsfehler $+\frac{6}{16}$ Grad).

Schussweite X	Elevationswinkel	Seitenverschiebung (in Teilstrichen)	Auffallwinkel φ'	Flugzeit t	$^1/_{16}$ Grad verlegt den Treffpunkt nach der Höhe um	$^1/_{16}$ Grad verändert die Schussweite um	End-geschwindigkeit v	Bestrichener Raum für 1,7 m Zielhöhe
100 m	0	30	$^3/_{16}{}^0$	0,2 sec	0,1 m	45 m	424 m/sec	ganz
200 „	0	30	$^6/_{16}{}^0$	0,5 „	0,2 „	42 „	407 „	„
1000 „	$1^8/_{16}{}^0$	31	$2^5/_{16}{}^0$	2,7 „	1,1 „	27 „	319 „	43 m
2000 „	$4^4/_{16}{}^0$	32	$6^4/_{16}{}^0$	6,2 „	2,2 „	20 „	268 „	16 „
3000 „	$7^{14}/_{16}{}^0$	34	12^0	10,3 „	3,2 „	15 „	233 „	9 „
4000 „	$12^9/_{16}{}^0$	37	$19^{12}/_{16}{}^0$	15,2 „	4,2 „	12 „	208 „	6 „
5000 „	$19^2/_{16}{}^0$	41	$30^{15}/_{16}{}^0$	21,4 „	4,8 „	8 „	190 „	3 „
6000 „	$28^5/_{16}{}^0$	49	$46^2/_{16}{}^0$	30,3 „	4,7 „	4 „	188 „	— „

Zur Erklärung dieser Tafeln sei Folgendes bemerkt:

Die Angabe des Fallwinkels (bei der Artillerie) dient zur Beurteilung der Wirkung gegen gedeckte Ziele; die Mitteilung der Flugzeit erleichtert die Beobachtung des Augenblicks, in welchem der Aufschlag der Granate erfolgen muss, und dient für die Brennzünder; die Endgeschwindigkeit giebt Anhaltspunkte für die Bemessung der Geschossenergie am Ziel; die Angaben: „$^1/_{16}$ Grad (nämlich Änderung der Elevation um $^1/_{16}$ Grad) verlegt den Treffpunkt nach der Höhe um . . ., bezw. ändert die Schussweite um . . .“ dient für Korrektionen, welche anzubringen sind. Wegen des sogenannten Abgangsfehlers siehe unten Nr. 6 a. Alle Angaben gelten unter der Voraussetzung, dass das Ziel sich in gleicher Höhe mit der Geschütz- oder Gewehrmündung befindet. Die Winkel werden bei der Artillerie meist in $^1/_{16}$ Graden angegeben, weil hierdurch eine Bequemlichkeit für das Rechnen erzielt wird (da $\operatorname{tg} \frac{1}{16}{}^0 =$ rund 0,001 ist). Für die Seitenverschiebung infolge der Rotation (vgl. Nr. **3** g u. f) ist die Mitte des Visierschiebers mit „30“ statt mit Null bezeichnet, damit die Unterscheidung von rechts und links oder von $+$ und $-$ vermieden wird; es gilt die Regel, dass eine Verschiebung am Visierschieber um 1 Teilstrich den Treffpunkt um ein Tausendstel der betreffenden Schussweite nach der Seite verlegt, also ist z. B. auf 4000 m die Seitenverschiebung 28 m, (gemeint ist, wenn 4000 m die totale Schussweite der betr. Flugbahn ist). Den Tafeln sind meist noch Angaben über die Trefffähigkeit und mitunter noch solche über die Wirkung im Ziel beigegeben, wovon später die Rede sein soll.

Was die *Berechnung der Schusstafeln* anlangt, so erfolgt diese, — wenn man von einigen minderwertigen, zum Teil noch heute verwendeten Verfahren absieht —, meistens in der folgenden Weise:

Man misst für eine Reihe von verschiedenen Abgangswinkeln φ (darüber s. weiter unten Nr. **6**a) je die zugehörigen Mittelwerte der Schussweiten X; ausserdem misst man getrennt die Geschossgeschwindigkeit in der Nähe der Mündung, etwa zwischen 0 und 50 Metern, oder das sogen. V_{25}, dieses wird durch Rechnung auf die Mündung reduziert, womit V gegeben ist; endlich werden die meteorologischen Elemente bestimmt und hieraus δ berechnet.

Setzt man nun z. B. in der Gleichung (c) des *Siacci*'schen Systems (vgl. Nr. **2**f) $y = 0$, so erhält man eine Beziehung zwischen den gegebenen Grössen X, φ, V und zwischen u und C_1. Dazu hat man Gleichung (a) zwischen X, V, u und C_1. Daraus lassen sich C_1 und u durch successive Annäherung bestimmen; (weit bequemer geht dies mit Hilfe der sekundären Funktionen und der zugehörigen Tabelle, und dies ist der Hauptgrund für deren Einführung). So verfährt man für jede der gemessenen Schussweiten X. Die so erhaltenen Werte von C_1 liefern, da R, P und δ bekannt ist, die Werte von $\beta \cdot i$. Diese Werte $\beta \cdot i$ werden alsdann in Funktion von X etwa graphisch dargestellt. Damit lassen sich dann für jede beliebige Schussweite X die ballistischen Elemente berechnen: Nämlich, aus Gleichung (b) erhält man die Flugzeit t, aus (c) die Ordinaten y, aus (d) die Neigung Θ der Bahntangente, und aus $u \cos \varphi = v \cos \Theta$, wo jetzt u, φ, Θ bekannt sind, ergiebt sich die Endgeschwindigkeit v. Gewöhnlich berechnet man die Elemente nur für die Schussweiten von 200 zu 200 oder 500 zu 500 Metern und interpoliert die übrigen graphisch.

Zur Kontrolle werden bei der Artillerie, jedoch keineswegs überall, einige Endgeschwindigkeiten v, Flugzeiten t und Auffallwinkel φ' gemessen, bei der Infanterie werden durch Aufstellung von Zwischenscheiben für einige nicht zu grosse Schussweiten, etwa bis $X = 600$ m, in mehreren Entfernungen x von der Mündung die Flugbahnordinaten gemessen.

Übrigens sei bemerkt, dass, wenn z. B. eine Infanterieschusstafel die ballistischen Elemente noch für 3000 und 4000 m Schussweite enthält, diese Elemente nicht immer durch genaue Messung, sondern häufig durch rechnerische Extrapolation erhalten worden sind.

3. Gleichmässige Abweichungen des Geschosses und deren Ursachen.

3a. **Angabe der Ursachen.** Sofern die Bahnen der Geschosse mit den Angaben der Schusstafeln nicht übereinstimmen, spricht man von *Abweichungen* der Geschosse; von diesen sollen hier zunächst die einseitigen und zwar diejenigen besprochen werden, welche der theoretischen Berechnung zugänglich sind, oder experimentell eliminiert werden können.

Bedingt sind diese Abweichungen in erster Linie durch Änderungen der Anfangsgeschwindigkeit V, des Abgangswinkels φ oder der Luftdichte δ, von denen die Änderungen von V und δ besonders schwerwiegend sind. Ferner kommen aber hier gewisse Umstände in Betracht, von denen bei Berechnung der Schusstafeln ausdrücklich abgesehen wurde (vgl. Nr. 2a). Es ist dies vor allem der Einfluss der Erdrotation, sowie der Einfluss des Windes und der Seitenabweichung durch die Rotation des Langgeschosses um seine Längsaxe.

Die genannten Einflüsse lassen sich im allgemeinen theoretisch berechnen, dagegen werden die Wirkungen, die z. B. einseitiger Reflex des Sonnenlichts auf die Visierfläche während des Zielens hat, am besten experimentell eliminiert, etwa dadurch, dass man Vor- und Nachmittags schiesst und das Mittel nimmt. Auch die Tageseinflüsse (Wärme, Feuchtigkeit u. s. w.) lassen sich eliminieren, indem man Sommers und Winters Schiessversuche anstellt. Übrigens ist der Einfluss einer Änderung im Feuchtigkeitsgehalt wenig beträchtlich. Niederschläge aller Art verkürzen die Schussweite.

Im folgenden sollen nun der Reihe nach einige von den hiermit angedeuteten Ursachen der Geschossabweichungen ausführlich besprochen werden.

3b. **Änderung der Anfangsgeschwindigkeit.** Deren Einfluss lässt sich, sofern sie klein ist, am einfachsten dadurch berechnen, dass man aus dem rechnerischen Lösungssystem für die Elemente der Flugbahn die Differenzenformeln[69]) herleitet. So ist z. B. (bei bestimmten Voraus-

69) Vgl. *Siacci,* p. 105; *Vallier,* p. 67; *Denecke,* Arch. f. Art.- u. Ing.-Off. 93 (1886), p. 1 und 94 (1887), p. 226; ferner *Anonymus,* Arch. f. Art.- u. Ing.-Off. 97 (1890), p. 274; *v. Pfister,* Arch. f. Art.- u. Ing.-Off. 93 (1886), p. 73; *Rohne,* Kriegstechn. Zeitschr. 3 (1900), p. 129 u. 201 und 4 (1901), p. 326; *Sabudski,* Petersb. Art. Journ. 1889, Nr. 11, p. 941.

setzungen, kleines V, quadratisches Luftwiderstandsgesetz) für Steilfeuer der Einfluss auf die Schussweite durch die Formel gegeben:

$$\Delta X = \frac{2X \operatorname{tg} \varphi}{\operatorname{tg} \varphi'} \cdot \frac{\Delta V}{V}.$$

Ihren Ursprung hat diese Änderung der Anfangsgeschwindigkeit zunächst in den verschiedenen Tageseinflüssen, die nach *Heydenreich*[70]) im Maximum ± 2 bis ± 3, im Ganzen etwa 5% des mittleren V betragen.

Ferner kommen für die Änderung der Anfangsgeschwindigkeit nach einander in Betracht:

die grössere oder geringere Abnutzung des Rohrs, die eine Vergrösserung des Verbrennungsraums und eine Abflachung der Züge bedingt, wodurch V sinkt;

die Abweichungen im Verhalten der einzelnen Pulverlieferungen von demjenigen des Vergleichspulvers; hier dürfen die Unterschiede in den Anfangsgeschwindigkeiten bei der Abnahmeprüfung höchstens $\pm$ 3 m/sec betragen;

die Veränderungen des Pulvers infolge längerer Lagerung; hier giebt infolge beginnender Zersetzung Schwarzpulver meist etwas kleineres, Schiesswollpulver (Blättchenpulver) infolge von Verlust an flüchtigen Bestandteilen etwas grösseres V, Nitroglycerinpulver (Würfelpulver) wird am wenigsten beeinflusst.

Den somit aufgezählten Ursachen gegenüber sind die durch Verschiedenheiten der Geschossgewichte verursachten Schwankungen von V nicht von Belang.

Alle Ursachen zusammengenommen hat man, auch ohne Berücksichtigung der Rohrabnutzung, auf Schwankungen von im Mittel $\pm$ 6 m/sec bei Steilfeuergeschützen, bez. $\pm$ 10 m/sec bei Flachbahngeschützen zu rechnen, wobei im Sommer grösseres, im Winter kleineres V zu erwarten ist.

Nachfolgend sind einige Erfahrungen angeführt: Zahlreiche deutsche Versuche mit schweren Feldgranaten C. 82 des schweren Feldgeschützes und schusstafelmässiger Ladung (Geschützblättchenpulver), ausgeführt unter den verschiedensten Tagesverhältnissen und mit verschiedenen Rohren, ergaben schon für Vergleichspulver folgende extreme Werte für die Anfangsgeschwindigkeit V (und den Maximalgasdruck):

Maximalwert: 460 m/sec (und 1520 Atm.),

Minimalwert: 432 m/sec (und 1170 Atm.)

---

70) Vgl. *Heydenreich* 1, p. 53 u. 54 und 2, p. 39, auch für das Folgende.

Von diesen Schwankungen scheint etwas weniger als die Hälfte allein durch die Verschiedenheiten der Temperatur, ungefähr ebensoviel durch Verschiedenheiten der Verbrennungsräume bedingt worden zu sein, wobei jedoch alle Rohre noch gut erhalten waren; der Rest erklärt sich durch verschiedenen Feuchtigkeitsgehalt, verschiedenes Führungsmaterial, gewisse Messungsfehler u. s. w. Der Einfluss der Feuchtigkeit hat bei den neueren rauchlosen Pulversorten an Bedeutung verloren. Speziell für den Einfluss der Pulvertemperatur auf die Anfangsgeschwindigkeit giebt *Heydenreich* an, dass eine Steigerung der Pulvertemperatur um 1^0 C. bei Geschützen die Anfangsgeschwindigkeit um 0,05 bis 0,20% erhöhe[71]); die betreffende Zahl für Gewehre ist strittig.

Für neuere Infanteriegewehre ergaben Messungsreihen, bei welchen je 10 Schüsse mit demselben Gewehrexemplar und mit Patronen derselben Lieferung in bedecktem Raum rasch nach einander ausgeführt wurden, z. B. folgende Zahlen für V_{25}:
bei einem Gewehr von 8 mm Kaliber:

$$V_{25}: 594,\ 597,\ 598,\ 606,\ 601,\ 618,\ 612,\ 605,\ 604,\ 617\ \mathrm{m/sec},$$

bei einem Gewehr von 6 mm Kaliber:

$$V_{25}: 752,\ 750,\ 746,\ 755,\ 753,\ 750,\ 746,\ 748,\ 748,\ 750\ \mathrm{m/sec},$$

hierbei war im letzteren Fall das Geschossgewicht P

$$P: 8{,}70,\ 8{,}72,\ 8{,}69,\ 8{,}73,\ 8{,}71,\ 8{,}72,\ 8{,}70,\ 8{,}70,\ 8{,}68,\ 8{,}71\ \mathrm{gr.}$$

3c. Änderung des Abgangswinkels. Auch hier ergiebt sich der Einfluss auf die Schussweite X leicht aus den betreffenden Differenzengleichungen zwischen $\Delta\varphi$ und ΔX (giltig unter den gleichen Voraussetzungen wie bei Nr. 3b):

$$\Delta X = \frac{2X \cdot \operatorname{tg}\varphi}{\operatorname{tg}\varphi' \cdot \operatorname{tg} 2\varphi} \cdot \Delta\varphi,$$

oder auch durch einfache stereometrische Betrachtungen.

Die hierher gehörige, also kontrollierbare Änderung von φ hat ihre Ursache a) in dem Nehmen von *„Feinkorn“*[72]) statt *„gestrichen Korn“*, b) in dem *Verdrehen* des Gewehrs[73]), dem beim Geschütz der

71) *Heydenreich* erwähnt, dass *durchschnittlich* im Sommer ca. 4% weiter, im Winter ca. 6% kürzer geschossen wird, als die Schusstafel angiebt.

72) Nach *v. Minarelli*, p. 53 ergiebt sich z. B. durch Nehmen von „Feinkorn“ statt „gestrichen Korn“ beim österr. 8 mm Repetiergewehr M. 1895 auf 600 Schritt Schussweite eine Senkung des mittleren Treffpunkts um ca. 66 cm.

73) Vgl. z. B. *Didion*, p. 364; *Anonymus*, Arch. f. Art.- u. Ing.-Off. 93 (1886), p. 455; *v. Minarelli*, p. 54; z. B. für das frühere deutsche Feldgeschütz hat eine Neigung der Räderaxe um 5^0 bei einer Schussweite von 5000 m eine Seitenabweichung von ca. 160 m zur Folge.

schiefe Räderstand entspricht. Es wird der Treffpunkt auf der Seite, nach welcher das Gewehr beim Schuss verdreht wurde resp. das eine der beiden Geschützräder tiefer stand, seitwärts und abwärts verschoben.

Auch beim *Aufstecken des Bajonetts*[74]) erfolgt eine Änderung des Abgangswinkels, der Erfolg ist meist Linksabweichung und Senkung des Treffpunktes. Die Erscheinung wurde früher der Rückwirkung der an der Bajonettklinge reflektierten Pulvergase auf das Geschoss, später einer Drehung des Gewehrs um den seitlich der Seelenaxe liegenden Gesamtschwerpunkt zugeschrieben. Die Thatsache jedoch, dass bei rechts aufgestecktem Bajonett Rechtsabweichung erfolgen und dass die Erscheinung selbst bei fest eingespanntem Gewehr sich einstellen kann, veranlassten die Versuche von *C. Cranz* und *K. R. Koch*[75]), durch die jetzt festgestellt ist, dass diese Abweichung durch die Änderung der Laufvibration infolge der angehängten Bajonettmasse verursacht wird.

3d. Änderung der Luftdichte. Hier wird die Differenzenformel (unter den gleichen Voraussetzungen wie in Nr. **3**b und **3**c), die die Änderung der Schussweite giebt:

$$\Delta X = X \cdot \frac{\operatorname{tg}\varphi' - \operatorname{tg}\varphi}{\operatorname{tg}\varphi'} \cdot \frac{\Delta C_1}{C_1},$$

wo

$$\frac{1}{C_1} = \beta \cdot \frac{\delta \cdot i}{1{,}206} \cdot \frac{1000}{P} \cdot (2R)^2$$

gesetzt ist.

Eine Änderung der Luftdichte erfolgt in erster Linie durch Schwankungen der Lufttemperatur. Eine Temperaturerhöhung um 1° C. erhöht das Luftgewicht δ um ca. 0,00456 kg oder das relative Luftgewicht $\frac{\delta}{1{,}206}$ um 0,00378.

Eine andere Ursache für die Änderung des Luftgewichts liegt in der Anderung des *Barometerstandes*: ein Unterschied des letzteren um 1 mm ändert das relative Luftgewicht $\frac{\delta}{1{,}206}$ um ca. 0,00134. Infolgedessen ist unter sonst gleichen Umständen die Schussweite grösser, je höher der *Schiessplatz*[76]) liegt[77]).

---

74) Vgl. besonders *H. Weygand,* Das Schiessen mit Handfeuerwaffen, eine vereinfachte Schiesslehre, Berlin 1876, p. 184 ff., u. *F. Hentsch,* Ballistik der Handfeuerwaffen, Leipzig 1873, p. 312; *v. Minarelli,* p. 55. Der russische Infanterist schiesst mit aufgepflanztem Bajonett; sonst hat die Frage nicht mehr die Bedeutung wie früher.

75) Münch. Abh. 21 (1901), p. 572.

76) *v. Minarelli* (österreich.), p. 61 giebt z. B. die folgende Regel für die Praxis bezüglich Entfernungen von ca. 2000 Schritt: die Vergrösserung der Schuss-

3e. **Einfluss des Windes.** Für die Änderungen der Flugbahn durch *Wind* wurden nach verschiedenen Methoden zahlreiche Formeln aufgestellt, so von *Didion, Siacci, Vallier, Résal, v. Wuich, Krupp, Sabudski*[78]). Beispielsweise sind die auf Erwägungen über relative Bewegung beruhenden Näherungsausdrücke *Siacci's* die folgenden:

---

weite in Schritten ist das 8-fache der in hunderten von Metern angegebenen Höhenkote des Schiessplatzes; darnach würde also z. B. auf einer 1700 m hohen Alpe auf 2000 Schritt um 8 × 17 oder 136 Schritt zu weit geschossen. — Über *Krupp*'sche Versuche s. *Heydenreich* 1, p. 54 Schluss.

77) Zahlenwerte für Einfluss der Lufttemperatur und Luftgewicht s. besonders bei *Heydenreich* 1, p. 53 u. *H. Rohne,* Kriegstechn. Zeitschr. 3 (1900), p. 129, 201 u. 4 (1901), p. 326. Einige (Rechnungs-)*Beispiele* des letzteren sind folgende: Für ein *Gewehr* mit $V = 630$ m/sec und bei der Schussweite $X = 2000$ m wird durch Steigerung der Temperatur um 1° C. die Schussweite um 1,70 m wegen Änderung von V und ausserdem um 3,70 m wegen Änderung von δ, zusammen um 5,4 m vergrössert oder die Höhenlage des Treffpunkts steigt um 34,3 + 77,1 = 111,4 cm, sodass durchschnittlich im Juli (+ 20° C.) um 27,0 m zu weit und um 5,57 m zu hoch, dagegen im Januar (— 0,5° C.) um 83,7 m zu kurz und um 17,24 m zu tief geschossen wird, gegenüber den Schusstafelangaben, welche sich auf die Normaltemperatur + 15° C. beziehen. Bei — 22,5 C. Lufttemperatur (z. B. im Jahre 1884) wird somit um *202 m* oder um 10% zu kurz geschossen. Übrigens ist der wahrscheinliche Fehler im Distanzschätzen mit blossem Auge nach *Rohne* erheblich grösser, nämlich ca. 17% (auf Grund von 4000 Schätzungen mit 2000 verschiedenen Schützen erhalten). Nur bei Verwendung eines guten Distanzmessers von nicht allzu unbequemer Länge, nämlich von nicht über 60 cm Länge, ist dieser Fehler 3%, vgl. besonders *V. v. Niesiolowski-Gawin,* Das Messen von Entfernungen für Kriegszwecke, Wien 1898.

78) *Didion* 1, p. 311; *v. Wuich,* p. 474; *Siacci,* p. 113; *Résal* 2, append. p. 409; *Heydenreich* 1, p. 57; *Sabudski* 1, p. 302; *Denecke,* Arch. f. Art.. u. Ing.-Off. 93 (1886), p. 1 u. 94 (1887), p. 226; *Anonymus,* Arch. f. Art.- u. Ing.-Off. 97 (1890), p. 274 (Erfahrungen im Transvaalkrieg); *v. Minarelli,* p. 57 ff.; eingehende Berechnungen besonders von *H. Rohne,* Kriegstechn. Zeitschr. 3 (1900), p. 129 u. 201, sowie 4 (1901), p. 326. *Rohne* berechnet z. B., dass bei mittlerer Windgeschwindigkeit von 5,5 m/sec (Potsdamer Beobacht. 1893—97) der unter 45° schief von vorn kommende horizontale Wind die Schussweite von 2000 m um 31 m verkürzen müsste, und bei einer Windgeschwindigkeit von 30 m um 240 m; die Seitenabweichung betrüge auf 2000 m bei mittlerer Windgeschwindigkeit nur ca. 18 m. Überhaupt ist nach *Rohne* die Änderung der Schussweite durch Tageseinflüsse in der Mehrzahl der Fälle kleiner als der wahrscheinliche Schätzungsfehler, selbst dann, wenn *Wind* und *Temperatur* in gleichem Sinn wirken (Wind von hinten und Temperatur hoch; Wind von vorn und Temperatur niedrig); dies gilt wenigstens für Gewehre und für Distanzen unter 1000 m. Bei *Geschützen* sind die Tageseinflüsse bedeutender; für die Feldkanone z. B., mit $V = 465$ m/sec, Schussweite 6000 m, $\varphi = 18°11'$; $\varphi' = 26°30'$) findet *Rohne,* dass bei — 22,5° C. die Schussweite um 394 + 634 = 1028 m zu kurz ausfallen müsste. — Erwähnt sei noch, dass *Heydenreich* für seine allgemeinen Angaben die umfangreichen Versuche der *deutschen Artillerie-Prüfungs-Kommission* zur

Ist W' die horizontale Komponente der Windgeschwindigkeit parallel der Schussrichtung (in Metern), W'' diejenige senkrecht dazu, T die Flugzeit (in Sekunden), so ist (bei kubischem Luftwiderstandsgesetz, gültig für direkten Schuss) die Änderung ΔX der Schussweite

$$\Delta X = W' \cdot \left[T - \frac{X \operatorname{tg} \varphi}{\operatorname{tg} \varphi' \cdot V \cos \varphi} \left\{ 1 - \left(\frac{\operatorname{tg} \varphi' - \operatorname{tg} \varphi}{\operatorname{tg} \varphi} \right) \cdot \cos^2 \varphi \right\} \right];$$

die Seitenabweichung Z

$$Z = W'' \left(T - \frac{X}{V \cdot \cos \varphi} \right),$$

(X, T, φ, φ' sind die bekannten Werte bei ruhiger Luft).

Die Berechnungen mit Hilfe dieser Formeln sind deshalb wenig zuverlässig, weil meist die Winde nach Richtung und Stärke rasch veränderlich sind (vgl. IV, 17, 1, *Finsterwalder*) und nur an der Erdoberfläche die Windgeschwindigkeiten gemessen werden; daher werden Normalbeschüsse bei möglichst windstillem Wetter ausgeführt. Nach *Heydenreich* (l. c., Erfahrungen der deutschen Artillerie) verschwindet im allgemeinen der Einfluss des Windes auf die Grösse der Schussweiten im Vergleich zu den Einflüssen der Schwankungen von V und δ; abgesehen von Steilfeuer ist als Maximum der Schussweitenänderung bei heftigem Wind ca. 1% der Schussweite anzusehen. Dagegen erwähnt er Seitenabweichungen bei stürmischem Wind bis zu 3% der Entfernung, z. B. bei der 15 cm Granate C. 88, aus der langen 15 cm Kanone auf 9500 m Entfernung eine Seitenabweichung von 287 m.

3f. **Einfluss der Erdrotation**[79]). Wenn wir das quadratische Luftwiderstandsgesetz ($F(v) = bv^2$) voraussetzen, sowie das Quadrat der

Verfügung hatte und dass die Versuchsreihen, welche neuerdings von *Krause* (Mitglied der *deutschen Gewehrprüfungskommission*) bezüglich der Tageseinflüsse veröffentlicht wurden, Kriegstechn. Zeitschr. 5 (1902) p. 433, eine ziemlich befriedigende Übereinstimmung zwischen Beobachtung und Rechnung ergaben, wenigstens was Temperatur und Barometerstand anlangt.

79) Darüber vgl. *G. Galilei*, Dialog über das Weltsystem, deutsch von *Strauss*, Leipzig 1891, p. 189—192; *S. D. Poisson*, J. éc. polyt. 15 (1832), p. 187 und *Poisson*, Recherches sur le mouvement des projectiles dans l'air, Paris 1839, p. 41 u. 63; *C. E. Page*, Nouv. ann. (2) 6 (1867), p. 96, 387, 481; *St. Robert* 1, p. 357; *F. Astier*, Rev. d'art. 5 (1875), p. 272; *R. Berger*, Über den Einfluss der Erdrotation auf den freien Fall der Körper und die Flugbahnen der Projektile, Coburg 1876; *J. Finger*, Wien. Ber. 76^2 (1878), p. 67 und *R. Hoppe*, Arch. d. Math. 64 (1879), p. 96; *W. Schell*, Theorie d. Bewegung und der Kräfte 1, p. 528; *A. W. F. Sprung*, Arch. d. deutsch. Seewarte 1879, p. 27; Deutsche meteor. Zeitschr. 1 (1884), p. 250; Arch. f. Art.- u. Ing.-Off. 103 (1896), p. 13; *Résal* 1, p. 107; *Ökinghaus*, Wochenschrift f. Astron. 1891, p. 89 und Arch. f. Art.- u. Ing.-Off. 103 (1896), p. 89; *Sabudski*, Petersb. Art. Journ. 1894, Nr. 2, p. 120 und Rev. d'art. 44 (1894), p. 467; *A. v. Obermayer*, Mitt. üb. Geg. d. Art.- u. Gen.-Wes. 1901, p. 707.

Winkelgeschwindigkeit n der Erde ($n = 0{,}0^4 73$) gegen 1 vernachlässigen, die Erde als Kugel ansehen und die Richtung der Erdschwere mit dem Erdradius zusammenfallend denken, so ist das zu lösende System von Differentialgleichungen der Bewegung:

$$\frac{d^2x}{dt^2} = 2n\left(\frac{dy}{dt}\sin\gamma - \frac{dz}{dt}\cos\gamma\right) - b\,\frac{ds\cdot dx}{dt\cdot dt},$$

$$\frac{d^2y}{dt^2} = -2n\,\frac{dx}{dt}\sin\gamma - b\,\frac{ds\cdot dy}{dt\cdot dt},$$

$$\frac{d^2z}{dt^2} = 2n\,\frac{dx}{dt}\cos\gamma - b\,\frac{ds\cdot dz}{dt\cdot dt} - g$$

(dabei ist γ die geographische Breite des Abgangspunktes, die x, y, z-Axe bezw. nach Osten, Norden und vertikal nach oben positiv).

Der Einfluss der Erdrotation zeigt sich in Seitenabweichungen und in positiven oder negativen Zuwächsen der Schussweite. Die Seitenabweichung, die die wichtigste ist, ergiebt sich aus zwei Doppelintegralen, welche abgeschätzt werden müssen; sie ist im allgemeinen kleiner als die weiter unten zu besprechende durch Rotation des Geschosses hervorgebrachte Abweichung und meist gegen diese zu vernachlässigen. Zahlenwerte hat *S. D. Poisson* und neuerdings z. B. *N. Sabudski* berechnet.

Was den Sinn der Seitenabweichung betrifft, so erfolgt diese in der gewöhnlichen Schiesspraxis auf der nördlichen Erdhälfte stets nach der *rechten* Seite des Schiessenden; der Grösse nach ist die Abweichung, zufolge den Berechnungen *Poisson*'s, beim Schiessen nach Norden am kleinsten, nach Süden am grössten, beim Schuss nach Osten oder Westen von mittlerem Betrag.

Einige Zahlenbeispiele *Poisson*'s sind die folgenden: Schiesst man mit einer Bombe von 33 cm Kaliber und von 90 kg Gewicht in der Breite von Paris unter einem Abgangswinkel φ von 45° und mit einer Anfangsgeschwindigkeit V von 270 m/sec (womit sich eine Schussweite von ca. 4000 m ergiebt) nach Osten oder Westen, so wird eine Seitenabweichung nach rechts um 7—8 m erfolgen müssen; eine Bombe von 27 cm Kaliber und 51 kg Gewicht, bei $V = 120$ m/sec, $\varphi = 45°$, $X = 1200$ m wird 0,9—1,2 m rechts einschlagen. — Eine Flintenkugel mit 434 m/sec Anfangsgeschwindigkeit in der Breite von Paris senkrecht abgeschossen, erreicht eine Steighöhe von 544 m (gegen 9600 m im leeren Raum) und kommt zurück mit einer Auffallgeschwindigkeit von 49 m/sec (gegen 434 m/sec im leeren Raum), dabei beträgt der Rechnung zufolge die westliche Seitenabweichung beim Auffallen 0,1 m.

Die aus der Theorie sich ergebende *südliche* Abweichung beim freien Fall und vertikalen Wurf erklärt sich bei den obigen Voraussetzungen geometrisch einfach daraus, dass die Bewegung des Geschosses nur innerhalb der Ebene durch die Parallelkreistangente und den Erdmittelpunkt (im luftleeren Raum bei $V < 7900$ m in einer Ellipse mit dem Erdmittelpunkt als dem einen Brennpunkt) stattfindet, wobei das Geschoss wegen der Drehung der Erde nicht in der Richtung des Erdradius abgeht.

3g. **Einfluss der Rotation des Geschosses**[80]. **Einleitung.** Die hierher gehörigen Abweichungen der früheren *kugelförmigen Geschosse*

80) Vgl. *Didion,* p. 304 u. 319 und J. éc. polyt. 16 (1839), p. 51; *G. Piobert,* Traité d'artillerie, Paris 1839, p. 169; *Résal* 1, p. 375; *G. Magnus,* Berl. Ber. 1852, 1—24 und Ann. Phys. Chem. 88 (1853), p. 1; *M. de Sparre,* Sur le mouvement des projectiles dans l'air, Paris 1891; *R. Timmerhans,* Essai d'un traité d'artillerie 2, Paris 1846, p. 113; *J. C. F. Otto,* Umdrehung der Artilleriegeschosse, Berlin 1843, Forts. 1847 und Allgem. Militärzeitung 1846, Nr. 64/65 und Arch. f. Art.- u. Ing.-Off. 11 (1840) p. 118; *J. P. G. v. Heim,* p. 169; (*Neumann,* Arch. f. Art.- u. Ing.-Off. 6 (1838), p. 213; 14 (1842), p. 49 u. 17 (1845), p. 193); *C. Mondo,* Derivation der Langgeschosse, München 1860; *V. v. Vieth,* Flugbahn der Geschosse, Dresden 1861; *C. H. Owen,* Woolwich, Roy. Art. Inst. Proc. 4 (1863), p. 180 u. 23 (1896), p. 217; *Brockhusen,* Arch. f. Art.- u. Ing.-Off. 15 (1843), p. 93; *Rutzki,* p. 169; *W. v. Rouvroy,* Theorie der Bewegung der Spitzgeschosse, Berlin 1862 und Arch. f. Art.- u. Ing.-Off. 18 (1845), p. 19; *D(arapsk)y,* Derivation der Spitzgeschosse, Cassel 1865; *N. Mayevski,* p. 178 u. Petersb. Art. Journ. 1865, Nr. 3, p. 11 und Rev. technol. milit. 5 (1865), p. 1; *P. Gauthier,* Mouvement d'un projectile dans l'air, Paris 1867; *A. Paalzow,* Über die Drehung fester Körper, insbesondere der Geschosse und der Erde, Berlin 1867; *F. Astier,* Essai sur le mouvement des projectiles oblongs, Paris 1873; *E. P. Jouffret,* Rev. d'art. 4 (1874), p. 245, 547; *P. Haupt,* Mathematische Theorie der Flugbahnen gezogener Geschosse, Berlin 1876; *J. Märker,* Über das ballistische Problem, Gymn. Progr., Hersford 1876; *Muzeau,* Rev. d'art. 12 (1878), p. 422 u. 495 mit Forts. bis 14, p. 38; *Ingalls,* Handbook of problems in exterior ballistics, New-York 1900; *Anonymus,* Arch. f. Art.- u. Ing.-Off. 85 (1879), p. 134 u. 87 (1880), p. 180; *K. B. Bender,* Bewegungserscheinungen d. Langgeschosse, Darmstadt 1888; *Jansen,* Arch. f. Art.- u. Ing.-Off. 97 (1890), p. 424; *Sabudski,* Petersb. Art. Journ. 1890, Nr. 7, p. 649 und 1891, Nr. 1, p. 1; auch Äussere Ballistik 1895, p. 323—393; *A. Brix,* Marine-Abhandlungen (russ.) 1891, Nr. 1, p. 25, Nr. 2, p. 61, Nr. 3, p. 41; *Engelhardt,* Arch. f. Art.- u. Ing.-Off. 100 (1893), p. 403 u. 449; *P. G. Tait,* Nature (engl.) 48 (1893), p. 202; *H. Müller,* Entwicklung der Feldartillerie, Berlin 1894; *E. Ökinghaus,* Arch. f. Art.- u. Ing.-Off. 103 (1896), p. 185; *J. Altmann,* Erklärung u. Berechnung d. Seitenabweichungen, Wien 1897; *A. v. Obermayer,* Wien, Organ der militärwissenschaftlichen Vereine 1898 und Mitt. üb. Geg. d. Art.- u. Gen.-Wes. 1899, p. 869; *A. G. Greenhill,* Woolwich, Roy. Art. Inst. Proc. 11 (1882), p. 119 u. 124; *v. Minarelli,* p. 43; *Cranz,* p. 196—265 u. p. 410 (Apparate dazu) und Zeitschr. Math. Phys. 43 (1898), p. 169 und Jahresber. d. deutsch. Math.-Verein. 6 (1899), p. 110. — Hinsichtlich der Idee

waren lange Zeit zufällige Abweichungen, besonders dadurch veranlasst, dass immer etwas Spielraum zwischen Kugel und Rohrwandung blieb und deshalb die Pulvergase zum Teil mit, zum Teil neben der Kugel sich herausdrängten und wegen der dadurch vermehrten Reibung ein Rollen derselben bewirkten, oder auch verursacht durch einmalige oder zweimalige Reflexion der Kugel im Rohr.

Unter den (durch eine Preisaufgabe der Berliner Akademie 1794 veranlassten) zahlreichen Versuchen zur Erklärung dieser Abweichungen kamen diejenigen von *J. Didion* (1841)[81]) und *J. C. F. Otto* (1843)[82]) der richtigen, später von *G. Magnus* (1852)[83]) auf Grund von Experimenten gegebenen Erklärungsweise sehr nahe. Letztere ist die folgende: Die Kugel bewege sich in ruhender Luft, oder umgekehrt ruhe der Schwerpunkt der Kugel und dieser entgegen ströme die Luft; die Kugel möge in Rotation geraten sein z. B. um eine horizontale Axe durch den Schwerpunkt und rotiere von oben über vorn nach unten. Nun bewegt sich die an der Kugel adhärierende und mit ihr rotierende Luft unterhalb im gleichen Sinne wie die gegen die Kugel heranströmende Luft, oberhalb dieser entgegen. Somit entsteht nach den hydrodynamischen Gleichungen oben Vergrösserung, unten Verminderung des Luftdrucks; die Folge ist ein Überdruck von oben nach unten, eine Abweichung des Schwerpunktes der Kugel von oben nach unten.

S. D. Poisson[84]) hatte 1839 mehrere Abweichungsursachen, insbesondere auch die Wirkung der Luftreibung theoretisch untersucht. Sein Gedankengang war dieser: In dem erwähnten Fall ist die Luftdichte auf der vorderen Seite grösser als auf der hinteren Seite der Kugel; somit ist, schloss er, auch die Reibung zwischen Kugel und Luft vorn grösser als hinten; infolgedessen muss die Kugel wie auf einem Polster in die Höhe laufen. Schon *Poisson* selbst und nach ihm eingehend *J. P. G. v. Heim*[85]) berechneten, allerdings auf Grund

von rotationslosen, *pfeilartigen Langgeschossen* vgl. besonders *Jansen*, Arch. f. Art.- u. Ing.-Off. 97 (1890), p. 424 u. 497 und Mitt. üb. Geg. d. Art.- u. Gen.-Wes. 1871, p. 85 und *A. Rutzki*, p. 62 sowie *A. Rutzki*, Grundlagen für neue Geschoss- und Waffensysteme, Teschen 1876.

81) *J. Didion* und *Saulcy*, Cours d'artillerie, partie théorique, rédigé d'après les cahiers et les leçons de *G. Piobert*, Paris 1841.

82) *F. Otto*, Über die Umdrehung der Artilleriegeschosse, Berlin 1843, p. 109, Fortsetzung dazu, Neisse 1847.

83) Berl. Abh. 1852, auch besonders unter dem Titel: Über die Abweichung der Geschosse, Berlin 1860.

84) *S. D. Poisson*, Recherches sur le mouvement des projectiles, Paris 1839, p. 69 ff.; über die Luftreibung p. 74.

85) Vgl. *J. P. G. v. Heim*, p. 199. Hierzu sei bemerkt, dass das *Newton-Maxwell*'sche Gesetz über die Unabhängigkeit der Luftreibung von der Dichte

unzureichender Erfahrungen über den Einfluss der Luftdichte auf die Luftreibung, dass diese Wirkung des tangentiellen Luftwiderstandes der Grösse nach die thatsächliche Abweichung nicht wohl erklären könne. Ausserdem stimmt der Sinn der Einwirkung nicht; jedenfalls muss letztere, der Theorie von *Magnus* zufolge, nach unten und nicht nach oben erfolgen. Übrigens ist es nicht ausgeschlossen, dass der von *Poisson* erwähnte Effekt der Luftreibung auch bei den modernen Langgeschossen eine Rolle bei gewissen Erscheinungen spielt (darüber s. weiter unten).

Um die Rotationen der Kugel zu im voraus bestimmbaren und damit die Abweichungen zu konstanten zu machen, wurden von ca. 1830 ab eine Zeit lang *exzentrische Kugeln*[86]) benützt. Wurde eine solche Kugel z. B. mit „Schwerpunkt unten" in das Rohr gelegt und abgefeuert, so drehte sich, wenigstens anfangs, die Kugel um eine horizontale Axe von oben über vorn nach unten (da die Resultante der Pulvergasdrücke nach dem geometrischen Mittelpunkt der Kugel gerichtet war, der oberhalb des Schwerpunkts liegt): dann aber erfolgte nach dem vorher Erwähnten eine Abweichung des Schwerpunktes der Kugel nach unten, eine Verkürzung der Flugbahn und Vergrösserung des Einfallwinkels. In einem extremen Fall, welchen *Heim* 1840 berichtet, erfolgte sogar ein Aufschlagen der Kugel *hinter* dem Mörser. Im andern Fall, mit „Schwerpunkt oben" eingelegt, erfuhr die Kugel eine Abweichung nach oben, eine Verlängerung ihrer Flugbahn. Eine Theorie der Bewegung exzentrischer Kugeln wurde von *Heim* begonnen.

Das Bestreben, durch Vergrösserung der Geschossmasse ohne gleichzeitige Vergrösserung des Geschosskalibers mächtigere Wirkungen zu erzielen, führte naturgemäss auf die systematische Verwendung von *Langgeschossen*, und diese wieder, wegen der Notwendigkeit, den Geschossen Stabilität beim Flug in der Luft zu geben[86a]), auf die Anbringung von *Schraubenzügen* im Lauf, wodurch das Geschoss eine mehr oder weniger rasche Rotation um die Längsaxe erhält.

Die Rotationsgeschwindigkeit des Geschosses ist durch die Mün-

---

nur im Intervall einer Atmosphäre experimentell bestätigt worden ist; bei Vergrösserung der Dichte und Erhöhung der Temperatur scheint die Reibung zuzunehmen; vg. *A. Winkelmann,* Handbuch der Physik, Breslau 1891, 1, p. 600.

86) Vgl. besonders *Heim,* p. 169; *Rouvroy,* Arch. f. Art.- u. Ing.-Off. 18 (1845), p. 19; *H. Müller,* Die Rotation der runden Artilleriegeschosse, Berlin 1862.

86a) Es scheint, dass schon vor Einführung der Feuerwaffen den Wurfspeeren und Armbrustbolzen aus gleichem Grund mitunter eine Rotation um die Längsaxe erteilt wurde.

dungsgeschwindigkeit V desselben und die Drallverhältnisse des Rohrs gegeben. Sie darf weder zu klein, noch zu gross sein.

Eine obere Grenze ist insbesondere durch gewisse, später zu erläuternde Bedingungen der inneren Ballistik und auch dadurch gegeben, dass das (Artillerie-)Geschoss nicht mit dem Boden zuerst am horizontalen Ziel aufschlagen darf, wodurch ein Verlust an Wirkung im Ziel eintreten könnte.

Eine untere Grenze wird durch die Bedingung vorgeschrieben, dass das Langgeschoss bei seinem Flug durch die Luft eine ausreichende Stabilität bewahren müsse. Mathematische Stabilitätsgesetze sind von *Timmerhans, Gillion, Terssen,* besonders aber von *v. Wuich, Vallier, Greenhill* und *Sabudski* für Artilleriegeschosse aufgestellt worden, von *C. Cranz* ein solches speziell für Infanteriegeschosse von kleinem Kaliber und von der gegenwärtig gebräuchlichen Form.

Die genaue theoretische Behandlung des Problems auf Grund der Kreiseltheorie ist zur Zeit deshalb noch nicht möglich, weil die nötigen empirischen Unterlagen bezüglich des Luftwiderstands und bezüglich der Vorgänge in der Nähe der Mündung fehlen. Empirisch lässt sich der Grad der Stabilität des Geschosses in der Luft, wenn auch wenig exakt, durch Beobachtung von Scheibendurchschlägen kontrollieren. Einige Zahlenangaben über die Grösse der jetzt verwendeten Rotationsgeschwindigkeiten s. Fussn. 23 und weiter unten Nr. **11** b.

3 b. **Seitenabweichungen rotierender Langgeschosse.** Es giebt bei solchen Geschossen Abweichungen von bestimmtem Sinn, und zwar Abweichungen sowohl in der Schussrichtung, als auch senkrecht dazu. Die letzteren, als die wichtigsten, sollen im folgenden des Näheren besprochen werden.

Bei rechtsgewundenen Schraubenzügen im Rohr, bei „Rechtsdrall", erfolgen sie im allgemeinen nach rechts, bei Linksdrall (z. B. dem französischen und englischen Gewehr und dem italienischen Feldgeschütz) nach links; sie wachsen stärker als proportional der Entfernung des Geschosses von der Mündung. Die Flugbahn ist daher eine doppelt gekrümmte Kurve, welche bei Rechtsdrall — wenigstens im grossen Ganzen und abgesehen von besonderen Umständen — rechts von der Schussebene verläuft und deren Horizontalprojektion im allgemeinen, von der Schussebene aus gesehen, konvex gekrümmt ist.

Diese Seitenabweichungen, welche relativ gross sind, werden in der artilleristischen Praxis durch Seitlichstellen des Visiers (an welchem zu diesem Zwecke eine kleine Tabelle angebracht ist) kompensiert. Die

Ablenkungen nehmen (nach *Heydenreich*'s Beobachtungen) unter sonst gleichen Umständen, ab mit Verlängerung des Geschosses und nehmen zu mit Verstärkung des Dralls; am grössten sind sie für die kurzen Geschosse bei starkem Drall und kleiner Anfangsgeschwindigkeit. Z. B. zeigen das 21 cm-Shrapnel C. 89 aus der Turmhaubitze und die 21 cm-Granate C. 80 aus dem Mörser, beides kurze Geschosse aus Rohren mit starkem Drall, die grössten, die Geschosse des schweren Feldgeschützes C. 73 bei schwachem Drall und verhältnismässig bedeutender Geschosslänge die kleinsten Abweichungen. Numerische Angaben folgen sogleich weiter unten.

Für die *Erklärung* dieser Seitenabweichungen bei rotierenden Langgeschossen können drei Umstände in Betracht kommen:

a) Die *„Kreiselwirkung"*: Im luftleeren Raum würde die Geschossaxe, falls sie zugleich Hauptträgheitsaxe und anfänglich Rotationsaxe ist, dieselbe Richtung im Raum beibehalten. Dasselbe würde im lufterfüllten Raum der Fall sein müssen, wenn die Luftwiderstände gegen die einzelnen Teile der Geschossoberfläche sich zu einer Resultante zusammensetzten, welche stets im Schwerpunkt auf der Axe angriffe. Letzteres ist indes nicht der Fall, sondern der Angriffspunkt A scheint für kleine Winkel α, die die Geschossaxe mit der Flugbahntangente bildet, sehr nahe dem Ende des zylindrischen Teils des Geschosses zu liegen, wie die *Kummer*'schen Versuche sehr wahrscheinlich machen[87]); allerdings konnten diese Versuche nur mit kleinen Geschwindigkeiten ausgeführt werden und gaben gerade für sehr kleine Winkel α nicht mehr genügend bestimmte Resultate. Mit wachsendem α rückt A dem Schwerpunkt S immer näher. Jedenfalls wirkt auf das Geschoss eine äussere Kraft, die nicht durch den Schwerpunkt geht, und damit ist Anlass zu einer Kreiselbewegung, einer *konischen Pendelung* der Geschossaxe um den Schwerpunkt gegeben. Diese Kegelpendelung geht bei unsern deutschen, mit rechtsläufig gewundenen Zügen (Rechtsdrall) versehenen Geschützen (und Gewehren) rechtsläufig vor sich; die Geschossspitze, die sich übrigens anfangs hebt, geht nach rechts und abwärts; der Luftwiderstand wirkt also im wesentlichen gegen die linke Seite des Geschosses, wie gegen ein schiefgestelltes Brett oder Segel, und drückt das Geschoss aus der normalen Flugbahnvertikalebene nach der rechten Seite heraus.

Über diese Kreiselwirkung von Langgeschossen hat ebenfalls *G. Magnus* (s. o.) einige Laboratoriumsversuche angestellt; gegen ein rotierendes Geschossmodell in Cardanischer Aufhängung wurde ein

---

87) Berl. Abh. 1875, p. 1 und 1876, p. 1.

Luftstrom gerichtet und eine Kreiselbewegung der erwähnten Art beobachtet.

b) Die *„Polsterwirkung“* bei Langgeschossen: Angenommen, die Geschossaxe falle anfangs mit der Flugbahntangente zusammen. In einiger Entfernung von der Mündung wird, da die Flugbahntangente sich entlang der Flugbahn senkt, zwischen Tangente und Axe ein von Null verschiedener Winkel bestehen müssen, und daher wird das Geschoss mehr und mehr seine Mantelfläche dem Luftwiderstand darbieten. Auf der Vorderseite des Geschossmantels, d. h. auf der nach dem Ziel zu gelegenen Seite, ist der Luftdruck grösser als auf der Hinterseite, somit auch die Luftreibung vorn grösser als hinten; das rechtsrotierende Geschoss wird also, wie oben bei den kugelförmigen Geschossen erwähnt wurde, wie auf einem Polster nach rechts rollen; es erfolgt eine Rechtsabweichung.

c) Die *„Wirkung der mit dem Geschoss rotierenden Luft“* (vgl. die *Magnus*'sche Erklärungsweise der Abweichungen bei Kugeln): Wieder denken wir uns, die Spitze des Langgeschosses liege nicht mehr wie anfangs in der Flugbahntangente, sondern, im weiteren Verlauf der Bahn, etwas oberhalb der Tangente; ferner, der Geschossschwerpunkt sei relativ in Ruhe, und die Luft ströme gegen das rotierende Geschoss heran und an diesem vorbei. Dieser Luftströmung entgegen strömt auf der rechten Seite des Geschosses die an diesem adhärierende Luft, welche mit dem Geschoss herumgeschleudert wird; auf der linken Seite sind beide Luftströmungen gleichgerichtet. Also überwiegt der Druck auf der rechten Seite des Geschosses über denjenigen auf der linken Seite. Es ergiebt sich hieraus eine Linksabweichung des Geschossschwerpunkts.

Die Wirkungen a) und b) liefern Rechtsabweichung, die Wirkung c) giebt Linksabweichung. Da nun in Wirklichkeit das Geschoss nach rechts ausweicht, so sind die beiden ersten zusammen grösser als die dritte. Dass ferner die dritte grösser als die zweite ist, wird durch das (s. oben) über die exzentrischen Kugelgeschosse Gesagte sehr wahrscheinlich; denn bei diesen war der Sinn der thatsächlichen Rotation des Geschosses und der Sinn der thatsächlichen Geschossabweichung unzweifelhaft. Somit überwiegt der Grösse nach die Wirkung a) die beiden andern.

Es ist auch gegenwärtig die Erklärung der diesbezüglichen Geschossabweichungen mittels der Kreiselwirkung allgemein angenommen, wenigstens soweit ernsthafte Erklärungen in Betracht kommen.

Der mathematischen Behandlung unterworfen wurde, was Langgeschosse betrifft, nahezu ausschliesslich die erwähnte Kreiselwirkung.

Mit dieser Theorie haben sich in erster Linie *St. Robert, N. Mayevski, M. de Sparre, N. v. Wuich, N. Sabudski* beschäftigt. Die oben angeführten empirischen Thatsachen stimmen wenigstens zum Teil mit den Resultaten der Berechnung überein. Die Theorie weicht insofern von der des gewöhnlichen Kreisels ab, als es sich hier um eine äussere Kraft (die des Luftwiderstandes) handelt, deren Grösse und deren Richtung gegen die Geschossaxe und deren Angriffspunkt auf der Axe mit der Zeit variabel ist. Die Rechnung lässt sich daher nur unter gewissen beschränkenden Voraussetzungen, durch ein Verfahren successiver Annäherung durchführen; es wird zunächst eine erste Näherungslösung der Gleichungen der Translation ohne Rücksicht auf die Rotation aufgesucht, dann werden die betreffenden Ausdrücke für den Ort des Geschosses in die Gleichungen der Rotation eingesetzt und diese näherungsweise gelöst; die so erhaltenen Integrale werden endlich dazu verwertet, um rückwärts in den Näherungslösungen für die Gleichungen der Translation je ein Korrektionsglied hinzuzufügen.

Das Rechnungsresultat ist in der That eine doppelgekrümmte Kurve für die Bahn des Geschossschwerpunktes, welche, vom Geschütz aus gesehen, nach rechts und dann abwärts geht und sodann, wie es scheint, entweder ganz auf der rechten oder mehr auf der rechten als auf der linken Seite der Flugbahnvertikalebene verläuft. In letzterer Thatsache dürfte die Hauptursache dafür liegen, dass die Abweichungen meist nicht abwechselnd nach rechts und nach links vor sich gehen. Diese Kurve ist das Analogon zu dem Kreis, den man bei der Präzessionsbewegung eines um einen festen Punkt sich bewegenden schweren Kreisels wahrnimmt.

So verhält es sich, falls beim Verlassen der Rohrmündung das Geschoss lediglich eine Rotation um seine Längsaxe, die zugleich Hauptträgheitsaxe und verlängerte Rohraxe ist, besitzt. Vielfach scheint jedoch das Geschoss *nicht* zentriert die Mündung zu verlassen, die anfängliche Drehaxe nicht mit der Figurenaxe übereinzustimmen, sei es, dass Bucken oder Vibration des Rohres oder Wirbelbewegung der Pulvergase die Veranlassung hierzu bildet. Wird dieses noch berücksichtigt[88]), so treten in den Ausdrücken für die Koordinaten der

88) Darüber und über das Folgende vgl. *C. Cranz*, Zeitschr. Math. Phys. 43 (1898), p. 133 u. 169 (p. 151 Zeile 10 v. o. lies $+\vartheta$ statt $-\vartheta$, mit Wirkung für p. 152); ferner besonders *A. v. Obermayer*, Mitt. üb. Geg. d. Art.- u. Gen.-Wes. 1899, p. 869, dort neuere Experimente über die Kreiselwirkung von Geschossen; darüber *K. F. Harris*, Journ. of Un. St. Art. 10 (1901), p. 63, 189, 303. Weiter *H. Putz*, Rev. Art. 24 (1884), p. 293; *H. Müller*, Die Entwicklung d. preuss. Festungs- u. Belagerungsartillerie von 1815—1875, Berlin 1876, besonders p. 162 u. 175.

Geschossspitze in Funktion der Zeit weitere Glieder auf, welche eine andere, kürzere Periode enthalten; letztere wird in erster Linie durch die Winkelgeschwindigkeit um die Längsaxe und die beiden Trägheitsmomente des Geschosses um die Längsaxe und um eine Senkrechte dazu durch den Schwerpunkt, erst in zweiter Linie durch den Luftwiderstand bestimmt. Die geometrische Bedeutung dieser Glieder ist die, dass jene erste soeben besprochene Linie jetzt nur die Leitkurve bildet für *Nutationsbögen*, die von der Geschossspitze beschrieben werden; diese Nutationsbögen (welche auch im luftleeren Raum statthaben müssten) scheinen es meist zu sein, welche sich der Beobachtung[89]) zunächst darstellen —. Dieselben sind vorwiegend von Einfluss auf die Treffsicherheit und Schussweite, während die von ihnen unabhängige Präzessionsbewegung insbesondere die reguläre Seitenabweichung zur Folge hat. Doch sind verschiedentlich bei *rechts*rotierenden Langgeschossen anfänglich *Links*abweichungen beobachtet worden; wahrscheinlich erklären sich diese durch die erwähnten Nutationen; solche Linksabweichungen können sich dann anfangs einstellen, wenn der Geschossboden einen Stoss nach oben oder nach rechts erhalten hatte.

Der strengeren Durchführung der Theorie stehen zur Zeit folgende Mängel an den Unterlagen entgegen: Bisher war es nicht möglich, zur Kontrolle der Ausdrücke für die Komponenten des Luftwiderstandes parallel und senkrecht zur Geschossaxe und für die Lage des Angriffspunktes der Resultanten auf der Axe Versuche mit *grossen* Geschwindigkeiten und *rotierenden* Geschossen anzustellen. Ferner ist über die Änderung der Winkelgeschwindigkeit des Geschosses um seine Längsaxe mit der Zeit nichts Gesetzmässiges bekannt. Es kann nur vermutet werden, dass diese Winkelgeschwindigkeit langsamer abnimmt als die Translationsgeschwindigkeit[90]). Über

89) Über Beobachtungen des fliegenden Geschosses mit blossem Auge berichtet *Heydenreich* 1, p. 7 u. 2, p. 95—98: „Die Pendelungen waren überaus stark und schnell; etwa 4 bis 5 in der Sekunde; das Geschoss glich von hinten gesehen einer rasch sich drehenden Scheibe von wechselndem Durchmesser; ein Geschoss überschlug sich sogar etwa 1000 m vor der Mündung..."; ferner siehe *Rutzky*, Theorie u. Praxis der Geschosse und Zünderkonstruktionen, Wien 1871; *H. Müller*, Die Entwickelung der preussischen Festungs- u. Belagerungsartillerie, Berlin 1876, p. 162. Über indirekte Beobachtungen an Geschossdurchschlägen in Papierscheiben siehe z. B. *Jansen*, Arch. f. Art.- u. Ing.-Off. 97 (1890), p. 425 u. 497. Eine photographisch registrierende Vorrichtung im Geschoss giebt *F. Neesen*, Arch. f. Art.- u. Ing.-Off. 96 (1889), p. 68; 99 (1892), p. 476 und 101 (1894), p. 253.

90) Vgl. z. B. die Versuche der *Medizinalabteilung* des kgl. preuss. Kriegsministeriums, „Über die Wirkung und kriegschirurgische Bedeutung der neuen

die Anfangsstösse ist wenig sicheres bekannt, jedenfalls nichts Gesetzmässiges. Endlich ist die Berechnung der beiden erwähnten Trägheitsmomente, wenigstens für Artilleriegeschosse, wenig sicher. Experimente wurden von *Sabudski* und von *v. Obermayer* [88]) begonnen.

Im übrigen möge davon abgesehen werden, die aus der Theorie sich ergebenden, sehr umfangreichen Ausdrücke für die konische Pendelung und die Abweichungen der Geschosse hier wiederzugeben und nur die empirische Formel von *F. Hélie* [91]) erwähnt werden, welche in der Praxis für die Berechnung der Endabweichung z des Geschosses im Auffallpunkt am meisten verwendet wird; es ist (in Metern)

$$z = AV^2 \cdot \sin^2 \varphi;$$

A ist annähernd eine Konstante für dasselbe Geschütz, z. B. für die deutsche Turmhaubitze mit 21 cm-Schrapnel ist $A = 0{,}0166$; für die deutsche schwere Feldkanone C. 73 ist $A = 0{,}0030$.

Für die französische 16 cm-Kanone bei einer Ladung von 3,5 kg, einem Kaliber von 0,1623 m, einer Länge von 0,371 m und einem Gewicht von 30,4 kg des Geschosses, sowie bei einer Anfangsgeschwindigkeit $V = 334$ m/sec macht *Hélie* [92]) folgende Angaben:

Wahrer Abgangswinkel φ	Schussweite X in m	Seitenabweichung in m	Zahl der Schüsse
$5^0\ 24'\ 18''$	1806	7,2	70
$10^0\ 17'\ 43''$	3108	29,0	90
$25^0\ 12'\ 0''$	5688	182,0	80
$35^0\ 12'\ 0''$	6579	324,5	60

4. Zufällige Geschossabweichungen. Wenn aus dem gleichen Geschütz oder Gewehr mit gleicher Art von Munition unter scheinbar gleichen äusseren Umständen nach dem gleichen Ziel geschossen wird, sind die aufeinanderfolgenden Flugbahnen trotzdem nicht identisch, sie bilden eine „Garbe“, deren Durchmesser sich nach dem Ziel zu immer mehr vergrössert. Diese auch als „Streuung“ der Projektile bezeichneten Abweichungen haben ihre Ursache in kleinen unkontrollierbaren Verschiedenheiten im Abgangswinkel φ, in der Mündungs-

Handfeuerwaffen“, Berlin 1894 (Schüsse in Drahtnetze unter Wasser); Versuche hat *Krall* (Mitt. üb. Geg. d. Art.- u. Gen.-Wes. 1888, p. 118) vorgeschlagen und *C. V. Boys* (ebenda 1897, p. 836) begonnen; siehe auch *J. Altmann,* Erklärung u. Berechnung d. Seitenabweichung rotierender Geschosse, Wien 1897.

91) Vgl. *Hélie* 2, p. 94 u. 309.

92) *Hélie* 2, p. 67 u. 88 (Schiessversuche von 1860).

geschwindigkeit V und im Luftwiderstand; hiervon sind z. B. die Verschiedenheiten im Abgangswinkel unter sonst gleichen Umständen bedingt durch Ziel- und Richtfehler, durch kleine Änderungen in der Vibration bezw. im Bucken des Rohrs und durch die beim Ausströmen der Pulvergase aus der Mündung entstehenden Seitendrücke auf das Geschoss.

Die Streuung der Geschosse lässt eine Behandlung durch die Wahrscheinlichkeitslehre zu („*Treffwahrscheinlichkeit*“).

Zahlenangaben über die Streuung sind meistens den Schusstafeln beigegeben. In der folgenden abgekürzten Tabelle ist mitgeteilt, welche Zielhöhe, bezw. -Breite oder -Länge für 100 oder für 50 Proz. Treffer erforderlich ist, und zwar bei dem Infanteriegewehr bezogen auf eine senkrechte rechteckige Scheibe, beim Feldgeschütz bezogen auf den horizontalen Boden. Dabei ist vorausgesetzt, dass das Ziel in der andern zugehörigen Abmessung so gross ist, dass Fehlschüsse in letzterer Richtung nicht vorkommen können, ferner dass der mittlere Treffpunkt in der Mitte des Ziels liegt. Die betreffenden Zahlen für das Feldgeschütz geben die doppelte wahrscheinliche Abweichung oder die sogen. 50prozentige Streuung an.

Deutsches Infanteriegewehr M. 88			Deutsche schwere Feldkanone C. 73 (Aufschlagzünder) 50 Proz. Treffer erfordern eine			Bemerkung
Schussweite	totale Höhen-Streuung	totale Breiten-Streuung	Schussweite	Zielbreite	Ziellänge	
50 m	6 cm	4 cm	1000 m	0,8 m	20 m	Bei Gewehren wird in den einen Ländern mit der 100 prozentigen, in den andern mit der 50 prozentigen Streuung gerechnet; zum Teil wird dabei zwischen der Eigen-Streuung des Gewehrs und der durchschnittlichen persönlichen Streuung eines mittleren Schützen unterschieden.
100 „	11 „	10 „	2000 „	1,8 „	23 „	
200 „	25 „	20 „	3000 „	3,3 „	27 „	
400 „	70 „	42 „	4000 „	5,4 „	32 „	
600 „	130 „	64 „	5000 „	8,0 „	40 „	
800 „	206 „	112 „	6000 „	11,2 „	52 „	
1000 „	289 „	160 „	6500 „	13,0 „	60 „	

Nach französischen Schiessversuchen sind unter 100 Schüssen folgende Anzahlen von Treffern mit dem französischen Infanteriegewehr M. 86/93 zu erwarten:

Entfernung (Meter)	gegen einen Infanteristen liegend	knieend	stehend	gegen einen Reiter
200	17	24	24	39
400	4	6	7	14
600	1—2	2—3	2—3	6

Im übrigen sei, was die Theorie der Streuung angeht, nur auf die in der Ballistik in Betracht kommenden und der Rechnung unterzogenen *Probleme* und die *Litteratur* aufmerksam gemacht:

a) Berechnung des mittleren Treffpunktes und der wahrscheinlichen Abweichung von demselben, aus einer oder aus mehreren Gruppen von Beobachtungsreihen; Genauigkeit seiner Bestimmung; Lage der Gruppierungsaxen[93]).

b) Wahrscheinlichkeit, eine bestimmte Fläche, Kreis, Rechteck u. s. w. zu treffen, für die Fälle, dass der mittlere Treffpunkt innerhalb oder ausserhalb der Fläche liegt[93]).

c) Längen- und Höhenstreuung beim Schrapnelschuss; Streukegel[94]).

d) Aufdeckung einer streuenden Ursache, die sich während des Beschusses vergrössert oder verkleinert[95]).

e) Entscheidung darüber, ob ein bestimmtes Schiessresultat als sogenannter Ausreisser aus der Beobachtungsreihe auszuschalten ist oder nicht[96]).

f) Schiessen gegen nicht beobachtungsfähige und gegen bewegte Ziele, Schiessen aus Küsten- und Schiffsgeschützen[97]).

---

93) *Poisson,* Mém. de l'art. de la marine 3 (1830), p. 141; *Didion,* Calcul des probabilités appliqué au tir des projectiles, Paris 1858, und J. éc. polyt. 16 Cah. 27 (1839), p. 51; *Hélie* 2, p. 95; *v. Wuich,* p. 481; *v. Minarelli,* p. 65; *Sabudski,* Lehre von der Treffwahrscheinlichkeit (russ.), St. Petersburg 1898, p. 1—317 (besonders eingehend); *K. Endres,* Arch. f. Art.- u. Ing.-Off. 90 (1883), p. 113; *Giletta,* Riv. d'art. e gen. 1884, p. 218; *Vallier,* Rev. d'art. 9 (1877), p. 201; *A. Percin,* Rev. d'art. 20 (1882), p. 5; speziell Lage der Gruppierungsaxen: *Siacci,* Rev. d'art. 22 (1883), p. 521 u. *Siacci,* ebenda 24 (1884), p. 445 samt weiterer Litteratur und einer Bemerkung von *Ch. Schols*; *H. Putz,* ebenda 24 (1884), p. 5 u. 105 und 32 (1888), p. 213 u. 313.

94) *H. Rohne,* Studien über den Schrapnellschuss der Feldartillerie, Berlin 1894 und Schiesslehre für die Feldartillerie, Berlin 1895 und Arch. f. Art.- u. Ing.-Off. 102 (1895), p. 257; *Résal,* J. de math. (3) 1 (1875), p. 121; *Anonymus,* Arch. f. Art. u. Ing.-Off. 92 (1885), p. 417; *F. Silvestre,* Rev. d'art. 18 (1881), p. 409; 19 (1881), p. 41; *v. Wuich,* 15 gemeinverständliche Vorträge über die Wirkungsfähigkeit der Geschosse, Wien 1891, dazu Mitt. üb. Geg. d. Art.- u. Gen.-Wes. 1892, p. 235; 1895, p. 1 und 1897, p. 511; *E. Lombard,* Rev. d'art. 36 (1890), p. 328 u. 411 und *Lardillon,* ebenda 46 (1895), p. 365.

95) *Vallier,* p. 166.

96) *Vallier,* p. 160 und Rev. d'art. 9 (1877), p. 222. Vgl. auch I D 2, 15 (*Bauschinger*).

97) *Vallier,* Rev. d'art. 30 (1887), p. 106; *V. Gandolfi,* Riv. d'art. e gen; 1896, vol. 4, p. 231 und Mitt. üb. Geg. d. Art.- u. Gen.-Wes. 1897, p. 645; *E. Strnad,* Mitt. üb. Geg. d. Art.- u. Gen.-Wes. 1897, p. 763; *Indra,* Mitt. üb. Geg. d. Art.- u. Gen.-Wes. 1897, p 163 u. 291; dazu *A. Ludwig,* ebenda 1901, p. 91 u. 189; *A. Calichiopulo,* Riv. d'art. e gen. 1893, vol. 1, p. 245 u. 411; *Dragas,* Streffleur's österr. milit. Zeitschr., Wien 1890, p. 184.

g) Theorie des Einschiessens der Artillerie mittelst des Gabelverfahrens[98]).

h) Theorie des Gruppenschiessens der Infanterie[99]).

5. Das Eindringen des Geschosses in das ausgedehnte materielle Ziel[100]). Der Widerstand des Materials, in welches das Geschoss eindringt und welches wir zunächst als nachgiebig, also nicht als spröde, voraussetzen wollen (Erde, Holz u. s. w.), ist erstens dadurch bedingt, dass die Zusammenhangskräfte überwunden werden, zweitens dadurch, dass den Teilchen des Materials ein grösseres oder kleineres Quantum der lebendigen Kraft des Geschosses mitgeteilt wird, endlich dadurch, dass Wärme erzeugt wird.

Hierüber wurden von *Euler*[101]), *Poncelet*[102]) und neuerdings von *Résal*[103]) längere mathematische Entwicklungen durchgeführt, die

---

98) *Rohne*, Arch. f. Art.- u. Ing.-Off. 100 (1894), p. 385 u. 481 und 102 (1895), p. 64 u. 257 und insbesondere 104 (1897), p. 172, sowie Kriegstechn. Zeitschr. 1 (1898), p. 209 u. 399 u. 2 (1899), p. 115; *Callenberg*, Über die Grundlagen des Schrapnellschiessens bei der Feldartillerie, Berlin 1898 und Kriegstechn. Zeitschr. 2 (1899), p. 27 u. 93; *Preiss*, Kriegstechn. Zeitschr. 3 (1900), p. 81; *E. Strnad*, Mitt. üb. Geg. d. Art.- u. Gen.-Wes. 1892, p. 879; sowie 1887, p. 375; *A. Weigner*, Mitt. üb. Geg. d. Art.- u. Gen.-Wes. 1898, p. 821; *Schöffler*, ebenda 1902, p. 97 (Forts. zu der Arbeit 1900, p. 429 und 1901, p. 823).

99) *Rohne*, Kriegstechn. Zeitschr. 4 (1901), p. 119; *v. Minarelli*, p. 82; *Parst*, Kriegstechn. Zeitschr. 4 (1901), p. 330.

100) Vgl. *Didion*, p. 228; *Siacci*, p. 142; *N. Persy*, Cours de balistique, Metz 1827; *Résal*, Paris C. R. 120 (1895), p. 397; *H. C. Schumm*, Journ. of Un. St. art. 4 (1895), p. 620; *M. de Brettes*, Paris C. R. 75 (1872), p. 1702 und 76 (1873), p. 278; *G. Kaiser*, Mitt. üb. Geg. d. Art.- u. Gen.-Wes. 1885, p. 171 (Notizen); *C. Parodi*, Riv. d'art. e gen. 1887, vol. 1, p. 42; *E. P. Jouffret*, Les projectiles, Fontainebleau 1881, p. 142; *G. Ronca*, La corrisp. 1 (1900), p. 16 ff.; *E. V.* ebenda 1 (1900), p 200. Bezüglich schiefen Eindringens und Einflusses der Rotation: *Mayevski*, Rev. d. technol. milit. 1866, 5 und 1867, 6; *Vallier*, p. 220 und Paris C. R. 120 (1895), p. 136; *Heydenreich* 1, p. 8. Bezüglich der Theorie vgl. besonders *v. Wuich*, Mitt. üb. Geg. d. Art.- u. Gen.-Wes. 1893, p. 1 u. 161 und *H. Putz*, Rev. d'art. 34 (1889), p. 138 u. 193; ferner *Sabudski* 1, p. 394—420.

Betreffs des früher verwendeten *Ricochetschusses* vgl. besonders *N. Persy*, Cours de balistique, 3 Bde., Metz 1827, 1831, 1833; *J. v. Radowitz*, Arch. f. Art.- u. Ing.-Off. 1 (1835), p. 41; *Anonymus*, ebenda 5 (1837), p. 243; 17 (1845), p. 181; 24 (1849), p. 185; 28 (1850), p. 153 u. 208; *Lombard*, Théorie du tir à ricochet, Brüssel 1841; *E. de Jonquières*, Paris C. R. 97 (1883), p. 1278; *J. C. F. Otto*, Mathematische Theorie des Ricochetschusses, Berlin 1833 u. 1844 (franz. Übers. von *Rieffel*); weitere Litteratur im Arch. f. Art.- u. Ing.-Off. 28 (1850), p. 153.

101) *R. Robins*, Nouveaux principes d'artillerie, commentés par *L. Euler*, französische Übersetzung von *Lombard*, Paris 1873, p. 365 ff.

102) Introduction à la mécanique industrielle, Bruxelles 1839, p. 619 ff.

103) Paris C. R. 120 (1895), p. 397.

jedoch mit den Ergebnissen der Versuche, wenigstens bei den neueren Feuerwaffen, nicht immer gut übereinstimmen, so dass sie hier fortgelassen werden können.

Beispielsweise ist die Form der vom Geschoss erzeugten Höhlung im Zielkörper in vielen Fällen wesentlich anders als die errechnete. Ferner dringt z. B. ein modernes Geschoss meistens erst auf grösserer Entfernung, 200 bis 400 m von der Mündung, am tiefsten in Sand, Erde u. dergl. ein — vielleicht infolge von Stauchung des Geschosses im Falle zu grosser Geschwindigkeiten —, wie die folgende Tabelle[104]) für das französische Gewehr ergiebt.

Auf die Entfernung	Eindringungstiefe des Geschosses in:			
	Sand	Gartenerde	Tannenholz	Eichenholz
10 m	11 cm	25 cm	90 cm	20 cm
40 „	18 „	39 „	82 „	19 „
100 „	32 „	62 „	70 „	18 „
200 „	45 „	75 „	60 „	18 „
300 „	46 „	77 „	56 „	17 „
400 „	44 „	73 „	53 „	16 „
500 „	40 „	67 „	50 „	15 „
600 „	38 „	63 „	49 „	15 „

Weiter beobachtet man bei Verwendung der modernen Infanteriegeschosse gegenüber flüssigen und halbflüssigen Körpern die sogen. Explosions- oder Expansivwirkung[105]), die noch einer völlig befriedigenden Theorie harrt; wenigstens ist man nicht im Stande, für ein beliebiges gegebenes Geschoss und ein gegebenes Material des Zielkörpers in einem bestimmten Fall, also z. B. für eine bestimmte Form des Zielkörpers und eine bestimmte Mündungsgeschwindigkeit des Geschosses die eintretende Wirkung durch eine Theorie vorauszubestimmen.

---

104) Nach der französ. Schiessinstruktion, Tabelle IV; s. *v. Minarelli*, p. 143 und *Wille*, Waffenlehre, Berlin 1900, p. 173 (nach *de la Llave*).

105) Darüber vgl.: *A. v. Obermayer*, Mitt. üb. Geg. d. Art.- u. Gen.-Wes. 1898, p. 361 und *Medizinalabteilung* des preussischen Kriegsministeriums: Über die Wirkung und kriegschirurgische Bedeutung der neuen Handfeuerwaffen, Berlin 1894, dort auch Litteratur; dazu *E. Rink*, Rev. d'art. 25 (1885), p. 550 und *v. Minarelli*, p. 141 und *C. Cranz* und *K. R. Koch*, Ann. Phys. Chem. (4) 3 (1900), p. 247. — Die Angaben über die Grösse der *Geschossenergie, welche erforderlich ist, um einen Mann bezw. ein Pferd ausser Gefecht zu setzen,* dürften nur unter sehr beschränkenden Voraussetzungen zutreffen, [nach Versuchen der französischen Artillerie 4 mkg für einen Mann, 19 mkg für ein Pferd, siehe

Bezüglich der Dicke von Panzerplatten, welche von einem gegebenen Geschoss bei gegebener Geschwindigkeit noch durchschlagen werden, hat man früher zahlreiche empirische Formeln[106]) aufgestellt, die mehr oder weniger mit den Versuchsergebnissen zu stimmen schienen (*G. Ronca* zählt 36 solcher Panzerformeln auf und fügt selbst eine neue hinzu). Die Einführung neuer Materialien und Konstruktionen (gehärtete Nickelplatten[106a]) an Stelle von schmiedeeisernen Platten etc.) hat jedoch wesentlich andere Verhältnisse zu Tage gefördert, die sich einstweilen jeder mathematischen Formulierung entziehen. Z. B. dringen Stahlgeschosse in die neuen Panzerplatten kaum oder nicht ein, wenn sie nicht mit einer Kappe von Schmiedeeisen oder weichem Stahl versehen sind u. dgl.

6. Messungsapparate und Messungsmethoden der äusseren Ballistik[107]).

6a. Messung des wahren Abgangswinkels φ.[108]) Die Richtung der ruhenden Seelenaxe vor dem Schuss ist meist *nicht* identisch mit derjenigen der Anfangstangente der Flugbahn, sondern um den sogenannten *Abgangsfehlerwinkel* ε verschieden; der Grund liegt bei Gewehren ganz oder zum grössten Teil in einer kräftigen Vibration des Laufes. Diese Schwingungen in ihrem zeitlichen Verlauf, sowie die Verbiegungskurve des Laufes in einem bestimmten Augenblick wurden zuerst von *C. Cranz* und *K. R. Koch*[109]) fixiert und experimentell untersucht. Es zeigte sich, dass die Laufschwingungen sehr ähnlich denen eines Stabes erfolgen, welcher am einen Ende eingeklemmt ist; der Lauf schwingt gleich-

---

R. Wille, Waffenlehre, Berlin 1896, p. 279; nach *A. Bassani*, La corrisp. 2 (1900), p. 692 0,1 mkg pro 1 qmm Geschossquerschnitt für einen Mann]. Die *Temperaturerhöhung* des Geschosses innerhalb lebender Ziele scheint niemals eine solche zu sein, dass die Geschosse zum Schmelzen gelangen könnten (90—95° C. bei grossen Knochenwiderständen); s. *v. Minarelli*, p. 145.

106) Vgl. *Ronca*, La corrisp. 1 (1899), p. 16; *E. Vallier*, Rev. d'art. 45 (1895), p. 312; *Kaiser*, Mitt. üb. Geg. d. Art.- u. Gen.-Wes. 1885, p. 171 der Notizen (dort auch Litteratur), sowie *Kaiser*, p. 17.

106a) Darüber findet man die neusten Angaben bei *Wille*, Waffenlehre, Berlin 1900, p. 353 u. 857, sowie in der bei Gelegenheit der Ausstellung in Düsseldorf verteilten Schrift „*F. Krupp*, Düsseldorfer Ausstellung 1902, Panzer".

107) Vgl. *Cranz*, p. 404—446.

108) *A. Weigner*, Mitt. üb. Geg. d. Art.- u. Gen.-Wes. 1889, Heft 2; *Cranz*, p. 340; *Heydenreich* 1, p. 41 Anm. (über die Methode von *Siacci*), desgleichen *Sabudski* 1, p. 438 f.; ferner *Anonymus*, Arch. f. Art.- u. Ing.-Off. 73 (1873), p. 272 und *Jansen*, ebenda 97 (1890), p. 424.

109) Speziell über Laufvibration: *C. Cranz* u. *K. R. Koch*, Münch. Abh. 19 (1899), p. 747; 20 (1900), p. 591; 21 (1901), p. 559; dort auch Litteratur.

zeitig im Grundton und in Obertönen; für die Abgangsrichtung des Geschosses sind in erster Linie *die Obertonschwingungen massgebend.* Der Knoten wenigstens des ersten Obertons kann auch durch Aufstreuen von Sand auf einem längs des Laufs befestigten Kartonstreifen sichtbar gemacht werden. Je kleiner unter sonst gleichen Umständen die Ladung gewählt wird, desto mehr Schwingungen des Laufes sind abgelaufen, bis das Geschoss aus dem Lauf austritt; dieses Austreten erfolgt dann in einer andern Schwingungsphase und bei anderer Amplitude, und deshalb ändert sich der Abgangsfehler ε mit der Ladung. Bei den Infanteriegewehren neuester Konstruktion, mit sehr hohen Mündungsgeschwindigkeiten, ist ε sehr klein, weil sich im Moment des Geschossaustritts die Laufschwingungen noch in den ersten Anfängen ihrer Ausbildung befinden. Bei einem 6 mm-Gewehr fand der Geschossaustritt statt etwas vor Vollendung der ersten Viertelsschwingung des ersten auftretenden zweiten Obertons (welcher hier massgebend ist); bei einem 7 mm-Gewehr ungefähr im ersten Viertel selbst; bei einem 8 mm-Gewehr etwas nach Vollendung der ersten Viertelsschwingung dieses zweiten Obertons, während die erste Schwingung des ersten Obertons bereits einsetzt; bei einem 11 mm-Gewehr verliess das Geschoss den Lauf bei normaler Ladung dann, wenn die erste Schwingung des *ersten* Obertons (welcher hier für die Abgangsrichtung ausschlaggebend ist) im zweiten Viertel ihrer Phase steht. Die Schwingungen des Gewehrslaufs sind im allgemeinen *elliptische.* Verursacht werden die Laufschwingungen wesentlich durch den Explosionsstoss; jedoch treten schon durch das Vorschnellen des Schlagbolzens Schwingungen auf.

Der wahre Abgangswinkel und damit ε wird entweder, wie meist bei der Artillerie, aus X und V berechnet, oder es wird zunächst der Fehlerwinkel ε durch einen besonderen Beschuss aus Flughöhenmessungen an einer oder zwei Scheiben ermittelt, welche unweit der Mündung aufgestellt werden. *Siacci* [110]) empfiehlt, in den Entfernungen x_1 und x_2 vor der Mündung zwei vertikale Scheiben aufzustellen: die mittlere als konstant angenommene Geschwindigkeit zwischen diesen Scheiben und der Mündung sei v_m, so ist, wenn a_1 und a_2 die bezüglichen Senkungen der Durchschlagspunkte unter der natürlichen Visierlinie bei verglichenem Korn (Visierlinie parallel der Seelenaxe) vorstellen,

$$\operatorname{tg} \varepsilon = -\frac{g}{2} \cdot \frac{x_2 + x_1}{v_m^2} + \frac{a_1 - a_2}{x_2 - x_1}.$$

110) Riv. d'art. e gen. 1891, vol. 4, p. 240 und Arch. f. Art.- u. Ing.-Off. 99 (1892), p. 509.

Nach deutschen Erfahrungen ist die Verwendung *einer* Scheibe vorteilhafter.

Durch algebraische Addition des Abgangsfehlers ε zu dem durch die Visierung sich ergebenden Elevationswinkel der Seelenaxe erhält man den wahren Abgangswinkel φ, wie er in den Schusstafeln angegeben wird.

6b. Messung der Anfangsgeschwindigkeit durch ältere und neuere Apparate. Von den älteren Apparaten, Hohlzylinder von *Mathey*, *Grobert*'sches Rad, *Debooz*'sche Scheibe, *ballistisches Pendel*[111]) ist besonders das letztere, eine Erfindung von *Cassini* (1707) und *Robins* (1740) hervorzuheben, die später durch *Maguin* und die Kommission *Didion-Morin-Piobert* (1836) erheblich vervollkommnet wurde und deren Einrichtung als bekannt gelten darf.

Nach *Didion*[112]) gestattet das ballistische Pendel, Anfangsgeschwindigkeiten bis auf wenige Dezimeter genau zu ermitteln.

Das ballistische Pendel hat neuerdings wieder nach Theorie und Anwendung einige Beachtung gefunden (*Radaković*, *v. Minarelli*)[113]).

Das ballistische Pendel kann als der einzige eigentliche Geschwindigkeitsmessapparat für Geschossgeschwindigkeiten bezeichnet werden. Die älteren mechanischen Apparate von *Mathey*, *Grobert* und *Debooz*, ebenso die neueren elektrischen Apparate sind Chronoskope: es wird eine Strecke AB genau gemessen und die Zeit ermittelt, welche das Geschoss braucht, um von A nach B zu gelangen.

Diese neueren (und mit *einer* Ausnahme elektrischen) Apparate[114]) unterscheiden sich dem Prinzip nach

a) dadurch, dass in der Zeit, während das Geschoss von A nach B fliegt, entweder ein Gewicht fällt (*Wheatstone*, *Le Boulengé*, *Watkin*, *Bianchi*), oder ein Pendel bezw. Balancier schwingt (*Navez-Leurs*, *Caspersen*, *Schmidt*) oder die Magnetnadel eines Galvanometers eine Schwingung ausführt (*Pouillet*) oder eine Stimmgabel vibriert (*Beetz*, *La Cour-Caspersen*, *Sébert*, *Smith*, *Crehore-Squier*) oder eine Trommel bezw. Scheibe sich dreht (*Breguet*, *Wheatstone*, *Mathieu*, *Siemens*,

111) Vgl. *Didion*, p. 261 und *Sonnet*, Dictionnaire des mathématiques appliquées Paris. 1895, „pendule ballistique"; Praktisches darüber: *Anonymus*, Arch. f. Art.- u. Ing.-Off. 23 (1848), p. 211 und 25 (1849), p. 73, 87 u. 145.

112) Vgl. *Didion*, p. 261.

113) *v. Minarelli*, Mitt. üb. Geg. d. Art.- u. Gen.-Wes. 1901, p. 269; *M. Radaković*, Wien. Ber. 110^{2a} (1901), p. 511.

114) Vgl. *Cranz*, p. 432—446, dort auch Litteratur, Note 160; ferner s. Arch. f. Art.- u. Ing.-Off. 30 (1851), p. 145; *Jervis Smith*, The Tram-Chronograph, London 1897; *H. v. Helmholtz*, Wiss. Abhandl. 2, Leipzig 1883, p. 865.

Bashforth, Noble, Martin de Brettes) oder — und hier allein mit Vermeidung jeder Bewegung von sichtbaren Massen — ein Kondensator sich entladet (*Radaković-Sabine*);

b) durch die Art und Weise, wie die Markierung des Anfangs und des Endes der zu messenden Flugzeit bewirkt wird; dieselbe erfolgt entweder und meistens direkt elektromagnetisch oder durch den Induktionsfunken (*Siemens, Noble, M. de Brettes, Watkin*) oder indirekt elektromagnetisch mit Benutzung der Drehung der Polarisationsebene des Lichts im magnetischen Feld einer Spule (*Crehore-Squier*) oder optisch durch eine Schattenwirkung des Geschosses (*Zahm*)[115]);

c) endlich durch das Verfahren, nach welchem zu Anfang und Ende des Vorgangs der elektrische Strom unterbrochen bezw. geschlossen wird; letzteres geschieht nämlich entweder durch den mechanischen Druck des Geschosses selbst, welches einen Draht durchreisst, einen Drahtrahmen durchschlägt, zwei Platten zusammendrückt, eine Platte dreht u. s. w. oder aber neuerdings durch die mechanische Wirkung der Luftkopfwelle, welche (für $V > 340$ m) das Geschoss begleitet (Luftstossanzeiger oder Knallunterbrecher von *Gossot-Wolff*).

Die Messung auf kürzester Strecke AB ist bis jetzt mittelst Kondensatorentladung von *Radaković*[116]) durchgeführt (im Minimum auf einer Strecke von 8,5 cm); hinsichtlich der Genauigkeit seiner Methode giebt *Radaković* auf Grund einer Vergleichung mit dem *Hiecke*'schen Fallapparat an, dass noch $0{,}0^{(5)}8$ sec sicher zu messen sind.

Zur Zeit wird für die Messung der Anfangsgeschwindigkeiten noch immer der *Le Boulengé*-Apparat am meisten benutzt; die Prüfung geschieht am besten durch den *Helmholtz-Wolff*'schen Pendelkomparator. *W. Wolff*[117]) fand, dass dasselbe Exemplar eines *Le Boulengé*-Apparates dieselbe Zeitdifferenz mit einer Genauigkeit von 0,0001 sec gleichmässig angiebt und dass, wegen gewisser schwer bestimmbarer konstanter Fehler, die bei verschiedenen Exemplaren verschiedene Werte haben, auf eine absolute Genauigkeit bei der Messung einer Zeitdifferenz mit irgend einem *Le Boulengé*-Apparat nur im Betrag von ca. 0,001 sec gerechnet werden kann.

Erwähnt sei noch, dass die Geschossgeschwindigkeit ihren Maximalbetrag *nicht* an der Mündung anzunehmen, sondern sich von da ab, ohne Zweifel durch die Nachwirkung der Pulvergase, auf eine

115) *A. F. Zahm*, Phil. Mag. (6) 1 (1901), p. 530.

116) *M. Radakovic*, Wien. Ber. 109 (1900), p. 276 u. 941.

117) *W. Wolff*, Mitt. üb. Geg. d. Art.- u. Gen.-Wes. 1895 und Ann. Phys. Chem. (2) 69 (1899), p. 339 und *E. Sarrau*, Paris C. R. 119 (1894), p. 1058.

gewisse Strecke hin noch zu steigern scheint, in einer noch nicht gesetzmässig fixierten Weise; *C. Crehore* und *O. Squier*[118]) fanden bei ihren Versuchen mit Gewehren ein Maximum in ca. 2 m Entfernung von der Mündung, *Radaković* erhielt mit einem Gewehr ein Minimum in 0,75 m und ein Maximum in ca. 1,5 m Entfernung.

6c. Messung sonstiger Grössen. Von den Methoden zur Messung der Totalflugzeit T (*Löbner*'s Tertienuhr, Telephon u. s. w.), des Auffallwinkels φ' u. s. w. möge hier nicht die Rede sein. Abgesehen sei auch von meteorologischen und praktisch-geometrischen Apparaten und Methoden, mechanischen Hülfsmitteln zur Ausführung von ballistischen Berechnungen, Demonstrationsmitteln etc.

Erwähnt sei nur, dass in neuerer Zeit die photographischen Methoden, insbesondere die der *elektrischen Momentphotographie,* vielfache Bedeutung in der Ballistik gewonnen haben, z. B. für die Aufnahme des fliegenden Geschosses samt den dasselbe umgebenden Luftschlieren, für die Ermittlung der Rotationsgeschwindigkeit des Geschosses[119]) in beliebiger Entfernung von der Mündung bei bekannter Translationsgeschwindigkeit v oder umgekehrt, und für die Messung der Laufvibration. Andere Anwendungen dieser Methoden werden in der inneren Ballistik zur Sprache kommen, zu der wir jetzt übergehen.

II. Innere Ballistik.

7. Einleitung. Aufgabe der inneren Ballistik. Von Arbeitsquellen, welche zur Fortbewegung von Projektilen dienen oder dienten, kommen in Betracht:

Muskelkräfte (Lanze, Wurfbeil, Schleuder, Schleudermaschinen),
Elastische Kräfte (Bogen, Armbrust, Ballisten, Katapulten),
Spannkraft komprimierter Luft (pneumatisches Gewehr, Dynamitgeschütze von *Zalinski*, *Graydon*, *Rix* u. a.),
Elektrische Kräfte,
Chemische Kräfte.

---

118) *C. Crehore* u. *O. Squier,* Journ. of Un. St. art. 4 (1895), p. 409 (dazu Arch. f. Art.- u. Ing.-Off. 102 (1895), p. 481 und Mitt. üb. Geg. d. Art.- u. Gen.-Wes. 1895, p. 839); ferner Mitt. üb. Geg. d. Art.- u. Gen.-Wes. 1900, p. 811 (deutsche Versuchsanstalt für Handfeuerwaffen in Halensee); *v. Minarelli*, ebenda 1901, p. 269; Erklärung durch *A. Indra,* ebenda 1898, p. 1; *Cranz* hat für Handfeuerwaffen photographisch nachgewiesen, dass kurz nach dem Geschossaustritt die Pulvergase eine weit grössere Geschwindigkeit besitzen als das Geschoss (Anwendung der elektrischen Momentphotographie auf die Untersuchung von Schusswaffen, Halle 1901); vgl. auch *Heydenreich* 2, p. 14.

119) Vgl. *F. Neesen*, Verhandl. d. deutsch. phys. Gesellsch. 4 (1902), p. 380.

Da die drei zuerst aufgeführten Arbeitsquellen teils kaum mehr, teils nur ganz vereinzelt zur Verwendung gelangen und da die Benützung elektrischer Kräfte noch nicht über die ersten Anfänge hinausgekommen ist, so beschränken wir uns im folgenden auf die Besprechung der in den *Explosivstoffen*[120]) aufgespeicherten *chemischen Energie.*

Ein Explosivstoff erfährt durch Entzündung oder durch Schlag und Stoss eine chemische Umänderung, bei welcher grosse Mengen von gasförmigen Produkten entstehen. Sind diese Gasmengen in einem kleinen Raum eingeschlossen, so wird hierdurch, sowie infolge der bei der chemischen Reaktion auftretenden Wärmeentwicklung auf die Umfassungswände ein Druck ausgeübt, welcher Arbeit leisten kann.

Die von dem Explosivstoff geleistete Arbeit besteht in der eigentlichen *Sprengtechnik*[121]) in der Überwindung von Kohäsionskräften; daher handelt es sich bei dieser um die Erzeugung von hohen Maximalgasdrücken, welche nur sehr kurze Zeit wirken; dieser Zweck wird mittelst brisanter Sprengstoffe erreicht, durch welche z. B. Gesteinsmassen gesprengt und dabei einerseits nicht allzu sehr zertrümmert, andererseits nicht allzu weit fortgeschleudert werden sollen.

Im Gegensatz dazu wird in der *Geschütz- und Gewehrballistik* — welche wir hier allein behandeln[122]) — der Gasdruck dazu verwendet, dem Geschoss innerhalb des Rohrs nach und nach eine lebendige Kraft, insbesondere der Translation, zu erteilen, ohne dass die Festig-

---

120) Über die Chemie und Fabrikationsweise der Explosivstoffe vgl. insbesondere *Berthelot* und *Guttmann* a. a. O., sowie *J. Daniel,* Dictionnaire des matières explosives, Paris 1902. Neuere Litteratur hierüber findet man bei *Wille*, p. 873.

121) Über die Sprengtechnik vgl. *O. Guttmann,* Handbuch der Sprengarbeit, Braunschweig 1892; derselbe, Schiess- und Sprengmittel, Braunschweig 1900; Sprengvorschrift für die Pioniere, Berlin 1896.

Zur Mechanik der Explosionen s. ferner *E. Mach*, Wien. Ber. 92 (1885), p. 625 und *R. Blochmann*, Deutsche Marine-Rundschau 1898, p. 197; dazu *E. Rudolph*, Beitr. z. Geophys. 3 (1897), p. 273. *E. Mach* behandelt u. a. die Frage, weshalb eine frei auf einer Metallplatte liegende Dynamitpatrone nach unten durch die Platte ein Loch schlägt. *R. Blochmann* untersucht experimentell die Wirkungen der Explosionen unter Wasser; es ergeben sich zwei Druckimpulse, welche zeitlich völlig getrennt sind und wovon er den ersten auf die Wirkung der Druckwelle, den andern auf die Translation der Wassermassen zurückführt.

122) Beide Zwecke finden sich in gewissem Sinne kombiniert bei der Konstruktion der *Sprenggranaten* und *Schrapnels*; bei den ersteren wird durch die Granatfüllung (der Hauptsache nach Pikrinsäure) das Geschoss zertrümmert und dienen die Trümmerstücke als Projektile, bei den letzteren wird die Wandung des Geschosses gesprengt und werden die Füllkugeln und Sprengstücke zur Erzeugung des Streukegels benützt.

keit des Rohrs und des Geschosses gefährdet wird. Hierzu bedarf es milder wirkender Explosivstoffe. Bekanntlich sind die besten Sprengmittel nicht gleichzeitig auch die besten Geschosstreibmittel; mit der Brisanz eines Explosivstoffes wächst nicht zugleich auch die Fluggeschwindigkeit des Geschosses.

Es kommt vielmehr hierbei auf die Erzeugung einer möglichst grossen Mündungsgeschwindigkeit des Geschosses bei möglichst niedrigem Maximalgasdruck an; die Pulvergase sollen möglichst gleichmässig schiebend auf das Geschoss wirken.

Würde nämlich alles Pulver in Gas verwandelt sein, ehe das Geschoss seine Bewegung begonnen hat, so würde der Gasdruck im Verlauf der Geschossbewegung durch das Rohr nur abnehmen, da der den Pulvergasen zur Verfügung stehende Raum zwischen Geschossboden und Seelenboden mit dem Vorrücken des Geschosses nach der Mündung zu immer mehr wächst. Es gilt also, den Gasdruck möglichst auszugleichen, und da vollkommene Konstanz des Gasdruckes sich, wie es scheint, nicht erreichen lässt, so ist das Bestreben darauf gerichtet, wenigstens eine annähernd gleich grosse Spannung der Gase zu erhalten, wobei die durch die Raumvergrösserung und Arbeitsleistung bewirkte fortwährende Verminderung des Gasdruckes so gut es geht kompensiert wird durch fortwährende Zufuhr neuer Treibgase. Zu diesem Zweck ist ein entsprechend langsam verbrennendes Pulver erforderlich, und die Verbrennungsweise des Pulvers muss gegenüber der Grösse der Pulverladung, des Verbrennungsraumes, des Rohrkalibers, der Rohrlänge, dem Trägheitswiderstand des Geschosses etc. so geregelt werden, dass das Pulver seine Verbrennung fortsetzt, bis das Geschoss die Mündung verlässt, dann aber vollständig verbrannt ist, jedenfalls aber derart, dass das Maximum der Mündungsenergie des Geschosses erzielt wird. Daraus erhellt, dass ganz bestimmte Beziehungen zwischen den eben erwähnten Grössen, Geschossgewicht, Rohrlänge, Rohrkaliber etc. bestehen müssen und dass es für die Projektierung oder die Prüfung eines Geschütz- oder Gewehrsystems notwendig ist, die Vorgänge im Rohr während des Schusses zu kennen, insbesondere für den Waffentechniker, welcher jene Grössen teils durch praktische, teils durch theoretische Erwägungen festsetzt.

Die *spezielle Aufgabe der inneren Ballistik* besteht danach in folgendem: Es soll in irgend einem bestimmten Fall der *im Seelenraum des Rohres herrschende Gasdruck, die Beschleunigung und Geschwindigkeit des Geschosses, endlich die Temperatur der Pulvergase je als Funktion der Zeit oder auch des Geschossweges im Rohr ermittelt werden.* An dieses Hauptproblem schliessen sich andere Probleme an; solche weitere Probleme beziehen sich auf die Erwärmung des Rohres, auf die Inanspruchnahme von Rohr und Laffette, auf die innerballistischen Messungsmethoden u. s. w.

Das eben geschilderte Hauptproblem der inneren Ballistik setzt diese in Beziehung zur *Thermochemie* und *Thermodynamik.* Das Ideal wäre, dass, wenn das Geschütz oder Gewehr, das Geschoss, das Gewicht der Pulverladung, sowie die chemischen und physikalischen Eigenschaften des Pulvers bekannt sind, lediglich auf theoretischem Wege der zeitliche Verlauf des Gasdruckes, der Bewegung des Geschosses durch das Rohr und der Gastemperatur ermittelt werden könnte. Von diesem Endziel ist, wie sich zeigen wird, die innere Ballistik infolge der grossen Kompliziertheit des Problems und wegen der Mängel in den empirischen Unterlagen noch so weit entfernt, dass gesagt werden kann, die innere Ballistik befinde sich zur Zeit noch mehr in den ersten Anfängen ihrer Entwicklung, als dies bei der äusseren Ballistik der Fall ist. Mittels der Thermochemie und Thermodynamik lässt sich das Problem bis jetzt nur unter derartig speziellen Voraussetzungen erledigen (vgl. Nr. **9**), dass die betreffenden theoretischen Lösungen für die Praxis im allgemeinen nicht verwendbar sind. Immerhin geben sie für manche Fälle und Zwecke erste Näherungswerte, in ähnlicher Weise wie die äusserballistischen Formeln für den luftleeren Raum z. B. für den indirekten und Bombenschuss mitunter in erster Annäherung verwendbar sind.

Dagegen liegen empirische Formeln und Tabellen vor, welche wenigstens in solchen Fällen, wo zu einem bestimmten Geschütz- und Geschosssystem einige der Messung nicht allzu schwer zugängliche Grössen, wie der Maximalgasdruck und die Mündungsgeschwindigkeit des Geschosses experimentell gegeben sind, das innerballistische Problem näherungsweise zu lösen gestatten. Diese Formeln und Tabellen, zusammen etwa mit den Festigkeitsformeln und den zur Pulveruntersuchung im konstanten Volumen dienenden Methoden und Formeln bilden gegenwärtig den wichtigsten Bestand der inneren Ballistik an praktisch brauchbaren Resultaten.

Im folgenden sind die nachstehend aufgeführten Bezeichnungen festgehalten. Es bedeute

ω (qcm) den Seelenquerschnitt.

J (cdm) den variablen Raum zwischen Geschossboden und Seelenboden; speziell J_0 den Verbrennungsraum, J_e den ganzen Seelenraum.

q (kg) das Gewicht der Pulverladung.

Q (kg) das Geschossgewicht.

x (m) den vom Geschossboden in der Zeit t innerhalb des Rohres zurückgelegten Weg, dieser Weg gerechnet von der Ruhelage des Geschosses im Rohre ab, die Zeit t von dem Augenblick ab, wo sich das Geschoss in Bewegung setzt; speziell x_ξ den Geschossweg bis zum Eintritt des Gasdruckmaximums, L den ganzen Geschossweg bis zur Mündung.

v, v_ξ, V (m/sec) die entsprechenden Werte für die Geschwindigkeit des Geschosses im Rohre.

p, p_ξ, P (Atm.) die entsprechenden Werte für den Gasdruck; p_m den mittleren Wert des Gasdruckes.

8. Thermochemische und thermodynamische Grundlagen.

Eine vorbereitende Aufgabe zur Lösung des innerballistischen Problems bildet die *Untersuchung der zu verwendenden Pulversorte auf ihre ballistischen Eigenschaften* (Wärmegehalt, Verbrennungsgeschwindigkeit, spezifisches Volumen, spezifischer Druck, Kovolumen etc.). Diese Eigenschaften treten in verschiedener Weise hervor, je nachdem die Verbrennung des Pulvers im konstanten Volumen der Versuchsbombe oder im Seelenraum des Geschützrohres beim Schuss stattfindet. Möglich ist bis jetzt nur geworden, das Verhalten einer Pulversorte *im konstanten Volumen* teils mit experimentellen, teils mit theoretischen Hülfsmitteln einigermassen befriedigend zu ermitteln. Doch bieten die hierbei gewonnenen Resultate für die *beim Schuss* stattfindenden Verhältnisse und damit für die Auswahl einer Pulversorte wenigstens *erste Anhaltspunkte.*

8a. Wärmegehalt und Arbeitsvermögen einer Pulversorte. Unter *reduziertem Wärmegehalt* W_r wird die Wärmemenge in kg-Kalorien verstanden, welche infolge der Umwandlung von 1 kg des betreffenden Pulvers entsteht, falls Arbeitsleistung ausgeschlossen ist. W_r wird am besten *experimentell* erhalten[123]). *Berechnet* kann W_r nach den Gesetzen der Thermochemie[124]) werden, falls der Explosivstoff in chemischer Hinsicht ein bestimmt definiertes Individuum darstellt (was keineswegs bei allen neueren Pulvern der Fall ist) und falls

123) Über die zugehörigen Apparate, kalorimetrische Bombe etc. vgl. besonders *Berthelot* 1, p. 221.

124) Vgl. *Berthelot* 1, p. 174—387 u. 2, p. 3—129. Durchgerechnetes Beispiel (Nitroglycerin) samt Angaben über die Genauigkeit der Berechnung durch Vergleichung mit der direkten Messung s. *Berthelot* 1, p. 32 u. 33. Ferner vgl. *W. Nernst,* Theoretische Chemie, 3. Aufl. Stuttgart 1900, p. 543 ff.; *E. Vallier,* Balistique des nouvelles poudres, Paris ohne Datum, Teil der Encyclopédie des Aide-Mémoire, p. 42 ff.

die Verbrennungsprodukte, welche bei der Explosion entstehen, genau bekannt sind. Der Wärmegehalt ist einfach der Überschuss der Bildungswärmen der Verbrennungsprodukte über die Bildungswärme des Pulvers, bezogen auf 1 kg des letzteren. Das rechnerische Verfahren ergiebt sich aus dem folgenden Beispiel für Nitroglycerin.

Für die Verbrennung bei konstantem Druck (z. B. an freier Luft) wird die Reaktionsgleichung in der Form angenommen:

$$2C_3H_5N_3O_9 = 6CO_2 + 5H_2O + 3N_2 + 0{,}5O_2.$$

Die Wärmetönungen von CO_2, H_2O (flüssig) und $C_3H_5N_3O_9$ sind bezw. 94 000, 69 000, 98 000. Das Molekulargewicht von $C_3H_5N_3O_9$ beträgt 227. Also werden bei der Explosion von $2 \cdot 227$ kg Nitroglycerin $6 \cdot 94\,000 + 5 \cdot 69\,000 - 2 \cdot 98\,000$ oder 713 000 Kal. frei. Somit ist zunächst

$$W_r = \tfrac{713\,000}{454} = 1570 \text{ Kal.}$$

Nun aber wird das Wasser während der Explosion dampfförmig; hierauf werden $5 \cdot 18 \cdot 540$ Kal. verwendet, woraus sich ergiebt

$$W_r = \tfrac{664\,000}{454} = \text{ca. } 1460 \text{ Kal.}$$

Falls die Reaktion bei konstantem Volumen (z. B. im geschlossenen Raum der kalorimetrischen Bombe) vor sich geht, so ist die betreffende Zahl um einen kleinen Betrag[125]) zu erhöhen, weil alsdann die gegen den Atmosphärendruck geleistete Arbeit in Wegfall kommt. (Bei dem vorliegenden Beispiel für Nitroglycerin werden aus 1460 Kal. 1480 resp. aus 1570 Kal. 1590.)

Zu beachten ist übrigens, dass die Art der chemischen Umsetzung, also die Zusammensetzung der chemischen Gleichung mit der Art und Weise, wie die chemische Reaktion eingeleitet wird (darüber s. weiter unten), und mit der Grösse des Verbrennungsraums, folglich mit dem Gasdruck variiert[126]); sowie, dass die Verbrennungsprodukte im Moment der Explosion (also bei der hohen Temperatur derselben) wegen etwa stattfindender Dissoziationen keineswegs immer dieselben zu sein brauchen, welche man nach dem Erkalten in der kalorimetrischen Bombe vorfindet. Aus all diesen Gründen und da die Wärmetönungen nicht durchaus sicher sind, kann die Berechnung von W_r manche Unsicherheiten mit sich bringen.

Die Ermittlung des Wärmegehalts dient zur Berechnung der Verbrennungstemperatur der Pulvergase (darüber vgl. Nr. 8b), sowie des Nutzeffekts, welchen ein Geschütz oder Gewehr, als thermodynamische

125) Vgl. darüber *Berthelot* 1, p. 32; *J. H. van 't Hoff*, Vorlesungen über theoretische und physikalische Chemie, 1. Heft, Chemische Dynamik, 2. Aufl. Braunschweig 1901, p. 241.

126) *E. Vallier*, Balistique des nouvelles poudres, Paris, p. 43.

Maschine betrachtet, beim Schuss ergiebt und wovon sogleich nachher die Rede sein soll.

Häufig wird der Wärmegehalt in mechanischem Maass gegeben und heisst dann *Arbeitsvermögen* oder *Arbeitspotential*; wird dieses mit A_r bezeichnet, so ist danach $A_r = W_r \cdot 427$ mkg. Natürlich verliert dieser Begriff des Wärmegehalts erheblich an Bedeutung, wenn versucht wird, denselben auf den Fall des Schusses anzuwenden, wo es sich um eine chemische Reaktion *mit* Arbeitsleistung, nämlich um die Pulververbrennung im Innern des Seelenraums zwischen Stossboden und Geschossboden, unter rasch wechselndem Druck und Volumen, handelt.

Trotzdem wird unter *Nutzeffekt* eines Geschütz- oder Gewehrsystems in der Ballistik kurzweg der Quotient aus der nützlich verwendeten Energie zu der gesamten in der Pulverladung q aufgespeicherten Energie $A_r \cdot q$ verstanden. Als *nützliche Energie* wird diejenige der Translationsbewegung des Geschosses für den Moment, wo das Geschoss die Mündung passiert, oder die sogenannte Mündungsarbeit $\frac{Q \cdot V^2}{2g}$ gerechnet.

Im ganzen findet sich in jenem Moment die in der Pulverladung enthaltene Energie als Summe der folgenden Arbeiten wieder:

a) Energie der Translationsbewegung des Geschosses an der Mündung oder sogenannte Mündungsarbeit;

b) Energie der Rotationsbewegung des Geschosses (bei den verschiedenen deutschen Geschützsystemen im Minimum 0,24, im Maximum 2,26 % von a)[127]); Energie der Bewegung der Pulvergase (zu

127) Vgl. *Heydenreich* 2, p. 9 und *v. Wuich*, Mitt. üb. Geg. d. Art.- u. Gen.-Wes. 1901, p. 67. Um hier (gleich mit für die folgenden Nummern des Textes) eine Reihe zusammengehöriger Zahlen für dasselbe Geschütz anzugeben, so war z. B. für die deutsche *schwere Feldkanone C. 73/88:* Rohrgewicht mit Verschluss 445 kg, Gewicht der leeren Lafette 525 kg, Kaliber 8,80 cm, Rohrlänge 2,100 m oder 23,9 Kal., Drall 3^{10} Grad (konstant), Dralllänge 4,40 m oder 50,0 Kal., Inhalt der Seelenhöhlung 12,17 l, Inhalt des Verbrennungsraumes 1,83 l, Ausdehnungsverhältnis (d. h. Seeleninhalt : Verbrennungsraum) 6,6, Ladung 0,64 kg Geschützblättchenpulver, Ladungsverhältnis (Geschossgewicht : Ladungsgewicht) 11,0, Ladedichte (Gewicht der Ladung in Kilogramm : Inhalt des Verbrennungsraumes in Litern) 0,35. *Geschoss* : schwere Feldgranate C. 82 mit Kupferringführung, Gewicht des fertigen Geschosses 7,04 kg (reduzierte Querschnittsbelastung 116 g/qcm), Länge des Geschosses mit Zünder 2,8 Kal., Weg des Geschossbodens im Rohr 18,6 Kal., Geschwindigkeit der Translationsbewegung des Geschosses an der Mündung 452 m/sec, zugehörige Energie 73200 mkg, Pulververwertung (= diese Energie : Ladung) 114 mt/kg, Nutzeffekt 32 %, höchster Gasdruck ca. 1350 Atm, mittlerer Gasdruck 719 Atm, also Druckverhältnis (mittlerer Gasdruck : Maximalgasdruck) 0,52, Tourenzahl des Geschosses

0,03 bis 0,33 % von a) angegeben, d. h. geschätzt); Energie der Rücklaufbewegung von Rohr und Lafette (im wesentlichen Translationsbewegung, ca. 0,7 bis 2 % von a); bekanntlich in neuerer Zeit gleichfalls teilweise nutzbar verwendet);

c) Überwindung des Luftwiderstandes im Rohre; Hebung des Geschosses entgegen der Schwere im Fall entsprechender Elevation des Rohres; Zusammendrückung des Geschosses beim Einpressen in die Züge, bezw. bei Geschützen Überwindung des Widerstandes, welchen das Führungsband dem ersten Einschneiden der Felder entgegensetzt; Arbeit der Reibung des Geschossmantels bezw. des Führungsbandes und Zentrierwulstes an der Seelenwandung; Erschütterungs- und Verbiegungsarbeit; Schallerregung; Wärmeabgabe an das Rohr und die Luft.

Ein Rest bleibt an der Mündung unausgenützt.

Berechnen lässt sich die Energie der Rotationsbewegung des Geschosses, wenn die Drallverhältnisse und die Mündungsgeschwindigkeit V bekannt sind; da dieser Betrag höchstens 2,3 % von der Mündungsarbeit ausmacht (die Mündungsgeschwindigkeit V ändert sich, wenn der Drallwinkel in ziemlich weiten Grenzen variiert wird, nur um wenige Meter), so wird gewöhnlich (bei der inneren Ballistik) die Translationsbewegung des Geschosses unabhängig von der Rotationsbewegung behandelt.

Auch die Rücklaufbewegung lässt eine angenäherte Berechnung zu; doch unterliegt diese Berechnung manchen Fehlern wegen der Reibung und wegen der Wirkung der aus der Mündung und zum Teil auch nach hinten austretenden Pulvergase; ausserdem ist es eine ziemlich willkürliche Annahme, wenn, wie dies meistens geschieht, bei der Berechnung vorausgesetzt wird, dass die eine Hälfte der Pulverladung mit dem Rohr nach rückwärts, die andere mit dem Geschoss nach vorwärts gehe.

Über die sonstigen Arbeitsgrössen ist wenig sicheres bekannt. Der Widerstand der Felder gegenüber dem Führungsmaterial wurde bei älteren in Frankreich ausgefürten Versuchen[128]) mit einer 7,5 cm-Kanone, in deren Bohrung die Geschosse eingepresst wurden, zu 28,3 kg (bei Bleiführung) bis 271,5 kg (bei Kupferführung) gemessen. Die Grösse der Reibung des Geschosses an der Seelenwandung ergab sich dagegen ziemlich klein.

Der Nutzeffekt bewegt sich bei Geschützen zwischen 17 und 35 %

an der Mündung 103 pro sec, ebenda Energie der Geschossdrehung 145 mkg, Energie des Rücklaufes 580 mkg.

128) Vgl. darüber *Kaiser*, p. 71.

und ist so gering, insbesondere weil die Rohrlänge durch praktische Erwägungen, Rücksichten auf Leichtigkeit, Beweglichkeit, Bedienung, Fahrbarkeit etc. des Geschützes bedingt ist, (V würde in den meisten Fällen noch wachsen, wenn die Rohrlänge vergrössert werden könnte).

Übrigens sei schon jetzt darauf hingewiesen, dass in der Geschütz- und Gewehrballistik der Nutzeffekt eine weit weniger wichtige Rolle spielt, als bei den Gaskraftmaschinen[129]), so zahlreich auch sonst die Analogien sind, welche zwischen der Theorie der Dampfmaschinen und Gasmotoren einerseits und der Theorie der Geschossbewegung in einem Geschütz oder Gewehr andererseits besteht. Das Ziel der Geschützkonstruktion besteht nicht darin, ein Maximum des Nutzeffekts oder auch der Pulververwertung (nützliche Geschossarbeit pro 1 kg Ladung) zu erreichen — man will nicht möglichst an Pulver sparen, da ja jedes Geschütz nur eine bestimmte, verhältnismässig kleine Anzahl von Schüssen (zum Teil 60—80) gestattet —, sondern man wünscht, wie schon kurz bemerkt wurde, bei möglichster Schonung des Rohrs eine möglichst grosse lebendige Kraft der Translationsbewegung des Geschosses, d. h. *bei möglichst geringem Maximalgasdruck* p_ξ *ein Maximum von* V. Zu diesem Zweck muss bei möglichst kleinem p_ξ der mittlere Gasdruck p_m möglichst gross sein; das sogenannte *Druckverhältnis* $\eta = p_m : p_\xi$ soll ein Maximum sein, wobei

$$p_m = \frac{QV^2}{2gL \cdot 1{,}0333\,\omega} \text{ Atm.}$$

129) Zur Vergleichung der beiderseitigen Effekte werden mitunter Berechnungen der folgenden Art angestellt:

a) Ein Geschoss von 917 kg Gewicht, aus einem 100 Tonnen-Geschütz mit einer Mündungsgeschwindigkeit von 523 m/sec verfeuert, besitzt eine Mündungsenergie von 12 772 000 mkg; diese Arbeit wird von den Pulvergasen in ca. 0,01 sec verrichtet, es würde somit auf 1 sec eine Arbeit von ca. 1300 Millionen mkg entfallen, was einer Leistungsfähigkeit von 17 Millionen effekt. Pferdestärken entspricht. Da jedoch das Rohr nach ca. 100 Schuss unbrauchbar wird, so hat es, als Gaskraftmaschine betrachtet, im ganzen nur eine Sekunde in dieser Weise gearbeitet. Diese 100 Schuss kosten ca. 300 000 ℳ, zu derselben Arbeit von 1300 Millionen mkg braucht eine 100pferdige Dampfmaschine 44 Stunden und bedarf hierfür 4400 kg Steinkohle im Werte von 70 ℳ, bleibt aber dabei erhalten.

b) Findet aus dem gleichen Geschütz ein längeres Schiessen statt und fällt jede Minute ein Schuss, so werden pro Sekunde ca. 213 000 mkg Arbeit *durchschnittlich* geleistet, entsprechend 2840 effekt. Pferdestärken. — Darüber vgl. Riv. d'art. e gen. 1900, vol. 1, p. 123 und *Wille*, p. 791.

Solche Berechnungen beweisen wenigstens das Eine, dass die Vergleichung eines Geschützes und einer Dampfmaschine hinsichtlich der mechanischen Leistungsfähigkeit in Anbetracht des Gegensatzes zwischen einer nahezu kontinuierlichen Arbeitsleistung und der Erteilung eines nahezu momentanen Impulses und wegen der Verschiedenheit der Zwecke wenig Nutzen bringt.

ist (die Bezeichnungen sind die in Nr. 7 definierten). Je grösser η, um so günstiger verwertet sich auch das Pulver, nämlich mit Rücksicht auf die Haltbarkeit des Rohrs.

8b. **Verbrennungstemperatur der Pulvergase.** Die Kenntnis der *Maximaltemperatur* der Pulvergase ist von Wichtigkeit nicht nur wegen des damit in Zusammenhang stehenden Maximalgasdruckes (vgl. Nr. 8d), sondern insbesondere wegen der Frage des Ausbrennens der Rohre (Schmelztemperatur des Stahles 1300° bis 1500° C.).

Bei der Verbrennung des Pulvers in *konstantem Volumen* wird diese Maximaltemperatur t' (oder absolut gemessen T') aus dem reduzierten Wärmegehalt W_r ermittelt; dabei ist zu berücksichtigen, dass die spezifische Wärme c_v der Pulvergase eine Funktion der Temperatur t derselben ist[130]); es sei c_v, wie man gewöhnlich annimmt, $= a + bt$, so ist, wenn die Anfangstemperatur Null angenommen wird,

$$W_r = \int_0^{t'} (a + bt) \cdot dt,$$

so dass man hat

$$t' = \frac{1}{b}\left(\sqrt{a^2 + 2bW_r} - a\right).$$

Eine Kontrolle für die Grössenordnung von t' liegt zwar darin, dass es möglich ist, die Verbrennungstemperatur auch aus Druckmessungen in geschlossenen Gefässen (vgl. Nr. 8d) zu berechnen. Da übrigens die Koeffizienten a und b wenig sicher bekannt sind und auch die Druckmessungen manchen Bedenken unterliegen, so sind die Zahlen für t' wenig zuverlässig, die Angaben schwanken zum Teil um mehrere hundert Grad. Bei neueren Pulvern bewegen sich die Werte der Verbrennungstemperatur zwischen 2000° und 4000° C.

Für die Maximaltemperatur der Pulvergase *beim Schuss* ist mit dem so ermittelten Werte t' natürlich nur eine obere Grenze gegeben. Eine direkte Messung der Temperatur der Pulvergase beim Schuss ist bis jetzt nicht durchgeführt; die Möglichkeit hierzu scheint angesichts der neueren Hülfsmittel nicht ausgeschlossen.

8c. **Spezifisches Volumen, spezifischer Druck, Kovolumen, Ladedichte.** Diese weiteren Grössen werden bei der Berechnung des Maximaldrucks benützt, der bei der Verbrennung eines Explosivstoffs im geschlossenen Volumen entsteht (vgl. 8d).

Das *spezifische Volumen* $\mathfrak{v}_0$ ist das Reziproke der Gasdichte, d. h. es ist das Volumen, welches die aus 1 kg des Pulvers sich entwickeln-

130) Vgl. hierüber *van t'Hoff*, Chemische Dynamik, Braunschweig 1901, p. 242, dort findet sich auch Litteratur über diesen Gegenstand.

den Gase bei 0° C. Temperatur und 760 mm Druck einnehmen würden (Wasser als Dampf gedacht). Auch diese Grösse wird am sichersten experimentell ermittelt. Soll die Bestimmung theoretisch erfolgen, so geschieht dies nach den bekannten Methoden der Stöchiometrie. Z. B. Nitroglycerin mit der (theoretischen) Zersetzungsgleichung:

$$2C_3H_5N_3O_9 = 6CO_2 + 5H_2O + 3N_2 + 0{,}5O_2$$

liefert pro 1 kg

$$[(6+5+3+0{,}5)\cdot 2000]:[2\cdot 227\cdot 0{,}0896] = 713\,\mathrm{l}$$

Gase bei 0° C. und 760 mm, also $\mathfrak{v}_0 = 713$ l pro 1 kg; bei Schwarzpulver ist $\mathfrak{v}_0 = 285$ l/kg. Da indess über die Zersetzungsgleichung Unsicherheit besteht, so ist auch $\mathfrak{v}_0$ unsicher.

Unter *Kraft* oder *spezifischem Druck des Sprengstoffes*[131]) oder der Pulversorte versteht man den Ausdruck $f = (p_0' \mathfrak{v}_0 T'):273$; p_0' der Atmosphärendruck. f ist der Druck, welchen die aus der Ladungseinheit entstandenen Gase bei der Verbrennungstemperatur erzeugen, wenn sie einen Raum gleich der Volumeneinheit einnehmen (vgl. Nr. 8d).

Das *Kovolumen* α ist ein Bruch (zwischen ca. 0,5 und 0,92), der angiebt, welcher Teil der Ladung auch nach vollendeter Verbrennung Rückstand bildet (und zwar Rückstand im weitesten Sinne, inclusive die Summe der Moleküle des Gases, da bei der Verdichtung eines Gasvolumens $\mathfrak{v}_0$ von 0° Temperatur und 760 mm Druck nur der Raum verkleinert wird, der bleibt, wenn man das Volumen der vorhandenen Moleküle, ca. $0{,}001\,\mathfrak{v}_0$, abzieht). Bei den Sprengstoffen, welche keine oder fast keine festen Rückstände liefern, ist sonach $\alpha = 0{,}001\,\mathfrak{v}_0$ (l/kg), z. B. 1 kg Nitroglycerin giebt, wie oben angegeben, 713 l Gase (von 0° und 760 mm Druck), also ist $\alpha =$ ca. 0,71. Dagegen bei Pulvern mit festen Rückständen ist α die Summe des aus 1 kg Ladung hervorgehenden Volums fester Rückstände und des Kovolumens der zu 1 kg Ladung gehörigen gasförmigen Verbrennungsprodukte; z. B. giebt 1 kg Schwarzpulver nach *Sarrau* 279 l Gase ($\mathfrak{v}_0 = 279$ l/kg); ferner liefert 1 kg Schwarzpulver 0,209 l festen Rückstand, somit ist $\alpha = 0{,}209 + 0{,}279 = 0{,}488$ l/kg.

Ladedichte[132]). Darunter findet man dreierlei verstanden, weshalb genau zu unterscheiden ist: entweder ist Ladedichte das Verhältnis des Raumes, den die noch nicht verbrannte Pulverladung allein

131) *E. Sarrau*, Recherches théoriques sur le chargement des bouches à feu, Paris 1882, p. 4; *Berthelot* 1, p. 61.

132) Hierüber vgl. *v. Wuich*, Mitt. üb. Geg. d. Art.- u. Gen.-Wes. 1888, p. 337 u. 381.

ohne Zwischenräume einnehmen würde, zu dem ganzen Verbrennungsraum J_0, oder zweitens das Verhältnis des Raumes, den die Pulverladung in Wirklichkeit mit den Zwischenräumen einnimmt, zu J_0, oder drittens das Verhältnis Δ der Ladung q in kg dividiert durch J_0 in l. —

Im folgenden verstehen wir, wie dies in Deutschland üblich ist, unter *Ladedichte* die Grösse

$$\Delta = \frac{\text{(Ladung in kg)}}{\text{(Verbrennungsraum in l)}}.$$

Der Wärmegehalt bezw. das Arbeitsvermögen, die Verbrennungstemperatur, das spezifische Volumen, der spezifische Druck und das Kovolumen werden als *„Pulverkonstanten"* bezeichnet, womit an dieser Stelle nicht gesagt werden soll, dass diese Grössen thatsächlich für denselben Explosivstoff konstant seien. Die folgende Tabelle giebt diese und einige andere Zahlenwerte für mehrere in Deutschland gebrauchte Explosivstoffe nach den Angaben des *deutschen Militärversuchsamts*[133]).

Pulverkonstanten
für die Verbrennung des Pulvers im konstanten Volumen.

	Spez. Volumen v_0 (Wasser als Dampf)	Verbrennungstemperatur t'	Wärmegehalt W_r (Wasser als Dampf)	Spezifischer Druck f	Kovolumen α	Konstanten der spezifischen Wärme $c_v = a + bt$		Spezifisch. Gewicht d. Pulverkorns s
	l pro 1 kg	Grad Cels.	Kal. pro 1 kg	Atm.	l pro 1 kg	a	b	
Schwarzpulver	ca. 285	ca. 2000	ca. 680	ca. 3250	ca. 0,49	—	—	1,65
Blättchenpulver	„ 920	„ 2400	„ 770	„ 7800	„ 0,92	0,22	0,000075	1,56
Würfelpulver	„ 840	„ 3300	„ 1190	„ 9100	„ 0,84	0,21	0,000085	1,63
Granatfüllung C. 88	„ 869	„ 2840	„ 800	„ 9900	„ 0,87	0,20	0,000057	1,74
Trockene Schiesswolle	„ 850	„ 3100	„ 1000	„ 8400	„ 0,85	0,20	0,000076	1,50
Nasse Schiesswolle (20 %)	„ 848	„ 2400	„ 690	„ 7600	„ 0,85	0,20	0,000071	—
Nitroglycerin	„ 713	„ 3870	„ 1480	„ 10800	„ 0,71	0,20	0,000094	1,60
Gelatinedynamit	„ 709	„ 4000	„ 1535	„ 11100	„ 0,71	0,19	0,000095	1,60

133) Vgl. *Heydenreich* 2, p. 7.

8d. **Gasdruck bei konstantem Volumen.** Wenn das Pulver in der Versuchsbombe verbrannt ist und der Gewichtsteil ε der Ladung Gase bildet (von der Explosionstemperatur T' absol.), so hat der Gasdruck seinen maximalen Wert erreicht; derselbe ist zufolge dem in Pulverkonstanten umgeschriebenen *Mariotte-Gay-Lussac*'schen Gesetze:

$$p_\xi = f \cdot \varepsilon \cdot \frac{\Delta}{1 - \alpha \Delta}.$$

Man nennt diese Gleichung die *Abel'sche Gleichung.*

Sie wurde von *Noble, Abel, Sarrau, Berthelot* und neuerdings von *W. Wolff*[134]) geprüft. Es hat sich gezeigt, dass sie den Gasdruck mit ziemlich befriedigender Genauigkeit wenigstens für die neueren festen und flüssigen Explosivstoffe angiebt und dass also die *van der Waals*sche Korrektion zu dem Gesetz von *Mariotte* und *Gay-Lussac* in diesem Falle nicht erforderlich ist.

Beispielsweise für *Pikrinsäure* $C_6H_2(NO_2)_3(OH)$ mit der (hypothetischen) Zersetzungsgleichung:

$$2C_6H_2(NO_2)_3(OH) = CO_2 + H_2O + 11CO + 2H_2 + 3N_2$$

ist

$$W_r = 468 \text{ Kal.}; \quad \mathfrak{v}_0 = 877 \text{ l}; \quad T' = 2700; \quad \alpha = 0{,}877;$$

damit für

$\Delta = 0{,}1, \quad p_\xi = 983$ (berechnet) kg/qcm, beobachtet (nach *Sarrau*) $= 927$

$\Delta = 0{,}5, \quad p_\xi = 7982$ „ „ „ $= 7662$

$\Delta = 0{,}9, \quad p_\xi = 38310$ „ „ „ —

Der *Rückstand* von Pulvern, für welche $\varepsilon < 1$ ist, befindet sich nach *Berthelot*[135]) wegen der hohen Temperaturen im Moment der Explosion in Gasform, dagegen nach *R. Bunsen* und *L. Schischkoff*, *Noble* und *Abel*[136]) im flüssigen Zustand.

8e. **Art und Geschwindigkeit der Verbrennung des Pulvers.** Die neueren Pulver brennen im geschlossenen Raum nach *konzentrischen Schichten* ab, so dass die Kornform gewahrt bleibt, Würfel bleibt

134) Vgl. darüber *Berthelot* 1, p. 53 ff.; *Sarrau*, Introduction à la théorie des explosives, Paris 1894 und Mémoir. des poudr. et salp. 7 (1894), p. 148; *Noble* u. *Abel*, Researches on explosives, London 1874; *W. Wolff*, Kriegstechn. Zeitschr. 6 (1903), p. 1. Die ältere Litteratur über den Gasdruck sehr vollständig bei *Callenberg*, Die Fundamentalwerke der inneren Ballistik, Berlin 1887.

135) *Berthelot* 1, p. 63.

136) Vgl. *R. Bunsen* u. *L. Schischkoff*, Ann. Phys. Chem. 102 (1857), p. 321; ferner *J. Link*, Ann. d. Chem. u. Pharmazie 109 (1859), p. 53; *Noble* u. *Abel*, Paris C. R. 79 (1874), p. 204; *Noble*, Heat action of explosifs, London 1883/84.

Würfel, Röhre bleibt Röhre. Dieses Gesetz, welches *Piobert* für Schwarzpulver aufstellen zu können glaubte, hat sich nach den neueren Untersuchungen von *P. Vieille*[137]) gerade für Schwarzpulver im allgemeinen nicht, sondern nur für den Fall bewährt, wo das Korn bei der Fabrikation derart gepresst worden war, dass das spezifische Gewicht $\gtreqless 1{,}85$ ist, während dasselbe für gewöhnlich kleiner ist. Dagegen gilt jenes Gesetz für die neueren Pulver. Der Beweis wurde erbracht durch Beobachtung erloschener Reste, und eine Bestätigung liegt darin, dass die Verbrennungsdauer des Korns proportional der Korndicke gefunden wurde.

Versuche mit neueren Pulvern, welche in *konstantem Volumen* mittelst elektrisch glühend gemachten Platindrahts zur Verbrennung gebracht wurden, haben folgendes ergeben:

Die Dauer τ der Verbrennung nimmt mit wachsender Dicke und Dichte des Korns zu und mit wachsender Ladedichte Δ ab. Eine gesetzmässige Beziehung wenigstens zwischen τ und Δ hat neuerdings *W. Wolff*[138]) auf Grund von Versuchen mit mehreren neueren Pulversorten und mit verschiedener Form und Grösse der Pulverkörner aufzustellen begonnen. [Über den der Messung zu Grunde gelegten Begriff der Verbrennungsdauer τ des Pulvers und die dabei gemachte Annahme vergleiche man die Abhandlung selbst, sowie Nr. **12**a.]

Einige der *Wolff*'schen Zahlen für parallelepipedisches Korn sind die folgenden:

Pulverform	Δ	τ gemessen
1,093 cm × 0,987 cm × 0,174 cm	0,098	0,0305 sec
	0,193	0,0178 „
0,663 cm × 0,587 cm × 0,049 cm	0,098	0,0075 „
	0,193	0,0039 „

Ist $2e$ die Dicke der abgebrannten Schichte des Korns, so heisst $\frac{de}{dt}$ die *Verbrennungsgeschwindigkeit* des Pulvers. Diese bestimmt die *Brisanz* oder *Schärfe* des Explosivstoffs: je rascher das Pulver verbrennt, um so brisanter heisst es. Die Brisanz desselben Explosivstoffs ist sehr verschieden je nach den Umständen, unter welchen die Verbrennung vor sich geht.

137) *P. Vieille*, Mémoir. des poudr. et salp. 6 (1893), p. 256.

138) Kriegstechn. Zeitschr. 6 (1903), p. 1. Über die befolgte *Vieille*'sche Methode vgl. insbes. auch *A. Brynk*, Innere Ballistik, Petersburg 1901, p. 140.

Dass die Verbrennungsgeschwindigkeit vom *Druck* p nicht unabhängig ist (wie *Piobert* behauptet hatte), sondern mit dem Druck wächst, wurde von zahlreichen Forschern erwiesen; meist wurde zur Darstellung dieser Beziehung die Funktionsform $\frac{de}{dt} = \frac{\varkappa}{s} \cdot p^\lambda$ gewählt, wo s das spezifische Gewicht des Korns ist und $\varkappa$ und λ Konstanten bedeuten. *St. Robert* und *Frankland* nahmen für Schwarzpulver $\lambda = \frac{2}{3}$, *Roux* und *Sarrau* $\lambda = 0{,}5$, *Rovel* $\lambda = 0{,}25$, *Castan* $\lambda = 0{,}6$, *Sébert, Hugoniot, Moisson, Mata, v. Wuich, Kaiser*[139]) $\lambda = 1$; *Vieille* fand, dass λ von der Pulversorte abhänge, und *W. Wolff* schloss aus seinen Versuchen, dass $\frac{de}{dt}$ noch explicit von Δ abhängen müsse, $\frac{de}{dt} = f(p, \Delta)$.

Im *Fall des Schusses* die Verbrennungsgeschwindigkeit zu messen, war bis jetzt nicht möglich; insbesondere lässt sich die wichtige Frage, in welchem Moment die Pulverladung im Rohr ganz verbrannt ist, zur Zeit nicht experimentell beantworten. Um bei diesem Stand der Dinge doch einen einigermassen brauchbaren, quantitativen Ausdruck für die Verbrennungsgeschwindigkeit des Pulvers zu erhalten, hat man zu verschiedenen Mitteln seine Zuflucht genommen (vgl. auch Nr. **10**a, Formeln von *Sarrau*). In der deutschen Artillerie benützt man[140]) das schon erwähnte Druckverhältnis η oder $p_m : p_\xi$ als Brisanzmodul, und zwar aus folgendem Grunde. Mutmasslich ist ein frühzeitiges Eintreten des Maximaldruckes ein Anzeichen für ein rasches Abbrennen des Pulvers. Da sich nun zeigt, dass je früher unter sonst gleichen Umständen das Maximum des Gasdruckes eintritt, um so grösser auch dieser Maximalbetrag p_ξ im Vergleich mit dem mittleren Gasdruck p_m ist, so schliesst man, dass die Verbrennungsgeschwindigkeit mit $\frac{1}{\eta}$ zu- und abnehme und nennt ein Pulver *scharf*, wenn $\eta < 0{,}45$ (für Steilfeuergeschütze verwendet, kleine Ladungen), bei $\eta = 0{,}45$ bis $0{,}60$ *mittel*, bei $\eta > 0{,}60$ *mild* (für Flachbahngeschütze verwendet). Als Stoff ist am schärfsten Schwarzpulver (η höchstens 0,41), dann folgt das rauchschwache nitroglycerinhaltige Pulver (Würfelpulver, η ca. 0,52), dann das reine Schiesswollpulver (Blättchenpulver, η ca. 0,65).

Sieht man diese Schlüsse als allgemein gültig an, so ergiebt sich zufolge den deutschen Versuchen für den Fall des Schusses folgendes: Alle Umstände, welche den Druck vermehren, unter welchem das Pulver abbrennt, vergrössern auch die Verbrennungsgeschwindigkeit; u. a. wächst diese letztere mit der Ladedichte, mit der Vergrösse-

139) Darüber vgl. *v. Wuich,* Mitt. üb. Geg. d. Art.- u. Gen.-Wes. 1888, p. 337 u. 381; 1894, p. 589; 1897, p. 87.

140) Vgl. *Heydenreich* 2, p. 11 u. 18.

rung des Geschossgewichtes und des Widerstandes, welchen das Geschoss beim Einpressen der Führungsteile in die Züge erleidet. Ferner hängt die Verbrennungsgeschwindigkeit ab von der Form der Pulverkörner (sie wächst bei gleichem Korngewicht mit der Oberfläche) und von der Zusammensetzung des Pulvers (am langsamsten brennt das Blättchenpulver, dann folgt das Würfelpulver, am raschesten brennt das Schwarzpulver ab). Im übrigen hängt die Art der Pulververbrennung von der Art der Entzündung (durch das Knallquecksilber der Zündhütchen, durch Schwarzpulver, welches der eigentlichen Ladung zum Zweck kräftigerer Zündung beigegeben wird, durch elektrische Zündung etc.), ferner, wie es scheint, von vorhergehender Erwärmung des Pulvers und von dem Grad seiner Austrocknung ab. Beispielsweise kann durch sehr kräftige Zündung bewirkt werden, dass statt einer ruhigen Verbrennung, welche mit einer Geschwindigkeit von Bruchteilen eines Meters pro Sekunde vor sich geht, *Detonation* oder Verpuffung erfolgt, deren Geschwindigkeit nach Kilometern geschätzt wird.

In welcher Weise die Pulverkörner nacheinander von der Entzündung ergriffen werden, ob es angezeigt ist, zwischen Verbrennungsgeschwindigkeit des Korns und Fortpflanzungsgeschwindigkeit der Explosion von einem Korn zum andern zu unterscheiden, ist für den Fall des Schusses noch nicht genügend sichergestellt [141]).

9. Theoretische Behandlung des dynamischen Problems.

9a. Fall der Detonation. Obwohl dieser Fall für die gewöhnliche Schiesspraxis von geringer Bedeutung ist, beginnen wir mit der Besprechung desselben, weil man geneigt ist, anzunehmen, dass die aus diesen besonderen Verhältnissen sich ergebenden Folgerungen zum Teil auch für solche Fälle eine gewisse Gültigkeit behalten, wo, wie beim gewöhnlichen Schuss, das Pulver vor Beginn der Geschossbewegung noch nicht völlig vergast ist.

Wir verfolgen also nun die Bewegung des Geschosses durch das Rohr unter folgenden ganz speziellen Voraussetzungen: Wir nehmen an, dass als Treibmittel ein Stoff gewählt sei, welcher *von vornherein gasförmig* sei oder aber ein solcher Stoff, welcher zwar ursprünglich

141) Die von *Berthelot*, *Vieille*, *Mallard* und *Le Chatelier* entwickelte Theorie der *Explosionswellen* gründet sich nur auf Versuche mit konstantem Volumen. Über diese Theorie vgl. *Berthelot* 1, p. 133; *van t'Hoff*, Chemische Dynamik, Braunschweig 1901, p. 246, dort auch Litteratur. Über eine neuere Verwendung dieser Theorie zu einer theoretischen Lösung des innerballistischen Problems vgl. *A. Indra*, Die wahre Gestalt der Spannungskurve, Wien 1901.

fest oder flüssig war, aber schon vollständig vergast sei, ehe das Geschoss sich von seiner Stelle bewegte. Ausserdem *setzen wir voraus*, dass die Bewegung so rasch erfolge, dass die Zustandsänderung als eine *adiabatische* aufgefasst werden darf.

In diesem Fall leisten die Gase Arbeit und kühlen sich dabei ab. Beim Beginn der Geschossbewegung ist der Gasdruck der maximale [nämlich nach Nr. 8d $p_\xi = (fq):(J_0 - \alpha q)$ falls $\varepsilon = 1$ ist], J_0 der anfängliche Verbrennungsraum, q Ladung. Nach t Sekunden vom Beginn der Geschossbewegung an gerechnet sei hinter dem Geschoss der Raum $J - \alpha q$, während beim Beginn $J_0 - \alpha q$, so ist, wie sich aus dem *Poisson*'schen Gesetz ergiebt, nach t Sekunden der *Gasdruck*

$$p = p_\xi \cdot \left(\frac{J_0 - \alpha q}{J - \alpha q}\right)^{\varkappa} = fq \frac{(J_0 - \alpha q)^{\varkappa - 1}}{(J - \alpha q)^{\varkappa}},$$

wo $\varkappa$ theoretisch $= c_p : c_v = 1{,}41$.[142]) Speziell an der Mündung, wo J_e das ganze Seelenvolumen, ist der Enddruck

$$p_e = fq \frac{(J_0 - \alpha q)^{\varkappa - 1}}{(J_e - \alpha q)^{\varkappa}},$$

was auch durch die Ladedichte Δ und das sogenannte Ausdehnungsverhältnis $J_e : J_0 = \zeta$ des Rohrs ausgedrückt werden kann.

Die *Mündungstemperatur* T_e ergiebt sich aus

$$T_e = T' \cdot \left(\frac{J_0 - \alpha q}{J_e - \alpha q}\right)^{\varkappa - 1},$$

eine Beziehung, welche noch etwas verschärft werden kann, indem bei der Ableitung derselben die Veränderlichkeit von c_v mit der Temperatur berücksichtigt wird. (Bezüglich der Abkühlung durch die Ausdehnung giebt *Heydenreich* an, beobachtet zu haben, dass nach längerem Schiessen heiss gewordene Rohre sich unmittelbar nach einem Schuss innen kühler anfühlen als aussen; zum Teil sei sie so bedeutend, dass etwaige, nicht völlig verbrannte Pulverkörner auslöschen[143]).)

142) Nach Versuchen von *Krupp* mit successiv abgeschnittenen Rohren soll $\varkappa = 1{,}1$ besser sein. Darüber und über praktische Verwendung dieser Ausdrücke s. Mitt. üb. Geg. d. Art.- u. Gen.-Wes. 1883, Heft 5 u. 6, Notizen p. 65 (Formeln der *Krupp*'schen Gussstahlfabrik). Neuere, genauere Ermittlungen von $\varkappa$ s. bei *Heydenreich* 2, p. 13; darnach wird bei sehr rascher Verbrennung des Pulvers nahezu die theoretische Grösse $\varkappa = 1{,}41$ erreicht.

143) Vgl. *Heydenreich* 2, p. 14; über Berechnung der Mündungstemperatur unter Berücksichtigung von möglichst vielen Nebenumständen s. *P. de St. Robert*, Principes de thermodynamique, Turin 1870, p. 261.

Die von den Gasen *geleistete Arbeit* ist

$$\frac{fq}{\varkappa-1}\left\{1-\left(\frac{J_0-\alpha q}{J_e-\alpha q}\right)^{\varkappa-1}\right\}.$$

Um die Geschossgeschwindigkeit zu bekommen, denken wir uns den Verbrennungsraum als Cylinder von überall gleichem (Seelen)-Querschnitt ω. Es sei dann $J_0 - \alpha q = \omega l$, $J - \alpha q = \omega(l+x)$; auf das Geschoss werde $1/n$ der Arbeit der Gase übertragen, so ist, da (cf. oben) die Energie der Translationsbewegung bei weitem überwiegt, die *Geschossgeschwindigkeit* v gegeben durch:

$$n\cdot\frac{Q}{2g}v^2 = p_\xi\cdot\frac{J_0-\alpha q}{\varkappa-1}\left[1-\left(\frac{J_0-\alpha q}{J-\alpha q}\right)^{\varkappa-1}\right]=\frac{1}{\varkappa-1}p_\xi\omega l\left[1-\left(\frac{l}{l+x}\right)^{\varkappa-1}\right],$$

und der Gasdruck durch $p = p_\xi[l:(l+x)]^\varkappa$.

Noble und *Abel* behaupten (für Schwarzpulver), dass die Wärme des Rückstands, der sich nach und nach bildet, hinreiche, um die durch Arbeitsleistung aufgezehrte Wärme zu ersetzen, so dass das *isothermische Gesetz* ($\varkappa = 1$) verwendet werden könne[144]). Dann ist *Geschwindigkeit* v und *Gasdruck* p gegeben durch

$$\frac{nv^2Q}{2g} = p_\xi\omega l\log\left(\frac{l+x}{l}\right);$$

$$p = \frac{p_\xi l}{l+x}.$$

Für die neueren Pulver scheint diese Annahme jedenfalls nicht zulässig.

Thatsächlich trifft die zweite der obigen Voraussetzungen, dass nämlich die Zustandsänderung *adiabatisch* erfolge, niemals genau zu. Vielmehr erwärmen sich bekanntlich die Rohre schon nach wenigen Schüssen ganz bedeutend, so dass zum Teil künstliche Kühlung erforderlich ist. Für die *Lauferwärmung*[145]) giebt *J. A. Longridge* (nach *Sarrau*) einen Ausdruck, der aber, weil die Verbrennungszeit des Pulvers (siehe oben) enthaltend, sehr hypothetischer Natur ist. *A. Indra* glaubt aus theoretischen Betrachtungen folgern zu müssen, dass der geringste Teil der Laufwärme durch Mitteilung der Verbrennungswärme der Pulvergase herrührt, der grösste Teil in Wärme umgesetzte Vibrationsarbeit der Gase sei; *J. Tobell* findet umgekehrt, dass der

144) Hierüber vgl. *v. Wuich,* Mitt. üb. Geg. d. Art.- u. Gen.-Wes. 1894, p. 589.

145) Bezüglich der Berechnungen von *E. Sarrau* hierüber vgl. *Longridge,* p. 42; *St. Robert,* Principes de thermodynamique, Turin 1870, p. 251 behandelt besonders eingehend die Kanone als thermodynamische Maschine; *Indra,* Neue ballistische Theorieen, analytische Theorieen der Wärmeleitung in Geschützrohren, Pola 1893, und *Indra,* Wien. Ber. 105 (1896), p. 823 (Messung der Temperatur einer *veränderlichen* Wärmequelle); *J. Tobell,* Mitt. üb. Geg. d. Art.- u. Gen.-Wes. 1888, p. 551 u. 1890, p. 401.

Flammenwirkung, also der Mitteilung von Wärme seitens der Verbrennungsprodukte der grösste Anteil zukomme, der Reibung zwischen Geschoss und Lauf ein kleinerer und dass die übrigen Wärmequellen kaum 1% der ganzen in den Lauf übergehenden Wärme erzeugen. *B. Th. Rumford* und *St. Robert* erwähnen, dass ein Lauf sich bei blinder Ladung mehr erwärme, als bei scharfer, am meisten aber, wenn bei scharfer Ladung zwischen Ladung und Geschoss sich ein grösserer Hohlraum befinde; (dies scheint sich aus der Abhängigkeit der Verbrennungszeit des Pulvers von der Ladedichte einfach zu erklären). An abschliessenden Versuchen über die Lauferwärmung fehlt es; *A. Indra* hat solche Versuche mit besonders konstruierten Quecksilberthermometern begonnen. Die Beiziehung elektrischer Methoden scheint am meisten Aussicht auf Erfolg zu bieten.

9b. **Fall der allmählichen Verbrennung des Pulvers.** Dieser gewöhnliche Fall lässt sich überhaupt nur mathematisch in Ansatz bringen, wenn wir ein Verbrennungsgesetz postulieren. Dieses Gesetz ist selbstverständlich durchaus hypothetisch. Aber selbst wenn wir dasselbe annehmen, so hat die theoretische Behandlung des dynamischen Problems ihre grossen Schwierigkeiten, so dass man spezielle Annahmen einführen muss; man darf also nicht hoffen, auf diesem Wege *allgemeine* Resultate zu erreichen. Dies soll im folgenden kurz gezeigt werden. Wir setzen dabei zunächst, wie bereits oben, *adiabatische* Zustandsänderung voraus.

Nach t Sekunden, vom Beginn der Geschossbewegung ab gerechnet, sei $p\omega$ der Gasdruck im Seelenquerschnitt ω; bedeutet R den Gesamtwiderstand im Rohr, so ist die Bewegungsgleichung des Geschosses bezüglich des ruhend gedachten Rohrs, indem wir die Weglänge x als unabhängige Variable wählen:

$$\text{(a)} \qquad \frac{Q}{g} \cdot v \cdot \frac{dv}{dx} = p\,\omega - R.$$

Von der Pulverladung q kg seien bis dahin i kg verbrannt, also $q - i$ unverbrannt; das variable Volumen J zwischen Geschossboden und Seelenboden ist also um das Volumen $\frac{q-i}{s}$ des unverbrannten Pulvers (vom spezifischen Gewicht s) und um das Kovolumen αi des verbrannten Pulvers verkleinert; der Gasdruck ist somit nach dem *Poisson*'schen Gesetz

$$\text{(b)} \qquad p = f \cdot i \cdot \frac{\left(J_0 - \frac{q-i}{s} - \alpha i\right)^{k-1}}{\left(J - \frac{q-i}{s} - \alpha i\right)^{k}},$$

wobei J leicht in Funktion von x ausgedrückt werden kann.

Die Pulverkörner seien von parallelepipedischer Form, die Kantenlängen a, b, c, wobei $a > b > c$, also c die Korndicke ist. Bis zur Zeit t seien alle Kanten um $2e$ kleiner geworden, so dass das Volumen des verbrannten Teils des Pulverkorns $abc - (a - 2e)(b - 2e)(c - 2e)$ beträgt; folglich ist i eine Funktion von e, die wir in der Form annehmen:

$$\text{(c)} \qquad i = \mu_1 e + \mu_2 e^2 + \mu_3 e^3,$$

wobei μ_1, μ_2, μ_3 von der Kornform und von der Masse der Ladung abhängen.

Die Verbrennungsgeschwindigkeit $\frac{de}{dt}$ sei *angenommen* in der Form

$$\text{(d)} \qquad \frac{de}{dt} = \frac{k}{s} \cdot p^{\lambda},$$

wo s, k und λ als bekannt gelten.

Denkt man sich (d) in (c), (c) in (b), (b) in (a) eingesetzt, so besteht die nächste Aufgabe darin, v in x auszudrücken. Dieses Problem müsste in zwei Teilen behandelt werden, entsprechend zwei von einander verschiedenen Perioden: Die erste Periode ist zu Ende, wenn das Korn ganz verbrannt ist, d. h. wenn $2e = c$ geworden ist; von da ab beginnt die Berechnung nach Nr. 9a für reine Gasausdehnung ohne weiteren Zugang von Pulvergasen zu den vorhandenen.

Sogar wenn die mathematischen Schwierigkeiten, welche sich der Erzielung einer allgemeinen Lösung dieses Gleichungssystems entgegenstellen, überwunden würden, so wäre damit doch kein genaues Resultat erreicht, da das Verbrennungsgesetz (d) in Wirklichkeit nicht zutrifft (vgl. 8e), ferner der Widerstand R und die Verbrennungstemperatur T' nicht konstant, auch die Dichte der Pulvergase sicherlich nicht im ganzen Seelenraum dieselbe ist und da von einer adiabatischen Zustandsänderung nicht die Rede sein kann, sondern Wärme in das Rohr übergeht.

Um zunächst nur die mathematischen Schwierigkeiten zu überwinden, hat man es mit Vernachlässigungen versucht, deren Resultate aber sehr zweifelhaft bleiben. *F. Krupp*[146]) zerlegte die Bewegung in zwei Perioden, deren eine bis zum Eintreten des Druckmaximums, deren zweite von da bis zum Austritt des Geschosses aus der Mündung reicht; dabei machte er die willkürliche Annahme, dass alles Pulver verbrannt sei, wenn der Gasdruck seinen grössten Wert annimmt. *Kaiser*[146]) wählt das Verbrennungsgesetz $\frac{de}{dt} = k \cdot p$, also $\lambda = 1$, und ver-

146) Vgl. *v. Wuich*, Mitt. üb. Geg. d. Art.- u. Gen.-Wes. 1894, p. 589; *Kaiser*, p. 69ff.

nachlässigt $\frac{q-i}{s} - \alpha i$ gegen J, bezw. J_0, sieht sich aber schliesslich doch genötigt, einen Weg zu gehen, den schon früher *E. Sarrau*[147]) eingeschlagen hatte, nämlich empirische Daten beizuziehen. *Sarrau* geht von der adiabatischen Zustandsänderung für ein unendlich langes Rohr aus und gelangt mit mehrfachen Vernachlässigungen zu einer Differentialgleichung 2. Ordnung und 2. Grades; diese wird mit Reihenentwicklungen und mit erneuten Vernachlässigungen integriert, und daraus, vor allem aber aus den Resultaten grösserer in Frankreich angestellter Versuchsreihen (Kommission von *Gâvre*) wird sodann ein Lösungssystem gebildet, wovon die in Nr. **10** a zu besprechenden Formeln für die Geschossgeschwindigkeit und den Gasdruck das Wichtigste darstellen.

10. Praktische Lösung des dynamischen Problems.

Wir kommen dazu, die aus praktischen Versuchen abgeleiteten Formeln zu besprechen. Die Vergleichung der von verschiedenen Seiten angegebenen Näherungsformeln ist allerdings dadurch unmöglich, dass Zusammensetzung und Fabrikationsweise der Pulversorten meist verschieden und selten genügend bekannt ist, und dass für den Widerstand, welchen das Geschoss beim Einpressen in den gezogenen Teil des Rohrs findet und mit welchem sich v und p ganz erheblich ändern, noch kein eigentliches Gesetz vorliegt.

10 a. **Die Formeln von E. Sarrau.** Dieselben geben wir hier wieder, da sie in vielen Fällen gut zu stimmen scheinen. Es bedeute Q, q, L, Δ, J_0, ω, V dasselbe wie bisher, d das Kaliber, p_ξ den Maximalgasdruck auf den Geschossboden, p_ξ' denjenigen auf den Seelenboden, (beide etwas verschieden, insbesondere wegen der Bewegung der Pulverladung), A, B, C, D, E gewisse Konstanten der betreffenden Pulversorte, wofür *Sarrau* Tabellen (bezüglich der französischen Pulversorten) giebt.

Dann ist die *Mündungsgeschwindigkeit* V des Geschosses entweder gegeben durch

$$\text{(a)} \qquad V = A \cdot \frac{(q \cdot L)^{\frac{3}{8}} \cdot \Delta^{\frac{1}{4}}}{(Q \cdot d)^{\frac{1}{4}}} \cdot \left(1 - \frac{B \cdot \sqrt{QL}}{d}\right),$$

oder aber durch

$$\text{(b)} \qquad V = C \, \frac{q^{\frac{3}{8}} \cdot \Delta^{\frac{1}{4}} \cdot L^{\frac{3}{16}} \cdot d^{\frac{1}{8}}}{Q^{\frac{7}{16}}} \, .$$

147) Vgl. *E. Sarrau*, Recherches théoriques sur le chargement des bouches à feu, Paris 1882, p. 43 u. 46. Über die Ableitung der Formeln vgl. *A. Gaudin*, Rev. art. 17 (1880), p. 224 und *Longridge* a. a. O. Bezüglich der Folgerungen daraus s. bes. *A. Brynk*, Innere Ballistik, Petersburg 1901.

Die Formel (a) wird benutzt für milde Pulver. Ein solches liegt dann vor, wenn der Zahlenwert des Ausdrucks $\frac{B\sqrt{QL}}{d} < 0{,}273$ wird. Andernfalls liegt ein brisant wirkendes Pulver vor und wird die Formel (b) benutzt.

Der *höchste Gasdruck auf den Geschossboden* ist

$$(c)\qquad p_\xi = D \cdot \frac{\Delta \cdot (Q \cdot q)^{\frac{1}{2}}}{d^2} = D \cdot \frac{q^{1,5} \cdot Q^{\frac{1}{2}}}{J_0 \cdot d^2},$$

der *Maximalgasdruck auf den Seelenboden* wird erhalten durch

$$(d)\qquad p_\xi' = E \cdot \frac{\Delta \cdot q^{\frac{3}{4}} \cdot Q^{\frac{1}{4}}}{d^2}.$$

Diese Formeln eignen sich besonders, wenn untersucht werden soll, welchen Einfluss die Änderung einer der Grössen Δ, q, Q, d, L auf den Betrag von V, p_ξ, p_ξ' ausübt. (Für die Verwendung der *Sarrau*'schen Tabellen sei darauf aufmerksam gemacht, dass denselben die Einheiten dm, qdm, cbdm, kg, sec zu Grunde liegen.)

Andere empirische Näherungsformeln[148]) von ähnlicher Tendenz und zum Teil auch von ähnlicher Form, meist aus den artilleristischen Erfahrungen in den betreffenden Ländern gewonnen, existieren von *Ingalls*, *Hélie*, *Mata*, *Kaiser*, *Glennon*; sie gelten zunächst nur für Geschütze.

10 b. Neuere Experimente und Diagramme. Neuere Klassen von Experimenten, vermutlich von *N. Mayevski*, *A. Noble* und *F. Abel* begonnen, geben direkt oder indirekt die Diagramme für die Geschossgeschwindigkeiten und Gasdrücke bei der Bewegung des Geschosses durch das Rohr und bieten damit für eine praktische Lösung der hiermit betrachteten Fälle eine neue Grundlage.

Noble und *Abel* benutzten den *Noble*'schen Chronograph (vgl. **12** b), um die vom Geschoss im Rohr zurückgelegten Wege x in Funktion der Zeit t zu erhalten; mittelst der successiven Differenzen wurden daraus die Geschossgeschwindigkeiten $\frac{dx}{dt}$ oder v, sowie die Beschleunigungen $\frac{dv}{dt}$ und damit die Gasdrücke je in Funktion von t oder auch von x gewonnen.

Sébert und *Hugoniot* operierten mit dem *Sébert*'schen Rücklaufmesser (vgl. **12** d); hierbei werden zunächst die vom Rohr nach rückwärts zurückgelegten Wege in Funktion der Zeit t gemessen und

148) Über die älteren Formeln vgl. *C. Parodi*, Riv. d'art. e gen. 1887, vol. 4, p. 386 und *Vallier*, p. 191.

daraus die Geschosswege, -Geschwindigkeiten und -Beschleunigungen und die Gasdrücke berechnet.

Einige Ballistiker bestimmten die Geschossgeschwindigkeiten v in Funktion von x dadurch, dass sie das Rohr nach und nach verkürzten und je die Mündungsgeschwindigkeit massen; in diesem Fall werden die Gasdrücke durch eine Differentiation, die Geschosswege durch eine Integration erhalten. Übrigens hat die Art und Weise, wie hierbei die sog. Mündungsgeschwindigkeit thatsächlich gemessen wurde, nämlich auf einer Strecke von 50 bis 100 Metern nach der Mündung, zu mancherlei Fehlern (vgl. 6) und infolgedessen zu Irrtümern geführt.

Die nach irgend einer dieser Methoden erhaltenen Diagramme für die Geschossgeschwindigkeiten v und die Gasdrücke p im Rohr zeigen alle denselben Charakter; die Kurve der v steigt (bis zur Mündung hin) fortwährend an, anfangs rascher, später weniger rasch. Die Kurve der Gasdrücke p erhebt sich schnell bis zu einem Maximum von p, um von da ab zu sinken, dieser zweite Teil besitzt einen Wendepunkt. Über den ersten Teil des Druckdiagramms, nämlich zwischen Anfang und Maximum, herrscht noch einige Unsicherheit. Einige Autoren behaupten, dass auch dieser Teil einen Wendepunkt aufweise, andere bestreiten dies. Jedenfalls aber kann die Gasdruckkurve nicht mit $p = 0$ beginnen, da zu Beginn der Geschossbewegung ein gewisser Gasdruck schon geherrscht haben muss.

Derartige Diagramme, für ältere und neuere Pulver, findet man in grösserer Anzahl in den diesbezüglichen Schriften von *Noble, Abel, Sebert, Hugoniot, Sabudski,* sowie in dem „Textbook of gunnery", London 1902.

Als Beispiel sei in den umstehenden beiden Zeichnungen[148a]) ein Doppeldiagramm gegeben, welches auf Grund von Versuchen der *deutschen Artillerieprüfungs-Kommission* nach dem *Sebert*'schen Verfahren erhalten worden ist. Die Versuche beziehen sich auf den deutschen 15 cm Mörser mit der Granate C. 88 und 0,6 kg Ladung rauchschwachen Pulvers, und zwar die Kurven 1 auf feineres Würfelpulver von der Kantenlänge $^3/_4$ mm, die Kurven 2 auf gröberes, also langsamer verbrennendes Würfelpulver mit Kantenlänge 2 mm. Bei Verwendung des feineren Pulvers beträgt der Maximalgasdruck p_ξ 1620 Atm., der Mündungsgasdruck P 160 Atm., der mittlere Gasdruck p_m 500 Atm., der höchste Gasdruck wird nach $t_\xi = 0{,}0014$ sec. erreicht, nachdem das Geschoss den Weg $x_\xi = 40$ mm im Rohr zurückgelegt hat, das Druckverhältnis η ist 0,31. Dagegen mit dem gröberen Pulver ist

148a) Entnommen aus *Heydenreich* 2, p. 24.

$p_\xi = 910$, $P = 185$, $p_m = 430$ Atm., $t_\xi = 0{,}0030$ sec., $x_\xi = 100$ mm, $\eta = 0{,}47$. Die noch weiter, wenigstens in ihrem Anfang gegebene Kurve 3 (gestrichelt) bezieht sich auf den Fall der Detonation, also auf die Annahme, dass alles Pulver verbrannt ist, ehe das Geschoss seine Bewegung beginnt, dann wäre zu Beginn der Bewegung der Maximalgasdruck ca. 1980 Atm. vorhanden, von da ab würde der Druck rasch sinken (vgl. 9a).

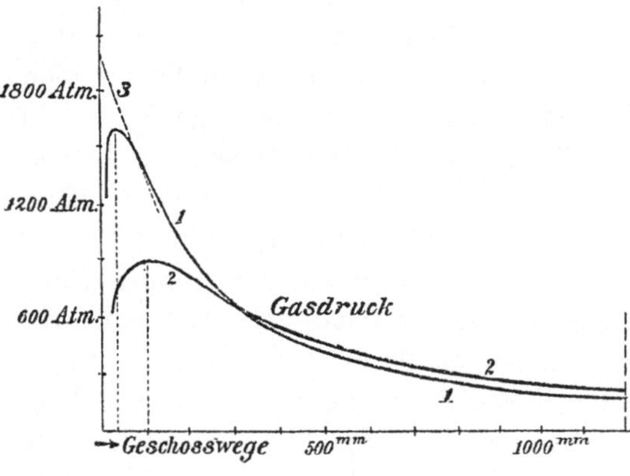

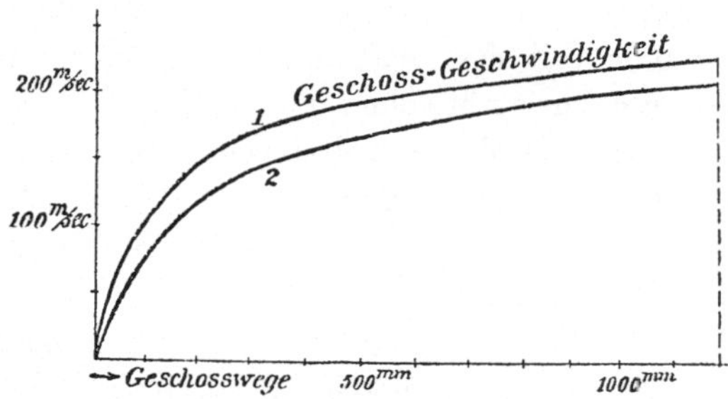

Bei Benutzung des gröberen Pulvers tritt somit das Druckmaximum später auf, der Betrag dieses Maximums wird zugleich erniedrigt, der Mündungsgasdruck erhöht, kurz die Druckkurve verläuft flacher, oder das Druckverhältnis wird grösser als bei dem feineren Pulver. Daraus wird, wie schon kurz erwähnt, geschlossen, dass das gröbere Pulver langsamer abbrennt, (wenn auch gesagt werden muss, dass über den Zeitpunkt, *wann* die Verbrennung beim Schuss beendigt ist, trotz der zahlreichen hierüber aufgestellten Hypothesen und Behauptungen, in Wahrheit *nichts Genaues bekannt* ist). Als ein vorläufiges Mittel zur Charakteristik der Verbrennungsweise einer Pulversorte, bis nämlich genauere Gesetzmässigkeiten bekannt geworden sind, eignet sich aus den angeführten Gründen eben die Beobachtung des mehr oder weniger flachen Verlaufs der Gasdruckkurve; je flacher die Kurve oder, was dasselbe ist, je grösser das Verhältnis η zwischen mittlerem und höchstem Gasdruck ist, um so langsamer verbrennt das Pulver, um so weniger *brisant* äussert sich dasselbe in dem betreffenden Geschütz.

Völlig ähnlichen Charakter wie die mitgeteilten Kurven zeigen die schon aus den Jahren 1869/71 stammenden, mit Schwarzpulver erhaltenen Diagramme von *Noble* und *Abel*, und ähnlich verlaufen auch diejenigen Kurven für p, welche die Zeit t statt des Geschosswegs x zur Abscisse haben.

Die von *Mayevski*, *Noble* und *Abel* geschaffene neue Grundlage wurde zuerst von *N. Sabudski* [149]) und weiterhin von *E. Vallier* in erfolgreicher Weise zur interpolatorischen Darstellung der Vorgänge im Rohr benutzt. Mit Rücksicht auf die Thatsache, dass die Druck- und Geschwindigkeits-Diagramme unter allen in der Praxis vorkommenden Umständen einen ähnlichen Typus aufweisen, stellten *Sabudski* und *Vallier* die Funktion p durch einen geeigneten analytischen Ausdruck näherungsweise dar und führten damit eine Lösung des innerballistischen Problems in praktisch brauchbarer Weise durch.

10c. Die Formeln von E. Vallier. *E. Vallier* [150]) führte, und das ist das Charakteristische seiner Lösung, zum ersten Mal das erwähnte Druckverhältnis (mittlerer Gasdruck dividiert durch Maximalgasdruck) als Parameter in das Lösungssystem ein.

Um die Benutzung der *Vallier*'schen Formeln und Tabellen zu erleichtern, führen wir nach *Vallier*'s Vorgang das reziproke Druckverhältnis ein und bezeichnen es mit γ, d. h. es sei $\gamma = p_\xi : p_m$. Dabei ist, wenn zum Gewicht des Geschosses das halbe Ladungsgewicht hinzugefügt wird (darüber s. o.), der mittlere Gasdruck p_m zu berechnen aus:

$$p_m = \frac{\left(Q + \frac{q}{2}\right) V^2}{2 \cdot \omega \cdot g \cdot L}.$$

Durch Messung seien bekannt die Grössen Q, q, ω, L, V, p_ξ; so ist auch p_m und γ als gegeben zu betrachten.

Zur Darstellung des Gasdrucks p in Funktion der Zeit t wählt *Vallier* die Form

$$p = p_\xi \cdot p(z), \quad \text{wo} \quad p(z) = z^\beta \cdot e^{(1-z)\beta},$$

z ist dabei zur Abkürzung für $\frac{t}{t_\xi}$ gesetzt.

---

149) Vgl. *Sabudski* 2, p. 7. Er stellt den Gasdruck durch folgende Funktion des Geschossweges x dar:

$$p = \frac{a}{x^{1,41}} \cdot \left(1 + \frac{b}{x} - \frac{c}{x^2}\right);$$

a, b, c werden empirisch bestimmt.

150) *E. Vallier*, Paris C. R. 128 (1899), p. 1305; 129 (1899), p. 258; 133 (1901), p. 203, 319; 135 (1902), p. 842 u. 942; *E. Vallier*, Mémor. des poudr. et salp. 11 (1902), p. 129. Dazu *Heydenreich*, Kriegstechn. Zeitschr. 3 (1900), p. 287 u. 334 und 4 (1901), p. 292; *v. Zedlitz-Neukirch*, Kriegstechn. Zeitschr. 4 (1901), p. 525; *E. Ökinghaus*, Wien. Ber. 109 (1900), p. 1159.

Ferner seien nach *Vallier* die Funktionen f_1 und f_2 in der folgenden Weise definiert

$$f_1(z) = \int_0^z z^\beta \cdot e^{(1-z)\beta} \cdot dz, \quad f_2(z) = \int_0^z f_1(z) \cdot dz.$$

Bedeutet noch Z den Wert von z für die Mündung und sind im übrigen die Bezeichnungen von Nr. 7 festgehalten, so lautet das *Vallier*sche Lösungssystem folgendermassen:

	Für den Moment des Gasdruckmaximums	Für den Moment des Passierens der Mündung	Für einen beliebigen Moment der Bewegung des Geschosses im Rohr
Gasdruck	p_ξ	$P = p_\xi \cdot p(Z)$	$p = p_\xi \cdot p(z)$
Geschossgeschwindigkeit im Rohre	$v_\xi = V \cdot \frac{f_1(1)}{f_1(Z)}$	V	$v = V \cdot \frac{f_1(z)}{f_1(Z)}$
Geschossweg im Rohre	$x_\xi = L \cdot \frac{f_2(1)}{f_2(Z)}$	L	$x = L \cdot \frac{f_2(z)}{f_2(Z)}$
Zeit	$t_\xi = \frac{L}{V} \cdot \frac{f_1(Z)}{f_2(Z)}$	$T = \frac{L}{V} \cdot Z \cdot \frac{f_1(Z)}{f_2(Z)}$	$t = t_\xi \cdot z$

Zwischen γ und Z besteht die Beziehung

$$\gamma = \frac{2 \cdot f_2(Z)}{[f_1(Z)]^2}.$$

Es sei vorläufig β als bekannt angenommen, dann ist, da γ gegeben ist, aus der letzten Beziehung Z zu berechnen. Mittelst der Gleichungen des Systems lassen sich nun P, T, v_ξ, x_ξ, t_ξ erhalten, und darauf für eine beliebige Zeit t oder ein beliebiges z der Wert des Gasdrucks p, der Geschwindigkeit v und des Geschosswegs x ermitteln.

Für die sämtlichen hier vorkommenden Funktionen hat *Vallier* Tabellen gegeben, also Z, $f_1(Z)$, $f_2(Z)$, $p(Z)$ etc. in Funktion von γ, ebenso $f_1(z)$, $f_2(z)$, $p(z)$ etc. in Funktion von z.

Was den Exponenten β anlangt, so hängt dessen Zahlenwert von der Verbrennungsweise des Pulvers ab; β wird entweder durch eine weitere Messungsgrösse, die ausser den oben genannten vorliegt, oder durch eine empirische Formel bestimmt: Wenn noch der Mündungsgasdruck P gemessen ist, so wählt man dasjenige β, für welches der mittels des Ausdrucks $p_\xi \cdot p(Z)$ berechnete Mündungsgasdruck mit dem gemessenen P am besten übereinstimmt; analog verfährt man, wenn die Zeit T gemessen ist, welche das Geschoss braucht, um den Weg durch das Rohr zurückzulegen. Ist kein weiteres Datum ausser den genannten Q, p, ω, L, V, p_ξ bekannt, so wird β aus der empirischen Beziehung $(\gamma - 1)\beta = 2$ erhalten, die nur für *sehr* langsam verbrennende Pulver nicht mehr gilt.

Die vorhin genannten Tabellenwerte hat *Vallier* für eine Reihe verschiedener Werte von β aufgestellt, womit die ganze Näherungslösung des Problems sich bedeutend vereinfacht.

Dieser Lösung zufolge stellen sich die sämtlichen innerballistischen Elemente als Funktionen des Parameters γ dar.

Durch Vergleichung mit empirischen Daten (für einen speziellen Wert von β) hat *Heydenreich*[150]) dies bestätigt, auch den *Vallier*'schen Tabellen entsprechende empirische Tabellen an die Seite gestellt; er fand dabei, dass die *Vallier*'schen Formeln die Höhe des Mündungsgasdrucks und die Zeiten zwischen Maximaldruck und Geschossaustritt für lange Rohre genügend genau angeben. Die *Heydenreich*'schen ausgeglichenen Tabellen und zugehörigen Kurven, worin sich langjährige Beobachtungen der *deutschen Artillerie-Prüfungskommission* verdichtet haben, eignen sich zur einfachen Lösung von innerballistischen Aufgaben, bei denen es sich um zahlenmässige Schlussresultate handelt, mit einer Genauigkeit, welche vorläufig genügen muss.

11. Die Beanspruchung des Geschützes und Verwandtes.

11a. Festigkeit des Rohrs[151]). Unter Voraussetzung eines homogenen und beiderseits offenen Hohlcylinders, der einem inneren Druck p_i kg pro qmm und einem äusseren p_a unterworfen ist, mit innerem

151) Vgl. besonders *Kaiser*, p. 103 f., dazu *L. Boltzmann*, Wien. Ber. 59 (1869), p. 10; ferner *A. Föppl*, Vorlesungen über technische Mechanik, Leipzig 1901, Bd. 3, p. 328; *Gadolin*, Mitt. üb. Geg. d. Art.- u. Gen.-Wes. 1876, p. 564; *Moch*, Rev. d'art. 28 (1886), p. 48, 147, 256, 369, 553; 29 (1886), p. 25 f.; 30 (1887), p. 265; *Filloux*, Rev. d'art. 44 (1894), p. 105; *Duguet*, Rev. d'art. 10 (1877), p. 209; 22 (1883), p. 132 f.; 23 (1883), p. 21 f.; 24 (1884), p. 138 f.; 25 (1885), p. 146, 398; 26 (1885), p. 22; *Kalakoutski*, Rev. d'art. 31 (1887), p. 289 f. u. 32 (1888), p. 5, 165; *P. Laurent*, Rev. d'art. 22 (1883), p. 207; 26 (1885), p. 147 f.; 27 (1886), p. 530; 28 (1886), p. 31; 29 (1886), p. 152 f.; 44 (1894), p. 412 f.; 45 (1894), p. 60 f.; 46 (1895), p. 69; *Greenhill*, Journ. of Un. St. Art. 4 (1895), Nr. 1 (graphische Behandlung) u. *A. Brynk*, Projektierung von Geschützrohren, Petersburg 1901. Weiteres über Festigkeit der Rohre: *Mayevski*, Arch. f. Art.- u. Ing.-Off. 41 (1857), p. 57 u. 163; *Anonymus*, Mitt. üb. Geg. d. Art.- u. Gen.-Wes. 1887, p. 435; numerische Daten von *J. F.*, Arch. f. Art.- u. Ing.-Off. 1888, p. 263. Über *Schrapnelkonstruktion* siehe besonders *Weigner*, Mitt. üb. Geg. d. Art.- u. Gen.-Wes. 1896, p. 63, 143, 293 und 1899, p. 18; ferner *De la Llave*, Sobre nestra artilleria de plaza, Madrid 1892; *Résal*, J. d. math. (3) 1 (1875), p. 121; *Rohne*, Kriegstechn. Zeitschr. 1 (1898), p. 8 f.; *Paschkievitsch*, Rev. d'art. 8 (1876), p. 446 und The resistance of guns to tangential rupture, aus dem Russischen übersetzt, Washington 1899.

resp. äusserem Durchmesser d_i resp. d_a $\left(\varkappa = \frac{d_a}{d_i}\right)$ erhält man für die innen resp. aussen stattfindende Inanspruchnahme J_i resp. J_a in tangentialer Richtung (innerhalb der Querschnittsebene), oder auch für die spezifischen Durchmesseränderungen $\Delta d_i : d_i$ und $\Delta d_a : d_a$ folgende Ausdrücke, in denen E wie üblich den Elastizitätsmodul bedeutet:

$$\Delta d_i : d_i = J_i : E = \frac{2}{3E(\varkappa^2 - 1)}[(2\varkappa^2 + 1)p_i - 3\varkappa^2 p_a]$$

oder bei Vernachlässigung von p_a gegen p_i:

$$\frac{\Delta d_i}{d_i} = \frac{2p_i}{3E} \cdot \frac{2\varkappa^2 + 1}{\varkappa^2 - 1},$$

$$\Delta d_a : d_a = J_a : E = \frac{2}{3E(\varkappa^2 - 1)}[3p_i - (\varkappa^2 + 2)p_a]$$

oder wieder bei Vernachlässigung von p_a gegen p_i:

$$\frac{\Delta d_a}{d_a} = \frac{2p_i}{E(\varkappa^2 - 1)}.$$

Sicherheit gegen bleibende Deformation, mit Rücksicht auf die grösste Beanspruchung der inneren Teile des Rohrs, ist bei einem *einfachen* Rohr und dem Gasdruck p_i nach *Winkler* dann vorhanden, wenn

$$d_a = d_i \sqrt{\frac{3J' + 2p_i}{3J' - 4p_i}}$$

oder auch nach *C. v. Bach* mit Berücksichtigung der Axialspannung, wenn:

$$d_a = d_i \sqrt{\frac{J' + 0{,}4p_i}{J' - 1{,}3p_i}}$$

gewählt wird, wobei J' die grösste zulässige Inanspruchnahme des Materials auf Zug ist, — nach *Kaiser* $J' = 8$ kg pro 1 qmm für gewöhnliche Geschützbronze, $J' = 30$ für Nickelstahl.

Da $J_a : J_i = 3 : (2\varkappa^2 + 1)$, so werden die äusseren Schichten weniger beansprucht, als die inneren; eine Vergrösserung der Wandstärke über ein gewisses Maass hinaus (circa 1,5 Kaliber) giebt danach keinen nennenswerten Zuwachs an Widerstandsfähigkeit mehr. Handelt es sich daher um grosse Drücke, so werden bei Geschützen *beringte* Rohre angewendet. Auf einen ersten Cylinder wird eine zweite Ringlage im warmen Zustand aufgezogen, deren innerer Durchmesser im kalten Zustand etwas kleiner ist als der äussere Durchmesser der ersten Ringlage; beim Erkalten findet Zusammenziehung statt, und auf den inneren Cylinder wird von aussen ein Druck ausgeübt; durch diesen äusseren Druck wird der erste Cylinder tangential auf Druck beansprucht, durch den inneren Gasdruck dagegen auf Zug; auf diese Weise können beide Beanspruchungen für eine ganz bestimmte Ringschichte, etwa die äussere, sich aufheben. Die Theorie beringter Rohre (mit dem *Wertheim*'schen Wert $\frac{1}{3}$ für das Verhältnis der spezifischen Volum- und Längenänderung) hat zuletzt besonders eingehend *Kaiser* durchgeführt. Die diesbezüglichen Formeln, samt einem durchgerechneten Zahlenbeispiel, durch welches die Vorteile der Ringkonstruktion deutlich hervortreten, möge man in *Kaiser*'s Werk nachsehen. Dort ist allgemein die Theorie der Rohre mit n Lagen und die damit in Zusammenhang stehende (von *Longridge* begründete) Theorie der *Stahldrahtrohre,* sowie die Konstruktion *ohne* anfängliche Pressung und die Konstruktion der *Schildzapfen* und *Verschlüsse* behandelt.

Dziobek[152]) hat die Frage aufgeworfen, ob die statische Theorie der Elastizität hier noch anwendbar ist. Er findet durch theoretische (dynamische) Betrachtungen, dass wenigstens bei nicht sehr grossen Geschützen die bisherige Verwendung der statischen Theorie keinem Bedenken unterliegt; im Übrigen aber sei die dynamische Beanspruchung grösser als die statische.

In der Maschinenbautechnik ist man anderer Meinung[153]) über den Einfluss der Zeit auf die Festigkeit, nämlich dass bei solchen Kräften, welche nur ausserordentlich kurze Zeit wirken, *das Material höher belastet werden darf* als bei kontinuierlich wirkenden Kräften, weil die Formänderungen sich in der kurzen Zeit weniger auszubilden vermögen.

Eine experimentelle Beantwortung der Frage aber, in wie weit die auf Grund der Elastizitätstheorie aufgestellten Formeln auch auf Kräfte anwendbar sind, welche *nur sehr kurze Zeit* wirken, war bisher nicht möglich; wenn z. B. bei Infanteriegewehren versucht wurde, die kurz dauernde Rohrerweiterung beim Schuss dadurch zu messen, dass um das Rohr ein Bleiring gelegt und dessen innerer Durchmesser vor- und nachher ermittelt wurde, so steht zu vermuten, dass hierbei eine andere Wirkung als die in Frage stehende gemessen wurde, nämlich diejenige der Transversalschwingungen des Laufs.

11b. Züge, Drall[154]). Durch diese soll, wie schon oben bemerkt, dem Geschoss eine Rotation um die Längsaxe zum Zweck der *Stabilität* bei dem Flug durch die Luft und damit eine erhöhte Trefffähigkeit

152) Mitt. üb. Geg. d. Art.- u. Gen.-Wes. 1900, p. 33.

153) *C. Bach,* Elastizität und Festigkeit, 3. Aufl., Berlin 1898, p. 129—132.

154) Vgl. *Kaiser,* p. 96; dazu *Vallier,* La corrisp. 1 (1900), p. 408.

verliehen werden. Bilden in der ebenen Abwicklung der inneren Seelenoberfläche die Zugkanten parallele Geraden, so heisst der Drall konstant (*Drallwinkel* δ = Winkel zwischen diesen Geraden und der Seelenaxe, *Dralllänge* = zugehörige Schraubengangshöhe); andernfalls veränderlich, Progressivdrall.

Da eine Änderung der Rotationsverhältnisse den Verlauf des Gasdrucks und der Translationsgeschwindigkeit des Geschosses thatsächlich nicht erheblich modifiziert, so kann die Geschossrotation in vielen Fällen unabhängig für sich behandelt werden.

Anwendung konstanten Dralls kann, wenn mit Rücksicht auf die Stabilität der Drallwinkel bedeutend gesteigert werden muss, je nach der Masse des Geschosses den Nachteil mit sich bringen, dass das Geschoss *anfangs* zu stark *auf Drehung beansprucht wird*, es kann die Sicherheit der Führung des Geschosses in den Zügen leiden. (Ob das Geschoss den Zügen gefolgt ist oder nicht, lässt sich an den Trümmerstücken desselben, bezw. bei Infanteriegeschossen durch Auffangen im Wasser ziemlich genau beurteilen.)

Beim Progressivdrall werden die grossen anfänglichen Leistendrücke vermieden; andererseits werden aber, wie *G. Kaiser* hervorhebt, dadurch, dass bei der Bewegung des Geschosses in der Bohrung der Drallwinkel fortwährend zunimmt, die Geschossleisten fortwährend verstellt und daher abgeschliffen, weshalb nur ein einziges und zwar möglichst schmales Führungsband verwendet werden kann.

Wird Progressivdrall gewählt, so ist die *Gestalt* der Drallkurve von geringerer Bedeutung, — der parabolische Drall hat den bisherigen Erfordernissen der Praxis gegenüber ausreichende Resultate gegeben —; wichtiger ist die Wahl des richtigen *Verhältnisses zwischen Anfangs- und Enddrallwinkel* δ_1 *und* δ_2 und deren Grösse selbst; beide müssen im richtigen Verhältnis gesteigert werden. Die leicht punktweise zu berechnende Drehbeschleunigung muss in ihrem Verhältnis zur Translationsbeschleunigung und damit zum Gasdruck so bemessen werden, dass nicht *gleichzeitig* das Geschoss auf Stauchung in Folge von Trägheit und Rohrverengung und auf Abwürgen maximal beansprucht wird. Je schärfer das Pulver ist, um so kleiner muss also der Anfangsdrallwinkel δ_1 sein, und zwar hat die Erfahrung[155]) das Gesetz ergeben:

$$\delta_1 : \delta_2 = 2{,}00\,\eta - 2{,}84\,\eta^2 + 1{,}84\,\eta^3$$

155) Vgl. *Heydenreich* 2, p. 65. Die Versuche, welche dieser Formel zu Grunde liegen, sind nicht veröffentlicht.

oder, wie *Heydenreich* angiebt, meist auch genügend genau

$$\delta_1 : \delta_2 = 0{,}21 + 0{,}65\,\eta,$$

wo η das Druckverhältnis (s. o.). Die Drallkurve ist somit festgelegt, wenn δ_2 bestimmt ist; dieses letztere bestimmt sich aus der Bedingung der *Stabilität* des Geschosses in der Luft, wovon in der äusseren Ballistik (Nr. **3** g) kurz die Rede war.

Gegenwärtig sind folgende (End-)Dralllängen bezw. -Drallwinkel in Gebrauch[156]):

	Bei der Geschosslänge	Dralllänge	oder Drallwinkel
für Kanonen	2,5 bis 2,8 Kal.	45 bis 35 Kal.	4 bis 5,1 Grad
	3,0 bis 4,0 „	35 bis 25 „	5,1 bis 7,2 „
für kurze Kanonen, Haubitzen und Mörser	2,5 bis 3,0 „	35 bis 25 „	5,1 bis 7,2 „
	4,0 bis 5,0 „	25 bis 15 „	7,2 bis 11,8 „
für Infanteriegewehre	—	37,5 bis 30,4 „	4,8 bis 6,0 „

Über den *Widerstand*, welchen die Züge dem Geschoss darbieten, haben insbesondere *Sabudski* und *Kaiser*[157]) eingehende (Näherungs-) Berechnungen angestellt.

Neben diesem Widerstand kommt noch der *anfängliche*, durch Einpressen des Geschosses in die Rohrverengung entstehende Widerstand erheblich in Betracht (s. o.), während der Widerstand der Luft vor dem Geschoss, die Reibung an der Mantelfläche des Geschosses und endlich die Gewichtskomponente desselben auch bei grossen Erhebungen nach *Kaiser* dagegen zu vernachlässigen sind.

11c. Rückstoss, Inanspruchnahme der Lafette. Über den *Rückstoss* und dessen Dämpfung und Verwendung, sowie über die verschiedenen Konstruktionen der *Lafetten* — Rohrrücklauf-, Federsporn- etc. Lafetten — vgl. die Litteratur, die in der Anmerkung gegeben ist[158]).

156) Darüber vgl. *Wille*, p. 331.

157) Vgl. *Kaiser*, p. 406; *Sabudski* 2, p. 18 ff.; *Résal* 2, p. 383.

158) Vgl. *Piobert*, Traité d'artillerie, Paris 1859; *J. L. Lagrange*, Sur la force de la poudre (1793), herausgegeben 1832 von *Poisson*, J. éc. pol. 13 (1832); auch *Lagrange*, Oeuvres complètes 7, p. 603; *P. Laurent*, Rev. d'art. 23 (1833), p. 207; ferner *Sock*, Mitt. üb. Geg. d. Art.- u. Gen.-Wes. 1899, p. 83; *Anonymus*, Rev. d'art. 23 (1883), p. 57; *Uchard*, Rev. d'art. 23 (1883), p. 281; *Wostrowsky* (Lafettentheorie), Mitt. üb. Geg. d. Art.- u. Gen.-Wes. 1897, p. 609 und 1898, p. 439; *Putz*,

Betreffs der älteren Lafettenkonstruktionen hat besonders *Poisson* ausgedehnte Berechnungen über den Rücklauf angestellt, deren Resultate jedoch hier nicht Platz finden können. Die neueren Lafettensysteme wurden am eingehendsten von *E. Vallier* bearbeitet.

12. Messungsapparate und Messungsmethoden der inneren Ballistik[159]).

12a. Statische Methoden zur Messung des Gasdrucks. Dem Prinzip nach einander ähnlich sind das *Rodman*-Messer, der *Uchatius*-Meissel und der *Noble*'sche Stauchapparat. Bei letzterem wird die durch den Gasdruck beim Schuss hervorgebrachte Stauchung eines Stauchkörpers (Kupfercylinders) verglichen mit den Zusammenpressungen, welche Stauchkörper von möglichst derselben Beschaffenheit bei bestimmter Belastung unter einer Hebelpresse (oder bei Anwendung von hydraulischem Druck oder einem Rammbär, *Dunn*) erlitten haben.

Vieille verbindet mit dem Stempel, welcher auf den Kupferzylinder aufgesetzt wird und auf welchen man die Pulvergase direkt einwirken lässt, eine Registriervorrichtung, mit deren Hilfe die Dauer der Stauchung gemessen werden kann. Bei Experimenten mit der Versuchsbombe lässt sich alsdann aus der Stauchungszeit ein erster *Näherungswert für die Verbrennungszeit* des Pulvers gewinnen. Da indes die Verbrennungszeit mit der Stauchungszeit nicht identisch ist, sondern die Stauchung erst beginnt, wenn einiges Pulver schon verbrannt ist, also schon ein bestimmter Druck herrscht, so muss bei diesem Verfahren über den ersten Teil der Verbrennungszeit eine *Hypothese* gemacht werden. Auf diese Weise sind die Verbrennungszeiten t erhalten, von denen in 8e die Rede war.

Die *Manometerwage von Deprez* beruht auf einem ähnlichen Gedanken, wie er bei den Reduzierventilen Verwendung findet: Das Geschützrohr wird mit einem seitlichen Kanal versehen; in diesen wird ein Differentialstempel bezw. eine Stahlplatte eingesetzt, auf welche von der einen Seite her der Gasdruck auf eine kleine Fläche,

---

Rev. d'art. 32 (1888), p. 113 und Paris C. R. 80 (1875), p. 295; *Vallier*, Théorie et tracé des freins hydrauliques, Paris 1900 und Paris C. R. 129 (1899), p. 705; *R. Kühn*, Mitt. üb. Geg. d. Art.- u. Gen.-Wes. 1902, p. 551.

159) *Maudry,* Mitt. üb. Geg. d. Art.- u. Gen.-Wes. 1882, p. 105; 1883, p. 393; 1885, p. 389 (Velocimeterstudien, nach *Sébert* und *Hugoniot*); *Krall,* ebenda 1888, p. 118 der Notizen; *Dunn,* Journ. of Un. St. Art. 7 (1897), p. 1; Mitt. üb. Geg. d. Art.- u. Gen.-Wes. 1879, p. 363; *Heydenreich* 1, p. 16 ff. und Kriegstechn. Zeitschr. 6 (1901), p. 292; *C. Crehore* u. *G. O. Squier,* Journ. of Un. St. Art. 5 (1896), p. 325.

von der andern ein Gegendruck (Federdruck oder hydraulischer Druck oder Druck komprimierter Luft) auf eine grössere Fläche wirkt; wird beim Schuss die Platte nach aussen gedrückt, so überwiegt der Gasdruck. Dieses Verfahren wird gleichzeitig mehrfach z. B. auf 10 Differentialstempel angewendet, deren Grösse im Verhältnis 1 : 2 : 3 u. s. w. bis 10 verschieden ist und welche in eine gemeinsame Kammer mit Pressluft von bekanntem Druck münden; zugleich registriert ein elektrischer Chronograph die Momente, in welchen sich die einzelnen Stempel der Reihe nach in Bewegung setzten; man hat also damit den Gasdruck annähernd in Funktion der Zeit.

12b. Dynamische Methoden zur Messung des Gasdrucks. Nach *Cavalli*(1845)-*Noble*(1872) wird die Kanone an verschiedenen Stellen angebohrt und werden in die Bohrungen Gewehrläufe geschraubt, aus welchen durch den Gasdruck Kugeln geschossen werden; deren Geschwindigkeit wird z. B. mit einem ballistischen Pendel bestimmt. Bei jedem Versuch wird nur je eine der Bohrungen offen gelassen.

Beim *Accelerometer von Deprez* befindet sich wiederum seitlich in der Rohrwandung ein Kanal, worin sich ein Kolben leicht beweglich befindet; dieser Kolben wird durch den Gasdruck herausgeschossen; seine Bewegung wird jedoch nach einer kurzen Strecke gehemmt, indem die Energie des Kolbens dazu verwandt wird, eine grosse Masse emporzuschleudern; auf diese Weise kennt man die Endgeschwindigkeit des Kolbens und seine Beschleunigung und folglich die beschleunigende Kraft, den Gasdruck. Dieses Verfahren lässt sich auf verschiedene Stellen des Rohrs gleichzeitig anwenden. Der *Accelerograph von Deprez* unterscheidet sich von dem eben beschriebenen Apparat nur dadurch, dass die Bewegung des Kolbens nicht sofort gehemmt, sondern mittelst berusster Platte auf einer Strecke von 4—5 cm registriert wird. (Neuere Modifikationen bei *Mata* und *Holden.*)

Krall schlägt vor, die Bewegung des Geschosses durch den Lauf mittelst einer photographischen Platte zu registrieren, welche *im Geschoss selbst* angebracht ist und auf welche von vorn durch ein kleines Loch Licht fällt.

Sébert konstruierte eine ähnliche Vorrichtung, wobei jedoch die Registrierung nicht photographisch, sondern mechanisch erfolgt: innerhalb des Geschosses wird ein Stahlstab von quadratischem Querschnitt entlang der Geschossaxe angebracht; dieser Stab bildet die Führung für einen Läufer, der eine Stimmgabel mit Spitzen trägt. Infolge der Trägheit des Läufers wird bei der Bewegung des Geschosses durch das Rohr der Läufer samt der Stimmgabel auf dem Stab nach hinten gleiten, wobei die Stimmgabel — welche vorher durch einen Keil gespannt worden war — schwingt und auf dem einseitig berussten Stab eine Kurve zeichnet. Auch das Eindringen des Geschosses in Erde u. s. w. soll auf diese Weise — durch das Vorgehen des Läufers — registriert werden.

Beim *Chronograph von Noble* ist das Rohr an einer Reihe von Stellen angebohrt und durch diese Bohrungen sind Drähte gasdicht eingeführt. Das Geschoss bewirkt bei seinem Durchgang durch das Rohr der Reihe nach das Öffnen von ebenso vielen elektrischen Stromkreisen, als Bohrungen vorhanden sind; das Öffnen dieser Ströme, welche in primären Spulen von Induktionsapparaten flossen, bringt das Auftreten von Induktionsströmen in den sekundären Spulen und damit von Induktionsfunken mit sich, welch letztere auf rotierenden berussten Scheiben Marken erzeugen. So erhält man die Geschosswege im Rohr in Funktion der Zeit und daraus die Geschwindigkeiten, Beschleunigungen und Gasdrücke.

C. Crehore und *O. Squier* vermeiden das Anbohren des Rohrs dadurch, dass sie am Geschoss eine lange Holzstange axial befestigen, welche aus dem geladenen Rohr herausragt und eine Reihe von Metallringen besitzt; bei der Vorwärtsbewegung des Geschosses und damit der Stange schleifen auf dieser zwei Schleiffedern, wodurch ein elektrischer Strom abwechselnd geschlossen und unterbrochen wird. Zur photographischen Fixierung der Geschosswege in Funktion der Zeit wird dasselbe Verfahren verwendet, welches auch für die Flugzeitenbestimmung bei Geschossen ausserhalb des Rohrs dient und bei welchem unter anderem (s. o.) die Drehung der Polarisationsebene des Lichts im Magnetfeld benutzt ist („polarizing photo-chronograph").

Der *Rücklaufmesser von Sébert.* Das rücklaufende Geschütz (bezw. Gewehr) nimmt ein Stahlband mit, auf diesem Band, welches berusst wurde, zeichnet eine elektromagnetisch angetriebene Stimmgabel ihre Kurven. Neuerdings ist das Rohr auf einem Schlitten befestigt, mit welchem zusammen das Rohr ohne erhebliche Reibung in einer Führung beim Schuss rückwärts gleitet, während das Geschoss durch das Rohr nach vorn geht. Eine schwingende Stimmgabel, welche mit dem Rohr fest verbunden ist, schreibt auf einer berussten oder mit einer dünnen Kupferschicht galvanisch überzogenen und am Untergestell befestigten Messingplatte bei ihrem Zurückgehen ihre Schwingungen auf. Aus den erhaltenen Kurven werden die Wege und damit die Geschwindigkeiten und Beschleunigungen des Rohrs in Funktion der Zeit entnommen, und hieraus die entsprechenden Grössen für das Geschoss berechnet.

Zur Zeit wird vorzugsweise die *Stauchvorrichtung*, der *Uchatiusmeissel* und der *Rodman*-Apparat und bei wissenschaftlichen Untersuchungen der *Rücklaufmesser* zur Bestimmung der Gasdrücke benutzt.

12c. **Kritische Bemerkung über Messung des Gasdrucks.** Eine Kritik der ersteren, überhaupt der auf statischen Prinzipien beruhenden Gasdruckmesser, haben insbesondere *Sarrau, Vieille, Sébert, Hugoniot, Hojel, v. Wuich, W. Wolff* gegeben[160]). Die Stauchvorrichtung (ebenso das Rodmanmesser und der Uchatiusmeissel) liefern bei den gebräuchlichen Messmethoden des höchsten Gasdruckes, wie es scheint, durchweg etwas zu *kleine* Werte dieses Gasdruckes. Der Einfluss der Zeitdauer der Druckwirkung auf die Grösse der Stauchung ist ein beträchtlicher; je länger bei einem bestimmten Druck die Belastung unter der Hebelpresse währte, um so grösser ergab sich das Mass der Stauchung; bei hohen Drucken (ca. 2000 Atm.) trat erst nach längerer Belastungsdauer ein Stillstand ein. Wegen der hieraus folgenden Ungleichmässigkeiten wird in Deutschland gegenwärtig eine Belastungszeit von 30 Sekunden als normal angesehen. Nun aber wirkt beim Schuss der zu bestimmende Maximaldruck nur einen Bruchteil einer Sekunde lang und kann daher wohl nicht die gleiche Wirkung der Stauchung hervorbringen, wie wenn derselbe Maximaldruck 30 Sekunden lang gleichmässig gedauert hätte. Wenn also aus gleichen Stauchungen auf gleiche Kräfte geschlossen wird, so wird ein Fehler begangen; der Gasdruck wird voraussichtlich *zu klein* bemessen.

Eine andere Fehlerquelle könnte daraus entstehen, dass dem Stempel, welcher auf den Kupferzylinder aufgesetzt wird und diesen zusammendrückt, durch den Gasdruck beim Schuss eine gewisse lebendige Kraft erteilt wird. Hierdurch allein könnte die Stauchung vergrössert werden; es könnte die Stauchung *zu grosse* Werte des Gasdruckes anzeigen. *v. Wuich* hat insbesondere diese Fehlerquelle rechnerisch behandelt und *E. Sarrau* glaubt gefunden zu haben, dass dieselbe bis zu Drücken von 4500 Atm. zu vernachlässigen ist.

Man ist zur Zeit bemüht, die Grösse der verschiedenen Fehler, einschliesslich des aus der Reibung des Stempels entspringenden, zu ermitteln und für die Benützung des Stauchapparats Korrektionstabellen aufzustellen.

Auch der *Rücklaufmesser* ist noch mancher Verbesserung bedürftig

---

160) Über die Kritik der statischen Druckmesser vgl. besonders *Sarrau* u. *Vieille,* Paris C. R. 95 (1882), p. 26, 130, 180; *v. Wuich,* Mitt. üb. Geg. d. Art.- u. Gen.-Wes. 1896, p. 1 und *Vieille,* Mémor. des poudr. et salp. 1882, p. 356 und Paris C. R. 112 (1891), p. 1052; *W. Wolff,* Kriegstechn. Zeitschr. 6 (1903), p. 1.

und, wie es scheint, fähig; die Berechnungen, welche angestellt zu werden pflegen, um aus der Rücklaufbewegung des Rohrs die Geschwindigkeiten und Beschleunigungen des Geschosses und damit die Gasdrücke zu ermitteln, sind keineswegs einwandfrei.

12d. Andere Messungsapparate und Messungsmethoden. Von den zahlreichen zur Prüfung von Explosivstoffen dienenden Eprouvetten und Brisanzmessern verschiedenster Art, ebenso von den für die Bestimmung der speziellen Pulverkonstanten verwandten Hülfsmitteln sei hier nicht weiter die Rede. Für die Messung des Rücklaufs von Schusswaffen, für die Beurteilung der Gasabdichtung von Gewehrläufen, sowohl nach vorn zwischen Geschoss und Lauf, als auch nach hinten zwischen Hülse und Verschluss etc. gewinnen die Methoden der elektrischen Momentphotographie immer mehr Bedeutung.

Schlusswort.

In dem vorliegenden Referat ist überall darauf aufmerksam gemacht, dass in der äusseren wie in der inneren Ballistik das systematische Experiment mit richtiger Beurteilung der Fehler eine viel grössere Rolle spielen muss, als man ihm in früheren Dezennien beimass. Diese Erkenntnis hat sich historisch erst allmählich herausgebildet und ist vielleicht auch jetzt noch nicht überall durchgedrungen.

Ein charakteristisches Beispiel für diesen Entwickelungsgang bietet die Geschichte der Ballistik in der parabolischen Theorie der Geschossflugbahn. Gegen das Ende des 17. und Anfangs des 18. Jahrhunderts findet sich diese Theorie für die Geschossbewegung in der Luft fast allgemein angenommen; in der Geschichte der französischen Akademie der Wissenschaften[161]) vom Jahre 1707 liest man sogar, nach Aufzählung der Werke der verschiedenen Mathematiker, welche sich mit der Bewegung der Geschosse beschäftigten, folgende Worte: „Il ne paraît pas que l'on ait présentement rien à désirer sur la pratique de cet art (de lancer les bombes). Peutêtre seulement pourrait-on encore perfectionner l'instrument qui sert à pointer la pièce ou le mortier. Mais *la géométrie étant quitte*, pour ainsi dire, *envers la pratique*, est en droit de pousser plus loin la spéculation et de donner quelque chose à la simple curiosité quand *l'utilité est satisfaite*." *Blondel* und *Belidor* versuchten die Einwände, welche gegen die Hypothese der parabolischen Theorie im widerstehenden Mittel erhoben wurden, zu widerlegen. Der letztere behauptete sogar, Versuche angestellt zu haben,

161) Paris, Hist. de l'Acad. 1707, p. 123; vgl. auch *St. Robert* 1, p. 148 und *M. Jähns*, Geschichte der Kriegswissenschaften, München u. Leipzig 1889.

welche diese Einwände entkräfteten. In Wahrheit ist dies damit zu erklären, dass man die unbekannte Anfangsgeschwindigkeit des Geschosses aus der Beobachtung der Schussweite durch Rechnung ableitete, wobei sich natürlich keineswegs die wahre Anfangsgeschwindigkeit ergab; führte man alsdann diesen Wert der Anfangsgeschwindigkeit in die Gleichung für die Parabel ein, so erhielt man eine Linie, welche bei demselben Abgangswinkel von der wirklichen Flugbahn vom Anfangspunkt bis zum Endpunkt eingeschlossen war, dazwischen aber nicht unerheblich von ihr abweichen konnte, was man nicht weiter in Überlegung zog.

Dass die Übereinstimmung der Schiessresultate mit den Resultaten der Rechnung nur dann ein Beweis für die Richtigkeit der Theorie sein kann, wenn die Konstanten *unabhängig* von den Formeln einer Theorie ermittelt sind, ist jetzt zwar fast allgemein erkannt; allein noch immer wird z. B. die eigentliche Mündungsgeschwindigkeit des Geschosses durch Reduktion der (entlang einer grösseren Luftstrecke) gemessenen Geschossgeschwindigkeit auf die Mündung mittelst Rechnung erhalten, und werden insbesondere Luftwiderstandskoeffizienten und „Formwerte“ von Geschossen durch Gleichungen desselben Rechnungssystems bestimmt, welches weiterhin zur Berechnung der Schussweite, der Flugbahn, der Geschossgeschwindigkeit an beliebiger Stelle, der Flugzeit, des Auffallswinkels verwendet wird u. s. w. Bei der Kontrolle einer Theorie durch sogenannte empirische Daten ist daher Vorsicht notwendig.

Das Ziel einer (vereinigten inneren und äusseren) Ballistik würde sein, dass, nach Angabe der Konstanten des Geschützes oder Gewehrs, des Geschosses und des Pulvers, sowie der meteorologischen Elemente, die Lage, Stellung und Geschwindigkeit des Geschosses nach Grösse und Richtung für irgend eine Zeit, ebenso die Grösse des Gasdrucks u. s. w. bis auf einen wahrscheinlichen Fehler vorausberechnet werden könnte, welcher kleiner als der für irgend eine praktische Verwendung zulässige wahrscheinliche Beobachtungsfehler ist. *Diesem Ziel wird sich die Ballistik*, wie wir wiederholen, *vermutlich um so mehr nähern, je mehr die Untersuchungsmethoden, welche die Astronomie in der Störungsrechnung anwendet, nachgeahmt werden, je mehr also die Rechnung sich mit der messenden Beobachtung verbindet.* Dabei scheint es, dass vorläufig die letztere die führende Rolle zu übernehmen habe.

(Abgeschlossen im Februar 1903.)

IV 19. BESONDERE AUSFÜHRUNGEN ÜBER UNSTETIGE BEWEGUNGEN IN FLÜSSIGKEITEN.

VON

G. ZEMPLÉN

IN BUDAPEST.

Inhaltsübersicht.

Litteratur.

Lehrbücher und Monographien.

P. Appell, Traité de mécanique rationelle t. 3, Paris 1903.

P. Duhem, Hydrodynamique, Élasticité, Acoustique, Paris 1891 (*Cours*).

— Recherches sur l'hydrodynamique, 2 séries, Paris 1903—1904 (*Recherches*).

J. Hadamard, Leçons sur la propagation des ondes, Paris 1903 (*Leçons*).

B. Riemann-H. Weber, Die partiellen Differentialgleichungen der mathematischen Physik, 2 Bde., Braunschweig 1900—01.

Vorbemerkung. Der vorliegende Artikel behandelt die Entstehung und Fortpflanzung „endlicher Störungen" in Flüssigkeiten, insofern dieselben strengen analytischen Methoden zugänglich sind. Es sind dies Unstetigkeiten in der Geschwindigkeit und Dichte bezw. den Beschleunigungen erster oder höherer Ordnung, die auf gewissen sich in der Flüssigkeit fortbewegenden Flächen liegen. Hierbei werden aber hauptsächlich nur solche Erscheinungen (Wellenbewegung in Gasen) in Betracht gezogen, bei welchen die Bewegung der Oberfläche des Mediums vorgeschrieben ist. Die Unstetigkeiten in Flüssigkeiten mit „freier Oberfläche", wo also der Druck auf einem Teile der Oberfläche vorgeschrieben ist (die unstetigen Erscheinungen bei Flutwellen, „bore" und „mascaret"[1]), die Wassersprünge), sowie die ganze Erscheinung der Turbulenz des Wassers bildeten bis jetzt den Gegenstand meistens nur empirischer Untersuchungen und kommen daher in dem nächsten Artikel über Hydraulik (IV 20, *Forchheimer*) zur Behandlung. Ebenso sei bezüglich der technischen Anwendungen unstetiger Erscheinungen (hydraulischer Widder) auf denselben Artikel, sowie auch auf IV 21 (*Grübler*) verwiesen.

Insofern selbst bei beliebig kleiner Zähigkeit — die in den ersten Nrn. **1**—**13** geradezu Null gesetzt wird — der Flüssigkeit die Reibungskräfte bei den endlichen *Geschwindigkeits*unterschieden zwischen den Nachbargebieten (den sog. *Stosswellen*) endlich bleiben und so Anlass zur Erzeugung von Reibungswärme geben, ist die Behandlung der Stosswellen ohne Rücksicht auf die Thermodynamik nicht möglich, sodass hier das vorliegende Referat mit den entsprechenden Referaten von Bd. V (Thermodynamik von *G. H. Bryan*, und Technischer Wärmetheorie von *W. Schröter* und *L. Prandtl*) in Beziehung tritt.

Dem vorwiegend physikalischen Interesse, das die Stosswellen bieten, steht das besondere mathematische Interesse der Beschleunigungswellen gegenüber, da diese in engen Zusammenhang mit der Charakteristikentheorie der partiellen Differentialgleichungen zweiter Ordnung und den sog. Randwertaufgaben bei diesen Gleichungen treten (vgl. hier II A 5, *E. v. Weber* und II A 7 c, *A. Sommerfeld*). Hierauf wird im vorliegenden Referate im besonderen im Falle der eindimensionalen unstetigen Gasbewegung eingegangen (Nr. **6** und **7**). Vorab steht die Entwickelung der sog. Kompatibilitätsbedingungen, die aus analytischen Gründen für die verschiedenen Unstetigkeiten gemeinsam geführt wird.

---

1) *G. H. Darwin*, The tides and kindred phenomena in the solar system, London 1890; deutsch von *A. Pockels*, Leipzig 1902, p. 51 ff.

1. Über die Möglichkeit unstetiger Bewegungen in kompressiblen idealen Flüssigkeiten[2]. Es sei in einer gegebenen, äusseren körperlichen Kräften unterworfenen Gasmasse der Anfangszustand (die Geschwindigkeitskomponenten u, v, w und die Dichte ϱ als Funktionen von x, y, z zur Zeit $t = 0$) gegeben; das Gas soll sich innerhalb eines Gefässes bewegen, dessen Form sich mit der Zeit in bekannter Weise ändern kann, dann ist die Bewegung des Gases durch folgende Gleichungen gegeben[3]:

$$(1)\quad \begin{cases} \dfrac{\delta u}{\delta t} = X - \dfrac{1}{\varrho}\dfrac{\partial p}{\partial x}, \quad \dfrac{\delta v}{\delta t} = Y - \dfrac{1}{\varrho}\dfrac{\partial p}{\partial y}, \quad \dfrac{\delta w}{\delta t} = Z - \dfrac{1}{\varrho}\dfrac{\partial p}{\partial z} \\ \dfrac{\partial \varrho}{\partial t} + \dfrac{\partial(\varrho u)}{\partial x} + \dfrac{\partial(\varrho v)}{\partial y} + \dfrac{\partial(\varrho w)}{\partial z} = 0, \end{cases}$$

$$(2)\qquad p = \varphi(\varrho),$$

und an der Oberfläche:

$$(3)\qquad f(x, y, z, t) = 0.$$

Gleichung (2) ist die von der Beschaffenheit des Gases abhängige Zustandsgleichung; φ und f sind gegebene Funktionen ihrer Argumente.

Da u, v, w und ϱ für $t = 0$ bekannt, so sind durch die Gleichungen (1) auch die Werte von $\frac{\delta u}{\delta t}, \frac{\delta v}{\delta t}, \frac{\delta w}{\delta t}$ für $t = 0$ festgelegt; diese müssen an der Oberfläche aber auch die kinematische Bedingung befriedigen, welche aus Gleichung (3) durch zweimalige Differentiation nach t hervorgeht:

$$(4)\qquad \frac{\partial f}{\partial x}\frac{\delta u}{\delta t} + \frac{\partial f}{\partial y}\frac{\delta v}{\delta t} + \frac{\partial f}{\partial z}\frac{\delta w}{\delta t} = \Phi(u, v, w, x, y, z, t),$$

d. h. es wird zur Zeit $t = 0$ an der Oberfläche durch (4) auch die Normalkomponente der Beschleunigung gegeben. Diese wird im allgemeinen nun nicht mit dem aus der Gleichung (1) gewonnenen Werte übereinstimmen, da man offenbar sowohl den Anfangszustand als auch die Bewegung der Gefässwände unabhängig von einander ganz beliebig festsetzen kann. Es widerspricht daher im allgemeinen Gleichung (1) der Gleichung (3), d. h. es können $\frac{\delta u}{\delta t}, \frac{\delta v}{\delta t}, \frac{\delta w}{\delta t}$ nicht als *stetige* Funktionen von x, y, z, t so bestimmt werden, dass die Gleichungen (1), (2) und (3) befriedigt werden, vielmehr erleiden sie bei $t = 0$ an der Oberfläche einen Sprung.

---

2) So lange die Zustandsgleichung der Flüssigkeit nicht spezialisiert wird, gelten die folgenden Auseinandersetzungen für beliebige ideale, kompressible Flüssigkeiten; der Kürze halber werden wir jedoch von „Gasen" sprechen.

3) Vgl. IV 15, Nr. 8 (*A. E. H. Love*), p. 63 Formel (1); s. daselbst auch die Erklärung der Bezeichnungen.

Würde zufällig der Anfangszustand so gegeben sein, dass an der Oberfläche $\frac{\delta u}{\delta t}, \frac{\delta v}{\delta t}, \frac{\delta w}{\delta t}$ zwar keinen Sprung erleiden, so wäre ein solcher in den $\frac{\delta^2 u}{\delta t^2}, \frac{\delta^2 v}{\delta t^2}, \frac{\delta^2 w}{\delta t^2}$ immer noch möglich; die letzteren können nämlich einerseits auf Grund des gegebenen Anfangszustandes aus den nach t differentiierten Gleichungen (1) berechnet werden, müssen aber auch die nach t differentiierte Gleichung (4) befriedigen. Ebenso kann bei zufällig gewähltem Anfangszustand eine Beschleunigung noch höherer Ordnung unstetig werden: eine Lösung, deren sämtliche Ableitungen nach t stetig sind, giebt es im allgemeinen nicht.

Befindet sich zur Zeit $t = 0$ die Unstetigkeit der Beschleunigungskomponenten an der Oberfläche des Gases, so werden im Verlaufe der Zeit im allgemeinen andere Teilchen mit Unstetigkeit behaftet sein; diese Ortsänderung der Unstetigkeit mit der Zeit wird die „Fortpflanzung" derselben genannt.

Werden also im allgemeinen selbst bei stetigen Anfangs- und Randbedingungen schon Unstetigkeiten in einem Gase entstehen, so geschieht dies um so mehr, wenn die Anfangs- oder Randbedingungen selbst unstetig sind. Dies führt zur Behandlung von unstetigen Bewegungen, bei welchen bereits in den Geschwindigkeitskomponenten und in der Dichte Unstetigkeiten auftreten, für die also die Gleichungen (1) selbst nicht mehr gelten. *Riemann* hat sogar bewiesen, dass solche Unstetigkeiten (Stosswellen) auch aus ganz stetigen Anfangs- und Grenzbedingungen entstehen können[4]) (vgl. unten Nr. 6).

2. Die identischen Bedingungen und die kinematischen Kompatibilitätsbedingungen. Wir stellen nun zunächst die Bedingungen auf, die aus der Forderung entstehen, dass die Unstetigkeiten im Verlaufe der Bewegung stets auf Flächen verteilt sein sollen.

Wir bezeichnen mit x, y, z die Koordinaten eines Flüssigkeitsteilchens zur Zeit t, das durch die *Lagrange*'schen Parameter charakterisiert ist[5]), und mit

$$\psi(a, b, c, t) = 0$$

4) Über die Fortpflanzung ebener Luftwellen von endlicher Schwingungsweite: Gött. Abhndl. (math. Klasse) 8 (1860), p. 43 = Werke, Leipzig 1876, p. 144 (Luftwellen). Die Möglichkeit, dass die Dichte eine Unstetigkeit erleiden kann, wurde schon von *G. G. Stokes* bemerkt, jedoch nicht weiter ausgeführt (Phil. Mag. 33 (1848) = Math. and Phys. Papers 2, p. 51); *S. Earnshaw* (London, Phil. Trans. 150 (1860), p. 133) findet dasselbe Resultat.

5) Es empfiehlt sich, die Bedeutung der Parameter nicht zu spezialisieren, da im Falle, wo Unstetigkeiten auftreten, a, b, c *nur für einen Teil des Gases* die Anfangswerte von x, y, z bedeuten.

im Raume a, b, c die Fläche σ, auf der die eventuellen Unstetigkeiten in den Ableitungen von x, y, z nach a, b, c, t sich zu jeder Zeit t befinden und zwar sollen diese Ableitungen beim Durchsetzen der Fläche σ endliche Sprünge erleiden, während, wenn wir uns mit a, b, c beliebig nahe zur Fläche bewegen, alles stetig und differentiierbar variieren soll. Die Fläche σ teilt daher in jedem Augenblicke den Raum a, b, c in zwei Teile, welche wir durch die Ziffern 1 und 2 unterscheiden wollen; besitzt eine Grösse Ω verschiedene Grenzwerte, falls wir uns über den Teil 1 oder über 2 zu demselben Punkte der Fläche σ nähern, so seien diese Grenzwerte mit Ω_1 und Ω_2 bezeichnet und nach *E. B. Christoffel*[6]) der Sprung $\Omega_2 - \Omega_1$ mit $[\Omega]$ bezeichnet.

Ist die erste unstetige Ableitung einer der Funktionen x, y, z von der n^{ten} Ordnung, so sagt man, die Unstetigkeit selbst sei n^{ter} Ordnung.

Die Forderung nun, dass die Unstetigkeiten in *einem* bestimmten Augenblick auf einer solchen Fläche σ liegen, giebt — in der Ausdrucksweise von *J. Hadamard*[7]) — die *identischen Bedingungen.*

Unstetigkeiten *nullter* Ordnung schliessen wir aus, da dies die Spaltung des Massenpunktes, welcher durch die Parameter a, b, c festgelegt ist, bedeuten würde.

Bei Unstetigkeiten *erster* Ordnung erhält man so für die Sprünge der Differentialquotienten von x, y, z nach a, b, c

$$(5)\qquad \begin{cases} \left[\dfrac{\delta x}{\delta a}\right] = \lambda_0 \alpha, & \left[\dfrac{\delta x}{\delta b}\right] = \lambda_0 \beta, & \left[\dfrac{\delta x}{\delta c}\right] = \lambda_0 \gamma, \\ \left[\dfrac{\delta y}{\delta a}\right] = \mu_0 \alpha, & \left[\dfrac{\delta y}{\delta b}\right] = \mu_0 \beta, & \left[\dfrac{\delta y}{\delta c}\right] = \mu_0 \gamma, \\ \left[\dfrac{\delta z}{\delta a}\right] = \nu_0 \alpha, & \left[\dfrac{\delta z}{\delta b}\right] = \nu_0 \beta, & \left[\dfrac{\delta z}{\delta c}\right] = \nu_0 \gamma, \end{cases}$$

wo α, β, γ die Richtungskosinus der Normalen der Fläche $\psi(a, b, c) = 0$ sind und λ_0, μ_0, ν_0 drei Proportionalitätsfaktoren bedeuten, die als Komponenten eines Vektor $\mathfrak{H}_0$ betrachtet werden können[8]). Dazu treten die Sprünge der drei Geschwindigkeitskomponenten

$$(6)\qquad \lambda_1 = \left[\frac{\delta x}{\delta t}\right], \quad \mu_1 = \left[\frac{\delta y}{\delta t}\right], \quad \nu_1 = \left[\frac{\delta z}{\delta t}\right],$$

wo λ_1, μ_1, ν_1 als Komponenten eines neuen Vektors $\mathfrak{H}_1$ gedeutet werden können, so dass die Sprünge der 12 Differentialquotienten

6) Ann. di mat. (2) 8 (1877), p. 94.

7) Leçons, p. 81.

8) *Hadamard,* Leçons, p. 88. δ bedeutet Differentiation im System der unabhängigen Variabeln (von *Lagrange*) a, b, c, t.

von x, y, z nach a, b, c und t in jedem Punkte der gegebenen Unstetigkeitsfläche durch zwei Vektoren $\mathfrak{H}_0$ und $\mathfrak{H}_1$ bestimmt sind.

Bei Unstetigkeiten *höherer* Ordnung unterscheiden wir die Ableitungen nach ihrem *Index*, d. h. nach ihrer Ordnung in t.[9])

Es gelten ganz allgemein die Beziehungen[10]):

$$(7)\qquad \begin{cases} \left[\dfrac{\delta^n x}{\delta a^p \delta b^q \delta c^r \delta t^k}\right] = \lambda_k \alpha^p \beta^q \gamma^r, \\ \left[\dfrac{\delta^n y}{\delta a^p \delta b^q \delta c^r \delta t^k}\right] = \mu_k \alpha^p \beta^q \gamma^r, \\ \left[\dfrac{\delta^n z}{\delta a^p \delta b^q \delta c^r \delta t^k}\right] = \nu_k \alpha^p \beta^q \gamma^r \end{cases}$$

$$(p + q + r + k = n; \quad k = 0, 1, 2, \ldots, n).$$

Sämtliche Ableitungen desselben Index k sind hiernach durch einen Vektor $\mathfrak{H}_k(\lambda_k, \mu_k, \nu_k)$ bestimmt; die Sprünge der $3\binom{n+3}{3}$ Differentialquotienten n^{ter} Ordnung von x, y, z werden daher durch $n+1$ Vektoren bestimmt.

Die weitere Forderung nun, dass die Unstetigkeit, welche in einem gewissen Augenblicke t sich auf einer bestimmten Fläche befindet, auch in den *nächsten* Augenblicken sich auf einer Fläche befinden soll, dass sich also die Unstetigkeit im Verlaufe der Zeit „nicht auflöse", ergiebt zwischen den Sprüngen der Differentialquotienten von x, y, z nach a, b, c, und den Sprüngen der Geschwindigkeiten bezw. Beschleunigungen die sogenannten *kinematischen Kompatibilitätsbedingungen*[11]):

Es muss nämlich zwischen je zwei Vektoren $\mathfrak{H}_{k-1}$ und $\mathfrak{H}_k$ für $k = 1, 2, \ldots, n$ die Beziehung

$$(8)\qquad \mathfrak{H}_k = (-1)\,\mathfrak{H}_{k-1}\theta$$

bestehen, wo

---

9) *Hadamard,* Leçons, p. 87.

10) *Hadamard,* Leçons, p. 96; für Unstetigkeiten zweiter Ordnung schon bei *H. Hugoniot,* Paris C. R. 101 (1885), p. 1118 und 1229.

11) Für Unstetigkeiten erster Ordnung wurden die kinematischen Kompatibilitätsbedingungen von *E. B. Christoffel* (Ann. di mat. (2) 8 (1877), p. 82, 95 u. 199) angegeben, der sie „phoronomische" Bedingungen nennt. *H. Hugoniot* (Paris C. R. 181 (1885), p. 794, 1118, 1229) hat die kinematischen Bedingungen zuerst für Unstetigkeiten zweiter Ordnung aufgestellt. Ganz allgemein finden sie sich bei *Hadamard* (Leçons, p. 108). S. auch *P. Appell,* Traité de mécanique rationelle, 3, p. 297 und *G. C. Souslov*, Moskau, Math. Sammlung (russisch) 24 (1903), p. 57.

$$\theta = -\frac{\frac{\delta\psi}{\delta t}}{\sqrt{\left(\frac{\delta\psi}{\delta a}\right)^2 + \left(\frac{\delta\psi}{\delta b}\right)^2 + \left(\frac{\delta\psi}{\delta c}\right)^2}}$$

die Fortpflanzungsgeschwindigkeit der Unstetigkeit im Raume a, b, c bedeutet (vgl. Nr. 4), d. h. also alle Vektoren $\mathfrak{H}_0, \mathfrak{H}_1, \ldots, \mathfrak{H}_n$ sind gleich- oder entgegengesetzt gerichtet und das Verhältnis eines jeden zu dem vorhergehenden ist gleich der negativ genommenen Fortpflanzungsgeschwindigkeit der Unstetigkeit.

Zusammen können die identischen Bedingungen mit den kinematischen Kompatibilitätsbedingungen durch folgende symbolische Gleichungen dargestellt werden:

$$(9)\quad \begin{cases} \left(\left[\frac{\delta}{\delta a}\right] da + \left[\frac{\delta}{\delta b}\right] db + \left[\frac{\delta}{\delta c}\right] dc + \left[\frac{\delta}{\delta t}\right] dt\right)^n x \\ \qquad = \lambda_0(\alpha da + \beta db + \gamma dc - \theta dt)^n, \\ \left(\left[\frac{\delta}{\delta a}\right] da + \left[\frac{\delta}{\delta b}\right] db + \left[\frac{\delta}{\delta c}\right] dc + \left[\frac{\delta}{\delta t}\right] dt\right)^n y \\ \qquad = \mu_0(\alpha da + \beta db + \gamma dc - \theta dt)^n, \\ \left(\left[\frac{\delta}{\delta a}\right] da + \left[\frac{\delta}{\delta b}\right] db + \left[\frac{\delta}{\delta c}\right] dc + \left[\frac{\delta}{\delta t}\right] dt\right)^n z \\ \qquad = \nu(\alpha da + \beta db + \gamma dc - \theta dt)^n, \end{cases}$$

welche identisch in da, db, dc, dt erfüllt sein müssen.

P. Duhem[12]) stellt sich noch die Aufgabe, die Fortpflanzungsgeschwindigkeit einer Unstetigkeit n^{ter} Ordnung durch die Sprünge der unstetigen Elemente auszudrücken. Es sei U eine solche in ihren Ableitungen n^{ter} Ordnung unstetige Funktion von a, b, c, t, dann ist, wenn $[U] = V$ gesetzt wird,

für $n = 1$

$$(10)\qquad \theta^2\left\{\left(\frac{\delta V}{\delta a}\right)^2 + \left(\frac{\delta V}{\delta b}\right)^2 + \left(\frac{\delta V}{\delta c}\right)^2\right\} = \left(\frac{\delta V}{\delta t}\right)^2,$$

für $n = 2$

$$(11)\qquad \theta^2 \Delta V = \frac{\delta^2 V}{\delta t^2},$$

für $n = 2k$

$$(12)\qquad \theta^{2k}\Delta_k V = \frac{\delta^{2k} V}{\delta t^{2k}},$$

wo Δ_k die k-mal angewandte Operation Δ bedeutet; endlich

für $n = 2k + 1$

$$(13)\qquad \theta^{2(2k+1)}\left\{\left(\frac{\delta \Delta_k V}{\delta a}\right)^2 + \left(\frac{\delta \Delta_k V}{\delta b}\right)^2 + \left(\frac{\delta \Delta_k V}{\delta c}\right)^2\right\} = \left(\frac{\delta^{2k+1} V}{\delta t^{2k+1}}\right)^2.$$

12) Paris C. R. 131 (1901), p. 1171.

Die Formel (11) findet sich bereits bei *Hugoniot*[13]). Die Ausdrücke für θ sind gegenüber Drehung der Koordinatenaxen invariant.

3. Die dynamischen Kompatibilitätsbedingungen. Wir stellen den Fall der Unstetigkeiten in den Geschwindigkeitskomponenten und der Dichte (Unstetigkeiten erster Ordnung) voran. Um hier diejenigen Funktionen ϱ, p, u, v, w auszuwählen, denen eine physikalische Bedeutung zugeschrieben werden kann, greifen wir zu den Prinzipien der Mechanik zurück und fordern, dass diese im ganzen Gase überall auch an den Unstetigkeitsstellen erfüllt sein sollen; auf Grund dieser Prinzipien folgen dann für die stetigen Stellen die gewöhnlichen Differentialgleichungen, während für die Unstetigkeitsstellen andere, sogenannte *dynamische Kompatibilitätsbedingungen* bestehen müssen.

P. Duhem[14]) machte den Versuch, die Bewegungsgleichungen und die Kompatibilitätsbedingungen aus dem *D'Alembert*'schen Prinzip abzuleiten, seine Beweisführung ist jedoch nicht einwandsfrei, auch bekommt er nicht die dynamischen Kompatibilitätsbedingungen. In den „Recherches"[15]) benützt er daher zur Aufstellung derselben eine besondere Form des *D'Alembert*'schen Prinzips, in welcher er für den Fall, dass die Geschwindigkeit während des Zeitelementes dt eine endliche Änderung $u_2 - u_1$, $v_2 - v_1$, $w_2 - w_1$ erleidet, an Stelle der Beschleunigungskomponenten die (unendlichen) Grössen

$$\frac{u_2 - u_1}{dt}, \quad \frac{v_2 - v_1}{dt}, \quad \frac{w_2 - w_1}{dt}$$

setzt.

Das Problem kann mit Hülfe des *Hamilton*'schen Prinzips der stationären Wirkung ohne besondere weitere Hypothesen gelöst werden[16]):

Es sei gleich ein *beliebiges elastisches Medium* gegeben; $U(x, y, z)$ sei das Potential der in x, y, z auf die Volumeneinheit wirkenden äusseren Kräfte und W die „innere Energie der Volumeneinheit" oder „innere Energiedichte"; sie wird eine von der physikalischen Beschaffenheit des elastischen Körpers abhängige, gegebene Funktion der 9 Grössen:

$$\frac{\delta x}{\delta a}, \frac{\delta x}{\delta b}, \frac{\delta x}{\delta c}, \frac{\delta y}{\delta a}, \ldots, \frac{\delta z}{\delta c}.$$

Das *Hamilton*'sche Prinzip der stationären Wirkung bei gegebener Oberfläche kann dann so formuliert werden:

Es soll die erste Variation des Integrals

---

13) Paris C. R. 101 (1885), p. 794.

14) Cours (1891), p. 60—98.

15) 1. sér. (1903), p. 75.

16) *G. Zemplén*, Math. Ann. 61, Heft 3 (1905).

$$J = \int_{t_0}^{t_1} dt \iiint \varrho \left(\frac{1}{2} \left\{ \left(\frac{\delta x}{\delta t}\right)^2 + \left(\frac{\delta y}{\delta t}\right)^2 + \left(\frac{\delta z}{\delta t}\right)^2 \right\} - U(x, y, z) - W \right) dx\,dy\,dz$$

verschwinden, wenn x, y, z als Funktionen von a, b, c, t so variiert werden, dass ihre Werte für $t = t_0$ und $t = t_1$ unverändert bleiben und für die Oberfläche

$$\varphi(a, b, c) = 0$$

die Gleichung (3)

$$f(x, y, z, t) = 0$$

zu jeder Zeit t erfüllt sein soll.

An Stelle von $\varrho\, dx\, dy\, dz$ kann $\varrho_0 da\, db\, dc$ geschrieben werden (Kontinuitätsgleichung) und J wird in ein Integral nach a, b, c, t übergehen. ϱ_0 ist hier eine gegebene Funktion von a, b, c, welche wieder im allgemeinen nicht den Anfangswert von ϱ bedeutet[5]).

Wir nehmen an, wir haben x, y, z diesen Forderungen entsprechend als stetige Funktionen von a, b, c, t bestimmt, ihre *ersten* Ableitungen nach a, b, c und t seien jedoch in *jedem* Augenblicke t auf der *Fläche* σ

$$\psi(a, b, c, t) = 0$$

im Raume a, b, c unstetig.

Aus dem Verschwinden der ersten Variation folgen dann für alle Werte von a, b, c, t, welche der Gleichung $\psi = 0$ nicht genügen, die gewöhnlichen *Bewegungsgleichungen*:

$$(14)\quad \begin{cases} -\varrho_0 \left(\frac{\delta^2 x}{\delta t^2} + \frac{\partial U}{\partial x}\right) + \frac{\delta}{\delta a}\left(\varrho_0 \frac{\delta W}{\delta x_a}\right) + \frac{\delta}{\delta b}\left(\varrho_0 \frac{\delta W}{\partial x_b}\right) + \frac{\delta}{\delta c}\left(\varrho_0 \frac{\delta W}{\delta x_c}\right) = 0, \; ^{17)} \\ -\varrho_0 \left(\frac{\delta^2 y}{\delta t^2} + \frac{\partial U}{\partial y}\right) + \frac{\delta}{\delta a}\left(\varrho_0 \frac{\delta W}{\delta y_a}\right) + \frac{\delta}{\delta b}\left(\varrho_0 \frac{\delta W}{\delta y_b}\right) + \frac{\delta}{\delta c}\left(\varrho_0 \frac{\delta W}{\delta y_c}\right) = 0, \\ -\varrho_0 \left(\frac{\delta^2 z}{\delta^2 t} + \frac{\partial U}{\partial z}\right) + \frac{\delta}{\delta a}\left(\varrho_0 \frac{\delta W}{\delta z_a}\right) + \frac{\delta}{\delta b}\left(\varrho_0 \frac{\delta W}{\delta z_b}\right) + \frac{\delta}{\delta c}\left(\varrho_0 \frac{\delta W}{\delta z_c}\right) = 0. \end{cases}$$

Für die Fläche σ ergeben sich als *dynamische Kompatibilitätsbedingungen:*

$$(15)\quad \begin{cases} -\varrho_0 \theta \left[\frac{\delta x}{\delta t}\right] = \left[\varrho_0 \frac{\delta W}{\delta x_a}\right] \alpha + \left[\varrho_0 \frac{\delta W}{\delta x_b}\right] \beta + \left[\varrho_0 \frac{\delta W}{\partial x_c}\right] \gamma, \\ -\varrho_0 \theta \left[\frac{\delta y}{\delta t}\right] = \left[\varrho_0 \frac{\delta W}{\delta y_a}\right] \alpha + \left[\varrho_0 \frac{\delta W}{\delta y_b}\right] \beta + \left[\varrho_0 \frac{\delta W}{\delta y_c}\right] \gamma, \\ -\varrho_0 \theta \left[\frac{\delta z}{\delta t}\right] = \left[\varrho_0 \frac{\delta W}{\delta z_a}\right] \alpha + \left[\varrho_0 \frac{\delta W}{\delta z_b}\right] \beta + \left[\varrho_0 \frac{\delta W}{\delta z_c}\right] \gamma; \end{cases}$$

α, β, γ sind wieder die Richtungskosinus der nach dem Raumteile 2

17) $x_a = \frac{\delta x}{\delta a}$, etc.

gerichteten Normale der Fläche σ im Punkte a, b, c zur Zeit t und θ die „Fortpflanzungsgeschwindigkeit" der Unstetigkeit im Raume a, b, c. Zu bemerken ist hierbei, dass die innere Energiedichte W in den Gebieten 1 und 2 nicht dieselbe Funktion der Deformationsgrössen sein wird (vgl. Nr. 8).

Im Falle eines *elastischen Körpers*[18]) werden

$$-\varrho_0 \frac{\delta W}{\delta x_a} = X_x, \quad -\varrho_0 \frac{\delta W}{\delta x_b} = -\varrho_0 \frac{\delta W}{\delta y_a} = X_y = Y_x, \text{ etc.}$$

die Spannungskomponenten; die Gleichungen (15) gehen dann in die folgenden

$$(16)\qquad \begin{cases} \varrho_0 \theta \left[\frac{\delta x}{\delta t}\right] = [X_x]\,\alpha + [X_y]\,\beta + [X_z]\,\gamma, \\ \varrho_0 \theta \left[\frac{\delta y}{\delta t}\right] = [Y_x]\,\alpha + [Y_y]\,\beta + [Y_z]\,\gamma, \\ \varrho_0 \theta \left[\frac{\delta z}{\delta t}\right] = [Z_x]\,\alpha + [Z_y]\,\beta + [Z_z]\,\gamma \end{cases}$$

über.

Für eine *ideale Flüssigkeit* wird W eine Funktion der Dilatation

$$(17)\qquad \omega = \frac{\varrho_0}{\varrho} = \begin{vmatrix} \frac{\delta x}{\delta a} & \frac{\delta x}{\delta b} & \frac{\delta x}{\delta c} \\ \frac{\delta y}{\delta a} & \frac{\delta y}{\delta b} & \frac{\delta y}{\delta c} \\ \frac{\delta z}{\delta a} & \frac{\delta z}{\delta b} & \frac{\delta z}{\delta c} \end{vmatrix}$$

allein. Wählt man den augenblicklichen Zustand des Gebietes 1 als Anfangszustand ($x = a$, $y = b$, $z = c$ zur Zeit t), bezeichnet die entsprechenden Werte von ϱ_0 und θ mit ϱ_1 und $\theta^{(1)}$ und setzt $-\varrho_1 \frac{dW}{d\omega} = p$, so werden jetzt die Gleichungen (16) mit Rücksicht auf die identischen Bedingungen (10)

$$(18)\qquad \begin{cases} \varrho_1 \theta^{(1)} \left[\frac{\delta x}{\delta t}\right] = [p]\,\alpha, \\ \varrho_1 \theta^{(1)} \left[\frac{\delta y}{\delta t}\right] = [p]\,\beta, \\ \varrho_1 \theta^{(1)} \left[\frac{\delta z}{\delta t}\right] = [p]\,\gamma, \end{cases}$$

wo jetzt α, β, γ die Richtungskosinus der Fläche sind, auf welcher die von der Unstetigkeit behafteten Teilchen zur Zeit t liegen.

Die Gleichungen (15) bezw. (16) und (18) sind die sogenannten *Impulsgleichungen*, welche für die eindimensionale Gasbewegung von *B. Rie-*

18) Bezeichnungen nach IV 14, Nr. 19 (*M. Abraham*).

mann[19]), für ideale Flüssigkeiten ganz allgemein von *E. B. Christoffel*[20]) und für unendlich kleine Bewegungen elastischer Körper ebenfalls von *E. B. Christoffel*[21]) aufgestellt wurden.

Im Falle einer Unstetigkeit erster Ordnung ergeben also die dynamischen Kompatibilitätsbedingungen eine Beziehung zwischen den Sprüngen in der Geschwindigkeit und dem Druck bezw. der Dichte oder Dilatation, welche an den Stellen gelten, an denen die Differentialgleichungen (1) nicht erfüllt sind. Im Falle von Unstetigkeiten höherer Ordnung sind diese Bedingungen identisch erfüllt, so dass hier das *Hamilton*'sche Prinzip keine besonderen Bedingungen liefert.

4. Physikalische Interpretation der Kompatibilitätsbedingungen. Die in den Nrn. **2** und **3** gegebenen analytischen Beziehungen zwischen den unstetigen Elementen gestatten eine bequeme physikalische Ausdrucksweise:

Es seien für das Gebiet 1, in welches neben dem Gebiete 2 der Raum in einem Augenblicke t durch die stetig differentiierbare Fläche $\psi(a, b, c, t) = 0$ geteilt wird, die Koordinaten der Massenpunkte durch das stetig differentiierbare System x_1, y_1, z_1 von Integralen der Bewegungsgleichungen gegeben, für das Gebiet 2 durch ein gleiches System x_2, y_2, z_2; auf der Fläche $\psi(a, b, c, t) = 0$ seien $x_1 = x_2$, $y_1 = y_2$, $z_1 = z_2$, während es Ableitungen von x_2, y_2, z_2 nach a, b, c, t geben soll, die mit den entsprechenden von x_1, y_1, z_1 in dem nämlichen Punkte a, b, c der Fläche $\psi(a, b, c, t) = 0$ zur Zeit t nicht übereinstimmen. Die identischen und kinematischen Kompatibilitätsbedingungen besagen dann, dass im nächsten Augenblick $t + dt$ die Bewegung immer noch durch die beiden Integralsysteme x_1, y_1, z_1 und x_2, y_2, z_2 dargestellt wird, aber nicht mehr für die Gebiete 1 und 2, sondern für die durch die Nachbargrenzfläche

$$\psi(a, b, c, t + dt) = 0$$

gebildeten Gebiete 1' und 2', d. h. die eine der beiden Bewegungen hat sich — in der Ausdrucksweise *H. Hugoniot*'s[22]) — in die andere *fortgepflanzt* und beide sind im Augenblick t mit einander *kompatibel*.

Es ist aber zu berücksichtigen, dass die Wahl des Anfangs-

---

19) Luftwellen, Werke, p. 154 (1860).

20) Ann. di mat. (2) 8 (1877), p. 85.

21) Ann. di mat. (2) 8 (1877), p. 197.

22) *Hugoniot,* Paris C. R. 101 (1885), p. 794. Im wesentlichen befindet sich der Begriff der Kompatibilität schon bei *Riemann* (Luftwellen, Werke, p. 154—256).

zustandes, namentlich der Entscheid darüber, in welchem der Gebiete 1 oder 2 a, b, c die Anfangswerte von x, y, z bedeuten sollen, für Unstetigkeiten erster Ordnung nicht gleichgültig ist, vielmehr zwischen den die Unstetigkeit charakterisierenden Grössen θ, λ_0, μ_0, ν_0 die Beziehungen[23]):

$$\frac{\theta^{(1)}}{\theta^{(2)}} = 1 + \lambda_0{}^{(2)}\alpha + \mu_0{}^{(2)}\beta + \nu_0{}^{(2)}\gamma, \tag{19}$$

$$\frac{\lambda_0{}^{(1)}}{\lambda_0{}^{(2)}} = \frac{\mu_0{}^{(1)}}{\mu_0{}^{(2)}} = \frac{\nu_0{}^{(1)}}{\nu_0{}^{(2)}} = \frac{1}{1 + \lambda_0{}^{(2)}\alpha + \mu_0{}^{(2)}\beta + \nu_0{}^{(2)}\gamma} \tag{20}$$

bestehen, wo die oberen Indices darauf hinweisen, dass als Anfangszustand der *augenblickliche* Zustand des Bereiches 1 resp. 2 angenommen wurde. Indem $1 + \lambda_0{}^{(2)}\alpha + \mu_0{}^{(2)}\beta + \nu_0{}^{(2)}\gamma$ gerade die Dilation ist, die in Richtung der Normalen von σ beim Übergang des Zustandes 1 in den Zustand 2 — das ganze als Deformation eines Mediums aufgefasst — erfolgt, so wird (19) durch Einführung der Dichten ϱ_1 und ϱ_2 für die Gebiete 1 und 2

$$\varrho_1 \theta^{(1)} = \varrho_2 \theta^{(2)} \text{ [24]}), \tag{21}$$

oder unter Benutzung der dynamischen und kinematischen Kompatibilitätsbedingungen durch Elimination von $\theta^{(2)}$

$$\theta^{(1)} = \sqrt{\frac{p_2 - p_1}{\varrho_2 - \varrho_1} \cdot \frac{\varrho_2}{\varrho_1}}, \tag{22}$$

(wenn man den augenblicklichen Zustand des Bereiches 1 als Anfangszustand wählt), oder allgemein

$$\theta = \sqrt{\frac{p_1 - p_2}{\varrho_0(\omega_2 - \omega_1)}} \text{ [25]}). \tag{23}$$

Die Abhängigkeit der Fortpflanzungsgeschwindigkeit θ von der Wahl des Anfangszustandes lässt es oft bequemer erscheinen, statt der Fläche $\psi(a, b, c, t) = 0$ die Fläche Σ

$$\Psi(x, y, z, t) = 0$$

im thatsächlichen Raum x, y, z zu betrachten, die die zur Zeit t mit „Unstetigkeit" behafteten Massenteilchen verbindet und deren Verschiebungsgeschwindigkeit T

$$T = -\frac{\frac{\partial \Psi}{\partial t}}{\sqrt{\left(\frac{\partial \Psi}{\partial x}\right)^2 + \left(\frac{\partial \Psi}{\partial y}\right)^2 + \left(\frac{\partial \Psi}{\partial z}\right)^2}}$$

---

23) *Hadamard,* Leçons, p. 107.

24) *Riemann,* Luftwellen, p. 154; für die dreidimensionale Bewegung bei *Christoffel,* Ann. di mat. (2) 8 (1877), p. 84.

25) Für das eindimensionale Problem bei *Riemann,* Luftwellen, p. 154; allgemein bei *E. Jouguet,* Paris C. R. 132 (1901), p. 673.

unabhängig von der Wahl des Anfangszustandes nur von dem augenblicklichen Zustande abhängt. Man nennt die Fläche Σ eine *Welle*, und zwar eine *Stosswelle*, sobald die Unstetigkeit auf σ erster Ordnung ist, *Beschleunigungswelle* wenn sie zweiter und höherer Ordnung ist.

Wählt man den augenblicklichen Zustand des Bereiches 1 als Anfangszustand a, b, c, so fällt die Fläche σ in diesem Augenblicke mit Σ zusammen, jedoch nicht mehr im nächsten Augenblicke (nach Verlauf der Zeit dt); es gilt vielmehr die Beziehung:

$$T = \theta^{(1)} + V_{n_1},$$

wo V_{n_1} die Komponente der Strömungsgeschwindigkeit des Gases im Gebiete 1 in Richtung der nach 2 gerichteten Normalen n der Wellenfläche bedeutet. T ist daher die Geschwindigkeit, mit welcher sich die Welle im Raume in Bezug auf unser festes Koordinatensystem fortbewegt, während $\theta^{(1)}$ die Geschwindigkeit bedeutet, mit welcher sich die Welle *relativ zur Gasmasse im Gebiete 1 fortpflanzt.*

Der spezielle Fall $\theta = 0$ entspricht einer Welle, welche sich mit der Strömungsgeschwindigkeit des Gases im Raume fortbewegt; diese sogenannte *stationäre* Welle ist mindestens zweiter Ordnung, da aus

$$T = \theta^{(1)} + V_{n_1} = \theta^{(2)} + V_{n_2} \tag{24}$$

für $\theta^{(1)} = 0$, $\theta^{(2)} = 0$

$$V_{n_1} = V_{n_2}$$

folgt.

Man unterscheidet nun die Unstetigkeiten nach der *Richtung* des Vektors $\mathfrak{H}_0$, der die *Richtung* der Unstetigkeit liefert, in *longitudinale*, wenn $\mathfrak{H}_0$ senkrecht zu σ, und *transversale*, wenn $\mathfrak{H}_0$ tangential zu derselben steht. Da die Richtung der Unstetigkeit von der Wahl des Anfangszustandes unabhängig ist, spricht man auch von longitudinalen und transversalen *Wellen*, so dass man als Anfangszustand den augenblicklichen Zustand wählt und den Vektor $\mathfrak{H}_0$ auf die Wellenfläche Σ bezieht.

Im übrigen folgt aus der Gleichung (24) für Unstetigkeiten höherer als erster Ordnung auch, dass wegen $[V_n] = 0$ $\theta^{(1)} = \theta^{(2)}$, $\lambda_0^{(1)} = \lambda_0^{(2)}$, $\mu_0^{(1)} = \mu_0^{(2)}$, $\nu_0^{(1)} = \nu_0^{(2)}$ wird. Bei solchen Unstetigkeiten ergiebt die Definition der Dichte (Gl. 17) $\varrho_1 = \varrho_2$, und Gleichung (21) ist dann (bei einer Unstetigkeit n^{ter} Ordnung)[26] durch die andere

$$\left[\frac{\delta^{n-1} \log \frac{\varrho_0}{\varrho}}{\delta a^p \, \delta b^q \, \delta c^r \, \delta t^h}\right] = (\lambda_0 \alpha + \mu_0 \beta + \nu_0 \gamma) \alpha^p \beta^q \gamma^r (-\theta)^h \tag{25}$$

$$(p + q + r + h = n - 1)$$

26) *Hadamard,* Leçons, p. 113.

zu ersetzen, aus der zusammen mit den kinematischen Kompatibilitätsbedingungen und den rechts und links von der Unstetigkeitsfläche geltenden Grundgleichungen der Hydrodynamik nebst deren Ableitungen bis zur $n - 1^{\text{ten}}$ Ordnung die bekannte Formel von *P. S. Laplace* für die Fortpflanzungsgeschwindigkeit des Schalles

$$\theta = \sqrt{\frac{dp}{d\varrho}} \quad (26)$$

[27]), hervorgeht.

Für *Gase* speziell ergiebt sich, dass sich in ihnen neben stationären transversalen Unstetigkeiten ($\theta = 0$) nur *longitudinale Wellen* ($\theta \neq 0$) fortpflanzen können[28]):

$$l = \frac{\lambda_0}{\alpha} = \frac{\mu_0}{\beta} = \frac{\nu_0}{\gamma}$$

ist die *Grösse* der Unstetigkeit.

Man unterscheidet auch *komprimierende* und *dilatierende* Unstetigkeiten[29]), je nachdem bei einer Bewegung, bei der die Unstetigkeiten über die Fläche σ hin aufgehoben wären, die Massenteilchen sich durchdringen oder von einander lostrennen werden. Komprimierende Unstetigkeiten werden auch *positive*, dilatierende auch *negative* genannt[30]). *Riemann*[31]) nennt die positiven Wellen erster Ordnung speziell *Verdichtungsstösse.*

Der Charakter der Unstetigkeit, d. h. ob komprimierend oder dilatierend, ist von der Wahl des Anfangszustandes unabhängig.

Bei positiver Unstetigkeit n^{ter} Ordnung ergiebt sich, ohne Rücksicht darauf, ob Kompatibilität herrscht oder nicht, die leicht interpretierbare Beziehung:

$$\alpha\left[\frac{\delta^n x}{\delta t^n}\right] + \beta\left[\frac{\delta^n y}{\delta t^n}\right] + \gamma\left[\frac{\delta^n z}{\delta t^n}\right] < 0,$$

während für eine negative Unstetigkeit das Zeichen $>$ gilt.

Herrscht Kompatibilität, so ergiebt sich für eine Welle n^{ter}

---

27) *H. Hugoniot,* Paris C. R. 101 (1885), p. 1119; das Vorzeichen von θ bestimmt sich immer durch die Bedingungen (9), in welchen θ nur linear vorkommt. *Hugoniot* (ebd. p. 1229) beweist die Gültigkeit der Formel (26) auch für den Fall, dass $p = \varphi(\varrho, a, b, c)$, dass also z. B. das Gas im Anfangszustande nicht gleicher Temperatur ist.

28) *P. Duhem,* Paris C. R. 132 (1901), p. 1303.

29) *Riemann,* Luftwellen, p. 157.

30) *Hadamard*, Leçons, p. 118.

31) *Riemann,* Luftwellen, p. 153. Negative Stosswellen, Verdünnungsstösse, können zwar in Gasen hervorgerufen werden, sich aber in ihnen nicht fortpflanzen, da sie sich sofort auflösen. Vgl. weiter unten Nr. 8.

Ordnung unter Benutzung der Beziehung (25) für $h = n - 1$:[32]) eine Welle n^{ter} Ordnung ist komprimierend oder dilatierend, je nachdem sie sich nach jenem Gebiete fortpflanzt, in welchem die $n - 1^{\text{te}}$ Ableitung von $\log \frac{1}{\varrho}$ nach der Zeit die grössere oder kleinere ist. Eine Welle *erster* Ordnung ist positiv oder negativ, je nachdem sie sich nach dem Gebiete kleinerer resp. grösserer Dichte fortpflanzt.

5. Analytische Formulierung des Problems der unstetigen insbes. eindimensionalen Gasbewegung. Seine Beziehung zur Charakteristikentheorie der partiellen Differentialgleichungen zweiter Ordnung. Unter der Annahme, dass die entstehenden Unstetigkeiten im Sinne *Hugoniot*'s kompatibel sind, wird die analytische Formulierung des Problems der unstetigen Gasbewegung nach dem Vorigen — bei gegebenem Anfangszustand des Gases und gegebener Bewegung der Gefässwände — die folgende sein.

Gesucht werden die Funktionen:

$$x_1(a, b, c, t), \quad y_1(a, b, c, t), \quad z_1(a, b, c, t),$$
$$x_2(a, b, c, t), \quad y_2(a, b, c, t), \quad z_2(a, b, c, t)$$

und

$$t = \Phi(a, b, c).$$

Gegeben sind die Werte von $x_1, y_1, z_1; x_2, y_2, z_2$ zur Zeit $t = 0$ und zwar möge der Anfangszustand im Gebiete 1 gewählt sein, sodass

$$(x_1)_0 = a, \quad (y_1)_0 = b, \quad (z_1)_0 = c$$

ist; ausserdem ist für die Oberfläche:

$$\varphi(a, b, c) = 0 \quad \text{und} \quad \varphi((x_2)_0, (y_2)_0, (z_2)_0) = 0$$

die Bedingung

$$f(x_1, y_1, z_1, t) = 0 \quad \text{resp.} \quad f(x_2, y_2, z_2, t) = 0$$

vorgeschrieben.

Für

$$t - \Phi(a, b, c) > 0$$

müssen x_1, y_1, z_1, für

$$t - \Phi(a, b, c) < 0$$

müssen x_2, y_2, z_2 den *Lagrange*'schen Bewegungsgleichungen genügen.

Für die in den vorhergehenden Nummern mit

$$\psi(a, b, c, t) = 0$$

bezeichnete Fläche

$$t = \Phi(a, b, c)$$

32) *Hadamard*, Leçons, p. 120.

müssen

$$x_1 = x_2, \quad y_1 = y_2, \quad z_1 = z_2$$

sein und zwischen den Ableitungen von $x_1, y_1, z_1, x_2, y_2, z_2$ die dynamischen und kinematischen Kompatibilitätsbedingungen bestehen, welche die zur Bestimmung von $\Phi(a, b, c)$ nötigen Differentialgleichungen liefern.

Für eine Unstetigkeit erster Ordnung werden diese Gleichungen für Φ

$$(27)\quad \begin{cases} [p]\left(\frac{\delta \Phi}{\delta a}\right)^2 = -\varrho_0\left[\frac{\delta x}{\delta a}\right], & [p]\frac{\delta \Phi}{\delta a}\frac{\delta \Phi}{\delta b} = -\varrho_0\left[\frac{\delta x}{\delta b}\right], & [p]\frac{\delta \Phi}{\delta a}\frac{\delta \Phi}{\delta c} = -\varrho_0\left[\frac{\delta x}{\delta c}\right], \\ [p]\frac{\delta \Phi}{\delta b}\frac{\delta \Phi}{\delta a} = -\varrho_0\left[\frac{\delta y}{\delta a}\right], & [p]\left(\frac{\delta \Phi}{\delta b}\right)^2 = -\varrho_0\left[\frac{\delta y}{\delta b}\right], & [p]\frac{\delta \Phi}{\delta b}\frac{\delta \Phi}{\delta c} = -\varrho_0\left[\frac{\delta y}{\delta c}\right], \\ [p]\frac{\delta \Phi}{\delta c}\frac{\delta \Phi}{\delta a} = -\varrho_0\left[\frac{\delta z}{\delta a}\right], & [p]\frac{\delta \Phi}{\delta c}\frac{\delta \Phi}{\delta b} = -\varrho_0\left[\frac{\delta z}{\delta b}\right], & [p]\left(\frac{\delta \Phi}{\delta c}\right)^2 = -\varrho_0\left[\frac{\delta z}{\delta c}\right]. \end{cases}$$

Ähnliche Bedingungen, in welchen ebenfalls nur die Ableitungen von Φ und die Sprünge der unstetigen Elemente vorkommen, können auch für Wellen höherer Ordnung aufgestellt werden.

Damit ist also das Problem der unstetigen Gasbewegung auf die Lösung zweier Systeme von partiellen Differentialgleichungen zurückgeführt: die gegebenen Randbedingungen (27) beziehen sich dabei auf eine selbst noch nicht bekannte Fläche, welche durch Differentialgleichungen definiert wird, in welchen die Randwerte der Ableitungen beider Systeme von gesuchten Funktionen vorkommen.

In dieser Allgemeinheit ist das Problem bis jetzt nicht in Angriff genommen worden, wogegen das spezielle *Problem der eindimensionalen unstetigen Gasbewegung* eine eingehendere Behandlung erfahren hat.

Hier ist das Problem folgendes: Das Gas wird in einem Cylinder mit festen Seitenwänden eingeschlossen gedacht; es wird vorausgesetzt, dass die Bewegung nur in der Richtung der Cylinderaxe (x-Axe) erfolgt und in einem bestimmten Augenblick in jedem Querschnitte senkrecht zur Cylinderaxe die Dichte und die Geschwindigkeit konstant seien. Der Anfangszustand und die Bewegung der Cylinderdeckel sind gegeben. Die analytische Formulierung des Problems ist damit folgende:

Es sollen $x_1(a, t)$, $x_2(a, t)$ und $t = \Phi(a)$ so bestimmt werden, dass,

(28) für $t - \Phi(a) > 0$ $\quad \frac{\delta^2 x_1}{\delta t^2} + \frac{1}{\varrho_0}\frac{\delta p_1}{\delta a} - X = 0,$

(29) für $t - \Phi(a) < 0$ $\quad \frac{\delta^2 x_2}{\delta t^2} + \frac{1}{\varrho_0}\frac{\delta p_2}{\delta a} - X = 0,$

(30) für $t - \Phi(a) = 0$ $\quad x_1 = x_2$

und die kinematischen und dynamischen Kompatibilitätsbedingungen erfüllt sind, die für Unstetigkeiten erster Ordnung

$$(31) \qquad [p]\left(\frac{d\Phi}{da}\right)^2 = -\varrho_0\left[\frac{\partial x}{\partial a}\right],$$

für Unstetigkeiten zweiter und höherer Ordnung entsprechende Gleichungen liefern.

Gegeben sind für

$$(32) \qquad \begin{cases} a=0 & x=f_0(t), \\ a=1 & x=f_1(t), \end{cases} \qquad t=0 \begin{cases} x=f(a), \\ \frac{\delta x}{\partial t}=\bar{f}(a). \end{cases}$$

(Erst wenn Φ bestimmt ist, kann man entscheiden, welche der Bedingungen (32) sich auf x_1 und welche sich auf x_2 beziehen.)

Deutet man a und t als rechtwinklige Koordinaten in einer Ebene, so kommt das Problem in geometrischer Ausdrucksweise darauf hinaus, zwei Flächen $x_1(a, t)$ und $x_2(a, t)$ so zu bestimmen, dass sie den *Lagrange*'schen Gleichungen genügen und im übrigen längs einer Kurve, deren Projektion in der a-t-Ebene ($t = \Phi(a)$) aus den Kompatibilitätsbedingungen zu bestimmen ist, wohl in den Ordinaten x_1 und x_2, nicht aber in allen ihren Ableitungen übereinstimmen, sodass also bei Unstetigkeiten erster Ordnung nur die Ordinaten, bei Unstetigkeiten zweiter Ordnung Ordinaten und Tangentialebenen längs der genannten Kurve übereinstimmen u. s. w.

Diese geometrische Interpretation lässt auch sofort erkennen[33]), wieso die Untersuchung der unstetigen Bewegungen (bei Unstetigkeiten *mindestens zweiter* Ordnung) in enge Beziehung zur Charakteristikentheorie der partiellen Differentialgleichungen zweiter Ordnung mit zwei unabhängigen Veränderlichen tritt, indem gerade die Charakteristiken solche Kurven im Raume sind, dass sich längs ihnen zwei Integralflächen der Differentialgleichung schneiden und berühren, sodass, wenn man die abwickelbare Fläche, deren Rückkehrkante die Charakteristik ist, giebt, mehrere (und zwar unendlich viele) diese abwickelbare Fläche längs der Rückkehrkante berührende Integralflächen der Differentialgleichung möglich sind. Die Charakteristiken werden also gerade die Unstetigkeitslinien zweiter und höherer Ordnung.

Speziell bei linearen Differentialgleichungen wird die Projektion der Charakteristik in der a-t-Ebene unabhängig von der jeweiligen Integralfläche, sodass man häufig auch diese Projektion als Charakte-

33) *H. Hugoniot,* J. éc. polyt. cah. 57 (1887), p. 15 und cah. 58 (1889), p. 1; über die Theorie der Charakteristiken partieller Differentialgleichungen zweiter Ordnung vgl. auch II A 5, Nr. **43** (*E. v. Weber*) und II A 7 c, Nr. **2** (*A. Sommerfeld*).

ristik und dementsprechend die Kurve $t = \Phi(a)$ als Unstetigkeitslinie bezeichnet.

Zu einer vorgelegten linearen Differentialgleichung

$$A\frac{\delta^2 x}{\delta a^2} + 2B\frac{\delta^2 x}{\delta a\,\delta t} + C\frac{\delta^2 x}{\delta t^2} = D\left(a,\, t,\, x,\, \frac{\delta x}{\delta a},\, \frac{\delta x}{\delta t}\right), \tag{33}$$

wo A, B, C Funktionen von a und t allein sind, wird die Gleichung der Charakteristiken

$$C\,da^2 - 2B\,da\,dt + A\,dt^2 = 0, \tag{34}$$

sodass es also zwei Scharen von Charakteristiken giebt, deren jede durch eine gewöhnliche Differentialgleichung bestimmt ist.

Die Neigung der Tangente $\frac{da}{dt}$ an die Charakteristik giebt gerade die Fortpflanzungsgeschwindigkeit der Unstetigkeit, die im übrigen auch

$$= \pm \frac{1}{\frac{d\Phi}{da}}$$

ist. Der zwiefache Wert der Fortpflanzungsgeschwindigkeit entspricht dem Umstande, dass sich die Unstetigkeit in zwei entgegengesetzten Richtungen fortpflanzen kann.

6. Nähere Ausführungen zum Problem der eindimensionalen unstetigen Gasbewegung. Auch das Problem der eindimensionalen unstetigen Gasbewegung ist in der in der vorigen Nr. **5** skizzierten Allgemeinheit nicht gelöst, wohl aber sind wichtige Spezialfälle näher untersucht.

J. Hadamard [34]) behandelt eingehend den Fall, dass die Gasteilchen nur *unendlich kleine Verschiebungen* gegenüber ihren Anfangslagen erleiden, sodass man

$$x = a + \varepsilon \bar{x}(a, t)$$

und

$$p = \varrho_0 \left(k_1^2 - k^2 \frac{\delta x}{\delta a}\right)$$

setzen kann, wo ε eine sehr kleine, k und k_1 endliche Konstanten bedeuten. Wirken keine äusseren Kräfte, so ergiebt sich für x_1 und x_2 die Gleichung der schwingenden Saite [35])

$$\frac{\delta^2 x}{\delta t^2} = k^2 \frac{\delta^2 x}{\delta a^2}. \tag{35}$$

Für *Unstetigkeiten erster Ordnung* folgt für Φ aus (31)

$$\frac{d\Phi}{da} = \pm \frac{1}{k},$$

sodass die Unstetigkeitslinien gerade Linien werden; sie sind es aber

34) Leçons, p. 147.

35) Vgl. II A 7c, Nr. **13** (*A. Sommerfeld*).

nur solange Unstetigkeitslinien, als man die Randwerte so wählt, dass $\frac{\delta x}{\delta a}$ und $\frac{\delta x}{\delta t}$ am Rande unstetig sind, da aus der Stetigkeit von $\frac{\delta x}{\delta a}$ und $\frac{\delta x}{\delta t}$ am Rande, diese insbesondere auch in den Schnittpunkten der eventuellen Unstetigkeitsgeraden mit den Koordinatenaxen a und t, also auch auf den Geraden selbst folgt[36]).

Für *Unstetigkeiten zweiter Ordnung* ist die Gleichung (31) durch folgende drei zu ersetzen:

$$\left[\frac{\delta^2 x}{\delta t^2}\right] = k^2 \left[\frac{\delta^2 x}{\delta a^2}\right],$$

$$\left[\frac{\delta^2 x}{\delta a^2}\right] = \frac{d\Phi}{da} \left[\frac{\delta^2 x}{\delta a\, \delta t}\right],$$

$$\left[\frac{\delta^2 x}{\delta a\, \delta t}\right] = \frac{d\Phi}{da} \left[\frac{\delta^2 x}{\delta t^2}\right],$$

sodass wiederum:

$$\frac{d\Phi}{da} = \pm \frac{1}{k}.$$

Hier können nunmehr selbst bei stetigen und differentiierbaren Randwerten aus den Punkten (0, 0) und (0, 1) Unstetigkeitsgeraden ausgehen, wie sich auch unmittelbar aus der Charakteristikentheorie ergiebt: $\pm k$ ist die Fortpflanzungsgeschwindigkeit der Unstetigkeit, d. h. es werden an beiden Cylinderdeckeln zur Zeit $t = 0$ Wellen zweiter Ordnung entstehen, welche sich mit der konstanten Geschwindigkeit k in entgegengesetzten Richtungen fortpflanzen.

Innerhalb der Gebiete, welche durch die Unstetigkeitsgeraden begrenzt werden, haben x_1 resp. x_2 als Lösungen der Gleichung der schwingenden Saite die Form:

$$F_1(a + kt) + F_2(a - kt).$$

Damit kann das Problem auch mit Rücksicht auf die Reflexion der Wellen an den Cylinderdeckeln[37]) genau nach denselben Prinzipien gelöst werden, nach welchen *G. Monge*[38]) das Problem der schwingenden Saite löst.

Den Fall der *endlichen Verschiebungen* für den *unendlichen Cylinder* behandelte zuerst *B. Riemann*[39]). Er benützt die *Euler*'sche Form der Grundgleichungen:

---

36) *Hadamard* nimmt von vornherein an, die Unstetigkeiten seien zweiter Ordnung.

37) *Hadamard*, p. 147.

38) J. éc polyt. cah. 15 (1809), p. 118.

39) Luftwellen, p. 145.

$$(36)\qquad \left\{\begin{aligned} \frac{\partial u}{\partial t} + u\,\frac{u}{\partial x} &= -\,\varphi'(\varrho)\frac{\partial \log \varrho}{\partial x},\\ \frac{\partial \log \varrho}{\partial t} + u\,\frac{\partial \log \varrho}{\partial x} &= -\,\frac{\partial u}{\partial x}, \end{aligned}\right.$$

in denen $p = \varphi(\varrho)$ und $\varphi'(\varrho) = \frac{d\varphi}{d\varrho}$ gesetzt ist, und nimmt den Anfangszustand stetig in ϱ, u an. Er führt nun r und s

$$2r = f(\varrho) + u, \quad 2s = f(\varrho) - u,$$

wo

$$f(\varrho) = \int \sqrt{\varphi'(\varrho)}\, d\log \varrho$$

ist, als neue abhängige Variable ein und folgert aus den so entstehenden Gleichungen

$$(37)\qquad \left\{\begin{aligned} \frac{\partial r}{\partial t} &= -\left(u + \sqrt{\varphi'(\varrho)}\right)\frac{\partial r}{\partial x},\\ \frac{\partial s}{\partial t} &= -\left(u - \sqrt{\varphi'(\varrho)}\right)\frac{\partial s}{\partial x}, \end{aligned}\right.$$

dass ein bestimmter Wert von r zu grösseren Werten von x (nach vorwärts) mit der Geschwindigkeit $\sqrt{\varphi'(\varrho)} + u$, ein bestimmter Wert von s zu kleineren Werten von x (nach rückwärts) mit der Geschwindigkeit $\sqrt{\varphi'(\varrho)} - u$ zurückt.

Wählt man den Anfangszustand speziell so, dass ausserhalb eines endlichen durch die Ungleichheiten $x_1 < x < x_2$ begrenzten Gebietes u und ϱ und folglich auch r und s konstant sind und unterscheidet man die Grössen durch die angehängten Indices 1 und 2, so rückt nach dem eben Gesagten die hintere Grenze x_1 mit der Geschwindigkeit $\sqrt{\varphi'(\varrho_1)} + u_1$ nach vorwärts, die vordere Grenze x_2 mit der Geschwindigkeit $\sqrt{\varphi'(\varrho_2)} - u_2$ nach rückwärts.

In der $x\varrho$-Ebene entspricht diesem Umstande ein konstantes Fortschreiten eines jeden der Punkte der Kurve, die die Verteilung der Dichte in jedem Augenblicke repräsentiert. Da $\varphi'(\varrho)$ mit wachsendem ϱ bei keinem Gase abnimmt, so wächst die Geschwindigkeit bei wachsendem ϱ, sodass Punkte mit grösseren Ordinaten solche mit kleineren schliesslich einholen, womit die Kurve in dem bezeichneten Punkte eine senkrechte Tangente haben wird, d. h. $\frac{\partial \varrho}{\partial x}$ wird unendlich: die Dichte erleidet einen endlichen Sprung, es

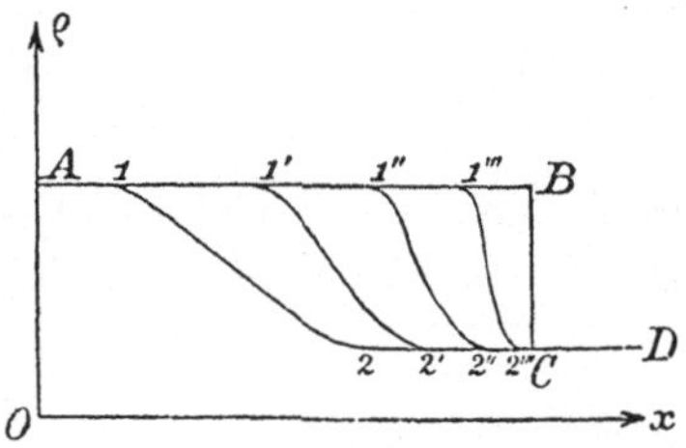

Fig. 1.

entsteht also ein *Verdichtungsstoss*[40]). Fig. 1 zeigt diese Verhältnisse, im Falle u grösser als $\sqrt{\varphi'(\varrho)}$, d. h. grösser als Schallgeschwindigkeit ist.

Riemann beweist, dass unter Voraussetzung des *Boyle*'schen $\left(\frac{\varphi(\varrho)}{\varrho} = \text{const.}\right)$ oder des *Poisson*'schen Gesetzes $\left(\frac{\varphi(\varrho)}{\varrho^k} = \text{const.}\right)$ bei beliebigem stetigen Anfangszustand im allgemeinen solche Verdichtungsstösse entstehen.

Solange keine derartige Verdichtungsstösse entstehen, führt *Riemann* das Problem auf die Lösung einer linearen partiellen Differentialgleichung zurück. Er wählt zu dem Zweck r und s als *un*abhängige Variabeln, womit er für x und t folgende lineare Gleichungen erhält:

$$\frac{\partial\left(x - \left(u + \sqrt{\varphi'(\varrho)}\right)t\right)}{\partial s} = -\,t\left(\frac{d \log \sqrt{\varphi'(\varrho)}}{d \log \varrho} - 1\right),$$

$$\frac{\partial\left(x - \left(u - \sqrt{\varphi'(\varrho)}\right)t\right)}{\partial r} = \quad t\left(\frac{d \log \sqrt{\varphi'(\varrho)}}{d \log \varrho} - 1\right),$$

sodass

$$\left\{x - \left(u + \sqrt{\varphi'(\varrho)}\right)t\right\}dr - \left\{x - \left(u - \sqrt{\varphi'(\varrho)}\right)t\right\}ds$$

ein vollständiges Differential wird, dessen Integral w der partiellen Differentialgleichung

$$(38) \qquad \frac{\partial^2 w}{\partial r\, \partial s} - m\left(\frac{\partial w}{\partial r} + \frac{\partial w}{\partial s}\right) = 0 \text{ [41])}$$

genügt. Dabei ist

$$m = \frac{1}{2\sqrt{\varphi'(\varrho)}}\left(\frac{d \log \sqrt{\varphi'(\varrho)}}{d \log \varrho} - 1\right)$$

eine bekannte Funktion von $r + s$.

Die Integration der Gleichung (38) gelingt nun für jedes Gebiet der rs-Ebene, das durch eine Kurve, auf der die Werte von w, $\frac{\partial w}{\partial r}$, $\frac{\partial w}{\partial s}$ gegeben sind, und die beiden Geraden $r = \text{const.}$, $s = \text{const.}$ begrenzt wird, durch eine Methode, über die man das Nähere in dem Referate über Randwertaufgaben der partiellen Differentialgleichungen[42]) (II A 7 c, *A. Sommerfeld*) vergleiche.

Durchsichtiger wird der *Riemann*'sche Gedankengang, wenn man, wie es *Hadamard*[43]) thut, von der *Lagrange*'schen Form der Bewegungsgleichungen ausgeht, weil hier der Zusammenhang mit der Theorie

---

40) *S. Earnshaw*, London Phil. Trans. 150 (1860), p. 133, der gleichzeitig mit *Riemann* das Resultat findet, nennt den Verdichtungsstoss eine *bore*.

41) Diese Gleichung ist bereits von *A. M. Ampère* aufgestellt, aber nicht integriert worden (J. éc. polyt., cah. 18 (1820), p. 177).

42) Vgl. II A 7 c, Nr. 3, II.

43) Leçons, p. 162.

der Charakteristiken unmittelbarer hervortritt. Die Ausgangsgleichung wird in diesem Fall

$$(39)\qquad \frac{\partial^2 x}{\partial t^2} = \Omega\left(\frac{\partial x}{\partial a}\right)\frac{\partial^2 x}{\partial a^2},$$

wo

$$\frac{1}{\left(\frac{\partial x}{\partial a}\right)^2}\frac{d\varphi(\varrho)}{d\varrho} = \Omega\left(\frac{\partial x}{\partial a}\right)$$

gesetzt ist. Durch Einführung von $\frac{\partial x}{\partial t} = u$, $\frac{\partial x}{\partial a} = \omega$ als neuen unabhängigen, $z = \omega a + ut - x$ als neuer abhängigen Variablen (d. h. Ausführung der sog. *Legendre*'schen Transformation) geht (39) in die lineare Gleichung:

$$(40)\qquad \frac{\partial^2 z}{\partial \omega^2} = \Omega(\omega)\frac{\partial^2 z}{\partial u^2}$$

über, die nun sofort bezogen auf ihre Charakteristiken[44])

$$u + \int\sqrt{\Omega(\omega)}\,d\omega = \xi = \text{const.},$$
$$u - \int\sqrt{\Omega(\omega)}\,d\omega = \eta = \text{const}$$

als neue Koordinatenaxen in die (38) entsprechende Gleichung

$$(41)\qquad \frac{\partial^2 z}{\partial \xi\,\partial \eta} - m'\left(\frac{\partial z}{\partial \xi} - \frac{\partial z}{\partial \eta}\right) = 0,$$ [45])

wo m' eine gegebene Funktion von $\xi - \eta$ ist, übergeht.

Die Lösungsmethode von (41) ist der von (38) analog, nur hat man zu beachten, dass wenn man eine Lösung z von (41) hat, es

---

44) Vgl. wegen dieser Zurückführung von (40) auf die „Normalform" (41) II A 7 c, Nr. 2 (*A. Sommerfeld*).

45) *Hadamard,* Leçons, p. 163. — Für $\varphi(\varrho) = c\varrho^{\varkappa}$ geht die Gleichung (41) in die sogen. *Euler*'sche Gleichung:

$$\frac{\partial^2 z}{\partial \xi\,\partial \eta} - \frac{\beta}{\xi - \eta}\left(\frac{\partial z}{\partial \xi} - \frac{\partial z}{\partial \eta}\right) = 0,$$

wo

$$\beta = \frac{1}{2}\,\frac{\varkappa + 1}{\varkappa - 1}$$

ist, über. Diese Gleichung hat für ganzzahlige β das allgemeine Integral von der Form:

$$z = \frac{\partial^{2\beta-2}}{\partial \xi^{\beta-1}\,\partial \eta^{\beta-1}}\left(\frac{X - Y}{\xi - \eta}\right),$$

wo X eine beliebige Funktion von ξ, Y eine beliebige Funktion von η bedeutet; $\beta = 3$ ergiebt $\varkappa = 1{,}40$, was mit praktisch genügender Genauigkeit den tatsächlichen Verhältnissen bei Gasen ($\varkappa = 1{,}41$) entspricht (*Hadamard,* Leçons, p. 168).

noch eines Beweises bedarf, dass die hieraus berechneten $\frac{\partial z}{\partial \omega} = a$ und $\frac{\partial z}{\partial u} = t$ als unabhängige Variable eines Bewegungsvorgangs wählbar sind und sie auch alle Kombinationen, für die $t \geqq 0$ ist, wirklich annehmen[46]).

7. Fortsetzung: Der Hugoniot'sche Spezialfall der eindimensionalen unstetigen Gasbewegung. Die in voriger Nr. auseinandergesetzte *Riemann*'sche Lösungsmethode behält ihre Gültigkeit auch im Falle des *endlichen* Cylinders für diejenigen Teile des Cylinders, welche von den an den Cylinderdeckeln entstehenden Wellen noch nicht erreicht sind. In der That kommt in diesem Falle das Problem auf die Integration von (41) zurück, unter der Voraussetzung, dass $z, \frac{\partial z}{\partial \xi}, \frac{\partial z}{\partial \eta}$ längs eines Kurvenbogens gegeben sind, der selbst keine Wellenlinie ist und auch von keiner der beiden Wellenlinien durch den Punkt, für den man die Lösung sucht, in mehr als einem Punkte geschnitten wird. Durch Grenzübergang findet man dann die Lösung auch für die Wellenlinien. In der at-Ebene wird dieser Gültigkeitsbereich (Fig. 2) durch OAB gegeben, wenn OA und BA die beiden auf den Cylinderdeckeln zur Zeit $t = 0$ entstehenden Wellenlinien sind.

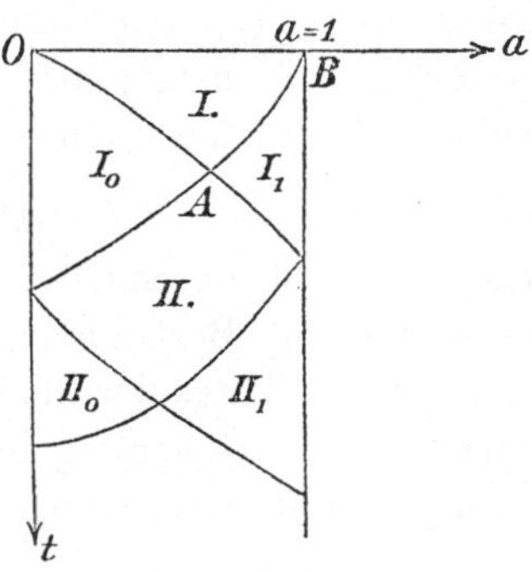

Fig. 2.

Die Erledigung des allgemeinen Problems der eindimensionalen Gasbewegung würde zunächst die Lösung von (39) auch für die Gebiete I_0 und I_1 verlangen. Indem aber durch die Randbedingungen für $a = 0$ und $a = 1$ nur x und u gegeben sind, nicht aber $\frac{\delta x}{\delta a}$, lässt sich für diese Gebiete die *Legendre*'sche Transformation und damit die Zurückführung von Gleichung (39) auf eine lineare partielle Differentialgleichung nicht ausführen. Vielmehr bleibt das analytische Problem, die Lösung einer nicht-linearen partiellen Differentialgleichung für einen Winkelraum zu bestimmen, der durch eine Wellenlinie und eine andere Kurve gegeben wird, auf denen jedesmal die Werte der unbekannten Funktion x gegeben sind. Bis jetzt giebt es für diesen Fall nur Existenzbeweise der Lösung[47]).

46) *Hadamard,* p. 172.

47) Note von *E. Picard* in *G. Darboux,* Théorie des surfaces 4, Paris 1896, p. 361—362.

Wäre x für die Gebiete I_0 und I_1 bekannt, so könnte es für das Gebiet II wiederum durch die *Riemann*'sche Methode bestimmt werden, da diese auch auf den Fall anwendbar ist, dass die unbekannte Funktion auf zwei sich schneidenden Charakteristiken gegeben ist[48]). Der Bereich II ist von oben wiederum durch zwei Unstetigkeitslinien begrenzt, welche durch Reflexion auf den Cylinderwänden entstehen. Die Bestimmung der Lösung in II_0 und II_1 ist wieder ein ähnliches Problem wie die Bestimmung von x für I_0 und I_1.

H. Hugoniot[49]) hat nun die Integralflächen von (39) in den Gebieten I_0 und I_1 wenigstens für den Fall bestimmt, dass das Gas zur Zeit $t = 0$ ruht. Die Integralfläche im Bereiche I ist dann durch die Ebene $x = a$ gegeben. Die Charakteristiken in der at-Ebene werden die geraden Linien

$$a - \sqrt{\Omega(\omega)}\,t = 0, \quad a + \sqrt{\Omega(\omega)}\,t = 1. \tag{42}$$

Indem die Bestimmung der Integralfläche z. B. für das Gebiet I_0 nach Nr. 5 auf die Bestimmung einer Fläche hinausläuft, die von der Ebene $x = a$ längs der Charakteristik $a - \sqrt{\Omega(\omega)}\,t = 0$ berührt wird, ergiebt sich als Gleichung der Fläche, da längs einer jeden der zweiten Schar von Charakteristiken der Fläche angehörigen Charakteristik

$$u + \int \sqrt{\psi(\omega)}\, d\omega$$

konstant ist, diese Konstante aber — weil alle diese Charakteristiken die erstere schneiden —

$$\int \sqrt{\Omega(\omega)}\, d\omega \,\Big|_{\omega=1}$$

sein muss,

$$u + \int \sqrt{\Omega(\omega)}\, d\omega = \int \sqrt{\Omega(\omega)}\, d\omega \,\Big|_{\omega=1}, \tag{43}$$

d. h. die Geschwindigkeit wird eine Funktion der Dichte allein[50]).

Gleichung (43) ist die Gleichung einer abwickelbaren Fläche[51]), welche aus den Daten des Problems vollständig bestimmt werden kann: aus jedem Punkte der vorgeschriebenen Kurve $x = f_0(t)$ für

48) Vgl. II A 7c, Nr. 3, II (*A. Sommerfeld*) und *Hadamard,* Leçons, p. 166; um die Integration auszuführen, muss man immer auf die Gleichung (40) resp. (41) in z zurückgehen, denn Gleichung (39) ist in x nicht linear.

49) Paris C. R. 101 (1885), p. 794 und J. éc. polyt. cah. 58 (1889), p. 5.

50) Der Fall der eindimensionalen Gasbewegung, wo die Geschwindigkeit bloss von der Dichte abhängt, ist bei *Riemann-Weber,* Partielle Differentialgleichungen d. Physik 2, p. 475 behandelt.

51) Eine abwickelbare Fläche geht durch die *Legendre*'sche Transformation in eine Kurve über und eben darum kann die *Legendre*'sche Transformation zur Vereinfachung der Integration der Grundgleichung im Gebiete I_0, I_1 nicht benützt werden.

$a = 0$ resp. $x = f_1(t)$ für $a = 1$ in der at-Ebene geht eine Erzeugende der Integralfläche, welche der Fortpflanzung der am Cylinderdeckel zu jeder Zeit entstehenden Unstetigkeit zweiter Ordnung entspricht. Die abwickelbare Fläche stellt daher die Bewegung dar, welche durch die Gesamtheit der aus der vorgeschriebenen Bewegung der Cylinderdeckel hervorgebrachten Wellen gebildet wird. *Hugoniot* hat die speziellen Fälle der gleichmässig beschleunigten und der harmonischen Bewegung der Cylinderdeckel eingehend untersucht[52]).

Die *Hugoniot*'sche Lösung verliert ihre Gültigkeit auf der „Rückkehrkante" der abwickelbaren Fläche: auf dieser schneiden sich jeweils die Nachbarerzeugenden der Fläche, sodass sich auf dieser Linie die nach einander entstandenen Wellen überholen. Die Rückkehrkante wird damit der Sitz von Unstetigkeiten[53]), deren weitere Verfolgung eine grosse Schwierigkeit bietet, indem immer die im Schnittpunkte zweier Nachbarerzeugenden entstehenden Wellen sich der im Schnittpunkte der nächsten beiden Erzeugenden entstehenden Welle überlagern. *Hadamard*[54]) versucht die Lösung des Problems mit Anwendung von Potenzreihen zu geben, deren Konvergenz jedoch nicht bewiesen ist und nach *Hadamard* bedeutende Schwierigkeiten bietet.

In dem besonderen Falle, dass die Rückkehrkante der abwickelbaren Fläche ein Punkt wird, sodass sich alle längs den Erzeugenden fortpflanzenden Wellen in einem bestimmten Augenblick in einem Punkte treffen, entsteht hier ein einfacher Verdichtungsstoss[55]). Aber auch in diesem Falle, wo eine einzige Stosswelle entsteht, ist die Behandlung des Problems noch schwierig, da die Gebiete, in welchen die Funktionen x_1 und x_2 gesucht werden, nicht wie bei den Beschleunigungswellen von vornherein bekannt sind, indem sich Stosswellen im allgemeinen nicht längs Charakteristiken fortpflanzen.

Die *Hugoniot*'sche Lösung verliert natürlich auch in jenem Falle ihre Gültigkeit, in welchem die sich stetig ändernde Geschwindigkeit des Cylinderdeckels die Fortpflanzungsgeschwindigkeit der bereits entstandenen Beschleunigungswellen übertrifft, so dass der Cylinderdeckel selbst die Wellen überholt; ebenso kann bei entsprechender dilatierender Bewegung des Cylinderdeckels ein Vakuum in unmittelbarer Nähe des Cylinderdeckels entstehen.

Wird dem Cylinderdeckel plötzlich eine konstante Geschwindigkeit erteilt, so lässt sich die Bewegung, welche dann in einem eben-

52) J. éc. polyt. cah. 58 (1889), p. 33, 45.

53) Vgl. oben Nr. 6.

54) Leçons, p. 207.

55) *Hugoniot*, J. éc. polyt. cah. 58 (1889), p. 52.

falls anfangs ruhenden Gase vor sich geht, vollkommen auf Grund der dynamischen und kinematischen Kompatibilitätsbedingungen behandeln[56]).

8. Schluss: Thermodynamische Diskussion im Falle von Stosswellen. Im Anschluss an die Aufstellung der Gleichungen, welche im Falle einer Unstetigkeit erster Ordnung zwischen den unstetigen Elementen und der Fortpflanzungsgeschwindigkeit der Unstetigkeit bestehen, behandelt *Riemann*[57]) die Frage, welche Unstetigkeiten sich zu einer gegebenen Zeit von einer gegebenen Stelle aus bei *gegebenen* Unstetigkeiten fortpflanzen können. Er findet, dass diese Gleichungen (Kompatibilitätsbedingungen) entweder durch zwei von der Stelle aus nach entgegengesetzten Seiten laufende Verdichtungsstösse, oder durch einen vorwärtslaufenden, oder durch einen rückwärtslaufenden befriedigt werden können; endlich kann es eine Lösung ohne Verdichtungsstoss geben, sodass die Bewegung nach den anfangs aufgestellten Differentialgleichungen erfolgt. Es verfolgt dies im einzelnen noch weiter unter Annahme des *Boyle*'schen Gesetzes für die Abhängigkeit des Druckes von der Dichte.

Indes ist hier zu beachten, dass *Riemann*[58]) bei seinen Ausführungen annimmt, dass der Druck immer dieselbe Funktion φ der Dichte bleibt, ihre Form also durch den Durchgang der Unstetigkeit nicht beeinflusst wird, also z. B. im Falle des *Poisson*'schen Gesetzes $p = C\varrho^{\varkappa}$ bei adiabatischen Erscheinungen die Konstante C vor und nach der Unstetigkeit dieselbe bleibt. *Hugoniot*[59]) machte zuerst auf das Unberechtigte dieser Voraussetzung aufmerksam.

Wendet man nämlich unter der Voraussetzung, dass dem Gase von aussen keine Wärme zugeführt wird und dass auch während des Durchganges der Unstetigkeit kein Wärmeaustausch der benachbarten Teile des Gases stattfindet, auf das Gasvolumen, welches während der Zeit dt durch die Unstetigkeitsfläche hindurchfliesst den Energiesatz an und berücksichtigt, dass durch die plötzliche Änderung der kinetischen Energie auch die innere Energie des Gases eine plötzliche Änderung erfährt, so erhält man, wenn die innere Energie der Volumeneinheit des Gases $= \frac{p}{\varkappa - 1}$ gesetzt wird, die Gleichung:

$$(44) \qquad p_1 u_1 - p_2 u_2 = \frac{\theta}{\varkappa - 1}(p_1 \omega_1 - p_2 \omega_2) + \varrho_0 \theta \frac{u_1^2 - u_2^2}{2}.$$

56) Vgl. *H. Sebert* und *H. Hugoniot*, Paris C. R. 98 (1884), p. 507.

57) Luftwellen, p. 156; *Riemann-Weber* 2, p. 480.

58) Luftwellen, p. 147.

59) J. éc. polyt. cah. 58 (1889), p. 80.

Durch Berücksichtigung der Kompatibilitätsbedingungen erhält man hieraus:

$$(45)\qquad \frac{1}{2}(p_1 + p_2)(\omega_1 - \omega_2) = \frac{1}{\varkappa - 1}(p_1\omega_1 - p_2\omega_2).$$

Nimmt man also an, dass im Gebiete 1 das *Poisson*'sche Gesetz gilt, so wird, da bei gegebenem Druck p_2 durch (45) auch ω_2 bestimmt ist, im allgemeinen nicht

$$p_1\omega_1^{\varkappa} = p_2\omega_2^{\varkappa}$$

sein. Vielmehr muss man, um der Gleichung (45) zu genügen, die Zustandsgleichungen des Gases vor und nach dem Durchgange der Unstetigkeit in der Form

$$p_1\omega_1^{\varkappa} = C_1, \quad p_2\omega_2^{\varkappa} = C_2$$

schreiben, wo C_1, C_2 *verschiedene* Konstanten bedeuten, wodurch dem Umstande Rechnung getragen ist, dass z. B. im Falle von Verdichtungsstössen bei dem Durchgange der Unstetigkeit *kinetische* Energie in Wärmeenergie übergeht, was eben *Riemann* nicht berücksichtigt.

Die *Poisson*'sche Gleichung gilt daher nur für Stellen des Gases, an denen die Geschwindigkeit sich stetig ändert; sie wird die *statische* Adiabatizitätsgleichung in Gegensatz zu der *dynamischen* Adiabatizitätsgleichung (45) genannt[60]); nach ihr entspricht einer plötzlichen Änderung der Dichte eine grössere Änderung des Druckes als nach der *Poisson*'schen Gleichung.

Lord *Rayleigh*[61]) leitete aus dem Umstande, dass in gewissen Fällen aus den *Riemann*'schen Formeln ein Verlust an Energie zu folgen scheint, einen Einwand gegen die Theorie *Riemann*'s her. *H. Weber*[62]) sucht diesem Einwande mit der Bemerkung zu begegnen, dass bei plötzlicher Geschwindigkeitsänderung in jedem mechanischen System ein Energieverlust auftritt, und zeigt, dass auf Grund der *Riemann*schen Annahme in der That z. B. für den Verdichtungsstoss ein Verlust an mechanischer Energie auftritt. Seine befriedigende Erledigung findet aber der Einwand *Rayleigh*'s erst durch Heranziehung der thermodynamischen Betrachtungen *Hugoniot*'s, indem hier gezeigt wird, wieso der Verlust von kinetischer Energie durch ihren Übergang in Wärme durch die Änderung des Zustandsgesetzes vor und nach der Unstetigkeit erklärt wird. In dieser Weise findet sich die Frage auch bei

60) *Hadamard*, Leçons, p. 192.

61) Theory of Sound 2. éd. London 1896, 2, p. 32.

62) Vgl. *Riemann-Weber*, Part. Differentialgleichungen 2, p. 489—499.

C. E. Curry[63]), *E. Stodola*[64]) und *R. Proell*[65]), behandelt, wo jedoch *Hugoniot* nirgends erwähnt wird.

Die *Hugoniot*'sche thermodynamische Diskussion giebt uns gleichzeitig auch die Mittel, um den Beweis zu führen, dass sich in Gasen nur *Verdichtungsstösse* aber keine *Verdünnungsstösse* fortpflanzen können.

Riemann hat zwar alle möglichen unstetigen Anfangszustände durch Annahme von Verdichtungsstössen allein erledigt[57]). Die *Riemann*'sche Lösung ist jedoch nicht die einzig mögliche Lösung des Systems der Kompatibilitätsbedingungen: es könnten vielmehr bei denselben Anfangszuständen eventuell auch alle diese Bedingungen erfüllende *Verdünnungsstösse* auftreten[66]).

Auch ergiebt sich die Unmöglichkeit von Verdünnungsstössen keineswegs aus dem Energiesatz: aus der *Hugoniot*'schen Gleichung (44) resp. (45) ergiebt sich für einen Verdichtungsstoss (z. B. $\theta > 0$, $\omega_1 > \omega_2$) eine Erwärmung des Gases auf Kosten seiner kinetischen Energie, für einen Verdünnungsstoss ($\theta > 0$, $\omega_1 < \omega_2$) die umgekehrte Erscheinung: ein Zuwachs von kinetischer Energie begleitet durch eine Abkühlung des Gases[67]).

Die Unmöglichkeit der Fortpflanzung von Verdünnungsstössen ergiebt sich vielmehr aus dem *zweiten* Hauptsatz der Thermodynamik[68]). Ein Verdichtungsstoss ist keine *rein adiabatische* Erscheinung, denn obwohl dem Gase *von aussen* keine Wärme zugeführt wird, giebt es doch eine endliche Wärmemenge, die aus kinetischer Energie (etwa durch innere Reibung zwischen den mit endlich verschiedenen Geschwindigkeiten fortschreitenden Gasteilchen) erzeugt wird. Bei dem Durchgange einer Gasmasse durch die Unstetigkeitsfläche erfährt also dieselbe einen Zuwachs an *Entropie*[69]). Die umgekehrte Erscheinung — ein Verdünnungsstoss — also der Übergang von Reibungswärme in kinetische Energie, die *Abnahme* der Entropie des Gases, ist also nach dem erwähnten Hauptsatz unmöglich.

---

63) Ann. Phys. Chem. (3) 51 (1894), p. 460.

64) Die Dampfturbinen und die Aussichten der Wärmekraftmaschinen, 3. Aufl., Berlin 1905, p. 50.

65) Zeitschr. für das gesamte Turbinenwesen 1 (1904), p. 161.

66) *Hadamard,* Leçons, p. 194—199.

67) Die *Weber*'schen Betrachtungen [62]) sind auf die *Riemann*'sche Annahme über die Form der Funktion $\varphi(\varrho)$ gegründet und können darum die Frage nicht endgültig erledigen.

68) *G. Zemplén,* Paris C. R. 141 (1905), p. 710; durch Heranziehung des Potentials: *E. Jouguet,* Paris C. R. 132 (1901), p. 673, und mit Hilfe der Quasiwellen (s. unten Nr. **14**) Paris C. R. 138 (1904), p. 1685.

69) Vgl. V 3, Nr. **11—14** (*Bryan*).

Durch den Einwand *Hugoniot*'s kompliziert sich auch das Problem der eindimensionalen Gasbewegung der Nrn. **5**, **6** u. **7**, da nach Durchgang einer Unstetigkeit der Druck nicht nur eine Funktion von ω, sondern auch von a wird.

Hugoniot[70]) stellt die Gleichung auf, welche für diesen Fall an Stelle von (39) tritt; er erhält zwei partielle Differentialgleichungen vierter Ordnung, die er jedoch irrtümlicherweise auf eine einzige Gleichung dritter Ordnung[71]) zurückführt. Die Behandlung dieser Gleichungen wurde bis jetzt noch nicht in Angriff genommen.

9. Allgemeinere eindimensionale Probleme unstetiger Gasbewegung. Das bisher behandelte Problem der eindimensionalen Gasbewegung, bei der die Geschwindigkeit und die Dichte jeweils längs Ebenen konstant war und sich nur in Richtung der gemeinsamen Normalen änderte, wurde von *R. Lipschitz* in der Weise verallgemeinert[72]), dass er statt der Ebenenschar eine im Raume feste Flächenschar wählt, bei der sich Geschwindigkeit und Dichte, in Richtung der Normalen, von Fläche zu Fläche ändern, während sie für die einzelne Fläche konstant sind.

Es zeigt sich, dass hierfür nur Scharen von Flächen mit konstanten Hauptkrümmungen in Betracht kommen, sodass zu dem Fall paralleler Ebenen nur noch die Fälle konzentrischer Kugeln und koaxialer Kreiscylinder hinzutreten.

R. Lipschitz untersucht nun die Fälle, in welchen die diesbezüglichen Gleichungen auf lineare zurückgeführt werden können; man bedarf hierzu spezieller Voraussetzungen teils über die Verteilung der Dichte, teils über die äusseren Kräfte.

Die Übertragung der *Riemann*'schen Resultate bezüglich der unstetigen Bewegungen ist aber bisher nicht versucht worden, obwohl die Bestimmung der Wellenflächen zweiter Ordnung, wenigstens in den Fällen, wo die Reduktion auf lineare Gleichungen gelingt, keine Schwierigkeiten bietet.

Eine andere Verallgemeinerung des eindimensionalen *Riemann*schen Problems erhält man, wenn man die Bewegung eines Gases in einer Röhre mit veränderlichem Querschnitte untersucht; die so entstehende Bewegung ist zwar streng genommen keineswegs eindimensional (Dichte und Geschwindigkeit sind in einem Querschnitte nicht konstant), kann jedoch mit gewisser Annäherung als solche betrachtet werden, wenn man auf je einen Querschnitt bezogene Mittelwerte

70) J. éc. polyt. cah. 58 (1889), p. 93.

71) *Hadamard,* Leçons, p. 193.

72) J. f. Math. 100 (1887), p. 89.

von Druck und Geschwindigkeit einführt. Das Problem ist in dieser Form besonders wichtig wegen seiner Anwendung auf die Dampfströmung in Turbinendüsen. *E. Stodola* hat Druckerscheinungen in Turbinendüsen beobachtet, welche auf *Riemann*'sche Verdichtungsstösse bei dem Bewegungsvorgange schliessen lassen [73]).

Es spielt jedoch hier die Wärme eine so wesentliche Rolle, dass bezüglich der weiteren Behandlung des Problems auf das Referat über technische Wärmetheorie (V 5, *Schröter-Prandtl*) verwiesen werden muss.

10. Zweidimensionale Probleme unstetiger Gasbewegung. Gasbewegungen, bei welchen der Zustand in jedem Augenblicke von zwei Koordinaten abhängt, sind bis jetzt ohne Vernachlässigung der nichtlinearen Glieder der *Euler*'schen Bewegungsgleichungen nur erst wenig untersucht worden.

Es gehört hierher die strenge Behandlung der Bewegung eines Gases in einem Kreiscylinder, wenn man ausser der Änderung des Zustandes in Richtung der Cylinderaxe die Änderung in Richtung der Radien im einzelnen Querschnitt berücksichtigt. In erster Annäherung kann man dann ähnlich auch Röhren von veränderlichem kreisförmigen Querschnitt behandeln.

L. Prandtl [74]) hat so die Bewegung untersucht, welche in einem aus einer kreisförmigen Öffnung ausfliessenden Gasstrahl vor sich geht, falls der Überdruck im Kessel grösser ist als der, welcher genügt, dem Gase Schallgeschwindigkeit zu erteilen. Bei solchem Überdruck treten relativ zur Ausflussöffnung stehende Unstetigkeiten (abwechselnde Verdünnungen und Verdichtungen) [75]) auf, welche *R. Emden* als ebene Schallwellen betrachtete, woraus er den Schluss zog, dass der Strahl mit Schallgeschwindigkeit fliesse und überhaupt eine höhere mittlere Geschwindigkeit nie annehmen könne. Haben wir hier thatsächlich mit *Stosswellen* zu thun, so strömt das Gas relativ zur Unstetigkeitsfläche mit der Geschwindigkeit

$$\theta = \sqrt{\frac{p_2 - p_1}{\varrho_2 - \varrho_1} \frac{\varrho_1}{\varrho_2}};$$

und da bei allen Gasen

$$\sqrt{\frac{p_2 - p_1}{\varrho_2 - \varrho_1} \frac{\varrho_1}{\varrho_2}} > \sqrt{\left(\frac{dp}{d\varrho}\right)_1}$$

---

73) Die Dampfturbinen, p. 18.

74) Physik. Zeitschr. 5 (1904), p. 599.

75) Vgl. *R. Emden*, Über Ausströmungserscheinungen permanenter Gase, Habilitationsschrift, Leipzig 1899; Ann. Phys. Chem. (3) 69 (1899), p. 264 u. 426; *P. Emden*, Diss. Basel 1903.

so folgt, dass solche Unstetigkeiten nur dann auftreten können, wenn die Strömungsgeschwindigkeit des Gases die seinem Zustande entsprechende Schallgeschwindigkeit übersteigt.

L. Prandtl giebt für den Fall stetiger Bewegung und kleiner Wellenamplitude eine Lösung der Bewegungsgleichungen.

Es existiert ein Geschwindigkeitspotential φ; macht man für φ den Ansatz:

$$\varphi = \bar{u}x + a \sin \beta x \, f(r)$$

(x, r Cylinderkoordinaten, $\bar{u}$ Mittelwert von u), so erhält man für $f(r)$ die Formel:

$$f(r) = C_1 J^0(\alpha r) + C_2 Y^0(\alpha r),$$

wo J^0 und Y^0 *Bessel*'sche Funktionen sind; α und β sind dabei durch die Beziehung

$$\alpha = \beta \sqrt{\frac{\bar{u}^2}{c^2} - 1}$$

aneinandergeknüpft, c ist die Fortpflanzungsgeschwindigkeit des Schalles bei dem betreffenden Zustand des Gases.

Ist $\bar{d}$ der mittlere Strahldurchmesser, so wiederholt sich dieselbe Erscheinung in Intervallen

$$\lambda = \text{const.}\, \bar{d} \sqrt{\frac{\bar{u}^2}{c^2} - 1}; \tag{46}$$

λ wird daher die „Wellenlänge" genannt; da λ nur für $\bar{u}^2 > c^2$ reell ist, so tritt die ganze Erscheinung nur bei Strömungen über Schallgeschwindigkeit auf.

Eine ähnliche Formel wie (46) gilt auch für ein Gas, das aus einem länglichen Schlitz von konstanter Breite ausfliesst. Hier hat *L. Prandtl* die Entstehung und Fortpflanzung von Unstetigkeiten wenigstens qualitativ verfolgt.

Am Rande der Öffnung AA' (vgl. Fig. 3) erleidet der Druck p eine plötzliche Änderung; es entsteht daher ein *Verdünnungsstoss*; derselbe löst sich jedoch sofort in zwei immer weiter von einander rückende Verdünnungswellen zweiter Ordnung auf (1, 2 und 1′, 2′ in der Figur 3); treffen diese Wellen die gegenüberliegende Grenzfläche des Gasstrahls und der ruhenden Atmosphäre, so werden sie als *Verdichtungswellen* zweiter Ordnung (3, 4 und 3′, 4′) reflektiert, welche nun immer „steiler" werden und infolge Symmetrie eben im Punkte, wo sie die ruhende Atmosphärenwand treffen, in einen Verdichtungsstoss übergehen, der jedoch sofort beim Entstehen als Verdünnungsstoss reflektiert wird; von da

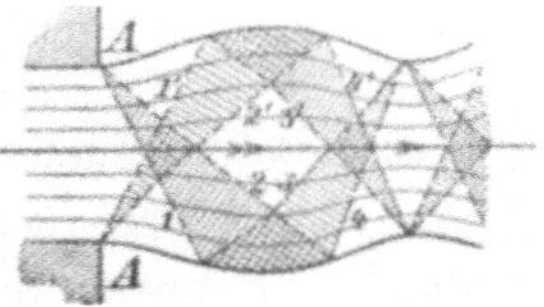
Fig. 3.

an wiederholt sich die Erscheinung. In den nicht-schraffierten Feldern ist die Strömung ungefähr gleichförmig und geradlinig, in den schraffierten ungleichförmig und krummlinig.

Ist der Minimalwert von $\bar{u} = c$, so fällt 1 mit 1′, 2 mit 3′, 3 mit 2′ und 4 mit 4′ zusammen und es entsteht die Figur 4 mit lauter Feldern, in denen die Strömung ungleichförmig und krummlinig ist.

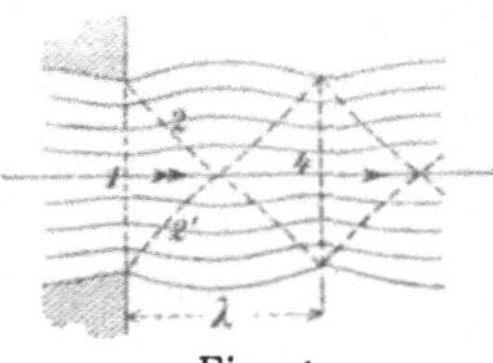

Fig. 4.

Obwohl diese Resultate auf kreisförmige Öffnungen nicht unmittelbar übertragen werden können, zeigen die mit der Interferenz und Schlierenmethode ausgeführten Beobachtungen[76]) von Ausflusserscheinungen bei kreisförmigen Öffnungen eine befriedigende Übereinstimmung mit diesen theoretischen Ergebnissen.

11. Dreidimensionale Probleme unstetiger Gasbewegung (Potential- und Wirbelbewegung). Bis jetzt sind keine speziellen Fälle von dreidimensionalen Bewegungen in Bezug auf die Entstehung und Fortpflanzung von Unstetigkeiten eingehend untersucht worden. Allgemeine Bemerkungen bezüglich Potential- und Wirbelbewegung findet man bei *Hadamard*[77]):

Ist in einem Gase wirbelfreie Bewegung vorhanden, so wird dieselbe auch nach dem Durchgange einer Welle zweiter und höherer Ordnung wirbelfrei bleiben, während eine Stosswelle im allgemeinen Wirbel hervorrufen wird.

Der erste Teil der Behauptung folgt daraus, dass die Wirbelkomponenten bei einer longitudinalen Unstetigkeit mindestens zweiter Ordnung unverändert bleiben[78]) und die sich in Gasen fortpflanzenden Wellen longitudinal sind.

Um den zweiten Teil zu beweisen, berechnet *Hadamard* die durch die Stosswelle verursachte Änderung der „Cirkulation“[79])

$$\int (u\,dx + v\,dy + w\,dz)$$

auf einer geschlossenen Linie.

Auf Grund der *Riemann*'schen Annahme $p = \varphi(\varrho)$ erhält er für den durch die Stosswelle hervorgebrachten Wirbel ξ, η, ζ im Punkte x, y, z der Unstetigkeitsfläche σ:

76) *R. Emden,* Fussn. 71). S. daselbst und im Referate über technische Mechanik V 5 (*Schröter-Prandtl*) die weitere Litteratur.

77) Leçons, p. 240, 363.

78) Vgl. *Hadamard,* Leçons, p. 116.

79) Vgl. IV 16, Nr. 1a (*A. E. H. Love*).

(47) $$\xi = \frac{1}{\theta}\frac{\partial \Pi}{\partial l}, \quad \eta = -\frac{1}{\theta}\frac{\partial \Pi}{\partial m}, \quad \zeta = 0;$$

dabei ist der Zustand des Bereiches 1 als Anfangszustand betrachtet, ξ, η, ζ sind die Komponenten in Bezug auf das rechtwinklige Axensystem l, m, n mit dem Anfangspunkte O in x, y, z, Ol und Om tangential zur Fläche σ, On nach dem Bereiche 2 gerichtet. Π ist durch die Gleichung

(48) $$\Pi = \left(\int \frac{dp}{\varrho}\right)_2 - \left(\int \frac{dp}{\varrho}\right)_1 - \frac{p_2 - p_1}{2}\left(\frac{1}{\varrho_1} + \frac{1}{\varrho_2}\right)$$

gegeben. Der entstehende Wirbel ist daher als Vektor aufgefasst immer tangential zur Stosswellenfläche und verschwindet nur, wenn Π auf derselben konstant ist. So wird z. B. bei $p = C\varrho^{\varkappa}$ die Bedingung für das Nichtentstehen von Wirbeln:

$$\frac{1}{\varkappa + 1}\left(\varrho_2^{\varkappa+1} - \varrho_1^{\varkappa+1}\right) - \frac{1}{2}\left(\frac{\varrho_2^{\varkappa}}{\varrho_1} - \frac{\varrho_1^{\varkappa}}{\varrho_2}\right) - \left(\varrho_2^{\varkappa-1} - \varrho_1^{\varkappa-1}\right) = \text{const.}$$

auf σ, was eine ganz besondere Verteilung der Dichte bedeutet.

Auf Grund der *Hugoniot*'schen Annahme $p_1 = \varphi_1(\varrho_1)$, $p_2 = \varphi_2(\varrho_2)$ muss in Formel (48) $\int \frac{d\varphi_1(\varrho_1)}{\varrho_1}$ und $\int \frac{d\varphi_2(\varrho_2)}{\varrho_2}$ anstatt $\left(\int \frac{dp}{\varrho}\right)_1$ und $\left(\int \frac{dp}{\varrho}\right)_2$ gesetzt werden.

Für $p_1 = C_1\varrho_1^{\varkappa}$, $p_2 = C_2\varrho_2^{\varkappa}$, wo nun C_1 und C_2 Funktionen von a, b, c, t sind, erhält man:

(49) $$\begin{cases} \xi = -\dfrac{1}{(\varkappa - 1)\theta}\left(\varrho_1^{\varkappa-1}\dfrac{\partial C_2}{\partial m} - \varrho_1^{\varkappa-1}\dfrac{\partial C_1}{\partial m}\right) \\ \eta = -\dfrac{1}{(\varkappa - 1)\theta}\left(\varrho_2^{\varkappa-1}\dfrac{\partial C_2}{\partial l} - \varrho_1^{\varkappa-1}\dfrac{\partial C_1}{\partial l}\right). \\ \zeta = 0 \end{cases}$$

Während jedoch nach der Annahme *Riemann*'s die durch die Stosswellen hervorgebrachten Wirbel nach dem Durchgange der Welle erhalten bleiben, erleiden sie auf Grund der *Hugoniot*'schen Annahme weitere kontinuierliche Änderungen, da p jetzt eine Funktion von ϱ, und a, b, c und $\int \frac{dp}{\varrho}$ auf einem Kurvenbogen zwischen zwei Punkten des Gases nicht mehr ein vollständiges Differential ist.

Es ist hiernach der Satz von *Helmholtz* über die Erhaltung der wirbelfreien Bewegung nur mit der Einschränkung, dass keine Stosswellen entstehen, gültig; dieselben können aber selbst bei ganz stetigen Anfangszuständen entstehen und so Wirbel hervorrufen.

12. Die Rolle der Unstetigkeiten in der Ballistik. In der Ballistik, sowohl in der äusseren als auch in der inneren, spielen unstetige Bewegungen eine wichtige Rolle.

a) *Äussere Ballistik.* Hier ruft das sich in der Luft bewegende Geschoss in derselben eine Bewegung hervor, bei der im allgemeinen Unstetigkeiten auftreten und die genau zu verfolgen für das Studium der Luftbewegung ebenso wichtig ist, wie für das der Geschossbewegung.

Bewegt sich das Geschoss mit kleinerer Geschwindigkeit als die des Schalles in der Atmosphäre (ca. 330 m) und betrachtet man zur ersten Orientierung die Bewegung als eindimensional, so entstehen Verdichtungswellen (2. Ordnung), welche mit wachsender Zeit ein immer steileres Dichtigkeitsgefälle haben werden, im Raume a, t, x durch eine abwickelbare Fläche dargestellt werden können und auf der Rückkehrkante derselben in einen Verdichtungsstoss übergehen. Im dreidimensionalen Raume wird die Bewegung wahrscheinlich nicht so einfach und es ist bis jetzt die Fläche, auf der sich die Verdichtungswellen überholen, nicht experimentell beobachtet worden.

Wird die Schallgeschwindigkeit überschritten, so werden die entstehenden Verdichtungswellen vom Geschosse selbst überholt, es werden daher Verdichtungsstösse entstehen. Verdichtungsstösse, welche sich mit dem Geschosse selbst weiter bewegen, wurden von *E. Mach* (1885) zum ersten Male beobachtet[80]) (Kopfwelle). Zur vollständigen theoretischen Erklärung der Erscheinung reichen jedoch die bisherigen Untersuchungen über Luftwellen nicht aus.

H. Sebert und *H. Hugoniot*[56]) fanden für die Fortpflanzungsgeschwindigkeit einer durch eine plötzlich erteilte Geschwindigkeit V hervorgebrachte Stosswelle in einem ruhenden Gase von der konstanten Dichte p_0, ϱ_0 im Falle des eindimensionalen Problems unter Zugrundelegung der *Hugoniot*'schen adiabatischen Gleichung (45):

$$\theta = \frac{\varkappa+1}{4} V \pm \sqrt{\left(\frac{\varkappa+1}{4}\right)^2 V^2 + \varkappa \frac{p_0}{\varrho_0}}. \tag{50}$$

θ hat zwei verschiedene Werte entsprechend den zwei Wellen, welche von der Fläche, wo die Störung eintritt, in zwei verschiedenen Richtungen auseinanderlaufen.

Das würde im Falle der Geschossbewegung (V Geschossgeschwin-

---

80) Die Ergebnisse der experimentellen Untersuchungen über durch Geschossbewegung hervorgerufenen Luftwellen sind samt Litteraturangabe bei *Cranz* (Ballistik IV 18, Nr. 1a) zusammengestellt; vgl. auch *S. Finsterwalder* (Aërodynamik) IV 17, Nr. 4.

digkeit) einen Verdichtungsstoss an der Spitze des Geschosses in der Richtung der Geschossbewegung und hinter dem Geschosse einen sofort sich auflösenden Verdünnungsstoss mit entgegengesetzter Fortpflanzungsgeschwindigkeit ergeben. In Formel (50) gilt das positive Vorzeichen der Quadratwurzel für den Verdichtungsstoss.

Ist

$$V^2 > \frac{2 p_0}{(\varkappa - 1)\varrho_0},$$

so wird nach der dynamischen Kompatibilitätsbedingung der Druck p hinter dem Geschosse negativ, das Gas wird dem Geschosse nicht folgen, es entsteht hinter dem Geschosse ein Vakuum; für $\varkappa = 1{,}4$ würde dies bei ca. drei und halbfacher Schallgeschwindigkeit auftreten.

θ ist für $V = 0$ (unendlich kleine Gleichgewichtsstörung) gleich der Fortpflanzungsgeschwindigkeit einer Welle zweiter Ordnung, θ wächst mit V und $\frac{V}{\theta}$ konvergiert für $V = \infty$ zu 1. Nach den Experimenten von *Mach* ist jedoch die Fortpflanzungsgeschwindigkeit der Kopfwelle gleich der Geschossgeschwindigkeit (was hier nur bei $V = \infty$ der Fall ist), der *Abstand* der Kopfwelle vom Geschosse nimmt aber mit der Geschossgeschwindigkeit zu. Das Geschoss erzeugt in der Tat keine Stosswellen (die Geschossgeschwindigkeit wird nicht „plötzlich“ hervorgebracht), sondern eine Reihe von Beschleunigungswellen, die sich in gewisser Entfernung vom Geschosse überholen und eine mit dem Geschosse gleicher Geschwindigkeit sich fortpflanzende Stosswelle bilden.

Bezüglich der Geschossbewegung ergiebt sich aus der Theorie der Luftwellen die Berechnung des Luftwiderstandes, welches das Geschoss erfährt.

Nimmt man auf Grund der Erfahrung $\theta = V$ und berechnet aus den Kompatibilitätsbedingungen und der Gleichung der Adiabatizität bei gegebenen p_1 $(= p_0)$, ω_1 $(= \omega_0)$ durch Elimination von $u_2 - u_1$ und ω_2 die Grösse p_2, so ergiebt sich aus $p_2 - p_1$ ein Maass für den Luftwiderstand des Geschosses[81]).

Die Zahlenwerte zeigen für die dynamische Adiabatizitätsgleichung eine befriedigendere Übereinstimmung mit der Erfahrung als für die statische.

Das Verfahren *Vieille*'s kann dadurch vervollständigt werden, dass man nicht $p_2 - p_1$ als Luftwiderstand ansieht, sondern die hinter dem Geschosse entstehende Verdünnungswelle mit in Betracht zieht. *Hada-*

81) *P. Vieille*, Mémorial des poudres et salpètres 10 (1900), p. 255.

mard[82]) stellt die entsprechenden Formeln auf, sie zeigen aber eine schlechte Übereinstimmung mit der Erfahrung.

Es ist jedoch klar, dass die Ursachen der mangelhaften Übereinstimmung im unvollkommenen Ausbau der Theorie, aber nicht in ihren Grundlagen zu suchen sind, denn erstens wird die Geschossbewegung in grober Annäherung als eindimensionales Problem behandelt, zweitens ist selbst unter dieser Voraussetzung die Frage theoretisch nicht vollkommen erledigt.

b) *Innere Ballistik*[83]). Bei dem Vorgange der Explosion wird der Raum, welcher zuvor von einem Körper (welcher gewöhnlich unter atmosphärischem Drucke steht) erfüllt war, fast momentan von einem Gase von sehr hohem Drucke eingenommen, es entsteht daher ein Drucksprung, eine Unstetigkeit erster Ordnung, welche sich nach den oben behandelten Gesetzen fortpflanzt. Ohne weiteres können aber die Ergebnisse, welche sich auf die Fortpflanzung von Stosswellen in homogenen Gasen beziehen, nicht auf den Vorgang der Explosion übertragen werden, wo die „Explosionswelle" zwei chemisch von einander verschiedene Substanzen von einander trennt; bei der Fortpflanzung derselben spielt daher nicht nur die Ausgleichung des Druckunterschiedes eine Rolle, sondern auch die fortgesetzte Entstehung neuer Gasmengen mit bedeutendem Drucke.

Das explosive Präparat wird, wenn es ein fester Körper ist, immer in Körnern verteilt im Explosionsraume gelagert, so dass zwischen den Körnern Luft unter atmosphärischem Drucke vorhanden ist. Die durch Entzündung auf einem kleineren Teile des Präparats entstandene Stosswelle pflanzt sich in dem Gase, welches sich zwischen den Körnern befindet, fort und wirkt auslösend auf die chemische Reaktion[84]), welche durch die Stosswelle mitgenommen wird. Die Explosion geht dadurch viel rascher vor sich, als man es nach der „Verbrennungsgeschwindigkeit" des Präparats allein erwarten würde[85]).

Zuverlässige quantitative Untersuchungen beziehen sich meistens auf die Explosion von Gasen.

---

82) Leçons, p. 206.

83) IV 18, Nr. 7—12 (*C. Cranz*); im vorliegenden Artikel werden nur die Arbeiten erwähnt, welche die berührte Frage vom Standpunkte der Theorie der Wellen behandeln.

84) *J. van't Hoff*, Vorlesungen über theor. und phys. Chemie, I. Chemische Dynamik, Braunschweig 1898, p. 247.

85) Zum ersten Male haben *E. Mach* und *J. Sommer*, Wien. Ber. 75² (1877), p. 128, die Vermutung ausgesprochen, dass bei der Explosion die *Riemann*'schen Wellen zur Geltung kommen.

Die Verbrennungsgeschwindigkeit von Gasen wurde von *Bunsen*[86]) aus der Verbrennung von ausfliessenden Gasen bestimmt; sie beträgt bei reinem Knallgase 34 $msec^{-1}$. *Bunsen* zog aus seinen Versuchen den Schluss, dass bei der Explosion die Verbrennung sprungweise vor sich gehe: im ersten Stadium steigt die Temperatur z. B. des Kohlenoxydknallgases auf 3000° C., enthält jedoch $^2/_3$ des vorhandenen Knallgases im unverbrannten Zustande, beim Abkühlen bis auf 2500° C. erfolgt eine neue Explosion, bei der aber wieder nur ein Teil des Gases abbrennt u. s. w. *M. Berthelot*[87]) und *Le Chatelier*[88]) ziehen jedoch aus ihren Versuchen den Schluss, dass die „Explosion" mit viel grösserer Geschwindigkeit als die „Verbrennung" vor sich geht. *Berthelot* nimmt speziell die Explosionsgeschwindigkeit für jedes Gas konstant und sucht eine Theorie der Explosion mit Hülfe der kinetischen Gastheorie zu geben. *Mallard* und *Le Chatelier*[89]) untersuchten die Bewegung der Flamme der Gase auf photographischem Wege und fanden, dass die Bewegung derselben anfangs gleichförmig, dann gleichförmig beschleunigt ist. Dagegen suchen *A. v. Öttingen* und *A. v. Gernet*[90]) aus ihren photographischen Untersuchungen wieder einen Beweis für die *Bunsen*'sche Theorie der Partialexplosionen zu liefern. *H. B. Dixon*[91]) betrachtet die Explosionswellen als ein Analogon der Schallwellen, während bereits *P. A. Schuster* die *Riemann*'sche Theorie der Verdichtungsstösse auf die Explosionswellen zu übertragen sucht.

P. Vieille[92]) hat dann später die Frage vom Standpunkte der Fortpflanzung von Unstetigkeiten wieder aufgenommen. Er hat die Geschwindigkeit bestimmt, mit welcher die durch Verbrennung einer kleinen Menge explosiven Präparats entstandene Welle sich in der umgebenden Atmosphäre fortpflanzt. Die Versuche ergeben eine schöne Bestätigung der *Riemann*'schen Theorie, denn er erhielt bei kleinen Überdrucken (Schwarzpulver bis zur Ladungsdichte 0,0006) merklich konstante Werte für θ, welche wenig von der Fortpflanzungsgeschwindigkeit des Schalles abwichen, dann begann θ zu wachsen und erreichte bei der Ladungsdichte 0,03 den Betrag 1268 $msec^{-1}$. Die allmählich eintretende Verbrennung ruft nämlich Wellen zweiter

---

86) Ann. Phys. Chem. (1) 131 (1867), p. 131.

87) Sur la force des matières explosives d'après la thermo-chimie, 1, Paris 1883, p. 118; Paris C. R. 93 (1881), p. 13.

88) Paris C. R. 93 (1881), p. 145.

89) Ann. des mines (8) 4 (1883), p. 274.

90) Ann. Phys. Chem. (2) 33 (1888), p. 586.

91) London Phil. Trans. 184 A (1893), p. 97; p. 151 Note von *P. A. Schuster*.

92) Paris C. R. 126 (1898), p. 31; 127 (1898), p. 41; 129 (1899), p. 1228.

Ordnung hervor und so lange diese sich auf der experimentell beobachteten Strecke (bei *Vieille* 4 m) nicht überholen, erhält man für ihre Fortpflanzung die Schallgeschwindigkeit, erst wenn sie sich überholen, wird ihre Geschwindigkeit mit dem entstehenden Überdruck zunehmen.

Vieille[93]) benützte seine Versuche, bei denen auch der Überdruck experimentell bestimmt wurde, zur Kontrölle der dynamischen Adiabatizitätsgleichung; es ergiebt sich eine bessere Übereinstimmung der Theorie und Erfahrung aus der *Hugoniot*'schen als aus der *Poisson*schen Gleichung.

Die Versuche *Vieille*'s bestätigen jedoch nur das Resultat, dass der durch Explosion entstandene Überdruck sich als eine Unstetigkeit in der umgebenden Atmosphäre fortpflanzt, beweisen aber nicht, dass die Fortpflanzung der Welle auch im explosiven Präparat selbst so vor sich geht[94]).

Diese Frage wurde dann von *H. Le Chatelier*[95]) wieder aufgenommen; er versucht wenigstens qualitativ durch photographische Registrierung den Vorgang der Explosion zu verstehen. Er findet folgende Resultate:

1) Die Explosionswellen sind *keine* mathematisch strengen Unstetigkeiten erster Ordnung; jedoch findet die Dichtigkeitsänderung auf einer Strecke statt, die weniger als 1 cm beträgt.

2) Die Verdichtungsstösse entstehen gewöhnlich nur eine gewisse Zeit nach der Entzündung in gewissen Abständen von dem Punkte wo der Vorgang eingeleitet wurde.

3) Es entstehen immer zwei aus einander laufende Verdichtungsstösse.

4) Die Verdichtungsstösse erleiden an den Gefässwänden Reflexion.

5) Zwei sich begegnende Wellen bringen eine Reihe ihnen nachfolgende Wellen hervor.

6) Nach dem Durchgange der Wellen führt die Gasmasse eine oszillierende Bewegung aus.

Neuerdings hat dann auch *H. B. Dixon*[96]) ausführlich die Explosion von Gasen auf photographischem Wege untersucht; er bestimmt aus seinen Versuchen die Geschwindigkeit der Explosionswellen (Deto-

93) Paris C. R. 130 (1900), p. 235.

94) Einige Versuche *Vieille*'s wurden allerdings auch so ausgeführt, dass das explosive Präparat in einer Röhre gleichmässig verteilt war.

95) Paris C. R. 130 (1900), p. 1755; 131 (1900), p. 30.

96) London Phil. Trans. 200 (1903), p. 315.

nationswellen) sowohl gleich nach der Entstehung, als auch nach Reflexion an den Gefässwänden; auch hat er den Zusammenstoss von Detonationswellen untersucht, die entstehen, wenn das explosive Gas an zwei Stellen entzündet wurde. Auch diese Versuche bestätigen die Annahme, dass die Explosionswellen Verdichtungsstösse sind.

Ausser den verschiedenen genannten Laboratoriumsversuchen hat *W. Wolff*[97]) auf dem Schiessplatze zu Cummersdorff mit sehr grossen Mengen (je 1500 kg) explosiver Präparate Versuche ausgeführt und die Fortpflanzungsgeschwindigkeit, zeitliche und räumliche Dichtigkeitsänderungen von Schallwellen experimentell bestimmt. Die Resultate sind mit den für räumliche Bewegungen bekannten mehr qualitativen Ergebnissen in Übereinstimmung.

Für die Lösung des inneren ballistischen Problems sind die hier erwähnten Fragen von entscheidender Wichtigkeit, dennoch ist bis jetzt eine befriedigende Übertragung der Resultate der Theorie der Unstetigkeiten noch nicht gelungen.

13. Unstetige Bewegungen in inkompressiblen idealen (tropfbaren) Flüssigkeiten. Die Bewegungen der *tropfbaren* Flüssigkeiten werden gewöhnlich unter der vereinfachenden Annahme behandelt, dass die Dichte ϱ räumlich und zeitlich konstant, also p von ϱ unabhängig ist. In einer solchen Flüssigkeit werden dann, wenn man ausserdem von der Reibung und Kapillarität absieht, keine longitudinalen Unstetigkeiten auftreten können, da diese immer mit einer Unstetigkeit der Dichte oder einer ihrer Ableitungen verbunden sind, andererseits werden die transversalen Unstetigkeiten stationär sein, an den einzelnen Flüssigkeitsteilchen haften, da transversale *Wellen* in Flüssigkeiten nicht möglich sind.

Solche transversale Unstetigkeiten können auch 0ter Ordnung sein, wenn man voraussetzen will, dass die Flüssigkeitsteilchen über einander *gleiten*. Nach *H. v. Helmholtz*[98]) tritt das Gleiten immer ein, wenn die hydrodynamischen Gleichungen für p einen negativen Wert ergeben würden (bei der Bewegung einer Flüssigkeit um eine eckige Wand). *Hadamard*[99]) beweist, dass das Gleiten aber *nur* in diesem Falle eintreten kann, denn ist in einem Augenblicke in der Flüssigkeit keine solche Trennungsfläche da, so wird, wenn der Druck positiv ist, auch keine Trennungsfläche im Laufe der Zeit entstehen.

---

97) Ann. Phys. Chem. (3) 69 (1899), p. 329.

98) Berl. Monatsber. 1868, p. 215. — Vgl. IV 16, Nr. 1f. (*A. E. Love*).

99) Leçons, p. 355.

Man erhält ein treueres Bild der thatsächlichen Erscheinungen, wenn man die tropfbaren Flüssigkeiten nicht als inkompressibel, aber als sehr wenig kompressibel betrachtet und

$$\varrho = \varrho_0(1 + A(p - p_0))$$

setzt, wo A eine kleine Konstante ist; dann ist für tropfbare Flüssigkeiten dieselbe Theorie gültig wie für Gase, allerdings mit der Vereinfachung, daß θ bei allen Unstetigkeiten höherer als erster Ordnung konstant ist und daher eine Überholung der früher entstandenen Wellen durch die nachfolgenden nicht möglich ist; Verdichtungsstösse werden also bei den tropfbaren Flüssigkeiten aus stetigen Anfangszuständen nicht entstehen und es werden sich also lediglich Schallwellen in denselben fortpflanzen.

14. Unstetige Bewegungen in zähen Flüssigkeiten. Die Entstehung und Fortpflanzung von Unstetigkeiten in *kompressiblen* zähen Flüssigkeiten ist von *P. Duhem* eingehend untersucht worden; eine zusammenfassende Darstellung seiner Untersuchungen findet sich in seinen „Recherches“[100]).

Er behandelt das hydrodynamische Problem vom allgemeinen Standpunkt der Thermodynamik und untersucht die mit den durch Reibung und Wärmeleitung korrigierten hydrodynamischen Grundgleichungen verträglichen Unstetigkeiten[101]). Er nimmt die Gleichungen in *Euler*'scher Form an, betrachtet dabei die beiden Reibungskoeffizienten als unabhängig von einander[102]) und ebenso den Wärmeleitungskoeffizienten als Funktion der Dichte ϱ und der absoluten Temperatur T. Für die Wärmeleitung benützt er die von *G. Kirchhoff*[103]) aufgestellte Gleichung (von *Duhem* „rélation supplémentaire“ genannt).

Das sind zusammen mit der Zustandsgleichung der Gase sechs Gleichungen für die sechs unbekannten Grössen:

$$u,\ v,\ w,\ p,\ \varrho,\ T.$$

Nun leitet *Duhem* aus dem für unstetige Bewegungen entsprechend verallgemeinerten *D'Alembert*'schen Prinzip[7]) die Kompatibilitätsbedingungen ab, welche auf einer Unstetigkeitsfläche erster Ordnung (Stosswellenfläche) erfüllt sein müssen. Sie gestalten sich verschieden je nachdem man voraussetzt, dass[104]):

---

100) S. daselbst auch die einschlägige Litteratur.

101) Recherches, p. 28.

102) *Poisson*, J. éc. polyt. cah. 20 (1829), p. 174.

103) Vorlesungen über math. Physik, 4: Wärme, Leipzig 1894, p. 118.

104) Recherches, p. 87.

a) die Komponenten der inneren Reibung, welche bei kleinen Deformationen als lineare Funktionen der Deformationsgeschwindigkeiten angesehen werden, *nicht* unendlich werden, wenn die Deformationsgeschwindigkeiten ins Unendliche wachsen, oder

b) die lineare Beziehung zwischen Reibungskräften und Deformationsgeschwindigkeit auch auf der Unstetigkeitsfläche besteht, so dass daselbst beide unendlich gross werden.

Es ergiebt sich, dass nur bei der Annahme a) eine Fortpflanzung von Stosswellen möglich ist, bei der Annahme b) aber nicht. *Duhem* selbst bezeichnet jedoch die Annahme a) als wenig plausibel.

Bei Wellen erster Ordnung in Bezug auf u, v, w werden die Komponenten der inneren Reibung unstetig, bei Wellen höherer Ordnung sind dieselben stetig; für Beschleunigungswellen ist daher eine Unterscheidung der Annahmen a) oder b) nicht mehr nötig.

Duhem erhält folgende Resultate[105]):

1) In einer inkompressiblen und die Wärme gut leitenden Flüssigkeit kann keine Unstetigkeitsfläche existieren.

2) In einer kompressiblen oder schlecht leitenden können nur stationäre (an den Flüssigkeitsteilchen haftende) Unstetigkeitsflächen bestehen, dieselben sind jedoch verschiedener Ordnung in Bezug auf die verschiedenen Elemente der Bewegung; in einer kompressiblen und gut leitenden Flüssigkeit ist eine Unstetigkeitsfläche die in p n^{ter} Ordnung ist, $n+1^{\text{ter}}$ Ordnung in u, v, w und T, in einer schlecht leitenden Flüssigkeit eine Unstetigkeit n^{ter} Ordnung in p, T, $n+1^{\text{ter}}$ Ordnung in u, v, w.

Diese hauptsächlich negativen Resultate, welche mit der experimentellen Thatsache der Fortpflanzung von Schallwellen nicht in Einklang stehen, und die auch dann noch mit der Erfahrung in keiner befriedigenden Übereinstimmung stehen, wenn man zunächst von der Zähigkeit absieht, indem sich nämlich für θ einer Beschleunigungswelle in einer reibungslosen die Wärme beliebig wenig leitenden Flüssigkeit die *Newton*'sche Formel $\theta^2 = \frac{p}{\varrho}$[106]) und nur für eine die Wärme überhaupt nicht leitende Flüssigkeit die mit der Erfahrung übereinstimmende Gleichung von *Laplace* $\left(\theta^2 = \varkappa\,\frac{p}{\varrho}\right)$ ergiebt, veranlassten *Duhem* zur Aufstellung seiner Theorie der *Quasiwellen* (*quasi-ondes*). *Duhem* setzt voraus, die Wellen seien überhaupt keine eigentlichen Unstetigkeitsflächen, beständen vielmehr aus je zwei Flächen

105) Recherches, p. 162.

106) Recherches, p. 173.

S_1 und S_2, deren Abstand sehr klein ($= \varepsilon$) sei, und zwischen denen die Änderung der früher als unstetig betrachteten Elemente kontinuierlich vor sich gehe, nur sodass ihre Änderungsgeschwindigkeit „gross gegenüber ε" wird.

Für die Fortpflanzung dieser sogenannten Quasiwellen stellt nun *Duhem* Formeln auf, die bis zur Grössenordnung von ε richtig sind.

Für longitudinale Wellen, deren Breite ε klein ist gegenüber dem Wärmeleitungskoeffizienten k (alles in c. g. s. Einheiten) der Flüssigkeit gilt die *Newton*'sche, für longitudinale Wellen, wo ε und k von derselben Grössenordnung sind, die *Laplace*'sche Formel.

Duhem beweist nun, dass das Vorhandensein einer noch so geringfügigen Zähigkeit eine *untere Grenze* für ε festsetzt, so dass für die wirklichen Flüssigkeiten in der That die *Laplace*'sche Formel gilt.

E. Jouguet[107]) hat die Theorie der Quasiwellen auf die Explosionswellen übertragen und die theoretisch berechnete Fortpflanzungsgeschwindigkeit derselben mit den Experimenten von *Berthelot*[27]), *Vieille*[92]) und *Dixon*[91]) verglichen.

Die ebene Bewegung *inkompressibler* Flüssigkeiten mit *sehr kleiner* Reibung hat *L. Prandtl* untersucht[108]). Er nimmt die Reibung so klein, dass ihre Wirkung überall da vernachlässigt werden kann, wo nicht sehr grosse Deformationsgeschwindigkeiten auftreten, während sie in der dünnen Übergangsschicht an den festen Gefässwänden wegen der dort auftretenden grossen Geschwindigkeitsunterschiede zu berücksichtigen ist.

Das Hauptergebnis seiner Untersuchungen ist dann dieses, dass sich in bestimmten Fällen an einer durch die äusseren Bedingungen gegebenen Stelle der Flüssigkeitsstrom von der Wand ablöst. Es schiebt sich eine durch die Reibung in Rotation versetzte Flüssigkeitsschicht in die freie Flüssigkeit hinaus und spielt daselbst dieselbe Rolle, wie die *Helmholtz*'schen Trennungsschichten. Die notwendige Bedingung für das Ablösen des Strahles ist eine in der Richtung der Strömung längs der Wand herrschende Drucksteigerung.

Bemerkenswert ist, dass bei Veränderung der Reibungskonstanten sich lediglich die Dicke der Wirbelschicht ändert, alles andere jedoch konstant bleibt, sodass beim Übergange zu verschwindender Reibungskonstanten die Strömungsfigur immer dieselbe bleibt.

---

107) Paris C. R. 139 (1904), p. 121 und 140 (1905), p. 711.

108) Vgl. Verhandlungen des 3. intern. Mathematikerkongresses zu Heidelberg, Leipzig 1905, p. 484.

Als Beispiele hat *Prandtl* die Bewegung der Flüssigkeit längs einer in dieselbe hineinragenden geradlinigen und längs einer kreisförmigen Wand behandelt und vergleicht die Ergebnisse seiner Theorie mit qualitativen Versuchen.

Schlussbemerkung.

Die im Vorstehenden dargestellten Methoden zur Beschreibung der sich in Flüssigkeiten fortpflanzenden Unstetigkeiten können auch auf andere Gebiete der Physik ausgedehnt werden. Fast unmittelbar können sie auf *elastische Körper* übertragen werden; es sei hier nur der Anwendung auf die Bewegung der gespannten Saite und allgemein auf Wellenbewegung in elastischen Körpern gedacht; im übrigen aber auf die einschlägigen Referate über Elastizität weiter unten verwiesen.

Auch in der Elektrizitätstheorie, insbesondere in der Elektrodynamik bewegter Körper (Elektronentheorie) spielt die Fortpflanzung von Unstetigkeiten eine wichtige Rolle. Das Analogon der Schallwellen endlicher Amplitude sind hier die elektromagnetischen Wellen, welche einer ähnlichen analytischen Behandlung zugänglich sind. Ebenso stehen diese Untersuchungen zu der Wellenoptik in Beziehung. Hierüber vergl. die einschlägigen Referate in Bd. V.

(Abgeschlossen im September 1905.)

IV 20. HYDRAULIK.

Von

PH. FORCHHEIMER

IN GRAZ.

Inhaltsübersicht.

Litteratur.

Lehrbücher.

H. T. Bovey, A treatise on hydraulics, New-York 1895; 2. ed. New-York 1902.

J. A. Ch. Bresse, Cours de mécanique appliquée parte 2, 3. éd., Paris 1879.

J. A. Eytelwein, Handbuch der Mechanik fester Körper und der Hydraulik, Berlin 1801; 2. Aufl. 1822.

A. Flamant, Hydraulique, Paris 1891; 2. éd. Paris 1900.

F. Grashof, Theoretische Maschinenlehre, Bd. 1: Hydraulik, Leipzig 1875.

U. Masoni, Corso di idraulica, Napoli 1888; 2. ed. Napoli 1900.

J. Weisbach, Lehrbuch der Ingenieur- und Maschinen-Mechanik, Braunschweig 1845; 5. Aufl. bearbeitet von *G. Hermann,* Braunschweig 1875.

Monographien.

H. Bazin, Recherches hydrauliques sur l'écoulement de l'eau dans les canaux découverts et sur la propagation des ondes. Paris, Mém. prés. par div. sav. 19 (1865).

— Expériences nouvelles sur l'écoulement en déversoir, exécutées à Dijon de 1886 à 1895, Paris 1898.

— Expériences sur la distribution des vitesses dans les tuyaux. Paris, Mém. prés. par div. sav. 32 (1902).

J. B. Belanger, Essai sur la solution numérique de quelques problèmes relatifs au mouvement permanent des eaux courants, Paris 1828.

P. P. Boileau, Traité de la mesure des eaux courantes, ou expériences, observations et méthodes concernants les lois des vitesses, Paris 1854; 2. éd. Paris 1881.

J. V. Boussinesq, Essai sur la théorie des eaux courantes. Paris, Mém. prés. par div. sav. 23 (1877) avec supplément, ibid. 24 (1877).

— Théorie de l'écoulement tourbillonnant et tumultueux des liquides dans les lits rectilignes à grande section, 2 mémoires, Paris 1897.

L. G. du Buat, Principes d'hydraulique, Paris 1779; nouv. éd. Paris 1786; nouvelle éd. 3 vols, Paris 1816; t. 1 deutsch von *J. F. Lempe,* Leipzig 1796.

Th. Christen, Das Gesetz der Translation des Wassers, Leipzig 1903.

H. Darcy, Les fontaines publiques de la ville de Dijon, Paris 1856.

— Recherches expérimentelles relatives au mouvement de l'eau dans les tuyaux. Paris, Mém. prés. par div. sav. 15 (1858).

A. J. Ét. Dupuit, Traité théorique et pratique de la conduite et la distribution des eaux, Paris 1854; 2. éd. Paris 1865.

G. H. L. Hagen, Handbuch der Wasserbaukunst, Bd. 1: Die Quellen, Königsb. 1841, 3. Aufl., Berlin 1869/70; Bd. 2: Die Ströme, Königsb. 1844/54, 3. Aufl., Berlin 1871/2; Bd. 3: Das Meer, Berlin 1863/65.

J. V. Poncelet und *A. Lesbros,* Expériences hydrauliques sur les lois de l'écoulement de l'eau à travers les orifices rectangulaires verticaux à grandes dimensions, entreprises à Metz. Paris, Mém. prés. par div. sav. 3 (1832).

A. Lesbros, Expériences . . . entreprises à Metz pendant . . . les années 1829, 1831, 1834. Paris, Mém. prés. par div. sav. 13 (1852).

R. de Prony, Recherches physico-mathématiques sur la théorie des eaux courantes, Paris 1804.

M. Rühlmann, Hydromechanik, Hannover 1857; 2. Aufl. Hannover 1880.

B. de St.-Venant, Mémoire sur les formules nouvelles pour la solution des problèmes relatifs aux eaux courantes. Ann. des mines (4) 20 (1851).

— Des diverses manières de poser les équations du mouvement varié des eaux courantes. Ann. des ponts et chaussées (6) 13 (1887).

— et *Flamant,* De la houle et du clapotis. Ann. des ponts et chaussées (6) 15 (1888).

G. Tolkmitt, Grundlagen der Wasserbaukunst, Berlin 1898.

W. C. Unwin, Hydraulics, Encycl. Brit. 12 (1881).

J. Weisbach, Untersuchungen in dem Gebiete der Mechanik und Hydraulik, 2 Abteilungen, Leipzig 1842 und 1843.

Vorbemerkung. Die praktische Hydraulik zeigt ein wesentlich anderes Gepräge als die theoretische Hydrodynamik. Die Dunkelheit, in welche bisher die Gesetze der Flüssigkeitsreibung gehüllt sind, einerseits und die Verwickeltheit vieler Vorgänge von technischer Wichtigkeit andererseits bewirken, dass das Schwergewicht vielfach in Versuchsreihen gelegt werden muss, welche nur den Sonderfall betreffen, ohne unsere Einsicht in den Zusammenhang der Erscheinungen zu vertiefen. So ist die praktische Hydraulik heute noch vornehmlich ein Machtgebiet der Koeffizienten und ihre Arbeitsmethode vielfach nur eine Interpolation empirischer Daten. Dabei ist festzuhalten, dass die technischen Aufgaben nicht gleich den physikalischen vom Forscher frei gewählt, sondern ihm durch das praktische Bedürfnis aufgezwungen werden. Eine theoretisch unbefriedigende Lösung, wenn sie nur in den Grenzen, innerhalb welcher die Technik sie verwendet, sich noch brauchbar zeigt, ist dann immer noch besser als gar keine.

Hierzu tritt als ein für die strenge Forschung ungünstiger Umstand der, dass bei zahlreichen Vorgängen die Beschaffenheit der Wände des Wasserlaufes von massgebendem Einflusse ist und dieselbe häufig nicht genau genug erkannt, beschrieben oder hergestellt werden kann. Besonders wird auch die Verwendbarkeit der genauen Berechnung dadurch beeinträchtigt, dass die Bewegungsweise in gewöhnlichen natürlichen oder selbst künstlichen Betten und in Leitungen zahlenmässig nicht genügend feststeht.

Dieser unfertige Zustand der Hydraulik bedingt daher auch wesentlich den Charakter des vorliegenden Berichtes. Es musste das Schwergewicht auf die jeweilige Behandlung der Einzelprobleme gelegt und hier gezeigt werden, wie weit man durch Verknüpfung der Erfahrungszahlen mit rationalen Erwägungen Erfolge erzielt hat. Für die Ausführung bedeutet dies zum Teil ein Hervortreten nicht mathematischer Überlegungen, für die Anordnung des Stoffs, dass sie den äusseren Naturerscheinungen folgt und dass einige allgemeine Gesetze in loserem Zusammenhange der geordneten Darstellung vorangestellt werden mussten. Vielfach haben selbst Beobachtungen an und für sich Aufnahme gefunden und sie wurden um so weniger übergangen, als gerade sie am schwersten zur Kenntnis des Theoretikers gelangen, und doch können auch sie sein Interesse beanspruchen, denn wenn die ausgearbeiteten Entwickelungen zeigen, was bereits mit mathematischer Hilfe geleistet worden ist, weisen die noch unerklärten Erscheinungen auf die Probleme hin, die noch der mathematischen Thätigkeit harren*).

I. Einleitung.

1. Hauptarten der hydraulischen Vorgänge. Stellt man die *Grundwasserbewegung* für sich, so bildet die Bewegung des Wassers in geschlossenen Leitungen oder offenen Gewässern den eigentlichen Gegenstand der Hydraulik. Je nachdem hierbei ein wirkliches Fortfliessen oder nur ein Schwingen der Wasserteilchen um eine Gleichgewichtslage stattfindet, hat man es mit einer *Strömungs-* oder *Wellenbewegung* zu thun. Diese Unterscheidung gewinnt dadurch an Bedeutung, dass bei der Strömung die Reibung des Wassers eine wesentliche Rolle spielt, während man bei Betrachtung der Wellen auch in der praktischen Hydraulik das Wasser in erster Annäherung als reibungsfrei ansehen darf und nur selten (z. B. bei Besprechung der Brandung) gezwungen ist, die Reibung zu berücksichtigen. Es greift daher die praktische Hydraulik bei Behandlung der Wellen gewöhnlich auch auf die Entwickelungen der rationellen Hydrodynamik zurück, die sie nur in gewissen Fällen in einer ihr bequemen Form neu darstellt[1]).

Die Bezugnahme auf die rationelle Hydrodynamik fällt bei den Strömungsbetrachtungen im allgemeinen fort und kann nur bei den Vorgängen wieder angebracht sein, die sich auf kurzen Wegen, z. B. an den Stellen plötzlicher Geschwindigkeitsänderungen, abspielen. Infolge der Kürze der Wege tritt bei ihnen nämlich der Arbeitsverbrauch für die Reibung gegenüber jenem für die Geschwindig-

*) Bei der Ausarbeitung des vorliegenden Artikels, insbesondere der Abteilungen I und II wurde der Verfasser von Herrn *C. H. Müller* in höchst dankenswerter Weise unterstützt. *Ph. Forchheimer.*

1) Auch im vorliegenden Berichte kommt dieser Tatbestand dadurch zum Ausdruck, dass die in Nr. **10** gegebenen Entwickelungen zur Wellenlehre als Nachtrag zu der Darstellung in dem Referate über rationelle Hydrodynamik (IV 16, *A. E. H. Love*) gemeint sind.

keitsvermehrung zurück. Die *Strömungsprobleme* können also folgerichtig in solche bei *„unstetiger“* und solche bei *„stetiger Wandungsfläche“* geschieden werden. Beide Gruppen erfahren dann noch in üblicher Weise weitere Gliederung (gleichförmige, stationäre u. s. w. Bewegung).

2. Voraussetzungen und Grundbegriffe. Das erstrebenswerte Ziel wäre eine allgemeine Theorie reibender Flüssigkeiten, in die sich die Lösungen der Einzelaufgaben als Beispiele einordnen würden. Aber eine solche liegt zur Zeit nicht vor; denn die von der rationellen Hydrodynamik gegebene (vgl. IV 15, Nr. **12—18**, *A. E. H. Love*) leitet zu Folgerungen, die mit der Beobachtung nicht stimmen. Allerdings hat man seit langem versucht[2]), die von *C. L. Navier* aufgestellten Gleichungen für reibende Flüssigkeiten zweckentsprechend umzugestalten. Aber fast alle diese Versuche unterliegen berechtigten Bedenken, und nur die Theorie von *J. Boussinesq*, die jedoch weniger eine mechanische Erklärung als eine Schilderung des mittleren Bewegungszustandes giebt, vermag als solche einigermassen zu befriedigen.

Aber die hydraulische Litteratur ist noch weit entfernt, sich den *Boussinesq*'schen Standpunkt zu eigen gemacht zu haben, so dass er um so weniger im vorliegenden Berichte in den Mittelpunkt gerückt werden konnte. (Vgl. daher die *Boussinesq*'schen Entwickelungen jeweils bei der Darstellung der Einzelprobleme.)

2a. Das Bernoulli'sche Theorem. Dieser Mangel einer allgemeinen Theorie, der nach dem in Nr. **1** Gesagten insbesondere für die Behandlung des Strömens innerhalb stetiger Wandung hervortreten muss, wird hier bis zu einem gewissen Grade durch den Umstand ausgeglichen, dass der Bewegungszustand schon durch die Daten der Aufgabe annähernd gegeben ist. Insbesondere sind die Bahnkurven der Wasserteilchen entweder genügend bekannt (indem man

2) Vgl. das zusammenfassende Referat von *B. de St.-Venant*, Sur l'hydrodynamique des cours d'eau, Paris C. R. 74 (1872), p. 570, 649, 693 und 770, wo eingehend insbesondere die Ansätze und Entwickelungen von *Kleitz* und *M. Lévy* kritisiert werden. Vgl. auch *B. de St.-Venant*, Paris C. R. 74 (1872), p. 426 u. 1083 und ebenso die nach *B. de St.-Venant*'s Tode gedruckte Abhandlung aus dem gleichen Jahre: Des diverses manières de poser les équations du mouvement varié des eaux courantes, Ann. d. ponts et chaussées (6) 13 (1887), p. 148—228. *Navier*'s Gleichungen (Paris, Mém. de l'académie 1823 = 6 (1827) p. 414) haben in seiner Schreibweise für das Innere der Flüssigkeit die Form

$$P - \frac{\partial p}{\partial x} = \varrho\left(\frac{\partial u}{\partial t} + u\frac{\partial u}{\partial x} + v\frac{\partial u}{\partial y} + w\frac{\partial u}{\partial z}\right) - \varepsilon\left(\frac{\partial^2 u}{\partial x^2} + \frac{\partial^2 u}{\partial y^2} + \frac{\partial^2 u}{\partial z^2}\right),$$

wozu noch die entsprechenden Randbedingungen treten.

eben annimmt, dass diese sich im grossen Ganzen parallel der Axe des Rohres bezw. des Wasserlaufes bewegen) oder vollkommen gleichgültig, so dass es nur auf die Bestimmung der absoluten Geschwindigkeit ankommt. Letztere kann dann in einfacher Weise mit Hilfe der *Energiegleichung* berechnet werden.

In der Tat gilt unter Beschränkung auf *stationäre* Bewegungsvorgänge (und mit nicht stationären hat man es seltener zu thun) zunächst für *reibungsfreie* der *Schwere unterworfene Flüssigkeiten*, für jeden *einzelnen* Stromfaden die *Druckgleichung*

$$p + g\varrho z + \frac{1}{2}\varrho V^2 = \text{const.} \tag{1}$$

(vgl. IV 15, Nr. **10**, *A. E. H. Love*), wo p den Druck im Punkte x, y, z (z lotrecht nach oben gemessen), g die Beschleunigung durch die Schwere, ϱ die Dichte und V^2 das Quadrat der Geschwindigkeit ($= u^2 + v^2 + w^2$) bedeutet. Man schreibt diese Gleichung in der Hydraulik, indem man das Eigengewicht $\gamma = \varrho g$ einführt, gewöhnlich in der Form

$$\frac{p}{\gamma} + z + \frac{V^2}{2g} = \text{const.}, \tag{1'}$$

in der man $\frac{V^2}{2g}$ als *Geschwindigkeitshöhe* bezeichnet und $\frac{p}{\gamma}$ als *Druckhöhe*, nämlich als Höhenunterschied zwischen dem betreffenden Teilchen und dem Spiegel eines bis zu ihm eingetauchten Rohres, falls dieses derart geformt und gestellt ist, dass das in ihm enthaltene Wasser vom fliessenden weder eine Stoss- noch eine Saugewirkung erfährt. Die Summe $\frac{p}{\gamma} + z$ stellt dann die Höhe dieses Tauchrohrspiegels über der Ebene $z = 0$ dar, als welche man z. B. den Meeresspiegel betrachten kann. Entschliesst man sich p neben der kinetischen Energie $\varrho \frac{V^2}{2}$ und der potentiellen Energie γz als besondere Energieform aufzufassen, so lässt sich das *Bernoulli'sche Theorem* [3]), unter welchem Namen die Druckgleichung (1) in der Hydraulik bekannt ist, in der Form aussprechen: *dass für das einzelne Wasserteilchen* (bei stationärer Bewegung) *die Gesamtenergie konstant ist.*

Das Bernoulli'sche Theorem ist auf eine *Wassermasse von endlichem Querschnitt* anwendbar, wenn die einzelnen Stromfäden nur wenig gegeneinander geneigt sind und, falls die Bahnkurven gekrümmt sein sollten, wenn ihre Krümmung doch so gering ist, dass die Fliehkräfte in erster Annäherung vernachlässigt werden dürfen (d. h. also im Falle von Bewegungsvorgängen mit „stetiger Wandungsfläche").

3) *D. Bernoulli,* Hydrodynamica, Argentorati 1738, p. 11.

Unter diesen Voraussetzungen kann man nämlich annehmen, dass der Druck innerhalb eines jeden zur Strömungsrichtung senkrechten Querschnittes hydrostatisch variiert. Führt man dann die *mittlere Geschwindigkeit* U eines Querschnittes F durch die *Kontinuitätsgleichung*:

$$(2)\qquad Q = FU = \text{const.}$$

ein, in der $U = \frac{1}{F}\int V dF$ ist, so erhält man das Theorem in der ohne Kenntnis der Einzelbahnen verwendbaren Form

$$(3)\qquad \alpha\frac{U^2}{2g} + z + \frac{p}{\gamma} = \text{const.}$$

Hier ist α die Korrektion, die erforderlich wird, weil in der Formel (3) das Quadrat der mittleren Geschwindigkeit an Stelle des Mittels der Quadrate der wirklichen Geschwindigkeiten eingesetzt wird. Es ergiebt sich, dass α — das Verhältnis der lebendigen Kräfte $= \int \frac{V^3}{U^3 F} dF$ — nahezu gleich $1 + 3\eta$ wird, wo $1 + \eta$ das Verhältnis der entsprechenden Bewegungsgrössen $= \int \frac{V^2}{U^2 F} dF$ ist[4]).

Bei *reibenden Flüssigkeiten* bleibt das Bernoulli'sche Theorem noch anwendbar, wenn man den *Energieverlust*, den das Wasser bei seiner Bewegung erleidet, als sogenannten *Druckhöhenverlust* (Druckverlust, Reibungshöhe, *perte de charge*, *loss of head*, *perdita di carico*) in der Formel (3) in Rechnung bringt. *J. Weisbach* fand es zweckmässig, den Druckhöhenverlust in der Form $\zeta\frac{U^2}{2g}$,[5]) also eine unbenannte Zahl ζ als Widerstandskoeffizienten einzuführen, womit er eigentlich aussprach, dass sich die innere Reibung in Umfangsreibung umsetze. Das *Bernoulli*'sche Theorem erhält damit die Gestalt

$$(4)\qquad \alpha\frac{U^2}{2g} + z + \frac{p}{\varrho g} + \zeta\frac{U^2}{2g} = \text{const.}$$

oder, wenn man auch die anderen (durch äussere Reibung, Stoss u. s. w.) hervorgerufenen Druckhöhenverluste in die Formel aufnimmt und im Sinne der Strömung fortschreitet:

$$(5)\qquad \alpha\frac{U^2}{2g} + z + \frac{p}{\varrho g} + \sum_1^n{}^k \zeta_k \frac{U_k^2}{2g} = \text{const.}$$

4) Versuche von *H. Bazin*, Paris, Mém. prés. par. div. sav. 19 (1865), p. 262 gaben bei glatter Wand $\alpha = 1{,}038$, bei rauher $= 1{,}122$; man pflegt im Mittel $\eta = 0{,}037$, $\alpha = 1{,}11$ und praktisch daher häufig $\alpha = 1$ zu setzen. Vgl. *U. Masoni*, Napoli, Atti del R. Ist. d'incoraggiamento (4) 11 (1898), Nr. 2; sowie Idraulica, p. 81; *A. Flamant*, Hydraulique, p. 38.

5) Über Einführung anderer Potenzen von U als der zweiten vgl. besonders Nr. 4 b.

Es ist klar, dass man bei einem solchen Ansatz, wie schon oben bei Gl. (3), auf die Einsicht in den Bewegungsvorgang verzichtet und dann nur auf Grund von Versuchen für jeden Widerstandskoeffizienten entscheiden kann, ob seine Einführung gestattet ist oder ob sein Wert im Gegenteile innerhalb des in Frage stehenden Anwendungsbereiches zu sehr schwanken würde.

2b. Der Satz von der Bewegungsgrösse. Ist der Energiesatz das Haupthilfsmittel zur Behandlung der Strömung bei stetigen Wandflächen, so ermöglicht bei „unstetigen" der Satz von der Bewegungsgrösse (Impulssatz) z. T. sehr gute näherungsweise Lösungen. Man greift auf den schon in Nr. **1** bemerkten Umstand zurück, dass infolge der raschen Querschnittsänderung die innere Reibung für das kleine Stück der „Unstetigkeit" vernachlässigbar ist und führt die äussere Reibung eventuell als einen Druckhöhenverlust ein, so dass man den Impulssatz in der bekannten Fassung: *Die zeitliche Änderung des Impulses eines beliebig abgegrenzten Massensystems ist gleich der Summe der auf jedes Massenteilchen wirkenden Kräfte, vermindert um die Summe der auf die Oberfläche wirkenden Druckkräfte*, anwenden kann. Seine mathematische Formulierung findet er in folgenden drei Komponentengleichungen:

$$
(6) \qquad \begin{cases} \dfrac{d\,[X]}{dt} = \iiint \varrho X dK - \iint p \cos \alpha\, dF, \\ \dfrac{d\,[Y]}{dt} = \iiint \varrho Y dK - \iint p \cos \beta\, dF, \\ \dfrac{d\,[Z]}{dt} = \iiint \varrho Z dK - \iint p \cos \gamma\, dF, \end{cases}
$$

wo $[X]$, $[Y]$, $[Z]$ die Impulskomponenten, X, Y, Z die Teilkräfte, dK das Volumen-, dF das Oberflächenelement, p der Druck und α, β, γ die Winkel der Flächennormalen mit den Koordinatenaxen sind. Gewöhnlich erscheint dieser Satz (als *Borda*'scher Satz, Formel des Wassersprungs u. s. w.) bei ebenen Problemen in wesentlich vereinfachter Form, indem hier immer nur eine Komponentengleichung benützt wird. Der Satz wird gewöhnlich in der Weise gebraucht, dass bei bekannter Anfangs- und Endgeschwindigkeit eine Angabe über die Druckdifferenz zwischen Anfang und Ende hergeleitet wird (hierüber vgl. später).

3. Ergänzende Bemerkung. Die beiden genannten Sätze (Energie- und Impulssatz) gestatten neben der stets geltenden Kontinuitätsgleichung im allgemeinen einen ersten befriedigenden Ansatz der Aufgabe, indem selten mehr als zwei Unbekannte zu bestimmen sind, wozu gerade die beiden Sätze ausreichen. Indes kommt es doch gelegentlich vor, dass eine ihrer Natur nach eindeutig zu lösende Aufgabe unbestimmt bleibt, indem man z. B. eine Grösse nicht durch eine Anfangs- oder Randbedingung geben, d. h. nicht von vornherein übersehen kann, von welchen Faktoren sie mechanisch abhängt. In solchen Fällen beschafft man sich in der Hydraulik die fehlende dritte Gleichung, indem man, von qualitativen Überlegungen ausgehend, eine obere oder untere Grenze der Unbekannten sucht und diese als Wert der Unbekannten nimmt. Ein solcher Fall liegt z. B. beim sogenannten *Belanger'schen Prinzip* vor, das zur Ableitung der Abflussmenge über ein Wehr herangezogen wird (vgl. darüber Nr. 9b, p. 413). Hier tritt das Vorläufige und Unfertige der heutigen Hydraulik vielleicht am augenfälligsten hervor.

II. Das Strömen von Wasser in Röhren und Wasserläufen bei stetiger Wandung.

4. Die gleichförmige (von Zeit und Ort unabhängige) Strömung in Röhren und Wasserläufen.

4a. Grundlage der empirischen Formeln. Die einfachste Art der Wasserbewegung in offenen oder geschlossenen Gerinnen ist die *gleichförmige* (*mouvement uniforme*), bei welcher sowohl in den aufeinander folgenden Querschnitten, als auch in demselben Querschnitte zu verschiedenen Zeiten an allen Punkten desselben Wasserfadens die gleiche Geschwindigkeit herrscht. Bei der gleichförmigen Bewegung ist also die Geschwindigkeitsverteilung in allen Querschnitten die gleiche und die kinetische Energie unabhängig von der Zeit. Es ist daher bei ihr die gesamte beschleunigende Kraft dem verzögernden Reibungswiderstande des Bettes gleich[6]), oder die Druckhöhendifferenz gleich dem durch die äussere Reibung hervorgerufenen Druckhöhenverlust.

Für *geschlossene Leitungen* nimmt danach die Druckgleichung (4) bezw. (5), genommen zwischen den Stellen z und $z + dz$ der Leitungsaxe, bei Einführung eines Widerstandskoeffizienten ζ_1 für die Längeneinheit, bei entsprechender Wahl der Vorzeichen die einfache Form

$$(7)\qquad \frac{dp}{\gamma} + dz = \zeta_1 \frac{U^2}{2g} ds$$

an (worin ds das Bogenelement der Rohraxe ist). Man nennt den

6) In dieser Form zuerst ausgesprochen von *A. Brahms*, Anfangsgründe der Deich- und Wasserbaukunst, 2 Teile, Aurich 1754 u. 1757; in Teil 1, p. 105.

Quotienten $\frac{d\left(\frac{p}{\gamma}+z\right)}{ds}$ das *Gefälle* J (relative Gefälle, Druckgefälle oder den Gefällverlust, *perte de charge par unité de longueur, hydraulic grade*)[7]).

Bei *offenen Wasserläufen* gilt, weil der Druck an der Oberfläche konstant ist und nach unten hydrostatisch wächst, einfach die Beziehung

$$dz = \zeta_1 \frac{U^2}{2g} ds. \tag{7'}$$

Indem man als ds gewöhnlich das Bogenelement der Mittellinie der Oberfläche betrachtet, versteht man bei den offenen Läufen unter dem Gefälle $\frac{dz}{ds}$ schlechtweg das *Oberflächengefälle* (*pente, slope*), d. h. den Sinus des Neigungswinkels jener Linie[8]).

Die zufammenfassende Formel

$$J = \zeta_1 \frac{U^2}{2g} \quad \text{oder} \quad U = \sqrt{\frac{2g}{\zeta_1} J}, \tag{8}$$

die in der zweiten Form nach Multiplikation mit dem Querschnitt F den Durchfluss Q giebt, ist die Grundlage für eine grosse Reihe empirischer Formeln, von denen einige in Nr. 4b folgen sollen.

4b. Einige der wichtigsten empirischen Formeln. Während die meisten dieser Formeln auf eine empirische Bestimmung des Widerstandskoeffizienten ζ_1 hinauslaufen, weicht eine andere Formelgruppe vom *Weisbach*'schen Widerstandsgesetz ab, indem sie eine andere als die 2. Potenz der mittleren Geschwindigkeit in das Reibungsglied einführt[9]).

---

7) Oft bezeichnet man auch das Verhältnis $\frac{d\left(\frac{p}{\gamma}+z\right)}{dx}$, wo dx die Projektion von ds auf die x-Axe ist, als Gefälle, ebenso wie man auch zuweilen (im Falle stationärer Bewegung) $\frac{d\left(\frac{p}{\gamma}+z+\frac{U^2}{2g}\right)}{ds}$ oder $\frac{d\left(\frac{p}{\gamma}+z+\frac{U^2}{2g}\right)}{dx}$ Gefälle nennt.

8) Auch hier wird oft $\frac{dz}{dx}$ statt $\frac{dz}{ds}$, d. h. die Tangente des Neigungswinkels an Stelle des Sinus gesetzt, was der Ungenauigkeit aller Formeln sowie der geringen Oberflächenneigung wegen im allgemeinen gestattet ist.

9) Eine ziemlich vollständige Zusammenstellung der vorgeschlagenen emp. Formeln siehe bei *Th. Christen,* Das Gesetz der Translation des Wassers, Leipzig 1903, p. 3—26. Zur Würdigung dieser Formeln diene, dass mit dem Woltmannflügel an Flüssen sorgfältig durchgeführte Durchflussbestimmungen vom Mittel mehrfacher solcher Messungen bis zu 5 Prozent abweichen. In wie weit das

α) Die *erste* brauchbare Formel für *Kanäle* zunächst scheint 1775 *de Chézy*[10]) aufgestellt zu haben. Man schreibt sie heute in der Form

$$(9)\qquad J = \frac{b}{R} U^2 \quad \text{oder} \quad U = c\sqrt{RJ}.$$

b resp. $c = \frac{1}{\sqrt{b}}$ gilt als Konstante[11]) und R ist der sogenannte *Profilradius*[12]) (*rayon moyen, mean hydraulic depth, raggio medio*), das ist der Bruch: $\frac{\text{durchflossener Querschnitt}}{\text{benetzten Umfang}}$. Es kommt diese Annahme also darauf hinaus, $\zeta_1 = \frac{2gb}{R}$ zu setzen, womit b die Dimension einer reziproken Beschleunigung erhält.

R. de Prony[13]) änderte, angeregt durch die *Coulomb*'schen Reibungsversuche, das Widerstandsgesetz und ging von der Form

$$(10)\qquad J = \frac{1}{R}(aU + bU^2)$$

aus, wobei er auf Grund zahlreicher Versuche für R in m, U in m sec^{-1}, welche Masseinheiten auch allen folgenden Angaben zu Grunde liegen,

$$(10')\qquad \begin{cases} \text{für offene Läufe} & J = \frac{1}{R}(0{,}000044\,U + 0{,}000309\,U^2) \\ \text{für Röhren} & J = \frac{1}{R}(0{,}0000173\,U + 0{,}000348\,U^2) \end{cases}$$

berechnete.

β) Diesen älteren Formeln, die immer noch im Gebrauch sind, steht eine andere gegenüber, die den Einfluss der *Rauhigkeit* auf den Bewegungswiderstand in Rücksicht zieht. Ein solcher Einfluss wurde für *Röhren* zuerst von *H. Darcy*[14]), für *Kanäle* von ihm[15]) und *H. Bazin*[16]) festgestellt.

Mittel vom wahren Durchfluss abweicht, ist unbekannt. Genauere Messungsweisen sind bei kleinen Gerinnen anwendbar.

10) In den Mém. de la classe d. sc. de l'Inst. Paris 1813/15 (1818), p. 251 zitiert *P. S. Girard* die Mémoires manuscrits de l'école d. ponts et chaussées mit den Worten: „il parait que vers l'année 1775 M. *Chézy* rechercha le premier...".

11) Man nimmt für c gewöhnlich den Wert von *J. A. Eytelwein*, Handbuch der Mechanik fester Körper, 2. Aufl., Leipzig 1822, p. 160 ($c = 50{,}9$ m$^{\frac{1}{2}}$sec^{-1}).

12) Hiernach ist bei Röhren R gleich dem *halben* Rohrhalbmesser.

13) *R. de Prony*, Recherches physico-mathématiques sur la théorie du mouvement des eaux courantes, Paris 1804, p. 70 u. 82.

14) Paris, Mém. prés. par div. sav. 15 (1858), p. 222. Ein Gesetz aber für die allmähliche Änderung des Rohrwiderstandes lässt sich, wie *O. Iben*, Druckhöhenverlust, Hamburg 1880, p. 61, aus zahlreichen Untersuchungen nachweist, nicht aufstellen.

H. Darcy's[17]) auch heute noch viel benutzte Formeln sind:

(11) für neue eiserne Gussleitungen

$$J = \frac{1}{2R}\left(0{,}000507 + \frac{0{,}00000323}{R} U^2\right),$$

für einige Zeit benutzte Gussleitungen

$$J = \frac{1}{R}\left(0{,}000507 + \frac{0{,}00000323}{R} U^2\right),$$

während *A. Frank*[18]), nach Analyse zahlreicher Versuche, ihnen die anderen gegenüberstellt:

(11') für neue Gussrohre $J = \frac{1}{R}\left(0{,}000512 + \frac{0{,}000193}{\sqrt{R}}\right) U^2$,

für alte Gussrohre $J = \frac{1}{R}\left(0{,}000495 + \frac{0{,}000326}{\sqrt{R}}\right) U^2$.

H. Bazin[19]) überzeugte sich vor Aufstellung seiner, die verschiedenen Rauhigkeitsgrade berücksichtigenden Formel, dass in geschlossenen Kastengerinnen und in offenen, gleich breiten aber halb so hohen Gerinnen bei gleichem Gefälle, trotz anderer Geschwindigkeitsverteilung dieselbe mittlere Geschwindigkeit U herrscht, dass die Luft also keinen nennenswerten Widerstand bietet, und bei Berechnung des Profilradius nur die festen Wände zu berücksichtigen sind. Aber die heute gebräuchlichste Formel ist die von *E. Ganguillet* und *W. R. Kutter*[20]), weil sie sowohl für kleine Gerinne (bei welchen b abnimmt, wenn J zunimmt), als auch für grosse Flüsse (bei welchen b mit J wächst) passt. Sie lautet (in der Form $U = c\sqrt{RJ}$):

$$U = \frac{23 + \frac{1}{n} + \frac{0{,}00155}{J}}{1 + \left(23 + \frac{0{,}00155}{J}\right)\frac{n}{\sqrt{R}}} \cdot \sqrt{RJ}, \tag{12}$$

15) *H. Darcy,* Les fontaines publiques de la ville de Dijon, Paris 1856, p. 367.

16) Paris, Mém. prés. par div. sav. 19 (1865), p. 71 u. f.

17) Paris, Mém. prés. par div. sav. 15 (1858), p. 251.

18) *A. Frank,* Civiling. (2) 27 (1881), col. 209, 215. Vgl. daselbst auch die Besprechung anderer Formeln. Ähnlich gebaut sind die Formeln von *J. Weisbach,* Lehrbuch der theoretischen Mechanik, Braunschweig 1845, 1, p. 434 und *H. Lang* im Taschenbuch der Hütte, 16. Aufl., Berlin 1896, I. Abt., p. 240.

19) Paris, Mém. prés. par div. sav. 19 (1865), p. 162 u. f. Die *Bazin*'sche Formel vgl. ebenda p. 130.

20) Zeitschr. d. österr. Ingen.- u. Archit.-Ver. 21 (1869), p. 6 u. 46. Eine andere Formel derselben Ingenieure ist in der Allg. Bauzeit. 35 (1870), p. 150 veröffentlicht und zumeist unter dem Namen *Kutter*'sche Formel für die Berechnung städtischer Siele beliebt. Tabellen siehe bei *W. R. Kutter,* Bewegung d. Wassers in Kanälen u. Flüssen, Berlin 1885.

wo n von der Rauhigkeit abhängt und von 0,01 bei gehobelten Holzwänden oder glattem Zementputz bis zu 0,06 beim Lauf über gröbere Geschiebe oder Wasserpflanzen ansteigt[21]).

Neuerdings hat sich *H. Bazin*[22]) für einen anderen, als seinen früheren Ausdruck entschieden. Er nimmt an, dass bei zunehmender Tiefe die Rauhigkeit bedeutungslos werde, und setzt

$$(13) \qquad U = \frac{87}{1 + \frac{\gamma}{\sqrt{R}}} \sqrt{RJ},$$

wo sich γ mit der Rauhigkeit ändert und zwischen 0,06 und 1,75 bewegt.

Endlich setzt *C. Hessle*[23]) für alle natürlichen Flüsse

$$U = 25\left(1 + \frac{1}{2}\sqrt{R}\right)\sqrt{RJ}.$$

γ) Statt einen mehrgliedrigen Ausdruck für c in die *de Chézy*'sche Formel einzuführen, haben sich *Ph. Gauckler*[24]), *K. R. Bornemann*[25]), *C. J. N. Lampe*[26]), *G. Hagen*[27]) und andere für die Form

$$(14) \qquad U = \lambda R^{\mu} J^{\nu}$$

entschieden, worin λ, μ, ν aus den Versuchen zu gewinnende Konstante sind. Aus den Messungen *A. Cunningham*'s[28]) am Gangeskanale leitete *G. Hagen*[29]) schliesslich

$$U = 43{,}7\, R^{2/3} J^{1/2}$$

ab, welchem Ausdruck der von *Ph. Forchheimer*[30]) für Gerinne von nur einigen mm Tiefe gefundene

21) Beispielsweise bestimmte man an der preussischen Elbe (Bestimmungen von Normalprofilen f. d. Elbe, Magdeburg 1885, p. 113) $n = 0{,}026$ bis 0,031; an der Salzach bei Salzburg (Jahrb. d. k. k. hydrograph. Zentr.-Bureaus 7 (1899), Donaugebiet, p. 298) $n = 0{,}0357$. Siehe auch Fussn. 43.

22) Ann. d. ponts et chaussées (7) 7[4] (1897), p. 55. Hierzu ein Abacus von *M. d'Ocagne*, ibid. (7) 8[1] (1898), p. 307.

23) Zeitschr. f. Gewässerkunde 2 (1899), p. 31; ähnlich lautet eine Formel von *P. E. Harder,* Theorie der Bewegung des Wassers in Flüssen und Kanälen, Hamburg 1878.

24) Ann. d. ponts et chaussées (4) 15 (1868), p. 229.

25) Civiling. (2) 15 (1869), col. 42.

26) *C. J. H. Lampe,* Allgemeine Bemerkungen über die Bewegung des Wassers in Röhren, Danzig 1872, p. 44 = Civiling. (2) 19 (1873), col. 80.

27) *G. Hagen,* Untersuchungen über die gleichförmige Bewegung des Wassers, Berlin 1876, p. 87. S. auch unten die Formel von *R. Siedek.*

28) *A. Cunningham,* Hydraulic experiments at Roorkee 1874 5, Roorkee 1881.

29) Zeitschr. f. Bauwesen 31 (1881), col. 404.

30) Wien Ber. 112 (1903), p. 1705. Nach *J. Hermanek,* Zeitschr. d. österr.

$$U = 100 R^{0,7} J^{0,5}$$

ähnelt.

Eine besondere Bedeutung erlangte die Formel (14) durch die Untersuchungen von *O. Reynolds*[31]). Derselbe schritt in Bleiröhren, welche sich für die theoretische Untersuchung, weil sie nicht wie Gusseisenstränge Fugen enthalten, besonders eignen, bis zu 7 msec^{-1} Geschwindigkeit, und erhielt bei Auftragung der Logarithmen von J und U (sobald U grösser als die kritische Geschwindigkeit war, über die unten Nr. **13** und auch IV 15, Nr. **17**, *A. E. H. Love* das Nähere berichtet ist) gerade Linien. Es zeigte sich also J einer Potenz von U proportional und zwar: $U^{1,723}$. Ferner berechnete *O. Reynolds*[32]) den Exponenten $\frac{1}{v}$ aus den *Darcy*'schen Versuchen[33]) und fand folgende Werte:

für Glasröhren	für durch Lötung verbunde Bleiröhren	für asphaltierte Schweisseisenröhren	für neue Gussröhren	für Röhren mit Sinterabsatz	für wieder gereinigte Röhren
$\frac{1}{v} = 1,79$	$= 1,79$	$= 1,82$	$= 1,88$	$= 2$	$= 1,91$

D. Fitzgerald[34]) fand bei einem Durchmesser $4R = 1,22$ die Form (14) bestätigt, bei Knollenansatz (tuberculated pipe) $\frac{1}{v} = 2,02$ und 2,03, nach der Reinigung $= 1,91$.

A. Flamant[35]) empfiehlt für den praktischen Gebrauch, nämlich für alte, aber nicht stark versinterte Röhren,

$$J = \frac{0,00023}{R} \sqrt[4]{\frac{U^7}{4R}} \tag{15}$$

zu setzen, womit er zu dem Wert $v = \frac{4}{7}$ zurückkehrt, den schon *R. Woltmann*[36]) aus *L. G. du Buat*'s Versuchen[37]) abgeleitet hatte.

Ingen.- u. Archit.-Ver. 57 (1905), p. 237, bewegt sich μ zwischen 1 und 0,6 und nimmt ab, wenn die Tiefe wächst.

31) Lond. Phil. Trans. 174 (1883), p. 975 = Papers on mechanical and physical subjects, Cambridge 1900, 2, p. 64.

32) Lond. Phil. Trans. 174 (1883), p. 981 = Papers 2, p. 104.

33) Paris, Mém. prés. par div. sav. 15 (1858), p. 152.

34) Amer. Soc. of Civ. Eng. Trans. 35 (1896), p. 258; für $\mu = \frac{1}{2}$ in Formel (14) war $\alpha = 90,67$ bezw. 58,19.

35) Ann. d. ponts et chaussées (7) 4 (1892), p. 301 u. 345.

36) *R. Woltmann*, Beiträge zur hydraulischen Architektur 1, Göttingen 1791, p. 165. Auch *Woltmann* berechnete, wie *O. Reynolds* und vor letzterem *B. de*

Übrigens ist nach *U. Masoni*[38]) für $4\,R \gtreqless 0{,}7$ der Druckverlust etwa $1\frac{1}{2}$ mal so gross als Formel (15) angiebt. Ferner fanden kürzlich *A. V. Saph* und *E. H. Schoder*[39]), dass bei glattester Leibung

$$J = 0{,}000536\,\frac{U^{1,75}}{(4\,R)^{1,25}} \pm 7\%$$

sei und bei starkem Knollenansatze bis zu etwa

$$J = 0{,}0016\,\frac{U^{1,99}}{(4\,R)^{1,25}}$$

wachse[40]).

δ) Abweichend von den bisher genannten Formeln, tritt in der von *Th. Christen*[41]) zunächst nur für Röhren und künstliche Gerinne aufgestellten, an vielen Versuchen geprüften Formel neben dem benetzten Umfang χ oder der Querschnittsfläche F und einer Rauhigkeitsziffer k auch die Breite B selbständig auf. Er setzt nämlich, an seine Ansicht über die Geschwindigkeitsverteilung (siehe unten Nr. 4d) anknüpfend,

$$(16)\qquad U = \sqrt{k^3}\,\sqrt[8]{B}\,\sqrt{\frac{\chi}{B}}\,\sqrt{RJ} = \frac{\sqrt{k^3}}{\sqrt[8]{B^3}}\sqrt{FJ}.$$

Anderer Art ist die Abweichung, zu der sich *R. Siedek*[42]) entschloss. Erwägend, dass in der Formel (12) von *Ganguillet* und *Kutter*, wie in allen ähnlichen, die Rauhigkeit selbst an der nämlichen Stromstelle mit dem Wasserstande schwanken kann[43]), so dass sie sich im vorhinein nur ungenau schätzen lässt und dass sie bei natürlichen geschiebeführenden Flüssen, die ihr Bett selbst ausgestalten, hiernach eine Funktion des Querschnittes sein müsse[44]),

---

St.-Venant, Ann. des mines (4) 20 (1851), p. 185, die Logarithmen von J und U, wobei er zunächst als Mittelwert $v = 1{,}74$ fand.

37) *L. G. du Buat*, Principes d'hydraulique, nouv. éd. Paris 1786, 2, p. 6.

38) Bollet. del collegio degli ingegneri e arch. di Napoli 19 (1901).

39) Amer. Soc. of Civ. Eng. Trans. 51 (1903), p. 306.

40) Für den Druckverlust in genieteten und hölzernen Leitungen von grossem Durchmesser siehe *C. R. Marx*, *C. B. Wing* und *L. M. Hoskins*, Amer. Soc. of Civ. Eng. Trans. 40 (1898), p. 493 u. 512, in Schläuchen *J. R. Freeman*, ebenda 21 (1889), p. 338.

41) Translation des Wassers, p. 39; Zeitschr. f. Gewässerkunde 6 (1903/4), p. 181.

42) Zeitschr. d. österr. Ingen.- u. Arch.-Ver. 53 (1901), p. 397, 409, 445 u. f. *Siedek* verglich seine Formel mit dem Ergebnis von 537 Messungen.

43) *Karg*, Wochenblatt f. Baukunde 7 (1885), p. 211 u. 222. Nach dem Jahrb. des k. k. hydrogr. Zentral-Bureaus 6 (1898), Donaugebiet, p. 305 gaben die Messungen in der Donau bei Stein im Juni 1898 $n = 0{,}049$ und verminderte sich n mit dem Sinken des Wassers, bis es im November nur mehr 0,031 betrug. Siehe auch *H. Gravelius*, Zeitschr. f. Gewässerkunde 1 (1898), p. 196.

44) Diese Überlegung kennzeichnet *R. Siedek*'s Auffassung, gegenüber der

stellt er einen von jeder Rauhigkeitsziffer befreiten Ausdruck auf. Im „normalen“ Flusse von der Wasserspiegelbreite B ist nach ihm, wenn $B > 10$ m,

$$\text{die Tiefe } T_n = \sqrt{0{,}0175 B - 0{,}125},$$

$$\text{das Gefälle } J_n = 0{,}001022 - 0{,}0000222 B,$$

$$\text{die Geschwindigkeit } U_n = \frac{T_n \sqrt{1000 J_n}}{\sqrt[20]{B_n}},$$

während im gegebenen Fluss

$$(17) \quad U = \frac{T\sqrt{1000 J}}{\sqrt[20]{B}} + \frac{T - T_n}{\lambda'} + \frac{J - J_n}{\mu'(J + J_n)} + \frac{T\sqrt{1000 J}}{\sqrt[20]{B}} \cdot \frac{T_n - T}{\nu'}$$

sei. Hier sind λ', μ', ν' von der Tiefe T und dem Gefälle J abhängige Erfahrungsgrössen, für die *Siedek* eine Tabelle giebt. Er hat diese später geringfügig verändert[45]) und seine Formeln auch auf natürliche Gerinne von 1 bis 10 m Breite ausgedehnt, ja sogar solche für künstliche Rinnsale aufgestellt, bei welch letzteren er aber von Einführung eines von der Rauhigkeit abhängigen Koeffizienten nicht Umgang nehmen konnte[46]).

Andererseits war auch *Th. Christen*[47]) bestrebt, die Rauhigkeitsziffer für geschiebeführende Flüsse fortzuschaffen und hat für diese den Ausdruck

$$U = 6{,}307 \sqrt[3]{\frac{F}{B} J} \sqrt[8]{B}$$

entwickelt.

4c. Hilfsmittel für die Ausrechnung. Bestimmung des Gefälles. Zusammenhang von Durchfluss und Wasserstand. Die Anwendung der in Nr. 4b angegebenen Formeln hat für Rohre und künstliche Gerinne keine weitere Schwierigkeit und wird praktisch dadurch noch wesentlich erleichtert, dass zur Lösung von Aufgaben wie z. B. der Ermittelung eines Siel- oder Rohrquerschnittes bei gegebenem Durchfluss Q und Gefälle J, oder der Bestimmung von Q bezw. J aus den anderen gegebenen Grössen Zahlentabellen berechnet

---

älteren, die im Entfall eines wechselnden Koeffizienten nur das Begnügen mit einem Mittelwert sah.

45) *R. Siedek,* Zeitschr. d. österr. Ingen.- u. Arch.-Ver. 55 (1903), p. 99 und 57 (1905), p. 61 u. 77. Gegen ihn wendet sich p. 216 *J. Hermanek,* welcher ebenda p. 242 eine eigene Formel aufstellt.

46) *R. Siedek,* ebenda 55 (1903), p. 119 u. 125.

47) *Th. Christen,* Translation des Wassers, p. 61.

oder graphische Darstellungen gegeben sind (z. B. von *A. Frank*[48]) und *K. Baumeister*[49])).

Schwieriger ist die Anwendung der Formeln (9) bis (17) bei den *natürlichen Läufen*, weil bei ihnen das Gefälle J wegen seiner Ungleichförmigkeit schwer festgestellt werden kann. Man erhält, je nachdem man den Höhenunterschied näherer oder entfernterer Punkte durch deren Entfernung dividiert, ein anderes Gefälle J. Nach *R. Siedek*'s[50]) Ansicht hat das Gefälle oberhalb eines Querprofiles mehr Einfluss auf dessen mittlere Geschwindigkeit U als das unterhalb, er betrachtet daher bei 10 m oder noch mehr Spiegelbreite als Gefälle J jenes der Verbindungsgeraden zweier Oberflächenpunkte, von denen der eine zwei Flussbreiten stromauf, der andere eine Flussbreite stromab vom betreffenden Querprofil liegt.

Bestimmt man auf Grund mehrfacher Messungen an gleicher Stelle die Koeffizienten λ, μ und ν der Formel (14), so zeigt sich, dass sie ebenso wie es das n der *Ganguillet-Kutter*'schen Formel tat, in Flüssen in Folge *Veränderungen* des Flussbettes stark wechseln können; beispielsweise fand sich in der Donau[51])

$$1897 \text{ bei Wien } U = 204\, R^{0{,}39} J^{0{,}67}$$
$$1898 \text{ bei Stein } U = 1{,}37\, R^{0{,}71} J^{0{,}09}.$$

Während *einer* Messung können λ, μ und ν selbstverständlich als konstant gelten und so ist der von *A. R. Harlacher*[52]) eingeführte, an Formel (14) anklingende Brauch gerechtfertigt, bei *Wassermessungen* während schwankenden Wasserstandes die mittlere Geschwindigkeit in jeder Lotrechten proportional h^{μ} zu setzen, wobei h die mit der Zeit veränderliche Tiefe bedeutet, denselben Wert von μ für den ganzen Flussquerschnitt (oder doch für grössere Teile desselben) anzunehmen und ihn durch zwei Messungen der Geschwindigkeiten (also des Durchlaufes) derselben Lotrechten bei zwei verschiedenen Wasserständen zu ermitteln[53]).

---

48) *A. Frank*, Die Berechnung der Kanäle und Rohrleitungen, München u. Leipzig 1886.

49) Zeitschr. f. Baukunde 7 (1884), col. 11 u. 55. Ein graphisches Verfahren giebt *K. Allitsch*, Österr. Wochenschr. f. d. öffentl. Baudienst 11 (1905), p. 137.

50) *R. Siedek*, Zeitschr. d. österr. Ingen.- u. Arch.-Ver. 55 (1903), p. 104.

51) Jahrb. des k. k. hydrographischen Zentralbureaus 6 (1898), Donaugebiet, p. 308, 311 und 8 (1900), Donaugebiet, p. 303. — Im Jahre 1900 entsprachen die Messungen bei Stein sogar der Formel $U = 0{,}0559\, R^{0{,}85} J^{-0{,}31}$.

52) *A. R. Harlacher*, Die Messungen an der Elbe und Donau, Leipzig 1881, p. 30.

53) Beiträge zur Hydrographie Österreichs 4 (1900): Hochwasserkatastrophe des Jahres 1899, p. 149.

Dies ist indes bei grossen Höhenänderungen des Spiegels nicht mehr zulässig. Daher bleibt für die Feststellung des Zusammenhanges zwischen Wasserstand und Durchlauf Q, wenn man grössere Genauigkeit erreichen will, nichts übrig, als mehrfache Messungen vorzunehmen und auf Grund dieser empirische Formeln, die sehr verschieden gebaut sein können, Tabellen oder gezeichnete Kurven auszuarbeiten. Beispielsweise giebt *E. Allard*[54]) für die Seine in Paris die Formel $Q = 48 + 209\,h + 5{,}8\,h^2$, worin h den an einem bestimmten Pegel gemessenen Wasserstand bedeutet; *C. Ritter*[55]) giebt hierfür eine Kurve und *J. Boussinesq*[56]) empfiehlt allgemein die Form $a = a_1(h + b_1)^{3/2}$. *A. R. Harlacher*[57]) fand für den Wasserstand h an der Elbe bei Tetschen

$$Q = 78{,}09\,(h + 1{,}45)^{1{,}953}$$

und bei höherem Wasser

$$Q = 124{,}36\,(h + 1{,}45)^{1{,}581},$$

und ähnliche Formeln fanden bei der preussischen Elbe Anwendung. Nach *J. Greve*'s Messungen[58]) wächst an der Weser und einiger ihrer Nebenflüsse die mittlere Geschwindigkeit innerhalb des trapezförmigen Teiles des Querschnittes längerer gleichmässiger Strecken nach dem Gesetze $U = a_1 + b_1 h$, wo a_1, b_1 Konstante sind. Übrigens sind die Koeffizienten bei natürlichen Flüssen Veränderungen unterworfen, sodass sich beispielsweise bei Stein für die Donau[59]) im

April und Mai 1901 $\quad Q = 1331{,}6 + 7{,}8\,h + 0{,}01\,h^2$

Juni bis Dezember 1901 $\quad Q = 1279{,}6 + 7{,}7\,h + 0{,}01\,h^2$

fand; der Zusammenhang von Q und h wird besonders dadurch getrübt, dass bewegliche Sohlen (also der Umriss) sich bei höheren Wasserständen mit letzteren umgestalten[60]).

---

54) Ann. d. ponts et chaussées (6) 8 (1884), p. 625.

55) Ann. d. ponts et chaussées (7) 12 (1896), p. 600. Noch andere Angaben für die Seine, sowie zahlreiche für andere Flüsse veröffentlichte *Bresse*, Ann. d. ponts et chaussées (7) 7³ (1897), p. 6.

56) Eaux courantes, p. 81; siehe auch *I. Nazzani*, Giorn. del gen. civ. (4) 2 (1882), p. 321 u. (4) 3 (1883), p. 224 betr. die Tiber.

57) *A. R. Harlacher*, Die hydrometrischen Arbeiten in der Elbe bei Tetschen, Prag 1883, p. 26 und Die Bestimmung von Normal-Profilen für die Elbe, Magdeburg 1885, p. 83.

58) Verhandl. d. 9. intern. Schiffahrts-Kongresses, Düsseldorf 1902, 1. Abt., 15. Mitteilung, p. 30.

59) Jahrb. des k. k. hydrographischen Zentralbureaus 9 (1901), Donaugebiet, p. 328; andere Gleichungen zweiten Grades für Donau und Inn siehe daselbst 6 (1898), p. 308; 8 (1900), p. 300 f.; 9 (1901), p. 326. Daneben benutzt das Zentralbureau auch Kurven, z. B. 9 (1901), Draugebiet, p. 102.

60) Vgl. z. B. *W. Lochtin*, O mechanizmie riecznawo rusła, Kasan 1895.

4d. Die Geschwindigkeitsverteilung über den Querschnitt. Die praktisch wichtigste Frage, die nach dem Durchflusse, machte, weil es vor der Erfindung und Verbesserung des *Woltmann*'schen Flügels[61]) keine gute Vorrichtung zum Messen in der Tiefe gab, schon frühe den Wunsch rege, aus der mittels Schwimmer bestimmbaren mittleren Oberflächengeschwindigkeit die mittlere Querschnittsgeschwindigkeit U berechnen zu können, also die Verteilung der Geschwindigkeiten über den Querschnitt zu erfahren. Hierzu kam das wissenschaftliche Interesse überhaupt, und später die Notwendigkeit, eine Grundlage für die Beantwortung mancher bei der ungleichförmigen Bewegung auftauchenden Fragen zu gewinnen. Die früheren diesbezüglichen Versuche[62]) sind durch die heute noch massgebenden von *H. Darcy* und *H. Bazin* überholt. Von ihren Ergebnissen seien, schon wegen der Bestätigung, die die Theorie *J. Boussinesq*'s durch sie erfährt, hier zwei mitgeteilt[63]).

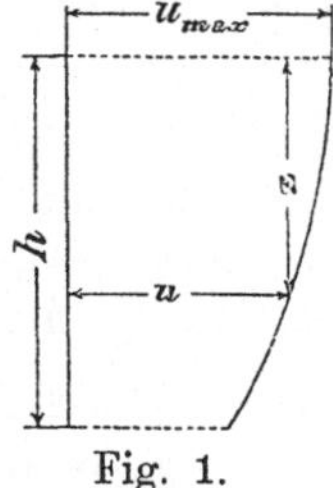

Fig. 1.

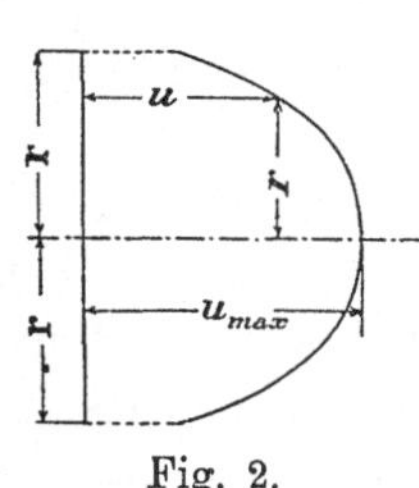

Fig. 2.

Zunächst nimmt nach *Bazin* in breiten rechteckigen Kanälen (Fig. 1) (bei denen der Profilradius R gleich der Tiefe wird) die in den Tiefen z herrschende Geschwindigkeit u (in allen Lotrechten nahezu gleich) vom Maximalwert $u_{\max}$ an der Oberfläche bis zum Wert u_0 an der Sohle nach der parabolischen Formel

$$(18) \qquad u = u_{\max} - 20\sqrt{Jh}\frac{z^2}{h^2}$$

ab. Weiter gilt für halbkreisförmige offene (oder kreisförmige geschlossene) Gerinne vom Radius $\mathbf{r}$ (Fig. 2) die Beziehung

$$(19) \qquad u = u_{\max} - 21\sqrt{\frac{\mathbf{r}}{2}J}\frac{r^3}{\mathbf{r}^3},$$

sodass die Geschwindigkeit vom Maximalwert in der Mitte nach dem Rande in einer kubischen Parabel bis zu u_0 abnimmt. Übrigens

---

61) *R. Woltmann*, Theorie und Gebrauch des hydrometrischen Flügels, Hamburg 1790; 2. Aufl. 1832. Bezügl. der Verbesserungen siehe etwa *J. Schlichting* im Handbuch der Ingenieurwissenschaften 3, 1. Abt., 1. Hälfte, 3. Aufl. 1892, p. 149.

62) Vgl. die Lehrbücher, u. a. *Th. Christen*, Translation des Wassers, p. 81. Dieser setzt $u : u_{\max} = (h - z)^8 : h^8$ bezw. $= (\mathbf{r} - r)^8 : \mathbf{r}^8$.

63) Paris, Mém. prés. par div. sav. 19 (1865), p. 230, 242. Für praktische Anwendungen, bei denen man es nicht mit unendlich breiten Betten zu thun hat, empfiehlt *Bazin* p. 237 übrigens $u_{\max} = U + 14\sqrt{RJ}$ zu setzen; vgl. Fussn. 92.

zeigten neuere Messungen *Bazin*'s[64]) in einem 0,8 m weiten glatten Zementrohr (dessen Reibungskoeffizient $c = \frac{1}{0,0129}$ war) Abweichungen von der kubischen Parabel, welche ihn zu der Formel

$$(20) \qquad u = u_{\max} - 29{,}5\sqrt{\frac{\mathrm{r}}{2} \cdot J} \cdot \left\{1 - \sqrt{1 - 0{,}95\left(\frac{r}{\mathrm{r}}\right)^2}\right\}$$

führten.

Gleichwohl dürfen auch diese *Bazin*'schen Formeln für die Geschwindigkeitsverteilung, besonders bei natürlichen Wasserläufen, nur als näherungsweise gültig angesehen werden, einerseits weil sie ein Gleiten am Umfange annehmen ($u_0 \neq 0$), ein solches aber nach den Versuchen von *M. Couette*[65]) und anderen nicht stattfindet, andererseits, weil, wie schon *L. Ximenes*[66]) wusste und u. a. auch *H. Bazin*[67]) bemerkte, die grösste Geschwindigkeit meist unter der Oberfläche auftritt.

Diese Verlegung des Maximums kann nicht immer von den Seitenwänden herrühren (die bei Aufstellung der Formeln unberücksichtigt bleiben). Denn *A. A. Humphreys* und *H. L. Abbot*[68]) fanden bei 1 bis 1,5 km Flussbreite — im Missisippi — die grösste Geschwindigkeit in der Tiefe, $z = 0{,}317\,h$; und wenn auch die Einwirkung des Wassers auf die Verbindungsschnur der von ihnen benutzten Doppelschwimmer ihre Ergebnisse fehlerhaft gestaltet haben dürfte[69]), so konnte dies doch nicht das Maximum unter die Oberfläche bringen, wenn es tatsächlich in ihr aufgetreten wäre.

Zur Erklärung der Erscheinung ist vielfach an den Luftwiderstand gedacht worden, aber — wenn der Wind auch nicht ohne Einfluss ist — mit Unrecht, denn sie zeigt sich auch bei stromab wehen-

---

64) Paris, Mém. prés. par div. sav. 32 (1902), Nr. 6, p. 4, 15, 17.

65) *M. Couette,* Thèse Paris 1890, p. 62 = Ann. phys. chim. (6) 21 (1890), p. 491, siehe auch Fussn. 83 u. unten Nr. 13.

66) *L. Ximenes,* Nuove sperienze idrauliche, Siena 1780, p. 242.

67) Paris, Mém. prés. par div. sav. 19 (1865), p. 24. Übrigens bleibt bei der Verlegung des Maximums das Verhältnis desselben zur mittleren Geschwindigkeit, also $u_{\max} : U$ ungeändert (vgl. *H. Bazin,* Ann. d. ponts et chaussées (5) 10 (1875), p. 309 f.).

68) *A. A. Humphreys* and *H. L. Abbot,* Report upon the physics and hydraulics of the Missisippi River, Philadelphia 1861; deutsche Bearbeitung von *H. Grebenau* u. d. T. Theorie der Bewegung des Wassers in Flüssen und Kanälen, München 1867. Im Paraná und Uruguay wäre nach *J. J. Révy,* Hydraulics of great rivers, London 1874, p. 116 allerdings die Geschwindigkeitskurve eine Gerade und die grösste Geschwindigkeit an der Oberfläche, aber *Révy* vereinigte in verschiedenen Lotrechten vorgenommene Messungen zu einer Linie.

69) Vgl. *H. Bazin,* Ann. des ponts et chaussées (6) 7 (1884), p. 554 f.

dem Winde. *G. van der Mensbrugghe*[70]) sieht die Ursache in der Spannung der Oberflächenhaut, welch' letztere überdies der Verdunstung ausgesetzt sei, sodass immer neue Teilchen von ihr aufgenommen werden müssen, welche dabei ihre kinetische Energie in potentielle umwandeln. Die Abnahme der Geschwindigkeit in der Nähe der Oberfläche dürfte jedoch daher kommen, dass Wirbel oder Spiralbewegungen um wagrechte Axen Teilchen von geringer Geschwindigkeit von der Sohle zur Oberfläche bringen[71]). In der That beobachtete *J. B. Francis*[72]), dass Kalkmilch, die er nahe an der Sohle ins Wasser gespritzt hatte, nach Zurücklegung einer der 10- bis 30fachen Tiefe gleichen Strecke an der Oberfläche erschien. *F. P. Stearns* und *M. Möller*[73]) nehmen speziell an, dass das Wasser in jeder Flusshälfte längs des Ufers emporsteigt, sich dann der Mitte nähert, hier abwärts taucht und an der Sohle zum Ufer zurückkehrt. Das Treiben schwimmender Gegenstände gegen den Stromstrich hin und die Bildung einer tiefen Stromrinne unter letzterem spricht für diese Anschauung[74]). Nach *C. Ellet's* Mitteilungen[75]), dass auf dem Ohio bei fallendem Wasser die Boote von selbst im Stromstrich bleiben, während sie bei steigendem abdriften wollen, würde auch die Veränderung des Wasserstandes den Vorgang beeinflussen. Es bleibe dahingestellt, ob oder wann die Doppelspirale bewirken müsste, dass die Geschwindigkeit an zwei Querschnittspunkten Maxima aufweise. Thatsächlich liegt, wenn die Sohle nicht mehrere Tiefpunkte besitzt, von den u_{max} der lotrechten Punktreihen, in welchen man bei praktischen Messungen die u zu ermitteln pflegt,

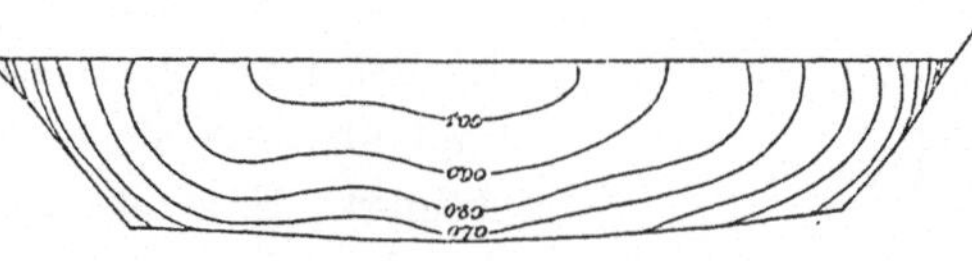

Fig. 3.

---

70) *G. van der Mensbrugghe,* Compte rendu du 4me Congrès scientifique international des catholiques 1897, Fribourg 1898.

71) *J. Thomson,* Lond. Roy. Soc. Proc. 28 (1878/9), p. 120. Siehe auch *R. Hartmann,* Zur Kenntnis der Wirbelbewegung, Zeitschr. f. Gewässerkunde 5 (1903), p. 106.

72) *J. B. Francis,* Amer. Soc. Civ. Eng. Trans. 7 (1878), p. 113.

73) Amer. Soc. Civ. Eng. Trans. 12 (1883), p. 331. *F. P. Stearns* beobachtete, dass der Spiegel in einem Gerinne bis auf beide Uferstreifen Luftblasen trug. *M. Möller,* Zeitschr. f. Bauwesen 33 (1883), col. 201.

74) In Kurven bewegt sich das Wasser nach *Boussinesq* in einer einzigen Spirale (s. unten Anhang, p. 467).

75) *C. Ellet jun.,* The Missisippi and Ohio rivers etc., Philadelphia 1853, p. 303.

das grösste gewöhnlich am tiefsten und unter dem Stomstrich. Gegen die Ufer hin rücken die u_{max} also höher, und in der Ufernähe wächst die Geschwindigkeit von der Sohle gegen den Spiegel, ohne ein Maximum im mathematischen Sinn zu bieten. Die Verbindungslinien der Punkte gleicher Geschwindigkeit schliessen sich, wenn auch roh, dem Umriss an (vgl. Fig. 3). Zahlreiche Veröffentlichungen dieser sog. Isotachen liegen vor[76]).

4e. **Die Pulsationen.** In Nr. 4d war von bestimmten Geschwindigkeiten u für die einzelnen Stellen des Querschnitts die Rede. Thatsächlich ist jedoch die Geschwindigkeit an jedem einzelnen Querschnittspunkte einem fortgesetzten raschen Wechsel unterworfen, sodass die u nur Mittelwerte über die Zeit darstellen. Das Hin- und Herwirbeln der Massen, welches im wesentlichen die Reibung veranlasst, giebt sich durch ein *Pulsieren* des Wassers zu erkennen. Dieses ist in derselben Lotrechten an der Oberfläche am geringsten, nahe an der Sohle am stärksten, wächst bei gleicher Tiefe vom Stromstrich gegen die Ufer hin und nimmt in einem und demselben Querschnitt mit zunehmender Geschwindigkeit ab[77]) (vgl. Fig. 4). *H. Bazin*[78]) fand überdies, dass die Rauhigkeit die Pulsation steigert. Er leitete aus seinen Versuchen ferner ab, dass die Schwankung des Spiegels einer *Darcy*'schen Röhre sich in offenen Gerinnen proportional mit

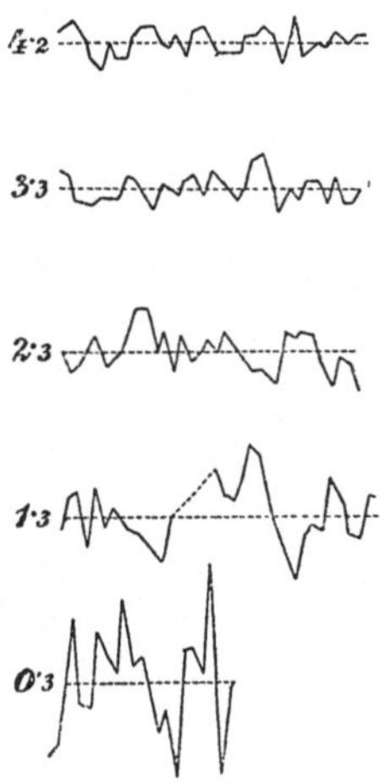

4·2

3·3

2·3

1·3

0·3

Fig. 4.

76) Z. B. bei *A. R. Harlacher,* Beiträge zur Hydrographie Böhmens, 1. Lief., Prag 1872 (*Elbe*); Ders., Die hydrometrischen Arbeiten in der Elbe bei Tetschen, Prag 1883; Ders., Die Messungen in der Elbe und Donau, Leipzig 1881; *H. Grebenau,* Internationale Rheinstrommessung, München 1873; *M. Honsell,* Der Bodensee und die Tieferlegung seiner Hochwasserstände, Stuttgart 1879 (*Rhein*); *W. Plenkner,* Über die Bewegung des Wassers in natürlichen Wasserläufen, Leipzig 1879 (*Eger*); *J. v. Wagner,* Hydrologische Untersuchungen, Braunschweig 1881 (*Elbe* u. *Weser*); *Weyrich,* Zeitschr. d. Arch.- u. Ing.-Ver. zu Hannover 28 (1882), col. 347 (*Elbe*); *I. Nazzani,* Giorn. del genio civ. (4) 2 (1882), p. 139, 229, 293 (*Tiber*); *J. Schmid,* Hydrologische Untersuchungen im Königreich Bayern, 1884 (*Inn*); *F. Frese,* Zeitschr. d. Ver. deutsch. Ing. 31 (1887), p. 599 (*Leine*); Beiträge zur Hydrographie Österreichs 3. Heft 1897 (*Donau* u. *Donaukanal*); *H. Bazin,* Paris, Mém. prés. par div. sav. 19 (1865), p. 182 (*geschlossene* und *offene rechteckige,* sowie *offene dreieckige, trapezförmige* und *verwandte Gerinne, Halbröhren*); *R. E. Horton,* Amer. Soc. of Civ. Eng. Trans. 46 (1901), p. 83 (*Strassensiele*); *F. P. Stearns,* ebenda 12 (1883), p. 324 (*gemauertes Gerinne*).

77) Beiträge zur Hydrographie Österreichs 3. Heft (1897), p. 68; *A. R. Har-*

$$\left(\frac{u_{\max}-U}{U}+0{,}3\frac{u_{\max}-u}{U}\right)u,$$

in geschlossenen Leitungen proportional mit

$$\left(\frac{u_{\max}-U}{U}+\frac{u_{\max}-u}{U}\right)u$$

von Punkt zu Punkt desselben Querschnitts ändere. Zugleich nimmt er an, dass, wenn die Geschwindigkeit an einem Punkte zwischen u_1 und u_2 spielt, die Spiegelschwankung in der *Darcy*-Röhre dem Produkt $u(u_1-u_2)$ proportional sei.

4f. Der Boussinesq'sche Ansatz für die Reibung. Das Pulsieren und die von *H. Bazin* beobachtete Geschwindigkeitsverteilung über den Querschnitt bei gleichförmiger Bewegung führten *J. Boussinesq* zu einer Theorie[79]), die in ihren Grundzügen bereits bei *A. E. H. Love* (IV 15, Nr. **17**) angedeutet ist. *J. Boussinesq* entwickelt die Vorstellung, dass die Strömungsgeschwindigkeit das Mittel aus sich fortwährend ändernden Pulsgeschwindigkeiten sei; er nimmt an, dass die *Navier*'schen Gleichungen (vgl. IV 15, Nr. **13**, *A. E. H. Love*) näherungsweise verwendbar sind, falls man nur an Stelle eines allenthalben gleichen, einen veränderlichen Reibungskoeffizienten ε annimmt, der bedeutend den inneren Reibungskoeffizienten der laminaren Bewegung, wie sie in Haarröhrchen vor sich geht, übertrifft. Diese verstärkte Reibung wird durch ein fortwährendes Durcheinandermischen der Flüssigkeit, also ein Austauschen der Geschwindigkeiten bewirkt (ähnlich wie die Gasreibung nach der kinetischen Gastheorie)[80]). Daher giebt dann ε das Maass der an der betreffenden Stelle herrschenden, von Stelle zu Stelle sich ändernden „*Turbulenz*". Über die Grösse der Turbulenz lassen sich nun gerade aus den *Bazin*'schen Versuchen Schlüsse ziehen, für die andererseits auch von vorneherein eine gewisse Wahrscheinlichkeit spricht[81]).

---

lacher, Die Messungen in der Elbe und Donau, Leipzig 1881, p. 14; *F. Frese,* Zeitschr. d. Ver. deutsch. Ing. 31 (1887), p. 598.

78) *H. Bazin,* Ann. des ponts et chaussées (6) 14 (1887), p. 195.

79) Essai sur la théorie des eaux courantes; Paris, Mém. prés. par div. sav. 23 (1877) mit Nachtrag 24 (1877) und Théorie de l'écoulement, Paris 1897.

80) Vgl. die Kritik des *Boussinesq*'schen Ansatzes bei *H. A. Lorentz,* Verslagen der Acad. d. Wetenschappen te Amsterdam 6 (1897), p. 35; und in dem Aufsatze von *H. Hahn, G. Herglotz* u. *K. Schwarzschild,* Über das Strömen des Wassers in Röhren und Kanälen, Zeitschr. Math. Phys. 51 (1904), p. 411 ff.

81) *J. Boussinesq* nimmt in der Darstellung seinen Ausgangspunkt nicht von den *H. Bazin*'schen Versuchen, sondern wählt den Weg über die plausiblen Annahmen, indem er zeigt, dass sie zu Resultaten führen, die mit den

Beschränkt man sich auf die beiden Grenzfälle eines sehr breiten offenen Kastengerinnes von der Tiefe h und einer kreisförmigen Röhre oder auch halben Röhre vom Radius $\mathfrak{r}$ — zwischen denen alle anderen in der Praxis vorkommenden Fälle eingeschlossen werden können — so ist das Resultat der Überlegungen[82]):

Für sehr *breite rechteckige Gerinne* ist die Turbulenz gleich dem Produkt aus der Tiefe des Kanals, der Quadratwurzel aus einem Rauhigkeitskoeffizienten B und der Randgeschwindigkeit u_0,[83]) sodass

$$\varepsilon = \frac{\gamma}{K}\sqrt{B}\cdot u_0 \cdot h, \tag{21}$$

wo wieder $\gamma = \varrho g$ das Eigengewicht und K eine von der Rauhigkeit der Wand unabhängige individuelle Konstante des Wassers ist.

Für *kreisförmige Röhren* ist die entsprechende Formel:

$$\varepsilon = \frac{\gamma}{K}\sqrt{B}\cdot u_0 \cdot \frac{\mathfrak{r}}{2}\cdot\frac{\mathfrak{r}}{r}, \tag{22}$$

wo hier der Faktor $\frac{\mathfrak{r}}{r}$ hinzutritt, um das Anwachsen der Turbulenz nach der Mitte in Rechnung zu bringen[84]).

Bazin'schen Versuchen übereinstimmen. *H. Hahn, G. Herglotz* u. *K. Schwarzschild* dagegen haben die *Boussinesq*'sche Theorie — zunächst nur für die gleichförmige Bewegung — in der ersteren Weise dargestellt.

82) Vgl. insb. auch *Boussinesq,* Théorie 1, p. 49, die „dernières réflexions touchant l'agitation tourbillonniare et les lois du frottement intérieur".

83) Eine solche muss man trotz der entgegenstehenden Versuche annehmen. Es ist diese Annahme bis zu einem gewissen Grade durch den Umstand berechtigt, dass die Geschwindigkeit vom Rand aus in einer kurzen Strecke auf einen beträchtlichen Wert ansteigt. Vgl. *M. Couette,* Thèse Paris 1890, p. 80 = Ann. chim. phys. (6) 21 (1890), p. 508. Hiermit steht auch *H. S. Hele-Shaw*'s Ansicht im Einklang, der aus gewissen Beobachtungen schloss, dass hart an den Wänden die Bewegung eine laminare sei, vgl. Experiments on the nature of the surface resistance in pipes and on ships, Inst. of Naval Architects, Trans. 39 (1897), p. 145, 155 u. Investigations of the nature of surface resistance of water on stream line motion under certain experimental conditions, ebd. 40 (1898), p. 21 u. 45. Siehe auch unten p. 448.

84) Über die Schwierigkeit, dass ε für $r = 0$ unendlich wird, vgl. *J. Boussinesq,* Théorie 1, p. 20. Man umgeht sie durch Einführung einer Funktion von $\frac{r}{\mathfrak{r}}$ neben $\frac{r}{\mathfrak{r}}$, die für $r = 0$ endlich bleibt.

$$\varepsilon = \frac{\frac{\gamma}{K}\sqrt{B}\cdot\frac{\mathfrak{r}}{2}u_0}{\frac{r}{\mathfrak{r}} + \psi\left(\frac{r}{\mathfrak{r}}\right)}.$$

Hierzu kommt als Annahme über die *äussere Reibung*

(23) $F_e = \gamma B \cdot u_0^2$.

Unter diesen Voraussetzungen ergeben sich nun in der Tat für die gleichförmige Bewegung bei schwacher Neigung des Gerinnes oder Rohres aus der einzig in Betracht kommenden Gleichung:

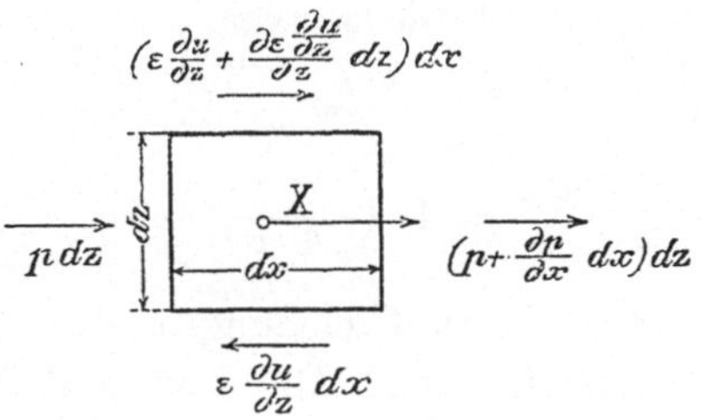

Fig. 5.

$$(24) \qquad 0 = X - \frac{1}{\varrho}\frac{\partial p}{\partial x} + \frac{1}{\varrho}\frac{\partial}{\partial z}\left(\varepsilon \frac{\partial u}{\partial z}\right)$$

und den Randbedingungen:

$$\varepsilon \frac{\partial u}{\partial z} = -F_e \text{ an den festen Wänden,}$$

$$\frac{\partial u}{\partial z} = 0 \text{ und } p = \text{const. an der freien Oberfläche (wo } z = 0 \text{ sei),}$$

die von den Experimenten her bekannten Formeln. Führt man nämlich als x-Axe die Gerinne-Mittellinie (oder die Rohraxe) ein, so wird beispielsweise aus Gl. (24) unter Einführung der Werte von ε für das rechteckige Gerinne:

$$0 = J + \frac{\sqrt{B}}{K} \cdot u_0 h \frac{\partial^2 u}{\partial z^2},$$

welche Gleichung zwischen den Grenzen 0, z nach dz integriert,

$$(25) \qquad 0 = -Jz - \frac{\sqrt{B}}{K} u_0 \cdot h \cdot \frac{\partial u}{\partial z} = -Jz - \frac{\varepsilon}{\varrho g}\frac{\partial u}{\partial z}$$

giebt. Für $z = h$ giebt die letzte Gleichung $Jh = Bu_0^2$; wird hieraus J in Gl. (25) eingesetzt und dann zwischen h und z integriert, so folgt

$$\frac{u}{u_0} = 1 + K\frac{\sqrt{B}}{2}\left(1 - \frac{z^2}{h^2}\right).$$

Ähnlich lassen sich für das Verhältnis $\frac{u_{max}}{U}$ u. s. w., ferner für Röhren, die in folgender Tabelle zusammengestellten Gleichungen ableiten[85]):

	für Kastengerinne	*für Röhren und Halbröhren*
(26a)	$\frac{u}{u_0} = 1 + \frac{K\sqrt{B}}{2}\left(1 - \frac{z^2}{h^2}\right)$,	$\frac{u}{u_0} = 1 + \frac{2}{3}K\sqrt{B}\cdot\left(1 - \frac{r^3}{\mathrm{r}^3}\right)$,
(26b)	$c = \frac{1}{\sqrt{B}} + \frac{K}{3}$,	$c = \frac{1}{\sqrt{B}} + \frac{2K}{5}$,

85) *J. Boussinesq*, Théorie 1, p. 33, 34.

	für Kastengerinne	*für Röhren und Halbröhren*
(26c)	$c\cdot\frac{u_{\max}-u}{U}=\frac{K}{2}\cdot\frac{z^2}{h^2}$,	$c\cdot\frac{u_{\max}-u}{U}=\frac{2}{3}\left(K\frac{r^3}{\mathrm{r}^3}\right)$,
(26d)	$\frac{u_{\max}}{U}=1+\frac{K}{6}\frac{1}{c}$,	$\frac{u_{\max}}{U}=1+\frac{4K}{15}\frac{1}{c}$.[86]

Von diesen Gleichungen stimmt (26c) mit den in Nr. 4d gegebenen *Bazin*'schen. Die Konstante K lässt sich nach ihr aus der beobachteten Geschwindigkeitsverteilung berechnen. Auf diesem Wege fand *J. Boussinesq* K für Wasser gleich 44,55 $\mathrm{m}^{1/2}\,\mathrm{sec}^{-1}$.[87]) B wird dann für $c=50\ \mathrm{m}^{1/2}\,\mathrm{sec}^{-1}$ (welcher Wert mit dem von *Eytelwein* für Flüsse angegebenen nahezu übereinstimmt) $=0{,}00081\ \mathrm{m}^{-1}\,\mathrm{sec}^2$.[88]) *Boussinesq* prüfte auch, ob nach *Bazin*'s Versuchen die c der Gleichungen $U=c\sqrt{RJ}$ für rechteckige und halbkreisförmige, gleich rauhe Gerinne, tatsächlich verschieden sind. Das ist der Fall, doch zeigte sich der Unterschied nicht nur $=\frac{2K}{5}-\frac{K}{3}=\frac{K}{15}=3\ \mathrm{m}^{1/2}\,\mathrm{sec}^{-1}$, wie es nach den Gleichungen (26b) sein sollte, sondern etwa $=5\ \mathrm{m}^{1/2}\,\mathrm{sec}^{-1}$.[89])

Auch den neuesten Messungen von *H. Bazin* über die Geschwindigkeitsverteilung in Röhren (vgl. Nr. 4d) hat *Boussinesq*[90]) seine Theorie angepasst und durch höhere Approximation hier $K=48{,}6\ \mathrm{m}^{1/2}\,\mathrm{sec}^{-1}$ und

$$(27)\qquad \begin{cases} c=\frac{1}{\sqrt{B}}+K\left(\frac{2}{5}+0{,}0215\right), \\ \frac{u_{\max}}{U}=1+\frac{4K}{15}\cdot\frac{1}{c}=1+\frac{12{,}96}{c} \end{cases}$$

gefunden[91]). Hieraus folgt bei einer Rauhigkeit, die bei breiten Gerinnen durch $b=\frac{1}{c^2}=0{,}0004\ \mathrm{m}^{-1}\,\mathrm{sec}^2$ gekennzeichnet wäre, für diese bezw. Halbröhren und Röhren:

$$(28)\qquad \begin{cases} \frac{U}{u_{\max}}=0{,}86 \text{ bezw. }=0{,}81, \\ \frac{u_0}{u_{\max}}=0{,}58 \quad \text{„} \quad =0{,}50. \end{cases}$$

86) Nach Gl. (26d) nimmt $\frac{U}{u_{\max}}$ mit wachsender Rauhigkeit ab. Dies ist für Ströme u. a. von *J. Greve*, Neunter intern. Schiffahrtskongress, Düsseldorf 1902, 1. Abt. 15. Mitt., p. 31 bestätigt worden. Vgl. auch *H. Bazin*, Ann. des ponts et chaussées (5) 10 (1875), p. 309 f.

87) Vgl. *J. Boussinesq*, Théorie 1, p. 35.

88) Vgl. *J. Boussinesq*, Eaux courantes, p. 86.

89) Théorie 1, p. 35.

90) Théorie 1, p. 40.

91) Ebenda, p. 46; vgl. auch die Daten von *J. R. Freeman* unten p. 352.

In glatten Röhren ist $\frac{U}{u_{max}}$ grösser als in rauhen und wurde von *H. Bazin* in seinem Zementrohr gleich 0,856, von *G. S. Williams*, *C. W. Hubbell* und *G. H. Fenkell* in Gusseisensträngen gleich 0,84 gefunden[92]).

5. Die stationäre (von der Zeit unabhängige) Strömung, insbesondere in Wasserläufen mit freiem Spiegel.

5a. Stationäre Strömung als Übergang zu gleichförmiger Bewegung in Leitungen. Bei der stationären Bewegung ist der Geschwindigkeitszustand immer noch unabhängig von der Zeit, ändert sich aber von Ort zu Ort. Auf eine solche Bewegungsart ist man bis vor kurzem fast nur bei offenen Wasserläufen[93]) eingegangen, bei welchen die Frage, welchen Spiegel sie unter gegebenen Bedingungen annehmen, grosse praktische Wichtigkeit hat und seit *J. B. Belanger* zu einem der Ausgangspunkte der wissenschaftlichen Hydraulik geworden ist. Auch die verwandte Frage nach dem Eintritt und Aufhören der gleichförmigen Bewegung wurde zunächst nur bei offenen Läufen behandelt, bis *J. Boussinesq*[94]) sie auch auf geschlossene Leitungen ausdehnte, nachdem *H. Bazin*[95]) an einem 80 m langen Zementrohr einschlägige Versuche angestellt hatte. Von diesen Entwickelungen *Boussinesq*'s[96]) werde nur kurz mitgeteilt, dass nach ihm von der Stelle an, in welcher die am Eintritt in eine Röhre eingeschnürte Strömung bereits wieder den ganzen Querschnitt ausfüllt, noch eine Strecke von 30 Durchmessern und in kastenförmigen geschlossenen breiten Gerinnen von der Höhe $2h$ noch eine Strecke von $72h$ zur Herstellung einer merklichen Gleichförmigkeit der Bewegung erforderlich ist.

Dass aber auch beim Austritt aus einem Rohre eine Änderung in der Geschwindigkeitsverteilung erfolgt, zeigt ein Vergleich der *Bazin*'schen Messungen mit denen, die *J. R. Freeman* in den Mittelpunktsabständen r in einem Strahl vornahm, der aus einem $2\mathfrak{r}$ weiten Mundstück eines Feuerwehrstrahlrohres austrat[97]). Vgl. die folgende

92) Amer. Soc. of Civ. Eng. Trans. 47 (1902), p. 34, 64, 182.

93) Stationäre Bewegung bei wechselndem Rohrquerschnitt findet in konischen Rohrteilen statt; sie gelangt in Nr. 7b zur Besprechung.

94) *J. Boussinesq*, Théorie 2.

95) *H. Bazin*, Mém. prés. par div. sav. 32 (1902), Nr. 6, p. 14.

96) Vgl. *J. Boussinesq*, Théorie 2, p. 64 u. 70.

97) *H. Bazin*, Paris Mém. prés. par div. sav. 32 (1902), Nr. 6, p. 24 und *J. R. Freeman*, Amer. Soc. of Civ. Eng. Trans. 21 (1889), p. 411.

Tabelle, in die für verschiedenes $\frac{r}{\mathrm{r}}$ die gemessenen Werte für $\frac{u_{max} - u}{U}$ nach der Formel (20) (*Bazin*) und *J. R. Freeman* eingetragen sind.

$\frac{r}{\mathrm{r}}$ =	0,174	0,522	0,783	0,904	0,974	0,991
$\frac{u_{max} - u}{U}$ (*Bazin*) =	0,009	0,087	0,221	0,329	0,429	0,463
„ (*Freeman*) =	0,024	0,109	0,221	0,307	0,429	0,477

5b. **Die Grundgleichung für die stationäre Strömung.** In der Praxis kann man meist die lebendigen Kräfte vernachlässigen und mit genügender Genauigkeit zur Kenntnis des Spiegels (*Staukurve*) gelangen, wenn allenthalben der Umriss des mehr oder weniger hoch ausfüllbaren Bettes und an einer Stelle (z. B. oberhalb eines Stauwehres) die Höhe des Wasserspiegel gegeben ist. Man bestimmt nämlich nach einer der Formeln für gleichförmige Bewegung — z. B. der *Chézy*'s — zunächst das Gefälle J der untersten Strecke, kennt dann annähernd den durchflossenen Querschnitt der stromauf folgenden, sucht J für letztere, und fährt auf diese Weise fort. Bei Senkungskurven muss man in ähnlicher Weise weiterschreiten. Bei unveränderlichem Sohlengefälle und zylindrischem Bett führt dieses Verfahren auf eine Differentialgleichung, die sich unter Umständen lösen lässt[98]).

Die grundlegenden, die lebendigen Kräfte berücksichtigenden Gleichungen für die stationäre Bewegung haben unter der Annahme, dass sie nicht zu sehr von der gleichförmigen Bewegung abweicht (*mouvement permanent graduellement varié*), von dem *Bernoulli*'schen Theorem ausgehend, zuerst *J. B. Belanger*[99]), *P. Vauthier*[100]) und *G. Coriolis*[101]) aufgestellt[102]). Die von *P. Vauthier* etwas modifizierte *Belanger*'sche Gleichung[103]) lautet:

---

98) Für Betten von grosser Breite geben *J. Dupuit*, Études sur le mouvement des eaux, Paris 1863, p. 87 u. 297, und *M. Rühlmann*, Hydromechanik, 2. Aufl., Hannover 1880, p. 483, für Gerinne von parabolischem Umriss *G. Tolkmitt* im Handbuch der Ingen.-Wiss. 3: Wasserbau 1. Abt., 1. Hälfte, 3. Aufl. (1892), p. 234 (s. a. Wochenbl. f. Arch. u. Ing. 3 (1881), p. 98, 106, 14) Tabellen zur Berechnung der Staukurve.

99) *J. B. Belanger*, Essai sur la solution de quelques problèmes relatifs au mouvement permanent des eaux courantes, Paris 1828, p. 10 u. 24.

100) Ann. d. ponts et chaussées 1836, 2. sém., p. 362 f.

101) Ann. d. ponts et chaussées 1836, 1. sém., p. 314 f.

102) Vgl. zur Geschichte des Problems *B. de St.-Venant*, Des diverses manières de poser les équations du mouvement varié des eaux courantes, Ann. d. ponts et chaussées (6) 13 (1887), p. 148 f.

103) Bei unregelmässigem Bett kann auf Grund dieser Gleichung ähnlich wie oben auf Grund der *de Chézy*'s schrittweise vorgegangen werden.

(29) $$J = \zeta_1 \frac{U^2}{2g} + \frac{d}{ds}\frac{U^2}{2g};$$

sie ergiebt sich sofort für $\alpha = 1$ aus der auf das Längenelement ds angewandten Gleichung (4). *Coriolis*[104]) führte zuerst in das Glied $\frac{d}{ds}\frac{U^2}{2g}$ den Koeffizienten α ein, der dadurch begründet ist, dass die Geschwindigkeiten nicht gleichförmig über den Querschnitt verteilt sind. Dieser Koeffizient wurde von *Coriolis* auf Grund zweier verschiedener Annahmen über die Geschwindigkeitsverteilung zu 1,16 oder 1,47 berechnet, von *P. Vauthier* aber weit kleiner geschätzt[105]). Indem die genannten Autoren dann weiter $\frac{\zeta_1}{2g} = \frac{b}{R}$ setzten, vernachlässigten sie die Änderung, welche die Umfangsreibung dadurch erfährt, dass die Geschwindigkeit anders als bei gleichförmiger Bewegung über den Querschnitt verteilt ist. Diese Änderung hat erst *J. Boussinesq* mit Hülfe seines Ansatzes der turbulenten Erscheinungen zu berücksichtigen verstanden (vgl. unten Nr. 5e).

Aus *Vauthier*'s Gleichung leitet *M. Rother*[106])

(30) $$\frac{dz}{dy} = \left(1 - \frac{c^2 i}{g\chi} \cdot \frac{dF}{dy}\right) : \left(1 - \frac{c^2 i F^3}{\chi Q^2}\right)$$

ab (hierin ist i das Sohlengefälle, χ der benetzte Umfang, z die absolute Höhe des Spiegels, y dessen Höhe über der Sohle) und geht streckenweise vor, indem er den Bruch $\frac{c^2 i}{g\chi} \cdot \frac{dF}{dy}$ durch Mittelwerte ersetzt.

5c. Integration der Staugleichung für einen rechteckigen Kanal (einfache Stautheorie). Die Integration[107]) der einfachen Staugleichung:

---

104) Die Notwendigkeit eines solchen α erkannten übrigens schon *G. V. Poncelet* und *J. A. Lesbros,* Paris Mém. prés. par div. sav. 3 (1832), p. 407.

105) Über die neueren Werte *H. Bazin*'s siehe oben Nr. 4d und 5a.

106) *M. Rother,* Zeitschr. f. Gewässerk. 2 (1899), p. 274, 337.

107) Über ein Näherungsverfahren zur Lösung von Gl. (29) bei zylindrischem Bett, bei dem der Querschnitt und bei gegebenem Q sonach auch U nur von der Wassertiefe h abhängt, sodass man nach Gl. (9) das Gefälle J zwischen je zwei benachbarten h genügend genau ausrechnen kann, siehe *G. Tolkmitt* im Handb. d. Ingenieurwissensch. 3, 1. Abt., 1. Hälfte, 3. Aufl., Leipzig 1892, p. 235. Bei nicht zylindrischen Betten geht *A. Fliegner,* Schweiz. Bauzeitung 42 (1903), p. 89 nicht unähnlich vor. Eine Ausbildung des Verfahrens durch *H. Walter* hat *J. Hermanek* als unrichtig nachgewiesen, Zeitschr. f. Gewässerk. 5 (1903/4), p. 92; 6 (1904/5), p. 186. Für trapezförmige Querschnitte verschiedenster Seitenböschung hat *B. de St-Venant,* Ann. des mines (4) 20 (1851), p. 294 Tabellen berechnet, welche für das Verhältnis $y : h_0$ die Erhebung y zur ursprünglichen Tiefe h_0 das zugehörige $is : h_0$ angeben, wobei i das Sohlengefälle und s die Längenabstände vom Punkte bedeutet, in welchem $y = 3h$ ist.

(31) $$J = \frac{b}{R} U^2 + \alpha \frac{d}{ds} \frac{U^2}{2g}$$

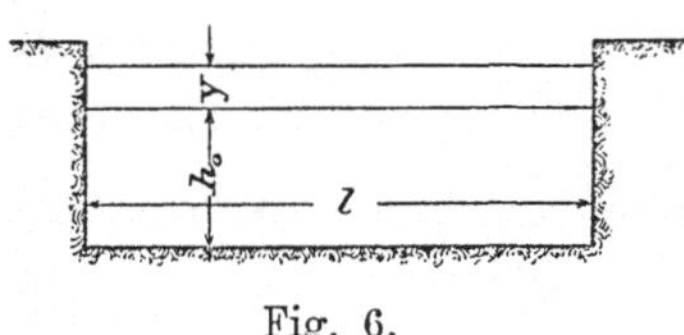

Fig. 6.

für *Kanäle von rechteckigem Querschnitt* leistete bereits *J. Dupuit* (allerdings für $\alpha = 1$).[108]) Die Sohle besitze ein gleichmässiges Gefälle i, der Kanal durchweg die Lichtweite l, und der ursprüngliche Abstand h_0 zwischen Spiegel und Sohle werde durch den Stau auf $h_0 + y$ vergrössert (Fig. 6). Eine Differentialgleichung für y folgt nun leicht, wenn man beachtet, dass

$$\frac{1}{R} = \frac{l + 2(h_0 + y)}{l(h_0 + y)}$$

ist, dass der Durchfluss Q konstant bleibt und dass für die gleichförmige Bewegung

$$\frac{RJ}{b} \cdot F^2 = Q^2 = \frac{l \cdot h_0 \cdot i \cdot l^2 h_0^2}{b(l + 2h_0)},$$

also

$$U^2 = \frac{l \cdot h_0 \cdot i l^2 h_0^2}{b(l + 2h_0) \cdot l^2 (h_0 + y)^2} = \frac{l h_0^3 \cdot i}{b(l + 2h_0)(h_0 + y)^2}$$

sein muss. Da $J = i - \frac{dy}{ds}$, wenn s die Kanallänge bezeichnet, so wird Gleichung (31) zu

(32) $$i - \frac{dy}{ds} = \frac{l + 2(h_0 + y)}{(h_0 + y)^3} \cdot \frac{h_0^3 i}{l + 2h_0} - \alpha \frac{l h_0^3 i}{gb(l + 2h_0)(h_0 + y)^3} \cdot \frac{dy}{ds}.$$

Das Integral dieser Gleichung ist, wenn zur Abkürzung

$$m = 1 - \frac{\alpha i}{gb} \cdot \frac{l}{l + 2h_0} \quad \text{und} \quad 3n = 2 + \frac{l}{l + 2h_0}$$

gesetzt wird, bei entsprechender Wahl des Anfangspunktes der s

(33) $$is = y + h_0 + \frac{h_0 m}{6n} \log\text{nat} \frac{y^2}{y^2 + 3h_0 y + 3h_0^2 n}$$
$$- \frac{h_0\left(6 - 6n - \frac{m}{n}\right)}{\sqrt{3(4n - 3)}} \left\{\frac{\pi}{2} - \operatorname{arc\,tg} \frac{2y + 3h_0}{h_0\sqrt{3(4n - 3)}}\right\}.$$

Für sehr *breite Gerinne*, also $l = \infty$, erhält man aus (33) bei Verschiebung des Anfangspunktes die Gleichung von *J. J. Ch. Bresse*[109]):

108) Vgl. auch die Lehrbücher, z. B. *A. Flamant*, Hydraulique, p. 250 und *U. Masoni*, Idraulica, p. 488. *J. Boussinesq*, Eaux courantes, p. 112 — siehe auch unten Gl. (50) — hat statt dieses Koeffizienten α einen andern $\alpha' = 1{,}11$, der zwar seiner Begründung, aber fast gar nicht seinem Werte nach von dem α von *Coriolis* abweicht.

109) *J. J. Ch. Bresse*, Cours de mécanique appliquée, 2. partie: Hydraulique, Paris 1860, p. 221 (*Bresse* setzt hier $\alpha = 1$). Vgl. die beiden Figuren 7 und 8, in welchen

$$(34)\quad \frac{is}{h_0} = \frac{h}{h_0} - \left(1 - \frac{\alpha i}{gb}\right)\left\{\frac{1}{6}\log\text{nat}\frac{h^2 + hh_0 + h_0^2}{(h-h_0)^2} - \frac{1}{\sqrt{3}}\text{arc cotg}\frac{2h + h_0}{\sqrt{3}\cdot h_0} + \frac{\pi}{3\sqrt{3}}\right\},$$

wo $h = h_0 + y$ die Wassertiefe bedeutet. Für den in der Klammer stehenden Ausdruck

$$\left\{\frac{1}{6}\log\text{nat}\frac{h^2 + hh_0 + h_0^2}{(h-h_0)^2} - \frac{1}{\sqrt{3}}\text{arc cotg}\frac{2h + h_0}{\sqrt{3}\cdot h_0} + \frac{\pi}{3\sqrt{3}}\right\} = \Psi\left(\frac{h}{h_0}\right) + \frac{\pi}{3\sqrt{3}}$$

hat *Bresse* Tafeln gegeben, wodurch seine Formel leicht benutzbar wird[110]).

Für sehr *geringe Stauhöhe* hat u. a. *J. Dupuit*[111]) die Gleichung (31) vereinfacht[112]). Er findet unter bestimmten Annahmen zwischen zwei Punkten s_1 und s_2

$$(35)\qquad i(s_1 - s_2) = \frac{h_m}{3}\log\text{nat}\frac{y_1}{y_2},$$

wo h_m die mittlere Wassertiefe der in Frage kommenden Strecke bedeutet.

Diese Gleichung gewährt raschen Überblick über die Eigenschaften der Staukurven; sie zeigt z. B., dass die Staulänge $s_1 - s_2$ zwischen zwei Höhen y_1 und y_2 dem Sohlengefälle i annähernd um-

---

$$k = h_0\sqrt[3]{\frac{\alpha i}{gb}},$$

$$a = \pm h_0\left(1 - \frac{k^3}{h_0^3}\right)\left\{\frac{1}{6}\log\text{nat}\frac{h_0^2 + h_0 k + k^2}{(h_0 - k)^2} - \frac{1}{\sqrt{3}}\text{arc cotg}\frac{h_0 + 2k}{\sqrt{3}h_0} + \frac{\pi}{3\sqrt{3}}\right\}$$

und

$$f = \pm 0{,}605\, h_0\left(1 - \frac{k^3}{h_0^3}\right)$$

gesetzt ist.

110) Auch *A. Colding*, Kopenh. Vidensk. Skrifter (5) 6 (1867), p. 1 f. und ebenda (5) 9 (1873), p. 141 f. entwickelt einen (33) entsprechenden Ausdruck, für den er gleichfalls Tafeln berechnet. Zugleich aber behandelt er auch den Fall, dass die Sohle in der Stromrichtung ansteigt, ferner in gleicher Vollständigkeit angenähert die Bewegung in parabolischen Gerinnen und kreisrunden Röhren. Er findet, dass der freie Wasserspiegel je nach Durchfluss und Gefälle in breiten Kastengerinnen 6, in kreisrunden Röhren 14 verschiedene Formen annehmen kann. *B. Tolman*, Österr. Wochenschr. f. d. öffentl. Baudienst 11 (1905), p. 405, 424 prüfte die Formeln von *Dupuit* (*Rühlmann*), *Bresse*, *Tolkmitt* (vier Formeln) und *Fliegner* an drei Haltungen der Moldau und fand die mittleren Fehler = 1,33; 1,73; 2,05 bis 4,63; 5,64 cm. Siehe auch (*J.*) *Danckwerts*, Zeitschr. f. Archit.- u. Ingenieurw. (2) 8 (1903), col. 257.

111) *J. Dupuit*, Études théoriques et pratiques sur le mouvement des eaux courantes, 2. éd., Paris 1863, p. 91.

112) Über andere einfache, aber allerdings willkürliche Theorien siehe *U. Masoni*, Idraulica, 2. ed., p. 509, 515.

gekehrt proportional ist. Auch auf den wesentlichen Einfluss, den das Sohlengefälle auf den Charakter der Stauerscheinungen hat, ging *Dupuit*[113]) ein, der das entscheidende $i = 0{,}0035$ fand (vgl. die folg. Nr. 5d und Nr. 5f).

5d. Die Diskussion der Staugleichung für sehr breite ebene Gerinne. Für diese wird der Profilradius R gleich der Tiefe h und die Gleichung (31), wenn J durch $i - \frac{dh}{ds}$ ersetzt wird, zu

$$\left(i - \frac{dh}{ds}\right) h = \frac{U^2}{c^2} - \frac{\alpha U^2}{g} \frac{dh}{ds}. \tag{36}$$

Durch Einführung des Durchflusses der Breiteneinheit $q = Uh$, der bei gleichförmiger Bewegung herrschenden Tiefe $h_0 = \sqrt[3]{\frac{q^2}{c^2 i}}$ und der Grösse $k = \sqrt[3]{\frac{\alpha q^2}{g}} = h_0 \sqrt[3]{\frac{\alpha i c^2}{g}}$ geht obige Gleichung in die leicht diskutierbare

$$(h^3 - h_0^3)\, i = (h^3 - k^3) \frac{dh}{ds} \tag{37}$$

über.

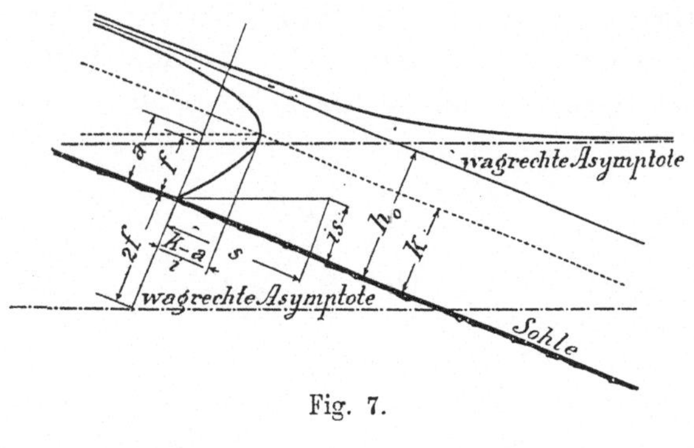

Fig. 7.

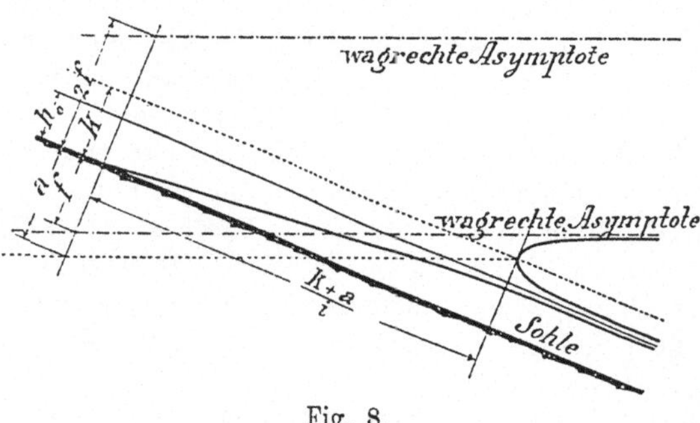

Fig. 8.

113) *Dupuit*, Études théoriques et pratiques sur le mouvement des eaux courantes, 2. éd., Paris 1863, p. 82.

Je nachdem $k < h_0$, d. h. $i < \frac{g}{\alpha c^2}$ (Fig. 7) oder $k > h_0$, d. h. $i > \frac{g}{\alpha c^2}$ (Fig. 8) ist, erhält man zwei verschiedene dreiastige Kurven, deren Äste durch die verschiedenen Kombinationen eines stromabwärts immer positiven bezw. immer negativen Differentialquotienten und einer Höhe h grösser oder kleiner als k (also U^2 kleiner oder grösser als $g\frac{h}{\alpha}$) charakterisiert sind, wie es die vorstehenden Figuren andeuten.

Jeder Ast einer solchen Kurve kann, mit Ausnahme der Stellen grosser Krümmung, an denen die Gleichung (37) nicht mehr gilt, als Spiegel einer ungleichförmigen stationären Bewegung betrachtet werden. Die Äste, für die $h > k$, hängen von den Bauten im Unterlauf (z. B. Stauwehr, Stufe in der Sohle), jene, für die $h < k$, von den Vorkehrungen im Oberlauf (z. B. Schützen, zwischen deren Unterkante und der Sohle das Wasser aus einem Teich ins Gerinne fliesst) ab. Der Gesamtwasserspiegel zwischen den Ober- und Unterlaufbauten setzt sich stets aus zwei solchen Ästen, die aber in der s-Richtung gegen einander verschoben sind, zusammen[114]). Liegen die Ober- und Unterlaufbauten weit genug von einander, so fällt der eine Ast nahezu mit der Asymptote zusammen, sodass man die Aufeinanderfolge der beiden Äste auch als Eintritt oder Aufhören der gleichförmigen Bewegung auffassen kann.

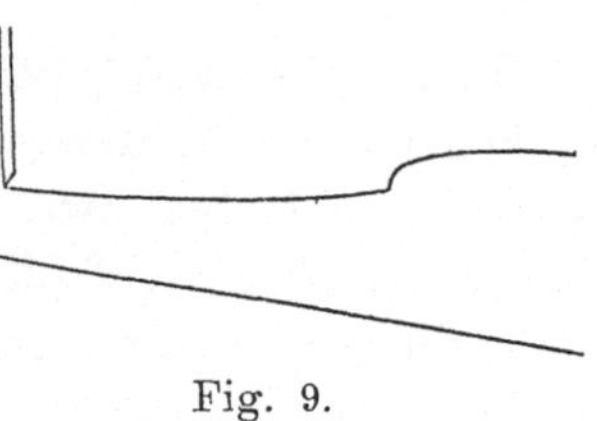

Fig. 9.

Nach *B. de St.-Venant*[115]) bezeichnet man die Wasserläufe, für die das Sohlengefälle $i < \frac{g}{\alpha c^2}$ (Fig. 7), als *Flüsse*, jene, für die $i > \frac{g}{\alpha c^2}$ (Fig. 8), als *Wildbäche*. Bei ersteren bewirkt ein Hindernis im Unterbau eine nach oben langsam verlaufende Staukurve, bei letzteren einen plötzlichen Sprung (den sogenannten *Bidone*'schen Wassersprung[116])), wie ihn *G. Bidone*[117]) zuerst beobachtet und *J. B. Belanger*[118]) berechnet hat.

114) Zahlreiche Beispiele bei *E. Boudin*, Ann. des travaux publ. de Belgique 20 (1861/62), p. 397 ff. Die Senkungskurven in einer 230 m langen Flossrinne von mehrfach gebrochenem Sohlengefälle beobachtete *B. Tolman*, Allgem. Bauzeitung 69 (1904), p. 107, welcher auch das Verhältnis der mittleren Geschwindigkeit zu jener an der Oberfläche bestimmte und (p. 111) durchschnittlich = 0,85 fand.

115) Ann. des mines (4) 20 (1851), p. 320 u. Paris C. R. 71 (1870), p. 194.

116) Bezüglich des Wassersprunges siehe unten p. 389.

117) Torino Memorie 25 (1820), p. 27 f.

118) *J. B. Belanger*, Essai sur la solution numérique de quelques problèmes relatifs au mouvement permanent, Paris 1828, p. 31.

Boussinesq[119]) macht übrigens darauf aufmerksam, dass auf der Strecke zwischen Wehr und Wassersprung, d. h. also für $h > k$ oder $U^2 < \frac{gh}{\alpha}$, jeder Wildbach „still" verläuft, nämlich unfähig ist sich zu erheben, jeder Fluss hingegen zwischen einem Spannschütz und dem nachfolgenden Wassersprung, also soweit $h < k$ d. h. $U^2 > \frac{gh}{\alpha}$ ist, „wild" sei, womit man auch in dem Geschwindigkeitskriterium $U^2 \gtrless \frac{gh}{\alpha}$ d. h. $h \lessgtr k$ ein Mittel hat zu entscheiden, ob der Wasserspiegel „wild" oder „still" verläuft.

5e. J. Boussinesq's Behandlung des Stauproblems: Staugleichung bei konstantem Sohlengefälle. Bei *Boussinesq*'s[120]) Behandlung des Stauproblems treten zwei neue Gedanken auf, die eine viel bessere Theorie desselben ermöglichen. Indem er von den durch Einführung der Turbulenz modifizierten *Navier*'schen Gleichungen (vgl. Nr. 4f und Fussnote 2) ausgeht, bringt er es zuwege, zunächst die durch die Ungleichförmigkeit der Strömung veranlasste Änderung der Umfangsreibung zu bestimmen (vgl. Nr. 4f) und sodann die Krümmung der Stromfäden (die er nach einem einfachen Gesetz als gegeneinander geneigt annimmt) derart zu berücksichtigen, dass ihm auch die Diskussion der Stellen starker Krümmung, die bei der einfachen Stautheorie unmöglich wäre, gelang.

α) Was zunächst *die geänderte Aussenreibung* betrifft, so sei hier sein Vorgang an dem einfachen Falle wenig gekrümmter Stromfäden, also gleichmässigen — und wie angenommen werde — kleinen Sohlengefälles i und Spiegelgefälles J auseinandergesetzt. In diesem Falle beschränken sich die beiden letzten der drei *Navier*'schen Gleichungen (von welchen bei zweidimensionalen Problemen die zweite überhaupt fortfällt) auf die Aussage, dass der Druck innerhalb eines jeden zur Stromrichtung senkrechten Querschnitts hydrostatisch variiert. Zugleich verwandelt sich die erste der Gleichungen unter Vernachlässigung des hier von höherer Ordnung kleinen $\frac{\partial^2 u}{\partial s^2}$ in

$$\frac{du}{dt} \equiv u\frac{\partial u}{\partial s} + w\frac{\partial u}{\partial z} = gJ + \frac{\varepsilon}{\varrho}\frac{\partial^2 u}{\partial z^2}, \tag{38}$$

falls, wie üblich, u die Geschwindigkeitskomponente in der Längsrichtung s der Sohle und w jene in der zur Sohle senkrechten (der

119) *J. Boussinesq*, Eaux courantes, p. 154.

120) *J. Boussinesq*, Eaux courantes, p. 102, 487.

geringen Sohlenneigung wegen mit der Schwererichtung zusammenfallend gedachten) Höhenrichtung bedeutet. Hierzu treten die Randbedingungen (vgl. jene nach Gl. (24))

$$(39)\quad \begin{cases} \dfrac{\partial u}{\partial z} = 0, \quad p = 0 & \text{an der freien Oberfläche,} \\ \dfrac{\varepsilon \partial u}{\partial z} = -\gamma B u_0^2 & \text{an der Sohle,} \end{cases}$$

(woselbst die Geschwindigkeit u_0 herrscht).

Unter der Annahme eines Gerinnes von sehr grosser Breite mit der Tiefe h wird Gl. (38) durch Einführung des zugehörigen ε (vgl. Gl. (21)) zu

$$(40)\quad \frac{1}{g}\left(u\frac{\partial u}{\partial s} + w\frac{\partial u}{\partial z}\right) = J + \frac{\sqrt{B}}{K} h u_0 \frac{\partial^2 u}{\partial z^2},$$

oder bei Verwandlung des linken Gliedes unter Berücksichtigung der Kontinuitätsgleichung $\left(\frac{\partial u}{\partial s} + \frac{\partial w}{\partial z} = 0\right)$ zur folgenden:

$$(41)\quad -\frac{u^2}{g}\frac{\partial \frac{w}{u}}{\partial z} = J + \frac{\sqrt{B}}{K} h u_0 \frac{\partial^2 u}{\partial z^2}.$$

Die letzte Annahme ist die über die gegenseitige Neigung der Stromfäden. *J. Boussinesq*[121]) setzt hier:

$$(42)\quad \frac{w}{u} = \frac{z}{h}\cdot\frac{dh}{ds},$$

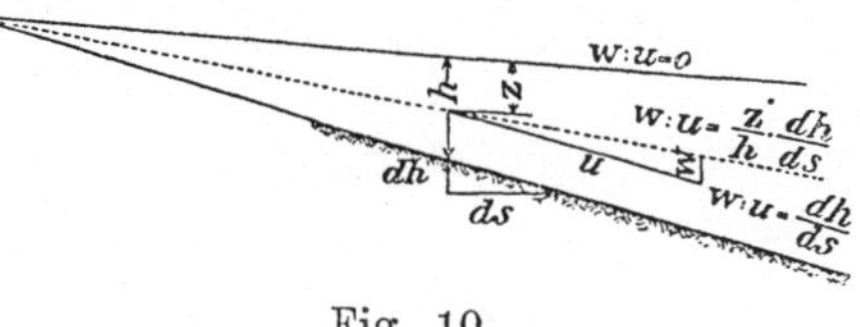

Fig. 10.

d. h. er setzt voraus, dass sich alle Tangenten der übereinander liegenden Stromfadenelemente mit der des auf derselben Lotrechten befindlichen Spiegelelementes in demselben Punkte der Sohle treffen.

Aus der entstehenden Endgleichung

$$(43)\quad -\frac{u^2}{g}\cdot\frac{1}{h}\frac{dh}{ds} = J + \frac{\sqrt{B}}{K} h u_0 \frac{\partial^2 u}{\partial z^2}$$

lässt sich das Verhältnis $\frac{u}{u_0}$ und hiermit auch $\frac{U}{u_0}$ ableiten, womit die gesuchte Beziehung der mittleren Geschwindigkeit zur Aussenreibung $-Bu_0^2$ gegeben ist. Das Prinzip dieser Ableitung ist, durch Addition

121) Diese Gleichung bleibt bestehen, wenn wie in der Fortsetzung β) die z von der Sohle aufwärts gemessen werden.

und Subtraktion des Mittelwertes des linken Gliedes die Elimination des Gefälles zu erleichtern und so $\frac{u}{u_0}$ als Funktion von $\frac{z}{h}$ und $\frac{dz}{ds}$ zu erhalten.

Im einzelnen gestaltet sich die Integration folgendermassen:

$$-\frac{u_0^2}{gh}\cdot\frac{dh}{ds}\left(\frac{u^2}{u_0^2}-\int_0^h\frac{u^2}{u_0^2}\frac{dz}{h}\right)=J+\frac{1}{gh}\frac{dh}{ds}\int_0^h u^2\frac{dz}{h}+\frac{\sqrt{B}}{K}hu_0\frac{\partial^2 u}{\partial z^2},$$

oder nach dz von 0 bis z integriert:

$$-\frac{u_0^2}{gh}\frac{dh}{ds}\int_0^z\left(\frac{u^2}{u_0^2}-\int_0^h\frac{u^2}{u_0^2}\frac{dz}{h}\right)dz$$
$$=\left(J+\frac{1}{gh}\frac{dh}{ds}\int_0^h u^2\frac{dz}{h}\right)z+\frac{\sqrt{B}}{K}hu_0\frac{\partial u}{\partial z}.$$

An der Sohle, also für $z=h$, wird hieraus:

$$0=\left(J+\frac{1}{gh}\frac{dh}{ds}\int_0^h u^2\frac{dz}{h}\right)h-Bu_0^2;$$

durch Einsetzen des Klammerausdruckes in die vorhergehende Gleichung resultiert

$$-\frac{u_0^2}{gh}\frac{dh}{ds}\int_0^z\left(\frac{u^2}{u_0^2}-\int_0^h\frac{u^2}{u_0^2}\frac{dz}{h}\right)dz=\frac{Bu_0^2}{h}\cdot z+\frac{\sqrt{B}}{K}hu_0\frac{\partial u}{\partial z}$$

oder wieder nach Multiplikation mit dz zwischen den Grenzen z und h integriert[122]):

$$(43')\quad \frac{u}{u_0}-1-\frac{K\sqrt{B}}{2}\left(1-\frac{z^2}{h^2}\right)=\frac{K}{\sqrt{B}g}\frac{dh}{ds}\int_z^h\frac{dz}{h}\int_0^z\left(\frac{u^2}{u_0^2}-\int_0^h\frac{u^2}{u_0^2}\frac{dz}{h}\right)\frac{dz}{h}.$$

Diese Gleichung löst *J. Boussinesq* durch successive Approximation. Er findet in erster Annäherung:

$$(44)\quad \frac{u}{u_0}=1+\frac{K\sqrt{B}}{2}\left(1-\frac{z^2}{h^2}\right)$$
$$+\frac{K^2}{6g}\frac{dh}{ds}\left[\frac{1}{2}+\frac{3}{20}K\sqrt{B}-\frac{z^2}{h^2}+\frac{1}{2}\frac{z^4}{h^4}-\frac{K\sqrt{B}}{20}\left(7\frac{z^2}{h^2}-5\frac{z^4}{h^4}+\frac{z^6}{h^6}\right)\right].$$

Hier lässt sich leicht die mittlere Geschwindigkeit einführen, sodass *J. Boussinesq* schliesslich für die äussere Reibung zu der Formel

$$(45)\qquad Bu_0^2=\frac{U^2}{c^2}+\beta h\frac{d}{ds}\frac{U^2}{2g}$$

122) Eaux courantes, p. 89. Die Ziffernwerte stehen p. 111, 112, 267.

geführt wird, wo $\frac{1}{c^2}$ der aus der gleichförmigen Bewegung bekannte Koeffizient bekannt und β im Mittel = 0,088 (bei unendlich breitem rechteckigen Querschnitt allerdings = 0,110) ist.

β) Gegenüber der unter α) gegebenen Ableitung der Gleichung für stationäre Strömung ist *Boussinesq's Ableitung der genaueren Staugleichung* durch die Annahme kompliziert, dass auch stärkere Krümmungen der Stromfäden zulässig sind. Dies läuft darauf hinaus, dass der Druck in dem zur Stromrichtung senkrechten Querschnitt nicht mehr hydrostatisch verteilt ist, sodass (wenn die z nunmehr, da der Spiegel gekrümmt ist, von der Sohle aufwärts gemessen werden) von den beiden Gleichungen

$$(46)\quad \begin{cases} u\frac{\partial u}{\partial s} + w\frac{\partial u}{\partial z} = \quad g\sin i - \frac{1}{\varrho}\frac{\partial p}{\partial s} + \frac{\varepsilon}{\varrho}\frac{\partial^2 u}{\partial z^2}, \\ u\frac{\partial w}{\partial s} + w\frac{\partial w}{\partial z} = -g\cos i - \frac{1}{\varrho}\frac{\partial p}{\partial z} + \frac{\varepsilon}{\varrho}\frac{\partial^2 u}{\partial s^2} \end{cases}$$

auszugehen ist. Hier lässt sich aber unter Annahme, dass das Sohlengefälle i klein sei, und unter Berücksichtigung, dass auch $\frac{\partial^2 u}{\partial s^2}$ klein ist, sowie mit Benutzung der Kontinuitätsgleichung die vereinfachte Form ableiten:

$$(47)\quad \begin{cases} -\frac{u^2}{g}\frac{\partial\frac{w}{u}}{\partial z} = i - \frac{1}{\gamma}\frac{\partial p}{\partial s} + \frac{\varepsilon}{\gamma}\frac{\partial^2 u}{\partial z^2}, \\ \frac{u^2}{g}\frac{\partial\frac{w}{u}}{\partial s} = -1 - \frac{1}{\gamma}\frac{\partial p}{\partial z}, \end{cases}$$

zu der die bekannten Randbedingungen treten.

Indem man hier dieselbe Annahme wie unter α) für die Neigung der Fäden macht, jetzt also unter $\frac{w}{u}$ deren Neigung gegen die Sohle versteht, erhält man:

$$(48)\quad \begin{cases} -\frac{u^2}{g}\frac{1}{h}\frac{dh}{ds} = i - \frac{1}{\gamma}\frac{\partial p}{\partial s} + \frac{\sqrt{B}}{K}h u_0 \frac{\partial^2 u}{\partial z^2}, \\ \frac{u^2}{g}\frac{z}{h}\frac{d^2 h}{ds^2} = -1 - \frac{1}{\gamma}\frac{\partial p}{\partial z}. \end{cases}$$

Aus der zweiten Gleichung ergiebt sich, wenn man, um die Integration zu ermöglichen, u^2 mit U^2 vertauscht, zunächst

$$\frac{p}{\gamma} = \text{const.} + h - z + \frac{U^2}{g}\frac{d^2 h}{ds^2}\frac{h^2 - z^2}{2h},$$

dann durch Differentiation und Vernachlässigung der Produkte mit $\frac{d^2 h}{ds^2}$ ihrer Kleinheit wegen

$$\frac{1}{\gamma}\frac{\partial p}{\partial s} = \frac{dh}{ds} + \frac{U^2}{g}\frac{d^3h}{ds^3}\frac{h^2 - z^2}{2h}.$$

Bei Benutzung dieses Ausdrucks liefert die erste Gl. (48) nach dz zwischen 0 und h integriert:

$$(49)\qquad \frac{\sqrt{B}}{K} h u_0 \frac{du}{dz}\Big|_0^h = -Bu_0^2 = -ih +$$
$$+\left(h - \frac{1}{gh}\cdot\int_0^h u^2 dz\right)\frac{dh}{ds} + \frac{h^2U^2}{3g}\cdot\frac{d^3h}{ds^3}.$$

Durch Einführung der mittleren Geschwindigkeit U und Berücksichtigung, dass nach der früheren Bezeichnung (vgl. Nr. 2a) $\frac{1}{h}\int_0^h u^2 dz = (1+\eta)U^2$ ist (wo $1+\eta$ im Mittel $= 1{,}023$ und bei rechteckigem Querschnitt von unendlicher Breite $= 1{,}018$ ist), wird unter Heranziehung des unter α) gefundenen Wertes für Bu_0^2:

$$(50)\qquad hi - \frac{U^2}{c^2} = \left(h - \frac{1+\eta+\beta}{g}U^2\right)\frac{dh}{ds} + \frac{h^3U^3}{3g}\cdot\frac{d^3h}{ds^3}.$$

Dies ist *J. Boussinesq*'s Endgleichung[123]), in der $1+\eta+\beta = \alpha' = 1{,}11$ gesetzt werden kann und die bei Vernachlässigung der bedeutenden Wasserkrümmung $\left(\text{d. h. } \frac{d^3h}{ds^3}\right)$ sich auf die alte Gleichung (36) reduziert, der gegenüber aber ihre Ableitung in dem Nachweis, dass der nunmehr α' genannte Koeffizient ausser von der ungleichförmigen Verteilung der Geschwindigkeit über den Querschnitt noch von der modifizierten Randreibung abhängt, einen entschiedenen Vorzug besitzt.

5f. Fortsetzung: Diskussion der Staugleichung. Der Gl. (50) kann man durch Einführung der Tiefe, welche bei gleichförmiger Bewegung herrscht, $h_0 = \sqrt[3]{\frac{q^2}{c^2 i}}$, (wo $q = Uh$ ist) und der Grösse

$$k = \sqrt[3]{\frac{\alpha' q^2}{g}} = h_0\sqrt[3]{\frac{\alpha' i c^2}{g}}$$

die der Gl. (37) in Nr. 5d entsprechende Form

$$(51)\qquad (h^3 - h_0^3)i = (h^3 - k^3)\frac{dh}{ds} + \frac{q^2h^2}{3g}\frac{d^3h}{ds^3}$$

geben.

J. Boussinesq[124]) knüpft seine Ausführungen an die Annahme, dass

123) Gl. (156) der Eaux courantes. Da (Eaux courantes p. 110) $\beta = 2\alpha - 2\eta - 2$ ist, gilt auch $\alpha' = 2\alpha - 1 - \eta$.

124) Eaux courantes, p. 194 ff.

$\frac{h - h_0}{h_0}$ ein kleiner Bruch sei; dann kann statt des letzten Gliedes $\frac{q^2 h^3}{3 g h_0} \frac{d^3 h}{d s^3}$ gesetzt werden, wodurch der Ausdruck (51) in

$$\frac{3g}{c^2 h_0^2}\left(1 - \frac{h_0^3}{h^3}\right) = \frac{3\alpha'}{h_0^2}\left(\frac{g}{c^2 \alpha' i} - \frac{h_0^3}{h^3}\right)\frac{dh}{ds} + \frac{d^3 h}{ds^3}$$

übergeht und durch Entwickelung der Klammern nach Potenzen von $\frac{h - h_0}{h_0}$ (bei Beschränkung auf das erste Glied) zu

$$(52) \qquad \frac{9g}{c^2 h_0^2} \cdot \frac{h - h_0}{h_0} = \frac{3\alpha'}{h_0^2}\left(\frac{g}{c^2 \alpha' i} - 1 + 3\frac{h - h_0}{h_0}\right)\frac{dh}{ds} + \frac{d^3 h}{ds^3}$$

wird. *Boussinesq* fügt noch im linken Gliede einen Faktor

$$f = 1 - \frac{h_0 c^2}{3b} \cdot \frac{d\frac{1}{c^2}}{dh_0} = \text{ungefähr } 1{,}1$$

hinzu, der der Abhängigkeit des $\frac{1}{c^2}$ von der Tiefe Rechnung tragen soll, sodass nach ihm die Gleichung

$$(53) \qquad \frac{d^3 h}{ds^3} - \frac{3\alpha'}{h_0^2}\left(1 - \frac{g}{c^2 \alpha' i} - 3\frac{h - h_0}{h_0}\right)\frac{dh}{ds} - \frac{9fg}{c^2 h_0^2} \cdot \frac{h - h_0}{h_0} = 0$$

gilt. Er zeigt nun weiter, dass unter der Annahme, dass i wesentlich kleiner bezw. grösser als $\frac{g}{c^2 \alpha'}$ sei, wodurch das Glied $-3\frac{h - h_0}{h_0}$ vernachlässigbar wird, die Wasserläufe sich in *zwei Gattungen* scheiden, je nachdem

$$i < \frac{g}{c^2 \alpha'}\left(1 - \frac{3}{\alpha'}\left(\frac{fg}{c^2}\right)^{2/3}\right) \quad \text{oder} \quad i < 0{,}0033,$$

$$i > \frac{g}{c^2 \alpha'}\left(1 + \frac{3}{\alpha'}\left(\frac{fg}{c^2}\right)^{2/3}\right) \quad \text{oder} \quad i > 0{,}0039$$

ist.

Im ersten Falle geschieht der Übergang *von der ungleichförmigen zur gleichförmigen Bewegung durch aufeinanderfolgende Wellen*[125]) *gleicher Länge aber stromab abnehmender Höhe*, der entgegengesetzte Übergang *ohne Wellung*. *J. Boussinesq*[126]) giebt auch eine Methode an, wie man die Wellenlänge in jedem Einzelfalle berechnen kann.

Im zweiten Falle stellt sich *die gleichförmige Bewegung stromab allmählich* ein, oder hört an einer Stelle *plötzlich* auf.

Nach dem unter Nr. 5d Gesagten sind demnach die Wasserläufe der ersten Gattung, bei denen ein Wehr eine sanfte Stauung hervor-

125) Solche Wellen kann man unmittelbar nach einem Schütz beobachten, wenn dessen Kante ganz unter Wasser liegt, so dass der Eintritt durch die tiefliegende Spalte unter Überdruck erfolgt.

126) Eaux courantes, p. 200.

ruft, als *Flüsse* (*rivières*), solche der zweiten, bei denen ein Sprung eintritt, als *Wildbäche* (*torrents rapides*) zu bezeichnen.

Für zwischenliegende Gefälle, nämlich für $i > \frac{g}{c^2\alpha'}\left(1 - \frac{3}{\alpha'}\left(\frac{fg}{c^2}\right)^{2/3}\right)$ d. h. $> 0{,}0033$ und $i < \frac{g}{c^2\alpha'}\left(1 + \frac{3}{\alpha'}\left(\frac{fg}{c^2}\right)^{2/3}\right)$ d. h. $< 0{,}0039$, also für i nahezu gleich $\frac{g}{c^2\alpha'}$, darf das Glied $-3\frac{h-h_0}{h_0}$ in Gl. (53) nicht mehr vernachlässigt werden. *Boussinesq* zeigt, dass hier der Übergang von der gleichförmigen in die ungleichförmige Bewegung nicht in einer stetigen Hebung der Oberfläche geschieht, sondern *in stufenförmig aufeinanderfolgenden Wellen von zunehmender Länge.* Die erste dieser Wellen hat (bei Vernachlässigung der Neigung i gegenüber $\frac{\alpha' i c^2}{g} - 1$) die Form einer Einzelwelle (vgl. Nr. 6c, p. 373 und auch IV 16, Nr. 5h, *A. E. H. Love*), die sich in einem Wasser von der Tiefe $\sqrt[3]{\frac{q^2}{g}} = h_0\sqrt[3]{\frac{ic^2}{g}}$ fortpflanzt. Man kann diese dritte Kategorie als *Achen* (*torrents de pente moderée*) bezeichnen; bei ihnen sind die Stromfäden sowohl beim Entstehen wie Aufhören der gleichförmigen Bewegung stark gekrümmt.

Übrigens entsprechen die von *Boussinesq* gegebenen theoretischen Betrachtungen durchaus den von *H. Bazin*[127]) und *P. Boileau*[128]) gemachten Beobachtungen.

5g. Schluss: Die Staugleichung bei wechselndem Sohlengefälle. Hierfür leitet *J. Boussinesq*[129]) durch eine ähnliche Betrachtung wie in Nr. 5e die Gleichung

$$(54)\qquad hi - \frac{U^2}{c^2} = \left(h - \frac{\alpha'}{g}U^2\right)\frac{dh}{ds} + \frac{U^2h^2}{g}\left(\frac{1}{3}\frac{d^3h}{ds^3} - \frac{1}{2}\frac{d^2i}{ds^2}\right)$$

ab, die man durch Einsetzen von $J = i - \frac{dh}{ds}$ mit Annäherung in

$$(55)\qquad J = \frac{U^2}{c^2h} + \alpha'\frac{d}{ds}\frac{U^2}{2g} - h^2\left\{\frac{1}{3}\frac{d^3}{ds^3}\frac{U^2}{2g} + \frac{1}{2}\frac{U^2}{gh}\frac{d^2i}{ds^2}\right\}$$

verwandeln kann und aus der man bei bekanntem Sohlengefälle i u. s. w. das Spiegelgefälle findet.

J. Boussinesq untersucht eingehender den Fall, dass der Boden eine gewellte Kurve von wiederkehrender bezw. ab- oder zunehmender Amplitude beschreibe.

Für den Sonderfall[130]), dass bei konstanter Amplitude die Tiefe

127) Paris, Mém. prés. par div. sav. 19 (1865), p. 291.

128) *P. Boileau*, Traité de la mesure des eaux courantes, p. 42.

129) *J. Boussinesq*, Eaux courantes, p. 192.

130) Ebenda, p. 233.

an allen Stellen dieselbe $= H$ bleibt (d. h. $J = i$ und $U =$ const. ist), wird aus Gl. (55) die folgende:

$$i = \frac{U^2}{c^2 H} - \frac{H U^2}{2g} \frac{d^2 i}{ds^2}, \tag{56}$$

deren allgemeines Integral mit den Integrationskonstanten M und N

$$i = \frac{U^2}{c^2 H} - M \frac{\sqrt{2gH}}{UH} \cdot \cos \frac{\sqrt{2gH}(s - N)}{UH}$$

lautet. Für eine mittlere Sohlenneigung

$$i_m = \frac{U^2}{c^2 H} \tag{57}$$

wird die Sohle eine Sinuslinie, deren Ordinaten, auf die mittlere unter i_m geneigte Schnittgerade bezogen,

$$h' = M \sin \left(\frac{s - N}{H} \cdot \sqrt{\frac{2g}{c^2 i_m}} \right)$$

sind und deren Wellen die Länge

$$S = 2\pi H \sqrt{\frac{c^2 i_m}{2g}}$$

besitzen.

Bei kleinerem oder grösserem Gefälle i_m, als durch die letzte Formel (57), in der H nunmehr die mittlere Tiefe bedeutet, gegeben, eilen die Spiegelwellen den Sohlenwellen voran oder bleiben hinter ihnen zurück, und zwar findet *Boussinesq*[131]), dass für $i_m = 0$ die Voreilung zwischen 0 und $\frac{S}{4}$ bezw. $\frac{S}{4}$ und $\frac{S}{2}$ misst, je nachdem $\frac{2\pi^2}{3\alpha'} \frac{H^2}{S^2} \gtrless 1$ ist, während das Maass, um welches die Spiegelwellen zurückbleiben, bei wachsendem i_m im allgemeinen einer zwischen 0 und $\frac{S}{4}$ bezw. zwischen $\frac{S}{4}$ und $\frac{S}{2}$ liegenden Grenze zustrebt, je nachdem $\frac{2\pi^2}{3\alpha'} \frac{H^2}{S^2} \lessgtr 1$ gilt. Das Verhältnis der Spiegelamplitude zur Sohlenamplitude ist 0, wenn $i_m = 0$, 1 für einen Wert von i_m, der im allgemeinen in der Nähe von $\frac{g}{2\alpha' c^2}$ liegt, erreicht sein Maximum für ein i_m, das im allgemeinen ungefähr $\frac{g}{c^2 \alpha'}$ oder 0,0036 beträgt, und sinkt dann wieder erst rasch, dann langsam bis zu im Mittel $\pm \frac{1 - 6 \frac{H^2}{S^2}}{1 + 12 \frac{H^2}{S^2}}$ herab.

Für den Fall allmählich ab- bezw. zunehmender Sohlenamplitude gelten ähnliche Beziehungen.

131) Ebenda, p. 231.

6. Mit der Zeit veränderliche Strömung.

6 a. Die Grundgleichungen für einen sehr breiten rechteckigen Kanal. *J. Boussinesq*[132]) leitet die Gleichungen für die mit der Zeit veränderliche Strömung für einen Wasserlauf von beliebigem, wenn auch nicht plötzlich wechselndem Querschnitt ab. Hier genüge die Entwickelung für den Sonderfall eines sehr breiten, rechteckigen Kanals.

α) Eine erste angenäherte Gleichung erhält man unter der Annahme, dass die Bahnen der Teilchen wenig gekrümmt seien, dass also der Druck p in jedem Querschnitt hydrostatisch variiere. Damit bleibt als wesentlich von den 3 modifizierten *Navier*'schen Gleichungen (vgl. p. 329 und 359) nur die erste:

$$\frac{1}{g}u' \equiv \frac{1}{g}\left(\frac{\partial u}{\partial t} + u\frac{\partial u}{\partial s} + w\frac{\partial u}{\partial z}\right) = J + \frac{\sqrt{B}}{K}h u_0 \frac{\partial^2 u}{\partial z^2}, \tag{58}$$

wo J wieder das Gefälle bedeutet. Als Randbedingungen gelten:

$$\left\{\begin{aligned} &\frac{\partial u}{\partial z} = 0,\ p = \text{const. am Spiegel } (z = 0), \\ &\frac{\sqrt{Bh}}{K} u_0 \frac{\partial u}{\partial z} = -B u_0^2 \text{ an der Sohle } (z = h). \end{aligned}\right. \tag{59}$$

Aus der von $z = 0$ bis h integrierten Gleichung (58) und der zweiten Randbedingung folgt sofort für u_0 der Ausdruck

$$\frac{B u_0^2}{h} = J - \frac{1}{g}\overline{u'}, \tag{60}$$

wenn — wie im Folgenden — der Strich bedeutet, dass der Mittelwert über den Querschnitt genommen wird.

Der Integrationsgedanke von *Boussinesq* ist nun, u_0 als Funktion der mittleren Geschwindigkeit $U = \bar{u}$ zu bestimmen, womit sich dann aus Gleichung (60) eine Beziehung zwischen J und U ergiebt. Hierzu führt auf dem Wege der schrittweisen Approximation der Ansatz

$$\frac{u}{u_0} = 1 + \frac{1}{2}K\sqrt{B}\left(1 - \frac{z^2}{h^2}\right) + \frac{Kh}{g\sqrt{B}u_0^2}F(z), \tag{61}$$

in welchem die beiden ersten Summanden rechts die Lösung für die gleichförmige Bewegung (siehe Gleichung 26a) bedeuten, der dritte der von der Veränderlichkeit herrührende Zuwachs sei. Aus (61) ergiebt sich unter Berücksichtigung von (58) und (60)

$$\frac{\partial^2 F}{\partial z^2} = \frac{u' - \overline{u'}}{h^2}$$

---

132) Vgl. Eaux courantes, p. 261 und Théorie 2, p. 7 u. f.

oder

$$\frac{\partial}{\partial z}\left(-zF - \frac{h^2 - z^2}{2} \cdot \frac{\partial F}{\partial z}\right) + F = (\overline{u'} - u')\frac{h^2 - z^2}{2h^2}.$$

Dies integriert giebt, da gemäss Gl. (61) am Spiegel $\frac{\partial F}{\partial z}$ und an der Sohle $F = 0$ wird,

$$\overline{F} = \overline{u'} \cdot \overline{\frac{h^2 - z^2}{2h^2}} - \overline{\left(u' \cdot \frac{h^2 - z^2}{2h^2}\right)}.$$

Wenn man hier $\frac{h^2 - z^2}{2h^2}$ durch den ihm bei der gleichförmigen Bewegung entsprechenden Ausdruck $\frac{u - u_0}{K\sqrt{B} \cdot u_0}$ ersetzt, folgt

$$(62) \qquad \overline{F} = \frac{1}{K\sqrt{B} \cdot u_0}(\overline{u'} \cdot \overline{u} - \overline{uu'}).$$

Einen anderen Mittelwert für F giebt die Integration von (61) bei Berücksichtigung der Beziehung (26b) $c = \frac{1}{\sqrt{B}} + \frac{K}{3}$, nämlich

$$\overline{F} = \frac{g\sqrt{B} \cdot u_0}{Kh} \cdot U - \frac{gcBu_0^2}{Kh}.$$

Hiermit ist die Beziehung

$$\frac{U}{u_0} = c\sqrt{B}\left\{1 + \frac{h}{gc\sqrt{B^3} \cdot u_0^3}(\overline{u'} \cdot \overline{u} - \overline{uu'})\right\}$$

gewonnen, aus der mit Annäherung

$$(63) \qquad \frac{u_0^2}{U^2} = \frac{1}{c^2B}\left\{1 - \frac{2h}{gc\sqrt{B^3} \cdot u_0^3}(\overline{u'} \cdot \overline{u} - \overline{uu'})\right\}$$

folgt. Das Einsetzen von $Bu_0^2 = \frac{U^2}{c^2}$ in den Subtrahend ergiebt

$$Bu_0^2 = \frac{U^2}{c^2} - \frac{2h}{g}\left(\overline{u'} - \frac{\overline{uu'}}{U}\right) = \frac{U^2}{c^2} + \frac{h}{g}\left(\frac{\overline{(u^2)'}}{U} - 2\overline{u'}\right)$$

oder vermöge Gleichung (60)

$$J = \frac{U^2}{c^2h} + \frac{1}{g}\left(\frac{\overline{(u^2)'}}{U} - u'\right).$$

Die Einführung der Koeffizienten η und α,[133])

$$1 + \eta = \int_0^h \left(\frac{u}{U}\right)^2 \frac{dz}{h}, \quad \alpha = \int_0^h \left(\frac{u}{U}\right)^3 \frac{dz}{h},$$

---

133) Für diese Koeffizienten sind meist dieselben Werte wie bei der gleichförmigen Bewegung zulässig, $\alpha = 1{,}068$ und $\eta = 0{,}023$. Allgemein gilt für breite Läufe $\eta = \frac{4}{5}\left(\frac{u_{\max}}{U} - 1\right)^2$ und $\alpha = 1 + 3\eta - \frac{2}{7}\eta\sqrt{5\eta}$. Vgl. *J. Boussinesq*, Eaux courantes, p. 112 und Théorie 2, p. 25.

gestattet die Mittelwerte $\overline{u'}$ und $\overline{(u^2)'}$ als Funktionen von U auszudrücken, womit *J. Boussinesq*[134]) als Endgleichung — unter Vernachlässigung der Glieder mit $\frac{\partial(\alpha-\eta)}{\partial s}$ und $\frac{\partial \eta}{\partial t}$ — nach einigen Umformungen

$$(64)\quad J = \frac{U^2}{c^2 h} + (2\alpha - 1 - \eta)\frac{\partial \frac{U^2}{2g}}{\partial s} + \frac{1+2\eta}{g}\frac{\partial U}{\partial t} - \frac{\alpha - 1 - 2\eta}{g}\frac{U}{h}\frac{\partial h}{\partial t}$$

gewinnt.

In erster Annäherung ist in dieser Gleichung auch noch das Glied mit $\frac{\partial h}{\partial t}$ zu vernachlässigen. Damit wird nach ihr *das Gefälle verbraucht: zur Überwindung der äusseren Reibung der gleichförmigen Strömung, zur Beschleunigung der Strömung in Richtung des Stromes* (durch Vergrösserung der mittleren Geschwindigkeitshöhe) *und zur Beschleunigung der Strömung an dem jeweiligen Orte mit der Zeit.* Zugleich folgt, dass bei gegebener mittlerer Geschwindigkeit U das Gefälle J, also die Reibung am Umfange und demnach die Umfangsgeschwindigkeit u_0 um so grösser ausfällt, je grösser $\frac{\partial U}{\partial s}$ und $\frac{\partial U}{\partial t}$ sind, dass also sowohl beschleunigte Vorwärtsbewegung wie auch steigender Wasserstand einen Ausgleich der Geschwindigkeit im Querschnitt bewirken[135]). *J. Boussinesq*[136]) bemerkt auch, dass die Brauchbarkeit der Formel (64) wesentlich darauf beruht, dass bei der turbulenten Bewegung[137]) die Koeffizienten η und $\alpha - 1$ klein sind, das heisst, dass die Geschwindigkeit innerhalb desselben Querschnitts nicht zu sehr wechselt, wodurch auch bei ungleichförmiger Strömung die Geschwindigkeitsverteilung über den Querschnitt nahezu dieselbe wie bei der gleichförmigen Strömung sein könne.

134) Vgl. Théorie 2, p. 17.

135) Etwas ähnliches hat bereits *J. Dupuit*, Études sur le mouvement des eaux, Paris 1863, p. 62, für die stationäre Strömung bemerkt, bei der, wenn der Wasserstand einer Flussstrecke wechselt, ohne dass sich das Gefälle wesentlich ändert — von Störungen abgesehen — dem *Bernoulli*'schen Theorem gemäss, die Geschwindigkeitshöhe $\frac{U^2}{2g}$ jedes Fadens sich längs der Strecke um ein konstantes Mass ändern müsse, d. h. also die Geschwindigkeiten der verschiedenen Fäden bei wachsender Geschwindigkeit U sich einander nähern müssen. In der Natur tritt jedoch häufig die entgegengesetzte Erscheinung dadurch ein, dass die heftigere Strömung das feinere Geschiebe wegschleppt, wodurch das Bett rauher wird, und nach den Formeln (26) die Geschwindigkeitsunterschiede wachsen.

136) Théorie 2, p. 19.

137) Im Gegensatze zur laminaren Bewegung.

β) In *zweiter Annäherung* berücksichtigt *Boussinesq*[138]) auch die *Krümmung der Wasserfäden.* Er wird damit zu einer Theorie der Strömung geführt, die in demselben Verhältnis zur vorhergehenden steht, wie seine genauere (vgl. Nr. 5e) zu seiner einfachen Stautheorie. In der Tat treten auch hier zu den früher geltenden Gleichungen (47) neue Glieder hinzu — die über die Variation des Druckes Auskunft geben — so dass als Ausgangspunkt die beiden Gleichungen:

$$(65)\qquad \begin{cases} \dfrac{1}{g}\left(\dfrac{\partial u}{\partial t} - u^2 \dfrac{\partial \frac{w}{u}}{\partial z}\right) = i - \dfrac{1}{\varrho g}\dfrac{\partial p}{\partial s} + \dfrac{\varepsilon}{\varrho g}\dfrac{\partial^2 u}{\partial z^2} \\ \dfrac{1}{g}\left(\dfrac{\partial w}{\partial t} + u^2 \dfrac{\partial \frac{w}{u}}{\partial s}\right) = -1 - \dfrac{1}{\varrho g}\dfrac{\partial p}{\partial z} \end{cases}$$

mit den entsprechenden Randbedingungen zu gelten haben.

Die Integration wird der früheren insofern analog geführt, als wieder die Annahme gemacht wird, dass in den Gliedern, in denen die Krümmung zum Ausdruck kommt, die thatsächliche Geschwindigkeit u durch die mittlere U ersetzt werden darf. Damit wird u. a.

$$\frac{w}{u} = \frac{z}{h}\left(\frac{\partial h}{\partial s} + \frac{1}{U}\frac{\partial h}{\partial t}\right)$$

und die *Endgleichung*[139]):

$$(66)\qquad J = \frac{U^2}{c^2 h} + (2\alpha - 1 - \eta)\frac{\partial \frac{U^2}{2g}}{\partial s} + \frac{1+2\eta}{g}\frac{\partial U}{\partial t} - \frac{\alpha - 1 - 2\eta}{g}\frac{U}{h}\cdot\frac{\partial h}{dt}$$
$$+ \frac{(1+2\eta)hU^2}{3g}\left(\frac{\partial^3 h}{\partial s^3} + \frac{2}{U}\frac{\partial^3 h}{\partial s^2 dt} + \frac{1}{U^2}\frac{\partial^3 h}{\partial s\, dt^2}\right),$$

in der im letzten Summand der rechten Seite die Krümmung dadurch ihren Ausdruck findet, dass nebst dem Krümmungsgliede der Gl. (50) der Stautheorie noch die beiden nachfolgenden erscheinen.

6b. Fortpflanzung von kleinen Anschwellungen auf fliessendem Wasser. Die in der vorigen Nummer entwickelten Gleichungen gestatten eine mit den Versuchen gut übereinstimmende Behandlung der *Fortpflanzung von kleinen Anschwellungen.*

α) Die Gleichung (64) ergiebt einen *ersten* Aufschluss über den Fortschritt kleiner Anschwellungen in breiten Gerinnen von ursprüng-

138) Vgl. *Boussinesq,* Eaux courantes, p. 299 ff. (§ 28).

139) Vgl. ebenda, p. 269, Gl. (257bis), p. 304, Gl. (276). Die Gleichung (276) enthält dort noch ein Glied $-\dfrac{hU^2}{2}\dfrac{d^2 i}{ds^2}$, das der Sohlenkrümmung Rechnung trägt, während in Gl. (66) der Einfachheit wegen das Sohlengefälle (wie in Nr. 5e, Gl. (50)) konstant gesetzt ist, was auch im folgenden stets festgehalten wird.

lich gleichmässiger Tiefe[140]). Ist H die Tiefe und U die mittlere Geschwindigkeit vor der Anschwellung — also das Sohlengefälle $i = \frac{U^2}{c^2 H}$ —, während später die Tiefe $H + h$ und die mittlere Geschwindigkeit $U + U_1$ ist, so verwandelt sich — da offenbar das Spiegelgefälle $J = i - \frac{\partial h}{\partial s}$ wird — unter Vernachlässigung der höheren Potenzen von U_1 und h, sowie der Produkte von $\frac{1}{c^2}$ in U_1 und h, die Gleichung (64) in

$$(67)\quad \frac{\partial h}{\partial s} + \frac{(2\alpha - 1 - \eta)}{g} U \frac{\partial U_1}{\partial s} + \frac{1 + 2\eta}{g} \frac{\partial U_1}{\partial t} - \frac{\alpha - 1 - 2\eta}{g} \frac{U}{H} \frac{\partial h}{\partial t} = 0,$$

während die Kontinuität bei derselben Annäherung

$$\frac{\partial h}{\partial t} + H \frac{\partial U_1}{\partial s} + U \frac{\partial h}{\partial s} = 0$$

oder

$$(67\text{a})\quad \left\{ \begin{aligned} \frac{\partial^2 U_1}{\partial s^2} &= -\frac{1}{H}\frac{\partial^2 t}{\partial s\,\partial t} - \frac{U}{H}\frac{\partial^2 h}{\partial s^2} \\ \frac{\partial^2 U_1}{\partial s\,\partial t} &= -\frac{1}{H}\frac{\partial^2 h}{\partial t^2} - \frac{U}{H}\frac{\partial^2 h}{\partial s\,\partial t} \end{aligned} \right.$$

fordert.

Die Differentation von (67) nach s und Einführung der Werte aus (67a) giebt die Gleichung

$$(68)\quad \frac{\partial^2 h}{\partial t^2} + \frac{3\alpha - 1 - \eta}{1 + 2\eta} U \frac{\partial^2 h}{\partial s \partial t} - \frac{gH - (2\alpha - 1 - \eta) U^2}{1 + 2\eta} \cdot \frac{\partial^2 h}{\partial s^2} = 0,$$

deren allgemeine Lösung

$$(69)\quad h = F(s - \omega t) + F_1(s - \omega_1 t)$$

ist, wo ω resp. ω_1 die Lösungen der Gleichung

$$(70)\quad \omega^2 - \frac{3\alpha - 1 - \eta}{1 + 2\eta} U\omega - \frac{gH - (2\alpha - 1 - \eta) U^2}{1 + 2\eta} = 0$$

sind. Zugleich ergiebt sich

$$(71)\quad U_1 = \frac{\omega - U}{H} F(s - \omega t) + \frac{\omega_1 - U}{H} F_1(s - \omega_1 t).$$

Es ist zulässig, wie *Boussinesq* ausführt, nur abwärts laufende oder nur aufsteigende Wellen zu betrachten. Für diese gilt dann einfach

$$(72)\quad h = \mathfrak{F}(s - \omega t), \quad U_1 = \frac{\omega - U}{H} \mathfrak{F}(s - \omega t) = \frac{\omega - U}{H} \cdot h;$$

$\mathfrak{F}$ ist eine der beiden Funktionen F, F_1 und in

---

140) Vgl. *J. Boussinesq,* Eaux courantes, p. 283 ff. (§ 27) und Théorie 2, p. 22 ff.

$$(73)\quad \begin{cases} \omega = \frac{3\alpha - 1 - \eta}{2(1+2\eta)} \cdot U \pm \varkappa\sqrt{\frac{gH}{1+2\eta}} \quad \text{mit} \\ \varkappa^2 = 1 + \left\{\alpha - 1 - 2\eta + \left[\frac{3(\alpha-1) - 5\eta}{2}\right]^2 \cdot \frac{1}{1+2\eta}\right\} \cdot \frac{U^2}{gH} \end{cases}$$

ist das obere Zeichen für abwärtslaufende, das untere für aufsteigende Anschwellungen zu nehmen.

Es ist damit ausgesprochen, dass sich *kleine Anschwellungen* der betrachteten Art bei konstanter Tiefe H des Kanals *ohne sich umzugestalten mit der unveränderlichen Schnelligkeit* ω *über das Wasser hinbreiten.* Die Versuche von *H. Bazin*[141]) bestätigen dies Ergebnis, insbesondere die Grösse von ω, die sich aus (73) leicht berechnet, wenn H, U und die Maximalgeschwindigkeit u_m des Querschnitts bekannt sind, indem[142])

$$\eta = \frac{4}{5}\left(\frac{u_m}{U} - 1\right)^2, \quad \alpha - 1 = 3\eta - \frac{2}{7}\eta\sqrt{5\eta}$$

gesetzt werden kann.

Zugleich ergiebt sich aus Gl. (70), dass je nachdem

$$(74)\qquad 1 \gtrless \frac{(2\alpha - 1 - \eta)\cdot U^2}{gH} \quad \text{oder} \quad \gtrless \frac{\alpha' c^2 i}{g}$$

auf strömenden Wasser Anschwellungen aufwärts laufen können oder nicht. Indem (74) gerade das Kriterium für den Unterschied von Flüssen und Wildbächen[143]) giebt, folgt, dass kleine Anschwellungen nur in Flüssen und nicht in Wildbächen stromauf zu wandern vermögen.

β) Zu einer *weiteren Annäherung* führt die Gleichung (66). *J. Boussinesq*[144]) leitet hier die (68) entsprechende Gleichung unter denselben Voraussetzungen ab, setzt aber gleich zur Vereinfachung in den durch Einführung von $H + h$ und $U + U_1$ aus (66) entstehenden Ausdruck die eben als erste Annäherung gefundenen Werte

$$U_1 = \frac{\omega - U}{H}\cdot h, \quad \frac{\partial h}{\partial t} = -\omega\frac{\partial h}{\partial s}, \quad \frac{\partial^2 h}{\partial t^2} = \omega^2\frac{\partial^2 h}{\partial s^2}$$

ein. Damit ergiebt sich

$$(75)\qquad \frac{\partial^2 h}{\partial t^2} + \frac{3\alpha - 1 - \eta}{1+2\eta}U\frac{\partial^2 h}{\partial s\partial t} - \frac{gH - (2\alpha - 1 - \eta)U^2}{1+2\eta}\frac{\partial^2 h}{\partial s^2}$$
$$- \omega(\omega - U)\frac{\partial^2}{\partial s^2}\left(\frac{2+l}{2}\cdot\frac{h^2}{H} + \frac{l'H^2}{3}\frac{\partial^2 h}{\partial s^2}\right) = 0,$$

---

141) Vgl. Paris Mém. prés. par div. sav. 19 (1865), p. 495 f. und *H. Bazin*, Paris C. R. 100 (1885), p. 1492.

142) Vgl. *J. Boussinesq*, Eaux courantes, p. 112 und Théorie 2, p. 25.

143) Vgl. oben p. 357 u. 363, auch *J. Boussinesq*, Eaux courantes, p. 291.

144) Vgl. *J. Boussinesq*, Eaux courantes, p. 348 ff. (§ 29). Die Gleichung (78) findet sich dort p. 358 als (289bis).

wo

$$l = \frac{gH}{(1+2\eta)\,\omega\,(\omega - U)} - 2\frac{(2\alpha - 1 - \eta)}{1+2\eta}\frac{U}{\omega} + \frac{3(\alpha-1) - 5\eta}{1+2\eta}$$

und

$$l' = 1 - \frac{U}{\omega}$$

ist. Da bei höherer Annäherung die Form des Schwalles nicht mehr als unveränderlich gelten kann, ist dessen Schnelligkeit ϖ von ω verschieden, wenn unter ϖ die Schnelligkeit der Ortsänderung jener Stromstelle verstanden wird, bis zu welcher der Schwall stets denselben Inhalt ($\int_s^\infty h\,ds$ bei abwärtslaufender, $\int_\infty^s h\,ds$ bei aufsteigender Anschwellung) besitzt. Aus der Unveränderlichkeit folgt

$$0 = \int_s^\infty \frac{\partial h}{\partial t}\,ds - h\varpi \quad \text{bezw.} = \int_\infty^s \frac{\partial h}{dt}\,ds + h\varpi$$

oder

$$\frac{\partial h}{\partial t} + \frac{\partial (h\varpi)}{\partial s} = 0 \tag{76}$$

oder, wie *Boussinesq* schliesslich findet

$$\varpi = \omega\left\{1 + \frac{\omega - U}{2\omega - \frac{(3\alpha - 1 - \eta)}{1+2\eta}U}\left(\frac{2+l}{2}\frac{h}{H} + \frac{l'H^2}{3h}\frac{\partial^2 h}{\partial s^2}\right)\right\}, \tag{77}$$

was in erster Annäherung — für $U \pm \sqrt{gH} = \omega$, $l = 1 - 3\frac{U}{\omega}$, $l' = 1 - \frac{U}{\omega}$, $\frac{\omega - U}{\omega - \frac{3\alpha - 1 - \eta}{2(1+2\eta)}U} = 1$ — in die *Endgleichung*

$$\varpi - U = \pm\sqrt{gH}\left(1 + \frac{3h}{4H} + \frac{H^2}{6h}\frac{\partial^2 h}{\partial s^2}\right) \tag{78}$$

übergeht. D. h.:

Der Überschuss der Fortpflanzungsschnelligkeit des Schwalles über die mittlere Strömungsgeschwindigkeit des Wassers ist in erster Annäherung seinem absoluten Betrage nach gleich dem Produkt aus der Endgeschwindigkeit $\sqrt{gH}$ eines durch die halbe Kanaltiefe frei fallenden Körpers in die um 1 vermehrte Summe aus $^3/_4$ des Verhältnisses der Überhöhung h zur ursprünglichen Tiefe und $^1/_6$ des durch die Überhöhung geteilten und mit der Oberflächenkrümmung vervielfachten Quadrates der Tiefe[145]).

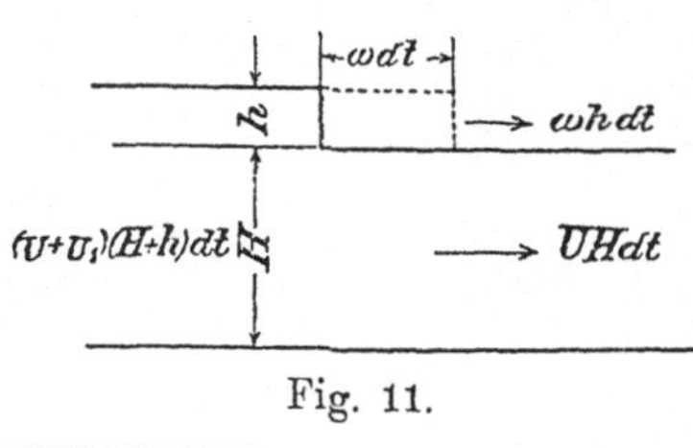

Fig. 11.

145) *H. L. Partiot,* Recherches sur les rivières à marée, Paris 1901, p. 33, hat die Formel (78) durch Untersuchung der Flutwelle in der Gironde-Garonne

Die *Überhöhung* h ist aus (76) durch schrittweise Approximation zu bestimmen, für U_1 ergiebt sich unmittelbar

$$(79)\qquad U_1 = \frac{h\varpi - hU}{H+h},$$

indem wegen der Kontinuität (vgl. Fig. 11)

$$(H+h)(U+U_1) - HU = h\varpi$$

sein muss[146]).

6c. Fortpflanzung von kleinen Anschwellungen auf ruhendem Wasser. Besonderen Wert haben die Formeln der vorigen Nummer für das Studium der *Fortpflanzung kleiner Anschwellungen auf ruhendem Wasser.* Indem es hier erlaubt ist, in erster Annäherung die Geschwindigkeiten in allen Punkten eines Querschnittes gleich gross anzunehmen, wird in Formel (73) $\alpha = 1$, $\eta = 0$ neben $U = 0$, sodass[147])

$$(80)\qquad \omega = \pm\sqrt{gH}$$

gilt, womit es leicht wird, zugleich die Bahn jedes einzelnen Teilchens zur Zeit t zu bestimmen. Aus Gl. (78), in der bereits die vereinfachte Annahme $\alpha = 1$, $\eta = 0$ gemacht wurde, geht die andere

$$(81)\qquad \varpi = \pm\sqrt{gH}\left(1 + \frac{3h}{4H} + \frac{H^2}{6h}\frac{\partial^2 h}{\partial s^2}\right)$$

hervor, die *J. Boussinesq* einem besonderen Studium unterwirft[148]).

Er zeigt, dass das Quadrat der Schwerpunktsgeschwindigkeit eines Schwallabschnittes, dessen beide Endtangenten gleich geneigt sind, gleich dem Produkte aus g und der Summe der Tiefe H und der dreifachen Überhöhung des Schwallschwerpunktes über dem Ruhespiegel ist:

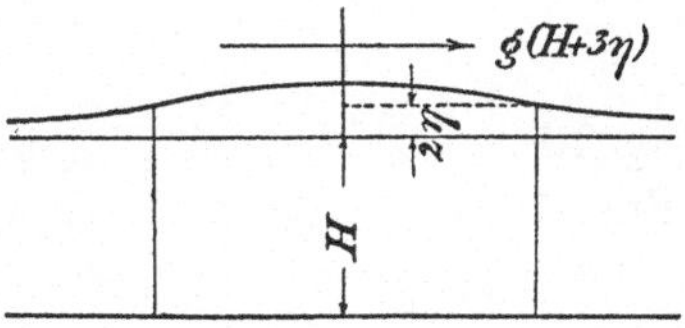

Fig. 12.

$$(82)\qquad \left(\frac{d\xi}{dt}\right)^2 = g(H+3\eta),$$

---

geprüft und bestätigt gefunden; dabei war aber allerdings das letzte (von der Krümmung herrührende) Glied verschwindend klein (s. unten Formel 81).

146) Vgl. *J. Boussinesq*, Eaux courantes, p. 359—361.

147) Dies ist die Formel von *J. L. Lagrange*, Mécanique analytique, 2. partie, Section 11, (§) 37 und Berlin Mém. de l'académie royale 1786 (erschienen 1788), p. 192 f. Ihre Prüfung kann für gewaltige Abmessungen durch die Beobachtung seismischer Seewellen erfolgen, vgl. *J. Boussinesq*, Paris C. R. 98 (1884), p. 1251; *C. Davison*, Phil. Mag. (5) 43 (1897), p. 33.

148) Vgl. dessen Entwickelungen in § 30 seiner Eaux courantes, p. 361—378; auch J. de math. (3) 9 (1883), p. 273.

ferner dass η und demzufolge auch die Schwerpunktsgeschwindigkeit nahezu unverändert bleiben. Dies schliesst aber nicht ein, dass die Anschwellung ihre Form beibehält. Sie kann sich vielmehr allmählich abflachen und in eine Kette von Hebungen und Senkungen auflösen.

Zugleich ermöglicht es Gl. (81) die verschiedenen Typen von Anschwellungen — positive und negative, die „onde initiale" von *H. Bazin*[149]) u. s. w. —, wie sie insbesondere von *Scott Russell*[150]) und *H. Bazin* experimentell untersucht worden sind, wenigstens qualitativ zu erklären[151]). Für die Fortpflanzungsschnelligkeit von *Hebungen* ergiebt sich übrigens sofort auch ein Grössenwert, wenn man darauf verzichtet, die Erscheinung am Wellenkopf wiederzugeben. Indem dann nämlich ein wenig gekrümmter Schwall über das ruhende Wasser hinläuft, ist in (81) $\frac{\partial^2 h}{\partial s^2}$ zu vernachlässigen, womit sich

$$\varpi^2 = g\left(H + \frac{3}{2} h\right) \tag{83}$$

zeigt.

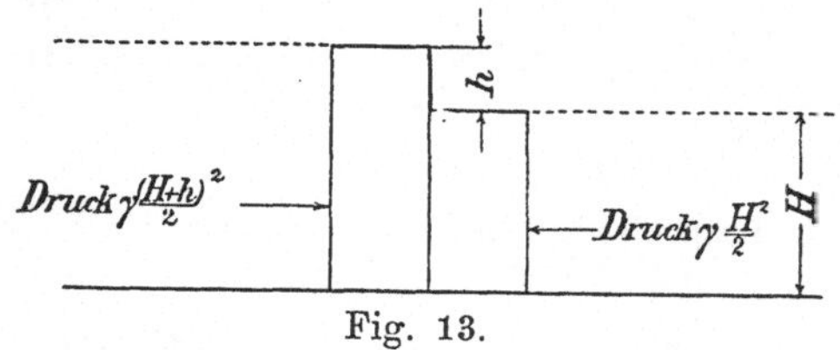

Fig. 13.

Dieselbe Formel findet *B. de St.-Venant*[152]) einfach durch Anwendung des Impulssatzes auf die zwischen den beiden Querschnitten H und $H + h$ befindliche Wassermasse (Fig. 13). Denkt man sich den Schwall durch eine dem Wasser erteilte Gegenbewegung $-\omega$ zum Stehen gebracht, so ergiebt sich in der That gleich für rechteckigen Querschnitt:

$$(84)\quad \begin{cases} \omega^2 h \cdot \dfrac{H}{H+h} = g\left(Hh + \dfrac{h^2}{2}\right) \\ \text{oder unter Vernachlässigung von } \dfrac{h^2}{2H} \\ \omega^2 = g\left(H + \dfrac{3}{2} h\right). \end{cases}$$

Besonderes Interesse bietet die Diskussion der Gleichung (81),

149) Paris, Mém. prés. par div. sav. 19 (1865), p. 503 f. Die ersten Versuche machte bereits *G. Bidone*, Torino Memorie 30 (1825), p. 195 f.

150) Brit. Ass. Rep. 7. meeting at Liverpool 1837, London 1838, p. 417 ff.; 14. meeting at York 1844, London 1845, p. 311 ff.

151) *J. Boussinesq* giebt in § 33 der Eaux courantes den Vergleich seiner Formeln mit den Ergebnissen der Versuche.

152) Paris C. R. 71 (1870), p. 186. *B. de St.-Venant* giebt dort die Ableitung

wenn man unter Berücksichtigung der Krümmung fordert, dass der *Schwall seine Form behalte.* Indem man — wie nötig — ϖ konstant, etwa

$$\varpi = \sqrt{gH}\left(1 + \frac{h_1}{2H}\right)$$

oder angenähert

$$\varpi^2 = g(H + h_1) \tag{85}$$

setzt, geht aus (79) die Gleichung

$$\frac{\partial^2 h}{\partial s^2} = \frac{3h}{2H^3}(2h_1 - 3h)$$

hervor, die es gestattet, die Form der Oberfläche zu bestimmen. Es zeigt sich, dass die *Anschwellung symmetrisch zum Scheitelquerschnitt gestaltet ist und asymptotisch gegen den ursprünglichen Spiegel verläuft;* h_1 ist die Ordinate des Gipfels, sodass sich für die Schnelligkeit die von *Scott Russell*[153]) experimentell gefundene Formel

$$\varpi = \sqrt{g(H + h_1)}$$

ergiebt. *J. Boussinesq,* der zuerst diese Ableitung gegeben hat[154]), knüpft an seine Formeln weitergehende Untersuchungen über Bahnkurven der Teilchen, Stabilität u. s. w. dieser sogenannten „*Einzelwelle*" an[155]).

Die Einzelwelle bildet nicht nur die Dauerform des Schwalles bei wagerechter Sohle, sondern wird sogar bei geschlossenem Bett vom Bettende unverändert zurückgeworfen, wie *Scott Russell*[156]) bemerkte. Dieser Umstand ist insofern von besonderer Bedeutung, als er gestattet, Beobachtungen an Versuchströgen von mässiger Länge vorzunehmen.

6d. Fortpflanzung langer Anschwellungen: Staukurve bei bewegter Wand und „Dammbruchkurve". „Lange" Anschwellungen bieten insofern besonderes Interesse, als wichtige Fälle der Praxis (Fortpflanzung der Ebbe und Flut in den Strommündungen, der Hochwässer, in vielen Flussläufen), zu ihnen gehören und als sie in der Theorie wegen der zu vernachlässigenden Krümmung, Oberflächenneigung und Reibung eine eingehende Behandlung zulassen.

---

für ein Flussbett von beliebigem Querschnitt F und beliebiger Breite l. Die Formel (84) wird dadurch

$$\varpi = \sqrt{g\left(\frac{F}{l} + \frac{3h}{2}\right)}.$$

153) Brit. Ass. Rep. 7 (1837), London 1838, p. 424; 14 (1844), London 1845. Vgl. auch *C. Herschel,* Amer. Soc. Civ. Eng. Trans. 4 (1875), p. 194 und *A. E. H. Love,* IV 16, Nr. 5h, p. 139. Die Ableitung der Formel rührt von *G. Green,* Cambr. Phil. Soc. Trans. 6 (1837), p. 457, her.

154) *J. Boussinesq,* J. de math. (2) 17 (1872), p. 55 f.

155) Vgl. *J. Boussinesq,* Eaux courantes, p. 380 ff. (§ 31).

156) *J. Scott Russell,* Brit. Ass. Rep. 7 (1837), London 1838, p. 342.

Ein Ansatz für *ruhendes Wasser*[157]) ergiebt sich sofort aus der Verbindung der Formel (81) für die Schnelligkeit eines Schwalles:

$$(81') \qquad \varpi = \sqrt{gH}\left(1 + \frac{3}{4}\frac{h}{H}\right)$$

mit der Beziehung

$$(76) \qquad \frac{\partial h}{\partial t} + \frac{\partial(\varpi h)}{\partial s} = 0,$$

unter Berücksichtigung der Kontinuitätsgleichung:

$$(79') \qquad U_1 = \frac{\varpi h}{H+h}.$$

Es wird

$$(86) \qquad \begin{cases} U_1 = \sqrt{gH}\left(1 - \frac{1}{4}\frac{h}{H+h}\right)\frac{h}{H} \\ \frac{\partial h}{\partial t} + \sqrt{gH}\left(1 + \frac{3}{2}\frac{h}{H}\right)\frac{\partial h}{\partial s} = 0 \end{cases}$$

oder

$$(87) \qquad s - \sqrt{gH}\left(1 + \frac{3}{2}\frac{h}{H}\right)t = f(h),$$

d. h. *die Deformation des Spiegels erfolgt so, dass sich die Erhebung h des Schwalles über den ursprünglichen Spiegel, so weit dieselbe Tiefe H vorhanden war, mit der nämlichen Schnelligheit* $\sqrt{gH}\left(1 + \frac{3}{2}\frac{h}{H}\right)$ *fortpflanzt.*

Bei *bewegtem Wasser* erleiden die Gleichungen eine leichte Änderung, indem dann

$$(78') \qquad \varpi = U + \sqrt{gH}\left(1 + \frac{3}{4}\frac{h}{H}\right)$$

zu setzen ist.

Bei Vernachlässigung höherer Potenzen von $\frac{h}{H}$ werden die beiden Gleichungen (86) und (87) mit den beiden anderen:

$$(88) \qquad U_1 = 2\sqrt{g(H+h)} - 2\sqrt{gH}$$

$$(89) \qquad s = \left(3\sqrt{g(H+h)} - 2\sqrt{gH}\right)t + f(h)$$

identisch, (88) und (89) gelten also für Ruhewasser.

A. Ritter[158]) wendet die letztere Gleichung zur Untersuchung der *Staukurve bei bewegter Wand* an. Schiebt eine beschleunigt vorrückende Wand das Wasser vor sich her, so gilt (89) für die Veränderung der Oberfläche und zwar beträgt nach (89) der Unterschied der Schnelligkeit $\frac{\partial s}{\partial t}$ von Spiegelpunkten, deren Höhen um dh verschieden sind, $3\sqrt{g}\,dh : 2\sqrt{H+h}$, sodass, wenn α_1 und α_2 die Neigung des

157) Vgl. *J. Boussinesq*, Eaux courantes, p. 411 ff. (§ 34).

158) Zeitschr. Ver. deutsch. Ing. 36 (1892), p. 948 ff. Siehe auch *M. Möller*, Zeitschr. f. Arch.- u. Ing.-Wesen (2) 1 (1896), col. 475.

Spiegels zwischen diesen Punkten zu Anfang und zu Ende der Zeit T bezeichnet, der wagerechte Abstand, der zunächst $\operatorname{cotg}\alpha_1 \cdot dh$ war, in der Zeit T in

$$\operatorname{cotg}\alpha_2 \cdot dh = \operatorname{cotg}\alpha_1 \cdot dh - \frac{3\sqrt{g}}{2\sqrt{H+h}}\,T dh$$

übergeht, also

$$(90)\qquad T = \frac{2}{3}\sqrt{\frac{H+h}{g}}\,(\operatorname{cotg}\alpha_1 - \operatorname{cotg}\alpha_2)$$

ist (vgl. Fig. 14). Die *Zeitdauer zwischen dem ersten Auftreten einer Flutwelle in der Höhe $H+h$ und ihrem Brechen*, das heisst dem Übergang von α_2 in 90^0, beträgt nach Formel (90)

$$\frac{2}{3}\sqrt{\frac{H+h}{g}}\cdot\operatorname{cotg}\alpha_1,$$

worin man, wenn das Brechen zuerst am Wellenfuss erfolgt, $h=0$ zu setzen hat[158]).

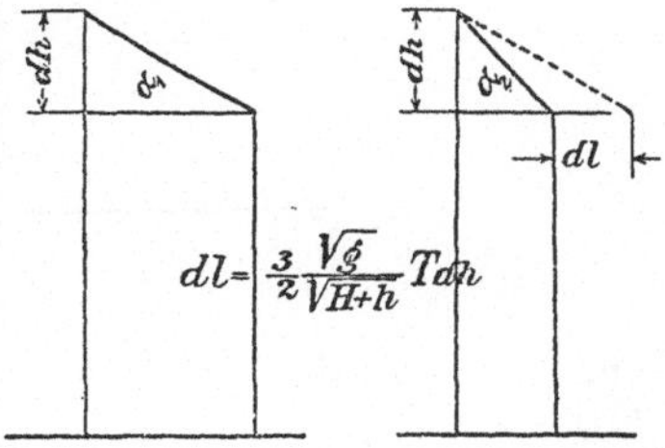

Fig. 14.

A. Ritter[159]) beweist ferner, dass wenn die ganze Welle gleichzeitig brechen soll, die Stauwand mit einer, dem Quadrate der Wassertiefe — also $(H+h)^2$ — proportionalen Beschleunigung vorrücken muss. Hört die Beschleunigung auf, so werde das Wasser über die bis dahin erreichte Tiefe H_1 noch um $\frac{2}{3}H_1$ emporsteigen und im Augenblick des Brechens die Tiefe $\frac{4}{3}H_1$ haben.

Beim *Zurückweichen* einer Stauwand[160]) gilt, wenn auch in diesem Falle die Spiegelkrümmung vernachlässigt wird, an Stelle von (88) bei Einführung einer von der ursprünglichen Wand aus zu messenden wagerechten Abszisse x für die entstehende Wassergeschwindigkeit

$$\frac{dx}{dt} = U_1 = 2\sqrt{gH} - 2\sqrt{g(H-h)}.$$

Daher beträgt, wie die Integration lehrt, bei plötzlichem Verschwinden einer Wand oder bei einem Dammbruch der wagerechte Weg des obersten Wasserteilchens, welches anfänglich am Eck von Spiegel und Wand lag, weil für dasselbe zugleich die jeweilige Tiefe unter dem ursprünglichen Spiegel

$$h = \frac{gt^2}{2}$$

sein muss,

$$(92)\qquad x = \sqrt{2}\,H\left(2\sqrt{\frac{h}{H}} - \sqrt{\frac{h}{H} - \frac{h^2}{H^2}} - \arcsin\sqrt{\frac{h}{H}}\right).$$

159) Zeitschr. Ver. deutsch. Ing. 36 (1892), p. 952.

160) *A. Ritter*, ebenda.

Zugleich bewegen sich die nicht mit den körperlichen Wasserteilchen zu verwechselnden Punkte des Wasserumrisses in negativer, wagerechter Richtung gemäss Gl. (89) mit der Schnelligkeit

$$2\sqrt{gH} - 3\sqrt{g(H-h)}.$$

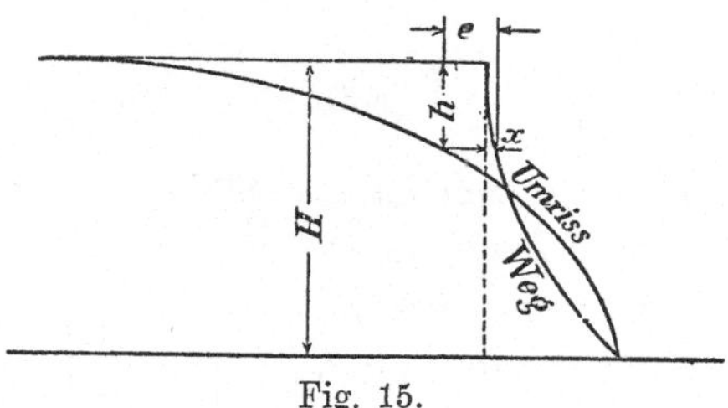

Fig. 15.

Wenn das oberste Teilchen auf die Sohle gelangt ist, also zur Zeit $\sqrt{\frac{2H}{g}}$, befindet sich daher der in der Tiefe h liegende Punkt des Umrisses oder der *„Dammbruchkurve"* in der Entfernung

$$(93) \qquad \left(2\sqrt{gH} - 3\sqrt{g(H-h)}\right)\left(\sqrt{\frac{2H}{g}} - \sqrt{\frac{2h}{g}}\right)$$

$$= H\sqrt{2}\left(2 - 3\sqrt{1-\frac{h}{H}}\right)\left(1 - \sqrt{\frac{h}{H}}\right)$$

vom gleich hohen, durch (92) bestimmten Wegpunkte, weil dieser zur Zeit $\sqrt{\frac{2h}{g}}$ einen Punkt des Umrisses bildete und in der Tiefe h lag. Nach (92) und (93) ist die Ermittelung der Dammbruchkurve möglich. Eine weitere Ausbildung der Betrachtung unter Rücksichtnahme auf die Reibung und Gestalt des Abflussbettes wäre von wesentlichem praktischen Wert.

6e. **Fortsetzung: Ebbe und Flut in Strommündungen.** Die Anwendung der Formeln (86) und (87) auf die Fortpflanzung von Ebbe und Flut in Strommündungen wird durch die Annahme

$$H + h = a\left(1 + a' \sin\frac{2\pi t}{T}\right) \quad \text{für } s = 0$$

vermittelt. Es ergiebt sich leicht

$$s = \sqrt{gH}\left(1 + \frac{3h}{2H}\right)\left(t - \frac{T}{2\pi}\arcsin\frac{H+h-a}{aa'}\right),$$

wozu dann noch zur Bestimmung der Geschwindigkeit

$$U_1 = \sqrt{gH}\left(1 - \frac{h}{4H}\right)\frac{h}{H}$$

tritt[161]).

161) Vgl. *J. Boussinesq*, Eaux courantes, p. 414. Ähnliche Aufgaben sind

Dadurch, dass man bei dieser Behandlungsweise die Reibung vernachlässigt, die Stromsohle wagerecht voraussetzt und eine nicht ganz zutreffende Annahme über die Schwankungen des Meeresspiegels macht, wird für praktische Fälle die Brauchbarkeit der Formeln derart beeinträchtigt, dass man sich meist mit Näherungsverfahren behelfen muss[162]).

So benutzte *L. Franzius*[163]), um an der Weser die Flutkurven, d. h. also die Kurven, welche den Zusammenhang zwischen der Zeit und der Höhe des Wasserspiegels angeben, für das geplante Strombett zu ermitteln, die einfache Formel $\varpi = \sqrt{g(H + h_1)}$. Indem er die Flutkurve an der äussersten Mündung kannte, zerlegte er sie der Zeit nach in Teile, berechnete für jeden Teil die Fortschrittsschnelligkeit ϖ und hieraus die Fortschrittsdauer bis zu einem benachbarten Flusspunkte und erhielt durch graphisches Auftragen die Flutkurve der letzteren Stelle. So wurde schrittweise fortgefahren. Doch gab dies nur die Flutkurven der Flutzeit, während deren Ebbehälften nur nach Analogie der alten Kurven des bestehenden Stromes entworfen werden konnten.

Im übrigen ergiebt sich für die Flutströmung folgendes:

Da während der Ebbe die Flutmassen wieder abfliessen müssen, liegt im oberen Teil von Mündungsstrecken nicht nur das Hoch-, sondern auch das Niedrigwasser bei Springflut höher als bei tauber Flut[164]), während am Meere das Niedrigwasser bei Springflut besonders tief sinkt. Die Spiegellinie schliesst sich bei Niedrigwasser der Flusssohle enger als bei Hochwasser an und die Mitte zwischen Hoch- und Niedrigwasser liegt bei Springflut höher als bei tauber[165]).

---

behandelt von *M. Lévy,* Leçons sur la théorie des marées 1, Paris 1898. Derselbe findet und löst unter anderem (p. 186) die Differentialgleichung für die Wasserbewegung in einem wagerechten Kanal, der einen See mit ruhigem Spiegel mit einem flutenden Meer verbindet, wobei er annimmt, dass die Reibung der ersten Potenz der Geschwindigkeit proportional sei. Andere Berechnungen *M. Lévy*'s gehören, weil bei ihnen die Flutgesetze stärker in den Vordergrund treten, noch mehr in das geophysikalische Gebiet, worüber das Referat in VI 1 über Ebbe und Flut zu vergleichen ist.

162) Als ein allgemein über Strommündungen orientierendes Buch sei hier *W. H. Wheeler*, Tidal rivers, London 1893, genannt.

163) *L. Franzius,* Projekt zur Korrektion der Unterweser, Leipzig 1882 und Handbuch der Ingenieurwissenschaften, der Wasserbau, 3. Aufl., 3. Abt., Leipzig 1900, p. 261.

164) *M. Comoy,* Étude pratique sur les marées fluviales et le mascaret, Paris 1881, p. 122; p. 282, 290 u. s. w.

165) *David Stevenson,* The principles and practice of canal and river engineering, 3. ed., Edinburgh 1886, p. 95.

Die absolute Scheitelhöhe der Flutwelle nimmt im allgemeinen von der Mündung bis zur Flutgrenze ein wenig zu, kann aber auch abnehmen[166]).

Das *Kentern*[167]) *der Ebbe- bezw. Flutströmung* erfolgt später als die Erreichung des tiefsten bezw. höchsten Wasserstandes und die Zeit zwischen dem Höchststande und der Flutumkehr nimmt stromaufwärts ab. Beträgt die Schnelligkeit der Flutwelle ω, die mittlere Flutströmungsgeschwindigkeit u und die Zeitdauer der Flut T, also die Länge des Wellenberges $T\omega$, so wandert das Wasser nach *M. Comoy*[168]) stromauf, während eine Wellenstrecke $T\omega$ über dasselbe hinwegzieht, also, da der Geschwindigkeitsunterschied $\omega - u$ beträgt, nur während der Zeit $T\omega : (\omega - u)$. Hierbei legt es einen Weg

$$\frac{T\omega u}{\omega - u}$$

zurück. Diese Formel setzt Parallelismus der Schichten und eine scharfe Grenze zwischen Süss- und Seewasser voraus. Thatsächlich findet aber eine Vermischung[169]) statt, wodurch das Süsswasser rascher stromab und dafür Seewasser stromauf befördert wird. Die bezüglichen Vorgänge verdienen nähere Erforschung.

Bei trichterförmigem Flussschlauch und ansteigender Sohle wächst die Wellenhöhe nach *Scott Russell*[170]) nahezu wie der reziproke Wert der Wurzel aus der Breite. Da kann es geschehen, dass der Scheitel den Fuss überholt und die Welle überfällt und eine *Sprungwelle* (*Stürmer, mascaret, bore*) bildet. Ems, Seine[171]), Garonne[171]), Severn[171]) und andere Flüsse, besonders der Tsientangkiang[172]) zeigen diese Erscheinung. Aber auch das Entgegengesetzte, nämlich Flutströmung oder Stillstand in der Tiefe bei Ebbeströmung an der

166) *G. v. Boguslawski* und *O. Krümmel,* Handbuch der Oceanographie 2, Stuttgart 1887, p. 266; auf Grund der Daten *Comoy*'s.

167) Ebenda 2, p. 270 auf Grund von Daten von *Comoy* und *L. Franzius.*

168) a. a. O., p. 171.

169) *W. C. Unwin,* The Engineer 55 (1883), p. 66; *R. W. P. Birch,* Minutes of Proceedings of the Instit. of Civ. Eng. 78 (1884), p. 212; *B. Latham,* ebenda p. 222.

170) British Association Report, 7. meeting held at Liverpool 1837, London 1838, p. 425. Siehe auch oben *A. Ritter*'s Gl. (90).

171) *H. L. Partiot,* Ann. des ponts et chaussées (4) 1 (1861), p. 17; *M. Comoy,* Étude pratique sur les marées fluviales, Paris 1881, p. 180, 293, 300, 319, 349; Geographical Journal 19 (1902), p. 52.

172) *W. U. More,* Report on the Bore of the Tsien-Tang-Kiang, London 1888; ders., Further Report, London 1893, auch Annalen der Hydrogr. u. maritim. Meteorologie 24 (1896), p. 466.

Oberfläche, ist schon z. B. von *Robert Stevenson*[173]), *P. Caland*[174]) und *W. R. Browne*[175]) beobachtet worden.

Bei einer mit ω fortschreitenden Sturzwelle (Fig. 16) ist nach *M. Möller*[176]) die Geschwindigkeit u_3 des Flutstromes von der u_2 des überschäumenden Wassers unabhängig und gilt für die relativen Geschwindigkeiten für die ruhend gedachte Sprungwelle wegen der Gleichheit der ankommenden und abfliessenden Menge

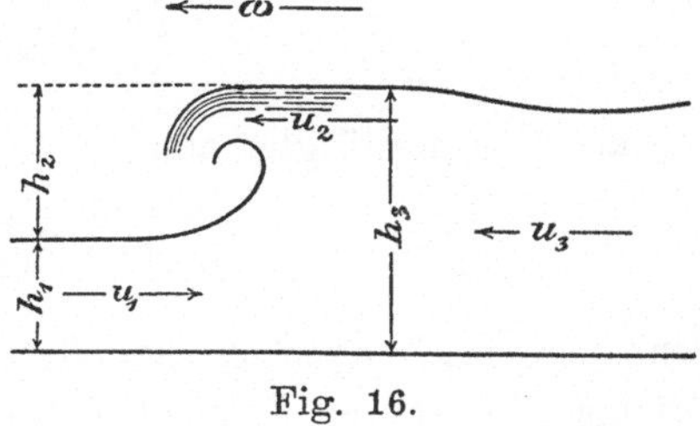

Fig. 16.

$$(u_1 + \omega) h_1 = (\omega - u_3) h_3$$

oder

$$\omega = u_3 + (u_1 + u_3) \frac{h_1}{h_2}. \tag{94}$$

Bei *H. Bazin*'s Versuchen[177]) brachen sich die Flutwellen, wenn h_2 nahezu h_1 erreichte.

6f. Hochwasserverlauf. Bei Anschwellungen, wie sie Hochwässer hervorrufen, wandert in Flussstrecken, die durchaus denselben Querschnitt besitzen, der Schwall unter fortgesetzter Verlängerung und Verflachung stromab. Seine Umwandlung geschieht hierbei recht langsam[178]), weswegen es hier nicht wie bei den Entwickelungen in Nr. **6**c bis **6**e gestattet wäre, die Reibung zu vernachlässigen, während andererseits bei der sehr bedeutenden Länge eines solchen Schwalles in erster Annäherung das Spiegelgefälle als mit dem Sohlengefälle übereinstimmend, also für die Stromgeschwindigkeit das Gesetz der gleichförmigen Bewegung als giltig angesehen werden darf[179]).

Eine erste Beziehung zwischen der *Fortschrittschnelligkeit der An-*

---

173) *David Stevenson,* The principles and practice of canal and river engineering, 3. ed., 1886, p. 133, 148.

174) Allgemeine Bauzeitung 29 (1864), p. 108.

175) Min. Proceed. Inst. Civ. Engineers 66 (1881), p. 20.

176) Zeitschr. f. Architektur u. Ing.-Wesen (2) 2 (1897), p. 204.

177) Paris, Mém. prés. par div. savants 19 (1865), p. 622.

178) Vgl. *G. Tolkmitt,* Grundlagen der Wasserbaukunst, Berlin 1898, p. 129 f.

179) Vgl. *J. Boussinesq,* Eaux courantes, p. 470, wo er diese Bewegung als „quasi permanent" bezeichnet Das ist auch bei den Problemen der Fall, welche der Hochwasserverlauf in städtischen Sielnetzen bietet. Einschlägige Untersuchungen stellte *G. Fantoli,* Le acque di piena nella rete delle fognature di Milano, Milano 1904, p. 99 f. an.

schwellungen und der Fliessgeschwindigkeit für rechteckige Kanäle ergiebt sich aus der p. 371 unter β) benutzten Beziehung

$$\frac{\partial h}{\partial t} + \omega \frac{\partial h}{\partial s} = 0$$

und der Kontinuitätgleichung

$$\frac{\partial h}{\partial t} + \frac{\partial (H+h) U}{\partial s} = 0,$$

wenn man die Wassergeschwindigkeit U nach dem Gesetz der gleichförmigen Bewegung $U = c\sqrt{J(H+h)}$ nimmt. Es folgt dann einfach

(95) $$\omega = \tfrac{3}{2} U.$$

Für parabolischen Querschnitt, wie ihn natürliche Flüsse mehr oder weniger aufweisen, ergiebt sich analog

(96) $$\omega = \tfrac{3}{4} U,$$

wonach also *Anschwellungen* in nicht ausufernden Flüssen *mit einer Schnelligkeit vorwärtsschreiten, welche die Fliessgeschwindigkeit um ungefähr* $^1/_3$ *übertrifft.*

Im „Stromstrich", wo die Geschwindigkeit am grössten ist, eilt die Anschwellung vor und bewirkt bei steigendem Wasser eine — schon von *D. Guglielmini*[180]) beobachtete — Wölbung des Spiegels. Dass die gegenteilige Erscheinung der Einsenkung seltener bemerkt wird, dürfte damit zusammenhängen, dass Hochwässer nur langsam sinken.

Bei kleinen Einzugsgebieten, also längerer Regen- als Abflussdauer, kann es geschehen, dass der Wasserstand durch längere Zeit unverändert bleibt; im allgemeinen bildet der Spiegel aber eine langgezogene und durch die Unregelmässigkeiten des Flussbettes gestörte Welle, die am Kopfende, dem Fussende und einem Zwischenpunkte, dem Scheitel, das ursprüngliche Gefälle aufweist. Meist ist die Tiefe am Scheitel grösser als an den beiden Enden, so dass er, weil die Fliessgeschwindigkeit mit der Tiefe wächst, rascher als die Enden fortschreitet. Dieser Vorgang im Flusse selbst bewirkt, im Verein mit ähnlichen an den Zuläufen, dass der Wasserstand bei Hochwässern — wie erwähnt — rascher wächst als abnimmt.

Über die Beziehung des *Maximums der Ergiebigkeit, Tiefe und Geschwindigkeit an einer Flussstelle* erhellt aus den beiden Gleichungen

---

180) Bezüglich Litteratur und Daten sei auf *G. Crugnola*, Correlazione fra l'alveo di un fiume e l'acqua che vi corre, Milano 1899, p. 22, auch deutsch Zeitschr. f. Gewässerkunde 4 (1902), p. 289 verwiesen.

$$(97)\qquad \begin{cases} \dfrac{dQ}{dt} = \dfrac{\partial Q}{\partial s}\omega + \dfrac{\partial Q}{\partial t} \\ \text{und} \\ \dfrac{\partial Q}{\partial s} + \dfrac{\partial F}{\partial t} = 0, \end{cases}$$

dass dem Maximum des Durchflusses Q das Maximum des Wasserstandes und diesem der Vorübergang des Scheitels folgt. In der Tat erreicht, während der Schwall über einen Flusspunkt hinwegzieht, offenbar zuerst das Gefälle sein Maximum, dann, weil sich die Geschwindigkeit mit der Tiefe vergrössert, die Geschwindigkeit, danach, weil die Durchflussmenge sowohl mit ersterer als auch mit letzterer wächst, der Durchfluss[181]) (Fig. 17). Bei ursprünglich gleichmässigem Flussgefälle sinkt der Scheitel, also der Spiegelpunkt, dessen Tangente dieses Gefälle annimmt, beständig tiefer. Das Wasser erreicht daher, schon bevor der Scheitel über den betreffenden Flusspunkt hinweggegangen ist, seinen höchsten Stand. Die Tiefe ist daselbst in diesem Augenblicke unveränderlich, das Gefälle bereits im Abnehmen begriffen, also auch die Wassermenge in Abnahme. Im Augenblicke, in dem die Strömung stationär, also $\frac{dQ}{dt} = 0$ ist, werden $\frac{\partial Q}{\partial t}$, sowie $\frac{\partial F}{\partial t}$ unendlich klein und gilt daher für ω die Beziehung

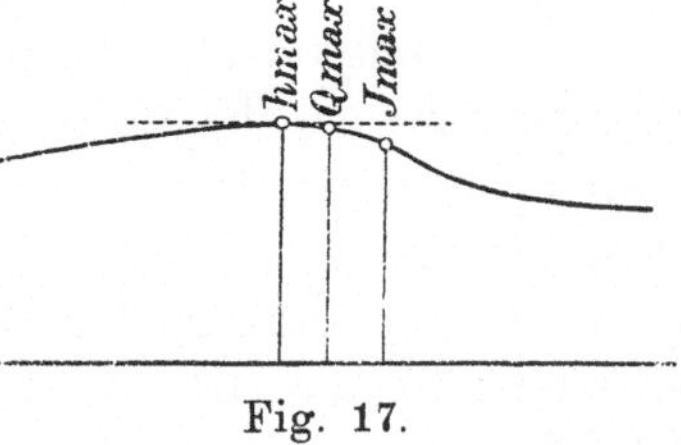

Fig. 17.

$$(98)\qquad \omega = \frac{\partial^2 Q}{\partial t^2} : \frac{\partial^2 F}{\partial t^2}.\text{[182])}$$

Das Vorstehende bezieht sich auf keine bestimmte Form des Schwalles. Für manche wichtigen Fragen ist es aber zweckmässig, über die *Form der Anschwellung* bestimmtere Annahmen zu machen. Dabei ist zu beachten, dass die praktischen Aufgaben sich vornehmlich auf die Vorgänge beim höchsten Wasserstande beziehen und es auf die Ausläufe des Schwalles selten ankommt.

Unter der Voraussetzung, dass die Kurve, welche für die Zeit als Abszisse den Durchfluss für einen passend gewählten Punkt des Flusslaufes als Ordinate angiebt, eine Parabel sei, behandelt *P. Klunzinger*[183]) unter anderem die Änderung der sekundlichen Hochwasser-

---

181) Vgl. z. B. *A. Flamant*, Hydraulique, p. 385 und *U. Masoni*, Idraulica, p. 617f.

182) Diese Beziehung wurde zuerst von *Kleitz*, Ann. d. ponts et chaussées (5) 14 (1877), p. 156, 196 gegeben. Vgl. auch *J. Boussinesq*, Eaux courantes, p. 483.

183) Zeitschr. d. österr. Ing.- u. Arch.-Ver. 38 (1886), p. 10 und 48 (1896),

menge beim *Durchfliessen von Seen*, sowie bei einem durch einen Aufstau bewirkten seitlichen Austritt *im Überschwemmungsgebiete.* In beiden Fällen zerlegt sich die herabkommende Menge derart in die zurückgehaltene der „Retention" und in eine weiterfliessende, dass beim höchsten Wasserstande, also dem Maximum des Zuflusses, die sekundliche Retention Null ist. Hierbei wird die Kulmination des Hochwassers unterhalb des Sees oder der Staustelle verringert und verzögert. Umflutungen, deren Durchströmung mehr Zeit erfordert als die des Hauptarmes, bewirken das Nämliche und zwar ist die Ermässigung des Hochwassers am grössten, die Verzögerung am kleinsten, wenn beide Wege gleiche Wassermenge führen. Infolge der Überschwemmungen und Umflutungen schreiten Flutanschwellungen [trotz Gl. (95) und (96)] meist langsamer fort als das Wasser fliesst. So nimmt[184]) am Rhein nach dortigen Beobachtungen, wenn die Nebenflüsse keine Hochwässer führen, die Stundenzahl t zwischen dem Eintritt einer in Zentimetern gemessenen Pegelhöhe h in Waldshut und dem der entsprechenden Schwallhöhe in S Kilometer Entfernung stromab nach folgender Gleichung ab, wenn h zunimmt:

$$t = 146\,[1 - 0{,}0028\,(550 - h) + 0{,}000003\,(550 - h^2)]\left(1 + \frac{1}{e^x}\right),$$

worin

$$x = 0{,}00001173\,S^2.$$

Wo grössere Genauigkeit erforderlich ist, kann der Verlauf der Hochwässer, wie sie in den natürlichen unregelmässigen Betten auftreten, nur noch schrittweise auf Grund der Gesetze der *stationären* Bewegung verfolgt werden.

Ist die Zuflussmenge $f_1(t)$ als Funktion der Zeit t, die Abflussmenge $\varphi(h)$ als Funktion der Höhe des Seespiegels (über einem willkürlichen Pegelnullpunkt), sowie die unveränderliche Seefläche F gegeben, und ist die Abflussmenge als Funktion $f_2(t)$ zu suchen, so werden nach *Harlacher* sowohl die t als auch die h als Abszissen und die Wassermengen $f_1(t)$, $f_2(t)$ und $\varphi(h)$ als Ordinaten aufgetragen. Die Differenz des Zu- und Abflusses im Zeitintervall Δt wird dann durch ein von den beiden Kurven $f_1(t)$ und $f_2(t)$ und zwei Ordinaten

---

p. 33, 49 u. f. Eine wichtige Frage, für die bisher eine geeignete Theorie fehlt, ist die, wie sich Hochwässer bei Eindämmungen ändern; vgl. diesbez. etwa: Beiträge zur Hydrographie Österreichs 6. Heft (Studie über den Einfluss der Eindämmung des Marchfeldes auf die Stromverhältnisse der Donau), Wien 1903.

184) *M. v. Tein* in Ergebnisse der Untersuchungen der Hochwasserverhältnisse im Deutschen Rheingebiete v. Centralbureau f. Meteorol. u. Hydrogr. in Baden 3, Berlin 1897, p. 43.

gebildetes Viereck $A_1 B_1 A_2 B_2$ (Fig. 18) angegeben. Zieht man von den Punkten A_2 und B_2 der $f_2(t)$-Kurve Parallele zur Abszissenaxe bis zur $\varphi(h)$-Kurve, so bedeutet das Produkt $F \cdot \Delta h$ die vom See im Zeitintervall Δt aufgespeicherte Menge, wenn Δh die Differenz der h der beiden Schnittpunkte bezeichnet. Man könnte daher, wenn A_1, B_1 und A_2 gegeben sind, B_2 durch Probieren (oder die regula falsi) finden und so fortschreitend die Aufgabe graphisch lösen. *A. R. Harlacher* ermittelte aber ein vereinfachendes Verfahren[185]) zum Aufsuchen von B_2. Derselbe löste[186]) auch eine Reihe verwandter Aufgaben.

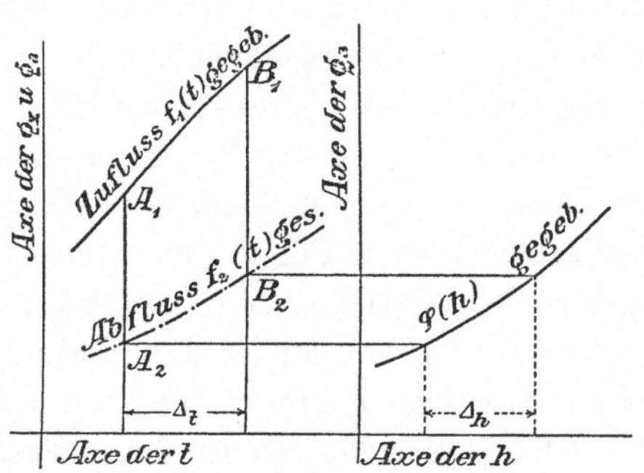

Fig. 18.

Ein abweichender Vorgang, welcher wesentlich darauf beruht, dass die Zeit als Abszisse und das nach der Zeit genommene Integral der Retention bezw. des Zu- und des Ablaufes als Ordinate aufgetragen wird, schlägt *P. Kresnik*[187]) ein. Sein Verfahren, sowie ein anderes von *O. Eckdahl*[188]), gilt auch für den verwickelteren Fall, dass sich F mit der Spiegelhöhe h ändert.

Den Fall, dass sich mehrere Seen aneinanderschliessen, untersuchte *J. A. Seddon*[189]) mit Hinblick auf die grossen Seen des St. Lorenz-Stromes.

6g. Hochwasservorhersage. Von der Benutzung der Bewegungsgleichungen des Wassers wird, schon weil sie viel zu zeitraubend wäre, vollkommen Umgang genommen, wenn zu Zwecken der Schifffahrt und der Warnung der Uferbewohner der Verlauf auftretender Hochwässer *vorhergesagt* wird, sodass es sich hier um geschickte Benutzung empirischer Daten handelt.

Diese Aufgabe löste zuerst *Belgrand* (1854), indem er fand, dass

185) Mitgeteilt von *Ign. Pollak* in Zeitschr. d. österr. Ingen.- und Archit.-Vereins 47 (1895), p. 593 u. f.

186) Ebenda.

187) Österreich. Monatsschr. für den öffentl. Baudienst 3 (1897), p. 26. Das Verfahren klingt an das „Massennivellement" des Erdbaues an.

188) *M. Strukel,* Der Wasserbau 1 (1897), p. 23; derselbe zitiert *O. Eckdahl,* Om beräknigsmetoderna vid uppgörande af förslag till sjösänkningar och regleringar, Lund 1888.

189) Amer. Soc. of Civ. Eng. Trans. 24 (1889), p. 566.

der Anstieg (montée) der Seine in Paris über dem, der jeweilig vor Beginn der Schwellung herrschte, doppelt so gross wie das Mittel aus dem Anwachsen von acht die Seine bildenden Zuflüssen sei, wenn jeder dieser acht Einzelanstiege an einem bestimmten Punkte des betreffenden Flusses gemessen wird[190]). Später in Gebrauch gekommen, aber heute verbreiteter[191]) ist es, den Wasserstand selbst, nämlich die Höhe des Spiegels über dem Nullpunkt eines an der betreffenden Stelle befindlichen Pegels (crue totale) als Funktion der Wasserstände darzustellen, welche zu verschiedenen Zeitpunkten (z. B. 48 und 72 Stunden vorher) an einem stromauf befindlichen Punkte herrschten. Wenn zwischen letzterem und der Stelle, für die vorherzusagen ist, Nebenflüsse münden, so ist jener Wasserstand ausserdem auch Funktion der Wasserstände, die an je einem Punkte der Nebenflüsse auftraten. Die Funktionen werden auf Grund mehrjähriger Beobachtungen bestimmt und können durch Gleichungen, Tabellen oder graphisch festgelegt werden. Bei ihrer Ermittelung kann es sich empfehlen, nach dem Beispiele *A. R. Harlacher*'s und *H. Richter*'s[192]), von dem Umstande Gebrauch zu machen, dass aus den Wasserständen der oberen Pegel die dortigen Durchflussmengen hervorgehen und sich aus der Summe letzterer der Durchfluss am unteren Pegel und hiermit sein Wasserstand ergiebt.

In Flussstrecken, die der Quelle nahe liegen, ist infolge seiner Abhängigkeit von der Regenverteilung der Fortschritt der Hochwässer ein unregelmässiger und wäre es auch bei regelmässigem Fortschritt nicht möglich, auf die zu erwartenden Wasserstände aus den Angaben noch höher gelegener Pegel für praktische Zwecke genügend lange vorauszuschliessen. Hier muss daher eine Vorhersage unmittelbar auf Grund der Messungen der Regenhöhen geschehen[193]),

---

190) *G. Lemoine* und *A. de Préaudeau*, Annales des ponts et chaussées (6) 6 (1883), p. 334. *E. Allard* wies ebenda (6) 17 (1889), p. 629 nach, dass das nachfolgend beschriebene Verfahren auch im Seinegebiet brauchbar wäre.

191) *Jollois*, ebenda (6) 1 (1881), p. 273 (obere *Loire*); *Voisin*, ebenda (6) 15 (1888), p. 480 (*Liane*); *Mazoyer*, ebenda (6) 20 (1890), p. 441 (mittlere *Loire*); *Imbeaux*, ebenda (7) 3 (1892), p. 159 (*Durance*); *Breuillé*, ebenda (7) 12 (1896), p. 128 (*Yonne, Serein, Armançon*); *A. R. Harlacher* und *H. Richter*, Zeitschr. f. Bauwesen 37 (1887), p. 599; *Richter*, ebenda 44 (1894), p. 85 (*Elbe*); Ergebnisse d. Untersuchungen d. Hochwasserverhältnisse im Deutschen Rheingebiet v. Centralbureau f. Meteor. u. Hydrol. in Baden 3 (1897). *E. Heubach* schlägt i. d. Deutschen Bauzeitung 31 (1897), p. 370 ein neues Verfahren vor.

192) a. a. O. — Allgemeinere Betrachtungen über den Zusammenhang der Wasserstände; *W. Kleiber*, Zeitschr. f. Gewässerkunde 1 (1898), p. 10, 129.

193) *Voisin*, Annales des ponts et chaussées (6) 15 (1888), p. 484; *Imbeaux*,

wobei zu bedenken ist, dass der Boden beträchtliche Mengen als Grundwasser zurückzuhalten vermag, man also unter Umständen seiner Aufnahmefähigkeit, die sich z. B. im Wasserstande vor dem Regen zu erkennen geben kann, Rechnung zu tragen hat.

III. Das Strömen von Wasser in Röhren und Wasserläufen bei unstetiger Wandung.

7. Rasche Querschnitts- und Richtungsänderungen bei Röhren und Gerinnen.

7a. Sohlenstufen und seitliche Erweiterungen bezw. Verengungen des Bettes. Eine Stufe oder ein Gefällsbruch der Sohle macht sich in der Oberfläche als *Wassersprung* (Wasserschwelle) bemerkbar. Ist in einem Gerinne (vgl. Fig. 19) die Höhe y der Stufe, die Zulauf- und die Ablaufgeschwindigkeit U_1 und U_2, sowie die ursprüngliche Tiefe H bekannt, so ist durch Anwendung des Impulssatzes auf zwei Querschnitte, die den Wassersprung einschliessen, dessen Höhe h leicht zu finden. Dabei sieht man von Reibungsvorgängen und irgend welchen störenden Einflüssen ab, da der Sprung sich auf einer so kleinen Stelle abspielt, dass die Reibung keine wesentliche Änderung des Vorganges bewirken kann. In der Tat ergiebt sich sofort — wenn man allerdings noch annimmt, dass der Gegendruck der Stufe so gross sei, wie daselbst der Wasserdruck unter dem durch den Sprung erhöhten Spiegel wäre —

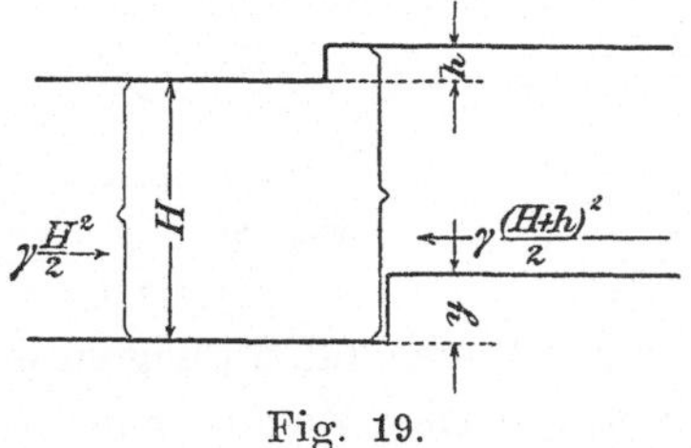

Fig. 19.

$$\frac{H^2}{2} - \frac{(H+h)^2}{2} = \frac{H U_1}{g}(U_2 - U_1)$$

oder

$$(99) \qquad 2Hh + h^2 = 4H\frac{U_1^2}{2g} \cdot \frac{h-y}{H+h-y} \text{ [194]}.$$

---

ebenda (7) 3 (1892), p. 176; *G. Lemoine,* ebenda (7) 12 (1896), p. 523 (*Ardèche, Gard, Gardons, Hérault, Orb*).

194) *W. Wien,* Lehrbuch d. Hydrodynamik, p. 202 f. behandelt den Wassersprung im Anschluss an die Untersuchung des Einflusses von Unregelmässigkeiten eines Strombetts auf die Gestalt der Oberfläche (vgl. auch oben **5** d, p. 357). Er setzt die Ordinate des Bodens $f(x) = A \operatorname{arctg} \varepsilon x$, so dass dieser für $\varepsilon = \infty$ und $x = 0$ einen Sprung von der Höhe $A\pi$ bildet und bestimmt den zugehörigen Spiegel für reibungslose Flüssigkeit. Die Spiegeläste liegen lotrecht

A. Ritter[195]) untersucht auf Grund dieser Formel, in der er

(100) $$H:\frac{U_1^2}{2g}=\alpha,\quad h:\frac{U_1^2}{2g}=\xi,\quad y:\frac{U_1^2}{2g}=\eta$$

setzt, so dass für

$$f=1-\tfrac{3}{4}\xi+\eta\left(\frac{1}{2}-\frac{1}{\xi}\right)$$

$$\alpha=f\pm\sqrt{f^2-\frac{\xi(\xi-\eta)}{2}}$$

wird, die Vorgänge des Wassersprunges im Einzelnen. Im allgemeinen giebt es einen Werth von ξ und η und zwei von α (für $\xi=0{,}6$ und $\eta=0{,}1$ wird $\alpha=0{,}63$ bezw. 0,24). Ist das Sohlengefälle des Ablaufgerinnes nun zu gering oder zu gross, um die Wassermenge U_1H bei der Tiefe $H-y+h$ wegzuführen, so findet eine Ortsverlegung des Wassersprunges, welcher seine Höhe y beibehält, stromauf oder stromab statt (vgl. Fig. 20 und 21). Der Wasserspiegel verfolgt

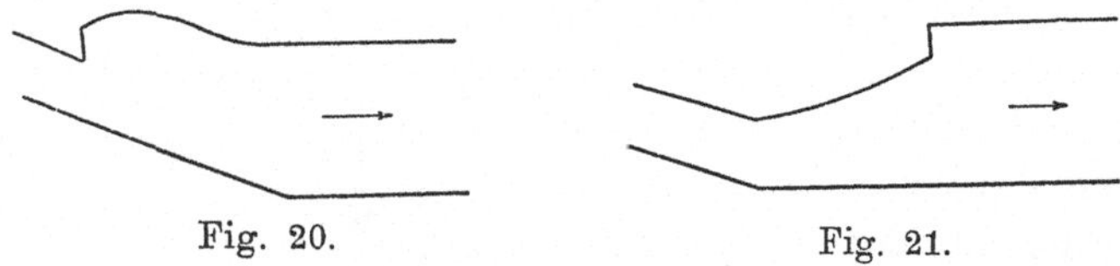

Fig. 20. Fig. 21.

zwischen Stufe und Sprung in diesem Falle eine Staukurve und bildet mit dem ebenen Zulauf- oder Ablaufspiegel eine Ecke. Der Vorgang ist ganz ähnlich, wenn statt einer Stufe ein Gefällsbruch in der Sohle oder beides vorhanden ist.

Übrigens wird die Gleichung (99) durch Nullsetzen von y nahezu zu

(101) $$2(H+h)^2=(2H+h)\frac{U_1^2}{g},$$

mittels welchen Ausdrucks *J. B. Belanger*[196]) auf Grund des Impuls-

über der Stufe auf entgegengesetzter Seite einer Wagerechten, der sie sich mit zunehmender Entfernung von der Stufe asymptotisch oder in Wellen nähern. Je nachdem $U_1 \gtrless \sqrt{gH}$ ist, springt über der Stufe der Spiegel aufwärts oder abwärts. In grösserer Entfernung vom Wassersprung ist bei dieser Lösung der ablaufende Strom um die Stufenhöhe seichter als der heranfliessende. *M. Möller*, Zeitschr. d. Arch.- u. Ing.-Ver. zu Hannover 40 (1894), col. 599 giebt eine Ableitung für die Höhe des Wassersprunges, indem er einfach von dem *Bernoulli*'schen Theorem ausgeht. Auch er vernachlässigt damit den an der Sprungstelle auftretenden Druckverlust, der unter Umständen einen beträchtlichen Teil der ursprünglich vorhandenen Geschwindigkeitshöhe aufzehren kann.

195) Zeitschr. d. Ver. deutsch. Ing. 39 (1895), p. 1349.

196) *J. B. Belanger*, Essai sur la solution numérique de quelques problèmes relatifs au mouvement permanent des eaux courantes, Paris 1828, p. 35.

satzes den von *G. Bidone*[197]) zwischen zwei Ästen einer Staukurve beobachteten Wassersprung erklärt hat[198]).

Auch kann man Ausdrücke erhalten, die für einen stehenden Wassersprung gelten, wenn man in den Gleichungen[199]) für die Schnelligkeit des Wellenfortschrittes der Wassermasse eine Gegenbewegung von der absoluten Grösse der Wellenschnelligkeit erteilt.

Seitliche Einengungen oder *Erweiterungen* wirken ähnlich wie Hebungen oder Senkungen der Sohle. Einige Versuche nahmen *P.* und *L. L. Vauthier*[200]) mit einem offenen Gerinne vor, dessen lotrechte Seitenwände eine Strecke lang erst auseinander- und dann wieder zusammenliefen. Je nachdem sie das Einlaufschütz allmählich oder plötzlich zogen, zeigte der Wasserspiegel auf der erweiterten Strecke eine starke Hebung oder Senkung. Die Verfasser bemerken hierzu, dass beide Abflussweisen der üblichen Theorie (Gl. 29) der ungleichförmigen Bewegung ziemlich gut entsprachen.

Zu den verwandten Aufgaben gehört die Berechnung des Staues, den *Brückenpfeiler* in Flüssen hervorrufen. Die Schwierigkeit letzterer Aufgabe besteht darin, dass man zwar nach dem *Bernoulli*'schen Theorem oder auch nach einer in Nr. 9c gegebenen Gleichung aus der Theorie der „Überfälle" den Abfall des Wasserspiegels[201]) — mit welchem die Stauhöhe häufig verwechselt wird[202]) — beim Eintritt zwischen die Pfeiler annähernd angeben kann, nicht aber die Wiedererhebung beim Austritt. *T. Montanari* betrachtet daher den Widerstand eines Pfeilers wie den eines Schiffes und setzt den Höhenunterschied der Spiegel oberhalb und unterhalb der Pfeiler bei stumpfen

197) *G. Bidone,* Torino Mem. 25 (1820), p. 21 ff.

198) Etwas genauer giebt *J. Boussinesq,* Eaux courantes, p. 131, auf Grund des Satzes von der Bewegungsgrösse für den Zusammenhang zwischen den Flächen F_1 und F_2 gleicher Breite l vor und nach dem Wassersprung bei einem Durchfluss Q die Beziehung

$$\frac{F_1 + F_2}{2} F_1 F_2 = \frac{\alpha' Q^2 l}{g\sqrt{1 - i^2}},$$

die für sehr breiten rechteckigen Kanal mit $\alpha' = 1$ und genügend kleinem i in

$$(2H + h)(H + h) = 2H \frac{U_1^2}{g}$$

übergeht. Übrigens bietet der Wassersprung keine scharf messbare Stufe in der Oberfläche.

199) Vgl. oben IV 20, Nr. 6c, p. 373 f.

200) Annales des ponts et chaussées (2) 15 (1848), p. 129.

201) Verwiesen sei auf: *Chr. Havestadt* im Handbuch der Ingenieurwissenschaften, Wasserbau, I. Abt., 1. Hälfte, 3. Aufl. 1892, p. 328.

202) Das betont *J. Dupuit,* Études, p. 134.

Pfeilern $= \frac{f}{F} \cdot \frac{U^2}{2g} \cdot \mu$, wobei f den eingetauchten Pfeilerquerschnitt, F den Flussquerschnitt, U die mittlere Geschwindigkeit im Flusse und[203]) μ einen von $f:F$ abhängigen Faktor (z. B. 1,22 bezw. 2,91 für $f:F = 0{,}1$ bezw. 0,5) bedeutet. Bei zugeschärften Pfeilerköpfen tritt ein echter Bruch als Faktor hinzu[204]). An der Tiber erhobene Daten sprechen für die Anwendbarkeit der Formeln[205]).

Mit dem Durchflusswiderstande von Durchlässen und Dükern befassten sich *T. Montanari*[206]), sowie *P. Pasini* und *U. Gioppi*[207]).

7b. **Rohrerweiterungen und -verengungen.** Bei Röhren bilden *plötzliche Verengungen* das Analogon zu den Sohlenstufen in Flüssen. Das Wasser tritt bei ihnen unter Vermehrung seiner Geschwindigkeit aus der weiteren in die engere Strecke. Diesen Vorgang kann man auch als Ausfluss unter Wasser auffassen und den Ansatz des engen an das weite Rohr als Mundstück bezeichnen. Für diesen Ausfluss gelten dann ähnliche Beziehungen wie für den später in Nr. 8 zu betrachtenden in freie Luft: nur dass die „Ausflusskoeffizienten" stets kleiner ausfallen, als wenn das Wasser durch dasselbe Mundstück in freie Luft fliesst. Das Verhältnis beider Koeffizienten beträgt nach *J. Weisbach*[208]) im Mittel 0,986.

Erweiterungen des Querschnittes[209]) geben in Röhren dadurch zu Druckverlusten Anlass, dass rasch fliessendes Wasser auf langsam fliessendes stösst. *J. Ch. Borda*[210]), der auch bezügliche Versuche anstellte, wendete auf den Vorgang die Regeln des unelastischen Stosses an, nach welchen, wenn ein Körper vom Gewichte A_1 und der Geschwindigkeit U_1 einen andern vom Gewichte A_2 und der Geschwindigkeit U_2 trifft, ein Arbeitsverlust

$$\frac{A_1 A_2}{A_1 + A_2} \cdot \frac{(U_1 - U_2)^2}{2g} \tag{102}$$

eintritt. In Rohrerweiterungen ist die stossende Menge A_1 weit kleiner als die gestossene A_2, sodass man bei plötzlicher Erweiterung

203) Politecnico 40 (1892), p. 45.

204) Ebenda 39 (1891), p. 805, 811.

205) Ebenda 40 (1892), p. 260, 327, 422 u. f.

206) Ebenda 40 (1892), p. 468, 536, 598, 673, 737 u. f.

207) Giornale del Genio civile (5) 7 = 31 (1893), p. 67.

208) *J. Weisbach*, Untersuchungen aus dem Gebiete der Mechanik und Hydraulik, 2. Abt. Leipzig 1843, p. 80. Einige Versuche von *P. Richelmy:* Torino Mem. (2) 15 (1855), p. 117.

209) Siehe auch unten: Ausfluss aus Öffnungen, p. 402.

210) Paris, Mém. de l'acad. royale des sciences, année 1766 (erschienen 1769), p. 592.

den (nicht mit dem Druckunterschied zu verwechselnden) Druckhöhenverlust

$$(103) \qquad \zeta \frac{U_2^2}{2g} = \frac{(U_1 - U_2)^2}{2g} = \frac{U_2^2}{2g}\left(\frac{F_2}{F_1} - 1\right)^2$$

setzen kann, worin U_1 die Geschwindigkeit im engsten Strahlquerschnitte F_1, U_2 jene im erweiterten F_2 bedeutet. Für den Druckunterschied beider Stellen gilt dann bei wagerechtem Rohr

$$(104) \qquad \frac{p_2 - p_1}{\gamma} = \frac{U_1^2}{2g} - \frac{U_2^2}{2g} - \frac{(U_1 - U_2)^2}{2g} = \frac{U_2(U_1 - U_2)}{g}.$$

Je nach der Mündungsform kann F_1 mit dem engsten Rohrquerschnitt zusammenfallen, oder sich der Strahl nach Eintritt in die erweiterte Rohrstrecke noch zusammenziehen, ehe er sich ausbreitet (vgl. Fig. 22 und 23).

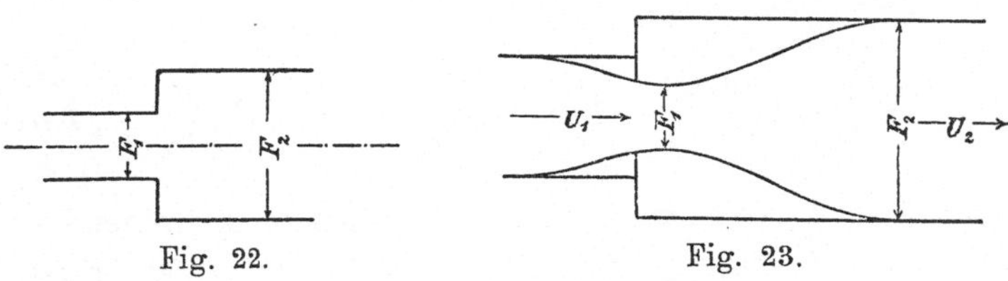

Fig. 22. Fig. 23.

In der vorstehenden Betrachtung ist auf die ungleichförmige Verteilung der Geschwindigkeit über den Querschnitt nicht Rücksicht genommen. *B. de St.-Venant*[211]) tut dies, berücksichtigt auch die Erhöhung der Reibung und setzt für plötzliche Änderung des Rohrdurchmessers den Druckhöhenverlust

$$(105) \qquad = \frac{U_1^2}{2g}\left[\left(\frac{F_2}{F_1} - 1\right)^2 + \frac{1}{9}\right],$$

wobei er unter F_1 den Querschnitt der engeren Rohrstrecke versteht.

A. Fliegner[212]) hat jedoch beobachtet, dass der sich ausbreitende Strahl von einer Wasserschicht umgeben ist, in der ein noch kleinerer Druck p_a als in der Mündungsebene (der engsten Stelle) herrscht, wo der Druck p_1, wie er sich durch unmittelbare Messungen überzeugte, auf einen Bruchteil des Atmosphärendruckes hinuntersinken kann. In der Bewegungsrichtung wirken demnach ein Druck p_1, sowie ein noch kleinerer p_a, ihr entgegen p_2 (vgl. Fig. 24). Da überdies die Druckabnahme Luft- und Dampfausscheidung zur Folge hat (wie man

211) Paris, Mém. de l'Acad. 4 (1889), p. 7. Vgl. auch *J. Boussinesq*, Eaux courantes, p. 126.

212) Civilingenieur (2) 21 (1875), col. 97 u. f. S. a. Schweiz. Bauzeitung 42 (1903), p. 91.

bei Benutzung von Glasröhren erkennen kann), so entscheidet sich *A. Fliegner* statt für (103) für eine von *F. Grashof*[213]) für den Aus-

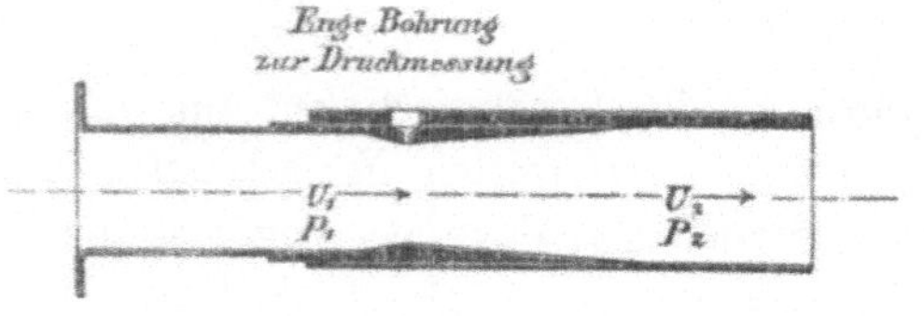

Fig. 24.

fluss von Gasen abgeleitete Formel. Ist V das spezifische Volum im allgemeinen, V_1 bezw. V_2 dasselbe in den Rohrquerschnitten F_1 und F_2, so gilt nach letzterem

$$(106) \qquad \zeta = \left(\frac{F_2}{F_1}\frac{V_1}{V_2} - 1\right)^2 + \\ + \frac{2g}{U_2^2}\left\{\left[\left(\frac{F_2}{F_1}\frac{V_1}{V_2} - 1\right)p_1 - \left(\frac{F_2}{F_1} - 1\right)p_a\right]V_2\frac{F_1}{F_2} + \int_{V_1}^{V_2} p\,dV\right\}.$$

Meist wird $V_2 > V_1$ sein, wodurch ζ verkleinert wird, während andrerseits der Umstand, dass $p_1 > p_a$ ist, ζ, d. h. den Druckverlust, vergrössert. *A. Fliegner* fand bei Steigerung der verfügbaren Druckhöhe $\frac{p_1}{\gamma} + \frac{U_1^2}{2g}$, dass ζ in Röhren mit plötzlicher Erweiterung (ähnlich Fig. 22) zunächst beträchtlich grösser als $\left(\frac{F_2}{F_1} - 1\right)^2$ war, dann nur wenig unter diesen Wert sank und hierauf wieder beträchtlich wuchs, ferner dass bei allmählich erweiterten Röhren (Fig. 24) die Anfangs- und Endwerte von ζ fast den vorigen gleich waren, aber dessen Minimum noch kleiner wurde und etwas früher auftrat.

Bei Rohreinsätzen wie die *Fliegner*'s besteht also der Druckverlust im allgemeinen aus einer geringfügigen Reibungshöhe im sich verjüngenden Rohrstück und einem weit grösseren Druckverluste, der daher kommt, dass sich der kontrahierte Strahl wieder ausdehnt. Auch bei den ähnlichen Formstücken, welche *C. Herschel*[214]) unter dem Namen „*Venturi*-Messer" zur Wassermessung benutzt, findet der *Verlust* an Druck fast nur in der sich erweiternden Rohrstrecke statt, so dass man aus dem Unterschiede der in und oberhalb der Einschnürung

213) *F. Grashof,* Theoretische Maschinenlehre 1, Leipz. 1875, p. 421. Vgl. auch V 5, Nr. 18 (*M. Schröter-L. Prandtl*), p. 299.

214) Amer. Soc. of Civ. Eng. Trans 17 (1887), p. 244, 250; 18 (1888), p. 136. Die gegentheilige Bemerkung *M. Merriman*'s ebenda 18 (1888), p. 140, scheint auf einem Irrtum zu beruhen.

herrschenden Drucke die Geschwindigkeiten mindestens auf 5 Prozent genau nach dem *Bernoulli*'schen Gesetz berechnen kann. Nach *U. Masoni*[215]) wird die Ungenauigkeit bei kleinen Röhren etwas grösser.

Bei manchen anderen Leitungsbestandteilen lässt sich Ähnliches nachweisen. So müsste für *scharfkantige Scheibenringe* von der Öffnung F_1, welche in ein mit der Geschwindigkeit U durchströmtes Rohr vom Querschnitte F eingesetzt sind (vgl. Fig. 25), bei reibungsloser Kontraktion auf den Querschnitt kF_1 gemäss (103)

$$\zeta \frac{U^2}{2g} = \frac{U^2}{2g}\left(\frac{F}{kF_1} - 1\right)^2 \tag{107}$$

oder

$$k = \frac{F}{F_1} \cdot \frac{1}{1 + \sqrt{\zeta}}$$

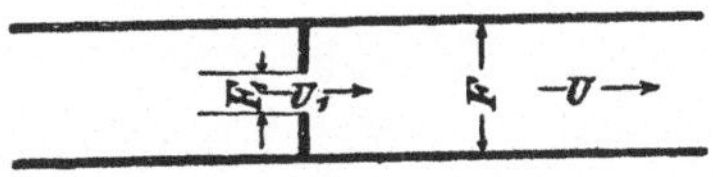

Fig. 25.

sein. *J. Weisbach*[216]) fand für

$\frac{F_1}{F}$ =	0,0461	0,1406	0,3814	0,6511	0,8598
ζ =	1067	110,8	9,010	1,191	0,121

wonach sich

k =	0,644	0,617	0,655	0,734	0,863

ergeben würde. Wie anderweitige Beobachtungen zeigten, zieht sich der Strahl nicht viel weniger zusammen, als diese k angeben; den Druckverlust bewirkt also tatsächlich im wesentlichen die Wiederausbreitung des Strahles. Zu bemerken ist aber, dass nach *C. Bach*[217]), wenn eine weite Strecke zwischen zwei engen eingeschaltet ist, der Druckverlust der *Borda*'schen Formel nur eintritt, wenn die erstere lang genug ist, weil sich der Strahl sonst nicht in ihr ausbreitet.

Bei *Schiebern*, welche *J. Weisbach*[218]), *E. Knichling* und *J. Thomson*[219]), sowie *Waldo Smith*[220]) untersuchten, kann man die Durchflussmenge in den verschiedenen Phasen des Schliessens noch einigermassen nach (107) beurteilen. Je komplizierter aber die Sperrvorrichtungen gebaut sind, desto mehr ist man auf den Versuch angewiesen. Zahlreiche einschlägige Untersuchungen von Hähnen, Klappen

215) Napoli, Ist. d'Incoraggiamento Atti (5) 5 (1903), Nr. 1.

216) *J. Weisbach,* Untersuchungen in dem Gebiete der Mechanik u. Hydraulik, 2. Abt. Leipz. 1843, p. 130. Etwas abweichende Zahlen sind in *J. Weisbach,* Lehrbuch 1 (1845), p. 447 sowie *Weisbach-Herrmann,* p. 1036 interpoliert.

217) Zeitschr. d. Vereins deutsch. Ing. 35 (1891), p. 474.

218) *Weisbach,* Untersuchungen u. s. w. 1. Abt. Leipz. 1842, p. 7 u. f.

219) Amer. Soc. Civ. Eng. Trans. 26 (1892), p. 439.

220) Ebenda 35 (1895), p. 235.

und Ventilen hat *J. Weisbach*[221]), solche von Ventilen *C. Bach*[222]), von Steuerschiebern hydraulischer Hebezeuge *H. Lang*[223]) vorgenommen.

7c. Richtungsänderungen von Röhren bezw. Gerinnen. Auch Kniee (vgl. Fig. 26) bewirken ebenso wie Erweiterungen des Querschnitts, dass sich der Wasserstrom erst zusammenzieht und dann wieder ausdehnt. *J. Weisbach*[224]) setzt auf Grund eigener Versuche den Widerstandskoeffizienten

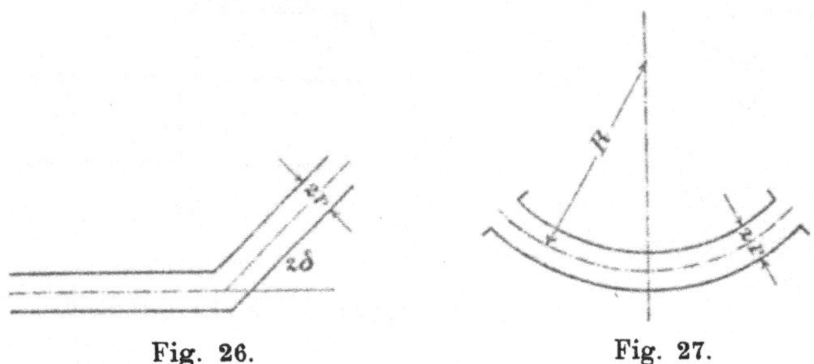

Fig. 26. Fig. 27.

$$\zeta = 0{,}9457 \sin^2 \delta + 2{,}047 \sin^4 \delta,$$

worin 2δ den von beiden Ästen eingeschlossenen Ablenkungswinkel bedeutet.

Für Krümmer von $2r$ Lichtweite, deren Axe einen Viertelkreis vom Halbmesser R bildet (vgl. Fig. 27), fand *Weisbach*[225]) auf Grund eigener Versuche und solcher *L. G. du Buat*'s empirisch bei

$$(108)\quad \begin{cases} \text{kreisförm. Querschnitt } \zeta = 0{,}131 + 1{,}847 \left(\frac{r}{R}\right)^{7/2} \\ \text{rechteck. } \quad ,, \quad \zeta = 0{,}124 + 3{,}10 \left(\frac{r}{R}\right)^{7/2}. \end{cases}$$

Da sich in solchen Krümmern die Kontraktion schon vollständig ausgebildet hat, bewirkt nach *Weisbach* ein noch grösserer Zentriwinkel keine Erhöhung von ζ.

J. Boussinesq[226]) folgert, indem er eine Flusskrümmung als eine fortlaufende Reihe von Knieen auffasst, dass der Druckverlust pro Längeneinheit in breiten offenen Betten von der Breite a dem Krümmungshalbmesser A und der Tiefe h durch

221) Untersuchungen u. s. w. 1. Abt.

222) *C. Bach,* Versuche über Ventilbelastung und Ventilwiderstand, Berl. 1884.

223) Zeitschr. d. Vereins deutsch. Ingen. 37 (1893), p. 1281, 1319, 1355.

224) *Weisbach,* Lehrbuch 1, Leipzig 1845, p. 437.

225) Ebenda, p. 439.

226) Eaux courantes, p. 602; J. de math. (3) 9 (1883), p. 429.

$$\tau \frac{U^2}{h}\sqrt{\frac{a}{A}}\left(\frac{a}{h}\right)^{\frac{1-3\nu}{2}} \tag{109}$$

ausdrückbar sein müsse, worin τ und ν Konstante bedeuten und der Exponent $\frac{1-3\nu}{2}$ eine sehr kleine Zahl sei, wonach sich angenähert, wenn in der Geraden $hJ = bU^2$ gilt, im Bogen

$$J = \frac{U^2}{h}\left(b + \tau'\sqrt{\frac{a}{A}}\right) \tag{109a}$$

fände; τ' ist eine neue Konstante, die nach Untersuchungen von *W. Lahmeyer*[227]) ungefähr gleich $^3/_4 b$ sein müsste.

Im Widerspruche mit diesen Anschauungen fand *J. R. Freeman*[228]), dass in Spritzenschläuchen von 63 bezw. 72 mm Weite der Zuwachs des Druckverlustes, welchen Quadranten von 61, 91 und 122 cm Halbmesser hervorriefen, mit letzterem wuchs. Desgleichen fanden neuerdings *G. S. Williams*, *C. W. Hubbell* und *G. H. Frenkell*[229]), dass der Druckverlust in Gussrohrleitungen (von 0,3 bis 0,8 m Durchmesser) von gegebener Länge mit einem eingeschalteten rechtwinkligen Bogen am kleinsten ausfällt, wenn der Bogenhalbmesser etwa das $2^1/_2$fache der Rohrlichtweite beträgt, und dass er mit dem Bogenhalbmesser wächst. *J. P. Church*[230]) bemerkt erläuternd, dass der pro Längeneinheit des Bogens zur Rohrreibung der geraden Strecke hinzutretende Druckverlust zwar bei flacher Krümmung abnehme, aber in geringerem Masse, als die bei gegebenem Zentriwinkel dem Krümmungshalbmesser proportionale Bogenlänge wächst.

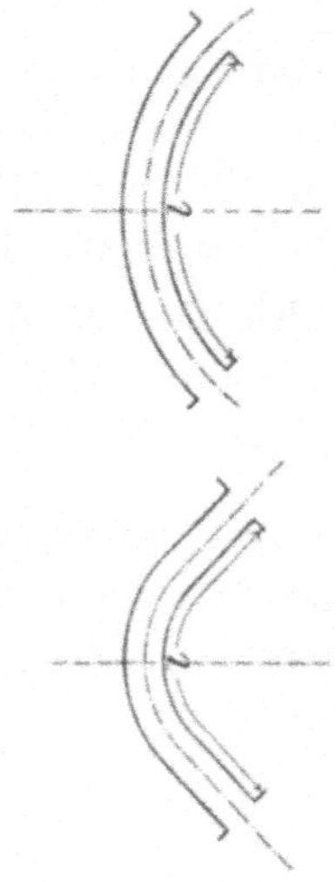

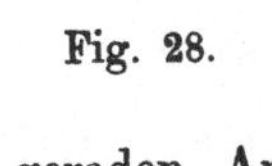

Fig. 28.

Aus den genannten Versuchen geht auch hervor[230]), dass stromab von Bogen und Schiebern im geraden Anschlussstrang auf einer die Rohrweite vielfach übersteigenden Länge die Reibung grösser als in der übrigen geraden Strecke ist.

Zu einem ähnlichen Schlusse kommt *T. Montanari*[231]), indem er den zum Reibungsverlust der geraden Strecke eines Rohres vom

227) Allgemeine Bauztg. 17 (1852), p. 153.
228) Amer. Soc. of Civ. Eng. Trans. 21 (1889), p. 365.
229) Ebenda 47 (1902), p. 183. Geschwindigkeitsverteilung in Bögen, p. 64.
230) Ebenda, p. 215.
230) Ebenda, p. 143, 184, 191.
231) Politecnico 45 (1897), p. 423, 424.

Durchmesser $2r = 10$ bis 40 mm bei Einfügung eines rechtwinkligen Kniees (vgl. Fig. 29) hinzutretenden Druckverlust auf eine Länge $6r$ vom Knie abwärts

$$= \left(1{,}09 + \frac{45}{4r^2}\right)\frac{U^2}{2g}$$

und auf eine Länge $10a$ vom Knie ab

$$= \left(1{,}30 + \frac{53{,}5}{4r^2}\right)\frac{U^2}{2g}$$

(also beträchtlich grösser als *J. Weisbach*) setzt.

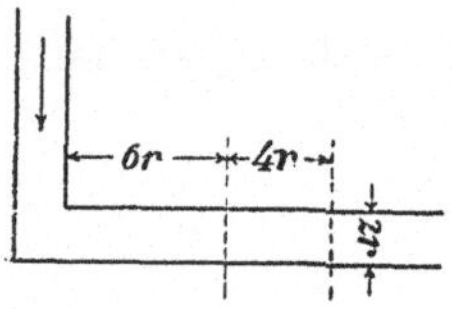

Fig. 29.

8. Ausfluss von Wasser aus Gefässen.

8a. Der Geschwindigkeitskoeffizient und die Kontraktion. Bei *freiem Ausfluss*, das heisst solchem in Luft, durch ein *gut abgerundetes* (die Kontraktion, wie unten angeführt, verhinderndes) *Mundstück* von der Öffnungsfläche F sollte dem *Torricelli*'schen Gesetze gemäss, falls die Öffnungsmitte in der Tiefe h unter dem Spiegel liegt und bei lotrechter Wand die Abmessungen der Öffnung im Vergleiche zu h klein sind, die Austrittsgeschwindigkeit $\sqrt{2gh}$ betragen. Sie ist jedoch, wie Beobachtungen zeigen, nur

$$U = \varphi\sqrt{2gh}, \tag{110}$$

wobei der *Geschwindigkeitskoeffizient* φ immer ein echter Bruch ist, so dass das ausströmende Wasser statt einer Geschwindigkeitshöhe h nur eine solche von $\varphi^2 h$ aufweist[232]). Die Ursache des Druckhöhenverlustes

$$(1 - \varphi^2)h = \left(\frac{1}{\varphi^2} - 1\right)\frac{U^2}{2g}$$

liegt in Reibungsvorgängen. Setzt man diesen $= \zeta\frac{U^2}{2g}$, so wird der Zusammenhang zwischen dem *Geschwindigkeitskoeffizienten* φ und dem *Widerstandskoeffizienten* ζ durch $\zeta = \frac{1}{\varphi^2} - 1$ angegeben[233]).

Der Druckverlust ist übrigens sehr gering, denn *J. Weisbach*[234]) fand für ein gut abgerundetes Mundstück von 1 cm Lichtdurchmesser für

$h =$	0,02	0,5	3,5	17	103 m
$\varphi =$	0,959	0,967	0,975	0,994	0,994.

232) Vgl. IV 15, Nr. **10** (*A. E. H. Love*). Über den Ausfluss von heissem Wasser siehe V 5, Nr. **18** (*M. Schröter-L. Prandtl*), p. 304.

233) *Weisbach*, Lehrbuch 1, Leipzig 1845, p. 425.

234) Civilingenieur (2) 5 (1859), p. 87; *Weisbach-Herrmann*, p. 969.

Erfolgt der *Ausfluss in dünner Wand*, so treten die Wasserfäden konvergierend aus, so dass im Innern ein vom Aussendruck wesentlich verschiedener Druck herrscht und bei wagerechter Öffnung in ihrem Mittelpunkte die Geschwindigkeit ein Maximum besitzt. Da das Wasser während des Falles eine Beschleunigung erfährt, ist anzunehmen, dass die Geschwindigkeit im Strahl mit der Entfernung von der Öffnung wächst, also der Querschnitt — so lange der Strahl nicht zerstäubt — abnimmt. Dementsprechend fanden *F. Savart*[235]) und *H. G. Magnus*[236]) bei kreisrunden und *H. Bazin*[237]) bei kreisrunden und rechteckigen Öffnungen keinen eigentlichen Kontraktionskoeffizienten im Sinne des Verhältnisses eines Minimalquerschnittes zur Öffnungsfläche — ob sich ein Minimalquerschnitt bei einer lotrechten quadratischen Öffnung von 20 cm Seitenlänge bildet, wie *J. V. Poncelet* und *J. A. Lesbros* behaupten, konnte *Bazin* allerdings nicht entscheiden[238]). An Stelle von Gl. (110) tritt, wenn z den Höhenabstand zwischen der Öffnungsmitte und einer Strahlstelle bezeichnet, allgemein für die Geschwindigkeit der Ausdruck

$$U = \varphi \sqrt{2g(h+z)}. \tag{111}$$

Stets hat φ in einiger Entfernung von der Öffnung sein Maximum, welches bei wagerechter Öffnung nur um einige Tausendstel kleiner als 1 ist, während es bei lotrechter Öffnung je nach Druckhöhe h und Form 1,03 oder 1,04 erreichen kann und bei einem Kreis von 20 cm Durchmesser 1,011 beträgt. Dass $\varphi > 1$ zu werden vermag, ist nach *Bazin*[239]) nur erklärlich, weil Gl. (111) gleiche Geschwindigkeit aller Wasserfäden im Querschnitt voraussetzt, also nicht strenge gilt, und im Strahlinnern vielleicht stellenweise ein geringerer als der Atmosphärendruck herrscht.

Eine *Berechnung des Kontraktionskoeffizienten* μ oder des Verhältnisses des Strahlquerschnittes zur Öffnungsfläche ist mehrfach ver-

---

235) Ann. chim. phys. 53 (1833), p. 337, 338.

236) Ann. Phys. Chem. (4) 5 (1855), p. 44.

237) Paris, Mém. prés. par div. savants 32 (1902), No. 4. Auch *U. Masoni* fand bei wagerechter Kreisöffnung keinen Minimalquerschnitt, ferner die Strahlform bei Beleuchtung des Strahles und Messung des Schattens nicht nur vom Öffnungshalbmesser, sondern auffallenderweise auch vom Verhältnis des Halbmessers zur Druckhöhe unabhängig. Er giebt genaue Maasse Politecnico 43 (1895), p. 550. Nach *J. Weisbach,* Polytechn. Centralblatt (1851), col. 385 und Experimentalhydraulik, Freiberg 1855, p. 181 sind die Kontraktionen von Wasser, Quecksilber und Rüböl ziemlich gleich.

238) Paris, Mém. prés. par div. savants 32 (1902), No. 4, p. 19, 42.

239) Ebenda, p. 44.

sucht worden[240]). Umgiebt man die Ausflussöffnung von ihrem Rande ausgehend innerhalb des Gefässes mit einer Fläche und hat die Öffnung die Grösse F und die Tiefenlage h unter dem Spiegel, so heben sich das Wassergewicht mit dem Gegendruck der Gefässwandung bis auf eine auf die angenommene Fläche wirkende senkrecht zur Ausflussöffnung gerichtete Mittelkraft $\gamma F h$ auf. Zu den statischen Drucken auf die gedachte Fläche, welche die Grösse F_1 habe, kommt nun aber noch die Druckverminderung durch Geschwindigkeitshöhen $\int \frac{v^2}{2g} dF_1$ hinzu, deren Komponenten senkrecht zur Öffnung (falls δ die Winkel zwischen den einzelnen Ankunftsgeschwindigkeiten und der Öffnungsnormalen bedeutet) zusammen $\gamma \int \frac{v^2}{2g} \cos\delta \, dF_1$ ausmachen. Da nun an allen Stellen des kontrahierten Querschnittes μF die Geschwindigkeiten schon an und für sich senkrecht zur Öffnung gerichtet sind und angenähert $\sqrt{2gh}$ betragen, also die Ausflussmenge in der Zeiteinheit $\mu F \sqrt{2gh}$ ist, folgt aus dem Impulssatz

$$Fh + \int \frac{v^2}{2g} \cos^2\delta \, dF_1 = \frac{\mu F \sqrt{2gh}}{g} \sqrt{2gh} = 2\mu F h$$

oder

$$\mu = \tfrac{1}{2}\left[1 + \frac{\int \frac{v^2}{2g} \cos^2\delta \, dF_1}{hF}\right].$$

J. Hermanek[241]), der vom Satze „Aktion gleich Reaktion“ ausgeht, stellt jedoch statt dessen die Gleichung

$$\mu = \tfrac{1}{2}\left[1 + \frac{\int \cos^2\delta \, dF_1}{F_1}\right]$$

auf. Als umgebende Fläche wählt er bei kreisförmigen Öffnungen Kugelhauben und erhält unter der Annahme, dass das Wasser diese Hauben radial durchfliesst, für vor- bezw. rückspringende Ansatzstutzen vom Kegelscheitelwinkel $2\delta_0$

$$\mu = \tfrac{1}{2}\left[1 + \frac{1}{3}\,\frac{1 - \cos^3\delta_0}{1 \mp \cos\delta_0}\right].$$

Für $2\delta_0 = 0$ bei nach innen gerichteten Stutzen hat bereits *J. Ch. Borda* bewiesen, dass $\mu = \frac{1}{2}$ werden sollte. Versuche von

240) *G. Hagen,* Handb. der Wasserbaukunst, 1. Theil, 1. Bd., p. 157 f., vgl. IV 15, Nr. 10 (*A. E. H. Love*), p. 66.

241) Wien Sitzungsberichte 112[2a] (1903), p. 879.

J. Ch. Borda[242]), *G. Bidone*[243]) und *J. Weisbach*[244]) ergaben in diesem Falle im Mittel $\mu = 0{,}53$.

Bei sehr scharfen Durchflusskanten (und zwar bei Ausfluss unter Wasser in Muschelschiebern) hat *H. Lang*[245]) ohne Ansatzstutzen ähnliche Koeffizienten erhalten.

Erfolgt der Ausfluss der Flüssigkeit durch eine unendlich lange Öffnung in einen mit derselben Flüssigkeit erfüllten Raum, so wird das (nunmehr) ebene Problem, die Strahlform zu bestimmen, nach der von *H. v. Helmholtz* und *G. Kirchhoff* entwickelten Methode[246]) bei geeigneter Gefässbegrenzung lösbar und führt z. B. für den Ausfluss aus einem Bodenspalt auf

$$\mu = \frac{\pi}{2 + \pi} = 0{,}611.$$

8b. Der Ausflusskoeffizient. Für die Aufgaben der Technik ist insbesondere die *Ausflussmenge* von Bedeutung. Man pflegt einen *Ausflusskoeffizienten* α einzuführen, nämlich

$$Q = \alpha F \sqrt{2gh} \tag{112}$$

zu setzen, zu dessen Bestimmung zahlreiche Versuchsreihen vorliegen.

Für *kreisförmige lotrechte Öffnungen* und die Tiefe h der Öffnungsmitte unter dem Spiegel, dort zu messen, wo letzterer durch den Ausfluss nicht merklich gesenkt wird, giebt *Hamilton Smith*[247]) auf Grund von Versuchen von *B. A. Michelotti, Ch. Bossut, J. Weisbach* sowie eigenen eine Tabelle, die u. a. nachstehende Werte von α für Wasser von 10° C enthält[248]):

Tiefe h in m	Durchmesser in cm			
	0,06	6	18	30
0,3	0,644	0,600	0,595	0,591
30	0,593	0,592	0,592	0,592

242) Paris, Mém. de l'acad. royale des sciences 1766 (1769), p. 589.

243) Torino Mem. 40 (1838), p. 56.

244) *J. Weisbach*, Lehrbuch 1, Leipzig 1845, p. 412.

245) Zeitschr. d. Ver. deutsch. Ingenieure 37 (1893), p. 1322.

246) Siehe IV 16, Nr. 1f (*A. E. H. Love*), p. 98.

247) *Hamilton Smith*, The flow of water through orifices over weirs and through open conduits and pipes, London and New York 1886.

248) Siehe auch *V. Dwelshauvers-Dery*, Technologie sanitaire 1 (1895/6), p. 231, 241. Nach *B. F. Isherwood*, Journ. of the Franklin Instit. (3) 75 (1878), p. 339 wächst α beträchtlich mit der Temperatur, nach *W. C. Unwin*, Phil.

Bei kleineren Mündungen und Druckhöhen ist nach *H. Buff* und *J. Weisbach*[249]) α entschieden grösser.

Erfolgt der Ausfluss unter Wasser statt in freier Luft, so sinkt die Ausflussmenge nach *J. Weisbach* um ungefähr $1^1/_2$ Prozent, nach *P. Richelmy* bei 13,5 cm weiter Öffnung um noch mehr[250]).

Bei *quadratischen Offnungen* ist α nach *Hamilton Smith* nur unbedeutend grösser als bei kreisrunden gleicher Weite. Mit seinen Angaben stimmen auch die von *J. V. Poncelet* und *J. A. Lesbros*[251]) für Quadrate von 20 cm Seitenlänge und $h \gtreqless$ etwa 20 cm, während für kleinere Tiefenlage α nach *J. A. Lesbros*[252]) sinkt und für $h = 12$ cm, falls man immer noch nach Formel (112) rechnet, nur mehr 0,572 beträgt. *Lesbros* fand später bei Fortsetzung der Versuche unter anderem bei 2 cm hohen Spaltöffnungen von 60 cm Breite α für $h = 0{,}02$ bis 1,01 m etwas kleiner (nämlich 0,644 bis 0,626) und bei 60 cm hohen, 2 cm weiten Spalten noch kleiner[253]).

J. Weisbach nahm mit *trichterförmigen Mundstücken* Messungen vor, auf Grund welcher *G. Zeuner*[254]) eine Formel für ihren Ausflusskoeffizienten berechnete.

Bei seinen rechteckigen Öffnungen änderte *J. A. Lesbros*[255]) namentlich in Hinblick auf praktische Zwecke die Ausflüsse durch Einbauten ins Wasserbecken sowie durch Anfügung von Mundstücken und Leitgerinnen an die Aussenseite. Mit den so entstandenen etwa 30 Mündungen, von denen er einige überdies noch bei verschiedenen Öffnungsabmessungen untersuchte, erzielte er durch Änderung der Höhenlage des Wasserspiegels zahlreiche Versuchsreihen. Auch hier vergrösserten Einbauten, welche den seitlichen Zufluss behinderten, die Ausflussmenge, während Vorbauten, die einen Gegendruck auf die Mündung äusserten, ihn verminderten. Schon vorher hatte *G. Bidone*[256]) ähnliche Versuche, z. B. mit quadratischen Öffnungen und ein- bis allseitiger Kontraktion sowie mit runden Öffnungen vorgenommen. Mit dem Ausfluss zwischen einer Schützenunterkante und einer vom

---

Mag. (5) 6 (1878), p. 281 f. bei dünner Wand nicht merklich und bei abgerundeter Öffnung zwischen 16° und 90° C. um 4%.

249) *Weisbach-Herrmann*, p. 973.

250) Siehe oben 7b, p. 390.

251) Paris, Mém. prés. par div. sav. 3 (1832), p. 469, 470, 475.

252) Paris, Mém. prés. par div. sav. 13 (1852), p. 442.

253) Ebenda, p. 462. Mit runden und quadratischen Öffnungen experimentierte auch *Ellis*, Amer. Soc. of Civ. Eng. Trans. 5 (1876), p. 19.

254) Civilingenieur (2) 2 (1856), p. 54.

255) Paris, Mém. prés. par div. sav. 3 (1852).

256) Torino Mem. 27 (1823), p. 73 u. f.; 40 (1838), p. 13 u. f.

Ober- zum Unterwasser glatt durchgehenden Sohle befasste sich *K. W. Bornemann*[257]).

Eine wagerechte kurze *zylindrische Ansatzröhre* von der $2^1/_2$- bis 3fachen Länge der Lochweite verkleinert zwar die Sprungweite des austretenden Strahles, verdickt letzteren aber gleichzeitig derart, dass α, wie *G. Poleni*[258]) bemerkte, wächst und zwar nach den Versuchen von *B. A. Michelotti*, *G. Bidone*, *J. A. Eytelwein*, *J. F. d'Aubuisson* und *J. Weisbach*, wie letzterer[259]) angiebt, zu 0,815 wird. Diese Vermehrung der Ausflussmenge gegenüber jener aus dünner Wand findet nach *J. N. P. Hachette* und *H. Buff*[260]) nicht statt, wenn sich das Wasser in einen luftleeren Raum ergiesst. Desgleichen nimmt der Einfluss des Ansatzrohres, also α, nach *H. Buff* und *J. Weisbach* ab, wenn die Tiefe unter dem Spiegel, und nach *J. Weisbach* auch, wenn die Lochweite zunimmt.

Konisch verjüngte Ansatzröhren sind eingehend von *d'Aubuisson* und *Castel*[261]) untersucht worden. Es zeigte sich, dass der Ausflusskoeffizient α bei einem Konvergenzwinkel von etwa $13^1/_2{}^0$ sein Maximum von 0,946 aufwies, während der Geschwindigkeitskoeffizient beim zylindrischen Stutzen am kleinsten (= 0,830) war und mit der Konvergenz (0,984 bei 49^0) zunahm.

Konisch zusammenlaufende Strahlrohre mit angeschraubtem Mundstück, wie sie die Feuerwehren benutzen, hat in grösserer Zahl *J. R. Freeman* untersucht. Bei Verwendung der üblichen glatten konischen Mundstücke fand er α für Strahlrohr samt[262]) Mundstück (*play-pipe and nozzle*) = 0,971 bis 0,983.[263]) Der kleine Rücksprung, den das Mundstück an der Ansatzstelle zu bilden pflegt, zeigte sich belanglos, während ein ringförmiger Vorsprung an dieser Stelle nicht

257) Civilingenieur (2) 17 (1871), p. 54. Hier sind auch die zur Messung und Verteilung des Wassers in Italien üblichen Moduli zu nennen. S. etwa *A. Hess* im Handb. der Ingenieurwissensch. 3, Wasserbau. 2. Abt., 1. Hälfte, 3. Aufl. Leipzig 1900, p. 70; *U. Masoni*, Corso di idraulica 2. append., Napoli 1895, p. 138.

258) *G. Poleni*, Delle pescaje 69 = Raccolta d'autori, che trattano del moto dell' acque 2. ed. t. 3 Firenze 1767, p. 414.

259) *J. Weisbach*, Lehrbuch 1, Leipzig 1845, p. 422.

260) Ann. Phys. Chem. 46 (1839), p. 240.

261) *D'Aubuisson de Voisins*, Traité d'hydraulique, 2. éd. Paris, p. 60. Eine neuere Untersuchung nahm *H. Schoentjes* vor: Ann. Ass. Ing. Gand (1) 16 (1893), p. 107.

262) Amer. Soc. of Civ. Eng. Trans. 21 (1889), p. 316; dass der Ausfluss aus einem Strahlrohr zur Wassermessung dienen könne, legte *J. R. Freeman*, ebenda 24 (1891), p. 492 dar.

263) Ebenda 21 (1889), p. 317.

nur den Ausfluss etwas verminderte, sondern auch den Strahl zerriss. Mundstücke mit einem vorspringenden Ring an der Austrittsöffnung gaben bei einem

Flächenverhältnis	0,903	0,784	0,694	0,250
α	0,866	0,742	0,736	0,634

also Zahlen, die mit denen der *Weisbach*'schen[264]) Scheibenringe nicht ganz übereinstimmten.

Konisch erweiterte Ansatzröhren geben nach den Versuchen von *G. B. Venturi*[265]), *J. A. Eytelwein*[266]), *J. Weisbach*[267]), *Sereni*[268]) und *P. Richelmy*[269]) — je nachdem man den engsten oder den weitesten Querschnitt als den vom Flächeninhalt F in Gl. (112) betrachtet — recht grosse oder kleine Ausflusskoeffizienten. Durch Ansatz eines Stutzens von einem Durchmesserverhältnis von etwa $^3/_2$ und einer Länge, die unter dem 10fachen Anfangsdurchmesser bleibt, kann man Q nach *P. Richelmy* nahezu verdoppeln. *G. B. Venturi*[270]) hat zuerst bemerkt, dass in solchen Röhren der Druck dem *Bernoulli*'schen Theorem gemäss unter den Atmosphärendruck sinkt, so dass sie durch seitliche Röhrchen Saugewirkungen ausüben können. In zylindrischen Stutzen findet Ähnliches statt. *M. Capito*[271]) und *U. Masoni*[272]) haben nachgewiesen, dass es die den Strahl herunterziehende Schwere ist, welche ihn zum Anlegen an die Rohrwand bringt, dass also letzteres Ursache und nicht Folge der Bildung eines luftverdünnten Raumes um den eingeschnürten Strahl ist. Bei grossen Geschwindigkeiten und erheblicher Divergenz ist es nicht möglich, selbst durch vorheriges Zuhalten des Stutzens vollen Ausfluss herbeizuführen.

Bildet ein Teil des Gefässes ein Zulaufrohr, an dessen Endwand vom Flächeninhalt F ein zylindrischer oder parallelepipedischer Ansatzstutzen vom Querschnitt nF sitzt und würde ohne Zulaufrohr der

---

264) Siehe oben p. 393. Ebenda, p. 336.

265) *G. B. Venturi,* Recherches expérimentales sur le principe de communication latérale dans les fluides, Bull. Soc. philomatique 1797; auch deutsch in Gilbert's Annalen der Physik 2 (1799), p. 446.

266) *J. A. Eytelwein,* Handbuch der Mechanik fester Körper, 2. Aufl., Leipz. 1823, p. 101.

267) *Weisbach-Herrmann,* p. 1010.

268) *P. Richelmy* nennt: *Sereni,* Mem. sul moto dell'acqua nei tubi, Roma 1843.

269) Torino Mem. (2) 25 (1871), p. 31.

270) a. a. O.

271) Palermo, Collegio degl'ingegneri, Atti 1884.

272) Napoli, R. Istituto d'incoraggiamento, Atti (4) 5 (1893), No. 5; mit divergenten Stutzen befasste sich auch *C. Razzaboni,* Bologna Atti 1886—89—90.

Ausflusskoeffizient α_0 betragen, so tritt infolge der Zulaufgeschwindigkeit nach *Weisbach*[273])

(113) $$\alpha = \alpha_0(1 + 0{,}102n + 0{,}067n^2 + 0{,}046n^3)$$

an seine Stelle.

Mit der *Verteilung des Ausflusses*, wenn ein Rohr (sogen. Regenfall zum Feuerlöschen, Grundlauf mit Stichläufen in Schleussen) in gleichen Abständen gleich grosse Öffnungen besitzt, befasste sich *J. P. Frizell*[274]). Zählt man der Fliessrichtung entgegen, so herrscht an der ersten Öffnung eine Druckhöhe H und beträgt ihr Ausfluss $c\sqrt{H}$, worin c konstant (vgl. Fig. 30). Dann folgen eine Strecke mit

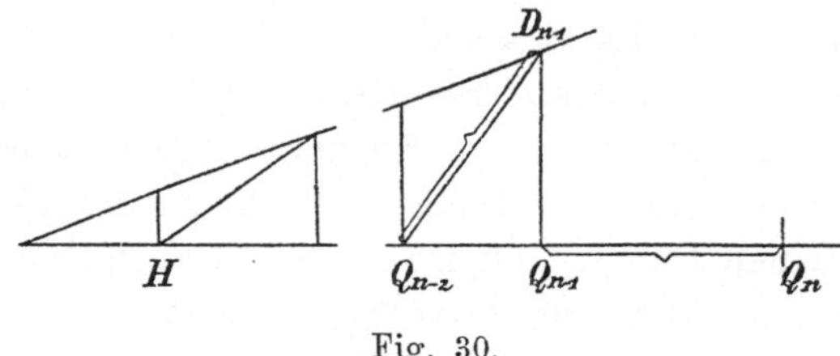

Fig. 30.

dem Durchlauf $Q_1 = c\sqrt{H}$ und dem Druckhöhenverlust bQ_1^2, worin b wieder eine Konstante bedeutet, die zweite Öffnung mit dem Ausfluss $c\sqrt{H + bQ_1^2}$ u. s. w. Es findet sich für

die $n-1^{\text{te}}$ Öffnung $c\sqrt{H + b(Q_1^2 + \cdots + Q_{n-2}^2)} = Q_{n-1} - Q_{n-2}$

„ n^{te} „ $c\sqrt{H + b(Q_1^2 + \cdots + Q_{n-1}^2)} = Q_n - Q_{n-1}$

und hiernach

$$bc^2 Q_{n-1}^2 = (Q_n - Q_{n-1})^2 - (Q_{n-1} - Q_{n-2})^2.$$

Zeichnet man demnach zwei Gerade unter dem Winkel arctang bc^2, auf deren einem Schenkel vom Scheitel aus die Q zu messen sind und sind Q_1 bis Q_{n-1} bereits gefunden, so erhält man den Punkt Q_n, indem man in Q_{n-1} eine Senkrechte auf dem genannten Schenkel errichtet, bis sie den zweiten in D_{n-1} schneidet, und $\overline{Q_n Q_{n-1}} = \overline{Q_{n-2} D_{n-1}}$ macht.

8c. **Der Ausflussstrahl.** Ausser der Einschnürung, wie sie bei Ausfluss aus dünner Wand auftritt, erfährt der Strahlquerschnitt zunächst bei *eckiger Austrittsöffnung* auch eine Änderung seiner *Form*. Die Oberflächenspannung bewirkt nämlich, dass die fallenden Wasserteilchen Schwingungen gegen die Strahlaxe und zurück machen,

273) *Weisbach*, Lehrbuch 1 (1845), p. 427.

274) Journal of the Franklin Institute (3) 76 (1878), p. 84.

welche die Ecken in Furchen, dann diese in Rippen verwandeln, so dass zum Teil seltsame Querschnittsformen entstehen, wie es besonders *G. Bidone*[275]), *J. V. Poncelet* und *J. A. Lesbros*[276]), *J. A. Lesbros*[277]) und *H. G. Magnus*[278]) beobachtet haben.

Bei *kreisförmiger Öffnung* in dünner Wand entstehen nach *H. G. Magnus*[279]) in der Öffnungsnähe Anschwellungen, wenn die Zuströmung nicht von allen Seiten in gleicher Weise erfolgt.

Bäuche zeigen sich nach *H. G. Magnus*[280]) und *F. Savart*[281]) ebenfalls, wenn man das Wasser im Gefässe erschüttert, wodurch Schwingungen entstehen, welche die fallende Bewegung zeitweise hindern und eine Trennung bewirken[282]).

Die Beschaffenheit des Strahles wird von der Austrittsöffnung ferner in der Weise beeinflusst, dass die aus dünner Wand springenden Strahlen durchsichtig, die aus Ansatzröhren — ausser bei sehr kleiner Druckhöhe — trübe erscheinen und stark schwanken und ihre Oberfläche von feinen Furchen, die ihre Stellung fortgesetzt verändern, bedeckt ist[283]). Aufnahmen von Strahlen, die sich aus Wandöffnungen über Ansatzgerinne ergiessen, veröffentlichte *J. A. Lesbros*[284]).

Mit der Frage nach der *Steighöhe* springender Strahlen hat sich bereits *Mariotte* befasst; *J. Weisbach*[285]) machte eine grössere Zahl Versuche unter Benutzung verschiedener Mundstücke und fand z. B. für eine Kreismündung von 1 cm Durchmesser in dünner Wand bei lotrechtem Strahl und einer Druckhöhe H die Steighöhe

$$h = H : (1 + 0{,}01158\, H + 0{,}000582\, H^2)$$

und für ein konoidisches Mundstück gleicher Weite

---

275) Torino, Mem. 34 (1830), p. 237 u. f.

276) Paris, Mém. prés. par div. sav. 3 (1832), p. 368 u. f.

277) Ebenda 13 (1852), p. 47 u. f.

278) Ann. Phys. Chem. (4) 5 (1855), p. 24 u. f.

279) Ebenda, p. 42.

280) Ebenda, p. 47.

281) Ann. chim. phys. 53 (1833), p. 363.

282) Luftblasenbildung beim Auffallen eines Strahles: *Magnus*, a. a. O. p. 49 u. f.; *J. Tyndall*, Ann. Phys. Chem. (3) 22 (1851), p. 294. Pilzartige Formen und Wirbelflächen beim Ausfluss von gefärbtem in ungefärbtes Wasser: *E. Reusch*, ebenda (4) 20 (1860), p. 309 u. f.; *Oberbeck*, ebenda NF. 2 (1877), p. 5 u. f.; *G. Kötschau*, ebenda NF. 26 (1885), p. 530 u. f. Versuche über den Streukegel beim Ausfluss unter Wasser machte *C. Weigelt*, Zeitschr. f. Gewässerkunde 5 (1903), p. 283.

283) *G. Hagen*, Handbuch der Wasserbaukunst, 1. Teil, 1, p. 162.

284) Paris, Mém. prés. par div. sav. 13 (1852), p. 54 f.

285) Zeitschr. d. Vereins deutsch. Ingen. 5 (1861), p. 113. Einige Versuche mit einem Strahlrohre und H bis zu 63 m nahm an *Weisbach* anknüpfend *W. Vodička* vor, Zeitschr. d. österr. Ing.- u. Archit.-Ver. 42 (1890), p. 71.

$$h = H:(1{,}027 + 0{,}00048H + 0{,}000956H^2),$$

also grösser[286]). Die Steighöhe wächst überdies mit der Mündungsweite. Bei gleicher Ausflussgeschwindigkeit und Mündungsweite springen die eingeschnürten Strahlen, weil sie dünner sind und durch ihr abwechselndes Zusammenziehen und Anschwellen eher Luft eintreten lassen, weniger hoch, als nicht eingeschnürte.

O. Lueger[287]) und andere[288]) geben Daten über die Höhe, welche nach Zerteilung eines aus einem Feuerwehrstrahlrohre tretenden Strahles die obersten sichtbaren Tropfen erreichen. Besonders eingehend sind aber *J. R. Freeman*'s Untersuchungen solcher Strahlen. Derselbe fand unter anderem die höchste bei Windstille erreichbare Sprunghöhe einer das Strahlrohr unter 75° Neigung verlassenden Wassermasse (also nicht einzelner Tropfen)

$$h = H - 0{,}000113\frac{H^2}{D},$$

worin H die Druckhöhe unterhalb des Strahlrohres und D die Mündungsweite in m bedeutet[289]). Schon schwache Winde beeinträchtigen den Sprung wesentlich[290]). Bei kleinem Druck springt der unter 45° ansteigende Strahl, bei grösserem springen aber flachere Strahlen am weitesten, so dass für $H = 35$ m der günstigste Steigewinkel etwa 32° beträgt[291]).

Den *Zusammenstoss zweier Strahlen* hat *F. Savart*[292]) beobachtet. Treffen sich zwei einander entgegengerichtete wagerechte gleich dicke und schnelle zylindrische Strahlen, so entsteht eine fast kreisrunde lotrechte Scheibe. Der Versuch lässt sich durch Änderung der Öffnungsdurchmesser, der Druckhöhen und der gegenseitigen Lage der Strahlen abändern und liefert dann eine grosse Zahl verschiedener Gebilde[293]).

8d. Bewegung des Wassers innerhalb des sich entleerenden Gefässes. Den Ausfluss einer reibungslosen Flüssigkeit aus einem

---

286) *F. Grashof,* Theoret. Maschinenlehre 1, p. 828 findet, dass

$$\log\left(\frac{H}{h} - 2m\sqrt{H}\right) = nh^2(1 + ph^2),$$

worin m, n und p für das betreffende Mundstück konstant, gelten müsse.

287) *O. Lueger,* Wasserversorgung der Stadt Lahr, Lahr 1884, p. 37.

288) Siehe hierüber *J. R. Freeman,* Amer. Soc. Civ. Eng. Trans. 21 (1889), p. 373.

289) Ebenda, p. 392; siehe auch oben 8b, p. 401.

290) Ebenda, p. 374.

291) Ebenda, p. 387.

292) Ann. chim. phys. 55 (1833), p. 257.

293) Ebenda u. *G. Magnus* in Ann. Phys. Chem. (4) 5 (1855), p. 5 u. f.

grösseren Gefässe durch eine kleine Bodenöffnung kann man in erster Annäherung als strahlenförmige Zuströmung zu einer punktförmigen Öffnung mit einer Geschwindigkeit, die dem Quadrate der Entfernung von der Öffnung umgekehrt proportional ist, auffassen. Das Geschwindigkeitspotential ist dann mit einem Massenpotential identisch, das für die Anziehung gilt, die von einem Massenteilchen im Ausströmungspunkte auf die Punkte des Gefässinnern ausgeübt wird. *B. de Saint-Venant*[294]) sucht auf Grund dieser Auffassung die Kurven, längs welchen sich bei stationärem Vorgange die Teilchen ursprünglich gerader Reihen in aufeinanderfolgenden Zeiten ordnen (Fig. 31). Ist a der lotrechte Abstand einer solchen Reihe von der Öffnung, so haben die zugehörigen Kurven in Orthogonalkoordinaten die Gleichung

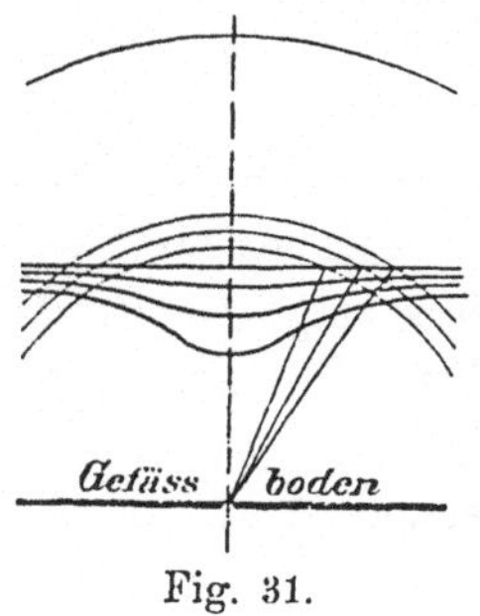

Fig. 31.

$$(114 \qquad x = \pm \sqrt{\left(\frac{m}{1-\frac{z^2}{a^2}}\right)^{\frac{2}{3}} - 1},$$

wobei m der Zeit proportional ist.

Nach der Potentialtheorie ergeben sich nun bei mehreren Öffnungen die resultierenden Geschwindigkeiten als Summe jener, welche die einzelnen Öffnungen gesondert hervorrufen würden. Bei regelmässig angeordneten Öffnungen verlaufen daher in allen Symmetrieebenen die Wasserwege längs dieser Ebenen, sodass man letztere durch feste Wände ersetzen und den unendlich ausgedehnten Behälter in lauter endliche, seitlich begrenzte zerlegen kann. Für den Ausfluss aus solchen fügten *de Saint-Venant* und *A. Flamant* unter Benutzung einer Mittheilung von *J. Boussinesq* ein sehr genaues Rechenverfahren hinzu [295]).

Bei solchem strahlenförmigem Zulauf muss sich die Oberfläche über der Öffnung senken. Bei sehr langsamem Ausfluss, bei welchem die Oberfläche praktisch wagerecht bleibt, müssten also an der Oberfläche Bewegungen gegen deren Mitte hin stattfinden, welche die Nachfüllung des *de Saint-Venant*'schen Trichters bewirken. Nach Beobachtung von *O. Tumlirz*[296]) ist jedoch das Gegenteil der Fall, indem die Spiegelteilchen lotrecht niedersinken (vgl. Fig. 32). Hier sei die Vermutung geäussert, dass dies die Oberflächenhaut bewirkt, welche der Trichterbildung Widerstand entgegensetzt.

294) *B. de Saint-Venant,* Paris C. R. 94 (1882), p. 904, 1004, 1139.

295) Paris C. R. 97 (1883), p. 1027, 1105.

296) Wien, Sitzungsberichte 105[2a] (1896), p. 1024.

Sieht man die Öffnung nicht mehr als punktförmig an, sondern setzt sie selbst aus Teilchen von verschiedener Anziehungskraft, also verschiedener Ausflussgeschwindigkeit $f(xy)$ zusammen, so gelangt man zur Auffassung *J. Boussinesq*'s[297]). Bedeutet φ das Geschwindigkeitspotential, so ist für $z=0$ gemäss der Annahme $\frac{\partial\varphi}{\partial z}=f(xy)$, während für $r=\sqrt{x^2+y^2+z^2}=\infty$ die Grössen φ und $\frac{\partial\varphi}{\partial z}$ endlich bleiben müssen. Die Geschwindigkeit an jeder Stelle wird dabei der Anziehung gleich, die daselbst von einem der Funktion $f(xy)$ proportionalen dünnen Massenbelag der Öffnung ausgeübt wird. In der Annahme über dieses $f(xy)$ liegt das Approximative der weiteren *Boussinesq*'schen Entwickelung. Es gelang bisher überhaupt nicht $f(xy)$ für dreidimensionale Vorgänge so zu wählen, dass sich für den in Geschwindigkeit umgesetzten Teil der Druckhöhe

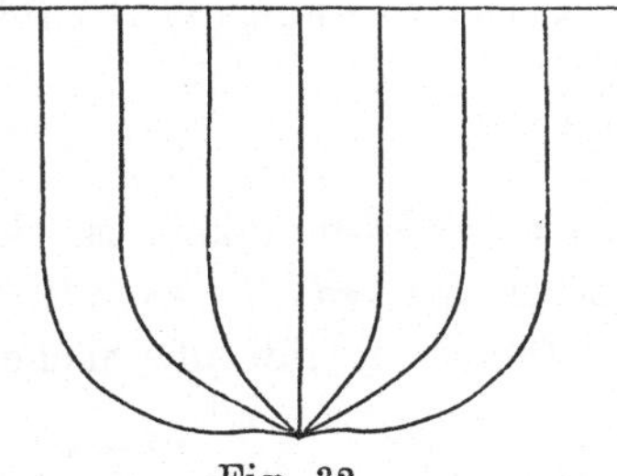
Fig. 32.

$$\frac{1}{2g}\left[\left(\frac{\partial\varphi}{\partial x}\right)^2+\left(\frac{\partial\varphi}{\partial y}\right)^2+\left(\frac{\partial\varphi}{\partial z}\right)^2+2\frac{\partial\varphi}{\partial t}\right]$$

mit der Natur der Aufgabe in Einklang stehende Werte ergaben.

Die Erscheinung des *Wirbels* — der trichterförmigen Einsenkung bei kreisförmiger Bodenöffnung — in einem sich entleerenden Gefässe lässt eine mathematische Behandlung bei Vernachlässigung der Reibung unter der Annahme kreisförmiger Bahnen der Teilchen zu[298]). Dem *Bernoulli*'schen Theorem gemäss muss in der Tiefe z unter dem ursprünglichen Spiegel, wenn auf die Trichterfläche der Druck p_0 wirkt — der Halbmesser des Trichterrandes sei r_0, die Geschwindigkeit u_0 —,

$$\text{(115a)}\qquad \frac{p-p_0}{\gamma}=z-\frac{u^2-u_0{}^2}{2g}$$

297) *J. Boussinesq,* Eaux courantes, p. 536 ff. Bezüglich zweidimensionaler Strömungen siehe *W. Wien,* Lehrb. der Hydrodynamik, Leipzig 1900, p. 101 f., oben p. 399 und IV 16, 1 f. (*A. E. H. Love*), p. 97.

298) *M. Rankine*; vgl. auch *H. Lamb,* Hydrodynamics, Cambr. 1895, p. 30 u. *J. Boussinesq,* Eaux courantes, p. 619. Letzterer schliesst dort (p. 621 f.) weitere Betrachtungen über Wirbel an, bei denen die Reibung nicht wie eben vernachlässigt werden darf, und die sowohl durch Ausfluss als auch durch eine Drehung eingetauchter Zylinder oder durch die Begegnung entgegengesetzter Strömungen hervorgerufen werden kann. Über einen durch einen Stammklotz in einem Fluss erzeugten Wirbel s. *A. Graeff,* Traité d'hydraulique 2, Paris 1883, p. 427; *R. Hartmann,* Wirbel durch schräge Einströmung in ein Gefäss, Zeitschr. f. Gewässerkunde 5 (1903), p. 106.

sein. Das Gleichgewicht der wagerechten Kräfte verlangt, dass die Fliehkraft

$$\frac{\gamma u^2}{g} = \frac{dp}{dr} \tag{115b}$$

sei. Aus (115a) und (115b) folgt $\frac{d}{dr}(ru) = 0$ oder

$$u = \frac{u_0 r_0}{r}, \tag{115c}$$

d. h. die Geschwindigkeit ist dem Halbmesser verkehrt proportional, wie schon *Leonardo da Vinci*[299]) behauptet und *G. B. Venturi* bestätigt hat. Für die Trichteroberfläche geht aus (115a) und (115c)

$$z = \frac{u^2 - u_0^2}{2g} = \frac{u_0^2 z_0^2}{2g}\left(\frac{1}{z^2} - \frac{1}{z_0^2}\right) \tag{115d}$$

hervor.

Wirbel[300]) können sich auch in der Nähe von Wandöffnungen bilden, aber auch einfache Einsenkungen[301]), mit deren Feststellung sich *J. V. Poncelet* und *J. A. Lesbros* bei ihren Versuchen über den Ausfluss befasst haben. Ist der Behälter in der Nähe der Öffnung mit Einbauten versehen, so kann sogar der Spiegel seltsame Formen annehmen.

9. Überfall über ein Wehr.

9a. Der Überfall als seitlicher Ausfluss. Da der Überfallvorgang vielfach zur Ermittlung der Wassermengen verwendet wird, liegen auch für ihn zahlreiche Untersuchungen vor. In roher Annäherung kann man mit *G. Poleni*[302]) einen Überfall als eine Anzahl aneinander stossender Öffnungen auffassen, wobei aus jedem in der Tiefe z_1 unter dem Wasserspiegel befindlichen Flächenelement $dy\,dz_1$ nach dem *Torricelli*'schen Gesetze sekundlich $dy\,dz_1\sqrt{2gz_1}$ ausfliesst. Für einen rechteckigen Wandausschnitt von der Breite b (in m), der vom Spiegel bis zur Tiefe h (in m) hinabreicht, und Austritt in freie Luft (*vollkommener Überfall*, Fall über ein vollkommenes Wehr) liefert dann die Integration für den Ausfluss in $m^3 sec^{-1}$ bei Beifügung eines die Ungenauigkeit des Verfahrens ausgleichenden Koeffizienten[303]) μ

299) Siehe *G. B. Venturi*, Essai sur les ouvrages physico-mathématiques de *Léonardo da Vinci*, Padoue 1797.

300) Paris, Mém. prés. par div. sav. 13 (1852), p. 54.

301) Ebenda 3 (1832), p. 323, 377f. und 13 (1852), p. 51f.

302) De motu aquae mixto, Patavii 1717; del moto misto dell'acque, 33 = Raccolta d'autori, che trattano del moto dell' acque 2. ed. 3, p. 304, Firenze 1767.

303) (*L. G.*) *Du Buat*, Principes d'hydraulique, nouv. édit. Paris 1786, 1, p. 202; 2, p. 114, setzte $\mu = 0{,}646$.

$$(116) \qquad Q = \tfrac{2}{3}\mu b h \sqrt{2gh}.$$

G. Bidone[304]) bestimmte bei rings scharfer Kante $\mu = 0{,}605$.

Hat das Wasser eine Ankunftsgeschwindigkeit U, so tritt zu jeder Druckhöhe z noch eine Geschwindigkeitshöhe $\frac{U^2}{2g}$ (richtiger $\alpha\frac{U^2}{2g}$) hinzu, sodass die Integration nunmehr[305]) nach *J. Weisbach*

$$(117) \qquad Q = \tfrac{2}{3}\mu b \sqrt{2g}\left\{\left(h + \frac{U^2}{2g}\right)^{\frac{3}{2}} - \left(\frac{U^2}{2g}\right)^{\frac{3}{2}}\right\}$$

und abgekürzt, da $\frac{U^2}{2g}$ meist klein ist[306]),

$$(118) \qquad Q = \tfrac{2}{3}\mu b \sqrt{2g}\left(h + \frac{U^2}{2g}\right)^{\frac{3}{2}}$$

giebt.

Die Anwendbarkeit dieser Formeln hängt wesentlich von der Kenntnis der verschiedenen μ ab, mit deren Bestimmung sich viele Beobachter befasst haben. Bei scharfer Überfallkante und scharfen Seitenkanten (Überfall mit vollkommener Strahleinzwängung) ist μ kleiner als bei abgerundeten Wehrrücken und Führungswänden[307]). Bei vollkommenen Überfällen von der Breite des Zulaufgerinnes[308]) (also ohne seitliche Einzwängung) lotrechter Wehrtafel und scharfer Kante fand, wenn die Seitenwände des Untergrabens mit Öffnungen versehen waren, durch welche Luft unter den Strahl treten konnte (*nappe libre*), *H. Bazin*[309]), der Versuche mit Höhen h bis zu 0,6 m vornahm, für $h > 0{,}1$ m die Überfallmenge pro Breiteneinheit

$$(119) \qquad q = \left[0{,}405 + \frac{0{,}003}{h}\right]\left[1 + 0{,}55\frac{h^2}{H^2}\right] h\sqrt{2gh}$$

oder genau genug

$$(119\text{a}) \qquad q = m' h \sqrt{2gh} = \left(0{,}425 + 0{,}212\frac{h^2}{H^2}\right) h\sqrt{2gh},$$

worin H die Wassertiefe im Obergraben vorstellt. Nach *F. Frese*[310])

304) Torino Mem. 28 (1824), p. 295.

305) Hülsse's Maschinen-Encyklopädie, Leipzig 1841, 1, p. 478.

306) *Du Buat*, Principes u. s. w. 1, p. 206.

307) Dass auch bei bester Rundung und Führung $\frac{2}{3}\mu$ höchstens $= 0{,}48$, und nicht, wie man häufig angegeben findet, $= 0{,}57$ werde, betont *W. Heyne*, Zeitschr. des österreich. Ing.- u. Archit.-Vereins 54 (1902), p. 837. Allerdings muss 0,57 als Ausnahme gelten, siehe unten p. 412.

308) Solche untersuchten auch bereits *Du Buat*, Principes 1, p. 206; 2, p. 118 und *G. Bidone*, Torino Mem. 28 (1824), p. 298.

309) *H. Bazin*, Expériences nouvelles sur l'écoulement en déversoir, Paris 1898, p. 25. Schwanken des Strahls: Annales des ponts et chaussées 13[1] (1904), p. 183.

310) Zeitschr. d. Vereins deutsch. Ingen. 34 (1890), p. 1315.

ist q etwas grösser, und er setzt auf Grund eigener Versuche, der von *H. Bazin* und solcher von *H. Castel*[311]), *J. A. Lesbros*[312]), *J. B. Francis*[313]), sowie *A. Fteley* und *F. P. Stearns*[314]), deren h übrigens nicht über die *Bazin*'s hinausgingen,

$$(120) \qquad q = \left[0{,}410 + \frac{0{,}0014}{h}\right]\left[1 + 0{,}55\,\frac{h^2}{H^2}\right] h\sqrt{2gh}.$$

Nach (119) und (120) ist die Wirkung der Ankunftsgeschwindigkeit für nicht zu grosse h bedeutender als nach (117).

Wenn die Seitenwände des Untergrabens keine Luft unter den Strahl treten lassen, kann derselbe verschiedene Formen annehmen, wie zuerst *P. Boileau*[315]) bemerkt hat. Bezeichnet w die Wehrhöhe über der Untergrabensohle und ist $h <$ etwa $\frac{2}{5}w$, so bildet sich unter dem Strahl, der dabei weniger weit springt als der *freie* (Fig. 33), also *zerdrückt* erscheint (*nappe déprimée Bazin*'s), ein luftverdünnter Raum (Fig. 34). Der gedrückte Strahl liefert etwas mehr Wasser als der

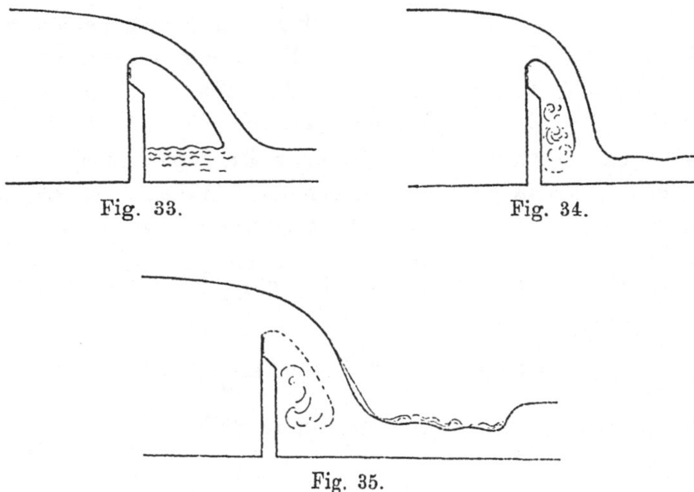

Fig. 33. Fig. 34.

Fig. 35.

freie gleicher Höhe h. Beträgt h mehr als $\frac{2}{5}w$, so kann sich der Unterraum mit wirbelndem Wasser füllen (*unterfüllter Strahl, nappe noyée en dessous*) (Fig. 35). Findet dabei die Wiedererhebung des

311) *J. F. D'Aubuisson de Voisins,* Traité d'hydraulique, 2. éd., Paris 1840, p. 81 f.

312) Paris, Mém. prés. par div. sav. 13 (1852), p. 417.

313) *J. B. Francis,* Lowell hydraulic experiments, 4. Aufl. 1883, p. 124.

314) Amer. Soc. of Civ. Eng. Trans. 12 (1883), p. 52.

315) *P. Boileau,* Traité de la mesure des eaux courantes, Paris 1854.

Wassers entfernt vom Wehr statt (*à ressaut éloigné*), so tritt zum Ausdruck für q in (119a) noch ein Faktor[316])

$$(121) \qquad 0{,}845 + 0.176\frac{w}{h} - 0{,}016\frac{w^2}{h^2}$$

hinzu (Fig. 35). Wenn der Höhenunterschied zwischen Ober- und Unterwasserspiegel $\gtreqless \frac{3}{4}w$ ist, und letzterer nicht zu tief liegt, rückt

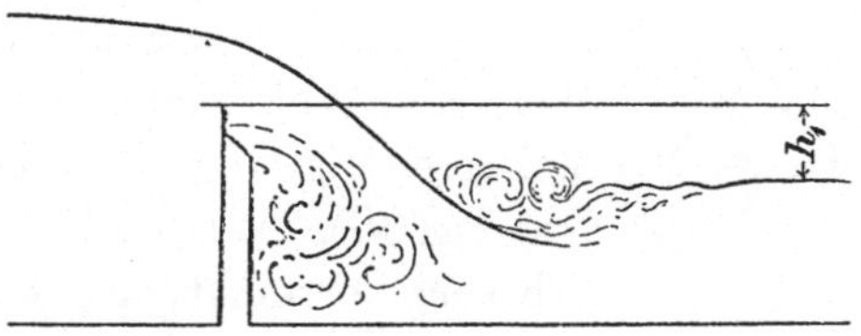

Fig. 36.

die Wiederhebung (der Wassersprung) in die Wehrnähe (*Tauchstrahl, nappe noyée en dessous recouverte en partie par le reflux d'aval*) und beeinträchtigt den Abfluss[317]) (Fig. 36). Wenn die Wehrtafel nicht zu dünn ist und die Überfallkante auf ihrer stromaufwärts gekehrten Seite liegt, kann der Strahl am Wehr haften bleiben (*nappe adhérente*) und bis zu $\frac{1}{3}$ mehr Wasser liefern, als der „freie" von gleichem h (Fig. 37).

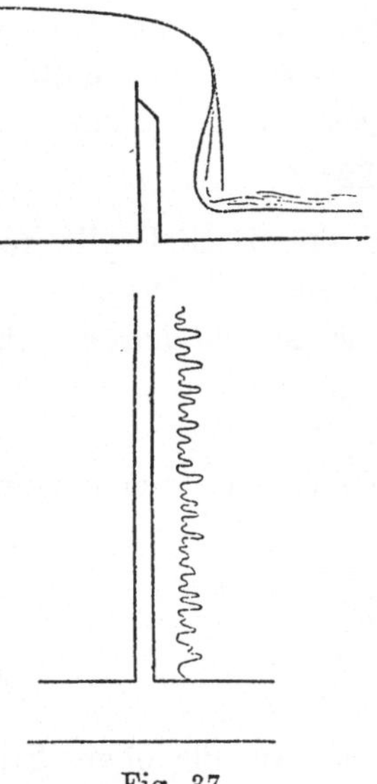

Fig. 37.

Für *vor-* und *rückgeneigte Wehrtafeln*[318]), sowie für Wehre verschiedenster Form, so z. B. für solche mit abgerundetem Rücken, liegen ebenfalls Versuchsreihen von *H. Bazin*, für *Dammbalkenwehre* (*déversoirs à poutrelles*), bei denen das Wasser über einen rechteckigen oder einen stromaufwärts mit einer Abrundung versehenen Balken stürzt, auch welche von *A. Fteley* und *F. P. Stearns*[319]) vor. Von den untersuchten Wehren gab unter Bildung eines „gedrückten" oder „unterfüllten" Strahles ein lotrechtes von 13 cm Dicke mit Ab-

316) *Bazin,* Expériences nouvelles, p. 33.

317) Ebenda, p. 40.

318) Einige Versuche von *C. Canovetti*: Atti del 5to Congresso degli ingegneri ed architetti italiani, sez. 5, tema 11, Torino 1885.

319) Amer. Soc. of Civ. Eng. Trans. 12 (1883), p. 86, 97 u. f. Einige Ver-

rundung die grösste Überfallmenge[320]), nämlich 1,15 bis 1,32 mal so viel, als q unter sonst gleichen Umständen bei scharfer Kante und freiem Strahl betragen hätte.

9b. **Boussinesq's Behandlung des Überfallproblems.** *Boussinesq*[321]) hat die verschiedenen Fälle in einer einheitlichen Theorie, die freilich des Versuchs nicht entraten kann, zusammengefasst. Er setzt die Höhe ε, bis zu der der unterste Faden über die Wehrkante oder den Wehrrücken emporsteigt, als bekannt voraus (vgl. Fig. 38). Wo der Faden seine grösste Erhebung erreicht, ist seine Bewegung offenbar wagerecht und geht in ein Abwärtsfallen über. Er nimmt nun an, dass sämtliche Fäden in derselben Lotrechten kulminieren und daselbst den gleichen Krümmungsmittelpunkt besitzen.

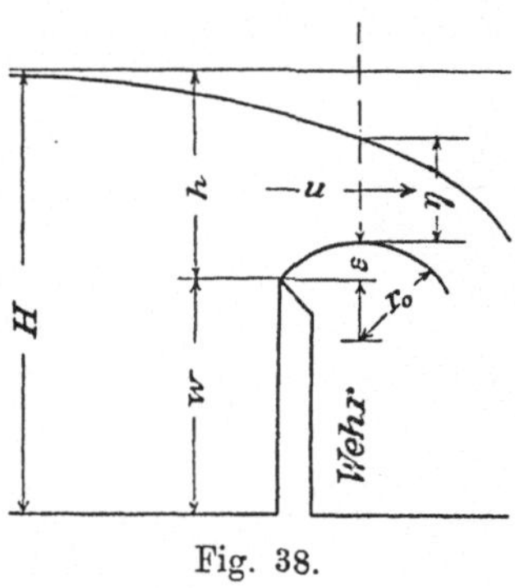

Fig. 38.

Bezeichnet z die Höhenlage eines Scheitels über der Wehrkante, r_0 den Krümmungshalbmesser des untersten und r den eines beliebigen Fadens, so gilt dann

(122) $$r = r_0 + z - \varepsilon;$$

für die Scheitel gilt ferner, weil Fliehkraft, Gewicht der Wasserteilchen und Druckunterschied einander in lotrechter Richtung das Gleichgewicht halten müssen,

(123) $$\frac{1}{\gamma}\frac{dp}{dz} = -1 + \frac{u^2}{gr}\cdot$$

Endlich muss nach dem *Bernoulli*'schen Theorem

$$z + \frac{p}{\gamma} + \frac{u^2}{2g} = h$$

oder

(124) $$1 + \frac{1}{\gamma}\frac{dp}{dz} = -\frac{u}{g}\cdot\frac{du}{dz}$$

sein. Auf die obere Strahlfläche wirkt stets der Luftdruck, so dass für sie $p = 0$ zu setzen ist; der im Scheitel des untersten Fadens gemessene Druck kann aber, wie gesagt, von Null verschieden sein und betrage p_0. Wird noch

suche mit schräg zur Strömungsrichtung laufenden Wehren machte *P. P. Boileau*, Traité de la mesure des eaux courantes, Paris 1854.

320) *Bazin*, Expériences nouvelles, p. 96.

321) Paris C. R. 105 (1887), p. 17, 585, 632.

$$(125)\qquad \frac{p_0}{\gamma(h-\varepsilon)} = -n$$

gesetzt, die lotrechte Strahldicke an den Scheiteln η genannt und eine Hilfsgrösse

$$(126)\qquad k = \frac{\sqrt{h-\eta-\varepsilon}}{\sqrt{(h-\varepsilon)(1+n)}} = \frac{r_0}{r_0+\eta}$$

eingeführt, so liefert die Lösung von (122) bis (124)

$$(127)\qquad q = [k\sqrt{1+n} - (k\sqrt{1+n})^3]\frac{\log\operatorname{nat} k}{k-1}(h-\varepsilon)^{\frac{3}{2}}\sqrt{2g}.$$

Hiermit wäre q immer noch nicht bestimmbar, sodass *Boussinesq* das *Belanger*'sche *Prinzip* zu Hilfe zieht[322]). Nimmt man nämlich ε als gegeben an, so kann man sich den Raum unter dem Strahl durch ein festes Wehr ausgefüllt denken, über das das Wasser mit einem Strahl von der Dicke η stürzt, um als „Unterwasser" weiter zu laufen. Liegt der Unterwasserspiegel tief, so ist er ohne Einfluss auf η und q, und, wenn man ihn ansteigen lässt, so wird seine Einwirkung auf η und hierdurch auf q auch zunächst geringfügig sein. Der Überfall erfolgt also so, als ob $\frac{dq}{d\eta}$ und mithin $\frac{dq}{dk} = 0$ wäre. Das tritt in dem vorliegenden Falle für

$$(128)\qquad \left[\frac{1}{k^2(1+n)} - 1\right]^{-1} = \frac{1}{2}\left[\frac{1}{\log\operatorname{nat} k} - \frac{1}{k-1}\right]$$

ein. *Boussinesq*[323]) hat ferner für lotrechte scharfkantige Wehrtafeln eine Beziehung

$$(129)\qquad \frac{\varepsilon}{h} = \frac{1}{2} - \frac{1}{2(1+k) - k^3(1+n)(2+k)}$$

ermittelt.

Nach (128) folgt für angenommenes k das zugehörige n, dann $\frac{\varepsilon}{h}$ nach (129), dann — da h als gegeben zu betrachten ist — p_0 nach (125). Man erhält also für den gedrückten, haftenden oder unterfüllten Strahl eine Liste zusammengehörender Werte des Ausdruckes q in (127) und der die Strahlform kennzeichnenden Zahl k. Nach den Versuchen *Bazin*'s[324]), die ihm bei lotrechten scharfkantigen Wehrtafeln die Beziehung

---

322) *J. B. Belanger* berechnete in seinen Vorlesungen die Überfallmenge über ein Wehr mit breitem Rücken unter der Voraussetzung, dass sie das Maximum der möglichen Mengen bildet: Ecole royale des ponts et chaussées, Session 1845—1846, Notes sur l'Hydraulique, M. Belanger, p. 33. Siehe auch *Unwin*, Encyclop. brit. 12, p. 472. Die im Text gegebene Überlegung findet sich zuerst bei *A. Flamant* (vgl. Hydraulique, p. 90).

323) Paris C. R. 119 (1894), p. 589, 618, 663, 707.

324) Expériences nouvelles, p. 181.

$$\frac{\varepsilon}{h} = 0{,}112 + 0{,}04\,\frac{p_0+\varepsilon\gamma}{\gamma h}\left(1 + \frac{1}{4}\,\frac{p_0+\varepsilon\gamma}{\gamma h}\right)$$

bezw.

$$\frac{\varepsilon}{h} = 0{,}112 + 0{,}04\,\frac{p_0+\varepsilon\gamma}{\gamma h}\left(1 + 2\,\frac{p_0+\varepsilon\gamma}{\gamma h}\right)$$

für $p_0 <$ bezw. > 0 lieferten, wobei allerdings unter p_0 der Druck an der Wehrkante zu verstehen ist, sind die von *Boussinesq* erhaltenen Werte der Überfallmenge q etwas zu gross, obwohl in (127) die Ankunftsgeschwindigkeit noch nicht berücksichtigt erscheint. Für den freien Strahl hatte übrigens bei Berücksichtigung der Ankunftsgeschwindigkeit *Boussinesq*[325]) in einer früheren Arbeit

$$q = 0{,}4365\left[1 + 0{,}42\,\frac{h^2}{H^2}\right]h\sqrt{2gh}$$

und hiermit q ebenfalls etwas zu gross erhalten, was sich durch seine Annahme konzentrischer statt konvergierender Fäden erklärt.

Hier werde bemerkt, dass für eine gegebene Aussenfläche des Strahles dem *Bernoulli*'schen Theorem gemäss bei Vernachlässigung der Reibung, die Geschwindigkeit, also ein zweiter unendlich naher Faden bestimmt und hiermit wegen der Unzusammendrückbarkeit die ganze Schar der Strömungslinien[326]) gegeben ist. Dieselbe liesse sich z. B. zeichnerisch ermitteln, eine jede Kurve könnte dann einen Wehrrücken bilden und die Wassermasse unter ihr durch ein Wehr ersetzt werden.

9c. **Unvollkommener Überfall. Überfall mit Seitenkontraktion.** Durch Hebung des Unterwasserspiegels über den Wehrrücken macht man das Wehr zu einem Grundwehr und den Überfall *unvollkommen* (*deversoir noyé*) (Fig. 39). Zum Zwecke der Berechnung von q denkt man sich vielfach nach dem Beispiele *L. G. du Buat*'s[327]) den unvollkommenen Überfall aus einem vollkommenen zwischen Ober- und Unterwasserspiegel und einem Ausfluss unter Wasser zwischen letzterem und dem Wehrrücken zusammengesetzt, womit, wenn h_1 und h_2 die Wasserspiegelhöhen vor und hinter dem Wehr über dessen Krone bedeuten,

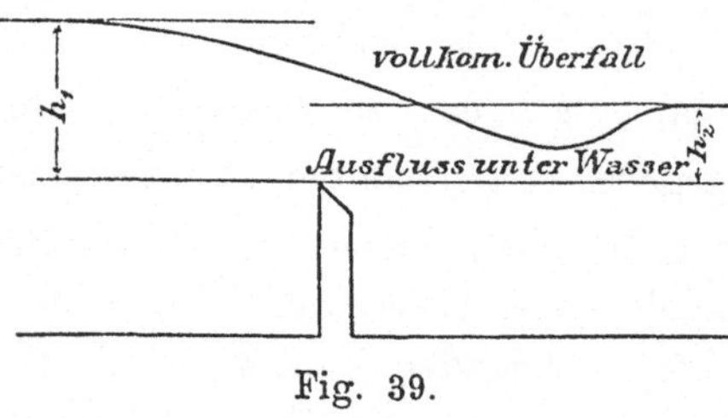

Fig. 39.

325) Paris C. R. 107 (1888), p. 513, 538.

326) Sie bilden eine sogenannte „isothermische Kurvenschar". (S. III D 1, 2, Nr. 24.)

327) *Du Buat*, Principes d'hydraulique, nouv. éd., Paris 1786, 1, p. 207.

$$(130)\qquad q=\sqrt{2g}\left\{\frac{2}{3}\mu_1\left[\left(h_1-h_2+\frac{U^2}{2g}\right)^{\frac{3}{2}}-\left(\frac{U^2}{2g}\right)^{\frac{3}{2}}\right]\right.$$
$$\left.+\mu_{11}h_2\left(h_1-h_2+\frac{U^2}{2g}\right)\right\}$$

oder einem ähnlichen Ausdrucke wird. *A. Salles*[328]), der die Ergebnisse verschiedener Formeln mit der an einem Grundwehr (bei $h_1=6$ und $h_2=5$ m) erhobenen Überfallmenge verglich, fand die Formel von *Mary*[329]),

$$q=0{,}8h_2\sqrt{2g\left(h_1-h_2+\frac{U^2}{2g}\right)},$$

welche nichts anderes als eine Anwendung des *Bernoulli*'schen Prinzips unter Beifügung eines Koeffizienten bildet, am zutreffendsten. *P. Richelmy*[330]) hat für scharfkantige Grundwehre

$$(131)\qquad q=\sqrt{2g}\left\{0{,}601\,(h_1-h_2)\sqrt{\frac{4}{9}(h_1-h_2)+\frac{u^2_{\max}}{2g}}+\right.$$
$$\left.+0{,}629\,h_2\sqrt{h_1-h_2+\frac{u^2_{\max}}{2g}}\right\},$$

worin $u_{\max]}=1{,}25\,U$ sei, und *A. Fteley* und *F. P. Stearns*[331]) haben für solche Wehre

$$q=\mu\left(h_1+\frac{h_2}{2}\right)\sqrt{2g(h_1-h_2)}$$

ermittelt, worin für

$h_1:h_2=$	0,2	0,5	0,65	0,8	0,9	1,0
$\mu=$	0,410	0,388	0,385	0,389	0,389	0,419

sein soll. Übrigens bleibt Gl. (127), weil sie sich auf die Vorgänge im Scheitel bezieht, noch giltig, bis bei stärker steigendem Unterwasser der Überfall plötzlich seine charakteristische Form verliert, der Strahl, der früher ins Unterwasser tauchte, an die Oberfläche schwenkt und ein welliger Spiegel Ober- u. Unterwasser verbindet (*nappe ondulée*) (Fig. 40). Nach *U. Masoni*[332]) darf, damit (127) gelte, für $h_1 \gtreqless$ als die Wehrhöhe w das Verhältnis $h_2:h_1$

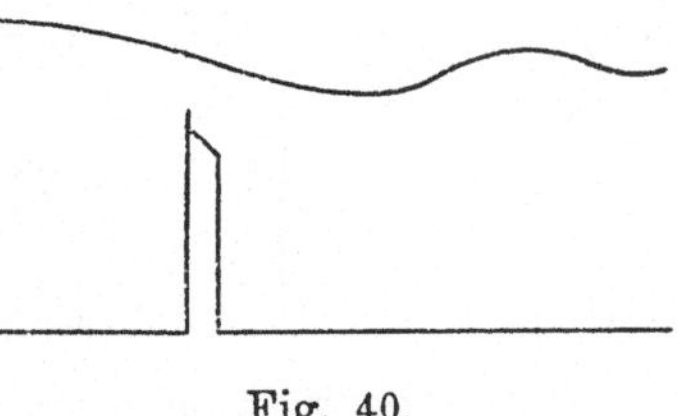

Fig. 40.

328) Ann. d. ponts et chaussées (6) 8 (1884), p. 305.

329) *Salles* nennt die 1860 lithographierten Vorträge *Mary's* an der École des ponts et chaussées.

330) Torino Mem. (2) 14 (1854), p. 309.

331) Amer. Soc. of Civ. Eng. Trans. 12 (1883), p. 105.

332) *U. Masoni*, Idraulica, p. 239.

höchstens 0,6 und für sehr kleine h_1 höchstens 0,2 betragen. Nach *H. Bazin*[333]) gilt für scharfkantige Grundwehre und $h_1 - h_2 \leqq 0{,}7$

$$(132) \quad q = \left[0{,}446 + 0{,}223\left(\frac{h_1}{h_1 + w}\right)^2\right]\left(1 + \frac{1}{5}\frac{h_2}{w}\right)\sqrt[3]{\frac{h_1 - h_2}{h_1}} \cdot h_1\sqrt{2gh_1}.$$

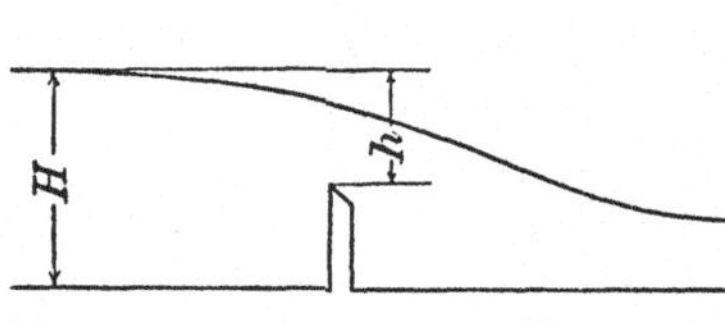

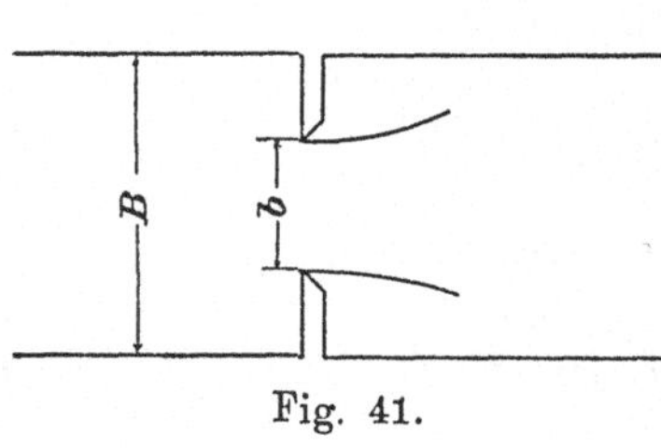

Fig. 41.

Übrigens hat derselbe auch an Grundwehren aus Dammbalken sowie an solchen von dreieckigem und trapezförmigem Querschnitt Messreihen durchgeführt.

Auf die Wirkungsweise von Überfällen mit *Seitenkontraktion* trachtete *N. Braschmann*[334]) das Prinzip der kleinsten Wirkung anzuwenden. Das Ergebnis seiner Rechnung verglich[335]) er mit dem der Versuche von *Castel* und *J. A. Lesbros*. *F. Frese*[336]) fand für ein Zulaufgerinne von der Breite B und der Wassertiefe H, in das eine Wand mit rechteckigem Ausschnitt von der Breite b und der Überfallhöhe h eingebaut ist (Fig. 41), auf Grund eigener Versuche und solcher von *Castel*[337]), *Poncelet* und *Lesbros*[338]), *Lesbros*[339]), *Francis*[340]) *Fteley* und *Stearns*[341])

$$(133) \quad Q = \left\{0{,}5755 + \frac{0{,}017}{h + 0{,}18} - \frac{0{,}075}{b + 1{,}2}\right\}$$
$$\cdot \left\{1 + \left[0{,}25\frac{b^2}{B^2} + 0{,}025 + \frac{0{,}0375}{\frac{h^2}{H^2} + 0{,}02}\right]\frac{h^2}{H^2}\right\}\frac{2}{3}bh\sqrt{2gh}.$$

333) *H. Bazin*, Expériences nouvelles, p. 103, 107 f.

334) Civilingenieur (2) 9 (1863), col. 449. 335) Ebenda, col. 454.

336) Zeitschr. d. Vereins deutscher Ingenieure 34 (1890), p. 1339.

337) *J. F. d'Aubuisson*, Traité d'hydraulique, 2. éd. p. 81, 82.

338) Paris, Mém. prés. par div. sav. 3 (1832), p. 486.

339) Ebenda 13 (1852), p. 79 u. f., 410.

340) *J. B. Francis*, Lowell hydraulic experiments, 4. Aufl., p. 122.

341) Amer. Soc. of Civ. Eng. Trans. 12 (1883), p. 110. Seitdem machte noch *K. Kinzer* (Zeitschr. des österr. Ing.- u. Archit.-Ver. 49 (1897), p. 544 einschlägige Versuche. Sein μ nahm ab, wenn h wuchs, worin er einen Widerspruch mit Angaben *Bazin*'s erblickte, die sich allerdings auf den Klammerausdruck m' der Gleichung (119[a]) bezogen. *C. Canovetti*, Annali della Società degli Ingegn. e delgi Architetti ital. 6 (1891), fasc. 2, 6 schloss aus eigenen Ver-

J. Hermanek[342]) hat das von ihm zur Berechnung des Ausflusses angewendete Verfahren auch auf Überfälle mit und ohne seitliche Strahleinzwängung angewendet und derartige Annahmen gemacht, dass er für lotrechte Wehrwände mit der Erfahrung stimmende Formeln erhielt.

Für unvollkommene scharfkantige Überfälle mit seitlicher Strahleinziehung setzte *P. Richelmy*[343]) auf Grund eigener Versuche für $h_1 : h_2 = 1{,}2$ bis $4{,}5$, ferner $b : (h_1 - h_2) = 2$ bis 7 und geringe Ankunftsgeschwindigkeit

$$(134) \qquad Q = b\sqrt{2g(h_1 - h_2)}\,\{0{,}3787(h_1 - h_2) + 0{,}6172 h_2\}.$$

B. Tolman[344]) stellte eine Betrachtung an, deren Ergebnis sich durch die mit (134) ähnliche Form

$$Q = b\sqrt{2g(h_1 - h_2)} \cdot \mu \frac{2h_1 + h_2}{3}$$

ausdrücken lässt. Er fand an einer Flossschleuse in der Moldau dieses $\mu = 0{,}64$.

J. A. Lesbros[345]) beschränkte durch Einbauten die Zusammenziehung des Strahles und fand unter anderem, dass bei gegebener Überfallbreite die Hebung einer eingebauten Sohle eine Zu- oder Abnahme von Q bewirkte, je nachdem lotrechte Leitwände weit von der Öffnung abstanden oder nahe an letztere gerückt worden waren.

Für den Einlauf in eine an einen rechteckigen Wandausschnitt eines Behälters anstossende Rinne giebt derselbe Experimentator[346]) den Ausdruck

$$Q = 0{,}474 \text{ bis } 0{,}60\, b h_1 \sqrt{2g(h_1 - h_2)},$$

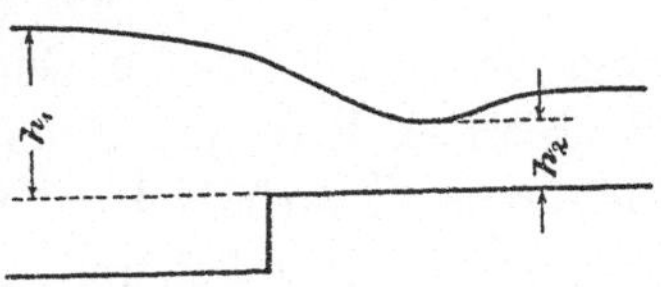

Fig. 42.

wobei er unter h_2 nicht die Höhe des Unterwasserspiegels, wo er eben ist, sondern die des sich stromab von der Einlauföffnung bildenden Wellenthales über der Rinnensohle versteht[347]) (Fig. 42).

---

suchen, dass bei Seiteneinzwängung der Einfluss der Ankunftsgeschwindigkeit, weil sie die Strahlform ändert, besonders gross sei.

342) Wien. Ber. 112 (1903), p. 901 f.

343) Torino Mem. (2) 14 (1854), p. 299.

344) Allgemeine Bauzeitung 69 (1904), p. 104, 106; s. a. *B. Tolman*, Österr. Wochenschr. f. d. öffentlichen Baudienst 11 (1905), p. 405, 424.

345) Paris, Mém. prés. par div. sav. 13 (1852), p. 222.

346) Ebenda, p. 251, 437, 490. Siehe oben die Bemerkung von *Salles*.

347) *G. von Wex* kommt in seiner Hydrodynamik (Leipzig 1888) dem lebhaften Bedürfnis nach Formeln für Wehre nach, welche stromauf mit einer Böschung und Flügeln versehen sind, und verschiedenartige Grundrisse aufweisen, indem er Komponenten der hydraulischen Druckkräfte auf Flügel u. dergl. zum

Als Grundwehr von der Höhe Null mit Seiteneinzwängung kann man auch seitliche Einengungen bei durchlaufender Sohle (*Grundablässe, Schiffsdurchlässe*) betrachten. *J. A. Lesbros*[348]) und auch *P. Richelmy*[349]) geben für verschiedene von ihnen getroffene Anordnungen Koeffizientenreihen. Für vollkommene Abrundung an der Übergangsstelle kann man auch (130) benutzen[350]). *P. Richelmy*[351]) fand für diesen Fall

$$(135)\quad Q = b\sqrt{2g}\left\{0{,}299(h_1 - h_2)\sqrt{\tfrac{4}{9}h_2 + \frac{U^2}{2g}} + 0{,}855 h_2\sqrt{h_2 - h_1\frac{U^2}{2g}}\right\}.$$

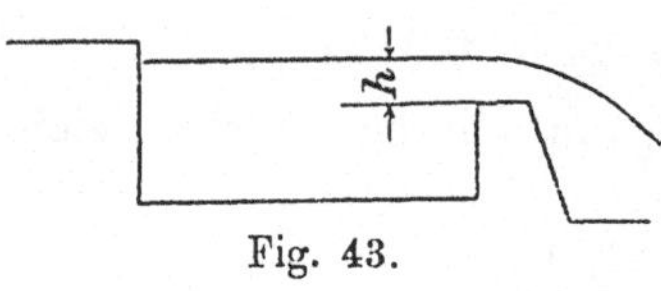

Fig. 43.

Alle bisher aufgezählten Angaben beziehen sich auf rechteckige Ausschnitte; anders gestaltete sind selten untersucht worden, so z. B. von *C. Cipolletti*[352]) trapezförmige.

Wenn die Seitenwand eines Gerinnes mit einem Ausschnitt versehen ist (*Streichwehr* der Kraftanlagen, *Notauslass* der städtischen Siele) (Fig. 43), so gilt gleichzeitig näherungsweise bei Einführung einer Abszisse x in der Richtung des Wandausschnittes

$$(136)\quad \begin{cases} Q = FU = F\cdot\sqrt{RJ} \\ \text{und} \\ \dfrac{dQ}{dx} = \tfrac{2}{3}\mu z\sqrt{2gz}, \end{cases}$$

worin der durchflossene Querschnitt F und der Profilradius R bei zylindrischem Bett nur Funktionen der Höhe z des Spiegels über der Wehrkrone (Überfallschwelle) sind. Durch schrittweises Vorgehen vermag man selbst bei unregelmässigem Bett den entstehenden Spiegel

statischen Druck auf die Öffnung und zur Geschwindigkeitshöhe $U^2:2g$ addiert. Dabei berücksichtigt er $U^2:2g$ in üblicher Weise, also so, als ob alles Wasser diesen Druck äusserte, statt jene Wassermasse ausser Betracht zu lassen, die bereits die erwähnten Komponenten lieferte (vergl. *F. Frese,* Zeitschr d. Ver. deutscher Ingenieure 32 (1888), p. 808). Für μ giebt *v. Wex* (p. 124) einen Ausdruck (mit dem seine Tabelle 6. nicht stimmt), nach welchem für Wehre, die länger als etwa 100 m sind, $\mu > 1$ würde. — Für Grundwehre stellt *v. Wex,* der Ansicht, dass abfliessendes Unterwasser eine Saugwirkung ausübe, Formeln auf, die für die Wehrhöhe Null und $h_1 = h_2$ eine Überfallmenge $Q > cbh_1$ statt $= cbh_1$ ergeben.

348) Paris, Mém. prés. par div. sav. 13 (1852), p. 489.

349) Torino Mem. (2) 14 (1854), p. 305 u. f.

350) Vergl. *K. Pestalozzi,* der allerdings $\mu_1 = \mu_{11}$ bedeutend zu hoch, nämlich $= 0{,}83$ schätzte, im Handb. d. Ingenieurwissenschaften, Wasserbau, 1879, p. 344.

351) Torino Mem. (2) 14 (1854), p. 315.

352) Giorn. del genio civile (4) 6 (1886), p. 24 u. f.

auszumitteln. Auch kann man unschwer die Spiegelgleichung aufstellen, wenn man mit *P. Kresnik*[353]) annimmt, dass bei vollkommenem (bezw. unvollkommenem) Überfall sowohl die Wasserführung des Gerinnes unterhalb der Wehrkrone (bezw. des Unterwasserspiegels) als auch die Geschwindigkeit oberhalb der Wehrkrone (bezw. des Unterwasserspiegels) von z unabhängig seien. Ohne derartige Vereinfachungen ist aber die Lösung noch nicht gegeben worden.

Noch nicht behandelt ist (von *A. Ritter's* auf Seite 377 erwähnter Dammbruchkurve abgesehen) die Frage, wie sich bei Erhöhung oder Senkung eines Wehres in einem Wasserlauf dessen Spiegel im Laufe der Zeit ändert, also der nicht stationäre Stau.

B. Tolman[354]) befasste sich mit der Aufgabe, die Stelle oberhalb eines Wehres aufzusuchen, wo die Spiegelunterschiede am grössten werden, wenn dèr Stauspiegel am Wehr selbst vorgeschrieben und demnach bei wechselnder Wasserführung das Wehr entsprechend zu verstellen ist.

IV. Oscillatorische Bewegung des Wassers.

10. Wellen, insbesondere in Wasserläufen.

10a. Einteilung der Wellen. Die Wellen[355]) können zunächst in *oscillatorische* und *translatorische* geschieden werden, falls man eine translatorische Welle (Einzelwelle, *solitary wave*) nicht lieber als Anschwellung bezeichnen will.

Die *oscillatorischen Wellen*[356]) von einer Wellenlänge $2l < 0{,}5$ cm (Wellen dritter Ordnung) hängen wesentlich von der Oberflächenspannung, die mit $2l$ zwischen 0,5 und 10 cm (Wellen zweiter Ordnung) von der Oberflächenspannung und der Schwere, jene mit $2l > 10$ cm (Wellen erster Ordnung) wesentlich von der Schwere ab. *W. Thomson*[357]) fand, dass die Fortpflanzungsschnelligkeit für $2l = 1{,}7$ cm am kleinsten (etwa 23 cm $\sec^{-1}$) ist, und bezeichnete Wellen von

---

353) Der Wasser- u. Wegebau 4 (1905), p. 57; siehe auch *J. Hermanek,* Zeitschr. des österr. Ingen.- u. Archit.-Ver. 45 (1893), p. 623, 637, 653. Bemerkt werde, dass es ferner leicht ist, für wagerechte Gerinnesohle und Wehrkrone Q als Funktion von z darzustellen.

354) Zeitschrift des österr. Ingen.- u. Archit.-Ver. 57 (1905), p. 132.

355) Von den Schallwellen wird hier überhaupt abgesehen; siehe bez. derselben IV 25 (*H. Lamb*). Lehrbuch über Meereswellen: *J. Pollard* et *A. Dudebout,* Théorie du navire 3, Paris 1892.

356) *O. Riess,* Repert. d. Phys. 26 (1890), p. 109. Vgl. auch unten Nr. 10 f.

357) Phil. Mag. (4) 42 (1871), p. 368.

geringerer Länge als *ripples.* Die Wellen erster Ordnung[358]) (*Wogen*) können noch unter der unmittelbaren Einwirkung des Windes stehen und bilden dann den *Seegang* oder die *See* (*G. B. Airy*'s[359]) *forced waves*). Nach Aufhören des Windes ändern die Wogen ihre Form und bleibt die *Dünung* oder der *Schwall* (*houle, swell, Airy*'s *free waves*) mit (annähernd) geschlossenen Bahnen der Wasserteilchen zurück. Durch Wirkung leichter Brisen und Reflexionen treten zur eigentlichen Dünung (*underswell*) noch andere Wellensysteme hinzu. Unter der Einwirkung von Wind, Gegenströmung oder Nähe der Sohle können sich die Wellen in *Brander* oder *Roller* (*brisants, breakers*) mit überstürzenden Kämmen verwandeln. Die Wellenbewegung nimmt im Meer von oben nach unten in der Regel stark ab, kann aber aus örtlichen Ursachen in 100 und mehr Meter Tiefe noch bedeutend sein und heisst dann *Grundsee.* Interferenz kann die Bildung stehender Wellen (*Plätscherwellen, clapotis*) bewirken.

Wellen überhaupt entstehen[360]) aus den verschiedensten Ursachen; giebt doch beispielsweise Entnahme oder Einguss von Wasser, Eintauchen oder Herausziehen eines Festkörpers, Bewegung eines solchen im Wasser, Erschütterung der Oberfläche, Wind, ja einfache Strömung Anlass zur Wellenbildung.

10b. Dünung. Von einer Wellentheorie[361]) verlangt man zunächst nur, dass die durch sie dargestellte Bewegung möglich sei, dass heisst, dass sie die Kontinuitätsbedingung und die mechanischen Gesetze erfülle. Hierbei wird zwar die Reibung vernachlässigt, also z. B. der Aussendruck senkrecht zur Oberfläche angenommen, aber doch auf Wirbelfreiheit im *Helmholtz*'schen Sinne verzichtet.

Für *unendlich tiefes Wasser* wird den genannten Forderungen die Theorie *F. Gerstner*'s[362]) gerecht, nach welcher jedes Teilchen (X, Y) (vgl. Fig. 44), das vor Eintritt des Wogens (der Dünung) in der Tiefe

$$Y = z - \frac{\pi(R^2 - r^2)}{2l} \tag{137}$$

---

358) Vergl. *G. von Boguslawski* u. *O. Krümmel,* Handbuch der Ozeanographie 2, Stuttgart 1887, p. 36, 91.

359) Encyclopaedia Metropolitana, „Tides and waves" 1845.

360) Siehe unten p. 429.

361) Eine möglichst vollständige Darstellung der Wellentheorien gaben *B. de Saint-Venant* und *A. Flamant,* Ann. des ponts et chaussées (6) 13 (1887), p. 31; 15 (1888), p. 705. Vgl. auch IV 16, Nr. 5 (*A. E. H. Love*), p. 130.

362) *F. Gerstner,* Theorie der Wellen, Prag 1804; Gilbert's Ann. d. Phys. (2) 2 (1809), p. 412.

unter dem Spiegel gelegen war, in der Dünung mit der Winkelgeschwindigkeit $\sqrt{\frac{\pi g}{l}}$ einen Kreis

$$(138)\qquad \begin{cases} x = X + r \sin \pi\left(\frac{t}{T} - \frac{X}{l}\right) \\ y = Y - r \cos \pi\left(\frac{t}{T} - \frac{X}{l}\right) - \frac{\pi r^2}{2l} \end{cases}$$

mit dem Halbmesser

$$(139)\qquad r = Re^{-\frac{\pi z}{l}}$$

beschreibt. In (139) bedeutet $R \overline{\gtrless} (l : \pi)$ den Halbmesser der von den Spiegelteilchen beschriebenen Kreise, $2l$ die Wellenlänge von

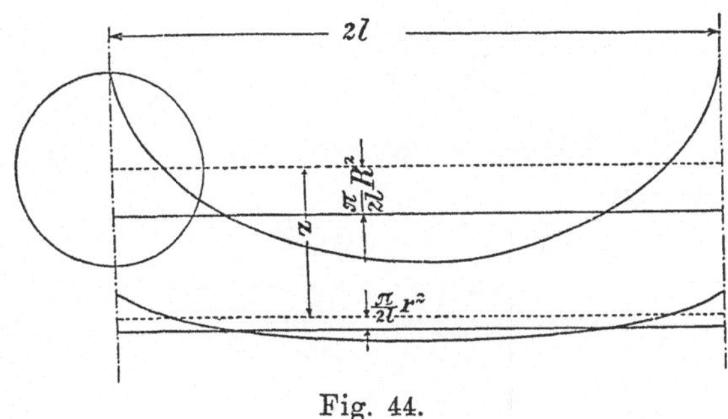

Fig. 44.

Scheitel zu Scheitel. Die Fahrstrahlen von den betreffenden Mittelpunkten zu den ursprünglich in einer Lotrechten gelegenen Teilchen bleiben nach (138) parallel, während für gleiche Unterschiede von X die Fahrstrahlen gleiche Winkel mit einander einschliessen. Während jedes Teilchen einen vollen Kreis durchläuft, schreiten die Wellen mit der Schnelligkeit

$$(140)\qquad w = \sqrt{\frac{gl}{\pi}} = 1{,}77\sqrt{l}$$

um eine Wellenlänge $2l$ vorwärts. Je grösser $R : l$ ist, desto ausgeprägter ist die Wellenlinie, die für $R = l : \pi$ eine gemeine Cykloide (Trochoide) mit lotrechter Spitze bilden würde. (Erinnert werde[363]), dass für wirbelfreie Bewegung *G. G. Stokes* einen dachförmigen Kamm von 120° Flächenwinkel fand.)

Die Prüfung von (140) ist von einem Schiffe aus, das mit bekannter Geschwindigkeit unter bekanntem Winkel zum Seegang fährt,

363) Vergl. IV 16, Nr. 5g (*A. E. H. Love*), p. 138.

durch Messung der zwischen der Begegnung der Wogen verfliessenden Zeit möglich; diese Messungen haben (140) bestätigt[364]).

Gerstner's Dünung besitzt bei geringfügiger Erhebung der Teilchen in erster Annäherung ein Geschwindigkeitspotential und dann zugleich ein Potential der Verschiebungen[365]); ersteres hat die Grösse

$$R w e^{-\frac{\pi Y}{l}} \sin \pi \left(\frac{X}{l} - \frac{t}{T}\right).$$

Für *endliche Tiefe* H kennt man noch keine Lösung, welche die eingangs genannten Bedingungen vollständig erfüllt. Doch ist die Annäherung eine grosse, wenn man mit *Boussinesq*[366]) die Abhängigkeit der Koordinaten eines Teilchens von der Zeit t durch

$$(141) \qquad \begin{cases} x = X + a \sin \pi \left(\frac{t}{T} - \frac{X}{l}\right) \\ y = Y_0 - b \cos \pi \left(\frac{t}{T} - \frac{X}{l}\right) \end{cases}$$

ausdrückt, also die Teilchen Ellipsen[367]) beschreiben lässt. In (141) sind die Halbachsen

$$(142) \qquad \begin{cases} a = R \dfrac{\operatorname{Cos} \pi \frac{H - Y_0}{l}}{\operatorname{Sin} \pi \frac{H}{l}} \\ b = R \dfrac{\operatorname{Sin} \pi \frac{H - Y_0}{l}}{\operatorname{Sin} \pi \frac{H}{l}} \end{cases}$$

gedacht und nach (141) ergiebt sich die halbe Umlaufszeit

$$(143) \qquad T = \sqrt{\frac{\pi l}{g} \operatorname{Cotang} \pi \frac{H}{l}},$$

ferner die Schnelligkeit, wie schon *Airy* gefunden hatte und auch aus den Arbeiten von *Laplace* und *Poisson* hervorgeht, zu

$$(144) \qquad w = \sqrt{\frac{g l}{\pi} \operatorname{Tang} \pi \frac{H}{l}},$$

also kleiner, als sie bei unendlicher Tiefe gefunden wurde. Eine ge-

364) In Betreff der zugehörigen Litteratur sei auf *G. v. Boguslawski* und *O. Krümmel*, Handb. der Ozeanographie, 2, Stuttgart (1887), p. 37 u. f. verwiesen.

365) *J. Boussinesq*, Paris C. R. 120 (1895), p. 1240, 1310; 121 (1895), p. 15.

366) Eaux courantes, p. 334.

367) *Kelland* lässt sämtliche Teilchen Kreise beschreiben, wodurch der Kontinuitätsbedingung nicht so gut entsprochen wird, Edinb. Soc. Trans. 14 (1840) u. 15 (1844). Vgl. auch IV 16, Nr. 5b (*A. E. H. Love*), p. 131.

wisse Bestätigung der Theorie geben die Photographien die (*É. J.*) *Marey*[368]) von aufeinander folgenden Stadien in einem Versuchstroge erregter Wellen anfertigte. *J. Boussinesq*[369]) bemerkt, die algebraische Durchführung anderen überlassend, dass die innere Reibung den wagerechten Ausschlag verkleinern und infolge dessen den lotrechten vergrössern müsse, so dass Umlaufs-Ellipsen[370]) mit lotrechter grosser Axe entstehen können. Ferner werde die Schnelligkeit vermindert, die Schwingungsdauer für gegebene Wellenlänge verlängert.

Die *Energie* E einer Dünung (houle) berechnet er[371]) bei *unendlicher Tiefe* pro Flächeneinheit des Spiegels zu $\gamma \frac{R^2}{2}\left(1 - \frac{\pi^2 R^2}{2 l^2}\right)$, worin γ das Eigengewicht bedeutet. Sie nimmt für schwache, und infolge dessen laminare Bewegung nach Aufhören der erregenden Ursache der Reibung wegen mit der Zeit nach dem Gesetze

$$E = E_0 e^{-2\alpha t}$$

ab, worin α die Dämpfungszahl (coefficient d'extinction) der Zeit bedeutet[372]) und, falls ε den Koeffizienten der inneren Reibung bezeichnet,

$$\alpha = \frac{2\pi^2 \varepsilon}{\varrho l^2} \tag{145}$$

ist, zugleich verringern sich die Schwingungsweiten proportional $e^{-\alpha t}$, während sich weder Wellenlänge noch Schwingungsdauer ändern. Nach (145) ist es die Reibung, die von verschiedenen Wellensystemen jene mit kürzeren Längen $2l$ zuerst vernichtet und nur eines oder wenige fortbestehen lässt[373]). Ist ε zwar konstant aber gross, so wird[374])

368) Paris C. R. 116 (1893), p. 913.

369) Eaux courantes, additions et éclaircissements = Paris, Mém. prés. par div. sav. 24 (1877), Nr. 2, p. 23.

370) Solche hat *Emy* ohne Begründung angenommen: *A. R. Emy*, Du mouvement des ondes et des travaux hydrauliques, Paris 1831, p. 13.

371) Eaux courantes, additions et éclaircissements, p. 21; siehe auch IV 16, Nr. 5d (*A. E. H. Love*), p. 133: Energie nach Lord *Rayleigh*; sowie *Love*, IV 16, Nr. 6b, p. 145: Dämpfung nach *A. B. Basset* und *Hough*. Dämpfung mit der Entfernung: *J. Boussinesq*, Paris C. R. 121 (1895), p. 19.

372) Eaux courantes, additions et éclaircissement, p. 34. — In der englischen Literatur wird $1 : \alpha$ als modulus of decay bezeichnet. *Stokes* hat α bereits in den Cambr. Phil. Soc. Trans. 9 (1856) berechnet, allerdings irrtümlich doppelt so gross.

373) Nach *H. v. Helmholtz*, siehe unten p. 432, vermindert der Wind die Zahl der Systeme, indem er sie teilweise zum Branden bringt.

374) *Tait*, Edinburgh Proc. Roy. Soc. 17 (1890), p. 114; *A. E. Basset*, Amer. J. of math. 16 (1894), p. 92; *Lamb*, Hydrodynamics, p. 548.

$$\alpha = -\frac{l\gamma}{2\pi\varepsilon},$$

in welchen Ausdruck bei Vereinfachung auch ein genauerer von *W. Wien*[375]) übergeht. Bei solcher Zähigkeit glättet sich die Wellenfläche allmählich ohne Schwingungen.

Bei *endlicher Tiefe* bewirkt die Aussenreibung eine Vergrösserung von α, welches *S. S. Hough*[376]) zu

$$(146) \qquad \frac{2\pi^2\varepsilon}{\varrho} + \sqrt{\frac{\pi^3\varepsilon}{8\varrho l^3}}\sqrt[4]{\frac{gl}{4\,\mathfrak{Sin}^3\frac{\pi H}{l}\,\mathfrak{Cos}^5\frac{\pi H}{l}}}$$

bestimmt. Bei langen Wellen und tiefem Wasser kann hierfür der schon früher von *J. Boussinesq*[377]) gefundene Wert

$$(147) \qquad \sqrt{\frac{\pi\varepsilon}{8\varrho l}}\sqrt[4]{\frac{g}{H^3}}$$

gesetzt werden.

Der Umstand, dass bei allen diesen Entwickelungen die Bewegung laminar mit konstantem ε angenommen werden musste, macht eine Experimental-Untersuchung über die Dämpfung wünschenswert.

Auch die bei Herausziehen eines Körpers, der ein wenig ins Wasser eingetaucht war, sowie bei einem Schlag auf ein kleines Oberflächenstück entstehenden Wellen, die stets nach einiger Zeit die einfache Dünungsform und gleiche Längen annehmen, werden im Laufe der Zeit niedriger[378]) und zwar proportional $\sqrt{t}$.

Nach (144) nimmt die Schnelligkeit w mit der Tiefe ab. Hiermit steht die bekannte Erscheinung im Einklange, dass sich in der Nähe des Ufers die Wellenkämme parallel zu ihm richten[379]). Übrigens wäre nach (144) diese Abnahme, wie *H. v. Helmholtz* bemerkt, erst bei recht seichtem Boden erheblich, indem beispielsweise für $H = l$ der Ausdruck $\sqrt{\mathfrak{Tang}\,\pi\frac{H}{l}}$ noch $= 0{,}952$ ist[380]).

375) *W. Wien,* Lehrbuch der Hydrodynamik, Leipzig 1900, p. 282.

376) London Proc. math. Soc. 28 (1897), p. 275.

377) J. de math. (3) 4 (1878), p. 355.

378) *J. Boussinesq,* Paris C. R. 94 (1882), p. 71, 127.

379) Siehe z. B. *G. Hagen,* Handbuch der Wasserbaukunst, 3. Theil, 1. Bd. Berlin 1863, p. 21. Dass Ausnahmen vorkommen können betont *A. de Caligny,* Paris C. R. 76 (1873), p. 34.

380) Berlin Ber. 1889, 2. Halbbd., p. 772. — Dass mit dem Wogen eine Druckabnahme verbunden ist, siehe unten p. 427.

10c. Durchdringung, Zurückwerfung und Beugung. Wellensysteme[381]) können sich durchdringen (eine *Kreuzsee* bilden), wobei die Wellen nach der Kreuzung unverändert weiter gehen. Daher bildet auf hoher See eine durch mehrere durcheinanderlaufende Wellen hervorgerufene Unregelmässigkeit die Regel[382]). Immerhin zeigen aufeinander folgende Meereswogen einen gewissen Rhythmus, so dass beispielsweise bei den Römern[383]) jeweils die zehnte Woge als die höchste galt. Während der Begegnung gegen einanderlaufender gleich hoher Wellen, bei welcher das Wasser auf die 1,79fache Höhe der einfachen Wellen stieg[384]), beobachteten *E. H.* und *W. Weber* eine kleine Verzögerung. Von festen Wänden werden die Wellen zurückgeworfen, wobei nach den Versuchen der Brüder *Weber* während des Anprallens die Höhe etwa auf das 1,7fache wächst[385]). Durch Scheidewände, die nicht bis zur Sohle reichen, werden die Wellen gespalten[386]). Addiert man die Ausschläge verschiedener Systeme, so entspricht die berechnete Bewegung zwar noch der Kontinuitätsbedingung, aber nicht mehr vollkommen den mechanischen Gesetzen. Endlich sei bemerkt, dass sich nach *O. Reynolds*[387]) Wirbel mit Wellen in der Weise verbinden können, dass eine Grenzfläche den wirbelnden Teil der Flüssigkeit vom wogenden scheidet.

Praktisch wichtig, aber nicht genügend erforscht ist die Verstärkung des Seeganges in trichterförmigen Buchten[388]), sowie dessen Schwächung in Hafenbecken, in die er durch eine Öffnung eintritt. Hierbei findet eine *Beugung*[389]) der Wogen statt. Bedeutet b die Öffnungsweite, so bildet in der Entfernung y vom Eingang die Welle einen Bogen vom Halbmesser y (in Metern), und hat dieser Bogen die

---

381) Für Kräuselwellen liegen Versuche von *J. H. Vincent* vor, Phil. Mag. (5) 43 (1897), p. 411; (5) 45 (1898), p. 191; (5) 48 (1899), p. 338; für grössere Wellen solche von *E. H.* u. *W. Weber*, Wellenlehre, Leipzig 1825.

382) *W. Laas*, Photographische Messung der Meereswellen, Zeitschr. des Vereins deutscher Ingenieure 49 (1905), p. 1979.

383) *v. Boguslawski-Krümmel*, Handb. der Ozeanographie 2, zitieren p. 52 Ovid (Tristien 1, 2, 48) u. andere Autoren.

384) *E. H.* und *W. Weber*, Wellenlehre, Leipzig 1825, p. 216, 221.

385) Ebenda, p. 227.

386) Ebenda, p. 236.

387) *O. Reynolds*, London Royal Inst. Proc. 1893 = Papers 2, p. 533.

388) *A. de Caligny*, Recherches sur les oscillations, p. 258 = Paris C. R. 75 (1872), p. 186. Verstärkung des Seeganges an Vorgebirgen erwähnt *A. Cialdi*, Sul moto ondoso del mare, 2. ed., Roma 1866, p. 139.

389) *E. H.* u. *W. Weber*, Wellenlehre, p. 246.

Länge B, so beträgt nach *Th. Stevenson* das Verhältnis der späteren zur ursprünglichen Wellenhöhe[390])

$$(148) \qquad \sqrt{\frac{b}{B}} - \frac{1}{50}\left(1 + 1{,}35\sqrt{\frac{b}{B}}\right)\sqrt[4]{y}.$$

Eine Welle wird auch flacher, wenn sie aus seichtem in tiefes Wasser tritt[391]). Endlich kann eine Flutströmung die Wellen zum *Brechen* bringen und dadurch die hinterliegende Fläche schützen[392]).

10d. Das Branden der Wellen. Über die Bewegung in der Tiefe bei ansteigendem Grund herrscht trotz bezüglicher Bestrebungen *P. A. Cornaglia*'s[393]) Unklarheit. Über steil aufsteigenden, wenn auch tiefliegenden Bänken können die Wellen sich brechen (*branden*), wenn Sturm herrscht, wofür *A. Cialdi*[394]) zahlreiche Belege bringt. Der Grund dürfte sein, dass die Sohlenvorsprünge ein Zusammendrängen der Wasserfäden verursachen. Übrigens brechen lange, wenn auch niedrige Wellen der Dünung schon über größeren Tiefen als gewöhnliche Wellen[395]). Nach *D. D. Gaillard*[396]) nimmt, wenn eine Welle allmählich aus der Tiefe H_1 in die Tiefe H_2 gelangt, ihre Schnelligkeit nach der Formel

$$w_2 = 0{,}9\, w_1 \sqrt[4]{\frac{H_2}{H_1}}$$

ab.

Bei *geringer Tiefe* bewirkt die Reibung zwischen den Wasserschichten, dass wie Versuche von *G. Hagen* (mit rhythmischer Bewegung einer geeigneten Vorrichtung) dartaten[397]), übereinander gelegene Teilchen merklich gleiche wagerechte Geschwindigkeiten annehmen (*Grundwellen*). Nahe am Ufer brechen oder branden[398]) die Wellen daher, das heisst es geht die oszillierende Bewegung in die fort-

390) *Th. Stevenson,* The design and construction of harbours, 3. edit., Edinburgh 1886, p. 165; ders., Edinb. Phil. Journ. 54 (1853), p. 378.

391) *J. Scott-Russell,* Brit. Ass. Report, 7. meeting held at Liverpool 1837, London 1838, p. 451.

392) *Th. Stevenson,* The design and construction of harbours, 3. edit., Edinburgh 1886, p. 65.

393) Ann. des ponts et chaussées (6) 1 (1881), p. 589; J. de math. (3) 7 (1881), p. 289.

394) *A. Cialdi,* Sul moto ondoso del mare, 2. ed., Roma 1866, p. 184 u. f.

395) *W. H. Wheeler,* The Sea-Coast, 2. impr., London 1903, p. 10.

396) Engineer. News 53 (1905), p. 190 nach Professional paper Nr. 31 of the Corps of Engineers, U. S. A., Washington.

397) Handb. der Wasserbaukunst, 3. Teil, 1, p. 56.

398) Branden durch Wind siehe unten p. 432. Allerlei über die Brandung siehe *v. Boguslawski-Krümmel,* Handb. d. Ozeanographie 2, p. 85.

schreitende einer Anschwellung über und zwar nach *J. Scott-Russell*[399]), wenn die Scheitelhöhe h über dem ursprünglichen Spiegel gleich der Sohlentiefe H unter demselben wird. Doch liegen abweichende Beobachtungen von *Th. Stevenson*[400]) vor. Der Schwall schreitet nach *Scott-Russell*[401]) mit der Schnelligkeit $\sqrt{g(H+h)}$, nach *Hagen*[402]) mit einer Schnelligkeit, die zwischen $\sqrt{2gh}$ und $\sqrt{3gh}$ liegt, fort.

Für den Vorgang am Ufer ist dessen Profil von wesentlicher Bedeutung[403]). Auf flachem Strand läuft das Wasser landein. Die anstürmende Woge macht den Eindruck wasserreicher als die rücklaufende zu sein. Das kommt zum Teil daher, dass im Achterteil der Woge das Rückfliessen bereits beginnt, während der Kopf noch vorschreitet. Aber auch ein erhebliches Versinken von Wasser findet nach *Wheeler* auf Kiesstrand statt. Trifft das fortschreitende Wasser ein Hindernis, so kann es eine gewaltige Kraft äussern und zu grossen Höhen emporgeschleudert werden[404]). *W. G. Fraser*[405]) sucht unter den Gründen für das Zerspritzen eine durch die Reibung an der Mauer bewirkte Dehnung des Wassers. Den vom Wellenschlag ausgeübten Druck hat *Th. Stevenson*[406]) an einigen Orten gemessen und ihn seewärts abnehmend gefunden; auch ist über Zerstörungen durch Wellenschlag mehrfach berichtet worden[407]). Die zerstörende Arbeit, die ein solcher verrichten kann, bewertet *L. d'Auria*[408]), weil der Querschnitt eines Branders ungefähr $2Rl$, die Geschwindigkeit w beträgt, zu $\frac{\gamma R l w^2}{g}$ für die Längeneinheit Strand, den grössten Druck oder den doppelten mittleren Druck auf die Längeneinheit,

399) Brit. Assoc. Report, 7. meeting held at Liverpool 1837, London 1838, p. 425.

400) *Th. Stevenson* in The theory and practice of hydromechanics, Lectures delivered at the Institution of Civ. Eng. London (1885), p. 170; *Th. Stevenson,* The design and construction of harbours, 3. edit., Edinburgh 1886, p. 78. Vgl. auch *D. D. Gaillard,* Engineering News 53 (1905), p. 190.

401) a. a. O. p. 423.

402) Handbuch, 3. Teil, 1, p. 67.

403) *W. H. Wheeler,* The Sea-Coast, 2[d] imp., London 1903, p. 37.

404) Beispiele, ebenda, p. 20.

405) Phil. Mag. (6) 2 (1901), p. 356.

406) Edinburgh Roy. Soc. Trans. 16 (1849), p. 23. Messungen des Druckes auf wagrechte und lotrechte Platten nahm ferner *D. D. Gaillard,* Engineering News 53 (1905), p. 190 an den Uferpunkten des Oberen Sees vor.

407) So z. B. von *L. Franzius* im Handb. der Ingenieurwissenschaften, 3, 3. Aufl. 3. Abt. Leipzig 1900, p. 22.

408) Journ. Franklin-Institute (3) 100 (1890), p. 373 und 131; (1891), p. 49.

409) Paris C. R. 117 (1893), p. 722.

weil die Welle während der Zeit $\frac{2l}{w}$ anläuft, zu $\frac{\gamma R w^2}{g}$ und die grösste Pressung auf die Flächeneinheit eines Wellenbrechers zu $\frac{\gamma w^2}{g}$. Eine Arbeit, welche auch die Strand- und Mauerform in Rücksicht ziehen würde, liegt nicht vor.

10e. Stehende Wellen. Die Interferenz zweier gleicher Wellensysteme entgegengesetzter Richtung liefert stehende Wellen (*Plätscherwellen, clapotis*). Auch giebt die Addition der Einzelausschläge eine angenähert mögliche Bewegung, bei der alle Teilchen in Geraden hin- und herschwingen und zwar in den Scheiteln lotrecht, in den Knoten wagerecht.

Eine genaue Lösung für die Plätscherwellen giebt *E. Guyou*[409]). Er bemerkt, dass bei Giltigkeit von (137), (138) und (139)

$$\frac{\partial x}{\partial X}\cdot\frac{\partial y}{\partial Y}-\frac{\partial x}{\partial Y}\cdot\frac{\partial y}{\partial X}=1$$

ist, also ein Rechteck $dXdY$ der ursprünglichen Masse sich in ein gleich grosses Parallelogramm verwandelt oder Kontinuität unabhängig von dem Werte herrscht, den der Parameter R annimmt. *Guyou* wählt diesen nun als abhängig von der Zeit und zwar so, dass die Oberflächenbedingung erfüllt bleibt, dass heisst, dass für $Y=0$

$$\frac{\partial x}{\partial X}\cdot\frac{d^2x}{dt^2}-\left(g-\frac{d^2y}{dt^2}\right)\frac{\partial y}{\partial X}=0 \tag{149}$$

oder an der Oberfläche, wie die Ausmittelung der einzelnen Differentialquotienten zeigt,

$$\frac{d^2r}{dt^2}+\frac{\pi^2}{l^2}r\left(\frac{dr}{dt}\right)^2+\frac{\pi^2}{l^2}r^2\left(\frac{d^2r}{dt^2}\right)+g\frac{\pi}{l}r=0 \tag{150}$$

ist. Dieser Differentialgleichung wird, wenn man

$$R=a\cos\varphi \tag{151}$$

setzt, entsprochen, falls

$$d\varphi\sqrt{1+\frac{\pi^2a^2}{l^2}\cos^2\varphi}=\sqrt{\frac{2\pi g}{l}}\,dt \tag{152}$$

ist. Nach (138), (151) und (152) schwingt jedes Teilchen auf einer Geraden, die selbst lotrecht auf- und abgeht, so, dass es eine Parabel mit lotrechter Axe beschreibt.

10f. Wirkung des Windes auf die Wellenbildung. Alles strömende Wasser wirft Wellen und auch die Flut kommt mit solchen an die Küste. Im allgemeinen rühren sie aber im Meere von der Luftbewegung her. Nur[410]) wenn letztere weniger als 0,25 m sec^{-1}

410) *J. Scott-Russell,* Brit. Ass. Report, 14. meeting held at York 1844, London 1845, p. 317, 318.

misst, äussert sie nämlich keinen Einfluss aufs Wasser. Steigt die Geschwindigkeit auf über 0,5 m sec^{-1}, so wird die Oberfläche dunkler, indem sie sich, so weit sie unmittelbar vom Luftzug getroffen wird und so lange derselbe herrscht, mit Wellen (Kräuselwellen) von nur wenigen Centimetern Länge und wenigen Millimetern Höhe, die im Grundriss flache Bogen bilden, bedeckt. Wind von mehr als 1 m sec^{-1} erzeugt eine *See* oder einen *Seegang*, nämlich Wellen, die zwar zunächst nur einige Zoll Länge haben, aber mit der Winddauer wachsen, bis sie in der „toten" oder „ausgewachsenen" See ihr Maximum erreicht haben, welches sich um so bedeutender zeigt, je grösser und tiefer das betreffende Meer ist[411]). Bei noch stärkerem Sturm nimmt die Höhe der Wogen wieder ab[412]). Nach *Ch. Antoine*[413]) wäre für eine Windgeschwindigkeit W die Wellenschnelligkeit $= 6{,}9\sqrt[4]{W}$, aber nach den neueren Schätzungen der Windgeschwindigkeit dürften die mächtigsten Wogen europäischer Meere nur wenig langsamer als die heftigsten Stürme unserer Küsten sein[414]).

Nach *V. Cornish*[415]) beträgt die Wellenhöhe 0,0001 der sekundlichen Windgeschwindigkeit. Die Wellenhöhe h hängt übrigens nicht blos von der Stärke des Sturmes, sondern auch vom *Seeraum* (*reach, fetch*) d, d. i. der Ausdehnung der Wasserfläche auf der Luvseite ab und *Th. Stevenson*[416]) giebt die Erfahrungsregel, es sei für h und d in Meter gewöhnlich

$$h = 0{,}0106\sqrt{d},$$

bei geringer Luvweite d und heftigen Windstössen (*violent squalls*) jedoch

$$h = 0{,}0106\sqrt{d} + 0{,}762 - 0{,}0465\sqrt[4]{d}.$$

H. v. Helmholtz[417]) behandelt die Bildung von Wellen über unendlicher Tiefe durch den Wind als Strömung zweier reibungsloser

411) Ältere Angaben über Wellenabmessungen giebt *A. Cialdi*, Sul moto ondoso del mare, 2. ediz., Roma 1866, p. 115, 142; bez. späterer siehe *v. Boguslawski* u. *Krümmel*, a. a. O. p. 35; *Ch. Antoine*, Des lames de haute mer, Paris 1879; *R. Abercromby*, Phil. Mag. (5) 25 (1888), p. 263; *V. Cornish*, Geograph. Journal 23 (1904), p. 623.

412) So nach *Cialdi*, a. a. O. p. 116, 137; nach dem Berichte von *J. S. Keltie*, *V. Cornish*, *Bailey*, *E. A. Floyer* u. *W. H. Wheeler*, Brit. Assoc. Report, 72. meeting at Belfast 1902, London 1903, p. 285, erscheint dies neuerdings wieder zweifelhaft.

413) Lames de haute mer, p. 7.

414) Brit. Assoc. Report, 72. meeting at Belfast 1902, London 1903, p. 285.

415) Geogr. Journal 23 (1904), p. 643.

416) The theory and practice of hydromechanics, p. 166, nach Edinburgh Roy. Soc. Proc. 4 (1857/62), p. 200.

417) Berlin Ber. 1889, 2. Halbbd., p. 772.

Flüssigkeiten, indem er dem ganzen Raum eine der Wellenschnelligkeit w entgegengerichtete Geschwindigkeit gleicher Grösse erteilt. Dadurch erreicht er den Stillstand der gemeinschaftlichen Grenzflächen beider Flüssigkeiten, an der im übrigen die Normaldrucke einander gleich sein müssten. Dieser Forderung wird durch die *Helmholtz*'sche Theorie freilich nicht streng genügt; dagegen erfüllt sie die Bedingung, dass in genügend weiter Entfernung von der Grenzfläche die Strömung wagrecht erfolgt.

Unter Einführung eines vermittelnden Koordinatensystems η, ϑ setzt *Helmholtz* für die Luft

$$(153) \qquad e^{n(y+ix)} = \cos(\vartheta + \eta i) - \cos\varepsilon,$$

$$(154) \qquad \frac{1}{b_1}(\psi + \varphi i) = - i(\vartheta + \eta i - \varkappa i),$$

für das Wasser neben (153)

$$(155) \qquad \frac{1}{b_2}(\psi + \varphi i) = - n(y + ix) + \log\operatorname{nat} \tfrac{1}{2}\varkappa - \\ - 2\sum_{k=1}^{k=\infty} \frac{1}{k} e^{-k\varkappa} \frac{\cos k\varepsilon \cos k(\vartheta + \eta i)}{\cos k\varkappa i};$$

φ ist das Geschwindigkeitspotential, ψ das Strömungspotential und n, b_1, b_2 und ε bedeuten Konstante. Für $\eta = \varkappa$ giebt (153) die Kurve

$$(156) \qquad 1 = \left[\frac{e^{ny}\cos nx + \cos\varepsilon}{\mathfrak{Cos}\,\varkappa}\right]^2 + \left[\frac{e^{ny}\sin nx}{\mathfrak{Sin}\,\varkappa}\right]^2$$

und sowohl (154) wie auch (155) $\psi = 0$. Somit stellt (156) die Spiegelgleichung vor; die halbe Wellenlänge wird

$$(157) \qquad l = \pi : n,$$

die Wellenhöhe

$$(158) \qquad h = \frac{l}{\pi} \operatorname{lognat} \frac{\mathfrak{Cos}\,\varkappa + \cos\varepsilon}{\mathfrak{Cos}\,\varkappa - \cos\varepsilon}.$$

Nach (154), (155) und (156) sind nun in der That die beiderseitigen Normaldrucke auf den Spiegel nicht vollkommen gleich. Ihre möglichste Gleichsetzung führt auf die Beziehung

$$(159) \qquad \frac{1}{\mathfrak{Cos}^2\varkappa} = 0{,}4\,\frac{-\cos^4\varepsilon - 1{,}5\cos^2\varepsilon + 1{,}5}{\cos^4\varepsilon + 0{,}8\cos\varepsilon - 0{,}975},$$

also, da $\mathfrak{Cos}^2\varkappa$ positiv sein muss, auf die Ungleichung

$$0{,}665 < \cos^2\varepsilon < 0{,}643.$$

Für $\eta = \infty$ bezw. $= 0$ ist nach (153) $y = \pm\infty$ und gehen die imaginären Teile von (154) und (155) in $\frac{\varphi}{b_1} = nx$ bezw. $\frac{\varphi}{b_2} = - nx$ über, wonach im Unendlichen die Geschwindigkeit

$$\frac{d\varphi}{dx} = nb_1 \quad \text{bezw.} \quad = -nb_2$$

wird und sich

$$(160) \quad \begin{cases} \text{die Wellenschnelligkeit } w = nb_2, \\ \text{die Windgeschwindigkeit } = n(b_1 + b_2) \end{cases}$$

zeigt. Die Diskussion[418]) lehrt, dass derselbe Wind Wogen verschiedener Länge erregen kann und dass die längeren verhältnismässig höher sind. Bei Wellung müsse der Energievorrat der Massen kleiner als bei geradem Fliessen sein. Dies kommt dadurch zustande[419]), dass die räumliche Ausdehnung der mit verminderter lebendiger Kraft durchströmten Einbuchtungen die der mit vermehrter lebendiger Kraft durchströmten Gebiete übertrifft. Gleichheit der beiden Energien findet *Helmholtz*[420]) für $\cos^2 \varepsilon = 0{,}675$, $nb_2 = 0{,}0695\, n(b_1 + b_2)$ oder $2l = 0{,}433 n_2 b_2^2$.

Bei niedrigen Wellen findet er[421])

$$(161) \quad \gamma_1 n^2 b_1^2 + \gamma_2 n^2 b_2^2 = \frac{gl(\gamma_2 - \gamma_1)}{\pi},$$

worin γ_1 und γ_2 die Eigengewichte von Luft und Wasser bedeuten. Er folgert ferner, dass für die Verzögerungen, welche Luft und Wasser erleiden, wegen der Gleichheit der auf beide Mittel wirkenden Impulse bei Anhub eines Windes

$$(162) \quad \gamma_1 \cdot nb_1 = \gamma_2 \cdot nb_2$$

gelten müsse. Für beispielsweise $10\,\mathrm{m\,sec}^{-1}$ Windgeschwindigkeit geben (161) und (162) $2l = 8$ cm, wonach auch ein starker Wind zunächst nur die Oberfläche kräuselt.

Welle nach *Wien*

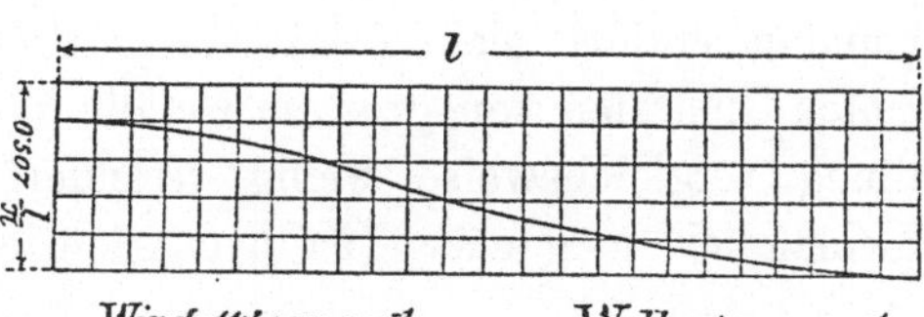

Fig. 45.

W. Wien[422]) hat nach der *Helmholtz*'schen Methode verschiedene Wellenformen bestimmt, welche indes ebenfalls die Bedingung gleicher Normaldrucke nur an-

418) a. a. O. p. 777.

419) a. a. O. p. 778. Da die Energie von der absoluten Bewegung des Systems abhängt, könne jedoch ihr Wert nach *M. Planck* und *W. Wien* nur „im stationären System" für die Stabilität der Bewegung entscheidend sein. Ann. Phys. Chem. N. F. 58 (1896), p. 734.

420) a. a. O. p. 770, 779.

421) Berlin Ber. 1890, p. 867.

422) *W. Wien*, Lehrbuch der Hydrodynamik, Leipzig 1900, p. 169 = Berlin Ber. 1894, p. 509.

nähernd erfüllen. Nach seinen Ziffernbeispielen müsste sanfter Wind spitzere Wellen als heftiger erzeugen.

Wellen von gegebener Länge können nur bei beschränkter Windstärke bestehen; ob eine gewisse Windstärke ein Branden verursacht, hängt also von der Beschaffenheit der schon bestehenden Wellen ab. Bei steigendem Wind wachsen durch seine Energieabgabe die Höhen der Wogen, die kurzen unter ihnen zerspritzen und neue von grösserer Länge können sich bilden[423]).

Während Wind den Seegang steigert, wird er durch Bildung einer Ölschicht[424]) auf dem Wasser, sowie durch Regen, dessen niedersinkende Tropfen eine Mischung des Oberflächen- mit dem Tiefenwasser bewirken, vermindert[425]).

In den dargelegten Theorien des Seeganges ist keine fortschreitende Bewegung des Meeres angenommen. Thatsächlich muss der Wind eine — wenn auch geringe — Strömung[426]), sowie einen Stau an der Luvküste[427]) verursachen. *A. Colding*[428]) berechnet, dass Sturm von V m sec^{-1} Geschwindigkeit dem Spiegel eines H m tiefen Meeres eine Neigung

$$I = \frac{1}{2\,083\,000} \cdot \frac{V^2}{H}$$

erteilt.

10g. Wanderwellen. *Th. Christen*[429]) erwähnt, dass in sehr seichten Gerinnen und unter Umständen auch in steilen Wildbachschalen statt geradläufiger Bewegung ein Pulsieren eintrete. Die Erscheinung erklärt sich nach *Ph. Forchheimer*[430]) dadurch, dass in seichten Rinnsalen von grossem Gefälle J letzteres durch eine Spiegelwellung vergleichsweise wenig verändert wird, und daher die Geschwindigkeit u gemäss (9) hauptsächlich von der Tiefe abhängt.

---

423) Berlin Ber. 1889, p. 766, 780; 1890, p. 869.

424) Ausgedehnte Literaturangaben in *S. Günther*, Handb. der Geophysik, 2, Stuttgart 1899, p. 453, 487. Siehe auch IV 16, Nr. 6b (*A. E. H. Love*), p. 145.

425) *O. Reynolds,* Manchester Phil. Soc. Proc. 14 (1875), p. 72—74 = Papers 1, Cambridge 1900, p. 86.

426) *Cialdi,* Moto ondoso, p. 17, 25, 47, 72 bis 384. Rückströmung in der Tiefe wird in *Fenimore Cooper's* Erzählung „The Pathfinder" (Vorrede 1839 datiert) im Kap. 17 erwähnt.

427) *v. Boguslawski-Krümmel* 2, p. 300—307, 321.

428) Kopenhagen Videnskabernes Selskabs Skrifter (5) 11 (1880), p. 271; (6) 1 (1880—1885), p. 269.

429) *Th. Christen,* Das Gesetz der Translation des Wassers, Leipzig 1903, p. 132. Abbildung: Brit. Assoc. Rep. 74 (1904), London 1905, p. 301.

430) Wien Ber. 112^{2a} (1903), p. 1697 = Zeitschr. f. Gewässerk. 6 (1904), p. 321.

Von einer irgendwie entstehenden Welle schreitet daher der Berg schneller als das Thal fort, und so nimmt der Längenschnitt des Wasserlaufes die Gestalt eines Sägeblattes an (Fig. 46). Die Beobachtung zeigt, dass die Wellenschnelligkeit w die Wassergeschwindigkeit u übertrifft, ferner dass eine höhere Welle rascher als eine niedrige fortschreitet und nach der Einholung beide vereinigt als noch höhere Welle weiterwandern. Die Schnelligkeit erfährt stromab eine Beschleunigung, die jedoch so gering ist, dass w auf kürzerer Strecke als konstant gelten kann. Erteilt man der ganzen Masse eine Gegenbewegung $-w$, so hat man es mit stationärer Bewegung unter veränderlichem Querschnitt zu tun und gilt für den unveränderlichen Durchlauf der Breiteneinheit des Gerinnes, wenn z die Tiefe bedeutet, und sich die Indices 1 und 2 auf Scheitel und Senkung beziehen

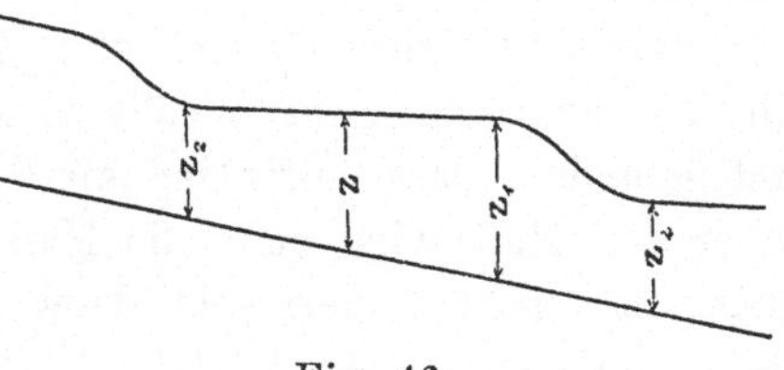

Fig. 46.

$$(163) \qquad z(w-u) = z_1(w-u_1) = z_2(w-u_2).$$

Gl. (163) lehrt, dass mit z auch u wächst; das nur z_2 tiefe Wasser schnellt also, wenn der Wellenberg es einholt, um $z_1 - z_2$ empor und beschleunigt sich zugleich, so dass es mit der Geschwindigkeit $u_1 > u_2$ weiterfliesst. Dann sinkt der Spiegel dieser Wasserpartie langsam unter Verzögerung wieder auf z_1 hinab. Die Bewegung ist also eine stoss- oder schussweise. In Scheitel und Senkung muss, weil hier der Spiegel parallel zur Sohle ist, wenigstens angenähert

$$(164) \qquad u_1 = c\sqrt{z_1 J}, \quad u_2 = c\sqrt{z_2 J}$$

gelten. Aus (163) und (164) folgt

$$w = u_1 + u_2 - \frac{u_1 u_2}{u_1 + u_2}$$

oder da sich $u_2 : u_1$ zwischen 0 und 1 bewegen kann,

$$(164a) \qquad 1 < \frac{w}{u_1} < 1{,}5.$$

Verwandte Erscheinungen sind das Niederstürzen von Wasserfällen in aufeinanderfolgenden Schleiern[431]), der stockende Ausfluss aus Rohrleitungen, die nahezu voll sind[432]), das regelmässige Schwanken eines Abflusses über kurze Staffeln[433]) und anderes mehr.

431) Ebenda, p. 1720.

432) Ebenda, p. 1717 und *O. Lueger,* Wasserversorgung der Städte, Darmstadt 1890, p. 278.

433) Ebenda, p. 279. Bezüglich stockenden Ausflusses siehe unten.

11. Schwingungen des Wassers in Röhren und Gefässen. Die Schwingungen[434]) des Wassers in einer *dükerartigen Röhre* von wechselndem Querschnitt hat mit Ausserachtlassung der Reibung zuerst *Daniel Bernoulli*[435]) behandelt. Unter Annahme eines der jeweiligen Geschwindigkeit proportionalen Reibungswiderstandes hat sich *O. Lueger*[436]) mit den zwischen zwei Behältern möglichen Schwankungen befasst und gefunden, dass entweder die Geschwindigkeit erst nach unendlicher Zeit Null wird oder die Masse Schwingungen ausführt, deren Dauer sich nicht ändert und deren Weite nach einer geometrischen Reihe abnimmt

Zutreffender sind die Ansätze von *H. de Lagrené* und *A. Flamant*[437]). Wenn zwei gleich hoch gelegene aber ungleich volle Behälter von der Grundfläche F durch eine Leitung vom Querschnitt f (und der Länge l) verbunden sind und v die Geschwindigkeit bezeichnet, mit welcher der eine Spiegel sinkt und der andere steigt, so setzen die Genannten, weil die Geschwindigkeit in der Leitung $\frac{F}{f}v$ ist, die

$$\text{Summe aller Druckverluste} = \varphi\frac{F^2}{f^2}v^2.$$

Betragen die Wassertiefen in den Behältern $h \pm z$, so tritt in der Zeit dt die Menge

$$Fv\,dt = -F\frac{\partial z}{\partial t}dt$$

über und verändert sich währenddem die lebendige Kraft der Gesamtmasse um

$$\frac{1}{2g}\left[fl\frac{F^2}{f^2} + 2Fh\right]\frac{\partial(v^2)}{\partial t}dt.$$

Die Arbeitsgleichheit erfordert, dass

---

434) Für die Schwingungen des Wassers gelten auch eine Reihe allgemeiner Gesetze, welche ihre Hauptanwendung in der Mechanik der starren Körper finden. Bezügl. dieser Gesetze siehe *H. Lorenz,* Lehrbuch der technischen Physik, 1, München-Berlin 1902, p. 203 u. f.

435) *Danielis Bernoulli,* Hydrodynamica, Argentorati 1738, p. 114. Als Anwendungsbeispiel sei *A. Budau*'s Berechnung der Schwingungen bei Abschluss einer mit einem Standrohre versehenen Turbinenleitung, Zeitschr. d. österr. Ingen.- u. Archit.-Vereins 57 (1905), p. 433, genannt.

436) Wasserversorgung der Städte, p. 11[illegible].

437) *H. de Lagrené,* Cours de navigation intérieure, Paris 1869, 3, p. 135; *A. Flamant,* Ann. des ponts et chaussées (6) 1 (1881), p. 81; *ders.,* Hydraulique, 2. éd. (1900), p. 471; *(L. G.) du Buat,* Principes d'hydraulique 2, Paris 1786, p. 41 und andere haben aus der Annahme der Schwingungsweite auf die Reibungsgrösse geschlossen.

$$-F\frac{\partial z}{\partial t}dt\cdot\varphi\frac{F^2}{f^2}v^2+F\frac{\partial z}{\partial t}dt\cdot 2z+\frac{F}{2g}\Big[l\frac{F}{f}+2h\Big]\frac{\partial(v^2)}{\partial t}dt=0$$

oder

$$(165)\qquad -\varphi\frac{F^2}{f^2}v^2+2z+\frac{1}{2g}\Big[l\frac{F}{f}+2h\Big]\frac{d(v^2)}{dz}=0$$

oder in anderer Schreibweise

$$Av^2-z-B\frac{d(v^2)}{dz}=0$$

oder

$$(166)\qquad v^2=\frac{B}{A^2}+\frac{z}{A}+Ce^{\frac{A}{B}z}$$

sei. Mit Hilfe von (166) kann man die allmähliche Abnahme der Amplituden ziffermässig ausrechnen.

Für die Dauer einer niedrigen Hin- und Herschwingung des Spiegels in einem *Gefässe*[438]) von endlicher Tiefe h und der Länge l stellte *J. R. Merian*[439]) die Formel

$$(167)\qquad t=2\sqrt{\frac{\pi l}{g}}\,\mathfrak{Cotang}\,\frac{\pi h}{l}$$

auf. *F. A. Forel* prüfte die Formel[440]) an einem Versuchstrog und fand, dass sie auch auf die Schwankungen (*seiches*) passe, welche viele Seespiegel aufweisen. Später hat *Forel*[441]) den Ausdruck

$$(168)\qquad t=\frac{2l}{\sqrt{gh}}$$

angewendet, in welchen (167) für ein kleines Verhältnis $h:l$ übergeht, und der zugleich aus Gl. (81) hervorgeht, da nach dieser eine Erhebung des Spiegels mit der Schnelligkeit $\sqrt{gh}$ über den See läuft. Nach *Forel* können die Schwingungen gleichzeitig um die Längs- und Queraxen des Sees, aber nicht um die Schrägaxe[442]) geschehen und weisen einen einzigen Knoten[443]) auf, während nach *P. du Boys*[444]) unter Umständen durch Zurückwerfung und Interferenz zwei Knoten, das heisst Punkte unveränderlicher Spiegelhöhe entstehen können.

---

438) Vergl. IV 16, Nr. 5f, *A. E. H. Love*, p. 136 bez. der stehenden Oscillationen reibungsloser Flüssigkeiten in Bassins.

439) *J. R. Merian*, Üb. d. Bewegung tropfbarer Flüssigkeiten in Gefässen, Basel 1828; wiedergegeben von *K. VonderMühll*, Math. Ann. 27 (1886), p. 575.

440) Paris C. R. 83 (1876), p. 712.

441) Paris C. R. 89 (1879), p. 859; Bulletin de la Société Vaudoise des Sciences naturelles 15 (1879), p. 158.

442) Paris C. R. 80 (1875), p. 107; Bulletin de la Société Vaudoise des Sciences 15 (1879), p. 160.

443) Paris C. R. 83 (1876), p. 712; Bulletin de la Société Vaudoise des Sciences 15 (1879), p. 160.

444) Paris C. R. 112 (1891), p. 1202.

Schwankungen in einem *bewegten Trog* fasst *J. Gröger*[445]) als Pendelschwingungen auf und findet für geringe Ausschläge

$$t = \frac{\pi}{\sqrt{3}} \cdot \frac{2l}{\sqrt{gh}}.$$

Wird ein Schwingen aus praktischen Gründen vermieden, verharrt also die Flüssigkeit relativ zum Behälter in Ruhe, so heben sich die mit dem Spiegel parallelen Gegendrucke der Vorder- und Hinterwand gegenseitig auf. Als Aussenkräfte bleiben dann nur die Schwere und der Gegendruck des Trogbodens übrig. Deren Resultierende wirkt parallel zum Spiegel, aber je nach dessen Neigung in der einen oder anderen Richtung. Den Trog denkt sich *Gröger* auf einem Fahrgerüste, das auf einer Bahn wechselnder Neigung läuft. Dann schliesst der Spiegel (volle Linie der Figur 47) stets denselben Winkel mit jenem Fahrbahnstücke (gestrichelte Linie) ein, auf dem sich der Trog gerade befindet. Auf den Trog sollen neben dem Wasserdruck noch andere Kräfte (z. B. das Troggewicht, Seilzug) wirken. *Gröger* befasst sich nun mit der Aufgabe, das Bauwerk so zu gestalten, dass Wasser und Trog immer gleiche Geschwindigkeit haben, also relative Ruhe herrscht.

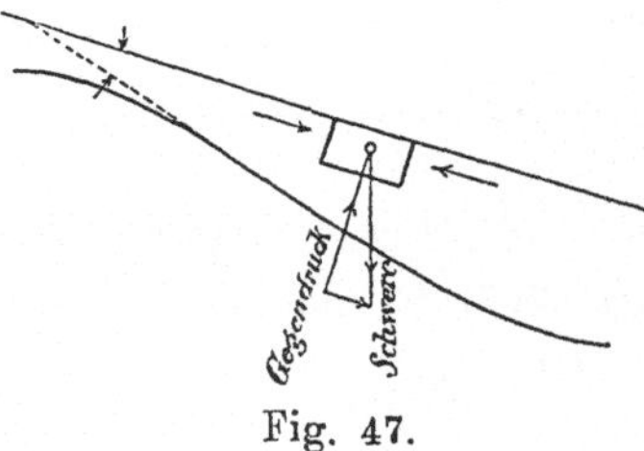

Fig. 47.

Schwingungen aller Art, also auch beispielsweise Wellenbewegungen, haben Druckveränderungen zur Folge und zwar nimmt nach *J. Boussinesq*[446]), wenn v die schwankende lotrechte Geschwindigkeit bedeutet, der Druck auf eine wagerechte Fläche durch die Bewegungsimpulse um den Mittelwert von $\frac{v^2}{g}$ ab. Tatsächlich fand *A. de Caligny*[447]), dass in einem Behälter, der mit einem benachbarten Gerinne in Verbindung steht, der Spiegel sinkt, wenn man im Gerinne Wellen erzeugt.

Wenn auf eine schwingende klebrige Flüssigkeit eine langsam anwachsende Störung einwirkt (z. B. das die schwingende Flüssigkeit enthaltende Gefäss pendelt), so verursacht dies nach *O. Reynolds*[448]), dass die Flüssigkeit die Schwingungsdauer der Störung (also der Pendel-

445) Zeitschr. d. österr. Ingen.- u. Archit.-Ver. 53 (1901), p. 725, 745.

446) J. des math. (3) 9 (1883), p. 425; Paris C. R. 114 (1892), p. 937; Korrektur der Flutmesser ebenda 115 (1892), p. 77, 149.

447) Recherches sur les oscillations, p. 297, Fussnote.

448) *O. Reynolds*, Manchester Phil. Soc. Proceedings (4) 9 (1895), p. 167 = Papers 2, p. 588.

schläge) annimmt und zugleich dieselbe oder die entgegengesetzte Phase, je nachdem die Schwingungsdauer der Störkraft grösser oder kleiner als jene ist, welche die Flüssigkeit bei Fortfall der Störung (z. B. ruhigem Behältnis) aufweisen würde. *Reynolds* führt es hierauf zurück, ohne jedoch den strengen Beweis zu liefern, der also noch aussteht, dass, wenn ein pendelndes Gefäss Öl und Wasser enthält, Spiegel und Zwischenspiegel synchron mit dem Gefäss schwanken und zwar letzterer mit viel stärkerem Ausschlag als ersterer.

12. Der Widderstoss.

12a. Der Widderstoss in Röhren. Wenn in Wasserleitungen durch Einschaltung eines Hindernisses, z. B. teilweisen Schluss eines Schiebers, das Wasser in seiner Bewegung aufgehalten wird, so steigt sein Druck zunächst über den endgiltigen, den es erst später annimmt. In den älteren Betrachtungen wurde vorausgesetzt, dass das gesamte im betreffenden Rohre enthaltene Wasser gleichzeitig seine Geschwindigkeit vermindere und dass die Verminderung der lebendigen Kraft während der Einschaltung des Hindernisses in Arbeit zur Kompression des Wassers und zur Dehnung der Rohrwand verbraucht werde, ferner dass die Rohrreibung vernachlässigt werden dürfe.

Diese Ansicht brachte zuerst *L. F. Menabrea*[449]) in einer Formel zum Ausdruck, wobei er überdies annahm, dass die Rohrwand durch den Stoss bis zu ihrer Elastizitätsgrenze in Anspruch genommen sei.

H. G. Hacker[450]) stellte eine Formel für den grösstmöglichen Rückschlag auf und machte Versuche über den Rückschlag bei Benutzung verschiedener Hähne.

J. P. Church[451]) trachtete die beim Schieberschluss erfolgenden Veränderungen der Durchflussfläche in Rücksicht zu ziehen, erhielt jedoch für gleichförmigen Schluss eine Formel, nach welcher bei Ausfluss ins Freie der Druckzuwachs um so kleiner ausfiele, je grösser der Anfangsdruck war.

Ph. Forchheimer[452]) beobachtete beim Schliessen üblicher Wasserleitungsschieber, dass sich der Druck nur gegen Ende der Schieberbewegung steigerte und ungefähr im Augenblicke des vollkommenen Schlusses am grössten war. Steht nun das Wasser (vom Eigengewicht γ) unmittelbar hinter dem Schieber unter einer Druckhöhe $H+h$, wobei H die Anfangsdruckhöhe (in Meter), h den Stosszuwachs

449) Paris C. R. 47 (1858), p. 221.

450) Zeitschr. d. Ver. deutsch. Ingenieure 14 (1870), col. 110.

451) Journ. Franklin Institute (3) 99 (1890), p. 328, 374.

452) Zeitschr. d. Ver. deutsch. Ingenieure 37 (1893), p. 216.

bedeutet, und fliesst sekundlich die Menge q aus, so führt es während der Zeit t eine Arbeit $\gamma\int_0^t q(H+h)\,dt$ aus dem Rohr, welche Arbeit durch die lebendige Kraft zur Zeit Null und durch die Arbeit $\gamma\int_0^t qH\,dt$ des vom Behälter bis zum Schieber niedersinkenden Wassers geliefert wird. Der Verfasser gelangte schliesslich zur Näherungsgleichung

$$h_{\max} = \varphi \frac{l}{T}\sqrt{\frac{rH}{R-r}}, \tag{169}$$

in der r den Halbmesser des Rohres, R den der Abschlussscheibe (des sogenannten Schieberkeiles), l die Stranglänge in m, T die Schlusszeit (in sec) und φ eine durch Versuche zu bestimmende Konstante bedeutet, die er im Mittel $= 0{,}22\ \mathrm{sec\,m}^{-\frac{1}{2}}$ fand.

Ebenfalls aus der Arbeitsgleichheit entwickelt *A. Rateau*[453]) für gleichförmigen Schluss in der Zeit T, starre Rohrwand und unzusammendrückbare Flüssigkeit

$$h_{\max} = \frac{2lu_0H}{2gHT - lu_0},$$

worin u_0 die Strömungsgeschwindigkeit bei ganz offenem Schieber also ungefähr $\sqrt{2gH}$ bedeutet, während *A. Budau*[454]) die Näherungsformel

$$h_{\max} = \frac{3lu_0}{2gT}$$

empfiehlt.

Die Entwicklung von (169) vernachlässigt die Energie, die im Rohre in Form von Bewegung und Pressung zurückbleibt. Dass beim Schieberschluss nicht alle Energie verschwindet, geht aus den Erwägungen hervor, die *A. Ritter*[455]) für den Stoss elastischer fester Körper und *J. P. Frizell*[456]) für den Wasserstoss eingeleitet haben. Stösst die Wassersäule von der Länge l gegen eine feste Wand, so staucht der entstehende Stossdruck $\pi r^2\gamma h_{\max}$ das Wasser, das heisst, er verdichtet dasselbe, während er zugleich die Röhren

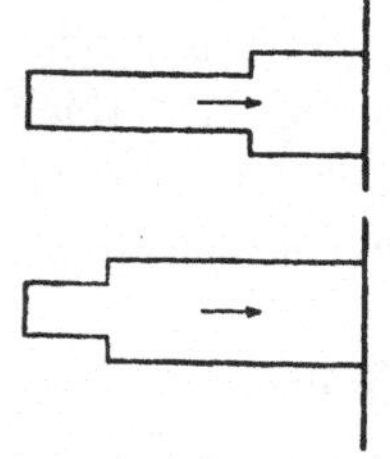

Fig. 48.

453) *A. Rateau*, Traité des turbo-machines 1, Paris 1900, p. 245 = Revue de mécanique 6 (1900). *O. Goeritz*, Einfluss der Wasserträgheit auf die Regulierung von Turbinenanlagen, Wien 1904, nimmt ebenfalls starre Rohrwand und unzusammendrückbare Flüssigkeit an.

454) Zeitschr. d. österr. Ingen.- u. Archit.-Ver. 57 (1905), p. 421.

455) Zeitschr. d. Ver. deutsch. Ingenieure 34 (1890), p. 196; 35 (1891), p. 1383.

456) Amer. Soc. of Civ. Eng. Trans. 39 (1898), p. 1. E ist $2{,}07\cdot 10^8\ \mathrm{kg\,m}^{-2}$, E_1 bei Gusseisen beiläufig $9\cdot 10^9\ \mathrm{kg\,m}^{-2}$.

ausweitet. Dabei ist anzunehmen, dass die Grenze zwischen dem gestauchten und dem ungestauchten Teil gleichförmig schnell gegen den Behälter rückt. Geschieht das mit der Schnelligkeit w, so wird die ganze Säule in der Zeit $l : w$ gestaucht und befindet sich dann unmessbar kurze Zeit in Ruhe. Zum Zusammendrücken des Wassers und Weiten des Rohres wurde in dieser Zeit, wenn E den kubischen Elastizitätsmodul des Wassers, E_1 den linearen des Rohrmateriales, m die Wandstärke bezeichnet, die Arbeit

$$\frac{\pi r^2}{2} \gamma^2 h_{\max}^2 l \left(\frac{1}{E} + \frac{2r}{m E_1}\right)$$

aufgewendet und hierzu die ursprüngliche lebendige Kraft $\gamma \pi l r^2 u^2 : 2g$ verbraucht, woraus

$$\frac{h_{max}}{u} = \frac{1}{\sqrt{\gamma g \left(\frac{1}{E} + \frac{2r}{m E_1}\right)}} \tag{170}$$

hervorgeht. Die Konstanz der Wassermenge erfordert, dass

$$u = w \left(\frac{1}{E} + \frac{2r}{m E_1}\right) \gamma h_{\max} \tag{171}$$

sei. Aus (170) und (171) folgt[457])

$$w = \sqrt{\frac{g}{\gamma}} \cdot \frac{1}{\sqrt{\frac{1}{E} + \frac{2r}{m E_1}}} \tag{172}$$

und

$$h_{\max} = uw : g. \tag{173}$$

Hiernach dauert bei plötzlichem Schieberschluss die Drucksteigerung so lange, wie die Stauchgrenze braucht, um die Strecke l hin- und zurückzulaufen, also einen Zeitraum $2l : w$. Ein allmählicher Schieberschluss in der Zeit T kann als eine Reihe plötzlicher Geschwindigkeitsverminderungen aufgefasst werden, deren Wirkungen sich, wenn $T < (2l : w)$ ist, im Zeitraume T bis $2l : w$ addieren. Hiernach müsste bei allmählichem Schieberschlusse der Druck $H + h$ einige Zeit konstant bleiben und dies haben Versuche von *N. Joukowsky*[458]) tatsächlich bestätigt.

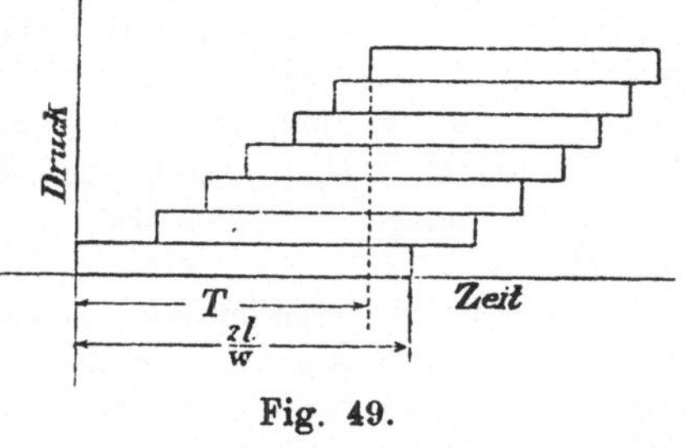

Fig. 49.

457) Formel (172) stimmt übrigens genau mit jener überein, welche

Wird in (172) das Wasser als unzusammendrückbar betrachtet, also $E = \infty$ gesetzt, so geht (172) in den Ausdruck über, den, durch Versuche von *J. È. Marey*[459]) mit Kautschukröhren angeregt, *H. Résal*[460]) für die Fortpflanzungsschnelligkeit von Pulsschlägen ableitete. *A. Budau*[461]), welcher annahm, dass alle lebendige Kraft für die Rohrausweitung verbraucht wird, fand

$$(H + h_{\max})^2 - H^2 = h_{\max}^2\left(1 + 2\frac{H}{h_{\max}}\right) = \frac{3m}{2r}\frac{E_1 u^2}{\gamma g},$$

welche Formel mit (170) übereinstimmt, wenn nicht nur $E = \infty$, sondern auch $H = h_{\max}$ ist. *H. Résal* ging zum Unterschiede von *J. P. Frizell* von einem scheibenförmigen Flüssigkeitselement aus und ihm folgten *N. Joukowsky* und *L. Allievi*[462]).

Bezeichnet x den Abstand von der Mündung, y die Druckhöhensteigerung an beliebiger Stelle, h die an der Mündung, so gilt bei wagerechtem Rohr nach den *Euler*'schen Gleichungen[463]) unter Vernachlässigung der Rohrreibung

$$\frac{1}{g}\left(\frac{\partial u}{\partial t} - u\frac{\partial u}{\partial x}\right) = \frac{\partial y}{\partial x}$$

oder, weil die Wassergeschwindigkeit u sich zwar sehr rasch ändert, aber selbst klein ist, genau genug

$$(174) \qquad \frac{1}{g}\frac{\partial u}{\partial t} = \frac{\partial y}{\partial x}.$$

Die Drucksteigerung wirkt auf Wasser und Rohr und die Konstanz der Masse verlangt, dass hierbei

$$(175) \qquad \frac{\partial u}{\partial x} = \gamma\left(\frac{1}{E} + \frac{1}{E_1}\cdot\frac{2r}{m}\right)\frac{\partial y}{\partial t}$$

D. Korteweg für die Fortpflanzung des Schalles in Röhren aufgestellt hat, Ann Phys. Chem. N. F. 5 (1878), p. 525.

458) Petersburg, Mém. de l'Acad. des Sciences (8) 9 (1900), Nr. 5, p. 18 u. f. — Versuche haben auch *E. B. Weston*, Amer. Soc. Civ. Eng. Trans. 14 (1885), p. 238 und *R. C. Carpenter*, Amer. Soc. Mechan. Eng. Trans. 15 (1894), p. 510 veröffentlicht.

459) Physiologie expérimentale, Travaux du laboratoire de M. le professeur Marey, 1875. Kurzer Auszug J. de phys. 4 (1875), p. 257. S. a. *E. H. Weber*, Über die Anwendung der Wellenlehre auf die Lehre vom Kreislaufe des Blutes (1850) in Ostwald's Klassikern.

460) J. des math. (3) 2 (1876), p. 342.

461) Zeitschr. d. österr. Ingen.- u. Arch.-Vereins 57 (1905), p. 419.

462) Atti della Società degli Ingegneri ed Architetti 37 (1903); auch als S. A., Teoria generale del moto perturbato dell'acqua, Torino (1903) sowie Politecnico 51 (1903), p. 360, 405, 490, und Revue de mécanique 14 (1904), p. 10 f.

463) Siehe IV 15, Nr. 8 (*A. E. H. Love*), p. 63, Gl. (1).

bleibe. Bei Einführung einer durch Gl. (172) ausgedrückten Grösse w verwandelt sich (175) in

$$(176) \qquad \frac{\partial u}{\partial x} = \frac{g}{w^2} \cdot \frac{\partial y}{\partial t}$$

und dann lautet die Lösung von (174) und (175)

$$(177) \qquad y = F\left(t - \frac{x}{w}\right) - F_1\left(t + \frac{x}{w}\right),$$

$$(178) \qquad u - u_0 = -\frac{g}{w}\left[F\left(t - \frac{x}{w}\right) + F_1\left(t + \frac{x}{w}\right)\right],$$

worin u_0 die Geschwindigkeit für $y = 0$, also bei ruhigem Betriebe bedeutet. Nach (177) und (178) wandern alle Erscheinungen mit der Schnelligkeit w stromauf oder stromab und zeigt sich die für $u = 0$ eintretende Maximalpressung

$$(179) \qquad h_{\max} = \frac{w u_0}{g},$$

wie dies auch Gl. (173) ergab. Wenn das Verhältnis der Schieberöffnung zum Rohrquerschnitt durch die Funktion $\varphi(t)$ ausdrückbar ist, gilt für die Beziehung der Ausströmungsgeschwindigkeit U zur (stets kleineren) Ankunftsgeschwindigkeit u offenbar

$$(180) \qquad u = U\varphi(t)$$

und bei Vernachlässigung der Reibung und Auslauf ins Freie

$$U^2 - u^2 = \frac{u^2}{\varphi^2(t)} - u^2 = 2g(H + h)$$

oder bei kleiner Öffnung, also kleinem u genau genug:

$$(181) \qquad u = \varphi(t) \cdot \sqrt{2g(H + h)}.$$

Aus (178), (179) und (181) folgt für die Mündung

$$(182) \qquad (h_{\max} - h)^2 - 2(H + h)\frac{w^2}{g}\varphi^2(t) = 0$$

und für beliebige Rohrstellen gemäss (177)

$$(183) \qquad (h_{\max} - y)^2 - 2(H + y)\frac{w^2}{g}\varphi^2\left(t - \frac{x}{w}\right) = 0.$$

Wird die Ausflussöffnung gleichmässig in einer Schliesszeit T, also nach dem Gesetze

$$\varphi(t) = \frac{T - t}{T}\varphi(0) = \frac{T - t}{T} \cdot \frac{u_0}{\sqrt{2gH}} = \frac{T - t}{T} \cdot \frac{h_{\max}}{w}\sqrt{\frac{g}{2H}}$$

verkleinert, so geht endlich hieraus in Verbindung mit (182) und (183) für die Druckveränderung an der Mündung

$$(184) \qquad \frac{T - t}{T} = \frac{h_{\max} - h}{h_{\max}}\sqrt{\frac{H}{H + h}}$$

und für die Druckverteilung zur Zeit T am Strange

$$x = wT\frac{h_{max} - y}{h_{max}}\sqrt{\frac{H}{H+y}} \tag{185}$$

hervor[464]).

Ist die Schliesszeit $T > 2l:w$, so kehrt vom Einlaufe noch vor dem vollendeten Schlusse eine Stossfolge bis zur Mündung zurück. Kommt die Leitung aus einem Behälter mit offenem Spiegel, so herrscht am Einlaufe unveränderlicher Druck und gilt vom Zeitpunkte $2l:w$ bis zum Zeitpunkte T statt (177) und (178) bei wagerechtem Rohr

$$y = F\left(t - \frac{x}{w}\right) - F\left(t + \frac{x}{w} - \frac{2l}{w}\right), \tag{186}$$

$$u_0 - u = \frac{g}{w}\left[F\left(t - \frac{x}{w}\right) + F\left(t + \frac{x}{w} - \frac{2l}{w}\right)\right] \tag{187}$$

und statt (182)

$$(h_{max} - h - 2f)^2 - 2(H + h)\frac{w^2}{g}\cdot\varphi^2(t) = 0, \tag{188}$$

worin f die Grösse bedeutet, die h zur Zeit $t - \frac{2l}{w}$ besass und h_{max} wieder durch (179) gegeben ist[465]). Nach (183) ist es möglich bei gegebenem $l, H, w, \varphi(t)$ und u_0 eine Tabelle der h für $t < (2l:w)$ und dann nach (188) für die Gegenstossperiode, das ist für $(2l:w) < t < T$ zu berechnen. *Allievi*[466]) zeigt, dass bei gleichmässiger Verkleinerung der Ausflussöffnung während des Gegenstosses der Stossdruck h fast konstant bleibt, und nach der *Taylor*'schen Reihe an der Mündung

$$h = 2\frac{l}{w}F'(t),$$

$$u = u_0 - \frac{2g}{w}\left[F(t) + \frac{l}{w}F'(t)\right]$$

gesetzt werden kann, so dass sich

$$\frac{du}{dt} = -\frac{2g}{w}F'(t) \tag{189}$$

ergiebt. Da bei gleichförmigem Schliessen zugleich näherungsweise

$$\frac{du}{dt} = \sqrt{2g(H+h)}\cdot\varphi'(t) = -\sqrt{2g(H+h)}\cdot\frac{u_0}{T\sqrt{2gH}} \tag{190}$$

ist, folgt

$$h = \frac{lu_0}{gT}\sqrt{\frac{H+h}{H}} \tag{191}$$

oder

$$(H+h)^2 - (H+h)\left(2H + \frac{l^2u_0^2}{g^2T^2H}\right) + H^2 = 0. \tag{192}$$

---

464) *Allievi*'s Gl. (18).

465) *Allievi*'s Gl. (32).

466) Teoria generale, p. 35.

Von den beiden Wurzeln dieser Bestimmungsgleichung giebt die eine den erhöhten Mündungsdruck des Gegenstosses bei gleichmässigem Schluss, die andere den verminderten bei Öffnung eines Schiebers. Bei längerem Rohr, bei welchem die Reibungen nicht mehr vernachlässigt werden dürfen, verliert Gl. (192) ihre Giltigkeit.

Übrigens kann die Öffnung eines Schiebers, da sie Schwingungen verursacht, auch den Druck erhöhen und *Allievi*[467]) entwickelt, dass der grösste Druck $H + h = 1{,}23\,H$ entsteht, wenn man den Schieber in der Zeit $T \lesseqgtr (2l : w)$ so weit öffnet, dass das Öffnungsverhältnis $\varphi = 0{,}3\,(u_0 : w)$ wird.

Es wäre sehr zu begrüssen, wenn eine Wiederholung der *Allievi*schen Betrachtungen unter Berücksichtigung der Reibung gelänge.

12b. Der Widderstoss bei Vorhandensein eines Windkessels. *J. Michaud*[468]) betrachtete den Fall, dass das Rohr oberhalb des Ab-

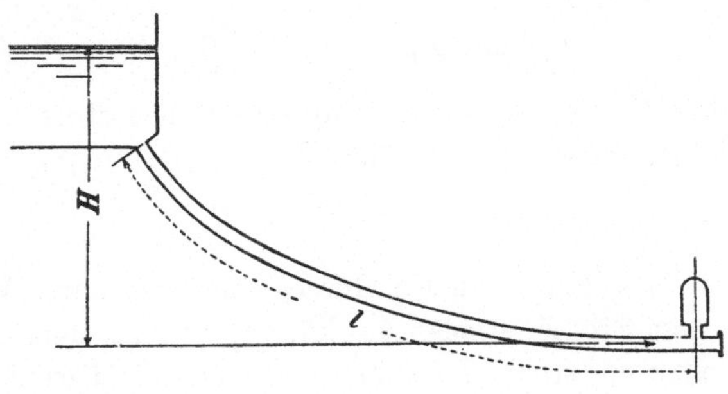

Fig. 50.

schlussschiebers einen Windkessel besitze und fand das Druckmaximum, falls es vor vollendetem Schieberschluss eintritt,

$$H + h_{\max} = \frac{2 l u_0}{g T}, \tag{193}$$

also unabhängig vom Windkesselinhalt, der bei Ruhedruck W betrage. Fehle jede Puffervorrichtung, so würde der Stoss nur halb so gross sein, wenn nicht das Wasser und Rohr elastisch wären. So aber gelte (193) nur, wenn a den Druck der Atmosphäre in Wassersäulenhöhe bezeichnet, für

$$T > \pi \sqrt{\frac{W}{\pi r^2 (H + a)} + \gamma l \left(\frac{1}{2E} + \frac{r}{m E_1}\right)} \sqrt{\frac{a l}{g (H + a)}}.$$

---

467) Teoria generale, p. 43.

468) Bulletin de la Société Vaudoise des ingénieurs et architectes 1878, citiert nach der Übersetzung Zeitschr. f. Bauwesen 31 (1881), col. 422, 583.

Anderseits sagt *A. Stodola*[469]), dass der für Turbinenregelung erforderliche Inhalt W nicht von der Rohrlänge l abhänge, wohl aber $W > 400\, r^3$ sein solle.

A. Rateau[470]) findet, dass der Druckzuwachs in einem nicht zu kleinen Windkessel bei Schieberschluss nach der Gleichung

$$(194)\qquad h = \frac{2lHu_0}{2gHT - lu_0}\left[1 - \frac{\sin(\mu\varphi + \psi)}{\sin(\mu\varphi_0 + \psi)}\, e^{\frac{1}{8}b(\varphi^2 - \varphi_0^2)}\right]$$

schwanke, wenn

$$b = \frac{u_0 T}{\frac{W}{\pi r^2}\cdot\frac{H}{H+a} + \gamma l H\left(\frac{1}{2E} + \frac{r}{mE_1}\right)},$$

$$\mu = \sqrt{\frac{gbHT}{lu_0} - \frac{b}{4}}$$

gesetzt wird, φ das jeweilige Verhältnis der Öffnung zum Rohrquerschnitt, φ_0 das Anfangsverhältnis bedeutet; hierbei legt ψ die Phase mittels der Beziehung

$$\operatorname{tang}(\mu\varphi_0 + \psi) = \frac{4\mu}{b\varphi_0}$$

fest. Damit der Windkessel nütze sei und keine den Stoss verstärkende Resonanz erfolge, müsse man annähernd

$$4gbT = \pi^2 l u_0$$

machen.

L. Allievi[471]) gelangte zum Schlusse, dass man durch Windkessel nennenswert nur Stösse ermässigen könne, welche durch Öffnungsänderungen von weniger als $2l : w$ Zeitdauer veranlasst werden. Damit die lebendige Kraft des ausfliessenden Strahles durch einen Windkessel verkleinert werde, müsse dessen Inhalt bei Beginn des Schliessens

$$(195)\qquad W \gtrless \frac{3}{8} r^2\pi\left(1 + \frac{10}{H}\right) u_0 T$$

sein (wobei H in m).

N. Joukowsky[472]) machte Versuche, bei welchen sich das Wasser nach plötzlicher Hemmung des ursprünglichen Ausflusses ins Freie von zwei Seiten in den Windkessel ergoss. Tritt in diesem eine Steigerung der ursprünglichen Druckhöhe H um h ein, so muss für die ursprüngliche Geschwindigkeit u_0 und die verzögerte u nach (177) und (178)

$$h = \frac{w}{g}(u_0 - u)$$

---

469) Über die Regulierung von Turbinen, Schweizerische Bauzeitung 22 (1893), p. 117, 134. Über Druck- und Saugwindkessel bei Kolbenpumpen siehe IV 21, Nr. 8 (*M. Grübler*).

470) Traité des turbo-machines, p. 249, 253.

471) Teoria generale, p. 47.

472) Petersburg, Mém. de l'Acad. d. Sciences (8) 9 (1900), Nr. 5, p. 54.

gelten. Enthält also der Windkessel ursprünglich den Luftraum W_0 und später W, so muss für zwei Zuleitungen

$$(196) \qquad -\frac{dW}{dt} = 2\pi r^2 \left(u_0 - \frac{gh}{w}\right)$$

sein, und bei adiabatischer Luftverdichtung zugleich

$$(197) \qquad W_0^k H = W^k (H + h),$$

wobei $k = 1{,}4$ das Verhältnis der spezifischen Wärmen bei konstantem Druck und konstantem Volum bezeichnet. Es folgt

$$(198) \qquad 0 = (H + h)^{\frac{1}{k}} \frac{dW}{dt} + \frac{W}{k} (H + h)^{\frac{1-k}{k}} \frac{dh}{dt}$$

oder nach Vereinigung mit (196)

$$(199) \qquad k \frac{2\pi r^2}{H^{\frac{1}{k}}} dt = \frac{W_0}{(H + h)^{\frac{k+1}{k}} \left(u_0 - \frac{gh}{w}\right)} dh.$$

Joukowsky führt noch die im Windkessel bei Betriebstillstand herrschende Druckhöhe H_1, welche H um den durch die Rohrreibung veranlassenden Druckverlust übertrifft, ein, hat für den Luftraum W_1 bei Betriebstillstand

$$H_1 W_1 = H W_0$$

und leitet[473]) für unbedeutende Stossdrucke h aus (199) eine mit seinen Versuchen stimmende Näherungsformel

$$W_1 = 2k\pi r^2 u_0 t \frac{H^2}{H_1 h}$$

ab, in der t die Zeit der Druckzunahme, nämlich den Zeitaufwand der Stosswelle für den Weg bis zur Reflexionsstelle und zurück bedeutet.

Ist an ein Hauptrohr mit offenem Oberende (dem Behälter) ein Zweigrohr mit geschlossenem Ende angeschlossen, so ermässige, wie *Joukowsky* anführt, das Zweigrohr zwar zunächst den Stossdruck, dafür verdopple sich aber der letztere, wenn die Stosswelle das geschlossene Ende trifft, und hier reflektiert wird. Da die Zurückwerfung sich wiederholen könne, vermöge der Stoss bedeutend anzuwachsen.

V. Grundwasserbewegung.

13. Vorbemerkung über die Bewegung des Wassers durch enge Röhren. Es seien hier noch einmal die Gesetze über die Bewegung

473) a. a. O. p. 57.

des Wassers in engen Röhren zusammengestellt[474]), weil auch die im Erdboden vor sich gehende auf diese Gesetze zurückzuführen ist, und sie daher sofort viele Erscheinungen der Grundwasserbewegung erklären.

Wegen der laminaren oder gleitenden Bewegung (*écoulement continu, direct motion*) in engen Röhren ist der Druckverlust viel kleiner als er nach den oben (Nr. 4b), p. 334 u. f., angegebenen Gesetzen für die gleichförmige Bewegung sein müsste. Zugleich unterliegt es, wenigstens wenn die Flüssigkeit die Wandung benetzt, keinem Zweifel, dass die äusserste Schicht unbeweglich haftet[475]), während dies bei der turbulenten Bewegung nicht ebenso feststeht[476]). Nach *O. Reynolds*[477]), welcher sich auf eigene Versuche, sowie auf die von *J. L. M. Poiseuille* und *H. Darcy* stützt, folgt die Strömung in Röhren vom Durchmesser D den Gesetzen der wirbelnden Bewegung, wenn der Ausdruck $\frac{\varrho D U}{\mu}$, worin ϱ die Dichte und μ den „inneren Reibungskoeffizienten" bedeutet, einen bestimmten für alle Flüssigkeiten gleich grossen Wert überschreitet. Für Wasser ist nach *Poiseuille*[478])

$$\mu = \frac{0{,}000\,018\,37}{1 + 0{,}0337\,T + 0{,}00022\,T^2}\,\mathrm{g\,sec\,cm^{-2}},$$

worin T die Temperatur in Celsiusgraden bezeichnet, und beträgt die in $\mathrm{m\,sec^{-1}}$ gemessene kritische Geschwindigkeit (für einen Rohrdurchmesser D in m) ungefähr

$$(200)\qquad \frac{1}{278} \cdot \frac{1}{1 + 0{,}0337\,T + 0{,}00022\,T^2} \cdot \frac{1}{D}.$$

Darnach ist es z. B. für Wasser von 12^0 C. entscheidend, ob $DU \gtrless 0{,}0025$ ist. Mit Gleichung (200) stehen die aus eigenen

474) Vgl. das Referat von *A. E. H. Love* (IV 15, Nr. **16—18**, p. 75—82).

475) *E. Duclaux*, Ann. chim. phys. (4) 25 (1872), p. 433 f.; *W. C. D. Whetham*, Lond. Phil. Trans. (A) 181 (1890), p. 582.

476) Vgl. oben p. 348. Bei Ausfluss aus einem Gefässe durch ein Ansatzrohr fliesst nach *M. Couette*, Paris Thèses 1890, p. 49 das Wasser in ihm zuerst turbulent und tritt mit rauhem Strahl aus; dann, wenn der Spiegel tief genug gesunken ist, schwankt der Strahl fortwährend zwischen zwei Lagen, wobei er, wenn er die grössere Sprungweite annimmt, glatt wird; endlich folgt stetiger Ausfluss mit glattem Strahl.

477) Lond. Phil. Trans. 174 (1883), p. 935 = *O. Reynolds*, Papers 2, Cambridge 1901, p. 51 f.

478) Paris, Mém. prés. par div. sav. 19 (1846); Ann. chim. phys. (3) 7 (1843), p. 62. *O. E. Meyer* berechnet aus *Poiseuille*'s Versuchen den Zähler zu 0,00001809, Ann. Phys. Chem. N. F. 2 (1874), p. 394. *O. Reynolds* setzte später den Zähler = 0,00001979, Lond. Phil. Trans. 177 (1886), part 1, p. 171 = Papers 2, p. 242.

und fremden Versuchen abgeleiteten Angaben von *H. Lang*[479]) im Einklange. Auf die kritische Geschwindigkeit hat zuerst *G. Hagen*[480]) hingewiesen. Nach dem Gesagten ist es für den Eintritt der Turbulenz nicht gleichgiltig, wie warm die betreffende Flüssigkeit ist. Findet aber wirbelnde Bewegung statt, so ist der Reibungswiderstand nach *O. Reynolds*[481]) nur mehr von der Dichte der Flüssigkeit und nicht von ihrer sonstigen Beschaffenheit, also auch nicht von ihrer Temperatur abhängig. Der Reibungswiderstand entsprach bei seinen Röhren der Formel

$$J = \alpha U^{1,723} \tag{201}$$

(worin α für eine und dieselbe Röhre konstant); doch fing der Geltungsbereich von (201) erst an, wenn die Geschwindigkeit 1,325mal so gross wie die kritische war[482]). *O. Reynolds* hat auch durch Einführung eines gefärbten Wasserstreifens die Bewegungsweise sichtbar gemacht. Dabei zeigte sich, wenn er alle Vorsicht bezüglich des Zulaufs anwandte, die Bewegung in Schichten erst gänzlich unmöglich, wenn er die Geschwindigkeit auf mehr als das sechsfache der kritischen steigerte[483]).

Bei der gleitenden Bewegung setzt man den Reibungswiderstand zwischen zwei benachbarten Schichten $\mu \frac{du}{dn}$, wenn n normal zu der Schicht gemessen wird, die aus Teilchen gleicher Geschwindigkeit u besteht; μ ist für den ganzen Bereich der Flüssigkeit konstant. Hieraus ergiebt sich leicht das *Poiseuille-Hagen*'sche Gesetz, dass in runden Haarröhrchen vom Halbmesser r und Querschnitt A der Durchfluss (in $cm^3 sec^{-1}$)

$$Q = \frac{\pi r^4}{8\mu} \gamma J \tag{202}$$

oder die mittlere Geschwindigkeit (in $cm\, sec^{-1}$)

---

479) Hütte, 18. Aufl. 1902, 1, p. 240.

480) Ann. Phys. Chem. 46 (1839), p. 442.

481) Lond. Phil. Trans. 1877 (1886), p. 167 = *O. Reynolds*, Papers 2, p. 238. Auch *M. Couette*, Paris Thèses p. 48 bemerkt, dass die Temperatur wenig Einfluss zu haben scheine, „was schon *Girard* angedeutet habe". Theoretische Begründung: Lond. Phil. Trans. (A) 186 (1895), p. 123 = *O. Reynolds*, Papers 2, p. 535; *H. A. Lorentz*, Amsterdam Verslagen (4) 6 (1898), p. 28.

482) Lond. Phil. Trans. 174 (1883), p. 975 = *O. Reynolds*, Papers 2, p. 97; *H. T. Barnes* u. *E. G. Coker*, Lond. Roy. Soc. Proc. 74 (1905), p. 341; vgl. *Flamant*'s Formel oben p. 338.

483) Lond. Phil. Trans. 174 (1883), p. 943, 948 = *O. Reynolds*, Papers 2, p. 60, 67. Über die kritische Geschwindigkeit in konischen Röhren, s. Brit. Ass. Rep. 64 (1894), p. 564 = *O. Reynolds*, Papers 2, p. 586.

(203) $$U = \frac{AJ}{8\pi\mu} = 0{,}03979 \frac{AJ}{\mu}\gamma$$

beträgt. Bildet das Rohr ein Prisma oder beliebigen Zylinder und ist die Bewegung stationär, so muss das Element der strömenden Flüssigkeit durch die Reibung längs eines Teiles der Seitenflächen ebenso verzögert werden, wie beschleunigt durch die Reibung der übrigen Seitenflächen, so dass — wenn man x und y senkrecht zu einander und zur Strömungsrichtung misst —

(204) $$\frac{\partial^2 u}{\partial x^2} + \frac{\partial^2 u}{\partial y^2} = 0$$

gelten muss[484]). Aus (204) lässt sich die Geschwindigkeitsverteilung über einen dreieckigen gleichseitigen Prismenquerschnitt[485]), sowie auch die mittlere Geschwindigkeit ableiten, welche sich, wenn der Querschnitt die Fläche A hat, zu

(205) $$U = \frac{1}{20\sqrt{3}} \frac{AJ\gamma}{\mu} = 0{,}02887 \frac{AJ\gamma}{\mu}$$

ergiebt.

Die Benutzbarkeit von (205) gewinnt dadurch, dass *J. Boussinesq*[486]) für verschiedene Querschnittsformen gezeigt hat, dass geringe Verdrückung der Querschnitte, sofern man deren Grösse beibehält, U nicht wesentlich ändert.

H. S. Hele-Shaw[487]) hält es auf Grund seiner Beobachtungen für nahezu erwiesen, dass auch bei wesentlich wirbelnder Bewegung die neben festen Wänden oder Schwimmkörpern befindlichen Schichten nur gleiten. Zur Unterstützung dieser Ansicht werde beigefügt, dass bei turbulenter Strömung benachbarte Geschwindigkeiten thatsächlich an den Wänden viel stärker als im Innern von einander abweichen — wenigstens bei netzenden Flüssigkeiten, bei denen anzunehmen ist, dass sie unmittelbar an der Wand unbeweglich haften. Nimmt man ferner an, dass die scheinbare Wandgeschwindigkeit u_0 an jener Stelle herrsche, an der die laminare Be-

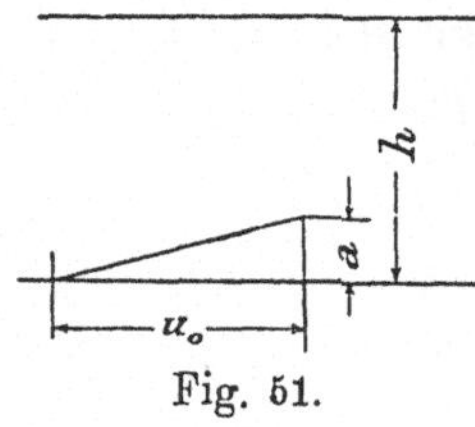

Fig. 51.

484) *A. G. Greenhill,* Lond. Math. Soc. Proc. 13 (1881), p. 43.

485) *H. Lamb,* Hydrodynamics, Cambridge 1895, p. 96, 523.

486) Ebenda, p. 523.

487) Inst. Naval Archit. Trans. (39) 1897, p. 145; 40 (1898), p. 21; Paris C. R. 132 (1901), p. 1306; vgl. IV 16, Nr. 1e *(A. E. H. Love)*, p. 97 u. IV 19, Nr. 14 *(G. Zemplén)*, p. 322, sowie oben Nr. 4 f.; p. 348. *Fr. Ahlborn,* Über den Mechanismus des Widerstandes flüssiger Medien, Phys. Zeitschr. 3 (1901), p. 120, *L. Prandtl,* Über Flüssigkeitsbewegung bei sehr kleiner Reibung, Verhandlungen des 3. internat. Math.-Kongresses in Heidelberg, Leipzig 1905, p. 484.

wegung in die turbulente übergeht, so könnte man die Dicke a der laminar strömenden Schicht berechnen, für sehr breites rechteckiges offenes Gerinne von der Tiefe h bezw. für kreisrunde Röhren vom Halbmesser $\mathfrak{r}$ würde dann nämlich[488]) sowohl

$$\gamma J h \quad \text{bezw.} \quad \gamma J \frac{\mathfrak{r}}{2} = \mu \frac{u_0}{a}$$

als auch

$$J h \quad \text{bezw.} \quad J \frac{\mathfrak{r}}{2} = B u_0^2 = \frac{U^2}{c^2}$$

gelten, wonach sich für beide Querschnittsformen

$$a = \frac{\mu c^2 u_0}{\gamma U^2} = \frac{c\mu}{\gamma \sqrt{B} U} \tag{206}$$

fände, also — wie dies auch *Hele-Shaw* beobachtete — die laminar bewegte Schicht mit zunehmender Geschwindigkeit dünner würde. In Zementrohren, wie das von *H. Bazin*[489]) untersuchte, wäre also (wegen $\mu = 0{,}0000181$ g sec cm^{-2}, $c^2 = 3012$ m sec^{-2}, $u_0 = 0{,}742\,U$, $\gamma = 1$ g cm^{-3}) $a = \frac{4{,}05}{U}$, wobei a und U in cm bezw. cm sec^{-1} auszudrücken sind.

14. Bewegung des Wassers durch Sand. Zum Zwecke der Erforschung des Durchflusses des Wassers durch ein Kugelhaufwerk ordnet *C. S. Slichter* zunächst acht voll gedachte Kugeln vom Durchmesser d derart an, dass ihre Mittelpunkte die Ecken eines Rhomboeders bilden, dessen Oberfläche aus Rhomben von der Seitenlänge d und den Winkeln δ bezw. $180^0 - \delta$ bestehen[490]) (Fig. 52). Vom Rhomboederinhalt $d^3(1 - \cos\delta)\sqrt{1 + 2\cos\delta}$ wird dann durch die acht sich berührenden Kugelausschnitte stets der Teil $\frac{\pi d^3}{6}$ ausgefüllt, während der Kern hohl bleibt. Das Verhältnis m des Hohlraumes zum ganzen Rhomboeder wird dann durch

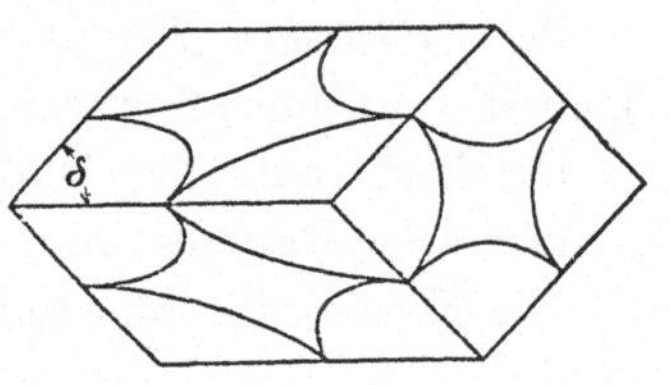

Fig. 52.

$$m = 1 - \frac{\pi : 6}{(1 - \cos\delta)\sqrt{1 + 2\cos\delta}} \tag{207}$$

ausgedrückt und für die Grenzwerte von δ, das ist für $\delta = 60^0$ bezw. 90^0, zu 0,259 bezw. 0,476. Den Rhomboederhohlraum fasst *C. S. Slichter* als Pore von wechselndem dreieckigen Querschnitt und einer

488) Vgl. oben Gl. (9) und (23), p. 335 u. 349.

489) Paris, Mém. prés. par div. sav. 32 (1902), Nr. 6, p. 4, 8, 14.

490) Annual Report of the United States Geological Survey 19² (1899), p. 311.

krummen Axe auf, deren Länge er, falls das Rhomboeder die Höhe h besitzt, zu[491])

$$l = h \frac{1 + \cos\delta}{\sin\delta \sqrt{1 + 2\cos\delta}} \left(1{,}195 - 0{,}39 \frac{\delta}{\pi}\right) \tag{208}$$

berechnet.

Den *Durchfluss* bewertet er dann auf Grund der Annahme des *Poiseuille*'schen Gesetzes bei 10⁰ C. und setzt so den Durchfluss (in $\mathrm{cm^3 sec^{-1}}$) durch einen mit regelmässig geordneten *Kugeln* von d cm Durchmesser *angefüllten Zylinder* vom Querschnitte F (in $\mathrm{cm^2}$) gleich

$$Q = 7{,}77\, J \frac{F d^2}{\varkappa}, \tag{209}$$

wobei der Koeffizient $\varkappa$ für jedes m aus einer Tabelle[492]) zu entnehmen ist und sich für m zwischen 0,26 und 0,47 von 0,843 bis 0,118 bewegt; als Gefälle J ist das Verhältnis des in Wassersäulenhöhe gemessenen Druckunterschiedes zweier Zylinderquerschnitte zu deren Abstand anzusehen.

Versuche von *King*[493]) haben dargethan, dass (209) anwendbar bleibt, wenn man es statt mit Kugeln mit natürlichem *durch Sieben auf einheitliches Korn gebrachtem Sand* zu thun hat. Doch wuchs bei $d \geqq 0{,}11$ cm der Durchfluss bei steigendem Druckgefälle weniger als letzteres.

Bei *natürlichen Feinsanden* hat zuerst *H. Darcy*[494]) die Proportionalität von Durchflussmenge und Druckverlust beobachtet.

Dividiert man die Durchflussmenge durch den Querschnitt des durchflossenen Raumes, wobei man sich nicht nur die Poren, sondern auch die Körner durchflossen denkt, so erhält man die *Filtergeschwindigkeit* mU, welche demnach nur ein Bruchteil der wahren mittleren Porengeschwindigkeit U ist. *F. Seelheim*[495]) fand, dass bei 12⁰ C. die Filtergeschwindigkeit (in $\mathrm{cm\,sec^{-1}}$) in reinem Quarzsand vom mittleren Korndurchmesser d (in cm)

$$mU = 0{,}38\, dJ \tag{210}$$

beträgt. Da es für die Porengrösse, also die Durchlässigkeit, mehr auf die kleinen Körner, die sich zwischen grössere einlagern können,

491) Ebenda, p. 313.

492) Ebenda, p. 326.

493) Ebenda, p. 241.

494) *H. Darcy*, Les fontaines publiques de la Ville de Dijon 1856, p. 590. Weitere Litteratur: *Ph. Forchheimer*, Zeitschr. d. Ver. deutsch. Ingen. 45 (1901), p. 1736.

495) Zeitschr. f. analyt. Chemie 19 (1880), p. 387.

als auf letztere ankommt, führt *A. Hazen*[496]) den Begriff des *wirksamen Korndurchmessers* (*effective size of grain*) d_w ein. Dieser wird dadurch gekennzeichnet, dass sämtliche Körner, deren Volumen kleiner als der Kugelinhalt $\frac{\pi}{6} d_w^3$ ist, zusammen $^1/_{10}$ des gesamten Sandgewichtes wiegen sollen. Die Gleichung *A. Hazen*'s bezieht sich auf grösstmöglichen Durchdrang, leichteste Schüttung, 10° C. und lautet (für U in $\mathrm{m\,sec}^{-1}$, d_w in cm)

$$(211) \qquad mU = 1{,}16\, d_w^2 J.$$

Bei abweichender Temperatur ändert sich mU anscheinend dem inneren Reibungskoeffizienten (vgl. p. 446) μ entsprechend.

F. Seelheim befasste sich auch mit der *Durchlässigkeit von Thon und geschlämmter Kreide* und fand sie sehr klein. Hiermit steht es in Einklang, dass schwache Verunreinigungen des Sandes mU ausserordentlich verringern. Bei gröberem Korn oder schnellerer Bewegung wächst nach *C. Kröber*[497]) mU nicht mehr so stark, wie J. Das beobachtete auch *A. Hazen*, der mit Gefällen bis zu 0,1 arbeitete, als er d_w über 0,2 cm wählte, und *U. Masoni* bei noch so feinen Sanden, als er zu Druckgefällen von mehr als 100 schritt. Es tritt also turbulente Bewegung ein, wenn auch deren Beginn, da die Geschwindigkeit in den einzelnen Porenstrecken verschieden ist, sich nicht so deutlich wie bei Haarröhrchen äussert. Nach *Ph. Forchheimer*[498]) entsprechen Formeln vom Bau $J = \alpha (mU)^\beta$ weniger gut als solche vom Bau

$$J = \alpha (mU) + \beta (mU)^2$$

und zeigen sich bei Wahl der Form

$$J = \alpha(mU) + \beta(mU)^2 + \gamma(mU)^3$$

die Konstanten α, β und γ positiv.

Ein gegenteiliges Verhalten zeigt merkwürdigerweise nach *King*[499]) und *Newell*[500]) *poriger Sandstein* und, wie es scheint, manchmal selbst feiner Sand, nämlich eine Zunahme des Verhältnisses $mU : J$ mit wachsendem J.[501]) Auch bei Haarröhrchen soll dies nach *E. v. Regéczy-Nagy*[502]) bei grösseren Drucken zu beobachten sein.

---

496) 24th Annual Report of the State Board of Health of Massachusetts; *A. Hazen*, The filtration of public water-supplies, New York 1895, p. 19.

497) Zeitschr. d. Ver. deutsch. Ingen. 28 (1884), p. 617.

498) Ebenda 45 (1901), p. 1782.

499) Annual Report of the U. S. Geol. Survey 19^2 (1899), p. 147.

500) Ebenda, p. 135.

501) Ebenda, p. 156, 241.

502) Mathematische und naturwissenschaftliche Berichte aus Ungarn 1 (1882/83), p. 232.

15. Stationäre Grundwasserbewegung.

15a. Stationäre Grundwasserbewegung in räumlicher Behandlung. Die Druckverteilung bei Strömung von Grundwasser lässt sich durch die Wasserhöhen messen, die sich in unten offenen Standrohren einstellen, welche man bis zu dem jeweils zu untersuchenden Punkt in den Boden getrieben hat. Zwischen Punkten, deren Standrohrspiegel sich in gleicher Höhe befinden, herrscht Gleichgewicht. Fasst man nun alle Punkte gleich hochgelegener Standrohrspiegel zusammen, so erhält man Flächen, die das Wasser senkrecht durchquert. Nach dem Vorigen erfolgt diese Strömung, wenn u die (beliebig gerichtete) Filtergeschwindigkeit bedeutet, in feinporigem Boden nach dem Gesetze

$$mu = -kJ, \tag{212}$$

worin die „Durchlässigkeit" k eine für den betreffenden Boden konstante Zahl, nämlich die Filtergeschwindigkeit beim Gefälle 1 bedeutet.

Für einen *einzigen wasseraufnehmenden Punkt* in unendlicher Bodenmasse werden die Flächen zu konzentrischen Kugeln mit dem Punkt als Mittelpunkt und fallen die Stromlinien mit den Kugelradien zusammen. Bezeichnet man diese mit R, den gesamten Zufluss zum Punkt mit Q, so gilt

$$-mu = \frac{Q}{4\pi R^2} \tag{213}$$

und daher

$$J = -\frac{mu}{k} = \frac{Q}{4\pi R^2 k} \tag{214}$$

oder, wenn z die Höhe der Standrohrspiegel über einer festen wagerechten Ebene bedeutet,

$$\frac{dz}{dR} = \frac{Q}{4\pi k} \cdot \frac{1}{R^2}. \tag{215}$$

Es ist, wie hieraus ersichtlich, z ein *Newton*'sches Potential. Zugleich ergiebt sich, dass das Grundwasser wie eine Flüssigkeit der theoretischen Hydrodynamik strömt, deren Geschwindigkeitspotential dem Druck z proportional ist[503]).

Potentialtheoretische Betrachtungen[504]) sind also auf Grundwasserbewegung durch blosse Umdeutung übertragbar. So folgt z. B. ohne weiteres, dass bei elliptischer Durchbohrung einer dichten, ebenen

---

503) Das Geschwindigkeitspotential wird $= \frac{k}{m} z$ (vgl. IV 16, Nr. 1b, *Love*, p. 87).

504) *Ph. Forchheimer*, Zeitschr. d. österr. Ingen.- u. Archit.-Ver. 57 (1905), p. 585. Konfokale Ellipsoide als Potentialflächen: *G. Kirchhoff*, Mechanik, 3. Aufl. Leipzig 1883, p. 207 f.

Schicht, unter welcher sich wasserführender Boden allseitig auf grosse Entfernung hin erstreckt, das Wasser zur Öffnung (der Brunnensohle) in Hyperbeln fliesst, die alle dieselbe durch den Ellipsenmittelpunkt gehende und zur dichten Schicht senkrechte Axe besitzen und ihren Brennpunkt auf der Randellipse haben (vgl. Fig. 53). Der gesamte Druckverlust bleibt, selbst wenn die Zuströmung aus dem Unendlichen erfolgt, in diesem Falle endlich.

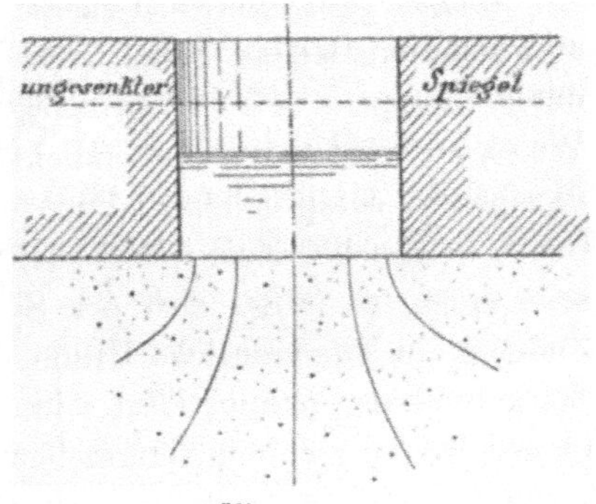

Fig. 53.

Für eine *kreisförmige Öffnung* vom Halbmesser r, aus der in der Zeiteinheit die Menge Q emporquillt, folgt für den Druckverlust vom Unendlichen bis zur Öffnung[505])

$$H - h = \frac{\pi Q}{4 k r} \tag{216}$$

(worin k die Durchlässigkeit der Bodenart). Bei Betriebsstillstand ist der Spiegel im Brunnen so hoch wie im Unendlichen; $H - h$ bedeutet also zugleich die Spiegelsenkung im Brunnen infolge seines Betriebes. Gl. (216) gilt noch angenähert für einen Brunnen mit dichter Wand und offener Sohle, auch wenn keine undurchlässige Erdschicht die Wand umgiebt und kann nach *Ph. Forchheimer*[506]) sogar näherungsweise als Gleichung der Meridianebene des Trichters gelten, den die Grundwasseroberfläche um den Brunnen herum bildet. Zwischen den Höhen h_1 und h_2 hat dieser Trichter (einschliesslich des betreffenden Brunnenteiles) den Rauminhalt

$$V_{12} = \frac{Q^2}{4 \pi k^2}\left(\frac{1}{h_2} - \frac{1}{h_1}\right) - \frac{\pi}{3}\left[(p - h_2)^3 - (p - h_1)^3\right]$$

(worin p die Tiefe der Brunnensohle unter dem Ruhespiegel). Wird der Brunnenbetrieb eingestellt, so ändern sich zunächst die Gefälle nur wenig, so dass der Zulauf vorerst Q bleibt und das ankommende Wasser den Trichter in einen unterirdischen Teich mit wagerechtem Spiegel verwandelt. Der Brunnen fasse zwischen h_1 und h_2 die Wassermenge W_{12}. Dann gilt, wenn das Ansteigen des Spiegels von h_1 auf h_2 die Zeit t_{12} braucht:

$$Q t_{12} = m V_{12} + W_{12},$$

505) *Ph. Forchheimer*, a. a. O. p. 587. Hiermit im Einklang: Versuche von *Thévenet*, Ann. des ponts et chaussées (6) 7 (1884), p. 200.

506) Zeitschr. d. österr. Ingen.- u. Archit.-Ver. 57 (1905), p. 590.

so dass bei bekanntem Porenverhältnis der Bodenart auf ihre Durchlässigkeit k geschlossen werden kann.

Liegen *zwei ähnliche Gruben*[507]) vom Längenverhältnis n in einem ausgedehnten tiefen Sand- oder Schotterboden und verändert man durch Pumpen den Wasserspiegel um beide Gruben in ähnlicher Weise, so werden — der Ähnlichkeit wegen — die Geschwindigkeiten in einander entsprechenden Punkten einander gleich, so dass der einen Grube in gleicher Zeit n^2-mal soviel als der andern zufliesst. Andererseits muss, so lange sich der Spiegel nicht wesentlich ändert, der Zudrang in die nämliche Grube ungefähr den Gefällen, also ihrer Spiegelsenkung proportional sein. Will man also gleiche Senkungen in den beiden Gruben verursachen, so muss man aus der einen n-mal soviel wie aus der andern entnehmen oder das Verhältnis der Entnahmen dem der Längen gleich wählen. Eine Fortsetzung der Betrachtung zeigt, dass wenn es sich nicht um Dauerbetrieb handelt, sondern die Aufgabe vorliegt, in beiden Gruben die Spiegel in gleicher Zeit aus ihrer ursprünglichen Lage gleich tief zu bringen, das Verhältnis der hierzu erforderlichen Entnahmen zwischen n und n^2 liegt.

Bei *artesischen Brunnen* kann der Reibungsverlust im Steigrohre und die Geschwindigkeitshöhe $\frac{U^2}{2g}$ meist vernachlässigt werden und wächst der Druckverlust im Untergrund bei konstantem k proportional der Geschwindigkeit U im Steigrohre. Hieraus folgert *J. Dupuit*[508]), dass U und also auch die Ergiebigkeit der Tiefe h proportional ist, in welcher das ausgiessende obere Ende der Steigeröhre unter dem Spiegel liegt, bis zu welchem das Wasser überhaupt emporsteigen kann. Dies wird durch die Erfahrung bestätigt[509]). *J. Dupuit*[510]) stellte auch Betrachtungen über den gegenseitigen Einfluss mehrerer Bohrungen an.

15b. Stationäre Grundwasserbewegung als Flächenproblem. Zunächst wird die Grundwasserbewegung zum Flächenproblem, wenn der Spiegel eine Zylinderfläche mit wagerechten Erzeugenden bildet, wie dies bei der Zusickerung in eine gerade Flussstrecke geschieht. Beschreibt hierbei die Grundwassersohle im Schnitt eine flache Parabel, so geht die Differentialgleichung in die *Riccati*'sche über und führt

---

507) *Ph. Forchheimer,* a. a. O. p. 591.

508) *J. Dupuit,* Études, 2. éd. 1863, p. 261.

509) *J. Dupuit,* Traité de la conduite et de la distribution des eaux, Paris 1865, p. 104 f.; *G. A. Démétriadès,* Technologie sanitaire 5 (1900), p. 362; 6 (1901), p. 441; 7 (1901), p. 49, 105.

510) *J. Dupuit,* Études, p. 267.

ihre Lösung auf *Bessel*'sche Funktionen[511]). Als verwandte Aufgabe sei hier die Berechnung der Sickerung durch einen Damm genannt[512]).

Bei nahezu wagerechter Bewegung vereinfacht sich bei nicht zylindrischen Formen des Grundwasserspiegels die Aufgabe dadurch, dass, weil die Druckverluste in der Bewegungsrichtung erfolgen, keine nennenswerten in lotrechter Richtung mehr auftreten. Auf den über einander befindlichen, fast gleich langen Wasserfäden sind also in diesem Falle die Druckverluste unter einander und mit dem Gefälle des obersten im Grundwasserspiegel liegenden Fadens fast gleich. Bezeichnet z die Grundwasserspiegelhöhe über einer wagerecht angenommenen undurchlässigen Schicht und wird auf dieser ein Axenkreuz xy gezogen, so ist dann zufolge Gl. (212) die Filtergeschwindigkeit in der x-Richtung $= -k\frac{\partial z}{\partial x}$ und die Durchflussmenge in der Zeiteinheit in derselben Richtung für den Streifen von der Breite Eins

$$-kz\frac{\partial z}{\partial x} = -\frac{k}{2}\frac{\partial(z^2)}{\partial x^2}\cdot$$

Ebenso findet sich für die y-Richtung $-\frac{k}{2}\frac{\partial(z^2)}{\partial y^2}\cdot$ Aus der Forderung der Kontinuität folgt sofort die von *Ph. Forchheimer*[513]) für schwach geneigte Grundwasserströmungen aufgestellte Differentialgleichung

$$\frac{\partial^2(z^2)}{\partial x^2} + \frac{\partial^2(z^2)}{\partial y^2} = 0. \tag{217}$$

Durch Funktionen zweiten Grades ist (217) erfüllt, sie stellen den Spiegel vom Grundwasser dar, das sich in einen Fluss[514]) oder auch in einen Haupt- und einen in ihn mündenden Nebenfluss ergiesst. Für letzteren Fall sind allerdings allgemeinere Lösungen möglich, wie solche *C. Cranz*[515]) angegeben hat.

Eine einfache der Gl. (217) entsprechende Spiegelfläche ist ferner

$$z^2 - h^2 = \frac{Q}{\pi k}\log\text{nat}\frac{R}{r}\cdot \tag{218}$$

Sie entsteht, wie *J. Dupuit*[516]) gezeigt hat, wenn aus einem bis zu

511) *E. Maillet,* Essais d'hydraulique souterraine et fluviale, Paris 1905, p. 109.

512) *G. Dénil,* Internat. ständiger Verband der Schiffahrtskongresse. 10. Kongress, Mailand 1905, 1. Abt., 5. Mitteilung.

513) Zeitschr. d. Arch.- u. Ing.-Ver. zu Hannover 32 (1886), col. 544.

514) *J. Dupuit,* Études, p. 236; *O. Lueger,* Theorie der Bewegung des Grundwassers in den Alluvionen der Flussgebiete, Stuttgart 1883, p. 15; *Ders.,* Die Wasserversorgung, Darmstadt 1890, p. 129.

515) Journal f. Gasbeleuchtg. u. Wasserversorgg. 33 (1890), p. 559.

516) *J. Dupuit,* Études, p. 254.

einer wagerechten undurchlässigen Schicht reichenden Brunnen vom Halbmesser r mit durchlässiger Wandung in der Zeiteinheit die Menge Q geschöpft wird und h den Wasserstand im Brunnen, R die Abstände der Spiegelpunkte von seiner Axe bezeichnet (vgl. Fig. 54). *A. Thiem*[517]) hat die tatsächliche Entstehung von Spiegeln nach (218) in der Natur beobachtet und an (218) viele Untersuchungen für Wassergewinnungsanlagen geknüpft. Für mehrere wasserspendende oder auch verschlingende Brunnen — die durch Indices unterschieden werden mögen — geht aus (217) und (218), wie *Ph. Forchheimer*[518]) bemerkt,

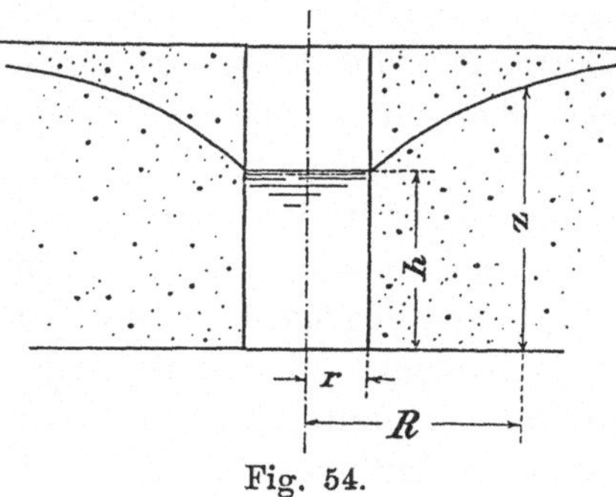

Fig. 54.

$$(219) \qquad \pi k(z^2 - h^2) = \pm\, Q_1 \log\text{nat}\, \frac{R_1}{r_1} \pm Q_2 \log\text{nat}\, \frac{R_2}{r_2} \pm \cdots$$

hervor.

Ordnet man im Schichtenplane die spendenden Brunnen bezüglich einer Geraden symmetrisch zu den verschlingenden an, so wird für die Symmetriegerade $z = h$. Man kann sich daher die Gebietshälfte mit den spendenden Brunnen durch einen See oder Fluss von kleinem Gefälle ersetzen, ohne dass die andere Hälfte eine Änderung erfährt. Bezeichnet man dann die Abstände von den Axen der spendenden Brunnen mit S, die vom Ufer mit y und lässt man überdies vom Binnenlande die Wassermenge q_0 gegen die Längeneinheit des Sees oder Flusses laufen, so nimmt (219) die Form[519])

$$(219\text{a}) \qquad \pi k(z^2 - h^2) = Q_1 \left[\log\text{nat}\, \frac{R_1}{r_1} - \log\text{nat}\, \frac{S_1}{r_1}\right] \\ + Q_2 \left[\log\text{nat}\, \frac{R_2}{r_2} - \log\text{nat}\, \frac{S_2}{r_2}\right] + \cdots + 2\pi q_0 y$$

oder

517) Journal f. Gasbeleuchtg. u. Wasserversorgg. 13 (1870), p. 450; 19 (1876), p. 707; 22 (1879), p. 518; 23 (1880), p. 156; *A. Thiem*, Die Wasserversorgung der Stadt Nürnberg, Leipzig 1879, p. 26; *N. Cucu St.* Nouele are alimentare ale orasului Bucuresci, Bucuresci 1897; Zeitschr. d. Ver. deutsch. Ing. 31 (1887), p. 1136.

518) Zeitschr. d. Archit.- u. Ingen.-Ver. zu Hannover 32 (1886), col. 550. Technologie sanitaire 1 (1895/6), p. 132. Versuche: *Fossa-Mancini*, Ann. des ponts et chaussées (6) 19 (1890), p. 847.

519) *Ph. Forchheimer*, Zeitschr. d. österr. Ingen.- u. Arch.-Ver. 50 (1898), p. 632.

$$\pi k(z^2 - h^2) = 2\pi q_0 y - Q_1 \log \operatorname{nat} \frac{S_1}{R_1} - Q_2 \log \operatorname{nat} \frac{S_2}{R_2} - \cdots$$

an.

So wie Kreise als Brunnen können gerade Strecken[520]) als *Sickerschlitze* gedeutet werden, denen freilich in Wirklichkeit eine gewisse Dicke zukommt. Für einen einzigen Sickerschlitz von der Länge l, den das Wasser bis zur Höhe h füllt, bilden die Höhenkurven konfokale Ellipsen und findet sich bei einer Gesamtergiebigkeit Q

$$\pi k(z^2 - h^2) = Q \log \operatorname{nat} \left[\frac{R_1 + R_2}{l} + \sqrt{\left(\frac{R_1 + R_2}{l}\right)^2 - 1}\right],$$

worin R_1 und R_2 die Abstände von den Schlitzenden bedeuten. Bezeichnet x den Abstand von der Schlitzmitte und q den Zufluss in die Längeneinheit des Schlitzes, so gilt

$$q = \frac{Q}{\pi\sqrt{\frac{1}{4}l^2 - x^2}},$$

wonach die Eintrittsgeschwindigkeit gegen die Schlitzenden wächst und hier nach der Formel sogar unendlich gross würde.

Ein *seichter Brunnen* erfordert bei gleicher Entnahme Q offenbar eine stärkere Spiegelsenkung $H - h_1$ als jene $H - h$, welche ein Brunnen von gleichem Durchmesser, der aber mit durchlässiger Wand bis zur undurchlässigen Schicht hinabreicht, hervorrufen würde. Nach Versuchen von *Ph. Forchheimer*[521]) ergiebt sich für seichte Brunnen von durchlässiger Wand und dichter Sohle die empirische Formel

$$\frac{H^2 - h_1^2}{H^2 - h^2} = \sqrt{\frac{h_1}{p}} \sqrt[4]{\frac{h_1}{2h_1 - p}},$$

wenn p den Abstand der Brunnensohle vom Brunnenspiegel beim Betriebe bezeichnet.

Für die Grundwasseroberfläche sind im allgemeinen nur die Lagen der Brunnenaxen mit ihren zugehörigen Entnahmen Q von Wichtigkeit, während die besondere Gestalt jedes Brunnens nur den Spiegel in seiner Nähe stärker beeinflusst.

Zusickerungen infolge von *Niederschlägen* verwandeln bei stationärer Strömung, wenn auf der Flächeneinheit in der Zeiteinheit q versickert die partielle Differentialgleichung (217) in,

$$\text{(220)} \qquad \frac{\partial^2(z^2)}{\partial x^2} + \frac{\partial^2(z^2)}{\partial y^2} + \frac{2q}{k} = 0.$$

520) *Ph. Forchheimer,* Zeitschr. d. Archit.- u. Ingen.-Ver. zu Hannover 32 (1886), col. 554.

521) Zeitschr. d. österr. Ingen.- u. Arch.-Ver. 50 (1898), p. 646; Technologie sanitaire 4 (1898/9), p. 30.

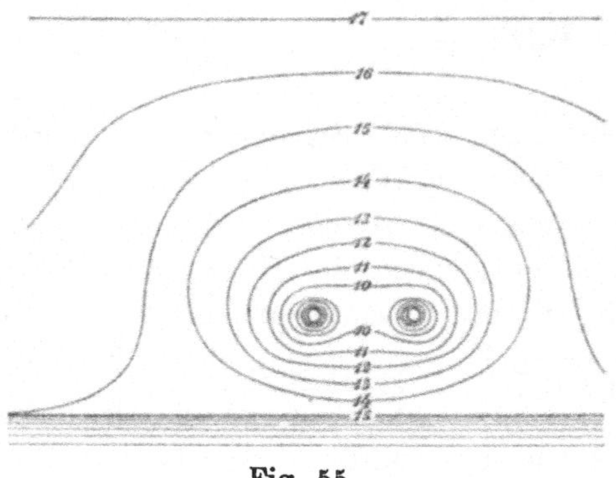

Fig. 55.

Zwei einfache Fälle gab *Ph. Forchheimer*[522]) an. Für mehrere Brunnen in der Nähe eines Flusses, in dessen Längeneinheit bei Stillstand des Brunnenbetriebes vom Binnenlande in der Zeiteinheit q_0 dringt, hätte man, wie hier bemerkt und durch Fig. 55 erläutert werde, bei Beibehaltung der Bezeichnungsweise von Gl. (219 a)

$$z^2 - h^2 = \frac{2 q_0 y}{k} - \frac{q y^2}{k} - \frac{Q_1}{\pi k} \log \operatorname{nat} \frac{S_1}{R_1} - \frac{Q_2}{\pi k} \log \operatorname{nat} \frac{S_2}{R_2} - \cdots.$$

16. Mit der Zeit veränderliche Grundwasserströmung. Bezeichnet t die Zeit, H die Tiefe der Grundwassersohle unter einer angenommenen wagerechten Ebene, z die Höhe des Grundwasserspiegels über derselben, m den Porengehalt, k die Durchlässigkeit längs der betreffenden z-Ordinate, so folgt aus der Kontinuität, dass bei schwachem Sohlen- und Spiegelgefälle die Bewegung dem Gesetze[523])

$$(221) \qquad m \frac{\partial z}{\partial t} = \frac{\partial}{\partial x}\left[k(H+z)\frac{\partial z}{\partial x}\right] + \frac{\partial}{\partial y}\left[k(H+z)\frac{\partial z}{\partial y}\right]$$

folgen muss. Ist H sehr gross und liegen die Quellen, durch welche das Becken überläuft, in der angenommenen Gleichenebene $z = 0$, so kann dieser Ausdruck durch

$$(221\,\mathrm{a}) \qquad m \frac{\partial z}{\partial t} = \frac{\partial}{\partial x}\left(kH\frac{\partial z}{\partial x}\right) + \frac{\partial}{\partial y}\left(kH\frac{\partial z}{\partial y}\right)$$

ersetzt werden, wonach die Abnahme der z um so langsamer stattfindet, je kleiner die Gefälle sind und die Ergiebigkeiten der Quellen, wenn sie nicht durch neue Niederschläge gespeist werden, nach dem Gesetze[524])

$$Q = A e^{-\alpha t}$$

abnehmen, worin A und α Konstante bedeuten.

Wenn jedoch zu den Zeiten t_1, t_2 u. s. w. Regenfälle den Spiegel um Höhen η_1, η_2 u. s. w. heben, so gilt zur Zeit t

$$Q = A e^{-\alpha t} + B[\eta_1^{-\alpha(t-t_1)} + \eta_2^{-\alpha(t-t_2)} + \cdots],$$

worin B wieder eine Konstante bezeichnet[525]).

---

522) Zeitschr. d. Archit.- u. Ingen-Ver. zu Hannover 32 (1886), col. 562.

523) *J. Boussinesq*, J. de math. (5) 10 (1904), p. 14.

524) *J. Boussinesq*, Paris C. R. 137 (1903), p. 5; J. de math. (5) 10 (1904), p. 17.

525) *J. Boussinesq*, J. de math. (5) 10 (1904). p. 20.

Ist $\frac{\partial z}{\partial y} = 0$, also der Spiegel cylindrisch, und die geringe Sohlenneigung i überall dieselbe, also $\frac{\partial H}{\partial x} = -i$, ferner m und k überall gleich, so verwandelt sich (221a) in die Gleichung

$$(221\text{b}) \qquad m\frac{\partial z}{\partial t} + ki\frac{\partial z}{\partial x} = kH\frac{\partial^2 z}{\partial x^2},$$

welche unter anderem, wenn M und N Konstante bedeuten, durch

$$z = -M^{\frac{k}{m}\frac{4\pi^2}{S^2}Ht}\cos\frac{2\pi}{S}\left(x - \frac{ki}{m}t - N\right)$$

erfüllt wird, wonach Oberflächenwellungen (von der Länge S) mit der Schnelligkeit $\frac{ki}{m}$ unter fortgesetzter Verflachung vorwärts wandern[526]).

Speist das Grundwasser Quellen, so ist es, worauf *E. Maillet*[527]) aufmerksam macht, von praktischer Bedeutung, dass es ein *régime* habe, d. h. dass die Ergiebigkeitskurven aller Trockenzeiten zusammenfallen, so dass man bei Kenntnis der Ergiebigkeit in einem bestimmten Zeitpunkte vorhersagen kann, wieviel die Quelle nach einer beliebigen Frist noch liefern wird, wenn sie inzwischen keine neuen Zuflüsse erhält. *E. Maillet* hat auch für einige bestehende Quellen die einheitlichen Ergiebigkeitskurven ermittelt.

Ist bei geringer Tiefe $H = 0$, also die dichte Sohle wagerecht, ferner wieder k und m unveränderlich und $\frac{\partial z}{\partial y} = 0$, so wird Gl. (221) zu

$$(221\text{c}) \qquad m\frac{\partial z}{\partial t} = k\frac{\partial\left[z \cdot \frac{\partial z}{\partial x}\right]}{\partial x} = k\frac{\partial (zz')}{\partial x}.$$

J. Boussinesq verlangt nun, dass dies Grundwasser ein derartiges *régime* habe, dass (nachdem die Zusickerungen aufgehört haben) sich alle Tiefen z proportional ändern, also jedes z das Produkt aus einer Funktion des Ortes und einer Funktion der Zeit sei, oder dass

$$-\frac{\partial z}{\partial t} = \alpha z$$

(worin α für alle Punkte gleich gross) und hiernach

$$-m\alpha z = k\frac{\partial (zz')}{\partial x}$$

oder

$$(222) \qquad -m\alpha z^2 dz = k\frac{\partial (zz')}{\partial x} z\,dz = k \cdot zz' \cdot d(zz')$$

gelte. Die Integration von (222) liefert, wenn für $x = L$ der Spiegel seine Scheitellinie hat, also $z' = 0$ ist, wie das der Fall ist, wenn in

526) *J. Boussinesq*, Eaux courantes, p. 258.

527) Paris C. R. 134 (1902), p. 1103; *E. Maillet*, Essais d'hydraulique, p. 21 f.

der Entfernung L von der Quellenlinie (für die $x = 0$) kein Wasser zudringt:

$$\frac{1}{3} m \alpha (z_{\max}^3 - z^3) = \frac{k}{2} (z z')^2$$

oder

$$x = \sqrt{\frac{3}{2} \cdot \frac{k}{m \alpha}} \int_0^z \frac{z\,dz}{\sqrt{z_{\max}^3 - z^3}}$$

oder

$$L = \sqrt{\frac{3}{2} \frac{k z_{\max}}{m \alpha}} \int_0^1 \frac{\frac{z}{z_{\max}}\, d\frac{z}{z_{\max}}}{\sqrt{1 - \left(\frac{z}{z_{\max}}\right)^3}},$$

welche Beziehung *nur* zutrifft, wenn[528])

$$\sqrt{\frac{2 m \alpha L^2}{3 k z_{\max}}} = 0{,}862 \tag{223}$$

ist. Für einen entsprechenden Zeitanfang wird dann

$$z_{\max} = 0{,}896 \frac{m L^2}{k t}$$

und nimmt die Ergiebigkeit der Quellen proportional $\frac{1}{t^2}$ ab. *J. Boussinesq* beweist nun weiter, dass die Schar der der Zeit nach aufeinander folgenden Spiegelleitlinien, für welche (223) zutrifft, sehr ausharrt, dass nämlich, wenn (z. B. durch Regen) eine Kurve entsteht, die von einer Kurve der Schar etwas abweicht, die Abweichungen sich proportional t^{-15} verändern, also rasch verschwinden[529]).

Er wiederholt seine Betrachtungen für *gekrümmte Sohlenlinien*, deren positive bezw. negative H den z einer Spiegelkurve proportional sind und findet, dass sich hier die Spiegelordinaten im Laufe der Zeit proportional

$$\frac{k e^{-kt}}{1 - e^{-kt}}$$

ändern, wobei die Zahl k die Stärke der Einbauchung zum Ausdruck bringt, ferner dass Abweichungen von einer Scharkurve bei konkaver Sohle mit e^{-12kt} verschwinden, dass endlich die Quellen proportional mit

$$\left(\frac{k}{1 - e^{-kt}}\right)^2 \cdot e^{-kt}$$

versiegen[530]).

528) J. de math. (5) 10 (1904), p. 25.
529) J. de math. (5) 10 (1904), p. 38.
530) J. de math. (5) 10 (1904), p. 10, 47, 61.

Weitere Betrachtungen über das Versiegen stellte *E. Maillet*[531]) an und fand beispielsweise, dass über einer parabolischen Sohle mit den nach oben positiven Ordinaten

$$z_0 = a + bx - cx^2 \tag{224}$$

während der trockenen Jahreszeit die Spiegelordinate

$$z = a + bx - cx^2 + Ae^{-2\frac{k}{m}ct} \tag{224a}$$

und daher die Strömungsmenge der Breiteneinheit Grundwasserstrom

$$q = Ak(b - 2cx)e^{-2\frac{k}{m}ct} \tag{224b}$$

(worin A konstant) sei.

In der Tat erfüllen (224a) und (224b) die Forderung der Kontinuität

$$m\frac{\partial z}{\partial t} = \frac{\partial q}{\partial x}. \tag{225}$$

Nach (224a) vermindern sich alle z beim Versiegen um gleiche Stücke. Da gleichförmig zusickernde Regenwässer alle z gleichviel vergrössern, bestehen alle Änderungen des Spiegels in einer Hebung oder Senkung[532]).

Ist die Sohle stark geneigt und der Grundwasserstrom seicht, so weicht dessen Spiegelgefälle wenig von $\frac{dz_0}{dx}$ ab, so dass

$$q = k(z - z_0)\frac{dz_0}{dx}$$

und näherungsweise (225) zu

$$m\frac{dz}{dt} = k(z - z_0)\frac{d^2z_0}{dx^2},$$

$$\frac{dq}{dt} = \frac{k^2}{m}(z - z_0)\frac{dz_0}{dx}\frac{d^2z_0}{dx^2}$$

wird, wonach sich q überall, also auch, wo das Wasser zu Tage tritt, vermehrt oder vermindert, je nachdem $\frac{d^2z_0}{dx^2} \gtrless 0$, das heisst, die Sohle konkav oder konvex ist[533]). Gleichmässig versickernder Niederschlag ändert die $\frac{dz}{dx}$ nicht. Er verursacht eine plötzliche Zunahme des Wasserausflusses, der hierauf wie zuvor weiter wächst oder sofort abnimmt[534]). Ist die Sohle im oberen Teil konvex, im unteren konkav, so nimmt der Ausfluss erst zu, dann ab[535]).

Werden die Ordinaten des Grundwasserspiegels nunmehr mit h bezeichnet und die Höhen der Standrohrspiegel oder die Geschwindigkeitspotentiale mit φ, während z jetzt wieder die senkrechte Koordinate

531) *E. Maillet,* Essais d'hydraulique, Paris 1905, p. 49.

532) Ebenda, p. 48.

533) Ebenda, p. 76.

534) Ebenda, p. 83.

535) Ebenda, p. 87.

bedeuten soll, so folgt aus dem allgemeinen Gesetz der Grundwasserbewegung für den Grundwasserspiegel sofort

$$m\frac{\partial h}{\partial t} = k\left(-\frac{\partial \varphi}{\partial z} + \frac{\partial h}{\partial x}\frac{\partial \varphi}{\partial x} + \frac{\partial h}{\partial y}\frac{\partial \varphi}{\partial g}\right)$$

oder bei schwacher Neigung des letzteren

$$m\frac{\partial h}{\partial t} = -k\frac{\partial h}{\partial z},$$

welcher Ausdruck für ihn, weil bei ihm φ und h gleichbedeutend sind, mit

$$m\frac{\partial \varphi}{\partial t} = -k\frac{\partial \varphi}{\partial z}$$

zusammenfällt. *J. Boussinesq*[536]) führt nun aus, dass in unendlich tiefem Grundwasser[537]) letztere Beziehung auch für die übrige Masse zutrifft. Ist für eine solche daher bei stationärer Bewegung $\varphi = F(x, y, z)$, so gibt

$$\varphi = F\left(x, y, z - \frac{m}{k}t\right)$$

die Standrohrspiegel für die erlöschende Strömung an. Die Bewegung hört also dadurch auf, dass die Bewegungs- und Druckzustände mit der Schnelligkeit $\frac{m}{k}$ aufwärtsrücken.

VI. Anhang.

17. Einwirkung des Wassers auf das Flussbett[538]) **oder den Meeresgrund.** Für die Eigenschaften eines *Flusses* erscheint vor allem die Wassermenge massgebend, welche ihm aus seinem Gebiete zufliesst. *R. Siedek*[539]) geht sogar soweit, im normalen Fluss Spiegelbreite, mittlere Tiefe, Gefälle und Geschwindigkeit in solche Beziehung zu setzen, dass aus einer Grösse alle anderen berechnet werden können. Da nun seit *L. G. du Buat*[540]) angenommen wird, dass es für jede

536) J. de math. (5) 10 (1903), p. 387 f.

537) Bei geringer Tiefe findet hingegen Füllung mit unstetigem Anschluss an den jeweils noch unveränderten Spiegelteil statt; siehe oben. — Noch nicht mathematisch behandelt wurde der Wasserspiegel, der zeitweise durch Niederschläge gehoben, dann sinkend und verflachend, sich über parallelen Dränsträngen bildet. Den Grundwasserspiegel bei Bewässerungen suchte *Bazaine*, Ann. des ponts et chaussées (6) 5 (1883), p. 34, zu verfolgen.

538) Die Ausgestaltung des Flussbettes durch das Wasser bespricht unter Angabe der Litteratur sehr vollständig *G. Crugnola,* Politecnico 47 (1899), auch teilweise deutsch Zeitschr. f. Gewässerkunde 4 (1902), p. 268 u. 5 (1903), p. 241 f.

539) Siehe oben Nr. 4b, p. 339 und Zeitsch. d. österr. Ing.- u. Arch.-Ver. 57 (1905), p. 61, 77, 216.

540) *Du Buat,* Principes d'hydraulique, nouv. éd. Paris 1 (1786), p. 98; 2 (1786), p. 93; *Ders.*, Schweben von Kugeln nach *Newton*'s Fallversuchen 2, p. 274.

Erd-, Sand- oder Kiesgattung eine Stromgeschwindigkeit giebt, bei der weder Abbruch noch Ablage erfolgt und sogar von *Du Buat* und anderen[541]) Bestimmungen solcher Geschwindigkeiten vorliegen, könnten durch Vereinigung der Theorien *Siedek*'s und *Du Buat*'s Schlüsse auf das Geschiebe des normalen Flusses gezogen werden.

Mit dieser Auffassung steht *H. Sternberg* insofern in Widerspruch, als nach ihm die Geschiebegrösse nicht von der Wassermasse abhängt. Er nimmt an, dass, wenn ein Geschiebestück, also ein Sandkorn oder Kiesel stromab getrieben wird, der Wasserstoss den Reibungswiderstand φP nur unbedeutend überwiegt, dieser dem Gewichte P des Geschiebestückes proportional ist, und dass die Verkleinerung des Geschiebes durch allmähliches Abreiben dem Produkt aus dem Reibungswiderstande und der Wegelänge proportional ist[542]). Letzteres verkleinere sich also fortwährend und zwar, wenn die Flusslänge stromauf gemessen wird, nach dem Gesetze

$$dP = c\varphi P\,ds. \tag{226}$$

Bezeichnen $\varphi_1, \varphi_2, \ldots$ weitere Konstanten, so folgt aus (226), dass das Geschiebegewicht die Funktion

$$P = \varphi_1 e^{c\varphi s} \tag{227}$$

der Flusslänge bildet. Der Wasserstoss φP wird seit *I. Newton*[543]) den Quadraten der Längenabmessung des Körpers und der Geschwindigkeit proportional gesetzt, so dass sich für ein Geschiebestück, das der Sohlengeschwindigkeit u_0 ausgesetzt ist,

$$\varphi P = \varphi_2 P^{2/3} u_0^2 \tag{228}$$

und aus (227) und (228)

$$u_0 = \varphi_3 e^{\frac{c\varphi s}{6}} \tag{229}$$

---

541) *Th. Telford* u. *A. Nimmo* in Artikel Bridge der Edinburger Encyclopädie; *Fr. A. Umpfenbach,* Theorie der Kunststrassen, Berlin 1830, p. 6; *E. H. Hooker,* Amer. Soc. Civ. Eng. Trans. 36 (1897), p. 239 nennt: *P. Bouniceau,* Étude sur la navigation des rivières à marées, Paris 1845, p. 19 und *Blackwell* in Report of the Referees upon the main drainage of the metropolis, July 1857, Appendix IV; *L. Franzius,* Der Wasserbau, Berlin 1890, p. 162; *B. Luini,* Politecnico 41 (1893), p. 398; *Suchier* nach *A. Doell,* Regulierung geschiebeführender Wasserläufe, Leipzig 1896, p. 22 = Deutsche Bauzeitung 17 (1883), p. 331.

542) Zeitschr. f. Bauwesen 25 (1875), p. 483 u. f. Der von *H. Sternberg* geteilten Auffassung hat bereits, jedoch ohne Rechnung, *D. Guglielmini* (lebte 1655—1710) Ausdruck gegeben: Raccolta d'autori italiani (Bologna 1822) 2, p. 342: Della linea cadente dei fiumi che corrono in ghiara, opuscolo inedito.

543) *I. Newton,* Philosophiae naturalis principia, Lond. 1687, VII, p. 319.

ergiebt. Die durch (228) ausgesprochene[544]) Proportionalität von u_0^6 und P ergiebt sich übrigens, wie *H. Law*[545]) bemerkt, auch wenn der Stein nicht geschoben, sondern gekippt oder gerollt wird. Auf Flussstrecken, auf denen sich die Tiefe nicht wesentlich ändert, bildet die Sohlengeschwindigkeit einen bestimmten Bruchteil der mittleren Geschwindigkeit U, so dass, falls man die Meereshöhe mit z, also das Gefälle mit $+\frac{dz}{ds}$ bezeichnet, nach (9)

$$\frac{b}{R}U^2 = \frac{dz}{ds}$$

ist, und

$$\frac{dz}{ds} = \varphi_4 e^{\frac{c\varphi s}{3}} \tag{230}$$

oder

$$z = \varphi' e^{\varphi'' s} + \varphi''' \tag{231}$$

als Gleichung des Flusslängenprofiles hervorgeht.

Mit (227) stimmt die Grösse der von *F. v. Hochenburger* gemessenen Geschiebe der Mur, mit (231) das Längenprofil des Mittelrheins, der Maas, Mur und Enns[546]).

Sternberg's Theorie erscheint zutreffend, wenn einzelne grössere Geschiebestücke die Sohlenlage festhalten; bei wachsendem Wasserstand werden nämlich die feineren Körner fortgeschwemmt, bis jene Körner hervorragen, welche gross genug sind, der Strömung zu widerstehen. Das geschieht häufig unter Bildung von Kiesbänken[547]) mit flachem Anstieg und steilem Abfall. Die Körner laufen dann die flache Rampe empor und bleiben auf der vom Stromanfall geschützten steilen Böschung liegen, so dass die Bänke, wie vielfach beobachtet, langsam stromabwärts rücken. Der grössere Teil der potentiellen Energie hJs, welche die Wassermasse eines Flussstreifens von 1 m Breite und h m Tiefe bei der Stromabbewegung über die Strecke s verliert, wird also in Reibung längs fester Flächen verbraucht. In der That ist auch der Geschiebetrieb der Flüsse im Vergleich zum Durch-

---

544) Die Proportionalität von U^6 und P behauptete zuerst *A. Brahms*, Anfangsgründe der Deich- und Wasserbaukunst, Aurich 1753, p. 108.

545) Min. Proc. Inst. Civ. Eng. 82 (1885), p. 29.

546) *F. v. Hochenburger*, Über Geschiebebewegung und Eintiefung, Leipzig 1886; *H. Sternberg*, Zeitschr. f. Bauwesen 25 (1875), p. 498; *W. Heyne*, Wochenschr. des österr. Ing.- u. Arch.-Ver. 11 (1886), p. 253 nach den Angaben Hochenburger's.

547) *(L. G.) du Buat*, Prinzipes d'hydraulique 1, § 72, p. 99; *G. Hagen*, Handbuch der Wasserbaukunst, 2. Teil, 1. Bd., Berlin 1891, p. 161. Sägezahnförmige Sohlenbildung: *B. Luini*, Politecnico 41 (1893), p. 401, 404.

fluss sehr gering[548]), so dass z. B. auf 1 m³ Anschwemmung in der Loire 60000, in der Garonne 9000, in der Seine 11800 m³ Wasser kommen. Zum Unterschied hiervon betrachtet *P. du Boys*[549]) eine aus übereinander liegenden Schichten gleicher Körner bestehende Sohle, welche bis in grössere Tiefe in Bewegung begriffen ist, wie man es schon beobachtet hat[550]). Jede Schicht habe die Stärke ε. Ist die Schleppkraft (*force d'entrainement*) dem Reibungswiderstande von n Schichten gleich oder

$$\gamma h J = n\varepsilon(\gamma_1 - \gamma)\varphi, \tag{232}$$

worin γ das Raumgewicht des Wassers, γ_1 jenes der Schüttung und φ wieder die Reibungsziffer bedeutet, so bewegt sich die unterste Schicht noch nicht, die darüber mit einer — übrigens nicht bekannten — Geschwindigkeit v, die nächstfolgende, weil bei der Gleichförmigkeit des Geschiebes der Geschwindigkeitsunterschied benachbarter Lagen gleich gross sein muss, mit $2v$ u. s. w. Der ganze Geschiebetrieb über 1 m Sohlenbreite wird demnach

$$G = \varepsilon v \frac{n(n-1)}{2} \tag{233}$$

sein. Wird die Schleppkraft, bei welcher die Bewegung eben beginnt oder $n = 1$ ist, S (in kg m^{-2}) genannt, so dass S eine für jedes Geschiebe bestimmbare Zahl ist, so gilt nach (232)

$$S = \varepsilon(\gamma_1 - \gamma)\varphi, \tag{234}$$

so dass sich

$$\gamma h J = n S \tag{235}$$

und

$$G = \frac{\varepsilon v}{2} \cdot \frac{\gamma h J}{S}\left(\frac{\gamma h J}{S} - 1\right) = \frac{\varepsilon v}{2S^2}\gamma h J(\gamma h J - S) = \psi h J\left(h J - \frac{S}{\gamma}\right) \tag{236}$$

zeigt, falls ψ eine für jede Schichtstärke ε, also auch eine das Geschiebe kennzeichnende Zahl bedeutet. Wird gemäss (9) $hJ = bU^2$ gesetzt, so geht (236) in

$$G = \psi b U^2\left(b U^2 - \frac{S}{\gamma}\right) \tag{236a}$$

über, wonach der Geschiebetrieb bei einer Geschwindigkeit

$$U = \sqrt{\frac{S}{b\gamma}}$$

beginnt und dann sehr rasch mit U wächst. Hierin liegt das Zu-

548) *L. L. Vauthier*, Association française pour l'avancement des sciences, Blois (1884), Paris 1885, 13, p. 97.

549) Ann. des ponts et chaussées (5) 18 (1879), p. 149.

550) *M. Eads* im Mississippi nach Amer. Soc. Civ. Eng. Trans. 36 (1896), p. 280.

treffende der Formel. Ihrer Ableitung ist nämlich entgegenzuhalten, dass der Sand, sofern er nicht rollt, in Flüssen nur ausnahmsweise in über einander gleitenden Schichten und meist in Wirbeln, die den Staubwirbeln auf den Strassen ähneln, fortgetrieben wird[551]). Auch das Sprunghafte der Bewegung grösserer Gegenstände ist im Wasser wie in der Luft zu beobachten. Die Geschiebewanderung findet gemäss (236) nur auf jenen Teilen der Sohle statt, wo beim jeweiligen Wasserstande $\gamma h J \gtreqless S$ ist. Durch Untersuchung der bei Niederwasser blosliegenden Kiesbänke bestimmte *F. Kreuter*[552]) an einigen Flüssen, welches Geschiebe beim Abschwellen der Hochwässer liegen blieb. Konnte er dann auch die Höhe h_s des Hochwassers über dem Kies und das Gefälle J_s des Hochwassers bestimmen, so setzte er

$$J_s h_s = S. \tag{237}$$

Die S nahmen stromabwärts ziemlich stark ab.

Nach unmittelbaren Versuchen von *G. F. Deacon*[553]) soll übrigens bis zu Oberflächengeschwindigkeiten u von etwa 3 $\mathrm{m\,sec^{-1}}$, wenn die Sohle aus Schlamm und feinem Sand besteht, die Fördermenge G der Potenz u^5 proportional sein.

Von der Bewegung des Geschiebes auf der Sohle ist die *Förderung der suspendierten Teilchen* zu trennen[554]). Letztere entstehen — wenigstens grösstenteils — beim Abrieb der Geschiebestücke und ihre Grösse ist so gering, dass sie im allgemeinen vom Wasser mit fortgetrieben werden und sie für die Gestaltung des Flussbettes nur wenig Bedeutung haben. Erst in der Nähe der Mündungen, wo die Geschwindigkeiten sehr gering sind, sinken sie zu Boden und bilden dort den Schlick. Nach *J. Dupuit*[555]) nimmt zwar die Fähigkeit des Wassers, Körper schwebend zu erhalten, wesentlich mit dem Geschwindigkeitsunterschiede benachbarter Fäden, also mit $\frac{du}{dz}$ (worin z die Tiefe) zu, bewegen sich aber die Schwebeteilchen, soweit dem nicht die Schwere entgegenwirkt, gegen die Stelle hin, wo u sein Maximum hat. Auch nach *G. Jäger*[556]) bewegen sich kleine Körperchen von

551) *H. L. Partiot,* Ann. des ponts et chaussées (5) 1 (1871), p. 257 f.

552) Zeitschr. f. Gewässerkunde 1 (1898), p. 193. Folgerungen für den Flussbau: *F. Kreuter* im Handbuch der Ingenieurwissenschaften 3, Wasserbau, 2. Abt., 1. Hälfte, 3. Aufl., Leipzig 1899, p. 175 f. Auf Grund des Wasserstosses: *R. Williams,* Projektierung und Veranschlagung von Flussbefestigungen, Leipzig 1899, Erläuterungsbericht zum Projekt der Elsterberichtigung, Leipzig 1902.

553) Min. Proc. Inst. of Civ. Eng. 118 (1894), p. 95.

554) Ausführliche Angabe früherer Arbeiten: *E. H. Hooker,* Amer. Soc. Civ. Eng. Trans. 36 (1896), p. 239 u. f.

555) *J. Dupuit,* Études, p. 220.

556) Wien. Ber. 112²ᵃ (1903), p. 1685.

Stellen grösseren zu solchen kleineren Geschwindigkeitsgefälles. *A. Flamant*[557]) meint, dass die Tragefähigkeit des Wassers sowohl mit seiner Geschwindigkeit als auch mit seinem Geschwindigkeitsgefälle wachse. Jedenfalls nimmt in Strömen der Gehalt an Schwebeteilchen von der Sohle zum Spiegel ab. Daher ist das Schweben wohl eher als Beweis dafür anzusehen, dass sich in Strömen das Wasser wirbelnd bewegt und stets solches von der Sohle zur Oberfläche gelangt. Das Mitreissen wird dadurch erleichtert, dass, wie *L. L. Vauthier*[558]) nachweist, in ruhigem Wasser kleine fallende Teilchen ausserordentlich rasch ihre Endgeschwindigkeit erreichen. Gewöhnlich ist der Gehalt an schwebenden Bestandteilen gering[559]); doch kann er — wie dies bei Wildbächen und Murgängen geschieht — bedeutend werden. Hierbei giebt es nach *Sc. Gras*[560]) einen Sättigungsgrad, bei dem jede Zugabe neuen Stoffes eine Ablagerung verursacht.

Die Geschiebewanderung wächst also jedenfalls stark mit der Geschwindigkeit. Diese ist in den einzelnen Teilen eines Laufes verschieden. In den Krümmungen findet am einbuchtenden Ufer eine Art Rückprall der Geschwindigkeiten statt; die reflektierten Geschwindigkeiten setzen sich mit den ursprünglichen zusammen und bewirken, dass die Linie, längs welcher die grösste Geschwindigkeit herrscht — der Stromstrich — sich dem einbuchtenden Ufer nähert und dort Auswaschungen verursacht. Zudem verdrängen, wie *J. Boussinesq*[561]) bemerkt, bei dem Übergang aus einer Geraden in eine Kurve die Wasserteilchen von der grösseren Fliehkraft, also die schnelleren Teilchen, die an der Oberfläche waren, die langsameren, die sich in der Tiefe befanden, wodurch die ganze Wassermasse in Drehung gerät und in den Kurven an der Oberfläche gegen das konkave Ufer strömt, an diesem abwärts gleitet und an der Sohle sich wieder von ihm entfernt. Auch diese Bewegung führt zu einer Vertiefung[562]) am einbuchtenden neben einer Erhöhung am ausbauchenden Ufer. In Kurven ist also die Wassertiefe ungleichmässig, wo-

---

557) *A. Flamant*, Hydraulique 1900, p. 308.

558) Association française pour l'avancement des sciences, Blois 13 (1884), Paris 1885, p. 93; abgekürzt Ann. des ponts et chaussées (6) 10 (1885), p. 1168.

559) Zahlreiche Angaben: (*H.*) *Blohm*, Zeitschr. d. Architekten- u. Ingen.-Vereins zu Hannover 13 (1867), col. 245 u. f.

560) Ann. des ponts et chaussées (3) 14 (1857), p. 17.

561) Eaux courantes, p. 610.

562) *J. Thomson*, London Roy. Soc. Proc. 25 (1877), p. 6; *H. Girardon*, p. 16 in: 6. internationaler Binnenschiffahrtskongress, Haag 1894, 7. Frage. Über den Querschnitt in der Geraden: *F. Kreuter*, Zeitschr. d. österr. Ingen.- u. Arch.-Vereins 56 (1904), p. 670.

durch sowohl nach (228) als auch nach (233) die Ausräumung bei gegebener mittlerer Geschwindigkeit des Flussquerschnittes vermehrt wird. Da aber schliesslich ein Zustand eintreten muss, bei dem die vom Oberlaufe kommende Geschiebemenge der stromabwandernden gleich ist, folgt, dass sich im Laufe der Zeit die mittlere Geschwindigkeit in der Kurve kleiner als in der Geraden gestalten, dass also der Fluss in den Kurven einen grösseren Querschnitt als in der Geraden annehmen muss.

Mit dieser Erwägung stehen die Gesetze im Einklang, zu welchen *O. Fargue* durch die Analyse einer Strecke der Garonne gelangte[563]). Nach *O. Fargue* ist die Tiefe des Fahrwassers (der Stromrinne, *passe navigable*) eine Funktion der ein Stück (*écart*) weiter oberhalb bestehenden Krümmung der Flussmittellinie[564]), mit der sie sich in gleichem Sinne ändert; einem Wendepunkte folgt also eine Untiefe (*écart du maigre*), einer Stelle stärkster Krümmung ein Tiefstpunkt der Sohle (*écart de la mouille*). Die stärkste Krümmung sei für die grösste Tiefe (*loi de la mouille*), die mittlere Krümmung für die mittlere Tiefe massgebend (*loi de l'angle*) und eine plötzliche Änderung des Krümmungshalbmessers rufe jähe Tiefenänderung[565]) hervor (*loi de la continuité*). Beobachtungen an anderen Flüssen[566]) und an einem Versuchskanal[567]) haben diese Gesetze, auf Grund welcher *Fargue* auch Regeln für die Flusstracierung entwickelt[568]), bestätigt, wenngleich Ausnahmen häufig sind. *Boussinesq*[569]) findet, dass *Fargue*'s Angaben über die Garonnestrecke mit der Gl. (109a) in Einklang stehen. Wenn bei den für die Ausgestaltung des Bettes massgebenden Hochwässern Gefälle und Flussbreite allenthalben gleich sind, gilt nämlich gemäss (109a) für die Beziehung der Tiefe h in den Kurven zu der h_0 in der Geraden

$$\frac{h-h_0}{h_0}=\frac{3}{4}\sqrt{\frac{a}{A}}. \tag{238}$$

---

563) Ann. des ponts et chaussées (4) 15 (1868), p. 34.

564) Dass die gekrümmten Strecken die grössere Tiefe besitzen, haben schon früher *Legrom* und *Chaperon* ebenda 1838[1], p. 342 f. ausgesprochen.

565) Ebenda, 1894[1], p. 427; *Fargue* sagt 1868[1], p. 49 Tiefenabnahme statt Tiefenänderung.

566) 6. internationaler Binnenschiffahrtskongress, Haag 1894, *R. Jasmund* (Elbe), *P. Mengin-Lecreulx* und *G. Guiard* (Seine), *H. Doyer* (Geldersche Yssel), *R. P. J. Tutein-Nolthenius* (Maas).

567) Ann. des ponts et chaussées (7) 7 (1894), p. 430.

568) Ebenda (4) 15 (1868), p. 50; (6) 4 (1882), p. 301; (6) 7 (1884), p. 411; 7 (1901[1]), p. 106.

569) Eaux courantes, p. 615.

Clavel[570]) macht aufmerksam, dass wenn die Wirkungen stromab von der Ursache auftreten, soweit nicht andere Umstände es verhindern, die Kurven abwärts wandern müssen. Solches wird häufig beobachtet[571]), so hat *Sainjon*[572]) gefunden, dass die Häger oder Sandbänke in der Loire mit der Geschwindigkeit 0,0013 $(u^2 - 0{,}11)$ fortschreiten, wenn u die Oberflächengeschwindigkeit bedeutet. *H. Engels*[573]) hat durch Versuche im Kleinen gefunden, dass bei solchen Wanderungen das Geschiebe von einer Ausbiegung des einen Ufers zur nächsten des anderen Ufers überschlägt, also einen Weg zurücklegt, der weniger geschlängelt als die Flussaxe ist.

Alle sich selbst überlassenen Flussläufe zeigen Windungen. *J. Thomson*[574]) erklärt sie durch die Abwärtsbewegung des Wassers an konkaven Ufern, wodurch sich schwache Einbuchtungen mit der Zeit verschärfen. *E. Faber*[575]) bringt sie mit der von *M. Möller* und *F. P. Stearns* behaupteten Bewegung des Wassers in zwei Spiralen in Zusammenhang.

Die Wirkungsweise von *Buhnen*, d. h. quer zur Flussrichtung in den Fluss hereinragenden Dämmen, auf die Ausgestaltung des Bettes haben *G. Hagen*[576]) und *H. Engels*[577]) mittels Modellen untersucht, wobei ersterer die Buhnenlage, letzterer namentlich die Buhnenform veränderte.

Während Buhnen im Binnenlauf dadurch, dass sie den Fluss einengen, ihn auch vertiefen, ist ihre Wirkung in den Mündungen von Strömen, die sich in Meere mit starker Flut ergiessen, die entgegengesetzte. Für die Ausbildung der Tiefe solcher Mündungen ist es nämlich, wie *J. Dalmann*[578]) erkannt hat, am wichtigsten, dass das

570) Ann. des ponts et chaussées (7) 9 (1895), p. 369.

571) *J. E. Silberschlag*, Ausführliche Abhandlung der Hydrotechnik, Leipzig 1772, p. 145, siehe auch oben p. 464.

572) *H. L. Partiot*, Ann. des ponts et chaussées (5) 1 (1871), p. 273.

573) Zeitschr. f. Bauwesen 50 (1900), col. 358.

574) London Roy. Soc. Proc. 25 (1877), p. 6.

575) Deutsche Bauztg. 31 (1897), p. 310. Vgl. oben Nr. 4d, p. 345.

576) *G. Hagen*, Handb. der Wasserbaukunst, 3. Aufl., 2. Teil, 1. Bd., p. 396.

577) Zeitschr. f. Bauwesen 54 (1904), col. 449. Versuche über eine Buhnenform: *C. Krischan*, Zeitschr. d. österr. Ing.- u. Arch.-Ver. 54 (1902), p. 144, 469. — *H. Engels* machte auch Versuche über die Unterspülung von Strompfeilern, Zeitschr. f. Bauw. 44 (1894), col. 407.

578) *J. Dalmann*, Über Stromkorrektionen im Flutgebiet, Hamburg 1856. Siehe auch *L. Franzius* und *G. de Thierry* im Handbuch d. Ingenieurwissenschaften, 3, 3. Aufl., 3. Abt. 1900, p. 193 u. f.; *L. F. Vernon-Harcourt*, Min. Proc. Inst. Civ. Eng. 118 (1894), p. 1 f.; *H. L. Partiot*, ebenda p. 47 f. sowie die den letztgenannten Aufsätzen folgende Diskussion.

Flutwasser möglichst ungehindert stromauf laufe, sich also viel Wasser ansammle, welches während der Ebbeströmung wieder stromab fliesst und die Sohle ausscheuert. Hierbei ist der Endzustand nach Versuchen von *O. Reynolds*[579]) nur von der Höhe der Springfluten abhängig. Die natürliche Form solcher Mündungen folgt nach *W. H. Wheeler*[580]) dem Gesetze

$$y = c_1 \cdot c_2^{-x},$$

worin y die Breite bei mittlerem Niedrigwasser und x den Abstand vom offenen Meer bedeutet.

In *flutlosen Meeren* breitet sich das Süsswasser bei seinem Austritt zunächst über dem Salzwasser aus. Dabei schlagen sich die Schwebestoffe nieder und bilden eine Barre, die für die Schifffahrt hinderlich sein kann[581]). Aber die Barren bestehen sowohl in flutenden wie auch in flutlosen[582]) Meeren nicht immer aus den Schwebestoffen, die der Strom führt, und die Ursachen, welche das Vorhandensein oder Fehlen von Barren bewirken, sind zum Teil strittig[583]).

Verwandt mit dieser Frage ist jene nach den Ursachen der Versandung von Häfen an Sandküsten, sowie die Beurteilung der Mittel, durch welche ihre Tiefe erhalten werden soll[584]). Im wesentlichen handelt es sich darum, den längs der Küste wandernden und sich dabei nach *G. Hagen*[585]) fortwährend verkleinernden Sand aufzuhalten, ehe er den betreffenden Hafen erreicht oder auch ihn zu weiterem Vorwärtswandern zu bringen. Naheliegend ist die Annahme, dass, weil der Wellenschlag den Sand hin- und hertreibt, schon eine geringfügige Meeresströmung den Sand mitführt. Doch ist für den Unterschied der Hin- und Herbewegung, also für den Sandtrieb, nicht immer die Strömung massgebend, sondern sind dies unter Umständen auch die Tiefe und die herrschende Richtung des Seeganges[586]). So

579) Brit. Assoc. Rep. 61. meeting held at Cardiff 1891, London 1892 = *O. Reynolds,* Papers 2, p. 487.

580) *W. H. Wheeler,* Tidal rivers, London 1893, p. 183; so in anderer Schreibweise nach Ausbesserung von Druckfehlern, auf die *W. H. Wheeler* freundlichst aufmerksam machte.

581) *W. H. Wheeler,* Min. Proc. Inst. Civ. Eng. 100 (1890), p. 118.

582) *L. Luiggi,* Min. Proc. Inst. Civ. Eng. 118 (1894), p. 110.

583) *W. H. Wheeler,* Min. Proc. Inst. Civ. Eng. 100 (1890), p. 122 f.; *W. R. Browne,* ebenda 66 (1881), p. 1.

584) Eingehend mit Angabe der Litteratur behandelt von *H. Keller,* Zeitschr. f. Bauw. 31 (1881), col. 189, 301, 411; 32 (1882), col. 19, 161 ff.

585) *G. Hagen,* Handbuch der Wasserbaukunst, 3. Teil, 1. Bd., p. 215, Berlin 1863.

586) *L. M. Haupt,* Journ. Franklin Institute (3) 94 (1887), p. 264 und Amer. Soc. Civ. Eng. Trans. 23 (1890).

entdeckte *O. Reynolds*[587]), dass die Flutbewegung Sandbänke erzeugte, welche den Riffeln entsprechen, die der Wellenschlag in den Prielen hervorruft. Nach Mrs. *H. Ayrton's*[588]) Trogversuchen sammelt sich der Sand unter den Stellen grösster wagerechter (kleinster lotrechter) Schwingung stehender Wellen. Die Riffbildung wäre viel stärker, wenn nicht durch die Unregelmässigkeit der Ästuare Querströmungen entstünden.

Die Sandablagerung an den Küsten selbst wird von den Wellen derart bespült, dass sie (als Strand) eine Oberfläche ohne scharfe Krümmung erhält. Die Gestalt des Strandes wird durch künstliche Einbauten sehr beeinflusst[589]). Bei Kiesbänken ist die Oberfläche stärker gewölbt und findet eine Aufbereitung des Kieses derart statt, dass die gröbsten Kiesel zu oberst kommen. *Sir John Coode*[590]), welcher fand, dass der Grobkies stets auf der dem Seegang abgewendeten Seite liegt, nimmt an, dass die freiliegenden grossen Stücke leichter als die eingebetteten kleinen bewegt werden[591]). Er erwähnt auch, dass der Kies sich auf einem Strand ansammelt, wenn Binnenwind bläst und dass er bei Seewind wieder verschwindet. Bemerkt werde, dass die erwähnten Erscheinungen sich erklären lassen, wenn man im Gegensatz zu Sir *John Coode* voraussetzt, dass die grossen Steine weniger als die kleinen mitgerissen werden, falls man zugleich annimmt, dass der Wind zwar an der Oberfläche eine Strömung in seiner Richtung, aber in der Tiefe einen Rücklauf in entgegengesetzter bewirkt. Hiermit stünde es auch im Einklange, dass Seewind den Strand mehr abflacht als Landwind, nämlich ersterer unter 9- bis $9\frac{1}{2}$-facher, letzterer unter $3\frac{1}{4}$- bis 4-facher Anlage[592]). Bei Versuchen von *O. Reynolds*[593]) wurde der Strand um so steiler, je kürzer die Flutperioden gewählt waren.

Vorstehende Ausführungen geben ein Bild, wie zahlreich die Fragen sind, welche Natur und Technik im Flußbau- und Seebau vorlegen und bei wie wenigen derselben bisher eine mathematische Behandlung begonnen hat. Häufiger dagegen nahm man zu *Modell-*

587) Brit. Assoc. Rep. 61. meeting held at Cardiff 1891, London 1892 = *O. Reynolds*, Papers 2, p. 489.

588) Nach einem Vortrag auf der Brit. Assoc. 74. meeting at Cambridge 1904; vgl. Brit. Assoc. Rep. 1904, p. 676.

589) Näheres in den Lehrbüchern des Seebaus.

590) Min. Proc. Inst. Civ. Eng. 12 (1853), p. 537. Eine andere Erklärung versucht *H. R. Palmer*, London Phil. Trans. 1 (1834), p. 568.

591) Min. Proc. Inst. Civ. Eng. 12 (1853), p. 540.

592) Min. Proc. Inst. Civ. Eng. 12 (1853), p. 543.

593) Brit. Assoc. Rep. 1889 = *O. Reynolds*, Papers 2, p. 396.

versuchen seine Zuflucht. Für deren Erspriesslichkeit spricht es, dass als *O. Reynolds*[594]) die Merseymündung nachbildete und künstliche Tiden erzeugte, Bänke und Rinnen entstanden, die denen in der Natur ähnlich waren, dass das Nämliche in einem Modell der Seinemündung[595]) eintrat, und auch in einem Abbild einer Binnenstrecke der Elbe die Sohle sich ähnlich wie im Grossen ausbildete[596]).

Da die Geschwindigkeiten mit der Wurzel der Tiefe h wachsen, muss man, nach *O. Reynolds*[597]), wenn l die Länge, p die Zeitperioden bezeichnet, im Abbild $\frac{p\sqrt{h}}{l}$ (oder genauer unter Berücksichtigung des Sohlenwiderstandes

$$\frac{p\sqrt{h}+A\left(1-B\sqrt{\frac{h}{p}}\right)}{l},$$

worin A und B durch den Versuch zu ermittelnde Konstanten sind) so gross wie im Urbild machen, damit die Vorgänge ähnlich seien. Doch dürfe die Geschwindigkeit im Modell nicht zu klein sein und daher, wenn e die Steigerung des Gefälles gegenüber dem in der Natur bedeutet, $h^3 e$ nicht unter ein bestimmtes Mass sinken, welches für verschiedene Darstellungen desselben Urbildes gleich gross ist. Die Geschiebedurchmesser sollten sich nach *H. Engels*[598]) wie die Quotienten Gefälle durch Wassertiefe verhalten.

Durch Modellversuche hofft man daher, wenn auch die Prüfung im Massstabe der Wirklichkeit nicht entbehrlich werden kann, mit der Zeit von tastender Empirie zu besserer Einsicht zu gelangen. In der Schaffung von Flussbaulaboratorien einerseits, in der Einrichtung fortlaufender hydrographischer Aufnahmen, welche das Wasser auf seinem ganzen Wege vom Niederschlage bis zum Meere verfolgen sollen, andrerseits kennzeichnet sich der Pfad, den die Forschung auf dem Gebiete des Flussbaues einzuschlagen begann.

---

594) Brit. Assoc. Rep. 57. meeting held at Manchester 1887, London 1888 = *O. Reynolds,* Papers 2, p. 333.

595) *L. F. Vernon-Harcourt,* London Roy. Soc. Proc. 45 (1889), p. 512.

596) *H. Engels,* Zeitschr. f. Bauwesen 50 (1900), col. 357.

597) Brit. Assoc. Rep. 59. meeting held at Newcastle 1889, London 1890 = *O. Reynolds,* Papers 2, p. 394; *Th. A. Hearson,* Min. Proc. Inst. Civ. Eng. 146 (1901), p. 216.

598) Zeitschr. f. Bauwesen 50 (1900), col. 355.

(Abgeschlossen im November 1905.)

IV 21. THEORIE DER HYDRAULISCHEN MOTOREN UND PUMPEN.

Von

M. GRÜBLER.

IN DRESDEN.

Inhaltsübersicht.

Litteratur*).

C. Bach, Die *Wasserräder,* Stuttgart 1886.

E. A. Brauer, Grundriss der *Turbinentheorie,* Leipzig 1899.

M. Combes, Recherches théoriques et expérimentales sur les roues à réaction ou à tuyaux, Paris 1843.

L. Euler, Théorie plus complette *des machines* qui sont mises en mouvement par la réaction de l'eau, Berlin, Hist. de l'Acad. 1755.

F. Grashof, Theoretische Maschinenlehre, 3, Theorie der *Kraftmaschinen,* Hamburg und Leipzig 1886.

K. Hartmann, Die Pumpen, Berlin 1888; 2. Auflage von *K. Hartmann* und *O. Knoke,* Berlin 1897; 3. Auflage von *H. Berg,* Berlin 1906.

*) Die Zahl der Lehrbücher über hydraulische Motoren ist sehr gross; hier sind nur die aufgeführt worden, deren Einfluss auf die Entwickelung der Theorie bemerkenswert ist.

A. Pfarr, Turbinen für Wasserkraftbetrieb, Berlin 1907.
L. Poillon, Traité théorique et pratique des pompes, Paris 1887.
J. Poncelet, Sur la theorie des effets mécaniques de la turbine Fourneyron, Paris C. R. 7 (1838), p. 260.
A. Rateau, Traité des turbo-machines, Paris 1900.
F. Redtenbacher, Theorie und Bau der *Turbinen,* Mannheim 1844.
— Theorie und Bau der Wasserräder, Mannheim 1846.
J. Weisbach, Ingenieur- und *Maschinenmechanik* 2, Braunschweig 1847.
G. Zeuner, Theorie und Entwurf einer Reaktionsturbine mit äusserer Beaufschlagung, Civilingenieur 2 (1856), p. 101.
— Vorlesungen über die Theorie der Turbinen, Leipzig 1899.
Zeitschrift für das gesamte Turbinenwesen 1 ff. (1904 ff.); (diese enthält viele auf die Theorie der hydraulischen Motoren und Zentrifugalpumpen bezügliche Artikel).

---

1. Einleitende Übersicht. Die *hydraulischen Motoren* dienen zur Gewinnung von Leistung; die Wirkungsweise des Wassers in den hydraulischen Motoren beruht auf Umwandlung von potentieller oder kinetischer Energie des Wassers der natürlichen und künstlichen Wasserläufe in Arbeit. Die Arbeit wird erzeugt entweder durch eine unmittelbare Wirkung der Schwere des Wassers auf den Motor, oder durch eine Entziehung von kinetischer Energie. Letztere wird erreicht durch Änderung der Grösse und Richtung der relativen Geschwindigkeit des Wassers und das geschieht entweder durch das Erzwingen bestimmter Bewegungen des Wassers im Motor oder durch den Stoss des Wassers gegen Teile des Motors.

Der Motor erhält das Wasser meist aus natürlichen Wasserläufen oder Reservoiren mittels des Zuflussgerinnes (Oberwassergraben) zugeführt, während es das tiefer gelegene Abflussgerinne (Unterwassergraben) in den Wasserlauf zurückführt. Der Höhenunterschied h der Wasserspiegel im Zu- und Abflussgerinne, gemessen in unmittelbarer Nähe des Motors, wird das *disponible Gefälle* genannt. Bezeichnet q das auf die Sekunde bezogene Volumen der in derselben Zeit durch den Motor fliessenden Wassermenge (*sekundliche Wassermenge*) und γ die spezifische Schwere des Wassers, so stellt das Produkt

$$L_d = \gamma \cdot q \cdot h \tag{1}$$

die auf die Sekunde bezogene Arbeit, die sogenannte *disponible Leistung* (oder das *Arbeitsvermögen*) der motorischen Anlage dar, welche dem Wasser durch den Motor entzogen werden soll. Das kann wegen unvermeidlicher Verluste durch Bewegungshindernisse, Flüssigkeitsreibung u. a. nur zum Teil geschehen. Die durch den Motor tatsächlich gewonnene Leistung L wird die *effektive Leistung* (Nutzeffekt nach *Grashof*) genannt. Das Verhältnis beider

$$(2) \qquad \frac{L}{L_d} = \eta$$

nennt man den *Wirkungsgrad der Anlage.* Bezeichnet L_v den Verlust an Leistung in der Zu- und Ableitung des Aufschlagwassers, so würde der Motor nur die Leistung $L_d - L_v$ ausnutzen können. Man unterscheidet daher den *Wirkungsgrad*

$$(3) \qquad \frac{L}{L_d - L_v} = \eta_t$$

des eigentlichen Motors von dem Wirkungsgrad η der ganzen Anlage.

Die mathematische Theorie der hydraulischen Motoren sucht die Bedingungen für die Gestaltgebung und die Abmessungen der Motoren, sowie für die Umlaufsgeschwindigkeit zu ermitteln, unter denen η *und* η_t *die grösstmöglichen Werte annehmen.*

Die hydraulischen Motoren lassen sich in der Hauptsache in zwei Gruppen bringen, in die der *Wasserräder* und die der *Kolbenmaschinen.* Bei ersteren wirkt das Wasser auf ein sich drehendes Rad, bei letzteren durch seinen hydrostatischen Druck auf einen Kolben, der sich in einem Hohlcylinder hin und her bewegen kann. Die wichtigsten Kolbenmaschinen sind die sogenannten *Wassersäulenmaschinen,* welche zur Hebung des Wassers in den Bergwerken dienen. Die Kolbenmaschinen werden hier nicht behandelt, weil sie in mathematischer Hinsicht kein Interesse bieten.

Die Wasserräder werden eingeteilt: 1. in die *eigentlichen Wasserräder,* in denen das Wasser sich in relativer Ruhe gegen das Laufrad befindet, und 2. in die *Turbinen***), in welchen das Wasser eine Relativbewegung gegen das Rad vollzieht.

Die eigentlichen Wasserräder werden in der Gegenwart mehr und mehr durch die Turbinen verdrängt; auch hat ihre verhältnismässig einfache Theorie keinen grossen Einfluss auf ihre Ausführung erlangt, weshalb sie im folgenden (Nr. 3) nur kurz und in den Hauptzügen angedeutet wird.

Die *Pumpen* sind Vorrichtungen zur Hebung und Bewegung schwerer Flüssigkeiten, erfordern also Arbeit zu ihrem Betriebe. Von den zahlreichen Formen solcher Vorrichtungen sollen hier nur die

---

**) Der Name „Turbine" tritt zuerst auf in dem Preisausschreiben im Bulletin de la société d'encouragement pour l'industrie nationale 25 (1825), p. 5: Prix pour l'application en grand des turbines hydrauliques. Vgl. *M. Rühlmann,* Beitrag zur Geschichte der horizontalen Wasserräder, Zeitschrift des Hannöverschen Arch. u. Ing. Vereins 1 (1854), p. 227.

Kolben- und die *Schleuderpumpen,* sowie die *Wasserstrahlpumpen* und der *Widder* behandelt werden, da sie nicht nur die grösste Verbreitung haben, sondern auch ihre Theorie am meisten entwickelt ist. Bezeichnet q die durch die Pumpe in der Sekunde gehobene Flüssigkeitsmenge, h die Hubhöhe und L die zur Hebung erforderliche Leistung, so nennt man das Verhältnis

$$\frac{L}{qh\gamma} = \eta$$

den *Wirkungsgrad der Pumpe.*

2. Grundbegriffe und theoretische Grundlagen. Eine mathematisch strenge Theorie der hydraulischen Motoren und Pumpen ist ebenso wie eine solche der Hydraulik[1]) z. Z. nicht durchführbar wegen der Schwierigkeiten, welche die mathematische Behandlung der Flüssigkeitsbewegungen unter Berücksichtigung der inneren Reibung, der Wirbelbildung und der turbulenten Vorgänge besitzt; sie ist aber auch für die technischen Anforderungen an diese Theorie nicht nötig, da es gelingt, durch Einführung der hydraulischen Widerstandskoeffizienten die Übereinstimmung zwischen der heutigen angenäherten Theorie und den Versuchsergebnissen so weit herzustellen, als dies die praktische Verwendung der hydraulischen Motoren und Pumpen erforderlich macht.

Der erwähnten Annäherungstheorie liegt die gleiche Vorstellung von den Bewegungsvorgängen der Flüssigkeiten zu Grunde, auf welcher sich die Hydraulik in der Hauptsache aufbaut[2]). An Stelle der Geschwindigkeiten der einzelnen Wasserelemente tritt die sogenannte *mittlere Geschwindigkeit* eines Wasserstrahles. Unter der Voraussetzung, dass die Geschwindigkeiten der einzelnen Flüssigkeitselemente, welche sich zu einer gegebenen Zeit in den Punkten einer ebenen Fläche f befinden, der Richtung nach nicht sehr von der Normalen der Fläche abweichen, führt man das Verhältnis des Volumens q der in der Sekunde durch die Fläche f (den Strahlquerschnitt) tatsächlich strömenden Flüssigkeitsmenge zu f, d. i.

$$q : f = v \tag{4}$$

als sogenannte mittlere Geschwindigkeit des Wasserstrahles im Querschnitt f ein. Ihr entspricht die Annahme, dass die Bewegung des Strahles mathematisch wie die eines unendlich dünnen Wasserfadens behandelt werden darf.

1) Vgl. IV 20, Vorbemerkung (*Forchheimer*).

2) Vgl. für das Folgende auch IV 20, Nr. 1—3 (*Forchheimer*).

Die *Kontinuitätsbedingung* wird stets in der Form

$$f_1 v_1 = f_2 v_2 = \cdots = q \tag{5}$$

benutzt, wenn die f_k die Strahlquerschnitte an verschiedenen Stellen, die v_k die entsprechenden mittleren Geschwindigkeiten bezeichnen und q die *effektive*, d. h. tatsächlich durch die Querschnitte in der Zeiteinheit strömende Wassermenge, bezogen auf die Zeiteinheit, ist.

In der Theorie der hydraulischen Motoren wird ferner die Flüssigkeitsbewegung als *stationär* vorausgesetzt und auf sie das *Prinzip der kinetischen Energie* in der Form angewendet, wie es sich für einen unendlich dünnen Wasserfaden gestaltet, welcher die Schwerpunkte der Strahlquerschnitte enthält, und sich mit der mittleren Geschwindigkeit bewegt. Erfolgt die Bewegung vom Strahlquerschnitt f_1 bis zum Querschnitt f, deren Schwerpunkte über einer horizontalen Ebene die Höhen z_1, bezw. z haben, sind die hydraulischen Drücke in diesen Schwerpunkten p_1, bezw. p, die mittleren Geschwindigkeiten v_1, bezw. v, und bezeichnet ζ den hydraulischen Widerstandskoeffizienten für diese Bewegung, so ist diese Form durch die Gleichung

$$z_1 + \frac{p_1}{\gamma} + \frac{v_1^2}{2g} = z + \frac{p}{\gamma} + \frac{v^2}{2g}(1 + \zeta) \tag{6}$$

gegeben. Sie wird sowohl für freie, als gebundene Flüssigkeitsbewegungen, für absolute, wie relative Bewegungen benutzt; in letzterem Falle bedeuten die v relative Geschwindigkeiten und an die Stelle der $z \cdot \gamma$ tritt die entsprechende Kräftefunktion, so z. B. bei der gleichförmigen Rotation der schweren Flüssigkeit $U = \gamma\left(z + \frac{u^2}{2g}\right)$, falls u die Bahngeschwindigkeit des Teilchens bei der Drehung ist.

Der *Verlust an Energie*, bezw. Leistung infolge des Stosses von Flüssigkeitsstrahlen gegen feste Körper oder Flüssigkeiten L_1 wird durch die *Borda-Carnotsche Formel* in Rechnung gestellt. Diese ist, wenn m_1 die auf die Sekunde bezogene Wassermasse, welche zum Stoss kommt, ferner v' die mittlere Geschwindigkeit des Wasserstrahles vor, v'' die nach dem Stoss, und $v' \mathbin{\hat{-}} v''$ ihre geometrische Differenz bezeichnet,

$$L_1 = \tfrac{1}{2} m_1 (v' \mathbin{\hat{-}} v'')^2. \tag{7}$$ [3]

3) Für plötzliche Grössenänderungen der Geschwindigkeiten von Wasserstrahlen berechnet schon *J. A. Borda* (Paris, Mémoires de l'Acad. (1766), p. 579) den Verlust an kinetischer Energie nach dieser Formel; später gab *L. M. Carnot*, Principes fondamentaux de l'équilibre, Paris 1803, p. 145, die Verallgemeinerung auf Grössen- und Richtungsänderung der Geschwindigkeiten sich stossender unelastischer Körper.

Findet der Stoss gegen eine ebene Platte statt, welche mit der Geschwindigkeit u (s. Fig. 1) gleichförmig translatiert, so ist

$$L_1 = \tfrac{1}{2} m_1 (v \cos \alpha - u \cos \beta)^2, \tag{8}$$

und die Stosskraft senkrecht zur Platte

$$N = m_1 (v \cos \alpha - u \cos \beta)$$

falls v die Geschwindigkeit des Flüssigkeitsstrahles ist, und α und β die Winkel von v und u mit der Normalen zur Platte sind. Die Leistung $N \cdot u \cdot \cos \beta$ der Stosskraft wird ein Maximum für

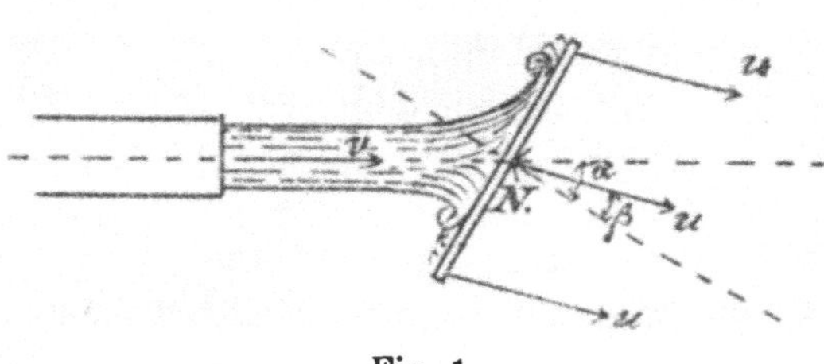

Fig. 1.

$$u \cdot \cos \beta = \tfrac{1}{2} v \cos \alpha$$

und es beträgt dieses Maximum

$$m_1 (u \cos \beta)^2 = \frac{1}{2} \cdot \frac{m_1}{2} (v \cos \alpha)^2,$$

d. h. im besten Falle wird durch den Stoss die Hälfte der kinetischen Energie in Arbeit umgesetzt.

Für die Berechnung der motorischen Leistung der Turbinen wird vielfach die Theorie der *Reaktionserscheinungen*[4]) an gebundenen Flüssigkeitsbewegungen herangezogen, obgleich sie hierzu nicht notwendig ist. Strömt eine Flüssigkeit stationär durch ein irgendwie gekrümmtes Rohr von verhältnismässig kleinem Querschnitt, so dass man den Strahl als Stromfaden ansehen darf, welcher die Schwerpunkte der Strahlquerschnitte f verbindet, so sind die Komponenten

---

4) Die ersten Untersuchungen über die Reaktion, und zwar bei dem Ausfluss aus ruhenden Gefässen, teilte *Daniel Bernoulli*, Hydrodynamica, Basel 1738, Sect. XIII, mit. Im Jahre 1750 veröffentlichte *J. A. Segner* in zwei Arbeiten (Theoria machinae cujusdam hydraulicae und Computatio formae atque virium machinae hydraulicae nuper descriptae, Gottingae 1750) die Theorie des nach ihm benannten Reaktionsrades, jedoch ohne Bezugnahme auf allgemeine Gesichtspunkte. *L. Euler*, Application de la machine hydraulique de *M. Segner* (Berlin, Histoire de l'Académie (1750), p. 271) entwickelte die Theorie des *Segner*'schen Rades allgemeiner und gestützt auf die Arbeiten *D. Bernoulli*'s; zugleich leitet er aus der Theorie Verbesserungsvorschläge für das Rad ab. Die Abhandlung von *L. Euler*, „Théorie des machines", Berlin, Hist. de l'Acad. (1754) enthält die noch heute benutzten Formeln für die Reaktionskräfte und -momente und zwar für Röhren, welche um geneigte Axen rotieren; jedoch vernachlässigt *L. Euler* die Flüssigkeitsreibung und giebt dem Reaktionsrade eine solche Einrichtung, dass Stossverluste beim Eintritt des Wassers in das Rad vermieden werden.

der Reaktionskräfte für das ruhend gedachte Rohr von einem Strahlelement

$$dX = dm \cdot \frac{d\,(v \cos \alpha)}{dt} \text{ u. s. w.},$$

falls v die mittlere Geschwindigkeit des Elementes dm zwischen zwei unendlich benachbarten Querschnitten des Rohres, und α den Winkel zwischen v und der X-Axe bezeichnet. Bei der stationären Bewegung des Strahles ist aber $dm = \varepsilon \cdot f \cdot v \cdot dt = m_1\, dt$, sonach

$$dX = m_1\, d\,(v \cos \alpha)$$

und

$$X = m_1\,(v_2 \cos \alpha_2 - v_1 \cos \alpha_1). \tag{9}$$

Hierin ist m_1 die sekundliche Wassermasse und v_2 und α_2 beziehen sich auf den End-, v_1 und α_1 auf den Anfangsquerschnitt des Rohres. Ist das Rohr in gleichförmiger Bewegung, so treten an die Stelle der v die relativen Geschwindigkeiten. Dreht sich das Rohr gleichförmig um eine Axe, so ist das Moment der Reaktionskräfte für diese, wenn man die Z-Axe des Koordinatensystems in sie legt,

$$M_2 = m_1\,[r_1\,(c_1 \cos \theta_1 + u_1) - r_2\,(c_2 \cos \theta_2 + u_2)] \tag{10}$$

und die entsprechende Leistung

$$L = M_1 \cdot \omega = m_1 [u_1 (c_1 \cos \theta_1 + u_1) - u_2\,(c_2 \cos \theta_2 + u_2)]. \tag{11}$$

Hierin bedeuten die $u = r \cdot \omega$ die Drehgeschwindigkeiten der Punkte im Abstande r von der Drehaxe, ω bezeichnet die Winkelgeschwindigkeit und die θ sind die Winkel zwischen den relativen Geschwindigkeiten c der Flüssigkeit im Rohr und den u.

3. Wasserräder. Das Laufrad, dessen Axe meist horizontal liegt, wird gebildet von einem kreiscylindrischen Körper, auf welchem aussen die zur Aufnahme des Aufschlagwassers dienenden Zellen sich befinden. Die Zellen werden entweder aus ebenen Brettern oder gekrümmten Eisenblechen hergestellt (s. Fig. 2 und 3) und sind seitlich entweder durch die Radkränze abgeschlossen (*Zellenräder*) oder offen (*Schaufelräder*). Die Schaufelräder müssen deshalb seitlich und auf einen Teil des Umfanges auch nach unten hin einen Abschluss erhalten, damit das Wasser nicht wirkungslos aus dem Rade fliesst. Das geschieht durch den sogenannten *Kropf*, einem ruhenden Bau aus Holz, Eisen oder Stein, in dem sich das Laufrad mit möglichst kleinem Spielraum, dem sogenannten Kropfspalt, bewegt (s. Fig. 4). Die Wirkungsweise des Wassers ist allen diesen Rädern (die Stossräder allein ausgenommen) gemeinsam. Das zugeführte Wasser füllt die Radzellen und sinkt mit dem sich gleichförmig drehenden Rade aus dem Zufluss- in den Abflussgraben und die von der Schwere des Wassers hierbei verrichtete Arbeit wird auf das Rad übertragen, da

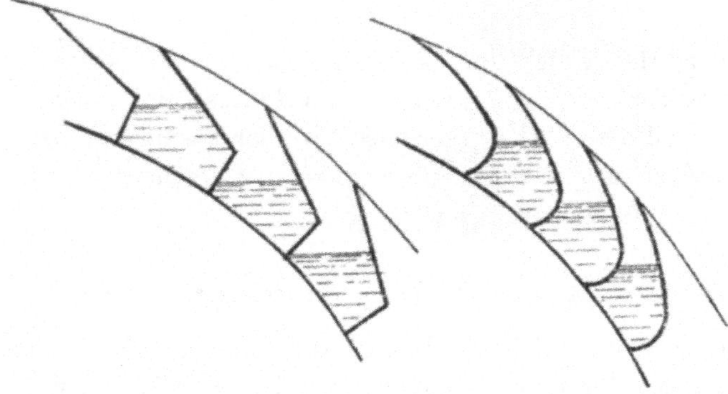

Fig. 2 und 3.

es relativ zum Wasser in Ruhe ist. In Fig. 2 und 3 ist der Vorgang an einem sogenannten oberschlächtigen Zellenrade, in Fig. 4 an einem Schaufel- oder Kropfrade dargestellt.

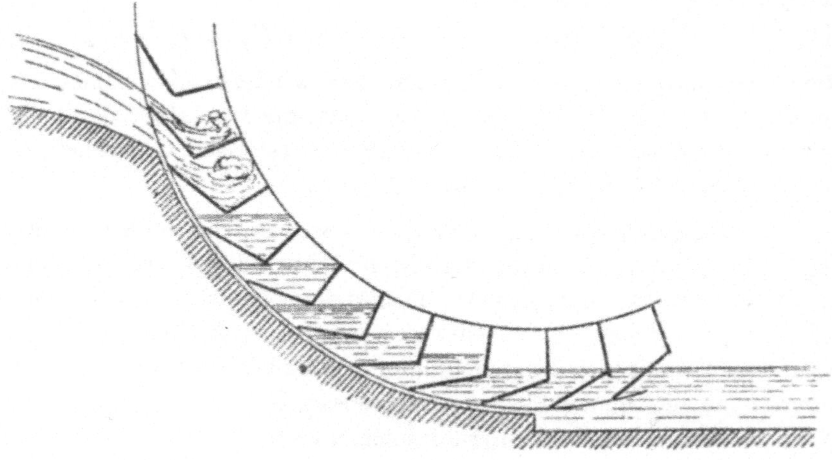

Fig. 4.

Die vom Wasser auf das Rad übertragene Leistung würde die disponible $L = q \cdot h \cdot \gamma$ sein, wenn nicht der Vorgang mit Arbeitsverlusten verbunden wäre. Einerseits sind es durch die Bewegungswiderstände des Rades (Zapfen- und Luftreibung) bedingte Verluste, andererseits *hydraulische Verluste*, von denen die wichtigsten kurz besprochen werden sollen.

Beim Austritt des Wassers aus dem Zuflussgraben findet infolge der Flüssigkeitsreibung und Wirbelbildnng ein Verlust statt, welcher in der Form von $\frac{1}{2}\zeta m_1 w_0^2$ bezogen auf die Masse m_1 der sekundlichen Aufschlagwassermenge berechnet wird; hierin ist w_0 die mittlere Austrittsgeschwindigkeit des Wassers aus dem Zuflussgraben und ζ der entsprechende hydraulische Widerstandskoeffizient.

Ferner findet beim Eintritt des Wassers in das Laufrad ein Verlust deshalb statt, weil im Allgemeinen die Geschwindigkeit des eintretenden Wassers von der Geschwindigkeit des in den Zellen ruhenden Wassers nach Grösse und Richtung verschieden ist. Man behandelt den Vorgang wie einen unelastischen Stoss und berechnet den Verlust näherungsweise nach Formel (8).

Der wesentlichste Energieverlust ist meist mit dem Austritt des Wassers aus dem Laufrade verbunden. Bei Zellenrädern beginnt die Entleerung der Zellen schon vor deren tiefster Stellung und der Verlust entspricht der Leistung, welche die Schwere des aus den Zellen frei herabfallenden Wassers auf dem Wege bis zum Wasserspiegel des Abflussgrabens verrichtet. Er wird meist angenähert[5]) berechnet oder graphisch[6]) ermittelt. Vergrössert wird der Verlust durch den Umstand, dass die Wasserspiegel in den Zellen keine horizontalen Ebenen sind, sondern coaxiale Kreiscylinderflächen, deren Axe um $g:\omega^2$ ($\omega =$ Winkelgeschwindigkeit des Rades) vertikal über der Radaxe liegt. Endlich bewirkt einen Verlust das sogenannte *Freihängen* des Rades (d. i. eine höhere Lage des Rades über dem Abflussgraben, damit das Rad besonders bei Hochwasser nicht zuviel eintaucht), sowie der Umstand, dass das Wasser das Rad mit der Radgeschwindigkeit verlässt.

Bei den Kropfrädern tritt an Stelle des Verlustes durch vorzeitige Entleerung der Zellen der Verlust im Kropfe durch den unvermeidlichen Kropfspalt. Das Wasser in einer Zelle läuft zum Teil durch den letzteren in die nächst tiefere Zelle und verrichtet hierbei keine Arbeit, welche auf das Rad übertragen, also gewonnen wird. Auch dieser Verlust lässt sich nur näherungsweise in Rechnung stellen und zwar, indem die aus den einzelnen Zellen austretenden Wassermengen mittels der Formel

$$q_k = \mu \cdot f \cdot \sqrt{2 g z_k}$$

5) Vgl. hierüber: *J. V. Poncelet,* Cours de mécanique appliquée aux machines, Paris 1876, 2, p. 184; *F. Redtenbacher,* Theorie der Wasserräder, p. 70; *C. Bach,* Wasserräder, p. 133; *F. Grashof,* Kraftmaschinen, p. 92.

6) *Th. Seeberger,* Ableitung der Theorie der oberschlächtigen Wasserräder auf graphischem Wege, Civilingenieur 15 (1869), p. 409.

berechnet werden, in welcher f den Spaltquerschnitt, z_k die Tiefe der Spaltmitte unter dem Wasserspiegel der Zelle und μ den Ausflusskoeffizienten bezeichnet. Die Summe der Leistungsverluste, welche dem Herabsinken dieser Wassermengen um die Höhendifferenz der Wasserspiegel zweier benachbarten Zellen entsprechen, für alle im Kropf befindlichen Zellen führt selbst bei einfachen Schaufelformen auf ein kompliziertes Integral, welches meist näherungsweise[7]) berechnet wird. Ein genaueres halb graphisches Verfahren, bei welchem die zu ermittelnden Integrale durch Flächen dargestellt werden, teilte *Grübler*[8]) mit.

Zu den unterschlächtigen Kopfrädern gehört auch das sogenannte *Sagebienrad*[8a]) (s. Fig. 5). Es wird bei grossen Wassermengen und

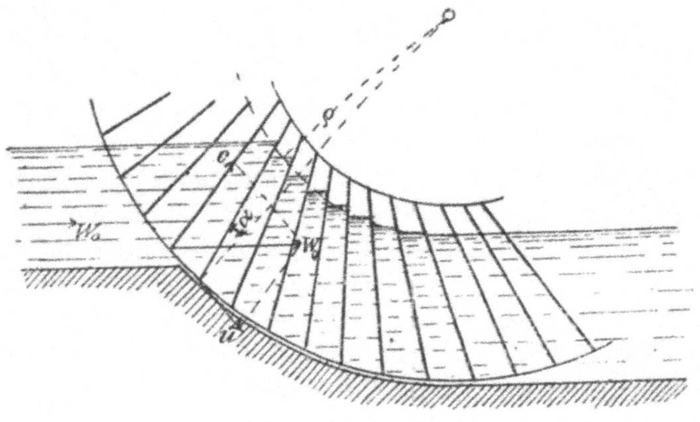

Fig. 5.

kleinen Gefällen mit Vorteil verwendet, da sein Wirkungsgrad verhältnismässig gross ist. Die ebenen hohen Radschaufeln weichen um einen gewissen Winkel α entgegen dem Drehsinn von den Meridianebenen ab, um das Überlaufen des Wassers über die oberen Schaufelenden zu verhindern und zugleich die Stosswirkung des eintretenden Wassers besser auszunutzen. Die Wasserspiegelmitten in den Zellen liegen auf einer Kurve, die mit hinreichender Annäherung durch einen

7) Vgl. hierüber: *F. Redtenbacher,* Theorie der Wasserräder, p. 57; *K. Schinke,* Über den Effektverlust im Ausgussbogen der Zellenräder mit Mantel, Verhandl. d. Vereins z. Beförd. d. Gewerbfleisses 54 (1875), p. 276; *C. Bach,* Wasserräder, p. 198; *F. Grashof,* Kraftmaschinen, p. 100.

8) Zur Theorie mittelschlächtiger Wasserräder und des Sagebienrades, Civilingenieur 22 (1876), p. 409.

8a) Vgl. *M. Ch. Leblanc,* Sur la roue-vanne, inventée et exécutée par M. Sagebien, Annales des ponts et chaussées (3) 15 (1858), p. 127.

zur Radaxe konzentrischen Kreis vom Radius

$$\varrho = \sqrt{r^2 - \frac{2qr}{ub}}\ ^{9)}$$

ersetzt werden kann; hierin bezeichnet q die sekundliche Wassermenge, r den äusseren Radius, b die Breite und u die Umfangsgeschwindigkeit des Rades. Der Spaltverlust wird wie bei den unterschlächtigen Kropfrädern analytisch oder graphisch näherungsweise ermittelt[10]).

Eine Verbesserung des Sagebienrades hat *W. Zuppinger*[11]) bewirkt, indem er die ebenen Schaufeln durch gekrümmte ersetzt und hierdurch die Verluste beim Ein- und Austritt des Wassers herabzieht.

Eine besondere Klasse von Wasserrädern bilden die sogenannten *Stossräder*, auf die das Wasser nur durch Stoss wirkt. Da äussersten Falles nur die Hälfte der Energie durch Stoss in Arbeit umgewandelt werden kann, so ist der Wirkungsgrad solcher Räder stets $< \frac{1}{2}$. Die vorteilhafteste mittlere Umfangsgeschwindigkeit des Stossrades ist theoretisch gleich der Hälfte der Zuflussgeschwindigkeit des Wassers im Zulaufgerinne (sog. Schnurgerinne); in Wirklichkeit ist sie nur etwa 0,4 dieser Geschwindigkeit, welche Abweichung als eine Folge der Verluste sich ergiebt.

Nicht unbeträchtlich ist der Verlust, welcher dadurch entsteht, dass das Wasser im Schnurgerinne unter den Schaufeln zum Teil wegfliesst, ohne zum Stoss zu gelangen, wenn sich die Schaufeln vor oder hinter der tiefsten Stellung befinden; mit hinreichender Annäherung hat ihn *F. Gerstner*[12]) ermittelt. Durch Anordnung mehrerer Stossräder im selben Schnurgerinne hintereinander lässt sich ein höherer Gesamtwirkungsgrad erzielen[13]), da dann die kinetische Energie des abfliessenden Wassers zum Teil auf jedes folgende Rad übertragen wird.

---

9) Dieses Resultat rührt von *G. Zeuner* her und findet sich mitgeteilt in der in Fussnote 8 genannten Arbeit *Grüblers* zugleich mit der *Zeuner*schen Theorie dieses Rades. Vgl. auch *C. Bach,* Zeitschr. d. Ver. deutscher Ingenieure 17 (1873), p. 202.

10) Vgl. hierüber *M. Grübler*, Civiling. 2 (1876), p. 409; ferner *F. Grashof*, Kraftmaschinen, p. 155.

11) Vgl. *C. Bach,* Wasserräder, p. 125 u. 237.

12) Abhandlungen der k. böhmischen Gesellschaft der Wissenschaften 2 (1795); ferner auch: Handbuch der Mechanik, Prag 1832, p. 349.

13) Vgl. hierüber *J. Weisbach,* Maschinenmechanik, p. 223; *F. Grashof*, Kraftmaschinen, p. 175; ferner *A. Fliegner,* Zur Beurteilung der unterschlächtigen Wasserräder, Schweiz. Bauzeitung 35 (1894), p. 102.

Zwischen den Wasserrädern und den Turbinen steht das sog. *Poncelet-Rad*[13a]), bei dem das Wasser von unten her stossfrei in das Rad eintritt, an schwach gekrümmten Schaufeln aufsteigt (s. Fig. 6), bis seine Geschwindigkeit relativ zum Rade = 0 geworden ist, und

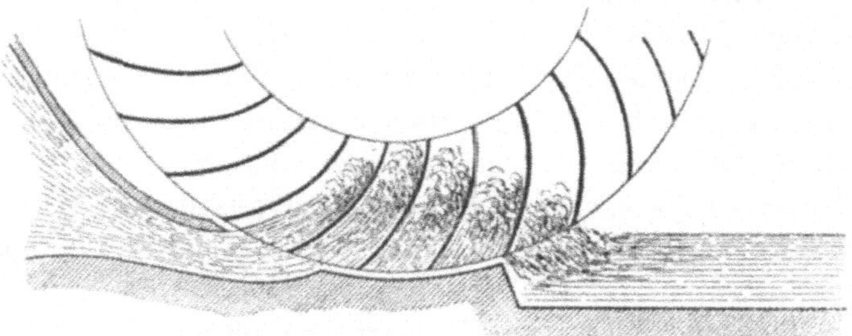

Fig. 6.

dann durch seine Schwere Arbeit verrichtend wieder herabsinkt. Das Rad eignet sich nur für kleine Gefälle und Wassermengen und wird längst nicht mehr verwendet. Seine Theorie ist aber sehr interessant und hat zu vielen Untersuchungen[13b]) Anlass gegeben.

4. Grundgleichungen der Turbinentheorie. Der Hauptteil einer jeden Turbine ist das Laufrad, welches zumeist aus zwei Radkränzen besteht, deren Zwischenraum durch eine Anzahl kongruenter gekrümmter Schaufeln in die gleiche Zahl kongruenter Zellen oder Kanäle (Radkanäle) zerlegt wird. Durch die Zellen, bezw. längs der Schaufeln fliesst das Wasser und erleidet hierdurch eine Änderung der Grösse und Richtung seiner relativen Geschwindigkeit. Die so entstehenden Reaktionskräfte verrichten die Nutzarbeit der Turbine. Füllt das Wasser die Zellen des Laufrades ganz aus, so heisst die Turbine *Vollturbine* (auch Reaktions- oder Überdruckturbine, weil der hydraulische Druck in den Radkanälen im allgemeinen grösser als der Luftdruck ist), im anderen Falle *Freistrahlturbine* (Aktions- oder Druckturbine, wohl auch Partialturbine). Das Wasser wird dem Laufrade in bestimmter Richtung zugeführt und zwar durch den sogenannten *Leitapparat*, welcher aus ähnlich geformten Zellen oder Kanälen (Leitkanälen) besteht, wie das Laufrad. Findet die Zuführung des Wassers

13a) *J. Poncelet*, Mémoire sur la roue hydraulique à aubes courbes, mues par dessous, Metz 1827.

13b) *J. Poncelet*, Cours de mécanique appliquée aux machines, Metz 1826, § 150. Vgl. hierzu ausser den auf das Poncelet-Rad bezüglichen Abschnitten der eingangs aufgeführten Lehrbücher noch die Arbeit von *H. Résal*, Paris C. R. 69 (1869), p. 1184.

auf dem ganzen Umfange des Laufrades statt, so bilden die Leitkanäle einen ruhenden radförmigen Körper, das sogenannte *Leitrad*, und die Turbine heisst *voll beaufschlagt*. In jedem anderen Falle heisst die Turbine *teilweise* oder *partiell beaufschlagt*, wohl auch *Partialturbine*. Der schmale Raum zwischen Lauf- und Leitrad heisst der *Spalt*. Ist der hydraulische Druck im Spalte, der sogenannte *Spaltdruck*, grösser als der Aussendruck, so tritt Wasser durch den Spalt aus und das führt zu einem Energieverlust, welcher *Spaltverlust* heisst.

Das Wasser bewegt sich durch das Laufrad der Hauptsache nach entweder in axialer oder in radialer Richtung. Demgemäss unterscheidet man Axial- oder Radialturbinen. Fliesst in letzteren das Wasser von innen nach aussen, so heissen sie von innen beaufschlagte, *innenschlächtige* oder auch *Fourneyronturbinen*[14]); bei umgekehrter Bewegungsrichtung werden sie von aussen beaufschlagte, *aussenschlächtige* oder auch nach ihrem Erfinder *Francisturbinen*[14a]) genannt.

Der Austritt des Wassers aus dem Laufrade erfolgt entweder in die freie Luft, oder in das Wasser des Abflussgrabens oder endlich in ein luftdicht abgeschlossenes Rohr, *Saugrohr* genannt. Letzteres wird entweder vom abfliessenden Wasser ganz erfüllt (wie z. B. bei den Turbinen von *Henschel*[14b]) und *Francis*), oder aber nur bis zu einer gewissen, regulierbaren Höhe unter dem Laufrade. In letzterem Falle wird in das Saugrohr eine regulierbare Luftmenge eingeführt und hierdurch der Druck im Saugrohr auf der erforderlichen Höhe unter dem Luftdruck gehalten.

Im Folgenden wird zunächst die *Theorie der Vollturbinen* entwickelt und der Ableitung der bezüglichen Gleichungen eine Radialturbine mit äusserer Beaufschlagung und Saugrohraufstellung, wie sie die Fig. 7a und 7b schematisch zeigen, zu Grunde gelegt[15]). Die

---

14) Die Erfindung der heutigen Turbinen ist unzweifelhaft dem französischen Ingenieur *B. Fourneyron* zuzuschreiben (vgl. hierüber z. B. *M. Rühlmann*, Allgemeine Maschinenlehre 1, Braunschweig 1862, p. 308), obwohl die Verbesserung der Reaktionsräder durch Hinzufügung eines ruhenden Leitapparates ein Verdienst *L. Euler*'s bildet.

14a) Vgl. *J. Francis*, Lowell hydraulic experiments, Boston 1855.

14b) Die Axialturbine und das Saugrohr wurden erfunden und zuerst ausgeführt von Oberbergrat Henschel in Cassel; vgl. hierüber die in der Fußnote auf p. 475 zitierte Arbeit von *M. Rühlmann*.

15) Die heutige Turbinentheorie ist auf *Poncelet* zurückzuführen, der sie unabhängig von den bezüglichen Arbeiten *L. Euler*'s zunächst für die Fourneyronturbine entwickelte, wobei er die inneren Verluste nach *Borda* in Rechnung stellte. *Redtenbacher* übernahm die Theorie *Poncelet*'s, indem er die erwähnten Verluste sowohl nach *Borda*, als mittels des *Weisbach*'schen Verfahrens gleich-

entsprechenden Gleichungen und Ausdrücke für die anderen Turbinenarten lassen sich aus den entwickelten dann durch einfache Spezialisierungen ableiten.

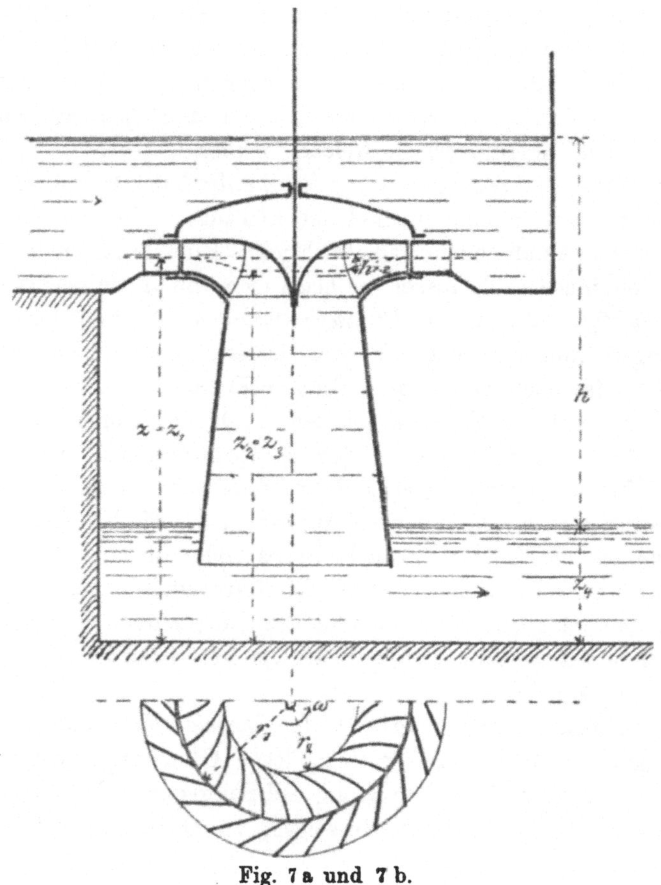

Fig. 7a und 7b.

Bezeichnen wie in Nr. 2 die z_k die Höhen der Schwerpunkte der Flüssigkeitsquerschnitte über einen beliebigen Horizont, $a_k = \frac{p_k}{\gamma}$

zeitig berücksichtigte und die Theorie auf die Axialturbinen übertrug. Die Darstellung bei *Weisbach* ist einheitlicher, da die Widerstände nur mittels seines hydraulischen Widerstandskoeffizienten berechnet werden. Die Übertragung der Theorie auf die aussenbeaufschlagten Radial-(Francis-)Turbinen erfolgte durch *G. Zeuner* (Civilingenieur 2 (1856), p. 101). Von sehr allgemeinen Grundlagen geht bei der Aufstellung der Grundgleichungen der Turbinentheorie *H. Gérardin* (Théorie des moteurs hydrauliques, Paris 1872) aus, doch gelangt er durch entsprechende vereinfachende Annahmen schliesslich zu Gleichungen, die im wesentlichen mit den folgenden übereinstimmen.

die entsprechenden hydraulischen Druck-(Piëzometer-)Höhen, v_k die wahren, c_k die relativen mittleren Geschwindigkeiten des Wassers in den betreffenden Querschnitten, $u_k = r_k \cdot \omega$ die Umfangsgeschwindigkeiten des Laufrades, ζ_k die hydraulischen Widerstandskoeffizienten, und zwar sei für den Zuflussgraben $k = 0$, für den Eintritt in das Laufrad $k = 1$, für den Austritt aus ihm $k = 2$, für den Eintritt ins Saugrohr $k = 3$ und für den Austritt aus letzterem $k = 4$; werden endlich die entsprechenden Grössen ohne Index auf den Austritt des Wassers aus dem Leitapparat bezogen, so erhält man zufolge Gl. (6) für die *Bewegung des Wassers aus dem Zuflussgraben bis zum Austritt aus dem Leitapparat* die Gleichung

$$(12) \qquad 2g(z_0 + a_0 - z - a) = \zeta_0 v_0^2 + (1 + \zeta) v^2 - v_0^2,$$

in welcher $a_0 = \frac{p_0}{\gamma}$ dem Druck der Luft, der im Oberwassergraben herrscht, entspricht und $\zeta_0 \frac{v_0^2}{2g}$ die dem Verluste an Energie vom Oberwassergraben bis zum Eintritt in den Leitapparat entsprechende Geschwindigkeitshöhe darstellt.

Der *Übertritt des Wassers aus dem Leitapparat* ist mit einem Verlust an kinetischer Energie infolge des Wasserstosses gegen die Radschaufeln verbunden, welcher nach Gl. (7), bezw. (8) sich zu

$$(13) \qquad \begin{aligned} L_s &= \tfrac{1}{2} m_1 v_s^2 \\ &= \tfrac{1}{2} m_1 [(v \cos \psi_1 - c_1 \cos \theta_1 - u_1)^2 + (v \sin \psi_1 - c_1 \sin \theta_1)^2] \end{aligned}$$

berechnet. Hierin bezeichnet ψ_1 den Winkel zwischen v und der Umlaufsgeschwindigkeit u_1 des Laufrades, c_1 die relative Geschwindigkeit des Wassers gegen das Laufrad nach dem Stoss und θ_1 den Winkel zwischen c_1 und u_1.

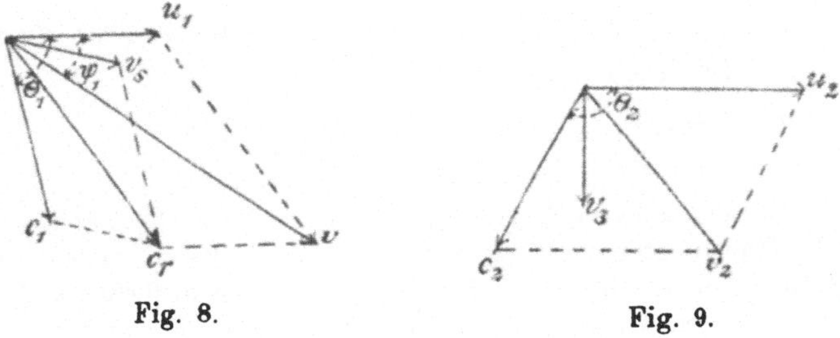

Fig. 8. Fig. 9.

Ferner findet noch ein Wasserverlust durch den Spalt (Spaltverlust) bei diesem Übertritte statt; doch soll dieser als sehr klein und daher in den folgenden Gleichungen vernachlässigbar vorausgesetzt werden.

Für die *relative Bewegung des Wassers durch das Laufrad* erhält man aus der durch Zufügung der Glieder $u_1^2 - u_2^2$ (welche den Zentrifugalkräften entsprechen) erweiterten Gl. (6) die Beziehung

$$(14) \qquad 2g(z_1 - z_2 + a - a_2) = (1 + \zeta_2)c_2^2 - c_r^2 + u_1^2 - u_2^2 + v_s^2,$$

in welcher $z_2 = z$ ist und $z_1 - z_2 = h_{12}$ die sogenannte Laufradhöhe, d. i. den Höhenunterschied der Schwerpunkte der Ein- und der Austrittsquerschnitte des Laufrades darstellt[16]). Liegt die Laufradaxe horizontal und bezeichnet z_1 ihre Höhe über dem angenommenen Horizont, so setzt man näherungsweise $z_2 = z_1 = z$. Ferner ist

$$(15) \qquad c_r = \sqrt{(v \cos \psi_1 - u_1)^2 + (v \sin \psi_1)^2}$$

die relative Eintrittsgeschwindigkeit des Wassers in das Laufrad vor dem Stoss. Gl. (14) geht nach Substitution der Werte für c_r und v_s über in

$$(16) \qquad \begin{aligned} &2g(h_{12} + a - a_2) \\ &= (1 + \zeta_2)c_2^2 + c_1^2 - 2vc_1 \cos(\theta_1 - \psi_1) + 2u_1c_1 \cos\theta_1 + u_1^2 - u_2^2. \end{aligned}$$

Der Klammerinhalt der linken Seite stellt zugleich den sogenannten *Spaltüberdruck* dar.

Der *Übergang des Wassers aus dem Laufrad in das Saugrohr* geschieht gemäss der Gleichung

$$(17) \qquad 2g(a_2 - a_3) = v_3^2 + (c_2 \sin\theta_2 - v_3)^2 + (u_2 + c_2 \cos\theta_2)^2 - v_2^2,$$

in welcher das 2. und 3. Glied der rechten Seite den Stossverlust darstellen, während

$$(18) \qquad v_2 = \sqrt{(u_2 + c_2 \cos\theta_2)^2 + (c_2 \sin\theta_2)^2}$$

die wahre Austrittsgeschwindigkeit aus dem Laufrade und θ_2 der Winkel zwischen u_2 und c_2 ist.

Endlich ergiebt sich für die *Bewegung des Wassers durch das Saugrohr* die Gleichung

$$(19) \qquad 2g(z_3 - z_4 + a_3 - a_4) = \zeta_3 v_3^2 + (1 + \zeta_4)v_4^2 - v_3^2,$$

---

16) Den Widerstandskoeffizienten ζ_2 hat zuerst *Combes* (Recherches, Note A, p. 82) in der Turbinentheorie verwendet und einen entsprechenden Ausdruck dafür abgeleitet; in die Hydraulik hat ihn jedoch erst *J. Weisbach* (Versuche über den Ausfluss des Wassers, Leipzig 1842, Vorrede p. VII) eingeführt. *Grashof* (Kraftmaschinen, p. 242) stellt ζ_2 als Funktion der Krümmung und Breite der Radkanäle dar, während *H. Oesterlein*, Untersuchungen über den Energieverlust des Wassers in Turbinenkanälen, Berlin 1903, noch den Einfluss der inneren Reibung des Wassers ausser dem der Abmessungen der Kanäle auf die Grösse von ζ_2 in Rechnung zieht, und durch Versuche feststellt, dass $0{,}05 < \zeta_2 < 0{,}1$ und ζ_2 stark von der Krümmung der Kanäle abhängt.

in welcher $z_3 = z_2$ und $a_4 = a_0$ zu setzen ist, da der Unterwassergraben unter dem Luftdruck steht. Es ist hierbei v_4 die mittlere Austrittsgeschwindigkeit aus dem Saugrohr und ζ_4 der Widerstandskoeffizient für den Austritt.

Die Addition der Gleichungen (12), (13), (16), (17) und (19) liefert unter Berücksichtigung von (14), (15) und (18) die *erste Grundgleichung*

$$(20)\quad \begin{aligned} 2gh = {} & \zeta_0 v_0^2 + (1+\zeta) v^2 + c_1^2 + 2 v c_1 \cos(\theta_1 - \psi_1) - 2 u_1 c_1 \cos\theta_1 \\ & + u_1^2 - u_2^2 + (1+\zeta_2) c_2^2 - 2 c_2 v_3 \sin\theta_2 + (1+\zeta_3) v_3^2 \\ & + (1+\zeta_4) v_4^2 - v_0^2, \end{aligned}$$

in welcher $z_0 - z_4 = h$ gesetzt wurde. Die Grösse h entspricht dem disponiblen Gefälle, wenn die mittlere Geschwindigkeit im Ober- und Unterwassergraben dieselbe ist, was zumeist vorausgesetzt werden kann. Ferner kann ebenfalls mit hinreichender Annäherung $v_4 = v_0$ gesetzt werden.

Zu dieser Gleichung tritt die *Kontinuitätsbedingung* in der Form

$$(21)\quad q = f_0 v_0 = f \cdot v = f_1 c_1 = f_2 c_2 = f_3 v_3 = f_4 v_4.$$

Ersetzt man die c_k und v_k durch q und die Querschnitte f_k, so giebt die Gleichung (20) den Zusammenhang zwischen q und ω im stationären Zustande. Geometrisch lässt sich dieser Zusammenhang durch einen Kegelschnitt darstellen, dessen Mittelpunkt im Koordinatenanfang des Systems (q, ω) liegt.

Für die *Leistung der Reaktionskräfte* erhält man aus Gl. (11) unter Berücksichtigung des Stossverlustes L_0 beim Eintritt des Wassers in das Laufrad nach Gl. (8)

$$(22)\quad L = q \cdot \gamma [u_1 v \cos\psi_1 - u_2 (c_2 \cos\theta_2 + u_2)]\,^{17)}$$

und sonach als Ausdruck für den *Wirkungsgrad der Anlage*

$$(23)\quad \eta = \frac{L}{qh\gamma} = \frac{1}{h} [u_1 v \cos\psi_1 - u_2 (c_2 \cos\theta_2 + u_2)].$$

Ersetzt man in (22) und (23) die v_k und c_k mittels (21) durch

17) Einen anderen Ausdruck für L entwickelt *G. Zeuner*, Theorie der Turbinen, p. 101 ff. in der Absicht, Theorie und Versuch in bessere Übereinstimmung zu bringen und L sowohl für Turbinen als Pumpen gültig zu machen, und zwar den folgenden

$$\begin{aligned} L = {} & q\gamma [u_1 v \cos\psi_1 - u_2 (c_2 \cos\theta_2 + u_2)] \\ & + \tfrac{1}{2} \zeta_0 q\gamma \{ v \cos(\theta_1 - \psi_1) - u_1 \cos\theta_1 - c_1 \} u_1 \cos\theta_1 ; \end{aligned}$$

in ihm ist ζ_0 ein besonderer „Stosskoeffizient". Eine entsprechende Änderung erfährt auch Gl. (20) und zwar durch Einführung eines weiteren Koeffizienten ζ_1, des „Eintrittskoeffizienten".

q und die f_k, so erhält man nach Elimination von q aus diesen Gleichungen und aus (20) eine Gleichung vom 6. Grade zwischen L und ω, sowie eine solche 4. Grades zwischen η und ω.

Auch der Spaltdruck ändert sich mit ω; das Änderungsgesetz lässt sich, wie (16) in Verbindung mit (20) ersichtlich macht, durch eine Kurve 4. Ordnung anschaulich darstellen.

Bei Aufstellung vorstehender Grundgleichungen (20), (22) und (23) sind folgende drei *Verluste* nicht in Rechnung gestellt worden: 1. Der Verlust infolge des Stosses der Wasserstrahlen gegen die Schaufelköpfe beim Eintritt des Wassers in das Laufrad; er ist verhältnismässig klein und kann durch zweckentsprechende Form der Schaufelköpfe sehr herabgezogen werden; 2. ein Verlust, der dadurch entsteht, dass sich die Stellungen der Radschaufeln gegen die Leitschaufeln fortwährend ändern, wobei die relativen Strahlquerschnitte zwischen zwei Grenzen schwanken; dieser Energieverlust wird verschieden beurteilt[18]); jedenfalls ist er sehr klein und kann näherungsweise im Koeffizienten ζ_2 mit berücksichtigt werden; 3. der Spaltverlust, welcher bei grossem Spalt und Spaltdruck sehr beträchtlich werden kann. Jedoch lässt sich der Spalt so gestalten, dass das Wasser beim Durchfliessen sehr grosse Widerstände findet und folglich verhältnismässig wenig Wasser verloren geht. Bei zweckmässiger Ausführung der Turbine darf deshalb der Spaltverlust in den Grundgleichungen vernachlässigt werden.

Die aufgestellten Grundgleichungen sind für innen und für aussen beaufschlagte Turbinen nur dadurch unterschieden, dass $r_2 \gtrless r_1$ ist und erstere kein Saugrohr haben. Bei Axialturbinen nimmt man gewöhnlich $r_1 = r_2$ an, wodurch sich die Gleichungen etwas vereinfachen. Doch fällt hierdurch der Einfluss der Zentrifugalkräfte aus den Gleichungen, ein Umstand, der bisher nicht genügend berücksichtigt wurde[19]).

Die neueren aussen beaufschlagten Radialturbinen mit Saugrohr haben die Eigentümlichkeit, dass das Wasser nicht nur in radialer, sondern auch in axialer Richtung abgelenkt wird; sie sind also Kombinationen von Axial- und Radialturbinen und haben alle doppelt-

---

18) Vgl. z. B. *C. Bach*, Wasserräder, p. 40; *F. Grashof*, Kraftmaschinen, p. 215; *G. Herrmann*, *Weisbach*'s Maschinen-Mechanik 2², p. 422); *R. Stribek*, Der Einfluss der Schaufelstärken der Turbinen, Zeitschr. d. Ver. deutsch. Ing. 35 (1891), p. 612; *E. Brauer*, Grundriss, p. 28.

19) *M. Grübler*, Beziehungen zwischen Theorie und Versuchen bei Axial-Vollturbinen, Rig. Ind.-Zeitung 1891, p. 282.

gekrümmte Schaufeln[20]). Besonders auffällig ist dies bei den Turbinen von *Svaine* (s. Fig. 10), die trotz kleinem äusseren Durchmesser viel Wasser durchlassen; ihre Umlaufsgeschwindigkeit ist dementsprechend gross.

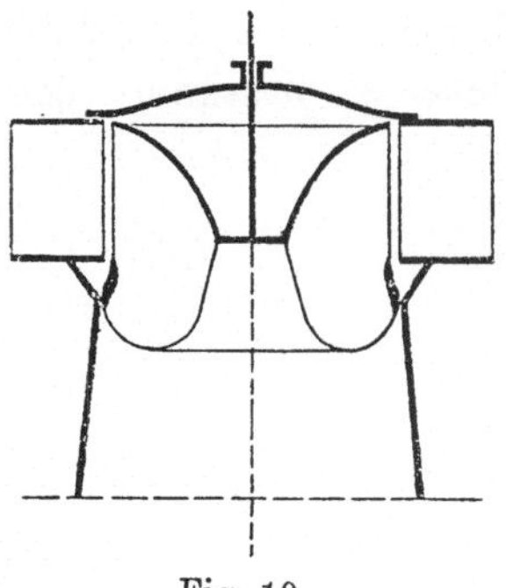

Fig. 10.

Sollen die entwickelten Grundgleichungen mit einer für technische Zwecke hinreichenden Genauigkeit bestehen, so muss in erster Linie der Bedingung genügt werden, dass der hydraulische Druck im Innern der Turbine an keiner Stelle $\leqq 0$ wird, also das Wasser die Turbine völlig erfüllt. Das bedingt Beschränkungen einerseits für die Formen der Leit- und Radschaufeln, andererseits für die Form und Höhe des Saugrohrs. An sich hat die Form der Schaufeln zwar keinen unmittelbaren Einfluss auf die Grösse der Leistung einer Turbine, wohl aber auf die Grösse von ζ_2, namentlich wenn sie Anlass zu turbulenten Bewegungen der Flüssigkeit giebt.

Es ist daher für die Formgebung der Turbine und ihrer Schaufeln hauptsächlich massgebend, dass die Kontinuität der Flüssigkeitsbewegung gewahrt bleibt. Das ist der Fall, wenn Unstetigkeiten und rasche Wechsel der Geschwindigkeiten nach Grösse und Richtung vermieden werden, also die Flüssigkeitsquerschnitte allmählich sich ändern und die Krümmungen der Stromfäden nicht zu stark sind. In dieser Hinsicht ist die Kenntnis des absoluten Wasserweges und dessen Abhängigkeit von der Schaufelform von grosser Bedeutung. Das folgende sehr einfache Verfahren zur Ermittlung des absoluten Wasserweges gab *H. Zeuner*[21]).

Es sei A ein beliebiger Punkt der Mittellinie des Laufradkanales einer Radialturbine, $OA = r$, $\sphericalangle AOJ = \varphi$, so erhält man $\sphericalangle JOB = \varphi'$ aus der Beziehung

$$\varphi + \varphi' = \omega \cdot \frac{V_r}{V},$$

in welcher $V_r = \int\limits_{r_1}^{r} f dr$ das (in der Fig. 11 schraffierte) Volumen des

20) Vorschläge für die Formung und Aufzeichnung solcher Schaufeln machten: *E. Speidel* und *W. Wagenbach*, Zeitschr. d. Ver. deutsch. Ing. 43 (1899), p. 581; *N. Baashus*, ibid. 45 (1901), p. 1602; *R. Escher*, Schweiz. Bauzeit. 41 (1903), p. 25. Besonders ausführlich behandelt die Geometrie der Schaufelung *V. Kaplan*, Zeitschr. f. d. gesamte Turbinenwesen 1 (1904), p. 267.

21) Theorie der Turbinen, p. 145.

Laufradkanales bis zum Punkte A_1, $V = \int_{r_1}^{r_2} f dr$ das gesamte Kanalvolumen und ω die Winkelgeschwindigkeit des Laufrades ist. Der Winkel φ' bestimmt den Punkt B der Mittellinie des absoluten

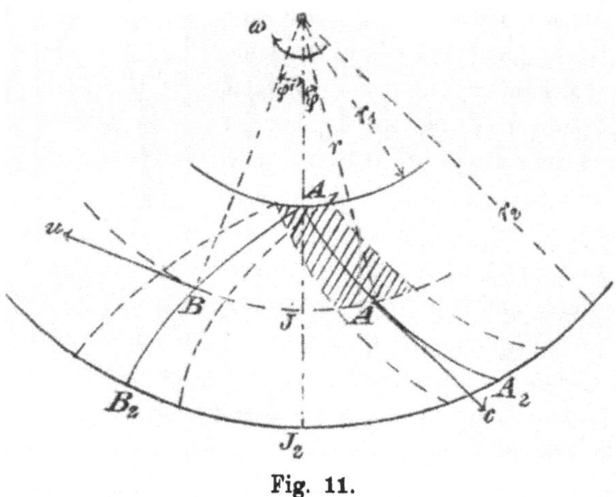

Fig. 11.

Wasserweges, und da der Querschnitt f derselbe bleibt, erhält man so den absoluten Wasserstrahl mit der entsprechenden Annäherung.

Bei Axialturbinen ($r_1 = r_2$) tritt die Beziehung (s. Fig. 12)

$$y + y' = u \cdot \frac{V_x}{V}$$

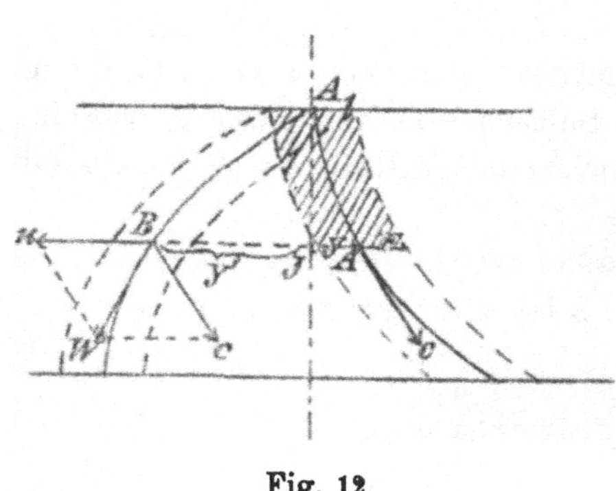

Fig. 12.

an die Stelle der vorhergehenden; in ihr ist $AJ = y$, $BJ = y'$, u die mittlere Bahngeschwindigkeit des Laufrades, während V_x und V eine analoge Bedeutung haben, wie im vorhergehenden Falle.

Um die Bedingung erfüllen zu können, dass der hydraulische Druck an keiner Stelle der Turbine zu Null wird, ist die genaue Kenntnis der Druckverteilung nötig. Da letztere streng zur Zeit noch nicht ermittelt werden kann, behilft man sich mit Annäherungen und Schätzungen. Wertvoll sind in dieser Hinsicht die Gesichtspunkte und Angaben, welche *J. Isaachsen*[22]) entwickelt. Der Näherungsweg von *A. Brauer*[23]) besteht

22) Über die Ablenkung von Wasserstrahlen, Civilingenieur 32 (1886), p. 337.

darin, dass er in die Differentialgleichung der Druckänderung Differenzen an die Stelle der Differentiale setzt und die erforderlichen Geschwindigkeiten mittels besonderer Diagramme aufsucht.

Einen neuen Weg in der Behandlung der Turbinentheorie schlägt *F. Prášil*[24]) ein, indem er Lösungen der hydrodynamischen Differentialgleichungen für reibungsfreie Flüssigkeiten ermittelt, deren entsprechende Bewegungsvorgänge denen des Wassers in den Leit- und Laufradkanälen, sowie in dem Saugrohr ähneln. Da hierbei auch die Form der Turbine mit bestimmt wird, so ist in derartigen Turbinen die Kontinuität der Flüssigkeitsbewegung gewahrt und der hydrodynamische Druck überall grösser als Null, soweit nicht die Reibung auf dieses Ergebnis Einfluss hat. Auch entwickelt *Prášil* ein zeichnerisches Verfahren, welches ermöglicht, die Geschwindigkeitsänderung in einer gegebenen Turbine unter gewissen Voraussetzungen zu ermitteln. In einer weiteren Arbeit[25]) giebt *F. Prášil* noch geeignetere Lösungen der bezeichneten Art, sowie ein Verfahren, mittels der Methode der konformen Abbildung die Schaufelkurven in die Ebene zu übertragen und so der Zeichnung zugänglich zu machen.

Von der Annahme unendlich vieler Schaufeln ausgehend entwickelt *H. Lorenz*[26]) aus den hydrodynamischen Grundgleichungen Lösungen, die weniger allgemein sind, als die von *Prášil*, und die ihn zu einer besonderen — von den bewährten Formen erheblich abweichenden — Art von Radialturbinen führen, für welche das

---

23) Turbinentheorie, p. 242.

24) Über Flüssigkeitsbewegungen in Rotationshohlräumen, Schweiz. Bauzeit. 41 (1903), p. 207.

25) Bestimmung der Kranzprofile und der Schaufelformen für Turbinen und Kreiselpumpen, ibid. 48 (1906), p. 277.

26) Die Wasserströmung in rotierenden Kanälen, Physik. Zeitschr. 6 (1905), p. 82 und 206; Neue Grundlagen der Turbinentheorie, Zeitschr. f. d. ges. Turbinenwesen 2 (1905), p. 257; Theorie und Berechnung der Vollturbinen und Kreiselpumpen, Zeitschr. d. Ver. deutsch. Ing. 49 (1905), p. 1670; Folgerungen aus den neuen Grundlagen der Turbinentheorie, Zeitschr. f. d. ges. Turbinenwesen 3 (1906), p. 105; diese Arbeiten sind zusammengefaßt in der Monographie: Neue Theorie und Berechnung der Kreiselräder, München und Berlin 1906.

Vgl. hierzu die wesentliche Ergänzung von *W. Bauersfeld* in der Zeitschr. d. Ver. deutsch. Ing. 49 (1905), p. 2007; ferner die Bemerkungen von *V. Kaplan* in der Zeitschr. f. d. ges. Turbinenwesen 4 (1907), p. 69 und die Kontroverse zwischen *F. Prášil* und *H. Lorenz* ibid. 4 (1907), p. 53, 72, 87 und 144, sowie *R. v. Mises*, Über die *H. Lorenz*sche Theorie der Kreiselräder, Physik. Zeitschr. 8 (1907), p. 314 und *H. Lorenz*, Zur Theorie der Kreiselräder, ibid. 8 (1907), p. 384.

Reaktionsmoment aller Stromfäden konstant ist. *W. Bauersfeld*[27]) hat dann gezeigt, dass es eine unendliche Mannigfaltigkeit von Turbinen-, bez. Schaufelformen giebt, welche Strömungen in den Leit- und Laufrädern der Turbinen erzwingen, die den hydrodynamischen Differentialgleichungen für reibungsfreie Flüssigkeiten genügen und der *Lorenz*schen Annahme konstanten Reaktionsmomentes für alle Stromfäden entsprechen.

5. Bedingungen für das Maximum des Wirkungsgrades der Turbinenanlage. Aus Gl. (23) geht hervor, dass $\eta = 0$ wird sowohl für den *Stillstand* der Turbine ($u_1 = u_2 = 0$), als auch für den sogenannten *Leerlauf*, bei welchem die Turbine keine Arbeit abgiebt. Die Leerlaufsgeschwindigkeit u_{20} folgt aus

$$u_1 v \cos \psi_1 - u_2 (c_2 \cos \theta_1 + u_2) = 0$$

in Verbindung mit Gl. (20). Zwischen Stillstand und Leerlauf giebt es eine Umlaufsgeschwindigkeit u_{2m} (die sogenannte *vorteilhafteste* Geschwindigkeit), für welche η ein Maximum wird. Diese u_{2m} ist im Allgemeinen verschieden von der Geschwindigkeit, mit welcher L sein Maximum erreicht, und auch von der, für welche q einen extremen Wert annimmt.

Das so bestimmte $\max(\eta)$ ist abhängig von den Dimensionen der Turbine, insbesondere von den Winkeln ψ_1, θ_1 und θ_2, welche bei auszuführenden Turbinen innerhalb weiter Grenzen wählbar sind. Schon *L. Euler*[28]) hat für sein Reaktionsrad die Bedingungsgleichungen für diese Winkel ermittelt, damit $\max(\eta)$ den grösstmöglichen Wert annehme. Eine analoge Untersuchung stellte *Poncelet*[29]) für die Fourneyron-Turbine an, doch führte ihn diese zu komplizierten Gleichungen, welche sich für die Berechnung neuer Turbinen nicht eigneten. Man behalf sich seither mit der Annahme, dass η seinen grösstmöglichen Wért erreiche, wenn bei derselben Umlaufsgeschwindigkeit das Wasser ohne Stoss in das Laufrad eintritt und mit möglichst kleiner Energie es wieder verlässt. Erstere Forderung ($v_s = 0$) führt zufolge (13) auf die beiden Gleichungen

$$(24) \qquad v \cos \psi_1 - c_1 \cos \theta_1 - u_1 = 0;$$

$$(25) \qquad v \sin \psi_1 - c_1 \sin \theta_1 = 0;$$

letztere zufolge (18) auf

$$(26) \qquad u_2 + c_2 \cos \theta_2 = 0,$$

---

27) Zur *Lorenz*schen Theorie der Kreiselräder, Zeitschr. f. d. ges. Turbinenwesen 4 (1907), p. 265.

28) Théorie plus complette des machines, Berlin Hist. de l'Acad. 1755, p. 286.

29) Théorie de la turbine *Fourneyron*, p. 2.

(also auf $v_2 \perp u_2$) und die Forderung, dass $180^0 - \theta_2$ so klein als möglich ist (gewöhnlich wählt man $180^0 - \theta_2 \geqq 18^0$). Die Verbindung von (24) und (26) durch die Beziehung $u_1 = u_2 \cdot \frac{r_1}{r_2}$ führt auf die Bedingungsgleichung:

$$(27) \qquad r_2(v \cos\psi_1 - c_1 \cos\theta_1) + r_1 c_2 \cos\theta_2 = 0,$$

welcher die Dimensionen der Turbine ausser (25) genügen müssen.

Dass diese Annahme nicht richtig ist, hat *Grübler*[30]) gezeigt. Er untersucht den Einfluss der Veränderlichen u_2, $\frac{\cos\psi_1}{f} = \lambda$, $\frac{\theta_1}{f_1} = \lambda_1$ und $-\frac{\cos\theta_2}{f_2} = \lambda_2$ auf die Grösse von η und L, und findet, dass η und L für dasselbe $u_2 = u_{2m}$ ein Maximum werden, wenn die Turbinendimensionen ausser den Gleichungen (25) und (27) noch der folgenden

$$(28) \qquad \lambda \frac{r_1}{r_2} - \lambda_2 = 0 \text{ [31]})$$

genügen und $180^0 - \theta_2$ so klein als möglich ist. Turbinen, welche (28) erfüllen, haben u. a. folgende Eigenschaften: Je nachdem $r_2 \gtreqless r_1$ ist, wird der durch Gl. (20) bestimmte Kegelschnitt eine $\begin{cases}\text{Hyperbel}\\ \text{Gerade}\\ \text{Ellipse}\end{cases}$,

$$\text{also die Wassermenge } q = \begin{cases}\text{min.}\\ \text{const.}\\ \text{max.}\end{cases}$$

$$\text{der Spaltüberdruck} = \begin{cases}\text{max.}\\ \text{const.}\\ \text{min.}\end{cases}$$

und der Winkel $\theta_1 \lesseqgtr \frac{\pi}{2}$. Dagegen findet sich der maximale Wirkungsgrad des Laufrades bei allen drei Turbinenarten gleich, also von $\frac{r_2}{r_1}$ unabhängig, falls θ_2 und ζ_2 die gleichen Werte besitzen.

Zu dem entgegengesetzten Ergebnis gelangt *R. Proell*[32]); er findet den maximalen Wirkungsgrad um so grösser, je kleiner $\frac{r_2}{r_1}$ ist.

6. Versuche an Vollturbinen. Die an Turbinen angestellten Versuche[33]) sind meist Bremsversuche, welche nur in der Absicht

---

30) Zur Theorie der Vollturbinen, Civilingenieur **29** (1883), p. 150.

31) Die Bedingungsgleichungen für λ und λ_2 sind vom 3. Grade; ihre einzige reelle Lösung wird durch die Gl. (28) dargestellt.

32) Über den hydraulischen Wirkungsgrad von Turbinen, Dresden 1903 (Diss.).

33) Über die älteren Versuche berichtet zusammenfassend *M. Rühlmann*,

ausgeführt wurden, das Maximum der Leistung L und des Wirkungsgrades η, sowie den Einfluss der Änderung von q auf L und η kennen zu lernen.

Die Versuche von *A. Fliegner*[34]) haben zum Gegenstande die Ermittlung des Einflusses der Kanalformen, bezw. der Richtungsänderung des Wasserstrahles in den Vollturbinen auf die Grösse der Energieverluste beim Eintritt des Wassers in die Radkanäle und in letzteren; die hierbei erlangte empirische Formel ist jedoch zu kompliziert für deren Verwendung in der Theorie.

Um den Grad der Übereinstimmung zwischen Theorie und Versuch kennen zu lernen, hat *M. Grübler*[35]) Bremsversuche an Axialturbinen, welche den Bedingungsgleichungen (25), (27) und (28) entsprechend berechnet und ausgeführt wurden, angestellt. Bei derartigen Turbinen muss die Wassermenge q, konstantes Gefälle h vorausgesetzt, von der Umlaufszahl n unabhängig, d. h. konstant sein, ferner wird der theoretische Zusammenhang zwischen der Bremskraft P und n im Beharrungszustande der Turbine durch die lineare Beziehung

$$n = B - C \cdot P \tag{29}$$

dargestellt, in welcher B und C Konstanten sind. Die Versuche bestätigten die theoretischen Schlussfolgerungen mit einer Genauigkeit, welche die Anforderungen der Technik übersteigt.

So wurden z. B. an einer in Bauske (Kurland) aufgestellten Turbine bei folgenden Bremskräften P die darunter stehenden Umlaufzahlen n in der Minute gemessen:

$P =$	103,19	86,81	70,43	54,05	37,67	21,29 kg
$n =$	46,30	50,50	54,15	57,99	62,50	66,47

Die Konstanten B und C, berechnet mittels der Methode der kleinsten Quadrate, werden hiernach

$$B = 78{,}26, \quad C = 0{,}2442,$$

Allgemeine Maschinenlehre 1, Hannover 1862, p. 360, sowie *G. Herrmann* in *Weisbach*'s Maschinen-Mechanik 2², Braunschweig 1883—87, p. 139; ferner sehr ausführlich *A. Nowack* in der 2. Aufl. von *G. Meissner*, Theorie und Bau der Turbinen, Jena 1897, p. 486—597.

34) Versuche zur Theorie der Reaktionsturbinen, Zeitschr. d. Ver. deutsch. Ingen. 23 (1879), p. 459.

35) Über Turbinenversuche, Rig. Ind.-Zeitung 1889, p. 169; ferner Beziehungen zwischen Theorie und Versuchen bei Axial-Vollturbinen, ibid. 1891, p. 253.

und die sich aus (29) ergebenden Werte für n

$$n = 46{,}27 \quad 50{,}27 \quad 54{,}27 \quad 58{,}27 \quad 62{,}27 \quad 66{,}27.$$

Von diesen weichen die vorher angeführten Versuchsergebnisse für n verhältnismässig nur sehr wenig ab, nämlich um

$$+0{,}03 \quad +0{,}23 \quad -0{,}12 \quad -0{,}36 \quad +0{,}23 \quad +0{,}20;$$

die Übereinstimmung zwischen Theorie und Versuch ist also innerhalb der Versuchsgrenzen ganz vorzüglich. Auch erwies sich während der Versuchsreihe q bei konstantem Gefälle als unveränderlich, d. h. unabhängig von der Drehgeschwindigkeit der Turbine, wie das die Theorie fordert.

Von den neuen Versuchen seien die sorgfältigen Versuchsreihen von *A. Pfarr*[36]) und *F. Prášil*[37]) hervorgehoben, da sie einen Vergleich zwischen Theorie und Versuch ermöglichen. Die ersteren ermitteln den Einfluss der Beaufschlagung auf den Wirkungsgrad, die letzteren den des Schaufelspaltes und des Reaktionsgrades, sowie die Grösse gewisser Widerstandskoeffizienten.

7. Freistrahlturbinen. In den *Freistrahlturbinen* füllt das Wasser die Kanäle des Laufrades nicht vollständig aus und deshalb ist die Relativbewegung des Wassers durch das Laufrad keine zwangläufige. Das hat eine weit stärkere Abweichung der wirklichen Vorgänge von den der Theorie zu Grunde liegenden Voraussetzungen zur Folge, denn der absolute Wasserstrahl, welcher aus einem Leitkanal in das Laufrad eintritt, wird durch die Schaufeln des letzteren in Teile zerlegt, die sich dann auf den Schaufeln ausbreiten, während sie sich längs derselben bewegen[38]). Wenn ferner beim Eintritt des Wassers ein Stoss stattfindet, so ist der Stossvorgang ein ganz anderer, wenn der Strahl auf die Schaufel stösst, oder letztere gegen den ersteren, denn im letzteren Falle tritt eine Zersplitterung des Strahles ein und diese entzieht sich z. Z. völlig der Berechnung. Wenn man gleichwohl die Theorie der Vollturbinen trotz der grösseren Abweichungen ungeändert auf die Strahlturbinen überträgt, so geschieht dies mit der Beschränkung auf den Fall des *stossfreien* Eintrittes des Wassers in das Laufrad und der Benutzung der Rechnungsergebnisse lediglich für die Berechnung neuer Turbinen. Ein wesentliches Er-

---

36) Bremsversuche an radialen Reaktionsturbinen, Zeitschr. d. Ver. deutsch. Ing. 36 (1892), p. 797.

37) Vergleichende Untersuchungen an Reaktions-Niederdruckturbinen, Schweiz. Bauzeit. 45 (1905), p. 81.

38) Vgl. hierzu: *A. Pfarr,* Die Turbinen für Wasserkraftbetrieb, p. 646.

fordernis für die erwähnte Übertragung ist ferner, dass das Wasser sich an keiner Stelle von der Radschaufel ablöst. Wie *Grashof*[39]) gezeigt hat, ist dies bei Radialturbinen der Fall, wenn der Überdruck über die Atmosphäre, d. i.

$$-\omega^2 \cdot r \cos\theta - 2\omega c + \frac{c^2}{\varrho}$$

für alle Wasserteilchen grösser als Null ist (s. Fig. 13). Hieraus folgt ein Maximum für den Krümmungsradius $\varrho = KA$ der Radschaufel. Bei Axialturbinen findet er (p. 277)

$$\frac{c^2}{\varrho} + g\cos\theta > 0$$

als entsprechende Bedingung.

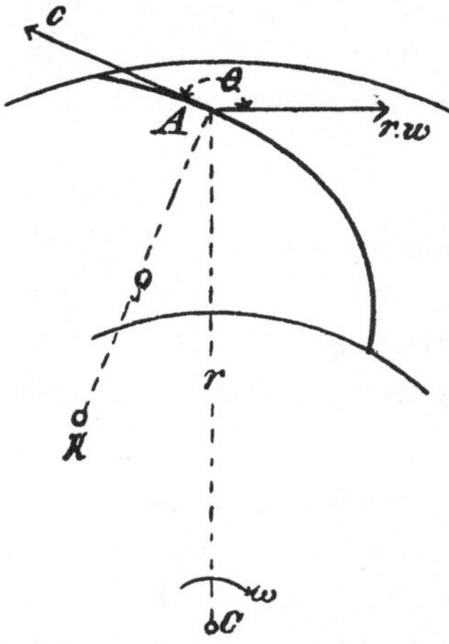

Fig. 13.

Bei Strahlturbinen erfolgt der Austritt des Wassers aus dem Leitapparat unter dem Luftdruck; es ist also in den Gleichungen (12) bis (23)

$$a = a_2 = a_3 = a_4 = a_0$$

zu setzen, und da das Saugrohr fortfällt, $v_3 = v_2$ und $v_4 = 0$.

An die Stelle von Gl. (12) tritt dann hier mit $z_0 - z = h'$

$$(30) \qquad 2gh' = \zeta_0 v_0^2 + (1+\zeta)v^2 - v_0^2,$$

und an Stelle von (16), weil voraussetzungsgemäss $v_s = 0$, also $c_r = c_1$,

$$(31) \qquad 2gh_{12} = (1+\zeta_2)c_2^2 - c_1^2 + u_1^2 - u_2^2.$$

Die Kontinuitätsbedingung (21) beschränkt sich auf die Bewegung des Wassers bis zum Austritt aus dem Leitapparat; mit nur sehr zweifelhafter Annäherung kann sie zur Berechnung der Strahlquerschnitte f_1 und f_2 benutzt werden.

Endlich erhält man für die Leistung zufolge Gl. (11) hier einfacher

$$(32) \qquad L = q \cdot \gamma \cdot [u_1(c_1\cos\theta_1 + u_1) - u_2(c_2\cos\theta_2 + u_2)]$$

und wenn man (24) und (26) benutzt,

$$(33) \qquad L_{\max} = q \cdot \gamma \cdot u_1 v \cos\psi_1,$$

ferner

$$(34) \qquad \eta_{\max} = \frac{u_1 v \cos\psi_1}{gh}.$$

39) Kraftmaschinen, p. 295.

Bei den Freistrahlturbinen ist v, wie aus (30) ersichtlich, konstant; daher ändert sich L und η nur mit der Umlaufsgeschwindigkeit.

Die Radialfreistrahlturbine mit äusserer Beaufschlagung ($r_1 > r_2$) ist unter dem Namen *Zuppinger-Turbine* oder auch *Tangentialrad* bekannt, die mit innerer Beaufschlagung ($r_1 < r_2$) als *Schwammkrug-Turbine*, und die Freistrahlaxialturbine ($r_1 = r_2$) als *Girard-Turbine*.

Zu den Freistrahlturbinen gehören auch die sogenannten *Löffelräder*[40]), bei denen der Strahl tangential zum mittleren Radumfang und die Drehaxe senkrecht kreuzend in das Rad eintritt, und gegen die Schneiden der sog. Löffel (s. Fig. 14) strömend von entsprechend geformten Flächen nach beiden Seiten in die axiale Richtung abgelenkt wird.

Eine Abart der Löffelräder sind die sog. *Pelton*-Räder[41]), in welche

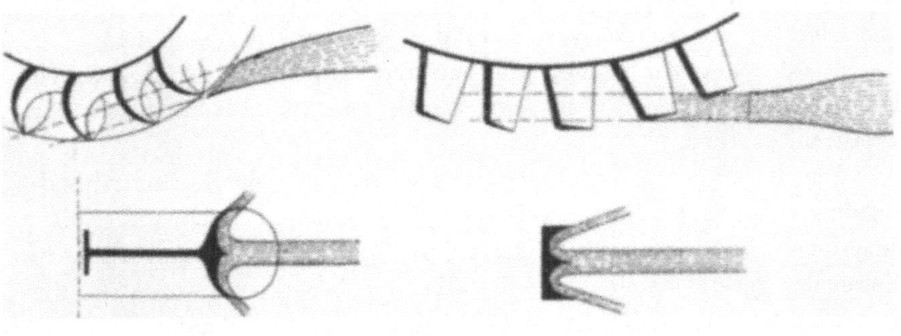

Fig. 14. Fig. 15.

der Wasserstrahl wie bei den Löffelrädern eintritt, und durch Schaufeln der beistehend skizzierten Form (s. Fig. 15) um fast 180° abgelenkt wird[42]).

Versuche an Freistrahlturbinen sind in grosser Zahl ausgeführt worden, doch beschränken sie sich zumeist auf die Ermittlung von η_{max} durch Bremsversuche und Wassermengen-Messungen. Um die Annäherung der Theorie der Strahlturbinen an die Wirklichkeit und insbesondere die Abhängigkeit der Energieverluste von der Umlaufs-

40) Vgl. u. a. Zeitschr. d. Ver. deutsch. Ingen. 45 (1901), p. 1187; ferner *R. Escher*, Über die Schaufelung des Löffelrades, Schweiz. Bauzeitung 45 (1905), p. 207.

41) Vgl. *L. Vigreux* et *Ch. Milandre*, Turbines, Paris 1899, p. 142.

42) Eine ausführlichere Theorie des Peltonrades giebt *L. Hartwagner*, Theoretische Untersuchungen am Peltonrad, Zeitschr. f. d. ges. Turbinenwesen 2 (1905), p. 98.

geschwindigkeit zu ermitteln, hat *A. Fliegner*[34]) zahlreiche Versuchsreihen angestellt, doch haben diese zu abschliessenden Ergebnissen nicht geführt.

8. Die Regulierung der Turbinen. Bei den Wasserkraftanlagen ändert sich zumeist der Zufluss aus den natürlichen Wasserläufen innerhalb der Betriebszeiten und entsprechend das Gefälle; ferner ist die Leistungsentnahme häufig grossen Schwankungen unterworfen. Dagegen wird in den weitaus meisten Betrieben gefordert, dass die Umlaufsgeschwindigkeit der Hauptwelle des Motors konstant bleibe. Die Erfüllung dieser Forderung ist die Aufgabe der Regulierung der Turbinen; als ihre Hilfsmittel dienen die Bremsung (Entziehung der überschüssigen Arbeit durch Reibung fester oder flüssiger Körper), Drosselung (Störung des Zuflusses durch Schieber oder Drehklappen), Abschluss eines Teiles der Leitkanäle, oder Änderung des Austrittsquerschnittes der Leitkanäle. Letzteres hat entweder eine Änderung des Spaltdruckes zur Folge, wie bei der Anwendung der *Fink*schen Drehschaufeln[44]), oder nicht, wie z. B. bei den Ausflussdüsen der Freistrahlturbinen.

Die Regulierung erfolgt meist automatisch durch Zentrifugalregulatoren; durch diese werden bei eintretenden Geschwindigkeitsänderungen der Hauptwelle besondere Motoren (Servomotoren) in Bewegung gesetzt, welche die Regulierung bewirken, (also z. B. die Querschnitte der Leitkanäle durch Drehung der Leitschaufeln ändern) und durch sinnreiche Mechanismen die Schwankungen der Umlaufszahl des Motors in engen Grenzen halten. Die Theorie des Regulierungsvorganges bei Turbinen ist besonders von *R. Proell*[45]), *H. Leauté*[46]), *A. Houkowsky*[47]), *A. Pfarr*[48]), *A. Stodola*[49]), *A. Rateau*[50]) und *W. Bauersfeld*[51]) studiert worden.

---

43) Schweiz. Bauzeitung 26 (1885). p. 126; ferner 31 (1890), p. 91.

44) Vgl. hierzu: *R. Camerer*, Experimentelle Bestimmung des günstigsten Drehpunktes von Turbinenschaufeln, Zeitschr. d. Ver. deutsch. Ing. 50 (1906), p. 54.

45) Über den indirekt wirkenden Regulierapparat Patent Proell, Zeitschr. d. Ver. deutsch. Ing. 28 (1884), p. 458.

46) Mémoires sur les oscillations à longues périodes dans les machines actionnées par des moteurs hydrauliques, Journal de l'école polytechnique 55 (1885), p. 1; ferner: Du mouvement troublé des moteurs, consécutif à une perturbation brusque, Journal de l'école polyt. 61 (1891), p. 1.

47) Die Regulierung der Turbinen, Zeitschr. d. Ver. deutsch. Ing. 40 (1896), p. 839.

48) Der Regulierungsvorgang bei Turbinen mit indirekt wirkendem Regulator, Zeitschr. d. Ver. deutsch. Ing. 43 (1899), p. 1553; ferner: Turbinen für Wasserkraftbetrieb, p. 286.

9. Anwendungsbereiche der hydraulischen Motoren. Die oberschlächtigen Wasserräder werden in der Gegenwart nur noch vereinzelt für kleine Betriebe ausgeführt, trotzdem ihr Wirkungsgrad ein hoher (bis 0,8) ist, und zwar, weil sie an kleine Gefälle (3—12 m) und kleine Wassermengen und Umlaufsgeschwindigkeiten gebunden sind. Ist das Gefälle sehr klein (0,6—1,5 m), jedoch die Wassermenge gross (2—5 m^3), so verwendet man mit Vorteil die unterschlächtigen Kropfräder, insbesondere die von *Sagebien* und *Zuppinger*, falls die kleinen Umlaufsgeschwindigkeiten, Hochwasser und Einfrieren kein Hindernis bilden, denn ihr Wirkungsgrad übersteigt zuweilen 0,75.

Weitaus am häufigsten werden zur Ausnützung der Wasserkräfte die Turbinen verwendet, weil sie sich den verschiedensten Gefällen und Wassermengen anpassen lassen, grosse Umlaufsgeschwindigkeiten besitzen, leicht regulierbar sind und besser vor dem Einfrieren geschützt werden können. In der zweiten Hälfte des 19. Jahrhunderts wurden mehr Axialturbinen sowohl mit, als auch ohne Saugrohr verwendet; sie können als Vollturbinen mit Saugrohr äusserstens 12 m Gefälle ausnutzen, ohne Saugrohr nur etwa 4 m. Ihr Wirkungsgrad beträgt 0,7 bis 0,8 und erreicht zuweilen 0,85. In der Gegenwart werden überall da, wo die Wassermengen die Anwendung von Vollturbinen gestattet, Radialturbinen mit äusserer Beaufschlagung, also Francis- und Svaine-Turbinen bevorzugt, weil ihre Regulierungsfähigkeit gross ist, d. h. weil sie für sehr verschiedene Wassermengen (Beaufschlagungen) bei derselben Umlaufsgeschwindigkeit doch nur wenig veränderliche, verhältnismässig hohe Wirkungsgrade (bis 0,85) besitzen. Bei sehr kleinen Wassermengen und grossen Gefällen (bis 500 m) sind Freistrahlturbinen angezeigt. In neuester Zeit verwendet man im letzteren Falle besonders Löffel- und Peltonräder, die zwar keine so hohen Wirkungsgrade haben (bis 0,75), jedoch sehr gut regulierbar sind.

Die Verwertung der Wasserkräfte ist sehr gesteigert worden durch die elektrische Kraftübertragung auf grosse Entfernungen, welche den Betrieb elektrischer Bahnen, die elektrische Beleuchtung, viele elektrochemische Industrien u. a. wirtschaftlich vorteilhaft machte. Andererseits gab die Anlage von Thalsperren ebenfalls häufig die Veranlassung zur Ausnutzung der durch sie hervorgerufenen

49) Die Regulierung der Turbinen, Schweiz. Bauzeit. 22 (1893), p. 113.

50) Traité des turbo-machines, Paris 1900, p. 189.

51) Die automatische Regulierung der Turbinen, Berlin 1905.

Gefälle. Dementsprechend ist der Bau der Turbinen ganz ausserordentlich rasch gestiegen[52]) und lässt sich besonders infolge der künstlichen Erzeugung der Salpetersäure auf elektrischem Wege (künstliche Düngemittel, Ersatz für den Salpeter) eine weitere grosse Steigerung erwarten. Andererseits drängt die Wirtschaftlichkeit der Betriebe auf eine möglichst vollkommene Ausnutzung der natürlichen Wasserkräfte, also auf die Erzielung hoher Wirkungsgrade; die Vervollkommnung der Theorie und Berechnung der Turbinen ist deshalb von grosser Bedeutung.

10. Kolbenpumpen.[53]) Obwohl die Kolbenpumpen in sehr vielen verschiedenen Formen verwendet werden[54]), lässt sich doch ihre Theorie auf die der einfach wirkenden Saug- und Druckpumpe zurückführen (s. Fig. 16). Der Kolben in dem Pumpenzylinder wird zumeist mittels einer Pleuelstange von einer gleichförmig rotierenden Kurbel aus auf und ab bewegt; doch kommen auch andere Arten der Erzeugung der Kolbenbewegung vor, wie z. B. bei Handpumpen, Feuerspritzen, Dampfpumpen mit direkter Übertragung u. s. w.

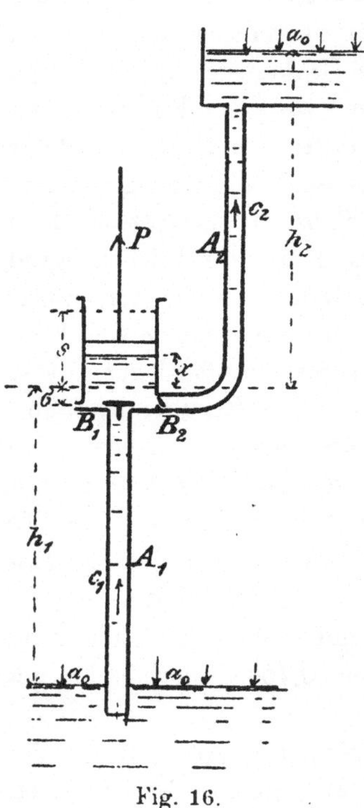

Fig. 16.

Bei der Aufwärtsbewegung des Kolbens wird das Wasser (oder eine andere Flüssigkeit) durch das Saugrohr A_1 angesaugt, wobei das Ventil B_1 sich selbsttätig öffnet und das Wasser in den Pumpenzylinder durch den Luftdruck getrieben wird. Bei dem Niedergange des Kolbens dagegen schliesst sich das Ventil B_1 und es öffnet sich infolge der Zunahme des durch die Betriebskraft der Pumpe erzeugten Druckes das Ventil bei B_2, durch welches das

52) Vgl. *R. Thomann,* Die Entwicklung des Turbinenbaues, Stuttgart 1901.

53) Die Pumpen mit deformierbaren Kolben (Membranpumpen) und die kolbenlosen Pumpen, die mit Luft-, Gas- oder Dampfdruck betrieben werden, sollen hier nicht behandelt werden, da ihre Theorie zum Teil sehr einfach, zum Teil noch wenig entwickelt ist.

54) Nach Art des Kolbens unterscheidet man Pumpen mit Scheiben-, mit Plunger-, mit Differential- oder mit Ventilkolben, nach der Wirkungsweise einfach- und doppeltwirkende Pumpen.

Wasser aus dem Zylinder in das Steigrohr (Druckrohr) A_2 tritt; letzteres führt es zu der in entsprechender Höhe gelegenen Ausgussstelle.

Die *Theorie dieser Pumpe* ermittelt den hydraulischen Druck unter dem Kolben der Pumpe, die Kraft und Leistung zum Betriebe der letzteren[55]), und stellt die Bedingungen auf, unter denen das Wasser der Bewegung des Kolbens stetig folgt, also kein Hohlraum in der Wassersäule eintritt, der sich mit nachfolgendem zerstörend wirkendem Stoss (sogenannter Wasserschlag) wieder schliessen würde. Die Annäherungen sind ganz ähnliche, wie in der Theorie der Turbinen. Die vorkommenden Geschwindigkeiten der Flüssigkeit sind nur mittlere, ebenso die Drücke; ferner werden die hydraulischen Widerstandskräfte in der Form $f \cdot \gamma \cdot h_v$ eingeführt, wenn f den Querschnitt der prismatisch, bezw. zylindrisch gedachten Flüssigkeitsmasse, γ die spezifische Schwere der Flüssigkeit und h_v die bei stationärer Bewegung der Flüssigkeit infolge der Widerstände verlorene Druckhöhe bezeichnet.

a) *Saugvorgang.* Ist r der Radius der treibenden Kurbel, $s = 2r$ der Kolbenhub, f der Kolbenquerschnitt und $f \cdot \sigma$ der sogenannte schädliche Raum zwischen dem tiefsten Stand des Kolbens und den Ventilen, bezeichnet endlich a_s den jeweiligen Barometerstand in Wassersäule gemessen, a_t die der Temperatur t der Flüssigkeit entsprechende Dampfspannung, gemessen als Druckhöhe der Flüssigkeit, und setzt man $a_s - a_t = a$, so muss die *Höhe des erwähnten Kolbentiefstandes über dem Unterwasserspiegel* der Bedingung

$$h_1 < a \cdot \frac{s}{s + \sigma}$$

genügen, falls überhaupt das Ansaugen möglich sein soll; denn der schädliche Raum ist zu Beginn der Bewegung mit Luft erfüllt.

Bezeichnet b die Beschleunigung des Kolbens zur Zeit t, d. i. nach dem Wege x des letzteren, m_1 die zur Zeit t in Bewegung be-

55) Die Theorie der Kolbenpumpen reicht in ihren Elementen bis zu den Anfängen der Hydraulik zurück; doch hat erst *L. Euler* brauchbare Ansätze und Regeln für Druckpumpen gegeben in der Arbeit: Discussions et maximes pour arranger les plus avantageusement les machines destinées à élever l'eau par le moyen des pompes, Berlin Hist. de l'Acad. 1752, p. 149 u. 185. Weiter entwickelt wurde sie durch: *K. Ch. Langsdorf,* Lehrbuch der Hydraulik, Altenburg 1794, p. 410; *A. Baader,* Vollständige Theorie der Saug- und Hebepumpen, Bayreuth 1797; *J. A. Eytelwein,* Handbuch der Mechanik fester Körper und der Hydraulik, Berlin 1801, p. 321; *F. A. v. Gerstner,* Handbuch der Mechanik, Prag 1832, 3, p. 263; *J. Weisbach,* Maschinenmechanik 2, p. 845; *C. Fink,* Abhandlungen über Kolben- und Centrifugalpumpen, Zeitschr. d. Ver. deutsch. Ingen. 7 (1863), p. 177 und 12 (1868), p. 539.

findliche Wassermasse, h'_v die den hydraulischen Bewegungswiderständen im Saugrohr A_1 und Ventil B_1 entsprechende verlorene Druckhöhe, so ist der *Druck unter dem Kolben,* gemessen als Druckhöhe,

(35) $$y_1 = a - h_1 - x - h'_v - \frac{m_1}{f \cdot \gamma} \cdot b$$

und die Kraft, mit welcher an dieser Stelle der Kolben bewegt werden muss,

(36) $$P_1 = M(b + g) + (a_0 - y_1) f \cdot \gamma + R_1.$$

In letzterer Beziehung bedeutet M die Masse von Kolben und Kolbenstange und R_1 den Reibungswiderstand des Kolbens.

Die *Widerstandshöhe* h'_v setzt sich aus drei Teilen zusammen, der des Eintrittes der Flüssigkeit in das Saugrohr $= \zeta_0 \frac{c_1^2}{2g}$, der Rohrreibung $= \zeta_r \cdot \frac{l_1}{d_1} \cdot \frac{c_1^2}{2g}$ und des Ventilwiderstandes $= \zeta_1' \cdot \frac{v^2}{2g}$, falls c_1 die mittlere Geschwindigkeit im Saugrohr und $v = \frac{dx}{dt}$ die Kolbengeschwindigkeit bezeichnet. Unter Benutzung der Kontinuitätsbedingung $fv = f_1 c_1$ wird daher

$$h'_v = \left[\left(\zeta_0 + \zeta_r \cdot \frac{l_1}{d_1}\right)\left(\frac{f}{f_1}\right)^2 + \zeta_1'\right] \frac{v^2}{2g}.$$

Bei anderen Anordnungen der Pumpe wird sich h'_v entsprechend anders zusammensetzen.

Damit kein Wasserschlag eintritt, darf y nicht Null werden; daher die Bedingung

(37) $$a > h_1 + x + h_v + \frac{m_1}{f \cdot \gamma} \cdot b.$$

In ihr wird meist näherungsweise $m_1 = \frac{f_1 l_1 \gamma}{g}$ gesetzt, und l_1 gleich der Länge des Saugrohres angenommen, also die Masse des Zylinderinhaltes vernachlässigt. Die Beschleunigung b hängt von der Art der Kolbenbewegung ab. Erfolgt letztere mittels Pleuelstange von einer gleichförmig rotierenden Kurbel aus, ist r deren Radius und $u = r \cdot \omega$ die Umfangsgeschwindigkeit, so folgt unter der Annäherung, die in der Annahme unendlich grosser Länge der Pleuelstange liegt, $x = r(1 - \cos \varphi)$, $v = u \cdot \sin \varphi$, $b = \frac{u^2}{r} \cdot \cos \varphi = r \cdot \omega^2 \cos \varphi$ (worin φ den Kurbelwinkel bezeichnet) und damit

$$x + h_v + \frac{m_1}{f \cdot \gamma} \cdot b = X$$

als eine Funktion von φ, welche extreme Werte besitzt. Der grösste dieser Werte ist in (37) einzusetzen. Das führt nach *F. Grashof*[56]) mit der Bezeichnung

$$\frac{f_1 l_1}{f \cdot r\left\{\left(\zeta_0 + \zeta_r \frac{l_1}{d_1}\right)\left(\frac{f}{f_1}\right)^2 + \zeta_1'\right\}} = i$$

und der Vernachlässigung von x auf die Bedingung

$$a > h_1 + \frac{f l_1 u^2}{f_1 r g}, \quad \text{falls } i > 1$$

oder

$$a > h_1 + \left(i + \frac{1}{i}\right)\frac{f l_1 u^2}{2 f_1 r g}, \quad \text{falls } i < 1,$$

zur *Verhütung des Wasserschlages* im Saugrohr.

Um den Wasserschlag zu verhüten, ordnet man einen Saugwindkessel (s. Fig. 17) an. Die Berücksichtigung desselben in der Theorie ist zur Zeit noch unvollkommen[57]); man macht die Annahme, dass das Wasser mit konstanter Geschwindigkeit c_1 durch das Saugrohr in den Windkessel tritt, weil bei genügend grossem Windkessel der Luftdruck in demselben nur wenig schwankt[58]). Beim Ansaugen tritt das Wasser dann aus dem Windkessel in den Zylinder der Pumpe. Unter diesen Annahmen und mit den vorerwähnten Annäherungen findet *F. Grashof*[56]) als Bedingung der Verhinderung des Wasser-

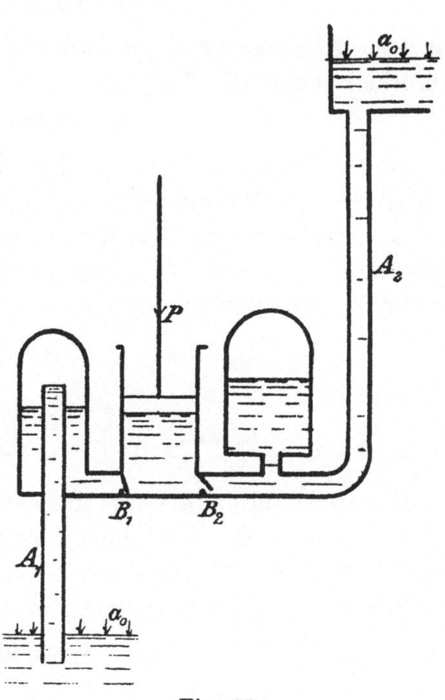

Fig. 17.

56) *F. Redtenbacher*, Resultate für den Maschinenbau, 5. Aufl., herausgegeben von *F. Grashof*, Heidelberg 1869, p. 393, Anmerkung.

57) Vgl. *A. Stodola*, Über die Regulierung der Turbinen, Schweiz. Bauzeitung 34 (1893), p. 113; ferner *L. Alliévi*, Théorie générale du mouvement varié de l'eau dans les tuyaux de conduite, Revue de mécanique 14 (1904), p. 250. In beiden Arbeiten befinden sich strengere Untersuchungen über die Abmessungen von Windkesseln.

58) Vgl. *Hartmann* und *Knoke*, Die Pumpen, 3. Aufl., p. 96.

schlages

$$a > h_1 + \frac{1+\zeta_1'}{2}\left(\frac{f}{f_1}\right)\frac{u^2}{g} + \zeta_r \frac{l_1}{d_1}\frac{c_1^2}{2g},$$

vorausgesetzt, dass der Windkessel ein Volumen $V_1 > \frac{V}{1-\alpha_1^2}$ habe, worin

$$\alpha_1 = \frac{\frac{1+\zeta_1'}{2}\left(\frac{f}{f_1}\right)^2\frac{u^2}{g}}{a - h_1 - \left(1+\zeta_r\frac{l_1}{d_1}\right)\frac{c_1^2}{2g}}$$

und

$$V = 0{,}56 \cdot Fs$$

für einfach wirkende Pumpen,

$$V = 0{,}32 \cdot Fs$$

für doppelt wirkende Pumpen oder zwei gleiche mit entgegengesetzten Kurbeln kombinierte Pumpen,

$$V = 0{,}08 \cdot Fs$$

für zwei gleiche mit rechtwinklig versetzten Kurbeln kombinierte doppeltwirkende Pumpen ist.

b) *Druckvorgang.* Mit den analogen Bezeichnungen, wie beim Saugvorgang, erhalten wir, falls kein Druckwindkessel vorhanden ist, als *Druck unter dem Kolben*

$$y_2 = a + h_2 - x - h_v'' - \frac{m_2}{f \cdot \gamma} \cdot b;$$

hierin ist

$$h_v'' = \zeta_2'' \frac{c_2^2}{2g} + \zeta_r \frac{l_2}{d_2}\frac{c_2^2}{2g} + \zeta_3 \frac{c_2^2}{2g}$$

die *Widerstandshöhe*; die drei Glieder entsprechen dem Widerstand des Druckventils B_2, der Reibung im Druckrohr und dem Widerstand beim Austritt des Wassers aus letzterem. Die Kraft, mit welcher der Kolben bewegt werden muss, um den Druck y_2 zu erzeugen, ist

$$P_2 = \gamma f(y_2 - a_0) + M(b - g) + R_2;$$

hierin bedeutet R_2 den Reibungswiderstand des Kolbens.

Während des Druckvorganges findet gleichzeitig ein Ansaugen statt, sobald $y_2 < y_1$ wird, also

$$(38) \qquad h_1 + h_2 < \frac{f l_2 u^2}{g f_2 r}.$$

Ein *Wasserschlag* im Druckrohr tritt in diesem Falle nicht ein, wenn

$$\min\left(\frac{a+h}{l}\right) > \frac{h_1 + h_2}{l_2}$$

ist, wobei vorausgesetzt wird, dass die Druckleitung eine Stelle über dem Ausguss besitzt, welche um h höher als letzterer liegt und der Rohrlänge nach um l von ihm entfernt ist. Steigt das Druckrohr stetig, so hat man $h = h_2$ und $l = l_2$ zu setzen.

Findet dagegen die Beziehung (38) nicht statt, so tritt kein Wasserschlag ein, wenn der Druck überall grösser als Null ist, also

$$\min\left(\frac{a+h}{l}\right) > \frac{fu^2}{f_2 g r}.$$

Ist ein Saugwindkessel vorhanden, so wird $u_2 < u_1$ nur, wenn

$$h_1 + h_2 + \zeta_r \frac{l_1}{d_1} \frac{c_1^2}{2g} < \frac{f l_2 u^2}{f_2 g r}$$

und dann wird der Wasserschlag vermieden, falls

$$\min\left(\frac{a+h}{l}\right) > \frac{1}{l_2}\left(h_1 + h_2 + \zeta_r \frac{l_1}{d_1} \frac{c_1^2}{2g}\right).$$

Ist ein Druckwindkessel vorhanden (s. Fig. 17), dessen Luftinhalt sich nicht ändert, so kann ein Wasserschlag überhaupt nicht eintreten, wenn das Volumen des Windkessels

$$V_2 > \frac{V}{1-\alpha_2^2},$$

worin

$$\alpha_2 = \frac{l_2\left(\frac{a+h_2}{l_2} - \min\left(\frac{a+h}{l}\right)\right)}{a + h_2 + \zeta_r \frac{l_2}{d_2} \frac{c_2^2}{2g}}.$$

Ist die Pumpe doppeltwirkend, d. h. finden die Vorgänge des Saugens und Drückens auf beiden Seiten des Kolbens statt, so kann $u_2 < u_1$ nur werden, wenn

$$h_1 + h_2 < f\left(\frac{l_1}{f_1} + \frac{l_2}{f_2}\right)\frac{u^2}{g r}.$$

Sind keine Windkessel vorhanden, so tritt kein Wasserschlag im Druckrohr ein, wenn

$$\min\left(\frac{a+h}{l}\right) > \frac{1}{l_2}\left(h_1 + h_2 - \frac{2 f l_1 u^2}{f_1 r g}\right).$$

Ist dagegen ein Saugwindkessel vorhanden, so muss, falls

$$h_1 + h_2 + \zeta_r \frac{l_1}{d_1} \frac{c_1^2}{2g} < \frac{f l_2 u^2}{f_2 r g},$$

der Bedingung

$$\min\left(\frac{a+h}{l}\right) > \frac{1}{l_2}\left(h_1 + h_2 + \zeta_r \frac{l_1}{d_1} \frac{c_1^2}{2g}\right)$$

genügt werden, wenn kein Wasserschlag im Druckrohr eintreten soll.

Die zur Bewegung des Kolbens einer doppeltwirkenden Pumpe nötige Kraft ist

$$P = f(y_2 - y_1)\gamma + M(b \pm g) + R,$$

die Arbeit während eines Kolbenhubes

$$A = \int_0^s P\,dx$$

und die mittlere, zum Betriebe der Pumpe erforderliche Leistung

$$L_m = \frac{A \cdot u}{r \cdot \pi} = \frac{A \cdot n}{30\pi},$$

wenn n die Anzahl der Umdrehungen der Kurbel in der Minute bezeichnet.

Eine Schwierigkeit für die Aufstellung einer genaueren Theorie der Kolbenpumpen bietet die *Ventilbewegung.* Diese ist gegenwärtig nur unter zum Teil recht unsicheren Annahmen und Annäherungen theoretisch behandelt worden[59]), während auf dem Wege des Versuches für die sogenannte Ventilbelastung, d. i. die Kraft P, welche das geöffnete Ventil gegenüber der strömenden Flüssigkeit in bestimmter Lage erhält, für verschiedene Ventilformen von *C. Bach*[60]) die empirische Formel

$$P = 1000 f \frac{c^2}{2g}\left[\varkappa + \left(\frac{f}{\mu h u}\right)^2\right]$$

aufgestellt wurde; in ihr bedeutet: f den Querschnitt der Ventilsitzöffnung, h die Hubhöhe des Ventils, c die mittlere Geschwindigkeit, mit welcher das Wasser unter dem Ventil ankommt, also durch f fliesst, u den Teil des Umfanges von f, durch welchen das Wasser strömt, $\varkappa$ und μ Erfahrungskoeffizienten. Ferner sind Versuche über den Ventilwiderstand, d. i. den hydraulischen Energieverlust, welcher beim Strömen der Flüssigkeit durch das Ventil stattfindet, sowie über den zur Öffnung des Ventils erforderlichen Überdruck angestellt worden von *J. Weisbach*[61]), *C. Bach*[62]), *H. Berg*[63]) und *L. Klein*[64]).

---

59) Vgl. hierüber: *M. Westphal,* Beitrag zur Grössenbestimmung von Pumpenventilen, Zeitschr. d. Ver. deutsch. Ing. 37 (1893), p. 381. Auf diese Arbeit sich stützend geben weitere Ausführungen *O. H. Mueller* jr., Das Pumpenventil, Leipzig 1900, und *H. Berg*, Die Wirkungsweise federbelasteter Pumpenventile und ihre Berechnung, Zeitschr. d. Ver. deutsch. Ingen. 48 (1904), p. 1093.

60) Die allgemeinen Grundlagen für die Konstruktion der Kolbenpumpen, Anhang zu dem Werke: Die Konstruktion der Feuerspritzen, Stuttgart 1882, p. 178.

61) Untersuchungen im Gebiete der Mechanik und Hydraulik, Leipzig 1842.

62) Versuche über Ventilbelastung und Ventilwiderstand, Berlin 1884, auch Zeitschr. d. Ver. deutsch. Ingen. 30 (1886), p. 421.

Eine graphische Darstellung der Ventilbewegung unter weitgehenden Annäherungen giebt *C. Enquehard*[65]).

Viel Ähnlichkeit mit den Vorgängen an den Kolbenpumpen haben die an den Gebläsen. Der wesentliche Unterschied besteht nur darin, dass der eigentlichen Pumparbeit beim Saughub ein Expansionsvorgang und beim Druckhub eine Kompression vorausgeht.

11. Zentrifugalpumpen. Die Theorie der Zentrifugalpumpen steht in einfachem Zusammenhange mit der der Turbinen, denn die Zentrifugalpumpen lassen sich als getriebene Turbinen auffassen. Zu meist haben diese Pumpen ein Laufrad mit horizontaler Axe, das

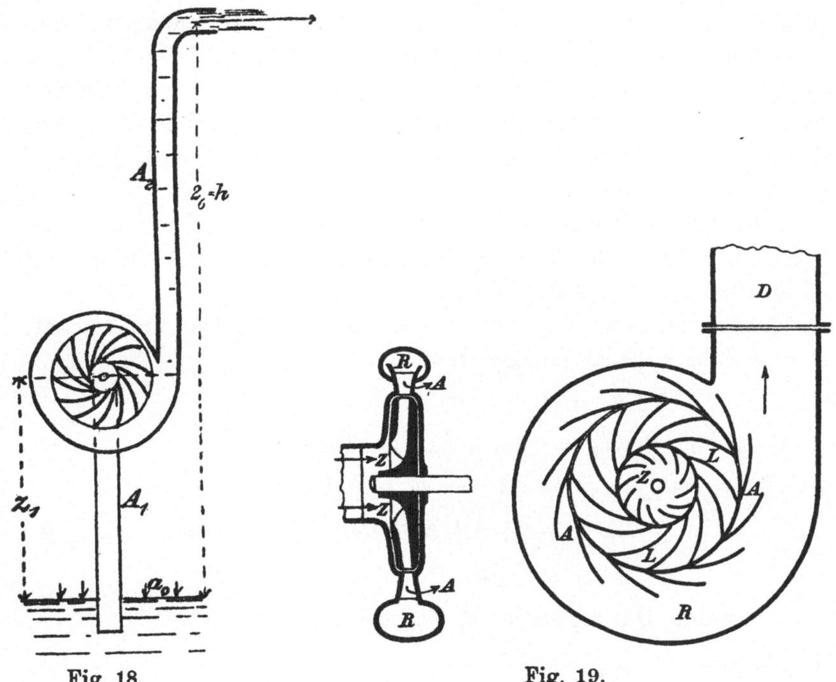

Fig. 18. Fig. 19.

durch ein Gehäuse umschlossen ist. In letzteres führt ein Saugrohr A_1 (s. Fig. 18) vom Unterwasserspiegel die Flüssigkeit seitlich in die Nähe der Drehaxe ein, und von da wird es entweder ohne Zuleitapparat (s. Fig. 18) oder mit einem solchen Z (s. Fig. 19) dem Lauf-

63) Die Wirkungsweise federbelasteter Pumpenventile, Zeitschr. d. Ver. deutsch. Ing. 48 (1904), p. 1134.

64) Über freigehende Pumpenventile, Zeitschr. d. Ver. deutsch. Ing. 49 (1905), p. 485 und 618 und Dinglers Polyt. Journal 88 (1907), p. 353.

65) Revue de mécanique 12 (1903), p. 357.

rade L zugeführt. Durch die Umdrehung des letzteren gelangt es an dessen äusseren Umfang und tritt von dort in den Ableitapparat (häufig Diffuser genannt) ein. Letzterer ist ein an das Laufrad sich anschliessender nach aussen sich erweiternder Raum R, der bei Hochdruckpumpen ein mit Leitschaufeln versehenes Ableitrad A (s. Fig. 19) enthält. Der Ableitapparat hat den Zweck, die kinetische Energie der Flüssigkeit allmählich, d. h. unter Vermeidung turbulenter Vorgänge in potentielle, also in Druck umzusetzen[66]). Aus dem Raum R gelangt die Flüssigkeit in das Druck- oder Steigrohr A_2 (s. Fig. 18) und durch dieses zum Oberwasserspiegel, bez. zur Austrittsstelle. Der Bewegungsvorgang ist also dem an Radialturbinen mit äusserer Beaufschlagung entgegengesetzt. Demgemäss werden die Gleichungen denen für Vollturbinen ganz ähnlich. Wenn die Drehaxe horizontal liegt, also die Ein- und Austrittsstellen des Laufrades sich in verschiedenen Höhen befinden, so bedient man sich wie bei den Turbinen der Annäherung, an Stelle dieser verschiedenen Höhen die mittlere Höhe z_1 der Radaxe zu setzen.

Unter Beibehaltung der für die Turbinen gültigen Bezeichnungen erhalten wir für eine Zentrifugalpumpe mit Zu- und Ableitapparat (s. Fig. 19) die folgenden Gleichungen:

1) Für die Bewegung vom Unterwasserspiegel bis zum Austritt aus dem Zuleitapparat (analog Gl. (12))

$$2g(a_0 - a - z_1) = \zeta_0 v_0^2 + (1 + \zeta) v^2; \tag{39}$$

2) für die Bewegung durch das Laufrad

$$\begin{aligned} 2g(a - a_2) &= (1 + \zeta_2) c_2^2 + v_s^2 - c_r^2 + u_1^2 - u_2^2 \\ &= (1 + \zeta_2) c_2^2 + c_1^2 - 2 c_1 (v \cos(\theta_1 - \psi_1) - u_1 \cos\theta_1) \\ &\quad + u_1^2 - u_2^2; \end{aligned} \tag{40}$$

3) für den Durchgang durch das Ableitrad

$$2g(a_2 - a_4) = (1 + \zeta_4) v_4^2 + v_3^2 - 2 v_3 (u_2 \cos\theta_3 + c_2 \cos(\theta_2 - \theta_3)) \tag{41}$$

worin

$$v_3 = \sqrt{c_2^2 + u_2^2 + 2 c_2 u_2 \cos\theta_2}$$

ist;

4) für den Übergang aus dem Ableitrad durch den Raum R in das Druckrohr

$$2g(a_4 - a_5) = (1 + \zeta_5) v_5^2 - v_4^2; \tag{42}$$

---

66) Bezüglich der Bewegung der Flüssigkeit im Ableitapparat vgl. *K. Hartmann* und *O. Knoke,* Die Pumpen, 3. Aufl. bearbeitet von *H. Berg,* p. 442; ferner *W. Grün,* Die Wirkung von Leitvorrichtungen bei Zentrifugalpumpen und Gebläsen, Zeitschr. d. Ver. deutsch. Ing. 51 (1907), p. 543.

5) endlich für die Bewegung durch das Druckrohr

$$(43)\qquad 2g(z_1 - z_6 + a_5 - a_0) = (1 + \zeta_6)v_6^2 - v_5^2,$$

worin $z_6 = h$, d. i. der gesamten Hubhöhe zu setzen ist und ζ_6 aus verschiedenen Teilen (Rohrreibung, Krümmungen usw.) bestehen kann

Die Addition dieser Gleichungen führt auf die Gleichung

$$(44)\qquad \begin{aligned} -2gh = {} & \zeta_0 v_0^2 + (1+\zeta)v^2 + c_1^2 - 2c_1(v\cos(\theta_1 - \psi_1) - u_1\cos\theta_1) \\ & + u_1^2 - u_2^2 + (1+\zeta_2)c_2^2 + v_3^2 - 2v_3(c_2\cos(\theta_2 - \theta_3) + u_2\cos\theta_3) \\ & + \zeta_4 v_4^2 + \zeta_5 v_5^2 + (1+\zeta_6)v_6^2, \end{aligned}$$

zu welcher noch die aus der Kontinuitätsbedingung folgenden Gleichungen treten.

Die zum Betriebe nötige Leistung folgt aus Gl. (22) unter Berücksichtigung der entgegengesetzten Bewegungsrichtung des Wassers zu

$$(45)\qquad L = q\cdot\gamma\cdot[u_2(u_2 + c_2\cos\theta_2) - u_1 v\cos\psi_1]$$

und der Wirkungsgrad der Pumpe zu

$$(46)\qquad \eta = \frac{gh}{u_2(u_2 + c_2\cos\theta_2) - u_1 v\cos\psi_1}.$$

Die sämtlichen Gleichungen haben zur Voraussetzung, dass der hydraulische Druck an keiner Stelle $\leqq 0$ werde. Hieraus folgt u. a., dass das Saugrohr A_1 die durch die Gl. (39) bestimmte Höhe nicht überschreite.

Bei den Zentrifugalpumpen ohne Zuleitrad nimmt man an, dass das Wasser bei jeder beliebigen Drehgeschwindigkeit radial gerichtet eintritt; es ist dann in vorstehenden Gleichungen $\psi_1 = \frac{\pi}{2}$ zu setzen. Haben ferner die Pumpen kein Ableitrad, so ist in (41) die rechte Seite durch $(1 + \zeta_4)v_4^2 - v_3^2$ zu ersetzen.

Zur Überwindung grosser Hubhöhen werden mehrere Pumpen in dem gleichen Gehäuse und mit gemeinsamer Axe (sog. mehrstufige Pumpen) angeordet; dann gelten vorstehende Gleichungen sinngemäss für jede einzelne Pumpe, wenn an Stelle von h die entsprechende Teilhöhe gesetzt wird, welche mit einer Pumpe erreicht werden kann.

Eine ausführliche Diskussion der Grundgleichungen für die Zentrifugalpumpen, in denen jedoch die Stoss- und Eintrittskoeffizienten von *G. Zeuner*[17]) eingeführt sind, giebt *E. v. Grünebaum*[67]).

Untersuchungen über das Maximum des Wirkungsgrades sind sehr viele angestellt worden[68]), doch haben sie keine übereinstimmenden

---

67) Zur Theorie der Zentrifugalpumpen, Berlin 1905, p. 15.

68) Vgl. hierüber ausser den hierauf bezüglichen Abschnitten in den eingangs angeführten Lehrbüchern noch: in der Zeitschr. d. Ver. deutsch. Ing.:

Regeln für die zweckmässigsten Abmessungen dieser Pumpen ergeben. Ebenso wenig lässt sich aus den zahlreichen Versuchen[69]) ein zuverlässiger Schluss auf vorteilhafteste Dimensionierungen ziehen.

Ganz entsprechend den Zentrifugalpumpen werden Zentrifugalgebläse und Ventilatoren berechnet, da bei den meist geringen Druckunterschieden die Luft sich wesentlich volumbeständig verhält.

12. Saugstrahlpumpen. Aus einem Behälter A (s. Fig. 20a) fliesst durch das Druckrohr B Wasser, welches aus einer Düse von kleinem Austrittsquerschnitt mit der mittleren Geschwindigkeit v_1 in ein weites Rohrstück C tritt. In dasselbe führt auch das Saugrohr D Wasser, welches in C mit der mittleren Geschwindigkeit v_2 einströmt, sich dann mit dem Druckwasser vermischt, hierbei die Geschwindigkeit v_1 erlangt und durch das Steigrohr E mit der Geschwindigkeit v' abfliesst. Es muss hierbei v_1 so gross sein, dass der hydraulische Druck a_1 (ge-

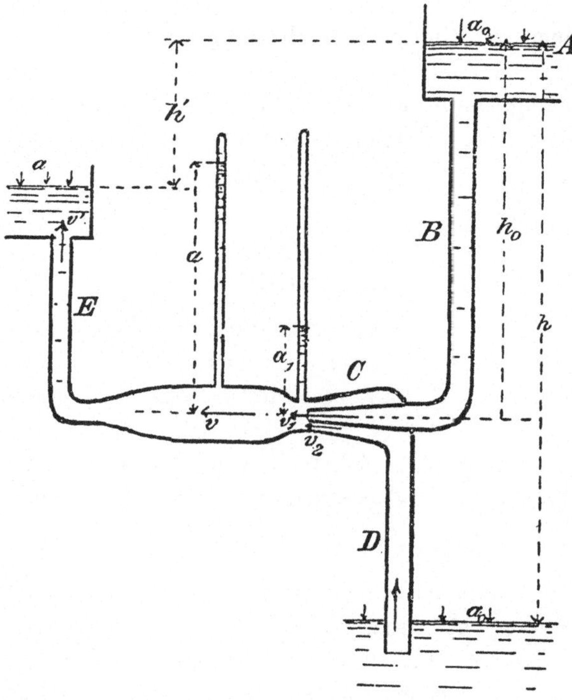

Fig. 20a.

M. Ebel 31 (1887), p. 456; *H. Lindner* 35 (1891), p. 576 u. 977; *J. Bartel* 35 (1891), p. 1016; *L. Schütt* 50 (1906), p. 1715; ferner in den Verhandlungen des Vereins zur Förderung des Gewerbefleisses in Preussen: *C. Fink* 66 (1887), p. 440; *R. Mollier* 74 (1895), p. 211 u. 231; endlich *P. Decoeur*, Annales des ponts et chaussées (5) 13 (1877), p. 401; *R. Proell* (s. Anmerk. 32), p. 20; *H. Lorenz*, Neue Theorie und Berechnung der Kreiselräder 1906; *F. Neumann*, Die Zentrifugalpumpen, Berlin 1906, p. 89.

69) Vgl. z. B. *H. Hagens*, Die Kreisel und ihre Leistungen, Zeitschr. d. Ver. deutsch. Ing. 49 (1905), p. 807; *E. v. Grünebaum* (s. Anmerk. 67), p. 110; *E. Kux*, Wirkungsgrade von Zentrifugalpumpen, ibid. 51 (1907), p. 342; *R. Biel*, Die Wirkungsweise der Kreiselpumpen und Ventilatoren (Heft 41 der Forschungsarbeiten, herausgegeben vom Verein deutsch. Ing.), Berlin 1907.

messen in der Wassersäulenhöhe) in der Düse erheblich kleiner als der Atmosphärendruck wird und so die Hebung des Wassers durch das Saugrohr D stattfinden kann.

Die Theorie dieser Saugstrahlpumpe stützt sich wesentlich darauf, dass die Mischung unelastischer Flüssigkeiten nach denselben Gleichungen wie der Stoss unelastischer fester Körper behandelt werden kann. Geht also die mittlere Geschwindigkeit v_1 der Flüssigkeiten in v über, so erfordert das im Beharrungszustande die Wirkung einer Kraft

$$P_1 = m_1 (v_1 - v),$$

falls m_1 die auf die Sekunde bezogene zum Stoss gelangende Wassermasse bezeichnet. Ebenso

$$P_2 = m_2 (v_2 - v)$$

die entsprechende Kraft für den Stoss des Saugwassers. Aus der erwähnten Annahme folgt dann

$$P_1 + P_2 = P,$$

und da infolge der Druckverschiedenheit auch

$$P = f \cdot \gamma (a - a_1)$$

sein muss, so ergiebt sich mit den Relationen $m_1 = \varepsilon \cdot f_1 v_1$, $m_2 = \varepsilon \cdot f_2 v_2$

$$(48) \qquad g \cdot f (a - a_1) = f_1 v_1 (v_1 - v) + f_2 v_2 (v_2 - v).$$ [70]

Hierzu treten noch die aus Gl. (6) folgenden drei Gleichungen für die Bewegungen der Flüssigkeit durch das Druckrohr B, das Saugrohr D und das Steigrohr E, welche zusammen mit der Kontinuitätsbedingung

$$f \cdot v = f_1 v_1 + f_2 v_2 = f' v'$$

die Berechnung aller einzelnen Grössen ermöglichen.

Als Verlust an kinetischer Energie findet sich der Ausdruck

$$(49) \qquad L_v = \tfrac{1}{2} \{ m_1 (v_1 - v)^2 + m_2 (v_2 - v)^2 \},$$

also genau derselbe, wie für den unelastischen Stoss zweier fester Körper mit den Massen m_1 und m_2 gegen eine unendlich grosse Masse.

70) Diese Gleichung entwickelte zuerst und zwar zugleich für Gase und Dämpfe gültig *G. Zeuner*, Das Lokomotiv-Blasrohr, Zürich 1863, p. 97, und kontrollierte sie durch zahlreiche Versuche. Eine nur wenig andere Ableitung derselben, jedoch erweitert auf beliebig viele kombinierte Ströme, gab *W. M. Rankine*, On the the theory of combined streams, Lond. Roy. Soc. Proc. 19 (1871) p. 90, in deutscher Übersetzung: Civilingenieur 17 (1871), p. 298.

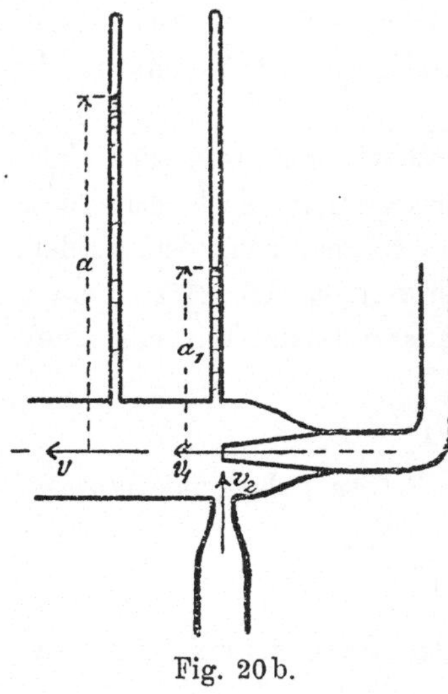

Fig. 20b.

Strömt das Saugwasser senkrecht zur Bewegungsrichtung des Druckwassers zu (s. Fig. 20b), ist also $v_2 \perp v_1$, so leitet *G. Zeuner*[71]) die etwas andere Grundgleichung

$$(50) \quad g \cdot f(a - a_1) = f_1 v_1^2 - f v^2$$

hierfür ab, und als Ausdruck für den Energieverlust

$$(51) \quad L_0 = \tfrac{1}{2}\{m_1(v_1 - v)^2 + m_2(v_2 + v)^2\}.$$

Als *Wirkungsgrad* der Saugstrahlpumpe ergiebt sich

$$\eta = \frac{m_2(h - h')}{m_1 h'},$$

also ein unter den gewöhnlichen Verhältnissen kleiner Wert[72]).

13. Hydraulische Widder. In Fig. 21a bedeutet A einen Behälter, aus welchem Wasser durch das Leitungsrohr B und von da

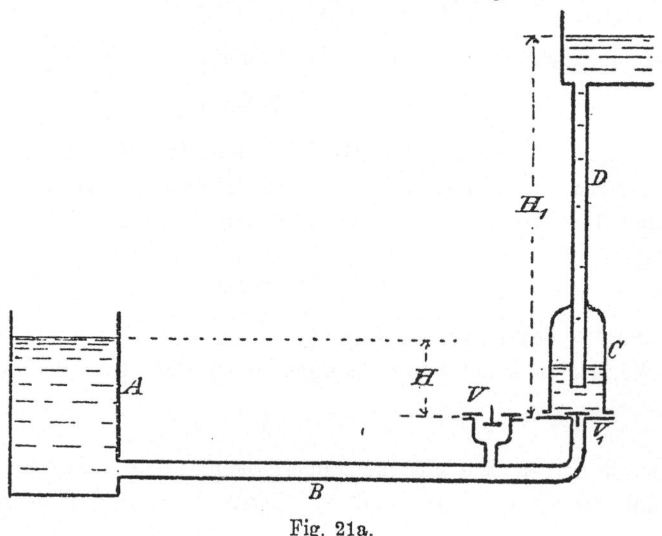

Fig. 21a.

aus durch das Ventil V ins Freie strömt. Bei hinreichend grosser Druckhöhe und Wassermenge wird hierbei das Ventil gehoben und

71) Turbinentheorie, p. 65.

72) Vgl. z. B. *R. Werner, Nagel's* Wasserstrahlpumpe, nebst einer Theorie der Wasserstrahlpumpen, Zeitschr. d. Ver. deutsch. Ingen. 10 (1866), p. 121.

schliesst die Austrittsöffnung. Der hierdurch entstehende Stoss erzeugt eine Druckerhöhung, welche das Ventil V_1 öffnet und Wasser in den Windkessel C drückt, aus dem es durch das Steigrohr D auf die Höhe H_1 gehoben wird. Da aber der Druck in B dann wieder sinkt, so schliesst sich V_1, es öffnet sich V wieder und der Vorgang wiederholt sich periodisch in der gleichen Weise, so lange H und H_1 konstant bleiben.

Die Theorie des Widders ist noch wenig entwickelt. Zuerst gab eine solche *M. Navier*[73]), jedoch unter Vernachlässigung der Ventilmasse, bezw. Ventilbewegung und der Widerstände. Er geht von der Differentialgleichung

$$2gH - 2kf_1 \frac{dv_1}{dt} - v_1^2 = 0$$

aus, welche für den Ausfluss aus einem Gefäss gilt, dessen Ausflussöffnung plötzlich geöffnet wird. In ihr bezeichnet H die Druckhöhe, f_1 den Querschnitt der Ausflussöffnung, v_1 die mittlere Ausflussgeschwindigkeit zur Zeit t und k das Integral $\int_0^\lambda \frac{ds}{f}$ erstreckt über das ganze Gefäss. Die Anwendung auf den Ausfluss durch das Sperrventil V des Widders ergiebt die austretende Wassermenge als Funktion der Zeitdauer, während welcher das Ventil offen ist, aber nicht die letztere selbst. Das Gleiche gilt von dem Ausfluss durch das Steigventil V_1 und das Steigrohr. Die Theorie ist demnach nur brauchbar, wenn man die beiden Zeitgrössen durch Versuche ermitteln kann. Ebensowenig lässt sich der Wirkungsgrad rechnerisch finden.

Die Theorie, welche *J. Weisbach*[74]) entwickelt, beruht nicht nur auf denselben Vernachlässigungen, welche *Navier* benutzt, sondern auch noch auf der Annahme, dass der Ausfluss aus den Ventilen ein gleichmässig beschleunigter sei. Er findet dann den Wirkungsgrad um so näher $= 1$, je kürzer die Zeit ist, während welcher das Steigventil V_1 beim Zurückfliessen des Wassers in den Windkessel offen steht, und je kleiner das Verhältnis $\frac{H}{H_1}$ ist.

Die Theorie des Widders von *L. Vigreux*[75]) geht dagegen von der Bewegung des Sperrventils V selbst aus. Die Kraft, mit welcher

---

73) Resumé des leçons de mécanique appliquée, Bruxelles 1839, p. 564.

74) Ingenieur- und Maschinenmechanik 3, Braunschweig 1860, p. 965.

75) Traité théorique et pratique d'hydraulique 1, Paris 1886, p. 347.

das Sperrventil V gehoben werden muss, setzt *Vigreux*

$$P = \gamma \cdot F \left[\frac{\frac{F}{\varphi}}{\mu\left(\frac{F}{\varphi} - 1\right)} - 1 \right] \frac{v^2}{2g},$$

in welcher φ der Ventilquerschnitt, F der Horizontalquerschnitt der Ventilkammer, μ ein Ausflusskoeffizient ($= 0{,}85$) und v die mittlere Ausflusssgeschwindigkeit zur Zeit t ist. Bezeichnet G die Schwere des Ventilkörpers, so beginnt der Ventilhub, sobald $P \geqq G$ ist. Die Ventilbewegung erfolgt unter dem Einfluss der Kraft $P - G$, welche *Vigreux* konstant annimmt, und zwar setzt er $v = \sqrt{2gH}$ in dem Ausdruck für P, womit sich P erheblich zu gross ergiebt. Indem er ferner die Ausflussbewegungen des Wassers aus dem Sperrventil V und dem Steigventil K als gleichmässig beschleunigt ansieht, findet er die Ausflusszeiten und -mengen und berechnet damit den Wirkungsgrad. In ähnlicher Weise behandelt *Vigreux* auch den Fall, in welchem das Sperrventil die in Fig. 21b dargestellte Anordnung hat.

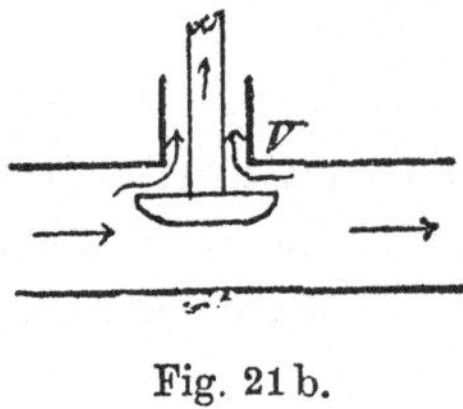

Fig. 21b.

Die Druck- und Beschleunigungsvorgänge, die in den Leitungsrohren bei dem Abschluss der Ventile entstehen, sind besonders ausführlich von *L. Allievi* behandelt worden; vgl. hierüber den Artikel Hydraulik IV 20, Nr. **12** (*Forchheimer*).

(Abgeschlossen im Juni 1907.)

IV 22. DIE THEORIE DES SCHIFFES.

Von

A. KRILOFF

IN ST. PETERSBURG.

Mit einem Anhange

HYDRODYNAMIK DES SCHIFFES.

Von

C. H. MÜLLER

IN GÖTTINGEN.

Inhaltsübersicht.

Litteratur.

1. Zeitschriften.

Bulletin de l'Association technique maritime, Paris 1890 ff.
Engineer, London 1856 ff.
Engineering, London 1865 ff.
Jahrbuch der schiffbautechnischen Gesellschaft, Berlin 1900 ff.
Marinerundschau, Berlin 1890 ff.
Mémorial du génie maritime, Paris 1847 ff. (vor 1900 nicht im Handel).
Mitteilungen aus dem Gebiete des Seewesens, Pola 1873 ff.
Morskoi Sbornik (russ.), St. Petersburg 1848 ff.

Revue maritime et coloniale, Paris 1861 ff.
Rivista marittima, Firenze 1868 ff., Roma 1871 ff.
Schiffbau. Zeitschrift f. die gesamte Industrie auf schiffbautechn. u. verwandten Gebieten, Berlin 190.
Transactions of the Institution of Naval Architects, London 1860 ff.
Transactions of the Institution of Engineers and Shipbuilders in Scotland, Glasgow 1857 ff.
Transactions of the American Society of Naval Architects and Marine Engineers, New York 1893 ff.
Zeitschrift des Vereins deutscher Ingenieure, Berlin 1857 ff.

2. Lehrbücher und allgemeine Werke.

P. Bouguer, Traité du navire, de sa construction et de ses mouvements, Paris 1746.
Ch. Dupin, Développements de géométrie, Paris 1813.
— Applications de géométrie et de mécanique, Paris 1822.
L. Euler, Scientia navalis, 2 vol., St. Petersburg 1749.
— Théorie complète de la construction et de la manœuvre des vaisseaux, Paris 1773.
E. Guyou, Théorie du navire, Paris 1887; 2. éd. 1894.
Don J. Juan, Examen maritimo teórico práctico, Madrid 1771; 2. ed. par *Don G. Cesear,* ebd. 1793; frz. par *Levèque,* 2 vols, Nantes 1783.
V. Lutschaunig, Die Theorie des Schiffes, Triest 1879.
M. Okuneff, Theorie und Praxis der Schiffbaukunst (russ.) 4 Bde., St. Petersburg 1865.
C. H. Peabody, Naval architecture, New York 1904.
J. Pollard et *A. Dudebout,* Théorie du navire, 4 vols, Paris 1890—94. (Der erste Band enthält eine chronologisch geordnete Litteraturübersicht. Im übrigen ist dieses Werk das vollständigste über die gesamte Theorie des Schiffes.)
G. de Poterat, Théorie du navire, 2 vols, Paris 1826.
W. J. M. Rankine, Shipbuilding theoretical and practical, London 1866.
Sir Ed. Reed, A treatise on the stability of ships, London 1885.
A. Schmidt, Die Stabilität von Schiffen, Berlin 1892.
J. Scott-Russell, The modern system of naval architecture, 3 vols in plano, London 1865.**)
S. J. P. Thearle, Theoretical naval architecture, London 1877.
W. H. White, Manual of naval architecture, London 1877.

3. Monographien über einzelne Probleme.

A. Achenbach, Die Schiffsschraube, Kiel 1906.
J. le Rond d'Alembert, de Condorcet, Ch. Bossut, Nouvelles expériences sur la résistance des fluides, Paris 1777.

**) Dieses Werk ist in jeder Hinsicht ausgezeichnet. Es besteht aus einem Bande Text und zwei grossen Zeichnungsatlanten und enthält, wie der Verfasser selbst sagt: „the thoughts, the experiments, the practical experience of a laborious lifetime spent chiefly in the pursuit of engineering and naval architecture". Der Textband ist ebenfalls in plano und wiegt allein 25 kg. Die Ausführung der Zeichnungen, von denen einige bis 2 m lang sind, in Kupferstich ist wunderbar.

S. W. Barnaby, Marine propellers, London 1891.
M. G. Beaufoy, Nautical and hydraulic experiments. Ed. by *H. Beaufoy,* London 1834.
C. Busley, Die Schiffsmaschine, Kiel 1886.
W. F. Durand, The resistance and propulsion of ships, New York 1903.
H. Engels, Modellversuche über den Einfluss der Form und Grösse des Kanalquerschnittes auf den Schiffswiderstand, Berlin 1898.
W. Froude, Experiments on surface friction experienced by a plan moving through water, Brit. Assoc. Rep. 1872, p. 118.
— Experiments for the determination of the frictional resistance of water on a surface, under various conditions, Brit. Assoc. Rep. 1874, p. 249.
R. Haack, Schiffswiderstand und Schiffsbetrieb, nach Versuchen auf dem Dortmund-Ems-Kanal, Berlin 1900.
H. Lorenz, Neue Theorie und Berechnung der Kreiselräder, Berlin 1906.
F. B. de Mas, Recherches expérimentales sur le matériel de la battelerie, Paris 1891—1897.
G. Rota, La vasca per le experienze di architectura navale nel arsenale di Spezia, Genova 1898.
Recueil des pièces, qui ont remporté le prix de l'Académie des sciences t. 7 (1759) u. 8 (1771), Paris. (Diese beiden Bände enthalten die Preisschriften von *J. A. Euler* und *Ch. Bossut* über die Belastung von Schiffen, von *D. Bernoulli, Chaucot, Groignard* über das Rollen und Stampfen, von *L. Euler* über die Beanspruchung der Schiffsteile beim Rollen und Stampfen u. s. w.).
D. W. Taylor, Resistance of ships and screw propulsion, London 1893.

4. Hilfsbücher.

H. Johow, Hilfsbuch für den Schiffbau, Berlin 1882; 2. Aufl. von *E. Krieger,* ebd. 1902.
C. Mackrow, The naval architects and shipbuilders' pocketbook, London 1880, 7. Aufl. ebd. 1902.
R. Martinenq, Aide-Mémoire du constructeur de navire, Paris 1891; 2. Aufl. ebd. 1900.
Taschenbuch des Ingenieurs, Berlin, jährlich herausgegeben vom akademischen Verein Hütte.

Vorbemerkung. Die Theorie des Schiffes bildet einen besonderen Teil der angewandten Mechanik; Gegenstand ihrer Untersuchungen ist die Behandlung der *nautischen Eigenschaften des Schiffes.* Bereits *Seneca*[1]) verlangt von einem guten Schiffe: *Navis bona dicitur ... stabilis et firma, gubernaculo parens, velox et consentiens vento,* und so versteht man auch jetzt noch unter den nautischen Eigenschaften insbesondere folgende: die *Schwimmfähigkeit, Stabilität, Sanftheit und Kleinheit der Amplitude des Rollens und Stampfens,* einen *geringen Arbeitsverbrauch* für den Gang und *gutes Evolutionsvermögen.* Ein be-

1) *Seneca* in der 76. epistula.

stimmtes Mass für jede dieser Eigenschaften aufzustellen und dessen Abhängigkeit von den Elementen des Schiffes, seiner Form und seiner Belastung auszudrücken, ist die allgemeine Aufgabe der Theorie des Schiffes. Leider ist sie bisher nur erst teilweise befriedigend gelöst. Man kann vielleicht zutreffend sagen, dass überall da, wo die Hydro*statik* ausreicht, eine befriedigende Lösung der in Frage kommenden Probleme vorliegt, dass aber nur die ersten Schritte gemacht sind, wo es darauf ankommt, die Hydro*dynamik* zur Behandlung heranzuziehen.

Diesem Sachverhalt entsprechend ist es nicht die Absicht des vorliegenden Referates, über alle Teile gleichmässig ausführlich zu berichten. Es werden vielmehr diejenigen Fragen besonders herausgegriffen, die eben unter Zugrundelegung des hydrostatischen Ansatzes eine weitgehende, insbesondere durch die Beobachtungen und Experimente kontrollierte mathematische Behandlung erfahren haben. Immerhin ist dem Referate in den Nrn. 7—9 ein Anhang von *C. H. Müller* beigefügt, in dem versucht ist, eine Übersicht darüber zu geben, wie weit die Hydrodynamik bisher in der Lage ist, die Probleme der Theorie des Schiffes (unter denen hier insbesondere die Fragen des Schiffswiderstandes und der Schiffspropulsion in Betracht kommen), zu fördern. — Die als Einleitung voranstehende Nr. **1** soll dazu dienen, die Hauptprobleme der Theorie des Schiffs, wie sie in Nr. **2**—**6** zur Behandlung kommen, im Zusammenhange zu charakterisieren, wobei die Form einer historischen Übersicht gewählt worden ist, um im eigentlichen Referate eine mehr dogmatische Darstellung eintreten lassen zu können. Diese ist bevorzugt, weil es ausserhalb der Absicht des Referenten liegt, eine historisch-kritische Würdigung der gesamten, weitschichtigen Litteratur zu geben.

1. Die Hauptprobleme der Theorie des Schiffes in ihrer historischen Entwickelung. Der *hydrostatische Satz des Archimedes*[2]) ist das Grundgesetz, welches alle Fragen, die die Schwimmfähigkeit und Stabilität des Schiffes betreffen, beherrscht und auf eine geometrische Aufgabe zurückführt. Aber erst im 16. Jahrhundert wurde dieser Satz in der Praxis des Schiffbaues angewandt, als man anfing die Wasserverdrängung der Schiffe zu berechnen. Jedoch auch während der folgenden beiden Jahrhunderte bildete der Schiffbau immer noch eine geheimnisvolle Kunst, so dass von einer allgemeinen wissenschaftlichen Darstellung seiner Grundprinzipien kaum die Rede war.

2) Vgl. IV 15, Nr. 1 (*A. E. H. Love*) u. IV 6, Nr. 39 (*P. Stäckel*).

Im Jahre 1730 hatte man zu befürchten, dass die vor einigen Jahren gegründete Petersburger Akademie der Wissenschaften aufgehoben wurde. Dies gab *L. Euler* Veranlassung, sich eine andere Stellung zu suchen und für einige Zeit in die russische Marine als Schiffslieutenant einzutreten [3]). Zur selben Zeit ungefähr (1735) wurde der Astronom *P. Bouguer* zum Zwecke der Gradmessung nach Peru gesandt. Möglich, dass diese Umstände für *Euler* und *Bouguer* den Anstoss gaben, sich eingehender mit der Theorie des Schiffes zu beschäftigen. Im Jahre 1746 erscheint das *Bouguer*sche Werk: *Traité du navire*, im Jahre 1749 *Eulers Scientia navalis*. Es sind dies die beiden ersten und grundlegenden Werke über die Theorie des Schiffes. Sie zeigten insbesondere, dass diese Theorie ein ausgedehntes Feld für die Anwendung der Mathematik und deren neuere Methoden darbot, und so kam es, dass die Pariser Akademie seit 1753 bis in die 70er Jahre zu ihren Preisfragen in erster Linie solche wählte, die die Theorie des Schiffs betrafen und zu weiteren Forschungen aufmuntern sollten. *L.* und *J. A. Euler*, *D. Bernoulli*, *J. P. Bouguer*, *Ch. Bossut* u. a. nahmen an diesen Preisbewerbungen teil. Berechnungsmethoden für die Wasserverdrängung, die Lage der Metazentren, die Methode zur Bestimmung der Lage des Schwerpunktes, die allgemeine Lehre über das Rollen des Schiffes, leider auf falsche Annahmen über die Struktur der Wellen gegründet, und eine theoretische Untersuchung über die Beanspruchung der Schiffsteile sind die Hauptresultate, die infolge dieser Preisfragen gewonnen wurden.

Die statischen Fragen, so lange sie nur eine Anwendung des Archimedischen Prinzips erforderten, hatten damit eine vollkommen befriedigende Lösung erhalten. Anders verhielt sich es da, wo es sich um *dynamische Fragen*, insbesondere um Hydrodynamik und den *Widerstand des Wassers* handelte.

Newtons Principia enthalten schon gewisse allgemeine Grundsätze über den Widerstand von Flüssigkeiten und die ersten Versuche zu ihrer Bestätigung [4]). Der wichtigste dieser Sätze ist der Satz von der *mechanischen Ähnlichkeit* [5]). Aber erst nach 200 Jahren sollte dieser Satz die Grundlage für die Versuche von *W. Froude* werden, die dann im weiteren Verlaufe zu dem Bau der jetzt in allen Ländern vorhandenen Bassins für Schleppversuche mit Schiffsmodellen geführt haben.

Dass die Theorie allein die Fragen über den Widerstand des

3) Siehe *N. Fuss*, Éloge de Euler, p. 12.

4) *Is. Newton*, Principia, II. Buch, VII. Abschnitt.

5) Vgl. IV 6, Nr. 8 *(P. Stäckel)*.

Wassers nicht zu beantworten vermag, und man daher *Versuche* zu Hilfe nehmen müsse, hatte man schon im 18. Jahrhundert einzusehen begonnen. In den 70er Jahren des 18. Jahrhunderts war in Frankreich der Bau eines Netzes von inländischen Wasserwegen beschlossen worden. In einem der Projekte war ein Tunnel statt eines Schleusenkanals vorgeschlagen. Der Minister *Turgot* stellte daraufhin der Pariser Akademie die Aufgabe, den Einfluss zu ermitteln, den das Verhältnis der Querschnittsflächen des Schiffes und des Kanals auf den Widerstand des Wassers hat. Eine Kommission, bestehend aus *J. le R. d'Alembert, de Condorcet* und *Ch. Bossut* unternahm daher die ersten systematischen Versuche über den Widerstand des Wassers bei schwimmenden Körpern, die aber nicht weiter verfolgt wurden, als sich ein bedeutender Überschuss an Widerstand in engen Kanälen ergab und daher das Tunnelprojekt abgelehnt wurde. Die nächsten Versuche wurden in den Jahren 1795—1798 in England von *M. G. Beaufoy* ausgeführt. Diese zahlreich angestellten Versuche (sie haben über 50 000 Lstr. gekostet) zeigten u. a. das Vorhandensein des sogenannten Reibungswiderstandes im Wasser. Sie wurden 1834 von *H. Beaufoy*[6]) in ausgezeichneter Weise veröffentlicht, insbesondere giebt *Beaufoy* alle *unmittelbar beobachteten Resultate* an.

Die seit den 30er Jahren des 19. Jahrhunderts einsetzende allmähliche Entwicklung der Dampfschiffahrt liess die Frage über den Widerstand des Wassers nach einer neuen Seite wichtig erscheinen. Der Schiffsbetrieb wurde unabhängig vom Winde, man konnte sich eine gewisse zu erreichende Geschwindigkeit des Schiffes vorschreiben und hatte nun die Leistung der Maschine zu bestimmen. Für diese neue Frage in der Theorie des Schiffes fand sich zunächst eine verhältnismässig einfache Beantwortung, indem man die Leistung und die dabei erreichte Geschwindigkeit auf ausgeführten Schiffen wirklich mass. Die Systematisierung und die Verallgemeinerung der so erhaltenen Angaben führten zu einer Reihe empirischer Formeln, welche zur Bestimmung der indizierten Leistung der Maschine dienten, wenn die Elemente des Schiffes und die zu erreichende Geschwindigkeit gegeben wurden.

Im Jahre 1869 schlug *W. Froude*[7]) seine neue Methode zur Untersuchung des Schiffswiderstandes vor, die von dem *Newton*schen Ähnlichkeitssatze Gebrauch macht. Sie besteht darin, dass ein Modell des Schiffes mit einer Geschwindigkeit geschleppt wird, die sich zur

---

6) Colonel *Mark Beaufoy*, Nautical and hydraulic experiments, London 1834.
7) *W. Froude*, Report of the Brit. Assoc. 1872.

Geschwindigkeit des Schiffes wie die Quadratwurzel aus den entsprechenden Dimensionen verhält; es wird dann der Widerstand auf das Schiffsmodell bestimmt und danach der Widerstand auf das Schiff berechnet. Die englische Admiralität nahm den Vorschlag *Froudes* an und erbaute ein Bassin, in dem dieser systematische Schleppversuche anstellte. Zunächst untersuchte *Froude* den Reibungswiderstand, indem er dünne Bretter von verschiedener Länge schleppte. Als Resultat dieser Versuche giebt er die empirische Formel

$$R_f = ksv^{1,825}, \tag{1}$$

wo R_f den Reibungswiderstand bedeutet, s die benetzte Oberfläche, v die Geschwindigkeit und k ein Koeffizient, der als Funktion der Länge des Brettes oder Schiffes einer Tabelle zu entnehmen ist. Da diese Formel zeigt, dass der Reibungswiderstand dem *Newton*schen Ähnlichkeitsgesetz nicht folgt, so zerlegt *Froude* den beobachteten Gesamtwiderstand R des Modells in zwei Teile: $R_f =$ Reibungswiderstand und $R_W = R - R_f =$ Restwiderstand, wobei R_f nach der obigen Formel berechnet wird. Um nun den Restwiderstand auf das Schiff bei der korrespondierenden Geschwindigkeit zu ermitteln, hat man (nach dem Prinzip der Ähnlichkeit) nur R_W mit dem Verhältnisse der Masse des Schiffes zu jener des Modells zu multiplizieren. Den Gesamtwiderstand erhält man, wenn man zu dem so erhaltenen Resultate den nach Formel (1) berechneten Reibungswiderstand auf das Schiff addiert. Obwohl dies Verfahren bis zu einem gewissen Grade theoretisch gestützt werden kann, konnte es seine wirkliche Bestätigung doch nur durch unmittelbare Versuche erfahren. Diese wurden im Jahre 1874 mit der Korvette „Greyhound" von 1200 Tonnengehalt angestellt und bestanden darin, dass „Greyhound" von der Korvette „Active" mit verschiedenen Geschwindigkeiten geschleppt und dabei die entsprechende Zugkraft des Schlepptaus bestimmt wurde. In seinem Bericht äussert *Froude*[8]), dass das von ihm vorgeschlagene Verfahren den Schiffswiderstand aus dem eines Modells zu bestimmen, durch die Versuche am „Greyhound" bestätigt worden seien. Leider sind alle *Froude*schen Versuche in einer ganz anderen Form wie die *Beaufoy*schen veröffentlicht worden: *Froude* giebt keine einzige der unmittelbar beobachteten Zahlen, sondern nur Diagramme in kleineren Massstäben. Solche Diagramme genügen zu einer allgemeinen Übersicht, aber nicht zu Präzisionsrechnungen und Prüfung der Methode[9]). —

8) *W. Froude*, Trans. Inst. Nav. Arch. 15 (1874), p. 36.

9) Diese Worte enthalten keinen Vorwurf für *Froude*. Der Referent steht

Im weiteren Verlauf knüpft nun der weitere Ausbau der Theorie des Schiffes eng an die rasche Entwickelung an, die insbesondere seit der zweiten Hälfte des 19. Jahrhunderts die Praxis des Schiffbaus genommen hat.

Zunächst führte der Bau der Panzerschiffe zu einer erneuten und eingehenderen Untersuchung des *Rollens und Stampfens der Schiffe*. Die Verteilung der Gewichte auf einem Panzerschiffe ist eine wesentlich andere wie die auf Segelschiffen; die Dampfkraft gestattete die Möglichkeit, einen beliebigen Kurs relativ zu den Wellen zu nehmen; die Bemastung und die Segel wurden vermindert oder ganz ausgeschlossen. Alles dies führte zu einem anderen Verhalten der Panzerschiffe auf See als es die Segelschiffe zeigten, — die mildernde Wirkung der Segel auf das Rollen war nicht mehr vorhanden. Systematische Versuche zeigten, dass die Schiffe mit grösster Stabilität die unruhigsten auf den Wellen wurden, was der früheren Theorie gänzlich widersprach. Auch hier verdankt man *W. Froude* die Grundprinzipien, die zu einer Beherrschung dieser ganz neuen Verhältnisse führten. Im Jahre 1861 legte er der „Institution of Naval Architects" seine Theorie des Rollens der Schiffe, die auf den Eigenschaften der *Gerstner*schen trochoidolen Wellenbewegung des Wassers (vgl. IV 16, Nr. 5g, *A. E. H. Love*) begründet ist, vor[10]). Sie wurde später durch zahlreiche Versuche von *W. Froude*[11]) selbst und *E. Bertin*[12]) bestätigt. —

Die Verpanzerung der Schiffe führte weiter zur Konstruktion von niederbordigen Schiffen, die ganz *besondere Stabilitätsverhältnisse* besitzen. Diese wurden anfangs nicht verstanden, wodurch die sog. „Captain"-Katastrophe veranlasst wurde. Im Jahre 1867 hatte Captain *Cowper Coles* die Idee, auf einem und demselben Schiff, eine dicke Bepanzerung, schwere Turmartillerie, niedrigen Freibord und eine vollständige Bemastung zu vereinigen. So entstand der „Captain".

---

selbst an der Spitze des Versuchsbassins der kaiserlich russischen Marine in St. Petersburg und weiss wohl, dass alles, was etwa für den Kriegsschiffsbau von Nutzen sein kann, nicht veröffentlicht werden darf. Man muss der englischen Admiralität vielmehr Dank wissen für die zahlreichen Versuchsergebnisse, die mit ihrer Erlaubnis veröffentlicht wurden.

10) *W. Froude*, On the rolling of ships, Trans. Inst. of Naval Archit. 2 (1861), p. 180.

11) *W. Froude*, Description of an instrument for automatically recording the rolling of ships, Trans Inst. Nav. Archit. 14 (1874), p. 168.

12) *E. Bertin*, Observation du roulis et du tangage, Paris, Mem. prés. par div. sav. 26 (1878).

Sir Edw. Reed[13]) wies in einem Vortrage auf die Gefahr hin, die ein niederbordiges Schiff mit voller Bemastung unter Umständen auf hoher See laufen kann. Er stellte deutlich den Unterschied von *statischer* und *dynamischer Stabilität* auf und erklärte die Wirkung, die ein Schwall auf ein Schiff ausübt, und die Gefahr, die dabei für niederbordige Schiffe besteht. Aber man nahm auf diese Warnungen keine Rücksicht, und bei seiner ersten Versuchsfahrt unter Segel in dem Geschwader des Vize-Admirals *Milne* wurde der „Captain" durch einen unbedeutenden Schwall, der den übrigen zehn Schiffen des Geschwaders keinen Schaden brachte, gekentert, wobei nur 17 Mann von der 550 Mann starken Besatzung durch einen glücklichen Zufall ihre Rettung auf einem Boote fanden. Diese „Captain"-Katastrophe erst gab Anlass, die Stabilitätsverhältnisse bei grossen Neigungen in weitgehendster Weise zu untersuchen und neue Berechnungsmethoden auszuarbeiten. —

Andere Schiffskatastrophen mit grossem Verlust an Menschenleben, so besonders die der „Victoria" und des Dampfers „Elbe" führten zu der Untersuchung der *Schottenverteilung* auf Schiffen und des Einflusses der Beschädigung der Abteilungen des Schiffes auf dessen Stabilität. —

Der Eisen- und Stahlschiffbau wies der Frage über die *Beanspruchung*, welcher die einzelnen Teile der Schiffsstruktur bei dem Rollen und Stampfen des Schiffes unterliegen, eine besondere Wichtigkeit zu. Die Grundlagen für die allgemeine Untersuchung der Grösse der Schubkraft und des Biegungsmomentes, welche in jedem Querschnitt des Schiffes wirken, waren schon im Jahre 1759 von *L. Euler*[14]) gegeben worden. Für den Holzschiffbau hatte *R. Seppings*[15]) im ersten Viertel des 19. Jahrhunderts eine rationelle Methode vorgeschlagen und eingeführt. Aber erst im Jahre 1871 hat *Sir Edw. Reed*[16]) die

---

13) *Sir Edw. Reed,* Stability of monitors under canvas, Trans. Inst. Nav. Archit. 9 (1869), p. 198.

14) *L. Euler, Groignard,* L'éxamen des efforts qu'ont à soutenir toutes les parties du navire dans le roulis et dans le tangage . . ., Paris, Recueil des pièces . . . 8 (1771).

15) *R. Seppings,* On a new principle of constructing His Majesty's ship of war, London, Phil. Trans. 1814, p. 285. Darüber auch bei: *C. Dupin,* Applications de géometrie et de mécanique, p. 246 ff. und *Th. Young,* Remarks on the employment of oblique riders and on the alterations in the construction of ships, London, Phil. Trans. 1814, p. 303 ff.

16) *Sir Edw. Reed,* On the unequal distribution of weight and support and its effects in still water and in exceptional positions on shore, London, Phil. Trans. 161² (1871), p. 413 ff.

*Euler*schen Gedanken weiter entwickelt und auf moderne Schiffe angewandt. Man muss jedoch sagen, dass, wenn man auch die wirkenden Kräfte kennt, der Weg noch weit bis zu einer vollkommenen Kenntnis der Verteilung der in den einzelnen Schiffsteilen hervorgerufenen Spannungen ist. Man muss hier auf Versuche zurückgreifen, die mit dem Apparate von *C. Stromeyer*[17]) oder ähnlichen Apparaten auszuführen sind. Die „Cobra"-Katastrophe — das englische Torpedoboot „Cobra" brach auf hoher See entzwei und ging verloren — und die Notwendigkeit, die Länge der Schiffe zu vergrössern und dabei totes Gewicht zu ersparen, werden wohl zu solchen Versuchen aufmuntern. —

In den letzten Jahrzehnten entstand noch eine neue Frage in der Theorie des Schiffes: die Frage nach seinen *elastischen Schwingungen* oder *Vibrationen*. Man bemerkte auf einigen Fahrzeugen bei einer gewissen Tourenzahl der Maschine sehr heftige Vibrationen, die bei anderen Tourenzahlen aufhörten. Eine theoretische und experimentelle Untersuchung zeigte bald, dass man es hier mit Resonanzerscheinungen zu thun hat. Der „Massenausgleich" der Maschine und eine Versteifung des Schiffskörpers sind die Mittel, welche man gegen die Vibrationen anwendet. Dennoch ist eine vorhergehende Ermittelung der Schwingungszahlen des Schiffes, wobei man dieses als einen elastischen Stab ansehen kann, von einigem Nutzen, da man beim Projektieren der Maschine und des Propellers eine solche Tourenzahl auswählen kann, die mit der natürlichen Schwingungszahl des Schiffes gar nicht oder nur für wenig brauchbare Geschwindigkeiten zusammenfällt, wodurch die ungünstigen Resonanzerscheinungen von vornherein ausgeschlossen werden.

2. Die Schwimmfähigkeit des Schiffes. Die *Schwimmfähigkeit* ist die Eigenschaft des Schiffes, bei gegebener Belastung zu schwimmen und dabei eine vorgeschriebene Wasserlinie zu halten. Nach dem Archimedischen Satz ist hierzu erforderlich, dass das Gewicht des vom Schiffe verdrängten Wassers gleich dem Gewichte des Schiffes selbst ist. Dieses letztere ist die Summe einer Reihe von Einzelgewichten, die man folgendermassen gruppieren kann: das Gewicht: 1. des Schiffskörpers, 2. der Ausrüstung und Besatzung, 3. der Maschine, 4. des Kohlenvorrates, 5. (auf Kriegsschiffen) der Panzerung und Bewaffnung. Für Handelsschiffe tritt an Stelle der letzten beiden Gewichte das der Zuladung, d. h. der Frachtgüter, Passagiere, Gepäck

---

17) *C. Stromeyer*, A strain indicator for the use at sea, Trans. Inst. Nav. Archit. 27 (1896), p. 33 ff.

u. s. w. Ausgeführte Schiffstypen nach Grösse und Bestimmung klassifiziert geben eine allgemeine Übersicht über die prozentuale Verteilung dieser Gewichte, worüber man das Nähere in den Hilfsbüchern findet.

Als *Reserveschwimmfähigkeit* bezeichnet man diejenige Zuladung oder das Gewicht derjenigen Wassermenge, die in ein Schiff beim Lecken eindringen kann, bevor es gänzlich sinkt. Sie ist gleich dem Volumen der austauchenden Teile des Schiffes bis zu dessen Oberdeck und hängt also von der Höhe des über Wasser befindlichen Freibords ab. Diese Höhe wird für die Handelsschiffe durch gesetzliche Vorschriften reguliert, die der Praxis entnommen sind und dazu dienen, die Sicherheit des Schiffes gegen zufällige Überladung zu garantieren.

Somit ist alles, was die Schwimmfähigkeit betrifft, auf die Berechnung von Rauminhalten zurückgeführt. Diese Berechnungen werden nach dem sogenannten *Konstruktionsriss* des Schiffes ausgeführt. Der Konstruktionsriss stellt in rechtwinkeliger Projektion die Schnittlinien der äusseren Oberfläche, wobei man bei eisernen Schiffen von der äusserst dünnen Aussenhaut absieht, mit Ebenen dar, die jeweils parallel zu den Projektionsebenen sind. Als Projektionsebenen dienen: 1) die Symmetrie- oder Längsebene des Schiffes, 2) die Ebene der Wasserlinie und 3) der Querschnitt oder die Spantenebene, die senkrecht zu den beiden anderen steht.

Wird die Längsebene des Schiffes als zx-Ebene angenommen und mit y die den Koordinaten x, z zugehörige Ordinate der Punkte der Schiffsoberfläche bezeichnet, so wird das eingetauchte Volumen des Schiffes, welches *Wasserverdrängung* oder *Deplacement* genannt wird, durch folgendes Doppelintegral gegeben:

$$V = 2\iint y\,dx\,dz,$$

wobei die Integration über die ganze eingetauchte Fläche der Längsebene auszudehnen ist. Da die Ordinate y nicht durch einen rechnungsmässigen Ausdruck in x und z, sondern graphisch durch den Konstruktionsriss gegeben ist, so kann dies Integral nur durch näherungsweise Quadraturformeln berechnet werden. Um diese und analoge Rechnungen möglichst einfach auszuführen, hat man folgende allgemeine Regeln zu beachten[18]): 1) die Präzision der Rechnung muss derjenigen der Daten und diese der Präzision, die praktisch vom End-

---

18) Vgl. *A. Kriloff* in Note VIII von *J. Pollard* et *A. Dudebout,* Théorie du navire, 4, p. 407 und Nouvelle méthode du calcul des éléments d'une carène, Bull. de l'Assoc. techn. maritime 4 (1893), p. 97.

resultat verlangt wird, entsprechen; 2) die Anzahl der in die Quadraturformel einzusetzenden Ordinaten und diese Formel selbst müssen der im Endresultat geforderten Präzision entsprechen; 3) die Rechnung muss nach einem voraus angefertigten Rechenschema ausgeführt werden und dabei überall nur die notwendige Zahl der Ziffern in jedem Zahlenwert beibehalten werden. Die praktisch verlangte Präzision übertrifft dabei nie $\frac{1}{2}\%$, d. h. $\frac{1}{200}$ des Endresultates. Für die Ausführung der Quadraturen ist es üblich, die *Trapezregel* und die erste *Simpson*sche *Regel* zu gebrauchen[19]. Die Anwendung der *Tschebyscheff*schen *Quadraturformel* bringt eine grosse Vereinfachung und Symmetrie in die Rechnungen[20]. Daneben leisten mechanische Rechnungsapparate, besonders *Amslers* Planimeter und der Integrator gute Dienste.

Um die Schiffsform allgemein zu charakterisieren, ist es üblich, noch folgende Verhältnisse zu berechnen:

1) den *Völligkeitsgrad der Verdrängung*, d. h. das Verhältnis δ der Wasserverdrängung V zum Volumen des über der Länge L, Breite B und mittlerem Tiefgang H des Schiffes konstruierten, diesem umgeschriebenen Prismas:

$$\delta = \frac{V}{LBH};$$

2) das Verhältnis α der eingetauchten Fläche S des Hauptspantes zur Fläche BH des umgeschriebenen Rechteckes:

$$\alpha = \frac{S}{BH};$$

3) das Verhältnis β der Fläche W der Wasserlinie zur Fläche BL des umgeschriebenen Rechteckes:

$$\beta = \frac{W}{BL};$$

4) das Verhältnis γ bezw. λ der Verdrängung zu dem Volumen der über Hauptspant bezw. Wasserlinie errichteten Zylinder:

$$\gamma = \frac{\delta}{\alpha}; \quad \lambda = \frac{\delta}{\beta}.$$

Die Praxis hat für alle diese Verhältnisse je nach der Grösse, Bestimmung und Geschwindigkeit des Schiffes gewisse Grenzen ergeben, die bei der Ausarbeitung von Schiffsprojekten benutzt werden, um sich dabei durch die erworbene Erfahrung leiten zu lassen.

---

19) Die nähere Anweisung über den Gebrauch dieser Formeln findet man in den Hilfsbüchern.

20) Vgl. *A. Kriloff* in der Fussn. 18 genannten Abhandlung.

Um bei dem im Dienste befindlichen Schiff die Beurteilung der jedem mittleren Tiefgange entsprechenden Verdrängung zu erleichtern, stellt man die Abhängigkeit beider Grössen von einander graphisch dar, entweder durch eine auf rechtwinkelige Koordinaten bezogene Kurve oder durch eine Skala, die *Deplacementskala* genannt wird. Kleine Veränderungen e des mittleren Tiefganges, die von relativ kleinen Zuladungen p hervorgerufen werden, berechnet man nach der linearen Formel $e = \frac{p}{q}$, wo q die Anzahl der Tonnen pro Zentimeter Tiefgang bedeutet und nach der Fläche der Wasserlinie voraus berechnet wird. Auch beim Übergang eines Schiffes vom salzigen Meerwasser in süsses Flusswasser und umgekehrt ändert sich sein mittlerer Tiefgang. Diese Veränderung beträgt 2 % des Tiefganges beim Übergang aus Ozeanwasser, vom spezifischen Gewicht 1,026, in Flusswasser.

3. Die Stabilität des Schiffes. Die *Stabilität* ist die Eigenschaft eines Schiffes, in einer bestimmten aufrechten Lage zu schwimmen, und falls es durch Wirkung äusserer Kräfte aus dieser Lage gestört wird, in dieselbe nach Aufhebung der störenden Kräfte wieder zurückzukehren.

Bei der Untersuchung der Stabilität wird das Schiff auf *ruhendem Wasser* betrachtet, dabei die Bewegung des Schiffes so langsam angenommen, dass man von den von der Bewegung der Flüssigkeit herrührenden hydrodynamischen Druckkräften absehen darf. Das Schiff unterliegt dann der Wirkung: 1) der Schwere, 2) des Gesamtdruckes des Wassers, welcher *Auftrieb* heisst und 3) des Auftriebes der Luft. Diese letzte Kraft wird jedoch immer vernachlässigt, sowohl wegen ihrer Kleinheit gegenüber den anderen beiden wirkenden Kräften, als auch deshalb, weil die in der Schiffbaupraxis vorkommenden Gewichte niemals auf den luftleeren Raum reduziert werden. Gewicht und Auftrieb wirken beide vertikal; der Angriffspunkt G der ersten Kraft ist der Massenschwerpunkt des Schiffes, der Angriffspunkt C_0 des Auftriebes ist der Schwerpunkt der vom Schiffe verdrängten Wassermasse. Dieser Punkt wird *Verdrängungsschwerpunkt* oder *Auftriebszentrum* genannt.

Beim Gleichgewichte des Schiffes sind Gewicht und Auftrieb einander gleich; ihre Angriffspunkte G und C_0 liegen auf derselben Vertikalen. Die allgemeinen Stabilitätsbedingungen für das Gleichgewicht schwimmender Körper beliebiger Gestalt finden sich bereits in den Referaten IV 6, Nr. 39 (*P. Stäckel*) und IV 15, Nr. 4 (*A. E. H. Love*). Dort ist auch die Definition der allgemeinen Begriffe vom *Metazentrum*, *Schwimmebene*, *Schwimmoberfläche*, *Auftriebsoberfläche* gegeben, sowie die Auseinandersetzung der Beziehungen, in denen diese Elemente zu einander stehen. Für die Theorie des Schiffes werden diese Betrachtungen in der Praxis durch folgende Umstände und Annahmen wesentlich vereinfacht: 1) die Längsebene des Schiffes ist eine Symmetrieebene der Form und der Massenverteilung; 2) die Länge L des Schiffes ist bedeutend grösser als seine Breite B. Es folgt hieraus, dass praktisch eine der Hauptträgheitsaxen der Schwimmebenen sehr nahe parallel der Längsebene des Schiffes liegt und das ihr entsprechende Trägheitsmoment J_1 der Fläche der Schwimmebene bedeutend kleiner ist als jenes andere J_2 um die zu ihr senkrechte oder Queraxe. Diese Momente verhalten sich etwa wie $L^2:B^2$. (Das Verhältnis $L:B$ liegt für die üblichen Seeschiffsformen zwischen 4 und 10.) Ebenso liegt das Metazentrum für Neigungen um die Längsaxe bedeutend niedriger als das andere für Neigungen um die Queraxe. Man hat daher nur die Stabilität für die Neigungen um die Längsaxe zu untersuchen.

Man betrachtet nun zunächst die *Stabilität für kleine Neigungen* oder die sog. *Anfangsstabilität*. Die aufrechte Lage des Schiffes ist jene, bei welcher seine Längsebene vertikal ist und eine vorgeschriebene Wasserlinie als Schwimmebene dient. Die Stabilitätsbedingung besteht dann darin, dass der *Schwerpunkt unter dem Metazentrum* M_1 (für Neigungen um die Längsebene des Schiffes) liegt. Der Punkt M_1 befindet sich in der Längsebene des Schiffes über dem Punkte C_0 in einer Entfernung:

$$\varrho_1 = C_0 M_1 = \frac{J_1}{V_0}.$$

Die Lage des Punktes C_0 wird vermittelst des Konstruktionsrisses des Schiffes durch Anwendung der angenäherten Quadraturformeln aus den für seine Koordinaten ξ_0, η_0, ζ_0 geltenden Integralen berechnet:

$$\begin{cases} \xi_0 = 2\dfrac{\iint xy\,dx\,dz}{V_0}, \\ \eta_0 = 0, \\ \zeta_0 = 2\dfrac{\iint zy\,dx\,dz}{V_0}. \end{cases}$$

M_1 findet sich aus der Beziehung:

$$\varrho_1 = C_0 M_1 = \frac{2}{3}\cdot\frac{\int y_0{}^3\,dx}{V_0}.$$

Hier sind die Bezeichnungen die gleichen wie in Nr. 2, ebenso ist das gleiche Integrationsgebiet beibehalten; in der letzten Formel bedeutet y_0 die der Abszisse x zugehörige Ordinate der Schwimmebene, die Integration ist über deren ganze Länge auszudehnen[21]).

Die Lage des Schwerpunktes wird — bei Aufstellung eines Schiffsprojektes — durch Anwendung des Satzes über statische Momente in Bezug auf die gewählten Koordinatenebenen für alle Einzellasten des Schiffes berechnet, und die Verteilung der Lasten so justiert, dass G auf derselben Vertikalen wie C_0 und M_1 liegt und dabei unterhalb des Metazentrums M_1 fällt.

Auf einem ausgeführten Schiffe wird die Lage des Schwerpunktes G durch den sogenannten *Krängungsversuch* ermittelt. Dieser Versuch besteht darin, dass eine bekannte Last p quer über das Schiff um die Strecke l verschoben und die dabei eintretende Neigung θ beobachtet wird. Dann gilt die Beziehung

$$GM_1 = \frac{p \cdot l}{P \operatorname{tg} \theta}.$$ [22])

So lange der Neigungswinkel weniger als 15°—20° auf Schiffen mit hohen Freiborden beträgt und so lange auf niederbordigen Schiffen die Kante des Oberdecks nicht eintaucht, ist die Neigung als „klein" anzusehen. Der Punkt M_1 kann dann praktisch als konstant betrachtet werden, und zur Berechnung des der Neigung θ entsprechenden *Stabilitäts- oder Aufrichtungsmomentes* $\mathfrak{M}$ die sogenannte *metazentrische Formel:*

$$\mathfrak{M} = P \cdot \overline{GM_1} \cdot \sin \theta$$

benutzt werden.

Den Neigungen um die Queraxe, welche *Trimänderungen* verursachen, gehört das Längenmetazentrum M_2 zu, dessen Entfernung vom Auftriebszentrum:

$$R = C_0 M_2 = \frac{J_2}{V_0}$$

ist. Für die meisten in der Praxis vorkommenden Trimänderungen kann auch der Punkt M_2 als konstant angesehen werden; dann entspricht der Neigung ψ um die Queraxe das *Trimmoment*:

$$T = P \cdot \overline{GM_2} \cdot \sin \psi$$

---

21) Schemata und praktische Anweisungen zur Ausführung der Rechnungen sind in den Hilfs- und Lehrbüchern zu finden.

22) Für die praktische Ausführung des Versuches auf Kriegsschiffen sind in jeder Marine Massnahmen gesetzlich verordnet, die sich aber wenig voneinander unterscheiden. Für die deutsche Marine finden sie sich in *Johows* Hilfsbuch, p. 466, zusammengestellt.

und einer Längenverschiebung l der Last p die *Trimänderung*:

$$\delta = \frac{pl}{P} \cdot \frac{L}{GM_2}.$$

Um die Stabilitätsverhältnisse des Schiffes für *grosse Neigungen* um die Längsaxe zu untersuchen, denkt man sich ein System von Schwimmebenen, die alle zur Spantenebene des Schiffes senkrecht sind und dasselbe eingetauchte Volumen V_0 vom Schiffe abschneiden. Die Schwimmoberfläche, die von diesem System umhüllt wird, ist ein gerader Zylinder, dessen Erzeugenden zur Spantenebene senkrecht stehen. Jede Erzeugende geht durch den Flächenschwerpunkt der entsprechenden Schwimmebene hindurch. Die Auftriebzentra C' bilden dann eine Raumkurve. Das vom Schiffsgewichte P und dem ihm gleichen Auftriebe Q gebildete Kräftepaar kann in zwei andere zerlegt werden, von denen das erste in der Längsebene, das zweite in der Quer- oder Neigungsebene des Schiffes liegt. Die Untersuchung der Stabilität besteht nun in der Ermittelung des Momentes $\mathfrak{M}$ dieses letzten Kräftepaares und in dessen Darstellung als Funktion der Neigung θ. Man braucht dazu die Lage der Punkte C' selber nicht zu kennen, es genügt ihre Projektion C auf die Querebene des Schiffes.

Man wähle zur Projektionsebene diejenige des Spantes, der durch den Punkt C_0 geht und bezeichne den Ort der Punkte C als C-Kurve, den Schnitt mit dem Zylinder als die Schwimm- oder F-Curve. Der Ort der Krümmungscentra M der C-Kurve wird die *metazentrische Evolute* genannt; der Krümmungsradius ist durch die Formel

$$\varrho = \frac{J_1}{V_0}$$

gegeben, in welcher J_1 das Trägheitsmoment der der Neigung θ entsprechenden Schwimmebene um eine durch deren Schwerpunkt gezogene und der Längsebene des Schiffes parallele Axe bedeutet Der Punkt M wird als das zu der um den Winkel θ geneigten Schwimmebene gehörige Metacentrum angesehen. Wird die betrachtete Querebene zur zy-Ebene eines fest mit dem Schiffe verbundenen rechtwinkeligen Koordinatensystems gewählt, der Punkt C_0 als dessen Anfangspunkt und die z-Axe positiv nach oben gerechnet, so liegt der Schwerpunkt G des Schiffes auf der z-Axe und seine Koordinaten können durch $(0,\ 0,\ a)$ bezeichnet werden. Sieht man dann als positiv diejenige Neigung an, bei welcher die positive y-Axe sinkt, so gelten folgende Formeln: Die Koordinaten des Punktes C sind

$$x_c = 0, \quad y_c = \int_0^\theta \varrho \cos\theta\, d\theta, \quad z_c = \int_0^\theta \varrho \sin\theta\, d\theta;$$

Die Koordinalen des der Neigung θ entsprechenden Metazentrums M:

$$x_m = 0; \quad y_m = y_c - \varrho \sin\theta; \quad z_m = z_c + \varrho \cos\theta;$$

das Aufrichtungsmoment $\mathfrak{M}$ wird:

$$\mathfrak{M} = P[y_c \cos\theta + z_c \sin\theta] - P \cdot a \sin\theta;$$

die Arbeit des Kräftepaares $\mathfrak{M}$:

$$A = \int_0^\theta \mathfrak{M}\, d\theta = P[y_c \sin\theta - z_c \cos\theta] - P \cdot a(1 - \cos\theta),$$

wobei $\varrho = \frac{J_1}{V_0}$ ist und P das Gewicht des Schiffes bezeichnet. Das Kräftepaar $\mathfrak{M}$ hat nun die Tendenz, das Schiff aufrecht zu stellen, falls $\mathfrak{M} > 0$ ist. In der Praxis ist es üblich, unter diesen Umständen das Schiff *stabil* zu nennen, was dann so zu verstehen ist, dass es auf einen beliebigen Winkel θ gekrängt, bei welchem $\mathfrak{M} > 0$, nach Aufheben des krängenden Paares in die aufrechte Lage zurückkehrt.

Für Segelschiffe muss man auch die *Stabilität in einer* (unter Einwirkung von einem Kräftepaare) *geneigten Lage* untersuchen. Es sei $-\mu(\theta)$ das Moment des krängenden Paares als Funktion von θ; dann werden die Gleichgewichtslagen durch die Gleichung

$$\mathfrak{M} - \mu(\theta) = 0$$

geliefert. Diese Gleichung hat gewöhnlich zwei Wurzeln für θ, die mit θ_1 und θ_2 $(\theta_1 < \theta_2)$ bezeichnet werden mögen. Das *Stabilitätskriterium* ist

$$\frac{d\mathfrak{M}}{d\theta} - \frac{d\mu}{d\theta} > 0;$$

gewöhnlich ist nur die Lage $\theta = \theta_1$ stabil. Ist das krängende Paar μ konstant, so erhält das Stabilitätskriterium:

$$\frac{d\mathfrak{M}}{d\theta} > 0 \quad \text{d. h.} \quad \varrho + z_c \cos\theta - y_c \sin\theta - a \cos\theta > 0$$

einen einfachen geometrischen Sinn. Er besagt, dass die Projektion G_1 des Schwerpunktes auf die Linie CM unterhalb des Punktes M (d. h. des Metazentrums für die Neigung θ) liegt. Beginnt auf ein Schiff, welches unter der Einwirkung des Kräftepaares μ in der geneigten Lage $\theta = \theta_1$ im Gleichgewicht ist, plötzlich in derselben Ebene ein neues Paar μ_1 zu wirken, so ist die neue Gleichgewichtslage aus der Gleichung:

$$\mathfrak{M} = \mu + \mu_1$$

zu bestimmen. Es seien $\theta = \theta_3$ und $\theta = \theta_4$ die entsprechenden Werte der Neigung θ; von diesen möge θ_3 die stabile, θ_4 die labile Lage sein. Wegen der plötzlichen Wirkung des Paares μ_1 ist der erste Ausschlag Θ des Schiffes, wenn man vom Widerstande des Wassers absieht, durch die Gleichung

$$\int_{\theta_1}^{\Theta} [\mathfrak{M} - (\mu + \mu_1)]\, d\theta = 0$$

zu bestimmen. Falls $\Theta < \theta_4$ wird das Schiff zu der Lage $\theta = \theta_3$ zurückkehren und diese annehmen, wenn die Schwingungen durch den Widerstand des Wassers gedämpft sind. Ist aber $\theta > \theta_4$, so kentert das Schiff, wie dies beim „Captain“ tatsächlich der Fall war. Der Wert des Integrals

$$A = \int_0^{\theta} \mathfrak{M}\, d\theta,$$

welches die Arbeit misst, die aufgewandt werden muss, um ein Schiff bis zur Neigung θ zu krängen, heisst seine *dynamische Stabilität.* Sie stellt das Widerstandsvermögen gegenüber plötzlich einwirkenden Kräftepaaren dar.

Zur praktischen Berechnung der Werte von $\mathfrak{M}$ und A sind verschiedene Methoden vorgeschlagen, die sich durch die Wahl der Koordinatensysteme, die zur Bestimmung der Punkte C dienen, unterscheiden. Sie werden entweder fest im Schiffe oder im Raume angenommen und sind entweder rechtwinkelige cartesische oder polare u. s. w. Koordinaten[23]). Nach dem Vorschlage von *Sir Edw. Reed* werden die Werte von $\mathfrak{M}$ und A, oder auch von $\frac{\mathfrak{M}}{P}$ und $\frac{A}{P}$, welche Hebelarme der statischen bezw. der dynamischen Stabilität genannt werden, graphisch als Funktionen von θ dargestellt. Man wählt dabei θ als Abszissenaxe. Die so entstehenden Diagramme heissen *Stabilitätsdiagramme.* Sie gewähren eine anschauliche Übersicht der Stabilitätsverhältnisse des Schiffes, das unter Einwirkung eines gegebenen Kräftepaares steht. Das Diagramm der statischen Stabilität hat gewöhnlich eine der Sinuskurve ähnliche Form, wobei das Maximum für hochbordige Schiffe derjenigen Neigung entspricht, bei welcher die Kante des Oberdecks eintaucht. Man macht die Stabilitätsberechnungen für die beiden extremen und den mittleren Ladezustand des Schiffes. Sind diese aber zu sehr voneinander verschieden, um eine bequeme Interpolation

---

23) Diese Methoden sind wieder in den Hilfs- und Lehrbüchern angegeben, sowie auch in speziellen Monographien; vgl. z. B. *Sir Edw. Reed,* A treatise on stability of ships, London 1885, und *A. Schmidt,* Stabilität von Schiffen, Berlin 1892.

zu gewähren, so berechnet man die Werte von $\frac{\mathfrak{M}}{P}$ oder von $\mathfrak{M}$ für dieselbe Neigung θ, aber verschiedene Werte des Deplacements P. Das System von Kurven, welches diese Werte darstellt, wird das der *Stabilitätsquerkurven (cross curves of stability)* genannt[24]).

Befindet sich auf dem Schiffe eine *flüssige Ladung*, etwa Naphta oder Petroleum, die eine freie Oberfläche hat, so entsteht eine Verminderung der Stabilität, weil bei der Neigung der Schwerpunkt der Last sich nach der sinkenden Seite verschiebt. Diese Änderung kann als eine Verminderung der metacentrischen Höhe um die Größe

$$\beta = \frac{i}{V_0} \cdot \frac{\delta}{\delta_0}$$

angesehen werden. Hier ist i das Trägheitsmoment der freien Oberfläche der Flüssigkeit um eine der Neigungsaxe parallele Gerade, die durch den Schwerpunkt der freien Oberfläche geht, δ die Dichtigkeit der Flüssigkeit, δ_0 die des Wassers. Wenn die flüssige Ladung sich in verschiedenen Abteilungen befindet, so hat man β für jede besonders zu berechnen und dann die Summe zu nehmen. Man sieht hieraus, dass, wenn die Abteilung durch eine Längsschotte halbiert wird, β viermal kleiner wird.

Für moderne Schiffe untersucht man den Einfluss, den *das Lecken* seiner Abteilungen auf die Stabilität, Krängung und Trim hat[24]). Besonders gefährlich sind auch die Beschädigungen, welche den Freibord und die Zwischendecke oder sogar das Oberdeck erreichen. Sie verursachen einen grossen Verlust an Fläche der Wasserlinie, womit eine Verminderung der metazentrischen Höhe verknüpft ist. Das Schiff verliert daher, ehe es sinkt, seine Stabilität und kentert. Dieser Fall trat z. B. bei der „Victoria" ein. Diese Gefahr ist durch passende *Schottenverteilung* zu beseitigen, die z. B. sehr ausführlich von *F. Middendorf*[26]) ausgearbeitet worden ist.

In enger Verbindung mit den Fragen der Stabilität steht auch die Untersuchung des *Stapellaufes* von Schiffen, worüber in den Büchern von *J. Pollard* und *A. Dudebout*[27]), sowie von *A. Schmidt*[28]) und einer Abhandlung von *J. Boubnoff*[29]) das Nähere zu finden ist.

---

24) Vgl. *Sir Edw. Reed*, Stability of ships, ch. 10 und *A. G. Greenhill*, A treatise on hydrostatics, London 1894, §§ 113—115.

25) Vgl. darüber *Johows* Hilfsbuch, p. 482—485 und auch *T. F. Ruhm*, Damaged conditions of battleships . . ., Trans. of the Amer. Soc. of Nav. Arch. 4 (1896), p. 137 und *J. Swan*, Stability of a ship in damaged condition, ebenda, p. 129.

4. Die Schwingungen des Schiffes.

4a. Einleitende Übersicht. Man unterscheidet die *Schiffsschwingungen* nach der Richtung der Axe, um welche sie vor sich gehen. Danach heissen sie: a) *Rollen* oder *Schlingern*, wenn das Schiff um seine Längsaxe, b) *Stampfen* oder *Setzen*, wenn es um seine Queraxe schwingt, c) *Gieren*, wenn das Schiff um seine Vertikale hin- und herpendelt, wie es z. B. bei schlechtem Steuern geschieht. Diese Schwingungen werden gewöhnlich mit einer Bewegung des Schwerpunktes begleitet, die den sogenannten *Tauchschwingungen* entspricht. Die Schwingungen heissen *freie*, wenn sie — einmal durch die Anfangsstörung des Gleichgewichts entstanden — auf *stillem Wasser* ohne Einfluss von anderen äusseren Kräften als Gewicht und Auftrieb vor sich gehen. Sie werden *erzwungene* genannt, wenn sie durch die dauernde Wirkung der störenden Einflusse, wie die der *Wellen*, Wind, Gewichtsverschiebung, Stoss u. s. w. erhalten werden.

Die *freien Schwingungen* des Schiffes wurden schon von *L. Euler*[30]) betrachtet, der den pendelartigen Charakter dieser Bewegung auseinandersetzte und die Länge eines einfachen Pendels ermittelte, welches mit einer Periode gleich jener des Rollens und Stampfens schwingt. Auch untersuchte *L. Euler* die Tauchschwingungen. Da die freien Schwingungen unter der Annahme, dass nur Auftrieb und Gewicht auf das Schiff wirken, ein gutes Beispiel für die Anwendung der *Lagrange*schen Methode kleiner Schwingungen (vgl. IV 6, Nr. 9, *P. Stäckel*) sind, so findet man sie in den meisten Lehrbüchern der theoretischen Mechanik behandelt, so z. B. bei *S. D. Poisson*[31]) und *J. M. C. Duhamel*[32]).

Die Betrachtung der *erzwungenen Schwingungen* oder das Verhalten des Schiffes im Seegange scheint von *D. Bernoulli* zu stammen. Seine Resultate blieben fast ein Jahrhundert klassisch, obgleich sie mit den jetzigen Ansichten und der Erfahrung nicht übereinstimmen,

---

26) In *Johows* Hilfsbuch, p. 809; auch Zeitschr. d. Ver. deutsch. Ing. 41 (1897), p. 609.

27) *J. Pollard* et *A. Dudebout,* Théorie du navire, vol. 2.

28) *A. Schmidt,* Stabilität von Schiffen, Berlin 1892.

29) *J. Boubnoff*, Morskoi Sbornik (1900) Nr. 2, p. 143, Nr. 3, p. 117, Nr. 5, p. 121 und Nr. 6, p. 189.

30) *L. Euler,* Scientia navalis, Petropoli 1749.

31) *S. D. Poisson,* Traité de mécanique 2, 2. éd. Paris 1833.

32) *J. M. C. Duhamel,* Cours de mécanique 2, Paris 1845.

33) *D. Bernoulli,* Sur la manière de diminuer . . . le roulis et le tangage du navire, Récueil des pièces 8 (1771).

besonders deshalb nicht, weil die oszillatorische Bewegung des Wassers und die vertikal angenommene Richtung des Auftriebs der Wirklichkeit nicht gut genug entsprechen. Doch stellte bereits *Bernoulli* den Fall des starken Rollens bei dem eintretenden Synchronismus der Periode des Schiffes mit der der Wellen in klares Licht. Nach den Angaben der französischen Autoren hat *F. Reech* während seiner Lehrtätigkeit an der École du Génie maritime die *Bernoulli*schen Ansichten berichtigt und die Theorie der Schiffsbewegungen nach einer ihm eigentümlichen Methode neu behandelt. Leider sind seine Arbeiten in den unzugänglichen „Mémorial du génie maritime" enthalten[34]).

Im Jahre 1861 gab *W. Froude* seine Theorie des *Rollens*[35]). Er giebt dem Auftriebe nicht die vertikale, sondern die im entsprechenden Punkte zu der Wasseroberfläche normale Richtung, wobei diese Annahme durch allgemeine Betrachtungen über Niveauflächen und Versuchsangaben als zutreffend erklärt wird. *Froude* betrachtet ein Schiff, das parallel zu den Wellen steuert, und nimmt seine Querdimensionen im Verhältnis zu jenen der Wellen als unendlich klein an, wobei er diesen ein sinusoidales Profil zuschreibt und die Neigungen des Schiffes wie die der Wellen als „klein" ansieht. Die unter diesen Annahmen ermittelte Rollbewegung besteht in einer Zusammensetzung der freien und erzwungenen Schwingungen, woraus *Froude* unmittelbar die Erklärung für den unregelmässigen Charakter dieser Bewegung und den Einfluss der Periodenverhältnisse auf den Gang des Schiffes zog. Im Jahre 1863 entdeckte *W. J. M. Rankine*[36]) aufs Neue die von *Fr. Gerstner*[37]) im Jahre 1804 gegebene Theorie der Roll- oder trochoidalen Wellen (vgl. IV 16, Nr. **5** g, *A. E. H. Love* und IV 20, Nr. **10** b, *Ph. Forchheimer*). Dadurch bekamen die *Froude*chen Annahmen über den Auftrieb neues Licht und eine strenge theoretische Begründung. Dies hatte ein erneut einsetzendes Studium der Rollbewegungen des Schiffes zur Folge; es erschienen eine Reihe wichtiger Arbeiten von *W. Froude* selbst[38]), *J. Woolley*[39]), *W. J. M.*

34) *F. Reech,* Théorie du roulis et du tangage, Mém. génie maritime 3 (1870). (Nach Notizen bearbeitet von *de Frémenville.*)

35) *W. Froude,* On the rolling of ships, Trans. Inst. Nav. Archit. 2 (1861), p. 180.

36) *W. J. M. Rankine,* On the exact form of waves near the surface of deep water, London Phil. Trans. (1863), p. 53 = Misc. scientific papers, London 1881, p. 481.

37) *Fr. Gerstner,* Theorie der Wellen, Prag 1804 (abgedruckt in *E. H.* und *W. Weber,* Wellenlehre, Leipzig 1825).

38) *W. Froude,* Trans. Inst. Nav. Archit. 3 (1862), 4 (1863).

39) *J. Woolley,* On the rolling of ships, Trans. Inst. Nav. Archit. 3 (1862).

Rankine[40]) und anderen. Zugleich gaben in Frankreich *E. Bertin*[41]), *B. de Saint-Venant*[42]), *O. Duhil de Bénazé*[43]) und *P. Risbec*[44]) der Theorie eine weitere Ausarbeitung. Insbesondere sind die Arbeiten von *Bertin* hervorzuheben. Hierin werden nicht nur die *Froude*schen Beschränkungen für die Dimensionen des Schiffes fallen gelassen und der Einfluss des Wasserwiderstandes berücksichtigt, sondern auch eine genaue Ermittelung der Schiffsbewegung durch den „doppelten Oszillographen" gegeben.

Die Methode von *Bertin* reicht wohl für die Behandlung der reinen Rollbewegung des Schiffes aus, genügt aber nicht für die Ermittelung des *Stampfens*, sowie der aus Rollen, Stampfen, Gieren und Tauchen zusammengesetzten, bei einem schräg zu den Wellen laufenden Kurs des Schiffes in Betracht zu ziehenden allgemeinen Bewegung des Schiffes. Diese allgemeinere Theorie zunächst für das Stampfen und dann für die zusammengesetzte Bewegung gab *A. Kriloff*[45]).

In den folgenden Nummern 4b—4f soll nun der jetzige Stand der Lehre von den Schiffsschwingungen auseinandergesetzt werden, ohne dass dabei jedes einzelne Resultat bis zu seinem ersten Autor hinaufverfolgt wird. Als Ersatz dieser so fehlenden Litteraturnachweise mag die vorstehende kurze historische Übersicht dienen und der Hinweis auf das Buch von *J. Pollard* und *A. Dudebout*, wo im ersten Bande sich eine ausführliche Litteraturzusammenstellung bis zum Jahre 1890 findet.

---

40) *W. J. M. Rankine*, Remarks on *M. Froude*s theory of rolling, Trans. Inst. Nav. Archit. 3 (1862).

41) *E. Berlin*, Note sur la résistance des carènes au roulis et sur les qualités nautiques, Paris, Mém. prés. par div. sav. (2) 22 (1876) und Observations de roulis et de tangage exécutées avec l'oscillographe double à bord de divers bâtiments, Paris, Mém. prés. par div. sav. (2) 26 (1878) [prés. 1876]. *Bertins* Donnés théoretiques et expérimentales sur les vagues et le roulis zuerst mit anderen Abhandlungen publiziert in Cherbourg, Mém. de la Soc. des sciences 1869—1879 sind auch als besonderes Werk erschienen, Paris 1880.

42) *B. de Saint-Venant*, Du roulis sur mer houleuse, Paris 1871.

43) *O. Duhil de Bénazé*, Étude du roulis du navire sur mer agitée, Brest 1871 und weitere Abhandlungen in Mém. génie maritime 1874, 10e u. 11e livr.

44) *P. Risbec*, Mém. génie maritime 1874, 10e livr; 1875, 3e livr.

45) *A. Kriloff*, A new theory of the pitching motion of ships on waves, Trans. Inst. Nav. Archit. 37 (1896) = Théorie du tangage sur une mer houleuse, Bull. de l'Assoc. techn. maritime 1896, Nr. 4 und A general theory of the oscillations of a ship on waves, Trans. Inst. Nav. Archit. 40 (1898) = Théorie générale des oscillations du navire sur une mer houleuse, Bull. de l'Assoc. techn. maritime 1897, Nr. 8 und 1901, Nr. 12.

4b. Die freien Schwingungen *(Schiff auf ruhendem Wasser)*. Um die freien Schwingungen des Schiffes zu studieren, macht man folgende Annahmen: 1) das Schiff macht nur „kleine" Schwingungen um seine Gleichgewichtslage; 2) auf das Schiff wirken als Kräfte sein Eigengewicht, der Auftrieb und der Widerstand des Wassers; 3) das Wasser bleibt in Ruhe — der Druck ist hydrostatisch — und wird durch die Bewegung des Schiffes nicht gestört. Diese letzte Annahme vereinfacht die Ermittlung der Schiffsschwingungen wesentlich. Ihre Willkür wird praktisch dadurch kompensiert, dass der Widerstand, welcher die Reaktion des Wassers auf das Schiff darstellt, durch Versuche bestimmt und deren Ergebnis zufolge in Rechnung gebracht wird. Ebenso werden die Trägheitsmomente der Schiffe oder die von ihnen abhängende Periode des Rollens durch direkte Versuche ermittelt, sodass der Einfluss der mitschwingenden Wassermassen nicht ganz vernachlässigt wird. Wegen des allgemeinen hydrodynamischen Ansatzes vgl. den Anhang, Nr. 7a.

Da das schwimmende Schiff als ein freier Körper anzusehen ist, so wird seine Lage im Raume durch die drei Koordinaten seines Schwerpunktes und die drei *Euler*schen Winkel festgelegt, die ein im Schiff festes Koordinatensystem mit dem im Raume festen Koordinatensystem verbindet. Man wählt den Schwerpunkt G des Schiffes als Anfangspunkt des im Schiffe festen Koordinatensystems Gx, Gy, Gz, wobei die Symmetrieebene des Schiffes als zx-Ebene genommen wird; die z-Axe ist positiv nach unten gerechnet, die y-Axe senkrecht zur Symmetrieebene nach rechts (dem Steuerbord zu) und die x-Axe parallel der Wasserlinie dem Heck zu gerichtet. Die im Raume feste Axen $O\xi$, $O\eta$, $O\zeta$ wählt man so, dass sie für die Gleichgewichtslage des Schiffes mit den beweglichen Axen zusammenfallen. Die Tauch- oder überhaupt die Translationsschwingungen des Schiffes — d. h. die Schwingungen seines Schwerpunktes — werden dann durch die Werte bestimmt, welche seine Koordinaten ξ_0, η_0, ζ_0 zur Zeit t annehmen. Sie genügen der bei der Behandlung kleiner Schwingungen üblichen Bedingung, für die Gleichgewichtslage zu verschwinden und „klein" zu bleiben, wenn das Schiff nahe dieser Lage bleibt. Die Rotationsbewegungen des Schiffes werden durch die *Euler*schen Winkel bestimmt. Hier ist die in der Astronomie gebräuchliche Wahl dieser Winkel nicht zweckmässig, da sie nicht der Bedingung genügen, bei kleinen Abweichungen des Schiffes aus der Gleichgewichtslage „klein" zu bleiben. Man wähle daher die Eulerschen Winkel in folgender Art: man denke sich durch den Anfangspunkt O der im Raume festen Axen drei Axen Ox_1, Oy_1, Oz_1, welche respektive den Axen Gx, Gy, Gz parallel sind; es sei ON die Schnittlinie der $\xi\zeta$-Ebene mit der x_1y_1-Ebene, man setze dann den Winkel $\xi ON = \psi$ und rechne ihn positiv in der Richtung von $O\xi$ nach $O\zeta$, man setze ferner den Winkel $NOx = \varphi$, positiv in der Richtung von Ox_1 zu Oy_1, und bezeichne schliesslich mit $\frac{\pi}{2} + \theta_1$ die Neigung der x_1y_1-Ebene gegen die $\xi\zeta$-Ebene, wobei θ_1 im Sinne der positiven Rotation gerechnet ist; dann werden ψ, φ, θ, die drei *Euler*schen Winkel, die die Lage des Schiffes eindeutig bestimmen und der Bedingung „klein" zu bleiben genügen. Es entspricht dabei ψ dem Stampfen, θ_1 dem Rollen und φ dem Gieren.

Es bestehen dann folgende Formeln für die neun Richtungskosinus der beiden Koordinatensysteme (vgl. IV 6, p. 553, *P. Stäckel*):

$$(1)\quad \begin{cases} a = \cos(x,\xi) = \cos\varphi\cos\psi + \sin\varphi\sin\psi\sin\theta_1 \\ a_1 = \cos(x,\eta) = \sin\varphi\cos\theta_1, \\ a_2 = \cos(x,\zeta) = -\cos\varphi\sin\psi + \sin\varphi\cos\psi\sin\theta_1, \\ b = \cos(y,\xi) = -\sin\varphi\cos\psi + \cos\varphi\sin\psi\sin\theta_1, \\ b_1 = \cos(y,\eta) = \cos\varphi\cos\theta_1, \\ b_2 = \cos(y,\zeta) = \sin\varphi\sin\psi + \cos\varphi\cos\psi\sin\theta_1, \\ c = \cos(z,\xi) = \sin\psi\cos\theta_1, \\ c_1 = \cos(z,\eta) = -\sin\theta_1, \\ c_2 = \cos(z,\zeta) = \cos\psi\cos\theta_1, \end{cases}$$

und für die Komponenten der Winkelgeschwindigkeit um die x-, y-, z-Axen die kinematischen Gleichungen (IV 6, Nr. 28c):

$$(2)\quad \begin{cases} p = \psi'\sin\varphi\cos\theta_1 + \theta_1'\cos\varphi, \\ q = \psi'\cos\varphi\cos\theta_1 - \theta_1'\sin\varphi, \\ r = \varphi' - \psi'\sin\theta_1. \end{cases}$$

Betrachtet man die Winkel ψ, φ und θ_1 und deren Ableitungen ψ', φ', θ_1' als kleine Grössen erster Ordnung, so kann man in obigen Formeln nur die ersten Potenzen beibehalten und findet

$$(1')\quad \begin{cases} a = 1, & a_1 = \varphi, & a_2 = -\psi, \\ b = -\varphi, & b_1 = 1, & b_2 = \theta_1, \\ c = \psi, & c_1 = -\theta_1, & c_2 = 1, \end{cases}$$

und

$$(2')\quad p_1 = \theta_1', \quad q = \psi', \quad r = \varphi'.$$

Es werde nun zunächst nur der Fall betrachtet, dass *Gewicht und Auftrieb allein* auf das Schiff wirken. Dann lauten die Bewegungsgleichungen für diejenige Annäherung, wie sie für kleine Schwingungen und durch Berücksichtigung allein des *hydrostatischen* Auftriebs charakterisiert ist (vgl. IV 6, Nr. 29):

$$(3)\qquad \frac{P}{g}\frac{d^2\xi_0}{dt^2}=0,\quad \frac{P}{g}\frac{d^2\eta_0}{dt^2}=0,\quad \frac{P}{g}\frac{d^2\zeta_0}{dt^2}=P-g\varrho V$$

und

$$(4)\qquad \begin{cases} C\dfrac{dr}{dt}-E\dfrac{dp}{dt}=\varrho\displaystyle\int\limits_V(Yx-Xy)dv=-g\varrho\int\limits_V(b_2x-a_2y)dv,\\ B\dfrac{dq}{dt}=\varrho\displaystyle\int\limits_V(Xz-Zy)dv=-g\varrho\int\limits_V(a_2z-c_2x)dv,\\ A\dfrac{dp}{dt}-E\dfrac{dr}{dt}=\varrho\displaystyle\int\limits_V(Zy-Yz)dv=-g\varrho\int\limits_V(c_2y-b_2z)dv,\end{cases}$$

wo folgende Bezeichnungen eingeführt sind: P das Gewicht des Schiffes, A, B, C seine Hauptträgheitsmomente, $E=\Sigma mzx$ das eine der drei Deviationsmomente, von denen die beiden anderen wegen der Symmetrie des Schiffes verschwinden, ϱ die Dichtigkeit des Wassers und V das zur Zeit t eingetauchte Volumen. Unter Berücksichtigung von (2) erhalten diese Gleichungen die Form:

$$(3')\qquad \frac{P}{g}\frac{d^2\xi_0}{dt^2}=0,\quad \frac{P}{g}\frac{d^2\eta_0}{dt^2}=0,\quad \frac{P}{g}\frac{d^2\zeta_0}{dt^2}+g\varrho S_0\zeta_0=-g\varrho S_0 l\psi.$$

$$(4')\qquad \begin{cases} C\dfrac{d^2\varphi}{dt^2}-E\dfrac{d^2\theta_1}{dt^2}=0,\\ B\dfrac{d^2\psi}{dt^2}-P(R_0-a)\psi=g\varrho S_0 l\zeta_0,\\ A\dfrac{d^2\theta_1}{dt^2}-P(r_0-a)\theta_1-E\dfrac{d^2\varphi}{dt^2}=0,\end{cases}$$

wo R_0 und r_0 die entsprechenden metazentrischen Radien, a den Abstand des Schwerpunkt des Schiffes von seinem Verdrängungsschwerpunkt, S_0 die Fläche der Wasserlinie und l die Abszisse des Schwerpunktes dieser Fläche bezeichnen.

In vielen Fällen können diese Gleichungen noch dadurch vereinfacht werden, das auch die zy-Ebene als Symmetrieebene des Schiffes angesehen wird. Damit werden dann $E=0$ und $l=0$. Bei dieser Annahme erhalten die Gleichungen (3′) und (4′) unter entsprechender Wahl der Anfangsbedingungen als Lösungen:

$$\xi_0=0,\quad \eta_0=0,\quad \zeta_0=H\cdot\cos\frac{2\pi t}{T_3};$$

$$\psi=\Psi_0\cdot\cos\frac{2\pi t}{T_2},\quad \theta_1=\Theta_0\cdot\cos\frac{2\pi t}{T_1},$$

wo die Perioden T_1, T_2, T_3 folgende Werte haben:

$$T_1 = 2\pi\sqrt{\frac{A}{P(r_0 - a)}}, \quad T_2 = 2\pi\sqrt{\frac{B}{P(R_0 - a)}}, \quad T_3 = 2\pi\sqrt{\frac{P}{g} \cdot \frac{1}{g\varrho S_0}}.$$

Diese Formeln zeigen, daß in diesem Falle die Hauptschwingungsarten — das Rollen, Stampfen und Tauchen — unabhängig voneinander pendelartig vor sich gehen.

4c. **Fortsetzung: Berücksichtigung des Wasserwiderstandes.** Der Einfluß des Widerstandes des Wassers wird am bequemsten bei dem *Rollen* untersucht, wo er auch einer leicht auszuführenden experimentellen Prüfung unterliegt. Es kommt dann aus dem Formelsystem (4′) nur die letzte Gleichung in Betracht, wo wieder $E = 0$ gesetzt sein mag.

Ist der *Widerstand der ersten Potenz der Geschwindigkeit proportional*, so nimmt diese Gleichung die Form

$$A\theta'' + N\theta' + P(r_0 - a)\theta = 0$$

an, wenn man θ statt θ_1 schreibt. Setzt man

$$\frac{N}{A} = 2h \quad \text{und} \quad \frac{P(r_0 - a)}{A} = n^2,$$

so erhält sie die bequeme Form:

$$\theta'' + 2h\theta' + n^2\theta = 0, \tag{5}$$

aus der sich bei den Anfangsbedingungen $\theta = \Theta_0$ und $\theta' = 0$ zur Zeit $t = 0$ die Lösung:

$$\theta = \Theta_0 e^{-ht}\left(\cos n_1 t + \frac{h}{n_1} \sin n_1 t\right) \tag{6}$$

ergiebt, wo

$$n_1 = \frac{2\pi}{T_1} = \sqrt{n^2 - h^2}$$

ist. Diese Gleichung zeigt, dass die Amplitude der Schwingung in geometrischer Progression abnimmt. Zugleich folgt als *Dämpfungsformel:*

$$\theta_{m-1} - \theta_m = -a\theta_m = -\left(1 - e^{-\frac{hT_1}{2}}\right)\theta_m, \tag{7}$$

in der θ_m der Ausschlagswinkel bei der m-ten Schwingung ist.

Nimmt man den *Widerstand der zweiten Potenz der Geschwindigkeit proportional*, so hat man die Gleichung:

$$A\theta'' + P(r_0 - a)\theta = \pm K\theta'^2, \tag{8}$$

wo das negative Zeichen für $\theta' > 0$, das positive für $\theta' < 0$ zu wählen ist. Integriert man diese Gleichung nach dem von *S. D. Poisson*[46]) angegebenen Näherungsverfahren, so ergiebt sich bei den gleichen Anfangsbedingungen wie oben:

$$(9)\qquad \theta = \left(\Theta_0 - \tfrac{2}{3} k \Theta_0^2\right) \cos nt + \frac{k\Theta_0^2}{2}\left(1 + \tfrac{1}{3} \cos 2nt\right),$$

wo

$$k = \frac{K}{A} \quad \text{und} \quad n^2 = \frac{P(r_0 - a)}{A}$$

ist. Aus dieser Formel folgt als *Dämpfungsformel:*

$$(10)\qquad \theta_{m+1} - \theta_m = -\tfrac{4}{3} k \theta_m^2.$$

Besteht das *Widerstandsgesetz aus zwei Gliedern* der beiden betrachteten Arten, so wird die entsprechende Dämpfungsformel:

$$(11)\qquad \theta_{m+1} - \theta_m = -(a\theta_m + b\theta_m^2),$$

wobei

$$(12)\qquad a = 1 - e^{-\frac{hT_1}{2}} \quad \text{und} \quad b = \tfrac{2}{3} k e^{-\frac{hT_1}{2}}\left(1 + e^{-\frac{hT_1}{2}}\right)$$

ist.

Die Periode T_1 des Rollens und die Dämpfung werden für ein Schiff durch den sogenannten *Schlingerversuch* bestimmt. Dieser besteht darin, daß man das Schiff auf stillem Wasser durch Hin- und Herlaufen der Mannschaft von Bord zu Bord in Schwingungen versetzt und nachher die Ausschlagswinkel beobachtet und die Zeit notiert[47]).

Hat das Schiff scharfe Spantenformen oder bei runden Formen starke Seitenkiele, so ist der Widerstand des Wassers der zweiten Potenz der Geschwindigkeit proportional. In diesem Falle kann man die Dämpfung für das Schiff durch einen *Versuch mit seinem Modell* ermitteln. Man denke sich ein Modell des Schiffes, das nicht nur geometrisch, sondern auch dynamisch dem Schiffe ähnlich ist. Hierzu ist notwendig, dass das Gewicht des Schiffes zu jenem des Modells im Verhältnis $1 : \lambda^3$, die Trägheitsmomente um die Längsaxe im Verhältnisse $1 : \lambda^5$ stehen — wo $1 : \lambda$ das Verhältnis der linearen Dimensionen bezeichnet — und dass der Schwerpunkt des Schiffes dem Schwerpunkt des Modells entspricht. Nimmt man nun zunächst den Widerstand des Wassers der n-ten Potenz der Lineargeschwindigkeit eines Flächenelements proportional, so wird sein Moment relativ zur

---

46) Vgl. *S. D. Poisson*, Traité de mécanique, § 189. Im Übrigen vgl. auch IV 6, Nr. 20a (*P. Stäckel*).

47) Vgl. *Johows* Hilfsbuch, p. 528ff.

Längsaxe des Schiffes der n-ten Potenz der Winkelgeschwindigkeit proportional, also von der Form $K\left(\frac{d\theta}{dt}\right)^n$ sein. Für das Modell wird der Widerstand von derselben Form, nur hat man die Grösse K mit $\frac{1}{\lambda^3}\left(\frac{1}{\lambda}\right)^n = \frac{1}{\lambda^{3+n}}$ zu multiplizieren. Die Bewegungsgleichung für das Schiff wird

$$A\frac{d^2\theta}{dt^2} + P(r_0 - a)\theta = K\left(\frac{d\theta}{dt}\right)^n; \tag{13}$$

für das Modell erhält man, wenn man die Zeit t_1 in einer anderen Einheit misst, die zu jener, die für das Schiff gilt, im Verhältnis $1:\tau$ steht, die Gleichung:

$$\frac{A}{\lambda^5}\frac{d^2\theta}{dt_1^{\,2}}\tau^2 + \frac{P}{\lambda^3}\frac{r_0 - a}{\lambda}\theta = \frac{K}{\lambda^{3+n}}\left(\frac{d\theta}{dt_1}\right)^n\cdot\tau^n. \tag{14}$$

Damit die Bewegung des Modells jener des Schiffes „ähnlich" wird, d. h. in entsprechenden Zeiten t_1 das Modell denselben Ausschlagswinkel θ wie das Schiff ergiebt, müssen aus der Gleichung (14) die Grössen λ und τ verschwinden, d. h. es muss gelten:

$$\frac{\tau^2}{\lambda^5} = \frac{1}{\lambda^4} = \frac{\tau^n}{\lambda^{3+n}}.$$

Hieraus ergiebt sich

$$\tau = \lambda^{\frac{1}{2}} \text{ und } n = 2. \tag{15}$$

Also nur bei dem quadratischen Widerstandsgesetz wird die Bewegung des Modells derjenigen des Schiffes ähnlich, so dass auch nur für diese die Dämpfungsformel des Modells für das Schiff benutzt werden kann.

4 d. **Erzwungene Schwingungen (das Schiff im Seegange). Die Froudesche Theorie des Rollens.** Behält man die Annahmen *Froudes* bei (vgl. Nr. 4 a), so wird das Rollen durch die Gleichung

$$A\frac{d^2\theta_1}{dt^2} - P(r_0 - a)\theta_1 = P(r_0 - a)\Theta_0 \sin\frac{2\pi t}{\tau} - M_W \tag{16}$$

gegeben; hier ist Θ_0 der grösste Neigungswinkel, τ die Periode der Wellen und M_W das Widerstandsmoment des Wassers.

Betrachtet man zunächst das *Rollen ohne Widerstand*, d. h. ist $M_W = 0$, so wird θ_1 folgendermassen gegeben:

$$\theta_1 = C_1 \cos nt + C_2 \sin nt + \frac{n^2}{n^2 - \frac{4\pi^2}{\tau^2}}\Theta_0 \sin\frac{2\pi t}{\tau},$$

oder wenn man statt n die entsprechende Periode

$$T_1 = \frac{2\pi}{n} = 2\pi\sqrt{\frac{A}{P(r_0 - a)}}$$

einführt,

(17) $$\theta_1 = C_1 \cos \frac{2\pi t}{T_1} + C_2 \sin \frac{2\pi t}{T_1} + \frac{\tau^2}{T_1^2 - \tau^2} \Theta_0 \sin \frac{2\pi t}{\tau}$$

für $\tau \neq T_1$ und

(18) $$\theta_1 = C_1 \cos \frac{2\pi t}{T_1} + C_2 \sin \frac{2\pi t}{T_1} - \frac{\pi}{T_1} t \Theta_0 \cos \frac{2\pi t}{\tau}$$

für $\tau = T_1$. Hier sind C_1 und C_2 zwei willkürliche Konstante, die aus den Anfangsbedingungen zu bestimmen sind. Die Formeln (17) und (18) zeigen den Einfluss, den der *Synchronismus* auf das Rollen des Schiffes hat, und geben das Anwachsen der Amplitude, das dabei stattfindet. *Froude* brachte sogar Modelle mit abgerundeten Formen, die den Schwingungen geringen Widerstand leisteten, auf synchronen Wellen zum Kentern. Ferner zeigt die Formel (17), dass die Rollbewegung des Schiffes aus der Superposition zweier einfacher Schwingungen besteht, von die eine die Periode T_1, die andere die Periode τ hat.

Setzt man den *Widerstand des Wassers* der Geschwindigkeit proportional, so wird

$$M_W = N \cdot \frac{d\theta}{dt}.$$

Damit wird, wenn folgende Bezeichnungen eingeführt werden:

$$\frac{N}{A} = 2h, \quad n_1 = \sqrt{n^2 - h^2}, \quad p = \frac{2\pi}{\tau},$$

$$M = \frac{n^2 - p^2}{(n^2 - p^2)^2 + 4h^2p^2} \cdot n^2 \Theta_0 \quad \text{und} \quad N = -\frac{2hp}{(n^2 - p^2)^2 + 4h^2p^2} \cdot n^2 \Theta_0,$$

die Lösung durch

$$\theta_1 = e^{-ht}(C_2 \cos n_1 t + C_2 \sin n_1 t) + M \sin \frac{2\pi t}{\tau} + N \cos \frac{2\pi t}{\tau}$$

gegeben. Diese Formel wird übersichtlicher, wenn man sie

(19) $$\theta_1 = Ce^{-ht} \sin\left(\frac{2\pi t}{T_1} + \beta\right) + H \sin\left(\frac{2\pi t}{\tau} + \gamma\right)$$

schreibt mit

$$C = \sqrt{C_1^2 + C_2^2}, \qquad \operatorname{tg}\beta = \frac{C_1}{C_2},$$

$$H = \sqrt{M^2 + N^2} = \frac{1}{\sqrt{\left(1 - \frac{T_1^2}{\tau^2}\right)^2 + k^2 \frac{T_1^2}{\tau^2}}} \cdot \Theta_0, \qquad \operatorname{tg}\gamma = \frac{M}{N}$$

und

$$k = \frac{h^2 T_1^2}{\tau^2}.$$

Die Formel (19) zeigt die Dämpfung der „freien" Schwingungen, so dass mit der Zeit nur die „erzwungenen" übrig bleiben. Der Dämpfungskoeffizient k ist ein kleiner Bruch, so dass, wenn das Verhältnis $\frac{T_1}{\tau}$ merklich von 1 verschieden ist, das Glied $k^2\frac{T_1^2}{\tau^2}$ in H im Verhältnis zu dem ersten klein wird und in erster Annäherung vernachlässigt werden kann. Damit geht der letzte Term in (19) in den der Formel (17) über. Nähert sich aber das genannte Verhältnis dem Werte 1, so nähert sich K dem Werte $\frac{\Theta_0}{k}$ und wird desto steiler, je kleiner der Bruch k ist.

Für ozeanische Wellen ist Θ_0 ungefähr 8^0. Ist dabei das Verhältnis $\frac{T_1}{\tau} > 2$, so wird $H < 2{,}3^0$, also das Rollen sehr gering. Die Periode τ, die von der Wellenlänge abhängt, ist durch die Formel

$$\tau = \sqrt{\frac{2\pi\lambda}{g}}$$

gegeben, so dass für eine Wellenlänge $\lambda = 120$ m sich $\tau = 8{,}7$ sec ergibt. Solche Wellen entsprechen schon einer sehr starken Dünung. Hat das Schiff also eine Periode von 18 sec, so wird es fast niemals rollen, oder nur sehr sanft und mit geringer Amplitude. Diese Resultate, die sich überhaupt aus den allgemeinen Eigenschaften der erzwungenen Schwingungen eines jeden Systems ergeben, stimmen mit der Erfahrung überein.

4e. Fortsetzung: Kriloffs Theorie des Stampfens. Im Gegensatz zum Rollen kann man beim Stampfen und überhaupt bei der allgemeinen Bewegung des Schiffes im Seegange die *Froude*schen Annahmen nicht mehr gebrauchen. Sie können hier durch folgende ersetzt werden. Man nehme an, dass ein auf den Wellen befindliches Schiff in jedem Punkte seiner Oberfläche den hydrodynamischen Druck erfährt, welcher in diesem Punkte der Welle in dem betrachteten Zeitaugenblicke herrscht. Diese Annahme, die einer Erweiterung des Archimedischen Prinzips entspricht, ist insofern willkürlich, als bei ihr davon abgesehen wird, dass das Schiff die dynamische Struktur der Wellen stört. Ferner nehme man die ozeanische Dünung als durch die *Gerstner*schen trochoidalen Wellen gegeben an, die durch folgendes Gleichungssystem charakterisiert sind (vgl. IV 16, Nr. **5** g, *A. E. H. Love*):

$$(20)\quad \begin{cases} \xi - a = r e^{-\frac{2\pi c}{\lambda}} \sin 2\pi\left(\frac{a}{\lambda} - \frac{t}{\tau}\right), \\ \zeta - c = r e^{-\frac{2\pi c}{\lambda}} \cos 2\pi\left(\frac{a}{\lambda} - \frac{t}{\tau}\right), \\ p - p_0 = g\varrho\left\{c - \frac{\pi r^2}{\lambda}\left(1 - e^{-\frac{4\pi c}{\lambda}}\right)\right\}, \end{cases}$$

wo ζ und ξ die Koordinaten desjenigen Wasserteilchens sind, welches dem Schwingungszentrum (a, c) entspricht; r ist die halbe Höhe der Wellen, λ deren Länge und τ ihre Periode.

Um nun die *Bewegung des Stampfens zusammen mit der des Tauchens* für den Fall zu behandeln, wo das Schiff quer zu den Wellen steuert, kann man folgendermassen verfahren[48]).

Es werden unter Anwendung der früheren Bezeichnungsweise (Nr. 4b), die Bewegungsgleichungen des Schiffes, da es sich hier nur um die Werte von ζ_0 und ψ handelt:

$$(21)\quad \begin{cases} \dfrac{P}{g}\dfrac{d^2\zeta_0}{dt^2} = P - \displaystyle\int_S p\cos(n\zeta)ds - W_\zeta, \\[2ex] B\dfrac{d^2\psi}{dt^2} = -\displaystyle\int_S p(x\cos(nz) - z\cos(nx))ds - M_W, \end{cases}$$

wo die Integration über die ganze im Zeitaugenblicke t eingetauchte Oberfläche S des Schiffes zu erstrecken ist und n die Richtung der entsprechenden Normalen zu dieser Fläche bedeutet, p den hydrodynamischen Druck, W_ζ und M_W den Widerstand des Wassers und sein Moment in Bezug auf die y-Axe bezeichnen.

Die in den Gleichungen (21) auftretenden Integrale haben eine für die numerische Berechnung ungeeignete Form, wenn man beachtet, dass die Oberfläche des Schiffes nicht durch einen rechnerischen Ausdruck, sondern durch die Zeichnung des Schiffes gegeben ist. Sie müssen daher in eine für den praktischen Zweck dienlichere Form transformiert werden.

Man kann zunächst in bekannter Weise die Oberflächenintegrale in Volumintegrale verwandeln:

$$(22)\quad \begin{cases} \displaystyle\int_S p\cos(n\zeta)ds = \int_V \frac{\partial p}{\partial \zeta}dV, \\[2ex] \displaystyle\int_S p(x\cos(nz) - z\cos(nx))ds = \int \left(x\frac{\partial p}{\partial z} - z\frac{\partial p}{\partial x}\right)dV, \end{cases}$$

und versuchen, in den Integranden rechts nur die relativen Koordinaten zu behalten. Hierzu beachte man, daß

$$(23)\quad \frac{\partial p}{\partial \xi} = \frac{2\pi}{\lambda}g\varrho(\xi - a) \quad \text{und} \quad \frac{\partial p}{\partial \zeta} = g\varrho\left\{1 + \frac{2\pi}{\lambda}(\zeta - c)\right\},$$

48) Vgl. *A. Kriloff*, A new theory of the pitching motion, Trans. Inst. Nav. Arch. 37 (1896) = Bull. de l'Assoc. techn. maritime 1895, Nr. 4, und Paris C. R. 122 (1896), p. 183.

mit deren Hülfe sich $\frac{\partial p}{\partial x}$ und $\frac{\partial p}{\partial z}$ leicht ausdrücken, wenn man die Formeln (1′) berücksichtigt ($\theta_1 = 0$, $\varphi = 0$ und ψ im Maximum praktisch zwischen 5^0 und 6^0, also „klein"). Es kommen dann in dem Integranden der Gleichungen (22) neben x und z, wenn man auch ξ und ζ durch x, z ausdrückt, nur noch die Variabeln a, c vor, die sich aber leicht aus (20) unter Benutzung der *Lagrange*'schen Umkehrungsformel (vgl. II B 1, Nr. **15**, *W. F. Osgood*) finden lassen. In der Tat ergeben sich $(\xi - a)$ und $(\zeta - c)$ in der Form einer nach ganzen Potenzen von $\frac{r}{\lambda}$ fortschreitenden Reihe:

$$(24)\quad \begin{cases} \frac{2\pi}{\lambda}(\xi - a) = \frac{2\pi r}{\lambda} e^{-\frac{2\pi\zeta}{\lambda}} \sin 2\pi\left(\frac{\xi}{\lambda} - \frac{t}{\tau}\right) + \left(\frac{2\pi r}{\lambda}\right)^3 e^{-\frac{6\pi\zeta}{\lambda}} (\,) + \cdots, \\ \frac{2\pi}{\lambda}(\zeta - c) = \frac{2\pi r}{\lambda} e^{-\frac{2\pi\zeta}{\lambda}} \cos 2\pi\left(\frac{\xi}{\lambda} - \frac{t}{\tau}\right) + \left(\frac{2\pi r}{\lambda}\right)^2 e^{-\frac{4\pi\zeta}{\lambda}} (\,) + \cdots, \end{cases}$$

Speziell für die freie Oberfläche, wo $c = 0$, erhält man:

$$(25)\quad \zeta_1 = r\cos 2\pi\left(\frac{\xi}{\lambda} - \frac{t}{\tau}\right) + \frac{\pi r^2}{\lambda}\left\{1 - \cos 4\pi\left(\frac{\xi}{\lambda} - \frac{t}{\tau}\right)\right\} + \cdots.$$

Der Wert von $\frac{r}{\lambda}$ ist für die steilsten Wellen der Dünung nicht größer als $\frac{1}{40}$, so dass man in obigen Formeln (24) und (25) nur das erste Glied beizubehalten braucht.

Bei der weiteren Umformung der Integrale (22) beachte man, dass das in jedem Augenblick eingetauchte Volumen V in zwei Teile zerlegt werden kann: 1) in das Volumen V_0, welches zwischen dem Kiel des Schiffes und seiner der Gleichgewichtslage entsprechenden Wasserlinie enthalten ist, 2) in das veränderliche Volumen v, welches zwischen dieser Wasserlinie und der freien Oberfläche des Wassers enthalten ist. v wird eine Funktion der Grössen ζ_0, ψ und z sein, die hier alle als klein angesehen werden. Da nun v mit diesen Grössen verschwindet, so wird es kein von diesen Grössen unabhängiges Glied enthalten. Diese Bemerkung vereinfacht die Entwickelung der Integrale, da man von vornherein alle Glieder höherer Ordnung vernachlässigen kann. Bei dieser Entwickelung kann man ferner in erster Annäherung die der Wasserlinie benachbarte Schiffswand als senkrecht zu dieser Ebene ansehen. Man erhält so nach einigen Umformungen die Differentialgleichungen (21), in die noch der Widerstand als mit der ersten Potenz der Geschwindigkeit proportional eingeführt ist, in der Form:

$$
(26)\begin{cases}
\frac{P}{g}\frac{d^2\zeta_0}{dt} + N\frac{d\zeta_0}{dt} + g\varrho S_0\zeta_0 \\
\qquad = g\varrho r\left(m_0\cos\frac{2\pi t}{\tau} + n_0\sin\frac{2\pi t}{\tau}\right) + g\varrho\psi S_0 l, \\
B\frac{d^2\psi}{dt^2} + N_1\frac{d\psi}{dt} + P(R_0 - a)\psi \\
\qquad = g\varrho r\left(m_1\cos\frac{2\pi t}{\tau} + n_1\sin\frac{2\pi t}{\tau}\right) + g\varrho S_0 l\zeta_0.
\end{cases}
$$

Dabei haben die in diesen Gleichungen auftretenden Konstanten folgende Werte, die unmittelbar nach den Schiffszeichnungen berechnet werden können. Es ist:

$$
(27)\begin{cases}
S_0 = 2\int\limits_{-L_1}^{L_2} y_0\,dx = \text{Fläche der Wasserlinie}, \\
S_0 l = 2\int\limits_{-L_1}^{L_2} x y_0\,dx = \text{Moment von } S_0 \text{ in Bezug auf die } \varphi\text{-Axe}, \\
m_0 = a_0 - \frac{2\pi}{\lambda}A_0, \qquad n_0 = b_0 - \frac{2\pi}{\lambda}B_0, \\
m_1 = a_1 - \frac{2\pi}{\lambda}A_1, \qquad n_1 = b_1 - \frac{2\pi}{\lambda}B_1, \\
a_0 = 2\int\limits_{-L_1}^{L_1} y_0\cos\frac{2\pi x}{\lambda}\,dx, \qquad b_0 = 2\int\limits_{-L_1}^{L_1} y_0\sin\frac{2\pi x}{\lambda}\,dx, \\
a_1 = 2\int\limits_{-L_1}^{L_1} y_0 x\cos\frac{2\pi x}{\lambda}\,dx, \qquad b_1 = 2\int\limits_{-L_2}^{L_1} y_0 x\sin\frac{2\pi x}{\lambda}\,dx, \\
A_0 = 2\int\limits_{-L_1}^{L_2}\int\limits_{0}^{H} e^{-\frac{2\pi z}{\lambda}}\,y\cos\frac{2\pi x}{\lambda}\,dx\,dz, \\
A_1 = 2\int\limits_{-L_1}^{L_2}\int\limits_{0}^{H} e^{-\frac{2\pi z}{\lambda}}\,yx\cos\frac{2\pi x}{\lambda}\,dx\,dz, \\
B_0 = 2\int\limits_{-L_1}^{L_2}\int\limits_{0}^{H} e^{-\frac{2\pi z}{\lambda}}\,y\sin\frac{2\pi x}{\lambda}\,dx\,dz, \\
B_1 = 2\int\limits_{-L_1}^{L_1}\int\limits_{0}^{H} e^{-\frac{2\pi z}{\lambda}}\,yx\sin\frac{2\pi x}{\lambda}\,dx\,dz,
\end{cases}
$$

wobei L_1 und L_2 die Abszissen des Bugs und Hecks bezeichnen, y_0 die Ordinate der Wasserlinie und y die den Koordinaten x und

z entsprechende Ordinate der Schiffsoberfläche und H den Tiefgang[49]).

Bei dem Stampfen und Tauchschwingungen ist die Dämpfung der freien Schwingungen so stark, dass diese Schwingungen überhaupt nicht in Betracht kommen und die ganze Bewegung nur aus den erzwungenen Schwingungen besteht. Damit fallen aus der allgemeinen Lösung von (26), die die Form

$$(28)\quad \begin{cases} \zeta_0 = e^{-ht}\left(C_1 \cos\frac{2\pi t}{T_3} + C_2 \sin\frac{2\pi t}{T_3}\right) + \alpha \cos\frac{2\pi t}{\tau} + \beta \sin\frac{2\pi t}{\tau}, \\ \psi = e^{-ht}\left(C_3 \cos\frac{2\pi t}{T_2} + C_4 \sin\frac{2\pi t}{T_2}\right) + \alpha_1 \cos\frac{2\pi t}{\tau} + \beta_1 \sin\frac{2\pi t}{\tau} \end{cases}$$

hat, wo $\alpha, \beta; \alpha_1, \beta_1$ leicht zu bestimmende Werte haben und C_1, C_2, C_3, C_4 willkürliche Konstante sind, die mit e^{-ht} behafteten Glieder nach kurzer Zeit fort, so dass die Lösung wird:

$$(29)\quad \begin{cases} \zeta_0 = \alpha \cos\frac{2\pi t}{\tau} + \beta \sin\frac{2\pi t}{\tau}, \\ \psi = \alpha_1 \cos\frac{2\pi t}{\tau} + \beta_1 \cos\frac{2\pi t}{\tau}. \end{cases}$$

An numerischen Beispielen kann gezeigt werden, dass man den Widerstandskoeffizienten in sehr grossen Grenzen — etwa von 0 bis ∞ — ändern kann, ohne dass hierdurch $\alpha, \beta, \alpha_1, \beta_1$ eine für die Praxis merkliche Variation erleiden, wenn nur T_2 von τ verschieden ist. Dadurch wird es möglich, das Stampfen sehr genau zu berechnen, obwohl man den Widerstand nur in sehr roher Weise kennt.

4f. **Schluss: Die Theorie der allgemeinen Schiffsschwingungen.** Diese Theorie ist ebenfalls von *A. Kriloff*[50]) entwickelt worden, als Verallgemeinerung des in vorstehender Nr. 4e gegebenen Ansatzes für das Stampfen. Mit der Beschränkung auf die erste Annäherung werden hier die Bewegungsgleichungen (vgl. oben (3) und (4)) die Form

$$\begin{cases} \frac{P}{g}\frac{d^2\xi_0}{dt^2} = \Sigma\Xi, \qquad \frac{P}{g}\frac{d^2\eta_0}{dt^2} = \Sigma H, \qquad \frac{P}{g}\frac{d^2\zeta_0}{dt^2} = \Sigma Z, \\ A\frac{d^2\theta_1}{dt^2} = \Sigma(yZ - zY),\ B\frac{d^2\psi}{dt^2} = \Sigma(zX - xZ),\ C\frac{d^2\varphi}{dt^2} = \Sigma(xY - yX) \end{cases}$$

erhalten, wo Ξ, H, Z die Komponenten der in Richtung der absoluten Axen ξ, η, ζ wirkenden Kräfte, X, Y, Z die entsprechenden Kom-

49) In der genannten Arbeit von *A. Kriloff* ist ein vollständig durchgearbeitetes Beispiel mit allen zur numerischen Berechnung der Konstanten dienenden Schemata angeführt.

50) Vgl. *A. Kriloff*, A general theory of the oscillations of a ship on waves, Trans. Inst. Nav. Archit. 40 (1898) = Bull. de l'Assoc. techn. maritime 1897, Nr. 8.

ponenten in Richtung der relativen Axen sind. Als wirkende Kräfte kommen wieder in Frage: 1) das Eigengewicht des Schiffes, 2) der veränderliche Auftrieb, 3) der Wasserwiderstand des Schiffes. Das Schiff werde unter dem Winkel α gegen die Wellen steuernd angenommen und seine Fahrgeschwindigkeit zunächst als Null vorausgesetzt.

Das Entscheidende ist nun, den Auftrieb zu berechnen. Hierzu könnte man in Analogie zu dem allgemeinen Ansatze in Nr. 4e verfahren. Indessen ist es für die Berechnung bequemer — da nur eine erste Annäherung gegeben werden soll — von vornherein gewisse Vernachlässigungen einzuführen, deren Zulässigkeit für den speziellen Fall des Stampfens durch den früheren Ansatz erwiesen ist. Man benutze hierzu folgende Überlegung: Nach den hydrodynamischen Grundgleichungen ist der dem Volumelemente entsprechende Auftrieb durch die Resultierende folgender drei, sich auf das Massenelement ϱdv beziehenden Kraftkomponenten:

$$\varrho\left(X' - \frac{d^2\xi}{dt^2}\right)dv, \qquad \varrho\left(Y' - \frac{d^2\eta}{dt^2}\right)dv, \qquad \varrho\left(Z' - \frac{d^2\zeta}{dt^2}\right)dv$$

gegeben. Aus der Theorie der trochoidalen Wellen folgt, daß dieser Auftrieb in der Richtung der Normale zur entsprechenden dynamischen Niveaufläche fällt und seiner Intensität nach durch die Länge dieser Normalen gegeben wird, wenn die Länge des Rollkreises die Schwerkraft repräsentiert. Man mache nun eine vereinfachende Annahme über diese Wellen, die es gestattet, die Länge der Normalen in einfacher Weise zu berechnen. Es werde vorausgesetzt, dass — da der Tiefgang des Schiffes relativ zu den Wellen klein ist — die Niveauflächen der trochoidalen Wellen parallel zu der freien Oberfläche seien. Als Gestalt dieser Oberfläche kann man ferner (wie *Froude* es für das Rollen machte) in erster Annäherung eine Sinuswelle wählen, deren Gleichung

$$(31) \qquad \begin{cases} \zeta_1 = r\cos 2\pi\left(\frac{\xi}{\lambda_1} + \frac{\eta}{\lambda_2} - \frac{t}{\tau}\right), \\ \text{oder abgekürzt} \\ \zeta_1 = r\cos U \end{cases}$$

sein wird. Hier ist $\lambda_1 = \frac{\lambda}{\cos\alpha}$, $\lambda_2 = \frac{\lambda}{\sin\alpha}$ gesetzt.

Mit diesen Annahmen gestaltet sich nun die Berechnung des Auftriebs folgendermassen: Zunächst werden die Richtungskosinus der Normalen n zur Wasseroberfläche durch folgende Ausdrücke gegeben:

51) Siehe *W. J. M. Rankine*, Lond. Phil. Trans. 53 (1863), p. 127 = Misc. scient. papers, London 1881, p. 481.

$$(32)\quad \begin{cases} \cos(n\xi) = -\dfrac{2\pi r}{\lambda_1 N}\sin U, \quad \cos(n\eta) = -\dfrac{2\pi r}{\lambda_2 N}\sin U, \\ \cos(n\zeta_1) = -\dfrac{1}{N} = -\dfrac{1}{\sqrt{1+\left(\frac{2\pi r}{\lambda}\sin U\right)^2}}. \end{cases}$$

Da hier $\frac{2\pi r}{\lambda} < \frac{1}{7}$ ist und daher in erster Annäherung als „klein" betrachtet werden kann, ergeben sich die vereinfachten Ausdrücke (32′):

$$(32')\quad \cos(n\xi) = -\frac{2\pi r}{\lambda_1}\sin U, \quad \cos(n\eta) = -\frac{2\pi r}{\lambda_2}\sin U; \quad \cos(n\zeta_1) = -1.$$

Als Länge der Normalen zur Wasserfläche findet man, wenn R der Radius des rollenden Kreises ist:

$$(33)\quad n = R + r\cos U = R\left(1 + \frac{2\pi r}{\lambda}\cos U\right).$$

Damit hat man als Komponenten für den *Auftrieb*:

$$(34)\quad \begin{cases} \varrho\left(X' - \dfrac{d^2\xi}{dt^2}\right)dv = g\varrho\left(1 + \dfrac{2\pi r}{\lambda}\cos U\right)\cos(n\xi)\,dv \\ \qquad = -\dfrac{2\pi r}{\lambda_1} g\varrho \sin U dv, \\ \varrho\left(Y' - \dfrac{d^2\eta}{dt^2}\right)dv = g\varrho\left(1 + \dfrac{2\pi r}{\lambda}\cos U\right)\cos(n\eta)\,dv \\ \qquad = -\dfrac{2\pi r}{\lambda_2} g\varrho \sin U dv, \\ \varrho\left(Z' - \dfrac{d^2\zeta_1}{dt^2}\right)dv = g\varrho\left(1 + \dfrac{2\pi r}{\lambda}\cos U\right)\cos(n\zeta_1)\,dv \\ \qquad = -g\varrho\left(1 + \dfrac{2\pi r}{\lambda}\cos U\right)dv. \end{cases}$$

Beachtet man die zwischen den absoluten und relativen Koordinaten bestehenden Gleichungen:

$$(35)\quad \begin{cases} \xi = \xi_0 + x - y\varphi + z\psi, \\ \eta = \eta_0 + x\varphi + y - z\theta_1, \\ \zeta_1 = \zeta_0 - x\psi + y\theta_1 + z \end{cases}$$

und bedenkt, dass $\frac{2\pi\xi_0}{\lambda}$, $\frac{2\pi\eta_0}{\lambda}$, $\frac{2\pi\zeta_0}{\lambda}$ kleine Grössen erster Ordnung sind und in $\sin U$ resp. $\cos U$ überall als Faktor $\frac{2\pi r}{\lambda}$ oder die noch kleineren Grössen $\frac{2\pi r}{\lambda_1}$ und $\frac{2\pi r}{\lambda_2}$ auftreten, so kann man U in der Form

$$(36)\quad U = 2\pi\left(\frac{x}{\lambda_1} + \frac{y}{\lambda_2} - \frac{t}{\tau}\right)$$

annehmen. Hiermit bekommt man als Werte des *Gesamtauftriebes*, dem das Schiff im betrachteten Augenblick unterliegt:

$$(37)\quad \begin{cases} Q_\xi = \qquad -\frac{2\pi r}{\lambda_1} g\varrho \int\limits_V \sin 2\pi \left(\frac{x}{\lambda_1} + \frac{y}{\lambda_2} - \frac{t}{\tau}\right) dv, \\ Q_\eta = \qquad -\frac{2\pi r}{\lambda_2} g\varrho \int\limits_V \sin 2\pi \left(\frac{x}{\lambda_1} + \frac{y}{\lambda_2} - \frac{t}{\tau}\right) dv, \\ Q_\zeta = g\varrho V + \frac{2\pi r}{\lambda} g\varrho \int\limits_V \cos 2\pi \left(\frac{x}{\lambda_1} + \frac{y}{\lambda_2} - \frac{t}{\tau}\right) dv. \end{cases}$$

Die weitere Behandlung der in (37) vorkommenden Integrale ist der früheren (vgl. 4e) analog. Es wird wieder V in $V_0 + v$ zerlegt, wo v eine „kleine" Grösse ist. Da z_1 nach (31) durch den Ausdruck

$$z_1 = -\zeta_0 + x\psi - y\theta_1 + r\cos\left(\frac{x}{\lambda_1} + \frac{y}{\lambda_2} - \frac{t}{\tau}\right)$$

gegeben ist, so wird z. B.

$$V = \int\limits_V dv = V_0 + v$$

$$= -\int\limits_{-L_1}^{L_2} dx \int\limits_{-y_0}^{y_0} \left\{-\zeta_0 + x\psi - y\theta_1 - r\cos\left(\frac{x}{\lambda_1} + \frac{y}{\lambda_2} - \frac{t}{\tau}\right)\right\} dy,$$

wo L_1, L_2, y_0 die früheren Bezeichnungen sind. Man findet somit

$$(38)\qquad V = V_0 + \zeta_0 S_0 - \psi S_0 l - r\left(a_0 \cos\frac{2\pi t}{\tau} + b_0 \sin\frac{2\pi t}{\tau}\right),$$

wo S_0 und l die frühere Bedeutung haben, a_0 und b_0 folgendermassen gegeben sind:

$$(39)\quad a_0 = \frac{\lambda_2}{\pi}\int\limits_{-L_1}^{+L_2} \sin\frac{2\pi y_0}{\lambda_2} \cos\frac{2\pi x}{\lambda_1} dx, \quad b_0 = \frac{\lambda_2}{\pi}\int\limits_{-L_1}^{+L_2} \sin\frac{2\pi y_0}{\lambda_2} \sin\frac{2\pi x}{\lambda_1} dx.$$

In den meisten in der Praxis vorkommenden Fällen vereinfachen sich die Ausdrücke a_0 und b_0. Da $\lambda_2 > \lambda$ und $2y_0 < B$, wo B die grösste Breite des Schiffes bedeutet, so ist

$$\frac{2\pi y_0}{\lambda_2} < \frac{\pi B}{\lambda}.$$

Für grosse Schiffe, für die B etwa 20 m ist, auf grossen Wellen, für die λ etwa 120 m ist, wird demnach

$$\frac{2\pi y_0}{\lambda_2} < 0{,}6,$$

d. h. der Sinus des Winkels wird sich um weniger als 4 % von dem Winkel selbst unterscheiden, so dass man

$$\sin\frac{2\pi y_0}{\lambda_2} = \frac{2\pi y_0}{\lambda_2}, \quad \cos\frac{2\pi y_0}{\lambda_2} = 1 - \left(\frac{2\pi y_0}{\lambda_1}\right)^2$$

setzen darf. Damit werden dann

$$(39') \qquad a_0 = 2\int_{-L_1}^{+L_2} y_0 \cos\frac{2\pi x}{\lambda_1}\,dx, \quad b_0 = 2\int_{-L_1}^{+L_2} y_0 \sin\frac{2\pi x}{\lambda_1}\,dx,$$

die in die entsprechenden Werte von a, b der Formeln (27) für $\alpha = 0$ übergehen. In ähnlicher Weise lassen sich alle anderen in dem Ausdruck des Auftriebes oder seines Momentes vorkommenden Integrale in eine für die Berechnung geeignete Form setzen.

Das Resultat sind schliesslich die folgenden *Bewegungsgleichungen*:

$$(40)\quad \begin{cases} \dfrac{P}{g}\dfrac{d^2\xi_0}{dt^2} = -g\varrho\dfrac{2\pi r}{\lambda_1}\left(B_0\cos\dfrac{2\pi t}{\tau} + A_0\sin\dfrac{2\pi t}{\tau}\right) - W_\xi, \\ \dfrac{P}{g}\dfrac{d^2\eta_0}{dt^2} = -g\varrho\dfrac{2\pi r}{\lambda_2}\left(B_0\cos\dfrac{2\pi t}{\tau} + A_0\sin\dfrac{2\pi t}{\tau}\right) - W_\eta, \\ \dfrac{P}{g}\dfrac{d^2\zeta_0}{dt^2} + g\varrho S_0\zeta_0 = g\varrho\psi S_0 l + r\left(a_0\cos\dfrac{2\pi t}{\tau} + b_0\sin\dfrac{2\pi t}{\tau}\right) \\ \qquad\qquad - \dfrac{2\pi r}{\lambda}\left(A_0\cos\dfrac{2\pi t}{\tau} + B_0\sin\dfrac{2\pi t}{\tau}\right) - W_\zeta, \end{cases}$$

und

$$(41)\quad \begin{cases} A\dfrac{d^2\theta_1}{dt^2} + P(r_0 - a)\,\theta_1 \\ \qquad = P(r_0 - a)\,\Theta_0\sin\alpha\left(N_1\cos\dfrac{2\pi t}{\tau} - M_1\sin\dfrac{2\pi t}{\tau}\right) - L_W, \\ B\dfrac{d^2\psi}{dt^2} + P(R_0 - a)\,\psi \\ = P(R_0 - a)\,\Theta_0\cos\alpha\left(K_1\cos\dfrac{2\pi t}{\tau} + L_1\sin\dfrac{2\pi t}{\tau}\right) + g\varrho S_0 l\zeta_0 - M_W, \\ C\dfrac{d^2\varphi}{dt^2} = -P\Theta_0\left(P_1\cos\dfrac{2\pi t}{\tau} + Q_1\cos\dfrac{2\pi t}{\tau}\right) - N_W. \end{cases}$$

Hier sind a_0 und b_0 durch (39) bezw. (39') gegeben und ähnlich A_0, B_0, N_1, M_1, K_1, L_1, P_1, Q_1 Konstante, die sich nach den Schiffszeichnungen berechnen lassen[52]). W_ξ, W_η, W_ζ; L_W, M_W, N_W sind die Komponenten des Widerstandes resp. dessen Moments.

Setzt man den Wasserwiderstand wiederum proportional der Geschwindigkeit, so werden die Gleichungen (40) und (41) ähnlich wie (16) linear mit konstanten Koeffizienten, so dass sie eine leichte Integration gewähren. Es muss hier beachtet werden, dass für das Stampfen die vom Widerstand herrührende Dämpfung so stark ist, dass die freien Schwingungen gar nicht vorkommen (vgl. Nr. 4e). Für das Rollen aber ist dies nie der Fall, denn eine geringe Ungleich-

52) In der Arbeit von *A. Kriloff* findet man neben den Ausdrücken für diese Koeffizienten wieder eine vollkommene Anleitung zu deren Berechnung, die durch ein Beispiel erläutert wird.

mässigkeit der Dünung, d. h. eine geringe Verschiedenheit der Elemente der aufeinanderfolgenden Wellen genügt, um die Dämpfung zu überwinden und die freien Schwingungen allein bestehen zu lassen[53]).

Will man schliesslich noch die *Eigengeschwindigkeit des Schiffes* in Betracht ziehen, so braucht man nur statt der eigenen Periode τ der Wellen die relative Periode τ_1 in die obigen Gleichungen einzuführen, wobei sich τ_1 leicht aus folgender Formel:

$$(42) \qquad \tau_1 = \frac{\tau}{1 - \frac{c}{c_1} \cos \alpha}$$

berechnet, wo c die Geschwindigkeit des Schiffes, c_1 die des Fortschreitens der Wellen ist.

Damit sind nun alle Elemente gegeben, die bis zu einem gewissen Grade ein mathematisches Studium des Verhaltens eines Schiffes auf dem Meere (resp. im Seegange) bei gegebener oder angenommener Dünung ermöglichen und eine numerische Auswertung des Einflusses von Belastung oder Schiffsform auf dies Verhalten im Meere liefern.

4g. **Die Apparate zur Registrierung der Schiffsschwingungen.** Die Registrierung von Schwingungen im Seegange kann entweder auf photographischem Wege, der von *Huet*[54]) vorgeschlagen wurde und gute Dienste leistet, geschehen oder durch die Apparate von *W. Froude*[55]) und den doppelten Oszillographen von *E. Bertin*[56]). Das dieser letzte Apparat die vollständigsten Angaben liefert, so sei er allein im Folgenden kurz beschrieben.

Der *Bertin*sche *Oscillograph* besteht im Grunde aus zwei Pendeln. Das eine dieser Pendel, welches das „kleine Pendel" genannt wird, hat eine kleine Schwingungsperiode, etwa von $^1/_3$ bis $^1/_2$ sec, und eine solche Form, das es von der umgebenden Luft leicht gedämpft wird. Das andere Pendel, welches das „grosse Pendel" genannt wird, hat eine sehr lange Schwingungsperiode, etwa von 70 bis 80 sec. Dieses Pendel wird durch ein fast vollkommen equilibriertes Rad von 120 cm Durchmesser und ungefähr 200 kg Gewicht gebildet. Die Axe dieses Rades ist sehr genau konstruiert und ruht, um die Reibung möglichst

53) Vgl. hierzu bei *Kriloff* ein numerisches Beispiel, das diese Verhältnisse illustriert.

54) *Huet*, Note sur les courbes de roulis obtenus par la photographie, Mém. génie maritime 1875, 4. livr.

55) *W. Froude*, Description of an instrument for automatically recording the rolling of ships, Trans. Inst. Nav. Arch. 14 (1873).

56) *E. Bertin*, Observations de roulis et de tangage exécutées avec l'oscillographe double, Paris Mém. prés. par div. sav. 26 (1878).

zu vermeiden, auf einem Rollenlager. Das Fundamentgehäuse, welches die beiden Pendel trägt, ist mit einem Uhrwerk versehen, das vor den Pendeln ein Papierband herzieht, auf welchem die Zeit und die Lage der Pendel durch von ihnen getragene Stifte automatisch registriert wird. Ein am Gehäuse fixierter Stift registriert die Mittellinie des Papiers; bei aufrechter und ruhiger Lage des Schiffes zeigen die beiden Stifte der Pendel auf diese Mittellinie. Die Wirkung des Apparates im Seegange beruht nun auf folgenden Überlegungen:

Man denke der Einfachheit wegen, das Schiff steuere längs den Wellen, so dass nur ein reines Rollen auftritt. Dabei beschreibt der Schwerpunkt des Schiffes (nach der Froudeschen Theorie) dieselbe Kreiskurve wie die Wasserteilchen, so dass die Bewegung des Schiffes durch folgende Gleichungen dargestellt wird:

$$(43)\qquad \begin{cases} \xi_0 = 0, \quad \eta_0 = r \sin \frac{2\pi t}{\tau}, \quad \zeta_0 = r \cos \frac{2\pi t}{\tau}, \\ \theta_1 = \Theta_0 \sin\left(\frac{2\pi t}{\tau} + \alpha\right) + \Theta_1 \sin\left(\frac{2\pi t}{T_1} + \beta\right). \end{cases}$$

Es sei nun im Punkte (O, a, b) des Schiffes (der Anfangspunkt liegt im Schwerpunkt) ein Pendel aufgehängt, das in der zy-Ebene des Schiffes schwingen kann. Ist J_1 sein Trägheitsmoment in Bezug auf die Aufhängungsaxe, m seine Masse, l der Abstand seines Schwerpunktes vom Aufhängepunkt, so wird, wenn ω die Neigung des Pendels gegen die Vertikale bedeutet, die Bewegungsgleichung des Pendels:

$$(44)\qquad \begin{aligned} J_1\omega'' = -mlg \sin\omega + ml\{(\eta_0'' \cos\omega + \zeta_0'' \sin\omega) - [(a \sin(\theta_1 - \omega) \\ + b\cos(\theta_1 - \omega))]\,\theta_1'' - [a\cos(\theta_1 - \omega) + b \sin(\theta_1 - \omega)]\,\theta_1'^2\}. \end{aligned}$$

In erster Annäherung kann man hier die Winkel θ_1 und ω als klein ansehen und annehmen, dass der Aufhängepunkt des Pendels mit dem Schwerpunkt des Pendels zusammenfällt, so dass obige Gleichung:

$$J_1\omega'' + mgl\omega = ml\eta_0'' = -\frac{4\pi^2}{\tau^2} mlr \sin\frac{2\pi t}{\tau}$$

wird, oder wenn man $\frac{mgl}{J_1} = n^2$ setzt und benutzt, dass $\tau = \sqrt{\frac{2\pi\lambda}{g}}$ ist:

$$\omega'' + n^2\omega = -\frac{2\pi r}{\lambda} n^2 \sin\frac{2\pi t}{\tau},$$

woraus sich

$$(45)\qquad \omega = C_1 \cos\frac{2\pi t}{T} + C_2 \sin\frac{2\pi t}{T} + \frac{2\pi r}{\lambda}\,\frac{\tau^2}{T^2 - \tau^2} \sin\frac{2\pi t}{T}$$

ergiebt. Hier ist

$$T = \frac{2\pi}{n} = 2\pi\sqrt{\frac{J_1}{mgl}}$$

die Schwingungsperiode des Pendels.

Es sind nun zwei Fälle zu unterscheiden: 1) Die Periode der Eigenschwingungen des Pendels ist relativ zu der der Wellen und des Rollens des Schiffes T_1 sehr gross. Dann haben die erzwungenen Schwingungen des Pendels den sehr kleinen Faktor $\frac{\tau^2}{T^2 - \tau^2}$. Sie werden, wenn $\frac{\tau}{T}$ und $\frac{T_1}{T}$ etwa 3 bis 4 ist, praktisch schon unmerklich. Erfährt also das Pendel keinen Anfangsstoss, so ist $C_1 = C_2 = 0$ und folglich $\omega = 0$, d. h. das Pendel von langer Periode wird von der Vertikalen nicht abgelenkt und sein Stift registriert die wahren Neigungen des Schiffes. 2) Die Periode der Eigenschwingungen des Pendels ist relativ zu jener der Wellen und des Rollens des Schiffes sehr kurz. Dann wird der Faktor $\frac{\tau^2}{T^2 - \tau^2}$ praktisch gleich 1, und falls eine beträchtliche Dämpfung besteht, folgt aus (45):

$$\omega = -\frac{2\pi r}{\lambda} \sin \frac{2\pi t}{\tau}. \tag{45'}$$

Aus Formel (32) sieht man leicht, dass nunmehr ω der Neigung der Normalen zur Wellenoberfläche gleich ist, also das kleine Pendel diese Richtung annimmt.

Auf eine nähere Untersuchung der Gleichung (44) sei hier verzichtet. Es ergiebt sich, dass bei einer zweiten Annäherung das Verhalten des grossen Pendels sich nicht ändert, dagegen das kleine Pendel von der Lage des Aufhängepunktes im Schiffe und der Bewegung des Schwerpunktes sehr beeinflusst wird.

Neben diesem Oszillographen hat *Pâris*[57]) einen gyroskopischen Apparat zur Registrierung der Schiffsschwingungen angewandt, auf dessen mathematische Theorie aber hier nicht eingegangen sei. Die Eigenschaften des Gyroskops oder Kreisels wurden von *G. Fleuriais*[58]) zur Herstellung seines *gyroscope-collimateur* benutzt, der auf dem gleichen Prinzip wie das *Pâris*sche Instrument beruht. Eine einfache Darstellung der Theorie des *Fleuriais*schen Kreisels gab *É. de Joncquières* (vgl. IV 6, Nr. 25, *P. Stäckel*).

Ebenso möge hier der Schiffskreisel von *O. Schlick* erwähnt nur kurz werden, dessen Theorie in engem Zusammenhange mit der oben angeführten steht. Das Schiffspendel besteht im wesentlichen aus einem

57) *Pâris,* père et fils, Description et usage du trace-vague et du trace-roulis, Revue maritime et coloniale 20 (1867), p. 273; Paris C. R. 64 (1887), p. 731; Trans. Inst. Nav. Archit. 8 (1867), p. 279.

58) *G. Fleuriais,* Gyroscope-collimateur, Revue maritime et coloniale 91 (1886), p. 412; *E. de Joncquières,* Rapport sur le gyroscope-collimateur du commandant Fleuriais, ebenda 92 (1887), p. 223.

schweren, sich sehr rasch um eine vertikale Axe drehenden Schwungrade (Gyroscop). Die Lager dieser Axe sind nicht fest mit dem Schiffe verbunden, sondern sind an einen Block befestigt, welcher selbst um eine horizontale zur Längsebene des Schiffes senkrechte Axe drehbar ist. Diese letztere Axe ist mit einer Bremse versehen. Die Theorie des Apparates und die damit vorgenommenen Versuche haben gezeigt, dass er sogar bei mässigen Dimensionen eine starke Dämpfung der Schiffsschwingungen bewirkt[58a]).

5. Die Drehung des Schiffes. Steuern. Wenn auf einem in Fahrt befindlichen Schiff das Ruder aus seiner Mittschiffslage an Bord gelegt wird, so erfährt es einen Widerstand vom Wasser. Die Richtung dieses Widerstandes geht nicht durch den Schwerpunkt des Schiffes, so dass das Schiff in Drehung versetzt wird. Die Bewegungsgleichungen des Schiffes mit gelegtem Steuerruder wurden schon von *Euler* aufgestellt und werden in folgender Form benutzt.

Es sei M die Masse des Schiffes, G sein Schwerpunkt, J sein Trägheitsmoment in Bezug auf die Vertikale Gz, P die in der Längsebene wirkende Propulsionskraft, W_e und W_s die Komponenten des Widerstandes in der Längsebene und senkrecht zu dieser, R der normale Druck und F der Reibungswiderstand auf das Ruder, α der Ruderwinkel, δ der Derivationswinkel, φ der Drehungswinkel des Schiffes, ϱ der Krümmungsradius der vom Schwerpunkte des Schiffes beschriebenen Kurve, v die Geschwindigkeit des Schiffes, E das Moment von R und F in Bezug auf Gz, M_W das Widerstandsmoment. Dann lauten die Bewegungsgleichungen:

$$(46)\quad \begin{cases} \dfrac{Mv^2}{\varrho}\sin\delta + M\dfrac{dv}{dt}\cos\delta = P - W_e - R\sin\alpha - F\cos\alpha = 0, \\ \dfrac{Mv^2}{\varrho}\cos\delta - M\dfrac{dv}{dt}\sin\delta = W_s - R\cos\alpha + F\sin\alpha = 0, \\ J\dfrac{d^2\varphi}{dt^2} = E - M_W, \\ \dfrac{v}{\varrho} = \dfrac{d\beta}{dt}, \qquad \varphi = \beta + \delta. \end{cases}$$

Der Winkel φ wird von der Anfangsrichtung des Laufes des Schiffes gerechnet, β bezeichnet den Winkel, den die Tangente im entsprechenden Punkte der vom Schwerpunkte beschriebenen Kurve mit der Anfangsrichtung macht.

58a) *O. Schlick,* The gyroscopic effects of fly-wheels on board ship, Trans. Inst. Nav. Archit. 46 (1904), p. 117. Vgl. auch Sir *W. H. White,* ebenda 49 (1907) und IV 6, Nr. 41c *(P. Stäckel).*

Diese Gleichungen sind unter der Annahme aufgestellt, dass das Schiff keine Wassermassen mitschleppt, was bei der Drehung tatsächlich der Fall ist. Aber es ist unmöglich, über diese Massen und deren Einfluss irgend welche Angaben zu machen. Ferner muss beachtet werden, dass W_e, W_s, R und M_W Funktionen von v, δ, $\frac{d\varphi}{dt}$ sind, die unter sehr willkürlichen Annahmen aufgestellt werden, so dass den Lösungen der Gleichungen (46), welche man mit Hilfe dieser Annahmen aufzustellen vermag, ein praktischer Wert kaum beigelegt werden kann.

6. Die Vibrationen des Schiffes. Bei den Schiffsvibrationen liegt eine Resonanzerscheinung vor. Man betrachte das Schiff als einen einzigen grossen elastischen Stab. Dieser kann entsprechend den verschiedenen Randbedingungen — im Falle keine äusseren Kräfte auf ihn wirken — nur ganz bestimmte Normal- oder Eigenschwingungen ausführen (vgl. IV 26, Nr. 3, *H. Lamb*). Ist die Maschine nicht vollkommen equilibriert, so wirkt sie auf das Schiff als störende Kraft, deren Intensität sich periodisch ändert. Durch die Wirkung dieser Kraft entstehen im Schiffe erzwungene Schwingungen; fällt die Periode der Kraft mit einer der Perioden der Eigenschwingungen zusammen, so entsteht eine Resonanz; die entsprechende Schwingung bekommt eine starke Amplitude, welche nur von den passiven Widerständen gedämpft wird.

Die theoretische Untersuchung dieser Vibrationen erfordert die Integration der Gleichung:

$$(47)\qquad \frac{\partial^2}{\partial x^2}\left(EJ\frac{\partial^2 z}{\partial x^2}\right) + q\,\frac{\partial^2 z}{\partial t^2} = F(x, t),$$

wo E den Elastizitätsmodul des Schiffsmaterials bezeichnet, J das Trägheitsmoment der Querschnittfläche, q die auf die Längeneinheit bezogene Belastung, welche der Abszisse x entspricht, und $F(x, t)$ die störende Kraft, ebenfalls bezogen auf die Längeneinheit. Man muss wiederum beachten, dass EJ und q nur graphisch gegeben sind, so dass die Gleichung (47) nur durch gewisse Annäherungsverfahren gelöst werden kann.

Zunächst müssen die *freien Schwingungen* ermittelt werden. Hierfür hat *L. Gümbel*[59]) ein graphisches Verfahren angegeben. Analytisch kann dies Verfahren folgendermassen dargestellt werden. Es sei $EJ = f(x)$, so dass für die freien Schwingungen die Gl. (47) in

59) *L. Gümbel,* Ebene Transversalschwingungen freier stabförmiger Körper mit variablem Querschnitt, Jahrb. der schiffsbautechn. Ges. 2 (1901), p. 211ff.

folgende übergeht:

$$\frac{\partial^2}{\partial x^2}\left(f(x)\frac{\partial^2 z}{\partial x^2}\right) + q(x)\frac{\partial^2 z}{\partial t^2} = 0. \tag{48}$$

Als Rand- und Anfangsbedingungen gelten:

$$\frac{\partial^2 z}{\partial x^2} = 0 \quad \text{und} \quad \frac{\partial^3 z}{\partial x^3} = 0, \quad \text{wenn} \quad \begin{cases} x = 0, \\ x = l, \end{cases} \tag{49}$$

$$z = \varphi(x) \quad \text{und} \quad \frac{\partial z}{\partial t} = \psi(x) \quad \text{für} \quad t = 0. \tag{50}$$

Man suche nun eine Lösung der Form

$$z = \Sigma XT,$$

wo X eine Funktion allein von x, T eine Funktion von t allein ist. Dann gelten für X, T folgende Gleichungen:

$$\begin{cases} \dfrac{d^4 T}{dt^4} + m^4 T = 0, \\ \dfrac{d^2}{dx^2}\left(f(x)\dfrac{d^2 X}{dx^2}\right) - m^4 q(x) X = 0, \end{cases} \tag{51}$$

wobei m durch eine gewisse transzendente Gleichung bestimmt ist:

$$\varphi(m) = 0, \tag{52}$$

die sich aus den Randbedingungen ergiebt. Es seien $m_1, m_2, m_3, \ldots m_k, \ldots$ die Wurzeln von (52), dann entspricht jeder Wurzel m_k eine Normalschwingung X_k, so dass

$$z = \Sigma A_k X_k \cos m_k^2 t + \Sigma B_k X_k \sin m_k^2 t \tag{53}$$

wird. Die Koeffizienten A_k und B_k bestimmen sich hier vermöge der sogenannten Orthogonalitätseigenschaft der Entwicklungsfunktionen:

$$\int_0^l X_k X_j q(x)\, dx = 0 \quad \text{für} \quad k \neq j \tag{54}$$

in der Form

$$\begin{cases} A_k = \dfrac{\int_0^l \varphi(x) X_k q(x)\, dx}{\int_0^l X_k^2 q(x)\, dx}, \\[2ex] P_k = \dfrac{1}{m_k^2} \dfrac{\int_0^l \psi(x) X_k q(x)\, dx}{\int_0^l X_k^2 q(x)\, dx}. \end{cases} \tag{55}$$

Damit ist alles auf die Bestimmung der Wurzeln $m_1, \ldots m_k, \ldots$ und der zugehörigen Funktionen reduziert. Ein Näherungswert der kleinsten Wurzel m_1 kann erhalten werden, indem man $f(x)$ und $q(x)$ durch ihre Mittelwerte, d. h.

$$\frac{1}{l}\int_0^l f(x)\,dx \quad \text{und} \quad \frac{1}{l}\int_0^l q(x)\,dx$$

ersetzt. Es sei μ der so erhaltene Wert von m. Damit wird

$$\frac{d^2}{dx^2}\left(f(x)\frac{d^2X}{dx^2}\right) - \mu^4 q(x)\,X = 0. \tag{56}$$

Da diese Gleichung linear ist, wird X von der Form

$$X = C_1F_1(x) + C_2F_2(x) + C_3F_3(x) + C_4F_4(x)$$

sein, wo die C willkürliche Konstante sind, als deren Werte man X, $\frac{dX}{dx}$, $\frac{d^2X}{dx^2}$ und $\frac{d^3X}{dx^3}$ für $x = 0$ wählen kann. Damit wird

$$X = C_1F_1(x) + C_2F_2(x)$$

mit

$$C_1 = X(0), \quad C_2 = \left(\frac{dX}{dx}\right)_{x=0},$$

$$F_1(0) = 1, \; F_1'(0) = 0; \quad F_2(0), \; F_2'(0) = 1.$$

Man denke sich nun die graphisch gegebenen Kurven $f(x)$ und $q(x)$ in zweckmässiger Weise durch stufenweis gebrochene Linien ersetzt und wähle in dem Intervall $x = ih$ bis $x = (i+1)h$ für X den der Abszisse ih entsprechenden Wert $X_i = X(ih)$, um ihn in das zweite Glied der Gleichung (56) einzuführen. Diese wird damit

$$\frac{d^4X}{dx^4} + \mu^4 g(ih)\,X(ih) = 0, \tag{56'}$$

wobei $g(ih) = \frac{q(ih)}{f(ih)}$ ist. Damit findet man

$$\left\{\begin{aligned}
X'''_{i+1} &= \mu^4 g(ih)\,X_i h + X_i''',\\
X''_{i+1} &= \mu^4 g(ih)\,X_i \frac{h^2}{2} + X_i'''h + X_i'',\\
X'_{i+1} &= \mu^4 g(ih)\,X_i \frac{h^3}{6} + X_i'''\frac{h^2}{2} + X_i''h + X_i',\\
X_{i+1} &= \mu^4 g(ih)\,X_i \frac{h^4}{24} + X_i'''\frac{h^3}{6} + X_i''\frac{h}{2} + X_i'h + X_i.
\end{aligned}\right. \tag{57}$$

Mit Hilfe dieser Formeln schliesst man von einem Intervalle zum nächsten. Da aber $X_0 = C_1$ und $X_0' = C_2$, so werden alle diese Werte die Form

$$M_{i+1}C_1 + N_{i+1}C_2$$

annehmen, wo M_{i+1} und N_{i+1} ganz bestimmte numerische Werte haben.

Für $i = n$ gilt $X_n''' = X'''(l) = 0$ und $X_n'' = X''(l) = 0$, so dass

$$X_n'' = MC_1 + NC_2 = 0,$$

$$X_n''' = P_1C_1 + Q_1C_2 = 0,$$

d. h. die Determinante $MQ_1 - NP_1$ muss verschwinden. Ist dies der Fall, so ist μ der wahre Wert von m_1, ist es nicht der Fall, so ist

$$\varphi(\mu) = MQ_1 - NP_1. \tag{58}$$

Obgleich man also die transzendente Gleichung $\varphi(m)$ nicht explicite aufstellen kann, vermag man durch das angegebene Verfahren für jeden Zahlenwert μ von m den entsprechenden Wert von $\varphi(m)$ zu berechnen, folglich die successiven Wurzeln der transcendenten Gleichung zu bestimmen. Man erhält dabei die Darstellung der entsprechenden Funktionen X in Form einer Tabelle. Praktisch braucht man nur für grosse Schiffe die kleinste Wurzel m_1, für schnelllaufende Torpedoboote die beiden ersten Wurzeln m_1 und m_2 zu berechnen. Die Werte dieser Wurzeln bestimmen die kritischen minutlichen Tourenzahlen, bei denen Resonanz eintritt, zu

$$\frac{60}{2\pi} m_1^2 \quad \text{und} \quad \frac{60}{2\pi} m_2^2.$$

Die Ermittelung der Werte m_1 und $m_2, \ldots$ und der ihnen entsprechenden Funktionen $X_1, X_2, \ldots$ — obgleich in tabellarischer Form — genügt auch, um die *erzwungenen Schwingungen* zu bestimmen, falls die störende Kraft $F(x, t)$ gegeben wird. Diese Ermittelung verlangt nur Quadraturen, die durch bekannte Annäherungsformeln ausgeführt werden können. Die allgemeine Methode ist für gleichförmige Stäbe von *A. Kriloff*[60]) entwickelt worden; sie gilt auch für den Stab von veränderlichem Querschnitt, wenn die Normalfunktionen bestimmt sind.

Das Nähere über die Schiffsvibrationen findet man in den Abhandlungen von *L. Gümbel, G. Mellville,*[61]) *M. Lelong*[62]). Das experimentelle Studium der Schiffsvibrationen, verdankt man *O. Schlick*[63]), welcher einen dazu dienenden Apparat, den er *Pallograph* nennt, erfunden und konstruiert hat.

---

60) *A. Kriloff,* Über die erzwungenen Schwingungen von gleichförmigen elastischen Stäben, Math. Ann. 61 (1905), p. 211.

61) *G. Mellville,* Vibrations of steam ships, Engineering 75 (1903).

62) *M. Lelong,* Étude sur les vibrations des navires, Bull. de l'Ass. Techn. Maritime 15 (1904), p. 65.

63) *O. Schlick,* On an apparatus for measuring and legisbering the vibrations of steamers, Trans. Inst. Nav. Arch. 34 (1893), p. 167 und: Be further investigations of the vibrations of steamers, ebenda 35 (1894), p. 350.

Anhang: Hydrodynamik des Schiffes.

Bereits in der Vorbemerkung oben ist darauf hingewiesen, in welchem Verhältnis der nachfolgende Anhang zu der in den Nr. 2 bis 6 dargestellten Theorie des Schiffes steht. Entsprechend dem in der Praxis üblichen Verfahren ist dort in der Hauptsache jeweils nur die Hydrostatik zur Erklärung bezw. zur Erzielung einer praktischen Beherrschung der Probleme der Schiffstheorie herangezogen. In der Tat ist die Hydrodynamik zur Zeit noch zu wenig entwickelt, um eine allseitig befriedigende Behandlung der in Betracht kommenden Fragen zu gestatten. Insbesondere haben so zwei Probleme — die Probleme des Schiffswiderstandes und der Schiffspropulsion — bisher noch keine ausreichende theoretische Behandlung erfahren. Man ist zur Zeit noch immer angewiesen auf die zahlreichen, aus der Praxis des Schiffbaues gewonnenen empirischen Formeln und Rechnungsmethoden, die — als Interpolationsformeln aus einer Anzahl zweckmässig angestellter Versuche — versehen mit gewissen Erfahrungskoeffizienten, immer nur eine beschränkte Gültigkeitssphäre haben, über die hinaus ihre Anwendung stets nur hypothetisch ist und ihre Anwendbarkeit in der Tat auch gewöhnlich aufhört. Nichtsdestoweniger sind gerade in den letzten Jahrzehnten, insbesondere seitdem die Errichtung der sogenannten Modellversuchsstationen[64]) dazu beigetragen hat, das Beobachtungsmaterial für die bei der Fortbewegung der Schiffe im Wasser tatsächlich auftretenden mechanischen Vorgänge zu vermehren, nicht unbedeutende Fortschritte in der Auffassung dieser Vorgänge, wenigstens nach ihrer qualitativen Seite gemacht, so dass man bei ihrer richtigen und zweckmässigen Beziehung auf die von der Hydrodynamik gelieferten Grundlagen eine schliessliche theoretische Erledigung der vielen vorläufig noch in so mancher Hinsicht dunklen, praktisch aber doch so wichtigen Probleme erhoffen kann. Dazu kommt, dass die moderne Entwicklung des Schiffbaues in den Schnelldampfern, Torpedo-, Motor- und Gleitbooten Schiffstypen schafft, die z. T. ganz neue von den durch die bisherige Erfahrung gegebenen Verhältnissen abweichende Erscheinungen aufweisen, und so auch den Praktiker immer eindringlicher zum Studium der genauen hydrodynamischen Vorgänge aufmuntert.

64) Eine Übersicht über die verschiedenen zur Zeit bestehenden Modellversuchsstationen mit Angabe ihrer Einrichtungen usw. findet sich im Engineering 81 (1906), p. 541. Vgl. auch *W. H. White*, On the establishment of an experimental tank for research work on fluid resistance and ship propulsion, Trans. of the Institution of Nav. Archit. 46 (1904), p. 39; *F. Gebers*, Die Versuchsanstalt Übigau, Schiffbau 7 (1906—7), p. 1ff. u. 45ff.

Es ist daher in vorliegendem Anhang der Versuch gemacht, kurz dasjenige zusammenzustellen, was sich bisher an hydrodynamischen Erklärungsversuchen bestimmter Probleme der Schiffstheorie in der Litteratur vorfindet. Dabei werden naturgemäss die Probleme des Schiffswiderstandes und der Schiffspropulsion eine eingehendere Würdigung erfahren dürfen[65]).

7. Das Schiff in einer idealen Flüssigkeit. Die Annahme einer idealen (reibungslosen) Flüssigkeit, in der sich ein Schiff fortbewegt, entspricht zwar nicht den in der Praxis vorliegenden Verhältnissen. Das schliesst aber nicht aus, dass sie für bestimmte Probleme der Theorie des Schiffes eine genügende Approximation ist, wenn man sich damit begnügen will, zunächst in den qualitativen Charakter der Erscheinungen eine Einsicht zu gewinnen. Natürlich darf man nicht erwarten, dass die Annahme da eine befriedigende Aufklärung — wenn auch nur nach der qualitativen Seite — gibt, wo die Reibung des Wassers den wesentlichen Charakter der Erscheinung bedingt.

7a. Das allseitig eingetauchte Schiff. Es sei hier zunächst der Fall des allseitig eingetauchten Schiffes in ruhendem Wasser ins Auge gefasst, bei dem man von dem störenden Einfluss der Wasseroberfläche absehen darf. Zudem sei die Annahme gemacht, dass das Schiff sich unter einem anfänglichen von aussen wirkenden Impuls fortbewegt. Damit ist die für die theoretische Betrachtung zunächst störende Einwirkung der zur Fortbewegung des Schiffes dienenden Mechanismen (Ruder, Räder, Schrauben u. s. w.) ausgeschaltet. Das Problem der Schiffspropulsion erhält später (in Nr. 9) eine gesonderte Behandlung.

1) *Die Aufstellung der Bewegungsgleichungen.* Auf das solcherweise vereinfachte Problem der Schiffsbewegung findet dann die in der theoretischen Hydrodynamik, insbesondere von *Lord Kelvin*[66]) entwickelte *Lehre von der Bewegung fester Körper* in einer inkompressiblen Flüssigkeit (IV 16, Nr. 2a—e, *A. E. H. Love*) eine Anwendung.

---

65) Eine genauere Orientierung über verschiedene Einzelfragen findet man in den in der dem Referate voranstehenden Litteraturübersicht genannten Handbüchern, bzw. Monographien. Diese sind, soweit sie nur eine zusammenhängende Darstellung über den Schiffswiderstand bzw. die Schiffspropulsion geben, in den folgenden Zitaten nicht jedesmal wieder herangezogen.

66) Vgl. insbesondere *W. Thomson* und *P. G. Tait*, Treatise on natural philosophy 1, 2. ed. Cambridge 1879, § 319—325. Betreffs weiterer Citate vgl. IV 16, Nr. 2 (*A. E. H. Love*).

Es genügt hier folgendes zu wiederholen: Das Wasser wird — weil von der Ruhe ausgehend — unter dem Einfluss des bewegten Schiffes eine (stetig angenommene) zirkulationsfreie Potentialbewegung ausführen. Das Potential bestimmt sich aus der Natur des untergetauchten Schiffes und seinem Bewegungszustand. Das Entscheidende dabei ist, dass seine Kenntnis allein genügt, die fernere Bewegung des Schiffes zu bestimmen. In der Tat reduziert sich die Aufgabe auf die Bestimmung der Bewegung eines Systems von 6 Freiheitsgraden, die auf Grund der Prinzipien der Mechanik starrer Körper gelingt, wenn einmal der Ausdruck der kinetischen Energie T des aus Körper *und* Flüssigkeit gebildeten Systems aufgestellt ist. Es zeigt sich, daß T eine homogene quadratische Fnnktion der 6 Geschwindigkeitskomponenten u, v, w, p, q, r des Körpers — bezogen auf ein im Körper festes Koordinatensystem — wird, mit konstanten Koeffizienten, in denen die Masse und die Trägheitsmomente des Körpers um gewisse Konstante vermehrt sind, die sich aus dem Geschwindigkeitspotential des Wassers bestimmen und die dessen Einfluss auf die Bewegung des Körpers zum Ausdruck bringen.

Bezeichnet man mit $\xi, \eta, \zeta, \pi, \varkappa, \varrho$ die Komponenten des von *Lord Kelvin* sogenannten „Impulses des Systems" (vergl. IV 16, Nr. 2d), so ist:

$$(1) \qquad \xi = \frac{\partial T}{\partial u}, \dots \quad \pi = \frac{\partial T}{\partial p}, \dots$$

Die Bewegungsgleichungen sind dann durch Gleichungen gegeben, die den 6 *Euler*schen Gleichungen für die Bewegung eines starren Körpers analog sind und ausdrücken, wie sich der Impuls im Körper ändern muss, damit er im Raume konstant bleibt (konstant, weil keine äusseren Kräfte wirken):

$$(2) \qquad \frac{d\xi}{dt} - r\eta + q\zeta = 0, \dots \quad \frac{d\pi}{dt} - r\varkappa + q\varrho - w\eta + v\zeta = 0, \dots$$

Bezeichnet man mit T_1 bezw. T_2 die kinetische Energie des Körpers bezw. der Flüssigkeit allein — so dass $T = T_1 + T_2$ — so kann man in den Gleichungen (2) sofort diejenigen Kräfte und Momente besonders herausheben, die durch den Druck der Flüssigkeit auf die Schiffswände ausgeübt werden. Es werden dies:

$$(3) \qquad \begin{cases} X_p = -\dfrac{d}{dt}\dfrac{\partial T_2}{\partial u} + r\dfrac{\partial T_2}{\partial v} - q\dfrac{\partial T_2}{\partial w}, \dots \\ L_p = -\dfrac{d}{dt}\dfrac{\partial T_2}{\partial p} + w\dfrac{\partial T_2}{\partial v} - v\dfrac{\partial T_2}{\partial w} + r\dfrac{\partial T_2}{\partial q} - q\dfrac{\partial T_2}{\partial r}, \dots \end{cases}$$

entsprechend der Trägheit des mitbewegten Wassers. Es sind dies die Kräfte, welche die statische Theorie vernachlässigt.

2) *Die Axen der permanenten Translation.* Es sei nun speziell angenommen, dass das Schiff sich mit konstanter Geschwindigkeit u, v, w ohne Rotation fortbewegt. Es werden dann $X_p = Y_p = Z_p = 0$. Mit anderen Worten: Es übt das Wasser auf das Schiff lediglich ein Drehmoment aus. Dies verschwindet für den speziellen Fall, dass

$$\frac{\partial T_2}{\partial u} : u = \frac{\partial T_2}{\partial v} : v = \frac{\partial T_2}{\partial w} : w,$$

d. h. dass sich der Körper in Richtung einer der Hauptaxen des Ellipsoides

$$2 T_2 = A_2 u^2 + B_2 v^2 + C_2 w^2$$

fortbewegt, wobei die Wahl des Koordinatensystems so getroffen ist, daß der Anfangspunkt — bei symmetrischer Massenverteilung in den Schwerpunkt, sonst in einen bestimmten anderen Punkt, das Reaktionszentrum — des Körpers fällt und die Koordinatenaxen mit den Hauptaxen zusammenfallen. Das Resultat ist demnach, dass es *drei Richtungen permanenter Translation für den Körper giebt, bei dem er von dem Wasser überhaupt keinen Widerstand erfährt. Beim Schiffe fällt aus Symmetriegründen eine dieser Richtungen in die Kiellinie.*

Das vorstehende Resultat zeigt, dass der Ansatz der stetigen zirkulationsfreien Potentialbewegung einer idealen Flüssigkeit zur Erklärung des Schiffswiderstandes — der doch erfahrungsgemäss auftritt, wenn das Schiff sich in Richtung der Kiellinie mit konstanter Geschwindigkeit fortbewegt — nicht führt. In der Tat zeigt auch die direkte Überlegung, daß die Druckdifferenzen, die in diesem Falle entlang der Schiffsoberfläche auftreten, sich in summa aufheben, da hier angenommen ist, dass die Stromfäden sich dicht hinter dem Schiff wieder schliessen, so dass sie dem Schiff diejenige Energie zurückgeben, die am Bug des Schiffes zur Zerteilung der Stromfäden aufgewandt werden muss. Trotzdem hat der obige Satz als Ausgangspunkt jeder rationellen Theorie des Schiffswiderstandes zu dienen, wie wie dies insbesondere von *W. J. M. Rankine*[67]) und *W. Froude*[68]) in

67) Von *Rankines* Arbeiten kommen hier insbesondere in Betracht: On plane water-lines, London Phil. Trans. 154 (1864), p. 369 = Miscellaneous scientific papers, London 1881, p. 495; On the computation of the probable engine power and speed of proposed ships, Trans. of the Inst. of Naval Architects 5 (1864), p. 316; On the mathematical theory of stream-lines, expecially those with four foci and upwards, Lond. Phil. Trans. 161 (1872), p. 267 (read 10. Febr. 1870); On stream-line surfaces, Trans. of the Inst. of Naval Architects 11 (1870), p. 175.

68) Bezüglich *W. Froude* vgl. die Erklärungen zu dem in Fussn. 81 erwähnten Bericht von *Merrifield*, Brit. Ass. Rep. 1869, p. 43; ferner Address to the Mechanical Section of the British Association, Brit. Ass. Rep. 1875, p. 221 = The theory of

verschiedenen Arbeiten — besonders gegenüber der um die Mitte des 19. Jahrhunderts allgemein anerkannten *wave-line theory* von *J. Scott-Russell*[69]) — immer wieder betont wurde. Das Problem ist eben — unter Beziehung auf obiges Resultat — festzustellen, wieweit die tatsächliche Wasserbewegung von der hier zunächst betrachteten zirkulationsfreien (stetigen) Potentialbewegung einer idealen Flüssigkeit verschieden ist, um unter Zugrundelegung der solcherweise erkannten Wasserbewegung die Frage des Schiffswiderstandes erfolgreich in Angriff zu nehmen (vergl. unten Nr. 8).

Ist also der Ansatz der reinen Potentialbewegung für die Frage des Schiffswiderstandes überhaupt keine Approximation, so kann man ihn für das Verhalten des Schiffes im Wasser nach anderer Seite wohl als erste Annäherung gelten lassen.

3) *Stabilität und Instabilität der verschiedenen Translationsrichtungen.* Der Einfachheit halber sei das Schiff als Ellipsoid gedacht und angenommen, dass es keine Bewegung in Richtung der nach oben positiv gewählten z-Axe ausführt. Die x-Axe liege in Richtung der Längsaxe des Schiffes. Dann zeigt die Überlegung, dass die Bewegung in Richtung der x-Axe instabil, die Bewegung in Richtung der y-Axe stabil ist, d. h. das Schiff ist bei Eintritt einer kleinen Störung in seiner Richtung bestrebt, das eine Mal seine Orientierung gegen die Fortschrittsrichtung beständig in einem Sinne zu ändern, das andere Mal pendelt es um die Fortschrittsrichtung. In der Tat wird nach (3) bei einer gegen die Axen geneigten Fortschreitungsrichtung das wirksame Kräftepaar:

$$N = (A - B)uv,$$

wo A und B die Trägheitskoeffizienten von u^2 und v^2 in dem Ausdruck der lebendigen Kraft T sind und nach der obigen Festsetzung $A < B$ ist. Weicht daher die Fortschreitungsrichtung im positiven Sinne nur wenig von der x-Richtung ab, so sucht das Kräftepaar — das im negativem Sinne wirkt — die Ablenkung zu vergrößern, d. h. die Fortschreitung in Richtung der Längsaxe ist instabil. Weicht umgekehrt die Fortschreitungsrichtung im negativen Sinne von der y-Richtung ab, so sucht das Kräftepaar — das auch hier im negativen Sinne wirkt — die Ablenkung zu verkleinern, d. h. die Fortschreitung in Richtung der Breitaxe ist stabil. Kurz kann man

---

stream-lines in relation to the resistance of ships, Nature 13 (1876), p. 50, 89, 130, 169 und The fundamental principles of the resistance of ships, Roy. Institution Proc. 8 (1875—1878), p. 188.

69) Hierüber vgl. etwa *J. Scott Russell,* Trans. of the Institution of Naval Architects 20 (1879), p. 59.

sagen: *Das Schiff sucht sich immer so zu orientieren, dass es quer gegen seine Fortschreitungsrichtung liegt.*

Das im letzten Satze ausgesprochene Resultat ist mit der Erfahrung in merkwürdig gutem Einklange. *Lord Kelvin* hat hierüber einige Beobachtungen zusammengestellt, von denen hier einige wiedergegeben seien. Dabei ist zu bemerken, dass sie sich natürlich auf die Bewegung des Schiffes an der Oberfläche beziehen, wobei die Tendenz des sich Querlegens wegen der Wellen u. s. w. nicht so klar zum Ausdruck kommt. Zudem darf nicht vergessen werden, dass die Reibung in dem Ansatze ganz ausser acht gelassen ist, die ebenfalls auf die Frage der Stabilität und Instabilität — wegen des hinter dem Schiff sich ausbildenden Kielwassers — nicht ohne Bedeutung ist. *Lord Kelvins* Beobachtungen[70]) sind folgende:

1. Ein symmetrisch gebautes Schiff mit Raasegeln — und Steuerruder in Richtung der Kiellinie — ist, wenn es in Richtung des Windes segelt, instabil und kann nur dadurch seinen Kurs halten, dass man durch Legen des Ruders die jeweiligen Abweichungen aus der Bahn korrigiert. Ebenso können die kleinen Schiffe — gleichgültig ob sie Raa- oder Gaffelsegel führen —, die die Kinder über kleine Wasserflächen treiben lassen, durch keine ständige Einstellung der Segel oder des Ruders immer vor dem Winde segeln. Sie legen sich nach kurzer Zeit, wenn nicht durch eine Windfahne oder eine beschwerte Ruderpinne die Tätigkeit des Steuermanns ersetzt wird, stets fast quer zum Winde.

2. Die Schlepptrosse eines Kanalbootes, die an seiner Seite befestigt ist, liegt stets — wenn das Ruder in Richtung der Kiellinie festgehalten wird — in einer Vertikalebene, die die Längsaxe *vor* dem Mittelpunkt trifft.

3. Ein Boot, das rasch quer gegen die Windrichtung gerudert werden soll, erfordert — wenn es nicht gar zu unsymmetrisch in seiner Wassertracht und der Grösse seiner dem Winde ausgesetzten Oberfläche nach den beiden Enden zu ist — ein stärkeres Arbeiten des Luvriemens, um es daran zu hindern, sich gegen die Windrichtung zu drehen. Ebenso ist ein Segelschiff im allgemeinen luvgierig (luvgierig d. h. die Ruderpinne muss, damit das Schiff seinen Kurs halten kann, von der Mitschiffslage nach der dem Winde zugekehrten Seite gelegt werden).

---

70) *W. Thomson* und *P. G. Tait,* Treatise of natural philosophy 1, Cambridge 1879, Nr. 325. Diese finden sich z. T. schon in der ersten Auflage 1867, Nr. 336 (vgl. die deutsche Ausgabe von *H. Helmholtz* und *G. Wertheim,* Braunschweig, 1871).

4. Bei starkem Winde ist es ausserordentlich schwierig, und oft geradezu unmöglich, das Schiff aus dem hohlen Raum zwischen zwei Wellen herauszubringen; jedenfalls kann dies aber nur durch eine rasche Vorwärtsbewegung geschehen.

5. Bei glatter See und mässigem Wind in einer zu den Ufern parallelen Richtung kann ein auf das Ufer lossteuerndes Schiff, das zu wenig Segel gesetzt hat, nur dadurch am Auflaufen auf das Ufer gehindert werden, dass es mehr Segel setzt und rasch auf das Ufer lossegelt, wodurch es dem Schiff ermöglicht wird, abzudrehen.

4) *Bewegung eines Schiffes, bei der die Axe gezwungen ist, stets in einer Ebene zu bleiben.* Es ist dies der einfachste Fall der allgemeinen Bewegung, die ein Schiff im Wasser — etwa unter einem Anfangsimpuls — gemäß unserer Theorie auszuführen imstande ist. Das Schiff sei speziell als Rotationskörper angenommen und das Koordinatensystem in der schon oben (unter 2)) bezeichneten Weise festgelegt. Die ausgezeichnete Ebene sei die Horizontalebene, ein Fall, der für die Bewegung eines Schiffes auf der Oberfläche besondere Wichtigkeit besitzt. Da jetzt nur die Geschwindigkeitskomponenten u, v, r in Frage kommen, wird die kinetische Energie unter Benutzung des Reaktionszentrums als Anfangspunktes die einfache Form erhalten:

$$2T = Au^2 + Bv^2 + Rr^2.$$

Der Impuls also ist

$$\xi = Au, \quad \eta = Bv, \quad \varrho = Rr$$

und die Bewegungsgleichungen lauten:

$$A\frac{du}{dt} = rBv, \quad B\frac{dv}{dt} = -rAu, \quad R\frac{dr}{dt} = (A - B)uv.$$

Die Gleichungen drücken (wie oben unter 1)) die Konstanz des Impulses im Raume aus, den man sich im vorliegenden Falle unter dem Bilde eines translatorischen Einzelimpulses Ξ, H vorstellen kann. Wählt man speziell das im Raum feste Koordinatensystem so, dass die X-Achse in die Richtung dieses konstanten Impulses fällt, so wird $H = 0$, und wenn θ die Neigung des Impulses gegen die x-Axe (also die Längsaxe des Schiffes) bezeichnet (d. h. $\dot{\theta} = r$):

$$Au = \Xi \cos\theta, \qquad Bv = -\Xi \sin\theta,$$

$$R\ddot{\theta} + \frac{A - B}{2AB}\Xi^2 \sin 2\theta = 0;$$

$$\dot{x} = \Xi\left(\frac{\cos^2\theta}{A} + \frac{\sin^2\theta}{B}\right), \quad \dot{y} = \frac{R\ddot{\theta}}{\Xi}.$$

Lord Kelvin[71]) fasst dieses von ihm gegebene Resultat in folgende Worte:

1. Die Winkelgeschwindigkeit $\dot{\theta}$ befolgt das Gesetz eines Quadrantpendels, d. h. eines Pendels, das sich nach jeder Seite von seiner Gleichgewichtslage aus in bezug auf einen Quadranten ebenso bewegt, wie das gewöhnliche Pendel in bezug auf den Halbkreis. Die Länge des einfachen Gravitationspendels von gleicher Schwingungsdauer ist gegeben durch

$$l = \frac{gRAB}{\Xi^2(A-B)}.$$

2. Die Entfernung des Reaktionszentrums von der Linie des resultierenden Impulses variiert wie die Winkelgeschwindigkeit.

3. Die Geschwindigkeit des Reaktionszentrums parallel zur Richtung des Impulses ergibt sich als Quotient aus dem Überschuss der gesamten konstanten Energie T über denjenigen Teil, der von der Winkelgeschwindigkeit um das Reaktionszentrum herrührt, und dem halben Impulse.

4. Die Bewegung ist oszillatorisch oder nicht, je nachdem

$$y \lessgtr \sqrt{\frac{(A-B)}{AB} R \cos 2\alpha},$$

wo α die Neigung des Impulses gegen die anfängliche Richtung der Längsaxe ist, und zwar erfolgt die Oszillation um die Längs- oder Queraxe, je nachdem $A \lessgtr B$.

Damit ergeben sich als Bild der Bewegung zwei Typen ($A > B$), die man in folgenden Worten beschreiben kann:

Bei der oszillatorischen Bewegungsform durchläuft das Reaktionszentrum eine sinusähnliche Kurve, deren Mittellinie die Axe des Impulses ist. So oft sich, auf dieser Kurve fortschreitend, das Reaktionszentrum auf der Impulsaxe befindet, ist die Neigung der Längsaxe gegen die Vertikale zur Impulsaxe ein Maximum, und ebenso die fortschreitende Bewegung; die Drehgeschwindigkeit ist Null. So oft aber das Reaktionszentrum sich in einem Scheitel der sinusähnlichen Kurve befindet, ist die Längsrichtung des Schiffes senkrecht zur Impulsaxe, seine fortschreitende Bewegung ist ein Minimum, seine Drehgeschwindigkeit in dem einen oder anderen Sinne ein Maximum.

Bei der zweiten Bewegungsform wird das Reaktionszentrum auch noch eine sinusähnliche Kurve beschreiben, die aber jetzt ganz auf

71) *W. Thomson* und *P. G. Tait*, Treatise on natural philosophy 1, 1. ed., Cambridge 1867, § 333.

der einen Seite des Impulses liegt, so dass sich das Schiff fortgesetzt überschlägt. Seine Fortschreitungsgeschwindigkeit ist ein Maximum, seine Drehgeschwindigkeit ein Minimum, wenn das Reaktionszentrum sich in dem der Impulsaxe zugekehrten Scheitel der Bahnkurve befindet. Die Sache verhält sich umgekehrt in dem der Impulsaxe abgewandten Scheitel. Dabei ist die Richtung der Längsachse im ersten Scheitel parallel, im zweiten senkrecht zur Impulsaxe.

Lord Kelvin giebt an, dass die merkwürdigen Bewegungen, die etwa eine Austernschale ausführt, wenn man sie schräg ins Wasser fallen lässt, den eben beschriebenen Bewegungstypen nicht ganz unähnlich seien.

5) *Die allgemeine Bewegung eines Schiffes im Wasser; Schiffsschwingungen.* Sehr viel komplizierter als in dem eben behandelten Spezialfall, gestaltet sich die Entwicklung, wenn es sich darum handelt, die allgemeine Bewegung des Schiffes — eventuell auch unter dem Einfluss äusserer Kräfte — zu studieren, wozu noch kommt, dass die Schiffsform durch keinen rechnungsmässigen Ausdruck gegeben ist, so dass eine Lösung überhaupt nur durch angenäherte, insbesondere graphische Verfahren wird zu erlangen sein. Dabei ist hier zunächst immer an ein allseitig eingetauchtes Schiff (Unterseeboot) zu denken. Jedenfalls ist aber zu betonen, dass das Vorstehende die exakte hydrodynamische Grundlage bietet, auf der jegliche Theorie der Bewegung des Schiffes in einer idealen Flüssigkeit zu basieren ist. Dies gilt insonderheit auch von den Schiffsschwingungen, bei denen man aber insofern wieder eine Vereinfachung eintreten lassen mag, dass man die höheren Potenzen der Geschwindigkeitskomponenten vernachlässigt und sich daher nur auf sogenannte unendlich kleine Schwingungen beschränkt. Das Charakteristische dieses Ansatzes gegenüber dem in Nr. 4 entwickelten hydrostatischen Ansatze ist, daß man so — unter genauer Berücksichtigung der Wasserbewegung — eine vollständige Einsicht in den Bewegungsvorgang erlangt. In der Tat wird die Trägheitswirkung des Wassers richtig in Ansatz gebracht, und damit im besonderen genau die Lage desjenigen Punktes festgelegt, um den die Drehbewegungen in jedem Augenblick stattfinden, indem es nicht statthaft ist — wie in der Kinetik des starren Körpers — die allgemeine Bewegung in eine solche des Schwerpunktes und eine andere um diesen Punkt zu dekomponieren.

6) *Die Annahme cyklischer Bewegung des Wassers.* Bisher wurde ausdrücklich das Wasser in (stetiger) zirkulationsfreier Potentialbewegung angenommen. In der Tat ist dies bei einem Schiff, das

in Richtung seiner Kiellinie fährt, aus Symmetriegründen die einzig mögliche Bewegungsform. Indes kann bei schräger Fahrt — wie dies unter Umständen bei Segelschiffen der Fall ist — die Anwendung einer Ideenbildung nützlich sein, die in letzter Zeit insbesondere von *F. W. Lanchester* für die Theorie der Gleitflieger in der Luft, in erster Linie für Flächen, die den Vogelflügeln nachgebildet sind, verwertet worden ist[72]).

Die Annahme ist hier, dass man sich die Bewegung der Luft aus einer gleichförmigen Strömung und einer Zirkulation von passendem Sinn und passender Stärke um den — für den Augenblick festgedachten — Flügel komponiert denkt. Dann ist das Wesentliche, dass so das Auftreten einer tragenden Komponente der Luft auf der Seite der langsameren Strömung erklärt ist. Im Übrigen wird die Luft bei Bewegung des Flügels in eigentümlicher Weise von Wirbelfäden durchzogen, die von den Flügelenden ausgehen, indem eine solche Potentialbewegung mit Zirkulation in einem einfach zusammenhängenden Raum — um einen endlich ausgedehnten Körper herum — nur möglich ist in Verbindung mit aus dem Körper austretenden Wirbellinien, die nach den Gesetzen der Wirbelbewegung auf einander einwirken. Wegen der Einzelheiten muss hier auf das Buch von *Lanchester* verwiesen werden, in dem versucht ist, durch mannigfache Figuren diese Ideenbildungen dem Verständnis näher zu bringen.

Die Frage nun, in wieweit die Übertragung dieser Ideen auf die Theorie des Schiffes nützlich sein mag, wird sich nur von Fall zu Fall entscheiden lassen. Für die Frage der Fortbewegung des Schiffes als Ganzes, die an dieser Stelle zunächst interessiert, wird die Idee der *peripteralen Bewegung*[73]) im allgemeinen wenig austragen. In der Tat wird man z. B. ein grosses Bedenken in der breiten Ausbildung des Kielwassers hinter dem Schiff — das besonders stark für den Fall ist, wo das Schiff nicht in Richtung der Kiellinie fährt — finden müssen, da es gerade für die Theorie der zyklischen Bewegung wichtig ist, dass man von jedem Kielwasser absehen kann. Fruchtbarer und von weitertragender Bedeutung wird diese Ideenbildung da, wo es sich um die Fortbewegung sehr schlanker und dünner Flächen in der Flüssigkeit handelt, wobei das Kielwasser zu vernachlässigen ist. Dies ist in der Theorie des Schiffes etwa bei den Flügeln einer Schiffsschraube der Fall, wo in der Tat von *F. W. Lanchester* die zyklische

---

72) *F. W. Lanchester,* Aerodynamics, London 1907.

73) Dies ist die Benennung, die *Lanchester* für eine Potentialströmung des Wassers mit Zirkulation (von περὶ und πτερόν = Flügel) einführt.

Wasserbewegung herangezogen wird, um sich ein Bild von der Wirkungsweise der Schraube zu machen (vgl. Nr. 9).

7b. **Das Schiff auf dem Wasser (Schiffswellen).** Gegenüber der bisherigen Annahme befinde sich das Schiff jetzt *auf* dem Wasser. Das Entscheidende ist, dass dann schon bei mässig grosser Geschwindigkeit die Niveauänderungen der Oberfläche nicht mehr vernachlässigt werden dürfen. In der Tat geben die an der Schiffswandung auftretenden Druckdifferenzen zur Ausbildung von Wellen Anlass, die sich vom Schiff selbständig fortbewegen und so jeweils denjenigen Energiebetrag von ihm fortführen, der zu ihrer Ausbildung vom Schiffe geliefert wurde. Dieser Energieverbrauch mißt, pro Längeneinheit des Schiffweges berechnet, einen Widerstand, den das Schiff beim Durchgang durch das Wasser fortgesetzt auszuhalten hat und dessen genauere Bestimmung eine Hauptaufgabe in der Theorie des Schiffes ist. Es interessiert hierbei nicht so sehr die Frage nach der ersten Entstehung der Wellen beim Durchgang des Schiffes durch das Wasser, oder etwa nach der Gesammtenergie, die in dem Wellensystem enthalten ist, als die andere, welche Energie erforderlich ist, das einmal ausgebildete Wellensystem nach Größe und Geschwindigkeit relativ zum Schiff konstant zu erhalten. Es sei daher auch an dieser Stelle nicht näher auf die sogenannte Theorie der Schiffswellen eingegangen, um so mehr, als hierüber in IV 16, Nr. 5e ausführlicher berichtet ist[74]). Sie wird hier nur der Vollständigkeit halber berührt, indem es bei ihr, gerade wie in den bisher behandelten Fragen, in erster Annäherung erlaubt erscheint, das Wasser als reibungsfreie Flüssigkeit vorauszusetzen. Dabei darf allerdings nicht vergessen werden, dass sich die Theorie auf die Annahme unendlich kleiner Amplitude beschränkt, womit ihre Verwertung unter gewissen Umständen doch kaum eine befriedigende Approximation liefert. Im Übrigen soll im Wesentlichen deskriptives Material nachgetragen werden.

1) *Das Schiff auf dem Ozean.* Die Annahme sei zunächst ein Schiff auf unendlich ausgedehntem, unendlich tiefem (ruhigem) Wasser. Dann ergibt die Beobachtung[75]), dass das Schiff von zwei wesentlich

---

74) Bezüglich der Theorie der Schiffswellen ist zu der bei *A. E. H. Love* gegebenen Litteratur jetzt noch nachzutragen: *Lord Kelvin,* Deep sea ship waves, Edinb. Roy. Soc. Proc. 25 (1905), p. 1060 = Phil. Mag. (6) 11 (1906), p. 1 und *W. V. Ekman,* On the waves produced by a distribution of pressure, which travels on the surface of water, Arkiv för Matematik 3 (1907), Nr. 11. Vgl. auch *H. Lamb*, Hydrodynamics, 3. ed., Cambridge 1906; deutsch von *J. Friedel,* Leipzig 1907, p. 253.

75) Vgl. insbesondere *W. Froude*, Experiments upon the effect produced

verschiedenen Wellensystemen begleitet ist. Ein System sogenannter *transversaler Wellen*, dessen Wellenkämme ziemlich genau senkrecht zur Fortschreitungsrichtung des Schiffes stehen, schreitet mit dem Schiffe fort, so dass ihre Wellenlänge durch die für Tiefseewellen geltende Beziehung

$$\lambda = \frac{2\pi V^2}{g}$$

(vgl. IV 16, Nr. 5c) gegeben ist. Hat das Schiff ein sehr langes paralleles Mittelstück, so nehmen die Wellen vom Bug nach dem Heck an Höhe ab und können so hier fast verschwinden, wo sich dann zeigt, dass vom Heck aus nach hinten ein neues transversales Wellensystem sich ausbreitet. Bei nicht sehr langem Mittelstück interferieren die Bug- und Heckwellen. Ausser diesen transversalen Wellen erscheinen an jeder Seite des Schiffes (und zwar wieder sowohl am Bug wie am Heck) je ein System *divergierender Wellen*, deren Wellenkämme in eigentümlicher Staffelanordnung einander folgen: die einzelnen Wellenkämme sind gegen die Fortschreitungsrichtung des Schiffes unter ziemlich konstantem Winkel α (etwa 40^0—50^0) geneigt[76]), wobei jeder folgende Wellenkamm hinter dem vorhergehenden um ein bestimmtes Stück zurückbleibt. Die einzelnen Wellenberge verbreitern und verflachen sich ein wenig nach aussen, so dass es schwer ist, von einer bestimmten Wellenlänge in Richtung der Normalen zur Wellenkammlinie zu sprechen. Indessen entspricht doch im Mittel die Wellenlänge einer Fortpflanzungsgeschwindigkeit dieser Wellen in Richtung der Normalen zur Wellenkammlinie, die gleich ist der nach dieser Normalen genommenen Komponente der Fahrgeschwindigkeit des Schiffes:

$$\lambda_d = \frac{2\pi V^2 \sin^2\alpha}{g}.$$

2) *Das Schiff auf einem Kanal*[77]). Hier komplizieren sich die Erscheinungen gegen früher wesentlich dadurch, dass der Kanal nach den Seiten ebenso wie nach der Tiefe begrenzt ist. In der Tat

---

on the wave-making resistance of ships by length of parallel middle body, Trans. of the Inst. of Naval Architects 17 (1877), p. 77 und *R. E. Froude*, On the leading phenomena of the wave-making resistance of ships, ebenda 22 (1881), p. 220.

76) Diese Angabe findet sich bei *W. H. White*, Manual of naval architecture, 3. ed., London 1894, p. 459.

77) Über das Schiff auf dem Kanal vgl. die zusammenfassende Darstellung von *Ed. Sonne* im Handbuch der Ingenieurwissenschaften, III. Teil: Der Wasserbau, 4. Aufl., Band 5: Binnenschiffahrt, Schiffahrtskanäle, Flusskanalisierung, p. 83—120, Leipzig 1906.

werden die vom Schiff auslaufenden Wellen bald an den Ufern reflektiert, wodurch sich dem normalen Wellensystem ein neues überlagert. Zudem wird die ungleiche Tiefe, besonders das Ansteigen des Bodens nach den Ufern hin, nicht unwesentlich das normale Wellensystem verändern.

Man vereinfacht die theoretische Behandlung, indem man den Kanal von konstanter Tiefe h annimmt und im übrigen entweder den Kanal unendlich breit voraussetzt oder annimmt, dass das Schiff den Kanal nach seiner ganzen Breite ausfüllt. Das eine Mal werden dann sowohl transversale, wie divergierende Wellen auftreten, während im zweiten Fall nur die transversalen Wellen vorhanden sind. Indem jetzt das Wesentliche ist, dass die Wellengeschwindigkeit von der Tiefe des Kanals abhängt, sich aber bei den divergierenden Wellen keine weiteren Besonderheiten einstellen, sei hier von vornherein nur der zweite obengenannte Fall berücksichtigt. Es kann jedoch bemerkt werden, dass der erste Fall praktisch da vorkommt, wo ein schnellfahrendes Torpedoboot sich in relativ seichtem Wasser (in der Nähe der Küste) bewegt[78]).

Nach den in IV 16, Nr. 5c gegebenen Entwickelungen wird die Geschwindigkeit der transversalen Wellen durch die Gleichung gegeben:

$$V^2 = \frac{g\lambda}{2\pi} \operatorname{tgh} \frac{2\pi h}{\lambda},$$

woraus ersichtlich ist, daß die Wellenlänge λ mit wachsender Geschwindigkeit wächst und für den kritischen Wert

$$V^2 = gh$$

dies unendlich wird. Es ist der Fall der zuerst von *J. Scott Russell* beobachteten Einzelwelle, die mit konstanter Geschwindigkeit ohne einen Wellenschwanz hinter sich zu lassen, über den Kanal fortläuft[79]). Im besonderen hat *Scott Russell* in langjährigen Versuchen die Ausbildung

78) Vgl. hierzu *H. Yarrow*, Experiments on the effect of depth of water on speed, having special reference to destroyers recently built, Trans. of the Inst. of Naval Architects 47² (1905), p. 339 und *W. W. Marriner*, Deductions from recent and former experiments on the influence of the depth of water on speed, ebenda 47² (1905), p. 344, wo sich weitere Litteraturangaben finden.

79) Vgl. *J. Scott Russell*, Experimental researches into the laws of certain hydrodynamical phenomena that accompany the motion of floating bodies, and have not previously been reduced into conformity with the known laws of the resistance of fluids, Edinb. Roy. Soc. Trans. 14 (1840), p. 47 (read 3. April 1837); franz. von *C. Emmery* und *C. Mary* in Ann. des ponts et chaussées 1837, 2. sém., p. 143, festgestellt.

dieser Einzelwelle studiert[80]), wobei sich zeigte — was in der Formel nicht zum Ausdruck kommt — dass das Wellensystem hinter einem Schiff mit wachsender Geschwindigkeit an Amplitude gewinnt und zugleich sich immer weniger lang hinter dem Schiff erstreckt. Nähert sich das Schiff der kritischen Geschwindigkeit, so ist im wesentlichen nur ein hoher Wellenberg und dahinter ein tiefes Wellenthal vorhanden, in dem das Schiff mit seinem Heck liegt; unter Umständen kann es dabei den Grund des Kanals berühren. Dabei findet ein tumultarisches Einströmen des nachfolgenden Wassers in dieses Wellenthal statt. Es bedarf eines besonderen Impulses von aussen, um dem Schiff die kritische Geschwindigkeit zu erteilen, wobei es sich auf den Wellenberg hebt, der jetzt allein von dem ganzen Wellensystem übrig bleibt. Wird die Geschwindigkeit des Schiffes noch grösser, so wächst die Amplitude der Welle, bis diese überschäumt, so dass das Schiff fernerhin von einer erzwungenen stets überschäumenden Welle begleitet ist. Es ist verständlich, dass dieses merkwürdige Verhalten des Wellensystems einen gegen früher veränderten Einfluss auf den Widerstand haben muss, worüber das Nähere im Zusammenhange mit der Frage des Gesamtwiderstandes des Schiffes weiter unten folgt.

8. Der Schiffswiderstand.

Die konsequente Durchführung der bisherigen, an der Leistungsfähigkeit der Hydrodynamik orientierten Darstellung würde erfordern, dass im Anschluss an die vorige Nummer nunmehr untersucht würde, wieweit etwa die Annahme sogenannter Diskontinuitätsflächen der Potentialbewegung in einer idealen Flüssigkeit und dann weiter die übliche Theorie der reibenden Flüssigkeiten in der Lage ist, für die Probleme der Schiffstheorie befriedigendere Ansätze zu geben. Da es sich im vorliegendem Referate aber in erster Linie um die Frage des Schiffswiderstandes handelt, so erscheint es zweckmässig, diese Fragen im Zusammenhange mit dem Problem des Gesamtwiderstandes des Schiffes im Wasser zu behandeln.

8a. Einteilung des Schiffswiderstandes[81]). Es ist nach dem Vorgang von *W. J. M. Rankine*[67]) und *W. Froude*[68]) üblich, in der Hauptsache drei Arten des Schiffswiderstandes zu unterscheiden: den

80) *J. Scott Russell,* Report on waves, Brit. Assoc. Report 1844.

81) Über die älteren z. T. sehr unzulänglichen theoretischen Überlegungen über den Schiffswiderstand wird im folgenden nicht berichtet. Als zusammenfassende Übersicht sei genannt *C. W. Merrifield,* Report on the state of existing knowledge on the stability, propulsion and sea-going qualities of ships, Brit.

Oberflächenwiderstand (skin-resistance), den *Kielwasserwiderstand* (eddy-making resistance) und den *Wellenwiderstand* (wave-making resistance). Von diesen drei Faktoren gehören nach ihrer Entstehung die beiden ersten näher zusammen, insofern sie den Umstand zum Ausdruck bringen, dass das Wasser keine reibungsfreie Flüssigkeit ist. Zugleich treten sie bei jedem Schiff wirklich auf. Der dritte Faktor trägt der Tatsache Rechnung, dass das Schiff im allgemeinen sich nicht als Unterseeboot, sondern an der Oberfläche des Wassers bewegt und damit durch Erzeugung von Oberflächenwellen fortgesetzt einen Energieverlust erleidet. Hierbei spielt die Reibung keine wesentliche Rolle, so dass man bei dem Erklärungsversuch eines solchen Wellenwiderstandes in erster Annäherung die innere Reibung der Flüssigkeit vernachlässigen mag, wie dies bereits in Nr. 7b ausgeführt wurde. Nichtsdestoweniger kann es unter einem anderen Gesichtspunkt praktisch erscheinen, den Wellen- und Kielwasserwiderstand zusammenzufassen und sie als sogenannten „Formwiderstand" dem Oberflächenwiderstand, den man auch „Reibungswiderstand" nennt, gegenüberzustellen[82]), insofern nämlich für die beiden ersteren die Form der Schiffe von wesentlicher Bedeutung ist, die bei dem letzteren bis zu einem gewissen Grade praktisch als gleichgültig angesehen wird.

Es sei nun im folgenden stets das Schiff im stationären Zustand vorausgesetzt, also angenommen, dass das Schiff sich mit konstanter Geschwindigkeit, und zwar in Richtung seiner Kiellinie[83]), durch das

---

Ass. Rep. 1869, p. 16; siehe auch *B. de St.-Venant,* Résistance des fluides, Paris Mém. de l'Acad. (2) 44 (1888). Ebensowenig sei hier auf die älteren Versuche zur Bestimmung des Schiffswiderstandes näher eingegangen, da sie in erster Linie doch immer nur auf die Gewinnung dieser empirischen Formel für den Schiffswiderstand ausgehen und daher z. T. über manche Punkte, die für die Entwicklung einer rationalen Theorie wichtig sind, keine vollkommene Aufklärung verschaffen. Über die Geschichte der wichtigsten dieser Versuche vgl. die historische Übersicht in Nr. 1 oben, sowie den genannten Bericht von *C. W. Merrifield*, ferner *C. W. Merrifield,* The experiments recently proposed on the resistance on ships, Trans. of the Inst. of Naval Architects 11 (1870), p. 80. Vgl. auch *M. Rühlmann*, Hydromechanik, 2. Aufl., Hannover 1880, p. 607ff. Eine Zusammenstellung der wichtigsten empirischen Formeln für den Schiffswiderstand findet sich in jedem der üblichen Handbücher, z. B. bei *Johow*, Hilfsbuch für den Schiffbau, p. 633—683.

82) Vgl. insbesondere *W. Riehn,* Die Berechnung des Schiffswiderstandes, Hannover 1882.

83) Diese Annahme ist jetzt im folgenden durchaus festgehalten. Für die Praxis des Segelns ist indess auch der Schiffswiderstand für den Fall besonders wichtig, dass das Schiff „abtreibt"; vgl. hierzu etwa *J. Pollard* et *A. Dudebout,* Théorie du navire 4, p. 1—16. Ausserdem ist im Text das Schiff stets auf *ruhendem*

Wasser fortbewegt — oder noch genauer ausgedrückt, da man die störende Einwirkung der zur Fortbewegung des Schiffes dienenden Mechanismen (Ruder, Räder, Schrauben) bei dieser Betrachtung zu vermeiden wünscht, — von aussen irgendwie (durch Schleppen, Treideln) fortbewegt wird.

Indem man dann zunächst von dem Wellenwiderstande absieht, möchte man versucht sein zu erwarten, dass zur Erklärung des Kielwasserstandes die abstrakte Hydrodynamik in der Theorie der sogenannten Diskontinuitätsflächen, und zur Erklärung eines Oberflächenwiderstandes in der gewöhnlichen Theorie der reibenden Flüssigkeiten das geeignete theoretische Substrat an die Hand giebt. Jedoch ist bei einem solchen Ansatz die Idealisierung schon so weit getrieben, dass wohl kaum von einer genügenden Approximation an die tatsächlich eintretenden Verhältnisse gesprochen werden kann.

Am günstigsten steht es noch mit der Annahme der *Diskontinuitätsflächen*, wie sie zuerst eingehender von *H. von Helmholtz* betrachtet wurden, d. h. Flächen, an denen die tangentialen Geschwindigkeitskomponenten in der Flüssigkeit einen Sprung erleiden und auf denen der Druck konstant ist (vgl. IV 16, Nr. **1** f). Insbesondere wird durch diese Annahme die von der Beobachtung gelieferte quadratische Abhängigkeit des Widerstandes von der Geschwindigkeit richtig wiedergegeben. Aber ein Haupteinwand wird hier immer bleiben, dass nach dieser Annahme das Schiff ein unendlich langes, im Innern ruhiges und gegen das übrige Wasser wohl abgegrenztes Kielwasser mit konstanter Geschwindigkeit hinter sich herziehen müsste, was durch die Erfahrung keineswegs bestätigt wird (vgl. auch IV 17, Nr. **1**, *S. Finsterwalder*).

Noch schwieriger erscheint es, aus der gewöhnlichen *Theorie reibender Flüssigkeiten* den Oberflächenwiderstand befriedigend zu erklären. Indess liegt hierfür der Grund weniger in einem Unvermögen der physikalischen Voraussetzungen, als in dem Umstande, dass die Theorie reibender Flüssigkeiten vorläufig noch nicht weit genug fortgeführt ist. In der Tat ist die gewöhnliche Annahme der Theorie, dass sich das Wasser in stationärer Laminarbewegung (IV 15, Nr. **16**, *A. E. H. Love*) befinde, bei der sich einzelne Wasserschichten ganz regulär aneinander vorbeischieben, wobei sich dann ein Widerstandsgesetz ergiebt, in das nur die erste Potenz der Geschwindigkeit eingeht. Aber die Annahme solch regulärer Bewegungen entspricht nicht im entferntesten den wirklich beim Durchgang eines Schiffes durch das

Wasser angenommen, also von dem Einfluss abgesehen, den die Meereswogen auf den Schiffswiderstand haben.

Wasser erfolgenden Wasserbewegungen. Es liegt hier die gleiche Unstimmigkeit vor, wie sie zwischen theoretischer Hydrodynamik und praktischer Hydraulik in betreff des Problems des Strömens von Wasser in Röhren und Kanälen besteht (vgl. IV 20, Vorbemerkung, *Ph. Forchheimer*). Auch hier zeigt die Beobachtung, dass das Wasser gar nicht in regulären Schichten strömt, sondern in unruhiger, hin- und hergehender, sog. „turbulenter" Bewegung ist.

Diesen Misserfolgen gegenüber erscheint es vorläufig als nächstliegende Aufgabe der Theorie des Schiffswiderstandes, durch genaue Analyse der Beobachtungen das Charakterische der bei Schiffswiderstand vorliegenden Erscheinungen aufzufassen, und genau den Bewegungstypus festzustellen, der beim Durchgang des Schiffes durch das Wasser in diesem tatsächlich auftritt. Demgemäss tritt auch im folgenden, wo über die verschiedenen Arten des Widerstandes im einzelnen noch berichtet wird, das descriptive Element etwas stärker hervor, wobei aber nicht die Ansätze unterdrückt werden, die auf eine erfolgreiche theoretische Beherrschung des Gegenstandes hinzudeuten scheinen.

8b. **Genauere Angaben über die verschiedenen Arten des Schiffswiderstandes.** 1) *Der Oberflächenwiderstand* kommt in unmittelbarer Nähe der Schiffswandung zur Ausbildung. Denkt man sich zur Bequemlichkeit das Schiff ruhend und das Wasser mit der konstanten Geschwindigkeit V in entgegengesetzter Richtung heranströmend, so übt das an der Schiffswand haftende Wasser durch innere Reibung auf das umgebende Wasser eine verzögernde Wirkung aus, die überwunden werden muss durch eine Kraft, die gleich dem Widerstand ist, den das ruhende Schiff vom strömenden Wasser erfährt. Hier ist nun die wesentlichste Bemerkung eben die, dass die Strömung nicht in regulären Schichten vor sich geht, so dass man zur Berechnung des Oberflächenwiderstandes die Betrachtungen der sogenannten Laminarbewegung heranziehen könnte. Vielmehr deuten die bei dem an der Oberfläche des Wassers ruhenden Schiff hier sichtbaren kleinen Strudel darauf hin, dass die Strömung von irgendwie wirbelnden Wassermassen durchsetzt ist. Es liegt nahe, mit *G. G. Stokes*[84]) und *W. J. M. Rankine*[85]) den Grund für das Auftreten dieser wirbelnden Bewegung in den vorspringenden Kanten und Ecken des Schiffskörpers und in letzter Linie in dem verschiedenen Rauhigkeitsgrad seiner

84) Vgl. *G. G. Stokes*, On some cases of fluid motion, Cambr. Phil. Soc. Trans. 8 (1845) [1843] = Mathematical and physical papers 1, Cambridge 1880, p. 54.

85) *W. J. M. Rankine*, London Phil. Trans. 161 (1871), p. 300.

Oberfläche zu suchen. Damit aber wäre dann nicht erklärt, dass ebenso wie die turbulente Strömung jenseits einer gewissen kritischen Geschwindigkeit auch in vollkommen glatten Röhren auftritt (vgl. IV 16, Nr. 17), das durch die Erfahrung gegebene Widerstandsgesetz des Oberflächenwiderstandes auch für ganz glatte Schiffskörper nicht mit dem von der bisherigen Theorie reibender Flüssigkeiten gelieferten Widerstandsgesetz — was die Abhängigkeit sowohl von den Dimensionen, wie von der Geschwindigkeit des Schiffes anbetrifft — übereinstimmt. Es liegt hier eine theoretische Schwierigkeit vor, die bisher in keiner Weise gelöst ist, deren Beseitigung aber die Vorbedingung für die rationelle Begründung eines Gesetzes für den Reibungswiderstand der Schiffe sein muss.

Vorläufig ist man daher zur Bestimmung des Oberflächenwiderstandes lediglich auf die Experimente angewiesen, die von verschiedenen Autoren unter den verschiedensten Gesichtspunkten (sowohl an Modellen wie an wirklich ausgeführten Schiffen) angestellt sind[86]). Massgebend in der Schiffbautechnik sind in erster Linie die Versuche von *W. Froude*[87]). Aus ihnen ergiebt sich zunächst, dass für ein Schiff der Oberflächenwiderstand für einen ersten Ansatz praktisch der gleiche ist, wie für eine ebene (dünne) Platte von derselben Länge und dem gleichen Flächeninhalt, die mit der Schiffsgeschwindigkeit der Länge nach durch das Wasser gezogen wird. Für solche dünne (5 mm dicke) Platten, die an der Vorderkante der ganzen Breite (0 m), 475 nach mit einer scharfen Schneide versehen waren (Eintauchtiefe der oberen Kante 3,7 mm), fand dann *Froude* als Widerstandsgesetz die bereits in Nr. **1** mitgeteilte empirische Formel:

$$R_f = ksv^m,$$

wo s die benetzte Oberfläche, v die Geschwindigkeit bedeutet und der Koeffizient k sowohl wie der Exponent m ausser von der Beschaffenheit der Oberfläche noch von der Länge der Platte abhängen. Letzterer

86) Vgl. zur Orientierung über die älteren Versuche auch *Bourgois*, Mémoire sur la résistance de l'eau au mouvement des corps et particulièrement des bâtiments de mer, Paris 1857.

87) *W. Froude*, Experiments on the surface-friction experienced by a plane moving through water, Brit. Ass. Rep. 1872, p. 718 und Report to the Lords Commissioners of the Admiralty on experiments for the determination of the frictional resistance of water on a surface, under various conditions, performed at Chelston Cross, under the authority of their Lordships, Brit. Ass. Rep. 1874, p. 249.

ist nur wenig von 2 verschieden und im Mittel (für nicht allzu rauhe Platten) 1,825.[88])

An die Aufstellung seiner Formel schliesst *Froude*[89]) eine theoretische Überlegung, die das allmähliche Abnehmen des Koeffizienten k mit der Länge erklären kann. Seine Überlegung ist, dass durch die Bewegung der Platte durch das Wasser diesem nach hinten hin eine sich über immer grössere Schichtdecken ausdehnende Vorwärtsbewegung mitgeteilt wird, wodurch mit wachsender Länge die relativen Geschwindigkeiten immer kleiner werden und infolgedessen auch die innere Reibung abnimmt. Er berechnet geradezu unter Anwendung des Impulssatzes aus der Annahme, dass über die Entfernung H von der Platte aus die Geschwindigkeit von $V = 3m$ sec^{-1} bis auf $v = 0$ gleichförmig abnimmt, die Breite des begleitenden Stromes. Hierbei findet er für kleine Längen (ca. 15 m) einen mit der Beobachtung annähernd stimmenden Wert (ca. 11 cm). Für grosse Längen führt indess die Überlegung zu dem Resultate, dass die Platte allmählich von einem Strom begleitet ist, der in seiner Breite über viele Zentimeter hinaus die gleiche Geschwindigkeit wie die Platte hat, und in dem diese den gleichen Widerstand erführe, wie in ruhendem Wasser. Die Erklärung für dieses paradoxe Resultat aber findet schon *Froude* in dem Umstande, dass hier unberücksichtigt geblieben ist, dass bei grösseren Längen die Erscheinungen der turbulenten Wasserbewegung immer mehr wirksam werden, so dass die angenommene, gleichförmig von V auf $v = 0$ abnehmende Geschwindigkeitsverteilung über die Entfernung H hin stark modifiziert ist, wodurch es denn erreicht wird, dass der Widerstand mit wachsender Länge sehr viel langsamer abnimmt, als es die hier vorgetragene Überlegung ergiebt.

2) *Der Kielwasserwiderstand.* Als solcher wird hier derjenige Widerstand bezeichnet, der durch Ausbildung des Kiel- oder Schleppwassers („Sog") hinter dem Schiffe zur Wirkung kommt. Vielfach wird er auch als „Wirbelwiderstand" bezeichnet. Indessen ist diese Bezeichnung nicht gerade glücklich, da die Ausbildung von Wirbeln nicht allein für das Kielwasser charakteristisch ist, indem jeglicher Reibungsvorgang im Wasser mit Erzeugung von Wirbeln begleitet ist[90]).

---

88) *Froude* benutzte Platten von vier verschiedenen Längen, die bzw. gleich 0,^{m}61; 2,^{m}44; 6,^{m}10 und 15,^{m}24 waren.

89) Vgl. *W. Froude,* Brit. Ass. Rep. 1874, p. 252.

90) Eine so scharfe Trennung, wie sie im Text zwischen Oberflächenwiderstand und Kielwasserwiderstand gemacht ist, liegt übrigens bei den meisten Autoren in der Litteratur nicht vor, bei denen es dann stets unklar bleibt, was eigentlich der sogenannte Wirbelwiderstand (eddy-making resistance) ist; vgl. indess *R. E.*

Was hier unter dem Kielwasserwiderstand wirklich gemeint ist, ergiebt sich leicht durch Bezugnahme auf die Druckverteilung, die entlang dem Schiff in reibungsfreier Flüssigkeit statthat. Hier ergiebt sich im stationären Strom am Bug des Schiffes eine Geschwindigkeitsverminderung, der eine Druckerhöhung entspricht, an den beiden Flanken tritt eine Geschwindigkeitsvermehrung, also eine Druckverminderung, ein, am Heck wiederholt sich der gleiche Vorgang wie am Bug, weil sich hier — unter Annahme stetiger Potentialbewegung — die einzelnen Stromlinien sofort hinter dem Schiff schliessen. Dieser letztere Umstand tritt nun in Wirklichkeit nie ein. Es bildet sich vielmehr hinter dem Schiff eine Schleppe voll wirbelnder Wassermasse aus, die das Schiff bei seinem Durchgange durch das Wasser begleitet[91]) und verhindert, dass dem Schiff durch eine entsprechende Druckerhöhung am Heck diejenige Energie zurückgegeben wird, welche das Schiff zur konstanten Aufrechterhaltung der Druckerhöhung am Bug verliert. Dabei ist es aber nun durchaus nicht so — wie die Theorie der unstetigen Potentialbewegung annimmt — dass sich hinter dem Schiff eine relativ zu ihm ruhende Wassermasse (ein sogenanntes Totwasser) befindet, die sich bis ins Unendliche ausdehnt. Vielmehr zeigt die Beobachtung, dass das Kielwasser von Wirbeln durchsetzt ist, eine endliche Ausdehnung besitzt und durchaus keine stabile Begrenzung hat, auf der der Druck konstant wäre. Eine befriedigende theoretische Behandlung des Kielwasserwiderstandes wird daher auf diese wesentlichen Momente der Erscheinung Rücksicht nehmen müssen. Eine solche liegt zur Zeit noch nicht vor. Indessen ist in einer Richtung in letzter Zeit ein Fortschritt gemacht, insofern von *L. Prandtl*[92]) die *Entstehung des Kielwassers* bzw. die *erste Ablösung*

Froude, On ship resistance, Papers of the Greenock Philosophical Society 1894, wo es heisst: We may observe the effect of the skin-friction resistance, in the belt of eddying water which clothes the surface of the ship from end to end, getting thicker and thicker as it approches the stern. We may observe the effect of the eddy-making resistance, in the increase of this eddying mass of water behind the stern. (Zitiert bei *E. J. Reed*, On the advances made in the mathematical theory of naval architecture during the existence of the Institution, Trans. of the Inst. of Naval Architects 39 (1898), p. 96.)

91) Über die Geschwindigkeitsverteilung im Kielwasser hat *G. A. Calvert*, On the measurement of wake currents, Trans. of the Inst. of Naval Architects 34 (1893), p. 51, Messungen angestellt; siehe auch *O. Reynolds*, On the unequal onward motion in the upper and lower currents in the wake of a ship; and the effects of this unequal motion on the action of the screw-propeller, Trans. of the Inst. of Naval Architects 17 (1876), p. 127 = Papers on mechanical and physical subjects 1, Cambridge 1900, p. 149.

92) Vgl. *L. Prandtl*, Über Flüssigkeitsbewegung bei sehr kleiner Reibung,

von Wirbeln an der Schiffswand eines soeben in Bewegung gesetzten Schiffes auf Grund der Hydrodynamik reibender Flüssigkeit erklärt worden ist.

Die Annahme hier ist, dass die Reibungskonstante so klein ist, dass die Reibungsglieder in den Differentialgleichungen nur in einer dünnen Grenzschicht in der Nähe der Wandung des Körpers sich bemerklich machen, wo ein schroffer Geschwindigkeitsabfall bis auf Null erfolgt. Durch diese Annahme, die auf die wirklichen Flüssigkeiten sehr gut zutrifft, werden für die Grenzschichten Differentialgleichungen erreicht, die eine Integration gestatten, während ausserhalb der Grenzschichten die Bewegung als reine Potentialbewegung angesetzt wird. Die *Entstehung* der Wirbel lässt sich dann so einsehen: Tritt in Richtung der Strömung irgendwie ein Druckanstieg ein, wie dies auf der Rückseite der Schiffswand der Fall ist (wegen des Verlaufs der zunächst vorhandenen Stromlinien), so wird — da eine Druckerhöhung von einer Geschwindigkeitserniedrigung begleitet ist — die Geschwindigkeit in der Nähe der Wand, weil sie dort durch Reibung abgemindert ist, eher unter Null sinken als weiter nach aussen; mit anderen Worten: es tritt in der Nähe der Wand eine Rückströmung und damit eine Wirbelbildung ein. Über die weitere Ausbreitung der Wirbelbildung vermag indessen diese Untersuchung vermöge ihres beschränkten Ansatzes vorläufig nichts auszusagen. Hier ist man, um sich über die Druckverteilung im Kielwasser wenigstens qualitativ zu orientieren, vollkommen auf die Beobachtungen angewiesen, wie sie insbesondere von *F. Ahlborn*[93]) und *L. Prandtl*[92]) an der Hand von Photographien gegeben werden. Irgend eine zuverlässige quantitative Angabe über die Grösse des Kielwasserwiderstandes dürfte daher zur Zeit kaum möglich sein. Bei *W. Froude*[94]) findet sich die Angabe, dass bei schlanken Schiffstypen der Kielwasserwiderstand relativ gering ist, mit wachsender Geschwindigkeit wächst und bei vollerem Heck grösser ist als bei vollerem Bug. Er giebt an, dass er bei den üblichen Schiffstypen 8% des Reibungswiderstandes ist.

Verhandl. des III. intern. Mathematiker-Kongresses in Heidelberg (1904), Leipzig 1905, p. 484 und die näheren Ausführungen bei *H. Blasius*, Grenzschichten in Flüssigkeiten mit kleiner Reibung, Diss. Göttingen 1907 = Zeitschr. f. Math. Physik 55 (1908), p. 1.

93) *F. Ahlborn*, Über den Mechanismus des hydrodynamischen Widerstandes, Abhandlungen aus dem Gebiete der Naturwiss., hrsg. vom Naturw. Verein in Hamburg 17 (1902); Hydrodynamische Experimentaluntersuchungen, Jahrbuch der schiffsbautechn. Gesellschaft 5 (1904), p. 417 und die Widerstandserscheinungen an schiffsförmigen Modellen, ebenda 6 (1905), p. 67.

94) *W. Froude*, Roy. Institution Proc. 8 (1875—1878), p. 209.

3) *Der Wellenwiderstand.* Schon oben (Nr. 7b) wurde ausgesprochen, dass es zur Bestimmung des Wellenwiderstandes auf die Beantwortung der Frage ankommt: Welche Energie ist erforderlich, das einmal vom Schiff erzeugte Wellensystem relativ zu ihm nach Grösse und Geschwindigkeit konstant zu erhalten? Die Antwort wird gegeben durch das Prinzip der sogenannten *Gruppengeschwindigkeit* (IV 16, Nr. 5d, *A. E. H. Love*). Hiernach ist die Geschwindigkeit einer Gruppe von ungefähr gleich langen Wellen als Ganzes kleiner als die Geschwindigkeit der einzelnen Wellen, so dass diese durch die Gruppe fortlaufen, nach vorne sich abflachen und weiterhin aussterben, während hinten entsprechend neue Wellen entstehen, oder mit anderen Worten, da die Gruppengeschwindigkeit zugleich eine Geschwindigkeit des Energiestromes ist: die in einer Welle enthaltene Energie pflanzt sich mit kleinerer Geschwindigkeit fort als die Wellenphase. Das Verhältnis der in einer Periode über die Breiteneinheit geschafften Energie zu der in einer Wellenlänge enthaltenen Energie ist gleich dem Verhältnis der Gruppengeschwindigkeit zur Wellengeschwindigkeit[95]).

Es werde wieder zunächst das *Schiff auf dem Ozean* betrachtet und zunächst so *kurz* angenommen, dass man von nur je einem transversalen bzw. divergierenden Wellensystem am Bug sprechen darf, die durch den Schiffskörper nicht weiter modifiziert werden. Dann ist die Überlegung folgende: Für Tiefseewellen ist die Gruppengeschwindigkeit gleich der halben Wellengeschwindigkeit, so dass, wenn die einzelne Welle um zwei Wellenlängen fortgeschritten ist, die Energie relativ zur Welle um eine Wellenlänge zurückgeblieben ist. Auf das System der transversalen Wellen angewandt, heisst dies: Ist einmal ein solches Wellensystem ausgebildet und erfolgt keine Energiezufuhr vom Schiff aus, so wird das Wellensystem um so viel Wellenlängen hinter dem Schiff zurückbleiben, als das Schiff doppelte Wellenlängen zurückgelegt hat. Soll also das Wellensystem relativ zum Schiff fest bleiben, so muss das Schiff auf zwei Wellenlängen seines Weges je eine neue Welle erzeugen, so dass das Wellensystem fortgesetzt wächst und in einem gegebenen Momente — gemessen von einem festen Ausgangspunkte — eine Ausdehnung hat, die gleich ist der halben Entfernung des Schiffes von diesem Ausgangspunkt. Hat nun das Schiff $2n$ Wellenlängen L zurückgelegt und hierbei n neue Wellen erzeugt, so ist der mittlere Widerstand, wenn E_t die in einer Wellenlänge enthaltene Energie bezeichnet:

---

95) Vgl. hierzu auch *Sir William Thomson,* On ship waves, Popular lectures and addresses 3, London 1891, p. 450.

$$R_t = \frac{n E_t}{2 n L} = \frac{E_t}{2 L}.$$ [96]

Ähnlich findet man für jede Reihe der divergierenden Wellen den Widerstand:

$$R_d = \frac{E_d}{2 L \sin \alpha},$$

wo jetzt E_d die in einer divergierenden Welle enthaltene Energie bezeichnet. Zugleich ist hier durch das Prinzip der Gruppengeschwindigkeit die Erklärung für die staffelförmige Anordnung der divergierenden Wellen gegeben. Indem sie in ihrem äusseren Teile in rein oszillatorische Wellen übergehen, lassen sie jeweils die Hälfte ihrer Energie zurück, wodurch bewirkt wird, dass, wenn die vorangehende Staffelwelle ausstirbt, eine nachfolgende in einer Entfernung, die gleich dem halben Abstand der Fahrtrichtung von der Wellenkammlinie ist, das Maximum ihrer Erhebung erreicht.

Für praktische Zwecke kann es bequem sein, den Wellenwiderstand als Funktion der Schiffsgeschwindigkeit auszudrücken. Man findet für die transversalen Wellen, wenn a die Amplitude der Welle bezeichnet

$$R_t = \frac{g \varrho a^2}{4}$$

pro Breiteneinheit, so dass, wenn man annehmen kann, dass a mit dem Quadrate der Geschwindigkeit V proportional ist, der Wellenwiderstand der transversalen Wellen mit der vierten Potenz der Geschwindigkeit variiert. Das gleiche Widerstandsgesetz findet *A. Dudebout*[97]) für die divergierenden Wellen, indem er zur Berechnung von E_d die Theorie der Einzelwelle heranzieht.

Setzt man nunmehr das *Schiff nicht mehr klein* voraus, so dass am Bug und Heck getrennt Wellen erzeugt werden, so bleiben die vorstehenden Überlegungen bezüglich der divergierenden Wellen bestehen, da diese sofort nach ihrer Erzeugung das Schiff verlassen und die Energie nach der Seite fortführen. Die transversalen Wellen des Bugs und Hecks aber können mehr oder weniger interferieren,

---

96) *E. R. Froude*, Trans. of the Inst. of Naval Arichitects 22 (1881), p. 220, vergleicht den ganzen Vorgang mit den erzwungenen Schwingungen eines Pendels in einem widerstehenden Mittel, das dem Pendel während einer ganzen Schwingung die Hälfte seiner Energie entzieht. Das Heranziehen dieser Analogie hilft ihm auf Grund der *Young*'schen Regel zu erklären, dass gegenüber dem Druckmaximum an der Spitze des Schiffes — wie es durch die Stromlinienverteilung vor Erzeugung der Wellen geliefert wird — das Wellenmaximum der Bugwelle eine Phasenverschiebung nach dem Heck des Schiffes hin aufweist.

97) Vgl. *J. Pollard* et *A. Dudebout*, Théorie du navire 3, Paris 1892, p. 440.

so dass bei einer bestimmten Länge des Schiffs mit wachsender Geschwindigkeit ein rascheres oder langsameres Anwachsen des Widerstandes der transversalen Wellen stattfinden kann. Ist a die Amplitude der ersten Bugwelle, a' diejenige der Heckwelle, ka die Amplitude derjenigen Welle des Systems der Bugwellen, die das Heck erreicht (Restwelle), so ist der günstigste oder ungünstigste Effekt der Interferenz durch die Addition bzw. Subtraktion der beiden letztgenannten Amplituden gegeben ($a' \pm ka$). Die Energie der Bugwelle ist proportional mit a^2, diejenige der kombinierten Heckwelle mit $(a' \pm ka)^2$. Zieht man in Betracht, dass die Restwelle dem Schiffe keinen Energieverlust bringt, so ist der gesamte Wellenwiderstand R_t proportional mit

$$a^2 + a'^2 \pm 2kaa'.$$[98])

Für das *Schiff auf dem Kanal* werde hier nur der rein zweidimensionale Fall in Rücksicht gezogen, d. h. der Fall, wo das Schiff den Kanal nach seiner ganzen Breite ausfüllt und nur transversale Wellen zur Ausbildung gelangen, womit dann leider die interessanten, aber schwer zu fassenden Erscheinungen der Zwischenfälle (vgl. oben Nr. 7b, 2) bei Seite gelassen werden. Die Gruppengeschwindigkeit U ist dann (vgl. IV 16, Nr. 5d)

$$U = \frac{V}{2}\left(1 + \frac{2kh}{\sinh 2kh}\right),$$

wo $k = \lambda/2\pi$, woraus sich der Wellenwiderstand[99])

$$R_t = \frac{E_t}{2L}\left(1 - \frac{2kh}{\sinh 2kh}\right)$$

ergiebt, der für $h = \infty$ in den früher gefundenen Wert für R_t übergeht. Von besonderem Interesse ist nun der Fall, wo sich V der kritischen Geschwindigkeit nähert. Obige Formel ergiebt hier ein Abnehmen des R_t, das den Wert 0 erhält, wenn die kritische Geschwindigkeit erreicht ist oder überschritten wird. In der Tat wird für $V^2 = gh$ die Gruppengeschwindigkeit gleich der Wellengeschwindigkeit, mit anderen Worten: die Wellenenergie geht mit der Geschwindigkeit des Schiffes fort, so dass sie dem Schiff nicht verloren geht. Das würde also bedeuten, dass das Schiff keinen Wellenwiderstand erleidet, wenn es mit einer Geschwindigkeit fährt, die gleich oder

98) *R. E. Froude*, Trans. of the Inst. of Naval Architects 22 (1881), p. 220.

99) Den Wellenwiderstand eines Schiffes auf dem Kanal hat zuerst experimentell festgestellt *J. Scott Russell*, Edinb. Roy. Soc. Trans. 14 (1840), p. 47. Vgl. hierzu auch die in der Litteraturübersicht genannten Bücher von *Engels, Haack* und *de Mas*.

grösser als die kritische Geschwindigkeit ist. Praktisch ist aber zu bemerken, dass, — da auch die Amplitude der Schiffswellen wesentlich von der Geschwindigkeit des Schiffes abhängt, — bei Annäherung der Fahrgeschwindigkeit des Schiffes an die kritische Geschwindigkeit zwar der Wellenschwanz sich hinter dem Schiff immer weniger lang erstreckt, dafür aber die Amplitude der einzelnen Wellen wächst, bis bei der kritischen Geschwindigkeit der Wellenschwanz vollkommen verschwindet, während gleichzeitig das Maximum der Amplitude und damit das Maximum des Wellenwiderstandes erreicht ist. Erst wenn die kritische Geschwindigkeit etwas überschritten ist, wird der in Rede stehende Wellenwiderstand praktisch gleich Null, um wieder zu wachsen, wenn die Geschwindigkeit des Schiffes über die kritische Geschwindigkeit hinaus gesteigert wird, entsprechend dem Umstande, dass jetzt das Schiff von einer überschäumenden, erzwungenen Welle begleitet ist, wie es früher geschildert wurde.

8c. **Praktische Bestimmung des Schiffswiderstandes. Die Modellregel.** Es ist bereits oben in Nr. **1** erwähnt, dass in der Praxis des Schiffsbaues der Schiffswiderstand seit *W. Froude*[100]) unter Heranziehung des Prinzips der mechanischen Ähnlichkeit durch *Modellversuche* bestimmt wird, und auch mitgeteilt, wie hierbei im einzelnen vorgegangen wird (Berechnung des Oberflächenwiderstandes nach der aus *Froudes* Versuchen berechneten Tabelle, experimentelle Ermittelung des Restwiderstandes aus Modellversuchen)[101]). Es sei hier daher nur nachgetragen, wieso dies Vorgehen durch die bisherigen theoretischen Überlegungen gestützt wird. In der Tat ergiebt das Prinzip der mechanischen Ähnlichkeit folgendes: Da Schiff und Modell beide in derselben Flüssigkeit (Wasser) sich bewegen, und hierbei beide zugleich derselben Kraft (Schwerkraft) unterliegen, so müssen sich — wenn das Verkleinerungsverhältnis von Modell und Schiff $1:\lambda$ ist — die korrespondierenden Geschwindigkeiten wie $1:\sqrt{\lambda}$, die Widerstände wie $1:\lambda^3$ verhalten. Es muss also, um aus dem Widerstand

---

100) Vgl. *W. Froudes* dem Bericht von *C. W. Merrifield* (vgl. Fussnote 81) angehängte „Explanations".

101) Wegen der näheren praktischen Ausgestaltung dieser Methode vgl. *R. E. Froude*, The Constant system of notation of results of experiments on models, Trans. of the Institution of Naval Archit. 29 (1888), p. 304; Some additional features in the „Constant" notation, ebenda 33 (1892), p. 245 und Some results of the model experiments, ebenda 46 (1904), p. 64. Vgl. auch *W. Froude* (Fussn. 75), und *Joh. Schütte,* Untersuchungen über Hinterschiffsformen, speziell über Wellenaustritte, ausgeführt in der Schleppversuchsstation des Norddeutschen Lloyd, Jahrb. der schiffsbautechn. Gesellschaft 2 (1901), p. 331.

des Modells auf den des Schiffes schliessen zu können, für diesen folgendes Gesetz gelten: Der Widerstand muss proportional dem Produkt entweder aus einer Fläche und dem Quadrat der Geschwindigkeit, oder aus einer Länge und der vierten Potenz der Geschwindigkeit sein. Diese Gesetze aber kann man nach dem Früheren nun gerade für den Kielwasserwiderstand, bzw. den Wellenwiderstand angenähert als erfüllt ansehen, so dass man sie wohl als theoretische Grundlage für die Beurteilung der Modellversuche ansehen darf.

9. Die Schiffspropulsion[102]). Noch weniger Bestimmtes als über das Problem des Schiffswiderstandes kann im folgenden über das Problem der Schiffspropulsion mitgeteilt werden. Es ist hier nicht die Theorie, sondern vor allem die praktische Erfahrung der Seeleute, die an der Hand höchst unbestimmter allgemeiner mechanischen Prinzipien alles beherrscht.

Dies gilt in allererster Linie von der Propulsion durch den Wind. Zwar sind insbesondere in früherer Zeit verschiedene Theorien des *Segelns* entwickelt worden, die sich auch mehr oder weniger ausführlich in den Handbüchern über den Schiffbau mitgeteilt finden. Aber die Tatsache, dass man über den Luftwiderstand doch noch sehr unvollkommen orientiert ist (vgl. IV 17, *S. Finsterwalder*), zusammen mit dem Umstande, dass die Segelfläche keine wohldefinierte Fläche ist, zumal sie aus den einzelnen, verschieden zueinander orientierten Segeln besteht, lässt es vorläufig wenig aussichtsreich erscheinen, durch theoretische Überlegungen mehr als eine ganz unbestimmte Auskunft über die zur Fortbewegung des Schiffes zur Verfügung stehende Kraft, was ihre Richtung, Grösse und Angriffspunkt betrifft, sowie über das Problem der Stabilität des Schiffes unter Segeln zu erzielen. Eine erste Vorbedingung wären genaue Versuche z. B. über den Winddruck auf die einzelnen Segelflächen, die Luftbewegung entlang dem Segel usw., wofür in der Litteratur sich bisher systematische Angaben kaum finden.

Nicht sehr viel günstiger ist die Sachlage bei der Theorie der vom Schiff aus angetriebenen, zu seiner Propulsion dienenden Mechanismen (der *Ruder*, *Räder*, *Pumpen* und *Schrauben*). Man ist auch hier weit davon entfernt, die Einzelheiten der Bewegung genau zu beherrschen.

---

102) Ein Bericht über die ältere Litteratur findet sich in dem öfter genannten Report of a Committee, consisting of *C. W. Merrifield*, *G. P. Bidder*, *Douglas Galton*, *F. Galton*, *Rankine* and *W. Froude*, appointed to report on the state of existing knowledge on the Stability, Propulsion, and sea-going qualities of ships, Brit. Ass. Rep. 1869, p. 22.

Wie eigentlich die Wasserbewegung durch die Fortbewegungsmechanismen beeinflusst wird, welche Bedeutung diese für die Modifizierung des durch Schleppen des Schiffes gemäss dem Ähnlichkeitsgesetze ermittelten Schiffswiderstandes haben mag, insbesondere wenn sich das Schiff nicht in seiner Längsaxe fortbewegt, sondern „abtreibt", ist noch viel zu wenig aus wirklich zuverlässigen Beobachtungen bekannt. So z. B. werden die an den Seiten eines Raddampfers angebrachten Schaufelräder einen wesentlichen Einfluss auf Vermehrung des Schiffswiderstandes haben, indem sie die glatte Wasserbewegung an den Seiten des fortgeschleppten Schiffes beträchtlich stören, nach hinten Wellen sehr bedeutender Amplitude aussenden usw. Andererseits arbeitet die Schiffsschraube nicht in ruhigem Wasser, sondern in dem lebhaft bewegten Kielwasser. Und ist schon die reguläre Wasserbewegung durch die Schraube hindurch an sich schwer aufzufassen, so werden die Verhältnisse hierdurch noch komplizierter. Auch für eine rationelle Theorie der Fortbewegungsmechanismen bleiben daher — genau wie bei der Propulsion durch den Wind — zweckmässig angestellte Versuche an Modellen, die das Tatsächliche der Erscheinungen wirklich aufzufassen lehren, die unerlässliche Vorbedingung. Solche sind für die Schiffsschrauben erst in allerjüngster Zeit planmässig begonnen worden[103]). Das Meiste muss vorläufig hier noch aus gelegentlichen Bemerkungen aus der zerstreuten Schiffbaulitteratur zusammengesucht werden[104]).

Jedenfalls können die bisher entwickelten Theorien bei dieser Sachlage nur als vorläufige erscheinen. Sie beruhen, soweit sie nicht einfach eine Zusammenfassung empirischer Formeln sind, auf mehr oder weniger willkürlichen Annahmen, unter deren Zugrundelegung es unter Umständen gelingt, durch Anwendung allgemeiner mechanischen Prinzipien gewisse Aussagen zu machen, die als eine erste Orientierung über die Wirkungsart der Propeller angesehen werden können. Es liegen hier der Art nach — nur wesentlich komplizierter — die gleichen Verhältnisse vor wie in der praktischen Hydraulik (IV 20,

103) *F. Ahlborn*, Die Wirkung der Schiffsschraube auf das Wasser, Jahrb. der schiffbautechn. Gesellschaft 6 (1905), p. 82; *O. Flamm*, Beitrag zur Entwicklung der Wirkungsweise der Schiffsschraube, ebenda 9 (1908), p. 427. Vgl. auch *R. Wagner*, Versuche mit Schiffsschrauben und deren Ergebnisse, ebenda 7 (1906), p. 264.

104) Die ergiebigste Quelle sind hier die Abhandlungen und die sich anschliessenden Diskussionen in den Transactions of the Inst. of Naval Architects, für deren erste 46 Bände (1860—1904) ein ausführlicher (Nominal- and Subject-) Index vorliegt, London 1905.

Ph. Forchheimer) und der in der Praxis üblichen Theorie der hydraulischen Motoren (IV 21, *M. Grübler*), wo man auch in der Hauptsache auf die Einsicht in die Einzelheiten der Bewegung verzichtet und unter Heranziehung der Kontinuitätsgleichung, des Energieprinzips und der Impulssätze — unter Einführung von Erfahrungskoeffizienten — eine vorläufige Orientierung über die in Frage kommenden Probleme sucht.

In der Tat ist es auch in der Schiffbautechnik der *Impulssatz*, der in einer oder der anderen Form als allen bisher entwickelten Theorien der Propeller zugrunde liegend sich immer wieder findet. In seiner einfachsten Form gewinnt er folgende Formulierung: Ist V die Geschwindigkeit des Schiffes in Richtung seiner Kiellinie, U die in gleicher Richtung genommene Geschwindigkeit des Propellers (Schaufelgeschwindigkeit des Rades, Schraubungsgeschwindigkeit der Schraube), so ist $U - V$ seine Geschwindigkeit relativ zum Schiff, deren Verhältnis zur Propellergeschwindigkeit

$$s = \frac{U - V}{U}$$

man als *Schlüpfung* (*slip*) bezeichnet[104]). Ist nun Q das vom Propeller in der Zeiteinheit nach rückwärts in Bewegung gesetzte Wasservolumen, R der horizontale Widerstand des Schiffes in der Fahrtrichtung, so ergiebt sich als Ausdruck des Impulssatzes:

$$\varrho Q(U - V) = R.$$

Führt man hier das Eigengewicht $\gamma = \varrho g$ des Wassers ein und setzt weiter $Q = kb^2 U$ (b^2 ein zweckmässig gewählter, grösster Querschnitt, k ein Erfahrungkoeffizient < 1), so resultiert die häufig benutzte Formel:

$$\frac{\omega}{g} kb^2 U(U - V),$$

Es soll nun nicht die Absicht sein, an dieser Stelle etwa näher auszuführen, wie sich auf Grund des vorstehenden allgemeinen Prinzips eine für die Praxis zum Teil brauchbare Theorie der einzelnen zur Propulsion dienenden Mechanismen aufbauen lässt. Für die Theorie

---

104) Man unterscheidet im gegebenen Falle noch zwischen scheinbarem und wahrem Slip, je nachdem das Bezugsystem in absoluter Ruhe ist oder die Bewegung des Kielwassers (ohne Schraube) hat. Danach ist der scheinbare Slip stets kleiner als der wahre. Bei Schrauben hat man oft einen negativen scheinbaren Slip beobachtet, vgl. *W. J. M. Rankine*, Some remarks on apparent negative slip, Trans. of the Inst. of Naval Architecture 8 (1867), p. 68.

der *Ruder* hat bereits *L. Euler*[105]) solcherweise die Grundlagen gegeben, die dann von *Marestier*[106]) auf die *Räder* ausgedehnt worden sind und hier zu manchen interessanten kinematischen Überlegungen über die gegenseitige Anordnung der einzelnen Schaufeln, über die mittlere Tauchtiefe usw. Anlass gegeben haben. Für die Theorie der *Pumpen* (bei den sogenannten Reaktionsschiffen) kann auf das vorstehende Referat von *M. Grübler* (IV 21) verwiesen werden. Die Theorie des *Schraubenpropellers* findet sich auf Grund dieses Ansatzes in dem Referate über Aerodynamik von *S. Finsterwalder* in IV 17, Nr. 9 exponiert. Das Wesentliche bei dieser elementaren Behandlung des Problems der Schiffspropulsion ist die zweckmäßige Inbeziehungsetzung der durch die Erfahrung und aus den Versuchen gewonnenen Einsichten mit dem genannten allgemeinen Ansatz (Bestimmung der in die Formeln eingehenden, praktisch als konstant anzusehenden Koeffizienten). Man sucht so insbesondere Aufschluss zu gewinnen über den Wirkungsgrad des Propellers und vor allem die Abhängigkeit des Wirkungsgrades von dessen Form und Grösse. Am weitgehendsten ist in dieser Hinsicht — entsprechend der grossen praktischen Bedeutung des Schraubenpropellers — für diesen die Theorie entwickelt, über die man sich in ihren Einzelheiten am besten in den in der Litteraturübersicht genannten Werken von *C. Busley*[105]), *D. W. Taylor*[106]) und *W. J. Durand*[107]) orientiert[108]).

Für den Schraubenpropeller liegen indess auch Versuche zur Ausbildung einer hydrodynamischen Theorie vor, über die noch einiges mitgeteilt sei. Den Ausgangspunkt bildet hier eine Arbeit von *W. J. M. Rankine*[109]), an die sich weitere von *J. H. Cotterill*[110]), *A. G.*

105) *L. Euler*, Mémoire sur l'action des rames, faisant suite à la théorie complète de la construction et de la manoeuvre des vaisseaux, St. Pétersbourg 1773.

106) *Marestier*, Mémoire sur les bateaux à vapeur des États-Unis, Paris 1824 (zitiert bei *J. Pollard* und *A. Dudebout*, Théorie du navire).

105) *C. Busley*, Die Schiffsmaschine, ihre Konstruktion, Wirkungsweise und Bedienung, Kiel 1886; 3. Aufl. Kiel und Leipzig 1898 ff.

106) *D. W. Taylor*, Resistance of ships and screw-propulsion, London 1893.

107) *W. F. Durand*, Resistance and propulsion of ships, New York 1903. Dazu noch *W. F. Durand*, Performance of the screw-propeller, Carnegie Institution, Washington 1907.

108) Vgl. auch *R. E. Froude*, Description of a method of investigation of screw-propeller efficiency, Trans. of the Institution of Naval Archit. 24 (1883), p. 231 und The Determination of the most suitable dimensions of screw-propeller, ebenda 27 (1886), p. 250.

109) *W. J. M. Rankine*, The mechanical principles of the actions of propellers, Trans. of the Inst. of Naval Architects 6 (1865), p. 13. Vgl. auch

Greenhill[111]), *R. E. Froude*[112]) anschliessen. Jedoch können diese Versuche nur ein theoretisches Interesse beanspruchen, indem sie sich sämtlich auf sehr stark idealisierte Fälle beziehen. Nicht nur ist die Annahme, dass es sich um einen Propeller mit unendlich vielen, unendlich dünnen Schaufeln handelt, sondern es wird auch die Wasserbewegung vor und hinter dem Propeller höchst speziell angesetzt (Eintritt in regulären parallellen, Austritt in schraubenförmig gewundenen Stromfäden) und eigentlich nur nach dem dynamischen Äquivalent dieser von vornherein angenommenen Änderung der Wasserbewegung gefragt. Im einzelnen unterscheiden sich dabei die Ansätze danach, ob sie sich auf den einen oder anderen Grenzfall eines unendlich langen oder unendlich kurzen Propellers beziehen, so dass die Geschwindigkeitsänderung sich einmal ganz im Propeller, dass andere Mal ganz ausserhalb desselben einstellt. Darüber aber, wie eine Geschwindigkeitsänderung von dem Propeller erzeugt wird, wie sie von seiner Schaufelform abhängt u. s. w., vermag keine dieser Theorien einen Aufschluss zu geben[113]).

In Anbetracht dieses wenig erfolgreichen Vorgehens erscheint es am aussichtsreichsten, den umgekehrten Weg einzuschlagen und auf einem genauen Studium der tatsächlichen Wasserbewegung — wie sie durch die Aufnahmen von *F. Ahlborn* und insbesondere *O. Flamm* an die Hand gegeben wird[103]) — eine hydrodynamische Theorie aufzubauen. Dabei wird man mit Erfolg die schon oben erwähnte von *F. W. Lanchester*[114]) entwickelte Vorstellung der cyklischen Bewegung um die Schaufeln herum heranziehen können. In der Tat wird solcher Weise nicht nur durch verschieden rasches Strömen an den beiden Seiten der Flügel das Vorhandensein eines Drucks auf die Schrauben-

---

W. Froude, On the elementary relation between pitch, ship, and propulsive efficiency, ebenda 19 (1878), p. 47.

110) *J. H. Cotterill*, The minimum area of blade in a screw propeller necessary to form a complete column, Trans. of the Inst. of Naval Architects 20 (1879), p. 152; On the changes of level in the surface of the water surrounding a vessel produced by the action of a propeller and by skin friction, Trans. of the Inst. of Naval Architecture 28 (1887), p. 286.

111) *A. G. Greenhill*, A theory of the screw-propeller, Trans. of the Inst. of Naval Architects 29 (1888), p. 319.

112) *R. E. Froude*, On the part played in propulsion by differences of fluid pressure, Trans. of the Inst. of Naval Architecture 30 (1889), p. 390; Remarks on Greenhill's theory of the screw-propeller, ebenda, p. 406; On the theoretical effect of the race rotation on screw propeller efficiency, ebenda 33 (1892), p. 265.

113) Weiterreichend ist hier ein Ansatz von *H. Lorenz*, Neue Theorie und Berechnung der Kreiselräder, München und Berlin 1906.

114) *W. F. Lanchester*, Aerodynamics, London 1907, p. 163—178.

flügel erklärt, sondern auch durch die von den Enden der verschiedenen Flügel ausgehenden Wirbelfäden, die sich beim Fortschreiten des Schiffes um einander schraubenförmig aufwickeln, das Strömungsbild verständlich, wie es auf den Photographien von *O. Flamm* wiedergegeben ist und wie man es auch ohne weiteres hinter einem Schiff beobachten kann, wenn etwas Luft von der Schraube eingesaugt wird, wodurch die Axen der Wirbel sichtbar werden[115]).

115) *W. F. Lanchester,* Aerodynamics, p. 324.

(Abgeschlossen mit März 1906, Anhang mit Dezember 1907.)